华章图书

一本打开的书，一扇开启的门，

通向科学殿堂的阶梯，托起一流人才的基石。

云计算与虚拟化技术丛书

第2版

OpenShift 在企业中的实践

PaaS DevOps 微服务

魏新宇 郭跃军 著

机械工业出版社
China Machine Press

图书在版编目（CIP）数据

OpenShift 在企业中的实践：PaaS DevOps 微服务 / 魏新宇，郭跃军著 . -- 2 版 . -- 北京：机械工业出版社，2021.9
（云计算与虚拟化技术丛书）
ISBN 978-7-111-69105-1

I. ① O…　II. ①魏… ②郭…　III. ①软件工程　IV. ① TP311.5

中国版本图书馆 CIP 数据核字（2021）第 185461 号

OpenShift 在企业中的实践
PaaS DevOps 微服务　第 2 版

出版发行：机械工业出版社（北京市西城区百万庄大街 22 号　邮政编码：100037）
责任编辑：姚　蕾　　责任校对：马荣敏
印　　刷：北京诚信伟业印刷有限公司　　版　　次：2021 年 9 月第 2 版第 1 次印刷
开　　本：186mm×240mm　1/16　　印　　张：38.75
书　　号：ISBN 978-7-111-69105-1　　定　　价：139.00 元

客服电话：（010）88361066　88379833　68326294　　投稿热线：（010）88379604
华章网站：www.hzbook.com　　读者信箱：hzjsj@hzbook.com

Praise 赞　誉

以 OpenShift 为代表的企业就绪级容器云技术已成为这些年国内外 IT 发展的热点之一。魏新宇在红帽公司内外，一直热爱并乐于分享市场关注度高的、通用的、能够直接提升经济效益的成熟开源技术。这次很开心看到他将多年服务于一线众多大中型企业用户的第一手实战经验凝聚在本书中，相信本书一定能够成为企业 IT 人士了解进而掌握容器云和 OpenShift 技术必备的工具书之一。希望这些努力能加速国内容器化应用的进程。

——红帽全球副总裁兼大中华区总裁　曹衡康

以容器、DevOps、微服务为核心的云原生架构是助力企业数字化转型、提升上云效能的重要路径。但整个云原生技术栈庞大且复杂，企业实际部署和应用难度较大。本书以 OpenShift 4 为基础，系统性地介绍了 PaaS、DevOps、云原生与微服务架构，同时还分享了大量的实践案例，理论与实战结合，能真正地帮助读者解决实际问题，非常适合企业从中学习、探索数字化转型之路，是一本优秀的企业数字化转型赋能工具书。

——中国信息通信研究院云计算技术研究员　杜岚

云计算、微服务和 DevOps 技术体系复杂，企业自主搭建和掌握相关技术面临的挑战很大。OpenShift 为企业提供了这样一个集成度高、易于使用、与业界主流技术发展保持同步的平台，将为各个企业的数字化转型提供坚实的保障。本书提供了丰富的 OpenShift 实践经验和案例，是一本不可多得的好书。

——原中国农业银行研发中心专家　罗水华

OpenShift 以其高可靠性支撑了许多企业的信息系统上云运行，并以此为基础提供了丰富且稳定的 PaaS 云服务，为企业的数字化转型提供了可靠保障。本书作者魏新宇是云计算、微服务和 DevOps 方面的资深技术专家，有着丰富的企业服务实践经验。本书真正从实践的角度，以 OpenShift 4 为基础总结和整理了很多云上微服务、DevOps 等方面的案例，干货满满，相信从这本书中你能找到很多有益参考。

——中国农业银行研发中心云计算团队经理　彭尚峰

当前企业特别是银行业在数字化转型中普遍使用了基于 OpenShift 的容器云构建的重要的 IT 基础技术设施，不仅承载了云原生架构的敏态业务应用，而且开始承载银行主机下移的关键业务应用。本书系统地提炼了多个真实项目案例中的最佳实践，是银行 IT 架构师、开发和运维工程师掌控技术发展趋势、提升专业技能必备的一本好书。

——招商银行云计算架构师　罗文江

初识新宇，还是 2013 年，当时和他在一起钻研 AIX 操作系统的 PowerHA 技术。8 年间，我的技术领域也和新宇一路，从 AIX 到 VMWare 再成长到了容器，我也成了大魏分享公众号的铁粉。相信红帽在收购整合了我最看好的 CoreOS 容器操作系统之后，必将如虎添翼，提供更稳定的企业级容器云。请大家和新宇一起，畅游 OpenShift 4 的知识海洋吧！

——系统架构师　高嵩

软件定义世界，云原生定义软件。作为云原生软件技术栈的集大成者，OpenShift 是当之无愧的最佳企业级云原生平台。利用 OpenShift 云原生平台的能力，企业向下可以屏蔽异构基础设施，向上可以承载各类软件负载，向外可以拓展云计算新边界，形成云网边端一体化架构，实现以一套技术体系支持任意负载，运行于任意云环境。新宇是一位有着开源精神和非常乐于分享的技术专家，本书是他多年 OpenShift 修炼的结晶，希望本书的再版能够加速全行业的云原生转型之路。

——招商局集团数字化中心技术专家　山金孝

OpenShift 为开发者和应用提供了强大的 PaaS 平台、DevOps、云原生和微服务等核心能力。新宇和跃军的这本书在广受欢迎的第 1 版基础上做了大量更新，增加了很多新内容。更加难能可贵的是，本书包含了大量从企业实践中总结出的经验，是一本将最新技术和企业数字化实践相结合的好书，为企业进行以容器化和云原生应用为基础的 IT 转型给出了具体建议和参考架构，真正做到了“从企业实践中来，到企业实践中去”。

——中国银联云计算专家　刘世民

作为一名保险公司 IT 基础架构的管理者，我非常庆幸市场上有这样一本具备很强实践性的 OpenShift 书籍。我司在进行 OpenShift 生产部署的过程中都从本书中借鉴了非常宝贵的经验。本书是理论与实践完美结合的一本好书，值得长置桌边，随时翻阅。

——中国大地保险信息科技部总经理助理　韩永军

本书是作者在云计算领域多年工作的总结和归纳，对企业如何上云、怎样建设企业云提供了思路。本书理论结合实际，深入浅出，全面涵盖容器管理、自动化、DevOps、微服务等方面的内容，是企业在云计算探索之路上的一本不可多得的好书。

——农银人寿基础架构处经理 / 架构师　黄彬

欣闻新宇和跃军两位红帽先锋准备把多年积累的OpenShift实战经验和心得体会分享给数字化时代的同行者，由衷对他们表示感谢！科技创新和理念变革已经是当今世界发展的主要潮流，而先行者的宝贵知识和不断尝试为我们铺开了一条通向成功的坦途。再次感谢他们！

——原安达人寿香港 Head of IT 张毅

本书作者魏新宇是红帽资深技术专家。OpenShift是红帽基于Kubernetes的企业级PaaS平台。本书内容包括OpenShift架构部署、OpenShift 4的全新特性、OpenShift在公有云上的架构模型，以及CI/CD持续交付的实现，是一本将理论和实践完美结合的好书。

——ING Australia DevOps总监 高晖

说到OpenShift 4，就不得不说2018年云计算领域的一件大事——红帽完成了对CoreOS的收购，容器领域的两只领头羊合二为一。它们将各自积累多年的容器技术进行全面融合，对OpenShift 3进行全面的改造，推出了功能更加丰富、更加自动化的OpenShift 4。这里不得不佩服红帽的魄力。相信在不久的将来OpenShift 4将会接过3的大旗，成为生产上使用最为广泛的容器平台。本书作者新宇有着丰富的架构与实践经验，并乐于在社区进行分享。相信通过该书，你能够对OpenShift 4的架构、核心技术、应用实践有全面的了解。

——原兴业数金云原生技术专家、现英伟达SRE工程师 潘晓华

本书以OpenShift为基础，阐述了集容器全栈、微服务、DevOps、API管理、流程自动化为一体的企业技术中台架构设计，其蕴含的以服务为中心、敏捷集成的设计理念可助力企业向共享架构转型，更快地实现数据、API、流程、模型、物联网等数字化资产的沉淀与变现。

——海信集团IT与数据管理部/技术开发部长 单奇聪

本书作者魏新宇是我很熟悉和敬重的云计算和微服务专家。本书理论联系实践，全面阐述了云计算、DevOps和微服务如何帮助企业实现数字化转型和落地。

——宝马中国IT经理 魏净辉

OpenShift已经成为越来越多的企业从传统应用向云化应用转移过程中的PaaS平台选择。但是当前大多数关于K8S的书都是从使用角度来介绍相关内容，这对于企业级应用而言是远远不够的。本书的作者跃军就是我认识的为数不多的从事OpenShift企业化应用建设的一位专业工程师，有着丰富的实践经验。相信这本书将会让你在实际工作中受益匪浅！

——中国民航信息网络股份有限公司运行中心中间件团队经理 张俊卿

这是一本实战指南，而不是参考手册。本书的两位作者有着丰富的企业项目实施经验，书中涵盖了许多从客户的真实需求中总结出的最佳实践，是不可多得的经验分享。任何希望在企业环境中构建现代化应用的人都可以从本书中获得最直接的帮助和启发。

——VMware 应用平台架构师　淡成

国内第一本对 OpenShift、DevOps 和微服务进行全面剖析的著作，以企业的数字化转型为背景，清晰地阐明了容器化、DevOps 与微服务对数字化转型的重要性。本书是两位专家多年工作经验积累的结晶，是干货满满的参考书。

——谷歌中国技术解决方案顾问　李春霖

企业数字化转型离不开快速响应变化，在这个 VUCA 的时代，开发团队更是离不开 DevOps、容器化和微服务这三方面的结合，OpenShift 在这三方面的实践中是非常好的解决方案。

我与跃军曾在大型 DevOps 项目上一同奋战，他不仅熟悉 OpenShift 的落地实践，同时可以熟练使用 DevOps 庞大的工具链，而这样的人才在业界实属难能可贵。魏新宇在其微信公众号“大魏分享”中更是不遗余力地贡献了丰富的开源技术实践。他们两人联手合著本书，势必对想要了解 PaaS、DevOps 和微服务技术的人有很大的助益。我相信每位读者都可以通过学习郭跃军和魏新宇的实战案例在广度和深度上大幅提升自己的专业能力。

——Atlassian 大中华区负责人　钟冠智

Foreword 推 荐 序

当得知魏新宇和郭跃军要写一本有关 OpenShift 在企业中实战的书籍时，我十分期待。在阅读过书稿后，我意识到读者终于有机会看到企业用户如何利用 OpenShift 这一最优秀的 PaaS 平台完成数字化转型了。

本书的两位作者都是我所熟知的技术专家。魏新宇作为红帽中国区认证级别最高的资深架构师之一，有着深厚的技术积累；郭跃军作为 OpenShift 项目实施经验最多的咨询架构师，有着十分丰富的实施经验。他们的著作必将给读者带来前沿的技术深度解析和丰富的实战经验分享。

近三年来，大型企业的数字化建设重点逐渐从 IaaS 升级到 PaaS，越来越多的企业及 IT 部门认识到 PaaS 才是企业数字化转型的关键因素。此外，一个成熟、稳定的 PaaS 平台也是实现 DevOps 和微服务治理的根基。在 PaaS 相关领域，红帽的开发人员为 Kubernetes 社区提交了大量的代码和新特性，不断为容器技术注入新的基因，例如 CRI-O、PodMan、Buildah 等；同时，红帽根据企业客户的需求，在 Kubernetes 之上增加了诸多企业级功能特性，打造了 OpenShift 这一企业级 PaaS 平台。

目前市面上介绍 PaaS、DevOps 及微服务治理的书籍不在少数，但对这三方面的介绍几乎都是相互割裂的，这造成了很多读者无法将三者融会贯通。本书则从企业数字化转型的角度，将这三者有机地结合起来，为企业最终通过开源解决方案构建业务中台提供了建设思路。

如果你是企业的信息化主管，那么通过这本书可以对数字化转型的大致路径有清晰的认知，增强数字化转型成功的信心。如果你是 IT 技术的爱好者或从业者，通过阅读本书可以获得开源界前沿的技术详解，同时也可以看到关键技术实现和详细的配置操作等，从而更为有效地扩展个人技术视野。

通过阅读本书，希望你能够真正体验开源的魅力，感受 PaaS、DevOps 和微服务三者结合带来的无穷能量，以及数字化转型给现代企业带来的无限可能。最后，我希望越来越多的企业能够通过 OpenShift 来打造新一代企业数字化平台，开启数字化时代的新篇章！

红帽中国解决方案架构师经理
张亚光

再版前言 *Preface*

本书第1版于2019年10月出版后受到了广大读者的欢迎，并在2020年4月进行了重印。第1版以OpenShift v3为主，介绍了少量的OpenShift v4特性。随着技术的迭代和发展，现在OpenShift v4已经成为主流，为了使读者获取最新的知识，我们对全书基于OpenShift v4进行了重写。为了控制篇幅，将部分v3版本中有价值的内容放置在GitHub上供读者参考。

作为本书的作者，魏新宇和郭跃军（现就职VMware）分别在2017年前后正式加入红帽公司，彼时正值红帽开始在国内推广OpenShift v3。在接触OpenShift之初，我们就意识到它会将企业的IT建设提升到一个新的境界，也将是一个非常有前景的技术堆栈，于是投入了大量的精力来学习OpenShift生态圈的相关技术，并结合DevOps、微服务推出了一些解决方案。

我们有幸参与了多个红帽OpenShift项目，在项目中得到了红帽领导们的大力支持，尤其是红帽全球副总裁兼大中华区总裁曹衡康（Victor Tsao）。此外，我们也从客户身上学到了很多。在和客户及专家们的多次交流中，我们看到了企业的真实需求和我们的不足，并在项目中不断提高自己、完善方案。这些客户包括（但不限于）：中国信息通信研究院云计算技术研究员杜岚、原中国农业银行研发中心专家罗水华、中国农业银行研发中心云计算团队经理彭尚峰、招商银行云计算架构师罗文江、系统架构师高嵩、招商局集团数字化中心技术专家山金孝、中国银联云计算专家刘世民、中国大地保险信息科技部总经理助理韩永军、农银人寿基础架构处经理/架构师黄彬、原安达人寿香港Head of IT张毅、ING Australia DevOps总监高晖、原兴业数金云原生技术专家潘晓华、海信集团IT与数据管理部/技术开发部长单奇聪、宝马中国IT经理魏净辉、中国民航信息网络股份有限公司运行中心中间件团队经理张俊卿。在此，我们衷心地感谢各位领导给予我们的指导和帮助！

目前市面上已经有很多介绍Kubernetes和容器技术的书籍，OpenShift的技术博客、参考文档也不少，但大多停留在单一技术的功能介绍和使用层面上，无法完整地描绘企业数字化转型路线。在多年项目的锤炼中，我们积累了很多帮助企业实现数字化转型的实践经验，为了让这些经验能够帮助更多的企业，我们决定合著一本真正从实践落地角度出发的书籍，将红帽的开源技术和企业数字化转型的需求相结合，为企业的数字化转型抛砖引玉。

本书收录了魏新宇此前所写的技术文章，这些文章最初在 IBM DeveloperWorks 中国网站发表，网址是 https://www.ibm.com/developerworks/cn（注：IBM DeveloperWorks 现已更名为 IBM Developer，网址是 https://developer.ibm.com/zh），文章列表为：

- 《使用 Istio 实现基于 Kubernetes 的微服务架构》
- 《通过 Kubernetes 和容器实现 DevOps》
- 《OpenShift 中容器多网络平面选型》

本书的主要内容

本书以红帽 OpenShift v4 为核心编写，书中的演示和截图均使用 OpenShift 企业版。社区版 OKD 只是在安装上稍有差别，在功能实现和技术上是一致的，因此本书也适合使用社区版的读者阅读，当然，我们建议使用企业版以获得相应的支持和保障。如果你使用的是 Kubernetes，本书的大部分内容也同样适用。

本书从客户的数字化转型入手，介绍如何通过 OpenShift 构建 PaaS 平台以及实现 DevOps、云原生、微服务。全书共分为四大部分：

- PaaS 能力建设。即本书的“PaaS 五部曲”，包含第 2～6 章的内容，分别是 OpenShift 技术解密及架构设计、基于 OpenShift 构建企业级 PaaS 平台、OpenShift 在企业中的开发实践、OpenShift 在企业中的运维实践、OpenShift 在公有云上的实践。
- DevOps 能力建设。即本书的“DevOps 两部曲”，包含第 7～8 章的内容，分别为在 OpenShift 上实现 DevOps、DevOps 在企业中的实践。
- 云原生能力建设。即本书的云原生部分，包含第 9 章，介绍如何为单体应用提速以及云原生开发和运行环境的选择。
- 微服务能力建设。即本书的微服务部分，包含第 10 章，包括微服务介绍及 Spring Cloud 在 OpenShift 上的落地、Istio 架构介绍与安装部署、基于 OpenShift 和 Istio 实现微服务落地。

本书的亮点

- 多位全球知名企业 IT 负责人的联名推荐，涵盖银行、保险、金融科技、汽车制造、航空信息等行业，体现了本书巨大的含金量。
- 内容均来自两名作者一线的售前和实施经验，具有较强的技术指导性。
- 全面基于 OpenShift v4，对 PaaS、DevOps、云原生、微服务治理进行系统阐述的书籍。

- 不是基本概念或实验步骤的介绍，而是从企业客户实战角度，为客户通过 OpenShift 实现 IT 转型给出具体的建议和参考架构。
- 秉承全栈理念，内容兼顾运维和开发。

本书读者对象

本书适合有一定 OpenShift/Kubernetes 基础的读者、企业的架构师、IT 经理、应用架构师和开源技术爱好者阅读。

在线资源获取

本书中演示使用的全部代码均放到了作者自建的 GitHub 仓库中，以便读者进行实践。由于开源的版本迭代较快，因此作者建议读者从架构方向来阅读本书，不必过于纠结细微的版本差别。

为了控制篇幅并方便读者重现实验，作者为本书每章创建了对应的 GitHub Repo。直接扫描下图二维码即可访问，或用浏览器直接访问 https://github.com/ocp-msa-devops/Version-2。

GitHub Repo 包含每章删除的本书第 1 版的内容、应用配置脚本、应用代码等。本书正文中将以“Repo 中某文”的方式引用这些内容，届时读者访问对应章节的 Repo（文中将不再强调 Repo 具体的网址和章节）即可获取相应的资源。此外，书中会引用“大魏分享”公众号中的内容，也会以二维码方式给出链接，读者用手机扫描即可阅读。

需要指出的是，OpenShift 的全称为 OpenShift Container Platform，简称 OCP。本书中所有涉及 OCP 的描述均指 OpenShift Container Platform。本书中所有涉及 K8S 的描述均指 Kubernetes。本书中涉及的 OpenShift Projects/Project、Namespaces/Namespace 均指 Kubernetes Namespace 对象。

作者在书写本书过程中主要参考了红帽官方文档、Istio 社区文档和 GitHub 上的测试代码。有需要的读者可以在线访问，获取更多资料。在线链接包括：

- OpenShift Container Platform 4.6 Documentation：https://access.redhat.com/

documentation/en-us/openshift_container_platform/4.6/

- Istio 官方网址：https://istio.io/latest/docs/concepts/what-is-istio/

本书勘误

由于时间仓促，加之开源产品迭代较快，书中的内容难免比社区软件的最新版本有一定滞后。如果你发现本书的笔误或不足之处，可以通过魏新宇的公众号“大魏分享（david-share）”向我们反馈。此外，你也可以在公众号留言，受邀后加入本书的微信读者群。

最后，祝你在阅读本书的过程中能够有所收获，让我们在开源技术与企业相结合的道路上共同成长！

致 谢 Acknowledgements

感谢跃军在与我合著这本书的过程中的艰辛付出，正是这些才使这本对企业数字化转型有一定指导意义的书能够顺利面市。

写书是一件很耗费精力的事情。在写书过程中，我花费了大量的业余时间，也牺牲了不少照顾两个孩子的时间。在此，感谢我的妻子邓海燕以及我的父母在这个过程中在生活上给予我的大力支持。

感谢外祖母在我成长过程中对我的关爱和照顾，这些恩情没齿难忘。

感谢红帽的同事在工作中对我的帮助，正是大家一起学习、讨论技术，才让我们都能够共同进步。

最后，衷心感谢机械工业出版社的编辑姚蕾女士，她在书稿的审阅过程中付出了大量的劳动，也为我和跃军书写这本书提供了很好的建议。

魏新宇　2020 年 9 月

本书所包含的内容是在项目中与客户、同事思想碰撞的结晶，因此，首先感谢在过去几年里共事的客户、同事以及朋友，正是有了你们的贡献，才让这本书变得更有深度和价值。

感谢新宇筹划这本书，使我们有机会把这些实践经验分享出来，没有他的努力和付出，相信本书不会有机会和广大读者朋友们见面。还要感谢对本书提供指导、修改意见的编辑姚蕾女士，她为本书的成稿付出了很多时间和精力，并提出了宝贵的建议。

最后，感谢我的家人在我写作过程中在生活上给予我的理解和支持。

郭跃军　2020 年 9 月

About the Authors 作者介绍

魏新宇，红帽副首席解决方案架构师。在 IaaS、PaaS 方面有丰富的经验，致力于开源解决方案在企业中的推广和应用。从售前角度主导了红帽在金融、汽车行业的多个 PaaS 项目。曾就职于华为、IBM、VMware。工作涉及领域硬件、AIX/Linux、虚拟化、PaaS、DevOps、微服务等。获得红帽 RHCA Level 5 认证、RHCE 认证。获得 ITIL V3、Cobit5、TOGAF、C-STAR/TOGAF（鉴定级）相关认证。通过“大魏分享（david-share）”微信公众号，分享了很多项目实践中的经验。

郭跃军，目前就职于 VMware，担任 Solutions Engineer。曾于红帽担任 PaaS 咨询顾问、AWS 顾问服务团队担任云架构咨询顾问，熟悉私有云和公有云生态。从 2015 年接触容器技术开始，一直奋战在 PaaS 建设一线，参与了很多 OpenShift 项目的竞标、PoC、咨询和落地实施，帮助很多企业实现了数字化转型。经过多年的技术积累和项目历练，在 PaaS 建设运维、DevOps 咨询落地以及微服务改造迁移等方面有着丰富的经验，并一直保持着对开源技术、云原生技术进行深入研究的热情。

目　录 *Contents*

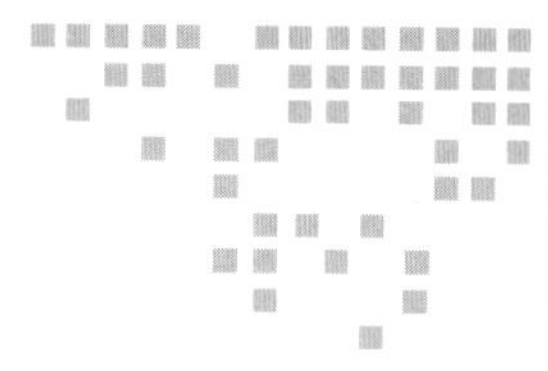

第 1 章 Chapter 1

通过 OpenShift 实现企业的数字化转型

时至今日，很多企业都在谈数字化转型，其中有些是主动为之，也有些是被动转变。无论是哪种情况，支撑业务转型的都是 IT 的转型。本章将针对企业数字化转型这个话题展开讨论，并分析在当下企业应如何通过 IT 转型最终实现业务转型。

1.1 企业进行数字化转型的必要性

随着互联网的发展和 IDC 定义的第三平台的到来，传统企业面临着激烈的业内和跨行业竞争。

我们以相机行业举例：1975 年发明世界第一台数码相机的伊士曼柯达公司，由于担心胶卷销量受到影响，在 2000 年左右没有大力发展数字化业务，在竞争对手如富士、佳能、尼康等厂商数码相机的猛烈冲击下，在 2013 年被迫宣布破产重组。

2008 年到 2010 年是小型数码相机的天下。但从 2010 年开始，随着智能手机的普及以及相机的移动化分享的普及，彼时相机界的技术先锋数码相机就显得有些落伍了。尼康公司在 2016 年的数码相机销量和销售额相比上一年有 10% 以上的减少。随后，数码相机厂商纷纷与智能手机厂商合作。

相对于胶卷相机，数码相机是架构性创新；相对于数码相机，智能手机具备的移动化社交分享功能更是架构性创新，或者说是跨界竞争、升维打击（指用更高的技术、理论、标准等来击败同等级的竞争对手）。

在激烈的市场竞争条件下，企业既要进行业内的竞争，还要防止跨界黑马的升维打击造成的利润下降，这就需要保持竞争力，并且需要为自己的客户提供更好的体验。企业在通过 IT 手段提升业务竞争力和客户体验的时候，需要选一些比较新的技术架构和工具。正是由于 PaaS、DevOps、微服务可以直接为业务带来收益，因此受到了企业极大的重视。

作为目前世界顶级军工企业的洛克希德·马丁公司也通过 IT 数字化转型提升自身的竞争力。“通过与红帽开放创新实验室团队的合作，我们改变了所有方面——我们的工具链、我们的流程、最重要的是我们的文化。随着我们的新文化牢固地扎根于 DevSecOps 和敏捷，以及基于 Red Hat OpenShift Container Platform 的更灵活的平台，F-22 团队将继续努力，以确保猛禽战斗机满足美国的国防需求。”洛克希德·马丁公司 F-16 / F-22 产品开发部总裁 Michael Cawoodvice 这样评价与红帽的合作。

接下来，我们将讨论企业数字化转型的步骤。

1.2 企业数字化转型之 PaaS

PaaS 的全称为 Platform-as-a-Service，含义为平台即服务。在 Docker 出现以前，企业 IT 的建设更多是围绕 IaaS 进行的。IaaS 的基础包括计算虚拟化、网络虚拟化、存储虚拟化，在此之上构建云管平台。

在虚拟化层面最著名的公司当属 VMware。传统 UNIX 服务器的落幕、x86 服务器的崛起，很大程度得益于 VMware 公司的 vSphere 虚拟化技术。虚拟化中的高可用（HA）、在线迁移（vMotion）等特性很大程度上弥补了（与 UNIX 服务器相比）早期 x86 服务器的稳定性相对较差的缺点。

2010 年 1 月，OpenStack 第一个版本发布，开启了开源界私有云 IaaS 建设的热潮。但在 2012 年 Docker 出现后，很多 IT 企业和行业客户将 IT 的重点迅速从 OpenStack 转向 Docker，原因何在？

不管是 vSphere 还是 OpenStack，其面向的对象都是虚拟机。对于企业而言，虚拟化实现了操作系统和底层硬件的松耦合，但虚拟机承载的是操作系统，我们依然需要在操作系统中安装应用软件。而 Docker 可以在容器中直接运行应用（如 Tomcat 容器镜像），这比虚拟机更贴近于应用，更容易实现应用的快速申请和部署，极大地促进了容器云 PaaS 的迅速发展。到目前为止，绝大多数的企业级 PaaS 产品是以 Kubernetes 为核心的，红帽的 OpenShift 3 也是如此。OpenShift 4 更进一步使用 CRI-O 替换了 Docker 容器引擎，从而提供了更为精简、稳定的容器运行时，该运行时与 Kubernetes 步调一致，极大地简化了 OpenShift 集群的支持和配置。

2019 年 11 月，容器创业公司 Sysdig 发布了名为“2019 Container Usage Report”的调查报告。报告中显示，43% 的受访者会采用 Red Hat 的 OpenShift 作为本地容器编排平台，这样既可以享受 Kubernetes 的优势，同时又可以使用 OpenShift 商业支持的本地 PaaS 解决方案，如图 1-1 所示。

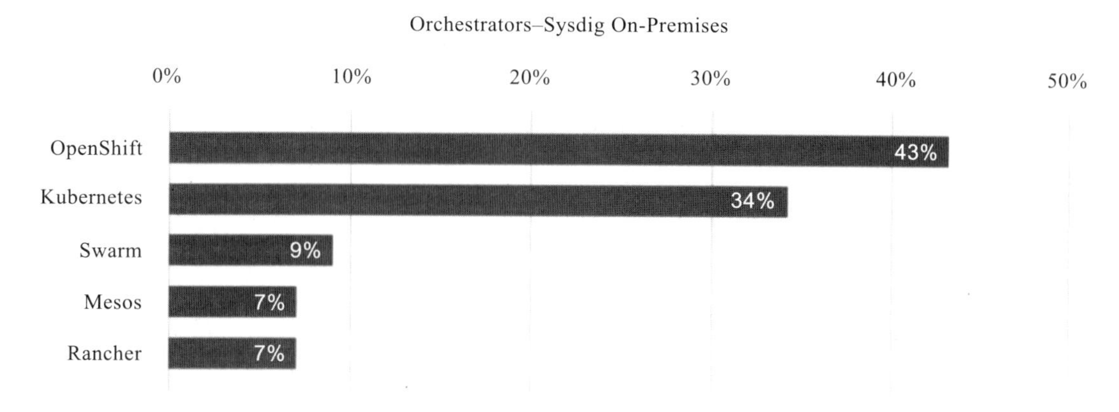

图 1-1　Sysdig 公司容器使用报告

1.3　企业数字化转型之 DevOps

DevOps 中的 Dev 指的是 Development（开发），Ops 指的是 Operations（运维），用一句话来说，DevOps 就是打通开发运维的壁垒，实现开发运维一体化。

1.3.1　从瀑布式开发到敏捷开发

谈到 DevOps 的发展史，我们需要先谈一下敏捷开发。

敏捷开发是面向软件的，而软件依赖于计算硬件。我们知道，世界上第一台计算机是在 1946 年出现的，因此，软件开发相对于人类历史而言，时间并不长。相对于软件开发而言，人们更擅长工程学，如盖楼、造桥等。为了推动软件开发，1968 年，人们将工程学的方法应用到软件领域，由此产生了软件工程。

软件工程的方式有其优点，但也带来了不少问题。最关键的一点是软件不同于工程。通过工程学建造的大桥、高楼在竣工后，人们通常不会对大桥或高楼的主体有大量使用需求的变更；但软件却不同，对于面向最终用户的软件，人们对于软件功能的需求是不断变化的。在瀑布式开发模式下，当客户需求发生变化时，软件厂商需要修改软件，这将会使企业的竞争力大幅下降。

传统的软件开发流程是：产品经理收集一线业务部门和客户的需求，这些需求可能是新功能需求，也可能是对产品现有功能做变更的需求；然后进行评估、分析，将这些需求制定为产品的路线图，并且分配相应的资源进行相关工作；接下来，产品经理将需求输出给开发部门，开发工程师写代码；写好以后，就由不同部门的人员进行后续的代码构建、质量检验、集成测试、用户验收测试，最后交给生产部门。这样带来的问题是开发周期比较长，并且如果有任何变更，都要重新走一遍开发流程。在商场如战场的今天，软件一个版本推迟发布，可能到发布时这个版本在市场上就已经过时了；而竞争对手很可能由于在新软件发布上快了一步，而迅速抢占客户和市场。

正是由于商业环境的压力，软件厂商需要改进开发方式。

2001 年年初，在美国犹他州滑雪胜地雪鸟城（Snowbird），17 位专家聚集在一起，概括了一些可以让软件开发团队更具有快速工作、适应变化能力的价值观，制定并签署了软件行业历史上最重要的文件之一——敏捷宣言。

敏捷宣言中的主要价值观如下：

- 个体和互动高于流程和文档。
- 工作的软件高于详尽的文档。
- 客户合作高于合同谈判。
- 响应变化高于遵循计划。

有了敏捷宣言和敏捷开发价值观，后续产生了对应的开发流派。主要的敏捷开发流派有极限编程（XP）、Scrum、水晶方法等。至此，敏捷开发有理念、有方法、有实践。随着云计算概念的兴起以及云计算的不断落地，敏捷开发也实现了工具化。

1.3.2 从敏捷开发到 DevOps

既然谈到了敏捷开发，那么敏捷开发和 DevOps 有什么关系呢？敏捷开发是开发领域里的概念，以敏捷开发阶段为基础，有如下阶段：

敏捷开发→持续集成→持续交付→持续部署→DevOps

从敏捷开发到 DevOps，前一个阶段都是后一个阶段的基础；随着阶段的推进，每个阶段的概念覆盖的流程越来越多；最终 DevOps 涵盖了整个开发和运维阶段。正是由于每个阶段涉及的范围不同，因此每个概念所提供的工具也是不一样的。具体内容参照图 1-2。

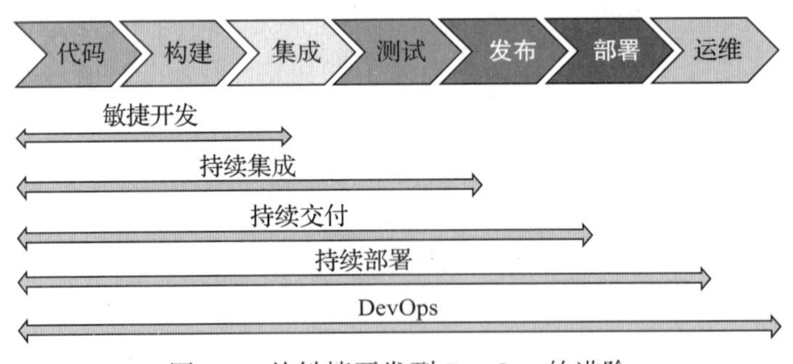

图 1-2　从敏捷开发到 DevOps 的进阶

持续集成（Continuous Integration）：代码集成到主干之前，必须全部通过自动化测试；只要有一个测试用例失败，就不能集成。持续集成要实现的目标是在保持高质量的基础上让产品可以快速迭代。

持续交付（Continuous Delivery）：开发人员频繁地将软件的新版本交付给质量团队或者用户，以供评审。如果通过评审，代码就被发布。如果未通过评审，那么需要变更后再提交。

持续部署（Continuous Deployment）：代码通过评审并发布后，自动部署到生产环境，以交付最终用户使用。

DevOps 是一组完整的实践，涵盖自动化软件开发和 IT 团队之间的流程，以便他们可以更快速、更可靠地构建、测试和发布软件。

1.3.3 洛克希德·马丁公司实施 DevOps 的收益

企业实施 DevOps 的收益主要在于大幅提升软件的交付速度。这里，我们将使用洛克希德·马丁公司的案例进行分析。

洛克希德·马丁公司的 F-22 猛禽战斗机是世界一流的战斗机之一，这得益于其隐身性、速度、敏捷性和态势感知的独特结合。洛克希德·马丁公司与美国空军合作，开发敏捷的新方法，以更快速、更实惠的方式向 F-22 猛禽战斗机提供关键能力。F-22 猛禽战斗机是世界上最先进的战斗机之一，要保持技术优势，就必须不断关注快速创新。

传统的瀑布式开发过程无法足够快地为战斗机提供关键能力。以前洛克希德·马丁公司花了五到七年的时间来确定需求并为现有架构（F-22 最初于 20 世纪 90 年代初期建立）发布新功能。这一耗时的过程，再加上代码质量和集成问题，产生了繁重的返工和自定义工作，导致该模式不再符合洛克希德·马丁公司对软件主导的创新的期望。

对于洛克希德·马丁公司而言，保持 F-22 猛禽战斗机的领先地位不仅仅在于升级其硬件和部署现代软件平台。相反，他们还寻求建立植根于创新和协作的团队文化，将创新和敏捷的方法运用到应用程序开发中。为此，洛克希德·马丁公司希望采用软件词典中常见的原则和框架，例如敏捷、最小可行产品（MVP）和 DevSecOps（融入了安全的 DevOps）。

通过红帽开放创新实验室在洛克希德·马丁公司为期八周的驻留，红帽公司协助洛克希德·马丁公司采用一种敏捷的方法论和 DevSecOps 实践替代了用于 F-22 猛禽战斗机升级的瀑布式开发过程，从而更快速响应美国空军的需求。洛克希德·马丁公司和红帽共同创建了一个基于红帽 OpenShift 容器平台的开放架构，这使 F-22 团队能够加快应用程序的开发和交付。

洛克希德·马丁公司选择红帽开放创新实验室来带领他们完成敏捷转型过程，并帮助他们在 F-22 上实施开源架构，同时解开其嵌入式系统网络，从而创造出更敏捷、更适应美国空军需求的产品。红帽开放创新实验室通过指导方式帮助洛克希德·马丁公司的团队采用了敏捷开发方法和 DevSecOps 实践。

在一次探讨会议和架构审查之后，红帽为洛克希德·马丁公司建立了一个基于红帽 OpenShift 容器平台的环境，该平台是值得信赖的企业 Kubernetes 平台。OpenShift 针对开发人员的创新模式进行了优化，同时帮助客户应对安全、运营管理以及应用程序和容器管理集成方面的 IT 挑战。OpenShift 由 Red Hat Enterprise Linux 的可信赖基础提供支持，Red Hat Enterprise Linux 是业界最受认可的操作系统之一，也是第一个支持 Linux 容器技术并获得 Common Criteria 认证支持的操作系统，从而使该平台非常适合满足由洛克希德·马丁公司及其客户制定的高安全标准。

在红帽开放创新实验室与洛克希德·马丁公司合作期间，一个由五个开发人员、两个运维人员和一个产品负责人组成的跨职能团队共同合作，为 OpenShift 上的 F-22 开发新的应用程序，取得了良好的效果。随后，洛克希德·马丁公司用 6 个月时间，将 OpenShift、敏捷方法和 DevSecOps 的成功经验扩展到了 100 人的 F-22 开发团队。

洛克希德·马丁公司的敏捷转型已获得回报。在最近的一次启动会议上，F-22 猛禽战斗机 Scrum 团队将其对未来冲刺的预测能力提高了 40%。项目启动仅一年之后，洛克希德·马丁公司就计划在飞机上提前三年交付新的通信功能。洛克希德·马丁公司正在继续将此方法扩展到整个 F-22 开发组织。

红帽开放创新实验室与洛克希德·马丁公司合作，不仅改变了其文化、流程和技术，而且还促使其重新考虑了团队的实际工作方式。洛克希德·马丁公司的 F-22 猛禽战斗机开发团队通过拆除壁垒创造了一个开放的工作环境，从而推动 DevSecOps 文化的进一步推广。

1.4 企业数字化转型之微服务

1.4.1 微服务架构简介

微服务这个概念并不是近年才有的，但这两年随着以容器为核心的新一代应用承载平台的崛起，微服务焕发了新的生命力。

传统的巨大单体（Monolithic）应用程序在部署和运行时，需要单台服务器具有大量内存和其他资源。巨大的单体应用必须通过在多个服务器上复制整个应用程序来实现横向扩展，因此其扩展能力极差；此外，这些应用程序往往更复杂，各个功能组件紧耦合，使得维护和更新更加困难。在这种情况下，想单独升级应用的一个功能组件，就会有“牵一发而动全身”的困扰。

在微服务架构中，传统的巨大单体应用被拆分为小型模块化的服务，每项服务都围绕特定的业务领域构建，不同微服务可以用不同的编程语言编写，甚至可以使用完全不同的工具进行管理和部署。

与单体应用程序相比，微服务组织更好、更小、更松耦合，并且是独立开发、测试和部署的。由于微服务可以独立发布，因此修复错误或添加新功能所需的时间要短得多，并且可以更有效地将更改部署到生产中。此外，由于微服务很小且无状态，因此更容易扩展。

总体而言，微服务通常具有以下特点：

- 以单个业务或域为模型。
- 每个微服务实现自己的业务逻辑，包含独立的持久数据存储。
- 每个微服务有一个单独发布的 API。
- 每个微服务能够独立运行。
- 每个微服务独立于其他服务且松耦合。
- 每个微服务可以独立地升级、回滚、扩容、缩容。

1.4.2　微服务架构的主要类型

目前在微服务架构领域有多种微服务治理框架，如 Spring Cloud、Istio 等。这几种微服务架构都符合上一节介绍的微服务架构的特点，但实现的方式不同：有的通过代码侵入的方式实现，有的通过使用代理的方式实现。

在 Kubernetes 出现和普及之前，实现微服务架构需要通过像 Spring Cloud 这种代码侵入的方式实现，也就是说，在应用的源代码中引用微服务架构的治理组件。在 Kubernetes 出现以后，我们可以将容器化应用之间的路由、安全等工作交由 Kubernetes 实现，也就是说，应用开发人员再也不必在开发阶段考虑微服务之间的调用关系，只需关注应用代码的功能实现即可。这种无代码侵入的微服务架构（如 Istio）越来越受到业内和客户青睐。而本书也会着重介绍基于 Istio 实现微服务。

1.4.3　企业实施微服务架构的收益和原则

从技术角度而言，企业实施微服务大致有以下几个方面收益：

- 应用更快部署：微服务比传统的单体应用小得多。较小的服务可以缩短修复错误所需的时间。微服务是独立发布的，这意味着可以快速添加、测试和发布新功能。
- 应用快速开发：微服务由小团队开发和维护，每个小团队最大规模为 10 人，合理的团队规模是 5～7 名成员，也就是"双比萨团队"（亚马逊在 2012 年提出这个概念，意思是 5～7 人吃两个比萨刚好吃饱）。
- 降低应用代码复杂度：由于微服务比巨大的单体应用小得多，因此，这意味着每个微服务的代码量是可控的，这让代码修改变得很容易。
- 应用易于扩展：微服务通常是独立部署的。各个服务可以根据服务接收的负载量灵活地扩容和缩容。系统可以将更多的计算、存储、网络资源分配给接收高流量的服务，实现资源上的按需分配。

虽然微服务优势明显，但为了保证微服务在企业内顺利实施，通常会遵循一些原则和最佳实践：

- IT 团队重组为 DevOps 团队：由微服务团队负责从开发到运营的整个生命周期管理。DevOps 团队可以按照自己的节奏管理组员和产品，控制自己的节奏。
- 将服务打包为容器：通过将应用打包成容器，可以形成标准交付物，大幅提升效率。
- 使用弹性基础架构：将微服务部署到 PaaS 上而非传统的虚拟机，例如 OpenShift 集群。
- 持续集成和交付流水线：通过流水线打通从开发到运维的整个流程，这有助于微服务的落地。

在了解了微服务对于企业数字化转型的意义后，接下来看一看 PaaS、DevOps 和微服务之间的关系。

1.5 PaaS、DevOps 与微服务的关系

PaaS、DevOps、微服务的概念很早就出现了。广义上的微服务和 DevOps 的建设包含人、流程、工具等多方面内容。IT 厂商提供的微服务和 DevOps 主要是指工具层面的落地和流程咨询。

在 Kubernetes 和容器普及之前，我们通过虚拟机也可以实现微服务和 DevOps（CI/CD），只是速度相对较慢，因此普及性不高（想象一下通过 x86 虚拟化来实现中间件集群弹性伸缩的效率）。而正是容器的出现，为 PaaS 和 DevOps 工具层面的落地提供了非常好的承载平台，使得这两年容器云平台风生水起。这就好比 4G（2014 年出现）和微信（2011 年出现）之间的关系。在 3G 时代，流量费较贵，大家对于微信语音和视频聊天不会太感兴趣；到了 4G 时代，网速提高而且收费大幅下降，像微信这样的社交和互联网支付工具才能兴起和流行。

容器引擎使容器具备了较好的可操作性和可移植性，Kubernetes 使容器具备企业级使用的条件。而 IT 界优秀的企业级容器云平台——OpenShift 又成为 DevOps 和微服务落地的新一代平台。

OpenShift 以容器技术和 Kubernetes 为基础，在此之上扩展提供了软件定义网络、软件定义存储、权限管理、企业级镜像仓库、统一入口路由、持续集成流程（S2I/Jenkins）、统一管理控制台、监控日志等功能，形成覆盖整个软件生命周期的解决方案。

所以说，OpenShift 本身提供开箱即用的 PaaS 功能，还可以帮助客户快速实现微服务和 DevOps，并且提供对应的企业级服务支持。

1.6 企业数字化转型的实现

1.6.1 什么是云原生应用

虽然名字中包含“云原生”三字，但云原生的重点并不是应用部署在何处，而是如何构建、部署和管理应用。

云原生应用的四大原则如下：

基于容器的基础架构：云原生应用依靠容器来构建跨底层基础架构的通用运行环境，并在不同的环境和基础架构（包括公有云、私有云和混合云）间实现真正的应用可移植性。此外，容器平台有助于实现云原生应用的弹性扩展。

基于 DevOps 流程：采用云原生方案时，企业会使用敏捷的方法，依据持续交付和 DevOps 原则来开发应用。这些方法和原则要求开发、质量保证、安全、IT 运维团队以及交付过程中所涉及的其他团队以协作方式构建和交付应用。

基于服务的架构：基于服务的架构（如微服务）提倡构建松耦合的模块化服务。采用基于服务的松耦合设计，可帮助企业提高应用创建速度，降低复杂性。

基于 API 的通信： 即通过轻量级 API 来进行服务之间的相互调用。通过 API 驱动的方式，企业可以通过所提供的 API 在内部和外部创建新的业务功能，极大提升了业务的灵活性。此外，采用基于 API 的设计，在调用服务时可避免因直接链接、共享内存模型或直接读取数据带来的风险。

也就是说，构建云原生应用的基础是：构建基于容器的 PaaS，构建 DevOps，构建微服务架构，采用基于 API 的应用设计和通信。

1.6.2　企业数字化转型之路

企业数字化转型的实现，总结起来可分为以下五个步骤，如图 1-3 所示。

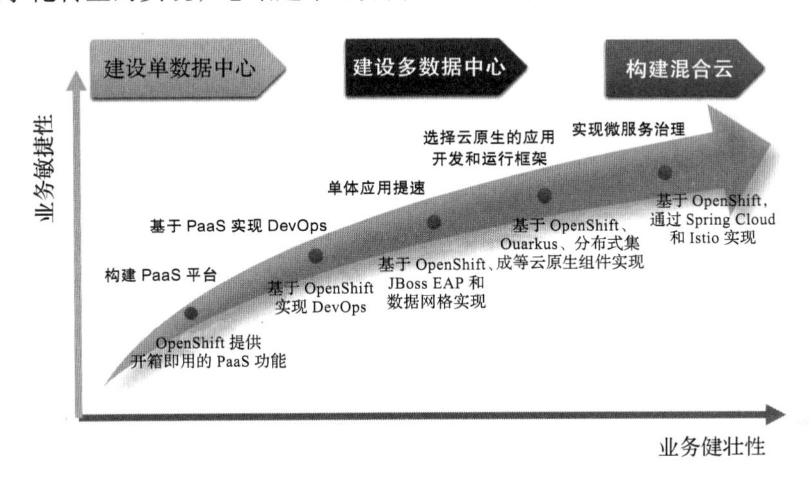

图 1-3　企业数字化转型之路

图 1-3 中的纵坐标为业务敏捷性，企业业务敏捷性方面的转型通常包含以下几步：

第一步：构建 PaaS 平台。PaaS 平台为开发人员提供了构建应用程序的环境，旨在加快应用开发的速度，实现平台即服务，使业务敏捷且具有弹性。近几年容器技术的崛起更是促进了 PaaS 的发展，红帽 OpenShift 就是首屈一指的企业级容器 PaaS 平台。

第二步：基于 PaaS 实现 DevOps。PaaS 平台是通过提高基础设施的敏捷而加快业务的敏捷，而 DevOps 则是在流程交付上加快业务的敏捷。通过 DevOps 可以实现应用的持续集成、持续交付，加速价值流交付，实现业务的快速迭代。

第三步：借助于轻量级应用服务器，为现有单体应用提速。在开启云原生应用之旅时，企业不能只关注开发新的应用。很多传统应用都是确保企业顺利运营和不断创收的关键所在，不能简单地取而代之。企业需将这类应用与新的云原生应用整合到一起。但是，问题是我们如何加快现有单体式应用的运行速度。正确的方法是：将现有的单体式架构迁移到模块化程度更高且基于服务的架构中，并采用基于 API 的通信方式，从而实施快速单体式方案。在开始实施将单体式应用重构为微服务的艰巨任务前，企业应该先为单体式架构奠定坚实的基础。虽然单体式应用的敏捷性欠佳，但其受到诟病的主要原因是自身的构建方式。运行快速的单体式应用可以实现微服务所能带来的诸多敏捷性优势，而且不会增加相关的复杂性和成本。

通过对快速单体式方案进行评估，可以确保应用在构建时遵循严苛的设计原则，并且正确定义了域边界。这样，企业就能在需要时以更加循序渐进、风险更低的方式过渡至微服务架构。如能以这种方式实现快速单体式应用的转型，即可为优良的微服务架构打下扎实的基础。借助于Red Hat OpenShift和轻量级的应用服务器Red Hat JBoss EAP、JBoss Web Server，我们可以将传统单体应用迁移到容器中，为现有单体应用提速。此外，随着OpenShift承载的单体应用越来越多，就会涉及通过数据网格为单体应用提速。此外，随着越来越多的业务迁移到OpenShift，这必然会牵扯到不同业务系统之间的协议转换，即分布式集成。

第四步：选择云原生的应用开发和运行框架。随着物联网（IoT）、机器学习、人工智能（AI）、数据挖掘、图像识别、自动驾驶汽车等新兴技术的兴起，应运而生的应用开发框架也越来越多，我们需要根据特定的业务应用需求来选择语言或框架，因此不同的云原生应用会采用不同的应用开发框架。这就要求容器PaaS平台能够支持多种应用开发框架。红帽OpenShift不仅支持传统JavaEE应用和Spring Boot应用，红帽也发布了基于Java的云原生开发框架Quarkus。此外，随着IoT、AI的普及，实时数据流平台显得越来越重要。在IoT平台上，如何实现对数据库的变化数据捕获也是我们需要考虑的。此外，如何在OpenShift上更进一步地运行Serverless也是我们需要关注的。

通过IT自动化管理，避免手动执行IT任务，是加速交付云原生应用的重点。IT自动化管理工具会创建可重复的流程、规则和框架，以替代或减少会导致延迟上市的劳动密集型人工介入。这些工具可以进一步延伸到具体的技术（如容器）、方法（如DevOps），再到更广泛的领域（如云计算、安全性、测试、监控和警报）。因此，自动化是IT优化和数字化转型的关键，可以缩短实现价值所需的总时长。

第五步：实现微服务治理。通过对业务的微服务化改造，将复杂业务分解为小的单元，不同单元之间松耦合，支持独立部署更新，真正从业务层面提升敏捷性。在微服务的实现上，客户可以选择采用Spring Cloud，但我们认为Istio是微服务治理架构的未来方向。

图1-3中的横坐标是业务健壮性的提升，通常分为以下几步：

第一步：建设单数据中心。大多数企业级客户（如金融、电信和能源客户）的业务系统运行在企业数据中心内部的私有云。在数据中心初期建设时，通常是单数据中心。

第二步：建设多数据中心。随着业务规模的扩张和重要性的提升，企业通常会建设灾备或者双活数据中心，这样可以保证当一个数据中心出现整体故障时，业务不会受到影响。

第三步：构建混合云。随着公有云的普及，很多企业级客户，尤其是制造行业的客户，开始将一些前端业务系统向公有云迁移，这样客户的IT基础架构最终成为混合云的模式。

企业的IT基础架构与业务系统是相辅相成的。在我们看到的客户案例中，很多客户都是两者同步建设，实现基于混合云的PaaS、DevOps和微服务，并最终实现基于混合云构建云原生能力。

本书将以本小节列出的企业数字化转型步骤为整体脉络，分析企业如何以 OpenShift 为核心逐步实现这些能力，共分为四大部分：

- PaaS 能力建设。本书的"PaaS 五部曲"，包含第 2～6 章的内容，分别是：OpenShift 技术解密及架构设计、基于 OpenShift 构建企业级 PaaS 平台、OpenShift 在企业中的开发实践、OpenShift 在企业中的运维实践、OpenShift 在公有云上的实践。即企业数字化转型的第一步。
- DevOps 能力建设。本书的"DevOps 两部曲"，包含第 7～8 章的内容，分别是：在 OpenShift 上实现 DevOps、DevOps 在企业中的实践。即企业数字化转型的第二步。
- 云原生能力建设。本书的第 9 章，即基于 OpenShift 构建云原生。这部分介绍如何为单体应用提速以及云原生开发和运行环境的选择，即企业数字化转型的第三步和第四步。需要指出的是，作者在《云原生应用构建：基于 OpenShift》一书中全面阐述了构建云原生的方法，重复的内容本书第 9 章不会进行赘述。
- 微服务能力建设。包含第 10 章的内容，包括微服务介绍及 Spring Cloud 在 OpenShift 上落地、Istio 架构介绍与安装部署、基于 OpenShift 和 Istio 实现微服务落地。即企业数字化转型的第五步。

1.7　本章小结

本章介绍了企业数字化转型的必要性，并分析了 PaaS、DevOps、云原生、微服务可以为企业带来的变化，以及彼此之间的关系。下一章将正式开启企业数字化转型之旅，相信每一位读者在阅读本书后都能有所收获。

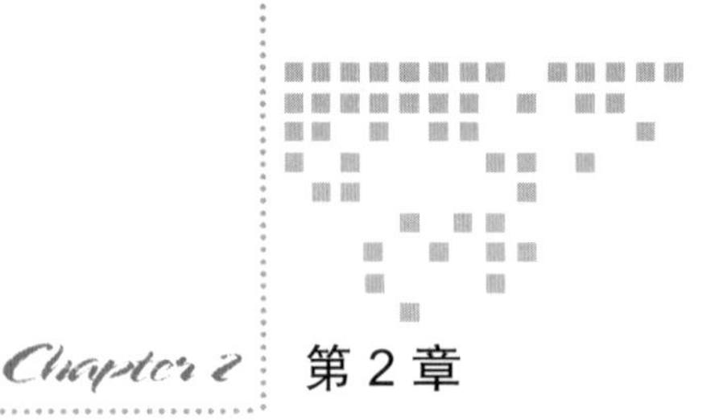

Chapter 2 第2章

OpenShift技术解密及架构设计

从本章开始，我们进入“PaaS五部曲”部分。在接下来的五章中，我们将依次介绍OpenShift技术解密及架构设计、基于OpenShift构建企业级PaaS平台、OpenShift在企业中的开发实践、OpenShift在企业中的运维实践、OpenShift在公有云上的实践。在介绍过程中，我们会引入大量实际项目中的经验，以期对读者有一定借鉴意义。

众所周知，Kubernetes作为容器编排系统的通用标准，它的出现促进了PaaS的飞速发展和企业中的落地。基于Kubernetes红帽推出的企业级PaaS平台——OpenShift提供了开箱即用的PaaS功能。在介绍OpenShift之前，我们先看看OpenShift与Kubernetes的相同和不同之处。

2.1 OpenShift与Kubernetes的关系

OpenShift与Kubernetes之间的关系可以阐述为OpenShift因Kubernetes而重生、Kubernetes因OpenShift走向企业级PaaS平台。在正式介绍两者之间的关系前，我们先简单介绍容器的发展史。

2.1.1 容器发展史

2008年，最早的容器运行时LXC（Linux Container）诞生。2013年，Docker容器引擎发布。Docker开发之初尝试使用LXC，但由于彼时LXC隔离性相对较差，因此Docker开发Libcontainer，最终形成runC。2014年Kubernetes发布时，由于社区中Docker已经被大量使用，因此就用Docker容器引擎。

随着Docker越来越重，CoreOS以rkt的形式发布了一个更简单的独立运行时。rkt与

Kubernetes 具有较好的协同工作性。

随着容器运行时格式的增加，2015 年 6 月 OCI（Open Containers Initiative）项目成立。这个项目的目的是对容器运行时的接口标准化，runC 在第一时间通过了 OCI 标准的认证。

为了实现 Kubernetes 与容器运行时解耦，Google 提出了 CRI（Container Runtime Interface）标准。它是一组 Kubernetes 与 Container Runtime 进行交互的接口，这使 Kubernetes 用户可以插入除 Docker 之外的其他容器引擎。所以说，CRI 和 OCI 并不冲突：Kubernetes 定义的是它调用容器运行时的标准接口，OCI 定义的是容器运行时本身的标准。

容器运行时接口（OCI）标准提出以后，红帽考虑到 Kubernetes 在企业中的应用，专门为 Kubernetes 做了一个轻量级的容器运行时，决定重用了 runC 等基本组件来启动容器，并实现了一个最小的 CRI 称为 CRI-O，CRI-O 是 CRI 的一种标准实现。2017 年 10 月，CRI-O 正式发布。

当红帽开发 CRI-O 时，Docker 也在研究 CRI 标准，这导致了另一个名为 Containerd 的运行时的出现（实际上它是从 Docker Engine 剥离出来的）。所以从 1.12 版本开始，Docker 会多一层 Containerd 组件。Kubernetes 将 Containerd 接入 CRI 的标准中。即 cri-containerd。

从概念上，从 PaaS 顶层到底层的调用关系是：

Orchestration API → Container Engine API → Kernel API

旧版本的 PaaS 平台（如 OpenShift 3）的调用架构：

Kubernetes Master → Kubelet → Docker Engine → Containerd → runC → Linux Kernel

红帽 OpenShift 最新的调用架构：

Kubernetes Master → Kubelet → CRI-O → runC → Linux kernel

详细的调用架构如图 2-1 所示。

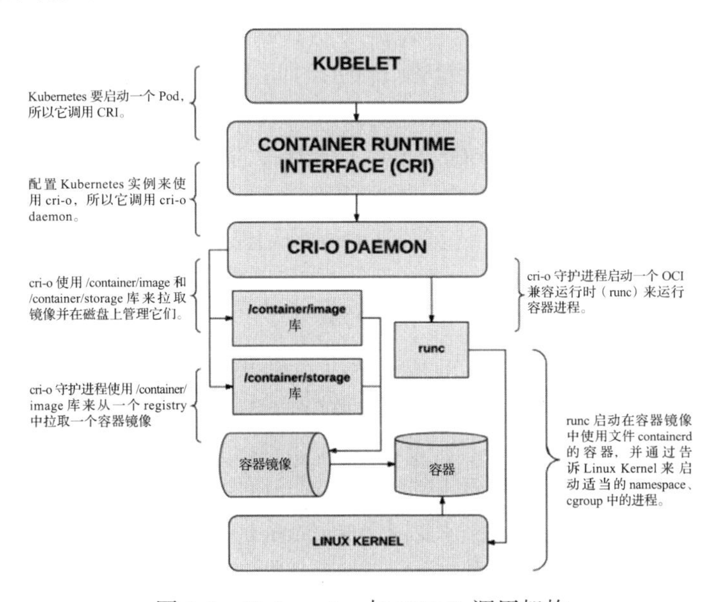

图 2-1　Kubernetes 与 CRI-O 调用架构

我们看到，采用 CRI-O 运行时 OpenShift 对底层的调用链路更短、效率更高、稳定性更强。而很重要的一点是 CRI-O 的运行不依赖于守护进程，也就是说，即使 OpenShift 节点上的 CRI-O 的 Systemd 进程终止，所有运行的 Pod 也不受影响，具体的验证步骤可以参照“大魏分享”公众号文章，如图 2-2 所示。

图 2-2 验证 CRI-O 在故障下的表现

在介绍了容器发展史后，接下来我们介绍 OpenShift 的发展史以及与 Kubernetes 的关系。

2.1.2 OpenShift 发展简史

红帽 OpenShift 是全球领先的企业级 Kubernetes 容器平台。目前 OpenShift 拥有大量客户（全球超过 1000 个），跨越行业垂直市场，并在私有云和公有云上都有实践案例。

OpenShift 在 2011 年诞生之初，核心架构采用 Gear。2014 年 Kubernetes 诞生以后，红帽决定对 OpenShift 进行重构，正是这一决定彻底改变了 OpenShift 的命运以及后续 PaaS 市场的格局。

2015 年 6 月红帽推出基于 Kubernetes 1.0 的 OpenShift 3.0，它构建在三大强有力的支柱上：

- Linux：红帽 RHEL 作为 OpenShift 3 基础，保证了其基础架构的稳定性和可靠性。
- 容器：旨在提供高效、不可变和标准化的应用程序打包，从而实现跨混合云环境的应用程序可移植性。
- Kubernetes：提供强大的容器编排和管理功能，并成为过去十年中发展最快的开源项目之一。

企业通常对 PaaS 平台的安全性、可操作性、兼容性等有复杂的要求，Kubernetes 的原生功能很难满足这些需求。为此，在过去几年的时间里，红帽在 Kubernetes 和其周边社区投入了大量的精力。

在 2018 年 1 月，红帽收购 CoreOS 公司。在随后的一年时间里，红帽将 CoreOS 优秀的功能和组件迅速融合到 OpenShift 中，其中很多是企业用户期盼已久的。截至 2021 年 9 月，红帽 OpenShift 最新版本为 4.8（包含 Kubernetes 1.21）。

2.1.3 OpenShift 对 Kubernetes 的增强

从最新 Kubernetes 社区代码贡献的排名可以看出红帽在 Kubernetes 社区具有重大的影响力，并发挥着举足轻重的作用，如图 2-3 所示（https://www.stackalytics.com/cncf?project_type=kubernetes）。

早期的 Kubernetes 功能尚弱，红帽的 OpenShift 补充了大量的企业级功能，并逐渐将这些功能贡献给上游 Kubernetes 社区，此时，Kubernetes 和 OpenShift 共同成长。随着纳入 CoreOS 优秀基因的 OpenShift 的发布，OpenShift 的功能特性和健壮性大胜往昔，并进一步推动 Kubernetes 社区的发展。所以说，OpenShift 和 Kubernetes 是相互推动、相互促进的。

接下来，我们具体看一下 OpenShift 对 Kubernetes 的一些关键性增强。

Commits by Company

Show 10 ▾ entries　　Search

#	Company	Commits
1	● Google	20001
2	● Red Hat	7906
	● *independent	7397
3	● Huawei	1669
4	● ZTE Corporation	1149
5	● Microsoft	740
6	● FathomDB	587
7	● VMware	557
8	● CoreOS	505
9	IBM	504

Showing 1 to 10 of 113 entries　　Previous　Next

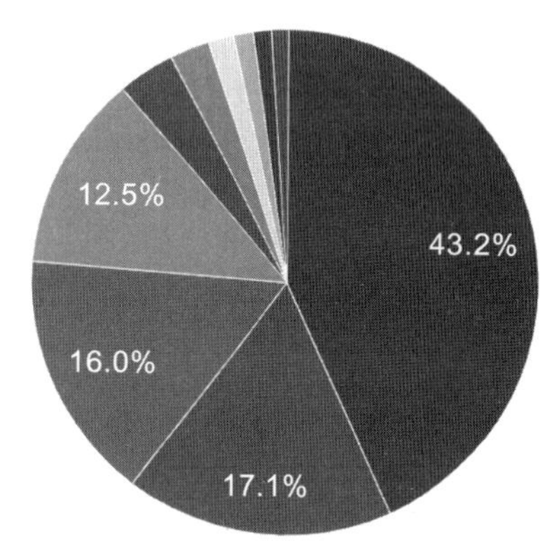

图 2-3　Kubernetes 社区各公司代码提交量分析

1. 稳定性的提升

Kubernetes 是一个开源项目，面向容器调度；OpenShift 是企业级软件，面向企业 PaaS 平台。OpenShift 除了包含 Kubernetes，还包含很多其他企业级组件，如认证集成、日志监控等。

OpenShift 提供企业版和社区版，红帽订阅客户可以使用企业版并获得 OpenShift 企业级支持。Kubernetes 有很多发行版，但由于它是一个社区开源项目，如果遇到技术问题，主要依靠社区或外部专家来解决。

Kubernetes 每年发布 4 个版本，OpenShift 通常使用次新版本的 Kubernetes 为最新版本产品的组件，这样保证客户企业级 PaaS 产品的稳定性。

2. OpenShift 实现了一个集群承载多租户和多应用

企业客户通常需要 PaaS 集群具备租户隔离能力，以支持多应用和多租户。多租户是 Kubernetes 社区中一个备受争议的话题，也是当时 Kubernetes 早期版本所欠缺的。

为解决这个问题，红帽在许多关键领域投入了大量资源。红帽推动了 Kubernetes RBAC 和资源限制 Quota 的开发，以便多个租户可以共享一个 Kubernetes 集群，并可以做资源限制。红帽推动了基于 Kubernetes 角色的访问控制（RBAC）的开发，以便可以为用户分配具有不同权限级别的角色。2015 年发布的 OpenShift 3.0（基于 Kubernetes 1.0）就已经提供了 RBAC 的功能；而 Kubernetes 直到 1.6 版本才正式提供 RBAC 功能。当年没有 RBAC、Quota 这些功能的 Kubernetes 是无法满足企业客户的需求的。

3. OpenShift 实现了应用程序的简单和安全部署

Kubernetes 为应用程序提供了诸如 Pod、Service 和 Controller 等功能组件，但在 Kubernetes 1.0 中部署应用程序并实现应用程序版本管理并不是一件简单的事情。红帽在

OpenShift 3.0（基于 Kubernetes 1.0）中开发了 DeploymentConfig，以提供参数化部署输入、执行滚动部署、启用回滚到先前部署状态，以及通过触发器驱动自动部署（BuildConfig 执行完毕触发 DeploymentConfig）。红帽 OpenShift DeploymentConfig 中许多功能最终将成为 Kubernetes Deployments 功能集的一部分，目前 OpenShift 也完全支持 Kubernetes Deployments。

企业客户需要更多安全工具来处理正在部署的应用程序。容器生态系统在容器镜像扫描、签名等解决方案方面已经走过了漫长的道路。但是，开发人员仍在寻找和部署缺乏任何来源且可能不太安全的镜像。Kubernetes 通过 Pod 安全策略来提升安全性。例如我们可以设置 Pod 以非 root 用户方式运行。Pod 安全策略是 Kubernetes 中的较新的功能，这也是受 OpenShift SCC（安全上下文约束）的启发。

为了真正实现容器镜像的安全，红帽致力于消除单一厂商控制的容器镜像格式和运行时（即 Docker）。红帽为 Kubernetes 开发了 CRI-O，这是一个轻量级、稳定且更安全的容器运行时，基于 OCI 规范并通过 Kubernetes CRI 集成。目前已经在 OpenShift 中正式发布。

4. OpenShift 帮助 Kubernetes 运行更多类型的应用负载

Kubernetes 本身适合无状态的应用运行。但如果企业中大量有状态的应用都无法运行在 Kubernetes 上的话，Kubernetes 的使用场景终将有限。有状态应用在 Kubernetes 上运行的最基本要求就是数据持久化。为此，红帽创建了 OpenShift 存储 Scrum 团队来专注此领域，并为上游的 Kubernetes 存储卷插件做出贡献，为这些有状态服务启用不同的存储后端。随后，红帽推动了动态存储配置的诞生，并推出了 OpenShift Container Storage 等创新解决方案。红帽还参与了 Kubernetes 容器存储接口（CSI）开源项目，以实现 Pod 与后端存储的松耦合。

5. OpenShift 实现应用的快速访问

Kubernetes 1.0 中没有 Ingress 的概念，因此将入站流量路由到 Kubernetes Pod 和 Service 是一项非常复杂、需要手工配置的任务。在 OpenShift 3.0 中，红帽开发了 Router，以提供入口请求的自动负载平衡。Router 是现在 Kubernetes Ingress 控制器的前身，当然，OpenShift 也支持 Kubernetes Ingress。

Kubernetes 本身不包括 SDN 和虚拟网络隔离，而 OpenShift 包括集成了 OVS 的 SDN，并实现虚拟网络隔离。此外，红帽还帮助推动了 Kubernetes 容器网络接口开发，为 Kubernetes 集群提供了丰富的第三方 SDN 插件生态系统。目前，OpenShift 的 OVS 支持 Network Policy 模式，其网络隔离性更强，而且默认使用 Network Policy 模式，极大提升了容器的网络安全。

6. OpenShift 实现了容器镜像的便捷管理

OpenShift 使用 ImageStreams 管理容器镜像。一个 ImageStream 是一类应用镜像的集合，而 ImageStreams Tag 则指向实际的镜像。

对于一个已经有的镜像，如 Docker.io 上的 Docker Image，如果想在 OpenShift 中使用 Image，则可以通过将 Image 导入 ImageStream 中来使用。需要注意的是，我们在将 Image 导入 ImageStream 的时候，可以加上 --scheduled=true 参数，它的作用是当创建好 ImageStream 以后，ImageStream 会定期检查镜像库的更新，然后保持指向最新的 Image。

在 DeploymentConfig 中使用 ImageStream 时，我们可以设置一个 Trigger，当新镜像出现或镜像的 Tag 发生变化，Trigger 会触发自动化部署。这个功能可以帮助我们在没有 CI/CD 配置的前提下实现新镜像的自动部署。

通过使用 ImageStream，我们实现了容器镜像构建、部署与镜像仓库的松耦合。

在介绍 OpenShift 对 Kubernetes 的增强以后，接下来介绍 OpenShift 对 Kubernetes 生态的延伸。

2.1.4　OpenShift 对 Kubernetes 生态的延伸

OpenShift 对 Kubernetes 生态的延伸主要体现在七个方面，我们接下来分别介绍这七个方面。

1. OpenShift 实现了与 CI/CD 工具的完美集成

目前 OpenShift Pipeline 默认使用 Tekton。Tekton 是一个功能强大且灵活的 Kubernetes 原生开源框架，用于创建持续集成和交付（CI/CD）。通过抽象底层实现细节，用户可以跨多云平台和本地系统进行构建、测试和部署。

Tekton 将许多 Kubernetes 自定义资源（CR）定义为构建块，这些自定义资源是 Kubernetes 的扩展，允许用户使用 Kubectl 和其他 Kubernetes 工具创建这些对象并与之交互。

虽然 OpenShift 默认使用 Tekton 实现 Pipeline，但 OpenShift 会继续发布并支持与 Jenkins 的集成。OpenShift 与 Jenkins 的集成，体现在以下几个方面：

- 统一认证：OpenShift 和部署在 OpenShift 中的 Jenkins 实现了 SSO。根据 OpenShift 用户在 Project 中的角色，可以自动映射与之匹配的 Jenkins 角色（view、edit 或 admin）。
- OpenShift 提供四个版本的 Jenkins：默认已经提供了一键部署 Jenkins 的四个模板，如图 2-4 所示。

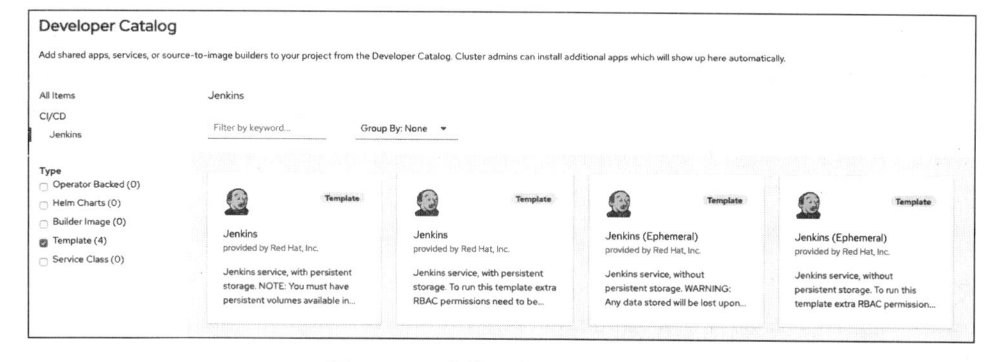

图 2-4　四种类型的 Jenkins 模板

- 自动同步Secret：在同一个项目中，OpenShift的Secret与Jenkins凭证自动同步，以便Jenkins可以使用用户名/密码、SSH密钥或Secret文本，而不必在Jenkins中单独创建。
- Pipeline的集成：可以在Jenkins中定义Pipeline来调用OpenShift API，完成一些应用构建和发布等操作。

2. OpenShift实现开发运维一体化

在Kubernetes刚发布时，红帽主要想借助Kubernetes构建企业级开发平台。为了全面提升OpenShift的运维能力，红帽收购CoreOS，将其中优秀的运维工具纳入OpenShift中。CoreOS麾下能大幅提升OpenShift运维能力的组件有：

- Tectonic：企业级Kubernetes平台。
- Container Linux：适合运行容器负载的Linux操作系统CoreOS。
- Quay：企业级镜像仓库。
- Operator：有状态应用的生命周期管理工具。
- Prometheus：容器监控平台。

CoreOS在Prometheus社区建立了领导地位，这为红帽带来了宝贵的专业知识。红帽OpenShift也逐步与CoreOS完成整合。

- 在监控方面，Prometheus成为默认的监控工具，提供了原生的Prometheus监控、警报和集成的Grafana仪表板。
- 在运维管理方面，OpenShift将CoreOS Tectonic控制台的功能完全融入OpenShift中，提供运维能力很强的Cluster Console。
- 操作系统CoreOS作为OpenShift的宿主机操作系统。
- 将Operator作为集群组件和容器应用的部署方式。
- Quay正在与OpenShift进行最后的集成。后面OpenShift的Docker Registry可以由Quay替代。

3. OpenShift实现有状态应用的全生命周期管理

CoreOS推出了在Kubernetes上管理应用的新方式——Operator。Operator扩展了Kubernetes API，它可以配置和管理复杂的、有状态应用程序的实例。如今，Operator能够管理的应用类型越来越多。

Operator为什么这么重要？这是因为我们在Kubernetes上运行复杂的有状态应用程序（如数据库、中间件和其他服务）通常需要特定于该应用领域的知识。Operator允许将领域知识编程到代码中，以便使每个应用能够自我管理，主要利用Kubernetes API和声明性管理功能来实现这一目标。Operator可以实现跨混合云的应用生命周期统一管理。

OpenShift提供一个非常方便的“容器应用商店”：OperatorHub。OperatorHub提供了一个Web界面，用于发现和发布遵循Operator Framework标准的Operator。开源Operator和商业Operator都可以发布到OperatorHub。截至目前，OperatorHub中的应用数量超过

200 个，如图 2-5 所示。

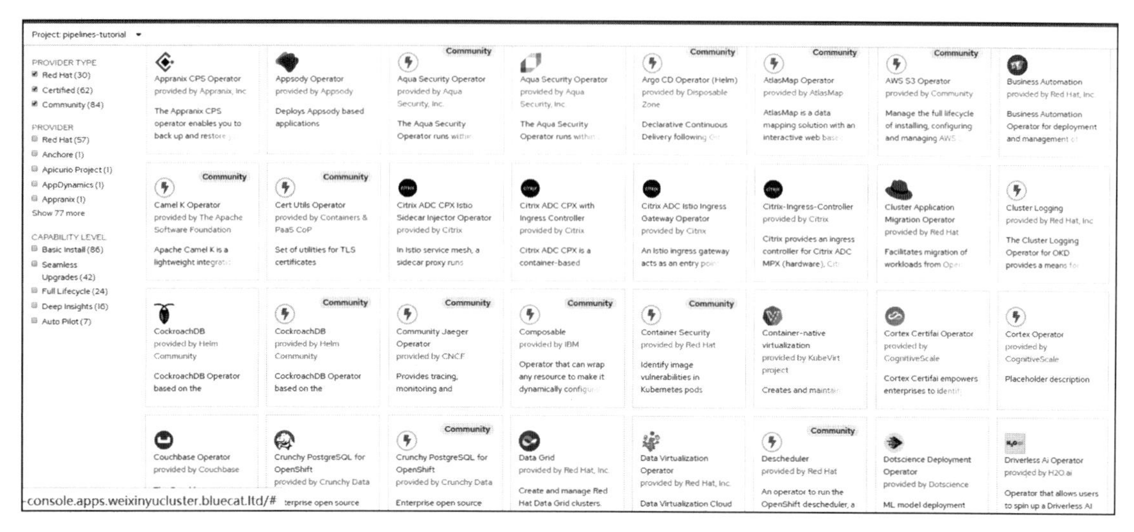

图 2-5　OperatorHub 应用概览

4. OpenShift 实现了对 IaaS 资源的管理

Kubernetes 虽然对运行在其上的容器化应用有较强的管理能力，但 Kubernetes 缺乏对 Kubernetes 下的基础设施进行管理的能力。为了实现 PaaS 对基础架构的纳管，OpenShift 引入 Machine API，通过配置 MachineSet 实现 IaaS 和 PaaS 统一管理。也就是说，当 OpenShift 集群性能不足的时候，自动将基础架构资源加入 OpenShift 集群中。目前 OpenShift 实现了对 AWS EC2、微软 Azure、Red Hat OpenStack 等云平台的纳管。

5. OpenShift 实现集群实时更新

安装 Kubernetes 集群后，一个重大挑战是让它们保持最新状态。CoreOS 率先推出了 Tectonic 和 Container Linux 的“ over the air updates”概念。通过这个技术，客户能够将 OpenShift 集群连接到红帽官网，这样客户就可以收到有关新版本和关键更新的自动通知。如果客户的 OpenShift 集群不能连接红帽官网，客户仍然可以从本地镜像仓库下载和安装相同的更新。

OpenShift 的主机操作系统基于 CoreOS，将提供平滑升级的能力。

6. OpenShift 通过 Istio 实现新一代服微服务架构

红帽为上游 Istio 社区做出贡献，并在 OpenShift 上发布企业级 Istio。Istio 通过 Envoy 为微服务添加轻量级分布式代理来管理对服务的请求。在 OpenShift 4.2 上的 Red Hat Istio 已经正式发布，Istio 也将是本书着重介绍的一部分内容。

7. OpenShift 实现 Serverless

Knative 是一种支持 Kubernetes 的 Serverless 架构。红帽是 Knative 开源项目的贡献

者，红帽希望基于 OpenShift 实现开放的混合无服务器功能（FaaS）。如今，AWS Lambda 等 FaaS 解决方案通常仅限于单一云环境。红帽的目标是与 Knative、OpenWhisk 社区以及其他的 FaaS 提供商合作，为开发人员在混合的多云基础架构中构建应用程序提供无服务器功能。

在介绍了 OpenShift 与 Kubernetes 之间的关系后，接下来将从企业使用的视角逐步展开说明 OpenShift 的各部分架构。

2.2 OpenShift 的架构介绍与规划

OpenShift 的架构设计主要是针对企业需求进行高可用架构设计，包括计算、网络、存储等。接下来我们针对这些问题逐一展开介绍。

2.2.1 OpenShift 的逻辑架构

OpenShift 的逻辑架构图如图 2-6 所示。

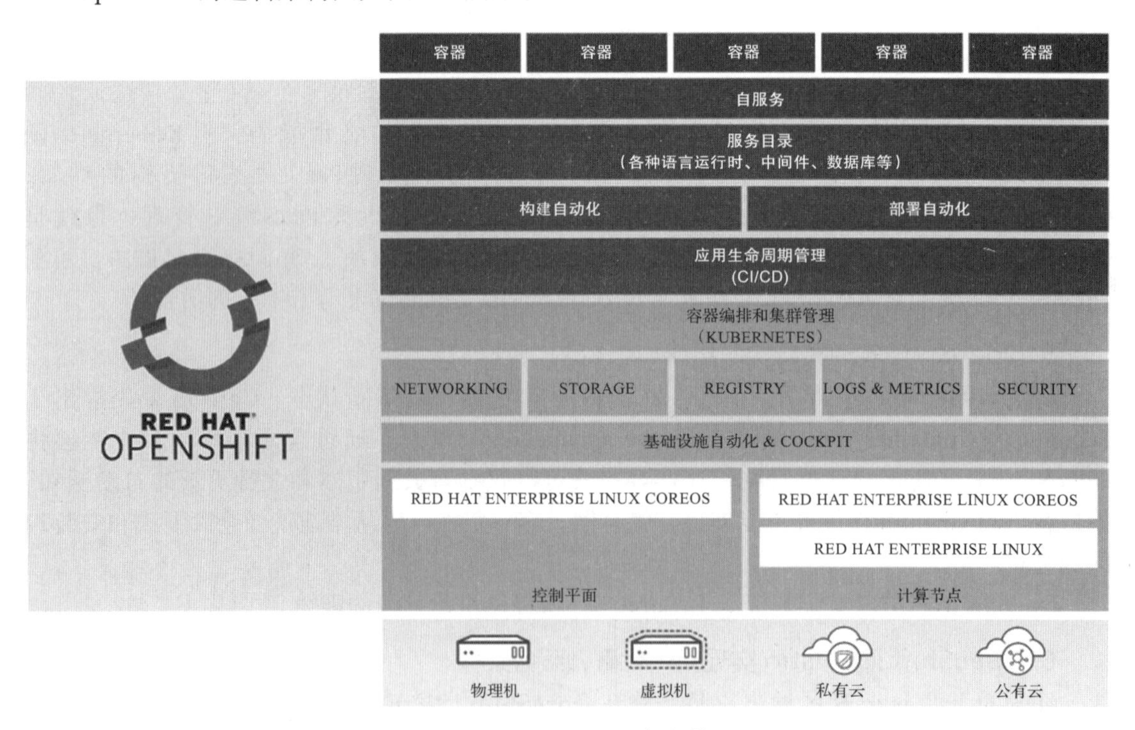

图 2-6 OpenShift 逻辑架构

图 2-6 中的关键组件介绍如下。

- 底层基础设施：OpenShift 可以运行在公有云（AWS、Azure、Google 等）、私有云（OpenStack）、虚拟机（vSphere、RHV、红帽 KVM）、X86、IBM Power/Z 服务器上。

- 控制平面（Control Plane）：负责整个集群的调度和管理，如认证授权、容器调度、应用管理、服务注册发现等。控制节点需要运行在 CoreOS 系统上。
- 计算节点（Worker）：提供在 OpenShift 上运行容器应用所需的计算资源，如 Tomcat、MongoDB 等。可以选择根据运行的容器类型将节点进一步细分为 Infra 节点和 App 节点，Infra 节点上运行集群的附加组件（如路由器、日志、监控等），App 节点上运行真实的业务应用容器。计算节点可以运行在 CoreOS 或 RHEL 上。
- Kubernetes 层：OpenShift 会集成次新版本的 Kubernetes，通过 Kubernetes 实现核心功能。
- 应用生命周期管理层：OpenShift 通过 Jenkins 或 Teckton 实现应用的 CI/CD。
- Service Catalog 层：提供多种预安装的应用服务，如 Redis、OpenJDK 等，实现基础服务的快速创建和管理，实现自服务。
- 容器层：OpenShift 上可以运行多种编程语言运行时、数据库和其他软件包的认证容器镜像。

2.2.2 OpenShift 的技术架构

了解 OpenShift 的逻辑架构之后，接下来讲解在 OpenShift 中使用了哪些关键性技术。OpenShift 的技术架构如图 2-7 所示。

图 2-7　OpenShift 的技术架构

按照层级，我们自下往上进行介绍。

- OpenShift 的基础操作系统是 Red Hat CoreOS。Red Hat CoreOS 是一个精简的 RHEL 发行版，专用于容器执行的操作系统。
- CRI-O 是 Kubernetes CRI（容器运行时接口）的实现，以支持使用 OCI（Open Container Initiative）兼容的运行时。CRI-O 可以使用满足 CRI 的任何容器运行时，如 runC、libpod 或 rkt。

- Kubernetes 是容器调度编排和管理平台，关于它的具体功能我们不再赘述。
- Etcd 是一个分布式键值存储，Kubernetes 使用它来存储有关 Kubernetes 集群元数据和其他资源的配置及状态信息。
- 自定义资源定义（CRD）是 Kubernetes 提供的用于扩展资源类型的接口，自定义对象同样存储在 Etcd 中并由 Kubernete 管理。
- 容器化服务（Containerized Service）实现了 PaaS 功能组件以容器方式在 OpenShift 上运行。
- 应用程序运行时和 xPaaS（Runtime and xPaaS）是可供开发人员使用的基本容器镜像，每个镜像都预先配置了特定的运行时语言或数据库。xPaaS 产品是红帽中间件产品（如 JBoss EAP 和 ActiveMQ）的一组基础镜像。OpenShift 应用程序运行时（RHOAR）是在 OpenShift 中运行云原生应用的程序运行时，包含 Red Hat JBoss EAP、OpenJDK、Thorntail、Eclipse Vert.x、Spring Boot 和 Node.js。
- DevOps 工具和用户体验：OpenShift 提供用于管理用户应用程序和 OpenShift 服务的 Web UI 和 CLI 管理工具。OpenShift Web UI 和 CLI 工具是使用 REST API 构建的，可以与 IDE 和 CI 平台等外部工具集成使用。

我们已经从技术架构图中了解到技术组件的概貌，接下来将深入介绍 OpenShift 中一些关键技术的细节。

1. CoreOS 操作系统介绍

CoreOS 是一个容器化操作系统，由 CoreOS 公司开发。后来 CoreOS 被红帽收购，形成了 Red Hat Enterprise Linux CoreOS（简称 RHCOS）产品。

RHCOS 代表了下一代单用途容器操作系统技术。RHCOS 由创建了 Red Hat Enterprise Linux Atomic Host 和 CoreOS Container Linux 的同一开发团队打造，它将 Red Hat Enterprise Linux（RHEL）的质量标准与 Container Linux 的自动化远程升级功能结合在一起。

OpenShift 的 Master 节点必须使用 RHCOS，Worker 节点可以选择 RHCOS 或 RHEL。目前 RHCOS 只能作为 OpenShift 的基础操作系统，不能独立使用。RHCOS 的组件管理也由 OpenShift 进行，如图 2-8 所示。

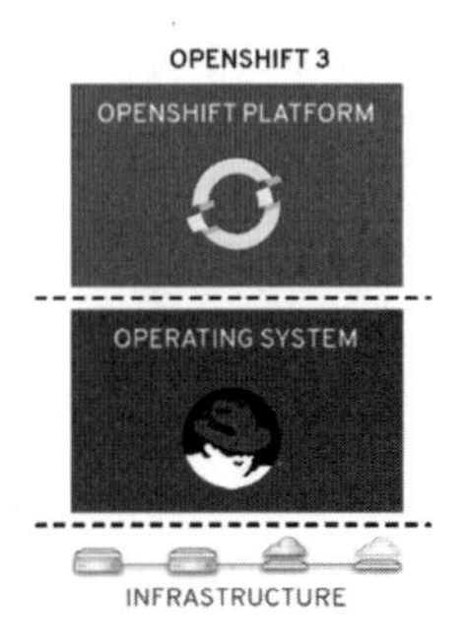

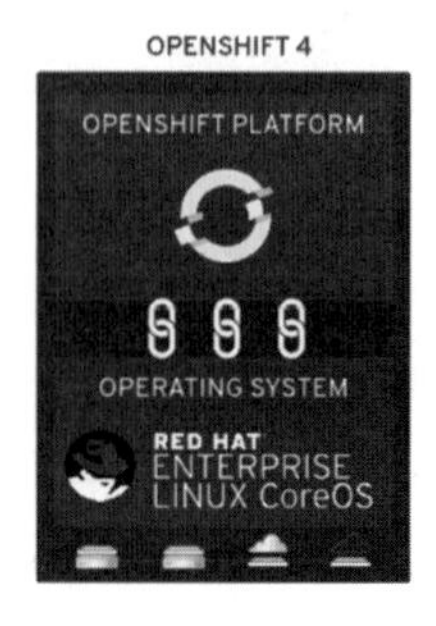

图 2-8　OpenShift 基础架构的变化

RHCOS 底层操作系统主要由 RHEL 组件构成。它支持 RHEL 的相同质量、安全性和控制措施，也支持 RHCOS。例如，RHCOS 软件位于 RPM 软件包中，并且每个 RHCOS 系统都以 RHEL 内核以及由 Systemd 初始化系统管理的一组服务启动。

RHCOS 系统包含的组件如图 2-9 所示。

图 2-9 RHCOS 系统包含的组件

我们查看 CoreOS 的版本，它与 OpenShift 的版本匹配，如 OpenShift 4.4 使用 RHCOS 4.4。

```
# cat /etc/redhat-release
Red Hat Enterprise Linux CoreOS release 4.4
```

查看 Kubelet、CRI-O，这两个是 Systemd，如图 2-10 和图 2-11 所示。

```
[root@master-0 ~]# systemctl status kubelet
● kubelet.service - Kubernetes Kubelet
   Loaded: loaded (/etc/systemd/system/kubelet.service; enabled; vendor preset: enabled)
  Drop-In: /etc/systemd/system/kubelet.service.d
           └─10-default-env.conf
   Active: active (running) since Wed 2020-06-10 02:45:21 UTC; 1 weeks 1 days ago
  Process: 1376 ExecStartPre=/bin/rm -f /var/lib/kubelet/cpu_manager_state (code=exited, stat
  Process: 1374 ExecStartPre=/bin/mkdir --parents /etc/kubernetes/manifests (code=exited, sta
 Main PID: 1378 (kubelet)
    Tasks: 48
   Memory: 214.3M
      CPU: 1d 1h 37min 49.795s
   CGroup: /system.slice/kubelet.service
           └─1378 kubelet --config=/etc/kubernetes/kubelet.conf --bootstrap-kubeconfig=/etc/k
```

图 2-10 RHCOS 系统中的 Kubelet 状态

```
[root@master-0 ~]# systemctl status crio
● crio.service - Open Container Initiative Daemon
   Loaded: loaded (/usr/lib/systemd/system/crio.service; disabled; vendor preset: disabled)
  Drop-In: /etc/systemd/system/crio.service.d
           └─10-default-env.conf
   Active: active (running) since Wed 2020-06-10 02:45:15 UTC; 1 weeks 1 days ago
     Docs: https://github.com/cri-o/cri-o
 Main PID: 1341 (crio)
    Tasks: 22
   Memory: 312.4M
      CPU: 18h 53min 20.219s
   CGroup: /system.slice/crio.service
           └─1341 /usr/bin/crio --enable-metrics=true --metrics-port=9537

Jun 18 09:56:33 master-0 crio[1341]: time="2020-06-18 09:56:33.024892188Z" level=info msg="exe
```

图 2-11 RHCOS 系统中的 CRI-O 状态

对于 RHCOS 系统，rpm-ostree 文件系统的布局如下：

- /usr 是操作系统二进制文件和库的存储位置，并且是只读的。
- /etc、/boot 和 /var 在系统上是可写的，但只能由 Machine Config Operator 更改。
- /var/lib/containers 是用于存储容器镜像的 Graph 存储位置。

在 OpenShift 中，Machine Config Operator 负责处理 RHCOS 操作系统升级，rpm-ostree 以原子单元形式提供升级，不像 Yum 升级那样单独升级各个软件包。新的 RHCOS 部署在升级过程中进行，并在下次重启时才会生效。如果升级出现问题，则进行一次回滚并重启，就能使系统恢复到以前的状态。需要指出的是，RHCOS 升级是在 OpenShift 集群更新期间执行的，不能单独升级 RHCOS。

2. OpenShift 中的 Operator 介绍

在 OpenShift 中大量使用了 Operator。Operator 是打包、运行和维护 Kubernetes 应用程序的一种方式，主要针对有状态应用集群，如 etcd。Operator 同样也是一种 Kubernetes 应用程序，它不仅部署在 Kubernetes 上，还要与 Kubernetes 的设施和工具协同工作，以实现软件自动化的整个生命周期。通过 Operator，使用者可以更轻松地部署和运行基础应用程序所依赖的服务。对于基础架构工程师和供应商，Operator 提供了一种在 Kubernetes 集群上分发软件的一致方法，并且能够在发现和纠正应用程序问题之前减少支持负担和异常出现。

Operator 最初由 CoreOS 公司开发，逐步成为一种非常流行的打包、部署和管理 Kubernetes/OpenShift 应用的方法，如图 2-12 所示。

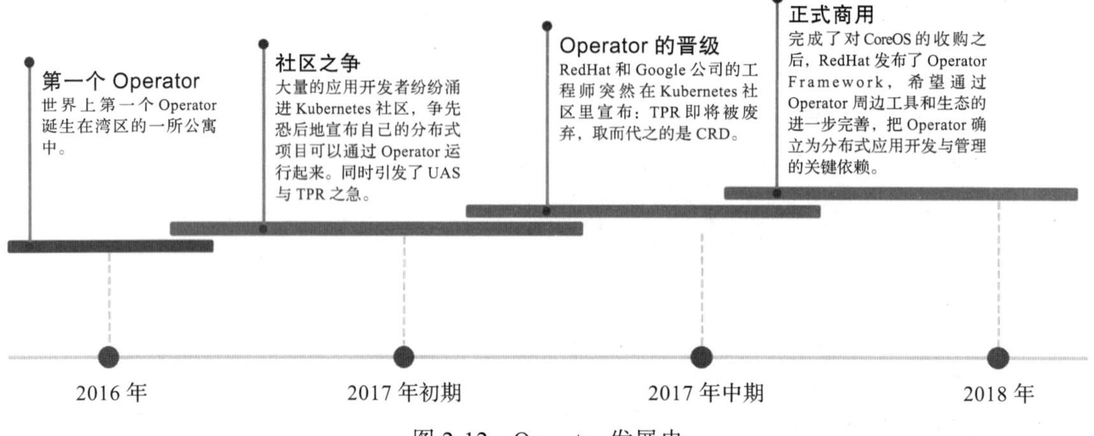

图 2-12　Operator 发展史

OpenShift 中的 Operator 按作用不同，主要可分为 Cluster Operator 和 Application Operator。下面分别说明 OpenShift 中的这两类 Operator。

（1）OpenShift Cluster Operator

Cluster Operator 用来对 OpenShift 集群组件进行生命周期管理，如 OpenShift 的版本升级实际上是升级 Cluster Operator 和 CoreOS，在本章后面我们将详细说明升级过程。也就是说，OpenShift 自身能力的提供是通过各类 Cluster Operator 实现的，如图 2-13 所示。

每个 Cluster Operator 相关的 Namespace 通常有两个，一个 Namespace 运行 Operator 本身的 Pod，另一个 Namespace 运行由这个 Operator 控制的、负责具体工作的 Pod，实际工作的 Pod 通常有多个，分别运行在 OpenShift 的不同节点上。

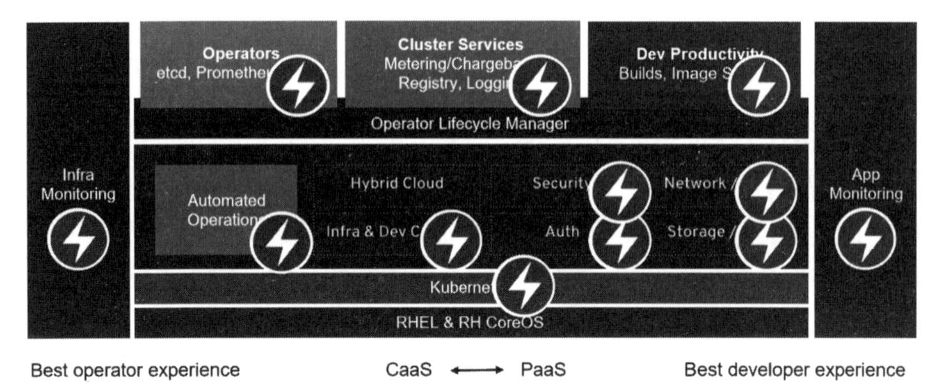

图 2-13 OpenShift 上的 Cluster Operator

我们以 dns 的 Cluster Operator 为例，和 dns 相关的 Namespace 有两个：openshift-dns-operator Namespace 和 openshift-dns Namespace。其中 openshift-dns-operator Namespace 中运行 dns Cluster Operator 本身的 Pod，Pod 名称类似于 dns-operator-5995b99c68-sf2b9；openshift-dns Namespace 中运行具体负责 DNS 解析的 Coredns 的 Pod。我们查看该 Namespace 下的 Pod，就可以看到每个 OpenShift 节点上都会运行一个 Coredns 的 Pod。这些 Coredns Pod 是由 dns Cluster Operator 管理的 Daemonset 控制的，默认名称为 dns-default。

综上所述，dns 通过 Operator 的启动和控制流程为：dns Cluster Operator（openshift-dns-operator Namespace 下）创建 dns-default Daemonset（openshift-dns Namespace 下），再由 dns-default Deamonset 在每个 OpenShift 节点创建 Coredns Pod，负责集群中的 DNS 解析。这样我们就需要通过配置 dns Cluster Operator 的参数来改变 dns-default Daemonset 的参数，进而改变 Coredns 的行为。

在 OpenShift 中，有的 Cluster Operator 具体负责工作的 Pod 无须运行在所有的节点上，只需有多副本保证高可用即可。如 Ingress，Ingress 负责对外发布路由，同样由 Cluster Operator 控制，运行在 openshift-ingress-operator 和 openshift-ingress 两个 Namespace 上。同样，在 openshift-ingress-operator Namespace 中运行 ingress operator Pod；openshift-ingress Namespace 中运行两个负责具体路由功能的 Router Pod。而 Router Pod 是由 Ingress Operator 管理的 Deployments 控制的。

默认安装完成后，Router Pod 会运行在不固定的两个节点上，比如 Master 节点中的两个节点。通常在生产上我们需要专门规划节点来运行 Router，在后文将介绍如何将 Router 迁移到 Infra 节点（特殊的 Worker 节点）上。

经过前面的介绍，相信读者已经了解了 OpenShift 中 Cluster Operator 的运作模式。限于篇幅，我们在此就不一一介绍了，OpenShift 中所有 Cluster Operator 的整体概览性介绍如表 2-1 所示。

表 2-1 OpenShift 中的 Cluster Operator 清单

名称	Namespace	描述（作用）
authentication	openshift-authentication-operator openshift-authentication	负责集群认证
cloud-credential	openshift-cloud-credential-operator	cloud-credential 允许 OpenShift 组件为特定的云提供商请求细粒度的认证凭据（通过 roles 进行授权，避免直接使用 admin 权限用户）。目前支持 AWS、GCP、Azure、VMWare、OpenStack 和 oVirt
console	openshift-console-operator openshift-console	提供 OpenShift 的 Web Console
dns	openshift-dns-operator openshift-dns	提供 OpenShift 集群内部的 DNS 解析，使用 CoreDNS
etcd	openshift-etcd-operator openshift-etcd	提供 OpenShift 集群的元数据存储
image-registry	openshift-image-registry	提供 OpenShift 内部集成的镜像仓库，使用 S2I 构建成功后，镜像会先推入该内部镜像仓库中，然后再拉取进行部署
ingress	openshift-ingress-operator openshift-ingress	提供 OpenShift 的 Router，默认为容器化的 HAproxy
kube-apiserver	openshift-kube-apiserver-operator openshift-kube-apiserver	提供 Kubernetes API Server
kube-controller-manager	openshift-kube-controller-manager-operator openshift-kube-controller-manager	提供 Kubernetes Controller Manager
kube-scheduler	openshift-kube-scheduler-operator openshift-kube-scheduler	提供 kube-scheduler
kube-storage-version-migrator	openshift-kube-storage-version-migrator-operator openshift-kube-storage-version-migrator	提供将 Etcd 中存储的数据迁移到新版本 Etcd 的工具。这个工具会在 OpenShift 升级时发挥作用（当 kube-apiserver 升级时）
machine-api	openshift-machine-api	OpenShift 对接 IaaS Machine API 资源全部驻留在 openshift-machine-api 命名空间中。用于 OpenShift 对接 IaaS 资源（支持 IPI 部署模式的 IaaS）
machine-config	openshift-machine-config-operator	Machine Config Operator 实现 OpenShift 对底层操作系统 Red Hat CoreOS 的纳管（具体内容在第 5 章展开说明）

marketplace	openshift-marketplace	提供 Marketplace CatalogSource
monitoring	openshift-user-workload-monitoring openshift-monitoring	提供 OpenShift 的监控系统，主要包含 Prometheus、Grafana、AlertManager 等
network	openshift-network-operator	Network Operator 通过 DaemonSet 的方式部署 OpenShift SDN plug-in。此外，Cluster Network Operator 还管理 OpenShift 每个节点的 Network Proxy（kube-proxy）
node-tuning	openshift-cluster-node-tuning-operator	Node Tuning Operator 通过 tuned daemon 进行 node-level 的优化。第 5 章会介绍如何通过 node-tuning operator 对 OpenShift 节点进行性能优化
openshift-apiserver	openshift-apiserver-operator openshift-apiserver	提供 OpenShift 集群 API Server
openshift-controller-manager	openshift-controller-manager-operator openshift-controller-manager	提供 OpenShift 集群 controller-manager（Kubernetes controller-manager 组件）
openshift-samples	openshift-cluster-samples-operator	提供安装和更新 Image Streams 和 Template 功能
operator-lifecycle-manager	openshift-operator-lifecycle-manager	Operator Lifecycle Manager（OLM）可帮助用户安装、更新和管理跨集群运行的所有 Operator 及其关联服务的生命周期
operator-lifecycle-manager-catalog	openshift-operator-lifecycle-manager	Catalog Operator 负责解析和安装 ClusterServiceVersion 及其指定的必需资源。它还负责监视 CatalogSources Channel 中软件包的更新，然后可以自动或手动升级到最新的可用版本
operator-lifecycle-manager-packageserver	openshift-operator-lifecycle-manager	OLM 中提供 Package 管理
service-ca	openshift-service-ca-operator openshift-service-ca	Certificate Authority（CA）operator 负责证书签名，并将证书注入集群的 API server 资源和 configmap 中
service-catalog-apiserver	openshift-service-catalog-apiserver-operator	service-catalog 负责提供 OpenShift Ansible Broker 或 Template Service Broker 功能。service-catalog-apiserver 是它的 API server
service-catalog-controller-manager	openshift-service-catalog-controller-manager-operator	service-catalog 的 controller manager
storage	openshift-cluster-storage-operator	为 OpenShift 提供 default storage class，默认支持 AWS 和 OpenStack。可以通过编辑其注释将创建的存储类设置为非默认存储类

（2）OpenShift Application Operator

OpenShift 推出 OperatorHub，可以基于 Operator 模式管理应用，我们称这类 Operator 为 Application Operator（与 Cluster Operator 相对应）。

Operator Framework 也是红帽推出的，用于构建、测试和打包 Operator 的开源工具包。它提供了以下三个组件：

- Operator 软件开发套件（Operator SDK）：提供了一组 Golang 库和源代码示例，这些示例在 Operator 应用程序中实现了通用模式。它还提供了一个镜像和 Playbook 示例，我们可以使用 Ansible 开发 Operator。
- Operator Metering：为提供专业服务的 Operator 启用使用情况报告。
- Operator 生命周期管理器（Operator Lifecycle Manager，OLM）：提供了一种陈述式的方式来安装、管理和升级 Operator 以及 Operator 在集群中所依赖的资源。

其中 Operator Lifecycle Manager（OLM）可帮助用户安装、更新和管理跨集群运行的所有 Operator 及其关联服务的生命周期。OLM 承载着 OpenShift OperatorHub，目前可以提供近 200 个 Operator，如图 2-14 所示。

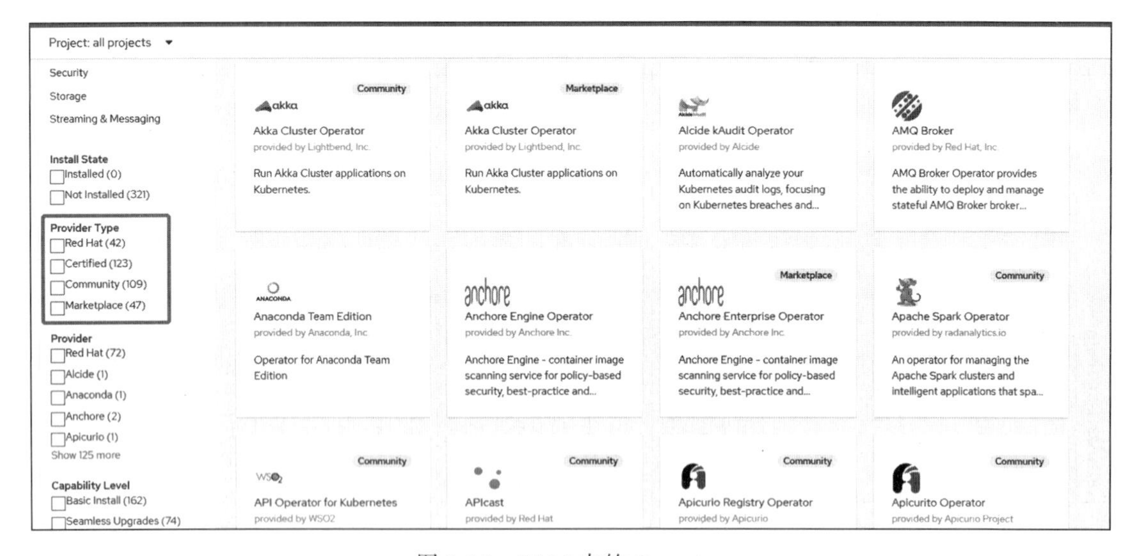

图 2-14 OLM 中的 Operator

在 OLM 生态系统中，以下资源负责 Operator 的安装和升级：

- ClusterServiceVersion
- CatalogSource
- Subscription

ClusterServiceVersion（CSV）是从 Operator Metadata 创建的 YAML 清单，可帮助 OLM 在集群中运行 Operator。一个 CSV 包括 Metadata（应用的 name、version、icon、required resources、installation 等）、Install strategy（包括 ServiceAccount、Deployments）、CRDs。

不同 Operator 的元数据以 CSV 存储在 CatalogSource 中。在 CatalogSource 中，Operator 被存储到 Package 中，然后以 Channel 来区分 Update Stream。OLM 使用 CatalogSources（调用 Operator Registry API）来查询可用的 Operator 以及已安装的 Operator 的升级，如图 2-15 所示。

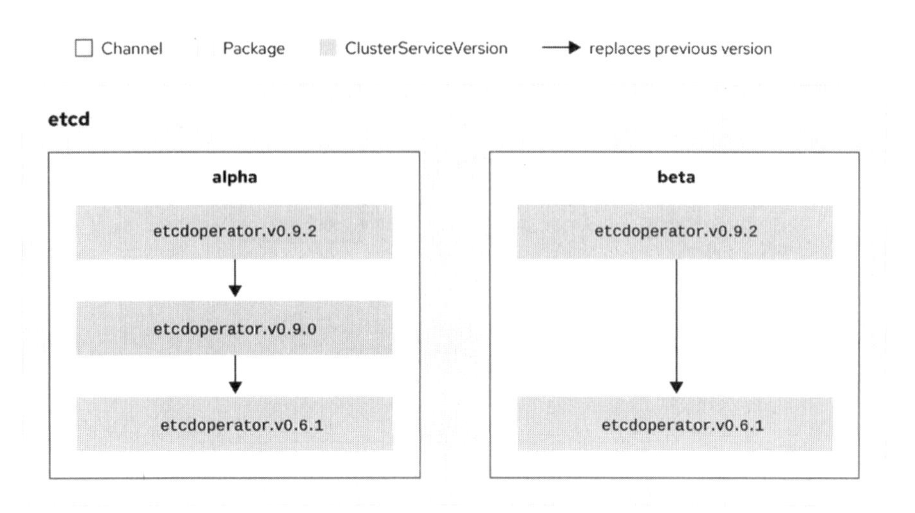

图 2-15　OLM 调用 CatalogSources 查询版本

以 Etcd Operator 为例，它整体上是个 Package，分为 alpha 和 beta 两个 Channel，每个 Channel 中通过 CSV 来区分版本，如 etcdoperator.v0.6.1、etcdoperator.v0.9.0、etcdoperator.v0.9.2。在 Channel 中也定义了通过 CSV 实现的升级途径。

用户在 Subscription 的特定 CatalogSource 中指示特定的软件包和 Channel，例如 etcd Package 及其 alpha Channel。如果在尚未安装该 Package 的 Namespace 中进行订阅，则会安装 Package 选择的 Channel 中最新版本的 Operator。

在 OpenShift 中有四种 CatalogSource，如图 2-16 所示。

```
[root@lb.weixinyucluster ~]# oc get CatalogSource --all-namespaces
NAMESPACE             NAME                  DISPLAY               TYPE   PUBLISHER   AGE
openshift-marketplace certified-operators   Certified Operators   grpc   Red Hat     39h
openshift-marketplace community-operators   Community Operators   grpc   Red Hat     39h
openshift-marketplace redhat-marketplace    Red Hat Marketplace   grpc   Red Hat     37h
openshift-marketplace redhat-operators      Red Hat Operators     grpc   Red Hat     39h
```

图 2-16　查看 OCP 中的 CatalogSources

四种 CatalogSource 分别为 certified-operators（红帽认证的 Operator）、community-operators（开源社区的 Operator）、redhat-marketplace（红帽认证过的由第三方销售的 Operator）和 redhat-operators（红帽公司提供的 Operator）。这与图 2-16 OpenShift OperatorHub 显示的四类 Provider Type 是对应的（框线标记）。

接下来，我们通过在 OpenShift 安装 Etcd Operator 来说明 OLM 的工作原理。

首先在 Operator 中搜索 etcd，如图 2-17 所示，我们看到 etcd 属于 community-operators 的 CatalogSource。

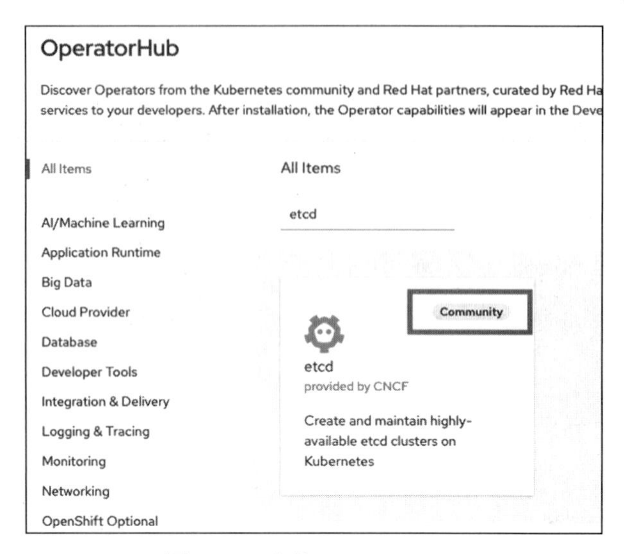

图 2-17　查找 etcd Operator

我们可以看到 Operator Version、Repository、Container Image、创建时间等关键信息，如图 2-18 所示，点击 Install。

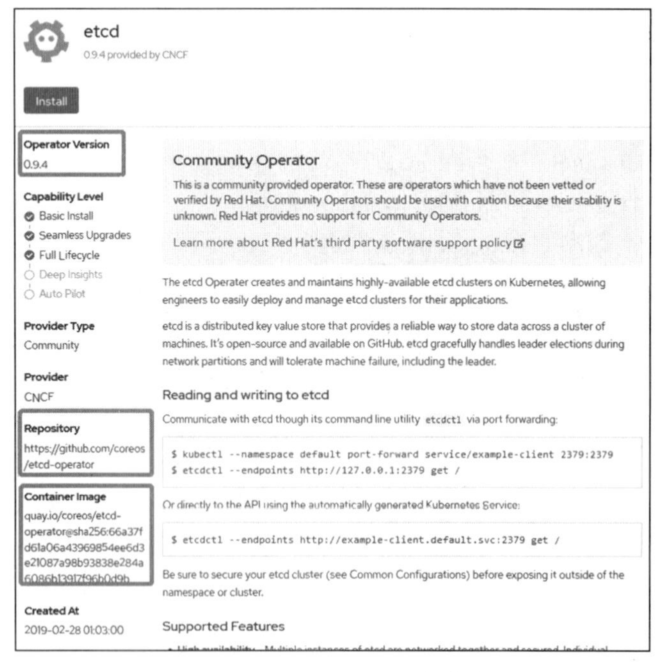

图 2-18　etcd Operator 的信息

我们看到需要指定 etcd 安装的 Namespace、Update Channel、Approval Strategy（当本 Channel 有新版的软件时采用自动还是手动更新），我们根据需要做出选择，然后点击 Install，如图 2-19 所示。

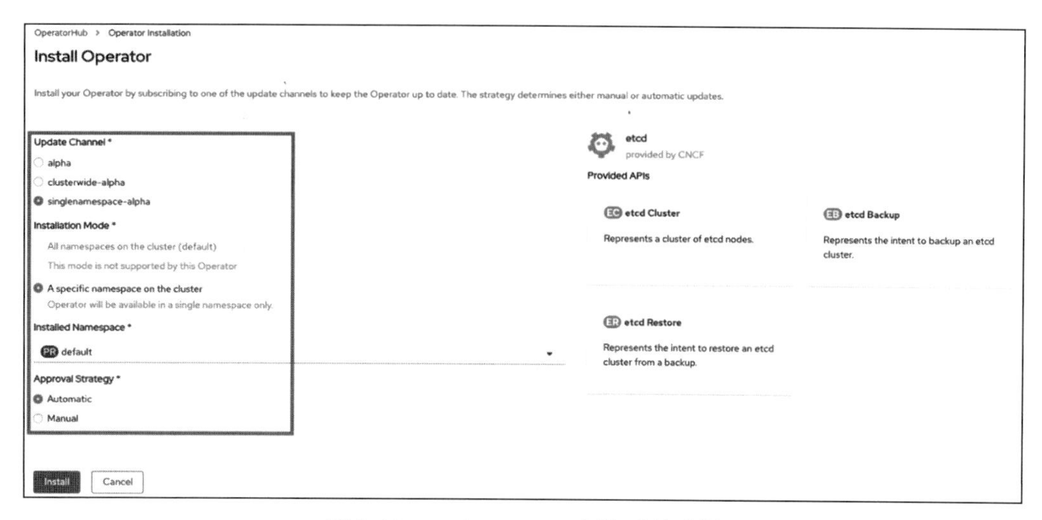

图 2-19　etcd Operator 安装时的选择

稍等一会儿，etcd Operator 就可以安装成功，如图 2-20 所示。

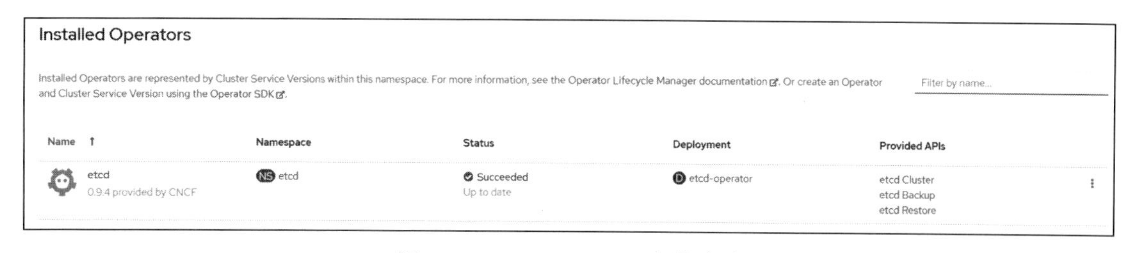

图 2-20　etcd Operator 安装成功

此时，我们可以选择编辑 CSV，如图 2-21 所示。

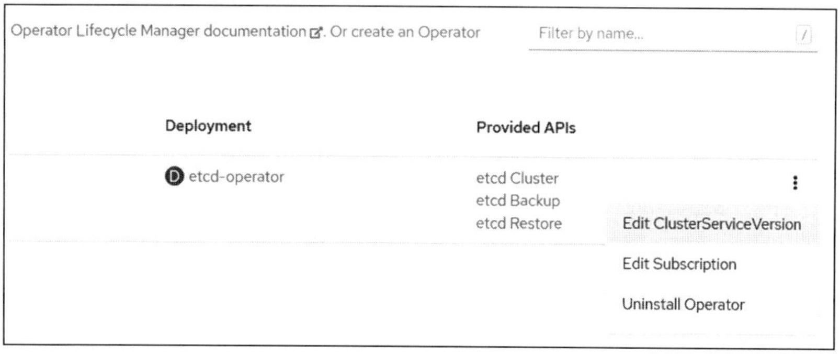

Operator Lifecycle Manager documentation. Or create an Operator　Filter by name...

Deployment　Provided APIs

D etcd-operator　etcd Cluster

etcd Backup

etcd Restore　Edit ClusterServiceVersion

Edit Subscription

Uninstall Operator

图 2-21　编辑 etcd Operator 的 CSV

如前文所示，CSV 中包含大量的元数据信息，将其中的 metadata.name 字段由 example 修改为 example-davidwei。修改完成后，点击 Save，界面会提示需要 Reload，如图 2-22 所示。

Details YAML Subscription Events All Instances etcd Cluster etcd Ba

```
1  apiVersion: operators.coreos.com/v1alpha1
2  kind: ClusterServiceVersion
3  metadata:
4    annotations:
5      alm-examples: |
6        [
7          {
8            "apiVersion": "etcd.database.coreos.com/v1beta2",
9            "kind": "EtcdCluster",
10           "metadata": {
11             "name": "example-davidwei"
12           },
13           "spec": {
14             "size": 3,
15             "version": "3.2.13"
16           }
17         },
```

etcdoperator.v0.9.4 has been updated to version 966755

Save Reload Cancel

图 2-22 编辑 CSV 的内容

接下来，我们使用 etcd Operator 提供的 API 创建 etcd Cluster 实例，如图 2-23 所示。

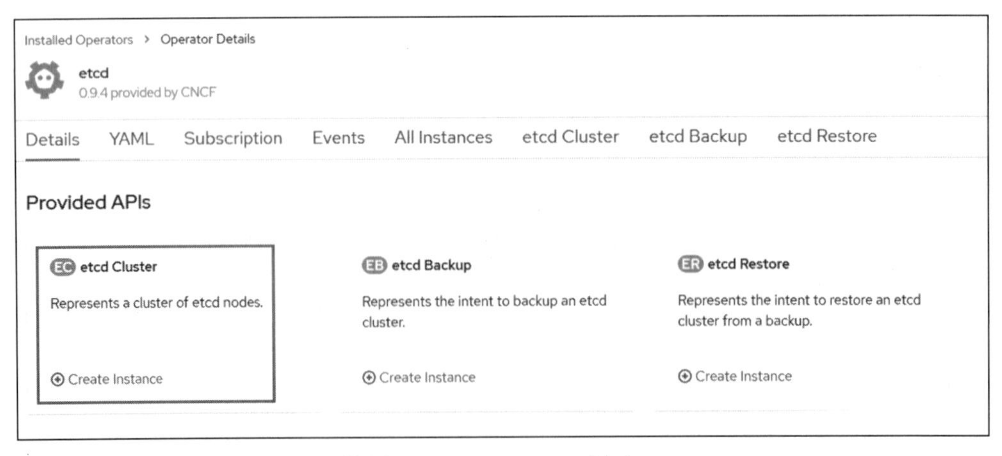

图 2-23 使用 etcd Operator API 创建 etcd Cluster

我们看到 metadata 中的 name 字段为 example-davidwei，这是此前我们修改 CSV 时指定的，如图 2-24 所示，点击 Create。

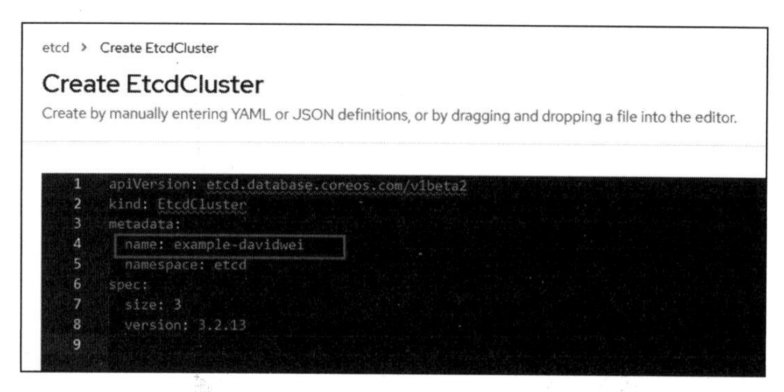

图 2-24　创建 EtcdCluster

稍等一会儿，EtcdCluster 就会创建成功，此时通过命令行查看 Pod。

```
# oc get pods
NAME                              READY   STATUS    RESTARTS   AGE
etcd-operator-59dc995496-mdkjk    3/3     Running   0          6m
example-davidwei-mzfl7nm566       1/1     Running   0          38s
example-davidwei-nxphptkn95       1/1     Running   0          30s
example-davidwei-qt98qwrm79       1/1     Running   0          14s
```

此时应用已经可以使用这个 etcd 集群存储数据了。

如果我们想对 etcd Cluster 进行扩容，例如增加一个实例，通过 Operator 操作即可，如图 2-25 所示，点击 Update Size。

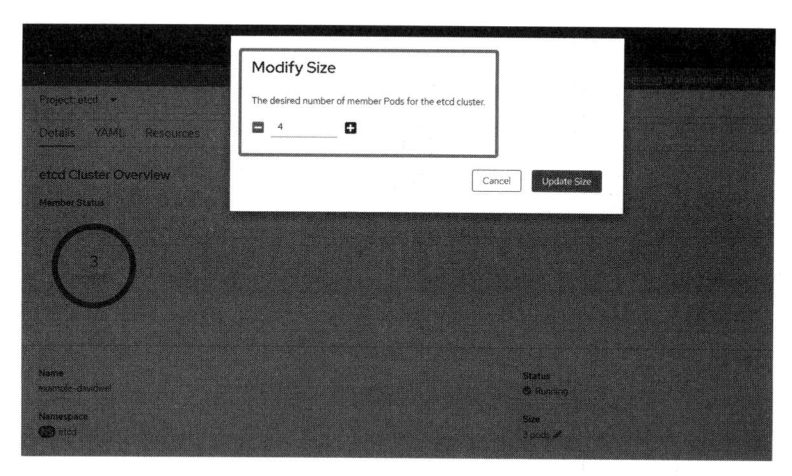

图 2-25　增加 etcd Cluster 节点数量

etcd Cluster 很快开始进行扩容，如图 2-26 所示。

扩容完成后，查看运行的 Pod，已经变成 4 个节点的 etcd 集群。

```
# oc get pods
NAME                              READY   STATUS    RESTARTS   AGE
etcd-operator-59dc995496-mdkjk    3/3     Running   0          9m14s
```

```
example-davidwei-f6vpv8mzqv        1/1     Running    0          10s
example-davidwei-mzfl7nm566        1/1     Running    0          3m52s
example-davidwei-nxphptkn95        1/1     Running    0          3m44s
example-davidwei-qt98qwrm79        1/1     Running    0          3m28s
```

图 2-26 etcd Cluster 扩容完毕

通过扩容这个示例可以看出，通过 Application Operator 管理的应用可以大幅度减少运维层面的操作。

值得一提的是，在 etcd Operator 安装后，我们仍然可以修改 Channel，如图 2-27 所示。

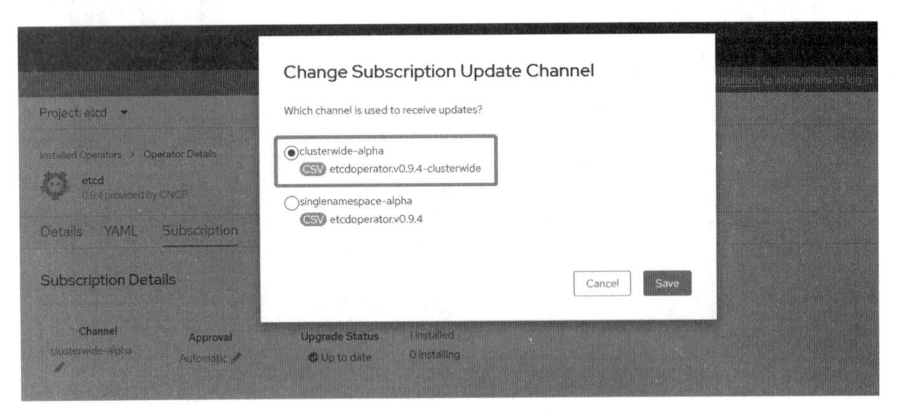

图 2-27 修改 etcd Operator 的 Channel

至此，我们在 OpenShift 上通过 etcd Operator 安装并扩容了 etcd Cluster。

3. OpenShift 核心进程运行分析

为了更清楚地了解 OpenShift 各节点上运行的服务，我们先简单回顾原生 Kubernetes 各节点上运行的服务或进程。

(1) Kubernetes 各节点核心进程简介

原生 Kubernetes 中的核心进程架构如图 2-28 所示。

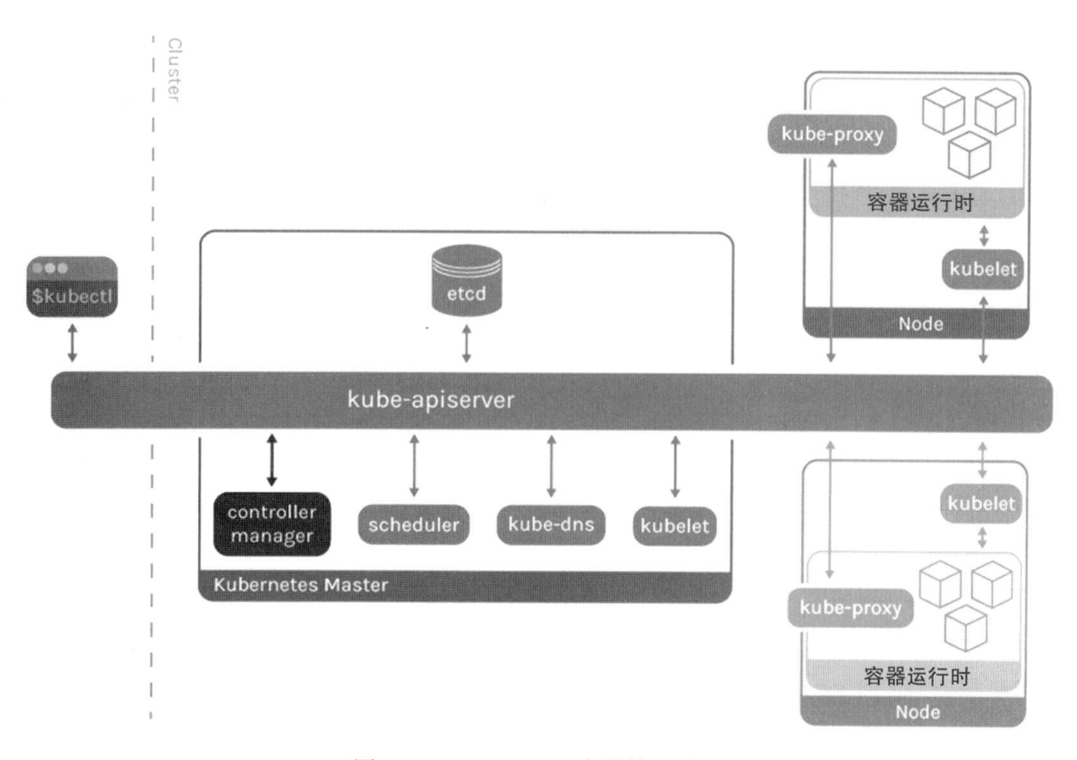

图 2-28 Kubernetes 中的核心进程

Kubernetes Master 节点上有如下核心进程：

- kube-apiserver：Kubernetes API server 验证并配置 API 对象的数据，这些对象包括 Pod、Service、ReplicationController 等。此外，API Server 提供 REST 操作服务，并为集群的共享状态提供前端访问，所有其他组件都通过该前端进行交互。
- etcd：一个键值数据库，用于存放 kube-apiserver 的相关数据，如服务注册信息等。
- controller manager：kube-controller-manager 只在 Master 节点运行，管理多个 controller 进程。kube-controller-manager 监控对象包括 Node、Workload（replication controller）、Namespace（namespace controller）、Service Account（service account controller）等，当这些被监控对象实际状态和期望状态不匹配时采取纠正措施。
- scheduler：即 kube-scheduler。主要负责整个集群资源的调度功能，根据特定的调度算法和策略，将 Pod 调度到最优的 Worker 节点上。

Kubernetes Node 节点上有如下核心进程：

- kubelet：kubelet 是在 Kubernetes 节点上运行的 Node Agent。kubelet 可以通过 hostname 将 Node 注册到 kube-apiserver。

❑ kube-proxy：即 Kubernetes network proxy。kube-proxy 部署在每个 Node 节点上，它是实现 Kubernetes Service 的通信与负载均衡机制的重要组件；kube-proxy 负责为 Pod 创建代理服务，从 kube-apiserver 获取所有 Service 信息，并根据 Service 信息创建代理服务，实现 Service 到 Pod 的请求路由和转发，从而实现 Kubernetes 层级的虚拟转发网络。

❑ 容器运行时：kubelet 通过调用容器运行时管理节点上的容器。

（2）OpenShift 各节点核心进程分析

在 OpenShift 中，同样将节点分为 Master 节点和 Worker 节点，下面先介绍 Master 节点。

OpenShift Master 节点的进程结构如图 2-29 所示。

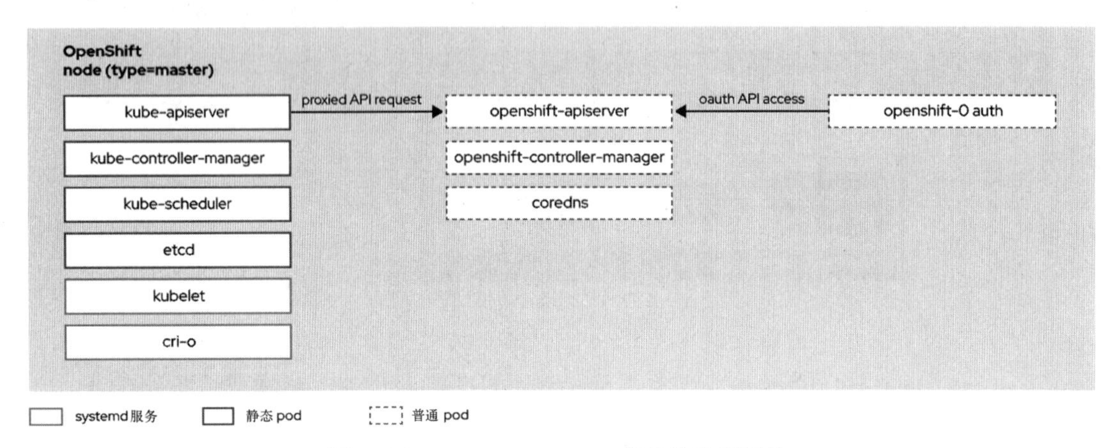

图 2-29 OpenShift Master 节点的进程结构

我们看到 OpenShift Master 中会有两个 API Server：kube-apiserver 和 openshift-apiserver，后者是前者的 API 请求代理；两个 controller manager：kube-controller-manager 和 openshift-controller-manager，后者是前者的代理，对前者进行了一定拓展。在 OpenShift 集群中，任何操作都不会直接调用 kube-apiserver 和 kube-controller-manager，而是由 openshift-apiserver 和 openshift-controller-manager 完成。

同时从图 2-29 中可以看到，Master 上进程的运行方式分以下三类：

❑ 普通 Pod（由 Cluster Operator 管理）

❑ 静态 Pod

❑ Systemd 服务

首先我们先看静态 Pod。静态 Pod 是不需要连接到 API Server 即可启动的容器，它们由特定节点上的 Kubelet 守护程序直接管理，Kubelet 会监视每个静态 Pod（并在崩溃时重新启动它），静态 Pod 始终绑定到特定节点上的一个 Kubelet。

我们查看 Master 节点上运行的静态 Pod，首先登录节点，如 master-0。切换到 /etc/kubernetes/static-pod-resources 目录。

通过 ls 命令查看该目录下的文件，可以看到 Master 节点被 Kubelet 管理的静态 Pod 正是 etcd、kube-controller-manager、kube-apiserver、kube-scheduler 四个。这些 Pod 实际上是在 OpenShift 安装完成前，在 Bootstrap 阶段就已经启动了，第 5 章会详细介绍安装的各个阶段。

接下来，我们查看 Master 节点上运行的两个 Systemd 服务：kubelet 和 cri-o，我们看到它们处于正常运行的状态，如图 2-30、图 2-31 所示。

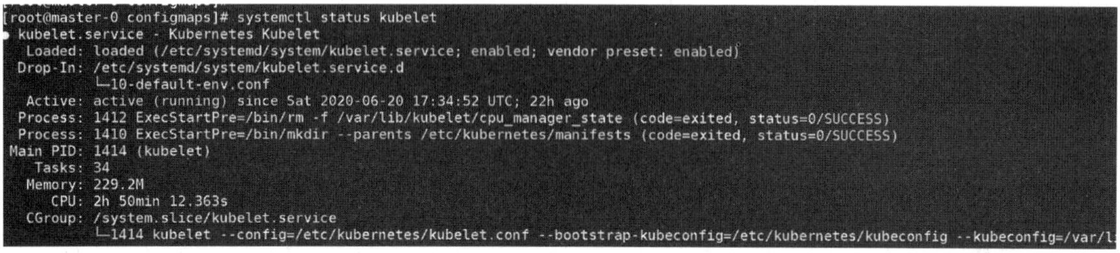

```
[root@master-0 configmaps]# systemctl status kubelet
● kubelet.service - Kubernetes Kubelet
   Loaded: loaded (/etc/systemd/system/kubelet.service; enabled; vendor preset: enabled)
  Drop-In: /etc/systemd/system/kubelet.service.d
           └─10-default-env.conf
   Active: active (running) since Sat 2020-06-20 17:34:52 UTC; 22h ago
  Process: 1412 ExecStartPre=/bin/rm -f /var/lib/kubelet/cpu_manager_state (code=exited, status=0/SUCCESS)
  Process: 1410 ExecStartPre=/bin/mkdir --parents /etc/kubernetes/manifests (code=exited, status=0/SUCCESS)
 Main PID: 1414 (kubelet)
    Tasks: 34
   Memory: 229.2M
      CPU: 2h 50min 12.363s
   CGroup: /system.slice/kubelet.service
           └─1414 kubelet --config=/etc/kubernetes/kubelet.conf --bootstrap-kubeconfig=/etc/kubernetes/kubeconfig --kubeconfig=/var/l
```

图 2-30　OpenShift Master 节点的 kubelet 进程

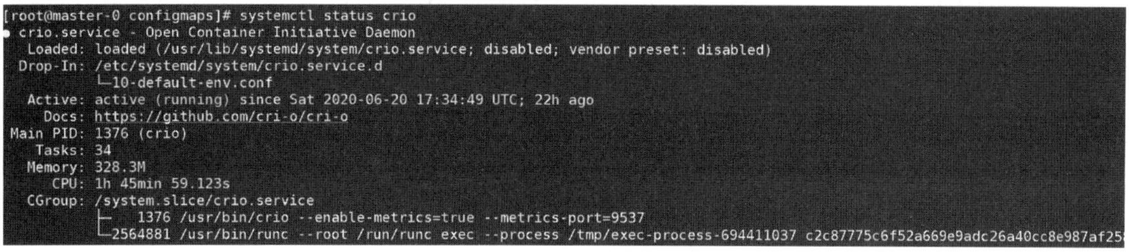

```
[root@master-0 configmaps]# systemctl status crio
● crio.service - Open Container Initiative Daemon
   Loaded: loaded (/usr/lib/systemd/system/crio.service; disabled; vendor preset: disabled)
  Drop-In: /etc/systemd/system/crio.service.d
           └─10-default-env.conf
   Active: active (running) since Sat 2020-06-20 17:34:49 UTC; 22h ago
     Docs: https://github.com/cri-o/cri-o
 Main PID: 1376 (crio)
    Tasks: 34
   Memory: 328.3M
      CPU: 1h 45min 59.123s
   CGroup: /system.slice/crio.service
           ├─   1376 /usr/bin/crio --enable-metrics=true --metrics-port=9537
           └─2564881 /usr/bin/runc --root /run/runc exec --process /tmp/exec-process-694411037 c2c87775c6f52a669e9adc26a40cc8e987af25
```

图 2-31　OpenShift Master 节点的 cri-o 进程

除了 Kubernetes Master 的 6 个核心组件之外，OpenShift Master 节点上还运行 openshift-apiserver、openshift-controller-manager、openshift authentication，这些组件都由 OpenShift Cluster Operator 管理，并且都是普通 Pod。

openshift-controller-manager 用于管理 OpenShift 集群中的多个 controller，我们通过命令行查看 OpenShift 中的 controller，如图 2-32 所示。

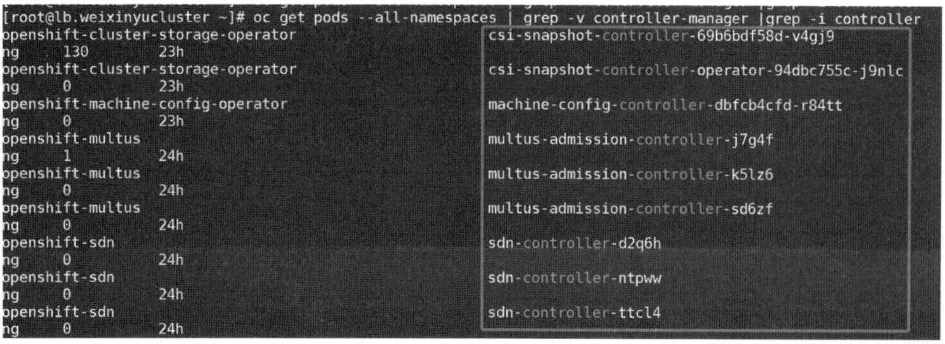

```
[root@lb.weixinyucluster ~]# oc get pods --all-namespaces | grep -v controller-manager |grep -i controller
openshift-cluster-storage-operator                     csi-snapshot-controller-69b6bdf58d-v4gj9
ng    130        23h
openshift-cluster-storage-operator                     csi-snapshot-controller-operator-94dbc755c-j9nlc
ng    0          23h
openshift-machine-config-operator                      machine-config-controller-dbfcb4cfd-r84tt
ng    0          23h
openshift-multus                                       multus-admission-controller-j7g4f
ng    1          24h
openshift-multus                                       multus-admission-controller-k5lz6
ng    0          24h
openshift-multus                                       multus-admission-controller-sd6zf
ng    0          24h
openshift-sdn                                          sdn-controller-d2q6h
ng    0          24h
openshift-sdn                                          sdn-controller-ntpww
ng    0          24h
openshift-sdn                                          sdn-controller-ttcl4
ng    0          24h
```

图 2-32　查看 OpenShift 中的 controller

从图 2-32 中看到，有 sdn-controller（负责管理 SDN）、machine-config-controller（负责对底层 CoreOS 进行配置管理，第 5 章会进行详细介绍）、multus-admission-controller（负责 OpenShift 中多网络平面管理，本章后文详细介绍）、csi-snapshot-controller（用于实现第三方 CSI 的 volume snapshot 生命周期管理）。这些组件的特点是控制平面只运行在 Master 节点上，所有 OpenShift 计算节点都承担数据平面的职责。

以 SDN 为例查看相关的 Pod，如图 2-33 所示。

```
[root@lb.weixinyucluster ~]# oc get pods -n openshift-sdn -o wide
NAME                    READY   STATUS    RESTARTS   AGE   IP              NODE       NOMINATED NODE   READINESS GATES
ovs-2c7vr               1/1     Running   0          34h   192.168.91.10   master-0   <none>           <none>
ovs-7n7kr               1/1     Running   0          34h   192.168.91.12   master-2   <none>           <none>
ovs-8dzbl               1/1     Running   0          34h   192.168.91.11   master-1   <none>           <none>
ovs-rzhs9               1/1     Running   0          34h   192.168.91.20   worker-0   <none>           <none>
ovs-s5sff               1/1     Running   0          34h   192.168.91.21   worker-1   <none>           <none>
ovs-tnsvk               1/1     Running   0          34h   192.168.91.22   worker-2   <none>           <none>
sdn-5cvzx               1/1     Running   0          34h   192.168.91.11   master-1   <none>           <none>
sdn-5ddhq               1/1     Running   0          34h   192.168.91.20   worker-0   <none>           <none>
sdn-8kf6m               1/1     Running   0          34h   192.168.91.10   master-0   <none>           <none>
sdn-controller-d2q6h    1/1     Running   0          34h   192.168.91.11   master-1   <none>           <none>
sdn-controller-ntpww    1/1     Running   0          34h   192.168.91.10   master-0   <none>           <none>
sdn-controller-ttcl4    1/1     Running   0          34h   192.168.91.12   master-2   <none>           <none>
sdn-gmxsx               1/1     Running   0          34h   192.168.91.12   master-2   <none>           <none>
sdn-n7fw5               1/1     Running   0          34h   192.168.91.21   worker-1   <none>           <none>
sdn-xkz89               1/1     Running   0          34h   192.168.91.22   worker-2   <none>           <none>
```

图 2-33 查看 OpenShift 中 SDN 相关的 Pod

其中 sdn-controller Pod 只运行在 Master 节点上，OVS Pod 则在每个节点上都会运行。其余的 controller 组件的结构都类似，不再一一列出。

当我们清楚了 Master 节点上的进程如何运行之后，接下来看 Worker 节点。在 Worker 节点上运行 OpenShift 自身核心的组件有 crio、kubelet、kube-proxy。此外还有由 openshift-controller-manager 控制的 controller 对应的数据平面，如 sdn、machine-config 等，Worker 节点上无静态 Pod。

Worker 节点上的 crio、kubelet 同样是 Systemd 服务。而 Worker 节点上的 kube-proxy 在 OpenShift 的每个节点上运行，并由 Cluster Network Operator（CNO）管理。kube-proxy 维护用于转发与 Service 关联的 Endpoints 的网络规则。

kube-proxy 的安装方式取决于集群配置的 SDN 插件。如果使用 SDN 插件内置 kube-proxy（如 OpenShift SDN），则不需要独立安装 kube-proxy；还有一些 SDN 插件需要独立安装 kube-proxy，也有一些 SDN 插件（如 ovn-kubernetes）根本就不需要 kube-proxy。

在安装集群的时候，在文件 manifests/cluster-network-03-config.yml 中的 deployKubeProxy 参数可用于指示 CNO 是否应部署独立的 kube-proxy。对于 OpenShift 官方明确支持的 SDN 插件，将自动配置正确的值；当使用第三方插件的时候可以修改此值。

由于 OpenShift SDN 内置了 kube-proxy 进程，因此 Worker 节点上的 kube-proxy 进程由 openshift-sdn 项目下的 Pod sdn-xxxxx 启动，启动命令为 /usr/bin/openshift-sdn-node --proxy-config=/config/kube-proxy-config.yaml。

我们可以通过 Network Operator 的参数来配置 kube-proxy，以便控制 OpenShift 节点上

的 kube-proxy 参数。

kube-proxy 配置参数包含的内容如表 2-2 所示。

表 2-2　kube-proxy 配置参数

参数	描述	数值	默认数值
iptablesSyncPeriod	iptables 规则的刷新的时间间隔	时间间隔，例如 30s 或 2m。有效的后缀包括 s、m 和 h	30s
bindAddress	kube-proxy 绑定的地址		0.0.0.0
proxyArguments	传递给 kube-proxy 额外的命令行参数，参考 https://kubernetes.io/docs/reference/command-line-tools-reference/kube-proxy/		

以调整 kube-proxy 参数 iptables-min-sync-period 为例，该参数控制刷新 iptables 规则之前的最短持续时间，此参数确保不会太频繁地发生刷新，默认值为 30s。

Iptables 的同步触发条件如下：

- events 触发：是指 Service 或 Endpoint 对象发生变化，如创建 Service。
- 自上次同步以来的时间超过了 kube-proxy 定义的同步时间，默认 30s。

通过修改 Network.operator.openshift.io 自定义资源（CR）实现修改 kube-proxy 的配置。默认配置中，没有任何与 kube-proxy 相关的配置。

```
# oc edit network.operator.openshift.io cluster
```

增加如图 2-34 中框选的内容。

```
spec:
  clusterNetwork:
  - cidr: 10.128.0.0/14
    hostPrefix: 23
  defaultNetwork:
    type: OpenShiftSDN
  logLevel: ""
  serviceNetwork:
  - 172.30.0.0/16
  kubeProxyConfig:
    iptablesSyncPeriod: 30s
    proxyArguments:
      iptables-min-sync-period: ["30s"]
status: {}
```

图 2-34　修改 kube-proxy 的配置

运行以下命令以确认配置更新，如图 2-35 所示。

```
# oc get networks.operator.openshift.io -o yaml
```

这样，我们就设置了 Iptables 的同步时间为 30s，iptables 刷新之前最短持续时间为 30s。

```
    hostPrefix: 23
  defaultNetwork:
    type: OpenShiftSDN
  kubeProxyConfig:
    iptablesSyncPeriod: 30s
    proxyArguments:
      iptables-min-sync-period:
      - 30s
  logLevel: ""
  serviceNetwork:
```

图 2-35 确保 kube-proxy 的配置修改成功

4. OpenShift 的认证与授权

OpenShift 认证体系包含认证和授权。认证层负责识别用户的身份，验证用户身份后，通过 RBAC（Role-Based Access Control，基于角色的访问控制）策略定义该用户允许执行的操作，这属于授权。OpenShift 通过 RBAC 实现权限控制。

（1）OpenShift 认证体系介绍

OpenShift 支持以下两种认证方式：

- OAuth Access Token：使用 OpenShift 内的 OAuth Server 颁发的 Access Token 认证，可以通过用户登录、ServiceAccount 或者 API 获取。
- X.509 Client Certificate：通过证书认证，证书大多数用于集群组件向 API Server 认证。

任何具有无效 Token 或无效证书的请求都将被身份验证层拒绝，并返回 401 错误。OpenShift 内置 OAuth Server，由 authentication operator 提供，如图 2-36 所示。

```
[root@lb.weixinyucluster ~]# oc get pods -n openshift-authentication
NAME                              READY   STATUS    RESTARTS   AGE
oauth-openshift-69bb54fb9f-4bf6w  1/1     Running   0          43h
oauth-openshift-69bb54fb9f-dd2vf  1/1     Running   0          43h
```

图 2-36 查看 OpenShift 内置 OAuth Server

接下来简单介绍与认证相关的几个概念。

- User：OpenShift 中的 User 是与 API Server 进行交互的实体。通过直接向 User 或 User 所属的 Group 添加角色来分配权限。OpenShift 中的 User 分为三种：System User、Regular User 和 Service Account。System User 是 OpenShift 自动生成的，主要用于基础组件与 API 交互。Regular User 表示 user 对象，是用户和 OpenShift API 交互最活跃的部分。Service Account 是与 Project 相关联的特殊的系统用户，可以看作 OpenShift 运行应用的用户代表，通过 Service Account 配置应用具有的 OpenShift 权限。
- Identity：OpenShift 中的每个用户都有一个身份（identity）用于认证，本质上 Identity 是 OpenShift 与 Identity Providers 集成的产物。在使用 Identity Providers 中的用户登录后，会自动在 OpenShift 中创建 User 对象和 Identity 对象，Identity 对象中记录 User 和 Identity Providers 的信息，实现唯一标识一个用户，尤其在多个 Identity

Providers 中有重名时这种方式很有效。

当 User 尝试向 API Server 进行身份验证时，OAuth Server 首先会通过 Identity Providers 来验证请求者的身份，只有身份验证通过，OAuth Server 才会向用户提供 OAuth Access Token。OpenShift 提供了可以与多种 Identity Providers 对接的能力，主要包括：

- HTPasswd：使用 HTPasswd 生成的用户名和密码文件验证。
- Keystone：启用与 OpenStack Keystone v3 服务器的共享身份验证。
- LDAP：使用简单绑定身份验证，配置 LDAP 身份提供程序以针对 LDAP v3 服务器验证用户名和密码。
- GitHub 或 GitHub Enterprise：配置 GitHub 身份提供者以针对 GitHub 或 GitHub Enterprises OAuth 身份验证服务器验证用户名和密码。
- OpenID Connect：使用授权代码流与 OpenID Connect 身份提供者集成。

我们可以在同一个 OpenShift 集群中定义相同或不同种类的多个身份提供者。例如，既有通过 HTPasswd 认证的方式，又有通过 OpenID Connect 认证的方式。此外，我们既可以使用 OpenShift 内置的 OAuth 做认证，也可以对接外部的 OAuth 服务器，尤其是我们在实现微服务的 Single Sign On 时，例如使用 Red Hat Single Sign On（Keycloack 企业版）。在本章后面安装环节将介绍身份提供者的配置。

综上所述，OpenShift 中的认证流程如图 2-37 所示。

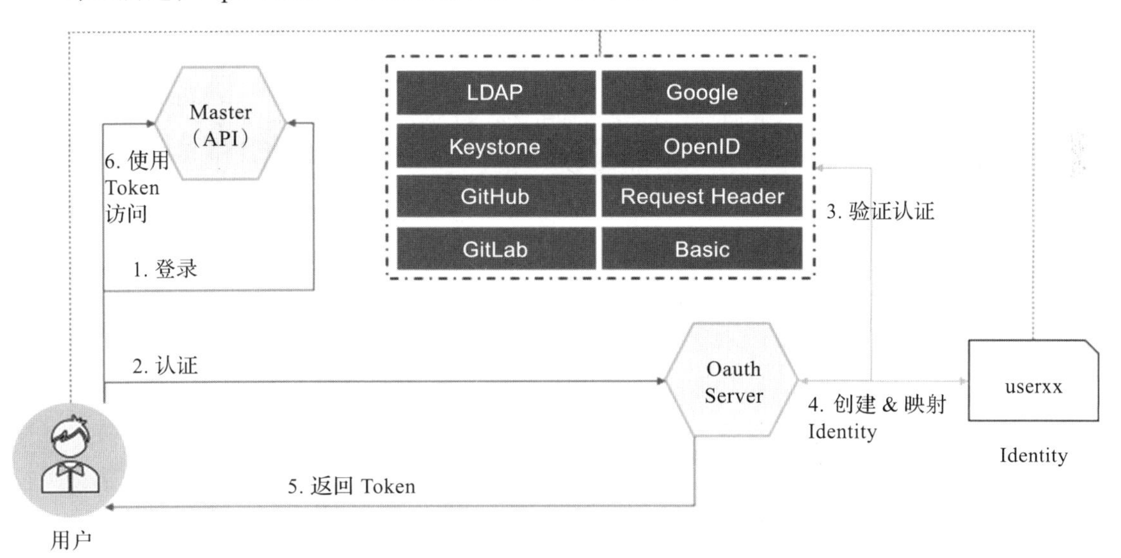

图 2-37　OpenShift 的认证流程

在认证成功之后，访问 Master API 还需要经过鉴权来判断该用户对资源是否有操作权限，下面就介绍 OpenShift 中的 RBAC 权限模型。

（2）OpenShift RBAC 权限模型介绍

在获取到 OAuth Access Token 之后，任何的操作都要经过鉴权。OpenShift 中与 RBAC

相关的资源类型有 User（前文已经介绍）、Group、Role 等概念。接下来，我们简单介绍这几个概念。

- Group：代表一组特定的用户。用户被分配到一个或多个组。在实施授权策略后，可以利用组同时向多个用户分配权限。例如，如果要允许 20 个用户访问某个项目中的资源，更好的方式是使用组而不是单独授予每个用户访问权限。除了自定义组之外，OpenShift 默认还提供了系统组或虚拟组，这些组由系统自动创建，常用的系统组如 system:authenticated:oauth，所有通过 OAuth Access Token 认证的用户会自动加入该组，这个组被赋予 self-provisioners Cluster Role，使得所有通过 OAuth Access Token 认证的用户具有新建 Project 的权限。
- Role：是一组权限，使用户可以对一种或多种资源类型执行 API 操作。按作用范围，可将 Role 分为 Cluster Role 和 Local Role。Cluster Role 是整个集群范围内的，任何 Namespace 都可以使用，但是 Local Role 是属于 Namespace 级别的资源，而且需要自行创建。你可以通过对 User、Group 分配 Cluster Role 或 Local Role 来为其授予权限。

OpenShift 中的 RBAC 模型如图 2-38 所示。

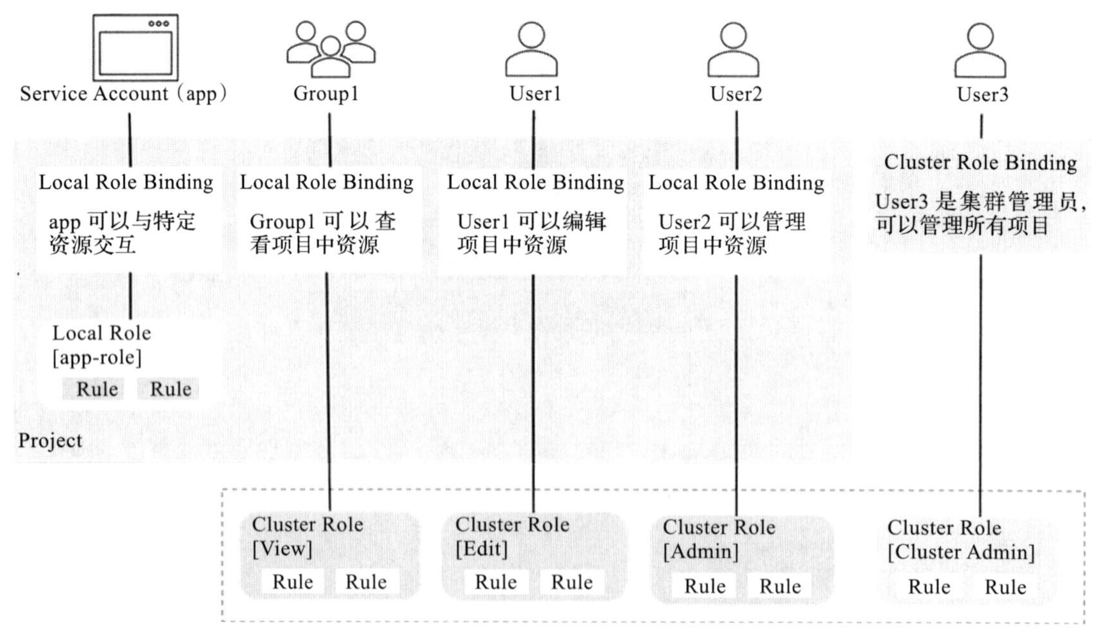

图 2-38　OpenShift 中的 RBAC 模型

从图 2-38 中可以看出授权的对象可以是 Service Account、Group 和 User。Role 可以是 Cluster Role，也可以是 Local Role。授权后会生成相应的 Role Binding 对象，相当于记录授权对象与 Role 的授权关系。

很多企业对容器云的分权控制要求很高，这时候就需要借助 OpenShift 中的 RBAC 进行细致的权限划分。我们不再赘述 RBAC 的基本概念，这里列出几个常见的场景供读者参考。

场景 1：只拥有审计权限，没有管理权限。预期：登录后只能查看审计日志，无法查看租户。

```
# oc login -u admin
# oc create clusterrole audit-no-admin --verb=get --resource=nodes/log
   --verb=list --resource=nodes --verb=get --resource=nodes/proxy
# oc adm policy add-cluster-role-to-user audit-no-admin auditnoadmin
# oc login -u auditnoadmin
# oc adm node-logs --role=master --path=openshift-apiserver/
```

场景 2：只拥有管理权限，没有审计权限。预期：登录后无法查看审计日志，可以查看租户。

```
# oc login -u admin
# oc adm policy add-cluster-role-to-user admin adminnoaudit
# oc login -u adminnoaudit
# oc adm node-logs --role=master --path=openshift-apiserver/
```

场景 3：不能审计、不能管理的安全员。预期：登录后无法查看审计日志，无法查看租户。

```
# oc login -u admin
# oc adm policy add-cluster-role-to-user cluster-status safetyofficer
# oc login -u safetyofficer
# oc adm node-logs --role=master --path=openshift-apiserver/
# oc get projects
```

读者在理解了 RBAC 的模型后，可以自行创建满足需求的 Role，实现细粒度的权限控制。

5. OpenShift 中的安全上下文约束（SCC）

除了通过 RBAC 来控制用户的权限之外，OpenShift 还提供了安全上下文约束（SCC）来控制 Pod 的权限。这些权限包含 Pod 可以执行的操作和可以访问的资源，包含对主机环境的访问限制。SCC 允许控制如下内容：

- 运行特权容器。
- 在容器中获取额外的能力。
- 使用宿主机目录作为 Pod Volume。
- 容器的 SELinux 上下文。
- 容器的用户 ID。
- 宿主机命名空间和网络的使用。
- Pod Volume 的属组 FSGroup。
- 附加组的配置。
- 根文件系统只读。

- 可以使用的 Volume 类型。
- 配置允许的 seccomp 策略。

OpenShift 中默认提供了 8 个 SCC 策略，SCC 需要授权 User 或 Group 后才能被使用，默认策略中允许使用 User 和 Group 如表 2-3 所示。

表 2-3　OpenShift 中 SCC 策略的说明

SCC 名称	User	Group	优先级
anyuid	无	system:cluster-admins	10
hostaccess	无	无	无
hostmount-anyuid	system:serviceaccount:openshift-infra:pv-controller	无	无
hostnetwork	无	无	无
node-exporter	无	无	无
nonroot	无	无	无
privileged	system:admin,system:serviceaccount:openshift-infra:build-controller	system:cluster-admins,system:nodes,system:masters	无
restricted	无	system:authenticated	无

需要特别提醒的是，绝不要修改默认的 8 个 SCC 策略的内容，否则会导致集群升级出现问题，正确的做法是创建新的 SCC 策略。

上述 8 个 SCC 策略中，只有 anyuid 的优先级最高，会被优先匹配。我们最常用的是 privileged 和 restricted，前者表示几乎无限制的特权容器，后者表示受严格限制的容器。大部分容器会匹配 restricted SCC，我们以 restricted SCC 为例，查看策略内容如下所示。

```
Name:                           restricted
Priority:                       <none>
Access:
  Users:                        <none>
  Groups:                       system:authenticated
Settings:
  Allow Privileged:             false
  Allow Privilege Escalation:   true
  Default Add Capabilities:     <none>
  Required Drop Capabilities:   KILL,MKNOD,SETUID,SETGID
  Allowed Capabilities:         <none>
  Allowed Seccomp Profiles:     <none>
  Allowed Volume Types:configMap,downwardAPI,emptyDir,persistentVolumeClaim,
      projected,secret
  Allowed Flexvolumes:          <all>
  Allowed Unsafe Sysctls:       <none>
  Forbidden Sysctls:            <none>
  Allow Host Network:           false
  Allow Host Ports:             false
  Allow Host PID:               false
  Allow Host IPC:               false
  Read Only Root Filesystem:    false
```

```
  Run As User Strategy: MustRunAsRange
    UID:                          <none>
    UID Range Min:                <none>
    UID Range Max:                <none>
  SELinux Context Strategy: MustRunAs
    User:                         <none>
    Role:                         <none>
    Type:                         <none>
    Level:                        <none>
  FSGroup Strategy: MustRunAs
    Ranges:                       <none>
  Supplemental Groups Strategy: RunAsAny
    Ranges:                       <none>
```

可以看到 SCC 由 Setting 和 Strategy 两部分来控制 Pod 的权限。这些配置的值分为以下三类：

- 通过布尔值设置，只有 True 和 False，如 Allow Privileged: false。
- 通过一组允许的值设置，如 Allow Volume Types。
- 通过策略控制，这类配置通过设置策略实现不同的权限控制。策略分为生成固定值的和指定允许范围的。

通过布尔值设置以及通过一组允许的值设置这两种方式大家都比较好理解，这里我们着重说明策略控制类型的 SCC 配置。有四个策略控制类型：Run As User、SELinux Context、Supplemental Groups、FSGroup。

- Run As User：该设置控制 Pod 启动后运行进程的用户。

  允许配置四种策略：

  1）MustRunAs：如果 SCC 中设定为此策略，则必须在 Pod 的定义中通过 securityContext.runAsUser 设定明确的 Pod 运行 UID，否则 Pod 将无法启动。

  2）MustRunAsRange：SCC Resricted 的默认配置。此策略表示 Pod 运行的 UID 必须在一个范围内，如果在 SCC 中没有定义范围的最小最大值，则每个 Project Pod 运行的 UID 范围使用 Project 上 Annotation openshift.io/sa.scc.uid-range 定义的范围，如 1000060000/10000，表示最小值为 1000060000，向后步增，共 10000 个。如果不在 Pod 的定义中通过 securityContext.runAsUser 设定 Pod 运行 UID，则使用范围的最小值作为默认值。设定 runAsUser 必须在 MustRunAsRange 设定的最大最小值范围里。比如某个 Pod 匹配到 Resricted SCC，由于 Resricted 默认未设置 MustRunAsRange 的最大最小值，则会使用 Project 上定义的范围，假设为 1000060000/10000。如果该 Pod 中也没有明确定义 runAsUser，那么该 Pod 运行的 UID 为范围最小值 1000060000；如果该 Pod 中有明确定义运行的 UID，那么必须在 1000060000～1000070000 范围内。

  3）MustRunAsNonRoot：该策略表示只要不是 Root（UID=0）用户就可以。没有提供默认值，要求 Pod 必须提供一个非零的 UID。可以在 Pod 定义中通过 securityContext.runAsUser 设定，也可以在 Pod 使用的镜像的 Dockerfile 中通过

USER 指令来定义非 Root 用户。

4）RunAsAny：该策略表示可以使用任何 UID 运行。没有提供默认值，可以在 Pod 定义中通过 securityContext.runAsUser 设定，也可以在 Pod 使用的镜像的 Dockerfile 中通过 USER 指令定义。

- SELinux Context：该设置控制 Pod 启动后的 SELinux 标签。

  允许配置两种策略：

  1）MustRunAs：SCC Resricted 的默认配置。必须以指定的 SELinux 标签运行。可以通过在 SCC 策略中设定，也可以在 Pod 定义中通过 securityContext.SELinuxOptions 设定，如果上述两处都没有设定，那么将使用 Project 上 Annotaions openshift.io/sa.scc.mcs 定义的值。

  2）RunAsAny：允许以任何 SELinux 标签运行，未提供默认值。在这种策略下，如果 SCC 和 Pod 定义中都未指定，则为空。

- Supplemental Groups：该设置控制 Pod 运行用户的附加组。

  允许配置两种策略：

  1）MustRunAs：必须以指定的附加组范围运行。可以在 SCC 中定义附加组范围，如果 SCC 中没有定义附加组范围，将使用 Project 上 Annotation openshift.io/sa.scc.supplemental-groups 定义的范围，如 1000060000/10000。你可以在 Pod 的定义中通过 securityContext.supplementalGroups 设定附加组 GID，但必须在定义的范围内。如果 Pod 定义中未明确设置附加组，将以生效范围的最小值作为 Pod 的附加组 GID。

  2）RunAsAny：SCC Resricted 的默认配置。允许 Pod 设定任何的附加组。

- FSGroup：该设置控制 Pod 运行的 FSGroup。

  允许配置两种策略：

  1）MustRunAs：SCC Resricted 的默认配置。必须以指定的 FSGroup 范围运行。可以在 SCC 中定义 FSGroup 范围，如果 SCC 中没有定义 FSGroup 范围，将同样使用 Project 上 Annotation openshift.io/sa.scc.supplemental-groups 定义的范围。你可以在 Pod 的定义中通过 securityContext.fsGroup 设定 FSGroup ID，但必须在定义的范围内。如果 Pod 定义中未明确设置 FSGroup，将以生效范围的最小值作为 Pod 的 FSGroup ID。

  2）RunAsAny：允许任何的 FSGroup 设置。

可以看到，Pod 的 SCC 权限受 Pod 的定义、SCC 策略以及 Project 三者的相互作用，优先级顺序大致为 Pod 的定义 > SCC 策略 > Project Annotations 默认值。

我们在清楚了 SCC 中的配置内容之后，接下来看看 SCC 是如何匹配的。

在本章开始已提到，SCC 是控制 Pod 权限的，所以 SCC 匹配也是与 Pod 匹配。SCC 匹配大致经过过滤和匹配两个过程。过滤是指在集群中所有的 SCC 必须允许 Pod 使用，即 Pod 有权限使用 SCC 列表；匹配是指在过滤后的 SCC 中，逐个匹配 Pod 的需求与各项策略的定义，如果有满足Pod环境需求的，则匹配成功，否则Pod无法启动。如果有多个SCC满足，则需要评估SCC的优先级（SCC中的优先级参数设置，比如anyuid 10），优先级高的将被匹配；如果在优先级相同的情况下，则选择策略限制更加严格的SCC。

综上所述，SCC匹配将与以下四点相关：

1）启动Pod的用户的权限，注意权限有可能来源于User或Group。

2）Pod中securityContext的定义。

3）Pod使用的镜像中USER的定义，注意如果Dockerfile没有明确定义USER，则默认为Root。

4）SCC的优先级和策略配置，注意anyuid的优先级最高。

介绍完SCC匹配的原理之后，我们来看默认SCC策略的情况。默认情况下，项目中未经特殊授权的普通Pod只能使用restricted SCC，由于该SCC允许system:authenticated组匹配，其余的默认均无法被普通Pod使用，也就是说，普通Pod必须满足restricted SCC的策略和权限，否则就会启动失败。我们可以根据需要创建新的SCC使用，也可以对默认的SCC赋权后使用，但绝对不要修改默认SCC策略的内容！

通常使用SCC的做法是通过Pod绑定的Service Account实现赋权，然后在Pod中定义特殊需求（比如hostnetwork、anyuid等）以匹配合适的SCC。过程大致如下。

首先需要创建Pod运行的Service Account。

```
# oc create serviceaccount scc-demo
serviceaccount/scc-demo created
```

然后将创建的Service Account赋权给特定的SCC。

```
# oc adm policy add-scc-to-user hostnetwork -z scc-demo
securitycontextconstraints.security.openshift.io/hostnetwork added to: ["scc-demo"]
```

执行后可以去查看SCC中的Access.user会增加我们新建的Service Account。然后，就可以创建自己的Pod，Pod需要使用scc-demo Service Account。

注意，如果Pod中没有必要使用hostnetwork SCC的需求，根据优先级相同的匹配原则，依然会使用策略限制更加严格的restricted SCC，所以并不是赋权就一定使用hostnetwork SCC。

6. OpenShift中Pod调度策略

Pod调度程序用于根据特定的算法与策略将Pod调度到节点上。调度的主要过程是接受API Server创建新Pod的请求，并为其安排一个主机信息（也就是调度到节点上），最后将信息写入Etcd中。但实际上，调度过程远远没有这么简单，需要综合考虑很多决策因素。调度策略可分为默认调度策略和高级调度策略，下面我们分别介绍。

（1）默认调度策略

默认调度策略是OpenShift为kube-scheduler进程配置的策略，主要通过Predicates和Priorities（优先级）定义策略。

1）Predicates 的概念

Predicates 本质上是过滤掉不合格节点的规则。OpenShift 提供了多个 Predicates。我们可以通过参数自定义 Predicates，也可以组合多个 Predicates 以提供节点的过滤。Predicates 包含 Static（静态）和 General（普通）两类。

静态的 Predicates 不接受用户的任何配置参数或输入，这些在调度程序配置中使用其确切名称指定。静态的 Predicates 示例如下所示（完整列表参考 Repo 中“默认静态 Predicates”）。

PodToleratesNodeTaints 检查 Pod 是否可以容忍节点污点。

```
{"name" : "PodToleratesNodeTaints"}
```

普通的 Predicates 包含 Non-critical predicates 和 Essential predicates 两类。Non-critical predicates 是只针对非关键 Pod 的节点过滤策略，Essential predicates 是针对所有 Pod 的节点过滤策略。

Non-critical General Predicates 示例如下：

PodFitsResources：根据资源可用性（CPU、内存、GPU 等）确定适合度（根据 Request 资源）。

```
{"name" : "PodFitsResources"}
```

Essential General Predicates 示例如下：

PodFitsHostPorts：确定节点是否具有用于请求的 Pod 端口的空闲端口（不存在端口冲突）。

```
{"name" : "PodFitsHostPorts"}
```

2）Priorities 的概念

Priorities 是根据优先级对节点进行排名的规则。我们可以指定一组定制的 Priorities 来配置调度程序。默认情况下，OpenShift 容器平台中提供了 Priorities，其他 Priorities 策略可以通过提供某些参数进行自定义。我们也可以组合多个 Priorities，并且可以为每个 Priorities 赋予不同的权重，以设定节点优先级。Priorities 包含 Static（静态）和 Configurable（可配置）两类。

Static 类型除权重外不接受用户的任何配置参数。必须要指定权重，并且不能为 0 或负数。（除 NodePreferAvoidPodsPriority 为 10000 外，每个 Priorities 函数的权重均为 1。）

默认使用的优先级都是 Static 类型的，如下所示（完整列表见 Repo 中“默认静态优先级策略”）：

NodeAffinityPriority：根据节点相似性调度首选项对节点进行优先级排序。

```
{"name" : "NodeAffinityPriority", "weight" : 1}
```

Configurable 类型是除了 OpenShift 提供之外自行配置的优先级。我们可以在 openshift-config 项目的调度程序中使用 Configmap 配置这些优先级，后文我们将演示如何实现。

（2）高级调度策略

默认的调度策略是在集群运行前就配置好的，而且是全局生效的。那么，如果需要更多控制以调整某些 Pod 的调度呢？为了满足多样化的需求，OpenShift 还提供了高级调度策略，也被称为运行时调度策略，这种策略允许在创建应用时设置策略来影响 Pod 调度的位置。目前官方明确支持的高级调度策略有：

- 使用 node selectors 规则。

node selectors 是目前最为简单的一种节点约束规则。通过在 Pod 中定义 nodeSelector，然后匹配节点上的键值对 Labels。OpenShift 也提供了一部分内置的节点标签，如 kubernetes.io/hostname。

- 使用 affinity（亲和）与 anti-affinity（反亲和）规则。

虽然 nodeSelector 提供了一种非常简单的方法来将 Pod 调度到预期节点上，但是缺少灵活性。亲和与反亲和规则相当于 nodeSelector 的扩展，增强了语法的多样化以及软 / 偏好规则。目前包含 Node 亲和、Pod 亲和与 Pod 反亲和。

Node 亲和：目前支持 requiredDuringSchedulingIgnoredDuringExecution 和 preferredDuringSchedulingIgnoredDuringExecution 两种类型的节点亲和，可以分别视为硬条件限制和软条件限制。在调度过程中，必须满足 requiredDuringSchedulingIgnoredDuringExecution 定义的规则，如果不匹配，则调度失败；preferredDuringSchedulingIgnoredDuringExecution 中定义的规则为优先选择，即如果存在满足条件的节点，则优先使用，如果没有满足条件的节点，则忽略规则。

Pod 亲和与 Pod 反亲和：Pod 亲和与反亲和使得可以基于已经在节点上运行的 Pod 的标签来约束 Pod 可以调度到的节点，而不是基于节点上的标签。Pod 亲和用于调度 Pod 可以和哪些 Pod 部署在同一拓扑结构下，Pod 反亲和则相反。同样支持 requiredDuringSchedulingIgnoredDuringExecution 和 preferredDuringSchedulingIgnoredDuringExecution 两种类型。需要注意的是，使用这种策略的所有节点上必须有适当的标签表示拓扑域，而且由于这种策略需要大量的计算，不建议在大规模集群中使用。

- 使用 taints（污点）和 tolerations（容忍）规则。

节点亲和是将 Pod 调度到预期的节点上，而污点则是反过来将一个节点标记为污点，那么该节点默认就不会被调度 Pod，除非 Pod 明确被标识为可以容忍污点节点。标识节点为污点的每个键值对有三种效果：NoSchedule、PreferNoSchedule 和 NoExecute。NoSchedule 表示 Pod 不会被调度到标记为污点的节点，PreferNoSchedule 相当于 NoSchedule 的软限制或偏好版本，NoExecute 则意味着一旦污点被设置，该节点上所有正在运行的 Pod 只要没有容忍污点的设置都将被直接驱逐。

（3）Pod 调度程序算法

我们在了解了 OpenShift 中的调度策略后，接下来看看大部分（某些 Pod 会跳过调度程序，如 Daemonsets、Static Pod）情况下 Pod 调度程序算法遵循的三个步骤。

第一步：过滤节点。

调度程序通过 Predicate 来过滤正在运行的节点的列表。此外，Pod 可以定义与集群节点中的 Label 匹配的 Node Selector，Label 不匹配的节点不符合条件。

- Pod 定义资源请求（例如 CPU、内存和存储），可用资源不足的节点不符合条件。
- 评估节点列表是否有污点，如果有，则 Pod 是否有容忍污点的设置可以接受污点。如果 Pod 无法接受污点节点，则该节点不符合条件。

我们查看默认设置在 Master 节点上的污点。

```
# oc describe nodes master-0 |grep -i taints
Taints: node-role.kubernetes.io/master:NoSchedule
```

然后查看目前在 Master 节点上运行 Pod 设置的容忍污点。

```
# oc describe pods oauth-openshift-69bb54fb9f-4bf6w | grep -i toleration
Tolerations: node-role.kubernetes.io/master:NoSchedule
```

我们看到，oauth-openshift Pod 因为包含了容忍污点，所以可以在 Master 节点上运行，如图 2-39 所示。

```
[root@lb.weixinyucluster ~]# oc get pods -o wide
NAME                              READY   STATUS    RESTARTS   AGE   IP            NODE
oauth-openshift-69bb54fb9f-4bf6w  1/1     Running   0          2d9h  10.131.0.25   master-0
oauth-openshift-69bb54fb9f-dd2vf  1/1     Running   0          2d9h  10.130.0.15   master-1
[root@lb.weixinyucluster ~]#
```

图 2-39 oauth-openshift Pod 在 Master 节点上运行

过滤步骤的最终结果通常是有资格运行 Pod 的节点候选短列表。在某些情况下不会过滤掉任何节点，这意味着 Pod 可以在任何节点上运行。当然也可能所有节点都被过滤掉，这意味着没有合适的节点满足先决条件，调度将失败。

第二步：对节点候选短列表排优先级。

节点候选短列表是使用多个 Priorities 进行评估的，这些 Priorities 和权限计算得出的总和为加权得分，得分较高的节点更适合运行 Pod。

亲和与反亲和是重要的判断标准。对 Pod 具有亲和性的节点得分较高，而具有反亲和性的节点得分较低。

第三步：选择最适合的节点。

根据这些得分对节点候选短列表进行排序，并选择得分最高的节点来运行 Pod。如果多个节点具有相同的高分，则以循环方式选择一个。

（4）修改 Pod 调度策略

通常默认调度策略和高级调度策略就能满足大部分场景的需求，但也不排除我们需要根据实际的基础设施拓扑自定义调度策略。接下来，我们将展示如何在 OpenShift 中修改 Pod 默认调度策略。

调度程序配置文件是一个 JSON 文件，必须命名为 policy.cfg，用于指定调度程序将考虑的 Predicates 和 Priorities。我们创建 policy.cfg 的 JSON 文件如下。

```
# cat policy.cfg
{
"kind" : "Policy",
"apiVersion" : "v1",
"predicates" : [
        {"name" : "PodFitsHostPorts"},
        {"name" : "PodFitsResources"},
        {"name" : "NoDiskConflict"},
        {"name" : "NoVolumeZoneConflict"},
        {"name" : "MatchNodeSelector"},
        {"name" : "MaxEBSVolumeCount"},
        {"name" : "MaxAzureDiskVolumeCount"},
        {"name" : "checkServiceAffinity"},
        {"name" : "PodToleratesNodeNoExecuteTaints"},
        {"name" : "MaxGCEPDVolumeCount"},
        {"name" : "MatchInterPodAffinity"},
        {"name" : "PodToleratesNodeTaints"},
        {"name" : "HostName"}
        ],
"priorities" : [
        {"name" : "LeastRequestedPriority", "weight" : 1},
        {"name" : "BalancedResourceAllocation", "weight" : 1},
        {"name" : "ServiceSpreadingPriority", "weight" : 1},
        {"name" : "EqualPriority", "weight" : 1}
        ]
}
```

创建上述文件为 Configmap。

```
# oc create configmap custom-scheduler-policy --from-file=policy.cfg -n openshift-config
```

编辑 Scheduler Operator 自定义资源（CR）以添加 Configmap。

```
# oc patch scheduler cluster --type='merge' -p '{"spec":{"policy":
    {"name":"custom-scheduler-policy"}}}' --type=merge
```

对 scheduler config 资源进行更改后，请等待相关容器重新部署，这可能需要几分钟。在容器重新部署之前，新的调度程序不会生效。

7. OpenShift 中的 CRD 和 CR

在 OpenShift 中我们会大量使用 CRD。为了方便读者理解，本小节对此展开介绍。

CRD 的全称是 Custom Resource Definition（自定义资源定义），CR 的全称是 Custom Resource（自定义资源）。CRD 本质上是 Kubernetes 的一种资源。在 Kubernetes 中一切都可视为资源，Kubernetes 1.7 之后增加了使用 CRD 进行二次开发来扩展 Kubernetes API，通过 CRD 我们可以向 Kubernetes API 中增加新资源类型，而不需要修改 Kubernetes 源码。该功能大大提高了 Kubernetes 的扩展能力。当你创建一个新 CRD 时，Kubernetes API 服务器将为你指定的每个版本创建一个新的 RESTful 资源路径。CRD 根据其作用域，可以分为 Cluster 级别和 Namespace 级别。

CRD 在 OpenShift 中被大量使用，以 OpenShift 4.6 为例，CRD 的数量多达上百个，这些 CRD 都是 Cluster 级别的。

```
# oc get crd | wc -l
108
```

那么，站在 OpenShift 角度，我们该怎样使用 CRD 呢？下面举例说明。

安装 OpenShift 后内置的 image registry 是不会启动的（只有 Operator），如图 2-40 所示。

```
[root@lb.weixinyucluster ~]# oc get pods -n openshift-image-registry
NAME                                               READY   STATUS    RESTARTS   AGE
cluster-image-registry-operator-56d78bc5fb-w8npk   2/2     Running   0          9h
node-ca-7fnbn                                      1/1     Running   0          9h
node-ca-bxppx                                      1/1     Running   0          9h
node-ca-cxpqr                                      1/1     Running   0          9h
node-ca-g8b8m                                      1/1     Running   0          9h
node-ca-rc4zd                                      1/1     Running   0          9h
node-ca-wp66p                                      1/1     Running   0          9h
node-ca-zbh89                                      1/1     Running   0          9h
[root@lb.weixinyucluster ~]#
```

图 2-40 查看项目中 Pod

如果我们想让 OpenShift 启动 image registry Pod，就需要修改 image registry Operator 对应 crd：configs.imageregistry.operator.openshift.io。

```
# oc get crd |grep -i configs.imageregistry.operator.openshift.io
configs.imageregistry.operator.openshift.io       2020-10-09T00:48:20Z
```

查看 CRD 的 RESTful 资源路径（selfLink）。

```
# oc get configs.imageregistry.operator.openshift.io -o yaml |grep  selfLink
    selfLink: /apis/imageregistry.operator.openshift.io/v1/configs/cluster
```

接下来，我们将 CRD 的 managementState 从 Removed 修改为 Managed，同时也可以设置副本数，这里我们保持 1 不变，如图 2-41 所示。

```
# oc edit configs.imageregistry.operator.openshift.io  cluster
```

修改后，我们发现 image registry Pod 被自动创建，如图 2-42 所示。

也就是说，我们通过修改 image registry Operator 的 CRD，完成了 image registry 的状态设置和副本数修改。

在 OpenShift 中我们大量使用 Cluster Operator（CO），每个 Cluster Operator 都有对应的 CRD。例如我们查看 ingress 这个 CO 对应的 CRD，如图 2-43 所示。

在 OpenShift 的运维中少不了修改 Cluster Operator 对应的 CRD，这类 CRD 都是以 operator.openshift.io 为后缀。例如，我们想要在 OpenShift 中启用 multus，就需要修改 networks.operator.openshift.io 这个 CRD，增加如图 2-44 所示内容。

```
      f:storageManaged: {}
    manager: cluster-image-registry-operator
    operation: Update
    time: "2020-10-09T10:53:31Z"
  name: cluster
  resourceVersion: "199356"
  selfLink: /apis/imageregistry.operator.openshift.io/v1/configs/cluster
  uid: 7ec57eea-102e-44a3-8c90-7fb712c95c00
spec:
  httpSecret: 33a0a45d6e09580c55fc7f11fb89e963cc553c1bf242be5232f384949b6b
019010cfa6e63957b05f6c6acbb7ef0620a4c8c5947
  logging: 2
  managementState: Removed
  proxy: {}
  replicas: 1
  requests:
    read:
      maxWaitInQueue: 0s
    write:
      maxWaitInQueue: 0s
  rolloutStrategy: RollingUpdate
  storage:
```

图 2-41 修改 CRD

```
[root@lb.weixinyucluster ~]# oc get pods -n openshift-image-registry
NAME                                              READY   STATUS    RESTARTS   AGE
cluster-image-registry-operator-56d78bc5fb-w8npk  2/2     Running   0          9h
image-registry-bdbd8cfb6-p7x5t                    1/1     Running   0          29s
node-ca-7fnbn                                     1/1     Running   0          9h
node-ca-bxppx                                     1/1     Running   0          9h
node-ca-cxpqr                                     1/1     Running   0          9h
node-ca-g8b8m                                     1/1     Running   0          9h
node-ca-rc4zd                                     1/1     Running   0          9h
node-ca-wp66p                                     1/1     Running   0          9h
node-ca-zbh89                                     1/1     Running   0          9h
```

图 2-42 image registry Pod 自动创建

```
[root@lb.weixinyucluster ~]# oc get co  |grep -i ingress
ingress                4.5.11    True       False        False       9h
[root@lb.weixinyucluster ~]# oc get crd |grep -i  ingress
dnsrecords.ingress.operator.openshift.io               2020-10-09T00:48:21Z
ingresscontrollers.operator.openshift.io               2020-10-09T00:48:00Z
ingresses.config.openshift.io                          2020-10-09T00:47:58Z
```

图 2-43 查看 ingress CO 对应的 CRD

```
#oc edit networks.operator.openshift.io cluster
spec:
  additionalNetworks:
  - name: macvlan-network
    namespace: tomcat
    simpleMacvlanConfig:
      ipamConfig:
        staticIPAMConfig:
          addresses:
          - address: 192.168.91.250/24
            gateway: 192.168.91.1
        type: static
      master: ens3
      mode: bridge
type: SimpleMacvlan
```

图 2-44 修改 CRD

截至目前，我们介绍了 CRD 的作用。那么 CR 的作用是什么？

CR 是 CRD 中的一个字段。我们在上文修改 networks.operator.openshift.io CRD 增加的内容，其实就是增加了一个 macvlan-network 的 CR，而且将这个 CR 作用在 Tomcat 的 Namespace 上（而不是 Cluster 级别）。

2.2.3 OpenShift 的部署架构规划

介绍逻辑架构、技术架构的主要目的是帮助读者了解产品本身使用的技术和理念，但是在企业实施落地私有云时，面临的第一个问题就是部署架构，这部分也是企业最关心的。我们通常会从集群资源、网络、存储、高可用要求等几个方面综合考虑，本节我们就针对 OpenShift 在私有云中的高可用部署架构设计需要考虑的点进行逐一说明，非高可用部署架构较为简单，我们也不推荐生产使用，所以本书不会介绍。关于公有云的部分将在第 6 章介绍。

1. OpenShift 计算资源规划

计算资源主要包括 CPU 和内存，计算资源规划主要包含两部分内容：第一个是选择部署 OpenShift 的基础设施，这里主要指物理机部署还是虚拟机部署；第二个是 OpenShift 计算资源容量的规划。

（1）基础设施的选择

在前面的逻辑架构中，我们就介绍了 OpenShift 支持运行在所有的基础设施上，包含物理机、虚拟机甚至公有云，那么在私有云建设中选择物理机好还是虚拟机好呢？理论上物理机部署能获得最大的性能需求，但是不易扩展、运维困难；而选择虚拟机部署则网络以及计算资源的损耗较大。我们通常会从以下维度进行对比：

- 集群性能：通常裸物理机运行在性能上占据优势，主要是由于虚拟化层带来的资源损耗。
- 运维管理：使用虚拟机可以利用 IaaS 层提供的运维便利性，而物理机运维相对复杂。
- 环境属性：根据环境属性通常会有多套 OpenShift，如生产环境、开发测试环境等，通常开发测试环境采用虚拟机部署，生产环境对性能要求高，则采用物理机部署。
- 资源利用率：物理机部署如果仅部署 OpenShift 运行应用，在业务不饱和的情况下物理机资源利用率低，而虚拟机则可以将物理机资源统一调度分配，资源利用率高。
- 虚拟化成熟度：企业是否已经有成熟的 IaaS 管理系统。
- IaaS 与 PaaS 的联动集成：企业是否考虑实现 IaaS 与 PaaS 的联动，主要表现在 OpenShift 自动扩容集群节点或对节点做纵向扩展。
- 成本：分别计算虚拟机和物理机所需要的成本，理论上虚拟机的成本更低，物理机可能涉及很多额外的硬件采购。

针对上面给出的几点选型参考，每个企业的实际情况不同，需要结合企业的具体情况进行选择，必要时可以进行对比测试。当然，这也不是非此即彼的选择，目前实施落地的客户中有完全运行在物理机环境的，也有完全运行在虚拟机环境的，还有客户选择 Master

节点使用虚拟机，Worker节点使用物理机。

如果选择使用虚拟机部署，OpenShift认证的虚拟化平台有红帽OpenStack、红帽KVM、红帽RHV以及vSphere，在具体的项目实践中选择vSphere虚拟化和红帽OpenStack的情况较多。

（2）计算资源容量的规划

在确定了部署使用的基础设施以后，就需要对资源容量进行规划，通常1个物理服务器的CPU Core相当于2个虚拟机的vCPU，这在容量规划中至关重要。

在考虑计算资源容量规划的时候，一般会从集群限制、业务预期资源等入手。当然，在建设初期可以最小化建设规模，后续对集群采取扩容即可，但容量规划的算法依然是适用的。

在官方文档中会给出每个版本集群的限制，下面给出我们整理的一些关键指标，如表2-4所示。

表2-4 OpenShift集群规模限制说明

最大类型	3.11测试的最大值	4.6测试的最大值
节点数	2000	2000
Pod的数量	150 000	150 000
每个节点的Pod数量	250	500
每个内核的Pod数量	没有默认值	没有默认值
命名空间数量	10 000	10 000
构建数量：管道策略	10 000（默认Pod RAM 512 Mi）	10 000（默认Pod RAM 512 Mi）
每个命名空间的Pod数量	25 000	25 000
Service数量	10 000	10 000
每个命名空间的服务数	5000	5000
每个服务中的后端数	5000	5000
每个命名空间的部署数量	2000	2000

我们在部署OpenShift时，如何根据表2-4中的指标进行容量规划呢？这里所说的容量规划主要是指计算节点，有很多种可用的估算方法，这里我们介绍其中两种常用方法：

- 从集群规模出发估算。
- 从业务需求出发估算。

1）从集群规模出发估算

这种估算方法适用于大型企业要建设一个大而统一的PaaS平台的情况。在这种情况下，也意味着建设时并不清楚具体哪些业务会运行到OpenShift集群中，这时就需要对整个集群的规模进行大致的估算，由于Master节点和Infra节点相对固化，我们这里仅说明用于运行业务容器的计算节点。

OpenShift 的计算资源总数主要由单个节点配置和集群最大节点数两方面决定，而这两方面还要受不同版本集群的限制以及网络规划上的限制，最终是取所有限制中最小的。下面我们就对这些约束条件进行说明。

- 单个节点配置：表示每个计算节点的 CPU 和内存配置。

计算节点配置的 CPU 和内存通常需要满足一定比例，比例可以根据运行应用的类型灵活配置，如 Java 应用居多，则需要配置较高的内存，常用的比例有 1∶2、1∶4、1∶8、1∶16 等。在估算资源的时候，建议以一个标准规格为基准，本示例以每个节点配置 8vCPU、32G 内存为基准。当然，如果考虑使用混合比例部署，则每种类型添加权重比例计算即可。

单个计算节点可运行的 Pod 数受计算节点 CPU、单个节点最大 Pod 数以及网络规划每个节点可分配 IP 数三部分约束，节点真实可运行的 Pod 数为三者的最小值。计算公式如下：

Min [节点 CPU 核心数 × 每个核心可运行 Pod 数，单个节点最大 Pod 数，
网络规划允许的最大 Pod 数]

对于公式中的每个核心可运行 Pod 数可以通过参数设置，在 OpenShift 3 中默认设置每个核心最多运行 10 个 Pod，新版本 OpenShift 默认无任何限制，需要用户自行添加限制。

为了简化说明，暂时假设网络规划允许的最大 Pod 数为 256，这部分将在后续网络规划部分详细说明。我们以前面确定基准配置为例，每个节点配置 8 个 vCPU，相当于 4 个 Core。如果默认不设置每个核心可运行的 Pod 数，那么单个节点可运行的最大 Pod 数为 250；如果设置每个核心可运行的 Pod 数为 10，那么就会取最小值 40，也就是单个节点最多只能运行 40 个 Pod。

在实际情况下，由于系统资源保留、其他进程消耗以及配额限制等，真实允许运行的最大 Pod 数会小于上述公式计算的理论值。

- 集群最大节点数：表示单个集群所能纳管的最大节点数，包含 Master 节点和所有类型的计算节点。

集群最大节点数受 OpenShift 不同版本的限制以及网络划分的限制，同样取最小值。计算公式如下：

Min [OpenShift 版本节点数限制，网络规划所允许的最大节点数]

假设使用 OpenShift 4.6 版本，该版本节点数限制为 2000，网络规划所允许的最大节点数为 512，那么集群最大规模为 512 个节点。

在确定了集群最大节点数和单个节点的配置之后，集群所需要的总资源就可以计算出来了，同时根据每个节点允许的最大 Pod 数，也可以计算出整个集群允许运行的最大 Pod 数，计算公式如下：

集群最大 Pod 数量 = 每个节点允许的最大 Pod 数 × 集群最大节点数

当然上述计算的值同样要与不同版本集群所允许的最大 Pod 总数取最小值。我们以 OpenShift 4.3 版本为例，计算公式如下：

Min [集群最大 Pod 数量，150000]

到此为止，就可以确定出集群最大允许运行的 Pod 总数，也就评估出单个集群的最大规模了。在计算出这些数据之后，就可以评估是否满足企业对 PaaS 的规划。如果不满足，则考虑采用增加单个节点资源和重新规划网络等手段增加集群可运行 Pod 的数目；如果满足，则可以根据第一期允许集群运行最大 Pod 数，反向推算出第一期建设所需要的计算节点数和计算资源总数。除了计算节点之外，额外还要加上 Master 节点以及其他外部组件。

2）从业务需求出发估算

这种估算方法适用于为某个项目组或某个业务系统建设 PaaS 平台的情况。在这种情况下，我们很明确地知道会有哪些业务系统甚至组件运行到 OpenShift 集群中，这时就可以根据业务对资源的需求大致估算集群的规模。同样，仅估算计算节点，其他类型节点数相对固定。

这种方法通常需要明确业务系统所使用的中间件或开发语言，并提供每个容器需要的资源以及启动容器的个数来计算。但是在实际项目中，每个容器需要的资源往往是不容易估算的，简单的方法是按以往运行的经验或者运行在虚拟机上的资源配置进行计算。当然，也可以根据应用在虚拟机上运行的资源使用率进行计算。

我们以一套在 OpenShift 集群中运行如下类型的应用为例，Pod 类型、Pod 数量、每个 Pod 最大内存、每个 Pod 使用的 CPU 资源和存储资源如表 2-5 所示。

表 2-5　业务资源评估

Pod 类型	Pod 数量	每个 Pod 最大内存	每个 Pod 使用的 CPU Core 数量
apache	10	500MB	0.5
node.js	10	2GB	1
postgresql	5	4GB	2
JBoss EAP	100	8GB	1

那么，OpenShift 集群提供的应用计算资源至少为 125 个 CPU Core、845GB 内存，这种资源估算方法通常还需要考虑为集群预留一定比例的空闲资源用于系统进程以及满足故障迁移，最后再通过标准规格的节点配置计算出所需要的节点数，取 CPU 和内存计算的最大值，并向上取整。计算公式如下：

Max [业务所需要的总 CPU×（1 + 资源预留百分比）/ 标准规格节点 CPU，
业务所需要的总内存 ×（1 + 资源预留百分比）/ 标准规格节点内存]

以前面定义的标准规格 8vCPU、32G 内存，资源预留百分比为 30% 来计算上述场景，根据 CPU 计算为 40.625（注意 Core 和 vCPU 的换算），根据内存计算为 34.328，然后取最大值并向上取整为 41。那么该场景下需要 41 个计算节点。

上述计算方法比较粗糙，未考虑很多因素的影响。比如由于 CPU 可以超量使用而内存不可以超量使用，这种情况下可以将计算结果取最小值，也就是需要 35 个计算节点。

另外需要注意的是，在集群计算节点规模较小时，如四到五个计算节点，需要在上述公式计算结果的基础上至少增加 1 个节点才能满足当一个节点故障时集群中仍有足够的资源接受故障迁移的应用容器。当集群计算节点规模较大时，计算公式中可以预留一定百分比的资源以承载一个节点故障后应用容器迁移的需求，无须额外添加，当然这不是一定成立的，可以根据实际情况决定是否需要添加。

（3）计算节点配置类型选择

无论采用哪种估算方法，都能得到集群所需要的总资源数。在总资源数一致的前提下，我们可以选择计算节点数量多、每个计算节点配置相对较低的方案，也可以选择计算节点数量少、每个计算节点配置较高的方案。我们有以下三种方案：第一种方案就是节点低配、数量多的方案；第三种就是节点高配、数量少的方案；第二种为折中的方案。示例如表 2-6 所示。

表 2-6 节点配置类型选择

节点类型	数量	CPUs（Core）	RAM (GB)
Nodes（方案 1）	100	4	16
Nodes（方案 2）	50	8	32
Nodes（方案 3）	25	16	64

在虚拟化环境中我们倾向于选择第一种方案，因为更多的计算节点有助于实现 Pod 的高可用。在物理服务器上部署 OpenShift 时我们倾向于选择第二种方案，原因之一是物理服务器增加 CPU/ 内存资源相对比较麻烦。

当然，这也不是绝对的必须二选一，比如在虚拟化环境中每个 Pod 需要 4vCPU 和 8G 内存，而每个节点刚好配置了 4vCPU 和 8G 内存，这样导致每个节点只能运行一个 Pod，不利于集群资源的合理利用，所以计算节点的配置高还是低是相对于平均每个 Pod 需要的资源而言的。总体的原则是保证 Pod 尽可能分散在不同节点，同时同一个节点资源可以被共享使用，提高利用率。

到此为止，我们已经介绍完计算资源容量规划。在 OpenShift 高可用架构下可以很容易地通过添加节点对集群资源实现横向扩容。如果在虚拟机环境安装，那么纵向扩容也是很容易的。

2. OpenShift 的网络介绍与规划

在上一节中提到在规划每个节点允许运行的最大 Pod 数以及集群最大节点数时都与网络规划有关。本节介绍 OpenShift 的网络是如何规划的。在开始介绍网络规划之前，需要先弄清楚 OpenShift 中的网络模型，这样才能明确要规划的网络代表的含义。

（1）OpenShift 内部通信网络整体概述

由于 OpenShift 网络通信的概念较多，理解起来相对困难，为了方便读者深入内部，在开始讲解网络模型之前，我们先尝试从 OpenShift 的用户角度提出 5 个问题，并解答这 5 个问题，从而让读者先对 OpenShift 网络通信有个大致的概念。然后读者可以带着对这 5 个问题的理解，阅读本章更为详细的内容。

❑ 问题 1：OpenShift 中 Pod 之间的通信是否一定需要 Service？

答案：Pod 之间的通信不需要 Service。

在同一个 Namespace 中，Pod A 开放了某个端口，在一个 Pod B 中 curl pod_A_IP:port，就能与之通信，如图 2-45 所示。

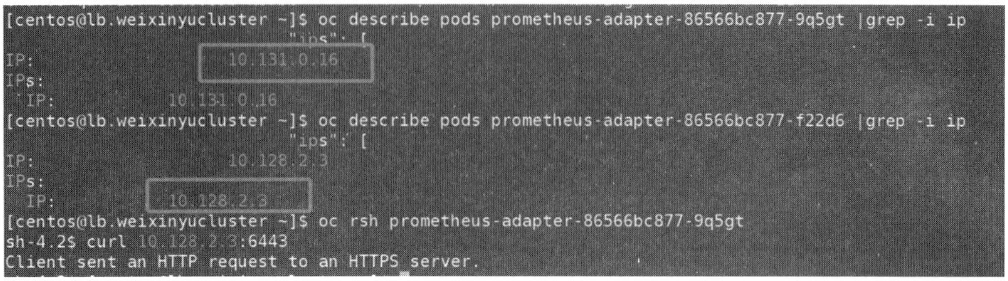

```
[centos@lb.weixinyucluster ~]$ oc describe pods prometheus-adapter-86566bc877-9q5gt |grep -i ip
                         "ips": [
IP:              10.131.0.16
IPs:
  IP:          10.131.0.16
[centos@lb.weixinyucluster ~]$ oc describe pods prometheus-adapter-86566bc877-f22d6 |grep -i ip
                         "ips": [
IP:              10.128.2.3
IPs:
  IP:          10.128.2.3
[centos@lb.weixinyucluster ~]$ oc rsh prometheus-adapter-86566bc877-9q5gt
sh-4.2$ curl 10.128.2.3:6443
Client sent an HTTP request to an HTTPS server.
```

图 2-45　查看两个 Pod 的 IP 地址

所以说，Pod 之间能不能通信和两个 Pod 经不经过 Service、有没有 Service 无关。

❑ 问题 2：从一个 Pod 访问另外一个 Pod，Pod 之间可以通信，其数据链路是什么？

答案：两个 Pod 如果在一个 OpenShift 节点上，其通信流量没有绕出本宿主机的 OVS；如果两个 Pod 在不同节点上，Pod 之间的通信经过了 Vxlan。具体内容后文将展开说明。

❑ 问题 3：既然 Pod 之间通信不需要 Service，为何 Kubernetes 要引入 Service？

答案：我们首先要明确 Service 是对一组提供相同功能的 Pod 的抽象，并为它们提供一个统一的内部访问入口。它主要解决以下两方面问题：

①负载均衡：Service 提供其所属多个 Pod 的负载均衡。

②服务注册与发现：解决不同服务之间的通信问题。在 OpenShift 中创建应用后，需要提供访问应用的地址供其他服务调用，这个地址就是由 Service 提供的。

在 OpenShift 中，我们每创建一个 Service，就会分配一个 IP 地址，称为 ClusterIP，这个 IP 地址是一个虚拟地址（OpenShift 外部不可达），这样内部 DNS 就可以通过 Service 名称（FQDN）解析成 ClusterIP 地址。这就完成了服务注册，DNS 解析需要的信息全部保存在 Etcd 中。

那么，Service 注册到 Etcd 的内容是什么呢？实际上是 Service 资源对象的 Yaml 包含的相关内容。也就是说，Etcd 中记录的 Services 注册信息里有 Namespace、Service Name、ClusterIP，通过这三个信息就可组成 DNS A 记录，也就是，Service 的 FQDN 和 Service ip 之间的对应关系。需要说明的是，Etcd 不是 DNS，DNS A 记录是通过查询生成的。OpenShift 的 DNS 是由 SkyDNS/CoreDNS 实现的（后面内容会详细介绍）。

服务发现这个词经常被妖魔化。它的作用是让 OpenShift 某个服务发现另外一个服务。也就是说，Service A 要和 Service B 通信，我需要知道 Service B 是谁、在哪，Cluster IP、对应的 Pod IP 都是什么，这就叫作服务发现。

❑ 问题 4：有了 Service 以后，Pod 之间的通信和没有 Service 有何区别？

答案：在数据通信层，没区别，因为 Service 只是逻辑层面的东西。但是，没有 Service，多个 Pod 无法实现统一入口，也无法实现负载均衡。也就是说，没有 Service，多个 Pod 之间的负载均衡就要依赖第三方实现。

那么，有了 Service 以后，Pod 之间怎么寻址？回答这个问题，我们要站在开发者角度。如果一个程序员要写微服务，微服务之间要相互调用，应该怎么写？写 Pod IP 和 ClusterIP 是不现实的，因为这两个 IP 可能发生变化。

如果程序员决定用 Kubernetes 做服务发现的，要实现不同服务之间的调用，就需要使用 Kubernetes 的 Service 名称，因为我们可以固定 Service 名称。（若使用微服务框架中的服务注册中心做服务注册发现，可以不使用 Kubernetes 的 Service。）

OpenShift/Kubernetes 中 Service 有短名和长名。以图 2-46 为例，jws-app 就是 Service 的短名，Service 长名的格式是 <sevrvice_name>.<namespace>.svc.cluser.local，也就是 jws-app.web.svc.cluser.local。Service 短名可以自动补充成长名，这是 OpenShift 中的 DNS 做的，这个后面介绍。

```
[centos@lb.weixinyucluster ~]$ oc get svc -n web
NAME          TYPE        CLUSTER-IP       EXTERNAL-IP   PORT(S)    AGE
jws-app       ClusterIP   172.30.158.170   <none>        8080/TCP   4h8m
openjdk-app   ClusterIP   172.30.29.197    <none>        8080/TCP   4h4m
[centos@lb.weixinyucluster ~]$
```

图 2-46　查看 Service 的名称

那么，如果在两个不同的 Namespace 中有两个相同的 Service 短名，微服务调用是不是会出现混乱？程序员的代码里是不是要写 Service 全名？

首先，站在 OpenShift 集群管理员的角度，我们看到所有的项目有几十个或者更多，会觉得在不同 Namespaces 中存在相同的 Service 短名是可能的（比如 Namespace A 中有个 acat 的 Service，Namespace B 中也有个 acat 的 Service）。但站在程序员角度，他只是 OpenShift 的使用者、拥有自己的 Namespace 的管理权，其他 Namespace 不能访问。而且绝大多数情况下，同一个业务项目的微服务一般会运行在同一个 Namespace 中，默认如果使用短名称（只写 Service Name），则会自动补全成当前 Namespace 的 FQDN，只有在跨 Namespace 调用的时候才必须写全名 FQDN。

所以，程序员写的程序用到了 Service Name。那么，真正运行应用的 Pod 之间的通信也必然会以 Service Name 去找。通过 Service 名称解析为 Service ClusterIP，然后经过 kube-proxy（默认 Iptables 模式）的负载均衡最终选择一个实际的 Pod IP。找到 Pod IP 以后，接下来就会进行实际的数据交换，这就和 Service 没有关系了。

- 问题 5：ClusterIP 到 Pod IP 这部分的负载均衡是怎么实现的？

答案：目前版本的 OpenShift 中是通过 kube-proxy（iptables 模式）实现的。具体内容后面详细介绍。

通过以上 5 个问题的问答，相信很多读者大致了解了 OpenShift 的通信网络。接下来，我们讲述 OpenShift 的网络模型。

（2）OpenShift的网络模型

OpenShift的网络模型继承自Kubernetes，从内到外共包含以下四个部分：

- Pod内部容器通信的网络。
- Pod与Pod通信的网络。
- Pod和Service之间通信的网络。
- 集群外部与Service或Pod通信的网络。

这四部分构成了整个OpenShift的网络模型，下面分别进行说明。

Pod内部容器通信的网络

我们都知道Pod是一组容器的组合，意味着每个Pod中可以有多个容器，那么多个容器之间如何通信呢？这就是这部分要解决的问题。

Kubernetes通过为Pod分配统一的网络空间，实现了多个容器之间的网络共享，也就是同一个Pod中的容器之间通过Localhost相互通信。

Pod与Pod通信的网络

关于这部分Kubernetes在设计之时的目标就是Pod之间可以不经过NAT直接通信，即使Pod跨主机也是如此。而这部分Kubernetes早期并未提供统一的标准方案，需要用户提前完成节点网络配置，各个厂商提供了不同的解决方案，诸如Flannel、OVS等。随着Kubernetes的发展，在网络方向上希望通过统一的方式来集成不同的网络方案，这就有了现在的容器网络开放接口（Container Network Interface，CNI）。

CNI项目是由多个公司和项目创建的，包括CoreOS、红帽、Apache Mesos、Cloud Foundry、Kubernetes、Kurma和rkt。CoreOS首先提出定义网络插件和容器之间的通用接口，CNI被设计为规范，它仅关注容器的网络连接并在删除容器时删除分配的网络资源。

CNI有三个主要组成部分：

- CNI规范：定义容器运行时和网络插件之间的API。
- 插件：与各种SDN对接的组件。
- 库：提供CNI规范的Go实现，容器运行时可以利用它来便捷地使用CNI。

各厂商遵守规范来开发网络组件，在技术实现上共分为两大阵营：

- 基于二层实现：通过将Pod放在一个大二层网络中，跨节点通信通常使用Vxlan或UDP封包实现，常用的此类插件有Flannel（UDP或Vxlan封包模式）、OVS、Contiv、OVN等。
- 基于三层实现：将Pod放在一个互联互通的网络中，通常使用路由实现，常用的此类插件有Calico、Flannel-GW、Contiv、OVN等。

可以看到网络插件的种类繁多，OpenShift默认使用的是基于OVS的二层网络实现Pod与Pod之间的通信，后面我们将详细介绍。

Pod和Service之间通信的网络

Pod与Service之间的通信主要是指在Pod中访问Service的地址。在OpenShift中，Service是对一组提供相同功能的Pod的抽象，并为它们提供一个统一的内部访问入口。主要解决以下两个问题：

- 服务注册与发现：服务注册与发现在微服务架构中用来解决不同服务之间的通信问题。在 OpenShift 中创建应用后，需要提供访问应用的地址供其他服务调用，这个地址就是由 Service 提供的。

每创建一个 Service，就会分配一个 Service IP 地址，称为 ClusterIP，这个 IP 地址是一个虚拟地址，无法执行 ping 操作。同时自动在内部 DNS 注册一条对应的 A 记录，这就完成了服务注册，注册信息全部保存在 Etcd 中。服务发现支持环境变量和 DNS 两种方式，其中 DNS 的方式最为常用，关于 DNS 的部分我们将在后面章节详细说明。

- 负载均衡：每个 Service 后端可能对应多个 Pod 示例，在访问 Service 的时候需要选择一个合适的后端处理请求。

Service 的负载均衡可以有很多的实现方式，目前 Kubernetes 官方提供了三种代理模式：userspace、iptables、ipvs。当前版本的 OpenShift 默认的代理模式是 iptables，本节主要介绍这种模式。有兴趣的读者可参考 Kubernetes 官网中对 Service 的介绍自行了解其他模式。

Iptables 模式如图 2-47 所示。

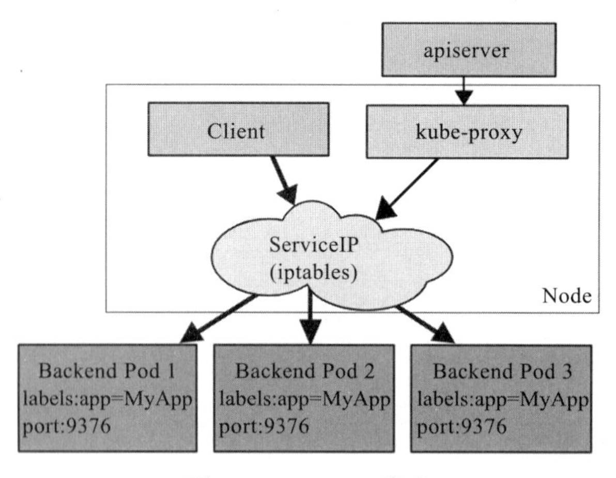

图 2-47 Iptables 模式

从图 2-47 中可以看出，当客户端访问 Servcie 的 ClusterIP 时，由 Iptables 实现负载均衡，选择一个后端处理请求，默认的负载均衡策略是轮询。在这种模式下，每创建一个 Service，会自动匹配后端实例 Pod 记录在 Endpoints 对象中，并在所有 Node 节点上添加相应的 iptablcs 规则，将访问该 Service 的 ClusterIP 与 Port 的连接重定向到 Endpoints 中的某一个后端 Pod。本书由于篇幅所限，不再赘述关于负载均衡实现的细节。

这种模式有两个缺点：第一，不支持复杂的负载均衡算法；第二，当选择的某个后端 Pod 没有响应时无法自动重新连接到另一个 Pod，用户必须利用 Pod 的健康监测来保证 Endpoints 列表中 Pod 都是存活的。

集群外部与 Service 或 Pod 通信的网络

前面我们说过，创建 Service 分配的 ClusterIP 是一个虚拟 IP 地址，外部是无法访问的，那么该如何实现集群外部访问部署在集群中的应用呢？

目前 OpenShift 共有以下五种对外暴露服务的方式：

- Hostport
- Nodeport
- Hostnetwork
- LoadBalancer
- Ingress/Router

不同方式的使用场景各不相同，关于每种方式的具体细节我们将在后面小节中进行说明。

多租户的隔离

对于 OpenShift 来说，一个 Namespace 就是一个租户，实现多租户隔离主要表现在网络上，即每个租户都拥有与其他租户完全隔离的自有网络环境。而 OpenShift 的网络可以由多种第三方插件实现，是否支持多租户隔离要看选择的 Pod 网络插件。目前广泛使用的是通过网络策略控制网络隔离，网络策略采用了比较严格的单向流控制，最小粒度可控制到 Pod 与 Pod，而不仅仅是 Namespace 级别的隔离。

在了解了 OpenShift 网络模型之后，可以看到 OpenShift 网络涉及的范围大而复杂，除了 Pod 内部容器通信比较简单、无须管理之外，其余的三部分都是可以配置管理的，如替换不同的插件或者通过不同的方式实现。下面我们就针对这三部分分别进行说明。

（3）OpenShift Pod 网络的实现

OpenShift 使用软件定义网络的方法提供统一的 Pod 网络，使得集群中 Pod 可以跨主机通信。理论上，OpenShift 兼容所有符合 CNI 规范的网络插件，但目前受 Network Operator 管理的仅支持 OpenShift SDN、OVN Kubernetes、Kuryr 三种网络插件，如果使用第三方网络插件，将不安装 Network Operator。官方默认使用 OpenShift SDN，这也是我们推荐使用的网络插件，下面我们就主要介绍这个网络插件的实现。

OpenShift SDN

在 OpenShift 中 Pod 的网络默认由 OpenShift SDN 实现和维护，底层是使用 OpenvSwitch 实现的二层覆盖网络，跨节点通信使用 Vxlan 封包。用户对网络的需求往往是复杂的，有些用户需要一个平面网络，而有些用户则需要基于网络隔离。为了满足客户的不同需求场景，OpenShift SDN 提供了三种模式：subnet、multitenant、networkpolicy。

- subnet：提供扁平的 Pod 网络。集群中每个 Pod 都可以与其他服务的 Pod（本项目或其他项目）进行通信。
- multitenant：提供项目级别的隔离，这种模式下，除 default 项目外，默认所有项目之间隔离。
- networkpolicy：OpenShift 默认的 OVS 插件模式，提供 Pod 粒度级别的隔离，这种

模式的隔离完全由 NetworkPolicy 对象控制。项目管理员可以创建网络策略，例如配置项目的入口规则以保护服务免受攻击。

模式切换通过修改 Network Operator 的配置 network.config/cluster 来实现，细节请参考官网文档。

无论使用 OpenShift SDN 的哪种模式，Pod 之间网络通信如图 2-48 所示。

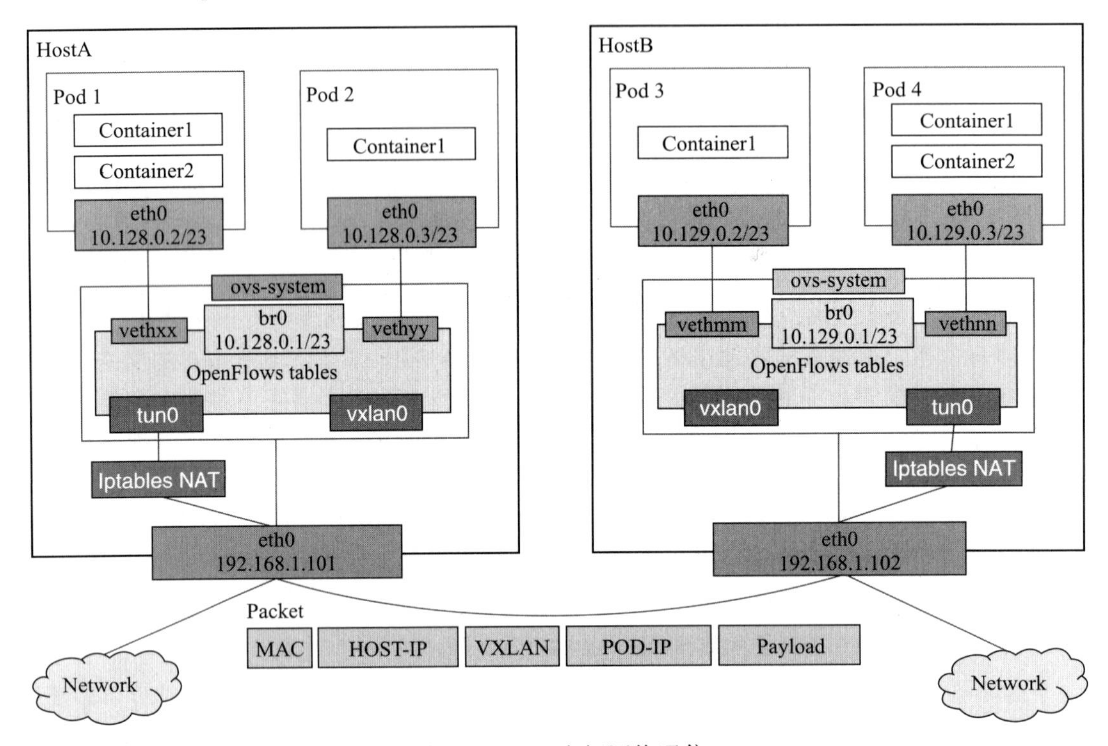

图 2-48 Pod 之间网络通信

从图 2-48 可以看出 Pod 之间通信有三条链路：

- Pod 1（10.128.0.2/23）和 Pod 2（10.128.0.3/23）在同一个节点上，从 Pod 1 到 Pod 2 的数据流如下：

  Pod 1 的 eth0 → vethxx → br0 → vethyy → Pod 2 的 eth0

这条链路通信方式来源于 Docker 的网络模型，不熟悉的读者请自行查阅学习，本书不再赘述。

- Pod 1（10.128.0.2/23）和 Pod 3（10.129.0.2/23）在不同的节点上，从 Pod 1 到 Pod 3 的数据流如下：

  Pod 1 的 eth0 → vethxx → br0 → vxlan0 → hostA eth0（192.168.1.101）→ network → hostB eth0（192.168.1.102）→ vxlan0 → br0 → vethmm → Pod 3 的 eth0

- Pod 1（10.128.0.2/23）访问外部网络，数据流如下：

Pod 1 的 eth0 → vethxx → br0 → tun0 →（NAT）→ eth0 (physical device) → Internet

在介绍 OpenShift SDN 的三种模式时提到两种模式可以提供多租户网络隔离，那么网络隔离的实现原理是什么呢？

网络隔离的实现

由于 Multitenant 和 NetworkPolicy 模式的隔离机制不同，我们分别说明。

- Multitenant 模式

在 Multitenant 模式下，每个项目都会收到唯一的虚拟网络 ID（VNID），用于标识分配给项目的 Pod 的流量。默认一个项目中的 Pod 无法向不同项目中的 Pod 发送数据包或从其接收数据包，也就是说，不同 VNID 项目中的 Pod 之间是无法互相通信的。

但有一个项目是例外，这就是 VNID 为 0 的项目 default，该项目中 Pod 能够被所有项目的 Pod 访问，称为全局项目。这主要是因为该项目中运行了一些全局组件（如 Router 和 Registry），这些全局组件需要满足与其他任意项目的网络互通。

在这种模式下，在可以满足网络隔离的前提下又提供了灵活的打通网络操作，可以随时打通两个项目的网络或隔离两个项目的网络，为项目的隔离提供了极大的灵活性。

- NetworkPolicy 模式

在 NetworkPolicy 模式下，支持按 Namespace 和按 Pod 级别进行网络访问控制，通过管理员配置网络策略来实现隔离。

在 OpenShift 中，OpenShift SDN 插件默认使用了 NetworkPolicy 模式。在这种模式的集群中，网络隔离完全由 NetworkPolicy 对象控制，目前在 OpenShift 中仅支持 Ingress 类型的网络策略。默认情况下，所有项目中没有任何的 NetworkPolicy 对象，也就是说，所有项目的 Pod 可以相互通信。项目管理员需要在项目中创建 NetworkPolicy 对象以指定允许的传入连接。我们可以看到 NetworkPolicy 起着至关重要的作用，接下来就说明 NetworkPolicy 如何工作。

NetworkPolicy 的架构和最佳实践

NetworkPolicy 描述一组 Pod 之间是如何被允许相互通信，以及如何与其他网络端点进行通信。NetworkPolicy 底层使用 Iptables 规则实现，所以注意策略不宜作用于大量独立 Pod，否则会导致 Iptables 规则太多而性能下降。

NetworkPolicy 具有如下特点：

- 项目管理员可以创建网络策略，而不仅仅是集群管理员才能创建网络策略。
- NetworkPolicy 通过网络插件来实现，所以必须使用一种支持 NetworkPolicy 的网络方案。
- 没有 NetworkPolicy 的 Namespace，默认无任何访问限制。

NetworkPolicy 的配置文件字段结构如下：

```
apiVersion: networking.k8s.io/v1
kind: NetworkPolicy
metadata:
```

```
  name: test-network-policy
spec:
  podSelector:
    matchLabels:
      role: db
  policyTypes:
    - Ingress
  ingress:
    - from:
      - namespaceSelector:
          matchLabels:
            project: myproject
      - podSelector:
          matchLabels:
            role: frontend
      ports:
        - protocol: TCP
          port: 6379
```

在上述配置中，Spec 下描述了 NetworkPolicy 对象的主要属性：

- podSelector：通过标签选择被控制访问的 Pod，也就是这个网络策略要作用于哪些 Pod。如果为空，则表示所有 Pod。
- policyTypes：定义策略的类型，有 Ingress 和 Egress 两种，OpenShift 中目前仅支持 Ingress。
- ingress：通过标签选择允许访问的 Pod，也就是这个网络策略允许哪些 Pod 访问 podSelector 中设定的 Pod。支持通过 namespaceSelector 基于 namespace 级别选择和通过 podSelector 基于 Pod 级别选择，同时可以通过 ports 属性限定允许访问的协议和端口。如果为空，则表示不允许任何 Pod 执行访问。

在介绍 NetworkPolicy 的概念后，介绍其最佳实践的五条规则：

- Policy 目的明确规则：每个 NetworkPolicy 资源只包含单一的 source 和 destination。
- 关联应用相近规则：强相关的 Service 放置在相同的 Namespace 中，一般同一个 Namespace 中的 Pod 允许相互访问。
- 允许 openshift-ingress Namespace 访问规则：这样 OpenShift ingress routers 才能访问到应用 Pod。
- 允许相关的 Namespaces 的特定通信：例如允许 Web 应用访问后端应用。
- 默认全拒绝：没有被 NetworkPolicy 允许的通信将被全部拒绝。

需要指出的是，NetworkPolicy 是 Namespace 资源。也就是说，我们限制这个 Namespace 的 networkpolicy.ingress 策略（OpenShift NetworkPolicy 目前不支持 networkpolicy.egress）。此外，NetworkPolicy 对象的作用是叠加的，这意味着我们可以将多个 NetworkPolicy 对象组合在一起以满足复杂的网络隔离要求。

接下来，我们通过几个示例展现 NetworkPolicy 的最佳实践。

示例 1：允许同一个 Namespace 内的 Pod 之间相互通信。

- spec.podSelector 为空，表示匹配项目中所有 Pod。
- spec.ingress.from.podSelector 为空，表示匹配项目中所有 Pod。

下面配置的含义是允许项目内所有 Pod 的访问。

```
kind: NetworkPolicy
apiVersion: networking.k8s.io/v1
metadata:
  name: allow-same-namespace
spec:
  podSelector:
  ingress:
  - from:
    - podSelector: {}
```

如图 2-49 所示，my-backend-prod 项目中的两个 Pod 允许相互通信。

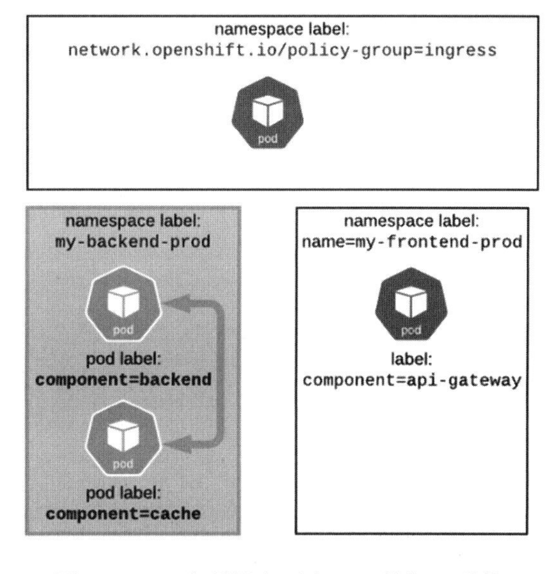

图 2-49　一个项目中两个 Pod 的相互通信

示例 2：仅允许来自 OpenShift 的 Ingress Controller 的通信。

- 通过 label 允许 openshift-ingress Namespace 过来的流量。
- spec.podSelector 为空，表示匹配本 Namespace 中的所有 Pod。
- spec.ingress[0].from[0].namespaceSelector 为空，表示匹配包含 network.openshift.io/policy-group=ingress 标签项目中的所有 Pod。

配置如下所示，作用是该 Namespace 中的所有 Pod 都允许 openshift-ingress Namespace 中所有 Pod 访问。

```
kind: NetworkPolicy
apiVersion: networking.k8s.io/v1
metadata:
```

```
  name: allow-from-openshift-ingress-namespace
spec:
  podSelector:
  ingress:
  - from:
    - namespaceSelector:
        matchLabels:
          name: openshift-ingress
```

效果如图 2-50 所示。

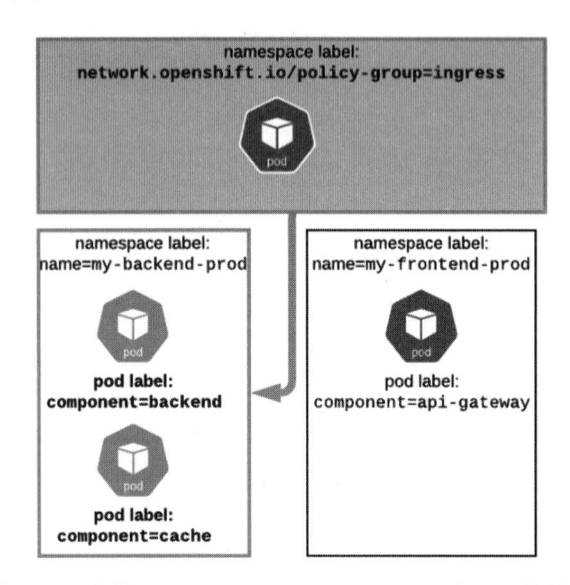

图 2-50　允许 openshift-ingress Namespace 中 pod 的访问

示例 3：允许其他 Namespace 的流量访问。

- spec.podSelector. matchLabels. component: backend 匹配 Namespace 中 label 为 backend 的 Pod。
- spec.ingress[0].from[0].namespaceSelector 通过 name label 匹配 Namespace。
- spec.ingress[0].ports[0] 定义允许的 targetports。

配置如下所示，作用是 backend label 的 Namespace 中的 backend label Pod 允许 Namespace label 为 myapp-frontend-prod 的所有 Pod 访问 TCP 8443 端口。

```
kind: NetworkPolicy
apiVersion: networking.k8s.io/v1
metadata:
 name: allow-frontend-to-backend-ports
spec:
 podSelector:
   matchLabels:
     component: backend
 ingress:
  - from:
```

```
    -namespaceSelector:
       matchLabels:
         name: myapp-frontend-prod
   ports:
    -protocol: TCP
     port: 8443
```

效果如图 2-51 所示。

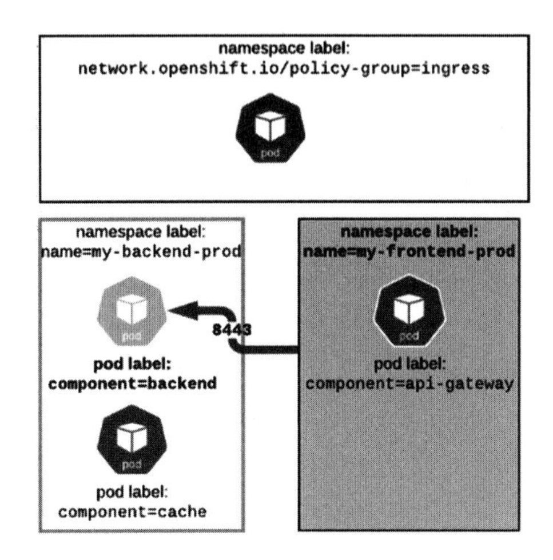

图 2-51　允许其他 Namespace 的流量访问

示例 4：允许其他项目的特定 Pod 端口访问。

下面配置的含义为允许 Namespace label 为 myapp-frontend-prod 中的、Pod label 为 component: api-gateway 的 Pod 访问本项目中 Pod label 为 component: backend 的 TCP 8443 端口。

```
kind: NetworkPolicy
apiVersion: networking.k8s.io/v1
metadata:
 name: allow-frontend-api-to-backend-ports
spec:
 podSelector:
    matchLabels:
     component: backend
 ingress:
  - from:
    -namespaceSelector:
       matchLabels:
         name: myapp-frontend-prod
     podSelector:
       component: api-gateway
   ports:
    -protocol: TCP
     port: 8443
```

效果如图 2-52 所示。

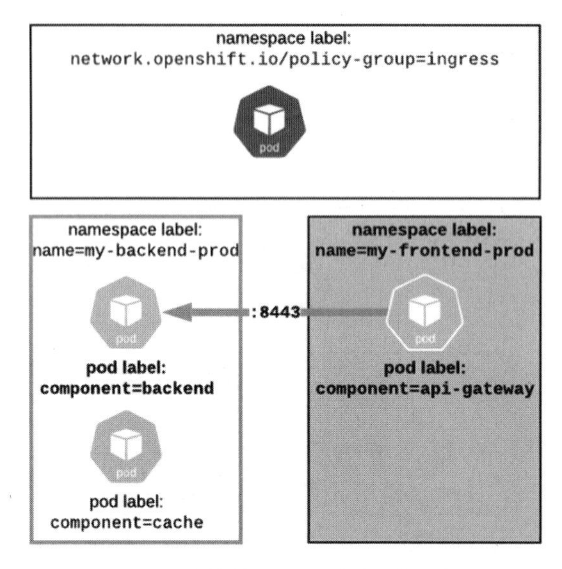

图 2-52　允许其他项目的特定 Pod 端口访问

示例 5：默认拒绝。

只要存在 NetworkPolicy，就表示拒绝。也就是除了策略允许的通信，其余全都拒绝。

- "deny-by-default" NetworkPolicy 用于限制所有的 ingress 流量。
- spec.podSelector 为空，表示匹配所有 Pod。
- 没有 spec.ingress rules，表示所有的 ingress 流量都被拒绝。

```
kind: NetworkPolicy
apiVersion: networking.k8s.io/v1
metadata:
  name: deny-by-default
spec:
  podSelector:
  ingress: []
```

效果如图 2-53 所示。

Pod 访问外部网络的控制

前文我们提到，Pod 访问外部网络（集群外部）时，通过 SNAT 做地址转换，最终以 Pod 所在的 Worker 节点的 IP 访问外部网络。

默认情况下，OpenShift 不限制容器的出口流量。也就是说，可以从任意的 OpenShift Worker 节点对外发起访问请求。但是，如果出口访问需要经过防火墙，就会有一个问题，我们需要在防火墙上配置容器出口的 IP，由于不同的 Pod 在不同的 OpenShift Worker 节点上，并且 Pod 还可以在其他节点上重启，因此防火墙上就需要配置很多策略，甚至防火墙必须接受来自所有这些节点的流量。针对这样的需求，可以通过配置 Pod 的 Egress IP 地址实现 Pod 访问外部网络的控制。主要有两种实现方式：

- 配置 Namespace 级别的 Egress IP：通过为 Namespace 指定 Egress IP，并将 Egress IP 分配到指定的节点实现。支持自动配置和手动配置两种模式。
- 配置 Egress 防火墙：通过在集群中创建 EgressNetworkPolicy 对象实现对外访问的控制。该策略只能由集群管理员定义，而且每个项目只能定义一个 EgressNetworkPolicy 对象，支持 multitenant 和 networkpolicy 网络模式。

在以上两种方式中，配置 Egress IP 的方式是比较简单易行的。具体配置步骤不再赘述。具体操作见 Repo 中“Egress IP 的配置与删除”。

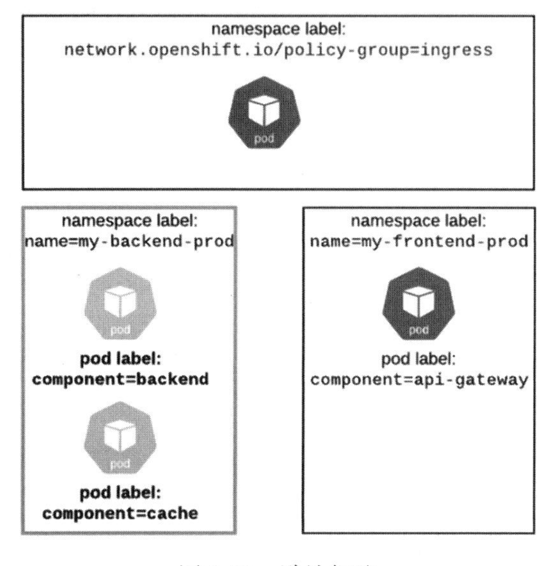

图 2-53　默认拒绝

OpenShift 中的多网络平面

在 OpenShift 中通过 Multus-CNI 可以实现 Pod 多网络平面，让一个 Pod 同时配置多个网卡连接到多个网络，使一个 Pod 沿多个不同的网络链路发送流量成为可能。例如 OpenShift 集群的网络流量使用 OVS 网络，而对性能要求较高的业务数据，则连接其他类型的 CNI 插件，这在 OpenShift 3 中是无法实现的。在 Multus CNI 模式下，每个 Pod 都有一个 eth0 接口，该接口连接到集群范围的 Pod 网络。使用 Multus CNI 添加其他网络接口，将其命名为 net1、net2 等。同时，Multus-CNI 作为一个 CNI 插件，可以调用其他 CNI 插件，它支持：

- CNI 规范的参考插件（例如 Flannel、DHCP、Macvlan、Pvlan）。
- 第三方插件（例如 Calico、Weave、Cilium、Contiv）。
- Kubernetes 中的 SRIOV、SRIOV-DPDK、OVS-DPDK 和 VPP 工作负载以及 Kubernetes 中的基于云原生和基于 NFV 的应用程序。

我们可以根据业务需要，对插件进行选择。例如对网络性能要求高的应用，可以使用带有 Multus CNI 的 Macvlan 等方案。针对 Macvlan 多网络平面的配置方法，我们将在第 5 章详细介绍。

（4）OpenShift 中 DNS 的实现

OpenShift 为每个 Pod 分配来自 Pod 网络的 IP 地址，但是这个 IP 地址会动态变化，无法满足业务连续通信的需求，于是有了 Service 来解决这个问题，也就是我们前面提到的服务发现与注册。

每个 Service 会有 ClusterIP 地址和名称，默认情况下 ClusterIP 会在 Service 删除重建之后变化，而 Service 名称可以保持重建也不变化。这样在服务之间通信就可以选择使用 Service 名称，那么 Service 名称如何解析到 IP 地址呢，这就是我们本节要说明的内容——OpenShift 内置 DNS。

OpenShift 使用 CoreDNS，提供 OpenShift 内部的域名解析服务。我们仅对关键的部分进行说明，关于 CoreDNS 更多的信息，感兴趣的读者请自行阅读官网文档。

CoreDNS 会监听 Kubernetes API，当新创建一个 Service 时，CoreDNS 中就会提供 <service-name>.<project-name>.svc.cluster.local 域名的解析。除了解析 Service，还可以通过 <service-name>.<project-name>.endpoints.cluster.local 解析 Endpoints。

例如，如果 myproject 服务中存在 myapi 服务，则整个 OpenShift 集群中的所有 Pod 都可以解析 myapi.myproject.svc.cluster.local 主机名以获取 Service ClusterIP 地址。除此之外，OpenShift DNS 还提供以下两种短域名：

- 来自同一项目的 Pod 可以直接使用 Service 名称作为短域名，不带任何域后缀，如 myapi。
- 来自不同项目的 Pod 可以使用 Service 名称和项目名称作为短域名，不带任何域后缀，如 myapi.myproject。

在 OpenShift 中通过名为 dns 的 Cluster Operator 创建整个 DNS 堆栈，DNS Operator 容器运行在项目 openshift-dns-operator 中，由该 Operator 在 openshift-dns 项目下创建出 DaemonSet 部署 CoreDNS，也就是在每个节点会启动一个 CoreDNS 容器。在 Kubelet 将 --cluster-dns 设定为 CoreDNS 的 Service ClusterIP，这样 Pod 中就可以使用 CoreDNS 进行域名解析。

Cluster Domain 定义了集群中 Pod 和 Service 域名的基本 DNS 域，默认为 cluster.local。CoreDNS 的 ClusterIP 是集群 Service Network 网段中的第 10 个地址，默认网段为 172.30.0.0/16，第 10 个地址为 172.30.0.10。DNS 解析流程如图 2-54 所示。

图 2-54 表示了 OpenShift 的 DNS 解析流程：

- 宿主机上应用的 DNS 解析直接通过宿主机上 /etc/resolv.conf 中配置的上游 DNS 服务器解析，也表明在宿主机上默认无法解析 Kubernetes 的 Service 域名。
- Pod 中的应用直接通过 Pod 中配置的 DNS Server 173.30.0.10 解析所有域名，该域名会将解析查询分配到具体的 CoreDNS 实例中。

❑ 在 CoreDNS 实例中，如果有 Cache 缓存，则直接返回，如果没有 Cache 缓存，则判断，若解析域名属于 cluster.local、in-addr.arpa 或 ip6.arpa，则通过 CoreDNS 的 Kubernetes 插件去查询，本质上是通过 Kubernetes API 查询 Etcd 中保存的数据实现域名解析 IP 地址的返回，否则转到宿主机 /etc/resolv.conf 中配置的上游 DNS 服务器。

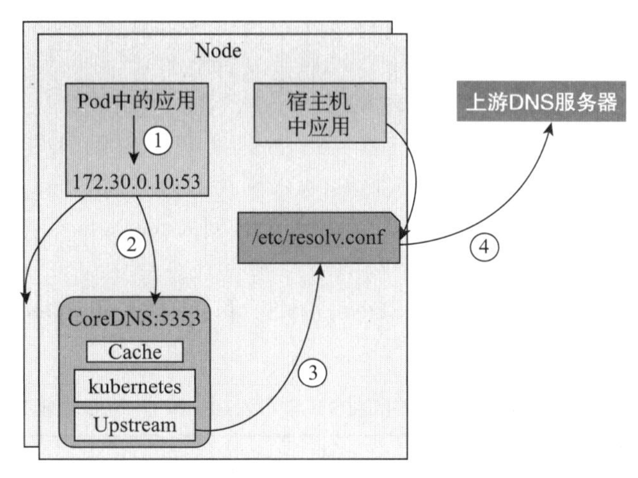

图 2-54　OpenShift DNS 解析流程

简单而言，在 OpenShift 中创建一个应用 Pod，这个 Pod 中的 nameserver 会指向到 CoreDNS 的 ClusterIP 地址（172.30.0.10）。我们查看 prometheus-k8s-0 这个 Pod 的 DNS 配置，如图 2-55 所示。

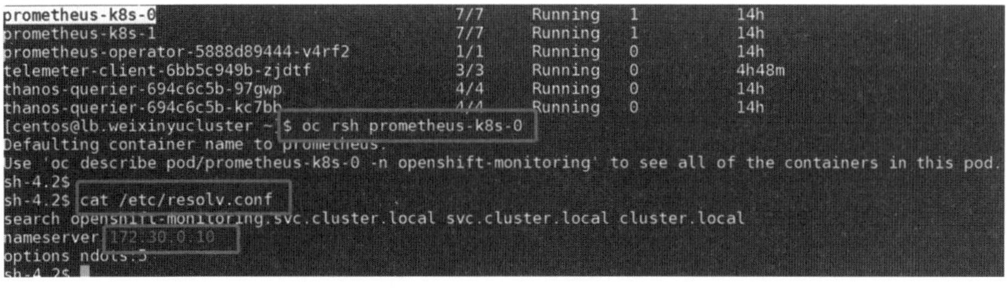

```
prometheus-k8s-0                          7/7    Running   1     14h
prometheus-k8s-1                          7/7    Running   1     14h
prometheus-operator-5888d89444-v4rf2      1/1    Running   0     14h
telemeter-client-6bb5c949b-zjdtf          3/3    Running   0     4h48m
thanos-querier-694c6c5b-97gwp             4/4    Running   0     14h
thanos-querier-694c6c5b-kc7bb             4/4    Running   0     14h
[centos@lb.weixinyucluster ~]$ oc rsh prometheus-k8s-0
Defaulting container name to prometheus.
Use 'oc describe pod/prometheus-k8s-0 -n openshift-monitoring' to see all of the containers in this pod.
sh-4.2$
sh-4.2$ cat /etc/resolv.conf
search openshift-monitoring.svc.cluster.local svc.cluster.local cluster.local
nameserver 172.30.0.10
options ndots:5
sh-4.2$
```

图 2-55　prometheus-k8s-0 Pod 设置的 DNS

查看宿主机的 DNS 配置，如图 2-56 所示。

```
[core@master-0 ~]$ cat /etc/resolv.conf
# Generated by NetworkManager
nameserver 192.168.91.8
```

图 2-56　查看宿主机的 DNS 配置

OpenShift 宿主机的 nameserver 通常是数据中心自建的内部 DNS 服务器。

为了方便读者的理解，我们举个例子，如果我们要在 Pod 中 nslookup baidu.com，其流程如下：

1）根据 Pod DNS 配置，请求被转到对应 CoreDNS Pod，如果 CoreDNS Pod 中有记录的缓存，则直接返回。

2）如果 CoreDNS Pod 中没有缓存，CoreDNS 查看这是外部域名，它就会转到宿主机指向的 192.168.91.8 去解析，如果这个 192.168.91.8 地址也解析不了，那就看这个 DNS 是否还有上级的 DNS 能够解析 baidu.com。

（5）OpenShift 上 OVN-Kubernetes 的实现

OVN（Open Virtual Network）是一款支持虚拟网络抽象的软件系统。OVN 在 OVS 现有功能的基础上原生支持虚拟网络抽象，OVN 为 OVS 提供了一个控制平面。OVN-Kubernetes 是一个开源项目，致力于将 OVN 应用到 Kubernetes 上。OCP 4.6 正式支持 OVN-Kubernetes。

OpenShift 4.6 默认支持 OpenShift-SDN（OVS）和 OVN-Kubernetes 两种模式，两者实现功能对比如表 2-7 所示。

表 2-7 OpenShift-SDN（OVS）与 OVN-Kubernetes 功能对比

OpenShift-SDN（OVS）	OVN-Kubernetes
veth pairs	veth pairs
OVS bridge	OVS bridge
Central controller / host-ipam	Central controller / host-ipam
VxLAN tunnels	Geneve tunnels
OVS flows for NetworkPolicy	OVS flows for NetworkPolicy
IPTables for services	OVN LBs for services
IPTables for NAT	OVS for NAT

整体上看，OVN-Kubernetes 在实现 Overlay、service、NAT 方面，其效率和性能高于 OpenShift-SDN。因此对性能有一定要求的客户，我们推荐使用 OVN-Kubernetes 模式。

我们可以在安装 OpenShift 的时候，指定使用 OVN-Kubernetes 模式，也可以在安装 OpenShift 后通过修改 Network Operator 模式实现，建议使用第一种模式。因为 Geneve tunnels 模式的实现必须在安装时指定。

使用 OVN-Kubernetes 模式，OpenShift 将不再需要 kube-proxy，因此也就不再需要 Iptables 实现。我们查看用 OVN-Kubernetes 模式在 OpenShift 上的组件，如图 2-57 所示，查看 openshift-ovn-kubernetes namespaces 中的 Pod。

```
[root@lb.weixinyucluster ~]# oc get pods -n openshift-ovn-kubernetes
NAME                    READY   STATUS    RESTARTS   AGE
ovnkube-master-9l8fj    6/6     Running   0          19m
ovnkube-master-nrlq7    6/6     Running   3          19m
ovnkube-master-zmxbw    6/6     Running   0          19m
ovnkube-node-4bv9n      3/3     Running   1          19m
ovnkube-node-8fsc5      3/3     Running   1          19m
ovnkube-node-8wq6g      3/3     Running   0          6m40s
ovnkube-node-fvvln      3/3     Running   1          19m
ovnkube-node-k67gt      3/3     Running   0          7m23s
ovnkube-node-svsk9      3/3     Running   0          19m
ovnkube-node-xv2gk      3/3     Running   0          19m
ovs-node-5lcv7          1/1     Running   0          6m40s
ovs-node-bm4s4          1/1     Running   0          19m
ovs-node-fnz85          1/1     Running   0          19m
ovs-node-jjshr          1/1     Running   0          19m
ovs-node-kwm2p          1/1     Running   0          19m
ovs-node-lmpxl          1/1     Running   0          7m23s
ovs-node-xdrf4          1/1     Running   0          19m
```

图 2-57　查看 OVN-Kubernetes 的实现

从图 2-57 我们看出，ovn-kubernetes 的相关 Pod 分为三部分：ovnkube-master-*（运行在 3 个 master 上）、ovnkube-node-*（运行在所有 OCP 节点上）、ovs-node-*（运行在所有 OCP 节点上）。OVN-Kubernetes 的组件是以 daemonset 方式部署的，如图 2-58 所示。

```
[root@lb.weixinyucluster ~]# oc get daemonset
NAME             DESIRED   CURRENT   READY   UP-TO-DATE   AVAILABLE   NODE SELECTOR
                              AGE
ovnkube-master   3         3         3       3            3           beta.kubernetes.io/os=linux,node-
role.kubernetes.io/master=    21h
ovnkube-node     7         7         7       7            7           beta.kubernetes.io/os=linux
                              21h
ovs-node         7         7         7       7            7           beta.kubernetes.io/os=linux
                              21h
```

图 2-58　OVN-Kubernetes 的 daemonset

我们对比 OVN 社区的架构图，如图 2-59 所示。

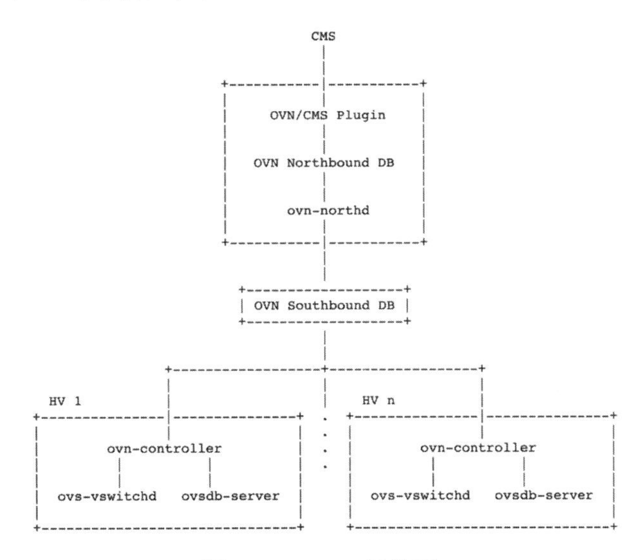

图 2-59　OVN 架构图

我们查看 ovnkube-master-* pod（运行在 3 个 master 上）包含的容器，这几个容器对应 OVN 架构图 CMS 部分，如图 2-60 所示。

Containers

Name	Image	State	Restarts	Started
northd	quay.io/openshift-rel...	Running	0	Oct 28, 5:47 pm
nbdb	quay.io/openshift-rel...	Running	0	Oct 28, 5:47 pm
kube-rbac-proxy	quay.io/openshift-rel...	Running	0	Oct 28, 5:47 pm
sbdb	quay.io/openshift-rel...	Running	0	Oct 28, 5:47 pm
ovnkube-master	quay.io/openshift-rel...	Running	2	Oct 28, 11:40 pm
ovn-dbchecker	quay.io/openshift-rel...	Running	0	Oct 28, 5:47 pm

图 2-60　ovnkube-master-* pod 包含的容器

我们查看 ovnkube-node-* pod（运行在所有 OCP 节点上）包含的容器，这几个容器对应 OVN 架构图中的 ovn controller，如图 2-61 所示。

Owner

DS ovnkube-node

Containers

Name	Image	State	Restarts	Started
ovn-controller	quay.io/openshift...	Running	0	Oct 28, 5:47 pm
kube-rbac-proxy	quay.io/openshift...	Running	0	Oct 28, 5:47 pm
ovnkube-node	quay.io/openshift...	Running	0	Oct 28, 5:47 pm

图 2-61　ovnkube-node-* pod 包含的容器

我们查看 ovs-node-* pod(运行在所有 OCP 节点上）包含的容器，它们负责 ovs 的实现，如图 2-62 所示。

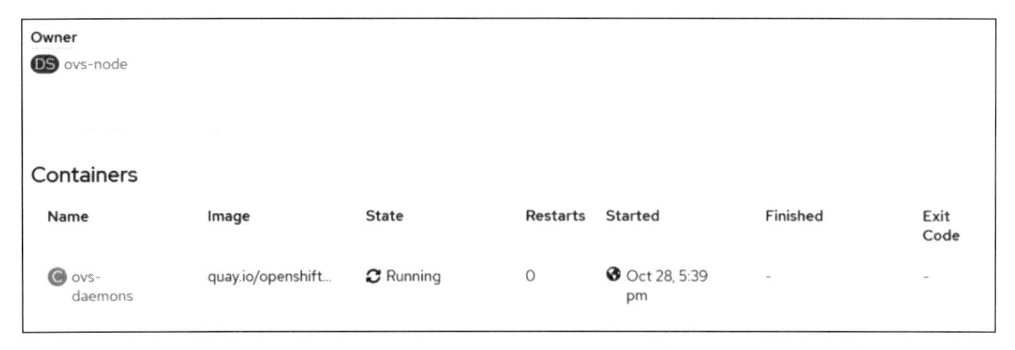

图 2-62　ovs-node-* pod 对应的容器

登录 ovnkube-node pod 的 ovn-controller 容器，可以查看和 OVB 相关的信息，如查看 OVN LBs（仅列出部分内容）：

```
#ovn-nbctl list load-balancer
witch e751ee40-d944-435c-a541-e4b378a404fc (ext_worker-2.weixinyucluster.bluecat.ltd)
    port etor-GR_worker-2.weixinyucluster.bluecat.ltd
        type: router
        addresses: ["52:54:17:8a:f3:00"]
        router-port: rtoe-GR_worker-2.weixinyucluster.bluecat.ltd
    port br-ex_worker-2.weixinyucluster.bluecat.ltd
        type: localnet
        addresses: ["unknown"]
switch 7acf5030-9cbe-4b52-97c9-2e9ad9231ed5 (worker-2.weixinyucluster.bluecat.ltd)
    port openshift-marketplace_certified-operators-766bcd6f65-6mjvz
        addresses: ["0a:58:0a:82:02:07 10.130.2.7"]
    port openshift-marketplace_community-operators-7c895d7b67-crzb4
        addresses: ["0a:58:0a:82:02:09 10.130.2.9"]
    port openshift-monitoring_grafana-5d7b5b575b-qwch2
        addresses: ["0a:58:0a:82:02:0c 10.130.2.12"]
    port k8s-worker-2.weixinyucluster.bluecat.ltd
        addresses: ["a6:69:cf:72:11:13 10.130.2.2"]
```

我们可以在安装 OpenShift 时设置 OVN-Kubernetes 模式，或者在 OpenShift 安装后修改 Network operator，将其修改为 OVN-Kubernetes 模式，具体的方法，请参照“大魏分享”公众号文章，如图 2-63 所示。

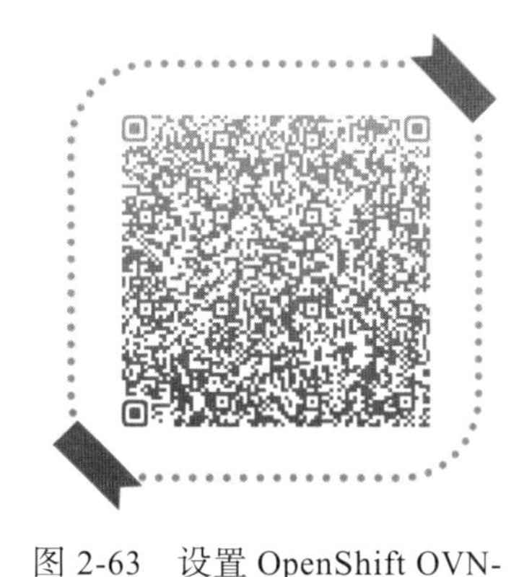

图 2-63　设置 OpenShift OVN-Kubernetes 模式的方法

（6）OpenShift 外部访问的实现

如前文所述，在 OpenShift 网络模型中，有 5 种方式可以实现集群外部访问 OpenShift 中的 Pod。这么多方式可以实现对外暴露服务，那么它们之间有什么区别，适用于什么场景？下面将通过实际的示例演示分别说明。

Hostport 方式

Hostport 方式指的是在一个宿主机上运行的容器，为了外部能够访问这个容器，将容器的端口与宿主机进行端口映射，可以直接通过 Docker 实现。为了避免宿主机上的端口占用，在容器和宿主机做端口映射的时候，通常会映射一个比较大的端口号（小端口被系统服务占用）。如图 2-64 所示。

下面我们在宿主机上启动一个 apache 的容器，将容器的端口 80 映射成宿主机的端口 10080，如图 2-65 所示。

然后，查看这个容器的网络模式，如图 2-66 所示。

可以看到，该容器使用的是 Hostport 的模式，占用宿主机的端口号是 10080。我们查看容器的 IP，地址为 172.17.0.2，如图 2-67 所示。

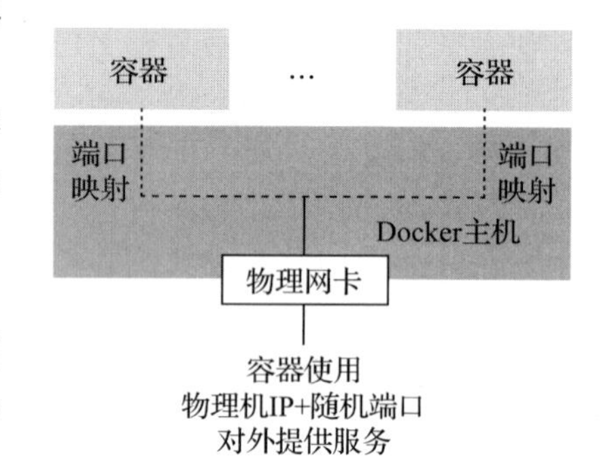

图 2-64　Hostport 方式

```
[root@workstation ~]# docker run --name david-apache -d -p 10080:80 do180/apache

2a4147fdddd6437e13324cf923e4c423e9301751ec924663e9a3569c4c286203
[root@workstation ~]#
[root@workstation ~]# docker ps
CONTAINER ID        IMAGE               COMMAND
    STATUS              PORTS                   NAMES
2a4147fdddd6        do180/apache        "httpd -D FOREGROUND"
    Up 9 seconds        0.0.0.0:10080->80/tcp   david-apache
```

图 2-65　端口映射启动 apache

```
[root@workstation ~]# docker inspect 2a4147fdddd6 |grep -i port
            "PortBindings": {
                        "HostPort": "10080"
            "PublishAllPorts": false,
            "ExposedPorts": {
                "summary": "Provides the latest release of Red Hat Enterprise Li
nux 7 in a fully featured and supported base image.",
            "Ports": {
                        "HostPort": "10080"
[root@workstation ~]# 
```

图 2-66　Hostport 网络模式

```
[root@workstation ~]# docker inspect 2a4147fdddd6 |grep -i ip
                    "HostIp": "",
            "IpcMode": "",
                "com.redhat.build-host": "ip-10-29-120-148.ec2.internal",
                "description": "A basic Apache container on RHEL 7",
            "LinkLocalIPv6Address": "",
            "LinkLocalIPv6PrefixLen": 0,
                    "HostIp": "0.0.0.0",
            "SecondaryIPAddresses": null,
            "SecondaryIPv6Addresses": null,
            "GlobalIPv6Address": "",
            "GlobalIPv6PrefixLen": 0,
            "IPAddress": "172.17.0.2",
            "IPPrefixLen": 16,
```

图 2-67　容器 IP 地址

接下来，我们验证 apache 服务。首先，图形化登录宿主机，访问宿主机的 80 端口（确保宿主机的 httpd 服务是停止的），无法访问，如图 2-68 所示。

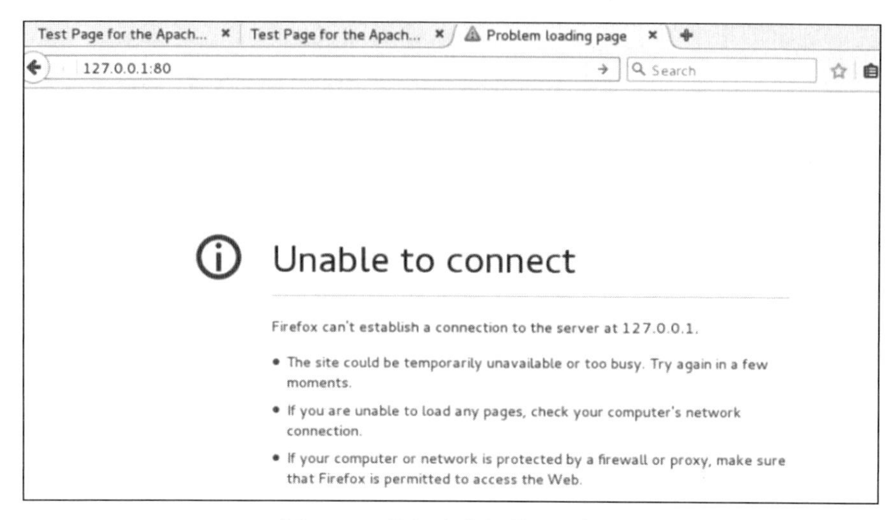

图 2-68　访问宿主机的 80 端口

接下来，访问宿主机的 10080 端口，可以访问容器中的 apache 网页，如图 2-69 所示。

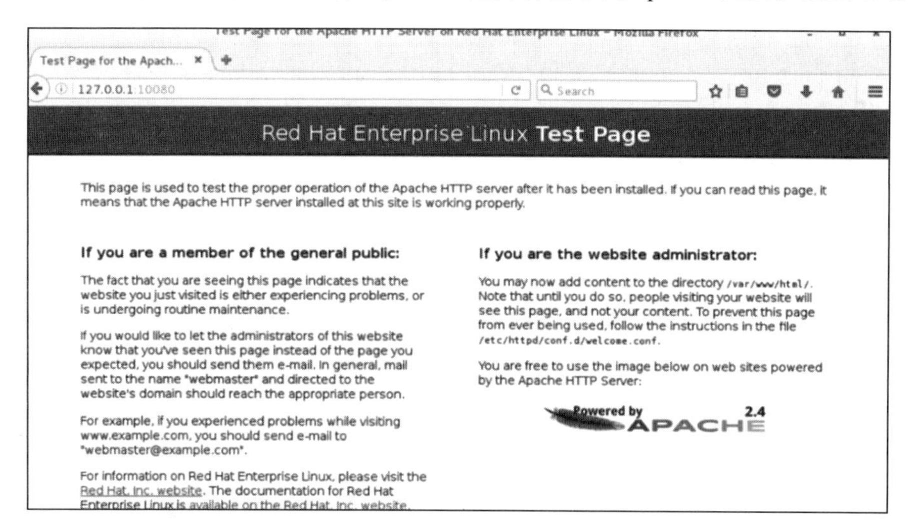

图 2-69　访问宿主机的 10080 端口

Hostport 将容器与宿主机的端口进行映射。这种方案的优势是易操作，缺点是无法支持复杂业务场景，并且容器间的相互访问比较困难。

接下来，我们看 Nodeport 的访问方式。

Nodeport 方式

NodePort 是 Servcie 的一种类型，本质上是通过在集群的每个节点上暴露一个端口，然后将这个端口映射到Service的端口来实现的。将Service IP和端口映射到OpenShift集群所有节点的节点IP和随机分配的大端口号，默认的取值范围是30000～32767。

为什么将Service IP和OpenShift中所有节点做映射？这是因为Service是整个集群范围的，是跨单个节点的。

我们看一个Service的yaml配置文件。

```
apiVersion: v1
kind: Service
metadata:
...
spec:
  ports:
  - name: 3306-tcp
    port: 3306
    protocol: TCP
    targetPort: 3306
    nodePort: 30306
selector:
  app: mysqldb
  deploymentconfig: mysqldb
  sessionAffinity: None
type: NodePort
```

这个配置的含义是采用Nodeport的方式，将mysql server的IP和节点IP做映射，Serivce的源端口是3306，映射到节点的端口是30306。

这样配置完毕以后，外部要访问Pod，访问的是nodeip:30306。然后访问请求通过iptables的NAT将nodeip和端口转化为Service ip和3306端口，最终请求通过Service负载均衡到Pod，如图2-70所示。

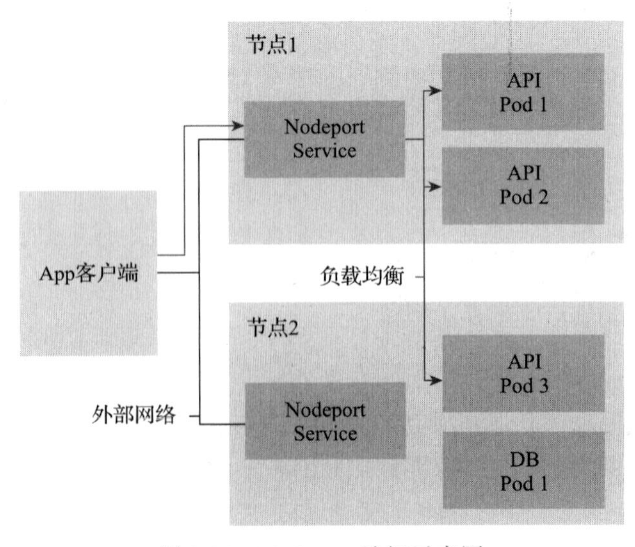

图2-70　Nodeport访问示意图

Nodeport 方式与 Hostport 方式最重要的一个区别是 Hostport 是针对一个单宿主机的一个容器，而 Nodeport 是针对 Kubernetes 集群而言的。

Nodeport 方式的缺点很明显，宿主机端口浪费和安全隐患，并且数据转发次数较多。

Hostnetwork 方式

Hostnetwork 是 Pod 运行的一种模式，在 Hostnetwork 方式下，Pod 的 IP 和端口会直接绑定到宿主机的 IP 和端口。应用访问的时候，访问宿主机的 IP 和端口号后，这个请求直接转到 Pod 和相同的端口（不经过 iptables 和 Service 负载）。也就是说，这种情况下，Pod 的 IP 就是宿主机的 IP，Pod 暴露哪个端口，宿主机就对外暴露哪个端口。

例如，在数据中心的 OpenShift 中，Router 就是以 Hostnetwork 模式运行（在公有云环境中 Router 是通过 LoadBalancer 类型 Service 对外暴露的）。如图 2-71 中的 worker-0.weixinyucluster.bluecat.ltd 是 Worker 节点，IP 是 192.168.91.20，这个节点上运行了 router-default-f698c8675-pkvgt。

```
[root@lb.weixinyucluster ~]# oc get nodes
NAME       STATUS   ROLES    AGE     VERSION
master-0   Ready    master   2d15h   v1.17.1+3f6f40d
master-1   Ready    master   2d15h   v1.17.1+3f6f40d
master-2   Ready    master   2d15h   v1.17.1+3f6f40d
worker-0   Ready    worker   2d15h   v1.17.1+3f6f40d
worker-1   Ready    worker   2d15h   v1.17.1+3f6f40d
worker-2   Ready    worker   2d15h   v1.17.1+3f6f40d
[root@lb.weixinyucluster ~]#
[root@lb.weixinyucluster ~]#
[root@lb.weixinyucluster ~]# nslookup worker-0
Server:         127.0.0.1
Address:        127.0.0.1#53

Name:    worker-0.weixinyucluster.bluecat.ltd
Address: 192.168.91.20

[root@lb.weixinyucluster ~]# oc get pods -o wide
NAME                             READY   STATUS    RESTARTS   AGE   IP              NODE       NOMINATED NODE
TES
router-default-f698c8675-8jscn   1/1     Running   0          36h   192.168.91.22   worker-2   <none>
router-default-f698c8675-pkvgt   1/1     Running   0          36h   192.168.91.20   worker-0   <none>
[root@lb.weixinyucluster ~]#
```

图 2-71　Router 在 Worker 节点上的运行

Router Pod 的 IP 也是 192.168.91.20，如图 2-72 所示。

```
[root@lb.weixinyucluster ~]# oc describe pods router-default-f698c8675-pkvgt |grep -i ip
IP:                   192.168.91.20
IPs:
  IP:           192.168.91.20
      ROUTER_CIPHERS:                           TLS_AES_128_GCM_SHA256:TLS_AES_256_GCM_S
5_SHA256:ECDHE-ECDSA-AES128-GCM-SHA256:ECDHE-RSA-AES128-GCM-SHA256:ECDHE-ECDSA-AES256-GCM
CM-SHA384:ECDHE-ECDSA-CHACHA20-POLY1305:ECDHE-RSA-CHACHA20-POLY1305:DHE-RSA-AES128-GCM-SH
A384
      ROUTER_DISABLE_NAMESPACE_OWNERSHIP_CHECK:  false
[root@lb.weixinyucluster ~]#
```

图 2-72　Router Pod 信息

我们查看 Router Pod 暴露的端口有三个：80、443、1936，如图 2-73 所示。

```
[root@lb.weixinyucluster ~]# oc describe pods router-default-f698c8675-pkvgt |grep -i port
    Ports:          80/TCP, 443/TCP, 1936/TCP
    Host Ports:     80/TCP, 443/TCP, 1936/TCP
      STATS_PORT:                        1936
[root@lb.weixinyucluster ~]#
```

图 2-73 router 暴露端口

Pod 中 ports 定义的端口和 Node 监听的端口也是一致的，如图 2-74 所示。

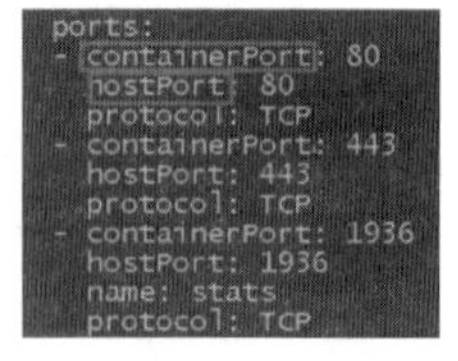

```
ports:
- containerPort: 80
  hostPort: 80
  protocol: TCP
- containerPort: 443
  hostPort: 443
  protocol: TCP
- containerPort: 1936
  hostPort: 1936
  name: stats
  protocol: TCP
```

图 2-74 端口定义

Hostnetwork 方式相比于 Nodeport 方式，其优势在于可以直接使用宿主机网络，转发路径短，性能好，缺点是占用节点的实际端口，无法在用一个节点同时运行相同端口的两个 Pod。

LoadBalancer 方式

LoadBalancer 方式也是 Service 的一种类型，用于和云平台负载均衡器结合。当使用 LoadBalancer 类型 Service 暴露服务时，实际上是通过向底层云平台申请创建一个负载均衡器来向外暴露服务。目前 LoadBalancer Service 可以支持大部分的云平台，比如国外的 AWS、GCE、DigitalOcean，国内的阿里云、私有云 OpenStack 等，因为这种模式深度结合了云平台负载均衡器，所以只能在一些云平台上使用。当然，一些软 / 硬件负载均衡器（如 MetalLB）也可以为 OpenShift 提供 LoadBalancer Service 的 IP 地址。

Ingress/Router 方式

Ingress 是一种负载的实现方式，如常用的 Nginx、HAproxy 等开源的反向代理负载均衡器实现对外暴露服务。本质上 Ingress 就是用于配置域名转发，并实时监控应用 Pod 的变化，动态地更新负载均衡的配置文件。Ingress 包含两大组件 Ingress Controller 和 Ingress。Ingress 是一种资源对象，声明域名和 Service 对应的问题；Ingress Controller 是负载均衡器，加载 Ingress 动态生成负载均衡配置，如图 2-75 所示。

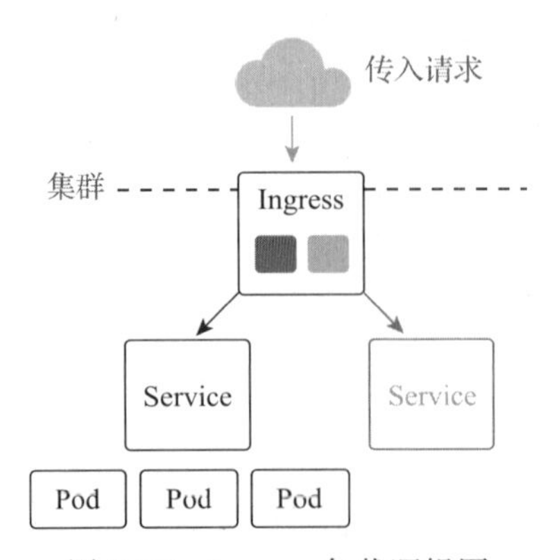

图 2-75 Ingress 负载逻辑图

在 OpenShift 中通过 Router 实现 Ingress 的功能，提供集群外访问，那么 Router 的本质是什么？

OpenShift 默认的 Router 本质上是一个以 Hostnetwork 方式运行在节点上的容器化 HAproxy，可提供 HTTP、HTTPS、WebSockets、TLS with SNI 协议的访问。Router 相当于 Ingress Controller，Route 相当于 Ingress 对象。OpenShift 使用社区提供的 HAproxy Ingress Controller，通过 Ingress Operator 实现部署。在 OpenShift 中可以同时使用 Router 或 Ingress 对象对外暴露服务。Router 的转发逻辑如图 2-76 所示。

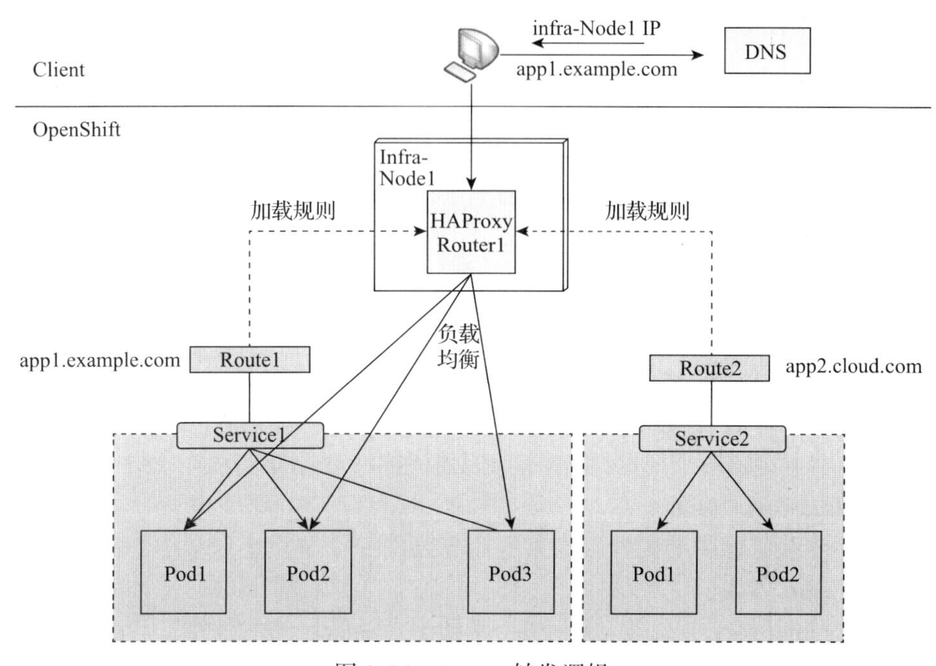

图 2-76　Router 转发逻辑

可以看到在图 2-76 中有两个服务，分别为 app1 和 app2，通过 Route 对象分别暴露域名为 app1.example.com 和 app2.cloud.com，这样在 Router 中就会加载这两个应用的负载规则。当访问 app1.example.com 时会将请求直接转发到 app1 所对应的 Pod IP 上，而不经过 Service 负载。

值得说明的是，Router 提供集群外部的访问，暴露的域名是用于外部访问的，需要外部 DNS 解析，与前面介绍的 OpenShift 内部 DNS 没有关系。

客户端要访问某一个应用，例如在浏览器中输入 http://cakephp-ex-test.apps.example.com，首先外部 DNS 将这个域名解析成 Router 所在 OpesnShift 节点的 IP，假设为 192.168.137.102。然后，请求到达 Router 后会根据配置文件中该域名所对应的后端 Pod 以及负载均衡策略进行请求分发。如图 2-77 所示。

可以看到图 2-77 中的规则就是 HAproxy 的配置文件，负载均衡使用最少连接，该服务有三个后端 Pod，将请求直接负载到三个 Pod IP 上。

```
backend be_http:test:cakephp-ex
  mode http
  option redispatch
  option forwardfor
  balance leastconn

  timeout check 5000ms
  http-request set-header X-Forwarded-Host %[req.hdr(host)]
  http-request set-header X-Forwarded-Port %[dst_port]
  http-request set-header X-Forwarded-Proto http if !{ ssl_fc }
  http-request set-header X-Forwarded-Proto https if { ssl_fc }
  http-request set-header X-Forwarded-Proto-Version h2 if { ssl_fc_alpn -i h2 }
  http-request add-header Forwarded for=%[src];host=%[req.hdr(host)];proto=%[req.hdr(X-Forwarded-Proto)];proto-version=%[req.hdr(X-Forwarded-Proto-Version)]
  cookie 48c75774883600e7c3373b8d88647105 insert indirect nocache httponly
  server pod:cakephp-ex-1-2prph:cakephp-ex:10.129.0.16:8080 10.129.0.16:8080 cookie 919b654ecd7650e7fa1ca6c9f71b4ef4 weight 256 check inter 5000ms
  server pod:cakephp-ex-1-42hp8:cakephp-ex:10.129.0.7:8080 10.129.0.7:8080 cookie 3e0133d1643ba1667ba4b1ce6be93258 weight 256 check inter 5000ms
  server pod:cakephp-ex-1-qxxtf:cakephp-ex:10.130.0.31:8080 10.130.0.31:8080 cookie ee0cbf978db43ff1ac2ede9dcaad7086 weight 256 check inter 5000ms
```

图 2-77 Router 中的配置

由于 Router 使用 Hostnetwork 运行，因此每个节点只能运行一个 Pod 实例。在实际使用中通常需要使用多个 OpenShift 节点运行多个 Router，然后再使用集群外部的负载均衡将请求负载到多个 Router 上。

外部访问方式的使用建议

通过前面介绍，相信读者已经了解了每种方式的实现机制和使用方法。选择哪种方式实现对外访问，可以参考以下原则：

- 对于 HTTP、HTTPS 类的七层应用，往往通过 Router 暴露 FQDN 的方式访问。
- 对于非 HTTP、HTTPS 类的四层应用（如 mysql），存在两种情况：
  - 单个节点运行一个副本：如果应用无须在一个节点运行多个 Pod 实例，优先使用 Hostnetwork 方式。
  - 单个节点运行多个副本：如果应用需要在一个节点运行多个 Pod 实例，则使用 Nodeport 方式。

理论上，Hostnetwork 方式转发路径短，性能比 Nodeport 方式好。

（7）OpenShift 四层 Ingress 的实现

上文我们提到，OpenShift 的 Ingress 请求通过容器化的 HAproxy 实现。HAproxy 是一个性能非常好的软负载，稳定性强。OpenShift 最初设计是 OpenShift 中运行的前端的应用才需要对外暴露。前端对后端应用的访问，如果在同一个 OpenShift 集群中，则通过 Servcie 实现访问；如果在集群外部（如虚拟化环境），则通过 NAT 方式实现外部访问。因此理论上 OpenShift 上应用入口请求绝大多数是七层的。

但随着 OpenShift 承载的应用类型越来越多，会有这样的需求：OpenShift 上部署了 mysql，需要给另一个 OpenShift 集群中的 Web 应用提供服务，这就需要四层 Ingress。

关于 OpenShift 实现四层 Ingress 的方式，我们可以参照表 2-8。

表 2-8 OpenShift Ingress 四层的实现

方案	OCP3/4 原生 Ingress	OCP3/4 原生 Ingress+Nodeport	OCP3 定制化 Router	OCP4 定制化 Router	OCP4+NGINX Controller	OCP4+NGINX Controller+MetalLB
七层	支持	支持	支持	支持	支持	支持
四层	不支持	支持	支持	支持	支持	支持

（续）

方案	OCP3/4 原生 Ingress	OCP3/4 原生 Ingress+Nodeport	OCP3 定制化 Router	OCP4 定制化 Router	OCP4+NGINX Controller	OCP4+NGINX Controller+MetalLB
四层实现优点		红帽官方支持，适用于所有环境少量四层需求，优先推荐	未引入第三方方案	未引入第三方方案	configmap 配置更改后热加载	不需要硬件 Load-balancer 提供 Ingress controller LB svc 的 IP
四层实现缺点		手工配置端口（大端口）	需要手工配置 Router 模板，借助 OpenShift ExternalIP service 一起实现	配置模板，定义的开放四层端口需要手工配置，而且是全局对象，运维工作量大	定义开放的端口需要手工配置到全局 configmap，运维工作量大。此外，需要对接硬件 LB 做 Nginx controller 的 external IP	OpenShift 集群需要部署到物理环境，MetalLB 是一个发展中的开源项目

几种实现方式的具体配置步骤，请参照“大魏分享”公众号文章，链接如图 2-78 二维码所示。

图 2-78　OpenShift Ingress 四层的具体实现步骤

总结起来：

1）OpenShift 上，如果 Ingress 大多数是七层请求，采用默认的 Router 方式即可。

2）OpenShift 上，如果有少量的四层 Ingress 需求，采用默认的 HAproxy+Nodeport 就可以，使用时注意把端口号设置在 Nodeport 允许的范围内。此外，为了规避 OpenShift Node 出现故障造成 Nodeport 不能访问的情况，建议使用硬负载或软负载为 OpenShift Node 配置 VIP，这样客户端直接访问 VIP:Port 即可。这种方式是红帽官方推荐的四层 Ingress 实现方法。

3）OpenShift 上的 HAproxy 默认支持七层，如果要支持四层，需要定制模板支持四层访问。

4）通过 OpenShift 上的 Nginx Ingress Operator（Loadbalancer 模式）可以实现四层 Ingress，但前端需要能够提供 Loadbalancer Service IP 的硬件负载均衡器。此外，这种方式

实现四层配置，需要通过全局的（nginx-ingress 命名空间）Configmap 实现，还需要手工写要暴露的应用的 Service 全名，这有一定工作量。

5）如果 OpenShift 部署在裸机上，又不想引入类似 F5 的硬件负载均衡器，那么使用 MetalLB 为 Nginx Ingress controller 提供 IP。中小规模使用 Layer 2，规模大了则需要打开 BGP 以保证性能。这种方式性价比较高，适合在开发测试环境使用。但 MetalLB 这个开源项目目前没有厂商提供企业级技术支持。

（8）OpenShift 的网络规划

经过前面对 OpenShift 网络的介绍，我们已经清楚地知道各部分网络如何实现以及有哪些方式。接下来就需要对集群的网络进行规划，网络的规划需要在部署 OpenShift 之前完成，主要是因为某些网络插件或参数在安装之后无法修改。网络规划主要有以下两部分内容：

- 网络插件选型。
- 网络地址段规划。

网络插件选型

网络插件选型主要指对实现 Pod 网络的插件进行选型，也就是选择合适的 CNI 网络插件。虽然目前默认的 OpenShift SDN 已经可以满足基本的网络需求，也是我们优先推荐的网络实现模式，但是 OpenShift SDN 仍无法实现有些特殊的需求，比如性能上的考虑、外部直接访问 Pod IP 等，幸运的是，CNI 的出现使得各个插件都遵循统一的规范实现，这样就可以使用受支持的 CNI 插件替换默认的 OpenShift SDN。

在前面的介绍中就可以看到目前有很多 CNI 插件，在技术实现以及功能上千差万别，我们该如何选择合适的插件呢？通常可以参考以下指标进行衡量：

- 网络性能：考虑不同网络插件的带宽、延迟等网络指标。粗略估计的话，可以通过调研网络插件的技术实现，从理论上对不同插件网络性能进行排序；如果需要精确的评估性能，最好进行专门的对比测试。
- 多租户隔离：是否需要支持多租户隔离将决定选取的网络插件。
- 直接访问 Pod：是否需要从集群外部直接访问 Pod IP 地址。
- 网络插件成熟性：网络插件的成熟性直接决定使用过程中是否会出现重大问题。
- 网络插件可维护性：网络插件在使用过程中是否易于运维，出现问题是否容易排查。
- 平台支持性：是否受 OpenShift 官方支持，虽然理论上兼容所有的 CNI 插件，但不受支持的插件在安装和使用时可能会出现问题。

读者结合企业的具体需求并参考上面列出的这些衡量指标，就基本可以完成网络插件的选型。

网络地址段规划

网络地址段规划是指针对 OpenShift 相关的网络地址进行规划，OpenShift 涉及的网络地址主要有三类：Pod IP 地址、Service ClusterIP 地址以及集群节点 IP 地址，这都在我们的规范范围内。

另外，在计算资源容量规划中我们提到网络规划会影响集群最大节点数和单节点最大

Pod 数，这主要是子网划分导致的，所以有效的规划网络至关重要。

为了更好地理解网络规划，这里先解释一下 OpenShift SDN 的子网划分策略。

❑ OpenShift SDN 的子网划分

子网划分是通过借用 IP 地址的若干主机位来充当子网地址，从而将原来的网络分为若干个彼此隔离的子网。由子网划分的概念知道，只有在 CNI 是基于二层实现的时候才需要子网划分，如 OpenShift SDN 或 Flannel，像 Calico 这样基于三层路由实现不存在子网划分问题。默认集群在安装时需要配置一个统一的网段（Cluster Network），每个计算节点在加入集群后会分配一个子网（hostsubnet）为运行在节点的容器使用。Cluster Network 默认定义为 10.128.0.0/14，分配 hostsubnet 子网的掩码长度为 9，那么允许分配的最大子网为 2^9=512 个，也就是说，默认情况下集群最多允许有 512 个节点。这样分配到每个节点的子网掩码为 /23，如 10.128.2.0/23，每个子网中可容纳的 Pod 个数为 2^9–2=510 个。

可以看到集群默认安装集群节点最大只能到 512 个节点，如果集群要支持最大集群规模 2000 个节点，需要将 Cluster Network 扩展为 10.128.0.0/13，分配 hostsubnet 子网的掩码长度为 11，这样允许分配的最大子网为 2^{11}=2048 个，每个节点上可运行的 Pod 总数为 2^8–2=254 个。

❑ 网络地址段规划

了解了子网划分之后，对需要的三个网络地址进行规划。

集群节点 IP 地址：在 OpenShift 中集群外部访问和 Pod 跨节点通信都需要经过节点 IP 访问，这个地址段是一个真实能在集群外部访问的地址段，不能与任何现有地址冲突。OpenShift 集群运行仅需要一块网卡，管理流量和业务流量都在一张网卡上，目前版本暂时无法实现拆分，但是用户可以添加存储网络，专门用于读写后端的存储设备。另外，如果通过软负载均衡实现某些组件的高可用，还需要额外多申请几个与节点同网段的 IP 地址，用作负载均衡的 VIP。

Service ClusterIP 地址：该地址段仅在集群内部可访问，不需要分配真实的外部可访问的网段，默认地址段为 172.30.0.0/16。但需要保证与 OpenShift 中应用交互的系统与该地址段不冲突，假设存在 OpenShift 集群内的应用需要与 OpenShift 集群外部业务系统通信，这时候如果外部应用也是 172.30.0.0/16 网段，那么 OpenShift 内应用的流量就会被拦截在集群内部。针对不同的集群，该地址段可以使用相同的地址段。

Pod IP 地址：该地址段是否可以对外访问取决于 CNI 插件的类型。如果选择基于二层路由覆盖网络实现的 CNI，那么该地址段仅在集群内可访问；如果选择基于三层路由实现的 CNI，那么该地址段在集群外也可访问。OpenShift SDN 的该地址是一个内部可访问的地址段，默认设置为 10.128.0.0/14，我们需要根据对集群规模的需求来规划这个网段，针对不同的集群，该地址段也可以使用相同的地址段。

网段规划范例

客户使用 10 台物理服务器构建 OpenShift 集群（SDN 使用默认的 OVS）：3 台作为 Master，4 台作为 Node、3 台作为 Infra Node，存储使用 NAS。

针对这套环境，一共需要配置三个网络。

网络 1：OpenShift 集群内部使用的网络（不与数据中心网络冲突）。

有两个网段：Service IP 网段和 Pod IP 网段（在 OpenShift 安装时设置，安装以后不能进行修改）

- Service IP 默认网段是 172.30.0.0/16。
- Pod IP 默认网段是 10.128.0.0/14。

Pod IP 和 Service IP 这两个网段都不需要分配数据中心 IP。如果 OpenShift 内的应用只和同一个 OpenShift 集群的应用通信，那么将使用 Service IP，没有发生 IP 冲突的问题。但如果存在 OpenShift 集群内的应用与 OpenShift 集群外部通信（需要在 OpenShift 中为外部应用配置 Service Endpoint），这时候如果外部应用也是 172.30.0.0/16 网段，那么就会出现 IP 冲突。根据我们的项目经验，一定要规划好网段，OpenShift 的网段不要与数据中心现在和未来可能使用的网段冲突。

网络 2：生产环境业务网络，共需要 13 个 IP。

其中，10 台物理服务器，每个都需要 1 个 IP。此外，OpenShift 安装还需要一台 Bootstrap 主机，该主机在 OpenShift 安装成功后可以关闭，因此在部署过程中需要多一个 IP 地址。由于有 3 个 Master 节点，使用软负载实现高可用，因此需要一个 VIP。此外，为了保证 Router 的高可用，在 3 个 Infra 节点上分别部署 Router，然后使用软负载实现高可用，因此还需要一个 VIP。

网络 3：NAS 网络。

需要保证 10 台物理服务器都可以与 NAS 网络正常通信，因此需要配置与 NAS 网络可通信的 IP 地址，每个服务器需要一个 IP 地址。

因此，使用物理服务器部署，建议每个服务器至少配置两个双口网卡。不同网卡的两个网口绑定，配置网络 2，负责 OpenShift 节点 IP。另外的两个网口绑定后，配置网络 3，负责与 NAS 通信。

3. OpenShift 的存储介绍与规划

（1）OpenShift 的存储介绍

在 OpenShift 中 Pod 会被经常性地创建和销毁，也会在不同的主机之间快速迁移。为了保证容器在重启或者迁移以后能够使用原来的数据，就必须使用持久化存储。所以，持久化存储的管理对于 PaaS 平台来说就显得非常重要。

OpenShift 存储 PV 和 PVC

OpenShift 利用 Kubernetes Persistent Volume（持久卷，简称 PV）概念来管理存储。管理员可以快速划分卷提供给容器使用。开发人员通过命令行和界面申请使用存储，而不必关心后端存储的具体类型和工作机制。

PV 是一个开放的存储管理框架，提供对各种不同类型存储的支持。OpenShift 默认支持 NFS、GlusterFS、Cinder、Ceph、EBS、iSCSI 和 Fibre Channel 等存储，用户还可以根据需求对 PV 框架进行扩展，从而使其支持更多类型的存储。

Persistent Volume Claim（持久卷声明，简称 PVC）是用户的一个 Volume 请求。用户通过创建 PVC 消费 PV 的资源。

PV 只有被 PVC 绑定后才能被 Pod 挂载使用，PV 和 PVC 的生命周期如图 2-79 所示。

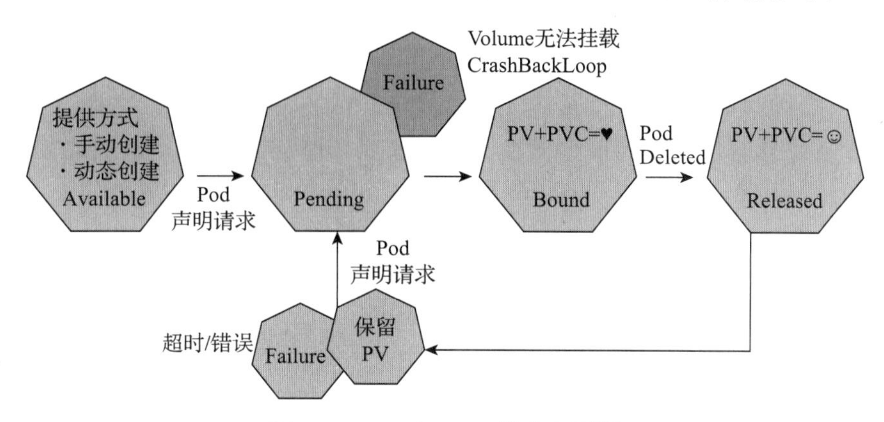

图 2-79　PV 和 PVC 的生命周期

从图 2-79 中可以看到，生命周期包含 5 个阶段：

- Avaliable：这个阶段表示 PV 创建完成，处于可用状态。创建 PV 可以通过手动创建或动态创建。
- Pending：这个阶段表示 PV 和 PVC 处于匹配状态，匹配的策略有访问模式和卷大小以及支持通过 label 匹配。如果无法匹配，则 PVC 会一直处于 Pending 状态，如果可以匹配，但是后端存储置备卷失败，则会转为 Failure 状态。
- Bound：这个阶段表示 PV 和 PVC 已经处于绑定状态，这个状态的 PVC 才能被 Pod 挂载使用。
- Released：这个阶段表示挂载 PVC 的 Pod 被删除，PVC 处于释放状态，也就是未被任何 Pod 挂载，但这个状态的 PV 无法被 PVC 再次绑定。
- Failure：这个阶段表示删除 PVC，PV 转变为回收状态，该状态下的 PV 无法直接被新的 PVC 绑定。回收状态下 PV 是否保留数据取决于 PV 的回收策略定义，默认会保留。如果想要将该状态的 PV 转变为 Available，必须删除 PV 然后重新创建。

在 PV 和 PVC 的生命周明中，最关键的两个阶段是 Available 和 Bound。PV 按创建方式的不同可分为动态 PV 和静态 PV。静态 PV 是指通过手动创建 PV，而动态 PV 是指由 StorageClass（简称 SC）动态创建 PV。

静态 PV 需要手动编辑 Yaml 文件并应用到集群中，不同的存储后端，PV 的配置参数也不同，如 NFS 后端的 PV 示例内容如下。

```
apiVersion: v1
kind: PersistentVolume
metadata:
```

```
  name: nfs-pv0001
spec:
  capacity:
    storage: 5Gi
  accessModes:
  - ReadWriteOnce
  nfs:
    path: /data/mydb
    server: xxx.xxx.xxx.xxx
  persistentVolumeReclaimPolicy: Retain
```

其中访问模式和 PV 容量对能否和 PVC 绑定至关重要。PV 支持的访问模式共有三种，如表 2-9 所示。

表 2-9 PV 访问模式

访问模式	简写	描述
ReadWriteOnce	RWO	PV 可以由单个 Pod 以读写方式挂载
ReadOnlyMany	ROX	PV 可以由多个 Pod 以只读方式挂载
ReadWriteMany	RWX	PV 可以由多个 Pod 以读写方式挂载

不同后端存储对访问模式的支持是不同的。接下来介绍常见后端存储支持的 PV 访问模式，如表 2-10 所示。

表 2-10 不同后端存储支持的 PV 访问模式

Volume Plug-in	ReadWriteOnce	ReadOnlyMany	ReadWriteMany
AWS EBS	Yes	No	No
Azure File	Yes	Yes	Yes
Azure Disk	Yes	No	No
Cinder	Yes	No	No
Fibre Channel	Yes	Yes	No
GCE Persistent Disk	Yes	No	No
HostPath	Yes	No	No
iSCSI	Yes	Yes	No
LocalVolume	Yes	No	No
NFS	Yes	Yes	Yes
VMware vSphere	Yes	No	No

从表 2-10 中可以看到，Azure File 和 NFS 支持的读写类型是最全的。我们可以使用 NAS 或者配置 NFS Server。当然，企业级 NAS 的性能要比 NFS Server 好得多。在 OpenShift 中，除了表 2-10 中列出的常见存储类型之外，还可以选择软件定义存储（如 Ceph），Ceph 可以同时提供块存储 RBD、对象存储 RADOSGW、文件系统存储 CephFS。

除了静态 PV 之外，OpenShift 还可以使用 StorageClass 来管理动态 PV。每个 StorageClass 都定义一个 Provisioner 属性，也就是后端存储类型。OpenShift 安装后会内嵌一些 Provisioner，它们的 StorageClass 会被自动创建，如表 2-11 所示。

表 2-11　不同后端存储的 Provisioner 属性

Volume Plug-in	内部 Provisioner	Storage Class Provisioner 值
AWS EBS	Yes	kubernetes.io/aws-ebs
Azure File	Yes	kubernetes.io/azure-file
Azure Disk	Yes	kubernetes.io/azure-disk
Cinder	Yes	kubernetes.io/cinder
Fibre Channel	No	
GCE Persistent Disk	Yes	kubernetes.io/gce-pd
HostPath	No	
iSCSI	No	
LocalVolume	No	
NFS	No	
VMware vSphere	Yes	kubernetes.io/vsphere-volume

如果要创建一个没有对应 Provisioner 的 StorageClass，也称为静态 StorageClass，可以使用 kubernetes.io/no-provisioner，示例如下。

```
apiVersion: storage.k8s.io/v1
kind: StorageClass
metadata:
  name: static-provisioner
provisioner: kubernetes.io/no-provisioner
volumeBindingMode: WaitForFirstConsumer
```

创建 StorageClass 之后就可以通过创建 PVC 触发 StorageClass 完成 PV 的创建，但是静态 StorageClass 除外，因为静态 StorageClass 没有真实的后端存储，依然需要手动创建 PV 并明确指定 storageClassName 为静态 StorageClass 的名称，详细的使用案例参见第 3 章 3.2.4 节的第 2 小节。

无论是通过静态还是动态创建 PV，只有 PVC 和 PV 绑定之后才能被 Pod 使用。尤其在集群中有多个不同后端的 PV 时，PVC 如何能绑定到满足预期的 PV 将成为关键，下面我们就进行详细说明。

PV 和 PVC 绑定逻辑

在上一小节中，我们介绍了 PV 的创建方式和支持的类型，那么如果一个集群中既有多种类型的 StorageClass，又有多种不同后端的静态 PV，PVC 与 PV 的匹配需要遵循一定的逻辑，如图 2-80 所示。

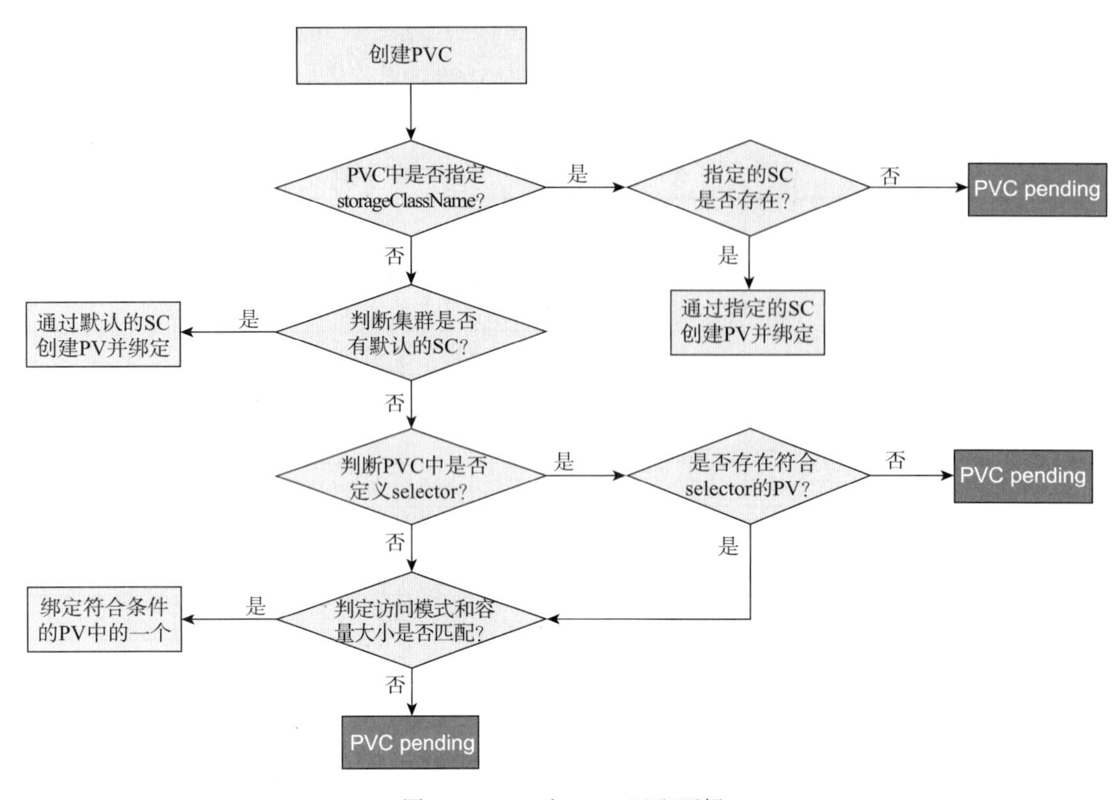

图 2-80　PV 和 PVC 匹配逻辑

从图 2-80 中可以看出动态 PV 优先，如果动态 PV 无法满足 PVC 需求，才会匹配静态 PV。而且能否匹配成功是根据 PV、PVC、集群中 StorageClass 的配置等多方面决定的，匹配大致逻辑如下：

1）创建 PVC 后，首先会判定 PVC 中是否指定了 storageClassName 字段，例如下面 PVC 定义会触发 StorageClass gp2 创建的 PV 并绑定（静态 StorageClass 需要手动创建 PV，后文不再重复强调），如果无法找到指定的 StorageClass，则 PVC 处于 Pending 状态。

```
kind: PersistentVolumeClaim
apiVersion: v1
metadata:
  name: pvc-claim
spec:
  storageClassName: gp2
  accessModes:
    - ReadWriteOnce
  resources:
    requests:
      storage: 3Gi
```

2）如果 PVC 中没有指定 storageClassName 参数，则会判定集群中是否有默认 Storage-

Class，如果存在，则会直接使用默认 StorageClass 创建 PV。一个集群最多只能有一个默认 StorageClass，表示如果 PVC 中未指定明确的 storageClassName，则使用默认 StorageClass 创建 PV。使用如下命令将集群中一个 SC 设置为默认 StorageClass。

```
# oc annotate storageclass <SC_NAME>
"storageclass.kubernetes.io/is-default-class=true"
```

建议不要设置静态 StorageClass 为默认 StorageClass，因为静态 StorageClass 不会自动创建 PV，即使设定为默认 StorageClass，还是要手动创建设定 storageClassName 的 PV，导致之前设定为默认 StorageClass 没有价值。

3）如果集群未定义默认 StorageClass，则会进入静态 PV 匹配。首先会判定在 PVC 是否定义了 selector 用于匹配特定标签的 PV。通常在 PV 上设定标签主要用于对 PV 分级，比如根据存储性能、存储地理位置等。例如，下面的 PVC 就只能匹配包含 storage-tier=gold 且 volume-type=ssd 的 PV，如果无法找到符合标签的 PV，则 PVC 处于 Pending 状态。

```
apiVersion: v1
kind: PersistentVolumeClaim
metadata:
  name: high-performance-volume
spec:
  accessModes:
    - ReadWriteOnce
  resources:
    requests:
      storage: 2Gi
  selector:
    matchLabels:
      storage-tier: gold
      volume-type: ssd
```

4）如果 PVC 中未定义 selector，或者有满足 selector 的 PV，则根据 PVC 和 PV 两者中定义的访问模式和容量大小匹配。其中访问模式必须完全相同，而容量大小是只要 PV 定义的容量大小大于等于 PVC 定义的容量大小就可以匹配成功。如果访问模式或者容量大小无法满足需要，则 PVC 处于 Pending 状态。

可以发现，在动态 PV 绑定时只判断 storageClassName，而在静态 PV 绑定时才会判断 selector、访问模式、容量大小。

另外，需要注意的是，访问模式和容量大小的匹配只是逻辑上的，并不会校验后端存储是否支持这种访问模式或后端存储的真实空间大小。例如我们完全可以通过多读写访问模式挂载 iSCSI 卷，只不过由于锁机制，无法同时启动多个实例。

容器云原生存储

OpenShift 目前主推 OpenShift Container Storage（简称 OCS）实现存储层。OCS 主要是通过 Rook+Ceph 实现的。

Rook（https://rook.io/）使 Ceph 部署、引导、配置、供应、扩展、升级、迁移、灾难恢复、监视和资源管理自动化。Operator 将启动和监视 Ceph Monitor 容器，提供 RADOS 存储的 Ceph OSD 守护程序，以及启动和管理其他 Ceph 守护程序。通过初始化 Pod 和运行服务所需的其他工件来管理存储池、对象存储（S3 / Swift）和文件系统的 CRD。

Rook 的功能如下：

- 高可用性和弹性：Ceph 没有单点故障（SPOF），并且其所有组件都以高可用性的方式本地工作。
- 数据保护：Ceph 会定期清理不一致的对象，并在必要时进行修复，以确保副本始终保持一致。
- 跨混合云的一致存储平台：Ceph 可以部署在任何位置（内部部署或裸机），因此无论用户身在何处，都能提供类似的体验。
- 块、文件和对象存储服务：Ceph 可以通过多个存储接口公开你的数据，从而解决所有应用程序用例。
- 放大 / 缩小：Operator 完全负责添加和删除存储。
- 仪表板：Operator 部署了一个仪表板，用于监视和自检集群。

OCS 存储架构如图 2-81 所示。

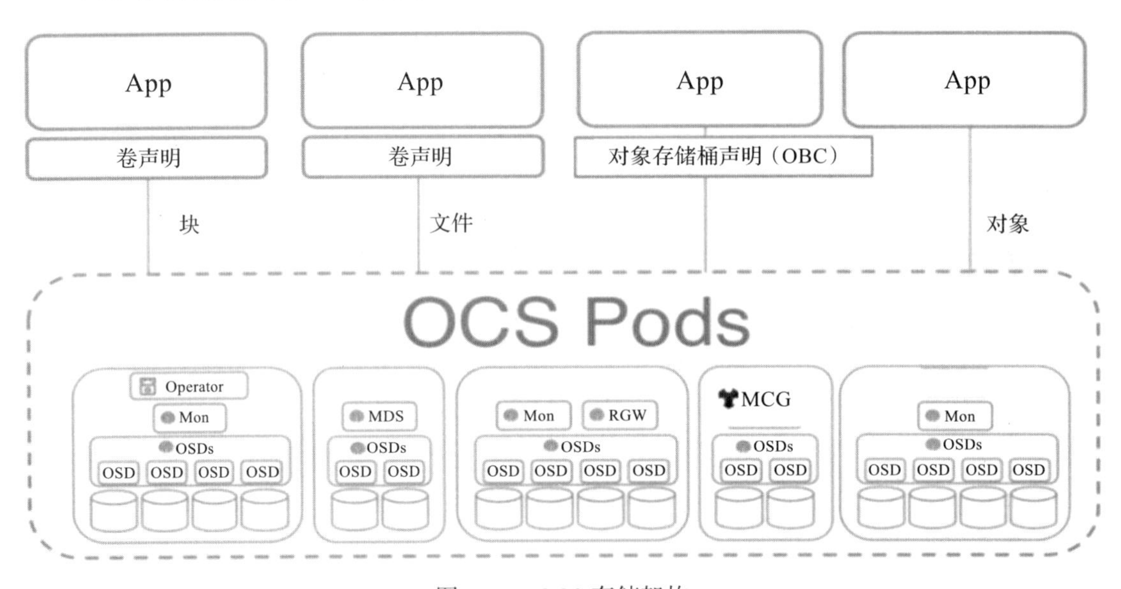

图 2-81 OCS 存储架构

OCS 通过 Operator 方式进行安装。目前支持在 OpenShift 物理节点上离线安装。

OCS 的安装很简单，大致步骤如图 2-82 所示，安装 OCS 的 Operator。

接下来，利用 OCS Operator 部署的 API 创建 Ceph 集群，选择加入 OCS 的节点。此处我们选择新添加三个节点，如图 2-83 所示。

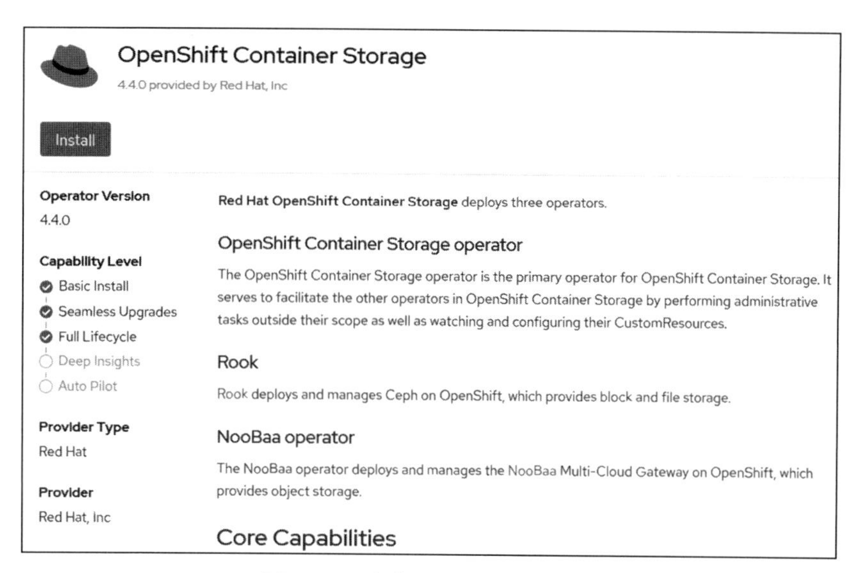

图 2-82　安装 OCS 的 Operator

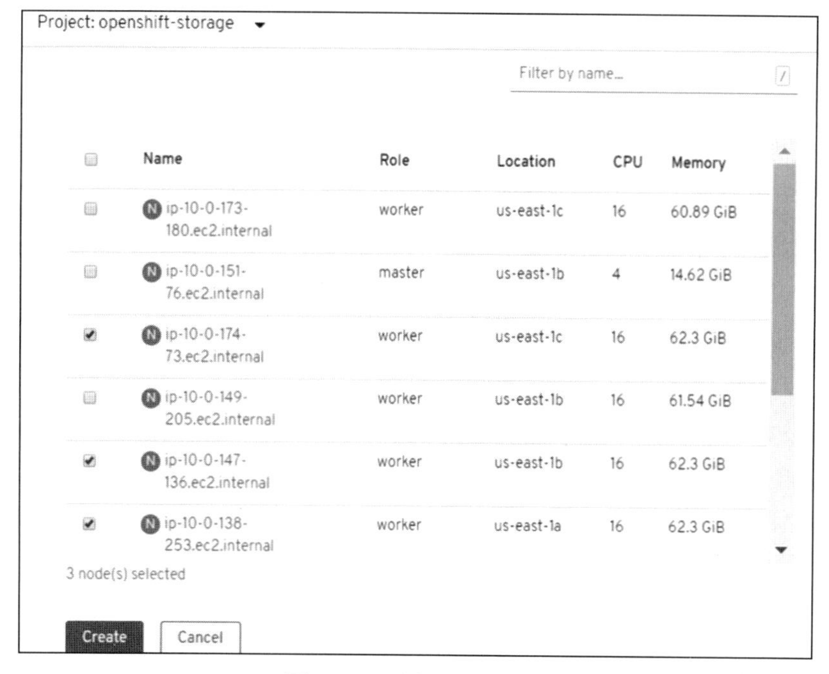

图 2-83　选择 OCS 节点

当 OCS 相关所有 Pod 都创建成功并处于 Running 状态，代表 OCS 部署成功。OCS 部署成功后，我们查看 OpenShift 中的 StorageClass，增加了 Ceph 相关的内容。

```
# oc get sc
```

```
NAME                          PROVISIONER                               AGE
localblock                    kubernetes.io/no-provisioner              51m
ocs-storagecluster-ceph-rbd   openshift-storage.rbd.csi.ceph.com        51m
ocs-storagecluster-cephfs     openshift-storage.cephfs.csi.ceph.com     51m
openshift-storage.noobaa.io   openshift-storage.noobaa.io/obc           45m
```

部署成功后，就可以在 OpenShift 中通过 CSI 的方式调用 OCS。

我们使用配置文件创建一个 PVC（调用 storageClassName: ocs-storagecluster-ceph-rbd）。

```
# cat create_ns_ocs_pvc.yaml
---
kind: Namespace
apiVersion: v1
metadata:
  name: "e-library"
  labels:
    name: "e-library"
---
apiVersion: v1
kind: PersistentVolumeClaim
metadata:
  name: ocs-pv-claim
  labels:
    name: "e-library"
  namespace: "e-library"
spec:
  accessModes:
  - ReadWriteOnce
  resources:
    requests:
      storage: 10Gi
  storageClassName: ocs-storagecluster-ceph-rbd
```

查看 PVC 创建成功，并且 OCS 自动创建 PV 与之绑定。

```
# oc get pvc
NAME           STATUS   VOLUME          CAPACITY   ACCESS MODES   STORAGECLASS   AGE
ocs-pv-claim   Bound    pvc-f06484c8-abd7-11ea-b311-0242ac110022   10Gi   RWO
    ocs-storagecluster-ceph-rbd   3m52s
```

接下来，我们就可以创建 Pod 来消费这个 PVC 了。

OCS 早期版本只支持内置模式，也就是说，必须把 OCS 装在 OpenShift 上，利用 OpenShift 的 Worker 节点的本地存储空间作为存储空间。这种模式部署和使用都很方便。唯一的问题是存储服务器无法与 OpenShift 集群解耦。

OCS 从 4.5 版本开始支持外部的存储模式 。也就是说，通过 OpenShift 上安装的 OCS Operator，可以对接在外部物理机上安装的 Ceph。然后以 OpenShift 中 Rook 的方式管理外部物理机上的 Ceph，实现存储服务器与 OpenShift 集群解耦。

我们在 OpenShift 上部署 OCS Operator 后，可以选择连接外部的集群，然后提示下载 Python 脚本。将这个脚本在外置的 Ceph 集群的任意一个 Monitor 节点上执行，获取 Ceph 集群信息，输入到 OCS 对接外置存储的位置，如图 2-84 所示。

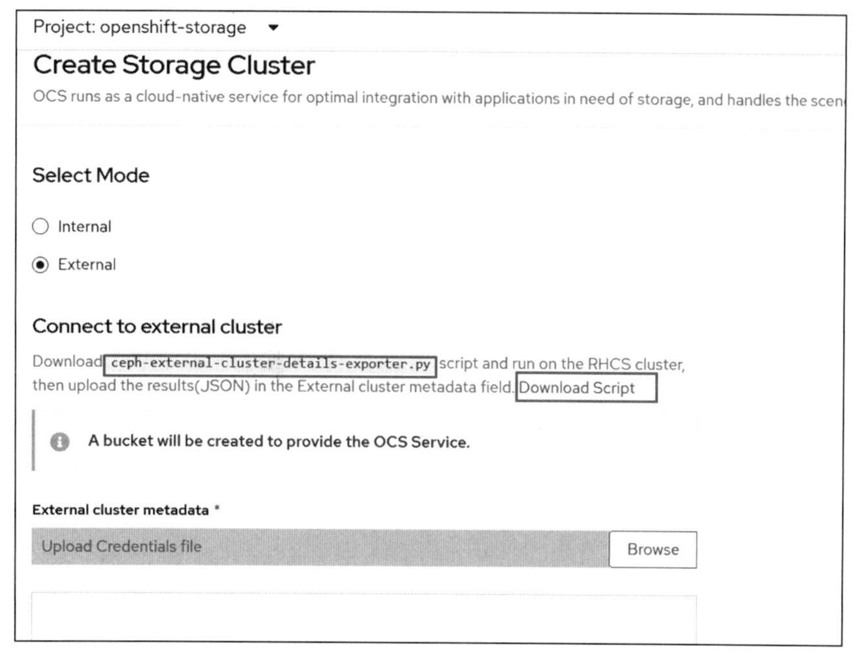

图 2-84　OCS 对接外置存储

我们将这个脚本在外置的 Ceph 集群的 Monitor 节点上执行。

首先查看脚本的使用帮助。

```
#python ceph-external-cluster-details-exporter.py --help
```

在下面的命令中，rbd-data-pool-name 指定要创建的 pool 的名称，rgw-endpoint 指定 Ceph 集群对象网关地址。

```
#python ceph-external-cluster-details-exporter.py --rbd-data-pool-name abc --rgw-
    endpoint 192.168.18.203:8080
```

命令执行后，会以 json 的方式返回一大串输出结果，将结果粘贴到如图 2-84 所示的空白处，即可完成添加。由于后续的操作步骤与内置模式类似，因此不再展开说明。

OCS 对接外置 Ceph 存储的后续步骤，请参考 Repo 中“ocs 外置存储方式”。

OpenShift/Kubernetes *存储趋势*

在 OpenShift 的网络部分，我们提到了一个开源项目 CNI，它定义网络插件和容器之间的通用接口，实现容器运行时与 SDN 的松耦合。那么，在容器存储方面，有没有类似的开源项目呢？

开源项目 Container Storage Interface（CSI）正是为了实现这个目的而创建的。CSI 旨在提供一种标准，使任意块存储和文件存储在符合这种标准的情况下为 Kubernetes 上的容器化提供持久存储。随着 CSI 的采用，Kubernetes 存储层变得真正可扩展。使用 CSI，第三方存储提供商可以编写和部署插件，在 Kubernetes 中公开新的存储系统，而无须触及核心

Kubernetes 代码。CSI 为 Kubernetes 用户提供了更多存储选项，使系统更加安全可靠。目前在 OpenShift 中的 CSI 正式 GA。

CSI 是通过 External CSI Controllers 实现的，它是一个运行在 Infra 节点包含三个容器的 Pod（如图 2-85 所示）。

- External CSI Attacher Container：它将从 OpenShift 发过来的 attach 和 detach 调用转换为对 CSI Driver 的 ControllerPublish 和 ControllerUnpublish 调用。
- External CSI Provisioner Container：它将从 OpenShift 发过来的 provision 和 delete 的调用转化为对 CSI Driver 的 CreateVolume 和 DeleteVolume 的调用。
- CSI Driver Container。

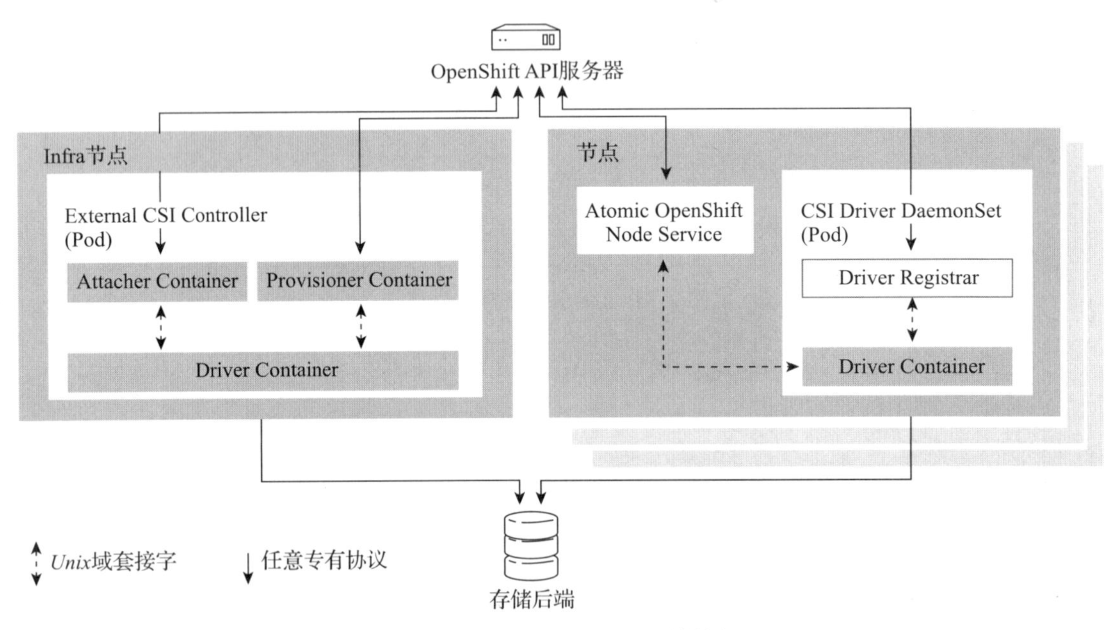

图 2-85 OpenShift CSI 逻辑图

通过一个 CSI Driver DaemonSet，在每个 OpenShift 节点上启动一个 Driver Container。它允许 OpenShift 将 CSI driver 提供的存储挂载到 OpenShift 节点，并将其映射挂载到 Pod 中。

需要指出的是，从 Ceph 社区版本 v14 开始，OpenShift 访问 Ceph 必须要有 CSI Driver，无法绕开 CSI 直接访问 Ceph 存储。

（2）OpenShift 存储规划

OpcnShift 使用存储类型选择

选择合适的存储有助于最大限度地减少所有资源的存储使用。通过优化存储，管理员可以确保现有存储资源以高效的方式工作。在 OpenShift 上可用的存储类型如表 2-12 所示。

表 2-12 OpenShift 上可用的存储类型

存储类型	描述	示例
块存储	1. 在操作系统中显示为块设备 2. 适用于可以完全绕过文件系统在底层块读写的应用 3. 也称为存储区域网络（SAN） 4. 不可共享，这意味着一次只能有一个客户端可以装载此类型的一个块	Ceph RBD、OpenStack Cinder、AWS EBS、Azure Disk、GCE persistent disk、VMware vSphere
文件系统存储	1. 在操作系统中显示为文件系统 2. 也称为网络连接存储（NAS） 3. 并发性、延迟、文件锁定机制和其他功能在协议、实现、供应商和扩展之间差别很大	Linux NFS、NetApp NFS、Azure File、Vendor NFS、AWS EFS
对象存储	1. 通过 REST API 端点访问 2. 应用程序必须将其驱动程序构建到应用程序和容器中 3. 镜像仓库支持使用对象存储	Ceph Object Storage（RADOS Gateway）、OpenStack Swift、Aliyun OSS、AWS S3、Google Cloud Storage、Azure Blob Storage

表 2-12 按目前的三种存储类型整理了 OpenShift 支持的存储，主要是帮助读者厘清三种存储的区别和分类，我们可以根据不同的需求选择合适类型的存储。除了公有云存储外，OpenShift 在私有云上可以使用的主流存储包括 NAS、Ceph 以及基于 Linux 实现的 NFS。表 2-13 展示了基于不同维度对这几类存储进行的对比。

表 2-13 OpenShift 常用后端存储对比

对比项	企业 NAS（NFS 协议）	OCS	基于 Linux 的 NFS
PaaS 平台容器数据持久化的支持	支持	支持	支持
客户端同时读写	支持同时读写	CephFS 支持客户端同时读写	支持同时读写
服务端同时读写	支持同时读写	支持同时读写	不支持同时读写，有性能瓶颈
创建与挂载	手动创建，自动挂载	自动创建，自动挂载	手动创建，自动挂载
读写性能	高，主要取决于 NAS 性能	高	一般，主要取决于 NFS 使用的磁盘性能
服务器投资	相对较高，取决于 NAS 厂商和类型	一般，使用 X86 Server 建设集群	低，使用两台 X86 Server 建设
扩展能力	一般，取决于 NAS 本身对于可扩展的实现	高，可以动态增加或缩减数据存储池和节点	一般，可以动态增加或缩减数据存储池
安装和管理	安装简单、维护简单	安装简单、维护复杂	安装简单、维护简单
服务端故障恢复	当节点、硬件、磁盘、网络故障时，系统能自动处理，无须管理员介入	当节点、硬件、磁盘、网络故障时，系统能自动处理，无须管理员介入	底层存储的高可用依赖于存储硬件的高可用
客户端故障恢复	OpenShift 平台会自动调度到其他可用节点并完成挂载	OCS 管理平面通过 OpenShift 实现高可用，外置 Ceph 集群的高可用通过自身的架构设计实现	OpenShift 平台会自动调度到其他可用节点并完成挂载

如表2-13所示，基于Linux的NFS方案生产不推荐，因为数据高、可用性难保证，且有性能瓶颈；企业NAS看似是最好的选择，但是也存在成本较高、扩展难等问题；而OCS由于与OpenShift完美集成，并且支持外置Ceph的模式，因此会越来越成为OpenShift持久化存储的理想选择。

OpenShift存储容量规划

OpenShift存储容量规划包括OpenShift节点、OpenShift附加组件、OpenShift上运行的应用。由于OpenShift上运行的应用没有通用的存储容量规划方法，需要根据具体的业务需求规划，在这里我们就不讨论。下面我们将分别说明OpenShift节点和OpenShift附加组件这两部分的存储容量规划方法。

OpenShift节点所需要的存储主要是节点文件系统上的一些特殊的目录，通常消费本地存储。

❑ Etcd数据存储

Etcd用于保存OpenShift所有的元数据和资源对象，官方建议将Master和Etcd部署在相同的节点，也就是Etcd数据保存在Master节点的本地磁盘，默认在/var/lib/etcd/目录下，该目录最小需要20 GB的存储。

❑ Docker/CRI-O本地存储

Docker/CRI-O作为容器运行时，在每个节点都会运行，在运行过程中会保存镜像到本地以及为容器运行分配根空间都需要消耗本地磁盘，官方建议在生产环境中专门为运行时配置一块裸磁盘。这部分存储的大小取决于容器工作负载、容器的数量、正在运行的容器的大小以及容器的存储要求，通常建议配置100G甚至更大的存储。另外，建议最好定期清理本地无用的镜像和容器，一方面是为了释放磁盘空间，另一方面是为了提升运行时性能。

❑ OpenShift节点本地日志存储

OpenShift节点运行的进程的日志默认存放在/var/log目录下，该目录最小需要15G的存储。

除了这三个对于OpenShift相对关键的目录之外，其余操作系统分区规划遵循企业操作系统安装规范即可。

在清楚了OpenShift节点存储规划之后，下面看看OpenShift附加组件的存储规划。OpenShift包含的一些附件组件是需要挂载持久化存储的，如镜像仓库、日志系统等，这部分存储是挂载到容器中消费，通常使用的是非本地存储。它主要包含如下几部分：

❑ 镜像仓库

镜像仓库可以选择的存储类型有块存储、文件系统存储、对象存储，我们推荐优先使用对象存储，其次是文件系统存储，最后才是块存储。如果选择块存储就只能用一个实例读写，不利于镜像仓库高可用的实现。

OpenShift中的镜像仓库包括OpenShift内部镜像仓库和外部镜像仓库。OpenShift内部镜像仓库主要用于存放在开发过程中生成的应用镜像，存储空间增长主要取决于构建生成应用的二进制文件的数量和大小；OpenShift外部镜像仓库在开发测试环境用于存储应用所需要的基础镜像，如 Tomcat 镜像，存储空间增长主要取决于保存的基础镜像的数量和大小，对于一个企业来说，基础镜像相对是固定的，存储空间增长不会很大；镜像仓库在生产环境用于存放发布生产的镜像，存储空间增长取决于保存的应用镜像的大小和数量。

经过上述描述，可以发现，开发测试环境的内部镜像仓库的存储空间增长是最快的，因为频繁的构建每天会产生大量的镜像上传到内部镜像仓库。我们可以根据每天构建应用的次数以及每次构建生成应用的二进制文件的大小粗略估计出该仓库所需要的存储空间，计算公式如下：

开发测试环境内部镜像仓库存储空间 = 平均每天构建应用的次数 ×
平均每天构建应用的二进制文件的大小 × 保留镜像的天数 + 基础镜像总大小

其中，基础镜像总大小可以在开发测试环境的外部镜像仓库拿到这个数据，当然也可以给一个适当足够大的值。

开发测试环境的外部镜像仓库用于存放基础镜像，相对固定，每个企业对该仓库存储空间的需求是不一样的，按以往经验来说，通常配置 100G 或 200G 是足够的。

生产环境的镜像仓库可以通过平均每天发布应用的次数、平均镜像大小以及保留的天数来估计所需要的存储空间，计算公式如下：

生产环境镜像仓库存储空间 = 平均每天发布应用的次数 × 平均镜像大小 × 保留的天数

到此为止，所有的镜像仓库存储容量就规划完了，如果在使用过程中出现了存储不足的情况，优先考虑清理无用镜像来释放空间，如果确实无法释放，再考虑扩容空间。

- 日志系统

日志系统默认使用容器化的 EFK 套件，唯一需要挂载存储的是 ElasticSearch，可以选择的存储类型有块存储和文件系统存储。出于性能上的考虑，推荐优先使用块存储，其次选择文件系统存储。如果使用文件系统存储，则必须每个 ElasticSearch 实例分配一个卷。

ElasticSearch 存储大小可以使用以下方法进行粗略估算：

统计应用输出日志每行的平均字节数，如每行 256 字节；统计每秒输出的行数，如每秒输出 10 行。那么一天一个 Pod 输出的日志量为 256 字节 ×10×60×60×24，大约为 216MB。

再根据运行的 Pod 数目计算出每天大约需要的日志存储量，随后根据需要保留的日志的天数计算出总日志存储空间需求，建议多附加 20% 的额外存储量。

如在生产环境 200 个容器，24 小时积累日志 43G 左右。如果保留一周，则需要 300G 的存储空间。

上述计算只是估算了保存一份日志的存储空间，我们都知道 ElasticSearch 是通过副本机制实现数据的高可用，因此为高可用 ElasticSearch 规划空间时还需要考虑副本数的影响，通常是根据一份日志的存储空间直接乘以保留的副本数。

以上方法只是一个粗略估计，如果需要更为精确的估算，则最好在应用稳定上线之后通过 ElasticSearch 每天增加的存储空间推算每天的日志增长量。

❑ OpenShift 监控系统

OpenShift 监控系统使用 Prometheus 套件，需要挂载存储的组件有 Prometheus、AlertManager。可以使用的存储类型有块存储和文件系统存储，推荐优先使用块存储，其次使用文件系统存储。如果使用文件系统存储，最好经过测试后再使用。

OpenShift 中的 Prometheus 默认使用 Operator 部署，配置存储需要配置动态存储类或提前创建好可用的 PV。Prometheus 有两个实例，AlerManager 有三个实例，总共需要 5 个 PV。

AlertManager 需要的存储空间较小，按经验配置 40G 是足够的。Prometheus 需要的存储空间与集群节点数、集群 Pod 数、保留数据天数（默认 15 天）等因素有关。官方在默认配置下给出四组 Prometheus 测试数据供参考，如表 2-14 所示。

表 2-14　Prometheus 存储需求测试数据

节点数	Pod 总数	Prometheus 每天增长的存储	Prometheus 每 15 天增长的存储
50	1800	6.3GB	94GB
100	3600	13GB	195GB
150	5400	19GB	283GB
200	7200	25GB	375GB

根据上述测试数据，在默认配置下，Prometheus 在 15 天需要的存储量基本与节点数和 Pod 总数呈线性增长，我们根据这个比例估算需要的存储量即可，同样建议在计算时多附加 20% 的额外存储量以预防意外情况。

4. OpenShift 高可用架构设计

高可用性对于一个平台级系统至关重要，必须保证系统能够持续提供服务。对于 OpenShift 而言，要实现这一点，需要保证各组件都高可用，这对设计 OpenShift 部署架构提出一些要求。由于篇幅有限，本章仅介绍一些核心组件的高可用实现，日志和监控系统的高可用实现我们在下一章介绍。在部署阶段需要实现高可用的组件有：

❑ 控制节点

❑ Router

❑ 镜像仓库

❑ 管理控制台

下面我们分别说明上述组件的高可用实现。

（1）控制节点的高可用

在前面的架构介绍中就提到控制节点作为整个集群的核心，负责整个集群的管理和调度等，由于计算节点有多个实例，一个甚至几个节点发生故障时不会影响整个集群，也就是整个 OpenShift 平台的高可用主要取决于控制节点。

控制节点通常包含 Master 进程和 Etcd 进程，OpenShift 官方仅支持将 Master 与 Etcd 共用节点部署，这样每个 Master 从运行在同一个节点的 Etcd 实例读写数据，减少读写数据的网络延迟，有利于提高集群性能。但这样会导致 Master 节点的个数受 Etcd 节点个数约束，Etcd 为分布式键值数据库，集群内部需要通过投票实现选举，要求节点个数为奇数。在 OpenShift 中，我们固定将 Master 设置为三个（如果集群规模较大，可以为 Master 节点配置更多的资源，无须再增加 Master 节点数量至 5 个），控制节点的部署形态如图 2-86 所示：

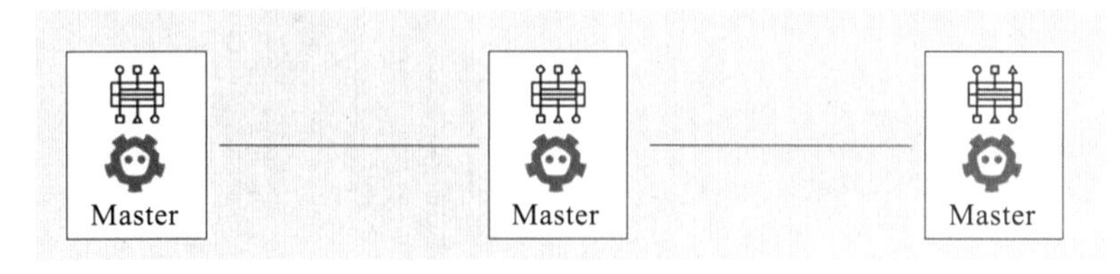

图 2-86　控制节点部署图

通常导致控制节点故障有以下两个因素：

- 服务本身异常或服务器宕机。
- 网络原因导致服务不可用。

OpenShift 为了应对上述故障，控制节点高可用需要从存储层、管理层、接入层三个方面实现。存储层主要指 Etcd 集群，所有集群的元数据和资源对象全部保存在 Etcd 集群中；管理层主要指调度以及各种 ControllerManager 组件，也就是 Controller-Manager 服务；接入层主要指集群 API 接口，这是集群组件间以及用户交互的唯一入口。

存储层高可用

Etcd 是 CoreOS 开源的一个高可用、强一致性的分布式存储服务，使用 Raft 算法将一组主机组成集群，集群中的每个节点都可以根据集群运行的情况在三种状态间切换：Follower、Candidate 与 Leader。Leader 和 Follower 之间保持心跳，如果 Follower 在一段时间内没有收到来自 Leader 的心跳，就会转为 Candidate，发出新的选主请求。

在 Etcd 集群初始化的时候，内部的节点都是 Follower 节点，之后会有一个节点因为没有收到 Leader 的心跳转为 Candidate 节点，发起选主请求。当这个节点获得了大于半数节点的投票后会转为 Leader 节点，如图 2-87 所示。

当 Leader 节点服务异常后，其中的某个 Follower 节点因为没有收到 Leader 的心跳转为 Candidate 节点，发起选主请求。只要集群中剩余的正常节点数目大于集群内主机数目的一半，Etcd 集群就可以正常对外提供服务，如图 2-88 所示。

当集群内部的网络出现故障，集群可能会出现“脑裂”问题，这个时候集群会分为一大一小两个集群（奇数节点的集群），较小的集群会处于异常状态，较大的集群可以正常对外提供服务。如图 2-89 所示。

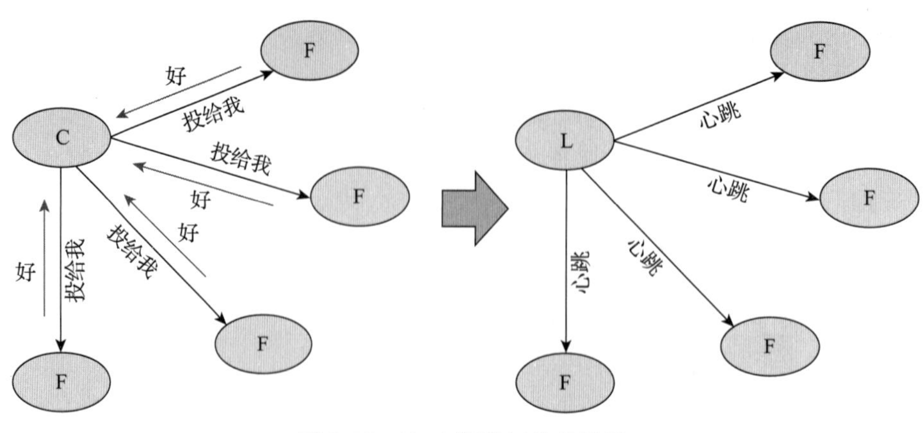

图 2-87　Etcd 集群初始化选举

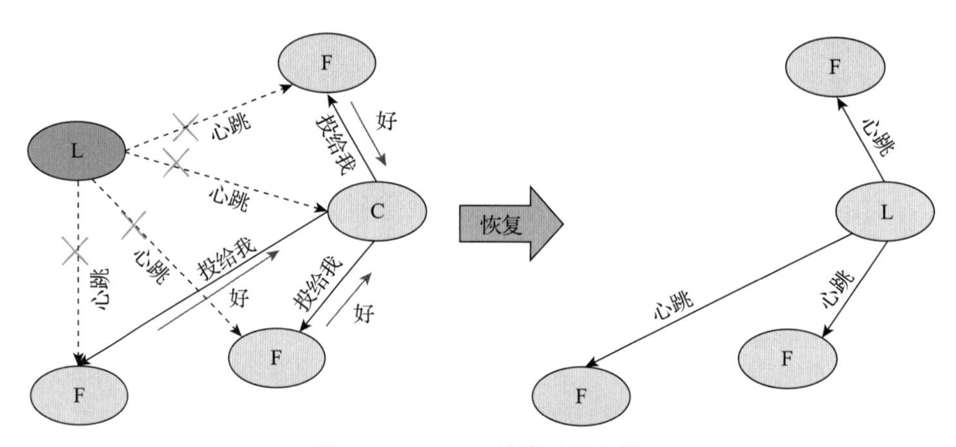

图 2-88　Leader 故障后的选举

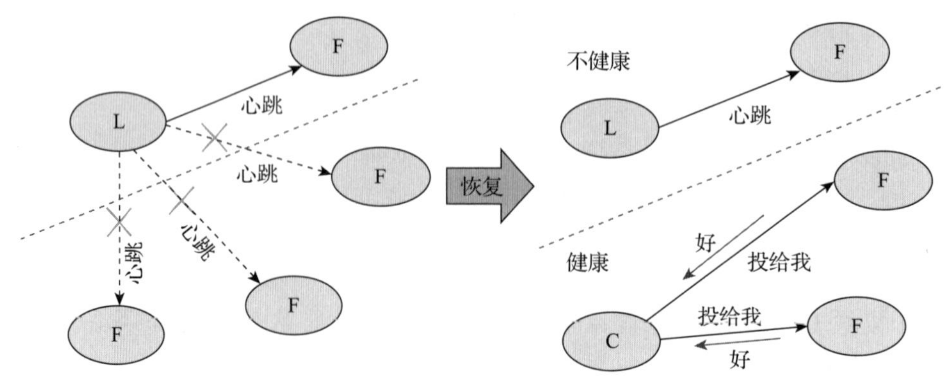

图 2-89　“脑裂”后选举

Etcd 集群每隔 100ms 会检测心跳。如果 OpenShift 的环境网络条件差，Master 节点之间网络延迟超过 100ms，则可能导致集群中的不稳定和频繁的 leader change（详见 https://access.redhat.com/solutions/4885601）。此外，存储的超时也会对 Etcd 造成严重影响。要排除磁盘缓慢导致的 Etcd 警告，可以监视指标 backend_commit_duration_seconds（p99 持续时间应小于 25ms）和 wal_fsync_duration_seconds（p99 持续时间应小于 10ms）以确认存储速度正常（详见 https://access.redhat.com/solutions/4770281）。需要注意的是，如果存储已经出现明显的性能问题，就不必再进行测试。

关于网络引起的 Etcd 集群抖动问题的诊断过程，可以参照"大魏分享"公众号的文章，如图 2-90 二维码所示。

图 2-90　网络引起的 Etcd 集群抖动问题处理

管理层高可用

管理层主要是 Controller-Manager 服务。由于管理层的特殊性，在同一时刻只允许多个节点的一个服务处理任务，也就是管理层通过一主多从实现高可用。为了简化高可用实现，并未引入复杂的算法，利用 Etcd 强一致性的特点实现了多个节点管理层的选举。

多个节点在初始化时，Controller-Manager 都会向 Etcd 注册 Leader，谁抢先注册成功，Leader 就是谁。利用 Etcd 的强一致性，保证在分布式高并发情况下 Leader 节点全局唯一。当 Leader 异常时，其他节点会尝试更新为 Leader。但是只有一个节点可以成功。选举过程如图 2-91 所示。

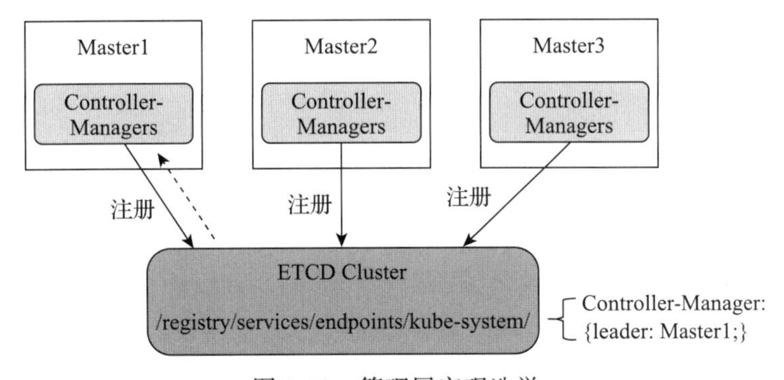

图 2-91　管理层实现选举

接入层高可用

接入层主要是 Apiserver 服务。由于 Apiserver 本身是无状态服务，可以实现多活。通常采用在 Apiserver 前端加负载均衡实现，负载均衡软件由用户任意选择，可以选择硬件的，也可以选择软件的。OpenShift 在安装部署的时候会要求在 Master 前面安装 HAproxy 作为多个 Master 的负载均衡器，如图 2-92 所示。

从图 2-92 中可以看到通过负载均衡，HAproxy 负载均衡到多个 Master 节点。

我们可以看到通过对三个层面高可用的实现保证了控制节点任何一个宕机都不会影响整个集群的可用性。当然，如果故障节点大于一半以上，集群就会进入只读模式。

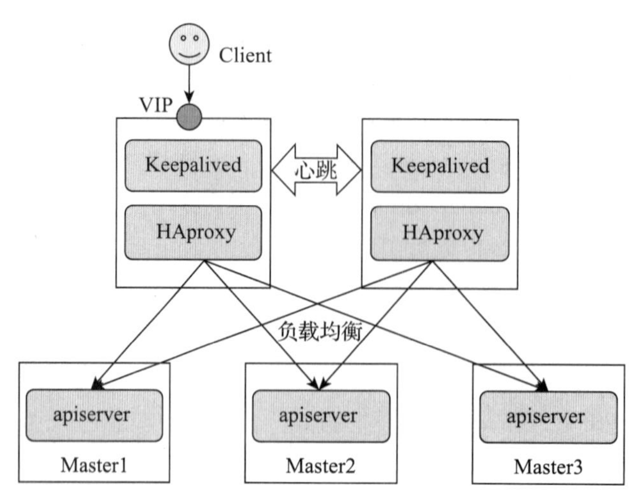

图 2-92　接入层的高可用实现

（2）Router 的高可用

Router 作为 OpenShift 中访问应用的入口，是保证应用访问高可用的必要一环。Router 建议使用 Hostnetwork 模式运行，由于端口冲突，每个 OpenShift 节点只能运行一个 Router。利用这种特性，我们通常在多个节点上运行多个 Router 来实现高可用，建议至少启动三个，这样才能保证在升级 Router 所在节点时业务不中断。在多个 Router 情况下，该如何访问应用呢？与多个 Master 节点高可用类似，可以通过软件 / 硬件负载均衡完成多个 Router 的负载均衡。

（3）镜像仓库的高可用

OpenShift 的镜像仓库分为内部镜像仓库和外部镜像仓库，用于保存应用镜像和基础镜像。镜像仓库服务的高可用也至关重要，尤其是仓库中的镜像数据的高可用，必须保证数据不丢失。

无论内部仓库还是外部仓库，目前默认都是使用 docker-distribution 服务实现，属于无状态应用，实现高可用的方式与控制节点接入层类似，启动多个实例，然后通过 HAproxy 实现负载。唯一的区别是镜像仓库的多个实例需要使用对象存储或者挂载同一个共享存储卷，如 NAS。镜像仓库的高可用实现如图 2-93 所示。

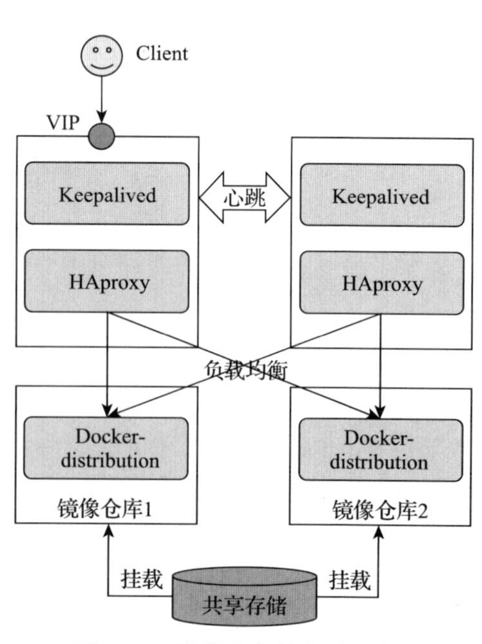

图 2-93　镜像仓库的高可用实现

当然，目前还有很多其他的镜像仓库的实现，如 Quay、Harbor 等，关于这些产品实现高可用的方法，请参考具体产品的官方说明，本书不展开说明。

（4）管理控制台的高可用

管理控制台主要指用户访问的 Web 界面，这部分的高可用实现相对简单。由于与管理控制台相关的组件是以容器形式运行在 OpenShift 上的，而且这些组件都是无状态组件，只需要启动多个容器实例就可以实现管理控制台的高可用，如下所示。

```
[root@lb.weixinyucluster ~]# oc get pods -n openshift-console |grep -i console
console-7c5f4f7b44-cqbbm    1/1     Running    0           2d4h
console-7c5f4f7b44-dt4sh    1/1     Running    0           2d4h
```

到此为止，关于 OpenShift 的技术解密和架构设计就已介绍完毕，相信读者已经对 OpenShift 整体有了清晰的认识，这些内容将成为构建企业级 PaaS 平台坚实的基础知识。

2.3 本章小结

通过本章的介绍，相信读者能够对 OpenShift 与 Kubernetes 的关系有了一个较为清晰的了解，我们还详细介绍了 OpenShift 关键技术解密以及架构设计和规划。在下一章中，我们将进入构建企业级 PaaS 平台的实战阶段。

Chapter 3 第3章

基于 OpenShift 构建企业级 PaaS 平台

本章为“PaaS 五部曲”中的第二部。在上一章中，我们了解了 OpenShift 的架构设计及规划，本章我们将结合实际实施落地的经验给出一些 OpenShift 部署架构的参考，并介绍 OpenShift 部署与建设的要点。

3.1 OpenShift 部署架构参考

由于每个企业的基础设施环境不同，读者需结合实际的企业基础设施现状做适当调整。我们仅给出通用的单个集群的高可用架构，如图 3-1 所示。

图 3-1 体现了大部分情况下 OpenShift 高可用部署架构的形态，也是我们落地实施最多的一种部署架构。

OpenShift 集群要求有且只有 3 个 Master 节点，如果集群的 Worker 节点数量很多，可以增加 Master 节点的 CPU、内存资源，而不必再增加 Master 节点的数量。每个 Master 节点上运行一个 Etcd 进程实现 Etcd 高可用集群。对于 Master API 层面则通过软件负载均衡实现高可用，提供集群管理的入口。

计算节点分为 Infra 节点和 App 节点，App 节点运行业务应用，Infra 节点运行基础组件，图 3-1 中 Infra 节点有三个，每个节点上运行一个 Router 容器、一个内部镜像仓库容器，Router 作为应用访问的入口，同样通过负载均衡实现高可用；内部镜像仓库需要将数据存储挂载到后端存储上，这样无状态的应用直接启动多个实例就可以实现高可用。这些内容正是我们上一章所介绍的，可以根据需要增加 Infra 节点和 App 节点。非生产环境如果资源有限，可以不单独配置 Infra 节点，和 App 节点混用即可。

在很多实际客户的落地情况中，仅仅有一个集群是不够的，会根据环境创建开发、测试、生产等多套集群，如图 3-2 所示。

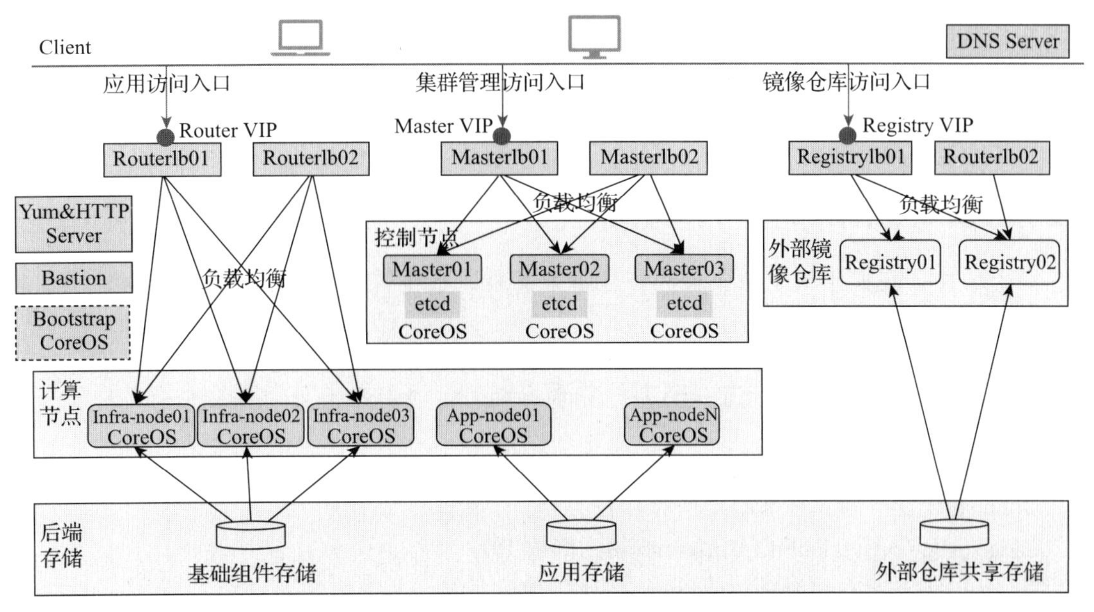

图 3-1　单集群高可用部署架构

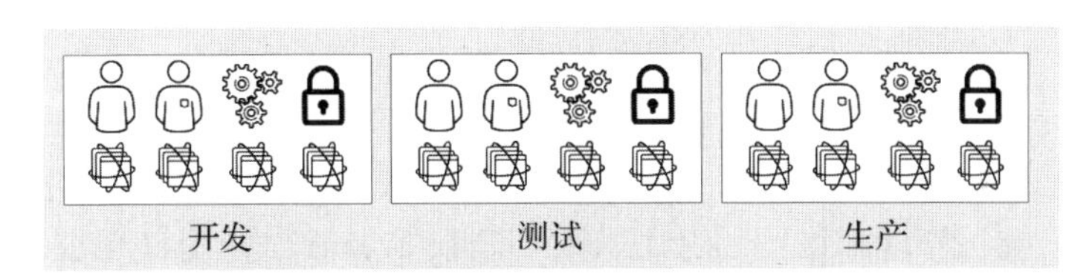

图 3-2　实际客户的多套 OpenShift 环境

当然，也有些客户为了节省资源，会将开发集群和测试集群合并为一个集群，在OpenShfit层面通过项目实现逻辑隔离。在图3-3中，生产环境和非生产环境做物理隔离，在非生产集群中，通过项目隔离，实现开发和测试两个环节。

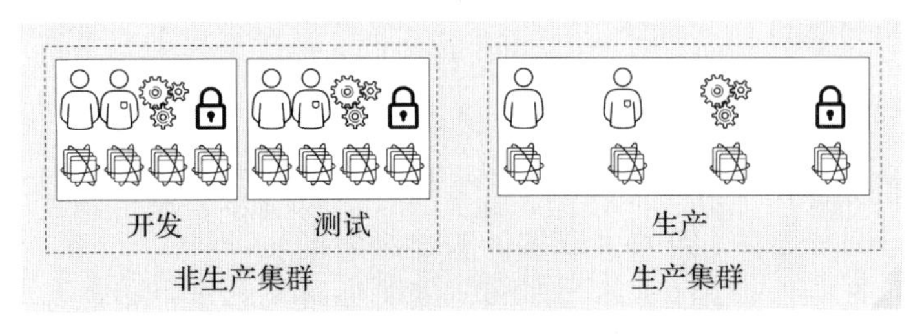

图 3-3　OpenShift 集群隔离和项目隔离

在部署了多套OpenShift集群后，多套集群之间如何联动？例如，在图3-3所示的测试环境与生产环境中，测试通过的镜像要发布到生产环境。最直接的方法是通过手动或者工具将镜像拷贝实现交付物流转，更高级的方法是引入CI/CD实现交付物在不同环境的流转与发布，这将在本书的第 7 章进行介绍。

到此为止，OpenShift 的架构及规划就介绍完了，下面我们以最常见的部署架构进行实际的安装部署配置。

3.2 OpenShift 部署与建设要点

在上节中，我们给出了单集群高可用部署架构，接下来，我们通过这一节的内容，实现这个高可用架构的安装配置。

3.2.1 OpenShift 部署方式与过程说明

1. OpenShift 部署方式介绍

OpenShift 支持的部署基础架构有两种类型：

- Installer-Provisioned Infrastructure，简称 IPI。
- User-Provisioned Infrastructure，简称 UPI。

使用 IPI 方式部署 OpenShift，绝大多数具体的配置工作都由 Installer 完成，因此部署过程非常简单。使用 UPI 方式部署 OpenShift，需要进行很多手工配置。

无论采用 IPI 方式还是 UPI 方式部署，OpenShift 集群中的 Master 节点都必须使用 Red Hat CoreOS（简称 RHCOS）操作系统。如果使用 IPI 方式安装，Worker 节点也必须使用 RHCOS 操作系统，但采用 UPI 安装，Worker 节点可以选择使用 RHCOS 操作系统或 RHEL 操作系统。但出于统一管理和维护的考虑，我们建议 Woker 节点也使用 RHCOS 操作系统。

几乎所有的基础设施都支持使用 UPI 方式部署，目前 OpenShift 4.6 支持 IPI 方式部署的基础架构有：

- AWS
- Azure
- GCP
- Red Hat OpenStack
- RHV
- VMware vSphere
- X86 物理服务器

目前 OpenShift 4.6 支持 UPI 模式部署的基础架构有：

- AWS
- Azure
- GCP
- Red Hat OpenStack
- VMware vSphere

- X86 物理服务器
- IBM Z
- IBM Power

可以看到，OpenShift 支持的基础设施类型很多，在不同类型的基础设施上的部署过程也大同小异。本节我们会大致说明通用安装过程，然后演示以 Bare metal 模式离线安装 OpenShift 的示例。

在 Repo 中的“OpenShift 4.5.3 在 Openstack 上的 UPI 离线安装”记录了在 OpenStack 上离线安装 OpenShift 的过程，供读者参考。本书第 1 版中的 OpenShift 3 的安装步骤请参考 Repo 中的“OpenShift 3.11 安装”。在第 6 章，我们将介绍如何在 AWS 中国区部署 OpenShift。更多 OpenShift 部署的细节请参考官方文档，链接如下：

- OpenShift 4.6 企业版链接：https://access.redhat.com/documentation/en-us/openshift_container_platform/4.6/html-single/installing_on_bare_metal/index
- OpenShift 4 社区版链接：https://docs.okd.io/latest/install/index.htm

在大部分客户的实际环境中，无法直接访问公网，这就需要离线部署 OpenShift。OpenShift 的离线部署只支持 UPI 方式，也就是说，即使在红帽 OpenStack 基础设施上，如果想离线部署 OpenShift，也必须使用 UPI 方式。

在讲述具体部署之前，我们先对离线部署 OpenShift 的要求和大致过程进行说明。

2. OpenShift 离线部署要求

OpenShift 离线部署需要的安装角色如下：

- 管理机：也可称为工具机，主要是安装一些客户端工具以及管理整个 OpenShift 依赖的基础环境。另外，管理机通常能够访问外网，这样也可以在管理机上访问外网拉取安装镜像，并将其推送到离线环境的容器镜像仓库中。
- 容器镜像服务器：为离线安装提供镜像，具体方案参考“3.2.2 配置 OpenShift 离线镜像”。
- DNS 服务器：为 OpenShift 节点和应用提供域名解析。
- HTTP 服务器：用于在安装过程中 Master 节点和 Worker 节点获取 RHCOS 镜像和配置文件的位置。
- 负载均衡器：OpenShift 要求 Master 节点为 3 个，因此在安装的时候，需要负载均衡器，另外，多个 Router 也需要负载均衡器，可以选择 HAproxy 或者 F5 实现。
- NFS 服务器：测试环境如果没有企业级存储，还需要配置一个 NFS 服务器，为 OpenShift 提供外部持久化存储。
- Bootstrap：该主机启动一个临时 Master，由它来引导整个 OpenShift 集群的启动。当 OpenShift 安装完毕后，这个节点可以关闭或删除。
- Master 节点：OpenShift 集群的管理节点。
- Worker 节点：OpenShift 集群的工作节点。

在上述安装角色中，Bootstrap、Master 节点、Worker 节点都使用 RHCOS 操作系统，管理机可以使用 RHEL 操作系统。如果基础设施的服务器资源有限，可以将管理机、镜像服务器、DNS 服务器、Http 服务器、软负载均衡器、NFS 服务器等几个角色使用一台服务器承载。当然，我们也可以把管理机的角色和其他几个角色单独分开，使用两台服务器承载，即一台管理机、一台辅助安装节点（其他角色）。

按照官方文档，OpenShift 的集群最小资源配置要求如表 3-1 所示。

表 3-1　OpenShift 部署节点最低配置

主机类型	操作系统	vCPU	内存	存储
Bootstrap 主机	RHCOS	4	16 GB	120 GB
Master 节点	RHCOS	4	16 GB	120 GB
Worker 节点	RHCOS 或 RHEL 7.6/7.7	2	8 GB	120 GB

关于每个节点的数量，根据官方建议在一套 OpenShift 集群中应该包含：

- 一个 Bootstrap 节点。
- 必须 3 个 Master 节点。
- 至少两个 Worker 节点，这样当一个 Worker 节点出现故障，Pod 可以在另外一个 Worker 节点上重启。
- 如果在生产环境，需要将 Worker 细分为 App Node 和 Infra Node（建议至少 3 个），在这种情况下，Worker 节点至少 5 个。

了解了离线部署的要求之后，接下来介绍离线部署的大致过程。

3. OpenShift 离线部署过程

本小节介绍的安装方式，适用于 OpenShift 4.3、OpenShift 4.4、OpenShift 4.5。OpenShift 4.6 的离线 +bare metal 模式安装方法略有调整，调整内容会在 3.2.3 节的第 12 小节中提及。想安装 OpenShift 4.6 的朋友，请先阅读这一小节。

离线部署过程大致如图 3-4 所示。

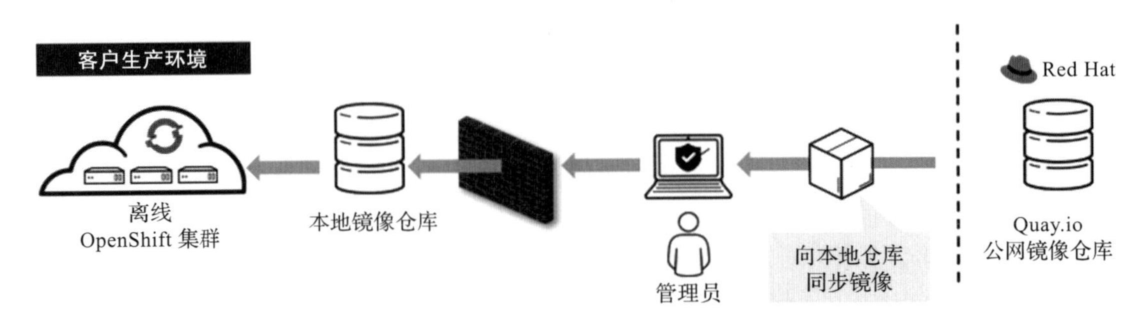

图 3-4　OpenShift 离线部署过程示意图

如图 3-4 所示，OpenShift 离线部署的大致过程如下：

1）同步公网镜像，实现本地镜像仓库。

我们需要将OpenShift的安装镜像（110个左右容器镜像）同步到数据中心本地镜像仓库，然后整个部署过程不再需要访问外网镜像仓库。

2）获取其他部署需要的在线资源和辅助机器的配置。

- 下载RHCOS操作系统的镜像，下载的时候需要选择与基础架构对应的版本。下载地址：https://mirror.openshift.com/pub/openshift-v4/dependencies/rhcos。如果在物理服务器上安装，需要下载rhcos-4*-x86_64-metal-bios.raw.gz（用于安装RHCOS操作系统）和rhcos-4*-x86_64-installer.iso（用于引导启动Bootstrap服务器）。
- 配置其他的安装角色。如在管理机上安装并配置DNS服务器、HTTP服务器、HAproxy服务器、NFS服务器等。
- 下载openshift-install文件（版本必须与安装镜像相同，否则离线安装会失败）、OC客户端和pull-secret文件到管理机，并在管理机生成SSH Key。

3）准备OpenShift安装文件。

- 通过openshift-install create install-config命令行生成install-config.yaml文件。该文件主要包含Base Domain、Master节点数、Pod IP地址段、Service IP地址段、本地镜像仓库的域名、从本地镜像仓库下载的pull secret等。
- 执行openshift-install create manifests --dir=<installation_directory>，生成manifests。安装目录中必须包含修改后的install-config.yaml文件。命令执行完成后，会生成很多集群安装配置文件，如manifests/cluster-scheduler-02-config.yml。我们可以在配置文件中设置masterSchedulabel，即Master节点是否调度业务Pod。
- 执行openshift-install create ignition-configs --dir=<installation_directory>，执行完毕后，会生成如下文件：

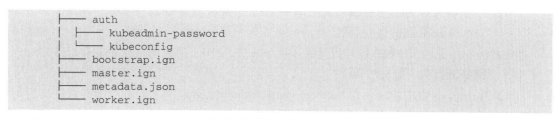

```
├── auth
│   ├── kubeadmin-password
│   └── kubeconfig
├── bootstrap.ign
├── master.ign
├── metadata.json
└── worker.ign
```

bootstrap.ign是Bootstrap主机的安装配置，master.ign是Master节点的安装配置，worker.ign是Worker节点的安装配置。

- 将所有.ign配置文件、RHCOS的ISO文件拷贝到HTTP服务器对应的目录上，以便Bootstrap、Master、Worker启动的时候可以从HTTP服务器获取操作系统ISO和.ign配置文件。

4）启动Bootstrap主机引导OpenShift集群。

- 启动Bootstrap引导主机。

不同的环境创建Bootstrap主机的方式稍有不同，但我们可以使用物理主机的安装方式，在所有的环境安装，用rhcos-4*-x86_64-installer.iso启动Bootstrap引导主机。首先将主机引导至维护模式，查看主机的磁盘名和网卡名，记录下来。

重启主机，启动至RHCOS的安装界面时，按Tab键，然后输入如图3-5中所示的内容。

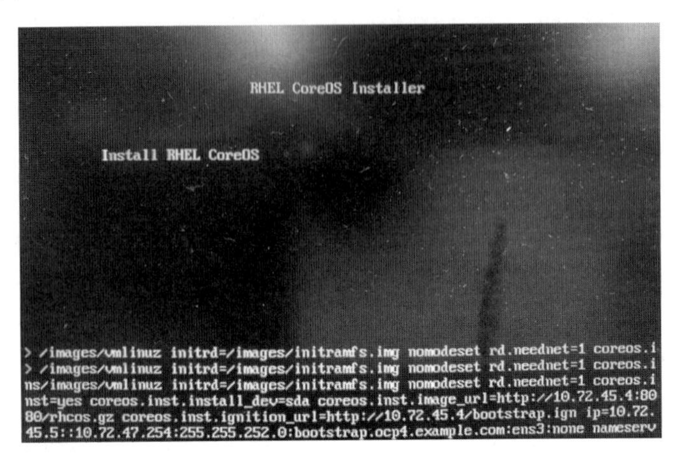

图3-5　配置RHCOS操作系统

以图3-5环境为例，在启动Bootstrap主机时，添加的配置内容如下。

```
coreos.inst.install_dev=sda coreos.inst.image_url=http://192.168.137.202:8080/
    rhcos-4.2.0-x86_64-metal-bios.raw.gz coreos.inst.ignition_url=
    http://192.168.137.202:8080/bootstrap.ign ip=192.168.137.210::192.168.137.2:
    255.255.255.0:bootstrap.ocp4.example.com:ens33:none nameserver=192.168.137.202
```

配置说明如下：

- 设定系统安装到sda磁盘上。
- 192.168.137.202为HTTP服务器的地址，会从该服务器上获取RHCOS的安装程序和bootstrap.ign文件。
- Bootstrap主机的IP地址设置为192.168.137.210、网关地址为192.168.137.2、子网掩码为255.255.255.0。
- Bootstrap主机的域名为bootstrap.ocp4.example.com。
- Bootstrap的网卡为ens33。
- Bootstrap的域名服务器地址为192.168.137.202。

- 启动Master节点。

启动三个Master节点，启动注入参数示例如下（参数含义同bootstrap.ign）。

```
coreos.inst.install_dev=sda
coreos.inst.image_url=http://192.168.137.202:8080/rhcos-4.2.0-x86_64-metal-bios.
    raw.gz coreos.inst.ignition_url=http://192.168.137.202:8080/master.ign ip=
    192.168.137.203::192.168.137.2:255.255.255.0:master-0.ocp4.example.com:
    ens33:none nameserver=192.168.137.202
```

不同的Master节点注意替换IP地址和主机名。

❑ 启动 Worker 节点。

根据需要启动多个 Worker 节点，启动注入参数示例如下（参数含义同 bootstrap.ign）。

```
coreos.inst.install_dev=sda
coreos.inst.image_url=http://192.168.137.202:8080/rhcos-4.2.0-x86_64-metal-bios.raw.
    gz coreos.inst.ignition_url=http://192.168.137.202:8080/worker.ign ip=
    192.168.137.206::192.168.137.2:255.255.255.0:worker01.ocp4.example.com:
    ens33:none nameserver=192.168.137.202
```

不同的 Worker 节点注意替换 IP 地址和主机名。

5）验证集群状态。

等待安装完毕后，使用如下命令查看 clusteroperators 的版本，AVAILABLE 的状态均为 True 表示集群状态健康，如图 3-6 所示。

```
# oc get clusteroperators
```

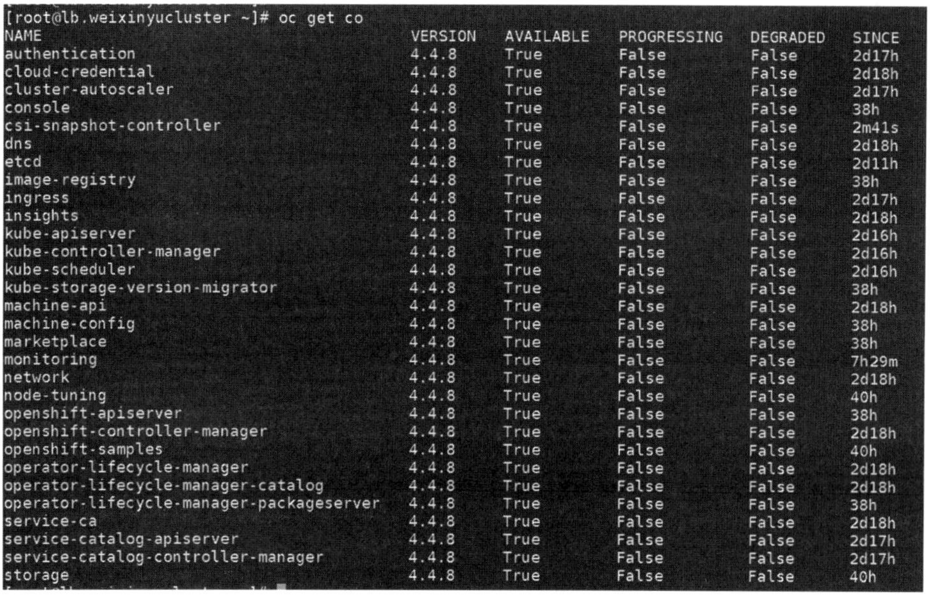

```
[root@lb.weixinyucluster ~]# oc get co
NAME                                       VERSION   AVAILABLE   PROGRESSING   DEGRADED   SINCE
authentication                             4.4.8     True        False         False      2d17h
cloud-credential                           4.4.8     True        False         False      2d18h
cluster-autoscaler                         4.4.8     True        False         False      2d17h
console                                    4.4.8     True        False         False      38h
csi-snapshot-controller                    4.4.8     True        False         False      2m41s
dns                                        4.4.8     True        False         False      2d18h
etcd                                       4.4.8     True        False         False      2d11h
image-registry                             4.4.8     True        False         False      38h
ingress                                    4.4.8     True        False         False      2d17h
insights                                   4.4.8     True        False         False      2d18h
kube-apiserver                             4.4.8     True        False         False      2d16h
kube-controller-manager                    4.4.8     True        False         False      2d16h
kube-scheduler                             4.4.8     True        False         False      2d16h
kube-storage-version-migrator              4.4.8     True        False         False      38h
machine-api                                4.4.8     True        False         False      2d18h
machine-config                             4.4.8     True        False         False      38h
marketplace                                4.4.8     True        False         False      38h
monitoring                                 4.4.8     True        False         False      7h29m
network                                    4.4.8     True        False         False      2d18h
node-tuning                                4.4.8     True        False         False      40h
openshift-apiserver                        4.4.8     True        False         False      38h
openshift-controller-manager               4.4.8     True        False         False      2d18h
openshift-samples                          4.4.8     True        False         False      40h
operator-lifecycle-manager                 4.4.8     True        False         False      2d18h
operator-lifecycle-manager-catalog         4.4.8     True        False         False      2d18h
operator-lifecycle-manager-packageserver   4.4.8     True        False         False      38h
service-ca                                 4.4.8     True        False         False      2d18h
service-catalog-apiserver                  4.4.8     True        False         False      2d17h
service-catalog-controller-manager         4.4.8     True        False         False      2d17h
storage                                    4.4.8     True        False         False      40h
```

图 3-6　查看 Cluster Operator 状态

当我们看到所有的 ClusterOperator 都已经正确安装，也就表示 OpenShift 集群部署成功。

可以看到整个离线安装过程中，步骤还是相对较多的。而离线部署的第一个工作就是同步公网镜像，创建本地镜像仓库，因此在正式介绍部署操作之前，我们先介绍配置 OpenShift 离线镜像的方法。

3.2.2 配置 OpenShift 离线镜像

在离线安装 OpenShift 的时候，需要创建一个 Mirror Registry，它的作用是将 quay.io 上用于安装 OpenShift 的容器镜像缓存在本地镜像仓库中，在安装 OpenShift 的时候可以从 Mirror Registry 中获取镜像。Mirror Registry 通常是外部镜像仓库，高可用方案参见 2.2.3 节第 4 小节。

1. 离线镜像同步

目前创建 Mirror Registry 主要有以下三种方法，如图 3-7 所示。

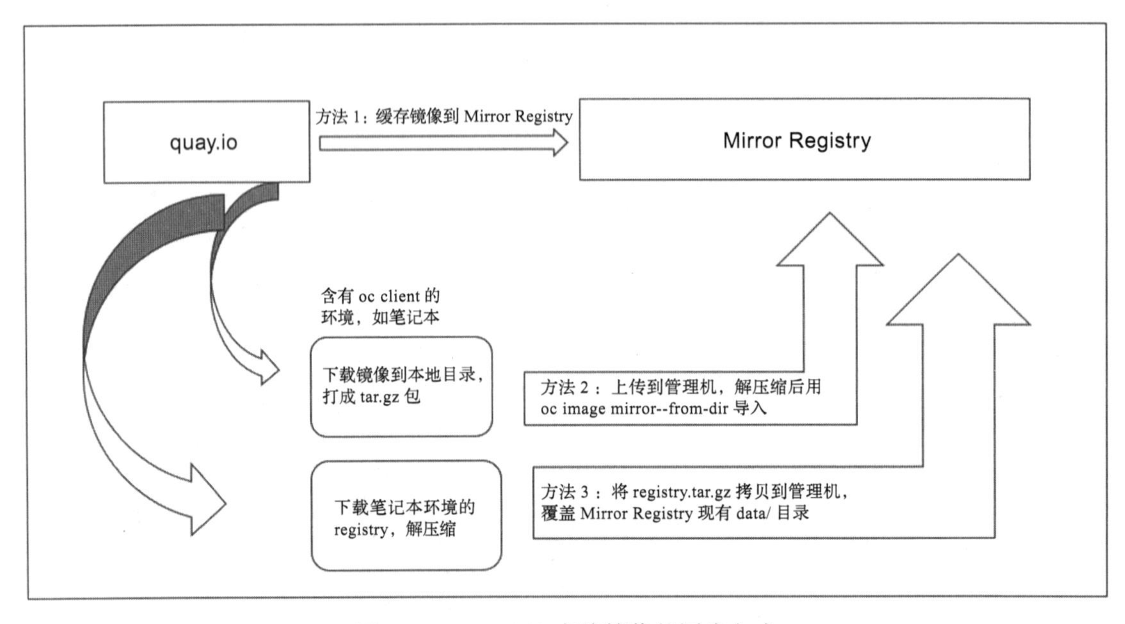

图 3-7 OpenShift 离线镜像的同步方式

（1）方法 1

如果 Mirror Registry 节点可以连接外网，并且网速比较快，用方法 1，将 quay.io 上的 OpenShift 镜像直接缓存到 Mirror Registry 中。

首先配置环境变量。

```
export OCP_RELEASE=4.4.10-x86_64                              #要缓存的容器镜像版本号
export LOCAL_REGISTRY='repo.apps.weixinyucluster.bluecat.ltd:5000/openshift4'
                                                              #离线镜像仓库的名称和端口号
export LOCAL_REPOSITORY='ocp4/openshift4'                     #容器镜像仓库的目录
export PRODUCT_REPO='openshift-release-dev'                   #固定值
export LOCAL_SECRET_JSON='/root/pullsecret_config.json'       #指定身份信息文件位置
export RELEASE_NAME="ocp-release"  #固定值
```

缓存镜像，命令执行成功如图 3-8 所示。

```
# oc adm -a ${LOCAL_SECRET_JSON} release mirror \
```

```
    --from=quay.io/${PRODUCT_REPO}/${RELEASE_NAME}:${OCP_RELEASE} \
    --to=${LOCAL_REGISTRY}/${LOCAL_REPOSITORY} \
    --to-release-image=${LOCAL_REGISTRY}/${LOCAL_REPOSITORY}:${OCP_RELEASE}
```

```
imageContentSources:
- mirrors:
  - repo.apps.weixinyucluster.bluecat.ltd:5000/openshift4/ocp4/openshift4
  source: quay.io/openshift-release-dev/ocp-release
- mirrors:
  - repo.apps.weixinyucluster.bluecat.ltd:5000/openshift4/ocp4/openshift4
  source: quay.io/openshift-release-dev/ocp-v4.0-art-dev


To use the new mirrored repository for upgrades, use the following to create an
 ImageContentSourcePolicy:

apiVersion: operator.openshift.io/v1alpha1
kind: ImageContentSourcePolicy
metadata:
  name: example
spec:
  repositoryDigestMirrors:
  - mirrors:
    - repo.apps.weixinyucluster.bluecat.ltd:5000/openshift4/ocp4/openshift4
    source: quay.io/openshift-release-dev/ocp-release
  - mirrors:
    - repo.apps.weixinyucluster.bluecat.ltd:5000/openshift4/ocp4/openshift4
    source: quay.io/openshift-release-dev/ocp-v4.0-art-dev
```

图 3-8　缓存镜像成功

然后用如下脚本查看 Mirror Registry 中的 OpenShift 镜像（david:david 是离线仓库的用户名和密码）。

```
curl -u david:david -s https://repo.apps.weixinyucluster.bluecat.ltd:5000/v2/_catalog | \
    jq -r '.["repositories"][]' | \
    xargs -I @REPO@ curl -u david:david -s  https://repo.apps.weixinyucluster.
        bluecat.ltd:5000/v2/@REPO@/tags/list | \
jq -r -M '.["name"] + ":" + .["tags"][]'
```

查看结果如图 3-9 所示。

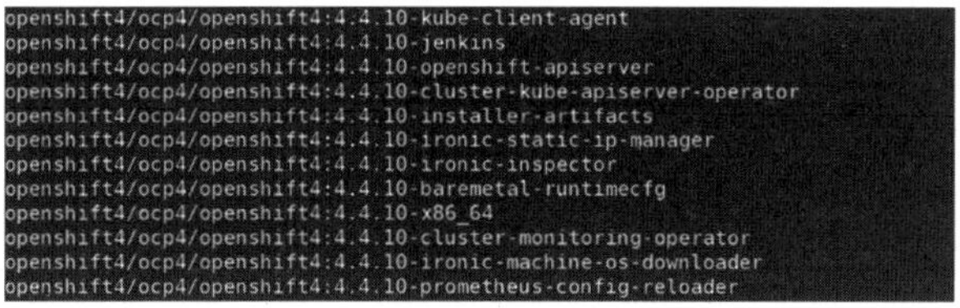

```
openshift4/ocp4/openshift4:4.4.10-kube-client-agent
openshift4/ocp4/openshift4:4.4.10-jenkins
openshift4/ocp4/openshift4:4.4.10-openshift-apiserver
openshift4/ocp4/openshift4:4.4.10-cluster-kube-apiserver-operator
openshift4/ocp4/openshift4:4.4.10-installer-artifacts
openshift4/ocp4/openshift4:4.4.10-ironic-static-ip-manager
openshift4/ocp4/openshift4:4.4.10-ironic-inspector
openshift4/ocp4/openshift4:4.4.10-baremetal-runtimecfg
openshift4/ocp4/openshift4:4.4.10-x86_64
openshift4/ocp4/openshift4:4.4.10-cluster-monitoring-operator
openshift4/ocp4/openshift4:4.4.10-ironic-machine-os-downloader
openshift4/ocp4/openshift4:4.4.10-prometheus-config-reloader
```

图 3-9　确认镜像缓存成功

（2）方法 2

如果 Mirror Registry 节点不能连接外网（现实是这种情况更多），那么就在自己笔记本上缓存 OpenShift 镜像到文件系统目录中。

```
# oc adm -a /root/pullsecret_config.json release mirror --from=quay.io/openshift-
    release-dev/ocp-release:4.4.10-x86_64 --to-dir=/weixinyu/mirror
```

执行成功结果如下所示。

```
Success
Update image:  openshift/release:4.4.10
To upload local images to a registry, run:
    oc image mirror --from-dir=/weixinyu/mirror 'file://openshift/
        release:4.4.10*' REGISTRY/REPOSITORY
Configmap signature file /weixinyu/mirror/config/signature-sha256-
    0d1ffca302ae55d3.yaml created
```

查看保存镜像的目录结构，如图 3-10 所示。

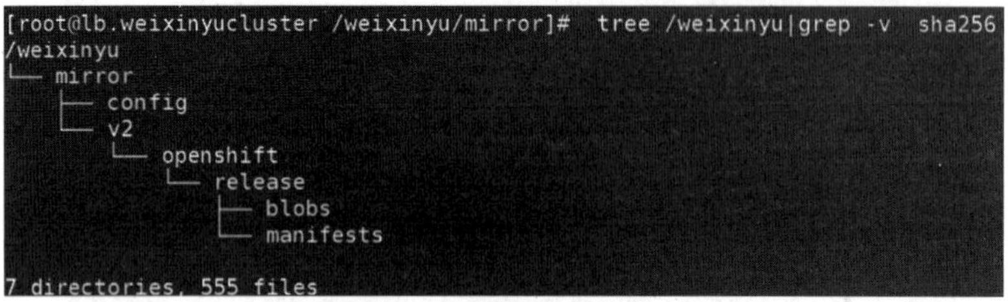

```
[root@lb.weixinyucluster /weixinyu/mirror]#  tree /weixinyu|grep -v  sha256
/weixinyu
└── mirror
    ├── config
    └── v2
        └── openshift
            └── release
                ├── blobs
                └── manifests

7 directories, 555 files
```

图 3-10 保存镜像的目录结构

接下来，将镜像目录打成 tar.gz 包。

```
# tar -zcf /weixinyu/mirror.tar.gz -C /weixinyu/mirror
```

将镜像 mirror.tar.gz 上传到 Mirror Registry 机器并解压缩。

```
# tar -zxf mirror.tar.gz
```

将镜像导入离线仓库。

```
# oc image mirror --from-dir=/davidwei/mirror 'file://openshift/release:4.4.10*'
    repo.apps.weixinyucluster.bluecat.ltd:5000/ocp4/openshift4
```

图 3-11 显示镜像导入过程。

```
stats: shared=0 unique=227 size=5.478GiB ratio=1.00

phase 0:
  repo.apps.weixinyucluster.bluecat.ltd:5000 openshift4 blobs=227 mounts=0 manifests=109 shared=0

info: Planning completed in 300ms
```

图 3-11 镜像导入过程

导入成功后，确保可以拉取镜像。

```
# podman pull repo.apps.weixinyucluster.bluecat.ltd:5000/ocp4/openshift4:4.4.10-
    ironic-static-ip-manager
Trying to pull repo.apps.weixinyucluster.bluecat.ltd:5000/ocp4/openshift4:4.4.10-
    ironic-static-ip-manager...
Getting image source signatures
Copying blob fc5aa93e3b58 done
Copying blob 1a6747857d79 done
Writing manifest to image destination
Storing signatures
6b7a2b05aaaa4829789e600e4a6fe3edf77c523a61509804e8d7781d7bb365e5
```

（3）方法 3

方法 3 是在可以连接到外网的机器（如笔记本）上直接执行离线镜像同步，然后直接压缩同步后的镜像仓库的 data 目录，再拷贝到 Mirror Registry 机器上解压缩还原镜像仓库数据。这种方法比较简单易行，但要求笔记本镜像仓库和数据中心镜像仓库都使用 Docker Registry V2。

在笔记本环境执行如下命令打包 Docker Registry 的数据目录。

```
# tar -zcf registry.tar.gz data/
```

把 registry.tar.gz 压缩包上传到 Mirror Registry 的存储目录（如 /opt/registry），然后解压缩。

```
# cd /opt/registry
# tar -zxf registry.tar.gz data/
```

随后在离线环境通过 podman 启动 Docker Registry 时，指定镜像解压缩目录。

```
# podman run --name mirror-registry -p 5000:5000 -v /data/registry:/var/lib/
    registry -v /opt/registry/auth:/auth:z -e "REGISTRY_AUTH=htpasswd" -e
    "REGISTRY_AUTH_HTPASSWD_REALM=Registry Realm" -e REGISTRY_AUTH_HTPASSWD_PATH=
    /auth/htpasswd -v /opt/registry/certs:/certs:z -e REGISTRY_HTTP_TLS_
    CERTIFICATE=/certs/example.com.crt -e REGISTRY_HTTP_TLS_KEY=/certs/example.
    com.key -d docker.io/library/registry:2
```

2. 添加 / 恢复 Mirror Registry

离线安装 OpenShift 的时候，我们需要在 install-config.yaml 文件中添加 Mirrror Registry 的证书和 pull secret，也就是同步镜像输出的 imageContentSource 数据，这样 OpenShift 安装过程中会使用 Mirror Registry 中的镜像，而且安装完毕后会自动将 pull secret 和证书添加到集群中。

但如果 OpenShift 安装以后 Mirror Registry 遇到故障该怎么办呢？

只要 auth 和 certs 还存在，问题就不大，将 data 目录的数据恢复即可（镜像文件易于恢复）。

```
# ls /opt/registry
```

```
auth  certs  data
```

但如果 auth 和 certs 被删除或者破坏了，也就是说之前的 Mirror Registry 所有相关内容全部消失了，那么就只能重新创建 Mirror Registry。但搭建好以后，此时正在运行的 OpenShift 中没有这个新仓库的证书和 pull secret，OpenShift 不能再从 Mirror Registry 中拉取镜像，这不利于容器故障恢复和以后的集群升级。

针对这种问题，需要修改以下两处进行修复：

1）在 OpenShift 集群中增加新 Mirror Registry 的 CA 证书。

2）在 OpenShift 集群中增加新 Mirror Registry 的 pull secret。

我们先介绍修改证书的方法。OpenShift 中使用 Configmap 管理 Registry 的 CA 证书，如图 3-12 所示。

```
# oc project openshift-config
```

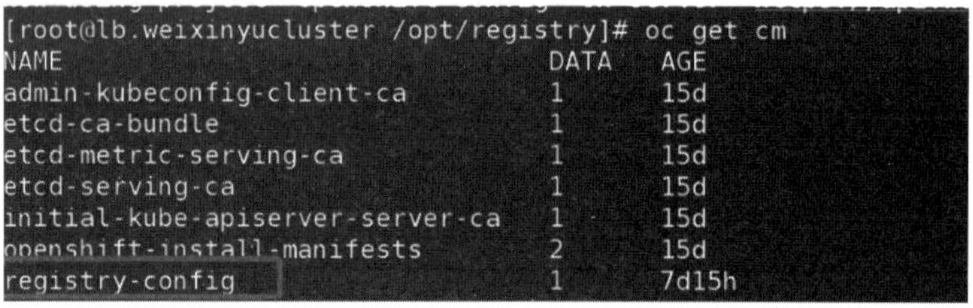

```
[root@lb.weixinyucluster /opt/registry]# oc get cm
NAME                                 DATA   AGE
admin-kubeconfig-client-ca           1      15d
etcd-ca-bundle                       1      15d
etcd-metric-serving-ca               1      15d
etcd-serving-ca                      1      15d
initial-kube-apiserver-server-ca     1      15d
openshift-install-manifests          2      15d
registry-config                      1      7d15h
```

图 3-12 查看 Configmap

而 OpenShift 集群中定义 Configmap 的位置如图 3-13 所示。

```
# oc edit image.config.openshift.io cluster
```

```
apiVersion: config.openshift.io/v1
kind: Image
metadata:
  annotations:
    release.openshift.io/create-only: "true"
  creationTimestamp: "2020-06-19T14:19:23Z"
  generation: 7
  name: cluster
  resourceVersion: "7292011"
  selfLink: /apis/config.openshift.io/v1/images/cluster
  uid: 514c2a4f-1386-48bf-ae28-967550d16d2c
spec:
  additionalTrustedCA:
    name: registry-config
  registrySources:
```

图 3-13 查看 image.config.openshift.io 中包含的证书

这时候，registry-config 中不包含新的 Mirror Registry 证书。

我们根据新的 Mirror Registry，创建一个 Configmap。

切换到新 Mirror Registry 的 Registry 目录。

```
# cd /opt/registry/certs
# oc create cm davidwei-crt -n openshift --from-file=repo.apps.weixinyucluster.
    bluecat.ltd..5000=/opt/registry/certs/example.crt
configmap/davidwei-crt created
```

修改 image.config.openshift.io。

```
# oc edit image.config.openshift.io cluster
```

修改内容如图 3-14 所示。

```
apiVersion: config.openshift.io/v1
kind: Image
metadata:
  annotations:
    release.openshift.io/create-only: "true"
  creationTimestamp: "2020-06-19T14:19:23Z"
  generation: 7
  name: cluster
  resourceVersion: "7292011"
  selfLink: /apis/config.openshift.io/v1/images/cluster
  uid: 514c2a4f-1386-48bf-ae28-967550d16d2c
spec:
  additionalTrustedCA:
    name: davidwei-crt
  registrySources:
    allowedRegistries:
    - repo.apps.weixinyucluster.bluecat.ltd:5000
status:
  externalRegistryHostnames:
  - default-route-openshift-image-registry.apps.weixinyucluster.bluecat.ltd
  internalRegistryHostname: image-registry.openshift-image-registry.svc:5000
```

图 3-14　image.config.openshift.io 中增加新的证书

我们通过一条命令行也可以完成增加新证书的操作。

```
#oc patch image.config.openshift.io/cluster --patch '{"spec":{"additionalTrustedCA":
    {"name":"davidwei-crt"}}}' --type=merge
```

需要注意的是：一套 OCP 集群只能增加一个 additionalTrustedCA，不能使多个生效。因此如果 configmap 要包含多个证书，则在上面执行 oc create cm davidwei-crt 时，增加多个 --from-file 参数指定多个仓库和证书文件。

然后我们还需要在 OpenShift 中增加 Mirror 的 pull secret。

默认情况下 pull secret 应既包含 Mirror Registry 的 pull secret，又包含访问外部仓库 quay.io 的 pull secret。（在纯离线环境，只包含前者也可以。）

下载 pull-secret 文件，并重命名为 pullsecret_config.json。下载地址为 https://cloud.redhat.com/openshift/install/pull-secret。

```
# cp pull-secret pullsecret_config.json
# podman login --authfile ~/pullsecret_config.json repo.apps.weixinyucluster.
    bluecat.ltd:5000
```

登录成功以后，pullsecret_config.json 文件就同时包含红帽仓库和 Mirror Registry 的

pull secret 了。

接下来，对 pullsecret_config.json 进行 base64 加密。

```
# cat ~/pullsecret_config.json | base64 -w 0
```

将 base64 加密后的内容，贴在图 3-15 方框的位置。

```
# oc edit secrets pull-secret -n openshift-config
```

图 3-15　修改 pull-secret

在本地镜像仓库创建成功之后，接下来我们演示在 vSphere 环境离线安装的具体步骤。

3.2.3　OpenShift 离线部署示例

1. 安装环境介绍

为了方便读者直观体验 OpenShift 的部署，我们以在某客户进行 PoC 时的安装过程作为示例进行说明。本示例仅为帮助读者理解，不代表生产环境配置。需要注意的是，本安装实例采用离线 +bare metal 模式进行安装，使用的版本是 OpenShift 4.3。这个安装方法与 OpenShift 4.4、OpenShift 4.5 是通用的。OpenShift 4.6 采用离线 +bare metal 模式进行安装的方式略有简化，会在 3.2.3 节第 12 小节中提及。想安装 OpenShift 4.6 的朋友，请先阅读这一小节。

安装 OpenShift PoC 环境的资源需求如表 3-2 所示。

表 3-2　资源需求表

用途	CPU（核）	内存（G）	硬盘（G）	机器名	IP 地址
管理机（DNS+HAproxy）	4	8	600	repo.ocp4.example.com	28.4.184.100
Bootstrap	4	8	100	bootstrap.ocp4.example.com	28.4.184.101
Master1	8	32	100	master01.ocp4.example.com	28.4.184.102
Master2	8	32	100	master02.ocp4.example.com	28.4.184.103
Master3	8	32	100	master03.ocp4.example.com	28.4.184.104
Worker1	8	32	100	worker01.ocp4.example.com	28.4.184.105
Worker2	8	32	100	worker02.ocp4.example.com	28.4.184.106
Worker3	8	32	100	worker03.ocp4.example.com	28.4.184.107

上述机器需要在vSphere上启动，对vCenter需要以下操作权限：

- 具有创建虚拟机和给虚拟机安装操作系统的权限。
- 具有访问VM Console的权限。
- 具有对创建的VM全生命周期管理的权限：启动、关闭、删除、重启、做快照、还原等。
- 具有上传ISO以及挂载ISO的权限。

首先使用RHEL操作系统的ISO启动管理机，然后在管理机上配置本地的Yum repo（步骤省略）。本节以下所有操作未明确指出的，均在管理机上以root执行。

需要指出的是，虽然我们在vSphere上安装OpenShift，但使用的方法是Baremetal的安装方法，这种安装方法较为通用。

2. 配置SELinux和Firewalld

在管理机上安装需要的工具。

```
# yum -y install wget httpd podman pigz skopeo docker buildah jq bind-utils bash-
    completion
```

关闭管理机上的Firewalld。

```
# systemctl stop firewalld
# systemctl disable firewalld
```

如果客户环境不允许关闭Firewalld，则需要将OpenShift安装过程中需要访问的端口加入Firewall的白名单，我们以添加5000端口为例。

```
# firewall-cmd --permanent --add-port=5000/tcp --zone=public
# firewall-cmd --permanent --add-port=5000/tcp --zone=internal
# firewall-cmd --reload
```

配置管理机上的SELinux。

默认操作系统的SELinux是Enforcing状态会影响HAproxy的启动，使用如下命令修改为Permissive。

```
# vi /etc/selinux/config
```

将enforcing修改为permissive。

```
# setenforce 0
```

3. 部署本地镜像仓库并导入安装镜像

接下来，导入Docker Registry离线镜像，用于启动本地镜像仓库。

```
# podman load -i registry-image.tar
# podman images
REPOSITORY                  TAG    IMAGE ID       CREATED       SIZE
docker.io/library/registry  2      2d4f4b5309b1   4 weeks ago   26.8 MB
```

创建容器镜像仓库目录。

```
# mkdir -p /opt/registry/{auth,certs,data}
```

创建证书，设置 Common Name 的时候，注意正确设置为管理机的主机名。

```
# cd /opt/registry/certs
# openssl req -newkey rsa:4096 -nodes -sha256 -keyout example.com.key -x509 -days
    365 -out example.com.crt
..................
Common Name (eg, your name or your server's hostname) []: repo.ocp4.example.com
```

利用 bcrypt 格式，创建离线镜像仓库的用户名和密码。安装 htpasswd 命令行的工具并创建用户。

```
# yum install httpd-tools
# htpasswd -bBc /opt/registry/auth/htpasswd david david
```

将自签名证书添加到管理机。

```
# cp /opt/registry/certs/example.com.crt /etc/pki/crust/source/anchors/
# update-ca-trust
```

接下来，我们使用 3.2.3 节中的方法 3 导入离线镜像。

将提前准备好的 OpenShift 安装镜像包解压缩到管理机上。

```
# tar -zxvf registry.tgz -C /data/
```

解压缩后，确认解压文件的位置，Mirror Registry 启动的时候，需要访问 docker 的上一级目录，目录结构如图 3-16 所示。

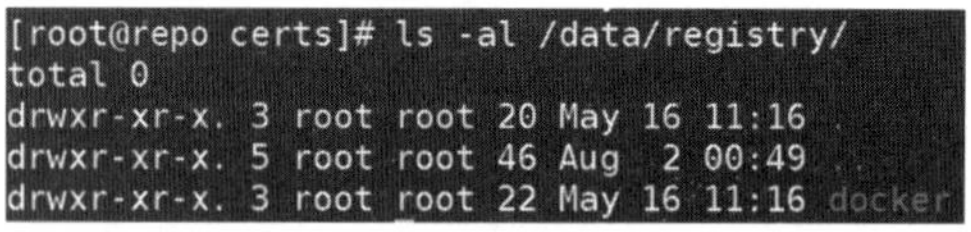

```
[root@repo certs]# ls -al /data/registry/
total 0
drwxr-xr-x. 3 root root 20 May 16 11:16 .
drwxr-xr-x. 5 root root 46 Aug  2 00:49 ..
drwxr-xr-x. 3 root root 22 May 16 11:16 docker
```

图 3-16　OpenShift 镜像解压缩目录

通过 podman 启动 Mirror Registry，注意启动时指定到容器镜像的解压缩目录、证书目录、htpasswd 文件目录。

```
# podman run --name mirror-registry -p 5000:5000 -v /data/registry:/var/lib/
    registry -v /opt/registry/auth:/auth:z -e "REGISTRY_AUTH=htpasswd" -e
    "REGISTRY_AUTH_HTPASSWD_REALM=Registry Realm" -e REGISTRY_AUTH_HTPASSWD_PATH=
    /auth/htpasswd -v /opt/registry/certs:/certs:z -e REGISTRY_HTTP_TLS_
    CERTIFICATE=/certs/example.com.crt -e REGISTRY_HTTP_TLS_KEY=/certs/example.
    com.key -d docker.io/library/registry:2
```

确认本地镜像仓库成功启动。

```
# podman ps
CONTAINER ID  IMAGE   COMMAND     CREATED      STATUS    PORTS          NAMES
```

```
8a80baf5ee9e  docker.io/library/registry:2  /entrypoint.sh /e...  33 seconds ago
Up 33 seconds ago  0.0.0.0:5000->5000/tcp  mirror-registry
```

查看 Mirror Registry 中的镜像，输出应该有类似图 3-17 的内容。

```
# curl -u david:david -k https://repo.ocp4.example.com:5000/v2/_catalog
```

```
[root@repo ~]#  curl -u david:david -k https://repo.ocp4.example.com:5000/v2/_catalog
{"repositories":["docker.io/busybox","docker.io/ceph/ceph","docker.io/etherpad/etherpad","docker.io/freeipa/freeipa-ser
ver","docker.io/library/alpine","docker.io/library/centos","docker.io/library/php","docker.io/library/postgres","docker
.io/mysql","docker.io/nfvpe/cni-route-override","docker.io/osixia/openldap","docker.io/osixia/phpldapadmin","docker.io/
rook/ceph","docker.io/rook/nfs","docker.io/tomcat","docker.io/wangzheng422/centos","docker.io/wangzheng422/cnv-install-
cd","docker.io/wangzheng422/operator-catalog","docker.io/wangzheng422/php","docker.io/wangzheng422/quay-fs","gcr.io/goo
gle_containers/pause-amd64","k8s.gcr.io/pause","ocp-operator/3scale/3scale-istio-adapter","ocp-operator/3scale/3scale-o
perator","ocp-operator/3scale/3scale28","ocp-operator/3scale/apicast-operator","ocp-operator/3scale-amp2/3scale-rhel7-o
perator","ocp-operator/3scale-amp2/apicast-gateway-rhel8","ocp-operator/3scale-amp2/apicast-rhel7-operator","ocp-operat
or/3scale-amp2/backend-rhel7","ocp-operator/3scale-amp2/memcached-rhel7","ocp-operator/3scale-amp2/system-rhel7","ocp-o
perator/3scale-amp2/zync-rhel7","ocp-operator/acmenezes/nsm-operator","ocp-operator/alcide/kaudit-operator","ocp-operat
or/amq7/amq-broker","ocp-operator/amq7/amq-broker-lts-rhel7-operator","ocp-operator/amq7/amq-broker-rhel7-operator","oc
p-operator/amq7/amq-cert-manager","ocp-operator/amq7/amq-interconnect","ocp-operator/amq7/amq-interconnect-operator","o
cp-operator/amq7/amq-online-1-address-space-controller","ocp-operator/amq7/amq-online-1-agent","ocp-operator/amq7/amq-o
nline-1-api-server","ocp-operator/amq7/amq-online-1-auth-plugin","ocp-operator/amq7/amq-online-1-broker-plugin","ocp-op
erator/amq7/amq-online-1-console-init","ocp-operator/amq7/amq-online-1-console-server-rhel7","ocp-operator/amq7/amq-onl
ine-1-controller-manager","ocp-operator/amq7/amq-online-1-controller-manager-rhel7-operator","ocp-operator/amq7/amq-onl
```

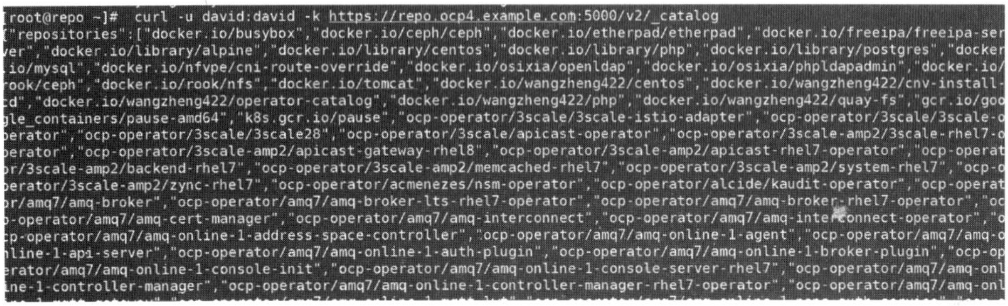

图 3-17 查看 Mirror Registry 中的内容

将本地镜像仓库身份认证信息直接进行整合，方便后面书写 install-config.yaml。使用如下命令创建一个包含正确格式的镜像仓库认证文件。

```
# cat << EOF > registry_auth.json
{"auths":{}}
EOF
```

指定认证文件登录 Mirror Registry，以便认证信息注入 registry_auth.json 中。

```
# podman login --authfile ~/registry_auth.json repo.ocp4.example.com:5000
# cat ~/registry_auth.json
{
        "auths": {
                "repo.ocp4.example.com:5000": {
                        "auth": "ZGF2aWQ6ZGF2aWQ="
                }
        }
}
```

4. 配置 HTTP 服务器

接下来，在管理机上配置 HTTP 服务器。

```
# mkdir -p /var/www/html/materials/
# restorecon -vRF /var/www/html/materials/
```

由于后面配置 HAproxy 会占用 80 端口，因此修改 httpd 监听端口为 8080。

```
# vi /etc/httpd/conf/httpd.conf
```

将 Listen 80 修改为 Listen 8080。配置虚拟主机，用 HTTP 提供文件下载服务。

```
# vi /etc/httpd/conf.d/base.conf
```

```
<VirtualHost *:8080>
   ServerName repo.ocp4.example.com
   DocumentRoot /var/www/html/materials/
</VirtualHost>
```

重启 HTTP 服务。

```
# systemctl enable httpd --now
# systemctl restart httpd
```

5. 配置 DNS 服务器

在管理机上配置 DNS 服务器。可以使用 bind 或者 dnsmasq，PoC 中我们使用后者。

在管理机上安装 dnsmasq，配置正向和反向解析，然后其他所有 OpenShift 的节点都必须要指定到这个 Nameserver，即管理机。

```
# yum install dnsmasq -y
# vim /etc/dnsmasq.conf
```

配置正向解析。

```
# vi /etc/dnsmasq.conf
conf-dir=/etc/dnsmasq.d,.rpmnew,.rpmsave,.rpmorig
#resolv-file=/etc/resolv.conf.upstream  # 如果OpenShift节点需要访问外网，这里配置上游DNS。
domain-needed
strict-order
local=/ocp4.example.com/
address=/apps.ocp4.example.com/28.4.184.100
address=/repo.ocp4.example.com/28.4.184.100
address=/bootstrap.ocp4.example.com/28.4.184.101
address=/master01.ocp4.example.com/28.4.184.102
address=/master02.ocp4.example.com/28.4.184.103
address=/master03.ocp4.example.com/28.4.184.104

address=/etcd-0.ocp4.example.com/28.4.184.102
address=/etcd-1.ocp4.example.com/28.4.184.103
address=/etcd-2.ocp4.example.com/28.4.184.104

address=/worker01.ocp4.example.com/28.4.184.105
address=/worker02.ocp4.example.com/28.4.184.106
address=/worker03.ocp4.example.com/28.4.184.107

address=/api.ocp4.example.com/28.4.184.100
address=/api-int.ocp4.example.com/28.4.184.100

srv-host=_etcd-server-ssl._tcp.ocp4.example.com,etcd-0.ocp4.example.com,2380
srv-host=_etcd-server-ssl._tcp.ocp4.example.com,etcd-1.ocp4.example.com,2380
srv-host=_etcd-server-ssl._tcp.ocp4.example.com,etcd-2.ocp4.example.com,2380
addn-hosts=/etc/dnsmasq.openshift.addnhosts

bind-dynamic
no-hosts
```

配置反向解析。

```
# vi /etc/dnsmasq.openshift.addnhosts
28.4.184.100 repo.ocp4.example.com
28.4.184.101 bootstrap.ocp4.example.com
28.4.184.102 master01.ocp4.example.com
28.4.184.103 master02.ocp4.example.com
28.4.184.104 master03.ocp4.example.com
28.4.184.102 etcd-0.ocp4.example.com
28.4.184.103 etcd-1.ocp4.example.com
28.4.184.104 etcd-2.ocp4.example.com
28.4.184.105 worker01.ocp4.example.com
28.4.184.106 worker02.ocp4.example.com
28.4.184.107 worker03.ocp4.example.com
28.4.184.100 api.ocp4.example.com
28.4.184.100 api-int.ocp4.example.com
```

重启DNS服务。

```
# systemctl enable dnsmasq
# systemctl restart dnsmasq
```

6. 安装并配置HAproxy

安装HAproxy并编写配置文件。HAproxy配置文件主要配置以下四个端口，如表3-3所示。

表3-3　HAproxy中开放的端口

端口	描述	HAproxy上对应后端主机
443	HTTPS Ingress流量	运行Router的主机
80	HTTP Ingress流量	运行Router的主机
6443	Kubernetes API	Bootstrap和Master主机
22623	Machine Config Server	Bootstrap和Master主机

配置步骤如下：

```
# yum install haproxy -y
# vim /etc/haproxy/haproxy.cfg
```

配置文件内容参见Repo中的haproxy.cfg。

启动并查看HAProxy的状态，确保正常运行。

```
# systemctl enable haproxy
# systemctl start haproxy
# systemctl status haproxy
```

7. 创建install-config.yaml文件

接下来，在管理机上安装openshift-install二进制文件和OC Client。

需要注意的是，这两个文件的版本一定要与安装的OpenShift镜像的版本一致，否则会安装失败。

首先解压缩文件。

```
# tar xvf openshift-client-linux-4.x.y.tar.gz
# tar xvf openshift-install-linux-4.x.y.tar.gz
```

拷贝到可执行目录下。

```
# cp oc /usr/local/bin/
# cp kubectl /usr/local/bin/
# cp openshift-install /usr
    /local/bin
```

在管理机上生成 SSH Key，以便安装过程中节点之间与管理机可以无密码 SSH 登录。

```
# ssh-keygen
# mkdir /var/www/html/materials
# cd /var/www/html/materials
```

利用如下命令生成 install-config.yaml。

```
cat << EOF > install-config.yaml
apiVersion: v1
baseDomain: example.com
compute:
- hyperthreading: Enabled
  name: worker
  replicas: 0
controlPlane:
  hyperthreading: Enabled
  name: master
  replicas: 3
metadata:
  name: ocp4
networking:
  clusterNetworks:
  - cidr: 10.254.0.0/16
    hostPrefix: 24
  networkType: OpenShiftSDN
  serviceNetwork:
  - 172.30.0.0/16
platform:
  none: {}
pullSecret: '$(awk -v RS= '{$1=$1}1' ~/registry_auth.json)'
sshKey: '$(cat /root/.ssh/id_rsa.pub)'
additionalTrustBundle: |
$(cat /opt/registry/certs/example.com.crt | sed 's/^/   /g' | sed 's/^/   /g')
imageContentSources:
- mirrors:
  - repo.ocp4.example.com:5000/ocp4/openshift4
  source: quay.io/openshift-release-dev/ocp-release
- mirrors:
  - repo.ocp4.example.com:5000/ocp4/openshift4
  source: quay.io/openshift-release-dev/ocp-v4.0-art-dev
EOF
```

8. 生成 ign 文件

创建存放安装文件的目录，注意此处的路径与 HTTP 服务器配置的路径匹配。

```
# mkdir /var/www/html/materials/pre-install
```

利用 openshift-installer 安装工具创建安装用的 ignition 文件。

```
# cd /var/www/html/materials
# cp install-config.yaml /var/www/html/materials/pre-install/
```

我们以 bare metal 方式安装 OpenShift，使用如下 RHCOS 的引导文件。

```
# cp /data/orig/rhcos-4.3.8-x86_64-metal.x86_64.raw.gz pre-install/1.raw.gz
# openshift-install create manifests --dir pre-install/
```

修改 manifest 目录中的 cluster-scheduler-02-config.yml 文件，并把这个文件中的 masterSchedulable = true 改成 false，这样可以让 Master 节点不参与业务 Pod 调度。

```
# vi pre-install/manifests/cluster-scheduler-02-config.yml
```

接下来，通过安装工具生成 ignition 文件。

```
# openshift-install create ignition-configs --dir=pre-install
```

命令执行成功后，pre-install 目录生成 OpenShift 安装所需的 ignition 文件，如图 3-18 所示。

```
[root@prepare pre-install]# ll
total 304
drwxr-x---. 2 root root     50 Mar  3 08:40 auth
-rw-r-----. 1 root root 295938 Mar  3 08:40 bootstrap.ign
-rw-r-----. 1 root root   1821 Mar  3 08:40 master.ign
-rw-r-----. 1 root root     96 Mar  3 08:40 metadata.json
-rw-r-----. 1 root root   1821 Mar  3 08:40 worker.ign
```

图 3-18　生成的 ignition 文件

修改 ign 文件的权限，否则安装过程会出现权限错误。

```
# chmod 755 pre-install/*
```

9. 启动 Bootstrap 节点

在 vSphere 上使用 RHCOS 的 ISO 引导虚拟机启动，进入维护模式，查看 RHCOS 的网卡和磁盘名，我们以查看的结果为 ens33 和 sda 为例。

重启系统引导虚拟机启动，按 tab 键可以输入启动参数，启动参数内容如下（内容不要换行）。

```
coreos.inst.install_dev=sda coreos.inst.image_url=http://28.4.184.100:8080/pre-
    install/1.raw.gz coreos.inst.ignition_url=http://28.4.184.100:8080/pre-
    install/bootstrap.ign ip=28.4.184.101::28.4.184.254:255.255.255.0:bootstrap.
    ocp4.example.com:ens33:off nameserver=28.4.184.100
```

等待片刻，Bootstrap 节点会启动。Bootstrap 在启动过程中会从 Mirror Registry 拉取 OpenShift 离线镜像、启动 etcd-singer 容器并且启动两个端口监听——6443（k8s-api-server 使用）和 22623（machine-config-server 使用），如图 3-19 所示。

```
[root@bootstrap ~]# netstat -ntplu |grep 6443
tcp6       0      0 :::6443                 :::*                    LISTEN      5525/kube-etcd-sign
[root@bootstrap ~]# netstat -ntplu |grep 22623
tcp6       0      0 :::22623                :::*                    LISTEN      5364/machine-config
[root@bootstrap ~]# podman ps
CONTAINER ID  IMAGE
 PORTS  NAMES
5b228833a830  quay.io/openshift-release-dev/ocp-v4.0-art-dev@sha256:c9b3ac29c18107c1452df779dd1459c25dd6
        etcd-signer
```

图 3-19　Bootstrap 主机上的容器

如果两个端口的监听和 etcd-singer 容器无法启动，就需要排查本地镜像仓库是否配置正确且可以被正常访问，并检查 HAproxy 配置是否正确。

etcd-singer 容器启动后，代表 Bootstrap 节点上的临时控制平面已经生成，接下来需要手工启动 Master 节点。

此时，我们可以在管理机上观察 OpenShift 的安装日志。

设置环境变量。

```
#export KUBECONFIG=/var/www/html/materials/pre-install/auth/kubeconfig
```

查看 Bootstrap 安装完毕前的日志。

```
#openshift-install --dir=/var/www/html/materials/pre-install wait-for bootstrap-
    complete --log-level=debug
```

查看整体安装日志。

```
#openshift-install --dir=/var/www/html/materials/pre-install wait-for install-complete
```

10. 启动 Master 节点

在 vSphere 上使用 RHCOS 的 ISO 引导三个 Master 虚拟机启动，系统引导后，按 tab 键可以输入启动参数，分别在三个虚拟机上输入以下内容。

```
# Master01
coreos.inst.install_dev=sda coreos.inst.image_url=http://28.4.184.100:8080/pre-
    install/1.raw.gz  coreos.inst.ignition_url=http://28.4.184.100:8080/pre-
    install/master.ign ip=28.4.184.102::28.4.184.254:255.255.255.0:master01.
    ocp4.example.com:ens33:off nameserver=28.4.184.100
# Master02
coreos.inst.install_dev=sda coreos.inst.image_url=http://28.4.184.100:8080/pre-
    install/1.raw.gz  coreos.inst.ignition_url=http://28.4.184.100:8080/pre-
    install/master.ign ip=28.4.184.103::28.4.184.254:255.255.255.0:master02.
    ocp4.example.com:ens33:off nameserver=28.4.184.100
# Master03
coreos.inst.install_dev=sda coreos.inst.image_url=http://28.4.184.100:8080/pre-
    install/1.raw.gz  coreos.inst.ignition_url=http://28.4.184.100:8080/pre-
    install/master.ign ip=28.4.184.104::28.4.184.254:255.255.255.0:master03.
```

```
    ocp4.example.com:ens33:off nameserver=28.4.184.100
```

等待 Master 节点启动后，会与 Bootstrap 节点通信，Bootstrap 上的 etcd-singer 容器会在三个 Master 节点上创建出三节点 etcd 集群，最终完成 Master 节点的安装。

当安装日志出现如下提示时，代表 Master 节点已经部署成功，Bootstrap 节点的使命已经完成，可以关闭或销毁。

```
# openshift-install --dir=/var/www/html/materials/pre-install wait-for bootstrap-
    complete --log-level=debug
"INFO It is now safe to remove the bootstrap resources"
```

11. 启动 Worker 节点

在 vSphere 上使用 RHCOS 的 ISO 引导三个 Worker 虚拟机启动，系统引导后，按 tab 键可以输入启动参数，分别在三个虚拟机上输入以下内容。

```
# Worker01
coreos.inst.install_dev=sda coreos.inst.image_url=http://28.4.184.100:8080/pre-
    install/1.raw.gz  coreos.inst.ignition_url=http://28.4.184.100:8080/pre-
    install/worker.ign ip=28.4.184.105::28.4.184.254:255.255.255.0:worker01.
    ocp4.example.com:ens33:off nameserver=28.4.184.100
# Worker02
coreos.inst.install_dev=sda coreos.inst.image_url=http://28.4.184.100:8080/pre-
    install/1.raw.gz  coreos.inst.ignition_url=http://28.4.184.100:8080/pre-
    install/worker.ign ip=28.4.184.106::28.4.184.254:255.255.255.0:worker02.
    ocp4.example.com:ens33:off nameserver=28.4.184.100
# Worker03
coreos.inst.install_dev=sda coreos.inst.image_url=http://28.4.184.100:8080/pre-
    install/1.raw.gz  coreos.inst.ignition_url=http://28.4.184.100:8080/pre-
    install/worker.ign ip=28.4.184.107::28.4.184.254:255.255.255.0:worker03.
    ocp4.example.com:ens33:off nameserver=28.4.184.100
```

OpenShift 的 Worker 节点是由 Master 节点完成部署的。在部署的过程中，我们可以看到 ClusterOperator 依次创建。

Worker 开始安装后，通过证书访问 oc 集群。

```
# export KUBECONFIG=/var/www/html/materials/pre-install/auth/kubeconfig
```

然后查看安装中是否有需要批准的 csr，如图 3-20 所示。

```
# oc get csr
```

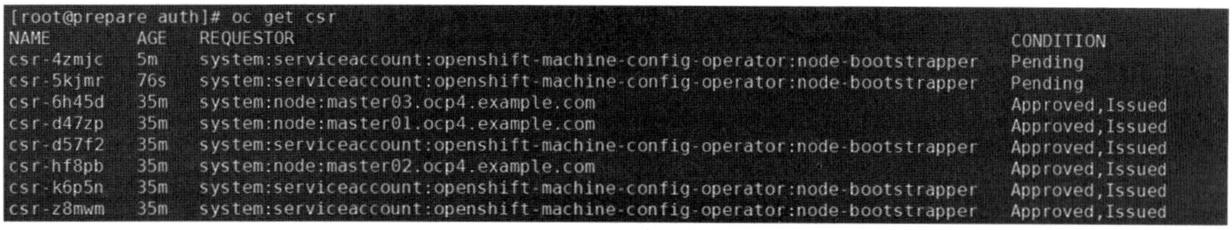

```
[root@prepare auth]# oc get csr
NAME        AGE   REQUESTOR                                                                   CONDITION
csr-4zmjc   5m    system:serviceaccount:openshift-machine-config-operator:node-bootstrapper   Pending
csr-5kjmr   76s   system:serviceaccount:openshift-machine-config-operator:node-bootstrapper   Pending
csr-6h45d   35m   system:node:master03.ocp4.example.com                                       Approved,Issued
csr-d47zp   35m   system:node:master01.ocp4.example.com                                       Approved,Issued
csr-d57f2   35m   system:serviceaccount:openshift-machine-config-operator:node-bootstrapper   Approved,Issued
csr-hf8pb   35m   system:node:master02.ocp4.example.com                                       Approved,Issued
csr-k6p5n   35m   system:serviceaccount:openshift-machine-config-operator:node-bootstrapper   Approved,Issued
csr-z8mwm   35m   system:serviceaccount:openshift-machine-config-operator:node-bootstrapper   Approved,Issued
```

图 3-20　待批准的节点

使用如下命令行，批准所有 Pending 状态的 csr。

```
# oc get csr -ojson | jq -r '.items[] | select(.status == {} ) | .metadata.name' |
    xargs oc adm certificate approve
```

反复执行批准证书命令，直到没有新的 Pending csr 出现。

通过下面的命令行查看 ClusterOperator 状态，确保 ClusterOperator 都安装成功，确保安装进度执行完毕。

```
#oc get co
# oc get clusterversion
```

当我们看到所有的 ClusterOperator 都已经正确安装，也就表示 OpenShift 集群离线部署大功告成！

查看整体安装日志，会列出 OpenShift 集群 console 的地址，以及 kubeadmin 用户的密码。

```
#openshift-install --dir=/var/www/html/materials/pre-install wait-for install-complete
INFO Install complete!
INFO Access the OpenShift web-console here: https://console-openshift-console.
    apps.ocp4.example.com
INFO Login to the console with user: kubeadmin, password: BmLFD-U4Qph-jTMXF-jtqbw
```

在集群部署完成后，通常并不能直接使用，还需要经过一系列的部署后配置，我们将在 3.2.4 节中进行介绍。

12. OpenShift 4.6 安装方式的微调

在 OpenShift 4.5 中我们会使用 rhcos-installer.x86_64.iso 镜像引导主机启动，这个镜像的大小是 89M，启动后再通过 http server 下载 rhcos-metal.x86_64.raw.gz 安装 RHCOS，如图 3-21 所示。

rhcos-installer.x86_64.iso 18-Aug-2020 01:50 89M
rhcos-metal.x86_64.raw.gz 18-Aug-2020 01:51 857M

图 3-21 OpenShift 4.5 中的 RHCOS 安装镜像

OpenShift 从 4.6 版本开始，提供了一个新的 RHCOS iso：rhcos-live.x86_64.iso。链接如下所示，镜像如图 3-22 所示，rhcos-live.x86_64.iso 镜像大小为 876M。

```
https://mirror.openshift.com/pub/openshift-v4/x86_64/dependencies/rhcos/latest/latest/
```

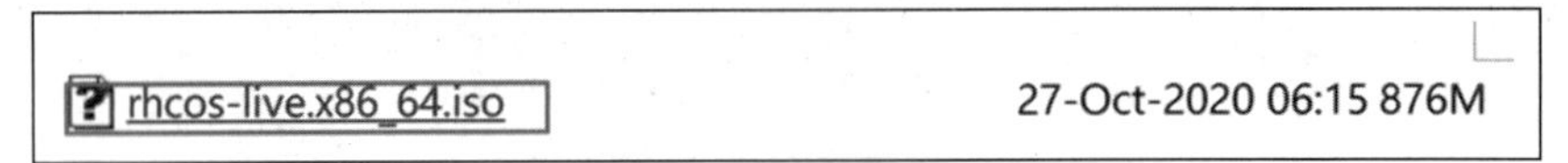

图 3-22 rhcos-live.x86_64.iso 镜像

在 OpenShift 4.6 的安装中，我们使用 rhcos-live.x86_64.iso 镜像引导主机启动后，启动参数就不必再指定下载 rhcos-metal.x86_64.raw.gz 的参数，其他内容不变，如图 3-23 所示。

```
coreos.inst.install_dev=sda  coreos.inst.ignition_url=http://192.168.146.129:8080/repos/bootstrap.ign
ip=192.168.146.130::192.168.146.2:255.255.255.0:bootstrap.cctv.test:ens33:none nameserver=192.168.146.129
```

图 3-23　OpenShift 4.6 离线安装启动参数

和 OpenShift 4.5 相比，OpenShift 4.6 离线 +bare metal 安装除了本小节提到的参数设置变化外，其他步骤完全相同。

3.2.4　OpenShift 部署后的配置

本小节将介绍 OCP4 安装后的配置步骤。需要注意几点：

1. OCP4 的监控组件是自动安装的，但需要为 ES 配置一个 PV（PVC 自动创建、手工创建对应的 PV 后，PVC 和 PV 会自动绑定），以便时间监控数据的持久化。

2.OCP4.6 开始支持 AlertManager 规则的自定义和告警日志的邮件转发。这部分内容请参考 Repo 中的“自定义 Prometheus 规则并触发邮件告警”。

3. 为了实现 S2I 构建镜像的持久化，需要为 Image Registry 增加持久化存储，这部分内容请参考 Repo 中的“Image Registry 增加持久化存储”。

1. OpenShift 配置登录认证

在 OpenShift 集群部署完毕后，默认提供两种集群管理员权限身份验证的方法：

- 使用 kubeconfig 文件登录，这个文件中包含一个永不过期的 X.509 client certificate。
- 使用被赋予了 OAuth access token 的 kubeadmin 虚拟用户和密码登录。

kubeconfig 文件是在安装过程中创建的，它存储在 OpenShift 安装程序在安装过程中创建的 auth 目录中。该文件包含 X.509 证书。

我们需要设定 kubeconfig 文件的环境变量，然后就可以访问集群，如图 3-24 所示。

如果其他终端要通过 kubeconfig 文件访问 OpenShift 集群，必须将 kubeconfig 文件复制到这个终端，并且这个终端需要有 OC 客户端。通过 kubeconfig 文件只能执行命令行终端，无法登录 WebConsole 界面。

```
[root@lb.weixinyucluster ~]# export KUBECONFIG=/opt/weixinyucluster/auth/kubeconfig
[root@lb.weixinyucluster ~]# oc get nodes
NAME       STATUS   ROLES    AGE    VERSION
master-0   Ready    master   3d1h   v1.17.1+3f6f40d
master-1   Ready    master   3d1h   v1.17.1+3f6f40d
master-2   Ready    master   3d1h   v1.17.1+3f6f40d
worker-0   Ready    worker   3d1h   v1.17.1+3f6f40d
worker-1   Ready    worker   3d1h   v1.17.1+3f6f40d
worker-2   Ready    worker   3d1h   v1.17.1+3f6f40d
```

图 3-24　设定 kubeconfig 文件的环境变量

OpenShift 安装完成后会自动创建 kubeadmin 用户。kubeadmin 被硬编码为集群管理员

（权限不能被修改）。kubeadmin password 是由安装程序动态生成的唯一的密码，这个密码会显示在安装日志中，通过这个用户名和密码可以登录命令行终端（oc login）和 OpenShift WebConsole 界面，如图 3-25 所示。

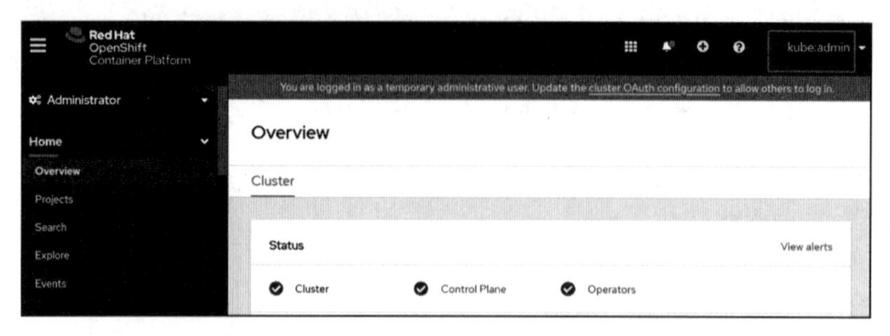

图 3-25　使用 kubeadmin 登录 OpenShift WebConsole 界面

接下来，我们介绍如何配置 Identity Provider。

（1）配置 HTPasswd 认证方式

在开发测试环境，我们可以配置 HTPasswd 认证方式。

创建一个 admin 用户，密码也指定为 admin。

```
# htpasswd -cBb /root/users.htpasswd admin admin
Adding password for user admin
```

接下来创建 OpenShift 的 secret，htpasswd_provider。

```
# oc create secret generic htpass-secret --from-file=htpasswd=/root/users.
    htpasswd -n openshift-config
secret/htpass-secret created
```

创建 OAuth 资源对象文件。

```
# cat << EOF > htpass.yaml
apiVersion: config.openshift.io/v1
kind: OAuth
metadata:
  name: cluster
spec:
  identityProviders:
  - name: my_htpasswd_provider
    mappingMethod: claim
    type: HTPasswd
    htpasswd:
      fileData:
        name: htpass-secret
EOF
```

应用到集群中。

```
# oc apply -f htpass.yaml
oauth.config.openshift.io/cluster configured
```

接下来，为 admin 用户授权，例如赋予 cluster-admin role。

```
# oc adm policy add-cluster-role-to-user cluster-admin admin
clusterrole.rbac.authorization.k8s.io/cluster-admin added: "admin"
```

然后，再度访问 OpenShift WebConsole，现在就可以选择 htpasswd provider 的认证方式登录了，如图 3-26 所示。

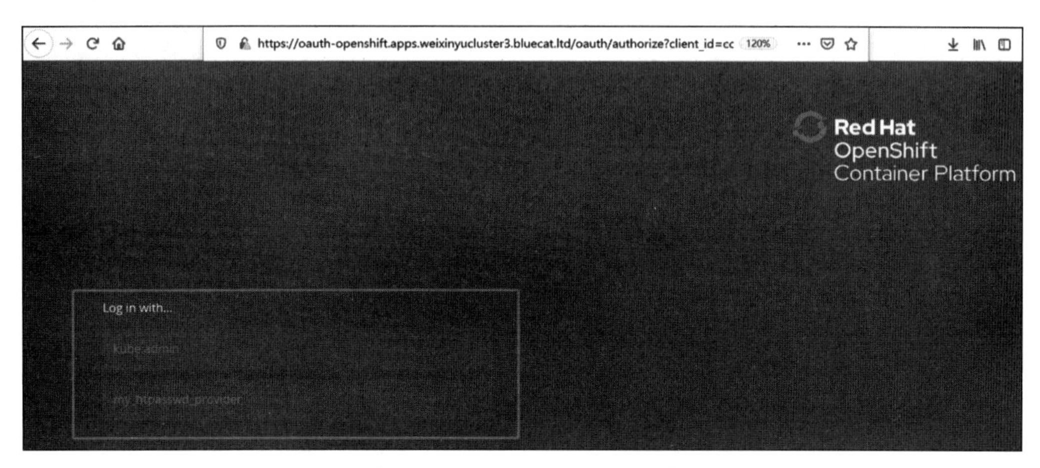

图 3-26 查看 OpenShift WebConsole 增加的认证方式

OpenShift 安装后默认的 kubeadmin 用户，生产环境建议将其删除，但一定要在创建了有 cluster-admin 角色的用户以后再删除。

```
# oc delete secret kubeadmin -n kube-system
```

如果在使用集群管理员特权配置另一个用户（如 admin 用户）之前删除 kubeadmin，则管理集群的唯一方法是使用 kubeconfig 文件。如果没有安装过程生成的 kubeconfig 文件的副本，则无法恢复对集群的管理访问，唯一的选择是销毁并重新安装集群。

（2）增加和删除 HTPasswd 认证用户

如果我们想添加一个 user1 用户，该怎么操作?

首先在 HTPasswd 用户名密码文件中增加新条目。

```
# htpasswd -b /root/users.htpasswd user1 passwd
Adding password for user user1
```

然后更新 OpenShift 中的 secret。

```
# oc set data secret/htpass-secret --from-file htpasswd=/root/users.htpasswd -n
    openshift-config
secret/htpass-secret data updated
```

观察 authentication Pod，会自动重新部署，如图 3-27 所示。

```
# watch oc get pods -n openshift-authentication
```

```
Every 2.0s: oc get pods -n openshift-authentication

NAME                                 READY   STATUS              RESTARTS   AGE
oauth-openshift-57b884c6bf-6mbkj     1/1     Running             0          8d
oauth-openshift-57b884c6bf-mwx4l     1/1     Terminating         0          3d9h
oauth-openshift-57b884c6bf-tbr22     1/1     Terminating         0          8d
oauth-openshift-5b5ff675d4-2grbn     0/1     ContainerCreating   0          1s
oauth-openshift-5b5ff675d4-t6z4g     1/1     Running             0          14s
```

图 3-27 authentication Pod 重新部署

authentication Pod 重新部署成功后，使用如下命令确认 user1 用户可以成功登录 OpenShift 集群。

```
# oc login https://api.weixinyucluster.bluecat.ltd:6443 -u user1 -p passwd
```

接下来，我们展示如何删除 HTPasswd 认证的用户，以 user1 为例。

首先将 user1 从认证文件中删除。

```
# htpasswd -D /root/users.htpasswd user1
Deleting password for user user1
```

更新 OpenShift 中的 secret。

```
# oc set data secret/htpass-secret --from-file htpasswd=/root/users.htpasswd -n
    openshift-config
secret/htpass-secret data updated
```

使用以下命令删除用户相关资源。

```
# oc delete user user1
user.user.openshift.io "user1" deleted
# oc delete identity my_htpasswd_provider:user1
identity.user.openshift.io "my_htpasswd_provider:user1" deleted
```

（3）获取当前集群中的 HTPasswd 文件

如果我们原始创建的 HTpasswd 认证文件丢失了，该怎么处理呢？

我们可以通过 OpenShift 中的 secret 获取该文件。首先确认 secret 的名称，如图 3-28 所示。

```
# oc get secret -n openshift-config
```

然后将 secret 的内容提取到本地文件。

```
# oc extract secret/htpass-secret -n openshift-config --to /root/users.htpasswd
    -confirm
```

至此，我们获取到了 HTpasswd 的密钥文件。

2. 配置持久化存储 StorageClass

OpenShift 中有很多组件需要使用持久化存储，这里我们使用 NFS 后端存储。NFS Server 的配置不再赘述。

```
[root@lb.weixinyucluster ~]# oc get secret -n openshift-config
NAME                                  TYPE                                  DATA   AGE
builder-dockercfg-w2r6m               kubernetes.io/dockercfg               1      21d
builder-token-5s2p5                   kubernetes.io/service-account-token   4      21d
builder-token-q9cx7                   kubernetes.io/service-account-token   4      21d
default-dockercfg-pzm9k               kubernetes.io/dockercfg               1      21d
default-token-bkl5s                   kubernetes.io/service-account-token   4      21d
default-token-z9dhb                   kubernetes.io/service-account-token   4      21d
deployer-dockercfg-4t7rz              kubernetes.io/dockercfg               1      21d
deployer-token-lg9cj                  kubernetes.io/service-account-token   4      21d
deployer-token-w5nwt                  kubernetes.io/service-account-token   4      21d
etcd-client                           SecretTypeTLS                         2      21d
etcd-metric-client                    SecretTypeTLS                         2      21d
etcd-metric-signer                    SecretTypeTLS                         2      21d
etcd-signer                           SecretTypeTLS                         2      21d
htpass-secret                         Opaque                                1      21d
initial-service-account-private-key   Opaque                                1      21d
pull-secret                           kubernetes.io/dockerconfigjson        1      21d
```

图 3-28 获取 secret 名称

为了兼容集群中的其他 StorageClass，尤其是集群中设置了默认的 StorageClass，我们选择配置静态 StorageClass 来消费 NFS 类型的 PV。如果集群中没有设置默认 StorageClass，也可以直接使用静态 PV。

通过下面的文件创建一个静态的 StorageClass。

```
# cat sc.yaml
apiVersion: storage.k8s.io/v1
kind: StorageClass
metadata:
   name: standard
provisioner: kubernetes.io/no-provisioner
volumeBindingMode: WaitForFirstConsumer
```

应用上述配置。

```
# oc apply -f sc.yaml
```

确认 StorageClass 创建成功，如图 3-29 所示。

```
[root@lb.weixinyucluster2 ~]# oc get sc
NAME       PROVISIONER                    AGE
standard   kubernetes.io/no-provisioner   39h
[root@lb.weixinyucluster2 ~]#
```

图 3-29 创建的静态 StorageClass

接下来，我们为静态 StorageClass 创建 PV，文件内容如下。

```
# cat static-storageclass-pv00001.yaml
apiVersion: v1
kind: PersistentVolume
metadata:
  name: pv00001
spec:
  storageClassName: standard
```

```
  capacity:
    storage: 5Gi
  accessModes:
    - ReadWriteOnce
  persistentVolumeReclaimPolicy: Recycle
  nfs:
    server: <nfs_server>
    path: /exports/pv00001
```

我们可以通过脚本批量创建 PV，示例脚本请参考 Repo 中“create_pv.sh”。

创建指定了 storageClassName 的 PVC，文件内容如下。

```
# cat static-storageclass-pvc00001.yaml
kind: PersistentVolumeClaim
apiVersion: v1
metadata:
  name: task-pv-claim
spec:
  storageClassName: standard
  accessModes:
    - ReadWriteOnce
  resources:
    requests:
      storage: 3Gi
```

应用上述 PV 和 PVC 文件，等待绑定后，Pod 就可以消费了。请读者根据上述示例创建集群中需要的 PV 和 PVC，在此我们不再一一列出。

3. 关闭 CoreOS 配置更新后自动重启

OpenShift 对 CoreOS 操作系统节点的配置是通过 Machine Config Operator（简称 MCO）实现的。很多通过 MCO 对 CoreOS 操作系统进行修改的配置都需要 CoreOS 操作系统重启后生效。OpenShift 安装完毕后，CoreOS 配置变更后自动重启功能默认是开启的。

使用以下命令查看 Master 和 Worker 类型节点的自动重启功能设置。

```
# oc get mcp master -o yaml |grep -i pause
  paused: false
# oc get mcp worker -o yaml |grep -i pause
  paused: false
```

可以通过以下命令，根据节点类型（master、worker 或 infra）将自动重启功能关闭。

```
# oc patch --type=merge --patch='{"spec":{"paused":true}}' machineconfigpool/master
# oc patch --type=merge --patch='{"spec":{"paused":true}}' machineconfigpool/worker
# oc patch --type=merge --patch='{"spec":{"paused":true}}' machineconfigpool/infra
```

在关闭 CoreOS 配置更新后自动重启后，需要关注 OCP 证书的轮换问题，详见 5.5 节的内容。

4. 在 OpenShift 中启动 Image Registry

OpenShift 安装时的平台如果不提供共享的对象存储，OpenShift Image Registry Operator

将会被标识成Removed状态。也就是说，默认安装完OpenShift后，Image Registry容器没有启动。

安装后，我们需要修改Image Registry Operator的配置，将ManagementState从Removed修改为Managed。

```
# oc edit configs.imageregistry.operator.openshift.io cluster
```

将managementState: Removed修改为managementState: Managed，然后保存退出。

如果此时在OpenShift中有可用的PV，Registry Pod将被自动创建。

等Pod正常运行后，我们为Registry创建路由，以便外部可以访问。

```
# oc patch configs.imageregistry.operator.openshift.io/cluster --type merge -p
    '{"spec":{"defaultRoute":true}}'
config.imageregistry.operator.openshift.io/cluster patched
```

获取Registry访问地址。

```
# oc get route
NAME          HOST/PORT          PATH   SERVICES       PORT    TERMINATION   WILDCARD
default-route   default-route-openshift-image-registry.apps.weixinyucluster.
bluecat.ltd          image-registry   <all>    reencrypt      None
```

验证仓库登录。

```
# podman login -u admin -p $(oc whoami -t) --tls-verify=false default-route-
    openshift-image-registry.apps.weixinyucluster.bluecat.ltd
Login Succeeded!
```

接下来我们将一个本地的镜像推入内部Registry中。

```
# podman images | grep -i tomcat
docker.io/library/tomcat
# oc new-project image-push
# podman tag docker.io/library/tomcat:latest default-route-openshift-image-
    registry.apps.weixinyucluster.bluecat.ltd/image-push/tomcat:latest
# podman push default-route-openshift-image-registry.apps.weixinyucluster.
    bluecat.ltd/image-push/tomcat --tls-verify=false
```

5. 离线环境修复openshift-samples Operator

在前文我们提到，openshift-samples Operator的主要作用是提供安装和更新Image Streams与Template功能。虽然在OpenShift中我们可以通过OperatorHub对大量的有状态应用进行全生命周期管理，但Image Streams和Template依然会被大量使用。在本小节中，我们介绍离线安装OpenShift后修复openshift-samples Operator的方法。

使用离线方式安装OpenShift后，如果Image Streams没有正确导入，openshift-samples Operator会处于Degraded状态。

首先查看离线安装OpenShift后openshift-samples Operator的状态，发现显示为Degraded，Image Streams未成功导入（FailedImageImports）。

```
# oc get co openshift-samples -o yaml
apiVersion: config.openshift.io/v1
kind: ClusterOperator
[...]
  - lastTransitionTime: "2020-04-27T13:05:07Z"
    message: 'Samples installation in error at 4.3.0: FailedImageImports'
    status: "True"
    type: Progressing
  - lastTransitionTime: "2020-04-30T08:29:34Z"
    message: 'Samples installed at 4.3.0, with image import failures for these
        imagestreams:
    postgresql mysql rhdm74-decisioncentral-openshift jboss-processserver64-
        openshift
    jboss-webserver30-tomcat7-openshift dotnet-runtime java jboss-eap64-openshift
[...]
    reason: FailedImageImports
    status: "True"
    type: Degraded
```

使用如下命令获取需要手动处理的整个 Image Streams 列表，如图 3-30 所示（只列出部分内容）。

```
# for i in `oc get is -n openshift --no-headers | awk '{print $1}'`; do oc get
    is $i -n openshift -o json | jq .spec.tags[].from.name | grep registry.
    redhat.io | sed -e 's/"//g' | cut -d"/" -f2-; done | tee imagelist.txt
```

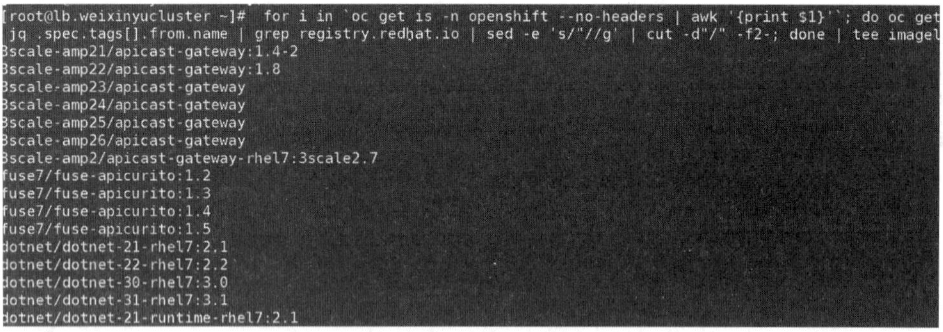

```
[root@lb.weixinyucluster ~]#  for i in `oc get is -n openshift --no-headers | awk '{print $1}'`; do oc get
 jq .spec.tags[].from.name | grep registry.redhat.io | sed -e 's/"//g' | cut -d"/" -f2-; done | tee imagel
3scale-amp21/apicast-gateway:1.4-2
3scale-amp22/apicast-gateway:1.8
3scale-amp23/apicast-gateway
3scale-amp24/apicast-gateway
3scale-amp25/apicast-gateway
3scale-amp26/apicast-gateway
3scale-amp2/apicast-gateway-rhel7:3scale2.7
fuse7/fuse-apicurito:1.2
fuse7/fuse-apicurito:1.3
fuse7/fuse-apicurito:1.4
fuse7/fuse-apicurito:1.5
dotnet/dotnet-21-rhel7:2.1
dotnet/dotnet-22-rhel7:2.2
dotnet/dotnet-30-rhel7:3.0
dotnet/dotnet-31-rhel7:3.1
dotnet/dotnet-21-runtime-rhel7:2.1
```

图 3-30　获取的 Image Streams 列表

我们可以对上面生成的 imagelist.txt 文件进行裁剪，删除我们用不到的 Image Stream。如果无特殊情况，不建议删减。接下来，将 imagelist.txt 文件中列出的镜像缓存到 Mirror Registry（离线安装 OpenShift 使用的 Mirror Registry）中。执行命令时必须要指定 pull secret（含有登录 Mirror Registry 和 registry.redhat.io 的 Secret）。

```
# for i in `cat imagelist.txt`; do oc image mirror -a ~/pullsecret_config.json
    registry.redhat.io/$i repo.apps.weixinyucluster.bluecat.ltd:5000/$i; done
```

命令执行过程如图 3-31 所示（部分内容）。

图 3-31 查看命令执行过程

导入成功后，在 Operator 中修改 samplesRegistry 的 spec，以指向 Mirror Registry 并触发镜像重新导入过程。

```
# oc patch configs.samples.operator.openshift.io/cluster --patch '{"spec":
    {"samplesRegistry": "repo.apps.weixinyucluster.bluecat.ltd:5000" }}' --type=merge
```

执行上面的命令后，正常会触发 imagestream 的重新导入，如果没有触发，使用如下命令手动触发。

```
# oc patch configs.samples.operator.openshift.io/cluster --patch '{"spec":
    {"managementState": "Removed" }}' --type merge
```

等待 10 秒后（让状态变化被 OpenShift 集群探测到）。

```
# oc patch configs.samples.operator.openshift.io/cluster --patch '{"spec":
    {"managementState": "Managed" }}' --type merge
```

再用命令行查看，samples operator 的状态已经正常。

```
# oc describe co openshift-samples
```

实际上，上述操作不仅导入了 Images Streams，也将 Images Stream 对应的镜像同步到了离线镜像仓库中。通过命令行查看 Mirror Registry 中包含的应用基础镜像（部分内容），执行结果如图 3-32 所示。

```
# curl -u davidwei:davidwei -k https://repo.apps.weixinyucluster.bluecat.ltd:
    5000/v2/_catalog
```

图 3-32 查看 Mirror Registry 中包含的应用基础镜像

然后查看导入成功的 Image Stream，镜像指向到 Mirror Registry 的地址，如图 3-33 所示。

图 3-33 查看导入成功的 Image Stream

6. 日志系统的介绍与安装

OpenShift 日志系统由以下五个组件组成，其完整的组件如图 3-34 所示。

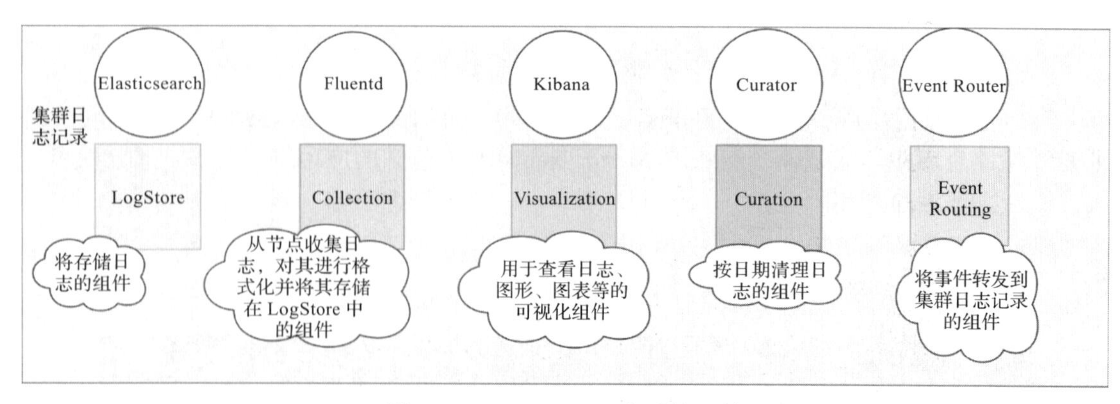

图 3-34 OpenShift 日志系统组件

- LogStore：这是将存储日志的组件。当前的实现是 Elasticsearch。
- Collection：这是从节点收集日志，对其进行格式化并将其存储在 LogStore 中的组件。当前的实现是 Fluentd。

- Visualization：这是用于查看日志、图形、图表等的可视化组件。当前的实现是 Kibana。
- Curation：这是按日期清理日志的组件。当前的实现是 Curator。
- Event Routing：这是将事件转发到集群日志记录的组件。当前的实现是 Event Router。

OpenShift 使用 Fluentd 收集有关集群的数据。日志收集器在 OpenShift 容器平台中作为 DaemonSet 部署。日志记录是系统日志源，提供来自操作系统 / 容器运行时和 OpenShift 容器平台的日志消息。OpenShift 使用 Elasticsearch（ES）将 Fluentd 的日志数据组织到数据存储或索引中。Elasticsearch 将每个索引细分为多个碎片，并将它们分散在 Elasticsearch 集群中的一组节点上。高度可用的 Elasticsearch 环境需要至少三个 Elasticsearch 节点，每个节点都在不同的主机上，如图 3-35 所示。

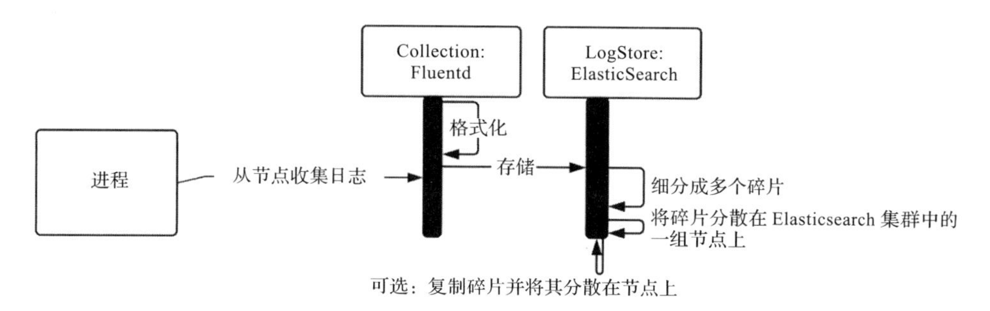

图 3-35　OpenShift 日志系统工作模式

OpenShift 容器平台使用 Kibana 显示由 Fluentd 收集并由 Elasticsearch 索引的日志数据。Kibana 是基于浏览器的控制台界面，可通过直方图、折线图、饼图、热图、内置地理空间支持和其他可视化查询，发现和可视化 Elasticsearch 数据。

为了防止日志大量增长把磁盘撑满，每个 Elasticsearch 集群部署一个 Curator Pod 即可，如图 3-36 所示。

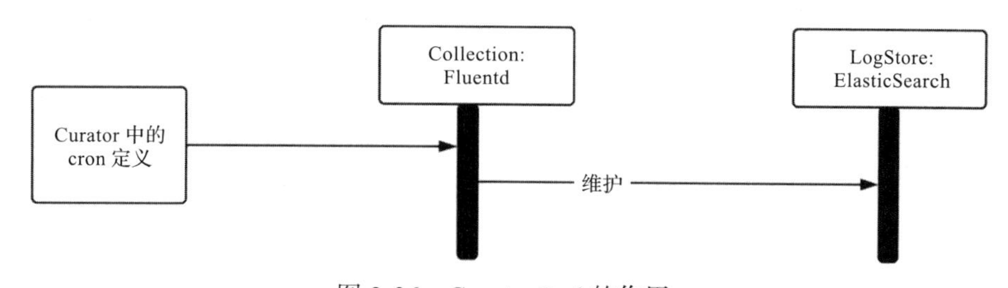

图 3-36　Curator Pod 的作用

Curator 基于配置，每天对日志系统进行检查。我们可以通过编辑 openshift-logging 项目中的 Curator Configmap 对其进行配置更改。在 Configmap 中编辑文件 config.yaml，然后为 Curator 创建 cronjob 作业以强制清理。

在介绍了 OpenShift 日志系统的架构后，接下来介绍安装日志系统的步骤，需要指出的是，不同版本的日志系统的安装步骤可能略有差别，本步骤以 OpenShift 4.4 为例说明。其他版本可以参考红帽官网 https://access.redhat.com/products/red-hat-openshift-container-platform。

OpenShift 的日志系统安装可以采用半图形化和纯命令行两种安装方式，为了方便读者深入理解步骤和书写部署日志系统的脚本，我们介绍纯命令行的安装方式。

需要安装 Elasticsearch Operator 和 Cluster Logging 两个 Operator。我们首先创建安装 Operator 的两个 Namespace。编写创建 openshift-operators-redhat namespace 的 yaml 文件（启用 cluster-monitoring），并应用配置。

```
# cat eo-namespace.yaml
apiVersion: v1
kind: Namespace
metadata:
  name: openshift-operators-redhat
  annotations:
    openshift.io/node-selector: ""
  labels:
    openshift.io/cluster-monitoring: "true"
# oc apply -f eo-namespace.yaml
```

编写创建 openshift-logging namespace 的 yaml 文件（启用 cluster-monitoring），并应用配置。

```
# cat clo-namespace.yaml
apiVersion: v1
kind: Namespace
metadata:
  name: openshift-logging
  annotations:
    openshift.io/node-selector: ""
  labels:
    openshift.io/cluster-monitoring: "true"
# oc apply -f clo-namespace.yaml
```

安装 Elasticsearch Operator。

```
# cat operator_group.yaml
apiVersion: operators.coreos.com/v1
kind: OperatorGroup
metadata:
  name: openshift-operators-redhat
  namespace: openshift-operators-redhat
spec: {}
# oc apply -f operator_group.yaml
```

创建 Elasticsearch Operator 订阅文件。

```
# cat eo-sub.yaml
apiVersion: operators.coreos.com/v1alpha1
```

```
kind: Subscription
metadata:
  name: "elasticsearch-operator"
  namespace: "openshift-operators-redhat"
spec:
  channel: "4.4"
  installPlanApproval: "Automatic"
  source: "redhat-operators"
  sourceNamespace: "openshift-marketplace"
  name: "elasticsearch-operator"
# oc apply -f eo-sub.yaml
```

安装 Cluster Logging Operator。

```
# cat clo-og.yaml
apiVersion: operators.coreos.com/v1
kind: OperatorGroup
metadata:
  name: cluster-logging
  namespace: openshift-logging
spec:
  targetNamespaces:
  - openshift-logging
# oc create -f clo-og.yaml
```

创建 Cluster Logging Operator 订阅文件。

```
# cat clo-sub.yaml
apiVersion: operators.coreos.com/v1alpha1
kind: Subscription
metadata:
  name: cluster-logging
  namespace: openshift-logging
spec:
  channel: "4.4"
  name: cluster-logging
  source: redhat-operators
  sourceNamespace: openshift-marketplace
# oc create -f clo-sub.yaml
```

创建基于角色的访问控制（RBAC）对象文件（例如 eo-rbac.yaml），以授予 Prometheus 访问 openshift-operators-redhat 命名空间的权限。

```
# cat rbac.yaml
apiVersion: rbac.authorization.k8s.io/v1
kind: Role
metadata:
  name: prometheus-k8s
  namespace: openshift-operators-redhat
rules:
- apiGroups:
  - ""
  resources:
  - services
  - endpoints
```

```
  - pods
  verbs:
  - get
  - list
  - watch
---
apiVersion: rbac.authorization.k8s.io/v1
kind: RoleBinding
metadata:
  name: prometheus-k8s
  namespace: openshift-operators-redhat
roleRef:
  apiGroup: rbac.authorization.k8s.io
  kind: Role
  name: prometheus-k8s
subjects:
- kind: ServiceAccount
  name: prometheus-k8s
  namespace: openshift-operators-redhat
# oc create -f rbac.yaml
```

创建 Cluster Logging 的 CRD 文件。创建 CRD 时需要指定 StorageClass，然后点击 Create，如下所示。我们需要关注 CRD 的下面几个配置：

- resources 的 limits 和 requests：需要让设置的数值匹配到 OpenShift 集群的节点（如果太大，可能选择不到节点；太小，则会影响运行性能）。
- nodeSelector：将 EFK 安装到哪个角色的节点，在下面的配置中，我们将其部署到 worker 节点。这个设置要与 OpenShift 的实际环境匹配，否则选择不上节点。
- storageClassName：OpenShift 使用的持久化存储。如果没有设置默认的 StorageClass，此处为空即可。但创建的 PV 需要一直匹配，也不指定 StorageClass，否则 PV 和 PVC 会绑定不成功。

```
# cat clo-instance.yaml
apiVersion: logging.openshift.io/v1
kind: ClusterLogging
metadata:
  name: instance
  namespace: openshift-logging
spec:
  managementState: Managed
  logStore:
    type: elasticsearch
    elasticsearch:
      resources:
        limits:
          memory: 2Gi
        requests:
          memory: 2Gi
      nodeCount: 1
      nodeSelector:
        node-role.kubernetes.io/worker: ""
      redundancyPolicy: ZeroRedundancy
```

```
      storage:
        storageClassName: ""
        size: 50Gi
  visualization:
    type: kibana
    kibana:
      replicas: 1
      nodeSelector:
        node-role.kubernetes.io/worker: ""
  curation:
    type: curator
    curator:
      schedule: 30 3 * * *
      nodeSelector:
        node-role.kubernetes.io/worker: ""
  collection:
    logs:
      type: fluentd
      fluentd: {}
# oc create -f clo-instance.yaml
```

EFK 的 Pod 开始创建，如图 3-37 所示。

```
# oc get pods -n openshift-logging
```

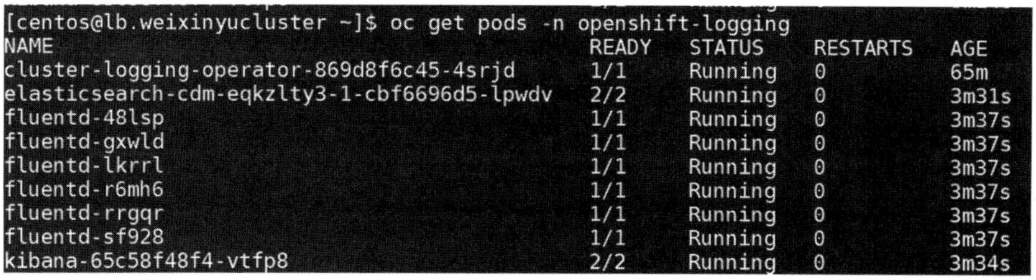

```
[centos@lb.weixinyucluster ~]$ oc get pods -n openshift-logging
NAME                                            READY   STATUS    RESTARTS   AGE
cluster-logging-operator-869d8f6c45-4srjd       1/1     Running   0          65m
elasticsearch-cdm-eqkzlty3-1-cbf6696d5-lpwdv    2/2     Running   0          3m31s
fluentd-48lsp                                   1/1     Running   0          3m37s
fluentd-gxwld                                   1/1     Running   0          3m37s
fluentd-lkrrl                                   1/1     Running   0          3m37s
fluentd-r6mh6                                   1/1     Running   0          3m37s
fluentd-rrgqr                                   1/1     Running   0          3m37s
fluentd-sf928                                   1/1     Running   0          3m37s
kibana-65c58f48f4-vtfp8                         2/2     Running   0          3m34s
```

图 3-37　查看 Logging 的 pod

创建成功后，查看 Kibana 路由，通过浏览器可以登录访问，如图 3-38 所示。

```
# oc get route
NAME     HOST/PORT        PATH   SERVICES   PORT    TERMINATION           WILDCARD
kibana   kibana-openshift-logging.apps.weixinyucluster.bluecat.ltd
   kibana      <all>    reencrypt/Redirect   None
```

最后，我们配置 Curator 的 Configmap 实现如下需求：

- 1 周后清理所有项目日志。
- 2 周后清理所有以 openshift 开始的项目的日志。
- 4 周后清理所有操作日志。

```
# oc edit cm curator -n openshift-logging
.defaults:
   delete:
    days: 7
```

```
# Keep OpenShift logs for 2 weeks
.regex:
- pattern: 'openshift-$'
  delete:
    weeks: 2
# to keep ops logs for a different duration:
.operations:
    delete:
weeks: 4
```

然后创建计划任务。

```
# oc create job --from=cronjob/curator cleanup -n openshift-logging
```

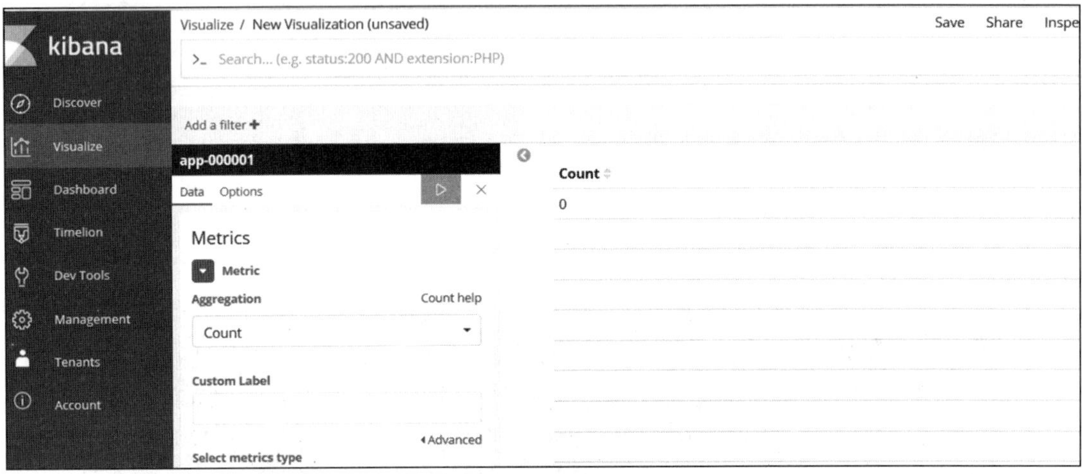
kibana
Visualize / New Visualization (unsaved)
Save
Share
Inspe
Search... (e.g. status:200 AND extension:PHP)
Discover
Visualize
Dashboard
Timelion
Dev Tools
Management
Tenants
Account
Add a filter
app-000001
Data
Options
Metrics
Metric
Aggregation
Count help
Count
Custom Label
Advanced
Select metrics type
Count
0

图 3-38 Kibana 界面显示

查看计划任务，创建成功，如图 3-39 所示。

关于 Kibana 索引的查看、创建等操作，请查看 Repo 中“Kibana 安装后的配置”。

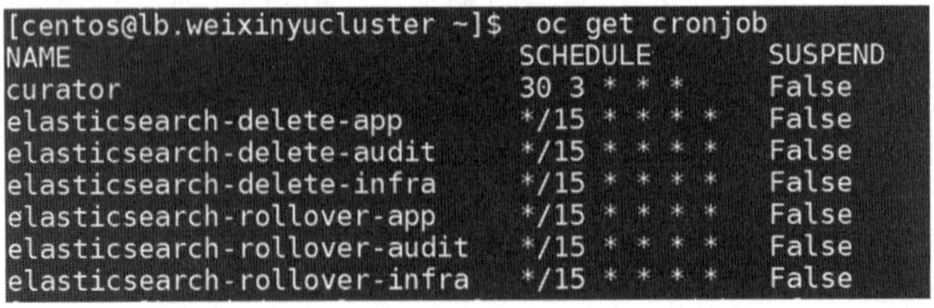
[centos@lb.weixinyucluster ~]$ oc get cronjob
NAME SCHEDULE SUSPEND
curator 30 3 * * * False
elasticsearch-delete-app */15 * * * * False
elasticsearch-delete-audit */15 * * * * False
elasticsearch-delete-infra */15 * * * * False
elasticsearch-rollover-app */15 * * * * False
elasticsearch-rollover-audit */15 * * * * False
elasticsearch-rollover-infra */15 * * * * False

图 3-39 查看计划任务

7. Infra 节点的配置

OpenShift 3 的安装是通过 Ansible 完成的，在 Playbook 的变量中可以指定某两三个节点是 Infra 角色，同时在 Playbook 中设置 Router、EFK、监控相应的资源部署到 Infra 节点上。这样OpenShift部署完毕后Infra节点就自动配置好了。

而在OpenShift 4中无法在安装时指定Infra角色（只有Master和Woker两种节点角色）。那么在OpenShift 4中是否有必要配置Infra节点？

答案是肯定的。在开发测试环境，我们遇到过很多次由于没有配置Infra节点，当OpenShift升级后Router Pod很可能会漂移到其他节点上，造成解析报错，需要修改LB或HAproxy上的配置的情况。这种情况在开发测试或者POC环境中不会造成很大影响，但如果在生产环境，出现这种问题显然是不应该的。

另外，集群的基础组件最好与业务应用容器隔离，避免抢占资源导致基础组件不稳定或性能下降。因此在OpenShift 4中也需要配置Infra节点。下面我们就介绍具体的操作步骤。

（1）配置Node Label

以我们的环境为例，OpenShift集群包含3个Master、4个Worker节点。

```
# oc get nodes
NAME       STATUS   ROLES    AGE   VERSION
master-0   Ready    master   26d   v1.17.1
master-1   Ready    master   26d   v1.17.1
master-2   Ready    master   26d   v1.17.1
worker-0   Ready    worker   26d   v1.17.1
worker-1   Ready    worker   26d   v1.17.1
worker-2   Ready    worker   26d   v1.17.1
worker-3   Ready    worker   26d   v1.17.1
```

默认情况下，4个Worker的角色是一样的。为了说明过程，我们只将worker-3配置为Infra节点，在真实生产环境中，建议至少设置3个Infra节点。

首先将worker-3打标签为Infra节点。

```
# oc label node worker-3 node-role.kubernetes.io/infra=""
node/worker-3 labeled
```

将其余三个节点配置为app节点。

```
# oc label node worker-0 node-role.kubernetes.io/app=""
node/worker-0 labeled
# oc label node worker-1 node-role.kubernetes.io/app=""
node/worker-1 labeled
# oc label node worker-2 node-role.kubernetes.io/app=""
node/worker-2 labeled
```

确认Node Label如下。

```
# oc get nodes
NAME       STATUS   ROLES          AGE   VERSION
master-0   Ready    master         26d   v1.17.1
master-1   Ready    master         26d   v1.17.1
master-2   Ready    master         26d   v1.17.1
worker-0   Ready    app,worker     26d   v1.17.1
worker-1   Ready    app,worker     26d   v1.17.1
```

```
worker-2   Ready    app,worker     26d   v1.17.1
worker-3   Ready    infra,worker   26d   v1.17.1
```

（2）配置 Default Selector

创建一个默认的 Node Selector ，也就是为没有设置 nodeSelector 的 Pod 分配部署的节点子集，例如，默认情况下部署在 app 标签的节点上。

编辑 Scheduler Operator Custom Resource 以添加 defaultNodeSelector（下面内容中的加粗部分）。

```
# oc edit scheduler cluster
spec:
  defaultNodeSelector: node-role.kubernetes.io/app=
  mastersSchedulable: false
  policy:
    name: ""
status: {}
```

需要注意的是，配置保存退出后，API Server 的 Pod 会重启，因此会有短暂的 APIServer 不可用（30s 以内）。在 Infra 节点配置完成后，我们需要将已经运行的基础组件迁移到 Infra 节点上。

（3）迁移 Router

迁移之前，两个 Router 分别运行在 app 标签的两个节点上，如图 3-40 所示。

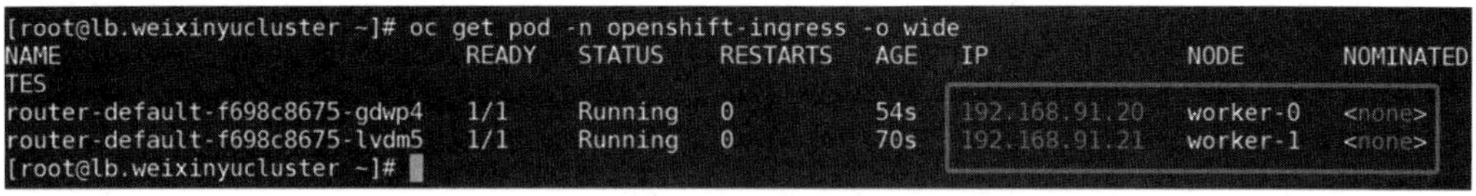

```
[root@lb.weixinyucluster ~]# oc get pod -n openshift-ingress -o wide
NAME                              READY   STATUS    RESTARTS   AGE   IP              NODE       NOMINATED
TES
router-default-f698c8675-gdwp4    1/1     Running   0          54s   192.168.91.20   worker-0   <none>
router-default-f698c8675-lvdm5    1/1     Running   0          70s   192.168.91.21   worker-1   <none>
[root@lb.weixinyucluster ~]#
```

图 3-40　查看两个 Router Pod 所在的节点

修改 openshift-ingress-operator 的配置，如下所示。

```
# oc edit ingresscontroller default -n openshift-ingress-operator -o yaml
spec:
  nodePlacement:
    nodeSelector:
      matchLabels:
        node-role.kubernetes.io/infra: ""
  replicas: 2
```

保存退出后，我们看到之前运行在 worker-0 和 worker-1 上的 Pod 会被终止，然后在 Infra 节点上重启，如图 3-41 所示。

```
# oc get pod -n openshift-ingress -o wide
```

过一会儿我们再次查看，有一个 Router 已经运行了，另外一个 Router 处于 Pending 状态。原因是一个 Infra 节点上只能运行一个 Router，而我们现在只有一个 Infra 节点，如图 3-42 所示。

```
[root@lb.weixinyucluster ~]# oc get pod -n openshift-ingress -o wide
NAME                              READY   STATUS        RESTARTS   AGE     IP              NODE       NOMINATED NOD
E   READINESS GATES
router-default-7fd7cf57c4-hnb6f   0/1     Running       0          3s      192.168.91.23   worker-3   <none>
    <none>
router-default-f698c8675-gdwp4    1/1     Terminating   0          3m12s   192.168.91.20   worker-0   <none>
    <none>
router-default-f698c8675-lvdm5    1/1     Running       0          3m28s   192.168.91.21   worker-1   <none>
    <none>
```

图 3-41　Router 在 Infra 节点启动

```
[root@lb.weixinyucluster ~]# oc get pod -n openshift-ingress -o wide
NAME                              READY   STATUS        RESTARTS   AGE     IP              NODE       NOMINATED NOD
E   READINESS GATES
router-default-7fd7cf57c4-hnb6f   1/1     Running       0          30s     192.168.91.23   worker-3   <none>
    <none>
router-default-7fd7cf57c4-xvfjt   0/1     Pending       0          14s     <none>          <none>     <none>
    <none>
router-default-f698c8675-gdwp4    0/1     Terminating   0          3m39s   192.168.91.20   worker-0   <none>
    <none>
router-default-f698c8675-lvdm5    1/1     Terminating   0          3m55s   192.168.91.21   worker-1   <none>
    <none>
```

图 3-42　一个 Router 处于 Pending 状态

在生产环境，我们建议设置三个节点为 Infra 节点。OpenShift 默认安装后 Router 有两个副本，可以用如下命令查看。

```
# oc get -n openshift-ingress-operator ingresscontrollers/default -o
    jsonpath='{$.status.availableReplicas}'
2
```

通过如下方法可以将 Router 的副本数设置为 3。

```
# oc patch -n openshift-ingress-operator ingresscontroller/default --patch '{"spec":
    {"replicas": 3}}' --type=merge
ingresscontroller.operator.openshift.io/default patched
```

（4）迁移 Image Registry

迁移之前，Registry 运行在 worker-1 上，配置 imageregistry.operator.openshift.io/v1 的 MachineSets。

```
# oc edit config/cluster
```

增加如下内容。

```
spec:
  nodeSelector:
    node-role.kubernetes.io/infra: ""
```

保存配置后，Register 在 Infra 节点重启，如图 3-43 所示。

```
[root@lb.weixinyucluster ~]# oc get pods -o wide -n openshift-image-registry |grep -i image-registry |grep -v operator
image-registry-7545c976f8-dhsvj          0/1     ContainerCreating   0          3s     <none>         worker-2   <no
ne>           <none>
image-registry-85d7545cdf-7db8g          1/1     Running             0          95s    10.130.0.115   worker-1   <no
ne>           <none>
[root@lb.weixinyucluster ~]# oc get pods -o wide -n openshift-image-registry |grep -i image-registry |grep -v operator
image-registry-7545c976f8-dhsvj          1/1     Running       0          7s     10.129.2.138   worker-2   <none>
        <none>
image-registry-85d7545cdf-7db8g          1/1     Terminating   0          99s    10.130.0.115   worker-1   <none>
        <none>
[root@lb.weixinyucluster ~]# oc get pods -o wide -n openshift-image-registry |grep -i image-registry |grep -v operator
image-registry-7545c976f8-dhsvj          1/1     Running       0          10s    10.129.2.138   worker-2   <none>
          <none>
image-registry-85d7545cdf-7db8g          0/1     Terminating   0          102s   10.130.0.115   worker-1   <none>
          <none>
[root@lb.weixinyucluster ~]#
```

图 3-43　Register 在 Infra 节点重启

（5）迁移监控系统

默认情况下，OpenShift 集群监控套件包含 Prometheus、Grafana 和 AlertManager。它由 Cluster Monitor Operator（CMO）管理。要将其组件移动到其他节点，我们需要创建并应用自定义 ConfigMap。

```
# cat cluster-monitoring-configmap.yaml
apiVersion: v1
kind: ConfigMap
metadata:
  name: cluster-monitoring-config
  namespace: openshift-monitoring
data:
  config.yaml: |+
    alertmanagerMain:
      nodeSelector:
        node-role.kubernetes.io/infra: ""
    prometheusK8s:
      nodeSelector:
        node-role.kubernetes.io/infra: ""
    prometheusOperator:
      nodeSelector:
        node-role.kubernetes.io/infra: ""
    grafana:
      nodeSelector:
        node-role.kubernetes.io/infra: ""
    k8sPrometheusAdapter:
      nodeSelector:
        node-role.kubernetes.io/infra: ""
    kubeStateMetrics:
      nodeSelector:
        node-role.kubernetes.io/infra: ""
    telemeterClient:
      nodeSelector:
        node-role.kubernetes.io/infra: ""
    openshiftStateMetrics:
      nodeSelector:
        node-role.kubernetes.io/infra: ""
```

应用配置前，我们看到 Pod 任意分布。应用上述配置。

```
# oc create -f cluster-monitoring-configmap.yaml
```

应用配置后，监控相关的 Pod 在 Infra 节点重启。

（6）迁移日志系统

我们修改日志 ClusterLogging 实例如下。

```
# oc edit ClusterLogging instance -n openshift-logging
```

增加如下加粗部分内容。

```
    curator:
      nodeSelector:
```

```
        node-role.kubernetes.io/infra: ''
      resources: null
      schedule: 30 3 * * *
    type: curator
  logStore:
    elasticsearch:
      nodeCount: 3
      nodeSelector:
          node-role.kubernetes.io/infra: ''
      redundancyPolicy: SingleRedundancy
      resources:
        limits:
          cpu: 500m
          memory: 16Gi
        requests:
          cpu: 500m
          memory: 16Gi
      storage: {}
    type: elasticsearch
  managementState: Managed
  visualization:
    kibana:
      nodeSelector:
          node-role.kubernetes.io/infra: ''
```

保存退出后，EFK相关的Pod会迁移到Infra节点。

8. 离线环境导入OperatorHub

离线导入OperatorHub包含两个层面的内容：

- OperatorHub自身镜像资源：它负责支撑OperatorHub这个"壳"，也就是说，部署完毕后，OpenShift上可以看到OperatorHub，并且可以点击部署具体Operator的向导。
- Operator的镜像资源：我们在选择部署某个类型、版本的Operator时，OpenShift会找具体的Operator容器镜像（比如不同版本的ES Operator指向的容器镜像是不同的）。

首先我们离线同步OperatorHub自身的镜像资源，将OperatorHub的镜像从红帽官网镜像同步到管理机的本地镜像仓库，命令执行结果如图3-44所示。

```
# oc image mirror registry.redhat.io/openshift4/ose-operator-registry:v4.4 repo.
    apps.weixinyucluster.bluecat.ltd:5000/openshift4/ose-operator-registry -a ~/
    pullsecret_config.json
```

注意：-a指定的认证要能同时访问registry.redhat.io和管理机镜像仓库repo.apps.weixinyucluster.bluecat.ltd:5000。

通过下面的命令构建本地的CatalogSource镜像，命令执行结果如图3-45所示。

```
# oc adm catalog build --appregistry-org redhat-operators --from=repo.apps.
    weixinyucluster.bluecat.ltd:5000/openshift4/ose-operator-registry:v4.4 --to=
    repo.apps.weixinyucluster.bluecat.ltd:5000/olm/redhat-operators:v1 -a ~/
    pullsecret_config.json
```

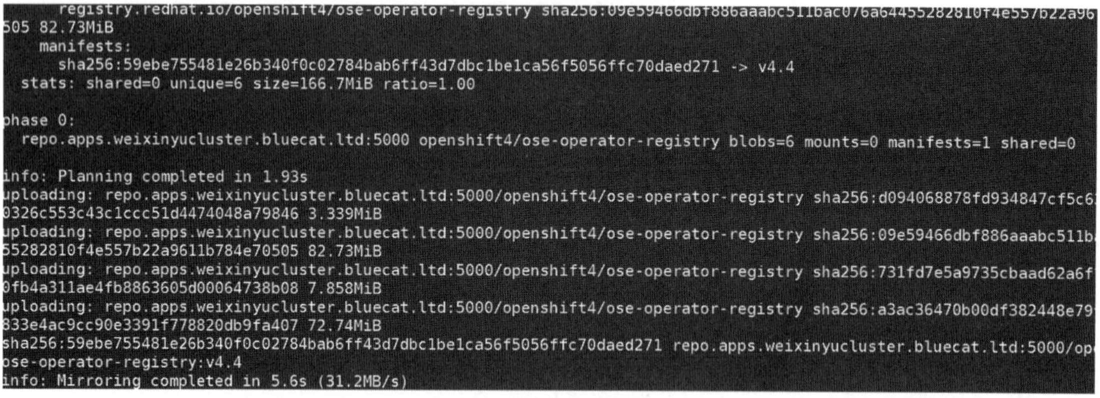

```
    registry.redhat.io/openshift4/ose-operator-registry sha256:09e59466dbf886aaabc511bac076a64455282810f4e557b22a96
505 82.73MiB
   manifests:
     sha256:59ebe755481e26b340f0c02784bab6ff43d7dbc1be1ca56f5056ffc70daed271 -> v4.4
  stats: shared=0 unique=6 size=166.7MiB ratio=1.00

phase 0:
  repo.apps.weixinyucluster.bluecat.ltd:5000 openshift4/ose-operator-registry blobs=6 mounts=0 manifests=1 shared=0

info: Planning completed in 1.93s
uploading: repo.apps.weixinyucluster.bluecat.ltd:5000/openshift4/ose-operator-registry sha256:d094068878fd934847cf5c6
0326c553c43c1ccc51d4474048a79846 3.339MiB
uploading: repo.apps.weixinyucluster.bluecat.ltd:5000/openshift4/ose-operator-registry sha256:09e59466dbf886aaabc511b
55282810f4e557b22a9611b784e70505 82.73MiB
uploading: repo.apps.weixinyucluster.bluecat.ltd:5000/openshift4/ose-operator-registry sha256:731fd7e5a9735cbaad62a6f
0fb4a311ae4fb8863605d00064738b08 7.858MiB
uploading: repo.apps.weixinyucluster.bluecat.ltd:5000/openshift4/ose-operator-registry sha256:a3ac36470b00df382448e79
833e4ac9cc90e3391f778820db9fa407 72.74MiB
sha256:59ebe755481e26b340f0c02784bab6ff43d7dbc1be1ca56f5056ffc70daed271 repo.apps.weixinyucluster.bluecat.ltd:5000/op
ose-operator-registry:v4.4
info: Mirroring completed in 5.6s (31.2MB/s)
```

图 3-44　命令执行结果

```
tor load=package
INFO[0034] directory                                    dir=/tmp/cache-453545983/manifests-142930516 file=sriov-network-opera
tor-446fk0mg load=package
INFO[0034] directory                                    dir=/tmp/cache-453545983/manifests-142930516 file=4.2 load=package
INFO[0034] directory                                    dir=/tmp/cache-453545983/manifests-142930516 file=4.2-s390x load=pack
age
INFO[0034] directory                                    dir=/tmp/cache-453545983/manifests-142930516 file=4.3 load=package
INFO[0034] directory                                    dir=/tmp/cache-453545983/manifests-142930516 file=4.4 load=package
Uploading ... 5.222MB/s
Pushed sha256:ee94cc0efbe52a668a1cf2dd6e05a8fd5d3b5ec144ea323392ff07679c7d9e77 to repo.apps.weixinyucluster.bluecat.ltd:5000/o
lm/redhat-operators:v1
```

图 3-45　形成本地的 CatalogSource 镜像

命令中指定 redhat-operators 表示我们只构建 redhat-operator CatalogSource。

获取要下载的具体 Operator 镜像的列表文件。

```
# oc adm catalog mirror --manifests-only repo.apps.weixinyucluster.bluecat.
    ltd:5000/olm/redhat-operators:v1  repo.apps.weixinyucluster.bluecat.ltd:5000
    ~/pullsecret_config.json
```

上面的命令执行后，会生成 redhat-operators-manifests 目录，我们查看目录结构。

```
# tree redhat-operators-manifests/
redhat-operators-manifests/
├── imageContentSourcePolicy.yaml
└── mapping.txt
```

mapping.txt 中包含 CatalogSource 为 redhat-operator 中所有镜像的映射关系，由于文件较长，我们查看其中 elasticsearch operator 的内容。

```
# cat mapping.txt |grep -i ose-elasticsearch-operator
registry.redhat.io/openshift4/ose-elasticsearch-operator@sha256:13e233ff2dd419
    67c55194724ba148868ed878232789ab616ea3a6f9a9219c97=repo.apps.weixinyucluster.
    bluecat.ltd:5000/openshift4/ose-elasticsearch-operator
registry.redhat.io/openshift4/ose-elasticsearch-operator@sha256:06cc3bb2877403
    60e4c0071dab8ea4254baa02a67205424241cfbfe8b2b8f375=repo.apps.weixinyucluster.
    bluecat.ltd:5000/openshift4/ose-elasticsearch-operator
registry.redhat.io/openshift4/ose-elasticsearch-operator@sha256:e6c6a271910ba2
```

```
    fbacc1f4b15cd538df588c1fbc32644ee984ae94bdaea56a23=repo.apps.weixinyucluster.
    bluecat.ltd:5000/openshift4/ose-elasticsearch-operator
registry.redhat.io/openshift4/ose-elasticsearch-operator@sha256:9603cef2ceb515
    0e7bf2b878a64cab30b3fa525e2a0dd3de93412c9baa3da2d5=repo.apps.weixinyucluster.
    bluecat.ltd:5000/openshift4/ose-elasticsearch-operator
registry.redhat.io/openshift4/ose-elasticsearch-operator@sha256:aa0c7b11a65545
    4c5ac6cbc772bc16e51ca5004eedccf03c52971e8228832370=repo.apps.weixinyucluster.
    bluecat.ltd:5000/openshift4/ose-elasticsearch-operator
```

我们看到在mapping.txt中一共有5行elasticsearch operator的内容，这是因为edhat-operator CatalogSource中有5个版本的elasticsearch operator。

很多时候，我们并不需要将mapping.txt中的镜像全部下载下来，只需要下载我们需要的种类和版本即可。为了方便操作，我们使用一个Shell脚本下载，这个脚本调用Skopeo命令行同步镜像（避免sha256发生变化）。

脚本如下所示：

```
# cat batchmirror.sh
#!/bin/bash
i=0
while IFS= read -r line
do
  i=$((i + 1))
  echo $i;
  source=$(echo $line | cut -d'=' -f 1)
  echo $source
  target=$(echo $line | cut -d'=' -f 2)
  echo $target
  skopeo copy --all docker://$source docker://$target
  sleep 20
done < es.txt
```

我们将从mapping中grep出来的elasticsearch operator五行内容贴到同目录es.txt中。

然后使用docker login分别登录registry.redhat.io和repo.apps.weixinyucluster.bluecat.ltd:5000，然后执行脚本。

```
# sh batchmirror.sh
```

执行成功后，会有5个elasticsearch operator的镜像被同步到repo.apps.weixinyucluster.bluecat.ltd:5000。

截至目前，我们已经有了OperatorHub“壳”的镜像，也有了redhat-operator CatalogSource中的elasticsearch Operator“瓤”(一共五个elasticsearch operator镜像)。

接下来形成离线的Operatorhub Catalog。OpenShift默认的OperatorHub的CatalogSource指向外网，我们需要将默认CatalogSource关闭，如下所示。

```
# oc patch OperatorHub cluster --type json \
>     -p '[{"op": "add", "path": "/spec/disableAllDefaultSources", "value": true}]'
```

然后建立一个文件catalogsource.yaml，用于启动离线的CatalogSource，如下所示。

```
# export CHANNEL=redhat
# oc apply -f - <<EOF
apiVersion: operators.coreos.com/v1alpha1
kind: CatalogSource
metadata:
  name: ${CHANNEL}-operators-internal
  namespace: openshift-marketplace
  labels:
    olm-visibility: hidden
    openshift-marketplace: "true"
    opsrc-datastore: "true"
   opsrc-owner-name: ${CHANNEL}-operators
    opsrc-owner-namespace: openshift-marketplace
    opsrc-provider: ${CHANNEL}
spec:
  sourceType: grpc
   image: repo.apps.weixinyucluster.bluecat.ltd:5000/olm/redhat-operators:v1
   displayName: ${CHANNEL}-operators-internal
   publisher: Red Hat
 EOF
catalogsource.operators.coreos.com/redhat-operators-internal created
```

建立完成后检查 OperatorHub 界面是否可以访问，可以看到 redhat-operator CatalogSource（Provider Type 为 Red Hat，与上面的指定步骤匹配），如图 3-46 所示：

我们查看承载 OperatorHub 这个“壳”的资源。

```
# oc get pods -n openshift-marketplace
NAME        READY    STATUS     RESTARTS    AGE
redhat-operators-internal-nvprb        1/1      Running    0          28s

# oc get catalogsource -n openshift-marketplace
NAME            DISPLAY                          TYPE    PUBLISHER    AGE
redhat-operators-internal    redhat-operators-internal    grpc    Red Hat      33m
```

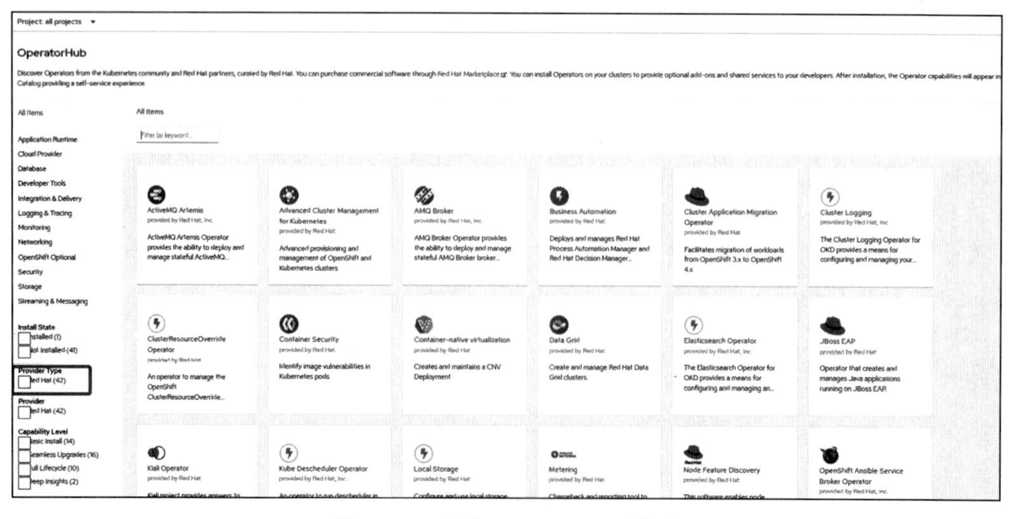

图 3-46 查看 OperatorHub 界面

由于是离线环境，默认Operator的镜像地址指向外网，官方文档使用的是应用imageContentSourcePolicy.yaml文件，该方法要求所有的镜像使用sha256对镜像进行标记，但我们发现半数以上的镜像仍然采用Tag，这将导致Mirror失效，所以我们这里不采用imageContentSourcePolicy.yaml的方案，而采用通过MachineConfig为每个Node覆盖registries.conf配置的方法，设置mirror-by-digest-only=false，实现无论是使用sha256还是使用tag的镜像均可离线拉取。

首先书写sample-registres.conf文件，用于覆盖每个OpenShift的RHCOS节点/etc/containers/registries.conf，具体内容参考Repo中"sample-registres.conf"。

随后将sample-registres.conf通过base64加密，如下所示。

```
# export REG_CONF_BASE64=$(cat sample-registres.conf | base64 -w 0)
```

然后编写分别覆盖Master、Infra、App节点的配置的文件，如Repo中"3Xcontainer-registries"所示。

```
# oc apply -f 99-master-container-registries.yaml
# oc apply -f 99-worker-container-registries.yaml
# oc apply -f 99-infra-container-registries.yaml
```

应用配置文件后，应用配置的节点会发生重启，等待相应的服务器重启。

接下来，通过OpenShift OperatorHub选择elasticsearch operator，如图3-47所示。

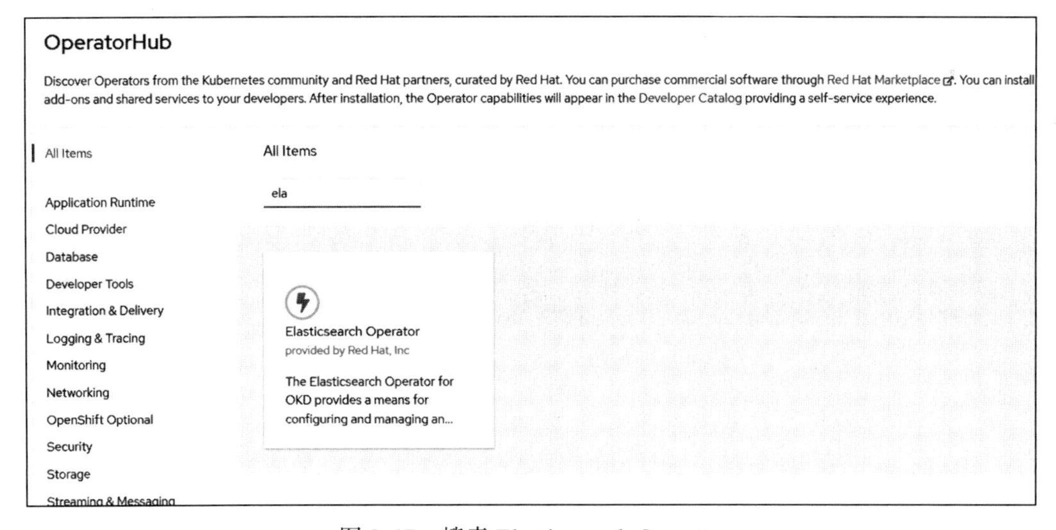

图3-47　搜索Elasticsearch Operator

选择Elasticsearch Operator点击安装，选择如图3-48所示的内容。

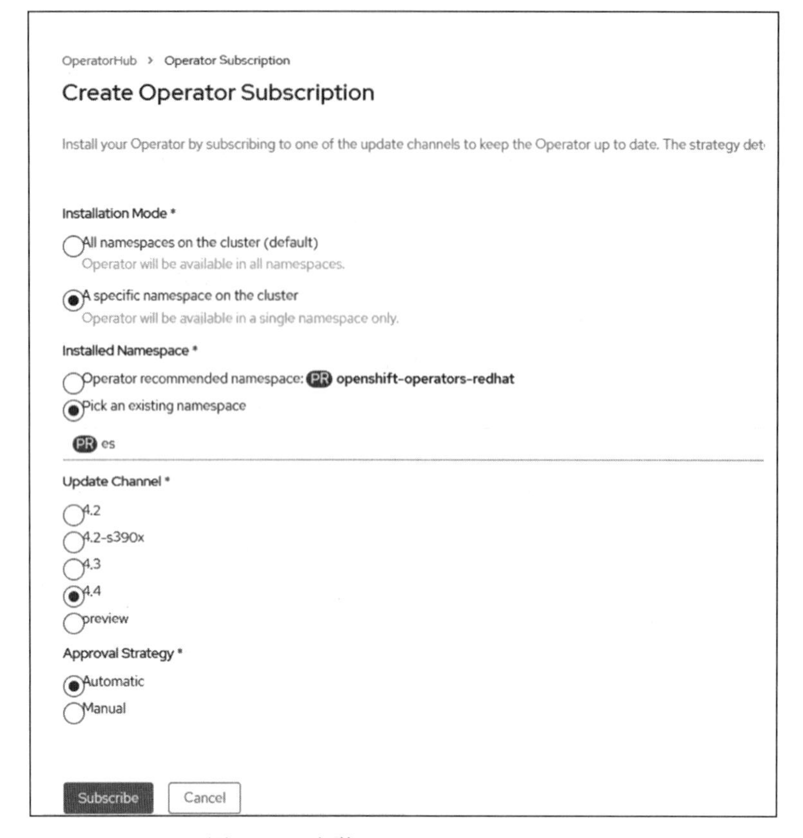

图 3-48　安装 Elasticsearch Operator

很快，Elasticsearch Operator 部署成功，如图 3-49 所示。

```
[root@lb.weixinyucluster ~]# oc get pods -o wide
NAME                                     READY   STATUS    RESTARTS   AGE   IP            NODE       NOMINA
TED NODE   READINESS GATES
elasticsearch-operator-58bfd66bc4-p9hsc   1/1     Running   0          90s   10.129.2.11   worker-2   <none>
           <none>
[root@lb.weixinyucluster ~]#
```

图 3-49　Elasticsearch Operator 部署成功

3.3　OpenShift 的 Worker 节点扩容

OpenShift 通过 IPI 和 UPI 安装后，Worker 节点扩容的方式有所区别。IPI 的 Worker 节点扩容是通过修改 Machine Set 的副本数，由 Machine API 自动完成的。IPI 的扩容操作和范例请参照图 3-50 二维码中的文章，我们不再过多阐述。

我们主要介绍通过 UPI 安装 OpenShift 集群后的 Worker 节点的扩容。扩容的步骤如下：

- 将新的 Worker 节点的域名和 IP 地址信息加入 DNS、前端负载均衡器。

- 使用新的 TLS 证书更新 Worker Ignition 文件。如果 Worker 节点扩容在 OpenShift 集群安装完毕 24 小时内，无须更新 Worker Ignition 文件中的证书。从 OpenShift 4.5 开始，即使在集群安装完毕 24 小时后增加 Worker 节点，也不用更新证书。但 4.5 之前的版本，如果在集群安装完毕 24 小时后增加 Worker 节点，则需要更新证书。
- 通过 RHCOS 的 ISO 文件引导主机 / 虚拟机启动，在启动界面上输入参数，读取 Worker Ignition 文件开始安装。
- 手工批准 CSR，以便 Worker 节点加入集群。

图 3-50　通过 Machine API 自动完成节点的扩容

针对 OCP4.5 之前的版本在集群安装完毕 24 小时后增加 Worker 节点的情况，首先查看 Ignition Worker 文件，然后检查内嵌的证书，命令执行结果如图 3-51 所示，这段证书是后续要替换的内容。

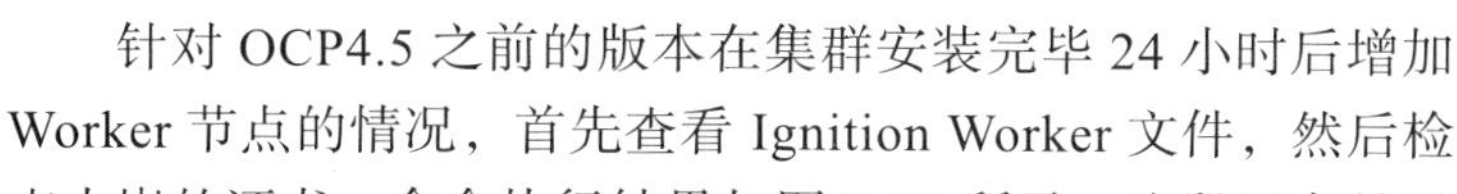

```
# cd /var/www/html/materials/pre-install/
```

拷贝图 3-51 中方框标识 base64 后的一长串数值。

使用 openssl 命令检查 x509 证书的创建时间。我们看到证书创建时间距现在已经超过 24 小时，因此需要更新 TLS，如图 3-52 所示。

```
# echo "LS0…" | base64 -d | openssl x509 -noout -text
```


```
[root@repo pre-install]# cat worker.ign | jq
{
  "ignition": {
    "config": {
      "append": [
        {
          "source": "https://api-int.ocp4.example.com:22623/config/worker",
          "verification": {}
        }
      ]
    },
    "security": {
      "tls": {
        "certificateAuthorities": [
          {
            "source": "data:text/plain;charset=utf-8 base64,LS0tLS1CRUdJTiBDRVJUSUZJQ0FURS0tLS0tCk1JSURFRENDQWZpZ0F3
SUJBZ0lJT1lqd2MwVnpiZDB3RFFZSktvWklodmNOQVFFTEJRQXdKakVTTUJBR0ExVUUKQ3hNSmIzQmxibk5vYVdaME1SQXdEZ1lEVlFRREV3ZHliMjkw
TFd0aE1CNFhEVEl3TURneE9URXhNakUxTOZvWApEVE13TURneE56RXhNakUxTOZvd0pqRVNNQkFHQTFVRUN4TUpiM0JsYm5Ob2FXWjBNUkF3RGdZRFZR
UURFd2R5CmIyOTBMV05oTUlJQklqQU5CZ2txaGtpRzl3MEJBUUVGQUFPQ0FROEFNSUlCQ2dLQ0FRRUF2cHFCaHZCazV3VTMKbG1kL3p5TzcrQnE3VEll
di9oYkxPUEdsV0JaUDNaTzM4MkY4dGJYSUlReTFrYkl0Rzhnd3JDSmpyK1Vmc09TYQp4TWtBcnY3NjdwUjIxU2ZPYTltclA1TUh0bCswa3FUQXRzVUli
eDB2ZWY2NmNpb1dXNjVvNzJKWE9DWjZqaTI0CmlmY2tZVEt1NlZmU05jWVpPYXBUOWNZelJ5dzJUd2VrQlhNWU9LUk5WSmJHMEZZYTVwaGxYTi8vNUd0
L1NLN1QKSEs5a1hVNW9KYzdTTWI5ZGltaUc2TFhSdVVmQmtaY3VGVnA1TTJHaFNKbDBpSUI5ZEE0WUNXYWlFSlZzMlY5dgpVdVQzUmRqWkxlRXp1Zi95
T1I4YkFLMGRpbzBaV2pseHkyckpJbzVNdTdFZExCZGlHbFJ0Ynk3bzV4WHM2Mk8rCnNRZWUyMktNYXdJREFRQUJvMEl3UURBT0JnTlZIUThCQWY4RUJB
TUNBcVF3RHdZRFZSMFRBUUgvQkFVd0F3RUIKL3pBZEJnTlZIUTRFRmdRVUVtaWdLQzMwR2V4TXVTbnIleG1RSWQ5NGxib3dEUVlKS29aSWh2Y05BUUVM
QlFBRApnZ0VCQUNVM0ZPcjk2enZhSmw4OG5wdFZhL3ZFbkVFZFZ3dWF5Z01pYW1ZN1ZZdlF1bmc3UXBDbWlDYjJMMER4CkdwVUlRSURqUER1WmV4L01F
UUI1MGlpTSs0TDNPVFJrRFREdlJaT1ZRcHhkcjJPdUxHV0NVREo2VjZKY3lFc1AKaUJFNmxpSWl0UnZjV2dEU1RjUHJuendnWWk1UC9DUGIxWVExU0Z4
N3RCYVgwTnhvSjJVa3ZtVE0zZjBqS2hpQQpvMlAveVgrUlNIQjIxV0prWTkvZElIekFWMTBwTkhmayt4LzhwUVBCWnVzR25rS0pmZy84WGdxQVd0Y1lZ
bFdIClVlUUVYVUNTa29icFJBeUZueGdEelRFUGJGeWN5bFU3a2NUOHBnYUV5Vjl3VW9UMnQ0akxnOGc3a1lMK09UYUMKNUZqZkovK0ZGcGs1VkJSM0Fo
VzJib2N3aWl3PQotLS0tLUVORCBDRVJUSUZJQ0FURS0tLS0tCg==",
            "verification": {}
          }
        ]
      }
    },
    "timeouts": {},
    "version": "2.2.0"
  },
  "networkd": {},
  "passwd": {},
  "storage": {},
  "systemd": {}
}
```


图 3-51　Worker Ignition 中的证书

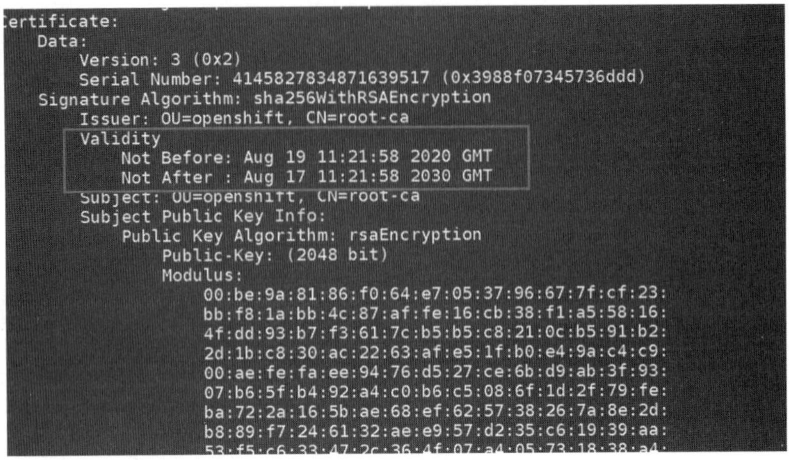

```
Certificate:
    Data:
        Version: 3 (0x2)
        Serial Number: 4145827834871639517 (0x3988f07345736ddd)
    Signature Algorithm: sha256WithRSAEncryption
        Issuer: OU=openshift, CN=root-ca
        Validity
            Not Before: Aug 19 11:21:58 2020 GMT
            Not After : Aug 17 11:21:58 2030 GMT
        Subject: OU=openshift, CN=root-ca
        Subject Public Key Info:
            Public Key Algorithm: rsaEncryption
                Public-Key: (2048 bit)
                Modulus:
                    00:be:9a:81:86:f0:64:e7:05:37:96:67:7f:cf:23:
                    bb:f8:1a:bb:4c:87:af:fe:16:cb:38:f1:a5:58:16:
                    4f:dd:93:b7:f3:61:7c:b5:b5:c8:21:0c:b5:91:b2:
                    2d:1b:c8:30:ac:22:63:af:e5:1f:b0:e4:9a:c4:c9:
                    00:ae:fe:fa:ee:94:76:d5:27:ce:6b:d9:ab:3f:93:
                    07:b6:5f:b4:92:a4:c0:b6:c5:08:6f:1d:2f:79:fe:
                    ba:72:2a:16:5b:ae:68:ef:62:57:38:26:7a:8e:2d:
                    b8:89:f7:24:61:32:ae:e9:57:d2:35:c6:19:39:aa:
```

图 3-52 查看证书过期时间

从 Machine Config Server 的 22623 监听端口获取最新的 TLS 证书。

```
# openssl s_client -connect api-int.ocp4.example.com:22623 -showcerts
```

将输出结果中 BEGIN CERTIFICATE 和 END CERTIFICATE 之间的内容粘贴出来，存放到 api-int.pem 文件中。

使用带有 --wrap=0 选项的 base64 对证书进行编码。

```
# base64 --wrap=0 ./api-int.pem 1> ./api.int.base64
```

用输出结果替换 worker.ign 中 ignition.security.tls.certificateAuthorities [0] .source 的数值。

由于上述命令行较长，我们建议使用如下脚本自动化完成 worker.ign 文件证书的替换工作，将 clusterDomain 替换为自己集群的域名。

```
# export MCS=api-int.<clusterDomain>:22623
# echo "q" | openssl s_client -connect $MCS  -showcerts | awk '/-----BEGIN
    CERTIFICATE-----/,/-----END CERTIFICATE-----/' | base64 --wrap=0 | tee ./
    api-int.base64 && \
sed --regexp-extended --in-place=.backup "s%base64,[^,]+%base64,$(cat ./api-int.
    base64)\"%" ./worker.ign
```

接下来，按照 3.2.3 节第 11 小节展示的安装步骤，使用 RHCOS 的 ISO 创建新的物理机或者虚拟机，输入 Worker 节点启动参数（正确的主机名、IP 地址）即可进行节点扩容。扩容过程中随时关注 CSR，当有 Pending 状态的 CSR 出现后，手工使用如下命令行批准即可。

```
# oc get csr -o json | jq -r '.items[] | select(.status == {} ) | .metadata.name' |
    xargs oc adm certificate approve
```

批准完毕后，Worker 节点扩容也就完成了。

3.4　OpenShift 集群的升级

3.4.1　OpenShift 的升级策略

OpenShift 的升级十分便捷，平滑升级实现得很好。从升级的便捷性考虑，我们建议 Worker 节点也使用轻量级的 RHCOS 部署。对于生产环境，我们依然建议预留升级的业务停机窗口。

在 OpenShift 中引入了升级通道的概念，用于向集群推荐适当的升级版本。升级通道分离了升级策略，也用于控制更新的节奏。

针对某一版本的 OpenShift，有三个升级通道（upgrade channel）可供选择：

- candidate-4：该版本代表即将 GA 的软件（即 Release Candidate，简称 RC），它包括软件的所有功能。该版本的 OpenShift 只能从 candidate-4.2 通道获得。用户可以从小版本较低的 RC 版升级到新版 RC 版，但不能从 GA 升级至 RC 版。RC 版不能获得红帽官方售后的技术支持。通常 RC 版主要用于新版本的功能性验证和测试。
- fast-4：红帽最新 GA 的 OpenShift 的相关补丁，会放到 fast-4 通道中。如果客户想在预生产环境尽快获得新版本 OpenShift 的更新，则可以选择这个通道。
- stable-4：这个通道包含的补丁会比 fast-4.2 有所延迟。因为这些补丁必须由红帽 SRE 团队确认其稳定性，客户的生产环境可以使用 stable-4.2 通道。

升级通道的选择可以通过命令行，也可以在 OpenShift 界面上进行选择。我们先显示如何在浏览器中修改升级通道，比如在 OpenShift 4.2 首页选择 Administrator->Cluster Settings->Overview，然后选择 fast-4.2 通道，如图 3-53 所示。

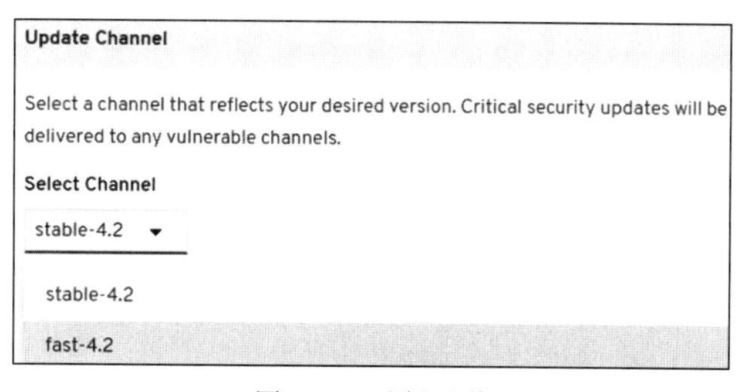

图 3-53　选择通道

通道里如果有更新，就可以选择 Update Cluster，然后选择对应的新版本 OpenShift 进行升级，如图 3-54 所示，我们选择从 4.2.0 升级到 4.2.13。

图 3-54　升级版本

3.4.2　OpenShift 的在线升级

如果是在线升级，OpenShift 会先从红帽官网自动下载软件，如图 3-55 所示。

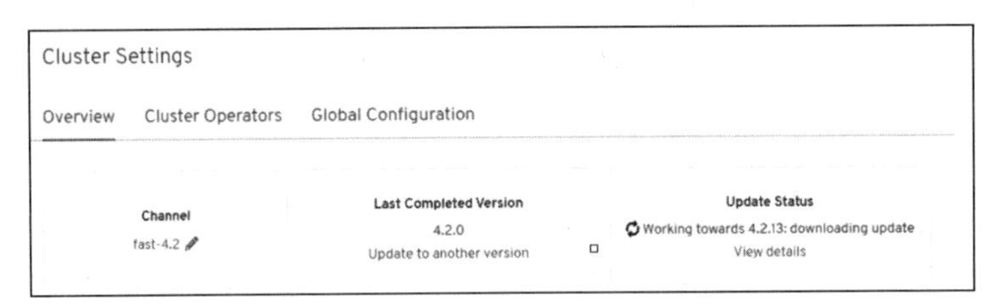

图 3-55　集群升级状态

升级包下载完毕后，会自动升级，如图 3-56 所示。

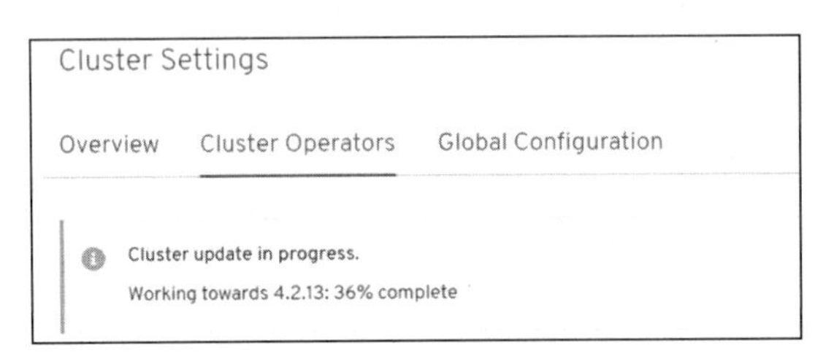

图 3-56　集群升级

OpenShift 的升级需要遵循一定的升级路径。按照上面的步骤，我们将 OpenShift 升级到 4.2.13，然后再升级到 4.2.14（在线升级时，选择 Channel 能升级到的最新版本即可）。成功以后，再升级到 4.2.16，如图 3-57 所示。

这样，我们就将 OpenShift 4.2 升级到最新的小版本：4.2.16。下面可以通过查看 Cluster Operator 确认版本是否正确，如图 3-58 所示。

此外，我们还需要确保 MachineConfig Pool 处于正常状态，UPDATED 应为 True、UPDATING 应为 False、DEGRADED 应为 False，如图 3-59 所示。

```
#oc get mcp
```

图 3-57　逐步升级

```
[centos@oc132-lb weixinyucluster]$ oc get co
NAME                                       VERSION   AVAILABLE   PROGRESSING   DEGRADED   SINCE
authentication                             4.2.16    True        False         False      89d
cloud-credential                           4.2.16    True        False         False      89d
cluster-autoscaler                         4.2.16    True        False         False      89d
console                                    4.2.16    True        False         False      10m
dns                                        4.2.16    True        False         False      76d
image-registry                             4.2.16    True        False         False      17m
ingress                                    4.2.16    True        False         False      76d
insights                                   4.2.16    True        False         False      89d
kube-apiserver                             4.2.16    True        False         False      89d
kube-controller-manager                    4.2.16    True        False         False      89d
kube-scheduler                             4.2.16    True        False         False      89d
machine-api                                4.2.16    True        False         False      89d
machine-config                             4.2.14    True        True          False      27m
marketplace                                4.2.16    True        False         False      10m
monitoring                                 4.2.16    True        False         False      8m26s
network                                    4.2.16    True        False         True       89d
node-tuning                                4.2.16    True        False         False      28m
openshift-apiserver                        4.2.16    True        False         False      10m
openshift-controller-manager               4.2.16    True        False         False      76d
openshift-samples                          4.2.16    True        False         False      42m
operator-lifecycle-manager                 4.2.16    True        False         False      89d
operator-lifecycle-manager-catalog         4.2.16    True        False         False      89d
operator-lifecycle-manager-packageserver   4.2.16    True        False         False      11m
service-ca                                 4.2.16    True        False         False      89d
service-catalog-apiserver                  4.2.16    True        False         False      89d
service-catalog-controller-manager         4.2.16    True        False         False      89d
storage                                    4.2.16    True        False         False      34m
```

图 3-58　升级后的 Cluster Operator 版本

```
NAME     CONFIG                                              UPDATED   UPDATING   DEGRADED
READYMACHINECOUNT   UPDATEDMACHINECOUNT   DEGRADEDMACHINECOUNT   AGE
master   rendered-master-ed6da1206cb9bc181d94b1088585ee0a    True      False      False
3                   3                     0                      2d4h
worker   rendered-worker-4034c5494400191ce537f3257239b446    True      False      False
2                   2                     0                      2d4h
```

图 3-59　查看 MachineConfig Pool 的状态

如果 MachineConfig Pool UPDATING 为 True，表示还未升级完毕；如果 MachineConfig Pool 出现 DEGRADED 为 True，我们就需要进行故障分析。

3.4.3　OpenShift 的离线升级

从上一小节可以看到 OpenShift 的在线升级很方便，但很多客户的数据中心是无法连接外网的，因此只能进行离线升级。离线升级的示意图如图 3-60 所示。

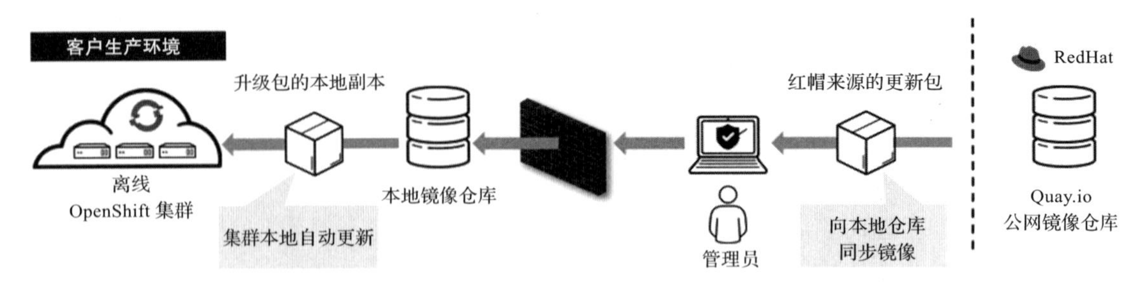

图 3-60　离线升级的示意图

在离线升级中，我们无法从 OpenShift UI 中获取升级通道信息。我们有两种方法确认升级路径：

1）访问网站 https://ctron.github.io/openshift-update-graph，可以清晰查看各个版本的升级路径。

2）通过命令行获取。

由于很多时候需要用命令行进行运维，因此我们主要介绍第二种方法。在第二种方法中，需要在另外一个有 oc 客户端的、可访问外网的系统中获取升级通道。首先设置环境变量：

```
#export LOCAL_REPOSITORY=ocp4/openshift4
#export LOCAL_SECRET_JSON=$HOME/ocp_pullsecret.json
#export PRODUCT_REPO=openshift-release-dev
#export RELEASE_NAME=ocp-release
#export ARCHITECTURE=x86_64
```

如果想将离线环境的 OpenShift 升级到 OCP 4.5.3 的版本，可查一下升级路径，命令执行结果如图 3-61 所示。

```
#export OCP_RELEASE=4.5.3
# oc adm release info -a ${LOCAL_SECRET_JSON} "quay.io/${PRODUCT_REPO}/${RELEASE_
    NAME}:${OCP_RELEASE}-${ARCHITECTURE}" | head -n 18
```

```
Release Metadata:
  Version:  4.5.3
  Upgrades: 4.4.10, 4.4.11, 4.4.12, 4.4.13, 4.4.14, 4.4.15, 4.5.1, 4.5.2
  Metadata:
    description:
  Metadata:
    url: https://access.redhat.com/errata/RHBA-2020:2956

Component Versions:
  kubernetes 1.18.3
```

图 3-61　查看 OpenShift 升级路径

从输出结果我们可以看到，从 4.4.10, 4.4.11, 4.4.12, 4.4.13, 4.4.14, 4.4.15, 4.5.1, 4.5.2 这几个 OCP 版本，都能一步升级到 4.5.3。如果我们现在的版本是 4.4.8，不在升级到 4.5.3 的路径里，怎么办？

我们查看 4.5.3 的升级路径中，离 4.4.8 最近的是 4.4.10, 我们利用命令行，查看 4.4.10 OCP 版本的升级路径，命令执行结果如图 3-62 所示。

```
#export OCP_RELEASE=4.4.10
```

```
#oc adm release info -a ${LOCAL_SECRET_JSON} "quay.io/${PRODUCT_REPO}/${RELEASE_
    NAME}:${OCP_RELEASE}-${ARCHITECTURE}" | head -n 18
```

```
Release Metadata:
  Version:  4.4.10
  Upgrades: 4.3.21, 4.3.22, 4.3.23, 4.3.25, 4.3.26, 4.3.27, 4.4.3, 4.4.4, 4.4.5, 4.4.6, 4.4.8, 4.4.9
  Metadata:
    description:
  Metadata:
    url: https://access.redhat.com/errata/RHBA-2020:2713
```

图 3-62 查看 OpenShift 升级路径

我们看到从 4.4.8 可以直接升级到 4.4.10，然后再从 4.4.10 升级到 4.5.3，一共需要升级两次。

离线升级需要提前将高版本的 OpenShift 安装镜像导入 Mirror Registry 中（导入方法参考 3.2.3 节）。然后通过如下命令行指定版本进行升级。

```
# oc adm upgrade --allow-explicit-upgrade --allow-upgrade-with-warnings=true
    --force=true --to-image=repo.apps.weixinyucluster.bluecat.ltd:5000/ocp4/
    openshift4:4.4.10
```

这样，OpenShift 就会使用 Mirror Registry 中的 OpenShift 4.4.10 镜像进行升级。在升级过程中，通过如下命令行监控升级进度。

```
# oc get clusterversion
NAME      VERSION   AVAILABLE   PROGRESSING   SINCE   STATUS
version   4.4.8     True        True          6d4h    Working towards repo.apps.
    weixinyucluster.bluecat.ltd:5000/ocp4/openshift4:4.4.10: downloading update
```

当升级成功后，PROGRESSING 状态会变为“False”，版本显示为 4.4.10。

```
# oc get clusterversion
NAME      VERSION   AVAILABLE   PROGRESSING   SINCE   STATUS
version   4.4.10     True        False         22h     Cluster version is 4.4.10
```

最后，通过 oc get co 命令，确保所有的 Cluster Operator 版本正确。通过 oc get mcp 确保所有的 MachineConfig Pool 状态正常、升级完成。

虽然 OpenShift 离线升级和在线升级都不复杂，但需要注意以下几点：

- 生产环境升级要避免太过频繁，选择升级到长生命支持周期的 OpenShift 版本，如 OpenShift 4.6 版本。
- 生产环境升级的版本一定要选择 Stable Channel 发布的版本（避免出现 Bug）。
- 生产环境升级之前需要查看 OpenShift 的升级路径，查看 MachineConfig Pool 的状态是否正常，查看现有 Cluster Operator 和 OCP 节点工作是否正常。
- 生产环境升级之前，建议将升级版本在版本相同的非生产环境进行演练。

3.5 本章小结

通过本章的介绍，读者了解了在生产环境中 OpenShift 的部署方法以及一些具体的配置。在下一章中，我们将着重介绍作为 OpenShift 开箱即用的 PaaS 功能的具体使用场景以及开发实践。

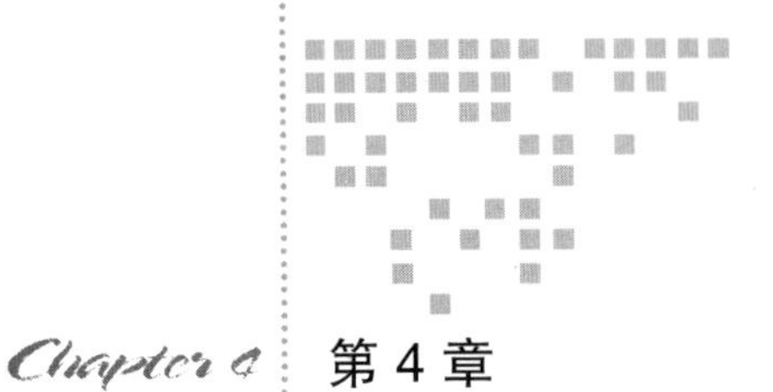

Chapter 4 第4章

OpenShift在企业中的开发实践

本章为“PaaS五部曲”中的第三部。在第3章中，我们介绍了如何基于OpenShift构建企业级PaaS平台，已经了解OpenShift以容器和Kubernetes为基础，提供开箱即用的PaaS平台能力。作为成熟的PaaS解决方案，需要既面向运维又面向开发，而且这两种角色的人员对OpenShift的需求是不一样的，接下来的两章就针对这两种角色的人员在OpenShift上的实践进行分享。

4.1 开发人员的关注点

开发人员主要关注在OpenShift上如何进行应用快速开发和构建。OpenShift面向开发主要体现在实现应用的快速构建和部署，而且支持多语言、多框架。通过Source to Image（S2I），OpenShift实现从源码到应用容器镜像的一条龙式打通，大大缩短了客户应用发布的时间，从而帮助客户实现敏捷式开发。

当OpenShift面向开发人员时，开发人员通常会关注以下几个方面：

- 现有应用如何向OpenShift进行容器化迁移？
- 如何在OpenShift上部署应用？
- 如何在OpenShift上部署有状态应用？
- 如何开发一个Operator来管理应用？

接下来，我们将会针对这几方面分别介绍。

由于篇幅有限，本书第1版中的“基于Fabric8在OpenShift上发布应用”和“OpenShift API的调用”都已迁移至Repo中。

4.2　应用向 OpenShift 容器化迁移的方法

4.2.1　OpenShift 应用准入条件

开发人员开发的应用想要在 OpenShift 上运行，在开发时就需要遵循一些标准。我们归纳和总结了这些标准，内容如下（包括但不限于）：

❑ 所采用技术及组件可容器化

OpenShift 平台以 Linux 或 Windows 内核以及容器运行时（如 CRI-O）作为运行时环境，首先要满足使用的开发语言以及中间件、数据库等组件可被容器化。

❑ 应用可自动化构建

应用采用如 Maven、Gradle、Make 或 Shell 等工具实现了构建和编译，这将方便应用在 PaaS 平台上实现自动化的编译及构建。Java 类应用建议使用 Maven 作为标准构建工具，Nodejs 类应用建议使用 npm 作为标准构建工具。

❑ 已实现应用配置参数或配置文件外部化

应用必须将配置参数外部化处理，尤其是如数据库连接、用户名等与部署环境相关的参数应使用独立配置文件、环境变量或外部集中配置中心方式获得，以便应用镜像具有良好的可移植性，满足不同环境的部署要求。

❑ 已实现状态外部化

应用状态信息存储于数据库或缓存等外部系统，最好保证应用实例本身实现无状态化。

❑ 已提供合理可靠的健康检查接口

OpenShift 平台可以通过健康检查接口判断应用启动和运行的健康状态，以便在应用出现故障时自动恢复。为了更好地利用平台能力，就需要应用提供健康检查接口。OpenShift 支持三种检查接口：HTTP 检查、Exec 检查、TCP Socket 检查。

❑ 不涉及底层操作系统依赖及复杂的网络通信机制

应用对外提供的接口应支持使用 NAT 和端口转发进行访问，不强依赖于底层操作系统及组播等网络通信机制以便适应容器网络环境，建议使用的网络协议包括 HTTP 和 TCP。

❑ 轻量的部署交付件

轻量的应用交付件便于大规模集群中快速传输和分发，更符合容器敏捷的理念。通常镜像大小最大不要超过 2GB。

❑ 应用启动时间在可接受范围之内

过长的启动时间将不能发挥容器敏捷的特性，从而影响在访问流量突增情况下快速响应的能力。启动时间应做到秒级，最长不能超过 5 分钟。

4.2.2　应用容器化迁移流程

针对企业中新开发的应用，建议尽量使用云原生或微服务的开发模式，这样应用容器化部署到 OpenShift 非常容易。针对传统应用系统的迁移，通常需要经过的流程如图 4-1 所示。

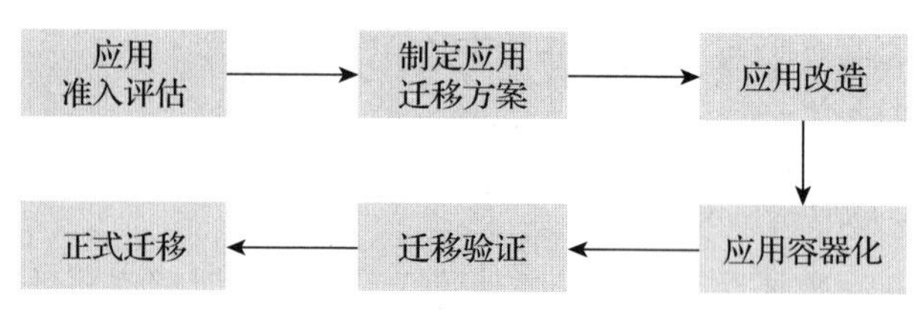

图 4-1 应用容器化迁移流程图

从图 4-1 中我们可以看到应用容器化迁移大致需要经历 6 个过程：

- 应用准入评估：根据制定的应用准入评估准则对要迁移的应用或系统进行评估，如果满足运行在 OpenShift 上的准入要求，则制定应用迁移方案。
- 制定应用迁移方案：在制定应用迁移方案时，需要综合考虑应用使用的技术语言、通信协议、中间件版本、配置传入的方式、日志如何输出、应用灰度发布等应用或系统的技术实现细节，并结合 OpenShift 的特性以及约束制定迁移方案，期间可能需要进行必要的技术验证。
- 应用改造：待确定应用迁移方案并得到认可之后，可能需要对应用进行必要的改造，如修改日志的输出形式、配置外部化等，以便能以最佳的形式运行在 OpenShift 上。
- 应用容器化：应用容器化指将应用改造或打包为可以容器形式运行的过程。应用容器化通常包括基础镜像制作、应用容器化构建、其他技术组件容器化这些方面。
- 迁移验证和正式迁移：在完成应用容器化之后，就可以进行迁移验证。如果过程中出现问题可能需要随时调整，最终达到符合预期的效果就可以正式迁移了。

可以看到在这 6 个过程中最关键的是制定应用迁移方案和应用容器化。应用迁移方案并没有一个通用的形式，随着应用系统的不同，应用迁移方案的差异很大，企业需要根据应用系统的特点来制定应用迁移方案。下面着重介绍应用容器化的方法。

4.2.3 应用容器化方法

企业应用中 JavaEE 类应用的打包形式通常是 War 包、Jar 包，Spring Boot 类应用的打包形式通常是 Fat Jar。应用容器化在本质上是将打包的应用放到包含应用运行环境的容器镜像中运行。在应用系统容器化的过程中会涉及三类镜像：

- 基础镜像：指支持应用运行的基础系统环境的镜像，包括已经安装了必要的组件和工具以及包含了与运行相关的脚本和参数等。例如 OpenJDK、Tomcat、Nodejs、Python 等镜像。
- 应用镜像：指在基础镜像之上对应用进行构建、容器化封装，封装之后的镜像是包含应用的，直接或者传入配置就可以启动运行。
- 其他技术组件镜像：应用部署、运行所依赖的应用服务器、数据库、消息中间件等技术组件。例如 AMQ、Redis、MySQL、Jenkins 等。

对于第一类和第三类的镜像，建议最好使用可信镜像源仓库，如红帽官方镜像（https://

access.redhat.com/containers/）或者其他官方镜像。当然，完全可以自行构建这些镜像。在 OpenShift 中应用容器化主要指对第二类应用镜像的制作，主要有三种方法：本地构建、CI 构建、S2I 构建。

- 本地构建：工程师编写 Dockerfile，并在一台或多台主机上手工执行 docker/podman build 命令构建应用镜像。这种方式非常简单易行，适合开发人员本地测试以及开发测试环境构建镜像调试。
- CI 构建：Jenkins 集群在 CI 流程中调用 Maven 执行构建，Maven 通过插件按指定的 Dockerfile 生成应用的容器镜像。这种方法的不足之处是资源利用率较低，适用的场景是传统持续集成。
- OpenShift Source-to-Image（S2I）构建：OpenShift 在隔离的容器环境中进行应用的构建编译并生成应用的容器镜像。S2I 适用于容器场景下的持续集成，也很方便，但前提是我们需要有现成的 S2I Builder 镜像。红帽官方会提供很多 S2I Builder 镜像。如果客户需要的 Builder 镜像红帽官网没有提供，则需要自行制作。

由于 CI 构建主要由 Jenkins 或 Tekton 完成，我们将会在后续 DevOps 章节中介绍这部分内容。

本章接下来的内容将重点介绍如何使用本地构建和 OpenShift S2I 实现应用容器化。在正式介绍应用容器化之前，先介绍制作容器镜像的最佳实践，在进行应用容器化时也将遵循这些准则。

4.2.4　制作容器镜像的最佳实践

1. 基础镜像的选择

应用容器化的第一步就是选择基础镜像，我们遵循如下标准选择基础镜像。

镜像应从官方途径获得，避免使用来自社区构建和维护的镜像。应用镜像应在 PaaS 平台中构建，所选择的基础镜像应来自可信镜像源。可信的镜像来源包括：

- Dockerhub 官方镜像（https://hub.docker.com）。
- 红帽容器镜像库 registry.access.redhat.com 或 registry.redhat.io。

在 OpenShift 中我们更推荐使用第二类镜像。红帽提供的镜像是经过严格安全扫描的，扫描遵循如下规则：

- 镜像中不能出现严重（Critical）和重要（Important）级别的安全问题。
- 应遵循最小安装原则，在镜像中不要引入与应用系统运行无关的组件和软件包。
- 应为非特权镜像（Unprivileged Image），不需要提升容器运行权限。
- 应经过数字签名检查，避免镜像被覆盖和篡改。
- 安全扫描仅限在镜像范围，不会涉及源码等其他资源。

根据扫描结果确定镜像的健康等级，只有 A、B 级别可运行在 OpenShift 平台上，避免使用 C 及以下级别的镜像，如图 4-2 所示。

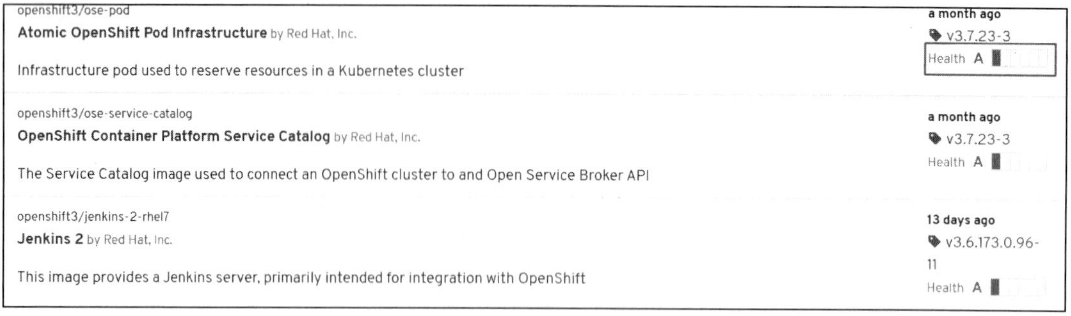

图 4-2 镜像健康等级

红帽很多基础镜像是可以直接从互联网拉取（无须额外的认证）的，如 RHEL7 的基础容器镜像，如图 4-3 所示。

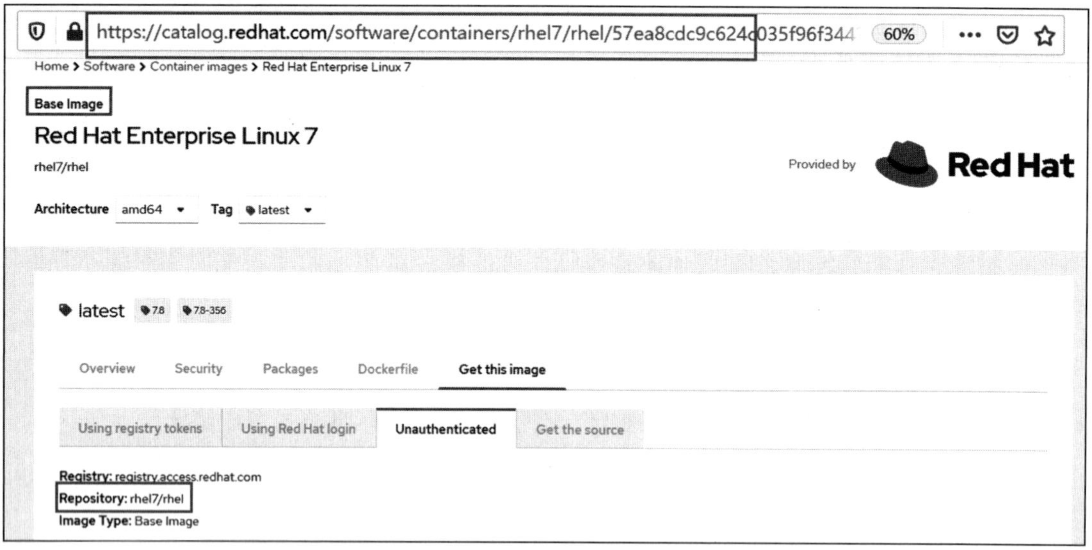

图 4-3 RHEL7 的基础容器镜像

查看镜像的健康等级，如图 4-4 所示。

使用 docker 或者 podman 都可以拉取镜像，如图 4-5 所示。

除了 RHEL 容器镜像之外，红帽还提供了通用基础镜像（Universal Base Image，UBI），它可以运行在任何 OCI 兼容的 Linux 上。这意味着我们可以在 UBI 上构建容器化的应用程序，将其推送到镜像仓库，然后分享给别人。UBI 允许我们在所需的容器化应用程序上进行构建、共享和协作。UBI 的架构如图 4-6 所示。

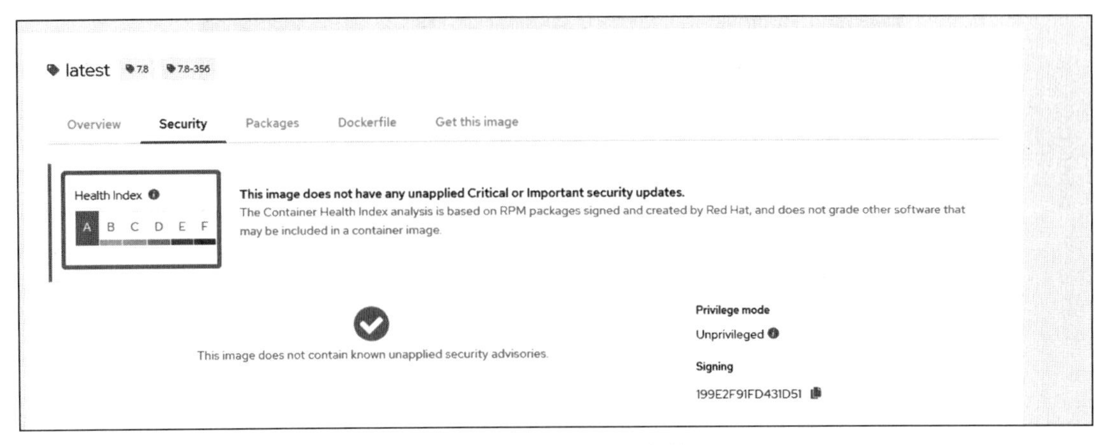

图 4-4　查看镜像的健康等级

```
[root@ip-172-31-44-35 ~]# docker pull registry.access.redhat.com/rhel7/rhel
Using default tag: latest
latest: Pulling from rhel7/rhel
585d0a33890c: Pull complete
ff394f42578a: Pull complete
Digest: sha256:13c56751d2ac6d20a203b27eef7848754192c5cc5eade905537a2c79677f6430
Status: Downloaded newer image for registry.access.redhat.com/rhel7/rhel:latest
registry.access.redhat.com/rhel7/rhel:latest
[root@ip-172-31-44-35 ~]# docker images
REPOSITORY                              TAG       IMAGE ID       CREATED        SIZE
registry.access.redhat.com/rhel7/rhel   latest    40421dfd34d0   2 weeks ago    205MB
```

图 4-5　成功拉取容器镜像

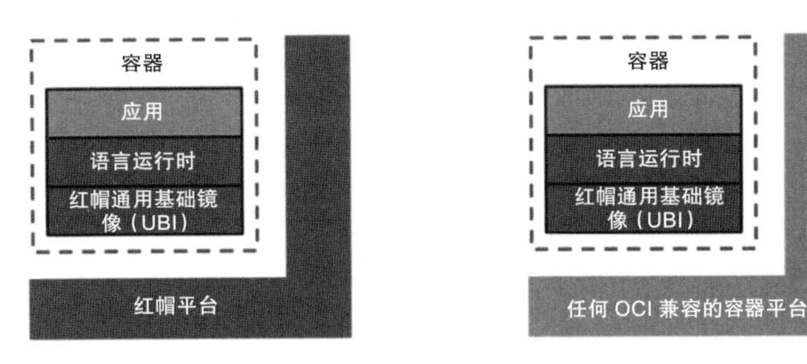

图 4-6　UBI 的架构

什么时候选择使用 UBI？可以参照以下几点：

- 开发人员想要构建一个容器镜像，以便可以更广泛地分发。
- 运营团队希望获得具有企业生命周期的可支持的基础镜像。
- 企业想要为客户提供 Kubernetes Operator。
- 客户希望在其红帽环境中获得企业支持。
- 社区希望更自由地共享容器化的应用程序。

图 4-7 给出了 UBI 7 提供的 8 类容器镜像，我们可以根据需要进行选择。

UBI 7 镜像	用法
ubi	用于标准用例
ubi-minimal	用于具有最小依赖的应用
ubi-init	用于带有 systemd 的多个应用
nodejs-8	用于构建和运行基于 web 的 Node.js 应用
php-72	用于构建和运行基于 web 的 PHP 应用
python-27	用于构建和运行基于 web 的 Python 2 应用
python-36	用于构建和运行基于 web 的 Python 3 应用
ruby-25	用于构建和运行基于 web 的 Ruby 应用

图 4-7　UBI 7 提供的 8 类容器镜像

我们可以在任意安装了 podman 或 docker 的 linux 服务器上获取 UBI 的镜像，如图 4-8 所示。

```
[root@ip-172-31-44-35 ~]# docker pull registry.access.redhat.com/ubi7/ubi:7.6
7.6: Pulling from ubi7/ubi
2b10c4b8508a: Pull complete
1fe78366afe1: Pull complete
Digest: sha256:adf499ed354847d81fbd993546c8bd1ba414e3a45fa10b5c68f532fa09d2f172
Status: Downloaded newer image for registry.access.redhat.com/ubi7/ubi:7.6
registry.access.redhat.com/ubi7/ubi:7.6
[root@ip-172-31-44-35 ~]# docker images |grep -i 7.6
registry.access.redhat.com/ubi7/ubi    7.6    247ee58855fd    11 months ago    204MB
[root@ip-172-31-44-35 ~]#
```

图 4-8　获取 UBI 的镜像

2. 标准容器镜像制作最佳实践

制作标准容器镜像，我们建议遵循以下最佳实践。

- 明确指定基础镜像：明确指定 FROM 镜像的版本，如 rhel:rhel7 或 ubi7/ubi:7.8，尽量避免使用 latest 标签的镜像。
- 使用标签维护镜像兼容性：在给镜像打标签时，尽量保持向后兼容。例如，目前有一个名为 foo:v1 的镜像，当更新镜像之后，只要它仍然与原始镜像兼容，你就可以继续标记镜像为 foo:v1，这样使用该标签镜像的消费者就不会被干扰。如果发布的是不兼容更新，那么就打新的标签 foo:v2。
- 避免多进程：建议在一个容器中不启动两个进程，而是将多个进程在独立的容器中运行，多个容器使用 Pod 封装。
- 清理临时文件：应该全部移除在构建过程中产生的临时文件，例如 ADD 命令加入的无用文件，强烈建议在 yum install 之后执行 yum clean 清除缓存这些临时文件。
- 在单行运行多个命令：尽量在单个 RUN 指令下运行多个命令，这样减少镜像的层，缩短下载和提取镜像的时间。
- 适当的顺序放置指令：docker/podman 是从上到下读取 Dockerfile，每个指令成功执行之后才会创建新的层执行下一个指令，这样尽量将一些不变的指令放置到顶层，可以使用缓存加快构建速度。

- 标记重要端口：使用 EXPOSE 标记重要端口，虽然没有实际的暴露端口动作，但是对于可读性和后续维护性有很重要意义，可以使用 docker/podman inspect 查看运行镜像需要的端口。
- 设置环境变量：使用 ENV 指令设置环境变量是最佳实践。例如设置中间件的版本，这样使用者不需要看 Dockerfile 就可以获取版本；设置一些比较容易识别的程序使用的系统目录，如 JAVA_HOME。
- 避免默认密码：尽量避免设置默认密码。很多人可能在使用镜像的时候忘记修改默认密码而导致安全问题。密码可以使用环境变量替换。
- 避免 SSHD：尽量避免在容器中运行 SSHD。可以使用 docker/podman exec 或 oc rsh 进入运行的容器中，不需要运行 SSHD。

3. OpenShift 容器镜像制作最佳实践

制作 OpenShift 容器镜像，我们建议遵循以下最佳实践。

- 具备 S2I 功能：需要编写用于 S2I 的装配脚本和运行脚本，并放置到指定的目录中。
- 使用 Service 用于容器间通信：镜像中调用其他服务时最好使用 Service Name 通信。
- 通用依赖库：确保镜像中已经包含通用的库，如创建 Java 镜像时放置常用的 JDBC Driver。
- 配置文件中使用环境变量：重要的配置使用环境变量设置，如与其他服务通信的 Service Name 等。
- 设置镜像元数据：通过 LABEL 指令定义镜像元数据，可以帮助 OpenShift 为开发人员提供更好的体验，如镜像描述、应用版本等。
- 日志：日志可使用标准输出。如果有多种日志，则添加前缀标识。
- Liveness 和 Readiness Probes：允许用户定义健康监测判定进程状态和是否可以处理请求。
- 镜像模板：尽量提供使用镜像的模板。模板让使用者更容易使用正确的配置部署镜像。
- 支持任意的 User ID：默认 OpenShift 使用任意的 User ID 运行容器。将任意用户需要读写的文件或目录属组设置为 root group，因为任何用户都属于 root group，但是 root group 又没有特殊的权限，不会引起安全问题。另外，使用非 root 用户启动，监听的端口必须大于 1024。

在介绍了制作容器镜像的最佳实践以后，接下来介绍应用容器化的方法。我们在应用容器化的步骤中将遵循本小节介绍的最佳实践。

4.2.5 本地构建实现应用容器化

1. 本地构建命令介绍

我们知道 Dockerfile 会自动构建容器镜像。Dockerfile 是一个文本文件，其中含有一组可用来构建容器镜像的命令。接下来，我们分别介绍常用的命令，以便读者能对使用 Dockerfile 实现应用容器化有较深的理解。

我们知道容器镜像是分层管理的，这样做的好处是容器的系统介质可以实现精简化，打包方便。在镜像中只有文件系统的最顶层是可读写的，其余均为只读，因此在书写 Dockerfile 的时候不要引入过多镜像层级，以控制镜像的大小。我们秉承这个原则来看如何使用命令编写 Dockerfile。

（1）RUN 命令

RUN 命令会在当前镜像上创建一个新的镜像层执行命令。RUN 命令会增加镜像的层数，所以在 Dockerfile 中执行 RUN 的时候使用 && 命令分隔符在单个 RUN 指令中执行多个命令，以控制镜像的大小。

举例来说，下面是一种不好的写法：

```
RUN yum update
RUN yum install -y httpd
RUN yum clean all -y
```

为了控制容器镜像的层数，我们应该将其调整为：

```
RUN yum update && \
    yum install -y httpd && \
    yum clean all -y
```

（2）LABEL 命令

LABEL 命令可定义镜像元数据（键值对格式）。LABEL 命令通常用来为镜像添加描述性元数据，如版本、描述信息等，这样后面使用者可以了解镜像的相关信息。LABEL 命令也会增加镜像的层数，如果我们要指定多个数值，建议对所有标签使用一条指令。

运行在 OpenShift 上的镜像需要定义一些特殊的标签，OpenShift 可以解析标签，并基于这些标签的存在性来执行某些操作。

如果想了解 Labels 的使用方式，我们不妨以红帽提供的 Builder 镜像的 Dockerfile 为参考。

```
LABEL \
com.redhat.component="jboss-webserver-3-webserver31-tomcat8-openshift-container"  \
  description="Red Hat JBoss Web Server 3.1 - Tomcat 8 OpenShift container image"  \
  io.cekit.version="2.2.7"  \
  io.k8s.description="Platform for building and running web applications on
      JBoss Web Server 3.1 - Tomcat v8"  \
  io.k8s.display-name="JBoss Web Server 3.1"  \
  io.openshift.expose-services="8080:http"  \
  io.openshift.s2i.destination="/tmp"  \
```

```
    io.openshift.s2i.scripts-url="image:///usr/local/s2i"  \
    io.openshift.tags="builder,java,tomcat8"  \
    name="jboss-webserver-3/webserver31-tomcat8-openshift"  \
    org.concrt.version="2.2.7"  \
    org.jboss.container.deployments-dir="/deployments"  \
    summary="Red Hat JBoss Web Server 3.1 - Tomcat 8 OpenShift container image"  \
    version="1.4"
```

（3）WORKDIR 命令

WORKDIR 命令为 Dockerfile 中的命令（RUN、CMD、ENTRYPOINT、COPY 或 ADD）设置工作目录。

建议在 WORKDIR 命令中使用绝对路径。在 Dockerfile 中切换路径时要使用 WORKDIR，不要使用 RUN，这样有助于提升镜像的可维护性，后续进行问题诊断也会更方便。

（4）ENV 命令

ENV 命令定义了容器可用的环境变量。我们可以在 Dockerfile 中声明多个 ENV 命令，还可以在运行容器中使用 ENV 命令查看这些环境变量。在 Dockerfile 中通常使用 ENV 命令来定义文件和文件夹路径，不要使用 ENV 命令进行硬编码。

ENV 命令会增加镜像的层数，如果我们要指定多个数值，建议使用一条指令设置所有环境变量，并用等号（=）分隔每个键值对。

如：

```
ENV MYSQL_ROOT_PASSWORD="my_password" \
MYSQL_DATABASE="my_database"
```

（5）USER 命令

USER 命令指定运行命令的用户名和组名（如 RUN、CMD 和 ENTRYPOINT 等命令）。出于安全原因，我们建议以非 root 用户身份运行镜像。同样，为了减少镜像的层数，要避免在 Dockerfile 中多次使用 USER 命令。

默认情况下 OpenShift 使用任意分配的 User ID 运行容器。这种方法减轻了容器中运行的进程在主机上获得升级权限的风险。

当我们书写 Dockerfile 时，针对 OpenShift 的特点，需要考虑以下问题：

- 如果容器中的进程想访问容器内的目录或文件，需要将这些文件或目录的属组设置为 root group。
- 容器中的可执行文件具有 group 执行权限。
- 容器中运行的进程不得侦听特权端口（即 1024 以下的端口）。

我们将运行容器的用户设置为 root group，然后通过在 Dockerfile 中添加以下 RUN 命令可以设置目录和文件权限，这样 root group 中的用户就有权限访问这些目录。

```
RUN chgrp -R 0 directory && \
chmod -R g=u directory
```

上面 chmod 命令中的 g=u 的作用是将 owner 权限赋给 group，也就是 rwx 权限。

由于 root 组不具备 root 用户的特殊权限，因而通过将目录设置为 root group 的方式可以避免直接使用 root 用户运行容器，降低了安全风险。

在某些情况下我们无法获取有的镜像的原始 Dockerfile，也无法重新构建。如果镜像在构建过程中定义使用了 root 用户执行某些命令，这时候我们需要以 root 用户的身份来运行此类镜像。在这种情况下需要配置 OpenShift 的 SCC 以允许容器以 root 用户的身份来运行。

（6）ONBUILD 命令

ONBUILD 命令会在容器镜像中注册 Triggers。Dockerfile 仅在构建子镜像时执行 ONBUILD 声明的指令。ONBUILD 对于支持容器镜像的自定义很重要。我们可以用它将应用包嵌入容器镜像中。

例如，我们构建一个 Node.js 父镜像，并希望所有开发人员都将其用作基础镜像，这个基础镜像需要满足如下要求：

- 可以将 JavaScript 源代码复制到应用文件夹中，以便 Node.js 引擎可以读取。
- 执行 npm install 命令，以获取 package.json 文件中描述的所有依赖关系。

我们通过在 Dockerfile 中声明 ONBUILD 完成需求。

```
FROM registry.access.redhat.com/rhscl/nodejs-6-rhel7
EXPOSE 3000
# Mandate that all Node.js apps use /usr/src/app as the main folder (APP_ROOT).
RUN mkdir -p /opt/app-root/
WORKDIR /opt/app-root

# Copy the package.json to APP_ROOT
ONBUILD COPY package.json /opt/app-root

# Install the dependencies
ONBUILD RUN npm install

# Copy the app source code to APP_ROOT
ONBUILD COPY src /opt/app-root

# Start node server on port 3000
CMD [ "npm", "start" ]
```

当上面定义的父镜像构建成功以后（例如叫 mynodejs-base），我们就可以在其他 Dockerfile 中引用它，如：

```
FROM mynodejs-base
RUN echo "Started Node.js server..."
```

当子镜像构建时它会触发父镜像中定义的三个 ONBUILD 命令。

2. 本地构建实现应用容器化案例分析

构建一个 Apache HTTP 的镜像，要求如下：

- 红帽提供的 RHEL7 镜像作为基础镜像。
- 生成的镜像名称为 david/httpd-parent。
- RUN 命令包含安装 Apache HTTP 服务器的几个命令，并为 Web 服务器创建默认主页。
- ONBUILD 命令允许子镜像在构建从父镜像扩展而来的镜像时提供自己定制的 Web 服务器内容。
- USER 命令以 root 用户身份运行 Apache HTTP 服务器进程。

Dockerfile 的内容如下。

```
FROM registry.access.redhat.com/rhel7/rhel
# Generic labels
LABEL Component="httpd" \
      Name="david/httpd-parent" \
      Version="1.0" \
      Release="1"
# Labels consumed by OpenShift
LABEL io.k8s.description="A basic Apache HTTP Server image with ONBUILD instructions" \
      io.k8s.display-name="Apache HTTP Server parent image" \
      io.openshift.expose-services="80:http" \
      io.openshift.tags="apache, httpd"
# DocumentRoot for Apache
ENV DOCROOT=/var/www/html \
    LANG=en_US \
    LOG_PATH=/var/log/httpd
RUN   yum install -y --setopt=tsflags=nodocs --noplugins httpd && \
      yum clean all --noplugins -y && \
# Allows child images to inject their own content into DocumentRoot
ONBUILD COPY src/ ${DOCROOT}/
EXPOSE 80
# This stuff is needed to ensure a clean start
RUN rm -rf /run/httpd && mkdir /run/httpd
# Run as the root user
USER root
# Launch apache daemon
CMD /usr/sbin/apachectl -DFOREGROUND
```

我们使用 docker build 或 podman build 命令，将 david/httpd-parent 镜像构建成功。接下来使用 david/httpd-parent 作为基础镜像来实现应用容器化。

构建成功的 david/httpd-parent 镜像在运行时需要注意以下两点：

- 在父 Dockerfile 中使用了 HTTP 服务 80 端口。由于 OpenShift 使用随机 User ID 运行容器，低于 1024 的端口是特权端口，只能以 root 身份运行。
- OpenShift 运行容器使用的随机 User ID 对 /var/log/httpd 没有读写权限。

针对这种情况，我们有两种解决方法。第一种方法是前面提到的关联特殊的 SCC 运行，步骤如下。

```
# oc project container-build
# oc create serviceaccount apacheuser
# oc adm policy add-scc-to-user anyuid -z apacheuser
# oc patch dc/hello --patch \
```

```
    '{"spec":{"template":{"spec":{"serviceAccountName": "apacheuser"}}}}'
```

另外一种方法是在子 Dockerfile 引用父 Dockerfile 时进行权限和端口的覆盖。我们将子 Dockerfile 和源码一起放到 Git 上。

书写引用父镜像的 Dockerfile，对父镜像的变更如下：

- 覆盖父镜像的 EXPOSE 指令并将端口更改为 8080。另外，覆盖 io.openshift.expose-service 标签以指明 Web 服务器运行在 8080 端口。
- 在非特权端口（即大于 1024 的端口）上运行 Web 服务器。使用 RUN 命令将 Apache HTTP 服务器配置文件中的端口号从默认端口 80 更改为 8080。
- 更改 Web 服务器进程读写文件的文件夹的组 ID 和权限。
- 通过 USER 命令添加普通用户，这里我们使用 User ID 1001。

修改后的 Dockerfile 内容如下。

```
FROM registry.example.com:5000/david/httpd-parent
EXPOSE 8080
LABEL io.openshift.expose-services="8080:http"
RUN sed -i "s/Listen 80/Listen 8080/g" /etc/httpd/conf/httpd.conf
RUN chgrp -R 0 /var/log/httpd /var/run/httpd && \
    chmod -R g=u /var/log/httpd /var/run/httpd
USER 1001
```

子容器 ./src 文件夹中提供应用的代码即 index.html 文件，该文件将覆盖父镜像 index.html 文件。子容器镜像的 index.html 文件的内容如下。

```
<!DOCTYPE html>
<html>
<body>
  DavidWei: Hello from the Apache child container!
</body>
</html>
```

使用子 Dockerfile 构建和部署容器至 OpenShift 集群。

```
# oc new-app --name hello \
    http://services.example.com/container-build \
    --insecure-registry
```

接下来会自动开始构建，过程大致如下：

- OpenShift 从 oc new-app 命令提供的 URL（http://services.example.com/container-build）克隆 Git 存储库。
- Git 存储库根目录上的 Dockerfile 会自动识别，并启动 Docker 构建进程。
- 父 Dockerfile 中的 ONBUILD 命令会触发子 index.html 文件的复制，它会覆盖父索引页。
- 最后，构建的镜像会推送到 OpenShift 内部镜像仓库。

创建路由。

```
# oc expose svc/hello --hostname hello.apps.example.com
```

验证应用。

```
# curl http://hello.apps.example.com
Dvidwei: Hello from the Apache child container!
```

通过本案例，我们了解了通过本地构建实现应用容器化的方式。接下来，介绍使用 S2I 的方式来实现应用容器化。

4.2.6　S2I 实现应用容器化

1. OpenShift S2I 的介绍

Source-to-Image（S2I）是红帽 OpenShift 开发的一个功能组件。目前可以独立于 OpenShift 运行。在社区里，被称为 Java S2I，GitHub 的地址为 https://github.com/openshift/source-to-image/blob/master/README.md。

Java S2I 容器镜像使开发人员能够通过指定应用程序源代码或已编译的 Java 二进制文件的位置，在 OpenShift 容器平台中按需自动构建、部署和运行 Java 应用程序。此外，S2I 还支持 Spring Boot、Eclipse Vert.x 和 WildFly Swarm。使用 S2I 的优势在于：

- 简单而灵活：Java S2I 镜像可以处理复杂的构建结构，但默认情况下它会假定在成功构建后 /target 目录中将运行要运行的 JAR。我们也可以使用环境变量 ARTIFACT_DIR 指定要运行的 JAR。此外，如果构建生成多个 JAR 文件，则可以使用环境变量 JAVA_APP_JAR 指定要运行的 JAR 文件。但是，在大多数情况下，我们所要做的就是直接指向源存储库，Java S2I 容器镜像将自动完成配置。
- 自动 JVM 内存配置：在 OpenShift 中通过 Quota 做资源限制。如果存在此类限制，Java S2I 镜像将自动采用 JVM 内存设置，避免 JVM 过量使用内存。
- 控制镜像大小：为了使镜像保持最小化，可以在构建最终容器镜像之前在 S2I 脚本中删除 Maven 本地仓库的数据。将环境变量 MAVEN_CLEAR_REPO 设置为 true，则会在构建过程中删除 Maven 本地仓库。

2. OpenShift S2I 原理解析

OpenShift 可以直接基于 Git 存储库中存储的源代码来创建应用。oc new-app 指定 Git 的 URL 后 OpenShift 会自动检测应用所用的编程语言，并选择合适的 Builder 镜像。当然，我们也可以手工指定 Builder 镜像。

那么，S2I 应该如何识别 Git 上的内容来自动检测编程语言呢？它会检测 Git 上的特征文件，然后按照表 4-1 的方式选择构建方式。

例如，如果 Git 上有 pom.xml 文件，S2I 将会因为需要使用 jee 的构建语言，所以查找 jee 的 Image Stream。

表 4-1　S2I 特征文件与构建方式

文件	构建语言	编程语言
Dockerfile	无	Dockerfile 构建（非 S2I）
pom.xml	jee	Java（使用 JBoss EAP）
app.json、package.json	nodejs	Node.js (JavaScript)
composer.json、index.php	php	PHP

OpenShift 会采用多步算法来确定 URL 是否指向源代码存储库，如果是，则还会采用该算法来确定应由哪个 Builder 镜像来执行构建。以下是该算法的大致执行过程：

1）如果 S2I 能够成功访问指定源码地址的 URL，则需 S2I 开始进行下一步。

2）OpenShift 检索 Git 存储库，搜索名为 Dockerfile 的文件。如果找到了 Dockerfile，则会触发容器镜像构建。如果没找到 Dockerfile，则进行第 3 步。

3）OpenShift 按照表 4-1 的方式判断源码的类型匹配构建语言，自动查找 Image Stream。搜索到的第一个匹配的 Image Stream 会成为 S2I Builder 镜像。

4）如果没有匹配的构建语言，OpenShift 会搜索名称与构建语言名称相匹配的 Image Stream。搜索到的第一个匹配项会成为 S2I Builder 镜像。

S2I 构建过程涉及三个基本组件：应用程序的源代码、S2I 脚本、S2I Builder 镜像。它们组合在一起构建成最终的应用镜像，实现应用容器化。

S2I 的本质是按照一定的规则执行构建过程，依赖于一些固定名称的 S2I 脚本，这些脚本在各个阶段执行构建工作流程。它们的名称和作用分别如下：

- assemble：负责将已经下载到本地的外部代码进行编译打包，然后将打包好的应用包拷贝到镜像对应的运行目录中。
- run：负责启动运行 assemble 编译、拷贝好的应用。
- usage：告诉使用者如何使用该镜像。
- save-artifacts：脚本负责将构建所需要的所有依赖包收集到一个 tar 文件中。save-artifacts 的好处是可以加速构建的过程。
- test/run：通过 test/run 脚本，可以创建简单的流程来验证镜像是否正常工作。

在上面的五个脚本中，assemble 和 run 是必须有的，其他三个脚本是可选的。这些脚本可以由多种方式提供，默认使用存放在镜像 /usr/local/s2i 目录下的脚本文件，也可以由源代码仓库或 HTTP Server 提供这些脚本。

有了这五个 S2I 脚本之后，就可以按照如下构建流程构建应用镜像了。

- 启动构建之后，启动 builder 容器，首先实例化基于 S2I Builder 的容器。从 Git 上获取应用源代码，创建一个包含 S2I 脚本（如果 Git 上没有，则使用 Builder 镜像中的脚本）和应用源码的 tar 文件，将 tar 文件传入 S2I Builder 实例化的容器中。
- tar 文件被解压缩到 S2I builder 容器中 io.openshift.s2i.destination 标签指定的目录位置，默认是 /tmp。

- 如果是增量构建，assemble 脚本会先恢复被 save-artifacts 脚本保存的 build artifacts。
- assemble 脚本从源代码构建应用程序，并将生成的二进制文件放入应用运行的目录。
- 如果是增量构建，执行 save-artifacts 脚本并保存所有构建以来的 artifacts 到 tar 文件。
- 完成 assemble 脚本执行以后生成最终应用镜像。
- builder 容器调用 podman 命令，将构建好的应用镜像推送到内部镜像仓库。
- 应用镜像推送到内部镜像仓库之后，触发 DeploymentConfig 中的 Image Stream 触发器自动部署应用镜像。
- 应用镜像运行，并执行 RUN 脚本配置应用参数以及启动应用。

在介绍了 S2I 的原理后，接下来通过分析一个红帽的 Builder 镜像，进一步加深对 S2I 的理解。

3. 红帽 Builder 镜像分析

目前红帽的官网提供 24 个 Builder 镜像（https://access.redhat.com/containers/#/explore），如图 4-9 所示。

镜像类型

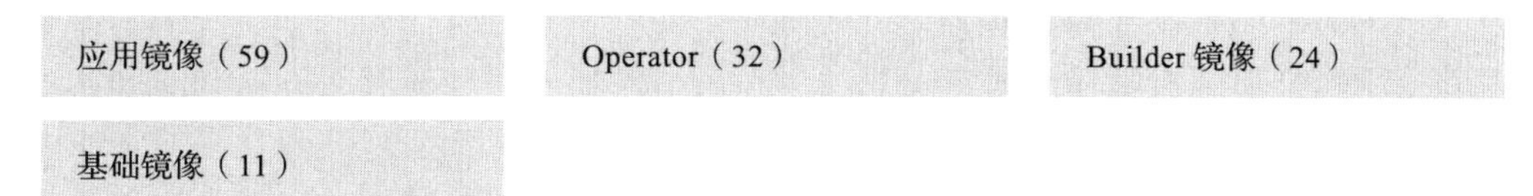

图 4-9　官方镜像类型

官方提供的 Builder 镜像包含了大部分开发语言，如图 4-10 所示。

10 of 24 repositories belong to this category

Repository Name	Latest Image
redhat-openjdk-18/openjdk18-openshift **Java Applications** by Red Hat, Inc. OpenJDK 8 Image for Java Applications	a month ago 1.6-20 Health A
jboss-webserver-3/webserver31-tomcat8-openshift **JBoss Web Server 3.1 - Tomcat 8** by Red Hat, Inc. JBoss Web Server 3.1 - Tomcat 8	23 days ago 1.4-7 Health A
rhscl/ruby-24-rhel7 **Platform for building and running Ruby 2.4 applications** by Red Hat, Inc. Platform for building and running Ruby 2.4 applications	9 days ago 2.4-43 Health A
rhscl/python-35-rhel7 **Python 3.5 platform for building and running applications** by Red Hat, Inc. Python 3.5 platform for building and running applications	9 days ago 3.5-58 Health A
rhscl/nodejs-6-rhel7 **Platform for building and running Node.js 6 applications** by Red Hat, Inc. Platform for building and running Node.js 6 applications	9 days ago 6-53 Health A
rhscl/nodejs-8-rhel7 **Platform for building and running Node.js 8 applications** by Red Hat, Inc. Platform for building and running Node.js 8 applications	9 days ago 1-48 Health A

图 4-10　官方 Builder 镜像

红帽 Builder 镜像包含了红帽研发的大量心血，其脚本的书写判断条件十分全面。我们以 webserver31-tomcat8-openshift 这个 Builder 镜像为例来体会一下。

首先在 OpenShift 项目下，通过对应的 Image Stream 导入 webserver31-tomcat8-openshift 镜像。

```
# oc import-image jboss-webserver31-tomcat8-openshift --from=registry.redhat.io/
    jboss-webserver-3/webserver31-tomcat8-openshift --confirm
imagestream.image.openshift.io/webserver31-tomcat8-openshift imported
```

接下来，使用导入成功的 Image Stream 部署 Pod，如图 4-11 所示。

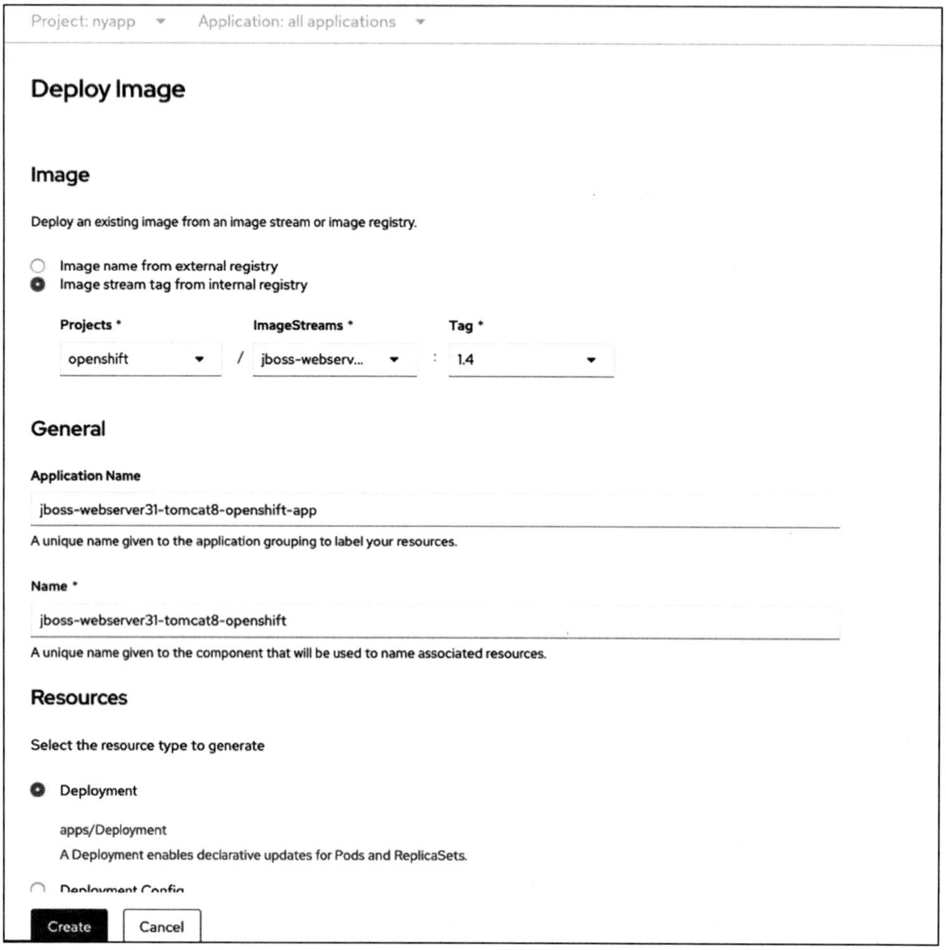

Project: nyapp　Application: all applications

Deploy Image

Image

Deploy an existing image from an image stream or image registry.

Image name from external registry
Image stream tag from internal registry

Projects * openshift / ImageStreams * jboss-webserv... : Tag * 1.4

General

Application Name

jboss-webserver31-tomcat8-openshift-app

A unique name given to the application grouping to label your resources.

Name *

jboss-webserver31-tomcat8-openshift

A unique name given to the component that will be used to name associated resources.

Resources

Select the resource type to generate

Deployment

apps/Deployment

A Deployment enables declarative updates for Pods and ReplicaSets.

Deployment Config

Create　Cancel

图 4-11　选择 Image Stream 和版本

在 OpenShift 中选择 Image Stream 和 Tag，使用 Tag 1.4。部署完成后，等待 Pod 正常运行，如图 4-12 所示。

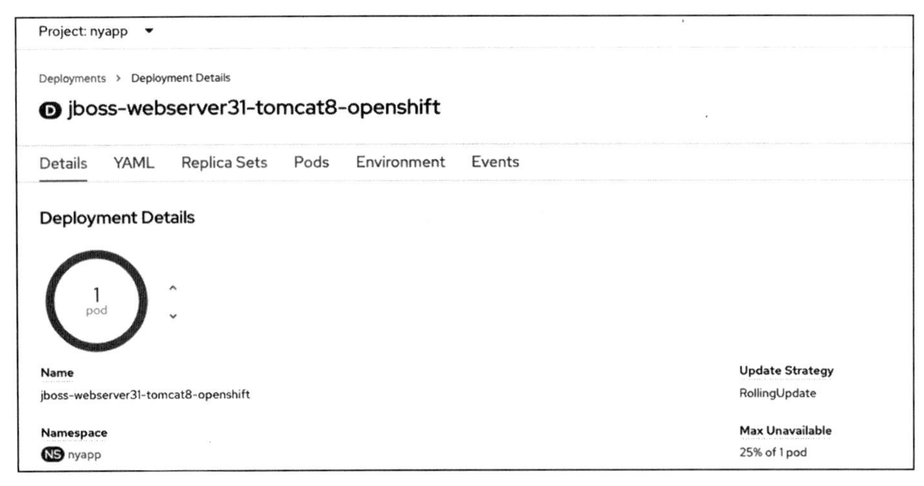

图 4-12　Pod 正常运行

我们查看 Pod 的名称。

```
# oc get pods
NAME                                              READY     STATUS             RESTARTS   AGE
jboss-webserver31-tomcat8-openshift-597c7f995-wtqrf   1/1    Running      0       25s
```

登录到 Pod，切换到 /usr/local/s2i 目录中，查看镜像中的 S2I 脚本文件。

```
sh-4.2$ cd /usr/local/s2i; ls
assemble  common.sh  run  save-artifacts  scl-enable-maven
```

查看 assemble 脚本。

```
sh-4.2$ cat assemble
#!/bin/sh
set -e
source "${JBOSS_CONTAINER_UTIL_LOGGING_MODULE}/logging.sh"
source "${JBOSS_CONTAINER_MAVEN_S2I_MODULE}/maven-s2i"
source "${JBOSS_CONTAINER_JWS_S2I_MODULE}/s2i-core-hooks"
maven_s2i_build
```

在上面脚本中的核心功能是执行 maven_s2i_build 这个函数。接下来，我们通过分析这个函数来体会 Builder 镜像设计的精妙所在。

maven_s2i_build 函数在 /opt/jboss/container/maven/s2i/maven-s2i 文件中进行了定义。

查看 /opt/jboss/container/maven/s2i/maven-s2i 中 maven_s2i_build 的函数的描述。

```
sh-4.2$ cat /opt/jboss/container/maven/s2i/maven-s2i
......
# main entry point, perform the build
function maven_s2i_build() {
  maven_s2i_init
  if [ -f "${S2I_SOURCE_DIR}/pom.xml" ]; then
    # maven build
```

```
    maven_s2i_maven_build
  else
    # binary build
    maven_s2i_binary_build
  fi
  s2i_core_copy_artifacts "${S2I_SOURCE_DIR}"
  s2i_core_process_image_mounts
  s2i_core_cleanup
  rm -rf /tmp/hsperfdata_jboss
}
......
```

上面的函数是一个判断，当 {S2I_SOURCE_DIR} 中有 pom.xml 文件时调用 maven_s2i_maven_build 函数，否则调用 maven_s2i_binary_build 函数。在判断体之外，调用 s2i_core_copy_artifacts 等函数。

由于篇幅有限，我们接下来只分析 maven_s2i_maven_build 和 s2i_core_copy_artifacts 两个函数。

接下来查看本文件内 maven_s2i_maven_build 函数的描述。

```
# perform a maven build, i.e.  mvn ...
# internal method
function maven_s2i_maven_build() {
  maven_build "${S2I_SOURCE_DIR}" "${MAVEN_S2I_GOALS}"
  maven_s2i_deploy_artifacts
  maven_cleanup
```

也就是说，maven_s2i_maven_build 函数调用了 maven_build。而 maven_build 的定义在 /opt/jboss/container/maven/default/maven.sh 中，内容如下。

```
function maven_build() {
  local build_dir=${1:-$(cwd)}
  local goals=${2:-package}
  log_info "Performing Maven build in $build_dir"
  pushd $build_dir &> /dev/null
  log_info "Using MAVEN_OPTS ${MAVEN_OPTS}"
  log_info "Using $(mvn $MAVEN_ARGS --version)"
  log_info "Running 'mvn $MAVEN_ARGS $goals'"
  # Execute the actual build
  mvn $MAVEN_ARGS $goals
  popd &> /dev/null
}
```

也就是说 maven_build 最终调用的是 mvn 命令，对源码进行构建。

整个调用链条是：S2I=>assemble 脚本 => maven_s2i_build=>maven_s2i_maven_build=>maven_build=>mvn。

我们回到 maven_s2i_build，当 maven_s2i_maven_build 构建成功以后，调用 s2i_core_copy_artifacts 函数。

我们查看 s2i_core_copy_artifacts 的定义（/opt/jboss/container/s2i/core/s2i-core 文件中）。

```
# main entry point for copying artifacts from the build to the target
# $1 - the base directory
function s2i_core_copy_artifacts() {
  s2i_core_copy_configuration $*
  s2i_core_copy_data $*
  s2i_core_copy_deployments $*
  s2i_core_copy_artifacts_hook $*
}
```

也就是说，s2i_core_copy_artifacts 又会包含 4 个函数。由于篇幅有限，我们仅以 s2i_core_copy_data 为例进行分析。

在同文件（/opt/jboss/container/s2i/core/s2i-core 文件）中的代码对 s2i_core_copy_data 进行了定义，内容如下。

```
# copy data files
# $1 - the base directory to which $S2I_SOURCE_DATA_DIR is appended
function s2i_core_copy_data() {
  if [ -d "${1}/${S2I_SOURCE_DATA_DIR}" ]; then
    if [ -z "${S2I_TARGET_DATA_DIR}" ]; then
      log_warning "Unable to copy data files.  No target directory specified for
          S2I_TARGET_DATA_DIR"
    else
      if [ ! -d "${S2I_TARGET_DATA_DIR}" ]; then
        log_info "S2I_TARGET_DATA_DIR does not exist, creating ${S2I_TARGET_DATA_DIR}"
        mkdir -pm 775 "${S2I_TARGET_DATA_DIR}"
      fi
      log_info "Copying app data from $(realpath --relative-to ${S2I_SOURCE_DIR}
          ${1}/${S2I_SOURCE_DATA_DIR}) to ${S2I_TARGET_DATA_DIR}..."
      rsync -rl --out-format='%n' "${1}/${S2I_SOURCE_DATA_DIR}"/ "${S2I_TARGET_
          DATA_DIR}"
```

代码会进行一系列判断，如果源目录和目标目录都同时存在，函数会调用 rsync 命令将源目录的内容拷贝到目标目录。

整个调用的链条是：S2I=>assemble 脚本 => maven_s2i_build=>s2i_core_copy_artifacts= > s2i_core_copy_data => rsync。

最后，我们查看 S2I 的 run 脚本。

```
sh-4.2$ cat /usr/local/s2i/run
#!/bin/sh
exec $JWS_HOME/bin/launch.sh
```

run 脚本调用了 launch.sh 脚本。查看 launch.sh 脚本的部分内容。

```
sh-4.2$ cat /opt/webserver/bin/launch.sh
#!/bin/sh
CATALINA_OPTS="${CATALINA_OPTS} ${JAVA_PROXY_OPTIONS}"
escape_catalina_opts
log_info "Running $JBOSS_IMAGE_NAME image, version $JBOSS_IMAGE_VERSION"
exec $JWS_HOME/bin/catalina.sh run
```

launch.sh 最终调用了 catalina.sh 脚本来启动 webserver。而 $JWS_HOME 的参数是读

取的 Pod 环境变量。

```
sh-4.2$ env |grep -i JWS
JBOSS_CONTAINER_JWS_S2I_MODULE=/opt/jboss/container/jws/s2i
JWS_HOME=/opt/webserver
```

整个调用的链条是：S2I=>run 脚本 => launch.sh 脚本 =>catalina.sh 脚本。

也就是说，应用的源码被 mvn 构建以后，拷贝到 Tomcat 的部署目录中，然后 catalina.sh 脚本启动 webserver，从而启动应用。

在上文我们只是分析了 Builder 镜像中 S2I 脚本的冰山一角，而红帽提供 Builer 镜像的完备性、功能强大性可想而知，官方提供的 Builder 镜像也能够满足绝大多数 S2I 的需求。

4. 手工定制 Builder 镜像

那么有没有我们的需求超过红帽官方提供的 Builder 镜像，需要我们定制化的时候呢？

答案是肯定的。我们仅需要满足 S2I 的规范就可以自行构建一个支持 S2I 的 Builder 镜像，其流程如图 4-13 所示。

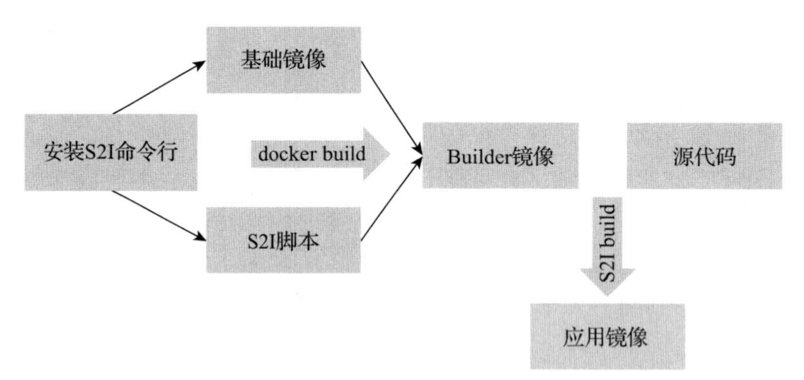

图 4-13　定制 S2I 的流程

构建 Builder 镜像的步骤如下：

- 首先使用 S2I 命令行创建目录结构，目录中将会包含 S2I 的脚本、Dockerfile 等。
- 基础镜像通常使用红帽官网提供的镜像，我们编写新的 Dockerfile 引用基础镜像。在构建子镜像时也可以用新的 S2I 脚本覆盖父镜像的脚本。
- Builder 镜像构建成功以后，可以接收外部 Git 的代码注入，对源码进行编译打包，最终形成应用镜像。
- 应用镜像会被部署到 OpenShift 集群中，并创建 Service 和 Router 对象用于应用访问。

定制化 Builder 镜像的第一步就是选择基础镜像，基础镜像的选择决定了工作量和难易程度。通常有两种选择：

- 选择使用红帽已经提供的 Builder 镜像进行修改。直接以官方提供的 Builder 镜像作为基础镜像，书写 Dockerfile 进行任何想要的定制化，我们称生成新的 Builder 镜像为子 Builder 镜像，官方提供的 Builder 镜像为父 Builder 镜像。
- 使用最底层基础镜像（如 openjdk 或 rhel）进行制作。根据社区或红帽提供的最底层镜像（如 openjdk 或 rhel）自行书写 Dockerfile、S2I 的相关脚本，生成子 Builder 镜像。然后基于子 Builder 镜像进行 S2I，生成应用镜像，实现应用容器化。

第一种方法的优点是书写 Dockerfile 较为简便（建立在红帽提供的 Builder 镜像的 Dockerfile 基础上），缺点是生成的镜像较大，生成的镜像需要经过压缩处理。

第二种方法的优点是生成的镜像较小，缺点是需要技术人员很熟悉红帽制作镜像规范以及 OpenShift 对镜像的要求，否则做出来的镜像有些功能会不工作。

根据经验，我们建议选择第一种方法，即选择使用红帽已经提供的 Builder 镜像进行修改，具体操作通常有三种方法：

- 使用已有的红帽 Builder 镜像，在构建应用的时候采用覆盖默认父镜像 S2I 脚本的方法，不构建子 Builder 镜像，直接生成应用镜像，实现应用容器化。
- 使用已有的红帽基础镜像或 Builder 镜像书写新的 Dockerfile，不覆盖父镜像 S2I 脚本，构建子 Builder 镜像。然后基于子 Builder 镜像进行 S2I，生成应用镜像，实现应用容器化。
- 使用已有的红帽基础镜像或 Builder 镜像书写新的 Dockerfile，覆盖父镜像 S2I 脚本，构建子 Builder 镜像。然后基于子 Builder 镜像进行 S2I，生成应用镜像，实现应用容器化。

在上述三种方法中，定制的复杂度逐级提升。第一种和第三种使用较多，并且比较有代表性，我们将介绍这两种方法。

（1）采用覆盖默认父镜像 S2I 脚本的方法生成应用镜像

我们以红帽提供的 rhscl/httpd-24-rhel7 Builder 镜像为例。展示如何通过覆盖父镜像 S2I 脚本的方法生成应用镜像。

首先导入 rhscl/httpd-24-rhel7 的 Image Stream。

```
# oc import-image rhscl/httpd-24-rhel7 --from=registry.access.redhat.com/rhscl/
    httpd-24-rhel7 --confirm
imagestream.image.openshift.io/httpd-24-rhel7 imported
```

通过 docker/podman run 运行镜像。

```
# podman run --name test -it rhscl/httpd-24-rhel7 bash
```

查看 Builder 镜像的 assemble 脚本。

```
bash-4.2$ cd /usr/libexec/s2i/
bash-4.2$ cat assemble
#!/bin/bash
set -e
source ${HTTPD_CONTAINER_SCRIPTS_PATH}/common.sh
echo "---> Enabling s2i support in httpd24 image"
```

```
config_s2i
echo "---> Installing application source"
cp -Rf /tmp/src/. ./
process_extending_files ${HTTPD_APP_ROOT}/src/httpd-post-assemble/ ${HTTPD_
    CONTAINER_SCRIPTS_PATH}/post-assemble/
# Fix source directory permissions
fix-permissions ./
```

查看 run 脚本内容。

```
bash-4.2$ cat run
#!/bin/bash
source ${HTTPD_CONTAINER_SCRIPTS_PATH}/common.sh
export HTTPD_RUN_BY_S2I=1
exec run-httpd $@
```

接下来，我们创建 S2I 的脚本（assemble 和 run）和源码文件（index.html）。其目录结构如下，需要注意的是 s2i 必须是隐藏目录。

```
# tree -a
└──── s2i-scripts
    ├──── index.html
    └──── .s2i
        └──── bin
            ├──── assemble
            └──── run
```

我们查看源码 index.html 内容。

```
# cat /root/david/s2i-scripts/index.html
This is David Wei test for S2I!!!
```

编写新的 assemble 脚本，我们可以看到，这和 rhscl/httpd-24-rhel7 中的 assemble 脚本内容的区别。新 assemble 脚本主要完成如下事情：

- 执行脚本的时候输出 DavidWei S2I test!!!。
- 将 /tmp/src/. 目录下的内容拷贝到 ./，由于后面 GIT 仓库地址包含的源码是 index.html，因此拷贝的是该文件。
- 将如下内容重定向到 ./info.html 文件中。

```
Page built on $DATE
DavidWei test: Proudly served by Apache HTTP Server version $HTTPD_VERSION
```

查看脚本内容。

```
# cat /root/david/s2i-scripts/.s2i/bin/assemble
#!/bin/bash
set -e
source ${HTTPD_CONTAINER_SCRIPTS_PATH}/common.sh
echo "---> DavidWei S2I test!!!"
config_s2i
echo "---> Installing application source"
cp -Rf /tmp/src/. ./
```

```
process_extending_files ${HTTPD_APP_ROOT}/src/httpd-post-assemble/ ${HTTPD_
    CONTAINER_SCRIPTS_PATH}/post-assemble/
# Fix source directory permissions
fix-permissions ./
DATE=`date "+%b %d, %Y @ %H:%M %p"`
echo "---> Creating info page"
echo "Page built on $DATE" >> ./info.html
echo "DavidWei test:Proudly served by Apache HTTP Server version $HTTPD_VERSION"
    >> ./info.html
```

查看 run 脚本内容，是打开 debug 模式。

```
# cat /root/david/s2i-scripts/.s2i/bin/run
# Make Apache show 'debug' level logs during startup
run-httpd -e debug $@
```

接下来，将 /root/david/s2i-scripts 目录的内容（S2I 脚本和 index.html）提交到 GitHub。

```
# git init
# git add /root/david/s2i-scripts/*
# git add /root/david/s2i-scripts/.s2i/*
# git remote add origin https://github.com/ocp-msa-devops/s2itest.git
# git commit -m "s2i scripts"
# git push -u origin master -f
```

提交成功以后，使用 rhscl/httpd-24-rhel7 和刚上传的源码地址进行 S2I。将应用的名称设置为 weixinyu。

```
# oc new-app --name weixinyu httpd-24-rhel7~https://github.com/ocp-msa-devops/s2itest
--> Found image 0f1cb8c (6 weeks old) in image stream "openwhisk/httpd-24-rhel7"
    under tag "latest" for "httpd-24-rhel7"
```

查看 Builder Pod 的日志，我们可以看到：

- ❑ 构建是使用 rhscl/httpd-24-rhel7 指向的 Docker 镜像。
- ❑ 输出 DavidWei S2I test!!!，说明执行了新的 assemble 脚本。

具体内容如下。

```
# oc logs -f weixinyu-1-build
Using registry.access.redhat.com/rhscl/httpd-24-rhel7@sha256:684590af705d72af64b
    88ade55c31ce6884bff3c1da7cbf8c11aaa0a4908f63f as the s2i Builder Image
---> DavidWei S2I test!!!
AllowOverride All
---> Installing application source
=> sourcing 20-copy-config.sh ...
=> sourcing 40-ssl-certs.sh ...
---> Creating info page
Pushing image docker-registry.default.svc:5000/openwhisk/weixinyu:latest ...
Push successful
```

接下来，我们为部署好的 Pod 创建路由。

```
# oc expose svc weixinyu --port 8080
route.route.openshift.io/weixinyu exposed
```

```
# oc get route
weixinyu     weixinyu-openwhisk.apps.example.com     weixinyu      8080    None
```

通过 curl 访问路由，得出的结果正是我们在 index.html 中定义的内容。

```
# curl http://weixinyu-openwhisk.apps.example.com
This is David Wei test for S2I!!!
```

通过 curl 访问路由，增加 info.html URI，得到的返回信息正是我们在新 assemble 脚本中定义的内容。

```
# curl http://weixinyu-openwhisk.apps.example.com/info.html
Page built on Jun 06, 2019 @ 14:35 PM
DavidWei test: Proudly served by Apache HTTP Server version 2.4
```

也就是说，在 S2I 过程中指定 GitHub 地址上的新 S2I 脚本替换了父镜像中的 S2I 脚本。

至此，我们实现了使用已有的 Builder 镜像，采用覆盖默认父镜像 S2I 脚本的方法，不重新构建子 Builder 镜像，直接生成应用镜像，也就是实现了应用的容器化。

（2）书写新的 Dockerfile，覆盖父镜像 S2I 脚本，生成子 Builder 镜像

接下来，我们看另外一类需求。在前文中，我们分析了 Tomcat 的 Builder 镜像。我们查看镜像的标签，我们使用的是 latest，如图 4-14 所示。

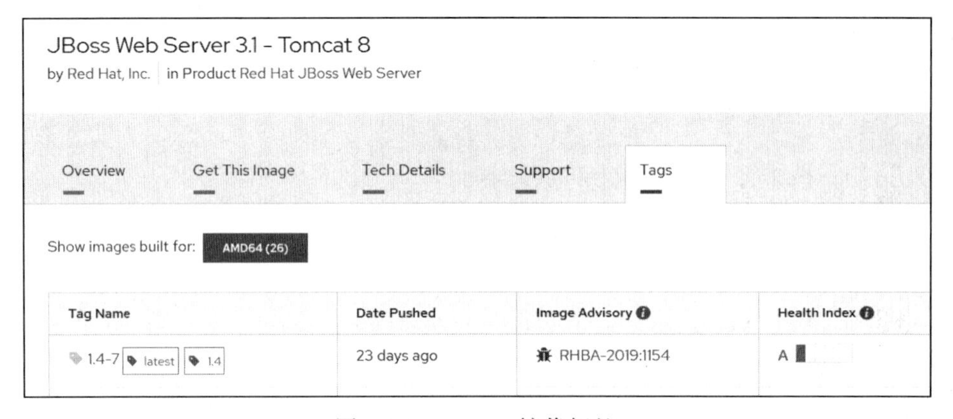

图 4-14　Tomcat 镜像标签

我们查看 1.4-7 tag 对应的 Dockerfile，它使用的是 Tomcat 8:3.1.6，Maven 是 3.5，如图 4-15 所示。

如果客户需要的 S2I builder 的 Tomcat 版本必须是 8.5，并且必须包含 Maven 3.6.1，此外还必须支持 SVN（S2I 默认仅支持 Git），我们应该怎么做呢？这时需要利用红帽提供的 Builder 镜像自行定制子 Builder 镜像。

```
19. FROM jboss-webserver-3/webserver31-tomcat8:3.1.6
20.
21. USER root
22.
23.
24. # Install required RPMs and ensure that the packages were installed
25. RUN yum install -y rh-maven35 yum-utils unzip tar rsync rh-mongodb32-mongo-java-driver postgresql-jdbc mysql-connector-java PyYAML \
26.     && yum clean all && rm -rf /var/cache/yum \
27.     && rpm -q rh-maven35 yum-utils unzip tar rsync rh-mongodb32-mongo-java-driver postgresql-jdbc mysql-connector-java PyYAML
28.
29.
30. # Add all artifacts to the /tmp/artifacts
31. # directory
32. COPY \
```

图 4-15　Tomcat 的 Dockerfile 内容

使用 s2i create 命令来创建所需的模板文件，以创建新的 S2I Builder 镜像。

首先安装 s2i 命令行。

```
# subscription-manager repos  --enable="rhel-server-rhscl-7-rpms"
Repository 'rhel-server-rhscl-7-rpms' is enabled for this system.
# yum -y install source-to-image
```

创建镜像和对应的目录。

```
# s2i create s2i_tomcat8.5_maven3.6.1  s2i_tomcat8.5_maven3.6.1
```

查看目录结构。

```
# tree s2i_tomcat8.5_maven3.6.1
s2i_tomcat8.5_maven3.6.1
├── Dockerfile
├── Makefile
├── README.md
├── s2i
│   └── bin
│       ├── assemble
│       ├── run
│       ├── save-artifacts
│       └── usage
└── test
    ├── run
    └── test-app
        └── index.html
```

使用新的 Dockerfile，针对官网提供的 webserver31-tomcat8-openshift。

- 用本地的 apache-tomcat-8.5.24 覆盖到 /opt/webserver 下。
- 用本地的 Maven3.6.1 覆盖父 Builder 镜像中的 Maven3.5。

从互联网下载 Tomcat 8.5.24 和 Maven3.6.1 的安装包，如图 4-16 所示。

放到我们上一步创建的目录中解压缩，如图 4-17 所示。

图 4-16 Tomcat 和 Maven 安装包

apache-tomcat-8.5.24
maven3.6.1
s2i
Dockerfile
Makefile

图 4-17 解压安装包

编写新的 Dockerfile，内容如下。

```
# tomcat8.5
FROM registry.access.redhat.com/jboss-webserver-3/webserver31-tomcat8-openshift
RUN rm -fr /opt/webserver/*
COPY ./apache-tomcat-8.5.24/ /opt/webserver
RUN ln -s /deployments /opt/webserver/webapps
USER root
RUN rm -fr /opt/rh/rh-maven35/root/usr/share/maven/*
COPY ./maven3.6.1/ /opt/rh/rh-maven35/root/usr/share/maven
COPY ./maven3.6.1/bin/ /opt/rh/rh-maven35/root/bin

RUN chown -R jboss:root /opt/webserver && \
    chmod -R a+w /opt/webserver && \
    chmod -R 777 /opt/webserver/bin && \
    chmod -R 777 /opt/webserver && \
    chmod -R 777 /opt/rh/rh-maven35/root/usr/share/maven && \
    chmod -R 777 /opt/rh/rh-maven35/root/bin
USER 1002
```

由于 S2I 默认仅支持 Git，如果我们要用 SVN，就需要在 assemble 脚本中进行相关设置，也就是在执行 assemble 脚本时触发命令从 SVN_URI 参数设置的地址获取源代码，即通过 svn 的方式获取代码，然后使用 mvn 进行编译。最后将编译好的 War 包拷贝到 Webserver 的 webapps 的目录中，Tomcat 会自动解压和部署应用。

```
if [[ "$1" == "-h" ]]; then
   exec /usr/libexec/s2i/usage
fi
# Restore artifacts from the previous build (if they exist).
#
if [ "$(ls /tmp/artifacts/ 2>/dev/null)" ]; then
  echo "---> Restoring build artifacts..."
  mv /tmp/artifacts/. ./
fi
echo "---> Installing application source..."
cp -Rf /tmp/src/. ./
ls -l ./
ls -l /tmp/src/
WORK_DIR=/tmp/src;
cd $WORK_DIR;
if [ ! -z ${SVN_URI} ] ; then
  echo "Fetching source from Subversion repository ${SVN_URI}"
  svn co ${SVN_URI} --username  ${SVN_USER} --password ${SVN_PWD} --no-auth-cache
```

```
  export SRC_DIR=`basename $SVN_URI`
  echo "Finished fetching source from Subversion repository ${SVN_URI}"
else
  echo "SVN_URI not set, skip Subverion source download";
fi
echo "---> Building application from source..."
cd $WORK_DIR/$SRC_DIR/
${BUILD_CMD}
echo "---> Build application successfully."
find /tmp/src/ -name '*.war'|xargs -i cp -v {} /opt/webserver/webapps/
```

由于红帽提供的 run 脚本最终调用 catalina.sh 是使用的 $JWS_HOME，因此更替版本不会使执行路径发生变化，run 脚本使用父镜像的脚本即可，或直接使用如下内容启动 Webserver。

```
exec /opt/webserver/bin/catalina.sh run
```

所有准备工作完成之后就可以手工构建镜像，输出内容如下。

```
Sending build context to Docker daemon 19.66 MB
Step 1/9 : FROM registry.access.redhat.com/jboss-webserver-3/webserver31-tomcat8-
    openshift
 ---> c303ee1e1273
Step 2/9 : RUN rm -fr /opt/webserver/*
 ---> Running in aa5cab28ecc2

 ---> 0eaa859906d7
Removing intermediate container aa5cab28ecc2
Step 3/9 : COPY ./apache-tomcat-8.5.24/ /opt/webserver
 ---> 132fd21440c3
Removing intermediate container ea09b46d8a1a
Step 4/9 : RUN ln -s /deployments /opt/webserver/webapps
 ---> Running in e9c43075f480

 ---> 56faa88135d3
Removing intermediate container e9c43075f480
Step 5/9 : USER root
 ---> Running in e96b4ef66a20
 ---> 2fc5139ee082
Removing intermediate container e96b4ef66a20
Step 6/9 : RUN rm -fr /opt/rh/rh-maven35/root/usr/share/maven/*
 ---> Running in 89d19c564fdd

 ---> 38e364d3ab50
Removing intermediate container 89d19c564fdd
Step 7/9 : COPY ./maven3.6.1/ /opt/rh/rh-maven35/root/usr/share/maven
 ---> 2ec060686ce4
Removing intermediate container 047930b49000
Step 8/9 : RUN chown -R jboss:root /opt/webserver &&     chmod -R a+w /opt/
    webserver &&     chmod -R 777 /opt/webserver/bin &&     chmod -R 777 /
    opt/webserver &&     chmod -R 777 /opt/rh/rh-maven35/root/usr/share/maven &&
    chmod -R 777 /opt/rh/rh-maven35/root/bin
 ---> Running in dbda875ca5f0
```

```
 ---> 02bb0fa0eadb
Removing intermediate container dbda875ca5f0
Step 9/9 : USER 1002
 ---> Running in 4fd3ac609041
 ---> 703e3a4d58c2
Removing intermediate container 4fd3ac609041
Successfully built 703e3a4d58c2
```

查看构建成功的子 Builder 镜像。

```
# podman images | grep -i s2i
s2i_tomcat8.5_maven3.6.1    latest    703e3a4d58c2    6 minutes ago    585 MB
```

我们可以将构建成功的子 Builder 镜像推送到自己的镜像仓库。至此，我们完成了定制化 Builder 镜像。

为了方便后续使用，通常会创建 OpenShift 的模板来实现构建和部署应用，模板的具体配置方法，我们将在第 7 章中进行详细介绍，模板创建成功后，如图 4-18 所示。

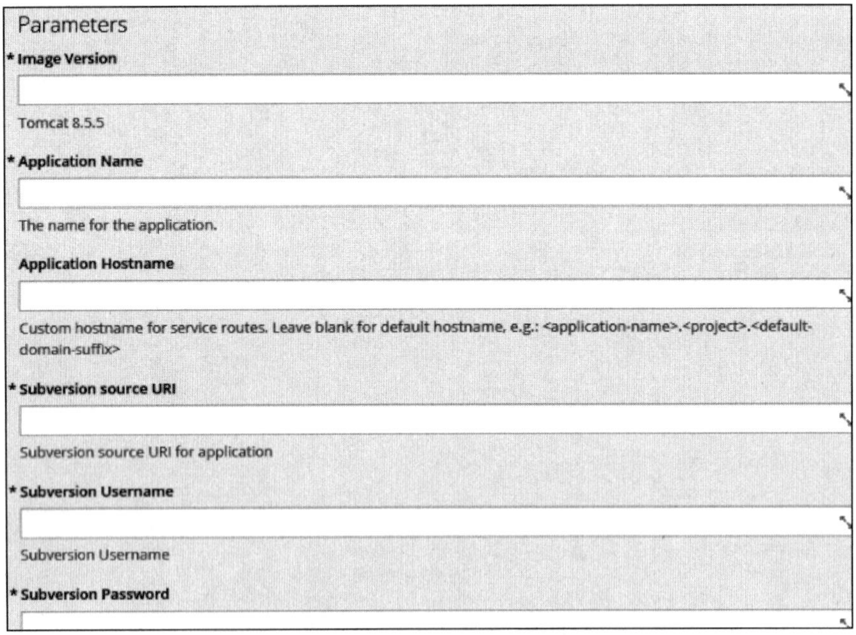

Parameters
* Image Version
Tomcat 8.5.5
* Application Name
The name for the application.
Application Hostname
Custom hostname for service routes. Leave blank for default hostname, e.g.: <application-name>.<project>.<default-domain-suffix>
* Subversion source URI
Subversion source URI for application
* Subversion Username
Subversion Username
* Subversion Password

图 4-18 模板参数

关于构建 Builder 镜像采用的基础镜像，当然也可以采用更为基础的基础镜像。例如我们可以使用 openjdk8 作为基础镜像来生成 s2i_tomcat8.5_maven3.6.1，只不过与使用已有的 Builder 镜像：webserver31-tomcat8-openshift 相比，这种方式的步骤会多很多。

如果使用 openjdk，Dockerfile 的部分内容参考如图 4-19 所示。

在介绍完应用容器化的方法以后，我们接下来介绍开发人员如何在 OpenShift 上快速部署应用。

```
docker-tomcat / 8 / 5 / 24 / Dockerfile

1  FROM openjdk:8-jre-alpine
2  MAINTAINER Mikolaj Rydzewski <mikolaj.rydzewski@gmail.com>
3
4  ENV TOMCAT_MAJOR 8
5  ENV TOMCAT_VERSION 8.5.24
6  ENV TOMCAT_TGZ_URL http://archive.apache.org/dist/tomcat/tomcat-${TOMCAT_MAJOR}/v${TOMCAT_VERSION}/bin/apache-tomcat-${TOMCAT_VERSION}.tar.gz
7  ENV KEYSTORE /usr/local/tomcat/conf/keystore
8  ENV KEYPASS changeit
9  ENV KEY_DNAME "cn=Tomcat, ou=Docker, o=cloud, c=internet"
10
11 ADD "$TOMCAT_TGZ_URL" /usr/local/
12 WORKDIR /usr/local
13 RUN \
14         mv apache-tomcat-${TOMCAT_VERSION}.tar.gz tomcat.tar.gz && \
15         tar xzf tomcat.tar.gz && \
16         mv apache-tomcat-${TOMCAT_VERSION} tomcat && \
17         rm -f tomcat/bin/*.bat tomcat/bin/*.gz tomcat/temp/* tomcat.tar.gz tomcat/[A-Z]* && \
18         rm -rf tomcat/webapps/*
19
20 ADD start_override.sh /usr/local/tomcat/bin/
21 ADD server.xml /usr/local/tomcat/conf/
22 WORKDIR /usr/local/tomcat
```

图 4-19　从 openjdk 构建镜像的 Dockerfile

4.3　OpenShift 上应用部署实践

4.3.1　OpenShift 上多种应用部署方式对比

在 OpenShift 中，主要有以下几种部署应用的方法：

- 基于 Dockerfile 方式
- 基于容器镜像方式
- 基于 S2I 构建部署
- 基于模板部署
- 基于 Operator 部署

我们在前文已介绍过通过 Dockerfile 部署应用的方式。对 Dockerfile 执行 podman build，生成容器镜像，然后在 OpenShift 集群中部署容器镜像，此处不再赘述。

基于容器镜像部署应用的方式可以直接在 OpenShift 中部署，部署的时候可以选择自动生成 Deployment、Deployment Config 或 Knative Service，如图 4-20、图 4-21 所示。

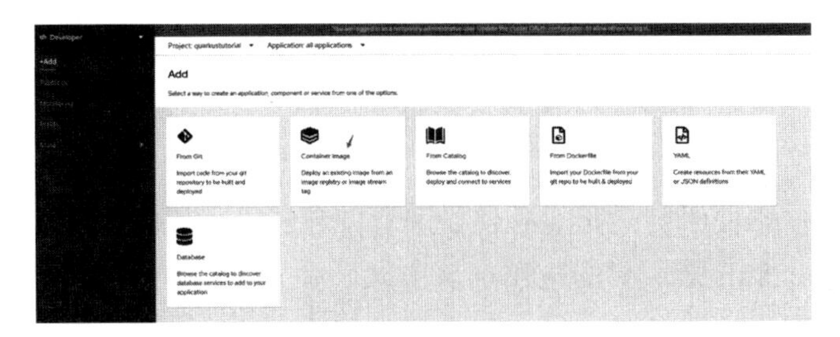

图 4-20　选择容器镜像方式部署应用

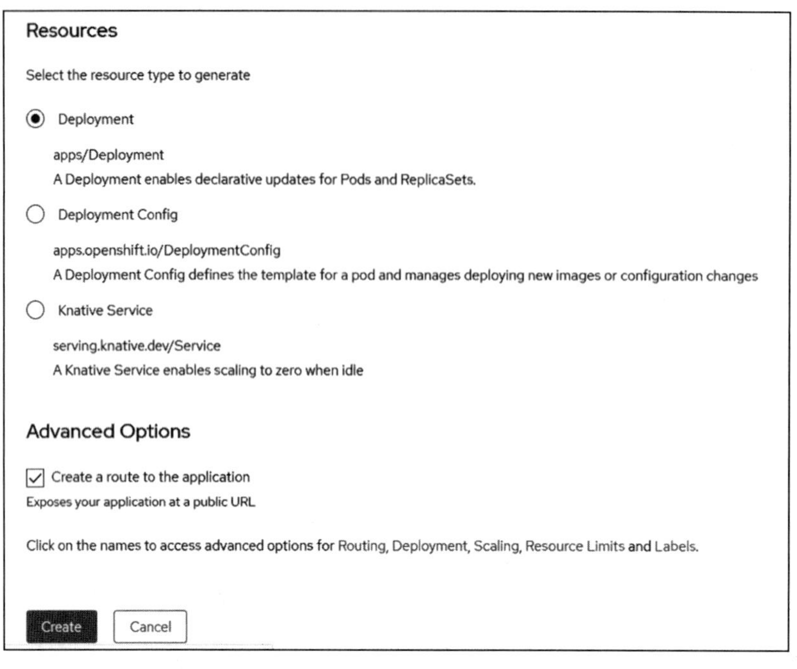

图 4-21　选择应用部署方式

前文已经介绍 OpenShift S2I 的原理和使用方式。我们可以通过命令行进行，也可以通过 OpenShift WebConsole 触发，如图 4-22 所示。

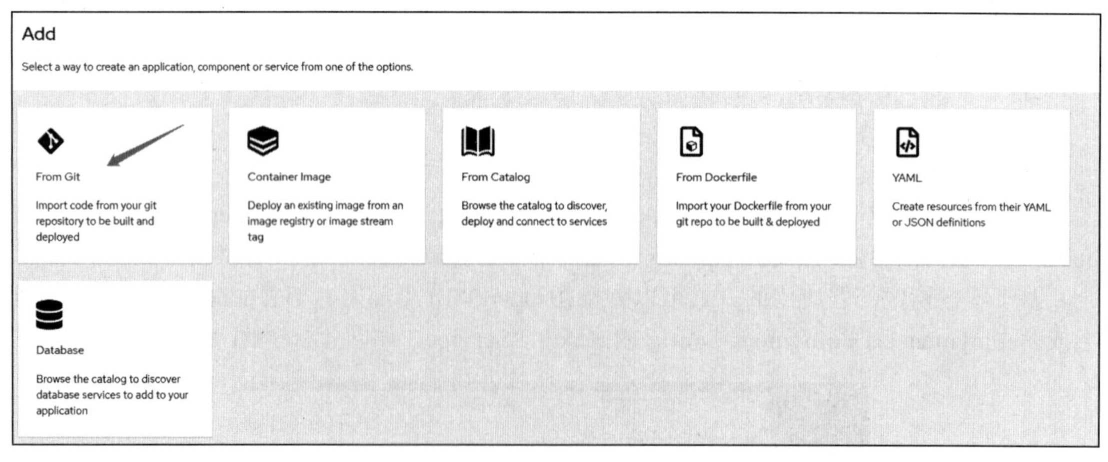

图 4-22　选择从 Git 部署应用

然后填写源码的地址和选择 Builder 镜像的类型和版本，如图 4-23 所示。

基于模板是 OpenShft 最主要的应用部署方式，在 OpenShift 界面可以方便地选择和部署，如图 4-24 所示。

我们可以看到红帽提供的模板数量有 197 个，如图 4-25 所示。

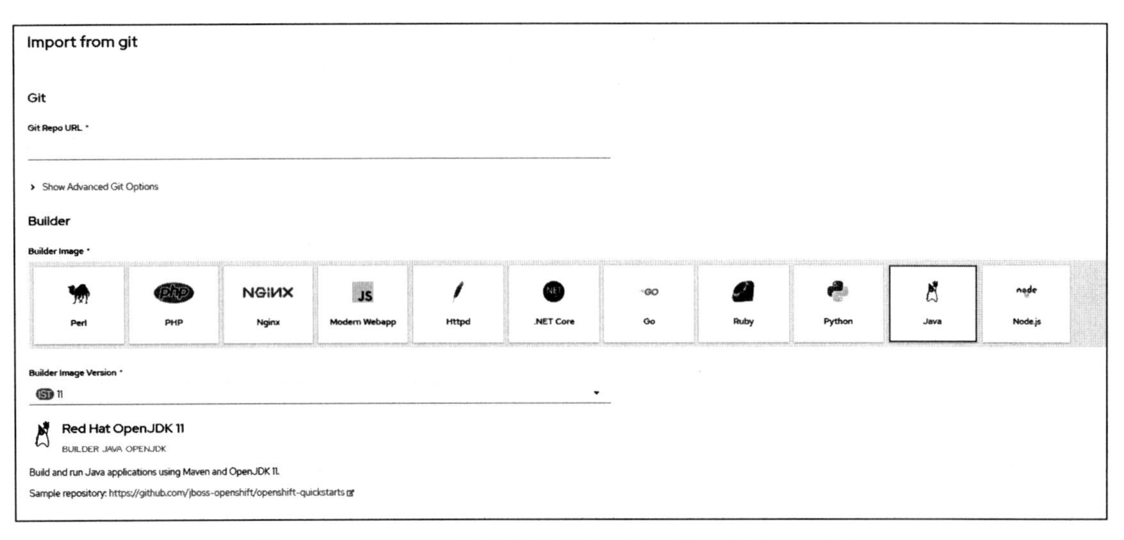

图 4-23　填写源码地址并选择 Builder 镜像的类型和版本

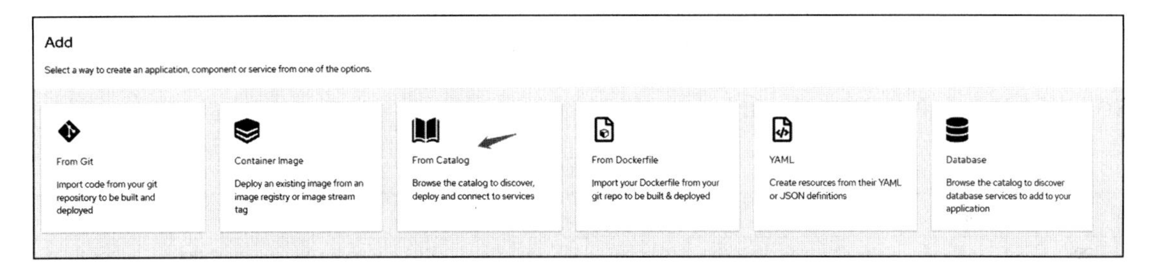

图 4-24　选择从 Catalog 部署应用

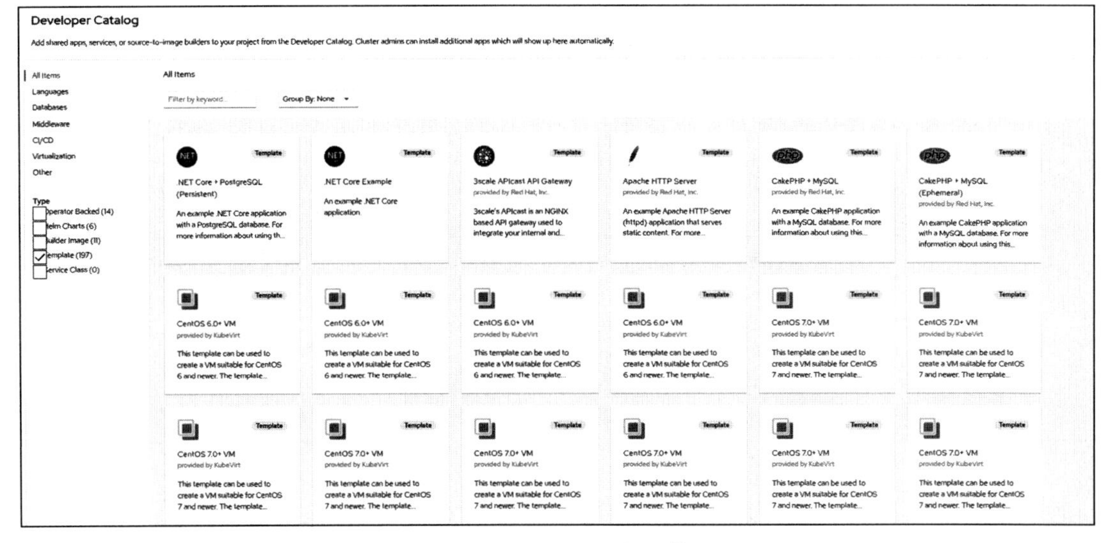

图 4-25　OpenShift 中的模板

Operator 部署主要通过 OpenShift Operator Hub。目前 Operator 社区发展迅速，OpenShift Operator Hub 已经可以提供数百个 Operator，如图 4-26 所示。

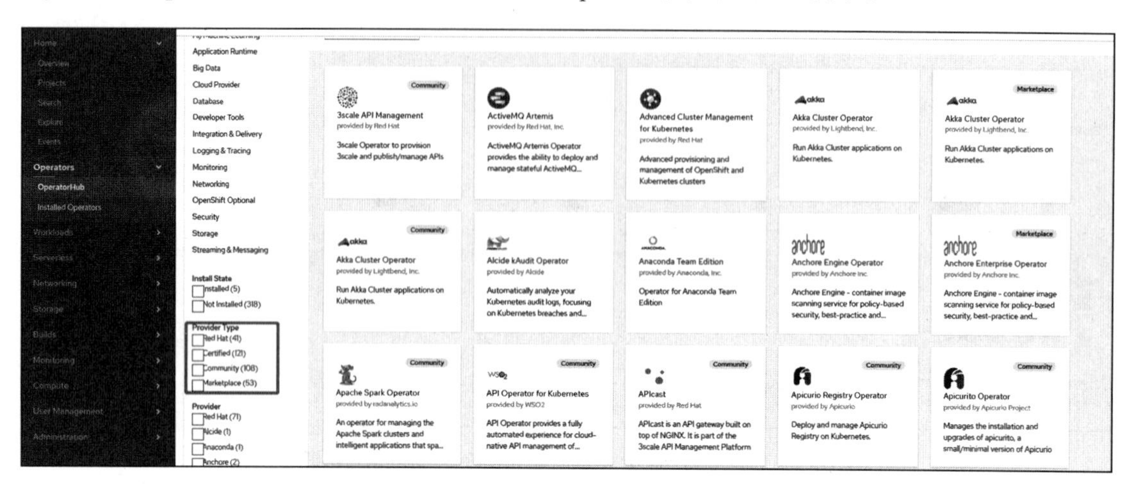

图 4-26 OpenShift 中的 Operator Hub

以上简单介绍了在 OpenShift 上 5 种应用部署方法，我们根据实践经验整理了这几种部署方法的优缺点和适用场景，如表 4-2 所示。

表 4-2 不同部署方式对比

部署方法	优点	缺点	适用场景
Dockerfile	可实现应用容器化，部署简单	对于定制化的容器镜像，我们可能需要手工生成的 Deployment/DeploymentConfig。当应用的源码经常发生变化、部署方式较为复杂时，这种方法的工作量和难度较大	小规模开发测试环境
容器镜像	部署方法简单	只能部署已经容器化后的应用	小规模运维环境
S2I	可以实现从源码到最终容器化应用的部署。这种方法解决了 Dockerfile 效率低、复杂度高的问题。红帽官网提供大量基于 OpenShift 的 Builder 镜像，红帽订阅客户可以直接使用，也可以在现有 Builder 镜像上构建自己的 Builder 镜像。如果应用源码经常发生变化，使用 S2I 的方式最为适合	需要技术人员熟悉 S2I 的原理	适合开发、测试环境

（续）

部署方法	优点	缺点	适用场景
模板部署	模板既可以调用 S2I 实现用源码构建，也可以只调用 Deployments 部署已有的容器化应用。模板部署的优势是可以通过 UI 做参数传递	定制模板需要一定工作量。此外，应用的升级、扩容的操作通过模板无法完成	适合构建容器应用发布平台
Operator 部署	红帽 Operator Hub 上有上百种应用，Operator 也是目前 K8S 社区主流的容器化应用部署模式。红帽 OpenShift 自身的能力也通过 Operator 实现。目前，通过 Operator 部署的应用，版本升级和扩容非常简便、做到了可视化。Operator 部署方式适合企业大规模容器化生产环境，便于运维部门对容器化应用的运维	无法进行应用容器化（主要容器应用的生命周期管理），有一定开发成本	非常适合有状态应用集群，便于运维部门对容器化应用的运维

4.3.2 Deployments 与 Deployment Config 的对比

在 OpenShift 3 版本中的应用部署管理主要使用 Deployment Config（简称 DC），而 Kubernetes 的应用部署管理使用 Deployments，这会让很多 OpenShift 的使用者产生困惑。本小节将给出两者的对比，由于篇幅有限，完整测试内容见 Repo 中“ OpenShift 中的 Deployment 和 DeploymentConfig”。

产生不一致的原因在于 K8S 1.0 在刚推出的时候，缺乏很多企业客户需要的组件（如 Ingress、BuildConfig、DeploymentConfig、RBAC 等），为了满足客户的需求，红帽开发了这些组件。OpenShift 的开发团队尝试将这些代码提交到 K8S 社区，有的被采纳了，如 RBAC，有的虽然未必采纳，但 Kubernetes 根据 OpenShift 的思路，开发了自己的组件，如 Deployments。

现在 OpenShift 也已经全面兼容 Deployments，OpenShift 集群的组件也都是采用 Deployments 而非 Deployment Config（为了和 K8S 统一）。红帽的建议是如果没有特殊原因，优先使用 Deployments；如果有的应用从 OpenShift 3 迁移过来，还可以继续使用 Deployment Config。在 OpenShift 中部署容器化应用时，可以选择是以 Deployment Config 还是以 Deployments 方式部署，然后自动生成对应的配置。

那么，Deployment Config 和 Deployments 的设计架构有什么区别呢？

- 从副本控制器上说：

从 Deployment Config 到 Pod 的关系是：Deployment Config → Replication Controller → Pod。

从 Deployment 到 Pod 的关系是：Deployment → ReplicaSet → Pod

所以说，DeploymentConfig 中的 Pod 副本控制器是 Replication Controller，而 Deployments 中的 Pod 副本控制器是 ReplicaSet。

- 从设计架构上说：

根据 CAP 理论，Deployment Config 首选一致性，而 Deployment 则首选可用性。

对于 Deployment Config：如果运行 Deployer Pod（Deployment Config 在执行部署或 Rollout 时，通过 Deployer Pod 完成任务）的 OpenShift 节点发生故障，Deployer Pod 不会在其他 OpenShift 节点重启，而是会一直等待故障节点恢复或者节点被手工删除。

而 Deployment Rollouts 被 Controller Manager 驱动，Controller Manager 以 HA 模式运行在 OpenShift 集群的多个 Master 节点上，并使用领导者选举算法来评估可用性而不是一致性。因此，如果一个 Deployment 在进行 Rollout 时对应的 OpenShift 节点出现故障，那么 Deployment 会在其他可用的节点重启 Pod。

Deployment Config 强在版本控制，我们可以通过命令行实现 Rollout 和 Rollback。

```
# oc rollout latest/dc_name
# oc rollout history dc/dc_name --revision=1
```

Deployment 默认是无法像 Deployment Config 那样通过命令行或者图形化界面触发 Rollout（配置有变化也会自动进行）：如果想像 Deployment Config 那样 Rollout，则需要通过修改 Deployment 中的注释值实现手工触发。

```
# oc patch deployment/tomcat-deployments --patch "{\"spec\":{\"template\":{\"met
    adata\":{\"annotations\":{\"last-restart\":\"`date +'%s'`\"}}}}}"
```

需要指出的是，在 Pod 正常运行的情况下，如果 OpenShift 的节点发生故障，Deployment 和 Deployment Config 部署的应用都会在 OpenShift 其他可用节点重启，两者表现是相同的。

4.3.3 自定义指标实现水平扩容

应用部署后会存在弹性扩容的需求，OpenShift 提供了自动水平扩容（简称 HPA）的机制来实现，但是默认都是通过 CPU 的利用率来实现 HPA。当然，通过内存利用率也可以实现 HPA，但相对没有 CPU 那么有效（Java 应用的内存变化并不像 CPU 那么明显）。在真实环境中仅通过 CPU 利用率实现 HPA 显然太过单一，很多时候需要定制化 HPA。如通过应用的 http_requests 指标来实现 HPA，这样才更贴近应用。

OpenShift 上默认已经部署了 Prometheus 用于监控基础设施，出于业务监控和基础设施监控分离的原则，通常会新建 Prometheus 专门负责采集业务应用层面的指标。Prometheus 本质是仅采集应用暴露的指标，所以如果要从 Prometheus 中获取应用的指标，那么这个应用就必须暴露这个指标（写应用的时候直接暴露，或者用 exportor 对外暴露）。

我们想通过 OpenShift 中客户化指标（如 http_requests）实现 HPA，那就需要：

1）应用暴露这个指标，否则 Prometheus 无法采集。

2）部署一个 Prometheus adapter，这个 adapter 需要有 http_requests 的指标。部署完 adapter 后，它会注册 API。Prometheus 抓到应用 http_requests 的数据后，adapter 可以通过查询获取。HPA 和 adapter 的 API 对接后，才能通过 http_requests 进行 HPA，如图 4-27 所示。

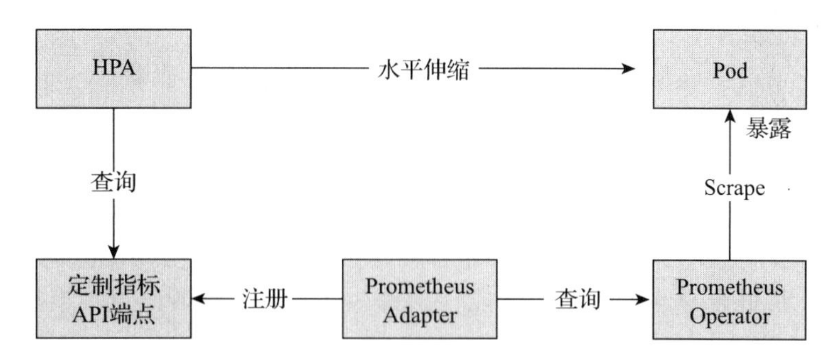

图 4-27　Prometheus adapter 实现定制化 HPA

由于篇幅有限，具体的实现步骤请参照如图 4-28 所示二维码的文章。

图 4-28　自定义指标实现 HPA 具体配置步骤

配置完毕后，我们对应用加压，发现 Pod 进行了扩容，扩容原因是 http_requests above target，说明定制化 HPA 成功。

```
Events:
Type     Reason              Age              From                       Message
Normal   SuccessfulRescale   12s (x3 over 42s)  horizontal-pod-autoscaler  New
    size: 4; reason: pods metric http_requests above target
```

4.4　OpenShift 上部署有状态应用

根据应用是否保存应用状态数据，我们将应用分为无状态应用和有状态应用。

- 无状态应用：指该应用运行的实例本身不会在内存或本地存储中保存客户端数据，每个客户端请求都像首次执行一样，多个实例对于同一个请求响应的结果是完全一致的，可以采用轮询等负载均衡策略。在 OpenShift 平台中无状态应用的部署可以采用手动或自动方式进行弹性伸缩，通过动态调整实例数来快速提升业务处理能力，满足不同负载情况下对应用处理能力的要求。

- 有状态应用：指该服务的实例在内存或本地存储中保存数据，并在客户端下一次的请求中来使用这些数据。这样，应用在重启时需要重新加载保存下来的数据，否则会导致数据遗失或处理错误，不同实例对于同一个请求，响应结果可能不同。在 OpenShift 平台上运行有状态应用就不能直接通过增加实例数来提升业务处理能力，应用实例数的调整可能涉及部署架构或配置的调整。通常需要专业的领域知识进行管理和维护，应用状态可能包括持久化数据、会话信息、连接状态、集群状态等。

上述两种类型的应用在 OpenShift 平台上的部署方案存在差异。在 OpenShift 上部署无状态应用是大家所熟知的，本小节将介绍在 OpenShift 上如何实现有状态应用的部署。

4.4.1 StatefulSet 简介

在 OpenShift 中，Deployment Config 或者 Deployment 控制器都是面向无状态应用的。举个简单的例子，同一个 Deployment Config，在不同时刻部署的 Pod，它的 IP 可能是不同的，而且每个 Pod 挂载是同一个 PVC。这显然不适合有状态应用，因为 Deployment Config 没有维护 Pod 的持久化标识。那么，如何在 OpenShift 部署有状态应用呢？

在 OpenShift 3.9 版本中正式引入 StatefulSet，这个控制器是针对有状态应用的。StatefulSet 管理 Pod 部署和扩容，并为这些 Pod 提供顺序和唯一性的保证。与 Deployment Config 相似的地方是 StatefulSet 基于 Spec 规格管理 Pod，与 Deployment Config 不同的地方是 StatefulSet 需要维护每一个 Pod 的唯一身份标识。这些 Pod 基于同样的 Spec 创建，但相互之间不能替换，每一个 Pod 都保留自己的持久化标识。

StatefulSet 的适用场景如下：

- 应用需要有稳定、唯一的网络标识。
- 应用需要有稳定、持久的存储。
- 应用需要有序、优雅的部署和扩容。
- 应用需要有序、优雅的删除和终止。
- 应用需要有序、自动滚动更新。

StatefulSet 并不是可以运行所有的有状态应用，本身的限制有：

- Pod 存储必须由 PV 提供。无论是通过 StorageClass 自动创建或者管理手动预先创建。
- 删除或者缩容 StatefulSet 不会删除与 StatefulSet 关联的数据卷，这样能够保证数据的安全性，数据比清理关联资源更重要。
- 当前的 StatefulSet 需要一个 Headless 服务来为 Pod 提供网络标识，此 Headless 服务需要通过手工创建。
- 当删除 StatefulSet 时不提供任何关于 Pod 的有序和优雅关闭。若要实现，可以在删除之前先将 StatefulSets 实例数设置为 0。

StatefuleSets 对象通常由以下三部分组成：

- 一个 Headless Service，用来控制网络域。
- 一个 StatefulSet 对象声明，包含 Pod Spec 及一些元数据。
- 提供稳定存储的 PVC 或 Volume Claim Template。

接下来，我们通过实际案例展现 StatefulSet 的功能。

4.4.2 OpenShift 部署有状态应用实践

在本案例中，我们通过 StatefulSet 部署 MongoDB 集群，它包含三个 MongoDB 数据库实例，这些实例可以在集群节点之间复制数据。MongoDB 运行后，部署 Rocket.Chat 服务以验证数据库是否正常运行。

1. 部署有状态应用 MongoDB

（1）创建 MongoDB 所需要的 Service

创建 StatefulSet 中的 Pod 用于相互通信的内部 Headless 服务。将服务名称设置为 mongodb-internal。资源文件内容如下。

```
apiVersion: v1
kind: Service
metadata:
    name: mongodb-internal
    labels:
       name: mongodb
    annotations:
      service.alpha.kubernetes.io/tolerate-unready-endpoints: "true"
spec:
   ports:
   - port: 27017
     name: mongodb
   clusterIP: None
   selector:
     name: mongodb
```

从上述内容中可以看到 Headless 服务需要满足如下配置条件：

- 将 ClusterIP 设置为 None，以使其 Headless。
- 使用注释 service.alpha.kubernetes.io/tolerate-unready-endpoints: “true”，以便 MongoDB 正确启动。
- 要连接的端口是标准 MongoDB 端口 27017。
- 需要一个 selector，名称设置为 mongodb，用于确定将流量路由到哪些 Pod。

创建用于连接 MongoDB 数据库的常规 Service，内容如下。

```
apiVersion: v1
kind: Service
metadata:
    name: mongodb
    labels:
```

```
      name: mongodb
spec:
   ports:
   - port: 27017
     name: mongodb
   selector:
     name: mongodb
```

以上配置中包含：

- 将服务名称设置为 mongodb。
- 要连接的端口是标准 MongoDB 端口 27017。
- 需要一个 selector，名称设置为 mongodb，用于确定将流量路由到哪些 Pod。

通过 oc create -f <filename> 分别创建上述两个 Service。

（2）为 MongoDB 数据库创建 StatefulSet

为 MongoDB 数据库创建 StatefulSet，配置要点如下：

- 确保使用 apiVersion：apps/v1。
- 确保 spec.selector.matchLabels 与 spec.template.metadata.labels 字段匹配。
- 确保 spec.serviceName 与 Headless 服务的名称相匹配。
- 确保副本数量为 3。
- label 为 name: mongodb。
- 使用镜像：registry.access.redhat.com/rhscl/mongodb-34-rhel7:latest。
- 容器侦听端口 27017。
- 将持久存储挂载到 /var/lib/mongodb/data。
- 部署 mongodb 时需要设置如下环境变量。

```
MONGODB_DATABASE = mongodb
MONGODB_USER = mongodb_user
MONGODB_PASSWORD = mongodb_password
MONGODB_ADMIN_PASSWORD = mongodb_admin_password
MONGODB_REPLICA_NAME = rs0（牢记这个数值）
MONGODB_KEYFILE_VALUE = 12345678901234567890（从secert中随机生成也可以）
MONGODB_SERVICE_NAME = mongodb-internal（headless service名称）
```

- Pod 需要 volume Claim Template 来定义要附加到各个 Pod 的 PVC。
- 将 PVC accessModes 设置为 ReadWriteOnce。

Mongodb Statefulset 对象文件内容如下。

```
kind: StatefulSet
apiVersion: apps/v1
metadata:
  name: "mongodb"
spec:
  serviceName: "mongodb-internal"
  replicas: 3
  selector:
    matchLabels:
```

```
      name: mongodb
  template:
    metadata:
      labels:
        name: "mongodb"
    spec:
      containers:
        - name: mongo-container
          image: "registry.access.redhat.com/rhscl/mongodb-34-rhel7:latest"
          ports:
            - containerPort: 27017
          args:
            - "run-mongod-replication"
          volumeMounts:
            - name: mongo-data
              mountPath: "/var/lib/mongodb/data"
          env:
            - name: MONGODB_DATABASE
              value: "mongodb"
            - name: MONGODB_USER
              value: "mongodb_user"
            - name: MONGODB_PASSWORD
              value: "mongodb_password"
            - name: MONGODB_ADMIN_PASSWORD
              value: "mongodb_admin_password"
            - name: MONGODB_REPLICA_NAME
              value: "rs0"
            - name: MONGODB_KEYFILE_VALUE
              value: "12345678901234567890"
            - name: MONGODB_SERVICE_NAME
              value: "mongodb-internal"
          readinessProbe:
            exec:
              command:
                - stat
                - /tmp/initialized
  volumeClaimTemplates:
    - metadata:
        name: mongo-data
        labels:
          name: "mongodb"
      spec:
        accessModes: [ ReadWriteOnce ]
        resources:
          requests:
            storage: "4Gi"
```

执行 oc create -f <filename> 创建 mongodb statefulset，每个 Pod 可能需要几分钟才能从 ContainerCreating 切换到 Running。如图 4-29 所示。

可以看到三个 Mongodb 实例需要为有序的 1、2、3。我们手工将数据库副本数增加为 5。

```
# oc scale statefulset mongodb -replicas=5
```

Pod 数量增加为 5，如图 4-30 所示。

```
NAME                    READY
mongodb-0               1/1
mongodb-1               1/1
mongodb-2               1/1
```

图 4-29　MongoDB 初始实例

```
NAME                    READY
mongodb-0               1/1
mongodb-1               1/1
mongodb-2               1/1
mongodb-3               1/1
mongodb-4               1/1
```

图 4-30　MongoDB 扩容后实例

可以看到实例依然保证有序，而且 PVC 也会自动增加为 5 个，如图 4-31 所示。

我们将 mongodb 的副本数缩减为 3 个，PVC 依然是 5 个，如图 4-32 所示。

```
NAME                    STATUS    VOLUME
RAGECLASS     AGE
mongo-data-mongodb-0    Bound     vol179
              28m
mongo-data-mongodb-1    Bound     vol137
              28m
mongo-data-mongodb-2    Bound     vol169
              28m
mongo-data-mongodb-3    Bound     vol409
              26m
mongo-data-mongodb-4    Bound     vol31
              26m
```

图 4-31　MongoDB PVC 状态 1

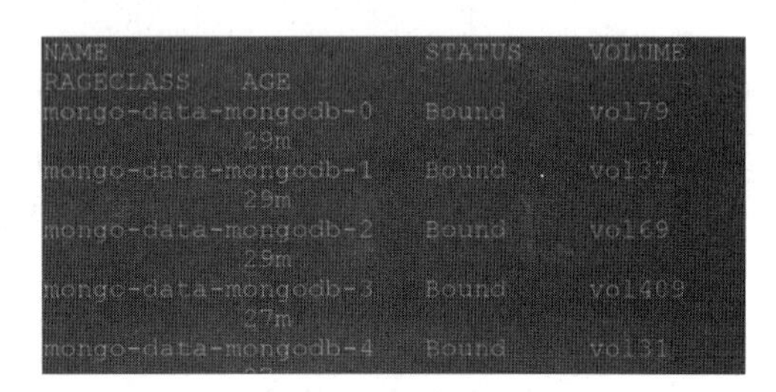

图 4-32　MongoDB PVC 状态 2

可以看到 StatefulSet 在 Pod 删除或停止后并不会删除 PVC。

为了体现 StatefulSet 确实可以保持有状态数据，部署连接数据库的 Rocket.Chat 应用进行测试。

2. 部署 Rocket Chat 应用测试

连接到单个 MongoDB Pod 数据库和通过 StatefulSet 部署的 MongoDB 数据库的唯一区别是客户端需要知道它正在连接到的是 MongoDB 集群。这可以通过将 replicaSet=<replica_set_name> 添加到连接 URL 的末尾来完成。

将 Rocket Chat 部署为 MongoDB 数据库的客户端，确保将用户 ID、密码和数据库名称与特定值匹配，如图 4-33 所示。

```
oc new-app docker.io/rocketchat/rocket.chat:0.63.3 -e
MONGO_URL="mongodb://mongodb_user:mongodb_password@mongodb:27017/
mongodb?replicaSet=rs0"

oc expose svc/rocketchat
```

图 4-33　部署 Rocket Chat

等待 Pod 创建并启动成功后，通过浏览器访问 Rocke Chat 应用的路由，注册一个测试账号 davidwei。

接下来，我们同时删除三个数据库 Pod，等数据库重建以后查看客户端连接数据库是否正常，用户信息是否还在，如图 4-34、图 4-35 所示。

```
[xiwei-redhat.com@bastion 0 ]$ oc get pods
NAME                    READY   STATUS    RESTARTS   AGE
ongodb-0                1/1     Running   0          20m
ongodb-1                1/1     Running   0          20m
ongodb-2                1/1     Running   0          19m
ocketchat-1-rcwd5       1/1     Running   0          27m
[xiwei-redhat.com@bastion 0 ]$ oc delete pods mongodb-0 mongodb-1 mong
db-2
od "mongodb-0" deleted
od "mongodb-1" deleted
od "mongodb-2" deleted
```

图 4-34 删除 MongoDB 数据库 Pod

```
[xiwei-redhat.com@bastion 0 ]$ oc get pods
NAME                    READY   STATUS
ongodb-0                1/1     Running
ongodb-1                0/1     ContainerCreating
ocketchat-1-rcwd5       1/1     Running
```

图 4-35 MongoDB Pod 重建

等待重建完成，所有 MongoDB 实例正常运行之后，使用新的浏览器（规避缓存）访问 Rocke Chat 应用的 URL，使用注册的账户登录，如图 4-36 所示。

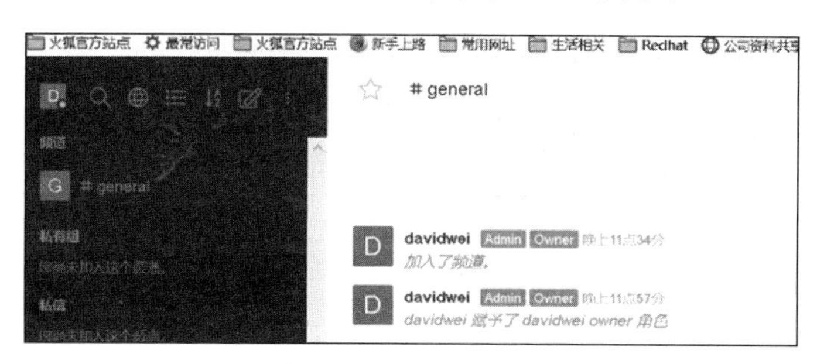

图 4-36 用户状态信息

从图 4-36 可以看到，用户信息依然可以看到，说明客户端访问数据库没有问题，账户信息依然存在。

通过上述简单案例的演示，介绍了如何通过 StatefulSet 在 OpenShift 上部署有状态应用，而且目前该控制器已经成熟，社区已有很多数据库或消息中间件支持使用 StatefulSet 运行，在实际使用过程中建议参考 Kubernetes 社区提供的模板来使用 StatefulSet。

4.4.3 在 OpenShift 上统一管理虚拟机

随着 Kubernetes 的发展，现在有一个新的技术趋势，即在容器云中统一管理容器和虚拟机，这样容器云平台就能够承载普通容器无法实现的功能。例如 OpenShift 上的 OpenShift Virtualization 技术，对应开源社区 KubeVirt 技术。OpenShift Virtualization 能够进行如下操作：

- ❑ 创建和管理 Linux 和 Windows 虚拟机。

- 通过各种控制台和 CLI 工具连接到虚拟机。
- 导入和克隆现有虚拟机，包括 VMware 虚拟机。
- 管理连接到虚拟机的网络接口控制器和存储磁盘。
- 在节点之间实时迁移虚拟机。
- 增强的 Web 控制台提供了一个图形门户，可以与 OpenShift 集群容器和基础架构一起管理这些虚拟化资源。

KubeVirt 使用面向服务的体系结构和编排模式构建，架构如图 4-37 所示。

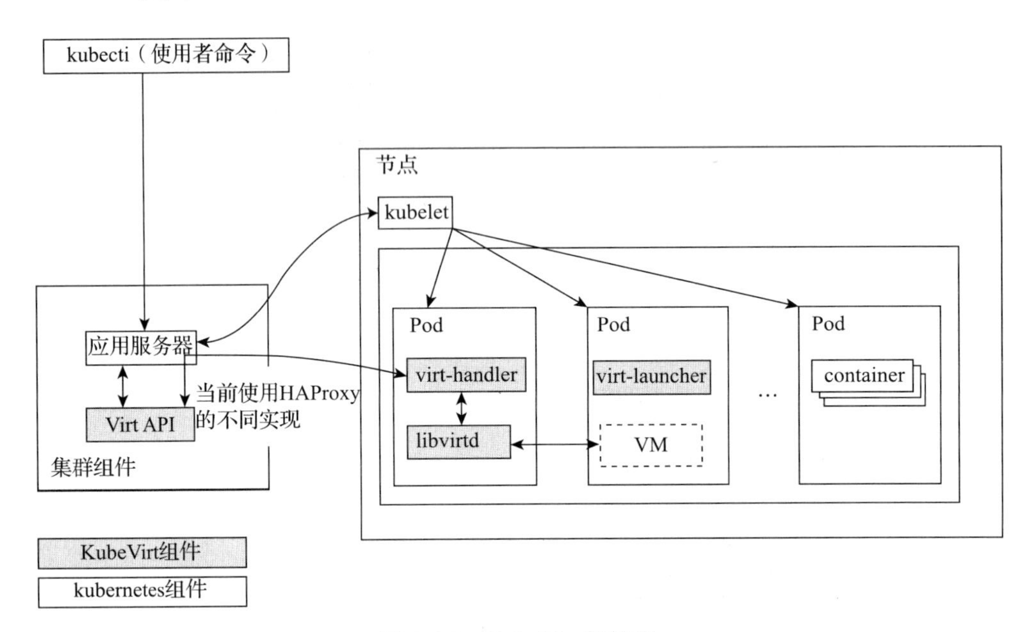

图 4-37 KubeVirt 架构图

KubeVirt 核心功能组件有：

- virt-api：提供 RESTful API 来管理集群中虚拟机。
- virt-controller：管理集群中的每个虚拟机实例（VMI）的状态。
- virt-handler：运行 K8S 的计算节点上，负责监控每个虚拟机实例的状态，并确保相应的 libvirt 域（虚拟机）被启动或者停止。
- virt-launcher：每个运行的虚拟机实例（VMI）都会对应一个 virt-launcher，并且只要顶一个 VMI，它就会一直运行。

OpenShift Virtualization 的配置步骤和功能验证请参考如图 4-38 所示二维码中的文章。

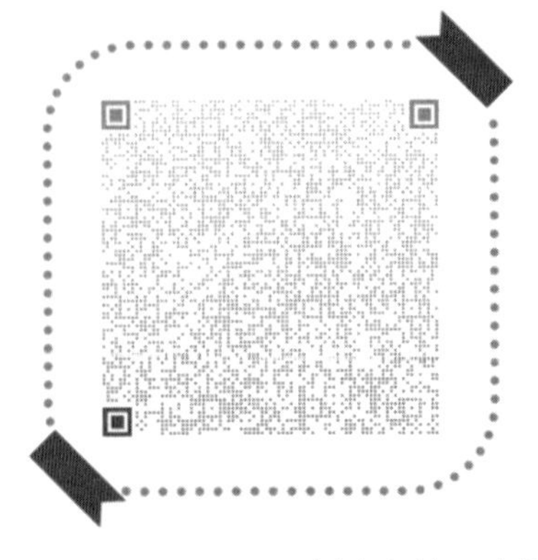

图 4-38 用 OpenShift 创建和管理虚拟机

OpenShift Virtualization 能够承载的应用包括 WebSphere Application Server、Oracle DB、SQL Server（non-clustered）、IBM DB2 LUW、MySQL 等。这样，通过 OpenShift 就可以承载核心数据库之外的大多数有状态应用。

4.5 从零开发 Operator

4.5.1 开发 Operator 的要点

Operator Framework 是用于构建、测试和打包 Operator 的开源工具包。通过提供以下组件，Operator Framework 使这些任务比直接通过 Kubernetes API 编码更容易执行：

- Operator 软件开发套件（Operator SDK）：提供了一组 Golang 库和源代码示例，这些示例在 Operator 应用程序中实现了通用模式。它还提供了一个镜像和 Playbook 示例，我们可以使用 Ansible 开发 Operator。
- Operator Metering：为提供专业服务的 Operator 启用使用情况报告。
- Operator 生命周期管理器（Operator Lifecycle Manager，OLM）：提供了一种陈述式的方式来安装、管理和升级 Operator 以及 Operator 在集群中所依赖的资源。OLM 本身是预装了 OpenShift Operator 的。

在开发 Operator 时可以使用 Operator SDK 来简化开发工作。Operator SDK 可以安装在自己的开发系统上，它支持使用 Go、Ansible 或 Helm 三种开发语言。

在三种 Operator 的开发语言中，如果要使用 Go 开发 Operator，则需要对 Go 语言有较强的编程基础。对于没有 Go 语言编程基础的读者，使用 Ansible 是比较简便的。本小节介绍通过 Ansible 开发 Operator 的示例。

Ansible Operator 的开发思路是将 Kubernetes 事件映射到 Ansible Playbooks 或 Roles，如图 4-39 所示。

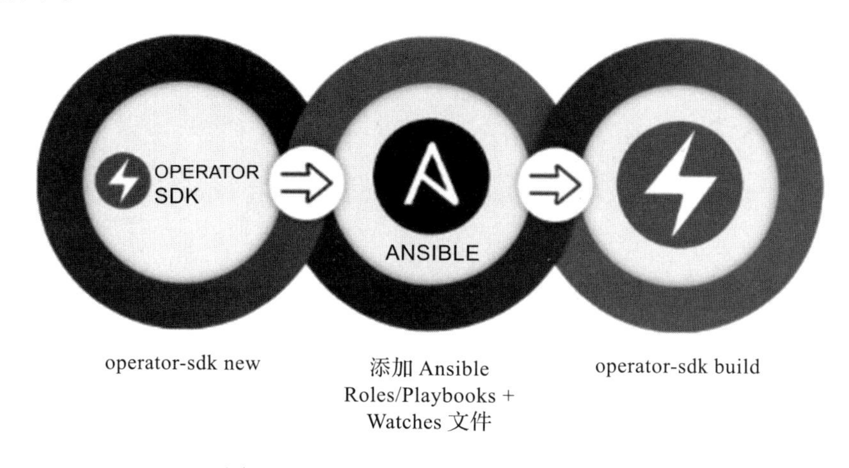

图 4-39　Ansible Operator 的开发思路

创建 Ansible Operator 的步骤如下：

1）使用 Operator SDK 命令行界面（CLI）创建新的 Operator 项目。

2）使用 Ansible Playbooks 或 Roles 为对象编写协调逻辑（reconciling logic）。

3）使用 SDK CLI 生成和创建 Operator Deployment Manifests。

Ansible Operator 核心监控组件是 watch.yaml 文件，它包含 CR 和 Ansible Roles/Playbooks 之间的映射，我们使用 watch.yaml 文件监视资源的变化，当自定义资源（CR）更改（例如改变实例的副本数）时触发 Ansible 逻辑（Roles 或 Playbooks）进行相应的配置。Watches 文件默认的位置为：/opt/ansible/watches.yaml。

Watches 文件中的必填字段有：

- group：要监控的 CR 的 Group。
- version：要监控的 CR 的 Version。
- kind：要监控的 CR 的 Kind。
- role（默认）：添加至容器中的 Ansible 角色的路径。例如，如果您的 roles 目录位于 /opt/ansible/roles/ 中，角色名为 busybox，则该值应为 /opt/ansible/roles/busybox。此字段与 Playbook 字段互斥，使用其一即可。
- playbook（可选）：添加至容器中的 Ansible playbook 的路径。Playbook 可用于调用多个 Role。该字段与“role”字段互斥。
- reconcilePeriod（可选）：给定 CR 的协调间隔，角色或 playbook 运行的频率。
- manageStatus（可选）：如果设置为 true（默认），则 CR 的状态通常由 Operator 来管理；如果设置为 false，则 CR 的状态会由指定角色或 playbook 在别处管理，或者在单独控制器中管理。

需要指出的是，对于较小的 Operator 项目，我们使用单一 Role 即可，但是对于更复杂的 Ansible，我们可能不希望所有逻辑都在一个 Role 中。此外，如果情况比较复杂，我们希望资源的变化触发 Playbook 而不是 Role。

在介绍了创建 Ansible Operator 的基本思路后，接下来我们展示如何开发一个 Ansible Operator。

4.5.2 开发一个 Ansible Operator

本文在 MAC 电脑上演示，安装 Operator-SDK 需要通过 brew，其他操作系统的安装方法请参考。

```
https://sdk.operatorframework.io/docs/install-operator-sdk/
```

我们首先安装 Homebrew。安装 Homebrew 不要使用 root 用户。

```
$ git clone https://github.com/Homebrew/brew ~/.linuxbrew/Homebrew
$ mkdir ~/.linuxbrew/bin
$ ln -s ~/.linuxbrew/Homebrew/bin/brew ~/.linuxbrew/bin
$ eval $(~/.linuxbrew/bin/brew shellenv)
```

通过 Homebrew 的方式安装 Operator-SDK。

```
$ brew install operator-sdk
```

接下来，我们介绍如何使用 operator-sdk 命令创建 Ansible Operator 项目。operator-sdk 安装后就可以使用 root 用户执行后面的操作。

我们创建一个新的 memcached-operator 项目，该项目专门用于使用 APIVersion 为 cache.example.com/v1alpha1 和 Kind 为 Memcached 的 CRD 监视 Memcached 资源，命令执行结果如图 4-40 所示。

```
# mkdir /root/ansible-operator && cd /root/ansible-operator
# operator-sdk new memcached-operator --type=ansible --api-version=cache.
    example.com/v1alpha1 --kind=Memcached
```

```
INFO[0000] Created roles/memcached/templates/.placeholder
INFO[0000] Created roles/memcached/vars/main.yml
INFO[0000] Created molecule/test-local/playbook.yml
INFO[0000] Created roles/memcached/defaults/main.yml
INFO[0000] Created roles/memcached/tasks/main.yml
INFO[0000] Created molecule/default/molecule.yml
INFO[0000] Created build/test-framework/Dockerfile
INFO[0000] Created molecule/test-cluster/molecule.yml
INFO[0000] Created molecule/default/prepare.yml
INFO[0000] Created molecule/default/playbook.yml
INFO[0000] Created build/test-framework/ansible-test.sh
INFO[0000] Created molecule/default/asserts.yml
INFO[0000] Created molecule/test-cluster/playbook.yml
INFO[0000] Created roles/memcached/handlers/main.yml
INFO[0000] Created watches.yaml
INFO[0000] Created deploy/operator.yaml
INFO[0000] Created .travis.yml
INFO[0000] Created molecule/test-local/molecule.yml
INFO[0000] Created molecule/test-local/prepare.yml
INFO[0000] Generated CustomResourceDefinition manifests.
INFO[0000] Project creation complete.
```

图 4-40　成功创建 memcached-operator

查看创建 Operator 的目录结构，我们看到很多文件被创建。接下来，我们需要修改、替换其中的部分文件。

```
# tree memcached-operator
memcached-operator
├── build
│   ├── Dockerfile
│   └── test-framework
│       ├── ansible-test.sh
│       └── Dockerfile
├── deploy
│   ├── crds
│   │   ├── cache.example.com_memcacheds_crd.yaml
│   │   └── cache.example.com_v1alpha1_memcached_cr.yaml
│   ├── operator.yaml
```

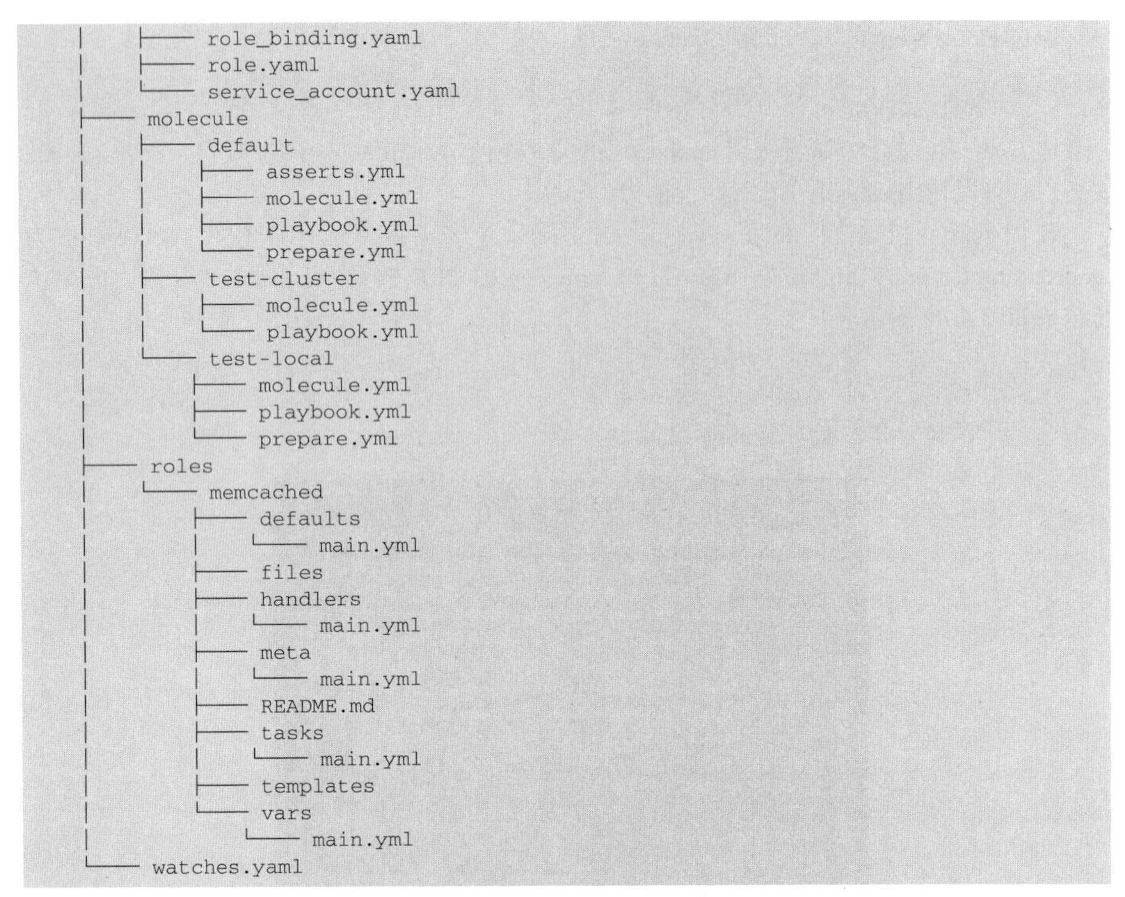

```
│   ├── role_binding.yaml
│   ├── role.yaml
│   └── service_account.yaml
├── molecule
│   ├── default
│   │   ├── asserts.yml
│   │   ├── molecule.yml
│   │   ├── playbook.yml
│   │   └── prepare.yml
│   ├── test-cluster
│   │   ├── molecule.yml
│   │   └── playbook.yml
│   └── test-local
│       ├── molecule.yml
│       ├── playbook.yml
│       └── prepare.yml
├── roles
│   └── memcached
│       ├── defaults
│       │   └── main.yml
│       ├── files
│       ├── handlers
│       │   └── main.yml
│       ├── meta
│       │   └── main.yml
│       ├── README.md
│       ├── tasks
│       │   └── main.yml
│       ├── templates
│       └── vars
│           └── main.yml
└── watches.yaml
```

在使用 operator-sdk new --type ansible 创建新的 Operator 项目之后，项目目录包含许多生成的文件夹和文件。每个生成的文件 / 目录的基本摘要如表 4-3 所示。

表 4-3　生成目录结构说明

目录项	说　明
deploy	包含一组通用的 Kubernetes 清单，用于在 Kubernetes 集群上部署此 Operator
roles	包含 Ansible roles
build	包含 Operator SDK 用于构建和初始化的脚本
watches.yaml	包含 Group、Version、Kind 和 Ansible 调用方法

到目前为止，我们已经创建了 memcached-operator 项目，该项目使用 API 为 Versioncache.example.com/v1apha1 和 Kind 为 Memcached 的 CRD 监视 Memcached 资源。接下来，我们定义 Operator。

对于此示例，memcached Operator 将为每个 Memcached 自定义资源（CR）执行以下协调逻辑：

- ❑ 创建 memcached Deployments。
- ❑ 确保 Deployments 副本数与 MemcachedCR 指定的副本数相同。

接下来，我们书写 Ansible roles：weixinyu.memcached_operator_role，其目录结构如下：

```
# cd /root/ansible-operator/memcached-operator/roles
# tree weixinyu.memcached_operator_role/
weixinyu.memcached_operator_role/
├── defaults
│   └── main.yml
├── handlers
│   └── main.yml
├── tasks
│   └── main.yml
├── tests
│   ├── inventory
│   └── test.yml
└── vars
    └── main.yml
```

由于我们将使用“weixinyu.memcached_operator_role”中的逻辑，因此我们可以删除由先前运行的“operator-sdk new”命令自动生成的占位符 Role。

```
# rm -rf ./roles/memcached
```

我们依次查看 weixinyu.memcached_operator_role 中几个 yaml 文件的内容。

defaults/main.yml 中设置了一个用于控制要创建的 Deployment 副本数的数值，副本的默认值为 1。

```
# cat defaults/main.yml
---
# defaults file for Memcached
size: 1
```

查看 Role 的主任务：tasks/main.yml。该文件使用 Kubernetes Ansible 模块创建 memcached Deployments，Deployments 使用 memcached:1.4.36-alpine 容器镜像部署。部署的命名空间、元数据、副本数都是变量。

```
# cat tasks/main.yml
---
# tasks file for Memcached
- name: start memcached
  k8s:
    definition:
      kind: Deployment
      apiVersion: apps/v1
      metadata:
        name: '{{ meta.name }}-memcached'
        namespace: '{{ meta.namespace }}'
      spec:
        replicas: "{{size}}"
```

```
        selector:
          matchLabels:
            app: memcached
        template:
          metadata:
            labels:
              app: memcached
          spec:
            containers:
            - name: memcached
              command:
              - memcached
              - -m=64
              - -o
              - modern
              - -v
              image: "memcached:1.4.36-alpine"
              ports:
                - containerPort: 11211
```

tests 目录下的两个文件定义了 inventory 和执行 role 的用户。

```
# cat tests/inventory
localhost
# cat tests/test.yml
---
- hosts: localhost
  remote_user: root
  roles:
```

随后，watches.yaml 确保 Operator 使用正确的 role。

```
# cat /root/ansible-operator/memcached-operator/watches.yaml
---
- version: v1alpha1
  group: cache.example.com
  kind: Memcached
  role: /opt/ansible/roles/weixinyu.memcached_operator_role
```

接下来，我们部署 Memcached 的自定义资源定义（CRD），这个文件是 operator-sdk new memcached-operator 时创建的。

```
# cat /root/ansible-operator/memcached-operator/ deploy/crds/cache.example.com_
    memcacheds_crd.yaml
apiVersion: apiextensions.k8s.io/v1beta1
kind: CustomResourceDefinition
metadata:
  name: memcacheds.cache.example.com
spec:
  group: cache.example.com
  names:
    kind: Memcached
    listKind: MemcachedList
    plural: memcacheds
    singular: memcached
```

```
  scope: Namespaced
  subresources:
    status: {}
  validation:
    openAPIV3Schema:
      type: object
      x-kubernetes-preserve-unknown-fields: true
  versions:
  - name: v1alpha1
    served: true
    storage: true
```

应用配置。

```
# oc create -f /root/ansible-operator/memcached-operator/ deploy/crds/cache.
    example.com_memcacheds_crd.yaml
customresourcedefinition.apiextensions.k8s.io/memcacheds.cache.example.com created
```

通过运行此命令，我们在集群上创建了一种新的资源类型 memcached。通过创建和修改此类资源，将驱动 Operator 工作。

确认 CRD 已经创建内容。

```
# oc get crd |grep -i mem
memcacheds.cache.example.com    2020-06-15T08:43:09Z
```

通过 oc describe crd memcacheds.cache.example.com 命令查看详情。

创建 CRD 后，有以下两种方法可以运行 Operator，我们建议使用第一种方法。

1）作为 Kubernetes 集群中的 Pod。

2）使用 Operator-SDK 在集群外部作为 Go 程序。

接下来，我们详细介绍通过 Pod 的方式来运行 Operator。

```
# mkdir -p /opt/ansible/roles
# cp -r /root/ansible-operator/memcached-operator/roles/weixinyu.memcached_
    operator_role /opt/ansible/roles/
# oc new-project memcached
# cd /root/ansible-operator/memcached-operator
  # operator-sdk run --local --namespace memcached
INFO[0000] Running the operator locally in namespace memcached.
{"level":"info","ts":1592210616.0846105,"logger":"cmd","msg":"Go Version: go1.13.3"}
{"level":"info","ts":1592210616.0846372,"logger":"cmd","msg":"Go OS/Arch: linux/amd64"}
{"level":"info","ts":1592210616.0846434,"logger":"cmd","msg":"Version of operator-
    sdk: v0.15.2"}
{"level":"info","ts":1592210616.084659,"logger":"cmd","msg":"Watching namespace.",
    "Namespace":"memcached"}
{"level":"info","ts":1592210618.0431092,"logger":"controller-runtime.metrics",
    "msg":"metrics server is starting to listen","addr":"0.0.0.0:8383"}
{"level":"info","ts":1592210618.0434859,"logger":"watches","msg":"Environment
    variable not set; using default value","envVar":"WORKER_MEMCACHED_CACHE_
    EXAMPLE_COM","default":1}
{"level":"info","ts":1592210618.043513,"logger":"watches","msg":"Environment
    variable not set; using default value","envVar":"ANSIBLE_VERBOSITY_
    MEMCACHED_CACHE_EXAMPLE_COM","default":2}
```

```
{"level":"info","ts":1592210618.0435374,"logger":"ansible-controller",
    "msg":"Watching resource","Options.Group":"cache.example.com","Options.
    Version":"v1alpha1","Options.Kind":"memcached"}
```

接下来，打开第二个终端窗口，进入对应的目录。

目前 Operator 正在运行中，我们创建一个 CR 并部署一个 memcached 实例。我们看到下面 CR 中设置了 metadata、size 的数值，这些数值会被注入 weixinyu.memcached_operator_role 中的 tasks/main.yml 中。

```
# cat /root/ansible-operator/memcached-operator
deploy/crds/cache.example.com_v1alpha1_memcached_cr.yaml
apiVersion: cache.example.com/v1alpha1
kind: Memcached
metadata:
  name: example-memcached
spec:
  size: 3
```

应用上述配置。

```
# oc --namespace memcached create -f deploy/crds/cache.example.com_v1alpha1_
    memcached_cr.yaml
```

确保 memcached-operator 为 CR 创建部署 3 个 Pod，如图 4-41 所示。

```
$ oc get deployments
NAME                          READY   UP-TO-DATE   AVAILABLE   AGE
example-memcached-memcached   3/3     3            3           27s
$ oc get pods
NAME                                          READY   STATUS    RESTARTS   AGE
example-memcached-memcached-d586fc77c-cj47t   1/1     Running   0          30s
example-memcached-memcached-d586fc77c-hb5sh   1/1     Running   0          30s
example-memcached-memcached-d586fc77c-mfqc8   1/1     Running   0          30s
```

图 4-41　Pod 成功部署

接下来，我们将 deploy/crds/cache.example.com_v1alpha1_memcached_cr.yaml 中的 spec.size 字段从 3 更改为 4。

然后通过如下命令重新应用 CR。

```
# oc --namespace memcached apply -f deploy/crds/cache.example.com_v1alpha1_
    memcached_cr.yaml
```

我们看到 memcached 的数量已经变成了 4 个，如图 4-42 所示。

```
$ oc get pods
NAME                                          READY   STATUS              RESTARTS   AGE
example-memcached-memcached-d586fc77c-6gmgv   0/1     ContainerCreating   0          4s
example-memcached-memcached-d586fc77c-cj47t   1/1     Running             0          80s
example-memcached-memcached-d586fc77c-hb5sh   1/1     Running             0          80s
example-memcached-memcached-d586fc77c-mfqc8   1/1     Running             0          80s
```

图 4-42　Pod 数量增加

接下来，需要把 Operator 打包成容器镜像。

```
# cd /root/ansible-operator/memcached-operator/
# cat build/Dockerfile
FROM quay.io/operator-framework/ansible-operator:v0.15.2
COPY watches.yaml ${HOME}/watches.yaml
COPY roles/ ${HOME}/roles/
```

运行如下命令进行镜像打包，然后可以推送到镜像仓库以便后续使用。

打包之前，确认本机安装了 Docker 并且已经启动。

```
# system start docker
# systemctl status docker
# operator-sdk build repo.ocp4.example.com:5000/example/memcached-operator:v0.0.1
```

Deployment 是在 deploy/operator.yaml 中生成的。因为默认值只是一个占位符，所以需要按照以下方式更新 Deployment 中的 image 字段。

```
# sed -i 's|REPLACE_IMAGE|repo.ocp4.example.com:5000/example/memcached-
    operator:v0.0.1|g' deploy/operator.yaml
# podman push repo.ocp4.example.com:5000/example/memcached-operator:v0.0.1
```

接下来，我们介绍部署 memcached-operator 的方法。

```
# cd /root/ansible-operator/memcached-operator/
# oc create -f deploy/role.yaml
# oc create -f deploy/role_binding.yaml
# oc create -f deploy/service_account.yaml
# oc create -f deploy/operator.yaml
```

确保 memcached-operator 已经正常运行。

```
# oc get deployment
NAME                 DESIRED   CURRENT   UP-TO-DATE   AVAILABLE   AGE
memcached-operator   1         1         1            1           1m
```

至此，基于 Ansible 的 Operator 开发介绍完毕。

4.6 本章小结

本章从企业中 OpenShift 面向开发人员的需求出发，给出一些实用的实践方法供读者作为建设企业级 PaaS 的参考。在下一章中，我们将从企业中 OpenShift 面向运维人员的需求出发给出一些实践方法。

Chapter 5 第5章

OpenShift在企业中的运维实践

本章为“PaaS五部曲”中的第四部。在第4章中，我们介绍了开发人员在OpenShift上的实践，本章将针对运维人员的角色介绍在OpenShift上的实践。

5.1 运维人员的关注点

运维人员主要关注在OpenShift上的应用是否能够安全、稳定地运行。OpenShift面向运维主要体现在能够保证应用Pod（包含一个或多个容器）的高可用、实现快速的应用灰度发布、弹性伸缩、认证鉴权、日志监控、备份与恢复等。接下来，我们将对几个关键的方面进行介绍。

5.2 OpenShift运维指导

OpenShift作为企业级PaaS平台，所涉及的组件和需要管理的内容较多。下面从不同的角度出发，分类列出一些日常的维护操作。

- ❑ 运维流程和规范的建立：包括PaaS建设规范、项目命名规范、安全规范、租户申请开通流程、应用发布流程等。
- ❑ OpenShift集群管理：包括集群升级、集群节点的增加与删除、节点标签管理、集群配置的变更、节点故障修复等。
- ❑ OpenShift安全：包括用户认证管理、权限管理、SCC策略管理、数据加密、节点和镜像更新、漏洞修复等。
- ❑ OpenShift项目管理：包括项目创建与删除、租户配额设置与修改、项目管理员分配、项目或容器隔离控制等。

- OpenShift 应用管理：包括模板管理、应用发布管理、应用配置变更、调整应用资源和副本数、应用证书管理、生产镜像管理 / 维护等。
- 垃圾清理：包括内部仓库和外部仓库无用镜像清理、Docker 存储清理、退出容器清理、无用项目清理等。
- 日常巡检：包括检查节点操作系统健康状态、集群进程健康状态、节点状态、ETCD 集群健康状态、重要附加组件（如 Router）状态、存储容量等。
- 监控系统建设：主要指建立企业级监控系统，将 PaaS 性能数据做统一的管理预警。
- 日志系统建设：主要指建立统一的日志系统，采集 PaaS 平台日志并做分析，获取有价值的信息。
- 备份恢复与容灾：包括 Etcd 数据库备份恢复、集群关键配置备份、项目应用备份，底层存储备份等。如果条件允许，应实现多集群灾备。

可以看到，OpenShift 运维涉及很多方面，由于篇幅有限，我们挑选运维部门最关注的几个点进行说明。

5.3 RHCOS 的架构与运维实践

5.3.1 RHCOS 修改配置的几种方法

容器云时代的基础设施种类众多，有物理机、虚拟机（以 vSphere、Openstack 为代表）、公有云、操作系统、容器云平台（如 OpenShift）等。这给运维部门带来了极大的挑战。正是出于简化容器云平台运维人员工作的目的，红帽 OpenShift 将其所依赖的 Red Hat CoreOS（简称 RHCOS）宿主机操作系统进行统一纳管，通过 OpenShift 集群实现对 RHCOS 的配置和管理，将运维人员从运维大量的 OpenShift 宿主机操作系统的工作中解放出来，实现 RHCOS 层面的 SOE，让 RHCOS 成为“不可变基础架构”。这样，即使 OpenShift 某个节点出现故障，甚至节点完全损坏，也不会造成节点配置的丢失（配置存储在 OpenShift 集群中）。

RHCOS 修改配置的方法主要有以下三种：

1）安装 OpenShift 时进行配置，称为 Day1 配置。我们可以安装 OpenShift 时在 RHCOS 启动界面注入参数。

这种配置可以修改的内容包括：

- 常规网络配置：IP 地址、主机名、网卡名称、DNS Server、网关等。
- 内核参数：如果在集群首次引导时需要特定的内核功能。
- 内核模块：如果 Linux 内核没有默认为某个特定的硬件设备（如网卡或视频卡）提供可用的模块。

- Chronyd：如果要为节点提供特定的时钟设置（如时间服务器的位置）。

2）安装 OpenShift 后进行配置，称为 Day2 配置。

创建 MachineConfig 或修改 Operator 自定义资源是进行这些自定义的方法。

3）Kubernetes 资源对象（如 DaemonSets/Deployments）：如果要将服务或其他用户级功能添加到集群中，请考虑将它们添加为在 Kubernetes 上运行的应用。

接下来，我们分别介绍 Day1 和 Day2 配置方式。

5.3.2 Day1 配置展示：通过指定 Ignition 配置来设定 RHCOS 的配置

在安装 OpenShift 的过程中，OpenShift 和 RHCOS 会一起安装。我们可以通过指定 Ignition 配置来设定 RHCOS 的配置，包括 RHCOS 启动网卡的名称、磁盘名称、IP 地址、DNS 配置、网关等。需要指出的是，OpenShift 在 4.3 版本之前，RHCOS Day1 的配置不仅需要在启动时指定参数，还需要修改 ign 文件，具体步骤参见 Repo 中“通过 filetranspile 修改 ign”。

在 RHCOS 启动界面输入参数，如图 5-1 所示。

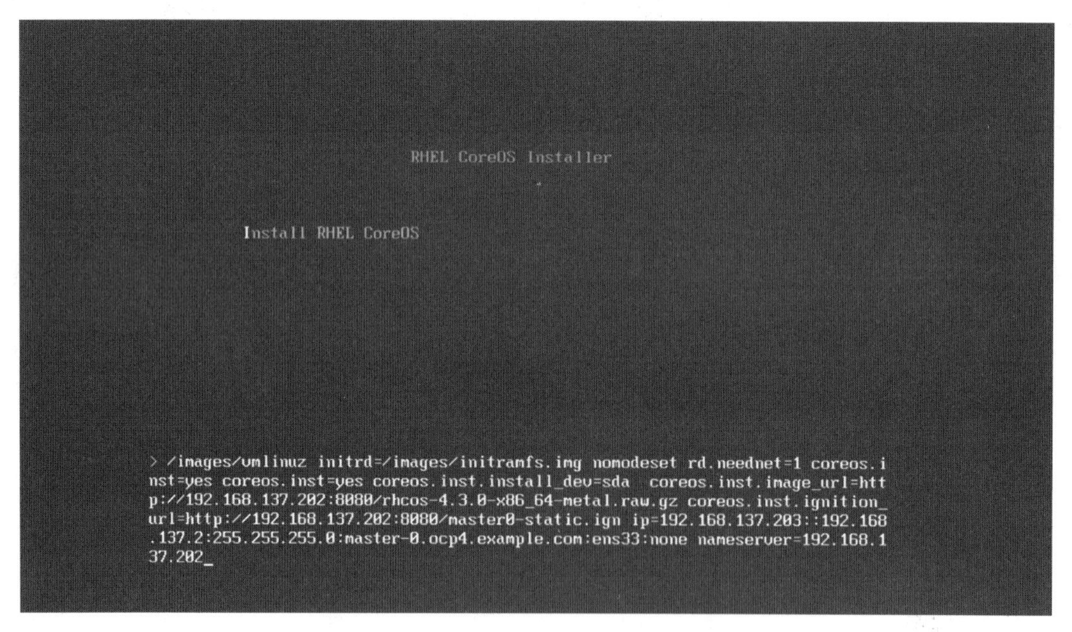

图 5-1 在 RHCOS 启动界面输入参数

这样虽然安装过程中 RHCOS 会发生多次重启，但其配置参数也可以被固化，如图 5-2 所示。

在介绍了 Day1 通过 ign 修改配置的方法后，接下来介绍 Day2 的配置方法。

```
WARNING: Direct SSH access to machines is not recommended; instead,
make configuration changes via `machineconfig` objects:
  https://docs.openshift.com/container-platform/4.3/architecture/architecture-rhcos.html

---
[core@master-0 ~]$
[core@master-0 ~]$ sudo -i
[root@master-0 ~]# hostname
master-0.ocp4.example.com
[root@master-0 ~]#
[root@master-0 ~]# cat /etc/resolv.conf
# Generated by NetworkManager
search ocp4.example.com
nameserver 192.168.137.202
[root@master-0 ~]# ip a
1: lo: <LOOPBACK,UP,LOWER_UP> mtu 65536 qdisc noqueue state UNKNOWN group default qlen 1000
    link/loopback 00:00:00:00:00:00 brd 00:00:00:00:00:00
    inet 127.0.0.1/8 scope host lo
       valid_lft forever preferred_lft forever
    inet6 ::1/128 scope host
       valid_lft forever preferred_lft forever
2: ens33: <BROADCAST,MULTICAST,UP,LOWER_UP> mtu 1500 qdisc fq_codel state UP group default qlen 1000
    link/ether 00:0c:29:25:b2:9e brd ff:ff:ff:ff:ff:ff
    inet 192.168.137.203/24 brd 192.168.137.255 scope global noprefixroute ens33
       valid_lft forever preferred_lft forever
    inet6 fe80::20c:29ff:fe25:b29e/64 scope link
       valid_lft forever preferred_lft forever
[root@master-0 ~]# cat /etc/hostname
master-0.ocp4.example.com
[root@master-0 ~]#
```

图 5-2 确认 RHCOS 重启后有效

5.3.3 Day2 配置展示：通过 MachineConfig 方式修改 RHCOS 的配置

在 OpenShift 中，Machine Config Operator（简称 MCO）负责处理 RHCOS 的管理、配置、升级等操作，如图 5-3 所示。

```
[root@lb.weixinyucluster ~]# oc get pods -n openshift-machine-config-operator |grep -v etcd
NAME                                         READY   STATUS    RESTARTS   AGE
machine-config-controller-6fdf949978-krt8q   1/1     Running   0          17h
machine-config-daemon-6wm9b                  2/2     Running   2          26d
machine-config-daemon-9rx2m                  2/2     Running   4          26d
machine-config-daemon-k27dn                  2/2     Running   1          26d
machine-config-daemon-ppjxh                  2/2     Running   1          26d
machine-config-daemon-s4s2m                  2/2     Running   1          26d
machine-config-daemon-s84w5                  2/2     Running   1          26d
machine-config-daemon-tkql7                  2/2     Running   1          26d
machine-config-operator-94994fb57-28bnv      1/1     Running   0          17h
machine-config-server-8xclz                  1/1     Running   0          26d
machine-config-server-lfdpl                  1/1     Running   0          26d
machine-config-server-x6rnc                  1/1     Running   0          26d
```

图 5-3 MCO 的 Pod

MCO 定义了两种客户化资源：

- MachineConfig（MC）：它通过 Ignition 格式的配置实现对 OpenShift RHCOS 节点的具体的客户化配置。MC 中可以设置生效主机的 Label，如 Master、Worker、Infra。
- MachineConfigPool（MCP）：它通过 Label 将一个或多个 MC 配置在一起，形成配置池。MCO 通过 MCP 跟踪将 MC 应用到 OpenShift RHCOS 后的状态。

MachineConfig 会按顺序读取（从 00* 到 99*）。MachineConfig 中的标签标识每个所用

的节点类型（Master 节点或 Worker 节点）。如果同一文件出现在多个 MachineConfig 文件中，则以最后一个文件为准。查看集群中的 MachineConfig，如图 5-4 所示。

```
# oc get machineconfig
```

```
[root@lb.weixinyucluster ~]# oc get machineconfig
NAME                                                         GENERATEDBYCONTROLLER                      IGNITIONVERSION   AGE
00-master                                                    480accd5d4f631d34e560aa5c8a3dfab0c7bbe27   2.2.0             32d
00-worker                                                    480accd5d4f631d34e560aa5c8a3dfab0c7bbe27   2.2.0             32d
01-master-container-runtime                                  480accd5d4f631d34e560aa5c8a3dfab0c7bbe27   2.2.0             32d
01-master-kubelet                                            480accd5d4f631d34e560aa5c8a3dfab0c7bbe27   2.2.0             32d
01-worker-container-runtime                                  480accd5d4f631d34e560aa5c8a3dfab0c7bbe27   2.2.0             32d
01-worker-kubelet                                            480accd5d4f631d34e560aa5c8a3dfab0c7bbe27   2.2.0             32d
99-master-ed643025-67e2-43dc-bef4-ffa8328ba716-containerruntime   480accd5d4f631d34e560aa5c8a3dfab0c7bbe27   2.2.0        23m
99-master-ed643025-67e2-43dc-bef4-ffa8328ba716-registries    480accd5d4f631d34e560aa5c8a3dfab0c7bbe27   2.2.0             32d
99-master-ssh                                                                                           2.2.0             32d
99-worker-5478e758-7971-4c2d-9320-91e7dc1ae938-registries    480accd5d4f631d34e560aa5c8a3dfab0c7bbe27   2.2.0             32d
99-worker-ssh                                                                                           2.2.0             32d
rendered-master-3809845a857aeb0c1297e934a92b0c2f             5c8eeddacb4c95bbd7f95f89821208d9a1f82a2f   2.2.0             32d
rendered-master-423fe537308c11f5b5792761b27580e3             480accd5d4f631d34e560aa5c8a3dfab0c7bbe27   2.2.0             29d
rendered-master-59f1fe41f46ba63f280556d3a3ef9cd2             480accd5d4f631d34e560aa5c8a3dfab0c7bbe27   2.2.0             26d
rendered-master-bc4f86b45d3fb7b22c105f1180bd6b8f             480accd5d4f631d34e560aa5c8a3dfab0c7bbe27   2.2.0             23m
rendered-master-cac2e6f3a144391349406c00404738b5             910f22cb1550ad7bb02b82c5dc05062b1566ce5f   2.2.0             32d
rendered-master-ddc7df10ee914e40679512c3b5074c42             860382c905f4358418c6513a9ab55fdd6dcc4f2d   2.2.0             32d
rendered-worker-2ba0f2751b0b4b61a61096efa8c412f7             480accd5d4f631d34e560aa5c8a3dfab0c7bbe27   2.2.0             29d
rendered-worker-2efbb912a525c57d72cb9a6cac65dd3c             5c8eeddacb4c95bbd7f95f89821208d9a1f82a2f   2.2.0             32d
rendered-worker-355ccdbc6be79e7eef1245973872cd87             910f22cb1550ad7bb02b82c5dc05062b1566ce5f   2.2.0             32d
rendered-worker-5441fd299633e467a4394fbe6f1a28d4             860382c905f4358418c6513a9ab55fdd6dcc4f2d   2.2.0             32d
rendered-worker-d47c0cd68b4235213bc9534ee96e03de             480accd5d4f631d34e560aa5c8a3dfab0c7bbe27   2.2.0             26d
```

图 5-4　查看集群中的 MachineConfig

通过 OpenShift 不同类型的节点划分 MachineConfigPool，如图 5-5 所示，这里是 master 和 worker。

```
[xiwei-redhat.com@bastion ~]$ oc get mcp
NAME     CONFIG                                             UPDATED   UPDATING   DEGRADED   MACHINECOUNT   READYMACH
INECOUNT   UPDATEDMACHINECOUNT   DEGRADEDMACHINECOUNT   AGE
master   rendered-master-ed6da1206cb9bc181d94b1088585ee0a   True      False      False      3              3
           3                     0                      37h
worker   rendered-worker-4034c5494400191ce537f3257239b446   True      False      False      2              2
           2                     0                      37h
```

图 5-5　查看集群中的 MachineConfigPool

如果想查看 MachineConfig 管理的系统文件，可以查看 MachineConfig 中的“Path:”，例如：

```
# oc describe machineconfigs 01-master-container-runtime |grep -i path
        Path:          /etc/crio/crio.conf
        Path:          /etc/containers/policy.json
```

如果要更改其中一个文件的某一设置，例如将 crio.conf 文件中的 pids_limit 更改为 2048（默认情况下，pids_limit = 1500），我们可以创建一个仅含想要更改的文件的新 MachineConfig，然后，将新 MachineConfig 应用到集群。

接下来，展示通过 CRD 的方式修改 RHCOS 配置的方法。首先查看这个配置文件中的配置内容。

```
# cat /etc/crio/crio.conf |grep -v "#" | sed '/^$/d' |grep -i pids_limit
pids_limit = 1024
# cat /etc/crio/crio.conf |grep -v "#" | sed '/^$/d' |grep -i log
log_level = "info"
```

我们通过 CRD 的方式，在 Kubernetes 层面修改配置中的 pidsLimit（初始为 1024）和

logLevel（初始为 info），创建配置如下。

```
# vi ContainerRuntimeConfig.yaml
apiVersion: machineconfiguration.openshift.io/v1
kind: ContainerRuntimeConfig
metadata:
 name: set-log-and-pid
spec:
 machineConfigPoolSelector:
   matchLabels:
     debug-crio: config-log-and-pid
 containerRuntimeConfig:
   pidsLimit: 2048
   logLevel: debug
```

应用配置并确认。

```
# oc create -f ContainerRuntimeConfig.yaml
# oc get ContainerRuntimeConfig
NAME              AGE
set-log-and-pid    22h
```

创建 ContainerRuntimeConfig 之后，修改其中的 MachineConfigPool，以便确认将配置修改到的主机（Master 或 Worker），我们在 Master 节点上修改 MachineConfigPool，增加内容（如下面的加粗部分）。

```
# oc edit MachineConfigPool/master
metadata:
 creationTimestamp: 2019-04-10T23:42:28Z
 generation: 1
 labels:
   debug-crio: config-log-and-pid
   operator.machineconfiguration.openshift.io/required-for-upgrade: ""
```

此时，MCO 开始为集群制造一个新的 crio.conf 文件。

ContainerRuntimeConfig 是 MachineConfig 的专用版本，我们可以查看新建的 MachineConfigs 的内容（创建时间最近的就是最新创建的），如图 5-6 中用方框框住的内容。

```
# oc get MachineConfigs | grep rendered
```

```
[root@worker-0 ~]# oc get MachineConfigs | grep rendered
rendered-master-3809845a857aeb0c1297e934a92b0c2f        5c8eeddacb4c95bbd7f95f89821208d9a1f82a2f   2.2.0   32d
rendered-master-423fe537308c11f5b5792761b27580e3        480accd5d4f631d34e560aa5c8a3dfab0c7bbe27   2.2.0   29d
rendered-master-59f1fe41f46ba63f280556d3a3ef9cd2        480accd5d4f631d34e560aa5c8a3dfab0c7bbe27   2.2.0   26d
rendered-master-bc4f86b45d3fb7b22c105f1180bd6b8f        480accd5d4f631d34e560aa5c8a3dfab0c7bbe27   2.2.0   24s
rendered-master-cac2e6f3a144391349406c00404738b5        910f22cb1550ad7bb02b82c5dc05062b1566ce5f   2.2.0   32d
rendered-master-ddc7df10ee914e40679512c3b5074c42        860382c905f4358418c6513a9ab55fdd6dcc4f2d   2.2.0   32d
rendered-worker-2ba0f2751b0b4b61a61096efa8c412f7        480accd5d4f631d34e560aa5c8a3dfab0c7bbe27   2.2.0   29d
rendered-worker-2efbb912a525c57d72cb9a6cac65dd3c        5c8eeddacb4c95bbd7f95f89821208d9a1f82a2f   2.2.0   32d
rendered-worker-355ccdbc6be79e7eef1245973872cd87        910f22cb1550ad7bb02b82c5dc05062b1566ce5f   2.2.0   32d
rendered-worker-5441fd299633e467a4394fbe6f1a28d4        860382c905f4358418c6513a9ab55fdd6dcc4f2d   2.2.0   32d
rendered-worker-d47c0cd68b4235213bc9534ee96e03de        480accd5d4f631d34e560aa5c8a3dfab0c7bbe27   2.2.0   26d
```

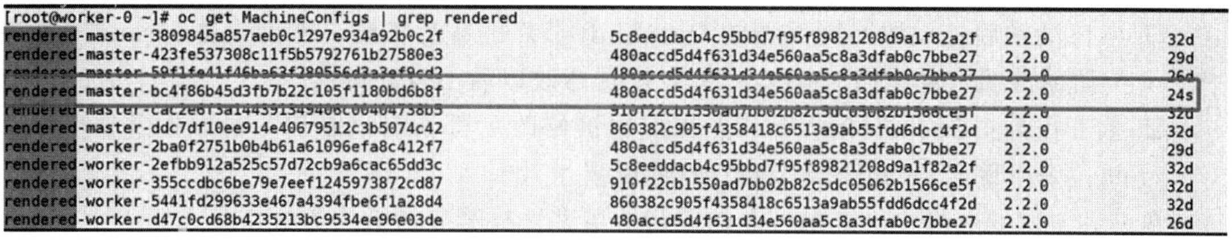

图 5-6　查看 MachineConfigs

使用如下命令，查看新创建的 rendered 中的配置，从返回结果可以看到 pids_limit = 2048。

```
# python3 -c "import sys, urllib.parse; print(urllib.parse.unquote(sys.argv[1]))"
    $(oc get MachineConfig/rendered-master-bc4f86b45d3fb7b22c105f1180bd6b8f -o
    YAML | grep -B4 crio.conf | grep source | tail -n 1 | cut -d, -f2) | grep pid
pids_limit = 2048
```

查看 machineconfigpool，确认配置已经被应用（最新创建的 machineconfig 被应用），如图 5-7 所示。

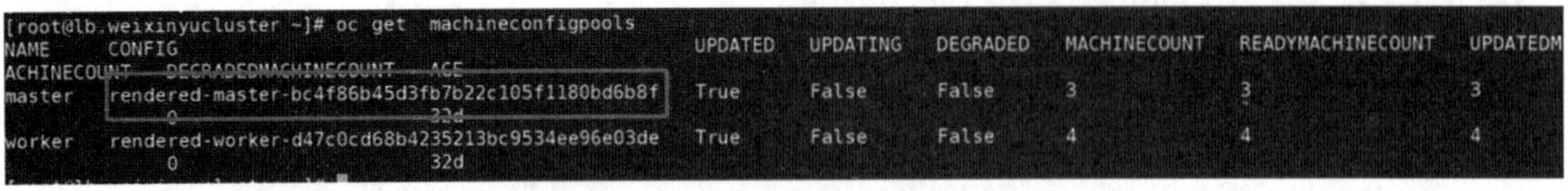

```
[root@lb.weixinyucluster ~]# oc get  machineconfigpools
NAME     CONFIG                                              UPDATED   UPDATING   DEGRADED   MACHINECOUNT   READYMACHINECOUNT   UPDATEDM
ACHINECOUNT   DEGRADEDMACHINECOUNT   AGE
master   rendered-master-bc4f86b45d3fb7b22c105f1180bd6b8f   True      False      False      3              3                   3
         0                       32d
worker   rendered-worker-d47c0cd68b4235213bc9534ee96e03de   True      False      False      4              4                   4
         0                       32d
```

图 5-7　查看 machineconfigpool

接下来用如下命令查看 Master 节点上我们修改的配置是否已经生效，结果如图 5-8 所示。

```
# oc debug node/master-0 -- cat /host/etc/crio/crio.conf | egrep 'debug||pid'
```

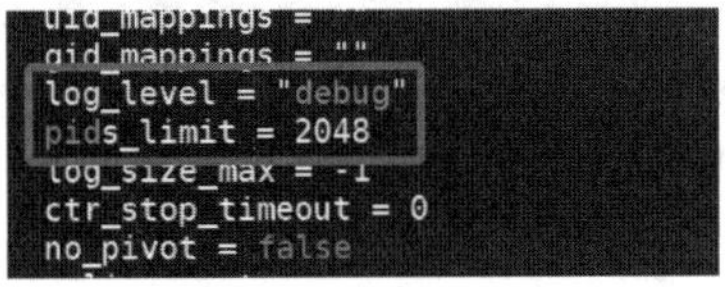

```
uid_mappings = ""
gid_mappings = ""
log_level = "debug"
pids_limit = 2048
log_size_max = -1
ctr_stop_timeout = 0
no_pivot = false
```

图 5-8　查看 Master 节点配置是否已经生效

从上面的步骤看出，我们可以通过 MachineConfig 的方式修改 RHCOS 的配置。

5.4　OpenShift 修改配置后的自动重启

在手动或者 OpenShift 自动通过 MCO 修改 RHCOS 的配置（如修改 RHCOS 内核参数、apiserver 证书自动轮换等）后，某些配置变更需要 RHCOS 重启后生效，重启可采用自动、半自动、手动三种方式。

- 自动重启：被修改配置的此类主机轮流重启（3 个 Master 轮流重启，应用在不同的 Worker 节点上轮流重启），业务无感知。重启后配置立刻生效。
- 半自动重启：设置不同类型的 OpenShift 节点的重启策略，例如设置 Master 节点在配置修改后自动重启，Worker 节点配置修改以后不自动重启。
- 手工重启：OpenShift 所有节点在配置被修改后都不自动重启。可以挑选非业务时间，安排重启 OpenShift 节点让这些配置生效。

在三种方式的选择中，金融、电信等行业更多选择第三种重启方式。

例如，可以如下关闭 Worker 节点配置修改后自动重启的功能。

```
oc patch --type=merge --patch='{"spec":{"paused":true}}' machineconfigpool/worker
```

目前已知的修改配置后会自动重启的操作有（包括但不限于）：

- 修改 openshift-config 中的 configmap 的 user-ca-bundle 会触发重启（如添加新的镜像仓库证书）：oc edit configmap user-ca-bundle -n openshift-config
- 修改 imagecontentsourcepolicy 会触发重启（如离线 OperatorHub 添加新的镜像 mirror 配置）：oc edit imagecontentsourcepolicy
- 修改 openshift-config 中的 secret 的 pull-secret 会触发重启（比如添加新的镜像仓库账号密码或修改账号密码）：oc edit secret pull-secret -n openshift-config
- 修改 RHCOS 的 /etc/containers/registries.conf 文件内容会触发重启。

目前已知的 OpenShift 自动更新触发 RHCOS 重启的情况有（包含但不限于）：

- kube-apiserver-to-kubelet-signer 证书的自动轮换：OCP 自动创建新的 kube-apiserver-to-kubelet-signer 和删除旧的 kube-apiserver-to-kubelet-signer 都会造成 OCP 集群的自动重启。

如果关闭了 RHCOS 的配置修改后自动重启的功能，就应该定期在非业务时间安排重启以便使配置生效，不要积压太多等待生效的更新。最好是在一个配置修改后就安排一次非业务时间重启 RHCOS 以使配置生效。

5.5 OpenShift 中的证书

在 OpenShift 集群中和证书相关的内容有三处，分别为 Secret、ConfigMap（简称 CM）、宿主机的证书文件。接下来，我们查看这三处的具体配置。

首先查看 Secret 中的证书信息。

```
#  oc get secret -A -o json | jq -r '.items[]
|select(.metadata.annotations."auth.openshift.io/certificate-not-after"!=null)|
select(.metadata.name|test("-[0-9]+$")|not) |"\(.metadata.namespace)
\(.metadata.name)\(.metadata.annotations."auth.openshift.io/certificate-not-
after")"'| column -t
```

命令执行结果如图 5-9 所示。

```
openshift-config-managed                      kube-controller-manager-client-cert-key2021-01-09T12:31:04Z
openshift-config-managed                      kube-scheduler-client-cert-key2021-01-09T12:31:04Z
openshift-kube-apiserver-operator             aggregator-client-signer2021-01-08T19:43:17Z
openshift-kube-apiserver-operator             kube-apiserver-to-kubelet-signer2021-11-09T00:30:57Z
openshift-kube-apiserver-operator             kube-control-plane-signer2021-02-07T00:31:05Z
openshift-kube-apiserver-operator             loadbalancer-serving-signer2030-11-07T00:30:53Z
openshift-kube-apiserver-operator             localhost-recovery-serving-signer2030-11-07T00:40:53Z
openshift-kube-apiserver-operator             localhost-serving-signer2030-11-07T00:30:53Z
openshift-kube-apiserver-operator             node-system-admin-client2021-04-08T07:29:39Z
openshift-kube-apiserver-operator             node-system-admin-signer2021-11-09T07:29:18Z
openshift-kube-apiserver-operator             service-network-serving-signer2030-11-07T00:30:53Z
openshift-kube-apiserver                      aggregator-client2021-01-08T19:43:17Z
openshift-kube-apiserver                      check-endpoints-client-cert-key2021-01-09T12:31:04Z
openshift-kube-apiserver                      control-plane-node-admin-client-cert-key2021-01-09T12:31:04Z
openshift-kube-apiserver                      external-loadbalancer-serving-certkey2021-01-08T00:41:14Z
openshift-kube-apiserver                      internal-loadbalancer-serving-certkey2021-01-08T00:41:18Z
openshift-kube-apiserver                      kubelet-client2021-01-08T00:41:08Z
openshift-kube-apiserver                      localhost-recovery-serving-certkey2030-11-07T00:40:53Z
openshift-kube-apiserver                      localhost-serving-cert-certkey2021-01-08T00:41:09Z
openshift-kube-apiserver                      service-network-serving-certkey2021-01-08T00:41:09Z
openshift-kube-controller-manager-operator    csr-signer2021-01-10T07:43:08Z
openshift-kube-controller-manager-operator    csr-signer-signer2021-02-07T19:43:08Z
openshift-kube-controller-manager             kube-controller-manager-client-cert-key2021-01-09T12:31:04Z
openshift-kube-scheduler                      kube-scheduler-client-cert-key2021-01-09T12:31:04Z
```

图 5-9　查看 Secret 中的证书信息

我们看到图 5-9 中新出了 openshift-kube-apiserver 相关的证书。关注用方框标识的证书，可以看到这个 kube-apiserver-to-kubelet-signer 的过期时间是 2021-11-09。

我们接下来查看 ConfigMap 中的证书信息。

```
# oc get cm -A |grep -i ca
```

我们会看到很多包含 ca 字段的 CM。我们以 kube-apiserver-to-kubelet-signer 这个 CM 为例，查看其中的证书内容，命令执行结果如图 5-10 所示。

```
#oc describe cm kube-apiserver-to-kubelet-client-ca  -n openshift-kube-
    apiserver-operator
```

```
Data
====
ca-bundle.crt:
----
-----BEGIN CERTIFICATE-----
MIIDQjCCAiqgAwIBAgIIQj9B3J3xsSIwDQYJKoZIhvcNAQELBQAwPzESMBAGA1UE
CxMJb3BlbnNoaWZ0MSkwJwYDVQQDEyBrdWJlLWFwaXNlcnZlci10by1rdWJlbGV0
LXNpZ25lcjAeFw0yMDExMDkwMDMwNTdaFw0yMTExMDkwMDMwNTdaMD8xEjAQBgNV
BAsTCW9wZW5zaGlmdDEpMCcGA1UEAxMga3ViZS1hcGlzZXJ2ZXItdG8ta3ViZWxl
dC1zaWduZXIwggEiMA0GCSqGSIb3DQEBAQUAA4IBDwAwggEKAoIBAQC8LcmKUfif
Y80D8oWDESBad/y7Ib5MfwLrZpUy2RoQTy4bn28MTGiNT2DS2kP2LwQPHVDRSQ83
m8+QWEHT/CGpVDJTC0yoleiLYXDYgebhepadJU5BrDnrIDjUr19duu/bh0OSe+Ny
JDcer+6zluJYfCn0mFWJsbNh6V+e64/xiu5eAFJUheLPDNdgjDowbCV7vuYDuHCU
/wSf5nVYLxryiYPfDaZYGNprkGs/UXHuMgh4mNqersv8X6u7fQy2PSR5QHqhwh+C
JPHtTC2CEBNOL6Zq7ntCLu9VwZamoUDh0HqYjCHxYRYsaH2CFfdEftlHTlsMz24/
HjPkGmBkxWtVAgMBAAGjQjBAMA4GA1UdDwEB/wQEAwICpDAPBgNVHRMBAf8EBTAD
AQH/MB0GA1UdDgQWBBTZo9CyVrFMMxl0JCLBw/LV2XlYzDANBgkqhkiG9w0BAQsF
AAOCAQEAYKjw0m0OVuDExf+4svD87Uori9skE0uq0LWB3xZVeKAoz0SQdqvEhnyN
NyUk4krxHhgZuYog41qATC6o02UFJTUb/j/0AGbA1fQTr15bhIJ0UaqpsQBZZ0Xf
76+9DvHwWBrij0fJ2Zj3HCS5QvLC2g1U/fAJIAl08V5iusWQAsu+3il0l549PsNN
R6b9K3gqhwhQvLrHwDCLLBDbxm/0EcIDUGYnRvupeVkDxPsmGmh3QMSN7XbUgHJw
6Ur0AQRvUO+dAL0V9tyhDPgkI4ntfcT7xj/0hQIKxkkaw1FUW+D4SRJxf7iBuFQ2
u0uEDFk8HtXCQk4tQINFe8IVUBxHGQ==
-----END CERTIFICATE-----
```

图 5-10 查看 CM 中的证书信息

接下来，我们通过一个脚本 1.sh 查看 CM 中证书的有效期。脚本的详细内容见 Repo 中“1.sh 文件”。

将 CM 中的内容重定向到 1.txt。

```
# oc describe cm kube-apiserver-to-kubelet-client-ca  -n openshift-kube-
    apiserver-operator > 1.txt
```

然后执行 1.sh 脚本，并将 1.txt 作为变量传入，命令结果如图 5-11 所示。

```
[root@lb.weixinyucluster3 ~]# sh 1.sh 1.txt
 0: subject= /OU=openshift/CN=kube-apiserver-to-kubelet-signer
issuer= /OU=openshift/CN=kube-apiserver-to-kubelet-signer
notBefore=Nov  9 00:30:57 2020 GMT
notAfter=Nov  9 00:30:57 2021 GMT
```

图 5-11　查看 CM 中证书的有效期

我们看到此处 kube-apiserver-to-kubelet-signer 的过期时间是 2021-11-09，和在 Secret 中查到的信息一致。

OCP 每个宿主机都有一个证书文件：/etc/kubernetes/kubelet-ca.crt。

执行 1.sh 脚本，并将 /etc/kubernetes/kubelet-ca.crt 作为变量传入，命令执行结果如图 5-12 所示。

```
[root@master-2 ~]# sh 1.sh /etc/kubernetes/kubelet-ca.crt
 0: subject=OU = openshift, CN = admin-kubeconfig-signer
issuer=OU = openshift, CN = admin-kubeconfig-signer
notBefore=Nov  9 00:30:52 2020 GMT
notAfter=Nov  7 00:30:52 2030 GMT

 1: subject=OU = openshift, CN = kubelet-signer
issuer=OU = openshift, CN = kubelet-signer
notBefore=Nov  9 00:30:57 2020 GMT
notAfter=Nov 10 00:30:57 2020 GMT

 2: subject=OU = openshift, CN = kube-control-plane-signer
issuer=OU = openshift, CN = kube-control-plane-signer
notBefore=Nov  9 00:30:57 2020 GMT
notAfter=Nov  9 00:30:57 2021 GMT

 3: subject=OU = openshift, CN = kube-apiserver-to-kubelet-signer
issuer=OU = openshift, CN = kube-apiserver-to-kubelet-signer
notBefore=Nov  9 00:30:57 2020 GMT
notAfter=Nov  9 00:30:57 2021 GMT

 4: subject=OU = openshift, CN = kubelet-bootstrap-kubeconfig-signer
issuer=OU = openshift, CN = kubelet-bootstrap-kubeconfig-signer
notBefore=Nov  9 00:30:54 2020 GMT
notAfter=Nov  7 00:30:54 2030 GMT
```

图 5-12　查看 kubelet-ca.crt 文件中的证书信息

我们从三处看到的证书信息可以分析这些信息的关系。简单而言，针对 kube-apiserver-to-kubelet-signer 而言，Secret 里有最新的证书信息；ConfigMap 里包含最新的和旧的 kube-apiserver-to-kubelet-signer 证书信息，kubelet-ca.crt 里除包含 ConfigMap 里的证书外，还包含其他证书，即从证书范畴来看：secret < configmap < kubelet-ca.crt。

因此，如果我们看证书是否在有效期，针对 kube-apiserver-to-kubelet-signer 而言，Secret 中有目前 OCP 集群正在使用的、有效的证书。

例如我们检查所有一年内到期的证书。

```
# oc get secret -A -o json | jq -r ' .items[] |
select( .metadata.annotations."auth.openshift.io/certificate-not-after" | .!=null and
fromdateiso8601<='$( date --date='+1year' +%s )' ) | "expiration:
\( .metadata.annotations."auth.openshift.io/certificate-not-after" ) \( .type ) -n
\( .metadata.namespace ) \( .metadata.name )" ' | sort | column -t
```

输出的结果中，我们最关注如下这行内容，因为只有这个证书的轮换和删除会触发 RHCOS 的自动重启。

```
expiration:  2021-11-09T00:30:57Z  SecretTypeTLS      -n  openshift-kube-
    apiserver-operator            kube-apiserver-to-kubelet-signer
```

我们可以看到 kube-apiserver-to-kubelet-signer 会到 2021 年 11 月 9 日过期，默认证书过期时间为一年。

实际上，OCP4 集群在其生命周期中会因为 kube-apiserver-to-kubelet-signer 证书的两个更新时间点触发集群重启。目前确认的 OCP4 只有 kube-apiserver-to-kubelet-signer 这一证书更新会触发集群重启。这两个时间点是：

1）kube-apiserver-to-kubelet-signer 证书生命周期到达 80% 时间点（证书创建后第 292 天），新证书生成，节点重启使新证书加载入证书集（CA bundle）。

2）旧证书过期时间点（证书创建后第 365 天），节点重启来删除旧证书。

如果客户应用是多副本运行，集群重启不会对业务造成很大影响。但是实际情况下，受集群的配置、应用的运行状态等多种因素影响，节点重启有可能会造成应用下线、业务中断。大家都不希望看到集群因为证书更新而重启。这一需求目前已经反馈到红帽研发部门。红帽已经在 OCP4.8 中实现设计变更，即证书 kube-apiserver-to-kubelet-signer 更新不触发重启。

对于已经部署的 OCP4 集群，目前可采取的暂时应对方案（workaround）有：

- 针对第 292 天时间点的重启，可以采用暂停 MCO 重启。但是客户必须尽快安排维护窗口（365–292=73 天之内），重启节点让新证书生成。
- 针对第 365 天时间点的重启，仍然可以采用暂停 MCO 重启这个方案，但这个方案有效的前提是新证书已经生成，否则集群将会在证书过期后无法继续正常工作。虽然 365 天自动重启可以规避，但仍建议在维护期安排集群重启。

对于还在部署或迁移阶段的 OCP4 集群，建议做如下考虑：

1）采用多活机制，应用多副本。

2）尽可能让 OCP4 证书创建的时间点落在营业时间之外，避免节点在营业时间内重启。

5.6 OpenShift 运维技巧简介

在运维方面，OpenShft 的理念是 RHCOS 是不可变基础架构，因此不建议频繁直接通过 SSH 访问 OpenShift 的节点，建议尽量通过 OpenShift 集群视角来运维和管理 OpenShift 的节点。接下来，介绍几个 OpenShift 运维的技巧。

1. 查看节点和 Pod 的真实 CPU 利用率

通过命令行 oc adm top node 准确查看 OpenShift 节点资源利用率，结果如图 5-13 所示。图 5-13 显示每个节点的当前 CPU 和内存使用情况。这些是实际使用量，不是 OpenShift 调度程序认为是节点的可使用和已使用容量的资源请求。

```
[root@lb.weixinyucluster ~]# oc adm top node
NAME       CPU(cores)   CPU%   MEMORY(bytes)   MEMORY%
master-1   1055m        19%    3949Mi          57%
master-2   1461m        26%    4947Mi          72%
worker-0   610m         11%    2619Mi          38%
worker-1   647m         11%    2333Mi          34%
worker-2   401m         7%     2237Mi          32%
worker-3   863m         15%    2701Mi          39%
```

图 5-13 节点资源利用率

如果想准确查看 Pod 资源利用率，使用如下命令行：

```
# oc adm top pods -n myapp
NAME              CPU(cores)    MEMORY(bytes)
jenkins-1-gb2hj   21m           527Mi
myapp-1-sd8ls     39m           433Mi
```

如果想查看集群中所有的 Pod 资源利用率，使用如下命令行：

```
# oc adm top pods -A
```

2. 查看 OpenShift 节点的日志

我们查看 master-1 节点上 crio 的日志。

```
# oc adm node-logs -u crio master-1
```

我们查看 master-1 节点上 Kubelet 的日志。

```
#oc adm node-logs -u kubelet master-1
```

我们查看 master-1 节点上的所有日志。

```
# oc adm node-logs master-1
```

3. 打开 OpenShift 节点上的 Shell 终端

下面介绍使用 oc debug node 命令打开 OpenShift 节点上 Shell 终端的方法。该提示来自一个专用工具容器，该容器将节点根文件系统安装在 /host 文件夹中，并允许你检查节点中的所有文件。

要在 oc 调试节点会话中直接从节点运行本地命令，必须在 /host 文件夹中启动 chroot shell。然后，你可以检查节点的本地文件系统，其 systemd 服务的状态，并执行其他的任务。

我们查看 master-1 上 crio 进程状态。

```
# oc debug node/master-1
Starting pod/master-1-debug ...
To use host binaries, run `chroot /host`
cPod IP: 192.168.91.11
If you don't see a command prompt, try pressing enter.
sh-4.2# chroot /host（这条命令必须执行）
sh-4.4# systemctl status crio
```

命令执行结果如图 5-14 所示。

```
sh-4.4# systemctl status crio
● crio.service - MCO environment configuration
   Loaded: loaded (/usr/lib/systemd/system/crio.service; disabled; vendor preset: disabled)
  Drop-In: /etc/systemd/system/crio.service.d
           └─10-mco-default-env.conf
   Active: active (running) since Wed 2020-09-09 11:27:02 UTC; 1 weeks 1 days ago
     Docs: https://github.com/cri-o/cri-o
 Main PID: 1424 (crio)
    Tasks: 32
   Memory: 324.1M
      CPU: 14h 57min 2.204s
   CGroup: /system.slice/crio.service
           ├─   1424 /usr/bin/crio --enable-metrics=true --metrics-port=9537
           ├─1875587 /usr/libexec/crio/conmon -c 20e15fd04a83fc663369b356a3d208d62101e7474998aa2

           └─1875588 /usr/bin/runc --root=/run/runc exec --pid-file /tmp/pidfile425741998 --proc
```

图 5-14　查看节点 CRI-O 服务状态

4. 调试正在运行的容器

尽管在容器停止后本地容器文件系统中的任何更改都将丢失，但可以将文件上传到正在运行的容器中方便测试应用。我们以几个具体示例进行说明。

在 OpenShift 中创建一个应用来方便测试，如图 5-15 所示。

```
# oc new-app openshiftkatacoda/blog-django-py --name blog
```

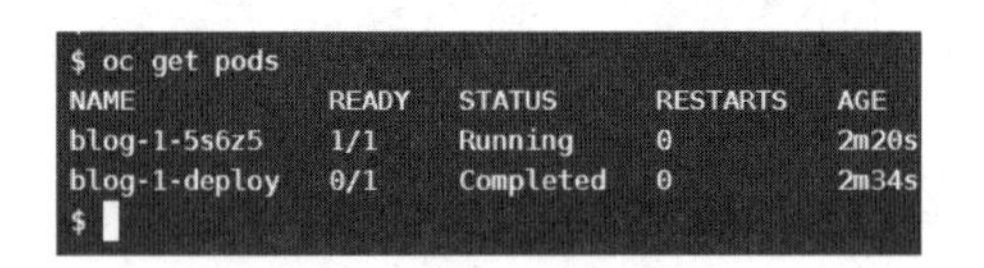

图 5-15　部署测试 Pod

登录 Pod 查看文件，我们需要把 sql 数据文件 db.sqlite3 从容器中拷贝出来，如图 5-16 所示。

```
(app-root)sh-4.2$ ls -al
total 80
drwxrwxr-x. 1 default    root    52 May 30 01:47 .
drwxrwxr-x. 1 default    root    28 Jun 18  2019 ..
-rwxrwxr-x. 1 default    root  1454 Jun 18  2019 app.sh
drwxrwxr-x. 1 default    root    43 Jun 18  2019 blog
drwxrwxr-x. 2 default    root    25 Jun 18  2019 configs
-rw-rw-r--. 1 default    root   230 Jun 18  2019 cronjobs.py
-rw-r--r--. 1 1000520000 root 44032 May 30 01:47 db.sqlite3
-rw-rw-r--. 1 default    root   430 Jun 18  2019 Dockerfile
drwxrwxr-x. 2 default    root    25 Jun 18  2019 htdocs
drwxrwxr-x. 1 default    root    25 Jun 18  2019 katacoda
-rwxrwxr-x. 1 default    root   806 Jun 18  2019 manage.py
drwxrwxr-x. 3 default    root    20 Jun 18  2019 media
drwxrwxr-x. 1 default    root    19 Apr  3  2019 .pki
-rw-rw-r--. 1 default    root   832 Jun 18  2019 posts.json
-rw-rw-r--. 1 default    root  7861 Jun 18  2019 README.md
-rw-rw-r--. 1 default    root   203 Jun 18  2019 requirements.txt
-rw-rw----. 1 default    root  1024 Apr  3  2019 .rnd
drwxrwxr-x. 4 default    root    57 Jun 18  2019 .s2i
drwxrwxr-x. 4 default    root    30 Jun 18  2019 static
drwxrwxr-x. 2 default    root   148 Jun 18  2019 templates
(app-root)sh-4.2$ pwd
/opt/app-root/src
(app-root)sh-4.2$
```

图 5-16　Pod 中的 SQL 文件

使用 oc rsync 命令将文件 db.sqlite3 从容器复制到本地计算机，如图 5-17 所示。

```
# oc rsync $POD:/opt/app-root/src/db.sqlite3 .
```

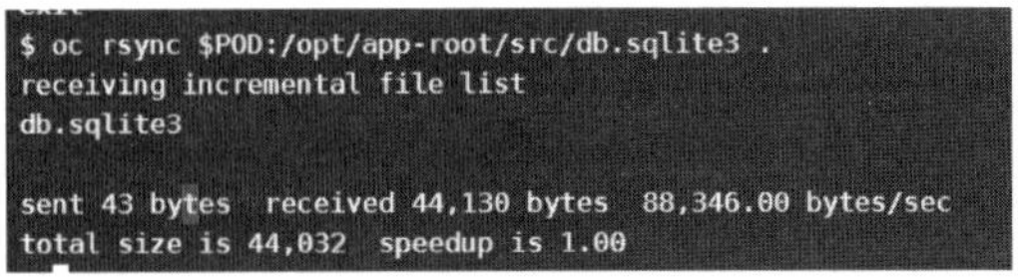

```
$ oc rsync $POD:/opt/app-root/src/db.sqlite3 .
receiving incremental file list
db.sqlite3

sent 43 bytes  received 44,130 bytes  88,346.00 bytes/sec
total size is 44,032  speedup is 1.00
```

图 5-17　将文件从容器复制到本地

要将文件从本地复制到容器，使用如下 oc rsync 命令格式：

```
# oc rsync ./local/dir <pod-name>:/remote/dir
```

与将文件从容器复制到本地不同，要从本地到容器仅复制选定的文件，需要使用 --exclude 和 --include 选项来过滤从指定目录复制的内容。例如，我们部署了一个网站并且没有包含 robots.txt 文件，但是需要快速测试正在运行的网站。

首先创建文件：echo "This is WeiXinyu testing" >robots.txt，将文件传入容器，命令执行结果如图 5-18 所示。

```
# oc rsync . $POD:/opt/app-root/src/htdocs --exclude=* --include=robots.txt --no-perms
```

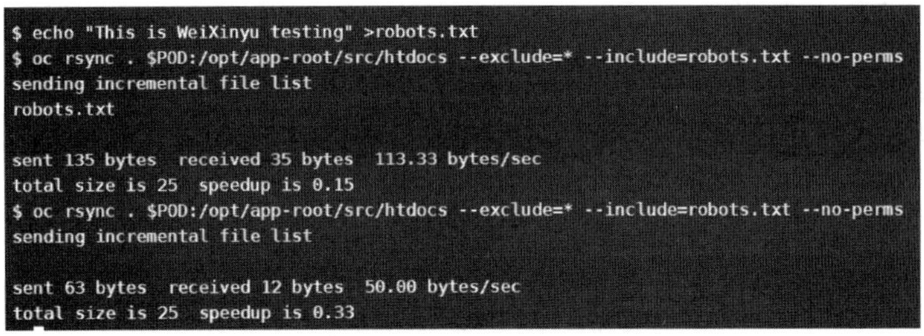

```
$ echo "This is WeiXinyu testing" >robots.txt
$ oc rsync . $POD:/opt/app-root/src/htdocs --exclude=* --include=robots.txt --no-perms
sending incremental file list
robots.txt

sent 135 bytes  received 35 bytes  113.33 bytes/sec
total size is 25  speedup is 0.15
$ oc rsync . $POD:/opt/app-root/src/htdocs --exclude=* --include=robots.txt --no-perms
sending incremental file list

sent 63 bytes  received 12 bytes  50.00 bytes/sec
total size is 25  speedup is 0.33
```

图 5-18　将文件从本地复制到容器

确认文件上传成功，如图 5-19 所示。

```
(app-root)sh-4.2$ cat /opt/app-root/src/htdocs/robots.txt
This is WeiXinyu testing
(app-root)sh-4.2$
```

图 5-19　文件上传成功

上文我们部署的 Pod 是一个 Web 应用，因此通过 Curl 可以访问，从而验证我们此前在文件中注入的内容，命令执行结果如图 5-20 所示。

```
# curl http://blog-myproject.2886795294-80-host04nc.environments.katacoda.com/
    robots.txt
```

```
$ curl http://blog-myproject.2886795294-80-host04nc.environments.katacoda.com/robots.txt
This is WeiXinyu testing
$ 
```

图 5-20 访问 Web 应用

如果要复制一个完整的目录而不是复制一个文件，请不要使用 --include 和 --exclude 选项。示例命令如下：

```
# oc rsync . $POD:/opt/app-root/src/htdocs --no-perms
```

5.7 OpenShift 多网络平面的选择与配置

在第 2 章中我们已经介绍过，现在 OpenShift 支持 Pod 的多网络平面。那么针对众多 CNI 方案，应该如何进行选择呢？根据两份第三方测试报告（详见 Repo 中“network performance report”目录），Macvlan 是 OpenShift 较为理想的多网络平面方案。Macvlan 的优势参见 Repo 中“macvlan 性能优势说明”文档。

我们介绍在 OpenShift 中配置基于 Macvlan 的 Multus-CNI，将 Macvlan 配置为 Pod 的第二个网卡。Macvlan 的地址分配方式有静态指定和动态分配两种：

- 如果需要为 Pod 指定固定 IP 地址，可以使用静态指定 IP 地址的方式。这种方式不利于容器的弹性伸缩。
- 如果允许 Pod 随机获取 IP 地址，可以使用动态分配 IP 地址的方式，我们只需要指定一个 IP 地址段即可。这种方式管理更方便，也便于实现容器的弹性伸缩。

接下来，将分别介绍静态指定 IP 地址和动态分配 IP 地址这两种方式，在实际使用中可根据需求灵活选择合适的方式。

5.7.1 Macvlan 静态 IP 地址配置方法

以下演示 OpenShift 集群中包含三个 Master 节点、两个 Worker 节点。

```
# oc get nodes
NAME       STATUS   ROLES    AGE   VERSION
master-0   Ready    master   21d   v1.17.1
master-1   Ready    master   21d   v1.17.1
master-2   Ready    master   21d   v1.17.1
worker-0   Ready    worker   21d   v1.17.1
worker-1   Ready    worker   21d   v1.17.1
```

查看 OpenShift 中一个 Worker 节点的 IP 地址为 192.168.91.21。

```
# oc describe node worker-1 |grep -i ip
  InternalIP:  192.168.91.21
```

登录 Worker 节点，查看节点的物理网卡为 ens3，IP 地址为 C 类网段，如图 5-21 所示。

```
[core@worker-1 ~]$ ip a
1: lo: <LOOPBACK,UP,LOWER_UP> mtu 65536 qdisc noqueue state UNKNOWN group default ql
en 1000
    link/loopback 00:00:00:00:00:00 brd 00:00:00:00:00:00
    inet 127.0.0.1/8 scope host lo
       valid_lft forever preferred_lft forever
    inet6 ::1/128 scope host
       valid_lft forever preferred_lft forever
2: ens3: <BROADCAST,MULTICAST,UP,LOWER_UP> mtu 1450 qdisc fq_codel state UP group de
fault qlen 1000
    link/ether 52:54:44:4b:62:5c brd ff:ff:ff:ff:ff:ff
    inet 192.168.91.21/24 brd 192.168.91.255 scope global dynamic noprefixroute ens3
       valid_lft 70923sec preferred_lft 70923sec
    inet6 fe80::ca7c:debd:b491:9610/64 scope link noprefixroute
       valid_lft forever preferred_lft forever
```

图 5-21 查看 Worker 节点 IP

查看网关地址为 192.168.91.1，如图 5-22 所示。

```
[core@worker-1 ~]$ netstat -rn
Kernel IP routing table
Destination     Gateway         Genmask         Flags   MSS Window  irtt Iface
0.0.0.0         192.168.91.1    0.0.0.0         UG        0 0          0 ens3
10.128.0.0      0.0.0.0         255.252.0.0     U         0 0          0 tun0
172.30.0.0      0.0.0.0         255.255.0.0     U         0 0          0 tun0
192.168.91.0    0.0.0.0         255.255.255.0   U         0 0          0 ens3
```

图 5-22 查看 Worker 节点网关

我们为一个 Pod 配置 Macvlan 的第二个网卡。这个网卡和 OpenShift 处于同一个 vLAN。首先确认 192.168.91.250 地址未被使用。

```
# ping 192.168.91.250
PING 192.168.91.250 (192.168.91.250) 56(84) bytes of data.
--- 192.168.91.250 ping statistics ---
3 packets transmitted, 0 received, 100% packet loss, time 1999ms
```

修改网络 ClusterOperator，增加附加网络的定义。配置附加网络名称（macvlan-network），配置静态 IP（192.168.91.250），配置网关（192.168.91.1），配置物理网卡名称（ens3），将网络定义赋予 tomcat 项目中，如下面内容中加粗的文字。

```
# oc edit networks.operator.openshift.io cluster
......
spec:
  additionalNetworks:
  - name: macvlan-network
    namespace: tomcat
    simpleMacvlanConfig:
      ipamConfig:
        staticIPAMConfig:
          addresses:
          - address: 192.168.91.250/24
            gateway: 192.168.91.1
        type: static
      master: ens3
      mode: bridge
type: SimpleMacvlan
```

添加信息完毕后，保存退出。

查看赋予项目的附加网络，macvlan-network 已经添加成功。

```
# oc get network-attachment-definitions -n tomcat
NAME                AGE
macvlan-network      32s
```

编辑创建 Pod 的 yaml，使用 k8s.v1.cni.cncf.io/networks 注释调用 macvlan-network，内容如下所示。

```
# cat example-pod.yaml
apiVersion: v1
kind: Pod
metadata:
  name: example-staticip
  annotations:
    k8s.v1.cni.cncf.io/networks: macvlan-network
spec:
  containers:
  - name: example-pod
    command: ["/bin/bash", "-c", "sleep 2000000000000"]
image: centos/tools
```

应用 Pod 资源文件。

```
# oc apply -f example-pod.yaml
pod/example-staticip created
```

查看 Pod，确认 Pod 已经创建成功。

```
# oc get pods
NAME                READY    STATUS     RESTARTS    AGE
example-staticip    1/1      Running    0           84s
```

进入 Pod 中确认该 Pod 已经添加 192.168.91.250 地址，如图 5-23 所示。

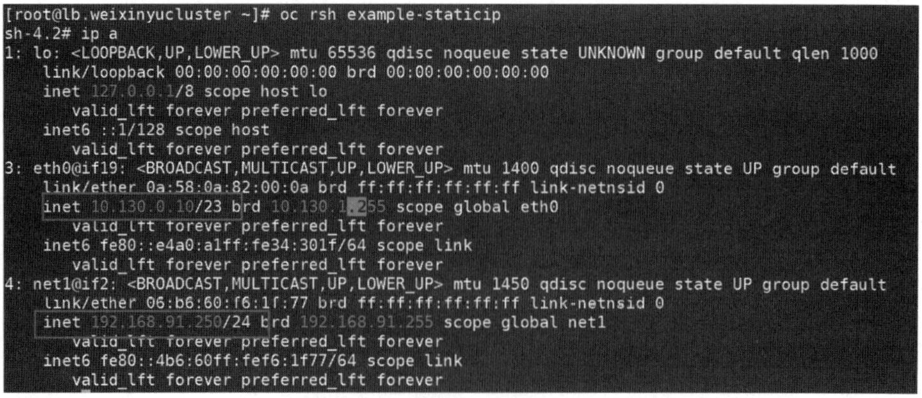

```
[root@lb.weixinyucluster ~]# oc rsh example-staticip
sh-4.2# ip a
1: lo: <LOOPBACK,UP,LOWER_UP> mtu 65536 qdisc noqueue state UNKNOWN group default qlen 1000
    link/loopback 00:00:00:00:00:00 brd 00:00:00:00:00:00
    inet 127.0.0.1/8 scope host lo
       valid_lft forever preferred_lft forever
    inet6 ::1/128 scope host
       valid_lft forever preferred_lft forever
3: eth0@if19: <BROADCAST,MULTICAST,UP,LOWER_UP> mtu 1400 qdisc noqueue state UP group default
    link/ether 0a:58:0a:82:00:0a brd ff:ff:ff:ff:ff:ff link-netnsid 0
    inet 10.130.0.10/23 brd 10.130.1.255 scope global eth0
       valid_lft forever preferred_lft forever
    inet6 fe80::e4a0:a1ff:fe34:301f/64 scope link
       valid_lft forever preferred_lft forever
4: net1@if2: <BROADCAST,MULTICAST,UP,LOWER_UP> mtu 1450 qdisc noqueue state UP group default
    link/ether 06:b6:60:f6:1f:77 brd ff:ff:ff:ff:ff:ff link-netnsid 0
    inet 192.168.91.250/24 brd 192.168.91.255 scope global net1
       valid_lft forever preferred_lft forever
    inet6 fe80::4b6:60ff:fef6:1f77/64 scope link
       valid_lft forever preferred_lft forever
```

图 5-23　确认 Pod 中 macvlan-network 添加成功

确认在Pod里ping网关可以成功。

```
sh-4.2# ping 192.168.91.1
PING 192.168.91.1 (192.168.91.1) 56(84) bytes of data.
64 bytes from 192.168.91.1: icmp_seq=1 ttl=64 time=0.577 ms
```

确保在OpenShift外的主机Ping Pod IP（192.168.91.250）可以成功。

在验证了通过yaml文件创建Pod使用Macvlan作为第二网络后，接下来验证在DeploymentConfig/deployments中配置Macvlan第二网络。

将example-staticip pod删除后编写配置文件。

在DeploymentConfig/Deployments中增加k8s.v1.cni.cncf.io/networks的注释来调用附加网络macvlan-network。

```
spec:
  template:
    metadata:
      annotations:
        k8s.v1.cni.cncf.io/networks: macvlan-conf
```

应用配置。

```
# oc apply -f dc.yaml
deploymentconfig.apps.openshift.io/frontend created
```

应用配置后Pod会被自动创建。

```
# oc get pods
NAME                READY   STATUS      RESTARTS   AGE
frontend-3-deploy   0/1     Completed   0          36s
frontend-3-gtjqq    1/1     Running     0          31s
```

创建成功后确认Pod被分配192.168.91.250地址，如图5-24所示。

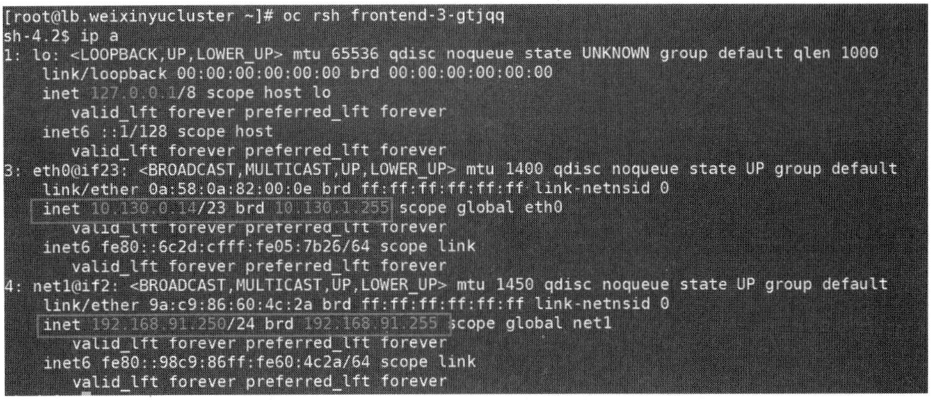

```
[root@lb.weixinyucluster ~]# oc rsh frontend-3-gtjqq
sh-4.2$ ip a
1: lo: <LOOPBACK,UP,LOWER_UP> mtu 65536 qdisc noqueue state UNKNOWN group default qlen 1000
    link/loopback 00:00:00:00:00:00 brd 00:00:00:00:00:00
    inet 127.0.0.1/8 scope host lo
       valid_lft forever preferred_lft forever
    inet6 ::1/128 scope host
       valid_lft forever preferred_lft forever
3: eth0@if23: <BROADCAST,MULTICAST,UP,LOWER_UP> mtu 1400 qdisc noqueue state UP group default
    link/ether 0a:58:0a:82:00:0e brd ff:ff:ff:ff:ff:ff link-netnsid 0
    inet 10.130.0.14/23 brd 10.130.1.255 scope global eth0
       valid_lft forever preferred_lft forever
    inet6 fe80::6c2d:cfff:fe05:7b26/64 scope link
       valid_lft forever preferred_lft forever
4: net1@if2: <BROADCAST,MULTICAST,UP,LOWER_UP> mtu 1450 qdisc noqueue state UP group default
    link/ether 9a:c9:86:60:4c:2a brd ff:ff:ff:ff:ff:ff link-netnsid 0
    inet 192.168.91.250/24 brd 192.168.91.255 scope global net1
       valid_lft forever preferred_lft forever
    inet6 fe80::98c9:86ff:fe60:4c2a/64 scope link
       valid_lft forever preferred_lft forever
```

图5-24 确认Pod中macvlan网络添加成功

验证成功后删除DeploymentConfig/Deployment。

```
# oc delete -f dc.yaml
```

5.7.2 Macvlan 动态分配 IP 地址配置方法

Macvlan 静态指定 IP 地址的方法虽然在生产环境可行，但既不方便配置也不利于 Pod 的弹性伸缩。接下来，我们介绍 Macvlan 动态分配 IP 地址配置方法。

动态分配 IP 地址有两种配置方式：

- 配置 DHCP Server：为 Macvlan 所在的 vlan 分配 IP 地址。
- 配置 IPAM：在不配置 DHCP Server 的情况下为 Macvlan 所在的 vlan 分配 IP 地址。

如果使用 DHCP Server 的配置方式，需要将 Server 配置到 OpenShift 外部。很多客户的数据中心是不允许配置 DHCP Server 的。

IPAM（IP Address Management）作为一个 CNI 插件，可在整个集群范围内分配 IP 地址。目前，我们可以使用 Whereabouts 工具实现 Kubernetes/OpenShift 集群中的 IPAM。

Whereabouts 可配置一个地址范围，遵循 CIDR 表示法，如 192.168.2.0/24，并将在该范围内分配 IP 地址。在这种情况下，它将分配从 192.168.2.1 到 192.168.2.255 的 IP 地址。将 IP 地址分配给 Pod 后，Whereabouts 会在该 Pod 的生命周期内跟踪数据存储区中的 IP 地址。删除 Pod 后，Whereabouts 将释放地址并使其可用于后续请求。Whereabouts 优先分配范围内可用的最低值地址，还可以指定要从地址段中排除的 IP 或者范围。

从以上描述我们可以了解到 IPAM 受 Kubernetes 的管理，更有助于 RBAC 控制和统一调度管理。因此，针对 Macvlan 的 multus-cni 场景，IPAM 的配置方式要优于 DHCP Server 的配置方式。接下来，我们基于 IPAM 的配置方式展开介绍。

首先安装 Whereabouts，从 GitHub 上克隆仓库。

```
# git clone https://github.com/dougbtv/whereabouts && cd whereabouts
```

应用 daemonset 和 ippool 的配置。

修改配置 ./doc/daemonset-install.yaml 中容器镜像的位置，将镜像修改为红帽官方镜像。

修改前：

```
containers:
- name: whereabouts
  image: dougbtv/whereabouts:latest
```

修改后：

```
containers:
- name: whereabouts
  image: registry.redhat.io/openshift4/ose-multus-whereabouts-ipam-cni-rhel7:latest
# oc apply -f ./doc/daemonset-install.yaml -f ./doc/whereabouts.cni.cncf.io_ippools.yaml
```

接下来，在 tomcat 项目中执行创建 IPAM 的地址段的配置。

```
# oc project tomcat
# cat <<EOF | oc apply -f -
apiVersion: "k8s.cni.cncf.io/v1"
kind: NetworkAttachmentDefinition
metadata:
  name: macvlan-conf
spec:
  config: '{
      "cniVersion": "0.3.0",
      "name": "whereaboutsexample",
      "type": "macvlan",
      "master": "ens3",
      "mode": "bridge",
      "ipam": {
        "type": "whereabouts",
        "range": "192.168.91.100-192.168.91.110/24",
        "etcd_host": "192.168.91.8:2379",
        "log_file" : "/tmp/whereabouts.log",
        "log_level" : "debug",
        "gateway": "192.168.91.1"
      }
    }'
EOF
```

上述配置文件定义了附加网络名称（macvlan-conf）、物理网卡名称（ens3）、IP地址网段（192.168.91.100-192.168.91.110/24）、etcd_host（设置为etcd集群的地址）、网关地址（192.168.91.1）。

查看创建成功的附加网络定义，增加了macvlan-conf。

```
# oc get network-attachment-definitions -n tomcat
NAME              AGE
macvlan-conf      82m
macvlan-network   85m
```

可以看到，静态附加网络定义和动态附加网络定义都是项目级别资源，可以在同一个项目中共存，只要不发生IP地址冲突即可。

我们可以通过oc describe命令查看macvlan-conf附加网络定义中的内容，确保与我们设定的内容一致。

接下来，我们使用Pod yaml文件，通过注释k8s.v1.cni.cncf.io/networks来使用macvlan-conf定义的附加网络，内容如下所示。

```
# cat <<EOF | oc create -f -
apiVersion: v1
kind: Pod
metadata:
  name: samplepod1
  annotations:
    k8s.v1.cni.cncf.io/networks: macvlan-conf
spec:
  containers:
  - name: samplepod
```

```
    command: ["/bin/bash", "-c", "sleep 2000000000000"]
    image: dougbtv/centos-network
EOF
```

使用上面 Pod yaml 的定义，我们再创建 5 个 Pod。

```
# oc get pods
NAME                  READY    STATUS       RESTARTS    AGE
samplepod1            1/1      Running      0           76m
samplepod2            1/1      Running      0           75m
samplepod3            1/1      Running      0           72m
samplepod4            1/1      Running      0           70m
samplepod5            1/1      Running      0           64m
```

依次查看 5 个 Pod 的 Macvlan IP 地址，确保第二个 IP 分配在指定网段（192.168.91.100-192.168.91.110/24）中，以 2 个 Pod 为例。

```
# oc rsh samplepod1 ip a |grep -i  192.168.91
    inet 192.168.91.100/24 brd 192.168.91.255 scope global net1
# oc rsh samplepod2 ip a |grep -i  192.168.91
    inet 192.168.91.101/24 brd 192.168.91.255 scope global net1
```

从结果中，我们可以看到 Pod 的 IP 地址从指定的地址池中自动、依次分配（从小到大分配）。这样，在 OpenShift 中 Pod 弹性增加时新增加的 Pod 可以自动从设定的地址段获取 IP 地址。随着技术的发展，会有越来越多的 SDN 符合 CNI 标准。这时候，使用多网络平面既可以保证 PaaS 本身的稳定性，又能提升容器业务网络的性能。

需要指出的是，在使用 Macvlan 的时候需要考虑以下几点：

- ❑ 每个宿主机物理网卡最多允许虚拟 MAC 地址的数量，不同的物理网卡不尽相同。此外也要关注交换机上最多 MAC 地址的限制。
- ❑ 如果使用虚拟机安装 OpenShift，需要在虚拟网络层打开混杂模式。
- ❑ Macvlan 不能再做租户隔离，只能做 vlan 隔离。一个物理网卡上的两个 Macvlan 可以属于不同的网段，但需要在上行的交换机端口打开 trunk。
- ❑ 在配置附加网络定义时我们设定了网卡的名称。因此，OpenShift 节点的网卡名称应尽量一致，以便配置在任意 Worker 节点都能生效。

5.8 OpenShift 中 Pod 的限速

OpenShift 中可以实现对 Pod Ingress 和 Egress 的带宽限制。限制的原理是调用 K8S CNI 的 annotations 实现。接下来，我们举例说明。

使用如下 yaml 创建限速 Pod。

```
# cat example-pod.yaml
kind: Pod
apiVersion: v1
metadata:
```

```
    name: hello-openshift
    annotations:
      kubernetes.io/ingress-bandwidth: 2M
      kubernetes.io/egress-bandwidth: 1M
spec:
      containers:
        - image: openshift/hello-openshift
          name: hello-openshift
```

通过在上面配置中使用 kubernetes.io/ingress-bandwidth 和 kubernetes.io/egress-bandwidth，我们可以将该 Pod 的 Ingress 带宽设置为 2M，Egress 带宽设置为 1M。

很多时候，我们通过 DeploymentConfig 或者 Deployments 部署 Pod。我们也可以在这两个配置中设置限速的 annotations，部分内容如下所示。

```
# cat dc.yaml
 kind: "DeploymentConfig"
 apiVersion: "v1"
 metadata:
   name: "frontend"
 spec:
   template:
     metadata:
       annotations:
         kubernetes.io/ingress-bandwidth: 2M
         kubernetes.io/egress-bandwidth: 1M
```

需要指出的是，限速是针对 Pod 生效的。如果我们在 DeploymentConfig 或 Deployments 设置限速，并且 Pod 的副本数大于 1，那么 DeploymentConfig 部署出来的所有 Pod 都会有相同的限速值。也就是说，我们并不能准确设置一个 OpenShift 的 Service 的总限速，因此在进行网络规划时需要考虑这一点。

5.9　OpenShift 中项目无法被删除问题

每个 Kubernetes 命名空间（OpenShift 中称为 project 或项目）具有 finalizer，目的是防止在请求删除该命名空间时直接删除。因为在 Kubernetes 中需要先删除命名空间中的资源，然后再删除命名空间本身。但是，有些原因可能导致命名空间中的某些资源无法被正确删除，如外部 apiservice（例如 service catalog）失败。在这种情况下，我们删除 OpenShift 中项目时项目会处于 Terminating 状态，如图 5-25 所示，删除 knativetutorial 项目时该项目处于 Terminating 状态。

接下来，我们展示如何删除此类项目。

首先获取该项目信息的 json 文件。

```
oc get namespaces knativetutorial -o json > knativetutorial.json
```

vi knativetutorial.json 文件删除 finalizers 处的 kubernetes 标识，标识删除前如图 5-26 所

示，标识删除后如图 5-27 所示。

```
[root@lb.weixinyucluster ~]# oc describe project knativetutorial
Name:                    knativetutorial
Created:                 5 days ago
Labels:                  knative-eventing-injection=enabled
Annotations:             openshift.io/description=
                         openshift.io/display-name=
                         openshift.io/requester=kube:admin
                         openshift.io/sa.scc.mcs=s0:c25,c15
                         openshift.io/sa.scc.supplemental-groups=1000630000/10000
                         openshift.io/sa.scc.uid-range=1000630000/10000
Display Name:            <none>
Description:             <none>
Status:                  Terminating
Node Selector:           <none>
Quota:                   <none>
Resource limits:         <none>
[root@lb.weixinyucluster ~]#
```

图 5-25　项目处于 Terminating 状态

```
    },
    "spec": {
        "finalizers": [
            "kubernetes"
        ]
    },
```

图 5-26　标识删除前

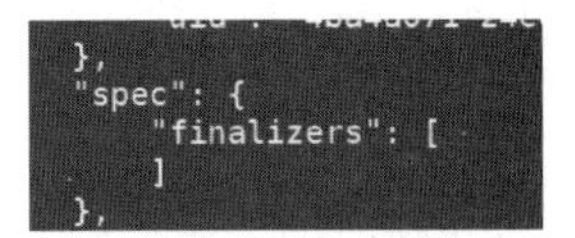

图 5-27　标识删除后

现在我们使用修改后的 json 文件手动调用 API 删除项目。

```
#kubectl proxy &
# curl -k -H "Content-Type: application/json" -X PUT --data-binary @knativetutorial.
   json http://127.0.0.1:8001/api/v1/namespaces/knativetutorial/finalize
```

命令执行结果如图 5-28 所示，项目被成功删除。

```
the request"
      },
      {
        "type": "NamespaceDeletionGroupVersionParsingFailure",
        "status": "False",
        "lastTransitionTime": "2020-05-25T02:56:16Z",
        "reason": "ParsedGroupVersions",
        "message": "All legacy kube types successfully parsed"
      },
      {
        "type": "NamespaceDeletionContentFailure",
        "status": "False",
        "lastTransitionTime": "2020-05-25T15:28:11Z",
        "reason": "ContentDeleted",
        "message": "All content successfully deleted, may be waiting on finalization"
      },
      {
        "type": "NamespaceContentRemaining",
        "status": "False",
        "lastTransitionTime": "2020-05-25T02:57:07Z",
        "reason": "ContentRemoved",
        "message": "All content successfully removed"
      },
      {
        "type": "NamespaceFinalizersRemaining",
        "status": "False",
        "lastTransitionTime": "2020-05-25T02:56:17Z",
        "reason": "ContentHasNoFinalizers",
        "message": "All content-preserving finalizers finished"
      }
    ]
  }
```

图 5-28　项目被成功删除

确认 OpenShift 中已经不存在 knativetutorial 项目，如图 5-29 所示。

```
}[root@lb.weixinyucluster ~]#oc projects |grep -i knativetutorial
[root@lb.weixinyucluster ~]#
```

图 5-29　确认项目被成功删除

5.10　OpenShift 集群性能优化

本书第 1 版 OpenShift 3 性能优化方法请见 Repo 中“OCP3 性能优化”文档。

需要指出的是，K8S 从 1.18 版本开始引入了 API Priority and Fairness（简称 APF）功能，但目前此功能存在 bug。关于 OCP 如何应对这个 bug，请参照 Repo 中“规避 K8S APF 问题”文章。

在 OpenShift 中，Node Tuning Operator（简称 NTO）负责进行节点级别的性能调优。大多数高性能应用程序都需要某种程度的内核调整。NTO 通常在运行时通过 /proc/sys 内核接口配置内核参数。

Node Tuning Operator 通过 DaemonSet 来管理容器化的 Tuned 进程，这个进程在集群中的所有节点上运行，如图 5-30 所示。

```
[root@lb.weixinyucluster ~]# oc projects |grep -i node-tuning
    openshift-cluster-node-tuning-operator
[root@lb.weixinyucluster ~]#
[root@lb.weixinyucluster ~]# oc get pods -o wide -n openshift-cluster-node-tuning-operator
NAME                                                READY   STATUS    RESTARTS   AGE    IP              NODE       NOMINATED NODE
  READINESS GATES
cluster-node-tuning-operator-745d6f76ff-w8xr9       1/1     Running   0          3d2h   10.131.0.23     master-0   <none>
  <none>
tuned-9k4rm                                         1/1     Running   0          9d     192.168.91.22   worker-2   <none>
  <none>
tuned-9wfd7                                         1/1     Running   0          9d     192.168.91.10   master-0   <none>
  <none>
tuned-h2sps                                         1/1     Running   0          9d     192.168.91.20   worker-0   <none>
  <none>
tuned-kk5v9                                         1/1     Running   0          9d     192.168.91.12   master-2   <none>
  <none>
tuned-x5q5c                                         1/1     Running   0          9d     192.168.91.11   master-1   <none>
  <none>
tuned-zshjw                                         1/1     Running   0          9d     192.168.91.21   worker-1   <none>
  <none>
```

图 5-30　查看 Node Tuning Operator 的 Pod

接下来，我们查看已有的 Node Tuning Operator 定义（CR）。

```
# oc get tuned -n openshift-cluster-node-tuning-operator
NAME       AGE
default    13d
rendered   13d
```

Default CR 是 OpenShift 默认的节点调优参数，我们也可以自己定义 CR。我们使用如下命令查看 Default CR，输出结果参见 Repo 中“CR of node-tuning-operator”文档。

```
# oc get Tuned/default -o yaml
```

Node Tuning Operator 的 CR 分为两部分：Profile 部分，它是具体的优化参数名称和设置；Recommend 部分，它用于定义 Profile 在哪里运行。

我们查看 Default CR Profile，实际上定义了三个 Profile ：openshift、openshift-control-plane 和 openshift-node。

Profile openshift 中定义了网络、内核等优化参数，如图 5-31 所示。

```
profile:
- data: |
    [main]
    summary=Optimize systems running OpenShift (parent profile)
    include=${f:virt_check:virtual-guest:throughput-performance}

    [selinux]
    avc_cache_threshold=8192

    [net]
    nf_conntrack_hashsize=131072

    [sysctl]
    net.ipv4.ip_forward=1
    kernel.pid_max=>4194304
    net.netfilter.nf_conntrack_max=1048576
    net.ipv4.conf.all.arp_announce=2
    net.ipv4.neigh.default.gc_thresh1=8192
    net.ipv4.neigh.default.gc_thresh2=32768
    net.ipv4.neigh.default.gc_thresh3=65536
    net.ipv6.neigh.default.gc_thresh1=8192
    net.ipv6.neigh.default.gc_thresh2=32768
    net.ipv6.neigh.default.gc_thresh3=65536
    vm.max_map_count=262144

    [sysfs]
    /sys/module/nvme_core/parameters/io_timeout=4294967295
    /sys/module/nvme_core/parameters/max_retries=10
  name: openshift
```

图 5-31 查看 Profile openshift

而在 Profile openshift-control-plane 中加载了 Profile openshift，也就是说，Profile openshift 中定义的参数，openshift-control-plane 中都会包含，并且会额外扩展特有的优化参数，如图 5-32 所示。

```
- data: |
    [main]
    summary=Optimize systems running OpenShift control plane
    include=openshift

    [sysctl]
    # ktune sysctl settings, maximizing i/o throughput
    #
    # Minimal preemption granularity for CPU-bound tasks:
    # (default: 1 msec#  (1 + ilog(ncpus)), units: nanoseconds)
    kernel.sched_min_granularity_ns=10000000
    # The total time the scheduler will consider a migrated process
    # "cache hot" and thus less likely to be re-migrated
    # (system default is 500000, i.e. 0.5 ms)
    kernel.sched_migration_cost_ns=5000000
    # SCHED_OTHER wake-up granularity.
    #
    # Preemption granularity when tasks wake up.  Lower the value to
    # improve wake-up latency and throughput for latency critical tasks.
    kernel.sched_wakeup_granularity_ns=4000000
  name: openshift-control-plane
```

图 5-32 查看 Profile openshift-control-plane

在 Profile openshift-node 中也加载了 Profile openshift，如图 5-33 所示。

```
- data: |
    [main]
    summary=Optimize systems running OpenShift nodes
    include=openshift

    [sysctl]
    net.ipv4.tcp_fastopen=3
    fs.inotify.max_user_watches=65536
    fs.inotify.max_user_instances=8192
  name: openshift-node
```

图 5-33　查看 Profile openshift-node

查看 Recommend 部分，如图 5-34 所示。

```
recommend:
- match:
  - label: node-role.kubernetes.io/master
  - label: node-role.kubernetes.io/infra
  priority: 30
  profile: openshift-control-plane
- priority: 40
  profile: openshift-node
```

图 5-34　查看 Default CR Recommend

在图 5-34 中，30 的优先级高于 40，也就是说，OpenShift 先去寻找 label 为 master 和 infra 的节点，如果存在这样的节点，则应用 Profile openshift-control-plane，如果没有这样的节点，则在所有的 OpenShift 节点应用 Profile openshift-node。

在如图 5-35 所示的环境中，OpenShift 集群有三个 Master、三个 Worker 节点。

```
[root@lb.weixinyucluster ~]# oc get nodes
NAME       STATUS   ROLES    AGE   VERSION
master-0   Ready    master   14d   v1.17.1+912792b
master-1   Ready    master   14d   v1.17.1+912792b
master-2   Ready    master   14d   v1.17.1+912792b
worker-0   Ready    worker   14d   v1.17.1+912792b
worker-1   Ready    worker   14d   v1.17.1+912792b
worker-2   Ready    worker   14d   v1.17.1+912792b
```

图 5-35　查看 OpenShift 节点

针对 Default CR 中的规则：Profile openshift-control-plane 先匹配 node-role.kubernetes.io/<ROLE>，找到了 ROLE 为 master 的三个 Master 节点，则将应用 Profile openshift-control-plane；但没有找到 ROLE 为 infra 的节点；因此剩下的所有节点（未设置匹配条件）将应用 Profile openshift-node。另外，由于 ROLE 为 master 的节点已经应用了 Profile openshift-control-plane，就不再应用 Profile openshift-node，一个 OpenShift 节点只能应用优先级高的一个 Profile。

我们验证配置生效，看到在 master-0 上 Profile openshift-control-plane 生效；在 worker-0 上 Profile openshift-node 生效，这与我们预期一致，如图 5-36 所示。

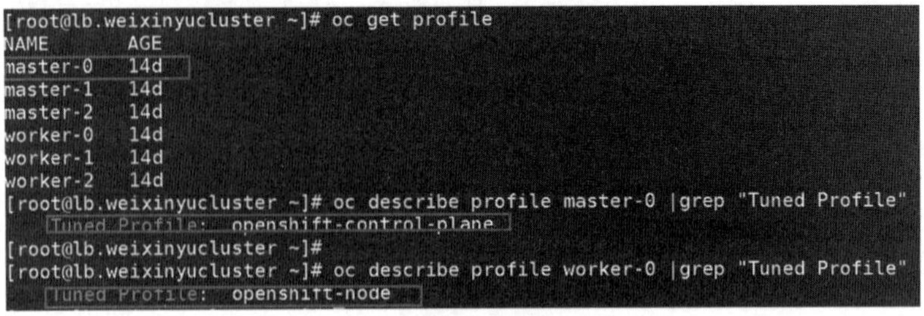

```
[root@lb.weixinyucluster ~]# oc get profile
NAME       AGE
master-0   14d
master-1   14d
master-2   14d
worker-0   14d
worker-1   14d
worker-2   14d
[root@lb.weixinyucluster ~]# oc describe profile master-0 |grep "Tuned Profile"
  Tuned Profile:  openshift-control-plane
[root@lb.weixinyucluster ~]#
[root@lb.weixinyucluster ~]# oc describe profile worker-0 |grep "Tuned Profile"
  Tuned Profile:  openshift-node
```

图 5-36　验证配置生效

接下来，展示如何自定义 CR。我们定义一个名为 ingress 的 Profile，专门用来调优 ingress-node，且定义优先级为 10 用于覆盖 Default CR 中定义的 Profile。自定义的 Profile 中加载 Profile openshift-control-plane，并在此基础之上增加一些其他参数，内容如下所示。

```
apiVersion: tuned.openshift.io/v1
kind: Tuned
metadata:
  name: ingress
  namespace: openshift-cluster-node-tuning-operator
spec:
  profile:
  - data: |
      [main]
      summary=A custom OpenShift ingress profile
      include=openshift-control-plane
      [sysctl]
      net.ipv4.ip_local_port_range="1024 65535"
      net.ipv4.tcp_tw_reuse=1
    name: openshift-ingress
  recommend:
  - match:
    - label: tuned.openshift.io/ingress-node-label
    priority: 10
    profile: openshift-ingress
```

OpenShift 支持多种优化插件，包括 audio、cpu、disk、eeepc_she、modules、mounts、net、scheduler、scsi_host、selinux、sysctl、sysfs、usb、video、vm。

在 OpenShift 4.6 正式发布 Performance Addon Operator（简称 PAO），用于补充对 CPU 和网络延迟敏感的应用程序调优方面，这是在 Tuned 配置文件中未涵盖的部分。设置内容包括：

- ❑ 系统启动后立即识别 NUMA 的大页面运行时分配。
- ❑ 安装实时内核。
- ❑ 设置 Kubelet 的 reservedSystemCPUs 选项以补充 isolcpus 内核参数。
- ❑ 设置 Kubelet 的 topologyPolicy 选项。

PAO 如图 5-37 所示，可以在 OperatorHub 中便捷地安装。

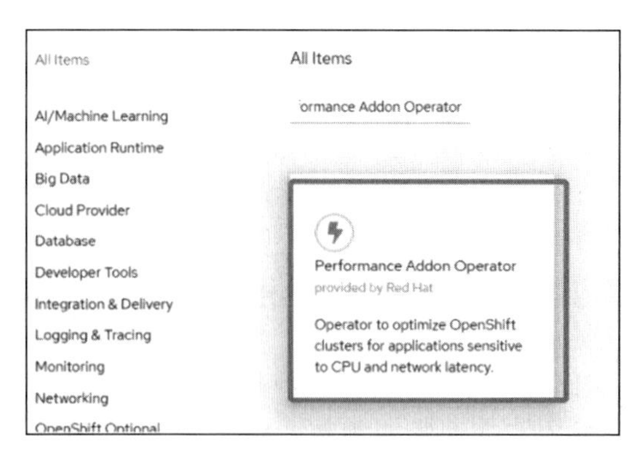

图 5-37　选择 PAO

PAO 安装后，可以创建 Profile，针对指标设置数值，如图 5-38 所示。

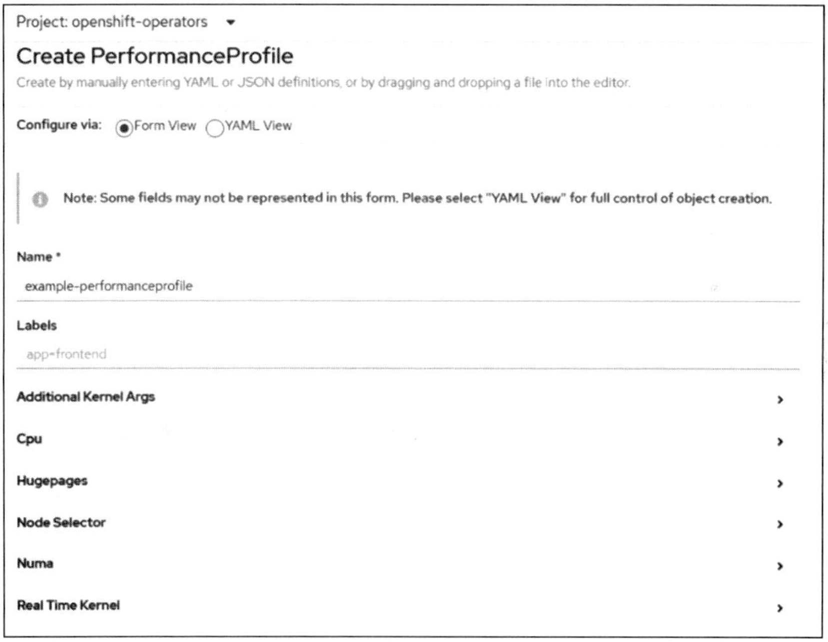

图 5-38　PAO 参数设置

5.11　OpenShift 安全实践

企业中使用容器承载业务，除了考虑容器的优势之外，容器的安全更是很多客户首要关心的话题。要全面保证 OpenShift 的安全，就应该从 OpenShift 多个层面考虑，主要包含如下四个层面：

- 主机层面：OpenShfit 运行在物理机或虚拟机节点上，主机层面要保证网络、操作系统、底层虚拟化层面的安全。

- OpenShift 平台层面：指 OpenShift 平台本身组件以及通信需要保证安全。
- 镜像层面：指使用的镜像需要保证是安全的，未被植入木马或恶意篡改。
- 容器运行层面：应用镜像运行在 OpenShift 平台上，需要保证应用层面是安全的。

下面我们分别针对这四个层面进行说明，企业可以基于给出的自检项添加需要的安全配置或规范。由于篇幅有限，关于 OpenShift 安全实践的配置下文中将给出链接。此外，也可以扫描图 5-39 中二维码，参考“大魏分享”公众号中的文章（包含实现的具体验证）。

图 5-39 OpenShift 4 安全实践验证

5.11.1 主机安全

OpenShift 可以运行在物理机、虚拟机、私有云、公有云上。Master 节点必须运行在 RHCOS 操作系统上，Node 节点可以运行在 RHEL 或 RHCOS（取决于安装的基础架构种类）操作系统上。在主机层面的安全包括以下几点：

- 不定期对主机进行安全扫描：确保宿主机操作系统无安全漏洞，OpenShift 未提供宿主机扫描工具实现，需要企业购买第三方服务或软件。读者可以扫描图 5-40 中二维码，显示的文章给出了如何执行 RHCOS 的合规扫描范例。
- 开启 SELinux：所有宿主机节点保证 SELinux 开启。
- 通信安全：使用 IPSEC 对所有节点间的数据流进行加密，保证三层流量通信安全，默认未开启。
- 配置磁盘加密：可以在所有 Master 和 Worker 节点上启用磁盘加密。此功能仅在 Red Hat Enterprise Linux CoreOS（RHCOS）系统上受支持。需要在安装阶段设置磁盘加密，以便从首次引导开始对写入磁盘的所有数据进行加密。磁盘加密仅加密根文件系统上的数据，使用 AES-256-CBC 加密 。具体配置步骤参考官方文档 https://docs.openshift.com/container-platform/4.6/installing/install_config/installing-customizing.html#installation-special-config-encrypt-disk_installing-customizing。

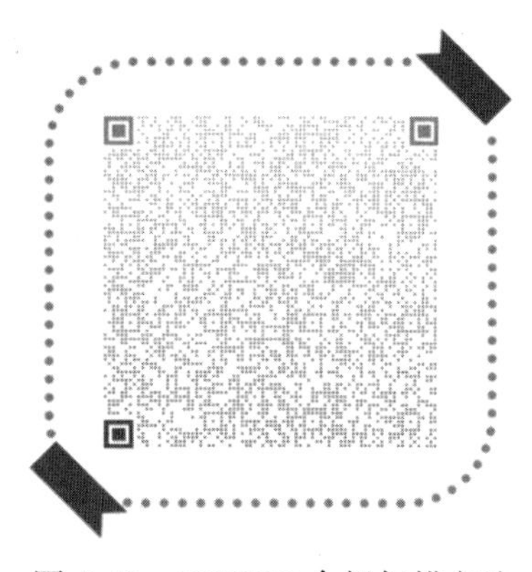

图 5-40 RHCOS 合规扫描方法

5.11.2 OpenShift 平台安全

OpenShift 作为企业级 PaaS 平台，已经在 Kubernetes 之上针对安全做了很多工作，主要包含如下项（包含但不限于）：

- Master 访问安全：所有对 Master 的访问都必须通过安全的 HTTPS 协议，避免明文抓包，安装时自动配置。
- Etcd 通信安全：Etcd 不直接暴露给集群，而必须通过 Master API 操作，而且 Etcd 集群所有端点均为 HTTPS 安全协议，安装时自动配置。
- Etcd 数据加密：可以通过对 Etcd 数据库加密来保证数据安全，默认未配置，配置步骤参考官方文档 https://docs.openshift.com/container-platform/4.6/security/encrypting-etcd.html#enabling-etcd-encryption_encrypting-etcd。
- 认证授权：用户必须经过认证才能操作 OpenShift，并有细粒度的 RBAC 授权。
- OpenShift 操作审计：开启 OpenShift 审计日志，记录所有的 OpenShift API 操作，审计异常行为。具体步骤参考官方文档 https://docs.openshift.com/container-platform/4.6/nodes/nodes/nodes-nodes-audit-config.html。
- 资源配额：项目的资源限制和配额避免恶意程序抢占资源，需要管理员配置。
- 对外访问安全：可以通过创建路由对外发布应用，可以在发布路由时直接设置为 HTTPS 加密协议，支持三种加密模式。
- 不允许挂载宿主机目录：默认 OpenShift 上运行的容器由安全上下文（SCC）控制，不允许容器直接访问和挂载宿主机上的任何目录。
- 不允许以 root 用户运行容器：默认 OpenShift 上运行的容器由安全上下文（SCC）控制，默认不允许以 root 运行容器。除此之外，可以自定义 SCC，配置 requiredDropCapabilities 限制容器可操作的内容。然后将 SCC 授权给 SA，并将 SA 设置到 pod 的 Deployments 中。具体步骤参考官方文档 https://docs.openshift.com/container-platform/4.6/authentication/managing-security-context-constraints.html。
- 使用最新的稳定长生命支持版本：与 OpenShift 平台相关的组件尽量使用最新的稳定版本。一旦出现严重漏洞，及时修复。目前 OpenShift 的稳定长生命支持版本为 OpenShift 3.11 和 OpenShift 4.6。
- 证书权限：保证 OpenShift 平台所使用的证书权限正确，属主和属组为 root:root，权限为 400。
- 配置 OpenShift 的 logoutRedirect：这样当 OpneShift 的 UI 登录注销后，可以自动重定向到指定的网站（如客户数据中心网站），具体步骤参考官方文档 https://docs.openshift.com/container-platform/4.6/web_console/configuring-web-console.html#web-console-configuration_configuring-web-console。
- 配置一定的 Networkpolicy 限制端口访问：具体步骤可以参考官方文档 https://docs.openshift.com/container-platform/4.6/networking/network_policy/about-network-policy.html，也可以参考本书 2.2.3 节第 2 小节第 3 点中 Networkpolicy 的最佳实践内容。
- 限制 OpenShift 节点被 SSH 访问：对 OpenShift 运维时从集群角度进行操作，严格限制直接 ssh OpenShift 节点。OCP 安装完毕后，负责安装 OCP 的主机具有访问 OCP 节点的 ssh key。需要禁止拷贝这个 key，并且需要对这个主机进行严格的访问控制和认证。

5.11.3 镜像安全

镜像安全主要是保证使用的基础镜像和应用镜像未包含漏洞和未被人篡改。主要包含如下项（包含但不限于）：

- 可信的镜像来源：所有镜像均由可信源提供，不允许运行任意网上拉取的镜像。OpenShift 可以访问容器镜像仓库的黑白名单，具体步骤参考官方文档 https://docs.openshift.com/container-platform/4.6/openshift_images/image-configuration.html#images-configuration-insecure_image-configuration。
- 镜像无安全漏洞：所有镜像必须经过安全扫描，并且只有 A、B 级的镜像才允许运行。红帽容器镜像网址为 https://access.redhat.com/containers/。
- 使用 OpenShift OperatorHub 上 Red Hat、Certified、Marketplace 这三个 Provider 中的 Operator，生产上尽量不适用 Community Provider 中的 Operator。
- 数字签名验证：所有镜像需要经过数字签名的验证才能在 OpenShift 平台中运行。
- 镜像仓库通信安全：镜像仓库使用 HTTPS 通信。
- 镜像仓库访问安全：镜像仓库具备用户认证和权限管理。
- 镜像仓库审计：镜像仓库提供审计功能，跟踪用户操作。
- 镜像更新：及时更新镜像，修补镜像中的漏洞。
- 配置镜像策略：通过配置 ImagePolicy Admission plug-in 禁止不允许的镜像运行。

5.11.4 容器运行安全

容器运行安全是指在 OpenShift 中运行的应用和容器是安全的。主要包含如下项（包含但不限于）：

- 配置容器日志的大小，具体步骤参考官方文档 https://access.redhat.com/solutions/5320061。
- 限制容器 rootfs 大小，具体步骤参考官方文档 https://access.redhat.com/solutions/5216861。
- 使用普通用户启动进程：使用 OpenShift 默认分配的用户标识运行应用进程。
- 使用 SCC 策略：使用 SCC 策略控制容器运行的环境，包括用户、附加组、SELinux、可挂载的 Volume 等。
- 容器不开放 SSH ：容器中不启动 SSH 服务，保证只能通过 OpenShift 平台或宿主机进入容器。这样只有允许的用户才能进入容器。
- 避免使用特权容器：尽量不要在 OpenShift 上运行特权容器。
- 不在容器中安装不需要的软件包。

- 使用独立的 ServiceAccount 运行应用。
- 应用安全扫描：每次应用发布前执行应用安全扫描，符合安全要求才允许正式投产。

通过上述四个层面的配置和规范对 OpenShift 进行安全加固之后，会在很大程度上实现安全管理，满足企业客户的需求。如果企业对安全有更高的要求，可以引入一些第三方厂商的平台或工具，目前在业内有一些专门做 PaaS 平台安全加固的厂商。

5.12　OpenShift 监控系统与改造

目前 Prometheus 已经成为容器监控的标准方案，OpenShift 基于开源 Prometheus 实现了开箱即用的监控系统。本节介绍 OpenShift 的监控系统以及在企业中的改造集成。

5.12.1　原生 Prometheus 监控

Prometheus 是一个开源监控系统，已经成为 Kubernetes 最受欢迎的监控工具。它的关键特性包括：

- 多维度数据模型：灵活的时间序列数据为 Prometheus 查询提供了便利，该模型基于键值对数据，可以灵活地实现查询。
- 暴露指标和协议简单：暴露 Prometheus 可以采集的指标是一件简单的事情。这些指标是人类可读的，使用标准的 HTTP 传输发布。
- 自动发现：Prometheus 定期从目标抓取数据，也就是指标通过 Pull 方式而不是 Push 方式获取，这样 Prometheus 就可以使用多种方法发现目标。当然，也可以通过中间网关实现 Push 模型。
- 模块化设计及高可用：整个系统使用模块化设计，不同服务（如指标收集、告警、图形可视化等）可以自由组合使用。

官方给出的架构图如图 5-41 所示。

从图 5-41 中可以看出 Prometheus 监控的多个模块，主要包含如下模块：

- Prometheus 服务器：Prometheus 监控的核心，主要负责从各个目标采集指标数据，并保存在本地的 TSDB 中，同时以 HTTP 的形式对外暴露查询接口。
- 服务发现（Service Discovery）：对传统的监控系统来说，采集动态变化的对象是很困难的。Prometheus 通过提供的服务发现机制，可以动态地识别采集目标。支持的服务发现有 Kubernetes、File、Consul、OpenStack、AWS 等数十种。
- 监控目标（Prometheus Target）：Prometheus 使用 Pull 方式拉取监控目标的指标，被监控的应用需要暴露 Prometheus 格式的监控指标。可以通过在应用中直接暴露，也可以通过 Exporter 实现，如果应用是短生命周期的任务，可以通过 Pushgateway 作为代理网关，应用将指标 Push 到代理网关，Prometheus 服务器再从代理网关中拉取数据。

❑ 监控告警（Prometheus Alerting）：通过 AlertManager 管理告警。Prometheus 服务器评估配置的告警规则，如果出现告警，就发送到 AlertManager 处理。AlertManager 对告警做分组、抑制或者触发通知，如 Email、Webchart。

❑ 数据可视化（Data Visualization and export）：通过 Prometheus 提供的查询语法对数据进行查询并成图，可以通过 API 调用或者现有工具实现，如 Grafana。

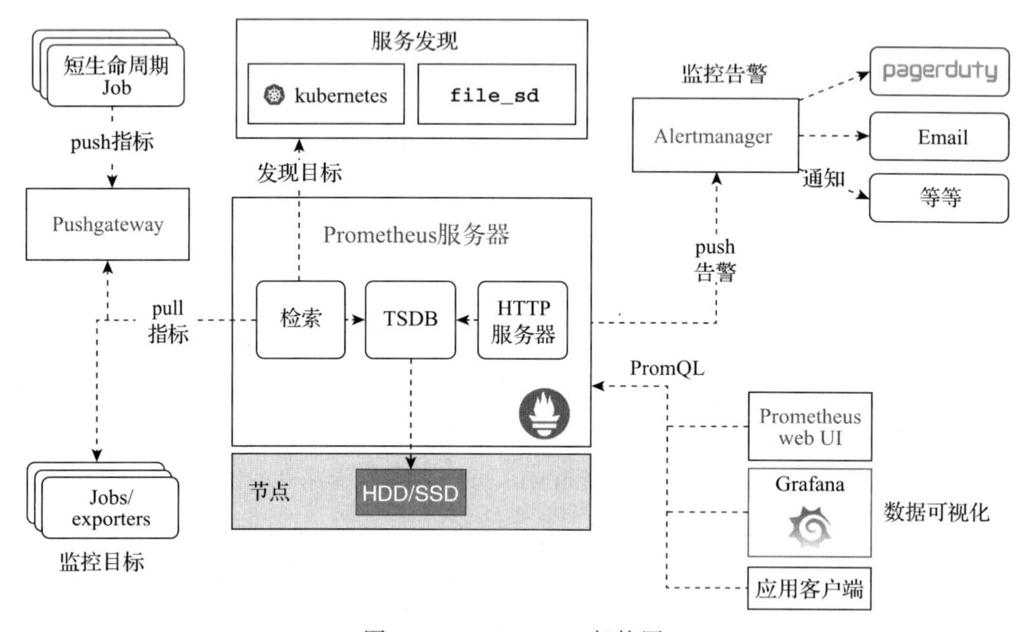

图 5-41　Prometheus 架构图

Prometheus 通过 pull 方式从应用获取监控指标，而且是 HTTP 协议，应用通常使用 /metrics 暴露监控指标，Prometheus 监控应用主要有两种方式：

❑ 直接在应用采集：一些应用原生支持暴露 Prometheus 性能数据或者提供 Prometheus 采集的端点，这种应用可以直接被 Prometheus 采集，如 traefik、etcd、haproxy 等。

❑ 通过 Exporter 暴露采集：另一类应用无法直接或者不是很容易暴露 Prometheus 性能数据，则使用 Exporter 采集应用的指标，然后转换为 Prometheus 可以抓取的形式，如 Redis、MySQL 等。Exporter 通常以 Sidecar 的形式与应用运行在同一个 Pod 中，目前官方和社区提供了很多的 Exporter。

到此为止，原生 Prometheus 就介绍完了，本书重点不是普及 Prometheus 监控的基本概念和使用，关于这部分更多信息请参见 Prometheus 官方文档。

5.12.2　OpenShift 原生监控系统

1. OpenShift 原生监控系统的架构

OpenShift 中使用 CMO（Cluster-Monitoring-Operator）实现 Prometheus 监控系统的部

署，也就是 OpenShift 通过 cluster-monitoring-operator 部署、管理和更新部署在 OpenShift 中的 Prometheus 监控系统堆栈。Prometheus 部署架构如图 5-42 所示。

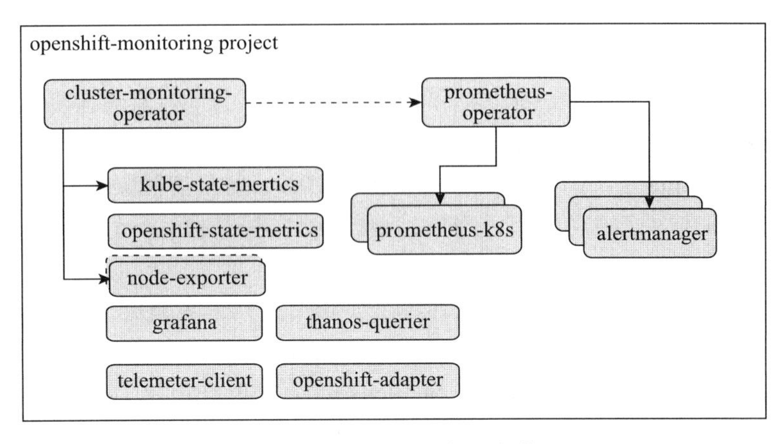

图 5-42 Prometheus 部署架构图

从图 5-42 中可以看出，Prometheus 监控系统主要包含如下组件：

- cluster-monitoring-operator：通过Deployment启动cluster-monitoring-operator容器部署Prometheus监控系统，部署的组件包括grafana、node-exporter、kube-state-metrics、PO（Prometheus-Operator）等。关于更多信息，请参考GitHub地址https://github.com/openshift/cluster-monitoring-operator。
- prometheus-operator：通过 Deployment 启动 prometheus-operator 容器部署 prometheus 和 alertmanager 组件。
- prometheus：通过Prometheus Operator部署，默认名为promethues-k8s，使用StatefulSets启动2个实例，也就是原生的Prometheus服务器。为了避免数据丢失，在生产环境中必须为每个实例独立挂载一个持久化卷。
- alertmanager：通过Prometheus Operator部署，默认名为alertmanager-main，使用StatefulSets启动3个实例。同样为了避免数据丢失，在生产环境中必须为每个实例独立挂载一个持久化卷。
- kube-state-metrics：主要用于将 Kubernetes 的一些资源对象的信息以 Prometheus 指标的形式暴露在 HTTP 服务器上，以便 Prometheus 服务器可以采集 Kubernetes 资源对象的数据。通过 Deployment 启动一个实例，该应用为无状态应用，高可用可以直接启动多个实例实现。
- openshift-state-metrics：主要基于kube-state-metrics之上进行扩展，增加一些OpenShift专有资源对象的信息，如DC的个数等。同样以Prometheus指标的形式暴露在HTTP服务器上，以便Prometheus服务器可以采集相关数据。通过Deployment启动一个实例，该应用为无状态应用，高可用可以直接启动多个实例实现。

- node-exporter：主要用于将Kubernetes节点操作系统层面的监控数据以Prometheus指标的形式暴露出来供Prometheus服务器采集。通过Daemonset在每个节点启动一个实例。
- grafana：使用Deployment启动一个实例，用于可视化Prometheus数据。通过Deployment启动一个实例，必须挂载持久化卷，否则无法在界面中直接自定义Dashboard，Pod重启后会丢失配置。
- openshift-adapter：用于为水平Pod扩展（HPA）暴露集群资源指标API。资源指标通常是CPU和内存的利用率，当然，也支持自定义指标。通过Deployment启动2个实例。
- thanos-querier：通过该组件可以在单个多租户接口下对集群或业务的监控指标进行聚合、过滤、去重等。通过Deployment启动2个实例。
- telemeter-client：将从集群的 Prometheus 接口 /federation 抓取指标，然后发送到遥测服务端，遥测服务端默认为 https://infogw.api.openshift.com/。遥测数据主要是一些非敏感信息，如集群规模、集群组件健康状态等。通过 Deployment 启动 1 个实例。

在集群部署完成后，默认已经将基本的采集目标、告警和 Dashboard 都配置好了，也就是提供了开箱即用监控系统。默认配置的主要监控目标（未全部列出）如图 5-43 所示。

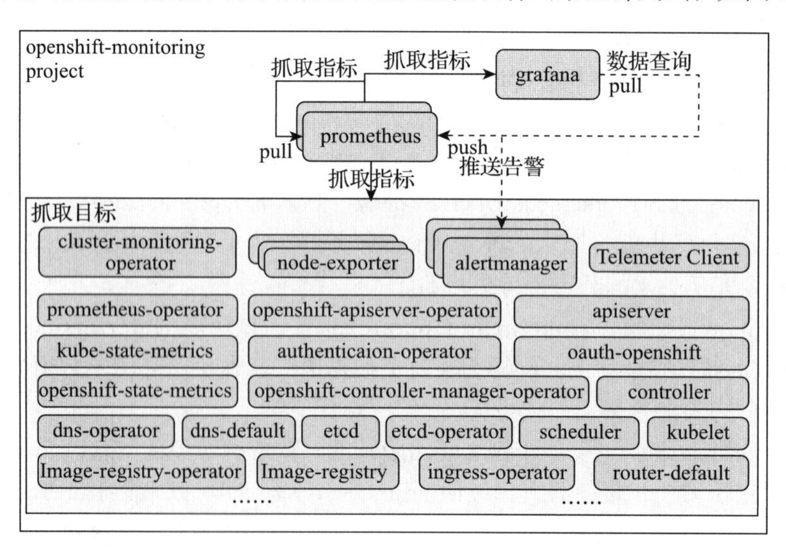

图 5-43　Prometheus 默认采集目标

从图 5-43 中可以看出，默认采集的主要是 OpenShift 平台相关组件的监控数据。如：

- cluster-monitoring-operator：通过cluster-monitoring-operator Pod的8080端口/metrics抓取指标。
- prometheus-operator：通过 prometheus-operator Pod 的 8080 端口 /metrics 抓取指标。

- kube-state-metrics：由于该Pod有三个容器，抓取kube-rbac-proxy-main容器的8443端口/metrics和kube-rbac-proxy-self容器的9443端口/metrics。
- alertmanager：分别通过三个 AlertManager Pod 的 9094 端口 /metrics 抓取指标。
- prometheus：分别通过两个 Prometheus Pod 的 9091 端口 /metrics 抓取指标。
- node-exporter：分别通过运行在每个节点的 node-exporter 的 9100 端口 /metrics 抓取指标。
- controller：指 Master Controller 进程，分别通过三个 Master Pod 的 8444 端口 /metrics 抓取指标。
- apiserver：指Master API进程，分别通过三个Master Pod的8443端口/metrics抓取指标。
- kubelet：指Node上的Kubelet进程，这里需要采集两部分，一部分是通过每个节点的10250端口/metrics采集kubelet进程相关的指标，另一部分是通过每个节点的10250端口/metrics/cadvisor采集运行在节点上容器的指标。

我们可以通过直接访问这些目标的 metrics 端点获取全部的监控指标，还可以清楚地知道每个端点有哪些暴露的 Prometheus 指标。我们以 apiserver 的为例，部分内容如下：

```
# HELP apiserver_audit_event_total Counter of audit events generated and sent to
    the audit backend.
# TYPE apiserver_audit_event_total counter
apiserver_audit_event_total 0
# HELP apiserver_client_certificate_expiration_seconds Distribution of the
    remaining lifetime on the certificate used to authenticate a request.
# TYPE apiserver_client_certificate_expiration_seconds histogram
apiserver_client_certificate_expiration_seconds_bucket{le="0"} 0
apiserver_client_certificate_expiration_seconds_bucket{le="21600"} 0
apiserver_client_certificate_expiration_seconds_bucket{le="43200"} 0
```

可以看到 Prometheus 支持的格式就是类似上面内容的样子，Prometheus 支持四种数据类型：Counter、Gauge、Histogram、Summary。

关于 Prometheus 监控目标如何配置，可以在 Prometheus 界面查看配置文件。另外，如果想要很熟练地利用这些采集的指标，建议对每个目标采集的指标进行整理汇总，这样才能明确地选择监控指标。

Prometheus 除了采集性能数据以外，还会评估告警规则，如果触发告警，则会将告警推送到 AlertManager 中。在 AlertManager 中可以对告警进行分组、抑制或者推送到其他平台。

Prometheus 还负责保存数据到本地存储中，Prometheus 内置 TSDB 数据库，并提供查询语言 PromQL，Grafana 就是通过这种查询语言实现数据查询并完成图形化展示。

2. OpenShift 原生监控系统的高可用

（1）Prometheus 的高可用

OpenShift 通过 cluster-monitoring-operator 实现一键部署高可用监控系统，高可用主要体现在以下两点。

❑ 数据高可用

前面我们就提到，Prometheus 内置了一个时序数据库 TSDB，默认会把所有监控指标数据以自定义的格式保存在本地磁盘中。OpenShift 中的 Prometheus 是通过挂载 PV 实现本地磁盘的功能。默认以两个小时为一个时间窗口（可配置），并将两小时内采集的指标数据存储在本地磁盘的一个块（Block）中，每一个块中包含该时间窗口内的所有样本数据（chunks）、元数据文件（meta.json）以及索引文件（index）。当通过 API 删除时间序列时，删除记录也会保存在单独的逻辑文件（tombstone）中，而不是立即从块文件中删除数据。

对于当前时间窗口内正在收集的样本数据，Prometheus 则会先保存在内存中，而且会记录写入日志（WAL）文件，这样如果 Prometheus 此时发生崩溃或者重启，就能够通过记录的日志文件恢复数据。每两个小时的数据会在后台压缩为一个较大的块，这样大大加快了 Prometheus 数据查询的效率。

虽然 Prometheus 通过写入日志实现了恢复当前时间窗口的数据，但是这仅仅保证了 Prometheus 停止或崩溃后数据不丢失，如果是 Prometheus 使用的本地存储损坏或者某个存储块损坏，则数据是无法恢复的。

另外，本地存储的一个限制是它不是集群也没有副本机制，不具备任意可扩展性和持久性，所以本地存储被视为临时保存最近数据的地方。默认情况下，Prometheus 只保留 15 天（可配置）的数据。在一般情况下，Prometheus 中存储的每一个样本大概占用 1～2 个字节大小。如果需要对 Prometheus 服务器的本地磁盘空间做容量规划，可以通过以下公式计算：needed_disk_space = retention_time_seconds * ingested_samples_per_second * bytes_per_sample。

可以看到，默认提供的本地存储保证数据高可用，还有上面说到的两个问题：本地存储或存储块损毁无法恢复、本地存储不具备可扩展性和持久性。

❑ 服务高可用

Prometheus 使用 Pull 方式去采集目标的监控数据，这样就可以很容易地实现 Prometheus 服务的高可用。只需要部署多个 Prometheus Server 实例，并且配置相同的采集目标即可，OpenShift 默认安装的监控系统就是通过启动两个 Prometheus 实例实现的。逻辑示意图如图 5-44 所示。

从图 5-44 中可以看到，在 OpenShift 监控系统中，通过启动两个实例实现 Prometheus 服务高可用。每个 Prometheus Server Pod 需要配置相同的采集目标，通过 Service ClusterIP 实现负载均衡。两个不同的 Prometheus Server 必须挂载不同的持久化存储卷，分别作为 Prometheus 的本地存储使用。

细心的读者一定会发现一个问题，那就是通常情况下两个 Prometheus Server 是不会同时开始采集数据的，这就会造成两个 Prometheus Server 在数据上是存在一定时间差的。但是我们在使用中也并没有发现有数据点不一致或 Grafana 图形跳动的情况。

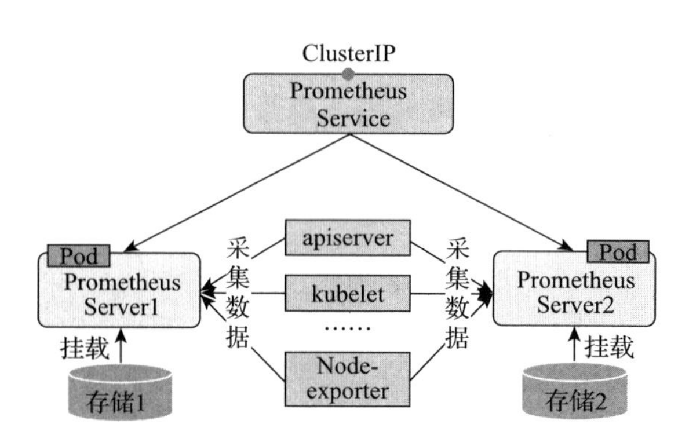

图 5-44　Prometheus 服务高可用

因为在 Prometheus Service 中开启了 Session 亲和，并设置超时时间 10 800s。也就是同一个客户端每次访问的都是同一个 Prometheus Server Pod。

```
apiVersion: v1
kind: Service
metadata:
  labels:
    prometheus: k8s
  name: prometheus-k8s
spec:
……
  sessionAffinity: ClientIP
  sessionAffinityConfig:
    clientIP:
      timeoutSeconds: 10800
  type: ClusterIP
```

这种高可用的实现只能确保 Promtheus 服务的可用性问题，但是不解决 Prometheus Server 之间的数据一致性问题以及本地存储的问题。因此这种高可用部署方式适合监控规模不大并且只需要保存短时间内监控数据的场景。

（2）AlertManager 的高可用

在前面我们介绍了 Prometheus 的高可用，通过启动多个实例实现服务的高可用，多个实例配置了相同的目标和告警规则，这会导致多个 Prometheus 同时发送告警给 AlertManager。AlertManager 需要经过分组、过滤等处理才会向 Receiver 发送通知。如图 5-45 所示。

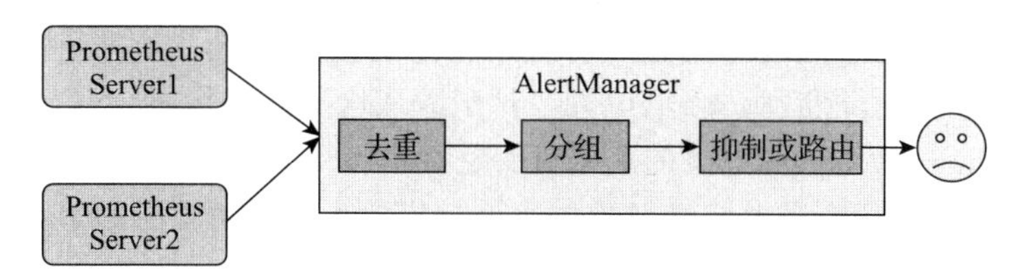

图 5-45　AlertManager 处理流程

可以看到 AlertManager 经过去重、分组之后，完全可以处理多个相同 Prometheus

Server产生的告警。但是，一个AlertManager会存在单点故障，在OpenShift中默认会启动三个AlertManager实例实现高可用。而且三个AlertManager之间会通过Gossip协议通信，保证即使在多个AlertManager接收同一个告警信息的情况下，也只有一个AlertManager会将通知发送给Receiver。如图5-46所示。

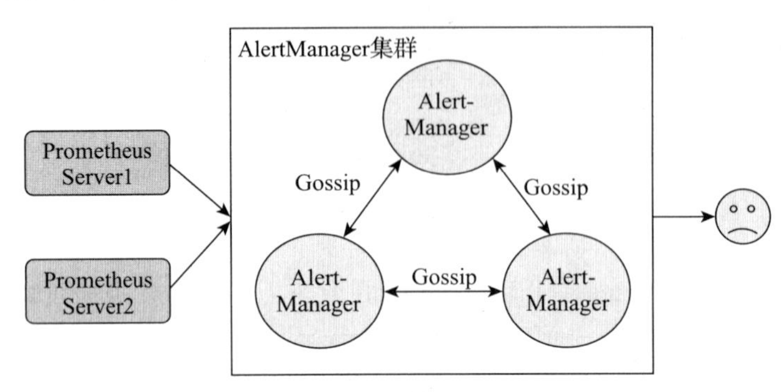

图5-46　AlertManager高可用

默认的OpenShift仅实现了Prometheus高可用和AlertManager高可用，部分组件以单个实例运行，依靠OpenShift的自动故障恢复保证服务可用性。

5.12.3　OpenShift原生监控系统的改造

在介绍完OpenShift提供的监控系统之后，我们可以看到默认的监控系统具备开箱即用、维护简单的特点，对于通常需求的用户使用是足够的，但是会存在以下问题：

- 部分组件（如kube-state-metrics）未实现高可用。
- 本地存储或存储块损毁无法恢复，导致有数据丢失的风险。
- 本地存储不具备可扩展性和持久性，无法满足需要保存大量数据的场景。
- 默认提供的监控系统更多的是采集平台组件的指标，默认不提供业务应用的指标。
- 使用Operator部署，几乎所有的配置是固化的，无法满足企业灵活的定制化需求。

本质上集成比改造更简单，下面我们就针对以上的问题介绍对OpenShift原生监控系统的改造。

1. Prometheus采集目标的分类

改造的第一步就是分类监控采集目标。对于企业监控来说，数据采集往往不是目的，最关键的是要对数据进行处理，产生价值。对于默认这些监控指标，我们最好进行分类处理。定义Prometheus采集目标分类的主要目的是：

- 梳理出PaaS平台有哪些需要监控的组件，指导企业全面监控PaaS平台。
- 不同目标采集的监控数据所需要的处理是不同的，关注的人也是不同的，定义分类可以实现分类处理。
- 随着OpenShift集群规模扩大，运行在OpenShift上的应用容器不断增多，Prometheus

服务器需要采集的数据也越来越多，导致单个 Prometheus 服务器出现性能瓶颈。定义分类之后，就可以通过多组 Prometheus 服务器分别采集，达到无限水平扩展的能力。

我们这里简单地将采集目标划分为三大类，在实际落地中可以根据具体需要进一步细分或合并。

（1）第一类：OpenShift 平台组件

这个类别包含所有的需要被监控的 OpenShift 平台组件和 Operator，主要包含如下采集目标的监控数据（非全部）：

- Node-exporter 监控数据：默认监控系统已包含。
- Kubelet Advisor 监控数据：默认监控系统已包含。
- Kubelet 监控数据：默认监控系统已包含。
- OpenShift API 监控数据：默认监控系统已包含。
- OpenShift Controller 监控数据：默认监控系统已包含。
- Prometheus 监控数据：默认监控系统已包含。
- AlertManager 监控数据：默认监控系统已包含。
- Prometheus Operator 监控数据：默认监控系统已包含。
- Cluster-Monitoring-Opeator 监控数据：默认监控系统已包含。
- Kube-State-Metrics 监控数据：默认监控系统已包含。
- Grafana 监控数据：默认监控系统已包含。
- CoreDNS 监控数据：默认监控系统已包含。
- OpenShift-State-Metrics 监控数据：默认监控系统已包含。
- Etcd 监控数据：默认监控系统已包含。
- SDN 监控数据：默认监控系统已包含。
- Other-OpenShift-Exporter 监控数据：其他自开发的关于 OpenShift 集群的监控数据。

可以看到在这个分类中主要包含一些 OpenShift 平台层面的组件，有些组件是默认已经配置了采集，当然我们也可以开发 Exporter 实现定制化指标采集。

（2）第二类：其他关键性组件

这个类别表示除 PaaS 平台本身组件之外的其他重要组件。这些组件虽然不影响 OpenShift 集群运行，但是对于应用访问、应用构建等至关重要。下面列出一些常用的组件：

- Router 监控数据：OpenShift 的 Router 作为所有流量的入口，能监控它的状态是很关键的。默认监控系统已经包含路由器 router-default 的指标。
- 其他的Ingress Controller：指如果使用了其他的Ingress Controller产品实现路由器的功能，如Taefik、Nginx，同样可以纳管到Prometheus监控系统中。
- 日志系统 Elasticsearch 监控数据：在安装 EFK 套件后默认监控系统会采集 EFK 组件的指标。
- Docker-Registry 监控数据：监控镜像仓库的性能指标，默认监控系统已包含。
- 负载均衡监控数据：指对多个 Master 或 Router 前端负载均衡的监控，根据负载均衡产品的不同，实现方式也不同，如果使用 HAproxy，则可以使用 haproxy-exporter 暴露 Prometheus 监控数据。

- ❑ Gitlab 监控数据：默认 Gitlab 已经支持 Prometheus 监控指标，配置参考官方文档 https://docs.gitlab.com/ee/administration/monitoring/prometheus/。
- ❑ Jenkins 监控数据：通过 jenkins 插件 Prometheus metrics（https://github.com/jenkinsci/prometheus-plugin）使得 jenkins 暴露 Prometheus 监控数据，这样 Prometheus 就可以采集这些指标了。
- ❑ Ceph 集群：默认 Ceph 安装包中已经包含 prometheus-node-exporter，可以实现暴露 Ceph 集群的 Prometheus 监控数据，仅需要安装配置即可实现。
- ❑ 其他关键组件：企业中使用的支持 Prometheus 监控的其他组件都可以加入监控系统中。

可以看到这些关键组件同样是与 PaaS 息息相关的组件，作为企业级监控同样需要监控这些组件。

（3）第三类：业务应用

业务应用的监控数据主要指企业自己开发的应用或者与业务系统相关的数据库或中间件的监控数据。

这部分监控数据通常是业务开发人员比较关注的，通常会独立于 OpenShift 默认监控系统建立单独的 Prometheus 监控。尤其在 OpenShift 中 Operator Hub 的引入更是简化了开发人员创建、维护 Prometheus 的工作，使得每个业务系统独立监控成为可能。

虽然我们把 Prometheus 的采集目标分成了三类，但是可以使用同一套 Prometheus 监控系统采集，也可以使用不同的 Prometheus 监控系统采集不同类别的目标。需要由企业根据实际需要采集的数据量以及用户隔离性要求决定。

2. 监控系统关键设计

改造的第二步就是解决 OpenShift 原生 Prometheus 架构中的缺陷。主要包含两个方面：数据高可用和高扩展性。

（1）数据高可用

在前面小节中我们介绍了默认提供的高可用机制会造成数据丢失以及本地存储无法扩展的限制。Prometheus 为了解决这个问题提供了 remote read/remote write 接口，可以通过这个接口添加 Remote Storage 存储支持，将监控数据保存在第三方存储服务上，逻辑示意如图 5-47 所示。

可以看到图 5-47 中的架构在解决了 Prometheus 服务可用性的基础上，同时确保了数据的持久化和可扩展性，当 Prometheus Server 发生宕机或者数据丢失的情况下可以快速地恢复。它也可以实现 Prometheus Server 的迁移，还可以存储大量的历史数据。

用户可以在 Prometheus 配置文件中指定 Remote Write 和 Remote Read 的 URL 地址。设置了 Remote Write 之后，Prometheus 将采集到的样本数据通过 HTTP 的形式发送给适配器（Adapter），然后由适配器将数据写入对应的第三方存储中；设置了 Remote Read 之后，Prometheus 可以通过 HTTP 的形式从适配器读取第三方存储中保存的数据。流程图如图 5-48 所示。

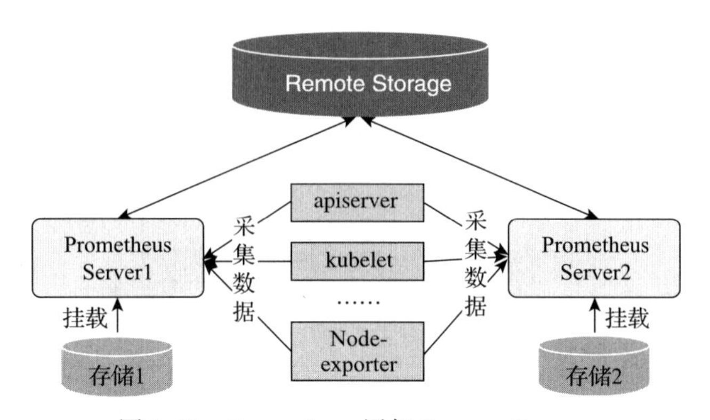

图 5-47 Prometheus 添加 Remote Storage

图 5-48 Prometheus Remote Storage 流程图

可以看到 read 使用虚线表示，这是由于第三方存储可以是真正的存储系统，也可以是消息队列，某些第三方存储并不支持 Prometheus 读取数据，也就是某些第三方存储只提供 remote write 接口。目前官方支持的第三方存储如图 5-49 所示。

- AppOptics: write
- Azure Data Explorer: read and write
- Azure Event Hubs: write
- Chronix: write
- Cortex: read and write
- CrateDB: read and write
- Elasticsearch: write
- Gnocchi: write
- Google BigQuery: read and write
- Google Cloud Spanner: read and write
- Graphite: write
- InfluxDB: read and write
- IRONdb: read and write
- Kafka: write
- M3DB: read and write
- MetricFire: read and write
- New Relic: write
- OpenTSDB: write
- PostgreSQL/TimescaleDB: read and write
- QuasarDB: read and write
- SignalFx: write
- Splunk: read and write
- TiKV: read and write
- Thanos: read and write
- VictoriaMetrics: write
- Wavefront: write

图 5-49 官方支持的第三方存储

企业可以根据实际需求和 IT 现状选择合适的第三方存储。

（2）高扩展性

虽然通过 Remote Storage 解决了数据存储持久化和高可用的问题，但是随着需要监控的目标越来越多或者需要监控的目标分散在不同的数据中心中，这时就需要引入多组 Prometheus Server 负责采集不同的监控目标，同时利用联邦集群的特性可以提供数据的统一视图。逻辑架构图如图 5-50 所示。

在大规模监控场景下，首先需要分不同组的 Prometheus Server 采集不同的目标，为了保证高可用，每组通常有两个 Prometheus Server。然后多组 Prometheus Server 可以通过 /federate 端点暴露 Prometheus 数据，这样在上层就可以再次使用 Prometheus Server 采集监控数据进行汇总。图 5-50 中我们仅仅体现了一级 Prometheus

联邦，更强大的地方是 Prometheus 联邦可以叠加多级，只要有需要就可以通过 /federate 端点采集下层 Prometheus 的数据。但是，在没有必要的情况下建议不要轻易引入联邦甚至多级，这样会导致架构复杂，数据实时性降低。

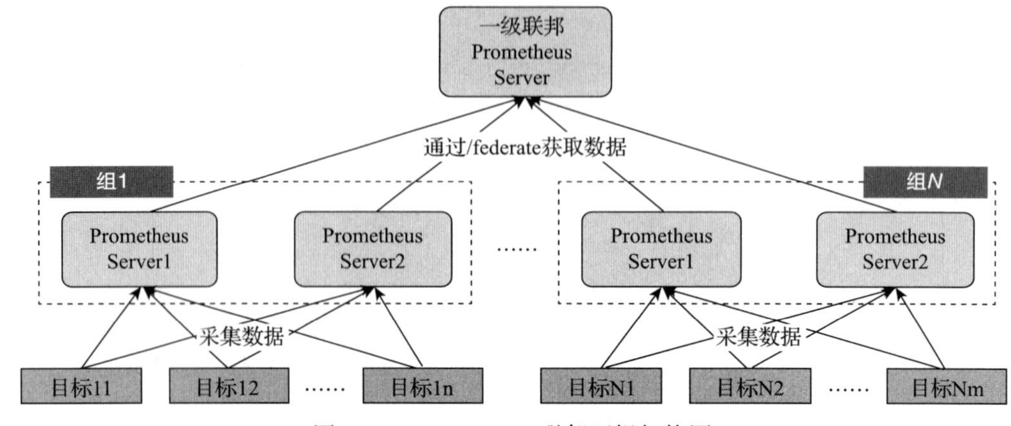

图 5-50　Prometheus 联邦逻辑架构图

最终的高可用、可扩展的部署的架构可以结合我们之前介绍的内容，再根据企业的需求进行设计。

3. 监控系统部署方式

改造的第三步是对部署方式的改造，以满足企业定制化的需求。

从前面的介绍可以看到，OpenShift 原生的 Prometheus 使用 cluster-monitoring-operator 实现的部署，这会带来如下问题：

- 导致修改配置文件麻烦甚至某些配置无法修改的窘境。
- 使用复杂，需要了解 Cluster-Monitoring-Operator 和 Prometheus Operator 的使用，有一定学习成本。
- 配置项的修改受限于 Operator 的实现，无法满足企业灵活的定制化需求。
- 部署架构固化，无法实现扩展和集群联邦。

鉴于上述问题，在基于 Prometheus 打造企业级监控系统时建议废弃原生的 Operator 而通过手动或自动创建资源对象进行部署。当然，如果对监控系统没有那么高的要求，也不会涉及定制和扩展，就可以选择使用原生的 Operator 进行部署。

建议通过脚本或者自动化工具（如 Ansible）实现自动创建资源对象文件实现部署。创建所需要的资源对象文件可以从 OpenShift 原生监控系统中导出或者从网络资源中获取，这里就不赘述了。

5.12.4 监控系统的集成

监控系统集成是指企业已经有了成熟完善的监控系统或者企业统一监控平台，此时需要将 OpenShift 原生监控系统与企业已有的监控系统集成。目前有两种可以实现集成的方法：通过 remote write 接口实现集成和通过 Prometheus API 实现集成。

1. 通过 remote write 接口实现集成

这种方法相对简单，利用 Prometheus 提供的 remote write 接口写入第三方存储中，然后在从第三方存储读取处理后写入企业的监控系统中。根据实际情况选择合适的第三方存储，下面我们以 Kafka 为例实现集成，如图 5-51 所示。

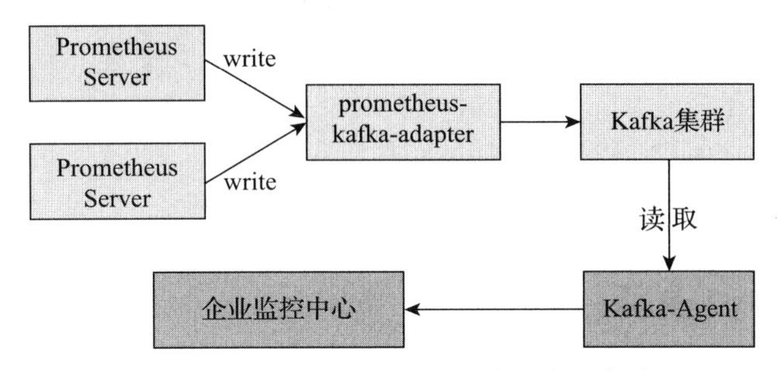

图 5-51　通过 remote write 接口实现集成

Prometheus 通过 remote write 接口将监控数据经过 Prometheus-kafka-adapter 写入 Kafka 对应的 Topic 中，Kafka-Agent 从 Kafka 集群中读取数据并做一定的处理以符合企业监控中心对数据结构的要求，最后写入企业监控中心中。

集成过程中需要注意的是，为了保证高可用，启动了两个 Prometheus Server，导致写入 Kafka 集群中的数据是双倍的样本点，理论上两个 Prometheus Server 开始采集的时间点是不同的，所以在 Kafka 集群中的监控数据只是增加了采样点的密度，并不会重复。

2. 通过 Prometheus API 实现集成

这种方法也是常用的集成方法，通过开发应用程序直接调用 Prometheus API 获取需要的监控数据。Prometheus 提供了两种查询 API，可以分别通过 /api/v1/query 和 /api/v1/query_range 查询 PromQL 表达式当前或者一定时间范围内的计算结果。

通过使用 GET /api/v1/query 可以获取 PromQL 语法在特定时间点下的监控数据。

支持的 URL 请求参数如下：

- query=：执行查询的 PromQL 表达式。
- time= ：指定用于计算 PromQL 的时间戳，可选参数，默认情况下使用当前系统时间。
- timeout=：超时时间设置，可选参数。

通过使用 GET /api/v1/query_range 可以获取 PromQL 语法在一段时间内返回的监控数据。

支持的 URL 请求参数如下：

- query=：执行查询的 PromQL 表达式。

- start=：起始时间。
- end=：结束时间。
- step=：查询步长。
- timeout=：超时时间设置，可选参数。

（1）获取 Token

因为 OpenShift 原生的 Prometheus 是需要经过 OpenShift 认证的，所以在调用 API 时需要获取 OpenShift 的 Token，获取方法与 3.2.5 节中一致。如果 Prometheus 是不需要 OpenShift 认证的，则不需要该步骤。

（2）API 调用演示

为了方便，设置 TOKEN 和 ENDPOINT 两个环境变量。

```
# TOKEN=ydqLcGjJsdpyO79bJxRo_D2qT9jobsNdYqu4mV5iUv0
# ENDPOINT=Prometheus-k8s-openshift-monitoring.apps.example.com
```

- 查询 OpenShift 节点 CPU 核心数。

```
# curl -k -v -H "Authorization: Bearer $TOKEN"  -H "Accept: application/json"
https://$ENDPOINT/api/v1/query?query=machine_cpu_cores
```

返回结果的部分内容如下：

```
{
    "status": "success",
    "data": {
        "resultType": "vector",
        "result": [
            {
                "metric": {
                    "__name__": "machine_cpu_cores",
                    "endpoint": "https-metrics",
                    "instance": "192.168.1.100:10250",
                    "job": "kubelet",
                    "namespace": "kube-system",
                    "service": "kubelet"
                },
                "value": [
                    1557832140.369,
                    "2"
                ]
            },
            {
                ......
            }
        ]
    }
}
```

可以看到，在返回结果中包含了监控指标的标签以及数值。在 value 字段中第一个值是时间戳，第二个值才是真正 CPU 核心数。

- 查询某个 Pod 占用的 CPU。

```
# curl -k -v -H "Authorization: Bearer $TOKEN"  -H "Accept: application/json"
https://$ENDPOINT /api/v1/query?query=pod_name:container_cpu_usage:sum{namespace=
    "default",pod_name=" router-1-crmnt"}
```

返回结果如下。

```
{
    "status": "success",
    "data": {
        "resultType": "vector",
        "result": [
            {
                "metric": {
                    "__name__": "pod_name:container_cpu_usage:sum",
                    "namespace": "default",
                    "pod_name": "router-1-crmnt"
                },
                "value": [
                    1557762119.241,
                    "0.02313563492316"
                ]
            }
        ]
    }
}
```

返回结果显示 router-1-crmnt 当前使用的 CPU 大约为 0.02。

更多 Prometheus API 说明请参见官方文档 https://prometheus.io/docs/prometheus/latest/querying/api/。

在将 OpenShift 原生监控系统与企业已有的监控系统集成方面，上述两种方法都可以实现，建议根据企业的实际需求选择合适的方法。

5.13　OpenShift 日志系统与改造

在本节将开始介绍 OpenShift 日志系统，并对其进行改造以便更加适合企业使用。

5.13.1　OpenShift 原生 EFK 介绍

1. 日志采集

OpenShift 平台原生集成了容器化的 EFK 组件，可满足基本的日志采集、数据结构化、图形查询日志等功能。

EFK 是 Elasticsearch（以下简写为 ES）+ Fluentd+Kibana 的简称。ES 负责数据的存储和索引，Fluentd 负责数据的调整、过滤、传输，Kibana 负责数据的展示，逻辑架构如图 5-52 所示。

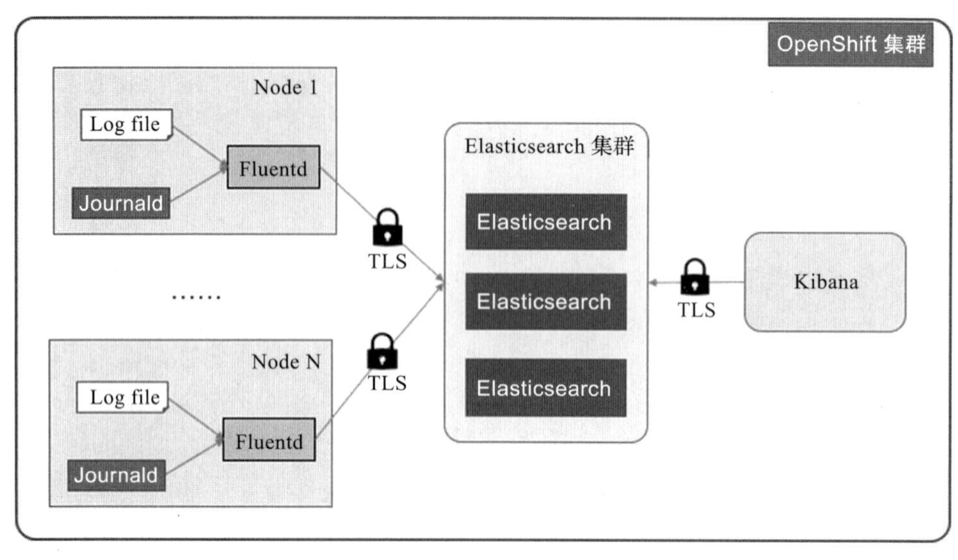

图 5-52　原生 OpenShift 的 EFK

OpenShift 中原生 EFK 的所有组价均以容器形式运行在集群内部，关于架构说明如下：

- Fluentd 以 DaemonSet 方式部署，每个节点都会启动一个 Fluentd Pod，默认仅收集宿主机操作系统 Journald 日志和容器标准输出的日志，并发送到 ES 集群中。
- ES 用于日志存储，支持单节点和集群部署。由于 ES 对内存和 CPU 要求较高，如果使用容器化部署，建议分配单独的节点独立运行。
- Kibana 用于日志界面展现，可以连接到 ES 集群进行基本的日志查询和数据统计，并创建直观的图形。

在 OpenShift 中使用 Operator 部署 EFK。镜像由红帽官方提供，并会不定期更新，包括 bug 修订、版本升级等。可以使用界面和 CLI 命令行部署，部署架构图如图 5-53 所示。

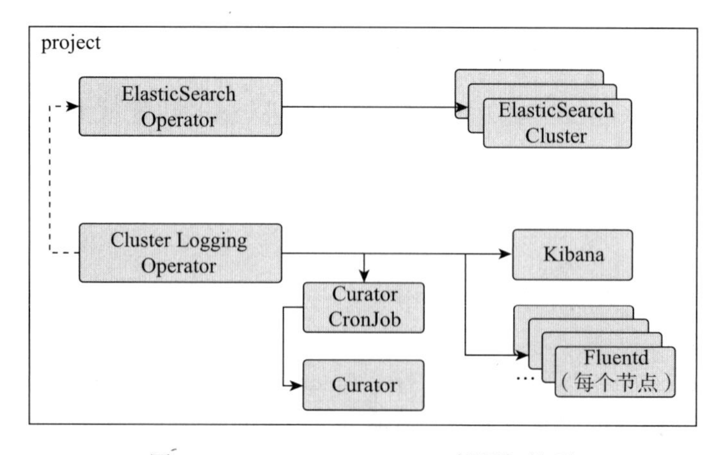

图 5-53　OpenShift Logging 部署架构图

OpenShift 原生 EFK 为了更好地与 OpenShift 集成，做了一些定制，定制内容主要包含如下五点：

1）所有通信使用证书加密。原生的 EFK 在安装过程中为每个组件生成了证书，组件之间传送数据需要经过证书加密、验证。

2）Kibana 用户的统一登录。为了实现 Kibana 用户与 OpenShift 认证集成，开发了 auth-proxy 的插件，实现了通过 OpenShift 认证登录。

3）Kibana 多租户隔离。除了实现与 OpenShift 的统一认证登录外，还实现了多租户隔离。只有在 OpenShift 中拥有项目的 view 权限才能在 Kibana 中查看对应项目的日志，否则会报权限拒绝的错误。

4）ES 权限认证。Fluentd 向 ES 集群写入数据时需要经过用户名、密码认证才能访问数据。同样，Kibana 读取 ES 数据时也需要用户名、密码认证。

5）日志自动清理。默认的 ES 集群没有配置数据清理，原生的 EFK 套件中包含以容器运行的 curator，会周期性删除过期数据，策略可以根据 OpenShift 的项目设置，默认所有日志保留时间为 30 天。

总体来说，定制化的功能主要包含与 OpenShift 用户、权限集成方面、加强数据安全性方面有关的内容。

2. 事件采集

从 OpenShift 3.7 版本之后，OpenShift 增加了 Event Router 组件来实现对集群事件的采集。仅需要通过模板将 Event Router 部署在集群中即可实现采集。实现原理如图 5-54 所示。

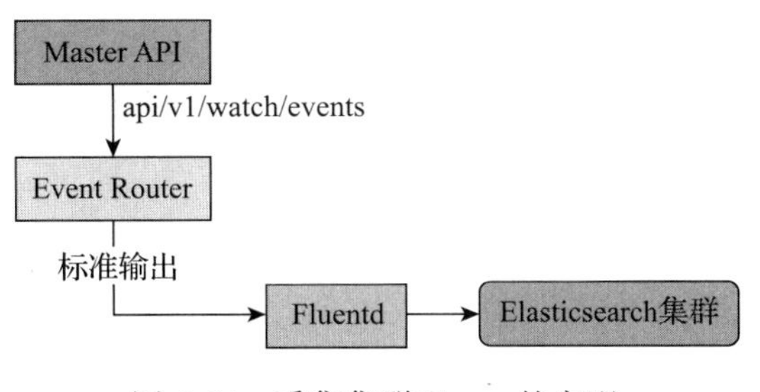

图 5-54　采集集群 Event 的实现

从图 5-54 中可以看出，实现也比较简单。Event Router 监听 Event 的 API，一旦有事件，Event Router 就会采集，添加一些元数据之后，以标准输出的形式输出到 Event Router 中，Fluentd 默认会采集所有项目下容器的标准输出，这样就会把 Event 经过 Fluentd 采集到 Elasticsearch 集群中。默认保存在 Event Router 所在项目的 ES index 中，可以在 Kibana 中通过 Event 特定的元数据过滤查看。

5.13.2　日志系统改造

虽然 OpenShift 原生提供的 EFK 可以满足基本的日志采集查看需求，看似也很不错，但是在实际企业使用过程中会遇到了以下问题：

- Fluentd 配置文件存放于镜像中，通过很多的 include 加载，在企业实际使用中无法满足扩展需求，如额外增加一些采集源，而且配置修改很不方便，导致无法与企业已有的日志系统集成。
- 在集群中容器数量巨大，单位时间内日志很大时，Fluentd 会因为无法及时写入 Elasticsearch 集群导致堆积，有可能丢失日志。
- Elasticsearch 集群资源消耗较大（尤其是内存消耗大），在面对海量日志时集群稳定性变差，经常崩溃。
- Elasticsearch 集群中三个实例默认均为 Master、Node 和 Client 角色，只有大于三节点的节点才会被赋予 Node 和 Client 角色，无法独立角色部署集群。
- 整个日志堆栈使用 Operator 部署，配置参数受限于 Operator 的实现，无法满足企业定制化需求。

由于存在以上问题，如果企业对日志管理和分析有强烈的需求，而且未来会有海量的日志需要采集，建议对原生的 EFK 日志系统进行改造或者集成企业现有的日志系统，鉴于目前大部分企业都是基于 Elasticsearch 组建日志系统，本质上改造和集成的原理是一致。

1. 日志系统架构设计

在 PaaS 平台中可以运行的应用成千上万，日志量也随之猛然增长。因此必须建立一个统一的日志处理中心，对日志进行收集和集中存储，并进行查看和分析。目前主流的日志系统的数据流向如图 5-55 所示。

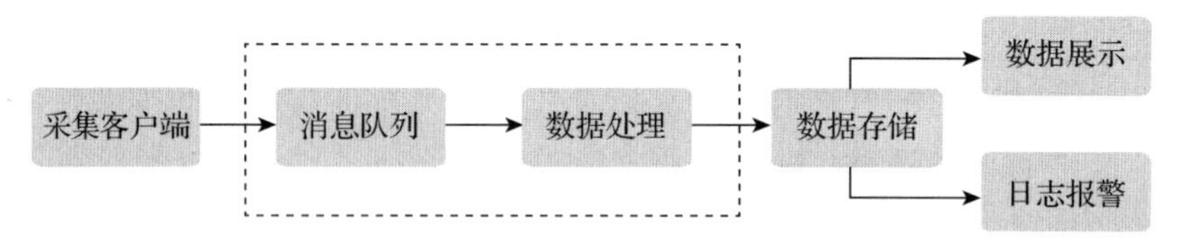

图 5-55 日志系统数据流向

从图 5-55 中可以看出，在整个日志系统中大致分为五个阶段：

- 采集客户端：在该阶段主要负责采集各种来源的数据，通常是将一些日志采集的代理与应用部署在一起。在该环节尽量收集最原始数据向下游发送，当数据量达到一定程度后，收集客户端会因数据处理造成负载过高，从而影响到业务的稳定性。

  目前用于收集日志的客户端有很多，如 Rsyslog、Flume、Logstash、Fluentd、Filebeat 等，可以根据企业具体的需求和技术成熟度进行选择。如果考虑到与 OpenShift 集成，建议优先选择使用 Fluentd。一方面是 OpenShift 原生使用了 Fluentd，这样可以保证日志数据与原生采集的数据基本一致；另一方面是 Fluentd 社区开发了专门采集 OpenShift 容器日志的插件，这些插件能够在 Fluentd 采集日志之后自动添加 Pod 相关的信息。Fluentd 无论在性能上还是在功能上都表现突出，尤其在收集容器日志领域更是独树一帜，成为众多PaaS平台日志收集的标准方案。

- 消息队列：在该阶段主要负责缓存原始日志数据，可选择Redis或Kafka之类的消息中间件，对于日志场景首选Kafka，因为它具有分布式、高可用性、大吞吐等特性。在日志系统中引入消息队列具有诸多优势，主要表现在以下几点：
  - 避免采集端日志量过大，而日志存储端无法及时落盘，导致上游阻塞、日志延迟增大，甚至有可能丢失日志。尤其在日志存储端故障时依然可以保证日志不丢失。
  - 解耦日志采集端和日志存储端，增加架构的灵活性，提高扩展性。
  - 分离日志采集端和日志处理端，这样日志可被不同的系统重复消费，满足日志分类处理。
  - 可实现多个消费者同时处理日志，提高日志处理效率。

  虽然引入消息队列的优势明显，但也不需要盲目地增加消息队列，主要看日志量的大小以及日志分析处理的需求有多高。如果只有少量日志就引入消息队列会导致日志系统架构复杂性增加，运维成本增大，而且日志可被查询的时间与日志发生的时间之差增大，不利于数据的实时性。
- 数据处理：数据处理是指对原始日志数据进行处理，如过滤筛选、增改记录元数据、日志结构化等。如果未引入消息队列，数据处理通常会由采集客户端完成；引入消息队列之后，可针对消息队列中不同Topic的日志做不同的处理。关于数据处理的选择就更加灵活了，可使用任何满足数据处理需求的组件，如涉及具体的业务数据处理，可考虑自行开发处理组件。
- 数据存储：数据存储主要指对日志数据进行入库保存，通常会保留比较长的时间，所以选择的存储组件必须具备海量数据存储的能力，如Elastsearch、MongoDB、Hbase等。存放日志优先选择Elasticsearch集群，因为Elasticsearch本身为实时分布式搜索引擎，具有自动发现、索引自动分片、索引副本机制、多数据源、丰富的查询聚合方法等优良特性，而且提供Restful风格API接口。
- 数据展示与日志报警：可将日志存储的数据在图形界面中展示，同时满足日志查询和聚合成图等功能。目前可选择Kibana或Grafana实现。关于日志报警，可以根据日志查询结果设定报警规则，选择Elastalert、X-Pack、Sentinl实现。

基于上述设计思想，再结合OpenShift原生EFK存在的问题，接下来我们将分两个阶段对原生日志系统进行改造，旨在建设满足企业需求的PaaS日志系统。

2. 第一阶段改造

第一阶段改造主要是为了解决OpenShift原生EFK在实际使用中的问题，会基本保持EFK的架构不变。第一阶段需要完成的事情主要有以下三点：

- 为了解决Elasticsearch集群性能以及维护的便捷性，将Elasticsearch集群部署到外部物理机或者配置高的虚拟机上，相应的Kibana也将与Elasticsearch集群部署在一起。

- Fluentd 将继续以容器形式运行在每个 OpenShift 节点上，发送日志到外部的 Elasticsearch 集群。并且为了维护 Fluentd 配置文件的便利，将 OpenShift 默认提供的 Fluentd 配置文件合并为一个文件，通过 ConfigMap 挂载。
- 在 OpenShift 原生 EFK 的基础之上，额外增加一些与 PaaS 平台相关的日志采集源。

第一阶段改造后的日志系统逻辑架构图如图 5-56 所示。

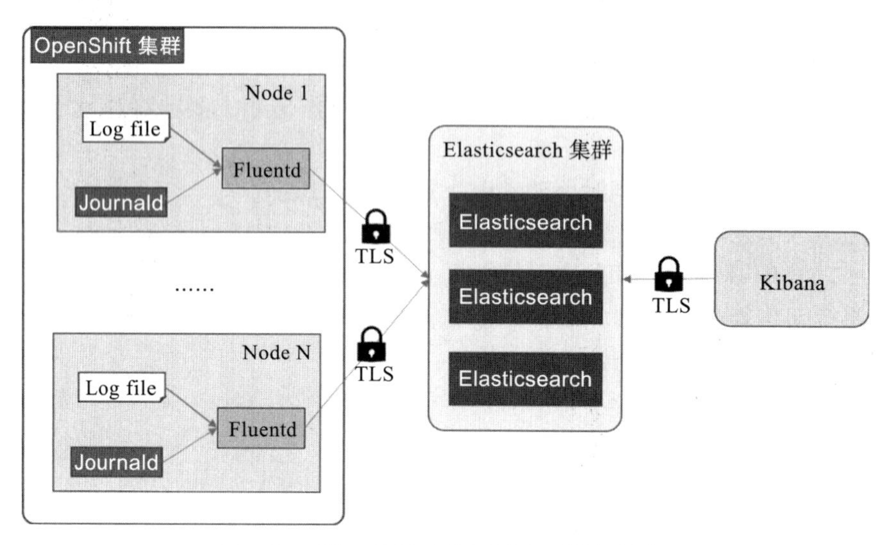

图 5-56 第一阶段改造后日志系统架构图

改造的第一步是搭建外部 Elasticsearch+Kibana，建议根据企业的实际情况准备资源，参考官方文档完成部署即可。下面我们说明剩余两部分改造。

（1）外置 Fluentd 配置文件

由于每个版本的配置文件会略有差别，我们仅说明外置配置文件的方法，不对配置文件内容做详细说明，感兴趣的读者可参考 Fluentd 官方文档以及插件的 GitHub 页面自行学习。

默认 Fluentd 的配置文件就是通过 ConfigMap 挂载的，部分内容如下。

```
@include configs.d/openshift/system.conf
## sources
## ordered so that syslog always runs last...
@include configs.d/openshift/input-pre-*.conf
@include configs.d/dynamic/input-docker-*.conf
@include configs.d/dynamic/input-syslog-*.conf
@include configs.d/openshift/input-post-*.conf
<label @INGRESS>
## filters
  @include configs.d/openshift/filter-pre-*.conf
  @include configs.d/openshift/filter-retag-journal.conf
  @include configs.d/openshift/filter-k8s-meta.conf
```

```
  @include configs.d/openshift/filter-kibana-transform.conf
  @include configs.d/openshift/filter-k8s-flatten-hash.conf
  @include configs.d/openshift/filter-k8s-record-transform.conf
  @include configs.d/openshift/filter-syslog-record-transform.conf
  @include configs.d/openshift/filter-viaq-data-model.conf
  @include configs.d/openshift/filter-post-*.conf
</label>

<label @OUTPUT>
## matches
  @include configs.d/openshift/output-pre-*.conf
  @include configs.d/openshift/output-operations.conf
  @include configs.d/openshift/output-applications.conf
  # no post - applications.conf matches everything left
</label>
```

从挂载的配置文件中并不能直接看出采集哪些日志，做了怎样的处理，以及如何输出，所有的配置都是使用 include 加载镜像中的文件，这样就不利于我们修改配置文件做一些定制化，外置 Fluentd 配置文件就是要把原本使用 include 加载的配置文件放在同一个文件中，再使用 ConfigMap 挂载进去，这样我们就可以直接修改 ConfigMap 来定制 Fluentd 的配置文件。在任意一个 Master 操作过程如下。

解压默认挂载的 ConfigMap。

```
# mkdir configmap
# cd configmap
# oc project openshift-logging
# oc extract configmap/logging-fluentd --to=configmap/
```

修改 fluentd 配置文件。

```
# vi fluent.conf
```

将所有需要的 include 文件全部复制到这个文件中，include 文件需要在对应版本的 fluentd 镜像的 /etc/fluent 目录中查找，其中 configs.d/dynamic/input-docker-*.conf 和 configs.d/dynamic/input-syslog-*.conf 是在 Pod 启动时通过镜像中的脚本生成的，其实就是定义采集 /var/log/containers 下的日志和通过 journald 采集操作系统日志，需要在运行中的 Fluentd 容器中获取。由于文件内容较多，OpenShift 3.11.59 的 Fluentd 原始配置文件请参见 GitHub 地址 https://github.com/ocp-msa-devops/openshift-logging.git 中的 fluentd-configmap/fluent.conf-origin。

更新 OpenShift 中 Fluentd 的 ConfigMap。

```
# oc create configmap logging-fluentd --from-file=../configmap/ --dry-run -o
    yaml | oc replace -f -
```

删除 Fluentd 容器，使得 Pod 重启应用新配置。

```
# oc delete pods -l component=fluentd
```

上述操作仅仅是把 OpenShift 原生的 Fluentd 配置文件放在一个文件中，未进行任何的修改，此时的日志采集行为与原生 EFK 无任何差别。应用新配置后，检测日志采集无任何异常。

（2）发送日志到外部 ES 集群

在外部 ES 集群搭建好之后，保证集群状态为 Green。由于我们在上一步已经外置 Fluentd 配置文件，因此只需要修改 Fluentd 配置文件中的 ES 集群地址即可。

修改 Fluentd 配置文件主要是修改 output 部分中的 ES 相关配置，如果 ES 集群使用非安全的连接，需要将输出 ES 的协议修改为 http，去除无用的 SSL 认证配置；为了支持写入 ES 集群，将原本的 host 修改为 hosts。修改后的完整配置文件可参考 Repo 中“openshift-logging/fluentd-configmap/fluent.conf-external-es”文档，这里仅列出关键内容如下。

```
# vi fluent.conf
   <store>
      ……
      @type elasticsearch
      hosts "#{ENV['ES_HOST']}"    #修改的内容
      port "#{ENV['ES_PORT']}"
      scheme http  #修改的内容
      target_index_key viaq_index_name
      ……
    </store>
```

更新 Fluentd ConfigMap。

```
# oc create configmap logging-fluentd --from-file=../configmap/ --dry-run -o
    yaml | oc replace -f -
```

修改 Fluentd DaemonSet 中的环境变量，即通过环境变量 ES_HOST 传入 ES 集群的地址，多个主机用逗号隔开。

```
# oc edit daemonset logging-fluentd
……
    spec:
      containers:
      - env:
        - name: ES_HOST
          value: 192.168.1.120:9200,192.168.1.121:9200,192.168.1.122:9200
……
```

更新 Fluentd 容器。

```
# oc delete pods -l component=fluentd
```

查看 ES 的 index 列表，检测日志成功发送到外部 ES 集群中。

```
# curl http://192.168.1.120:9200/_cat/indices?v
```

（3）增加额外日志源

PaaS 平台有很多产生日志的来源，按类型划分主要包含如下六类：

- PaaS 平台日志：PaaS 运行相关的日志，包含 OpenShift 组件日志（Master、Node、Podman）、Registry 日志、Router 运行时日志、Fluentd 日志、操作系统 Journal 日志。原生 EFK 已经实现这类日志的采集，除非要采集节点上其他的日志（如 login 日志）。
- PaaS audit 日志：对 OpenShift 集群审计日志进行采集，收集用户行为数据，记录用户操作，以便对高危操作（如 delete）可追溯。默认未开启，需要修改 Master 配置文件开启 audit 日志，原生 EFK 对这类日志不采集。
- PaaS router access日志：路由器的access log，默认未开启，需要在Router的DeploymentConfig文件中添加环境变量，通过rsyslog发送到宿主机文件中。原生EFK对这类日志不采集。
- 应用标准输出日志：包含 jboss、tomcat、springboot 等应用服务器的运行日志，默认只收集应用输出到容器标准输出的日志。原生 EFK 已经采集所有应用容器的标准输出。
- PaaS event 事件：对于 PaaS 平台运行时发出的事件（如容器启停的事件），原生 EFK 可以通过 Event Router 来采集事件。
- 应用非标准输出日志：指容器中应用输出到非标准输出的日志，如容器中的日志文件。因应用类型较多，输出日志的方式也千差万别，很难有统一的采集方式，这类日志需要单独处理，我们将在后续章节中说明。

可以看到，目前只有 audit 日志和 router access 日志未被采集，通过修改 Fluentd 配置文件增加这两类日志的采集处理即可，在此由于篇幅有限，就不详细介绍了。

第一阶段改造完成后，此时的日志系统完全可以满足通常的日志系统需求，可以灵活地配置采集的日志源，存储端可以灵活地扩容和具备高性能。

3. 第二阶段改造

第一阶段的改造仅在 OpenShift 原生 EFK 基础之上考虑性能和维护便利性做了一些改进，可满足通常情况下的日志需求。但是对于处理海量日志，上述架构会有明显的缺陷。主要表现在：

- 随着 PaaS 平台运行的容器越来越多，每天会产生海量日志，所有节点的 Fluentd 将日志发送到 Elasticsearch 集群落盘，但是磁盘写入往往很慢，导致上游日志堆积超时后丢弃，造成日志数据丢失。
- Fluentd 随着日志量增加，处理日志（如日志结构化处理）所消耗的资源增加，会抢占每个计算节点的资源，造成真正的业务容器不稳定。
- 无法灵活满足后续对日志的更进一步的处理分析需求，如引入 Hadoop 集群批处理日志数据，完成数据分析统计。

鉴于上述原因，通常在处理海量日志的系统中会引入消息队列作为日志的缓存池。第二阶段改造后的日志系统逻辑架构图如图 5-57 所示。

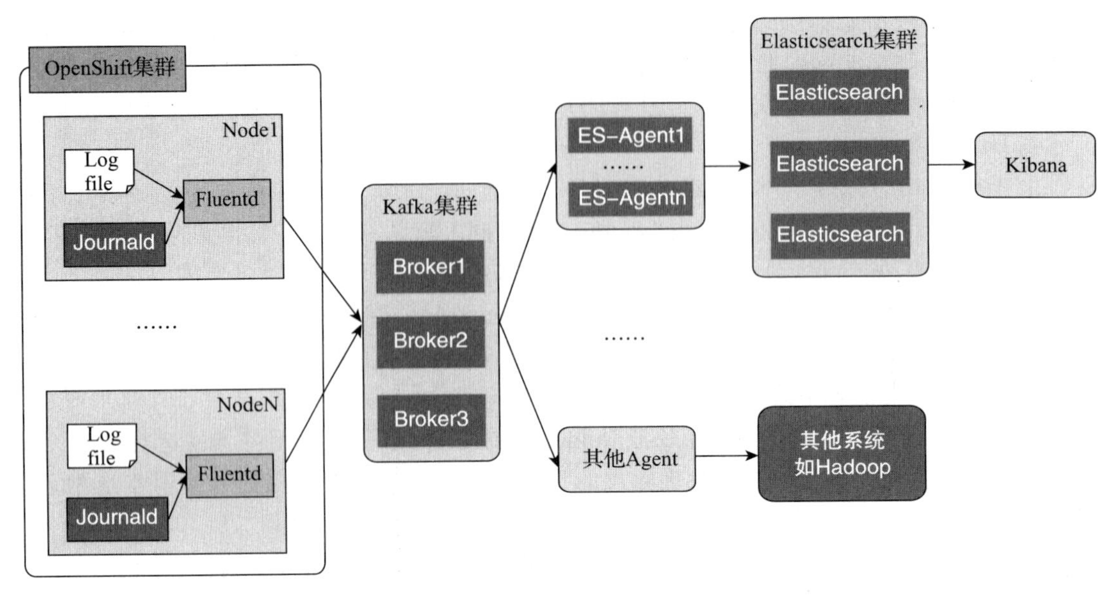

图 5-57　第二阶段改造后日志系统架构图

可以看出在图 5-57 中，原有的架构中引入了消息队列 Kafka，这样就需要有各种 Agent 来处理 Kafka 中的日志消息，然后再输出到存储端。

- 第一级 Fluentd：指运行在 OpenShift 节点上的 Fluentd，负责最原始日志的采集并按日志类别发送到 Kafka 相应的 Topic 中。
- Kafka 集群：分布式发布 – 订阅消息系统，用于缓存日志，通常会定义多个 Topic 保存不同类型的日志。关于 Kafka 的概念、部署和原理就不在本书介绍了，感兴趣的读者可自行查阅网络资料学习。
- ES-Agent：从 Kafka 相应的 Topic 中读取日志数据，对日志数据进行分析，写入 ES 特定的 index 中。这部分可以选择现有的工具实现或者自行开发处理程序实现，由于 Kafka 支持多个消费者同时消费，因此通常会配置多个 ES-Agent 来提高日志处理的速度。这里我们以 Fluentd 作为 ES-Agent，实现日志处理并写入 ES 集群中，定义为第二级 Fluentd。
- 其他 Agent：对于 Kafka 中不同 Topic 的处理是不相同的，其他的 Agent 用于以后对接其他日志处理系统，如 Hadoop 或者将审计日志发送给审计部门。

第二阶段改造需要完成的事情主要有以下几件：

- 部署 Kafka 集群和二级 Fluentd，并定义日志分类与 Kafka topic 以及 ES index 的对应关系。
- Fluentd 镜像增加 Kafka 插件支持。
- 修改第一级 Fluentd 配置文件，发送日志到 Kafka 集群。
- 修改第二级 Fluentd 配置文件，将对应 Topic 的日志写入相应的 ES index。

（1）日志分类与 Kafka Topic 以及 ES index 的对应关系

第一级 Fluentd 将各类日志采集并简单处理后，以 json 格式输出到 Kafka 中，要求如下：

- 需要配置日志类型与 Kafka topic 的对应关系。
- 需要预先创建 Topic，设定合适的分区数和副本数。
- 不同日志需要散列到不同的 Kafka 分区上，建议设定分区 key 进行自动散列，以保证容器内同一个日志文件散列到同一个 Kafka 分区上。

在之前定义的日志分类的基础上，各类日志与 Kafka Topic 的对应关系如表 5-1 所示。

表 5-1 日志分类与 Kafka Topic 的对应关系

日志类型	对应 Kafka Topic	分区数	副本数	分区 key
PaaS 平台日志	paas_systemlog	Broker 数 ×2	2	hostname
PaaS audit 日志	paas_auditlog	Broker 数 ×2	2	hostname
PaaS router access 日志	paas_routerlog	Broker 数 ×2	2	proxyIP
PaaS event 事件	paas_eventlog	Broker 数 ×2	2	pod name
应用标准输出日志	paas_applog	Broker 数 ×2	2	pod name

在之前定义的日志分类的基础上，各类日志与 ES index 的对应关系如表 5-2 所示。

表 5-2 日志分类与 ES index 的对应关系

日志类别	对应 ES index	拆分策略	保留天数
PaaS 平台日志	operations	index/ 每天	30 天
PaaS audit 日志	openshift.audit	index/ 每天	3 个月
PaaS router access 日志	openshift.router.accesslog	index/ 每天	3 个月
PaaS event 事件	project.event	index/ 每天	30 天
应用标准输出日志	project.*	index/ 每天	30 天

这里给出的对应关系以及一些 Kafka 配置、ES 配置供读者参考，在实际使用中应结合实际的环境进行调整，如调整日志保留天数等。

（2）为 Fluentd 增加 Kafka 插件

原生的 Fluentd 镜像中不包含把日志输出到 Kafka 的插件，需要自定义一个 Fluentd 镜像。下面我们演示基于 registry.access.redhat.com/openshift3/logging-fluentd:v3.11 镜像增加 Kafka 插件支持，使用的插件的 GitHub 地址为 https://github.com/fluent/fluent-plugin-kafka.git，这里使用 0.1.3 版本。

在任意节点创建 dockerfile 工作目录。

```
# mkdir kafka-fluentd-images
```

创建构建镜像所需要的文件，目录结构如下。

```
├── base.repo
├── build.sh
├── Dockerfile
├── kafka-plugin
│   └── 0.1.3
│       ├── fluent-plugin-kafka-0.1.3.gem
│       ├── ltsv-0.1.0.gem
│       ├── poseidon-0.0.5.gem
│       ├── poseidon_cluster-0.3.3.gem
│       ├── zk-1.9.6.gem
│       └── zookeeper-1.4.11.gem
├── ruby-devel-2.0.0.648-35.el7_6.x86_64.rpm
└── run.sh
```

文件作用说明：

- base.repo：包含操作系统RHEL7最新软件包的Yum源，主要用于安装gcc-c++等软件包。
- build.sh：用于构建镜像的脚本。
- Dockerfile：自定义 Fluentd 的 Dockerfile 文件。
- kafka-plugin：目录下存放 fluent-plugin-kafka 插件以及安装所需的 gem 依赖包。
- ruby-devel-2.0.0.648-35.el7_6.x86_64.rpm：安装插件依赖 ruby-devel 的 rpm 包，需要开启 rhel-7-server-optional-rpms 频道，为了方便，我们仅下载这一个 rpm 包，将这个软件包放置在 base.repo 配置的 Yum 源中。
- run.sh：Fluentd镜像启动脚本，可从原生Fluentd镜像中获取，无须做任何修改。操作命令oc exec logging-fluentd-xxx cat run.sh > run.sh。

定制镜像所需要的文件和 Dockerfile 已上传到 GitHub 中 kafka-fluentd-images 目录。

使用 build.sh 构建镜像，假设生成的镜像名称为 registry.example.com/openshift3/kafka-logging-fluentd:v3.11，替换 fluentd daemonset 中的镜像为自定义镜像。

```
# oc edit daemonset logging-fluentd
......
image: registry.example.com/openshift3/kafka-logging-fluentd:v3.11
imagePullPolicy: Always
......
```

等待 Fluentd 容器更新启动完成，此时未对配置文件做任何更改，Fluentd 还是按原本的方式采集日志。

（3）修改第一级 Fluentd 和第二级 Fluentd 配置文件

修改第一级 Fluentd 配置文件，在 Output 区域删除原来的所有内容，配置输出到 Kafka。以 journal 类型日志为例，修改第一级 Fluentd 的关键内容如下。

```
<label @OUTPUT>
#删除原来output域中的所有内容
##为每行日志添加kafka分区key
<filter journal.system**>
  type record_transformer
```

```
  enable_ruby
  <record>
    partition_key ${record["hostname"]}
  </record>
</filter>

##-----output kafka
<match journal.system**>
  @type copy
  <store>
     @type kafka
     brokers  192.168.1.125:9092,192.168.1.126:9092,192.168.1.127:9092
     default_topic  paas_systemlog
     output_data_type json
   </store>
</match>
</label>
```

修改配置后更新配置文件的方法与前面一致。

第二级 Fluentd 主要负责从 Kafka 中读取日志，然后写入 ES 对应的 index 中，第二级 Fluentd 可以使用 RPM 安装或者以容器运行，同样需要安装 kafka 插件，安装步骤请参见官方文档。以 journal 类型日志为例，修改第二级 Fluentd 的关键内容如下。

```
##source config
<source>
  @type kafka_group
  brokers 192.168.1.125:9092,192.168.1.126:9092,192.168.1.127:9092
  zookeepers 192.168.1.128:2181,192.168.1.129:2181,192.168.1.130:2181
consumer_group paas_systemlog  #定义消费者组，用于多个agent消费kafka同一个topic的数据，
    名称自定义，但是相同类型日志必须相同，不同类型日志必须不同。
  topics paas_auditlog  #定义这个消费组消费的Kafka topic
  format json
</source>
##output config
输出到ES集群对应的index中
```

启动第二级 Fluentd 进程，验证 ES 中有日志写入且符合预期。

到此为止，日志系统改造就基本完成了。更进一步还需要完成如下工作：

- 配置所有数据传输使用 SSL 加密。
- 增加 ES 和 Kibana 的用户登录及权限控制。
- 增加日志报警。
- 增加日志图形展示模板，整理常用的日志聚合形成 Kibana 模板。
- 对 ES 集群、Kafka 集群、Fluentd 进行调优，已达到系统的最佳性能。

由于篇幅有限，就不再一一介绍了。

我们这里是以改造为例进行说明，如果是与企业现有的日志系统集成，原理是一样的，而且理论上更简单。通常是引入消息队列 Kafka，然后使用 agent 处理成企业日志系统需要的格式，写入企业日志系统即可，大致的逻辑架构图如图 5-58 所示。

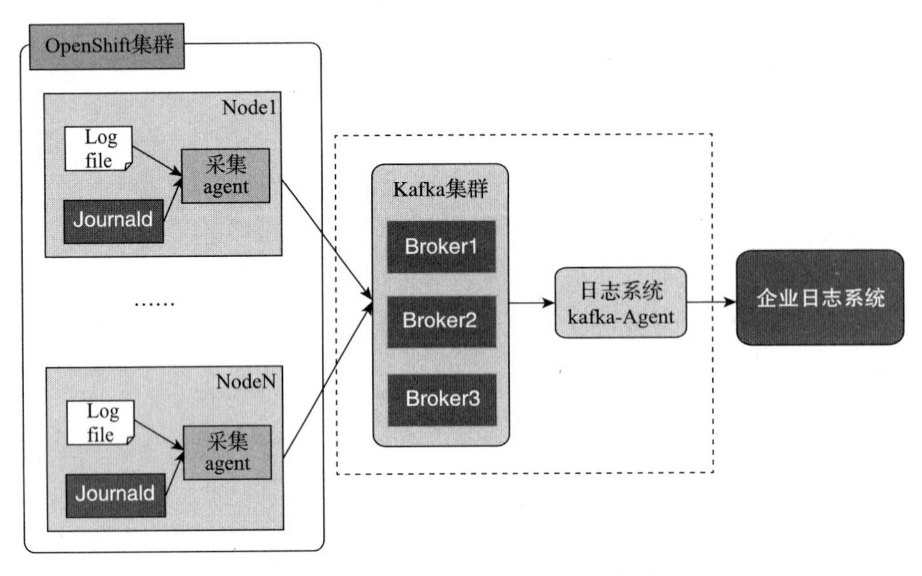

图 5-58 集成企业日志系统的逻辑架构图

可以看到引入Kafka之后，实现了采集端与企业日志系统的解耦，无论企业日志系统是什么，都可以与OpenShift集成，采集PaaS平台的日志。当然，如果在企业日志系统的采集agent支持直接运行在OpenShift上而且可以满足需求的情况下，也可以不引入Kafka集群。

5.13.3 应用非标准输出日志采集

在前面PaaS日志分类中，我们提到对于应用的非标准输出的日志，目前PaaS自带的EFK是无法采集的。但是，在多年的实施过程中我们却遇到很多客户要求采集此类日志。有的是应用无法改造输出日志到标准输出；也有的是不同的日志分多个文件，统一输出到标准输出无法区分；还有的是日志量太大，无法使用标准输出。无论什么原因，此类需求是很常见的，本节就针对这种情况给出四种方案：

- 将应用日志文件转化为标准输出。
- 将日志文件写入外部挂载的存储中。
- 使用Sidecar agent发送日志到外部日志系统。
- 应用直写外部日志系统。

下面将分别详细说明。

1. 将应用日志文件转化为标准输出

由于OpenShift平台默认可以采集容器标准输出的日志，因此只需要将应用写在文件中的日志转化为标准输出便可采集。

通常是使用agent或者用户开发程序将日志文件内容读取并输出到标准输出实现。如果使用agent，则选用像fluent-bit、filebeat等轻量的agent。

将agent程序与应用运行在同一个Pod中，至于是在容器中启动两个进程的方式运行还是以sidecar方式运行，需要考虑实际需求和资源情况。

如果一个容器中运行两个进程，则需要使用启动脚本来启动两个进程，此时脚本为容器的主进程，脚本不能运行后退出，最好脚本中可以检测两个进程的状态。

如果使用Sidecar方式运行agent，则无须提供启动脚本。

这种方案的优点就是简单，应用可能需要做少量的配置修改；缺点是所有日志输出到标准输出，当日志量大时可能会造成标准输出崩溃。所以这种方案适用于应用日志量小的应用。

2. 将日志文件写入外部挂载的存储中

这种方案是应用容器将日志文件写入挂载的外部存储卷中，这样就可以在存储卷中统一采集，存储卷通常使用共享文件系统存储。这种方案的实现依赖于同属一个应用（DeploymentConfig）的不同Pod在启动时创建自己的日志目录，比如以Pod名称命名的子目录，这样才能保证同一个应用的多个实例日志不会冲突。

日志文件写入后端存储之后，就可以使用多种方法在后端存储中将所有的日志文件采集到统一的日志系统中。

这种方案的优点在于实现简单，对应用无任何侵入，也不依赖与语言；而缺点在于需要大量的后端存储，另外需要解决Pod退出后遗留在存储卷中的日志清理问题。所以这种方案适用于企业有足够量的共享文件系统存储的应用。

3. 使用Sidecar agent发送日志到外部日志系统

这种方案的主要特点是将日志经agent程序发送到外部日志汇聚端。外部日志汇聚端通常是Fluentd或Kafka等。

这种方式每启动一个应用，需要同时以Sidecar方式启动一个采集日志的agent，agent可以是fluent-bit或者filebeat。在OpenShift中同一个Pod中的两个容器可以共享文件系统，所以应用写在文件中的日志，Sidecar容器是有读取权限的。将日志读取之后使用Forward方式发送到外部日志汇聚端，外部日志汇聚端再进行后续处理，如图5-59所示。

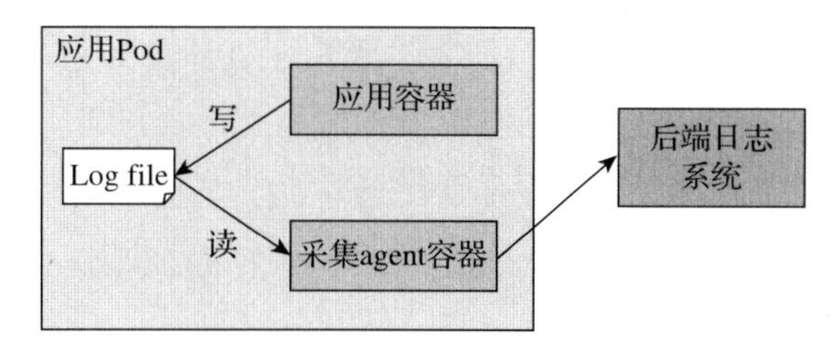

图5-59 通过Sidecar采集日志

这种方案的优点在于实现方式通用，对应用无任何侵入，也适用任何的应用和语言；

缺点主要有如下三个：

- 一个节点上如果运行了 N 个 Pod，就以为这会同时运行 N 个客户端，造成 CPU、内存、端口等资源的浪费。
- 由于每个节点运行容器的数目是有上限的，每运行一个应用 Pod，就会启动三个容器，导致节点上可运行的应用数目为原本的三分之一。
- 需要为每种应用 Pod 单独进行采集配置（采集日志目录、采集规则、存储目标等），不易维护。

这种方案比较通用，只要能接受 Sidecar 带来的资源浪费以及维护复杂度就可以使用。

下面我们以 Tomcat 的应用为例，演示这种方案如何实现。

实现场景为通过 Sidecar 输出到外部 ES 的示例如下（以 Deploymentconfig 为例，说明 Sidecar 使用方法，忽略了部分非关键字段，Sidecar 容器以 Fluentd 为例）。

```yaml
apiVersion: v1
kind: DeploymentConfig
metadata:
  generation: 1
  name: tomcat
spec:
  replicas: 1
  selector:
    provider: openshift
  strategy:
    activeDeadlineSeconds: 21600
    type: Recreate
  template:
    metadata:
      labels:
        provider: openshift
      name: tomcat
    spec:
      containers:
      - image: tomcat
        imagePullPolicy: IfNotPresent
        name: tomcat
      - env:
        - name: ES_HOST
          value: "elasticsearch"
        - name: ES_PORT
          value: "9200"
        image: fluent/fluentd:latest
        imagePullPolicy: IfNotPresent
        name: fluentd
        resources:
          limits:
            memory: 256Mi
          requests:
            cpu: 100m
            memory: 256Mi
        terminationMessagePath: /dev/termination-log
        terminationMessagePolicy: File
```

```
        volumeMounts:
        - mountPath: /etc/fluentd/
          name: fluent-config
          readOnly: true
      volumes:
      - name: fluent-config
        configMap:
          name: fluent-config
  test: false
  triggers:
  - type: ConfigChange
```

上述文件以 Sidecar 的方式将 Fluentd 与 Tomcat 同时启动在一个 Pod 中。Fluentd 的配置文件通过 ConfigMap 挂载。ConfigMap 文件示例如下。

```
apiVersion: v1
kind: ConfigMap
metadata:
  name: fluent-config
data:
  # Configuration files: server, input, filters and output
  # ======================================================
  fluentd.conf: |
    ##source config
<source>
      @type tail
      path /usr/local/tomcat/logs/*.log
      pos_file /tmp/accesslog.pos
      time_format %Y-%m-%dT%H:%M:%S.%N%Z
      tag accesslog.*
      format none
      read_from_head "true"
</source>

<match **>
      @type elasticsearch
      host "#{ENV['ES_HOST']}"
      port "#{ENV['ES_PORT']}"
   scheme http
   index_name access
   type_name fluentd
   logstash_format true
</match>
```

通过上述示例演示可以看到，使用 Sidecar 方式采集日志需要完成的工作主要包含两部分：1）为应用容器增加 Sidecar 容器，2）添加 Sidecar 容器的配置文件。

4. 应用直写外部日志系统

这种方案是利用应用开发所使用框架或语言本身自带的库将日志发送到外部的汇聚端。通常需要对应用做一定的修改，通过应用语言库调用外部日志系统接口，将日志数据发送到外部日志存储后端。如 SpringBoot 中的 logback 可以将日志直接发送到 Fluentd 或 Kafka 中。这种方案的优点在于无须解决采集问题，日志格式可以按需定义；缺点在于依赖应用使用的语言框架是否支持发送日志到外部。这种方案适用于新开发的且支持发送到外部日志系统的应用。

5.14 OpenShift 备份恢复与容灾

5.14.1 备份容灾概述

备份与容灾是运维领域两个极其重要的部分，二者有着紧密的联系。通常备份是指用户对应用系统产生的重要数据或配置进行拷贝留存，以保证数据不丢失或丢失后可恢复；而容灾是指用户为业务系统建立冗余站点，达到业务不间断或有短暂切换中断。可以看到，备份更关注数据，而容灾更关注业务。

在谈到灾备时一定会涉及 RTO 和 RPO 两个指标。RTO 表示恢复时间，指灾难发生后业务或系统在多长时间恢复正常；RPO 表示恢复时间点，指灾难发生后可以恢复到的时间点，换句话说，就是允许丢失多长时间的数据。我国出台的第一个灾难备份与恢复标准 GB/T 20988-2007《信息系统灾难恢复规范》中将灾难恢复的能力划分为 6 个等级，明确地定义了 RTO 和 RPO，如表 5-3 所示。

表 5-3　信息系统灾难恢复规范

等级	简述	RTO	RPO
1	基本支持	2 天以上	1 天至 7 天
2	备用场地支持	24 小时以上	1 天至 7 天
3	电子传输及设备支持	12 小时以上	数小时至 1 天
4	电子传输及完整设备支持	数小时至两天	数小时至 1 天
5	实时数据传输及完整设备支持	数分钟至两天	0 到 30 分钟
6	数据零丢失及远程集群支持	数分钟	0

从表 5-3 中可以看到，灾难恢复能力等级越高，系统恢复效果越好，但同时成本也会急剧上升。因此，在灾备设计时往往需要衡量备份的成本与恢复的价值是否匹配，进而确定业务系统合理的灾难恢复能力等级。

结合 OpenShift 特点和成本风险平衡，系统备份与恢复管理等级通常定位为三级或四级，即 RTO<1 天、RPO<1 天。

5.14.2 OpenShift 备份

OpenShift 备份恢复是指在整个集群宕机的情况下快速恢复一套完整集群（尽可能还原用户所有数据）或实现单集群回滚到以前时间点。OpenShift 集群中某些服务或节点宕机依靠 OpenShift 高可用保障，不在备份恢复考虑范围之内。OpenShift 集群具备在线备份、离线恢复的能力，可分为单集群全量备份和基于 Namespaces 增量备份两种备份方法。

- 单集群全量备份：在集群级别备份所有重要文件和配置等，可以满足相同地址（服务器主机名和 IP 与原有集群相同）集群的恢复及回滚到历史时间点。相当于重新部署一套完全一样的集群，必须在整个集群离线的条件下执行恢复操作。
- 基于 Namespace 增量备份：在 Namespaces 级别备份所有资源对象，可以满足任意时间点在任意一个集群的恢复操作。这种备份恢复不涉及 OpenShift 平台底层基础架构，仅涉及平台上的应用和资源对象。

上述所有备份恢复完全可以使用脚本自动化实现、定期执行来完成自动备份，并在备份脚本运行过程中输出日志及监控检测点，用于查看备份状态和提供备份异常告警。

1. 单集群全量备份

这种备份方法将 OpenShift 中所有重要文件备份，在恢复的时候会将整个集群重建。需要满足的条件是恢复的集群节点 IP 和主机名与原有集群完全一致。主要是因为在 Etcd 中保存了集群节点的元数据，通过 Etcd 数据恢复集群需要满足节点元数据信息一致。这种备份可以保证在整个集群宕掉的时候恢复一个同样的集群。OpenShift 单集群全量备份逻辑图如图 5-60 所示。

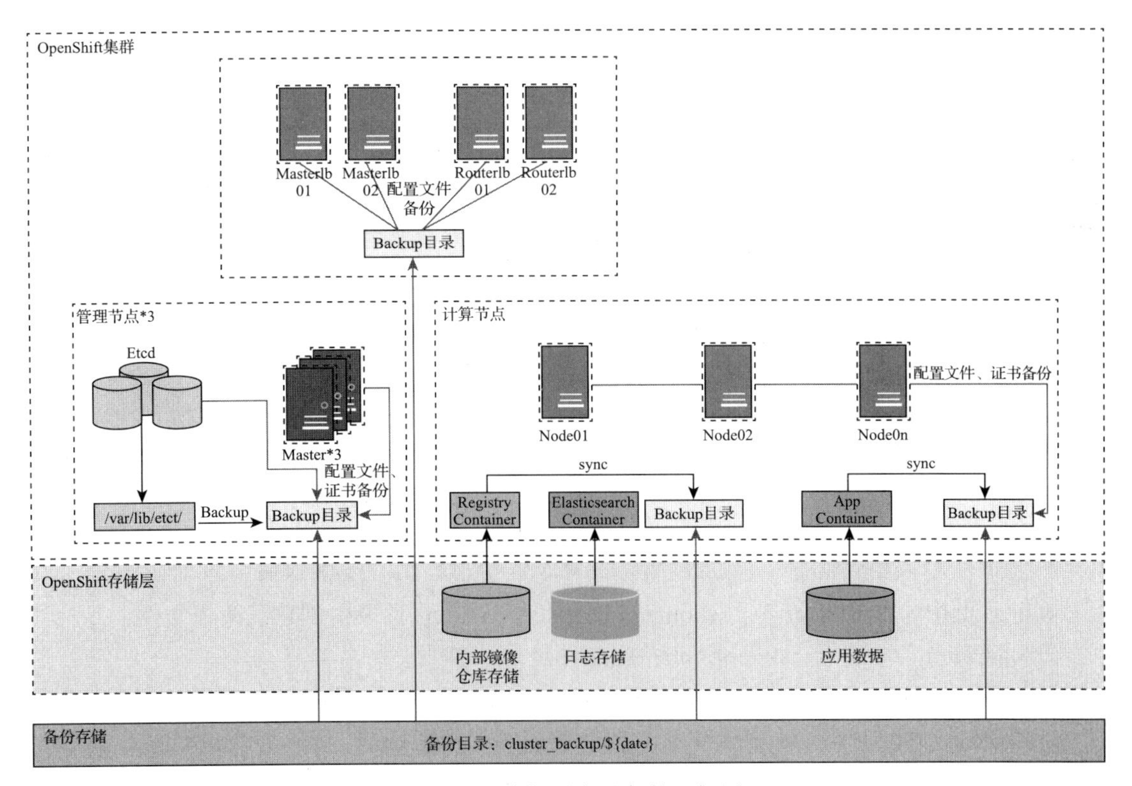

图 5-60　单集群全量备份逻辑图

从图 5-60 中可以看到，将 OpenShift 所有恢复需要的文件或者避免丢失的文件全部备份到备份存储上。这种备份方法涉及需要备份的组件较多，大致分为以下几类：

- 平台相关的配置文件备份：Master 配置文件和证书、Worker 配置文件和证书、前端 LB 配置文件等关键性文件。
- 集群 Etcd 数据库的备份。
- 挂载持久化存储的应用数据的备份：平台中所有挂载 PV 的 Pod 的应用数据。

根据上述分类，表 5-4 中列出了单集群全量备份需要备份的内容、备份方式及备份策略。

表 5-4　单集群全量备份资源表

类别	包含内容	备份方式	备份策略
平台相关的配置文件备份	所有节点的 /etc/hosts 文件	备份数据保存在备份存储上	在集群安装配置完成后备份一次，修改配置之后更新备份数据
	Master 配置文件和证书		
	Node 配置文件和证书		
	LB 配置文件备份		
	安装软件包列表		
	集群中其他重要文件		
集群 Etcd 数据库的备份	Etcd 数据库	使用 Etcd 备份命令将数据备份到备份存储上	每天备份一次
挂载持久化存储的应用数据的备份	内部 Docker Registry 数据备份	直接使用存储备份或主机级拷贝实现	每天备份一次
	容器化的应用数据备份		

2. etcd 和审计日志的备份与 etcd 的还原

为了保证集群的稳定性，我们需要针对 OpenShift 定期备份集群的 etcd 数据。etcd 的备份应在第一个证书轮换完成之前完成（OpenShift 安装后 24 小时内请勿进行 etcd 备份，否则备份将包含过期的证书）。此外，请勿在业务高峰使用时间内进行 etcd 备份。

备份时，我们只需要从三个 Master 节点中的一个节点上创建 etcd 的快照。首先 ssh 到某一个 master 节点。然后运行 etcd-snapshot-backup.sh 脚本并指定 etcd 的备份目录，执行命令如下。

```
#/usr/local/bin/cluster-backup.sh /home/core/assets/backup
```

在此示例中，在 Master 节点 /home/core/assets/backup/ 目录中创建了两个文件：

- snapshot_ <datetimestamp> .db：此文件是 etcd 快照。
- static_kuberesources_ <datetimestamp> .tar.gz：此文件包含 static 容器的资源。如果启用了 etcd 加密，则它还将包含 etcd 快照的加密密钥。

etcd 的备份很方便，在生产环境可以书写计划任务，定时进行自动备份。

接下来，我们展示还原 etcd 的步骤。

我们可以使用 etcd 备份来还原单个 Master 节点（我们称之为恢复控制平面主机）。然后，etcd Operator 将扩展到其余的 Master 节点。还原 etcd 的前提条件是：

- 以具有 cluster-admin 角色的用户身份访问集群。
- 通过 SSH 访问 Master 节点。
- 包含一个备份目录，其中包含来自同一备份的 etcd 快照和静态 Pod 的资源。目录中的文件名必须采用以下格式：snapshot_ <datetimestamp> .db 和 static_kuberesources_ <datetimestamp> .tar.gz。

将 etcd 备份目录复制到恢复控制平面主机上。拷贝内容包含 etcd 快照的备份目录和静态 Pod 的资源，复制到恢复控制平面主机的 /home/core/ 目录。

接下来，停止另外两个 Master 节点上的静态 pod，包括 etcd pod、kube-apiserver-pod，在这两个 Master 节点上执行如下命令。

```
$ sudo mv /etc/kubernetes/manifests/etcd-pod.yaml /tmp
```

确认 etcd pod 已经停止。

```
$ sudo crictl ps | grep etcd
```

该命令的输出应为空。如果不为空，请等待几分钟，然后再次检查。

将现有的 Kubernetes API Server Pod 文件移出 kubelet 清单目录。

```
$ sudo mv /etc/kubernetes/manifests/kube-apiserver-pod.yaml /tmp
```

验证 Kubernetes API server pod 已停止。

```
$ sudo crictl ps | grep kube-apiserver
```

将现有 etcd 数据目录移动到其他位置。

```
$ sudo mv /var/lib/etcd/ /tmp
```

在恢复控制平面主机上运行还原脚本，并将路径传递到 etcd 备份目录。

```
$ sudo -E /usr/local/bin/cluster-restore.sh /home/core/backup
```

重启 kubelet 服务。

```
$sudo systemctl restart kubelet.service
```

在恢复控制平面主机上验证 etcd 容器正在运行。

```
$ sudo crictl ps | grep etcd
```

接下来，强制 Etcd、Kube-controller-manager、Kube-apiserver、Kube-scheduler 这四个静态 pod 重新部署（Static pod 的详细介绍请见 2.2.2 节第 3 小节第 2 点）。

```
#oc patch etcd cluster -p='{"spec": {"forceRedeploymentReason": "recovery-'"$
    ( date --rfc-3339=ns )"'"}}' --type=merge
#oc patch kubeapiserver cluster -p='{"spec": {"forceRedeploymentReason":
    "recovery-'"$( date --rfc-3339=ns )"'"}}' --type=merge
$ oc patch kubecontrollermanager cluster -p='{"spec": {"forceRedeploymentReason":
    "recovery-'"$( date --rfc-3339=ns )"'"}}' --type=merge
$ oc patch kubescheduler cluster -p='{"spec": {"forceRedeploymentReason":
    "recovery-'"$( date --rfc-3339=ns )"'"}}' --type=merge
```

再以 cluster-admin 用户身份访问集群，执行以下命令确认三个 etcd pod 已经正常运行。

```
$ oc get pods -n openshift-etcd | grep etcd
etcd-ip-10-0-143-125.ec2.internal          2/2     Running     0          9h
etcd-ip-10-0-154-194.ec2.internal          2/2     Running     0          9h
etcd-ip-10-0-173-171.ec2.internal          2/2     Running     0          9h
```

在运维中很多时候需要将备份任务通过自动化手段实现。我们编写自动化脚本完成每天凌晨备份一次 etcd 并备份 OpenShift 的审计日志。在 OpenShift 的跳板机（一台 RHEL 主机，可以 SSH 访问 OpenShift 节点）上设置备份脚本。

```
# cat etcd-cronjob.sh
/bin/sh
ssh core@master0 'sudo -E /usr/local/bin/cluster-backup.sh /home/core/assets/backup'
```

然后在跳板机上设置计划任务。

```
# crontab -l
24 * * * * /root/etcd-cronjob.sh    # 每24小时备份一次
```

重启计划任务守护进程使配置生效。

```
# /sbin/service crond reload
```

在跳板机上配置审计日志备份脚本。

```
# cat audit-log-backup-cronjob.sh
mkdir /root/logbackup/audit-$(date +%Y-%m-%d_%H:%M:%S_%Z) && cd $_
export KUBECONFIG=/root/ocp4/upi/auth/kubeconfig
oc adm node-logs master0 --path=openshift-apiserver/audit.log > audit-master0-$
    (date +%Y-%m-%d_%H:%M:%S_%Z).log
oc adm node-logs master1 --path=openshift-apiserver/audit.log > audit-master1-$
    (date +%Y-%m-%d_%H:%M:%S_%Z).log
oc adm node-logs master2 --path=openshift-apiserver/audit.log > audit-master2-$
    (date +%Y-%m-%d_%H:%M:%S_%Z).log
```

然后设置周期性计划任务。

```
# crontab -l
24 * * * * /root/audit-log-backup-cronjob.sh# 每24小时备份一次
```

重启计划任务守护进程使配置生效。

```
# /sbin/service crond reload
```

3. 基于Namespace增量备份

这种备份方法会备份OpenShift中所有Namespaces的资源对象，在恢复的时候会将所有备份的资源对象重新创建。这种方法相对简单，恢复时不依赖于一个完全相同的OpenShift集群，而且可以针对单个Namespaces增量备份。OpenShift基于Namespaces增量备份逻辑图如图5-61所示。

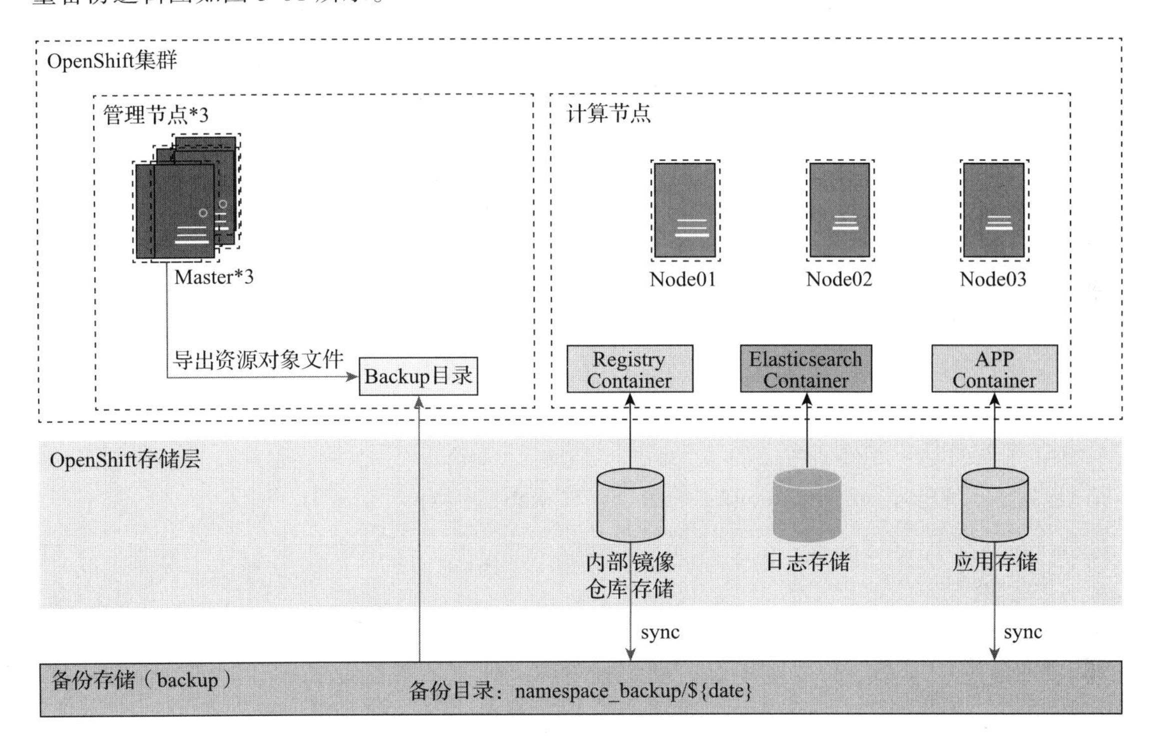

图5-61　基于Namespace增量备份逻辑图

需要备份的内容分为以下两类：

- ❑ 集群中所有Namespaces中的资源对象。
- ❑ 挂载持久化存储的应用数据的备份：平台中所有挂载PV的Pod的应用数据。

根据上述分类，表5-5中列出了基于Namespace增量备份需要备份的内容、备份方式及备份策略。

表5-5　基于Namespace备份资源表

类别	包含内容	备份方式	备份策略
集群中所有Namespaces中的资源对象	所有Namespaces中的资源对象	使用OpenShift的export命令导出资源对象到备份存储上	每天备份一次
挂载持久化存储的应用数据的备份	内部Docker Registry数据备份	直接使用存储备份或主机级拷贝实现	每天备份一次
	日志数据备份		
	容器化的应用数据备份		

基于 Namespace 进行增量备份，常见需要备份的资源对象列举包括（但不限于）namespace、deploymentconfig、deployment、buildconfig、imagestream、service、route、configmap、rolebindings、serviceaccounts、secrets、pvcs、templates、jobs、cronjobs、statefulsets、hpas。

值得注意的是，想要使用这种方式恢复资源对象，备份出来的资源对象文件需要删除一些元数据，我们导出 JSON 格式，并使用 jq 完成删除元数据操作。

示例 1：备份 Namespace 的命令，以 web1 为例。

```
# cat ns_backup.sh
 PROJECR=$1
 oc get ns/${PROJECR} -o json| jq '
    del(.status,
       .metadata.uid,
       .metadata.selfLink,
       .metadata.resourceVersion,
       .metadata.creationTimestamp,
       .metadata.generation
       )' > ${PROJECR}-ns.json
# sh ns_backup.sh web1
# ls -al web1-ns.json
-rw-r--r--. 1 root root 1814 Jul 29 05:42 web1-ns.json
```

示例 2：备份 deploymentconfig 的命令，以 web1 为例。

```
# cat dc_backup.sh
PROJECT=$1
DCS=$(oc get dc -n ${PROJECT} -o jsonpath="{.items[*].metadata.name}")
for dc in ${DCS}; do
    oc get dc ${dc} -n ${PROJECT} -o json| jq '
      del(.status,
          .metadata.uid,
          .metadata.selfLink,
          .metadata.resourceVersion,
          .metadata.creationTimestamp,
          .metadata.generation,
          .spec.triggers[].imageChangeParams.lastTriggeredImage
          )' > ${PROJECT}/dc_${dc}.json
if [ !$(cat ${PROJECT}/dc_${dc}.json | jq '.spec.triggers[].type' | grep -q
    "ImageChange") ]; then
        sed -e 's#"image".*#"image": " ",#g' ${PROJECT}/dc_${dc}.json >>
            ${PROJECT}/dc_${dc}_patched.json
        rm -rf ${PROJECT}/dc_${dc}.json
fi
```

命令执行完毕后，会有备份好的 dc。

```
# sh dc_backup.sh web1
# ls -al web1/dc_myapp_patched.json
-rw-r--r--. 1 root root 34595 Jul 29 05:33 web1/dc_myapp_patched.json
```

OpenShift 3 的备份脚本参见 Repo 中“OCP3 备份脚本”文档，请读者根据实际环境修改后使用。

4. 应用数据备份

在两种备份中我们都提到应用数据备份，而且这也是灾备中实现最为困难的地方。在传统数据中心中我们可以利用磁带库和管理软件实现数据备份，也有依靠数据复制工具实现数据备份。数据备份根据作用层次的不同，主要分为以下三类：

- 基于存储层面的数据复制备份：指依靠存储层面实现数据复制，商业存储大部分都提供这项功能，主流产品有 EMC Symmtrix、EMC Clarrion、IBM PPRC、HDS TrueCopy、HP CA 等。
- 基于主机层面的数据复制备份：指在操作系统层面实现数据复制，主流产品有 VeritasVolume Replicator（卷远程复制）、Veritas Storage Foundation（卷远程镜像）、IBMGLVM（卷镜像）等。
- 基于应用层面的数据复制备份：指在应用层面实现数据复制，实现冗余备份，通常是依赖应用数据多副本或提供导出导入工具等实现。

当然，对于应用选择哪种方式实现数据备份，主要取决于应用的性质。对于无状态的应用数据，直接使用存储层面或主机层面实现数据复制和恢复，比如 Jenkins、镜像仓库。对于有状态的应用数据，通常是使用应用提供的工具，允许客户将 Pod 中的应用层面文件或数据导出到备份存储上保存，如 Gitlab、Etcd。

5.14.3 容灾设计

OpenShift 容灾通常指在多个数据中心或者多个区域部署多套集群，可以实现业务的不中断。对于 OpenShift 来说，由于 Etcd 对网络稳定性和时延的要求较高，大部分情况下无法满足在多个数据中心部署一套 OpenShift 集群，所以是每个数据中心部署一套 OpenShift 集群。这样就需要在多个集群同时部署同一个应用以及可能涉及的应用数据一致，同时某些环境相关的信息（如镜像仓库地址）也需要变化。通常可以通过多集群管理或者自动发布软件实现，应用数据一致需要依靠底层存储或者应用本身实现复制。

实现的多数据中心主备容灾逻辑图如图 5-62 所示。

从图 5-62 中可以看出：

- 镜像仓库可以使用复制功能实现镜像同步，镜像仓库可以使用自带复制功能的 Harbor。
- 通过多集群管理或者自动化发布软件同时发布应用到两个集群中，工具需要支持两个集群的参数配置。鉴于目前集群联邦仍未正式发布，简单实现的话可以选择 Ansible、Jenkins 或者 RHACM 来完成。
- 应用数据同步：可以使用多种方式实现同步。在前面我们已经介绍应用的数据同步依赖于应用的特性，这是容灾设计中的关键。如果应用数据确实无法实现同步，通常就只能在单边数据中心中运行，然后做好备份用于恢复。

- 全局负载均衡默认将所有流量路由到左边主集群，在左边集群发生故障后全局负载均衡将流量重新路由到右边集群。

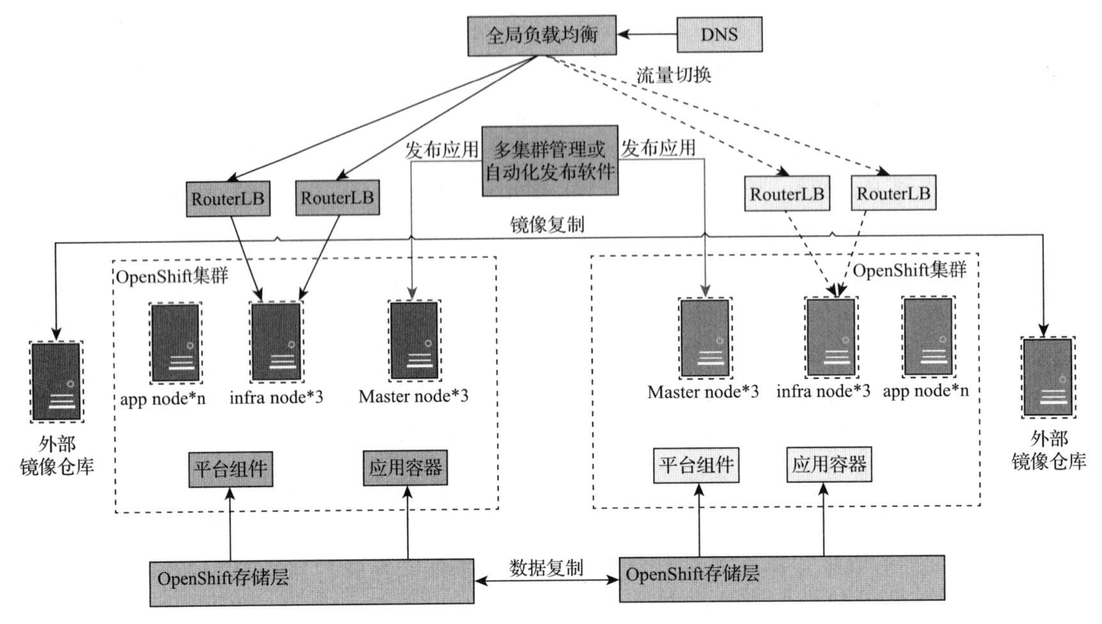

图 5-62　OpenShift 多数据中心容灾逻辑图

图 5-62 中给出的是主备集群。本质上多套 OpenShift 集群是双活还是主备，主要取决于运行的应用是否支持双活。如果所有的应用无状态或有状态应用运行 OpenShift 集群外部，那么实现多集群双活（一个相同的应用部署在两个 OpenShift 集群中）很容易，否则，就需要解决多数据中心的数据同步问题，尤其是关系型数据库类的应用比较棘手。

目前，OpenShift 实现跨集群的应用双活（一个相同的应用的不同副本部署在两个 OpenShift 集群中）还有一定难度，其中一个关键技术难点在于跨 OpenShift 集群的 Pod 通信。在目前阶段，针对 OpenShift，如果想实现 Pod 跨集群访问，主要有两种方法：

（1）通过使用 OpenShift 的多网络平面，将 Pod 的第二个虚拟网卡的 IP 与数据中心拉齐。这样技术跨 DC，只要网络可达，那么 Pod 之间就可以直接通信了。这里我们推荐使用 Macvlan。这种方法的好处是性能高、配置简便；缺点是会使用比较多的数据中心 IP。

（2）Submariner 开源项目。Submariner 是一种用于连接不同 Kubernetes 集群的覆盖网络的工具。虽然大多数测试都是针对启用了 Flannel/Canal/Weavenet 的 Kubernetes 集群和 OpenShift 进行的，但是 Submariner 应该和任何与 CNI 兼容的集群网络提供商兼容，因为它利用了 StrongSwan/Charon 等现成的组件来建立 IPsec 隧道。需要注意的是，Submariner 目前处于预 Alpha 阶段，不能用于生产目的。

5.15 OpenShift 的多集群管理

OpenShift 的多集群管理 RHACM（Red Hat Advanced Cluster Management for Kubernetes）于 2020 年 9 月 GA。ACM 原来是 IBM 公司所有，目前调整到红帽公司的产品中，按照红帽公司的开源策略开发和维护，因此该产品已经是一个开源产品。在这个产品的发展上也是红帽公司继续主导。需要指出的是，RHACM 主要目的是在多集群上发布和管理应用，实现集群的配置合规，并非我们传统理解的多集群资源监控与管理。

RHACM 通过管理以下资源实现多集群发布应用：

- Channels（channel.apps.open-cluster-management.io）：定义集群可以通过 Subscriptions 来订阅的 source repositories，如 GitHub repositories、release registries 等。比较常用的是 GitHub channel。
- Subscriptions（subscription.apps.open-cluster-management.io）：允许集群订阅 source repository (channel)。
- Placement rules（placementrule.apps.open-cluster-management.io）：定义 Subscriptions 内容的部署规则，通常是和 Cluster ID 匹配实现。
- Applications（application.app.k8s.io）：将部署在 OpenShift 集群上的应用的相关资源进行分组。

RHACM 运行在 OpenShift 之上，实现了容器化运行。RHACM 使用 multicluster-hub Operator 并且运行在 open-cluster-management namespace 中，其架构如图 5-63 所示。

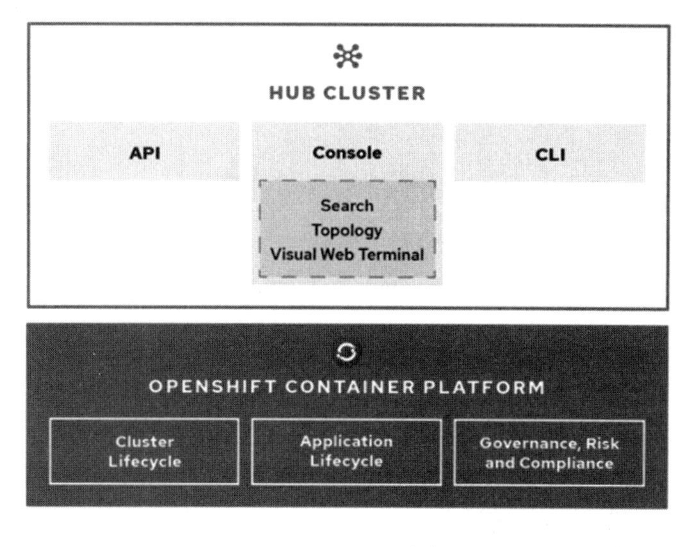

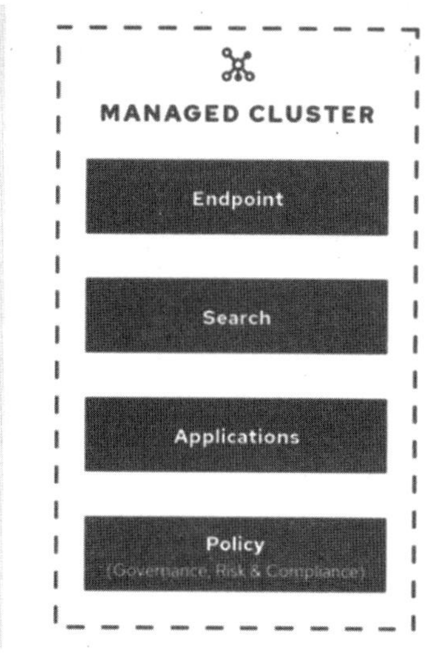

图 5-63 RHACM 架构

RHACM 对 OpenShift 的版本和资源要求如下。

- 管理集群：

- 基于 Operator 的安装。
- 要求 OpenShift 4.3.5 或 OpenShift 4.4.x 以上。

❑ 被管集群：

- OpenShift 3.11, 4.1.x-4.4.x 以上。
- 公有云上托管的 OpenShift。
- 公有云管理的 Kubernetes: EKS、AKS、GKE、IKS。

图 5-64　RHACM 安装步骤

RHACM 的安装步骤并不复杂，可以参照图 5-64 二维码中的文章。

RHACM 部署完毕后，可以通过浏览器访问，导入现有的 OpenShift 集群。导入成功后，效果如图 5-65 所示。需要注意的是，安装 RHACM 的 OpenShift 集群不需要导入 RHACM 中。

RHACM 具有用于部署和管理 Kubernetes 服务的 GitOps 功能。GitOps 适用于部署 Git 存储库中存储的部署 YAML 文件的应用程序或工具。该存储库可以是 GitHub 或 GitLab，也可以是企业内部的私有存储库，还可以是公共 Git 存储库内的私有存储库。可以触发 GitOps 工具以手动或通过 Webhook 自动部署或更新 Kubernetes 对象。一些 GitOps 工具甚至提供了自动修剪或删除 Git 存储库中当前未定义的资源的功能，如图 5-66 所示。在实践中，最常用的是使用 GitHub。

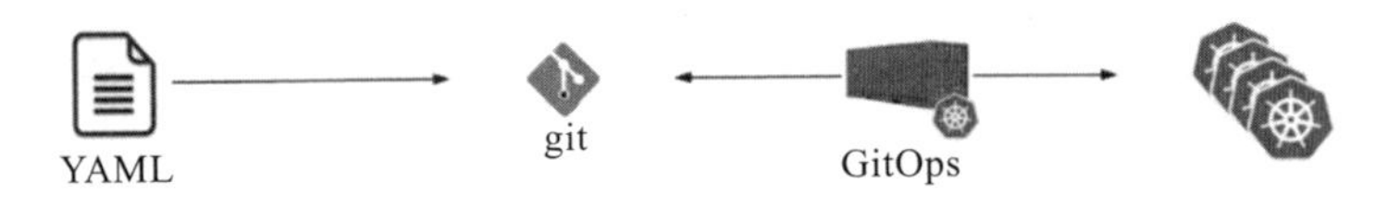

图 5-65　RHACM 管理的集群

YAML
git
GitOps

图 5-66　RHACM 实现 GitOps

通过 GitOps 方式利用 RHACM 发布应用的步骤可以参照图 5-67 二维码中的文章。

图 5-67　RHACM 实现 GitOps

我们在 RHACM 管理的两个集群上发布 web-app 后，通过 RHACM 可以看到应用的拓扑图如图 5-68 所示。

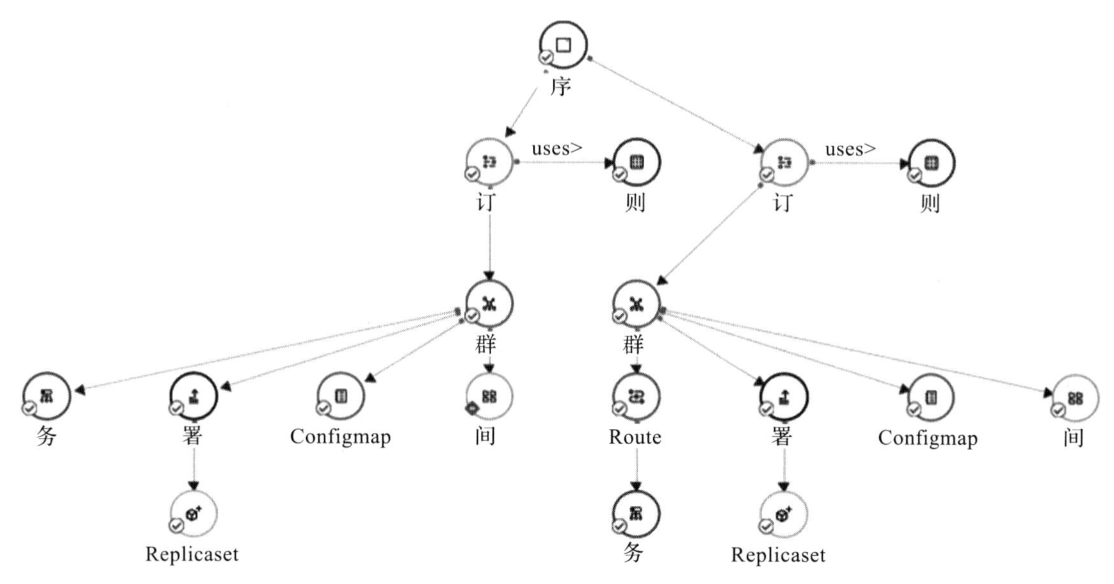

图 5-68　应用拓扑架构

通过 curl 验证应用在两个集群上部署的应用。

```
# curl http://web-app.apps.weixinyucluster.bluecat.ltd/
<html><body>
Version 1 : The app is running on cluster1
</body></html>
# curl http://web-app.apps.weixinyucluster2.bluecat.ltd/
<html><body>
Version 2 : The app is running on cluster2
</body></html>
```

5.16　本章小结

本章从企业中 OpenShift 面向运维人员的需求出发，给出一些实用的实践方法供读者作为建设企业级 PaaS 的参考。在下一章中，我们将介绍 OpenShift 在公有云上的实践。

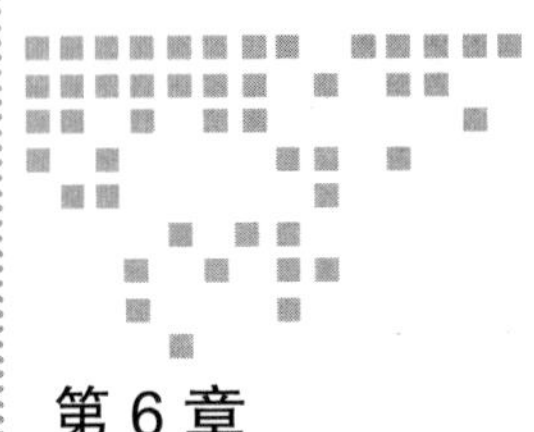

Chapter 6 第6章

OpenShift在公有云上的实践

近几年，云计算是最热门的词汇，越来越多的厂商加入了公有云市场的竞争，典型的有国内的阿里云、腾讯云，国外的AWS、Azure、GCE等。这些厂商既促进了公有云的发展和完善，也为企业客户提供了多种公有云平台的选择。随着公有云的成熟与普及，不少企业客户会选择将OpenShift部署到公有云上。

本章我们进入"PaaS三部曲"中的最后一部，即OpenShift在公有云上的实践，这是基于OpenShift构建混合云的很重要的一部分。在开始之前，我们先对公有云和私有云模式的区别进行简要说明。

6.1 OpenShift在公有云和私有云上的区别

在公有云中所有基础架构由云服务提供商构建，然后根据需要分配给多租户使用，如云主机、云数据库等。公有云包含的范围较广，可以同时具备IaaS、PaaS、SaaS、FaaS等能力。

私有云是指由专有资源部署的云，通常由企业本身或第三方拥有、管理和运营。私有云大部分部署在企业数据中心，仅提供企业内部使用。

从公有云和私有云的定义就能看出两者的主要区别：

- 云的所有权：企业对私有云有完全的控制权，而对公有云只有使用服务的权利。
- 资源模式：私有云的所有资源归属企业独享，而公有云会被多租户共享使用。

而对于OpenShift来说，运行在公有云和私有云上的区别主要体现在以下几点：

- 基础服务支持：OpenShift作为PaaS平台需要很多基础服务（例如DNS、存储服务等）的支持。在私有云中需要完全自建和维护，而在公有云中按需申请即可。
- 中间件或数据库支持：应用运行通常需要一些中间件或数据库的支持，而某些数据库不太适合运行在容器中，在私有云中就需要使用虚拟机运行，并考虑高可用、数据备份等；而在公有云中提供了大部分应用需要的中间件和数据库，可快速交付，而且有高可用性和异地容灾性能。

- 灵活的扩展：在私有云中大部分基础设施（物理机或虚拟机）需要经过硬件采购、配置连接等流程才能加入 OpenShift 集群；而在公有云上的平台保证了无限扩展，可以实现根据集群负载对 OpenShift 集群的自动弹性扩容。
- 跨区域高可用：在私有云中不同区域的延迟往往不能满足同一个集群分区域部署，而在公有云中同一个集群可以选择多个可用区域部署，从而实现跨区域的高可用。
- 安全性：在私有云中所有的服务均运行在企业内网，企业对这些资源拥有完整的控制权，从安全的角度来看这种控制权可以满足企业对敏感和重要数据保护的需求；而公有云只能通过数据访问控制、数据加密等方式保证安全性。

经过上述简要的区别分析之后，可以看到公有云与私有云各有利弊，当然企业完全可以结合彼此的优势组建混合云架构，既可以获得公有云的灵活，也可以得到私有云的完全控制。

公有云具备丰富的基础设施支持，也就决定了在建设 OpenShift 时与私有云有些区别，在公有云上建设 OpenShift 通常需要考虑以下几点：

- 交付模式：在公有云上建设 OpenShift，可以通过公有云 VPC 实现租户网络的隔离，也可以通过 OpenShift Namespace 在逻辑上实现租户的隔离。也就是说，可以在不同的 VPC 建设多套 OpenShift 集群，每个租户使用一套集群，租户间使用公有云 VPC 提供租户隔离；也可以在一个 VPC 中建设一套统一的 OpenShift 集群，然后在 OpenShift 上使用 Namespace 提供租户的隔离。那么，在公有云上哪种方式更合理？
- 部署方式：在公有云上部署 OpenShift，完全可以使用私有云的部署方式，这时只把公有云作为一个提供虚拟机的平台。但是某些公有云与 OpenShift 有集成，如 AWS、Azure，使用公有云集成的方式部署可以使用一些公有云原生的服务。那么，在公有云上该采用什么样的方式部署 OpenShift？
- 网络模式：不同的公有云厂商使用不同的网络模型，那么 OpenShift 的 CNI 网络插件如何选择？是使用 OpenShift 原生的 SDN，还是 Flannel，或者其他？而且选择什么网络与交付模式、公有云厂商是否支持等有着直接的关系，还要考虑网络隔离性要求和网络性能是否达标。
- 存储管理：公有云通常可以提供块存储、共享文件存储、对象存储三种方式。平台组件是否使用特定的存储（如镜像仓库使用对象存储）？为应用提供什么类型的存储？云厂商的存储是否受 OpenShift 支持？是否支持动态卷？
- 负载均衡：云厂商通常会提供基于四层和七层的负载均衡器。是使用这些外部的负载均衡器，还是使用软件自建负载均衡器？在这个问题上，通常会优先考虑使用公有云厂商的负载均衡器，但是需要考虑能否满足业务的需求，例如是否可以在负载均衡器上实现流量控制和策略控制等功能。

在上面这些需要考虑的点中，如在选择交付模式时需要根据企业的运维模式以及计费要求等进行选择；在选择部署方式时考虑到私有云与公有云部署架构的一致性，建议使用私有云的部署方式部署公有云环境。可以看出，对于这些需要考虑的点，并没有明确的答案，下面就针对一些关键的点给出实践指导，帮助企业在公有云上落地 OpenShift。

6.2 OpenShift 在公有云上的架构模型

企业在公有云上建设 OpenShift 时首先要考虑的就是交付模式的问题，也就是我们在上一小节列出的第一点。不同的交付模式对应了不同的 OpenShift 架构模型，而且与企业的组织结构、运维模式、计量计费等息息相关。在实际的公有云 PaaS 项目落地过程中，最难的并不是搭建 PaaS 平台本身，而是确定 PaaS 平台自身的交付模式以及 PaaS 平台上的应用需要的公有云服务（如云数据库）的交付模式。只有确定了这两部分的交付模式，才能确定公有云 PaaS 的架构和使用。根据这两部分交付模式的不同，OpenShift 在公有云上的架构模型大致可分为以下四种：

- 单个 PaaS 共享架构模型。
- 公有云服务自维护架构模型。
- 控制节点托管架构模型。
- 公有云租户独享 PaaS 架构模型。

下面我们分别说明这四种架构模型。为了更好地理解本节的内容，我们先明确以下概念：

- 公有云租户：公有云上的账户，该账户可以使用公有云的资源。
- PaaS 租户：公有云的一个特殊账户，专门负责创建和管理 PaaS 平台需要的公有云资源（如虚拟机）。
- 公有云服务租户：公有云的一个特殊账户，专门负责创建和管理 PaaS 平台上应用所需要的公有云服务（如 RDS）。
- PaaS 使用方：公有云 PaaS 平台的用户，可以是一个项目组或者子公司。
- PaaS 应用：运行在 PaaS 平台上的应用。

需要明确的是，在公有云模式下应用开发工作的项目组可以同时是公有云租户和 PaaS 使用方。也就是说，项目组可以由公有云账户创建并使用公有云资源，也可以由 PaaS 平台账户创建并使用 PaaS 提供的服务和资源。

6.2.1 单个 PaaS 共享架构模型

单个 PaaS 共享架构模型是指在公有云上使用一个 PaaS 租户提供一套统一的 OpenShift 集群，PaaS 使用方（如项目组或子公司等）需要申请开通权限才能使用。这种架构模型如图 6-1 所示。

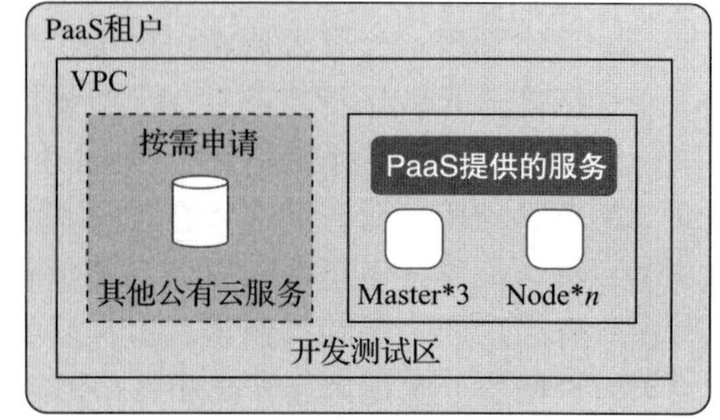

图 6-1 单个 PaaS 共享架构模型

这种模型是在单个 PaaS 租户下的一个 VPC 中建立一个统一的 OpenShift 集群，出于安全考虑，通常会分为非生产环境 VPC 和生产环境 VPC。PaaS 使用方通过申请的方式开通 OpenShift 服务，OpenShift 管理员为申请的租户创建账号、NameSpace、资源配额等。关于容器应用所需要的其他中间件服务（如数据库、缓存等），可以选择 OpenShift 本身提供的服务或者使用公有云提供的服务（如 MySQL 或 RDS 等）。在这种模式下，由于 PaaS 使用方通常没有创建公有云服务的权限，同样需要提申请完成创建和运维。

这种模型对应于传统数据中心的运维模式，所有服务的创建和维护都需要提工单处理，相对效率低。所有 PaaS 使用方使用的资源都在同一个 VPC 下，需要在 OpenShift 层面实现租户隔离和计量计费，否则无法对每个租户进行资源管理和成本核算。这种模式的优势有：

- PaaS 租户负责整个平台，包含 PaaS 应用所需要的中间件服务，因此无跨部门沟通成本。
- 统一的 PaaS 资源池，资源利用率高。
- PaaS 使用方无须关心 OpenShift 底层。

这个模型在某些企业还会出现演变，比如 PaaS 租户只负责管理 OpenShift 集群，而 PaaS 应用需要的公有云服务并不归属 PaaS 租户负责，可能也没有权限管理，导致需要将公有云服务的 VPC 独立在另外的部门下，就形成了图 6-2 的模型。

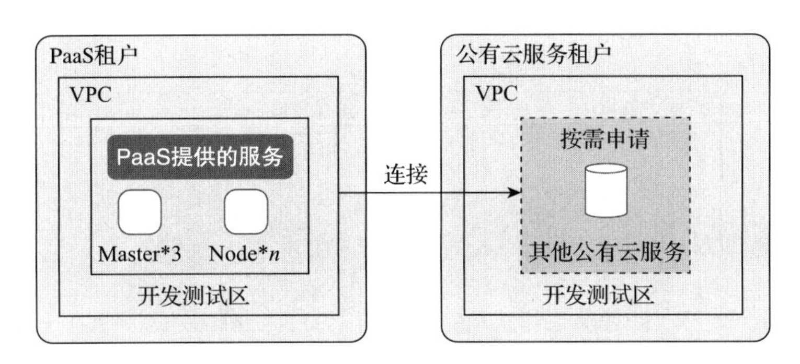

图 6-2　共享公有云服务模型

可以看到这种模型下只是将 PaaS 平台上应用所需要的公有云服务专门独立在一个公有云租户下，这种模型可以看作单个 PaaS 租户共享架构模型的一个变种，通常主要是企业职责分配原因导致，必须有独立的团队维护 PaaS 应用需要的公有云服务。

在公有云 PaaS 中 PaaS 应用需要的公有云服务的创建和维护活动是最频繁的，因为每个应用都有可能需要公有云服务，而所有的公有云服务的创建和维护都需要提工单，通常这种方式变更效率低，这就导致在第一种模型下随着 PaaS 使用方的增多会存在效率问题。

我们都知道，在公有云上最大优势是资源或服务可以随时创建和使用，为了提高 PaaS 应用需要的公有云服务的创建和维护效率，就需要实现公有云服务由 PaaS 使用方创建。为此，OpenShift 引入了 ServiceBroker 的概念，如 AWS ServcieBroker。OpenShift 的每个租户都可以在服务目录通过 ServcieBroker 创建需要的公有云服务，关于 ServiceBroker，在后面章节中会进行介绍。

但不是每个公有云都支持 ServiceBroker（目前只有 AWS 和 Azure 支持），而且是使用统一的账户创建资源，不利于各租户计费。为了保证通用性，抛开 ServiceBroker，我们通过接下来介绍的模型——公有云服务自维护架构模型来解决这个问题。

6.2.2 公有云服务自维护架构模型

公有云服务自维护架构模型是指每个 PaaS 使用方都可以自己创建和维护 PaaS 应用所需要的公有云服务，主要是解决第一种模型下 PaaS 应用需要的公有云服务创建效率低的问题。这种架构模型如图 6-3 所示。

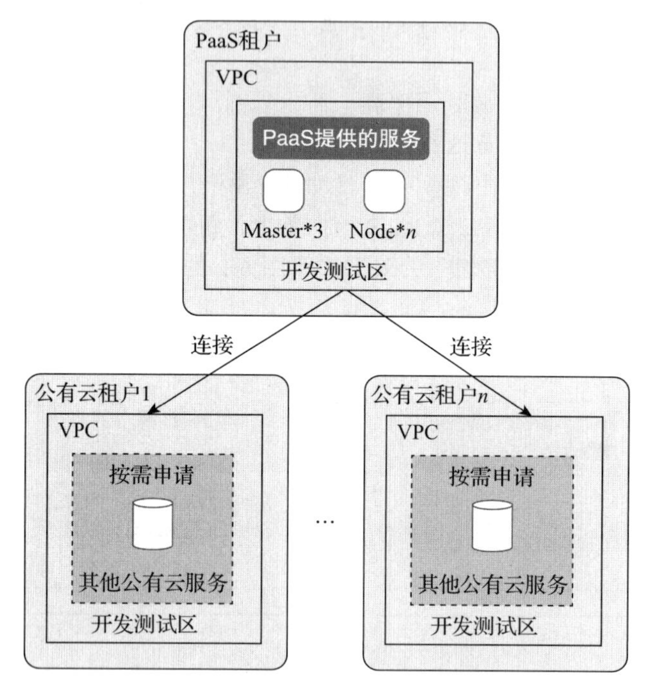

图 6-3　公有云服务自维护架构模型

从图 6-3 中看出，PaaS 租户只负责 OpenShift 平台本身以及 PaaS 本身提供的中间件服务，对于公有云服务，全部由 PaaS 使用方在自己的公有云账户下（图中的公有云租户 1、公有云租户 n）自行创建和维护，这大大加快了创建开发所需资源的速度，不再需要提工单等待其他团队创建。

这种模型的优势在于每个 PaaS 使用方实现了一定程度的自服务，通常最费时费力的是 PaaS 应用所需要的数据库、缓存等中间件服务的创建和运维。而这种模型实现了这部分的自服务，会加快在 PaaS 上应用的交付速度。另外这种模型将 PaaS 应用需要的公有云服务独立在每个租户下，这样就可以使用公有云的计费管理来核算成本，但依然没办法直接核算每个租户使用 PaaS 资源的成本。

这种模式看起来已经相对完美，但是在某些场景下依然不适用，比如要求严格核算

PaaS 使用方的成本或者实现完全的 PaaS 自服务，于是就产生了接下来介绍的模型——控制节点托管架构模型。

6.2.3　控制节点托管架构模型

控制节点托管架构模型是指在公有云上 PaaS 租户只负责维护 OpenShift 的控制节点，也就是 Master 节点，所有的计算节点和 PaaS 应用需要的公有云服务全部由 PaaS 使用方创建。这种架构模型如图 6-4 所示。

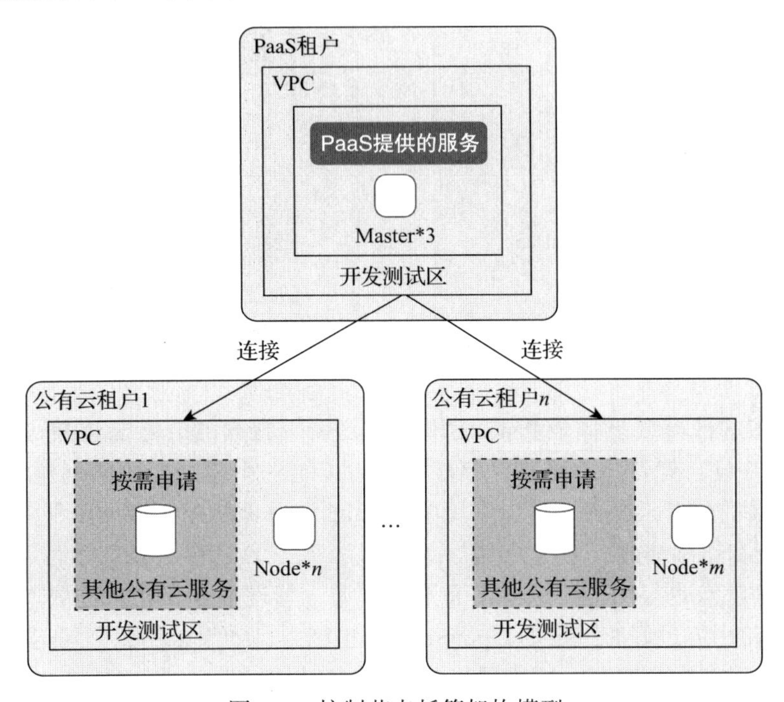

图 6-4　控制节点托管架构模型

这种模型在公有云服务自维护架构模型的基础上将 OpenShift 的计算节点分别归属到每个 PaaS 使用方的公有云账户下，这样完全实现了自服务。配合自动化的程序或脚本，在每个 PaaS 使用方需要使用 OpenShift 服务时直接提交创建 PaaS 节点的申请，在申请中说明节点规格，加入集群等信息，后台驱动自动化程序完成计算节点初始化并加入 OpenShift 集群中。PaaS 计算资源和 PaaS 应用依赖的公有云服务完全由 PaaS 使用方自行创建和维护。由于公有云的资源是可抛弃的，可以随时创建和删除，实现 PaaS 计算节点的自服务就真正做到了公有云 PaaS。这也正是目前大部分公有云厂商对外提供 Kubernetes 服务的主要方式，如 AWS 的 EKS、Azure 的 AKS 都是这种模式。

在这种模型下 PaaS 租户仅仅需要保证控制节点的可用性以及提供一些 PaaS 平台的中间件服务即可，而且也能对每个租户所使用的资源准确计费。这种模型实现起来相对复杂，需要提供一套自动化脚本实现自动扩容，但这对 OpenShift 来说是容易的，另外，需要与公有云接口实现一些交互来管理计算节点的生命周期以及标签。

这种模型实现了公有云上 PaaS 的自服务，但是在某些场景下 PaaS 使用方需要建立独立的 OpenShift 集群，也就是公有云租户独享 PaaS 架构模型。

6.2.4 公有云租户独享 PaaS 架构模型

公有云租户独享 PaaS 架构模型是指在公有云上每个 PaaS 使用方在自己的公有云租户下独立创建一套 OpenShift 集群，彼此独立使用、维护和运营。这种架构模型如图 6-5 所示。

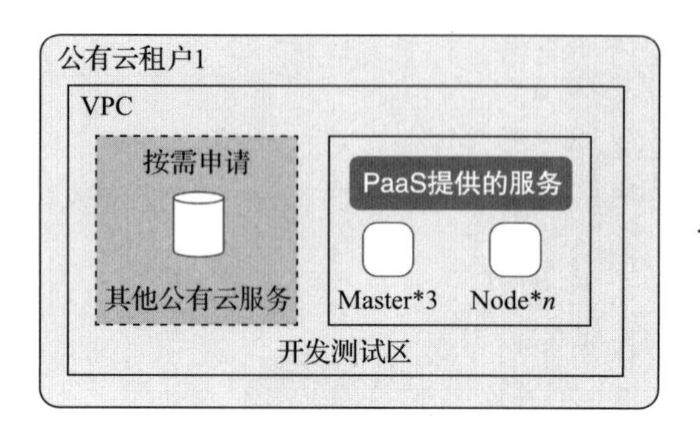

…

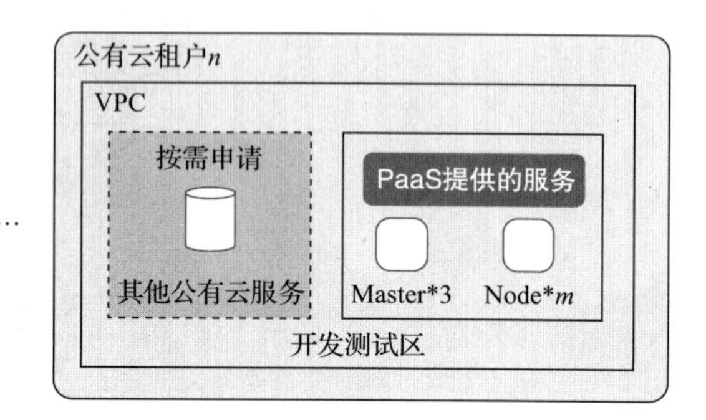

图 6-5 公有云租户独享 PaaS 架构模型

可以看到在这种模型下每个 PaaS 使用方就是一个独立的公有云租户，在租户下建设 OpenShift 集群并且自运营、自维护，当然，也可以统一由总公司团队创建、维护和运营。PaaS 应用所需要的公有云服务则可以采用单个 PaaS 共享架构模型中的两种模式，这取决于企业的职责分配和运维模式。

这种模型的缺点也很明显，一方面是浪费资源，管理节点所花费的成本较高，另一方面是要求 PaaS 使用方最好有一定的 OpenShift 维护能力，如果采用总公司运营维护的方式，运维的工作量和复杂度会变高，而且最好有多集群管理的能力。通常是单个 OpenShift 集群受节点规模限制或者单个 PaaS 使用方的体量足够大，也可能是出于安全考虑必须物理隔离为两个集群等原因，才会考虑各个公有云租户独立自建 PaaS。

到此为止，OpenShift 在公有云上的四种架构模型就介绍完了，对比这四种模型的优缺点如表 6-1 所示。

表 6-1 OpenShift 在公有云上的架构模型对比

对 比 点	单个 PaaS 共享	公有云服务自维护	控制节点托管	公有云租户独享 PaaS
PaaS 运维复杂度	低	低	高	较高
公有云服务运维复杂度	高	低	低	低
租户粒度	PaaS 层面逻辑隔离	PaaS 层面逻辑隔离	PaaS 层面逻辑隔离	公有云 VPC 网络隔离
计量计费粒度	粗	较粗	较细	细
自服务程度	低	较高	高	高

（续）

对　比　点	单个 PaaS 共享	公有云服务自维护	控制节点托管	公有云租户独享 PaaS
PaaS 资源成本	低	低	低	高
PaaS 资源利用率	高	高	较高	低
创建公有云服务效率	低	高	高	高

可以看到在选择公有云 PaaS 的交付模式和对应的 OpenShift 架构模型的时候，与企业的运维模式、计费要求、租户粒度等有着直接的关系，由于公有云的厂商的实际情况大不相同，建议根据自身实际情况选择合适的交付模式和架构模型，对于列出的四种模型可以自由演变或者配合使用。

6.3　OpenShift 在公有云上的部署方式

理解了公有云 PaaS 的交付模式之后，就需要考虑如何在公有云上部署 OpenShift，有人可能有疑问，在公有云上直接使用 Ansible 部署不就行了吗？说得没错。使用 Ansible 按照私有云的方式在任何公有云上部署 OpenShift 3 都是没有问题的，但是某些公有云与 OpenShift 有原生集成，使用这些工具部署更能体现在公有云上的优势，使得创建集群和使用云服务更加便捷。

按是否与 OpenShift 存在集成，可以将部署方式分为几类：

- OpenShift 认证集成的公有云厂商，目前官方列出的认证厂商有 AWS、GCE、Azure。
- OpenShift 认证集成的虚拟化有红帽 RHV、VMware vSphere、红帽 OpenStack、红帽 KVM。
- OpenShift 认证的硬件有 x86 架构、IBM Power。
- 与 OpenShift 未认证集成的公有云厂商，如阿里云、Oracle Cloud 等。

有认证集成的公有云在部署方式上提供了更多的选择，某些公有云支持一条命令就可以启动一套 OpenShift 集群。而非集成的方式需要手动创建所有的基础设施和完成初始化配置。另外，集成公有云厂商可以使用公有云账户操作一些公有云资源，使得安装配置和使用公有云其他服务更加便捷。

未认证集成的方式安装与数据中心安装没有太大差异，由于篇幅有限，就不再赘述。下面我们将选取 OpenShift 认证集成的云厂商 AWS 为代表进行说明。如果你在 Azure 上运行 OpenShift 可以参考指导手册 https://github.com/shadowmanportfolio/OCP4Workshop/blob/master/installation/upi/Openshift_on_Azure_China.md。

6.4　OpenShift 在 AWS 上的实践

OpenShift 早期版本就与 AWS 进行了集成，也是目前集成最成熟的公有云。尤其在

OpenShift 4 版本之后，AWS 是第一个支持运行 OpenShift 4 的平台，而且专门为在 AWS 上部署提供了快速安装的方法，官方文档在 https://docs.openshift.com/container-platform/4.5/installing/installing_aws/installing-aws-default.html。但是在中国区由于 AWS API 差异和缺少某些关键服务而无法直接使用，在 Global 区可以正常使用快速安装（即 IPI）的方法。

本节我们将采用用户置备基础架构（即 UPI）的方式把 OpenShift 部署在 AWS 中国区上，安装过程涉及一些 AWS 服务，在开始之前我们先对一些需要使用的 AWS 服务进行简单的说明。

6.4.1 AWS 服务简介

Amazon Web Services（简称 AWS）是首家提供公有云计算服务的平台，为全世界范围内的客户提供云解决方案。AWS 服务范围覆盖弹性计算、存储、数据库、大数据等基础设施和应用，旨在帮助企业降低 IT 投入成本和维护成本。目前，已经有很多公司选择使用 AWS 平台作为其云计算解决方案。

将 OpenShift 部署在 AWS 上就需要使用很多 AWS 服务，主要包括：

- Region：AWS 的一个区域，在地理上将某个地区的基础设施服务的集合称为一个区域，区域之间是相对独立、完全隔离的。每个区域一般由多个 AZ 组成。
- AZ（Availability Zone）：AWS 的一个可用区，一个 AZ 一般由多个数据中心组成，主要是为了提升用户应用程序的高可用，不同 AZ 不会相互影响，可用区内使用高速网络连接，从而保证低延迟。
- EC2（Elastic Compute Cloud）：一种弹性云计算服务，可为用户提供弹性可变的计算资源，也就是创建和管理虚拟机，在虚拟机上部署自己的应用。
- EBS（Elastic Block Store）：一种弹性数据块存储服务，EBS 卷是独立于实例的存储，可作为一个磁盘设备连接到运行的 EC2 实例上。
- AS（Auto Scaling）：自动伸缩服务，允许用户根据需要控制 EC2 规格或实例数，从而自动扩大或减小计算能力，使用 AS 使得扩展变得简单，在满足业务需求的条件下以尽可能低的成本来运行。
- ELB（Elastic Load Balancing）：弹性负载均衡服务，可以自动将入口流量分配到多个后端 EC2 实例上，而且弹性负载均衡还会对后端实例进行健康检测，会自动引导路由流量到正常的实例上。
- VPC（Virtual Private Cloud）：虚拟私有云，该服务可以创建一个私有的、隔离的云，让用户定义自己的虚拟网络，包括配置 IP 地址范围、创建子网以及配置路由表和网络网关等。
- VPC Subnet：对 VPC 网络进行子网划分后的子网，可以在指定的 VPC Subnet 内启动 AWS 资源。每个子网必须完全位于一个可用区内，并且不能跨越区域。
- NGW（NAT GateWay）：通过这项服务可以使在私有网络中的实例访问公网，而公网无法连接私有网络中的实例，更有效地保证了私有网络的安全。

- IGW（Internet GateWay）：提供与公网互访的服务，具有水平扩容、容错、高可用的特点。
- SG（Security Group）：基于 EC2 实例的虚拟防火墙。控制实例的进出流量。
- Lambda：一项无服务器计算服务，对传入的事件执行响应，并且能够自动管理 AWS 上底层的计算资源，如触发自动扩容。
- CloudFormation：一项自动化创建和管理 AWS 基础设施的服务，它能够将基础设施以模板的形式配置，通过模板可以快速、可重复地创建和删除一套资源。
- Route53：高可用的 DNS 服务，可提供域名解析服务。
- S3：提供对象存储服务。

上面仅介绍了 OpenShift 可能会使用的服务，在这里读者只需要知道这些服务的作用即可，感兴趣的读者可以查找资料深入学习。

6.4.2 OpenShift 在 AWS 上的实践

OpenShift 使用 openshift-install 命令行完成在 AWS 上的安装，目前中国区仅可实现自定义安装。官方已经提供了自定义安装需要的基础设施的 CloudFormation 模板，包含网络创建、EC2 创建等，但在中国区需要对这些 CloudFormation 进行修改才能使用，修改后的模板见 Repo 中 openshift4-on-aws-cn 目录下的文件。

1. 架构设计

OpenShift 在 AWS 上的默认安装架构如图 6-6 所示。

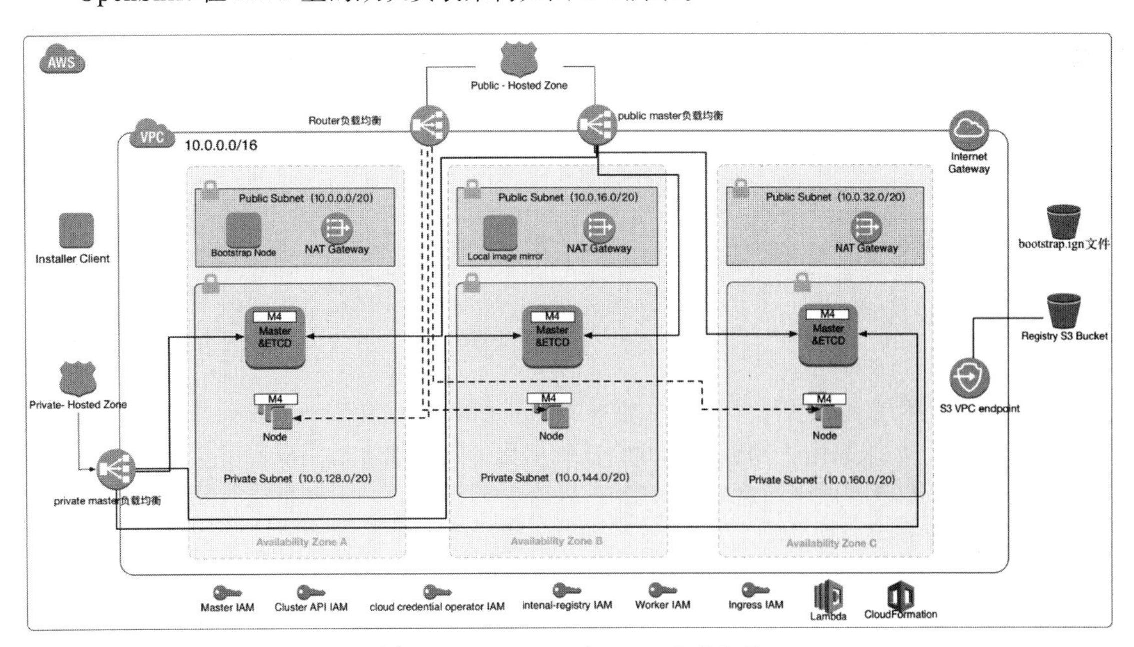

图 6-6 OpenShift 在 AWS 上的架构

从图 6-6 中大致可看出：

- 在三个可用区分别创建私有网络和公有网络，私有网络通过 NAT GateWay 访问公网。
- 由于网络原因，在中国区需要在公有子网中启动一个服务器，作为镜像同步服务器。
- OpenShift Master API 会同时创建两个域名，对外通过公网域名访问，对内通过私网域名访问，Route53 可同时提供私网域名和公网域名。
- 默认启动三个 M4 类型的 EC2 作为 Master 节点，并且 Master 和 Etcd 必须共用节点。
- Node 节点可以根据需要添加。
- 内部镜像仓库使用 S3 桶作为持久化存储，通过 VPC 中的 S3 VPC endpoint 连接。同时需要创建一个 S3 桶用于存放 bootstrap.ign 文件。
- 需要一台管理机（图 6-6 中未体现）用于操作 AWS 资源，以及 OpenShift 安装文件的生成。

安装过程大致为：管理机创建安装所需要的文件和环境，然后引导 Bootstrap 节点，生成临时 OpenShift 控制面；然后 Bootstrap 节点将引导真正集群的控制面板，即 Master 节点，最后再将 Worker 节点加入集群，图 6-7 说明了这一过程。

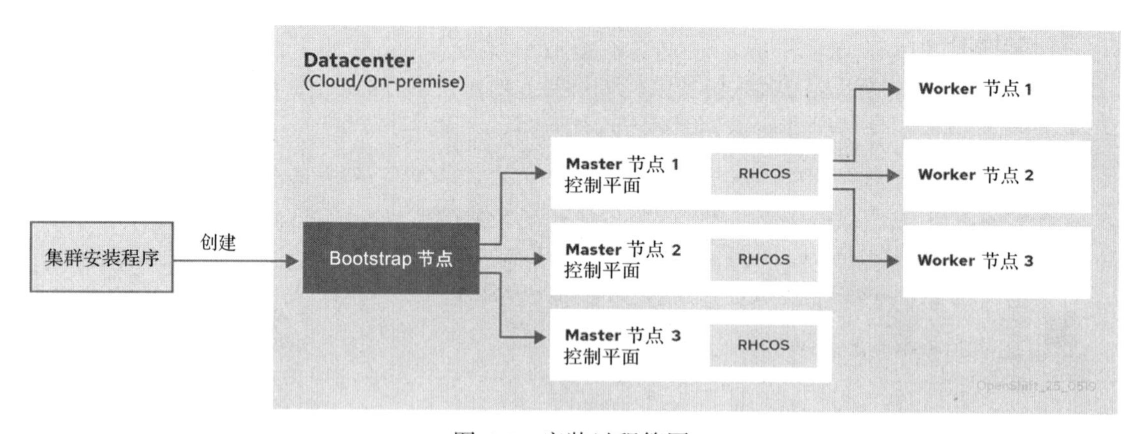

图 6-7 安装过程简图

集群机器部署完成后，可以手动执行 openshift-install destroy bootstrap 命令销毁 Bootstrap 节点。如果采用手动置备集群的基础架构，则必须手动完成很多步骤。安装程序生成的 Ignition 配置文件中所含的证书会在 24 小时后过期，必须在指定时间内完成集群安装，否则需要重新引导。

2. OpenShift 在 AWS 上的部署

首先需要找一台 Linux 或 Mac 作为管理机，需要能连接外网。接下来的安装操作都在这台管理机上完成。这里我们选择在 AWS 上启动一台 RHEL 7.6 作为管理机，管理机上配置本地 Yum 源或者使用 subscription-manager 完成注册，需要的订阅频道如下：

- rhel-7-server-rpms
- rhel-7-server-extras-rpms
- rhel-7-server-ose-4.5-rpms

安装需要满足如下前提条件：

- AWS 中国区账号和 AWS Global 区账号。
- Red Hat 账号，可以注册新账号，有 60 天试用期。
- 备案的域名，在 AWS Global 区 Route53 中已经建立 Hosted Zone。可以先在 Global 区创建一个空的 Hosted Zone，主要是在生成 install-config 文件时使用。

（1）安装 AWS 命令行工具

在管理机上安装 AWS 的命令行工具，我们将使用 AWS CLI 版本 2。登录到管理机切换到 root 用户执行如下操作。

```
# curl "https://awscli.amazonaws.com/awscli-exe-linux-x86_64.zip" -o "awscliv2.zip"
```

使用 unzip 解压。

```
# yum -y install unzip
# unzip awscliv2.zip
```

安装 AWS 命令行工具。

```
# sudo ./aws/install
```

添加 /usr/local/bin 到操作系统 PATH 中，在 ~/.bashrc 文件的最后添加如下语句。

```
export PATH=$PATH:/usr/local/bin
# source ~/.bashrc
# aws --version
```

（2）配置 AWS 认证

安装过程中会自动创建 AWS 资源，所以需要在管理机上配置访问 AWS 的认证，也就是 aws_access_key_id 和 aws_secret_access_key 以及 aws region。支持使用 IAM Role、环境变量和 Profile 的方式配置，这里我们选择使用 Profile。

我们需要配置两个 Profile，一个用于中国区，另一个用于 Global 区。因为 openshift-install 目前没有直接支持中国区，在 REGION 选择的时候需要先选择 Global 区生成安装配置文件，然后再手动将其修改为中国区，所以需要同时配置中国区和 Global 区的 AWS 认证，Global 的认证在生成 install-config 后可以删除。

```
# aws configure --profile china
AWS Access Key ID [None]: <accesskey>
AWS Secret Access Key [None]: <secretkey>
Default region name [None]: cn-northwest-1
Default output format [None]:
# aws configure
```

```
AWS Access Key ID [None]: <accesskey>
AWS Secret Access Key [None]: <secretkey>
Default region name [None]: ap-southeast-1
Default output format [None]:
```

确认认证配置正常。

```
# aws sts get-caller-identity --profile china
# aws sts get-caller-identity
```

（3）安装 jq 工具

在后续需要使用 jq 解析 Json 获取信息。

```
# yum -y install jq
```

（4）生成 SSH 私钥并添加到 agent 中

在管理机上创建 SSH 密钥对，用于登录 OpenShift 节点。使用以下命令生成 SSH 私钥，默认保存在 ~/.ssh/id_rsa。

```
# ssh-keygen -t rsa -b 4096 -N ''
```

启动 SSH-agent 进程，并添加私钥到 agent 中。

```
# eval "$(ssh-agent -s)"
# ssh-add ~/.ssh/id_rsa
```

（5）获取 OpenShift 安装文件和认证信息

登录 https://cloud.redhat.com/openshift/install 网址，申请访问安装 OpenShift 所需要的二进制安装包和镜像仓库认证。该网址需要使用红帽账号登录，如果没有红帽账户，注册一个即可。

进入后，infrastructure provider 选择 AWS，安装方式选择 user-provisioned infrastructure，同时下载二进制安装文件、Pull Secret 以及客户端工具。如图 6-8 所示。

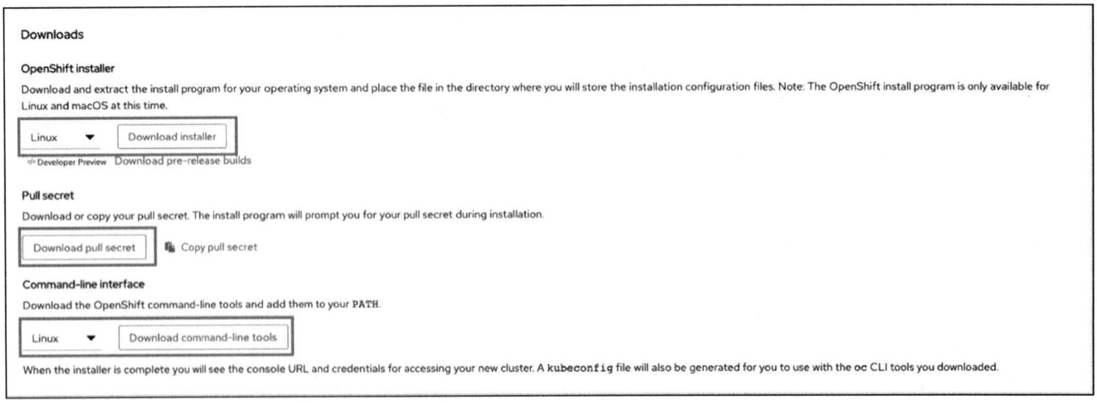

Downloads

OpenShift installer

Download and extract the install program for your operating system and place the file in the directory where you will store the installation configuration files. Note: The OpenShift install program is only available for Linux and macOS at this time.

Linux ▾ Download installer

Developer Preview Download pre-release builds

Pull secret

Download or copy your pull secret. The install program will prompt you for your pull secret during installation.

Download pull secret Copy pull secret

Command-line interface

Download the OpenShift command-line tools and add them to your PATH.

Linux ▾ Download command-line tools

When the installer is complete you will see the console URL and credentials for accessing your new cluster. A kubeconfig file will also be generated for you to use with the oc CLI tools you downloaded.

图 6-8　OpenShift 安装文件下载

Pull Secret 直接在网页中下载，这个 Secret 包含部署 OpenShift 所需要的镜像仓库认证，在稍后的安装中会用到。

为了方便管理机使用，我们直接在管理机中使用命令行下载二进制文件，命令如下。

```
# wget https://mirror.openshift.com/pub/openshift-v4/clients/ocp/latest/
    openshift-install-linux.tar.gz
# tar xvf openshift-install-linux.tar.gz
# mv openshift-install /usr/local/bin/
# wget https://mirror.openshift.com/pub/openshift-v4/clients/ocp/latest/
    openshift-client-linux.tar.gz
# tar xvf openshift-client-linux.tar.gz
# mv kubectl oc /usr/local/bin/
```

（6）创建 VPC 网络环境

创建 OpenShift 使用的 VPC 网络环境，当然也可以选择在现有的 VPC 中部署 OpenShift。

我们需要先创建包含 Public Subnet 的 VPC，然后启动一个实例作为镜像仓库，安装过程中需要的镜像将从该仓库中获取。修改官方提供的 CloudFormation 模板，以满足中国区的需要，见 Github 仓库中 vpc_template.yaml。VPC 模板参数如表 6-2 所示。

表 6-2　VPC 模板参数

参数标签（名称）	默认值	描述
VPC CIDR（VpcCidr）	10.0.0.0/16	表示 VPC 的网段
Availability Zone Count（AvailabilityZoneCount）	1（最小 1，最大 3）	创建 VPC Subnet 的个数，通常与 AZ 数对应
Bits Per Subnet（SubnetBits）	12（最小 5，最大 13）	每个子网的网段大小，5 对应 /27，13 对应 /19

为了满足高可用，我们仅需要修改 AZ 数目为 3，其余参数在网络不冲突的情况下可以保持默认值，执行如下命令创建 CloudFromation Stack）。

```
# export CLUSTER_NAME=mycluster
# aws cloudformation create-stack --stack-name ${CLUSTER_NAME}-vpc --template-
    body file://vpc_template.yaml --parameters ParameterKey= AvailabilityZoneCount,
    ParameterValue=3 --profile china
```

等待 CloudFormation 创建完成后，从 Output 中获取 VPC Subnet 的信息。

```
# aws cloudformation describe-stacks --stack-name ${CLUSTER_NAME}-vpc | jq .
    Stacks[].Outputs --profile china
```

（7）同步镜像到本地仓库

由于部署 OpenShift 所使用的镜像很多在海外，部署过程下载镜像速度较慢，为了保证顺利完成安装，我们可以先将镜像同步到本地。

在现有或者新创建 VPC 的 Public Subnet 中再启动一台服务器专门用作镜像仓库，按照如下操作完成本地镜像仓库配置，假设镜像仓库的域名为 registry.example.com。

注意：镜像仓库域名 registry.example.com 必须能够在 OpenShift VPC 中解析，可以通

过在 Route53 中创建一个 Private HostZone 实现。

安装必要的软件包。

```
# yum -y install podman httpd-tools
```

创建目录，这些目录会挂载到 registry 容器中，auth 中存放认证文件，certs 中存放证书，data 中存放数据。

```
# mkdir -p /opt/registry/{auth,certs,data}
```

可以使用现有的可信证书颁发机构的证书，我们这里生成自签名的证书。

```
# cd /opt/registry/certs
# openssl req -subj '/CN=registry.example.com/O=example./C=CN' -new -newkey
   rsa:4096 -days 365 -nodes -x509 -keyout domain.key -out domain.crt
```

为 registry 生成使用 bcrpt 格式的用户名和密码。

```
# htpasswd -bBc /opt/registry/auth/htpasswd admin password
```

本地运行 mirror-registry 容器以托管 registry。

```
# podman run --name mirror-registry -p 5000:5000 \
     -v /opt/registry/data:/var/lib/registry:z \
     -v /opt/registry/auth:/auth:z \
     -e "REGISTRY_AUTH=htpasswd" \
     -e "REGISTRY_AUTH_HTPASSWD_REALM=Registry Realm" \
     -e REGISTRY_AUTH_HTPASSWD_PATH=/auth/htpasswd \
     -v /opt/registry/certs:/certs:z \
     -e REGISTRY_HTTP_TLS_CERTIFICATE=/certs/domain.crt \
     -e REGISTRY_HTTP_TLS_KEY=/certs/domain.key \
     -d docker.io/library/registry:2
```

如果防火墙未关闭，需要开启以下端口，同时在 AWS 层面的 Security Groups 也开启 TCP：5000 允许 VPC 内访问。

```
# firewall-cmd --add-port=5000/tcp --zone=internal --permanent
# firewall-cmd --add-port=5000/tcp --zone=public --permanent
# firewall-cmd --reload
```

将自签名证书添加到你的可信证书列表中。

```
# cp /opt/registry/certs/domain.crt /etc/pki/ca-trust/source/anchors/
# update-ca-trust
```

添加本地解析。

```
# echo "<registry_ip_address> registry.example.com" >>/etc/hosts
```

测试仓库可用。

```
# curl -u admin:password -k https://registry.example.com:5000/v2/_catalog
{"repositories":[]}
```

如果上述调用能够正常返回没有报错，则表示当前仓库运行正常，只是仓库内没有镜像。

本地镜像仓库已经启动，接下来配置镜像同步和更新 Pull Secret。

将下载的 pull-secret 转换为 JSON 格式，pull-secret 需要上传到管理机或者复制内容到新建文件中。

```
# cat ./pull-secret | jq . > pull-secret.json
```

将本地仓库的用户名密码转换为 base64 编码。

```
# echo -n 'admin:password' | base64 -w0
YWRtaW46cGFzc3dvcmQ=
```

然后在 pull-secret.json 加一段本地仓库的配置，邮箱自行配置，添加的内容如下。

```
  "auths": {
...
    "registry.example.com:5000": {
      "auth": "YWRtaW46cGFzc3dvcmQ=",
      "email": "you@example.com"
   },
...
```

配置完认证后，就需要配置同步镜像的信息。在同步之前首先明确当前要安装的版本，镜像标签和 OpenShift 版本相关，必须和要安装的版本一致。设置如下环境变量。

```
# export OCP_RELEASE="4.4.6-x86_64"
# export LOCAL_REGISTRY='registry.example.com:5000'
# export LOCAL_REPOSITORY='ocp4/openshift4'
# export PRODUCT_REPO='openshift-release-dev'
# export LOCAL_SECRET_JSON='/root/pull-secret.json'
# export RELEASE_NAME="ocp-release"
```

OCP_RELEASE 可以通过 https://access.redhat.com/downloads/content/290/ver=4.4/rhel---8/4.4.6/x86_64/product-software 查询，根据你安装的版本填入。而且保证在 https://quay.io/repository/openshift-release-dev/ocp-release?tab=tags 中包含设定 OCP_RELEASE 的值的镜像标签。

官方提供了 oc adm 的命令，可以直接将 quay.io 仓库中的镜像同步到本地仓库，总体大小约为 5G，如果同步失败，重新执行如下命令即可。

```
# oc adm -a ${LOCAL_SECRET_JSON} release mirror \
     --from=quay.io/${PRODUCT_REPO}/${RELEASE_NAME}:${OCP_RELEASE} \
     --to=${LOCAL_REGISTRY}/${LOCAL_REPOSITORY} \
     --to-release-image=${LOCAL_REGISTRY}/${LOCAL_REPOSITORY}:${OCP_RELEASE}
```

oc adm release mirror 执行完毕后，返回的信息需要记录下来，特别是 imageContentSource 信息，后面 install-config.yaml 文件需要用到，内容大致如下。

```
imageContentSources:
```

```
  - mirrors:
    - registry.example.com:5000/ocp4/openshift4
    source: quay.io/openshift-release-dev/ocp-release
  - mirrors:
    - registry.example.com:5000/ocp4/openshift4
    source: quay.io/openshift-release-dev/ocp-v4.0-art-dev
```

（8）创建用于 AWS 的安装文件

在 AWS 上安装 OpenShift，必须生成并修改部署集群所需的文件，此阶段先生成并自定义 install-config.yaml 文件。

生成安装配置文件。

```
# openshift-install create install-config --dir=${CLUSTER_NAME}
```

在命令执行时会提示选择以下信息：

- SSH Public key：在第 4 步中创建的 SSH 公钥文件的路径，如 ~ /.ssh/id_rsa.pub。
- Platform：选择 AWS。
- AWS Access Key ID/ AWS Secret Access Key：由于直接将 Global 区域的认证设置为 profile default，因此会直接从 ~/.aws/credentials 中加载，不需要再次输入。
- Region：选择 OpenShift 所在的 Region，这里我们选择 ap-southeast-1。
- Base Domain：选择 OpenShift 集群使用的 Domain，必须提前在 Global 区域的 Route53 中创建一个 Public 类型的 HostZone。
- Cluster Name：设置为集群名称，如 mycluster。
- Pull Secret：将第 7 步中生成的 pull-secret.json 的内容贴进去，注意转换为单行 json 贴入。

过程如图 6-9 所示。

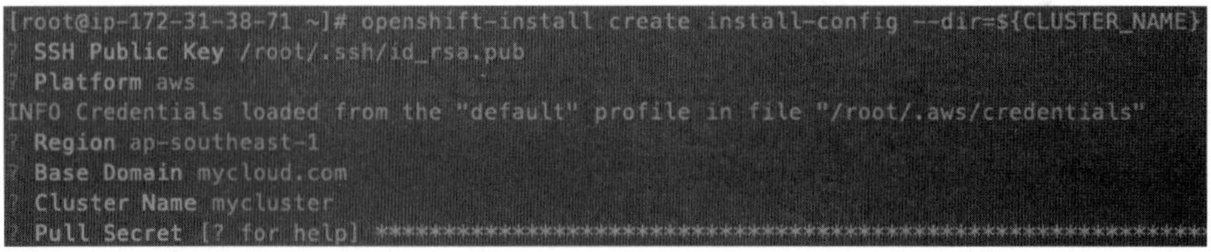

```
[root@ip-172-31-38-71 ~]# openshift-install create install-config --dir=${CLUSTER_NAME}
? SSH Public Key /root/.ssh/id_rsa.pub
? Platform aws
INFO Credentials loaded from the "default" profile in file "/root/.aws/credentials"
? Region ap-southeast-1
? Base Domain mycloud.com
? Cluster Name mycluster
? Pull Secret [? for help] ****************************************************************
```

图 6-9 集群安装信息

上述命令指示在 $CLUSTER_NAME 目录下生成了一个 install-config.yaml 文件，而且是 Global 区域的配置，我们需要修改该文件，在修改之前可以先对文件做个备份。

```
# cp install-config.yaml install-config.yaml.bak
```

修改 Worker 的副本数量设置为 0，内容如下所示。

```
compute:
- hyperthreading: Enabled
```

```
  name: worker
  platform: {}
  replicas: 0
```

增加 additionalTrustBundle 部分。这部分的内容必须是第 7 步创建私有仓库的 domain.crt 的内容，示例如下。

```
additionalTrustBundle: |
  -----BEGIN CERTIFICATE-----
  xxxxxxxxxxxxxxxxxxxxxxxxxx
  -----END CERTIFICATE-----
```

添加 imageContentSources 部分。这个是第 7 步同步镜像后输出的信息。示例如下。

```
imageContentSources:
- mirrors:
  - registry.example.com:5000/ocp4/openshift4
  source: quay.io/openshift-release-dev/ocp-release
- mirrors:
  - registry.example.com:5000/ocp4/openshift4
  source: quay.io/openshift-release-dev/ocp-v4.0-art-dev
```

（9）创建 Kubernetes 清单和 Ignition 配置文件

执行如下命令生成 Kubernetes manifests 文件。

```
# openshift-install create manifests --dir=${CLUSTER_NAME}
INFO Credentials loaded from the "default" profile in file "/root/.aws/credentials"
INFO Consuming Install Config from target directory
WARNING Making control-plane schedulable by setting MastersSchedulable to true
    for Scheduler cluster settings
```

该命令会在 $CLUSTER_NAME 目录下创建与 OpenShift 集群相关的 Kubernetes manifests 文件，我们需要做一些调整。

删除 control plane 和 worker node 相关的声明文件 , 后面使用 CloudFormation 新建。

```
# rm -f ${CLUSTER_NAME}/openshift/99_openshift-cluster-api_master-machines-*.yaml
# rm -f ${CLUSTER_NAME}/openshift/99_openshift-cluster-api_worker-machineset-*.yaml
```

编辑 ${CLUSTER_NAME}/manifests/cluster-scheduler-02-config.yml，把 mastersSchedulable 的值改为 false。

编辑 ${CLUSTER_NAME}/manifests/cluster-dns-02-config.yml 文件，注释掉 privateZone 和 publicZone 部分。后面我们会单独添加 Ingress DNS 记录。

```
apiVersion: config.openshift.io/v1
kind: DNS
metadata:
  creationTimestamp: null
  name: cluster
spec:
  baseDomain: example.openshift.com
#  privateZone:
#    id: mycluster-100419-private-zone
```

```
#  publicZone:
#    id: example.openshift.com
status: {}
```

把所有配置文件中的区域 ap-southeast-1 相关内容替换成 cn-northwest-1。

```
# find ${CLUSTER_NAME} -type f -print0 | xargs -0 sed -i '' -e 's/ap-
    southeast-1/cn-northwest-1/g'
```

生成 Ignition 配置文件。

```
# openshift-install create ignition-configs --dir=${CLUSTER_NAME}
```

上述命令会在目录下生成以下文件。

```
├── auth
│   ├── kubeadmin-password
│   └── kubeconfig
├── bootstrap.ign
├── master.ign
├── metadata.json
└── worker.ign
```

获取基础架构名称。

```
# export InfrastructureName=`jq -r .infraID ${CLUSTER_NAME}/metadata.json`
```

（10）创建 ELB 和 Route53

在中国区创建 Route53 HostZone，必须与 install-config.yaml 中的 Base Domain 一致（见第 8 步），在本书中为示例域名 mycloud.com，在实际安装需要备案域名，否则在中国区无法访问。

```
# export BASE_DOMAIN="mycloud.com"
# aws route53 create-hosted-zone --name ${BASE_DOMAIN} --caller-reference
    ${BASE_DOMAIN} --endpoint-url=https://route53.amazonaws.com.cn --profile china
# export HostedZoneId=`aws route53 list-hosted-zones-by-name --profile china
    | jq --arg name "${BASE_DOMAIN}." -r '.HostedZones | .[] | select(.Name=="\
    ($name)") | .Id' `
```

获取 Router53 BASE_DOMAIN 的 Nameserver 地址。

```
# aws route53 --endpoint-url https://route53.amazonaws.com.cn list-resource-
    record-sets --hosted-zone-id ${HostedZoneId} --profile china | jq -r
    .ResourceRecordSets[0].ResourceRecords[].Value
```

接下来需要将输出的 Nameserver 地址添加在域名注册商的网站上。

修改官方提供的 CloudFormation 模板，以满足中国区的需要，见 GitHub 仓库中 elb_dns_template.yaml。elb_dns 模板参数如表 6-3 所示。

表 6-3 elb_dns 模板参数

参数标签（名称）	默认值	描述
Cluster Name（ClusterName）	无	集群名称
Infrastructure Name（InfrastructureName）	无	唯一的集群 ID，用来标识云资源（在第 9 步中获取）
VPC ID（VPCID）	无	集群资源所在的 VPC id（在第 6 步获取）
Public Subnets（PublicSubnets）	无	公有网络 subnet id（在第 6 步获取）
Private Subnets（PrivateSubnets）	无	私有网络 subnet id（在第 6 步获取）
Public Hosted Zone Name（HostedZoneName）	example.com	注册目标域名的 Route53 zone 名称
Public Hosted Zone ID（HostedZoneId）	无	Route53 Public zone id（在第 10 步获取）

由于模板参数较多，直接通过命令行传递不方便，我们通过一个参数文件传递，创建 elb_dns_params.json，文件内容如下（请根据实际环境替换相应的值）。

```
[
    {
      "ParameterKey": "ClusterName",
      "ParameterValue": "mycluster"
    },
    {
      "ParameterKey": "InfrastructureName",
      "ParameterValue": "mycluster-8c191"
    },
    {
      "ParameterKey": "HostedZoneId",
      "ParameterValue": "Z0913755Q2D49CD56HZI"
    },
    {
      "ParameterKey": "HostedZoneName",
      "ParameterValue": "mycloud.com"
    },
    {
      "ParameterKey": "PublicSubnets",
      "ParameterValue": "subnet-0aa4d12691f47b45b, subnet-0c2748c0bcb04523a,
          subnet-0b75a79d2f7bf2331"
    },
    {
      "ParameterKey": "PrivateSubnets",
      "ParameterValue": "subnet-01fb16ab535902db3, subnet-0f2b4047d04700603,
          subnet-0af2291d485895b3c"
    },
    {
      "ParameterKey": "VpcId",
      "ParameterValue": "vpc-0859afa78994bff49"
    }
]
```

然后执行命令创建 CloudFormation Stack。

```
# aws cloudformation create-stack --stack-name ${CLUSTER_NAME}-elb-dns
    --template-body file://elb_dns.yaml \
```

```
    --parameters file://elb_dns_params.json \
    --capabilities CAPABILITY_NAMED_IAM --profile china
```

（11）创建安全组和角色

为 Master 节点和 Worker 节点创建必要的安全组和角色。修改官方提供的 CloudFormation 模板，以满足中国区的需要，见 GitHub 仓库中 sg_role_template.yaml。sg_role 模板参数如表 6-4 所示。

表 6-4　sg_role 模板参数

参数标签（名称）	默认值	描述
Infrastructure Name（InfrastructureName）	无	唯一的集群 ID，用来标识云资源（在第 9 步中获取）
VPC ID（VpcId）	无	集群资源所在的 VPC id（在第 6 步获取）
VPC CIDR（VpcCidr）	10.0.0.0/16	集群资源所在的 VPC id（在第 6 步获取）
Private Subnets（PrivateSubnets）	无	私有网络 subnet id（在第 6 步获取）

由于模板参数较多，直接通过命令行传递不方便，我们通过一个参数文件传递，创建 sg_role_params.json，文件内容如下（请根据实际环境替换相应的值）。

```
[
    {
      "ParameterKey": "InfrastructureName",
      "ParameterValue": "mycluster-8cl91"
    },
    {
      "ParameterKey": "VpcCidr",
      "ParameterValue": "10.0.0.0/16"
    },
    {
      "ParameterKey": "PrivateSubnets",
      "ParameterValue": "subnet-01fb16ab535902db3,subnet-0f2b4047d04700603,
          subnet-0af2291d485895b3c"
    },
    {
      "ParameterKey": "VpcId",
      "ParameterValue": "vpc-0859afa78994bff49"
    }
]
```

然后执行命令创建 CloudFormation Stack。

```
# aws cloudformation create-stack --stack-name ${CLUSTER_NAME}-sg-role
    --template-body file://sg_role_template.yaml --parameters file://sg_role_
    params.json --capabilities CAPABILITY_NAMED_IAM --profile china
```

（12）创建 Bootstrap 节点

在安装之前必须先创建 Bootstrap 节点，以便在 OpenShift 集群初始化时使用。在启动之前需要先创建 S3 桶以便可以保存 bootstrap.ign 文件。

```
# aws s3 mb s3://${CLUSTER_NAME}-infra --profile china
```

```
# aws s3 cp ${CLUSTER_NAME}/bootstrap.ign s3://${CLUSTER_NAME}-infra/bootstrap.
    ign --profile china
```

修改官方提供的 CloudFormation 模板，以满足中国区的需要，见 GitHub 仓库中 bootstrap_node.yaml。bootstrap_node 模板参数如表 6-5 所示。

表 6-5 bootstrap_node 模板参数

参数标签（名称）	默认值	描述
Infrastructure Name（InfrastructureName）	无	唯一的集群 ID，用来标识云资源（在第 9 步中获取）
VPC ID（VpcId）	无	集群资源所在的 VPC id（在第 6 步获取）
Allowed SSH Source（AllowedBootstrapSshCidr）	0.0.0.0/0	允许通过 SSH 登录 Bootstrap 节点的网段
Public Subnets（PublicSubnets）	无	公有网络的一个 subnet id(在第 6 步获取）
Red Hat Enterprise Linux CoreOS AMI ID（RhcosAmi）	无	启动 Bootstrap 节点使用的 AMI 镜像 ID（通过 AWS EC2 界面查询 rhcos 获取）
Bootstrap Ignition Source（BootstrapIgnitionLocation）	s3://my-s3-bucket/bootstrap.ign	保存 Ignition 文件的位置（通过前面创建的 S3 桶获取）
RegisterNlbIpTargetsLambdaArn	无	用于注册 NLB 的 Lambda ARN（通过第 10 步 Stack Output 获取）
Master Security Group ID（MasterSecurityGroupId）	无	Master 节点的安全组 ID（通过第 11 步 Stack Output 获取）
Use Provided ELB Automation（AutoRegisterELB）	yes	是否调用 NLB 注册，需要提供 Lambda ARN 参数
ExternalApiTargetGroupArn	无	外部 API 负载均衡的目标组 ARN（通过第 10 步 Stack Output 获取）
InternalApiTargetGroupArn	无	内部 API 负载均衡的目标组 ARN（通过第 10 步 Stack Output 获取）
InternalServiceTargetGroupArn	无	内部服务负载均衡的目标组 ARN（通过第 10 步 Stack Output 获取）

由于模板参数较多，直接通过命令行传递不方便，我们通过一个参数文件传递，创建 bootstrap_node_params.json，文件内容如下（请根据实际环境替换相应的值）。

```
[
    {
      "ParameterKey": "InfrastructureName",
      "ParameterValue": "mycluster-8c191"
    },
    {
      "ParameterKey": "RhcosAmi",
      "ParameterValue": "ami-078bf6c70acf6d579"
    },
    {
      "ParameterKey": "AllowedBootstrapSshCidr",
```

```
      "ParameterValue": "0.0.0.0/0"
    },
    {
      "ParameterKey": "PublicSubnet",
      "ParameterValue": "subnet-0aa4d12691f47b45b"
    },
    {
      "ParameterKey": "MasterSecurityGroupId",
      "ParameterValue": "sg-016641bdc4d95866b"
    },
    {
      "ParameterKey": "VpcId",
      "ParameterValue": "vpc-0859afa78994bff49"
    },
    {
      "ParameterKey": "BootstrapIgnitionLocation",
      "ParameterValue": "s3://mycluster-infra/bootstrap.ign"
    },
    {
      "ParameterKey": "AutoRegisterELB",
      "ParameterValue": "yes"
    },
    {
      "ParameterKey": "RegisterNlbIpTargetsLambdaArn",
      "ParameterValue": "arn:aws-cn:lambda:cn-northwest-1:<your_account_id>:
          function:mycluster-elb-dns-RegisterNlbIpTargets-1DV60DX4LCBU"
    },
    {
      "ParameterKey": "ExternalApiTargetGroupArn",
      "ParameterValue": "arn:aws-cn:elasticloadbalancing:cn-northwest-1
          :<your_account_id>:targetgroup/myclu-Exter-1FYU2337B5GDN/fce198fd42d0624c"
    },
    {
      "ParameterKey": "InternalApiTargetGroupArn",
      "ParameterValue": "arn:aws-cn:elasticloadbalancing:cn-northwest-1:
          <your_account_id>:targetgroup/myclu-Inter-55HMGLW98AR/ad64a2d9b4985520"
    },
    {
      "ParameterKey": "InternalServiceTargetGroupArn",
      "ParameterValue": "arn:aws-cn:elasticloadbalancing:cn-northwest-1:
          <your_account_id>:targetgroup/myclu-Inter-NQJ6U165J0SG/db713a4f39607104"
    }
]
```

注意：RhcosAmi 随着版本的发布，镜像 ID 会变化，请在 AWS EC2 界面查询最新的 ID。然后执行命令创建 CloudFormation Stack。

```
# aws cloudformation create-stack --stack-name ${CLUSTER_NAME}-bootstrap-node
    --template-body file://bootstrap_node.yaml --parameters file://bootstrap_
    node_params.json --capabilities CAPABILITY_NAMED_IAM --profile china
```

（13）创建 Control Plane 实例

修改官方提供的 CloudFormation 模板，以满足中国区的需要，见 Github 仓库中 control_plane_nodes.yaml。control_plane_nodes 模板参数如表 6-6 所示。

表 6-6 control_plane_nodes 模板参数

参数标签（名称）	默认值	描述
Infrastructure Name（InfrastructureName）	无	唯一的集群 ID，用来标识云资源（在第 9 步中获取）
VPC ID（VpcId）	无	集群资源所在的 VPC id（在第 6 步获取）
Red Hat Enterprise Linux CoreOS AMI ID（RhcosAmi）	无	启动节点使用的 AMI 镜像 ID（通过 AWS EC2 界面查询 rhcos 获取）
Use Provided DNS Automation（AutoRegisterDNS）	yes	是否自动注册 ETCD 域名到 Host Zone，如果是，必须提供 Host Zone 信息
Private Hosted Zone ID（PrivateHostedZoneId）	无	注册 ETCD 域名的 Host Zone ID（通过第 10 步获取）
Private Hosted Zone Name（PrivateHostedZoneName）	无	注册 ETCD 域名的 Host Zone 名称（通过第 10 步获取）
Master-0 Subnet（Master0Subnet）	无	启动 Master 节点的 subnet ID，建议是私有网络（通过第 6 步获取）
Master-1 Subnet（Master1Subnet）	无	启动 Master 节点的 subnet ID，建议是私有网络（通过第 6 步获取）
Master-2 Subnet（Master2Subnet）	无	启动 Master 节点的 subnet ID，建议是私有网络（通过第 6 步获取）
Master Security Group ID（MasterSecurityGroupId）	无	Master 节点的安全组 ID（通过第 11 步 Stack Output 获取）
Master Ignition Source（IgnitionLocation）	https://api-int.$CLUSTER_NAME.$DOMAIN:22623/config/master	保存 Ignition 文件的位置（通过 CLUSTER_NAME 和 BASE_DOMAIN 组合）
Ignition CA String（CertificateAuthorities）	data:text/plain;charset=utf-8; base64,ABC...xYz==	Master Ignition 证书，使用 Base64 编码（通过后文命令获取）
Master Instance Profile Name（MasterInstanceProfileName）	无	分配给 Master 节点的 IAM profile（通过第 11 步 Stack Output 获取）
Master Instance Type（MasterInstanceType）	m4.xlarge	Master 节点的实例类型
Use Provided ELB Automation（AutoRegisterELB）	yes	是否调用 NLB 注册，需要提供 Lambda ARN 参数
RegisterNlbIpTargets-LambdaArn	无	用于注册 NLB 的 Lambda ARN（通过第 10 步 Stack Output 获取）
ExternalApiTarget-GroupArn	无	外部 API 负载均衡的目标组 ARN（通过第 10 步 Stack Output 获取）
InternalApiTarget-GroupArn	无	内部 API 负载均衡的目标组 ARN（通过第 10 步 Stack Output 获取）
InternalServiceTarget-GroupArn	无	内部服务负载均衡目标组 ARN（通过第 10 步 Stack Output 获取）

由于模板参数较多，直接通过命令行传递不方便，我们通过一个参数文件传递，创建control_plane_nodes_params.json，文件内容如下（请根据实际环境替换相应的值）。

```
[
    {
      "ParameterKey": "InfrastructureName",
      "ParameterValue": "mycluster-8c191"
    },
    {
      "ParameterKey": "RhcosAmi",
      "ParameterValue": "ami-078bf6c70acf6d579"
    },
    {
      "ParameterKey": "AutoRegisterDNS",
      "ParameterValue": "yes"
    },
    {
      "ParameterKey": "PrivateHostedZoneId",
      "ParameterValue": "/hostedzone/Z10389942A0MF0XVHJCPY"
    },
    {
      "ParameterKey": "PrivateHostedZoneName",
      "ParameterValue": "mycluster.mycloud.com"
    },
    {
      "ParameterKey": "Master0Subnet",
      "ParameterValue": "subnet-01fb16ab535902db3"
    },
    {
      "ParameterKey": "Master1Subnet",
      "ParameterValue": "subnet-0f2b4047d04700603"
    },
    {
      "ParameterKey": "Master2Subnet",
      "ParameterValue": "subnet-0af2291d485895b3c"
    },
    {
      "ParameterKey": "MasterSecurityGroupId",
      "ParameterValue": "sg-016641bdc4d95866b"
    },
    {
      "ParameterKey": "IgnitionLocation",
      "ParameterValue": "https://api-int.mycluster.mycloud.com:22623/config/master"
    },
    {
      "ParameterKey": "CertificateAuthorities",
      "ParameterValue": "data:text/plain;charset=utf-8;base64,LS0tLS1CRUdJTiBDRV
          JUSUZJQ0FURS0tLS0tCk1JSURFRENDQWZpZ0F3SUJBZ01JTEpxdGhHTEp3Mkl3RFFZSktv
          WklodmNOQVFFTEJRQXdKakVTTUJBR0ExVUUKQ3hNSmIzQmxibk5vYVdaMZwajZJPQotLS0
          tLUVORCBDRVJUSUZJQ0FURS0tLS0tCg=="
    },
    {
      "ParameterKey": "MasterInstanceProfileName",
      "ParameterValue": "mycluster-sg-MasterInstanceProfile-1T0KAKH1K88NL"
    },
```

```
    {
      "ParameterKey": "MasterInstanceType",
      "ParameterValue": "m4.xlarge"
    },
    {
      "ParameterKey": "AutoRegisterELB",
      "ParameterValue": "yes"
    },
    {
      "ParameterKey": "RegisterNlbIpTargetsLambdaArn",
      "ParameterValue": "arn:aws-cn:lambda:cn-northwest-1:<your_account_id>:
          function:mycluster-elb-dns-RegisterNlbIpTargets-1DV60DX4LCBU"
    },
    {
      "ParameterKey": "ExternalApiTargetGroupArn",
      "ParameterValue": "arn:aws-cn:elasticloadbalancing:cn-northwest-1:
          <your_account_id>:targetgroup/myclu-Exter-1FYU2337B5GDN/fce198fd42d0624c"
    },
    {
      "ParameterKey": "InternalApiTargetGroupArn",
      "ParameterValue": "arn:aws-cn:elasticloadbalancing:cn-northwest-1:
          <your_account_id>:targetgroup/myclu-Inter-55HMGLW98AR/ad64a2d9b4985520"
    },
    {
      "ParameterKey": "InternalServiceTargetGroupArn",
      "ParameterValue": "arn:aws-cn:elasticloadbalancing:cn-northwest-1:
          <your_account_id>:targetgroup/myclu-Inter-NQJ6U165J0SG/db713a4f39607104"
    }
]
```

注意：RhcosAmi 随着版本的发布，镜像 ID 会变化，请在 AWS EC2 界面查询最新的 ID。其中 CertificateAuthorities 参数的值通过如下命令获取。

```
# cat ${CLUSTER_NAME}/master.ign | jq -r .ignition.security.tls.certificate-
    Authorities[].source
```

然后执行命令创建 CloudFormation Stack。

```
# aws cloudformation create-stack --stack-name ${CLUSTER_NAME}-control-plane
    --template-body file://control_plane_nodes.yaml --parameters file://control_
    plane_nodes_params.json --profile china
```

配置 KUBECONFIG，用 oc 查看集群的 nodes。

```
# export KUBECONFIG=~/${CLUSTER_NAME}/auth/kubeconfig
# oc get nodes
```

过一段时间就可以看到集群的 Master 节点变为 Ready 状态。如图 6-10 所示。

```
[root@ip-172-31-38-71 ~]# oc get nodes
NAME                                          STATUS   ROLES    AGE     VERSION
ip-10-0-25-145.cn-northwest-1.compute.internal   Ready    master   5m13s   v1.17.1
ip-10-0-62-58.cn-northwest-1.compute.internal    Ready    master   4m54s   v1.17.1
ip-10-0-81-97.cn-northwest-1.compute.internal    Ready    master   5m18s   v1.17.1
```

图 6-10　Master 节点运行

（14）创建 Worker Nodes 实例

在 Master 节点正常启动后，接下来创建 Worker 节点。

修改官方提供的 CloudFormation 模板，以满足中国区的需要，见 GitHub 仓库中 worker_nodes.yaml。worker_nodes 模板参数如表 6-7 所示。

表 6-7 worker_nodes 模板参数

参数标签（名称）	默认值	描述
Infrastructure Name（InfrastructureName）	无	唯一的集群 ID，用来标识云资源（在第 9 步中获取）
Red Hat Enterprise Linux CoreOS AMI ID（RhcosAmi）	无	启动节点使用的 AMI 镜像 ID（通过 AWS EC2 界面查询 rhcos 获取）
Subnet（Subnet）	无	启动 Worker 节点所在的 subnet ID，建议是私有子网（通过第 6 步获取）
Worker Security Group ID（WorkerSecurityGroupID）	无	Worker 节点的安全组 ID（通过第 11 步 Stack Output 获取）
Worker Ignition Source（IgnitionLocation）	https://api-int.$CLUSTER_NAME.$DOMAIN:22623/config/worker	保存 Ignition 文件的位置（通过 CLUSTER_NAME 和 BASE_DOMAIN 组合）
Ignition CA String（CertificateAuthorities）	data:text/plain;charset=utf-8;base64,ABC...xYz==	Worker Ignition 证书，使用 Base64 编码（通过后文命令获取）
Worker Instance Profile Name（WorkerInstanceProfileName）	无	分配给 Worker 节点的 IAM profile（通过第 11 步 Stack Output 获取）
Worker Instance Type（WorkerInstanceType）	m4.large	Worker 节点的实例类型

由于模板参数较多，直接通过命令行传递不方便，我们通过一个参数文件传递，创建 worker_node_params.json，文件内容如下（请根据实际环境替换相应的值）。

```
[
    {
      "ParameterKey": "InfrastructureName",
      "ParameterValue": "mycluster-8c191"
    },
    {
      "ParameterKey": "RhcosAmi",
      "ParameterValue": "ami-078bf6c70acf6d579"
    },
    {
      "ParameterKey": "Subnet",
      "ParameterValue": "subnet-01fb16ab535902db3"
    },
    {
      "ParameterKey": "WorkerSecurityGroupId",
      "ParameterValue": "sg-0818572615a24611e"
    },
    {
```

```
        "ParameterKey": "IgnitionLocation",
        "ParameterValue": "https://api-int.mycluster.mycloud.com:22623/config/worker"
      },
      {
        "ParameterKey": "CertificateAuthorities",
        "ParameterValue": "data:text/plain;charset=utf-8;base64,LS0tLS1CRUdJTiBDRV
            JUSUZJQ0FURS0tLS0tCk1JSURFRENDQWZpZ0F3SUJBZ01JTEpxdGhHTEp3Mkl3RFFZS
            ktvWklodmNOQVFFTEJRQXdKakVTTUJBR0ExVUUKQ3hNSmIzQmxibk5vYVdaaMZwajZJPQot
            LS0tLUVORCBDRVJUSUZJQ0FURS0tLS0tCg=="
      },
      {
        "ParameterKey": "WorkerInstanceProfileName",
        "ParameterValue": "mycluster-sg-WorkerInstanceProfile-1KKFPLO55GCOV"
      },
      {
        "ParameterKey": "WorkerInstanceType",
        "ParameterValue": "m4.xlarge"
      }
    ]
```

注意：RhcosAmi 随着版本的发布，镜像 ID 会变化，请在 AWS EC2 界面查询最新的 ID。其中 CertificateAuthorities 参数的值通过如下命令获取。

```
# cat ${CLUSTER_NAME}/worker.ign | jq -r .ignition.security.tls.
   certificateAuthorities[].source
```

然后执行命令创建 CloudFormation Stack。

```
# aws cloudformation create-stack --stack-name ${CLUSTER_NAME}-worker-node01
   --template-body file://worker_nodes.yaml --parameters file://worker_node_
   params.json --profile china
```

CloudFormation 创建完成后，在 OpenShift 集群中观察有新生成的 CSR。

```
# oc get csr
```

可以看到有 Pending 的证书签发请求，通过以下命令审批来自 Worker 节点的 CSR 请求，通常每个节点该指令需要重复执行两次，直到没有 Pending 的 CSR 出现。

```
# oc get csr -ojson | jq -r '.items[] | select(.status == {} ) | .metadata.name'
   | xargs oc adm certificate approve
```

批准完成后节点就加入集群中了，稍等一会儿 Worker 节点就会变为 Ready 状态。如图 6-11 所示。

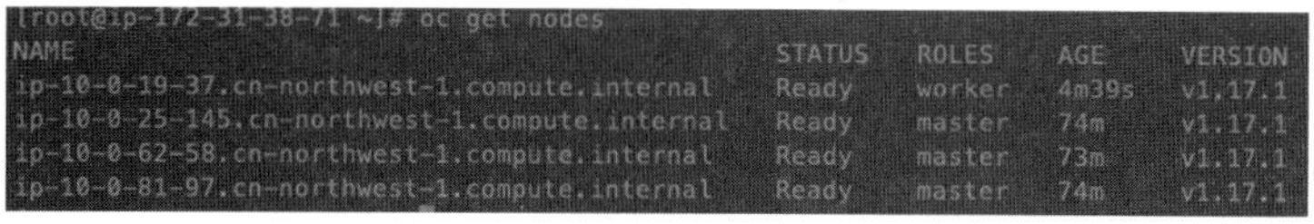

```
[root@ip-172-31-38-71 ~]# oc get nodes
NAME                                            STATUS   ROLES    AGE     VERSION
ip-10-0-19-37.cn-northwest-1.compute.internal   Ready    worker   4m39s   v1.17.1
ip-10-0-25-145.cn-northwest-1.compute.internal  Ready    master   74m     v1.17.1
ip-10-0-62-58.cn-northwest-1.compute.internal   Ready    master   73m     v1.17.1
ip-10-0-81-97.cn-northwest-1.compute.internal   Ready    master   74m     v1.17.1
```

图 6-11　集群中的节点状态

上述 CloudFormation 模板每创建一个 Stack 就代表一台 Worker 节点。如果要添加多个节点，必须为每台 Worker 节点创建一个 Stack。不同 Worker 节点的大部分 CloudFormation 参数完全一致，仅需要修改每个 Worker 节点启动的 Subnet ID，并保证创建 Stack 的时候 Stack 不重名即可。如：

```
# aws cloudformation create-stack --stack-name ${CLUSTER_NAME}-worker-node02
    --template-body file://worker_nodes.yaml --parameters file://worker_node_
    params02.json --profile china
```

（15）配置 OC 客户端

配置 oc 命令自动补全。

```
# oc completion bash >/etc/bash_completion.d/openshift
```

登录集群。

```
# export KUBECONFIG=<installation_directory>/auth/kubeconfig
# oc whoami
system:admin
```

（16）初始化 Operator 配置

在集群初始化安装后，必须配置一些 Operator 以便它们都可用。通过如下命令查看集群 Operator 的状态，我们需要修复 Available 状态为 False 的 Operator。

```
# oc get clusteroperators
```

首先配置 image-registry，在 AWS 上安装默认存储，但是 image-registry Operator 无法创建 S3 桶并自动配置存储，需要我们手动完成配置。生产集群建议配置持久化存储，测试目的可以配置 emptyDir。

创建 S3 桶。

```
# aws s3 mb s3://${CLUSTER_NAME}-image-registry --profile china
```

创建 Secret 保存访问 S3 的 AK/SK。

```
# oc create secret generic image-registry-private-configuration-user --from-
    literal=REGISTRY_STORAGE_S3_ACCESSKEY=xxxxxxxxx --from-literal=REGISTRY_
    STORAGE_S3_SECRETKEY=xxxxxxxxx --namespace openshift-image-registry
```

修改 imageregistry Operator 的配置文件，添加 S3 信息。

```
# oc edit configs.imageregistry.operator.openshift.io/cluster
storage:
  s3:
    bucket: mycluster-image-registry
    region: cn-northwest-1
```

稍等片刻就可以看到 image-registry 的容器启动，如图 6-12 所示。

此时查询 image-registry Operator 也变成了 Available 状态。

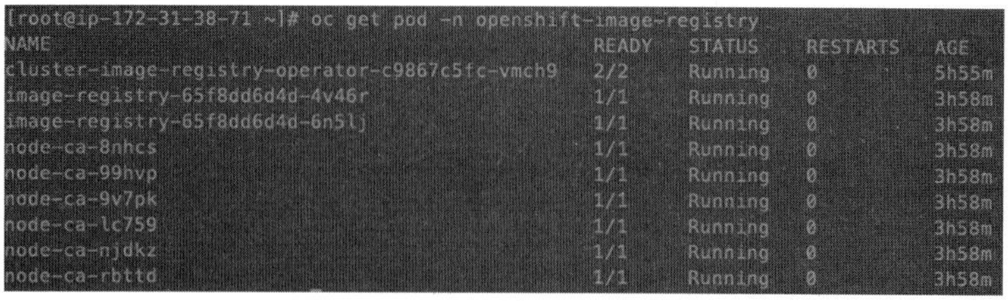

```
[root@ip-172-31-38-71 ~]# oc get pod -n openshift-image-registry
NAME                                             READY   STATUS    RESTARTS   AGE
cluster-image-registry-operator-c9867c5fc-vmch9  2/2     Running   0          5h55m
image-registry-65f8dd6d4d-4v46r                  1/1     Running   0          3h58m
image-registry-65f8dd6d4d-6n5lj                  1/1     Running   0          3h58m
node-ca-8nhcs                                    1/1     Running   0          3h58m
node-ca-99hvp                                    1/1     Running   0          3h58m
node-ca-9v7pk                                    1/1     Running   0          3h58m
node-ca-lc759                                    1/1     Running   0          3h58m
node-ca-njdkz                                    1/1     Running   0          3h58m
node-ca-rbttd                                    1/1     Running   0          3h58m
```

图 6-12　image-registry 容器运行

（17）创建 Ingress DNS 记录

由于在安装过程中将 cluster-dns-02-config.yml 文件中的 DNS 的 Zone 注释了，需要我们手动添加 Ingress 的 DNS 记录。你可以创建一个 wildcard 记录或者具体的 A 记录。

获取 Public Hosted Zone。

```
# export PublicHostedZoneId=`aws route53 --endpoint-url https://route53.
    amazonaws.com.cn list-hosted-zones-by-name --dns-name ${BASE_DOMAIN}
    --profile china | jq -r .HostedZones[0].Id`
```

获取 Private Hosted Zone。

```
# export PrivateHostedZoneId=`aws route53 --endpoint-url https://route53.
    amazonaws.com.cn list-hosted-zones-by-name --dns-name ${CLUSTER_
    NAME}.${BASE_DOMAIN} --profile china | jq -r .HostedZones[0].Id`
```

新建 DNS record 文件 ingress_dns_records.json，内容如下。

```
{
  "Comment": "create wildcard record set for *.apps.mycluster.mycloud.com",
  "Changes": [
    {
      "Action": "CREATE",
      "ResourceRecordSet": {
        "Name": "*.apps.mycluster.mycloud.com",
        "Type": "A",
        "AliasTarget": {
          "HostedZoneId": "ZM7IZAIOVVDZF",
          "DNSName": "a54fe598aa5814535b5a39bc2cfa190c-708619636.cn-northwest-1.
              elb.amazonaws.com.cn",
          "EvaluateTargetHealth": false
        }
      }
    }
  ]
}
```

Name 为你要加入 DNS 的域名，可以是泛域名，也可以是具体的域名 console-openshift-console.apps.mycluster.mycloud.com。

AlicaTarget 中的 DNSName 通过下面命令获取（EXTERNAL-IP 的值）。

```
# oc -n openshift-ingress get service router-default
```

AlicaTarget 中的 HostedZoneID 通过下面命令获取（external_ip 替换为上条命令获取的值）。

```
# aws elb describe-load-balancers --profile china | jq -r '.LoadBalancerDescriptions[]
    | select(.DNSName == "<external_ip>").CanonicalHostedZoneNameID'
```

在 Public Hosted Zone 添加记录。

```
# aws route53 change-resource-record-sets --hosted-zone-id ${PublicHostedZoneId}
    --change-batch file://ingress_dns_records.json  --endpoint-url=https://
    route53.amazonaws.com.cn --profile china
```

在 Private Hosted Zone 添加记录。

```
# aws route53 change-resource-record-sets --hosted-zone-id ${PrivateHostedZoneId}
    --change-batch file://ingress_dns_records.json --endpoint-url=https://
    route53.amazonaws.com.cn --profile china
```

（18）登录 Console

通过如下命令获取 OpenShift WebConsole 的地址。

```
# oc -n openshift-console get route/console
```

获取到域名后，通过浏览器访问 https://<console_url>，登录的用户名为 kubeadmin，密码在 ${CLUSTER_NAME}/auth/kubeadmin-password 文件中。

（19）删除 Bootstrap 节点（可选）

完成集群配置后可以选择删除 Bootstrap 节点，执行如下命令删除 Stack。

```
# aws cloudformation delete-stack --stack-name ${CLUSTER_NAME}-bootstrap-node
```

到这里，OpenShift 在 AWS 中国区的安装配置就完成了。

6.5 OpenShift 与 IaaS 的集成

OpenShift 通过 Machine API 增加了对基础架构的纳管功能，也就是说，当 Openshift 集群出现性能问题时，OpenShift 可以调度底层资源，为 OpenShift 集群增加计算节点。

Machine API 有 5 个资源，其中最主要的两个资源是：

- Machine：描述OpenShift节点基本单元。Machine具有providerSpec，它描述了为不同云平台提供的OpenShift节点的类型。例如，Amazon Web Service（AWS）上的工作节点的计算机类型可能会定义特定的计算机类型和所需的元数据。
- MachineSet：MachineSet对于Machine的作用和ReplicaSet对于Pod的作用是一样的。通过MachineSet，我们设置Machine的副本数，可以增加或减少。

Machine API 的另外三个资源是：

- MachineAutoscaler：定义自动扩展云中的计算机。我们可以指定 MachineSet 中的节点设置的最小值和最大值，MachineAutoscaler 会维护这个范围。MachineAutoscaler 对象在 ClusterAutoscaler 对象存在后生效。ClusterAutoscalerOperator 提供 ClusterAutoscaler 和 MachineAutoscaler 资源。

- ClusterAutoscaler：在OpenShift中ClusterAutoscaler通过扩展MachineSet API与Machine API集成，我们可以设置集群范围的CPU Core、Node、内存、GPU等资源的扩展限制。我们可以设置优先级，例如对于优先级不高的Pod，当它们资源不足时，不为这些Pod增加新的OpenShift计算节点。我们还可以设置ScalingPolicy，例如我们只允许增加集群的节点数而不允许减少OpenShift的计算节点数。
- MachineHealthCheck：检测Machine的状态，当它有问题的时候，对它进行删除操作，然后创建新的Machine。

在 IPI 的安装模式下，OpenShift 可以通过 Machine API 与 IaaS 进行对接。Machine API 资源全部驻留在 openshift-machine-api 命名空间中。如图 6-13 所示。

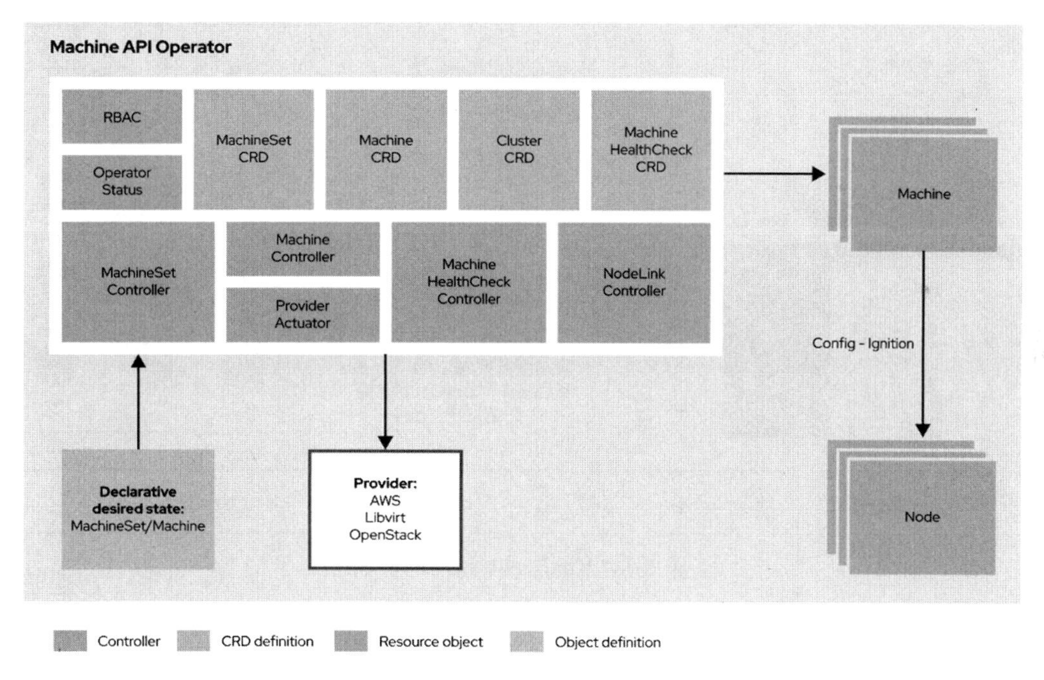

图 6-13　Machine API Operator 架构

可以看到在 openshift-machine-api 命名空间中有三类资源：

- MachineSet：定义了与 IaaS 对接的凭证、创建 machine 的模板、默认 machine 的数量。通过 MachineSet 可以创建 Machine，而 Machine 通过 Ignition 的配置被部署为 OpenShift 的 Worker 节点。
- MachineAutoscaler：定义的 MachinSet 副本的最大值和最小值。
- ClusterAutoscaler：设置 MachineSet 副本增加和减少的触发条件（CPU 和内存阈

值）。每个 OpenShift 集群只能有一个 ClusterAutoscaler。

通过创建 MachineSet 使得 OpenShift 计算节点可以动态增加和减少，目前支持 AWS、Azure、GCP 三个公有云厂商，私有云支持 IPI 安装模式的基础架构，例如 vSphere、红帽 OpenStack。具体的实现细节和效果，参照 Repo 中“ OpenShift Machine API Operator 的架构与运维”文档。

6.6 OpenShift 实现混合云架构

得益于 OpenShift 开放兼容的特性，可以支持 OpenShift 运行在所有的云厂商和数据中心，这也是基于 OpenShift 实现混合云架构的基础，保证 OpenShift 公私兼备，应用容器自由出入。此外，通过服务代理或者 Operator 可以实现在 OpenShift 上直接使用公有云服务，进一步从公有云中受益。如图 6-14 所示。

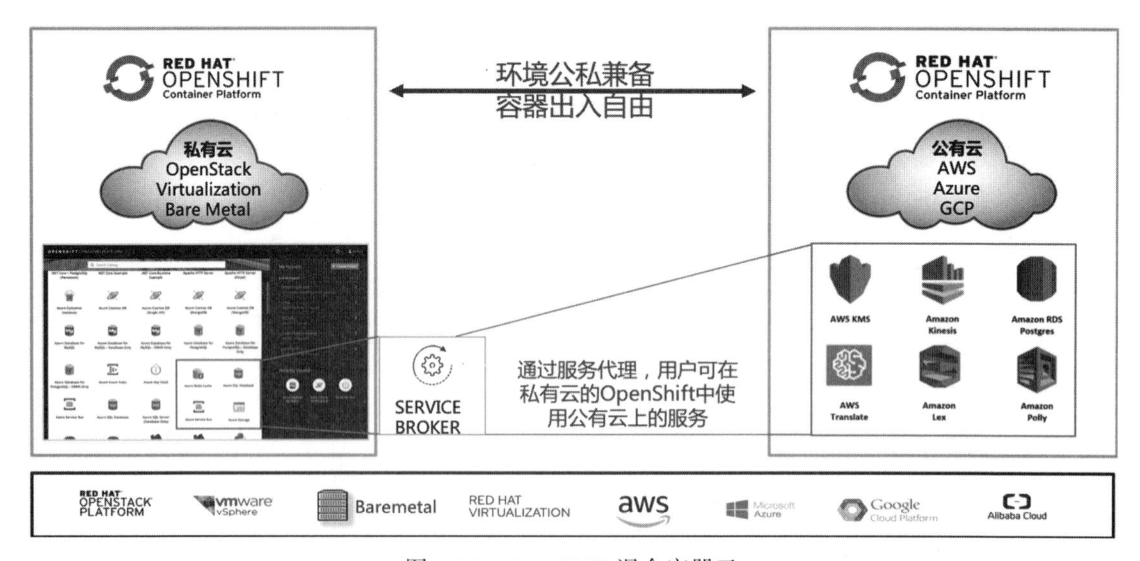

图 6-14 OpenShift 混合容器云

基于 OpenShift 实现混合云的价值如下：

- 应用通过容器的方式在云下云上之间进行灵活迁移，可以屏蔽应用运行环境的异构性，充分利用公有云丰富的计算资源，有效补充数据中心的资源不足。
- 公有云采用和私有云一致的 OpenShift 平台，保持了技术和管理 API 的一致性，同时公有云提供快速启动模板，实现集群的一键启动，从而降低管理和运维的复杂性和成本。
- 云上的集群可以和公有云的其他服务深度集成，和 Auto Scaling 集成实现集群的自动扩容，使得应对突发流量成为可能。
- 可以和 EBS/EFS/S3 集成实现各类存储需求，和负载均衡集成实现流量分发及控制，和 IAM 集成提升 Pod 的细粒度安全控制等。

- 通过充分利用公有云的服务能力，扩展了容器集群的技术特性和业务处理能力，可以帮助业务快速创新和快速部署，从而快速实现业务价值。

了解了 OpenShift 混合云的价值之后，那么通常应该如何建设混合云呢？目前在客户实践过程中主要有两种方案：第一种是将公有云 OpenShift 作为数据中心的扩展，Control Plane 运行在数据中心，而公有云仅运行 Worker 节点；第二种是在公有云建立独立的 OpenShift 集群。

第一种方案：仅在公有云运行 Worker 节点，如图 6-15 所示。

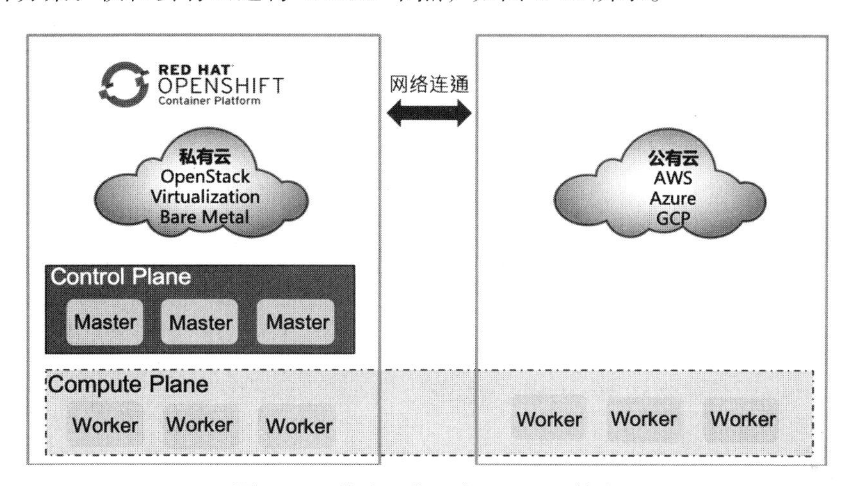

图 6-15 公有云仅运行 Worker 节点

这种方案将公有云的资源作为数据中心的扩展，在数据中心资源不足时可以快速扩展节点，满足资源需求。另外，也可以将一部分需要使用公有云服务的应用调度到公有云 Worker 节点上，满足业务需求。此种模式下集群管理和应用发布全部在数据中心完成，但需要打通数据中心和公有云的网络，通常是建立专线连接实现稳定可靠的网络连接。但是由于 OpenShift Control Plane 不在公有云上运行，OpenShift 无法直接访问公有云服务（如 EBS、ELB 集成等），但是不影响应用访问公有云服务。

第二种方案：在公有云建立独立的 OpenShift 集群，如图 6-16 所示。

这种方案将在公有云建立完整的一套 OpenShift 集群，可以完全与公有云集成，使用公有云的所有受支持的特性。公有云上的开发团队也可享受到 OpenShift 带来的便利。在集群数目不多和计算资源调度没那么高要求的情况下，可以采取分开管理。但最好能有统一的多集群管理平台，实现集群统一管理和调度，否则需要人为管理应用多集群发布，记录哪些应用发布到公有云集群，而且随着集群数量的增多，集群维护复杂度和成本将增加。如果没有应用涉及跨域（数据中心中容器访问公有云数据，反之亦然）访问数据的情况，这种模式可以不使用专线打通数据中心和公有云的网络，只有部分的管理流量可以通过 VPN 或者公网实现。

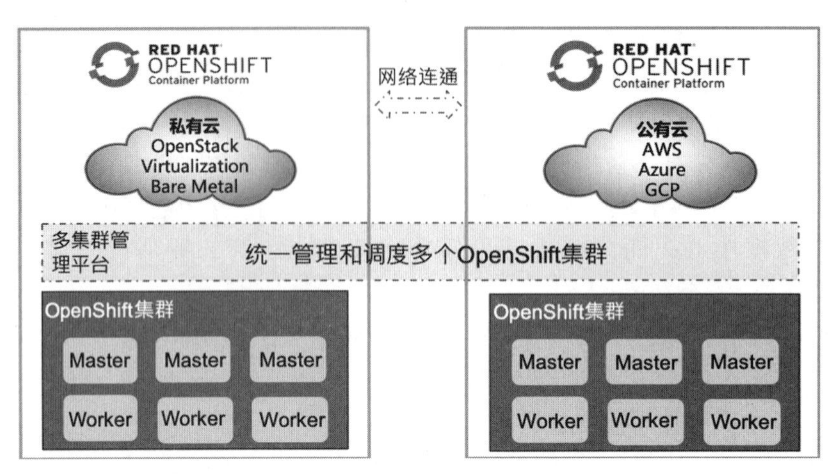

图 6-16 公有云建立独立 OpenShift 集群

具体使用哪种模式构建混合云容器平台，主要是根据企业的实际需求出发，通常有以下几点考虑：

- 使用 OpenShift 构建混合云容器平台的主要目的是什么？应对高峰流量还是使用公有云特性？
- 企业是否有统一的管理平台实现多集群管理？云上云下多套集群是否要实现统一管理和调度。
- 基于 OpenShift 实现混合云的成本、实现复杂度、可行性等多方面考量。
- 企业部门组织结构是否满足构建混合云需要，主要是 OpenShift 和公有云的责任维护部门能否协同工作。

经过上述介绍，相信读者已经了解到基于 OpenShift 构建混合云架构的价值和方案，在企业实际落地时需要从业务需求和价值出发，尽可能地利用混合云带来的优势，快速实现业务价值。

6.7 本章小结

本章介绍了 OpenShift 在公有云上部署的模式和架构，并选择典型的公有云 AWS 演示了在中国区部署的大致过程，可以看到 OpenShift 与公有云结合具备一些优势，可以提升基础设施的快速交付，进一步加快业务交付。最后简单介绍了 OpenShift 公私兼备的特性，可以实现混合云架构。

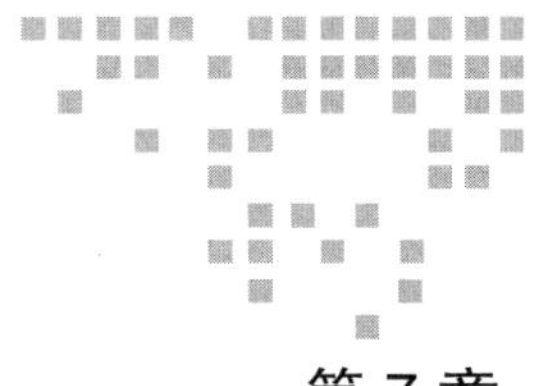

第 7 章 Chapter 7

在 OpenShift 上实现 DevOps

从本章开始，我们进入“DevOps 两部曲”部分。本章着重介绍在 OpenShift 上实现 DevOps 的路径。在第 8 章中，我们将对一个客户 DevOps 转型的案例进行分析，从而展示实际落地 DevOps 的全部过程。

如第 1 章提到的，从敏捷开发到 DevOps 会经历如下的历程：

敏捷开发→持续集成（CI）→持续交付（CD）→持续部署→DevOps。

对于很多企业来说，通过 CI/CD 实现快速的应用构建和部署是实现 DevOps 的第一步。本节将介绍如何通过 OpenShift 实现 CI/CD，进一步实现持续交付。

7.1 DevOps 的适用场景

DevOps 是否适合企业的所有场景？如果企业的业务追求稳定，那么企业又该如何妥善权衡稳定和创新并满足业务敏捷性？是否真的只能两者取其一，非此即彼？如果不是，那么答案是什么？

2014 年，Gartner 提出双模（Bimodal）IT 的概念。参照双模 IT 的架构（见图 7-1），对于企业的 IT 建设，我们需要一种混合思路。

- 针对传统记录型的业务系统，它关注安全性、可靠性、可用性、稳定性，这种业务系统变更迭代较慢，属于稳态 IT。
- 而对于参与交互型系统，它关注快速交付和业务敏捷，这种业务系统属于敏态 IT。如互联网类业务、电子渠道类的业务等。

而 DevOps 正是敏态 IT 的核心实现路径。敏态 IT 的业务场景才能发挥 DevOps 的最大价值。下面我们就说明如何帮助敏态业务场景赋予 DevOps 的能力。

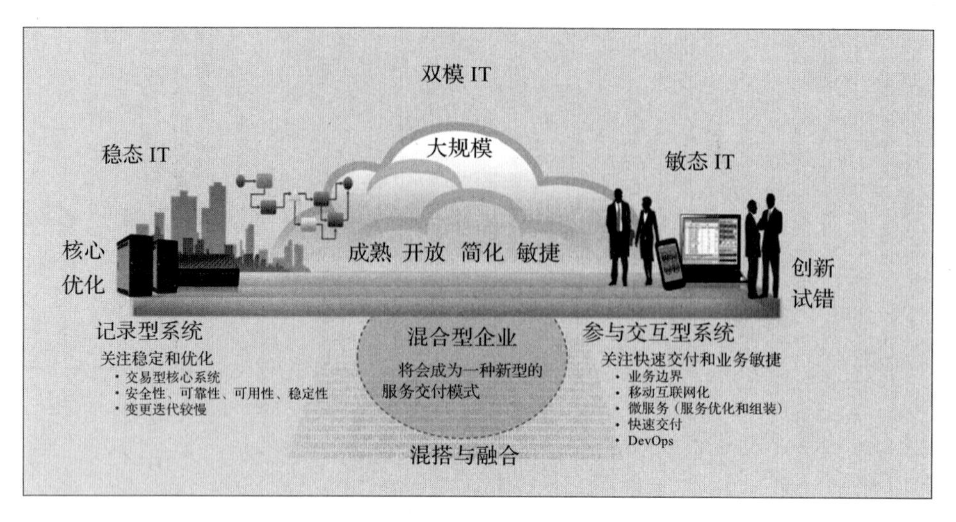

图 7-1 双模 IT 的架构

7.2 DevOps 的实现路径

DevOps 这个术语是随着敏捷开发方法论的发展而诞生的，甚至受它们的影响，DevOps 在实践过程中也确实包含了软件敏捷开发的思想，但是 DevOps 并不只是敏捷开发。DevOps 没有准确的定义，有人认为 DevOps 是描述了开发、测试、安全和运营团队如何沟通和合作，实现业务的快速发布，也有很多人认为 DevOps 就是一些工具的集合，还有人认为 DevOps 是一种思维方式，是一种文化运动，它支持团队之间协同工作，分享经验，促进个人和组织的可持续发展。

实际上 DevOps 是多方面的综合，并不能通过单一的语句去定义 DevOps。其实我们不用纠结 DevOps 到底是什么，而应反过来讨论一些比定义更有意义和价值的事情，例如如何通过 DevOps 使企业变得越来越好。

实现 DevOps 并没有一套统一的标准，实现 DevOps 也是一个漫长的旅程，需要“翻山越岭”才能看到想要的美景，但随着 DevOps 的不断实践，DevOps 团队的活动和技能也变得更加完善、成熟。DevOps 的实现与企业的流程和文化密切相关，而每个企业又有着独特的流程和文化，很难有统一的标准适用于所有企业去实现 DevOps，但在多个项目的实践中我们发现想有效实现 DevOps 必须具备以下四个要素：

- 组织与角色
- 平台与工具
- 流程与规范
- 文化与持续改进

虽然这四个要素可以帮助实现 DevOps，但是在企业开始实现转型时可以先关注一个或两个要素，后续再逐步扩展实现持续有效的改变。接下来，我们将深入地介绍这四个要素。

7.2.1　组织与角色

对于传统 IT 组织架构，团队通常按照技能划分，例如业务开发部门、测试部门、运维部门等技术支撑部门，大家按照职责各行其是，搭建各自的工具平台，并通过项目的方式协作，完成系统的交付。这使得相互隔离的各部门沟通效率比较低，出现问题容易相互推诿。

DevOps 文化提倡打破原有职能组织的限制，每个职能团队都开始接受 DevOps 文化的价值，实现高度协同，研发和交付一体化的思维，构建多功能跨职能的 DevOps 团队。

1. 组织

通常在企业中实现 DevOps 转型比较困难的原因是跨多个职能团队，在技术层面究竟由哪个团队来主导？定义的标准规范是否能跨团队推行？不同公司有不同的做法，有开发运维团队驱动的，有测试团队驱动的，也有基础架构团队驱动的，但这种由单一职能团队驱动的做法通常会"无疾而终"。因此需要一种自上而下的组织模式，能够充分考虑不同团队的痛点，在多个职能团队中推行 DevOps 文化，改进企业交付流程。

这种组织以业务线或者应用为中心来组建跨职能团队，打破了传统的部门墙，使得统一业务线上沟通更加便捷，而且团队中各角色目标一致。

不同的企业定义的组织不一定相同，图 7-2 给出一种组织模型示例。

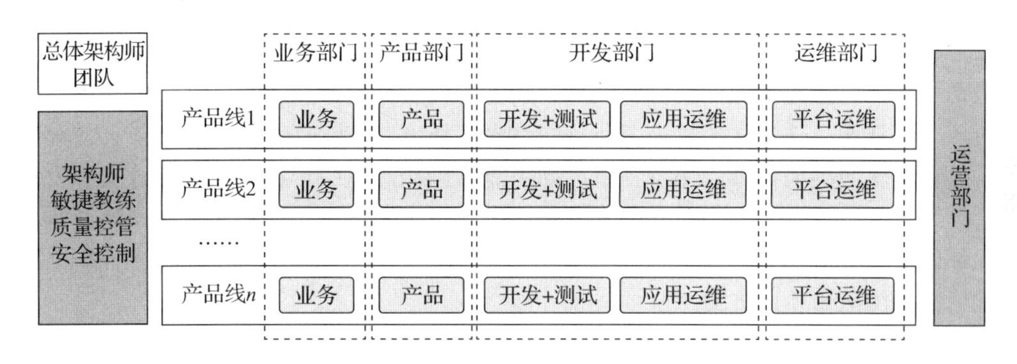

图 7-2　组织模型示例

图 7-2 以业务线为中心，横向组建跨职能团队。产品线内的业务人员、产品人员、开发人员、测试人员、运维人员等由产品线统一管理和调度。总体架构师团队同时负责多个产品线。对于大型企业，可以对总体架构团队进行分组，分别负责不同的产品线。

企业组织重组不是一蹴而就的事情，企业可以梳理出目前团队中欠缺但又容易改进的点，逐步演进。

2. 角色

有了组织模型之后，需要明确定义组织中各角色的人员组成、负责范围、工作内容等。接下来，我们以上文中的组织模型为例，对一些重要角色进行说明。

（1）总体架构师团队

总体架构师团队在组织中有着举足轻重的地位，主要由一些架构师、DevOps 教练等组成。

主要职责：组织产品线总体架构设计；根据产品线定义流程，使用工具实现自动化发布；对产品的质量和安全进行全程把控。

（2）开发部门

主要负责产品的研发和测试工作。通常由开发主管、开发人员、测试人员组成。开发主管可以是来自总体架构师团队的成员。

主要职责：负责需求拆解，参与原型评审；开发编码和代码自测；修复产品bug等。

（3）应用运维

主要负责应用层面的维护，如中间件，数据库等。

主要职责：参与产品版本发布评审，从运维交付提出发布意见；应用日常监控和运维；应用线上问题处理。

（4）平台运维

主要负责基础设施的维护或者应用平台的维护，如PaaS平台。

主要职责：负责配置产品线所需要的基础设施；负责监控和维护基础设施。

7.2.2 平台与工具

自动化是确保实现DevOps成功的关键基石，而自动化的实现依赖一些平台和工具。

1. 平台

通常情况下，业务系统上线需要经历开发、测试、预发布、发布这几个阶段，每个阶段分别对应一套环境，这就意味着一个业务线有多套环境。在没有使用容器之前，各套环境配置、软件包、资源类型等难以保持一致。如果有若干条产品线，在微服务和分支开发的背景下，应用和分支数量泛滥，各服务相互依赖耦合，资源管理复杂度和需求量剧增，难度不亚于甚至超过了线上环境的管理。没有得心应手的利器，会导致开发和测试效率都十分低下，从而拖垮整个团队的项目研发。

使用容器平台，将软件包管理、依赖管理、运维管理等问题一次性解决，再通过分布式配置中心实现对不同环境的配置管理，基本就实现了环境的标准化，简化了烦琐的运维工作，从而使得DevOps真正落地。

以OpenShift为例，通过选择模板，一键生成容器服务，如图7-3所示。

2. 工具

我们在生活中经常使用工具来更有效地完成工作，这些工具可以提高效率并降低错误率。同样为了能够成功地实施DevOps，需要借助一些工具来打通应用开发流程（包括需求分析、项目规划、编码、构建、测试、打包、发布、配置、监控）。DevOps发展到现在，所涉及的工具繁杂，下面列出一些主要的工具类别：

- 项目管理：禅道、JIRA、Trello等。
- 知识管理：MediaWiki、Confluence等。
- 源代码版本控制（SCM）：GitHub、GitLab、BitBucket、SubVersion、Gogs等。

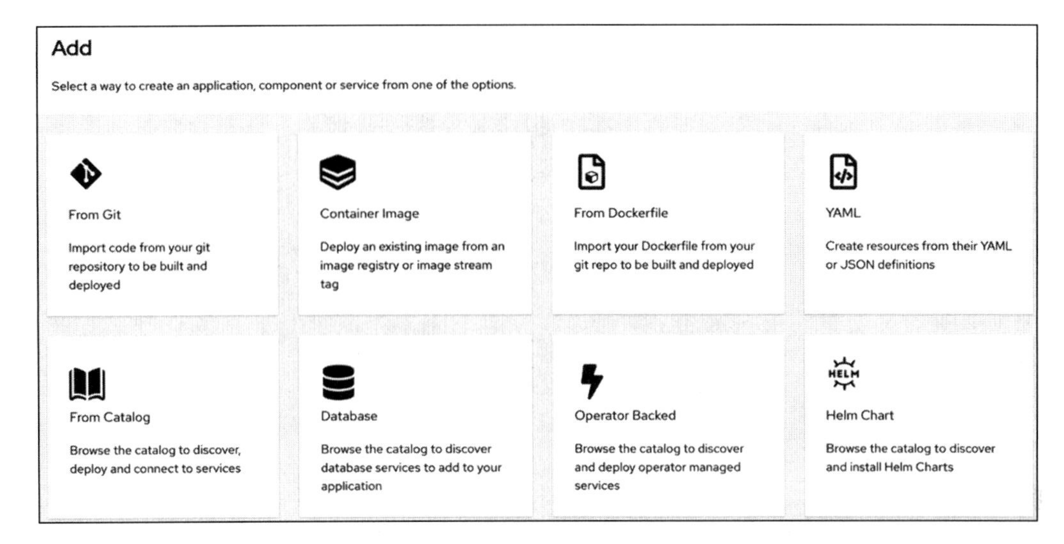

图 7-3　OpenShift 创建应用的方式

- 代码复审：GitLab、Gerrit、Fisheye 等。
- 构建工具：Ant、Maven、Gradle 等。
- 持续集成（CI）：Jenkins、Bamboo、CircleCI、Travis CI 等。
- 单元测试：JUnit、Mocha、PyUnit 等。
- 静态代码分析：Findbugs、Sonarqube、CppTest 等。
- 测试用例管理：Testlink、QC 等。
- API 测试：Jmeter、Postman 等。
- 功能测试：Selenium、Katalon Studio、Watir、Cucumber 等。
- 性能测试：Jmeter、Gradle、Loadrunner 等。
- 配置管理：Ansible、Chef、Puppet、SaltStack 等。
- 监控告警：Zabbix、Prometheus、Grafana、Sensu 等。
- 二进制库：Artifactory、Nexus 等。
- 镜像仓库：Docker Distribution、Harbor、Quay、Nexus3、Artifactory 等。

这里引用一张 James Bowman 绘制的持续交付工具生态图（见图 7-4）来说明 DevOps 中涉及的部分工具。

从图 7-4 中可以看到 DevOps 有如此多的工具，那么该如何选择合适的工具呢？以下有一些可供参考的指导原则：

- 选择的工具不是独立战斗，而是需要相互协作，尤其是相关工具之间可以相互集成。
- 不存在最好的工具。即使相同的团队使用相同的工具，得到的结果也可能大不相同。每个企业都有着独特的文化和流程，工具必须适应企业，抛开企业文化和流程，选择工具将无从谈起。

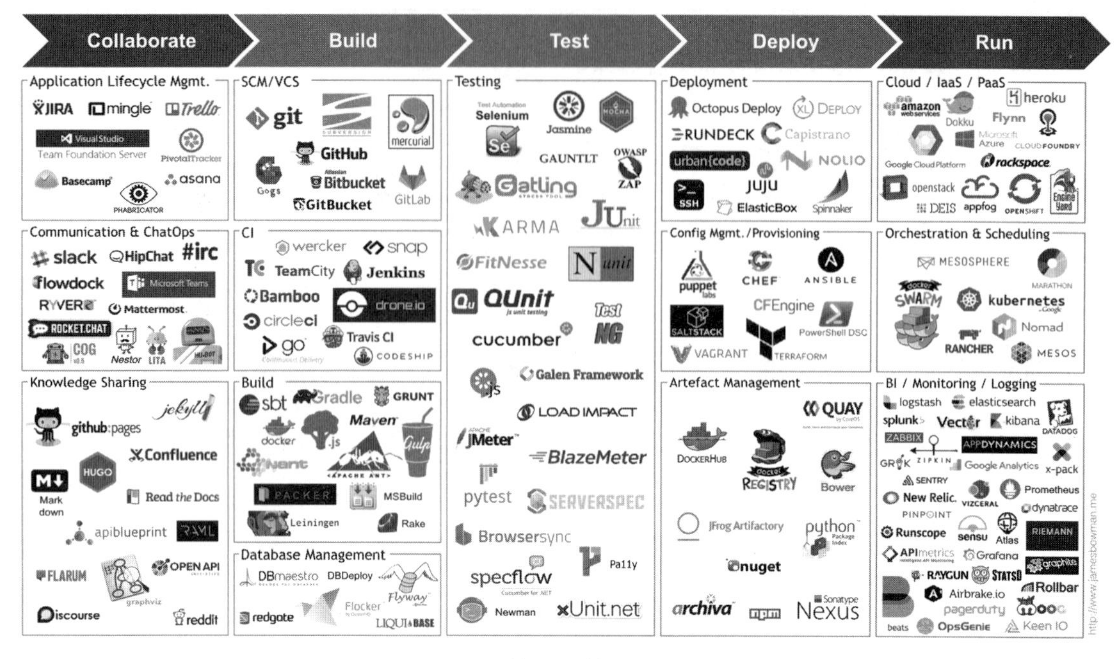

图 7-4　持续交付工具生态

图片出处：http://www.jamesbowman.me/post/continuous-delivery-tool-landscape/

- 如果企业已经在使用某些工具，不一定要全部废弃，而是要结合目前已经使用的工具链进行扩充和改进。如果选用新工具替换，最好确保新工具中包含此企业目前使用工具的特性。
- 考察工具的成熟度和易用性，最好能满足大多数人的需求。
- 考察工具是开源的还是由某个特定厂商提供，如果是开源的，考察社区是否健康活跃。
- 考察工具是否可以很容易地定制扩展，毕竟不是所有工具都能满足企业所有需求，需要工具有可定制的能力。

值得提醒的是，DevOps 的成功与否不是由工具决定的，不要试图通过工具解决人文的问题。例如一个公司使用特殊的应用软件，但不知道如何进行配置管理，出现故障时无法对环境问题快速做出响应，导致业务不可用，从而损失收入，这是流程上的失败。如果流程健全，只要选择的工具能完成我们要求的工作，具体使用什么工具并不重要。

下面我们就看看 DevOps 的另一个要素——流程与规范。

7.2.3　流程与规范

1. 流程

在 DevOps 中想要实现快速、高质量的业务交付，流程是至关重要的。流程包含整个软件从需求提出到产品上线投产全套生命周期的所有环节，如需求提出、代码提交、上线流程等。流程用于指导组织中各角色之间如何协作以及各环节可能使用的工具等。典型的 DevOps 流程如图 7-5 所示。

图 7-5　DevOps 流程图

在图 7-5 中的 DevOps 流程包括产品立项、需求分析、应用设计、开发、测试、持续发布、生产运维、迭代回顾 8 个环节。在概念阶段完成产品立项评审之后，进入迭代 0 阶段，每个迭代包括 7 个环节，即需求分析、应用设计、开发、测试、持续发布、生产运维和迭代回顾。

在迭代 0 阶段完成后，进入迭代 1 阶段，再次从需求分析开始，而且每次迭代需要总结上次迭代的经验和教训，改进流程和代码质量。通常情况下，每个迭代定义 2 到 4 周的时间。这样除了产品立项外，其余 7 个环节形成反馈闭环，不断迭代，实现敏捷交付，并通过反馈机制不断完善流程和产品。

主流程定义清楚之后，需要对每个环节进行详细的流程设计，并将角色和工作职责映射到各个环节中。下面以需求分析为例说明如何细化流程，其余环节设计将在第 8 章说明。

需求分析环节包含三个阶段：需求收集流程、需求列表输出、用户故事编写。

（1）需求收集流程

这个阶段涉及的角色有业务需求方和产品经理，负责收集需求，输出待讨论需求列表。各角色的职责如下：

- 业务需求方职责：基于业务需要提出需求。
- 产品经理职责：基于业务、行业研究等提出需求，采集需求，输出待讨论需求列表。

（2）需求列表输出

这个阶段涉及的角色有业务需求方、产品经理、开发经理，负责讨论需求列表，确定本轮迭代的业务目标。各角色的职责如下：

- 业务需求方：参与需求讨论，对业务需求进行澄清；对业务需求优先级进行判断 / 排序。
- 产品经理：组织 / 主持迭代需求讨论会；给出本轮迭代的业务目标；参与需求讨论，输出最终的迭代需求列表。
- 开发经理：给出开发测试团队的生产能力说明；参与需求讨论，了解需求并判断可实现性。

（3）用户故事编写

这个阶段涉及的角色有业务需求方和产品经理，负责编写用户故事。各角色的职责如下：

- 业务需求方：编写用户故事。
- 产品经理：负责用户故事相关不清晰的需求的澄清。

2. 规范

规范是保证团队协作有序进行的先决条件。虽然在流程中已经明确了团队中各角色在不同环节中的工作范围，但是并没有定义如何工作以及交付物规格等。例如需求收集环节，只有流程还是没办法运作，还需要规范来指导工作，如敏捷需求分解规范、用户故事编写规范、需求输出表等。

在主流程中的所有环节都需要有规范来指导工作并定义输出物模板。其中也包含一些非常关键的规范，如 Git 分支管理规范、配置管理规范等。

7.2.4 文化与持续改进

1. 文化

在 Martin Fowler 的博客（https://martinfowler.com/bliki/DevOpsCulture.html）上描述了 DevOps 文化。他认为 DevOps 文化的主要特征是增加了开发和运维的合作，为了支持这种合作的发生，需要在团队内部的文化和企业组织的文化上进行两方面的调整。

❑ 责任共担（Shared Responsibility）

在团队内部，责任共担会鼓励合作。责任边界清晰会促进每个人都倾向于做好分内事，而不会关心工作流上游或者是工作流下游里别人的事。

如果在系统上线后开发团队无须对系统进行维护，他们自然对运维没有兴趣。只有让开发团队全程介入整个开发到运维的流程，他们才能对运维的痛点感同身受，在开发过程中加入对运维的考量。此外，开发团队还会从对生产环境的监控中发现新的需求。

如果运维团队分担开发团队的业务目标和责任，他们就会更加理解开发团队对运维的要求并且和开发团队合作得更加紧密。然而在实践中，合作经常起始于开发团队产生的产品运维意识（例如部署和监控），以及在开发过程向运维团队学习到的实践和自动化工具。

❑ 没有组织孤岛（No Silos）

从组织方面讲，需要调整组织结构，使得在开发和运维之间没有孤岛。适当调整资源的结构，让运维的同事在早期就加入团队并一起工作对构建合作的文化是非常有帮助的。而“交接”和“审批”并不是一个责任共担的工作方式。这不会导致开发团队和运维团队合作，反而会形成指责的文化。所以，开发和运维的团队都必须要对系统变更的成败负责。当然，这会导致开发和运维的分界线越来越模糊。

2. 持续改进

持续改进主要是指在 DevOps 实现上不断探索，根据各个团队的实施情况和结果来对流程和服务持续改进，使开发和运维就像系统自身一样，紧密地工作在一起。另外，建立有效的 DevOps 持续改进看板有助于曝光潜在需要改进的点。

7.2.5 总结

DevOps 的实现需要从企业内部以及个人做出改进，每个企业的文化和特性不同，改进的方式和方法也不一样，并没有唯一的标准实现。需要企业有着“冒险”的精神去不断尝试，在尝试中学习经验、不断改进，直到达到既定的预期目标。文化的改变是困难的，这并不是一个一蹴而就的行为，需要不断坚持才会有效果。

根据我们的实施经验，在传统企业中，技术方面的实践相对容易、流程次之、组织的优化与变革最为艰难，而且不能立马见效；在企业落地 DevOps 时可以由易入难，逐步递进。

下面就先介绍实践起来相对简单的 CI/CD，在 OpenShift 上实现快速的应用构建和部署。

7.3 基于 OpenShift 实现 CI/CD 的几种方式

持续集成（Continuous Integration，CI）是指代码集成到主干之前必须全部通过自动化测试，只要有一个测试用例失败，就不能集成。持续集成要实现的目标是在保持高质量的基础上让产品可以快速迭代。持续交付（Continuous Delivery，CD）是指开发人员频繁地将软件的新版本交付给质量团队或者用户以供评审。如果评审通过，代码就被发布；如果评审不通过，那么需要开发进行变更后再提交。CI/CD 的技术实现就是 OpenShift 快速构建和部署应用。

OpenShift 有多种方法实现构建和部署一个应用程序，在选择部署方式时需要参照如下考量点：

- 现有的开发流程：现有的开发生态系统和流程是什么？比如是否已经在使用 Jenkins、Nexus 等工具。
- 开发人员对容器和 CI/CD 的熟悉程度：是否由开发人员管理容器 Dockerfile 或 Jenkins Pipeline？
- 运维或技术专家的参与度：他们是否需要定制基础镜像或添加特殊配置的部署模板。
- 是否需要建立不同流程的流水线以便适应多个开发团队？
- 是否使用云原生构建？

本节我们将以一个 Jboss EAP 应用为例，介绍在 OpenShift 构建和部署应用程序的多种方法。但是这些方法只代表了在 OpenShift 上部署应用的 8 种主要方式，通过调整一些配置，我们可以衍生出很多种方法。在 OpenShift 上构建和部署应用的 8 种方式如下：

1）使用 OpenShift 提供的 S2I 模板构建和部署应用。

2）使用自定义的 S2I 模板构建和部署应用。

3）自定义 Binary 构建和部署应用。

4）不包含源代码构建 Pipeline 和部署应用。

5）包含源代码构建 Pipeline 和部署应用。

6）使用云原生 CI/CD Tekton 实现构建和部署应用。

7）直接通过 IDE 构建和部署应用。

8）使用 Maven 的 Fabric8 插件构建和部署应用。

在 8 种方法中，使用 Maven 的 Fabric8 插件部署已经不太常用，而通过 IDE 部署与默认 S2I 模板部署没有本质区别，因此本书不再赘述，本节将主要介绍前 6 种方式。

关于第 1 版中介绍的如何在 OpenShift 中实现共享 Jenkins 请见 Repo 中“OpenShift 中

Jenkins 工作方式的选择”文档。

使用 OpenShift 提供的 S2I 模板和直接使用 OpenShift 提供的 S2I Builder 镜像在底层实现无本质区别，但使用 S2I 模板可以大大降低构建和部署应用的复杂度。第 4 章已经介绍了 S2I 的原理和实现方式，使用 S2I 模板构建的部署应用流程如图 7-6 所示。

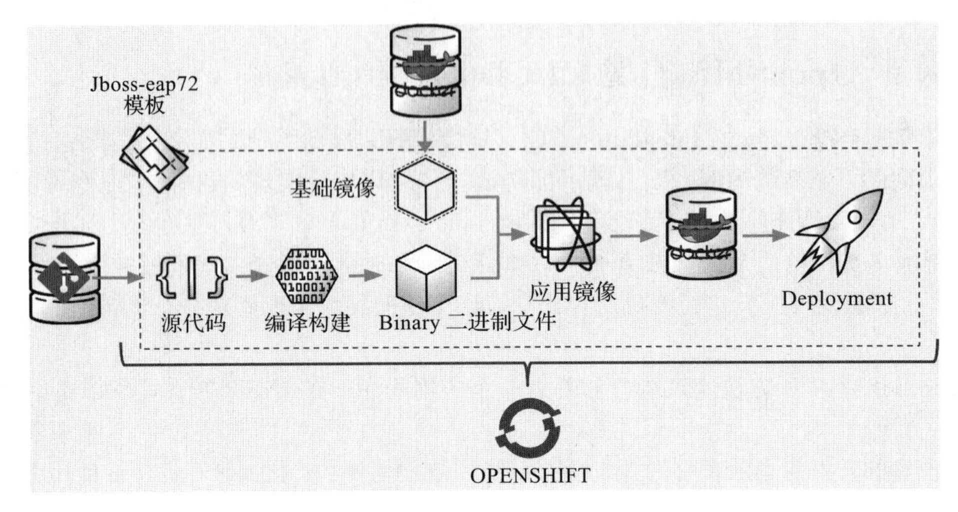

图 7-6 S2I 流程图

对于本章的应用代码，我们解释通过 S2I 模板实现构建和部署应用的步骤：

- 源代码存放在代码托管仓库（SCM）中，如 GitHub、BitBucket 等。默认仅支持基于 Git 协议的代码仓库。
- 选择的 Jboss-eap72 的模板中定义了构建需要使用的基础镜像、源代码地址等。模板实例化后，Builder 容器拉取源代码并启动基础镜像容器，将源代码复制到基础镜像中。模板中引用的基础镜像仓库地址取决于 OpenShift 项目下 ImageStream jboss-eap72-openshift 中定义的镜像仓库地址。
- 调用基础镜像中的 S2I 脚本完成源代码编译构建并将构建生成的应用 Binary 部署到 EAP 的 deployment 目录。
- 将包含应用 Binary 的基础镜像重新构建生成应用镜像，并推送到镜像仓库。应用镜像推送的镜像仓库地址由模板中 BuildConfig 对象的 output 字段决定，默认推送到 OpenShift 内部镜像仓库。
- Deployment 将应用镜像部署，镜像中应用启动提供服务。

在 OpenShift 上实现上述流程的操作过程。

- 登录 OpenShift 界面，点击“ + Create Project”新建项目，例如 myapp。项目创建后点击进入项目中，切换到 Developer 界面。
- 选择“+ADD”，选择“From Catalog”，选择“Jboss EAP 7.2”模板，如图 7-7 所示。
- 进入模板参数配置界面，输入必要的参数：应用名称（如 myapp）、源代码仓库地址

（如 https://github.com/ocp-msa-devops/openshift-tasks.git）、分支名（如 eap-7）、其他构建相关的环境变量（如 MAVEN_MIRROR_URL），如图 7-8 所示。

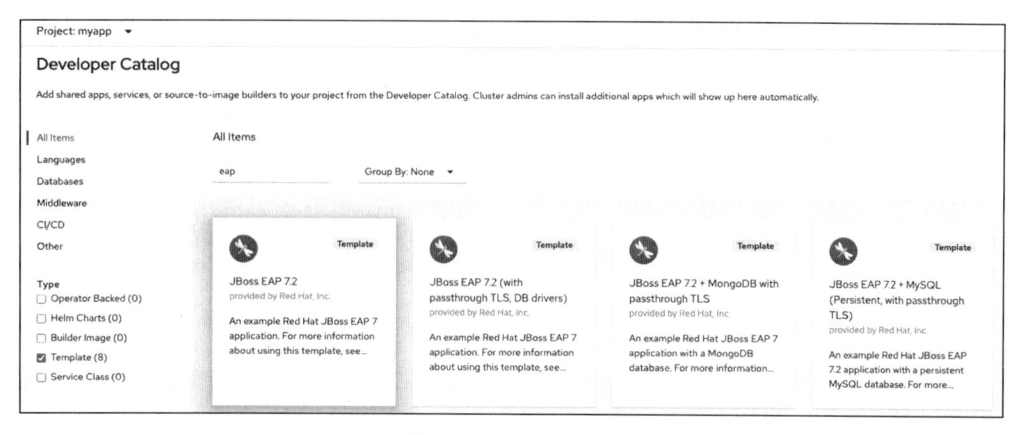

图 7-7　选择应用模板

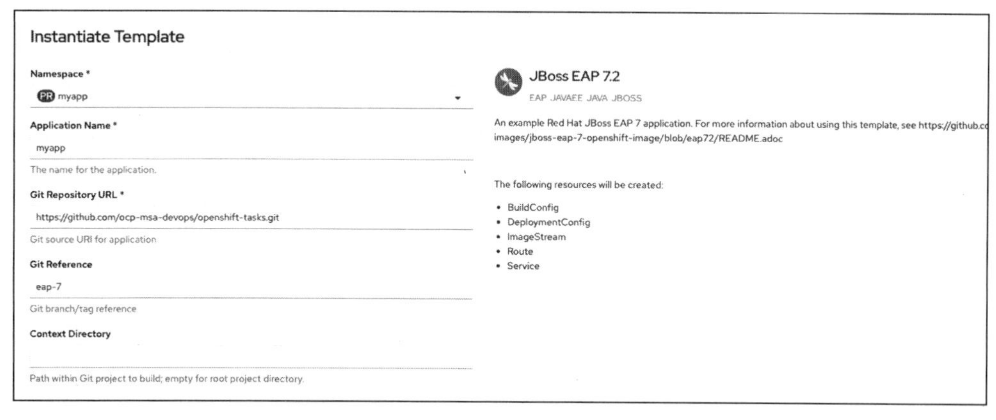

图 7-8　配置模板参数

❑ 点击“Create”，模板实例化完成，S2I 构建启动。

下载源代码和基础镜像，如图 7-9 所示。

```
118 lines
Cloning "https://github.com/ocp-msa-devops/openshift-tasks.git" ...
        Commit: bce83ce1269b69bac7b475971ea8163d6d7c7856 (updated wildfly to wildfly 12)
        Author: Siamak <ssadeghi@redhat.com>
        Date:   Fri Oct 5 11:59:28 2018 +0200
Caching blobs under "/var/cache/blobs".
Getting image source signatures
Copying blob sha256:31114e120ca0c7dc51e01721c5a689a614edb6c86de11301d503c72be1540c79
Copying blob sha256:3daa086d507c054341d9980d84f236e721560ce925004630866944a0f621328e
Copying blob sha256:c9281c141a1bfec06e291d2ad29bfdedfd10a99d583fc0f48d3c26723ebe0761
Copying config sha256:0ca74131731170b3962ade78d7553ad101746b5053bcbc3ed1a3f4ef9f1ded0d
Writing manifest to image destination
Storing signatures
Getting image source signatures
Copying blob sha256:31114e120ca0c7dc51e01721c5a689a614edb6c86de11301d503c72be1540c79
Copying blob sha256:3daa086d507c054341d9980d84f236e721560ce925004630866944a0f621328e
Copying blob sha256:c9281c141a1bfec06e291d2ad29bfdedfd10a99d583fc0f48d3c26723ebe0761
```

图 7-9　拉取基础镜像和源代码

使用 Maven 构建源代码，并部署应用到 EAP deployment 目录，如图 7-10 和图 7-11 所示。

```
123 lines
INFO Performing Maven build in /tmp/src
INFO Using MAVEN_OPTS -XX:+UseParallelOldGC -XX:MinHeapFreeRatio=10 -XX:MaxHeapFreeRatio=20 -XX:GCTimeRatio=4 -XX:AdaptiveSizePolicyWeight=90 -XX:Ma
OpenJDK 64-Bit Server VM warning: If the number of processors is expected to increase from one, then you should configure the number of parallel GC
INFO Using [1mApache Maven 3.5.0 (Red Hat 3.5.0-4.3) [m
Maven home: /opt/rh/rh-maven35/root/usr/share/maven
Java version: 1.8.0_222, vendor: Oracle Corporation
Java home: /usr/lib/jvm/java-1.8.0-openjdk-1.8.0.222.b10-1.el7_7.x86_64/jre
Default locale: en_US, platform encoding: ANSI_X3.4-1968
OS name: "linux", version: "4.18.0-193.14.3.el8_2.x86_64", arch: "amd64", family: "unix"
INFO Running 'mvn -e -Popenshift -DskipTests -Dcom.redhat.xpaas.repo.redhatga -Dfabric8.skip=true --batch-mode -Djava.net.preferIPv4Stack=true -s /h
OpenJDK 64-Bit Server VM warning: If the number of processors is expected to increase from one, then you should configure the number of parallel GC
[INFO] Error stacktraces are turned on.
[INFO] Scanning for projects...
[INFO]
[INFO] ------------------------------------------------------------------------
[INFO] Building JBoss EAP - Tasks JAX-RS App 7.0.0-SNAPSHOT
```

图 7-10 构建源代码

```
123 lines
[INFO] Webapp assembled in [70 msecs]
[INFO] Building war: /tmp/src/deployments/ROOT.war
[INFO] ------------------------------------------------------------------------
[INFO] BUILD SUCCESS
[INFO] ------------------------------------------------------------------------
[INFO] Total time: 2.923 s
[INFO] Finished at: 2020-09-10T07:07:19Z
[INFO] Final Memory: 21M/63M
[INFO] ------------------------------------------------------------------------
INFO Copying deployments from target to /deployments...
INFO Copying configuration from configuration to /opt/eap/standalone/configuration...
application-roles.properties
application-users.properties
cicd-settings-nexus3.xml
cicd-settings.xml
INFO Copying deployments from deployments to /deployments...
```

图 7-11 部署应用到指定目录

将构建完成的应用镜像推送到内部镜像仓库，如图 7-12 所示。

```
123 lines
Writing manifest to image destination
Storing signatures
--> 99927aca36f
99927aca36f99429087d1fd8aad2522f6f8054b4a88906c7b9a322ecfb182d7d

Pushing image image-registry.openshift-image-registry.svc:5000/myapp/myapp:latest ...
Getting image source signatures
Copying blob sha256:9ed455f18e93ca718cc8b06ab448c34ae91b4b3e48fe3305cedde3b2f218b540
Copying blob sha256:31114e120ca0c7dc51e01721c5a689a614edb6c86de11301d503c72be1540c79
Copying blob sha256:c9281c141a1bfec06e291d2ad29bfdedfd10a99d583fc0f48d3c26723ebe0761
Copying blob sha256:3daa086d507c054341d9980d84f236e721560ce925004630866944a0f621328e
Copying config sha256:99927aca36f99429087d1fd8aad2522f6f8054b4a88906c7b9a322ecfb182d7d
Writing manifest to image destination
Storing signatures
Successfully pushed image-registry.openshift-image-registry.svc:5000/myapp/myapp@sha256:ddff0df611e1378ea41f044d8b2a1b6556631e2a81496c7f3b313d8e5823f377
Push successful
```

图 7-12 推送镜像到内部镜像仓库

应用镜像推送到内部镜像仓库，默认情况下 DeploymentConfig 被自动触发部署应用镜像，如图 7-13 所示。

很快应用部署完成，如图 7-14 所示。

访问应用发布的 URL，如图 7-15 所示。

这种方法采用的是原生模板创建 S2I 构建，是 OpenShift 默认的从源代码开始构建应用镜像的方式。这种方式有很多优点，比如无编译语言限制，可以与源码库联动等。不足之处在于 S2I 的使用习惯与传统 Jenkins 的构建方式不同，需要开发人员熟悉 S2I，但难度并不大。

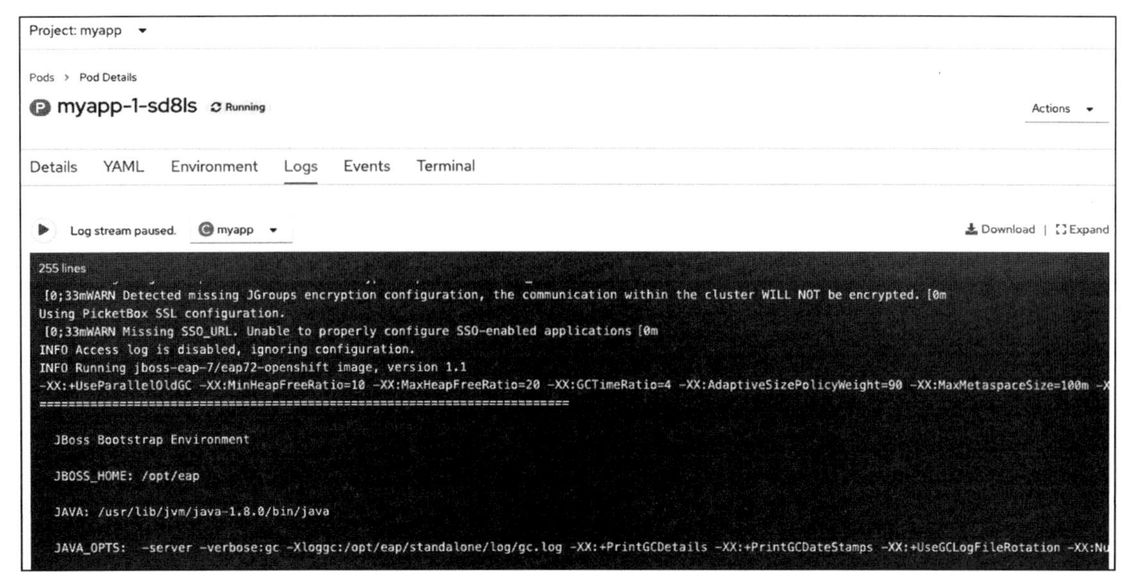

图 7-13　应用部署日志

图 7-14　应用 Pod 状态

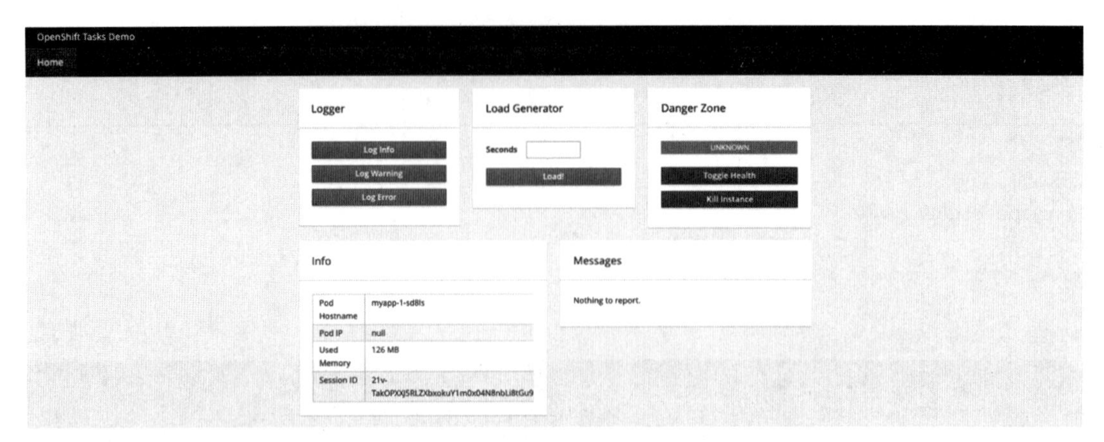

图 7-15　应用访问界面

7.3.1　使用自定义的 S2I 模板

使用自定义的 S2I 模板方式构建和部署应用，是基于 OpenShift 提供模板定制自己的模板。自定义模板可以灵活地编排一组应用，并且自定义应用需要的任何参数，使得开发人员简化企业应用的部署。

在讲解 OpenShift 模板自定义之前，首先解析 OpenShift 模板的构成。

1. OpenShift 模板解析

在 OpenShift 中创建应用通常包含多个资源对象，如 BuildConfig、DeploymentConfig、Service、Route 等，OpenShift template（OpenShift 模板）提供了一种保存多个资源配置的模板，并且可以设置模板参数，这样用户可以直接使用模板创建多个资源，完成应用的构建部署。

OpenShift 默认提供的模板全部存放在名为 openshift 的项目中，该项目为资源共享项目，项目中的所有 Template 和 ImageStream 都可以被其他项目使用。如果模板不公开化，则需要将模板创建在私有的项目中，而非 Openshift 项目。

OpenShift 模板分为三部分：

- 模板元数据：这部分与其他资源对象一致，用于定义模板的名称、label。
- 模板包含的资源对象：如 Service，这部分可以定义所有 OpenShift 支持的资源对象，而且与单独定义资源对象的字段没有任何区别。
- 模板参数：这部分定义了模板可以传入的参数，定义参数的目的是将第二部分中资源对象的某些字段参数化，这样在实例化模板时就可以根据需要确定这些参数的值，如应用连接数据库的 IP 地址。

下面以 OpenShift 自带的部署 mysql 的模板实例进行说明（仅显示部分内容）。

第一部分定义：定义当前资源类型为 Template，并设定 label、annotation、metadata 等。如定义模板名称为 mysql-ephemeral。

```
apiVersion: template.openshift.io/v1
kind: Template
labels:
  template: mysql-ephemeral-template
metadata:
  name: mysql-ephemeral
……
```

第二部分定义：定义模板中包含的资源对象，如本示例中定义了 Secret、Service、Deploy-mnetConfig。注意，模板中所有资源对象的 name 均使用变量定义，这样可以在实例化模板时指定 mysql 应用的名称，保证模板的复用性和通用性。

```
objects:
- apiVersion: v1
  kind: Secret
  metadata:
    name: ${DATABASE_SERVICE_NAME}
    ……
- apiVersion: v1
  kind: Service
  metadata:
    name: ${DATABASE_SERVICE_NAME}
  ……
- apiVersion: v1
  kind: DeploymentConfig
  metadata:
    name: ${DATABASE_SERVICE_NAME}
  ……
```

第三部分定义：声明模板需要传入的参数，参数使用 ${variable_name} 的格式引用。同时可以使用 value 字段定义参数的默认值。

```
parameters:
- description: The name of the OpenShift Service exposed for the database.
  displayName: Database Service Name
  name: DATABASE_SERVICE_NAME
  required: true
  value: mysql
……
```

从上述解析中可以看出，模板的定义中最重要的是资源对象定义和参数定义。创建应用模板首先要明确应用需要哪些资源对象，然后再将影响模板复用性和通用性的字段参数化。

2. 自定义 OpenShift 模板

在 OpenShift 中，自定义模板的方法有如下两种：

- 将 OpenShift 资源对象导出生成模板。
- 修改 OpenShift 默认模板完成自定义。

常用的简单方法是直接修改 OpenShift 提供的默认模板，这也是本书主要使用的方式。将 OpenShift 资源对象导出生成模板的方法相对复杂，在导出资源之后需要进行大量的参数修改，工作量相对较大。

OpenShift 默认模板全部存放于 openshift 项目下，我们需要先导出想要修改的模板，以 Jboss EAP 7.2 为例。注意在 OpenShift 界面上显示的名称为模板 annotations 中定义 openshift.io/display-name 的值，openshift 项目下的实际模板名称为 eap72-basic-s2i。

导出模板 eap72-basic-s2i，以 yaml 格式为例。

```
# oc get template/eap72-basic-s2i -o yaml --export > myapp-template.yaml
```

自定义模板的主要工作就是修改导出的 yaml 文件，模板的资源对象定义和参数定义部分可自定义需求进行修改，模板的元数据部分主要需要修改如下内容。

- 模板名称：必须修改。
- 模板 label：修改 label 保证唯一性。
- 模板 message：描述模板信息。
- 模板显示名称：必须修改，保证在界面显示的名称唯一。
- 删除 metadata 中的 selfLink。

我们以一个实际场景来演示操作过程。在 7.3.1 节中使用的默认 s2i 模板中有很多参数对于 myapp 应用来说是完全没必要的，我们自定义模板以简化开发人员参数的输入。

修改后的 myapp-template.yaml 存放在 Repo 中 openshift-cicd-template 目录文档。

将修改好的模板在新创建的 myapp 项目中部署。

```
# oc project myapp
# oc create -f https://raw.githubusercontent.com/ocp-msa-devops/Version-2/master/
  Chapter7/openshift-cicd-template/myapp-template.yaml
```

创建自定义模板之后，同样在界面选择“Myapp EAP 7.2”，如图 7-16 所示。

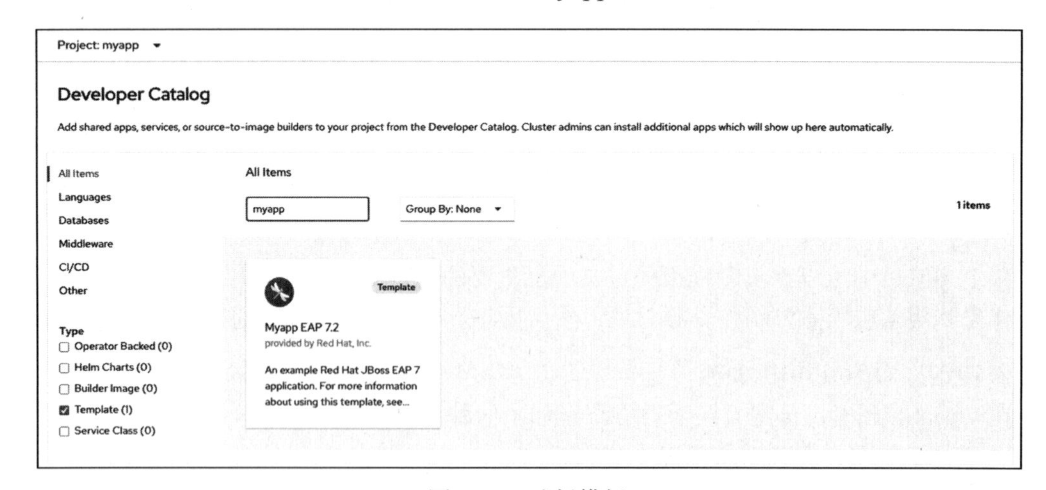

图 7-16 选择模板

需要填写的参数已经被简化为 3 个，而且默认值符合我们的需求。直接点击“Create”即可，如图 7-17 所示。

Instantiate Template

Namespace *

PR myapp

Application Name *

myapp

The name for the application.

Git Repository URL *

https://github.com/ocp-msa-devops/openshift-tasks.git

Git source URI for application

Git Reference

eap-7

Git branch/tag reference

Create Cancel

Myapp EAP 7.2

EAP JAVAEE JAVA JBOSS

An example Red Hat JBoss EAP 7 application. For more information about using this template, see https://github.com/jboss-container-images/jboss-eap-7-openshift-image/blob/eap72/README.adoc

The following resources will be created:

- BuildConfig
- DeploymentConfig
- ImageStream
- Route
- Service

图 7-17 应用模板参数

创建之后，执行流程与使用默认 S2I 模板完全一致，等待数分钟后，应用正确启动。

使用 S2I 模板来构建和部署应用这种方法，本质上与使用原生模板的 S2I 无本质区别，但是在部署应用时，需要填写的参数与默认的模板都大大简化。这种方式的优势在于可以在原有的 S2I 模板基础上进行定制化改造以适配要部署的应用，如在同一个模板中发布所有相关联的应用。

7.3.2 自定义模板实现 Binary 部署

自定义模板实现 Binary 部署方法是 S2I 的一个变种，使用自定义模板实现二进制部署，简称 B2I（Binary-to-Image），它与 S2I 的区别在于注入的源交付物是二进制包（通常是 War 或 Jar 包）。这种方法很好地说明了 S2I 强大的定制能力，我们需要使用的自定义 S2I 脚本位于仓库 https://github.com/ocp-msa-devops/openshift-binary-deploy.git 中。

这种方法需要在外部实现应用代码构建，构建的方法可以是手动构建或 Jenkins 构建，对于模板来说，仅仅需要提供一个获取 War 的 URL 地址，示例流程如图 7-18 所示。

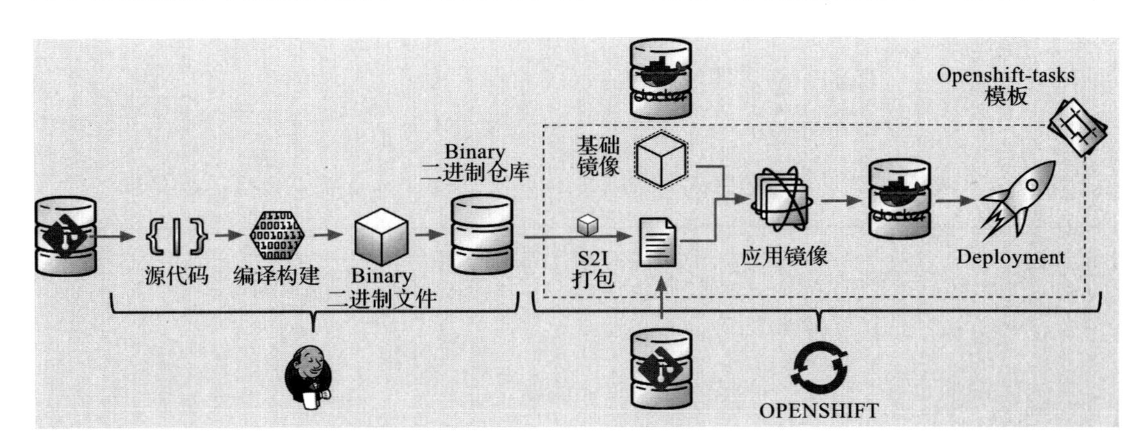

图 7-18 Binary 部署流程图

我们发布一个应用，应用的构建过程由 Jenkins 完成，生成 Binary 二进制文件，然后将 War 包保存到二进制仓库中。当客户的 IT 人员想部署应用时，直接从 War 包进行部署，也就是将 War 包拷贝到 EAP 的 deployment 目录下生成应用镜像。

这样做的好处是开发人员不需要改变原本使用的 Jenkins 构建流程。

整个流程：

- 通过 Jenkins 完成应用构建生成 War 包。
- 通过 Openshift B2I 生成应用镜像（将 War 包注入 Builder 镜像中）。

下面以 openshift-tasks 应用为例说明实现的具体过程。

1. 部署 Jenkins 实例

OpenShift 提供了 Jenkins 的模板，可以很容易地创建一个 Jenkins 实例。在界面选择“Jenkins（Ephemeral）”，如图 7-19 所示。

等待 Jenkins 实例启动成功，如图 7-20 所示。

登录 Jenkins，进入 Jenkins– 系统管理 – 全局工具配置，安装配置 Maven 环境，如图 7-21 所示。

进入插件管理，安装 Maven 相关插件，如图 7-22 所示。

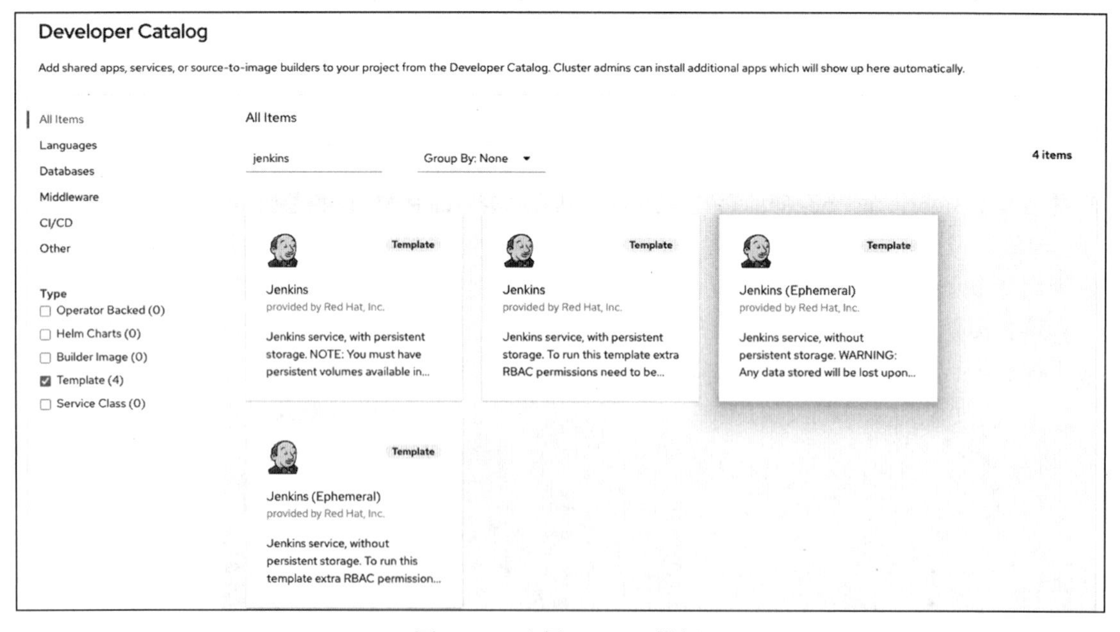

图 7-19 选择 Jenkins 模板

图 7-20　Jenkins Pod 状态

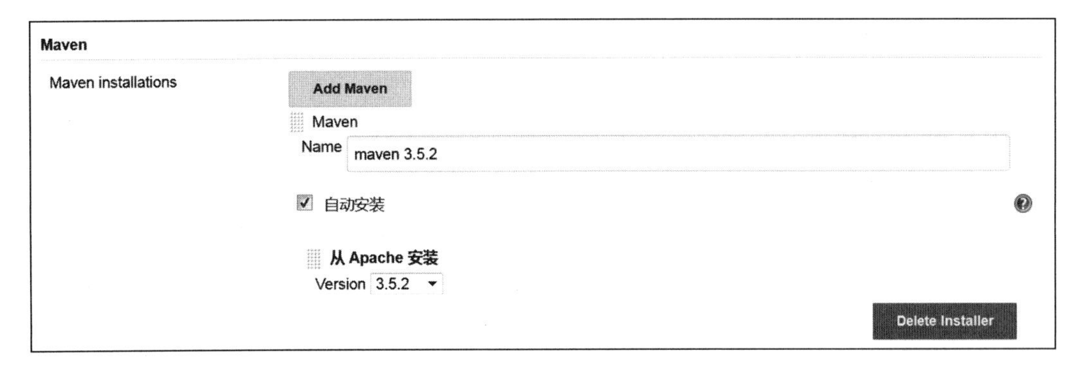

图 7-21　Jenkins 添加 Maven

	Plugin	Version		
	Maven Integration plugin This plug-in provides, for better and for worse, a deep integration of Jenkins and Maven: Automatic triggers between projects depending on SNAPSHOTs, automated configuration of various Jenkins publishers (Junit, ...).	3.2	Downgrade to 3.2	Uninstall
☑	Maven Invoker plugin Reports on Maven Invoker it tests	2.4		Uninstall
☑	Maven Metadata Plugin for Jenkins CI server Adds a build parameter that presents versions of an artifact from a maven repository as a drop down list.	2.0.0		Uninstall
	Maven Release Plug-in Plug-in A plug-in that enables you to perform releases using the maven-release-plugin from Jenkins.	0.14.0	Downgrade to 0.14.0	Uninstall
☑	Maven Repository Scheduled Cleanup Plugin	1.2		Uninstall
☑	Maven Repository Server Plugin This plug-in exposes project builds as a maven repository so the artifacts	1.3		Uninstall

图 7-22　Jenkins 安装 Maven 相关插件

创建 Jenkins 项目 binary-build，如图 7-23 所示。

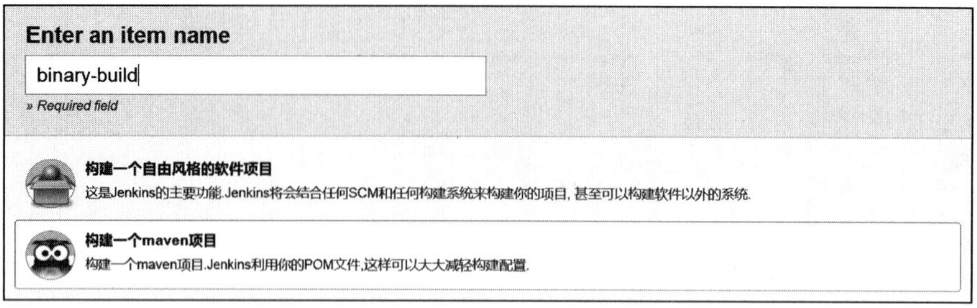

Enter an item name

binary-build

» Required field

构建一个自由风格的软件项目

这是Jenkins的主要功能.Jenkins将会结合任何SCM和任何构建系统来构建你的项目, 甚至可以构建软件以外的系统.

构建一个maven项目

构建一个maven项目.Jenkins利用你的POM文件,这样可以大大减轻构建配置.

图 7-23 新建 Jenkins Job

指定源代码地址和分支，如图 7-24 所示。

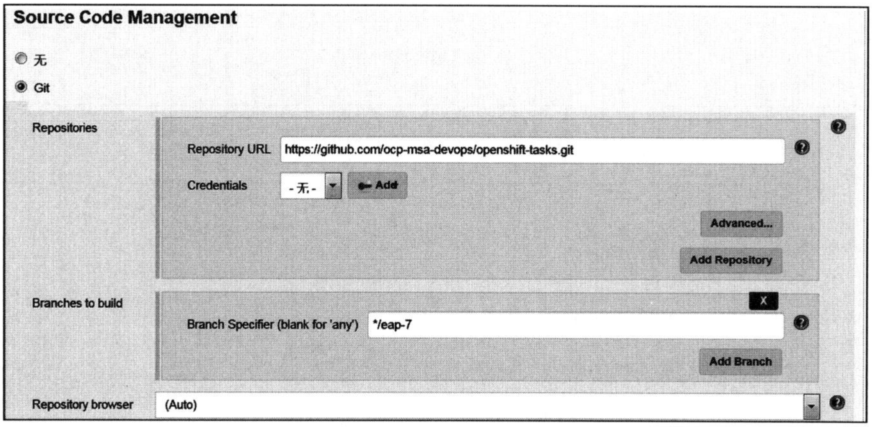

Source Code Management

无

Git

Repositories

Repository URL https://github.com/ocp-msa-devops/openshift-tasks.git

Credentials - 无 - Add

Advanced...

Add Repository

Branches to build

Branch Specifier (blank for 'any') */eap-7

Add Branch

Repository browser (Auto)

图 7-24 Jenkins 配置源码仓库

在构建区域设置构建参数 -e -DskipTests -Dcom.redhat.xpaas.repo.redhatga package --batch-mode -Djava.net.preferIPv4Stack=true -Dcom.redhat.xpaas.repo.jbossorg，如图 7-25 所示。

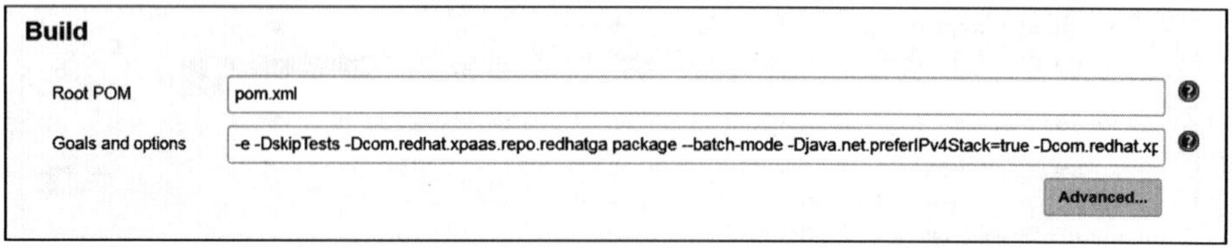

Build

Root POM pom.xml

Goals and options -e -DskipTests -Dcom.redhat.xpaas.repo.redhatga package --batch-mode -Djava.net.preferIPv4Stack=true -Dcom.redhat.xp

Advanced...

图 7-25 Jenkins 设置构建参数

源代码构建生成 Binary 之后需要上传到 HTTP Server 上，如发布到二进制库 Nexus 中。这里为了简便，在 Jenkins 中通过设定 Post Steps 将构建生成的 openshift-tasks.war 拷贝到 userContent 下，使用 Jenkins 的 HTTP Server 实现，如图 7-26 所示。

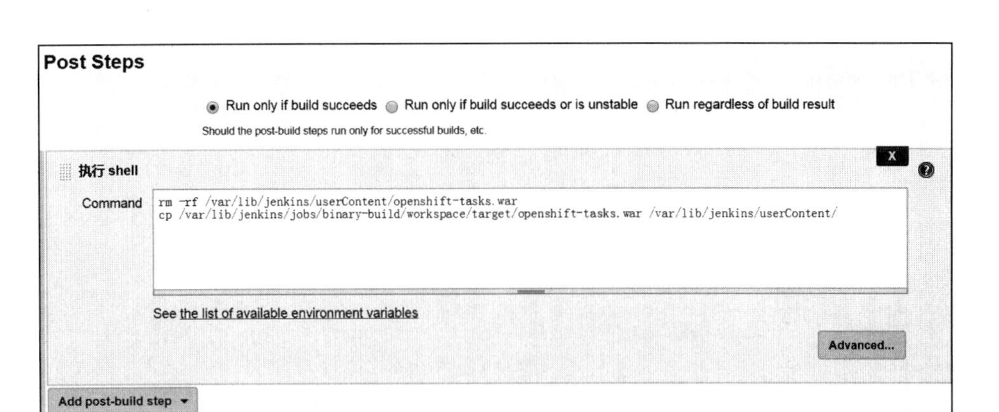

图 7-26　Jenkins 设置构建后操作

保存任务，触发 Jenkins 构建，任务启动，如图 7-27 所示。

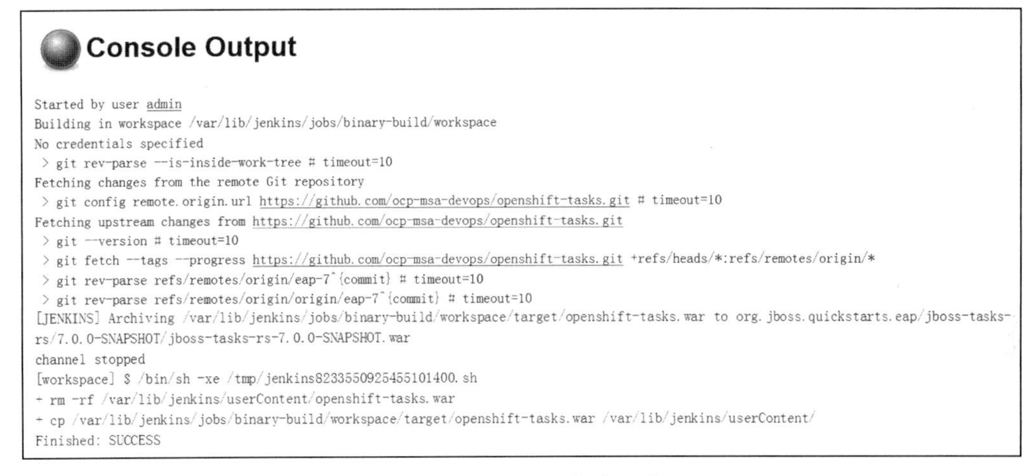

图 7-27　Jenkins 构建日志

2. 使用 B2I 模板创建应用

修改之前自定义 myapp-template.yaml 模板文件实现二进制部署，模板文件存放在 Repo 中 openshift-cicd-template 仓库中。

创建自定义模板。

```
# oc create -f https://raw.githubusercontent.com/ocp-msa-devops/openshift-cicd-
  template/master/myapp-binary-template.yaml
```

创建自定义模板之后，同样在界面选择“Myapp Binary deploy”，如图 7-28 所示。

填入必要的参数，如图 7-29 所示。

最后两个参数需要通过 Jenkins 获取用户名和 Token 的方法，如图 7-30 所示。

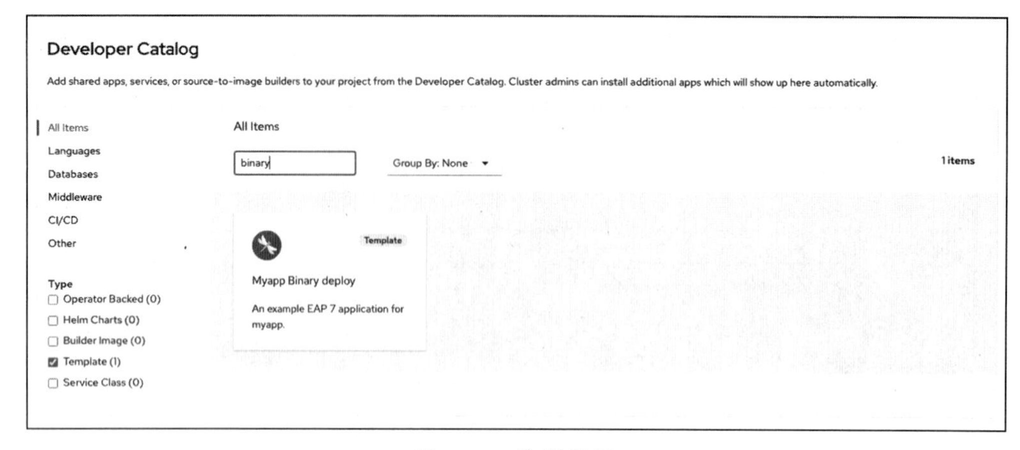

图 7-28　选择模板

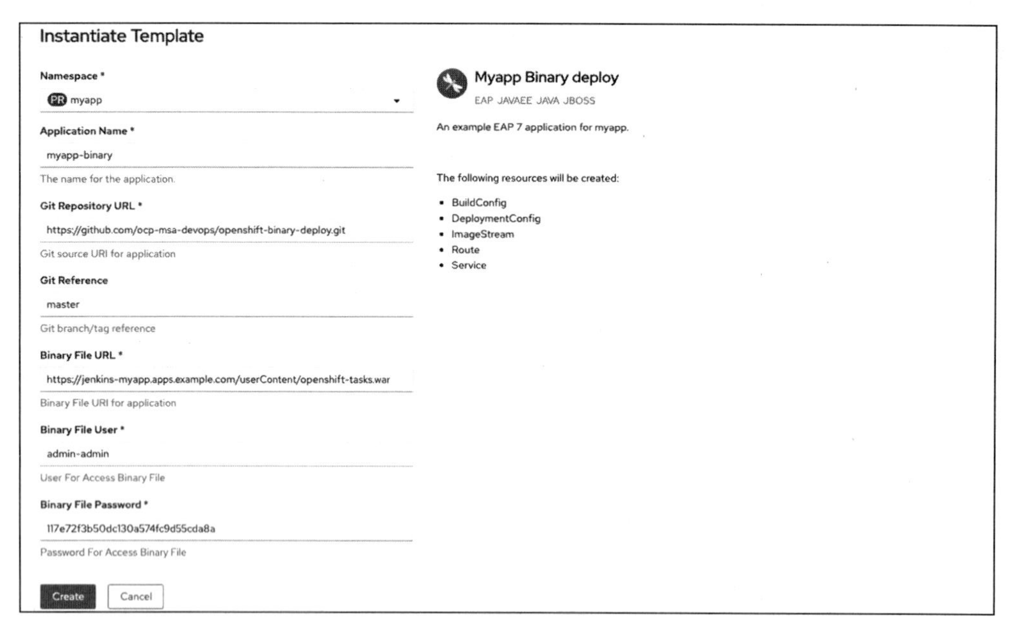

图 7-29　填写应用参数

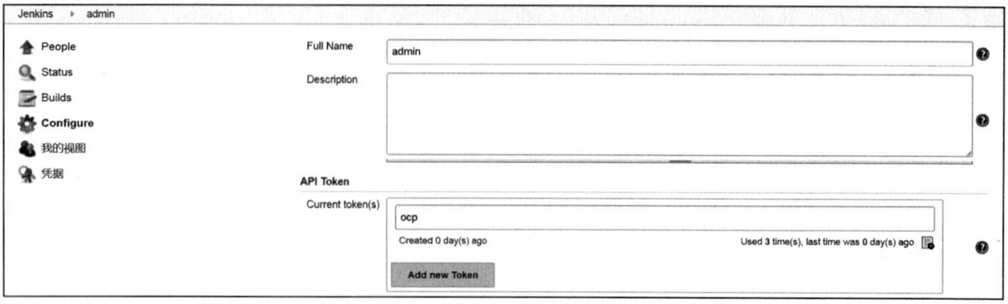

Jenkins › admin

People
Status
Builds
Configure
我的视图
凭据

Full Name: admin
Description
API Token
Current token(s): ocp
Created 0 day(s) ago
Used 3 time(s), last time was 0 day(s) ago
Add new Token

图 7-30　获取 Jenkins Token

模板创建之后查看应用构建过程如图 7-31 所示。

```
Cloning "https://github.com/ocp-msa-devops/openshift-binary-deploy.git" ...
        Commit: 41ac78728e85d23ccd320e08510225af6dbc4359 (Update assemble)
        Author: Yuejun <gyj0825@163.com>
        Date:   Sun Mar 10 23:04:39 2019 +0800
Caching blobs under "/var/cache/blobs".
Getting image source signatures
Copying blob sha256:31114e120ca0c7dc51e01721c5a689a614edb6c86de11301d503c72be1540c79
Copying blob sha256:3daa086d507c054341d9980d84f236e721560ce925004630866944a0f621328e
Copying blob sha256:c9281c141a1bfec06e291d2ad29bfdedfd10a99d583fc0f48d3c26723ebe0761
Copying config sha256:0ca74131731170b3962ade78d7553ad101746b5053bcbc3ed1a3f4ef9f1ded0d
Writing manifest to image destination
Storing signatures
Getting image source signatures
Copying blob sha256:31114e120ca0c7dc51e01721c5a689a614edb6c86de11301d503c72be1540c79
Copying blob sha256:3daa086d507c054341d9980d84f236e721560ce925004630866944a0f621328e
Copying blob sha256:c9281c141a1bfec06e291d2ad29bfdedfd10a99d583fc0f48d3c26723ebe0761
Copying blob sha256:d285c34c3c913c71f2e6cb0fad664f9d2217d2e7d2d645d21e66ce9705ede0fc
Copying config sha256:0b9fe3576cc56b585ba63f1d0ee516a892989c041f5d259dc2555d356cde73be
Writing manifest to image destination
Found WAR_FILE_URL environment variable for downloading artifact!
Executing curl -u admin-admin:117e72f3b50dc130a574fc9d55cda8a -o /opt/eap/standalone/deployments/ROOT.war -O https://jenkins-myapp.apps.example.com/
userContent/openshift-tasks.war
```

```
Pushing image image-registry.openshift-image-registry.svc:5000/myapp/myapp-binary:latest ...
Getting image source signatures
Copying blob sha256:c9281c141a1bfec06e291d2ad29bfdedfd10a99d583fc0f48d3c26723ebe0761
Copying blob sha256:3daa086d507c054341d9980d84f236e721560ce925004630866944a0f621328e
Copying config sha256:0b9fe3576cc56b585ba63f1d0ee516a892989c041f5d259dc2555d356cde73be
Writing manifest to image destination
Storing signatures
Successfully pushed image-registry.openshift-image-registry.svc:5000/myapp/myapp-binary@sha256:6f734a27ea559ed77fca504974452c033221804782401ac3852f8cbc937f4c
Push successful
```

图 7-31　应用构建日志

构建成功之后会自动启动部署，等待数分钟之后应用启动成功，可正常访问应用。

最后，我们可以将所有的工作串接在一起，当 Jenkins 中的 binary-build 成功后，可以自动触发 OpenShift 中的 BuildConfig myapp-binary 发布应用新版本。这可以很容易地通过 Jenkins 中的一个新项目（如 myapp-brinary-deploy）实现，配置新项目监测 binary-build 构建的结果，如果成功就使用 Jenkins 的 OpenShift 插件触发 BuildConfig 构建。

本方法的好处是代码构建采用传统的 Jenkins 方式或者 IDE 构建，对于开发人员而言，开发阶段不需要为了使用 OpenShift 做额外调整；缺点是本方式实现相对比较复杂。

7.3.3　在源码外构建 Pipeline

在源码外构建 Pipeline，本质上还是使用 S2I 完成构建之后部署镜像，只不过触发构建和部署的 Pipeline 构建在外部。此种变体的出现主要是因为触发部署的人员也许不是开发团队的成员。在之前的方法中构建和部署应用程序是通过模板联系在一起，使用 BuildConfig 中的镜像触发器自动部署新镜像。现在我们没有触发器的构建，这样可以根据需要将新构建的镜像部署到任意环境中。

简单起见，我们以一个环境中的一次部署为例进行说明，当你了解了原理，就可以部署在任意环境中。整个过程中 Jenkins 和 OpenShift 的构建和部署是分离的，示例流程如图 7-32 所示。

我们发布一个应用，应用的构建过程由 OpenShift S2I 完成，生成新的应用镜像并推送到镜像仓库中。然后将应用镜像发布到另外一个 OpenShift 集群中。所有的构建触发和应用镜像部署由一个 Jenkins 触发实现，Jenkins 可以运行在 OpenShift 外部，也可以运行在内部。这样做的好处是可以将应用发布到多个 OpenShift 集群中。

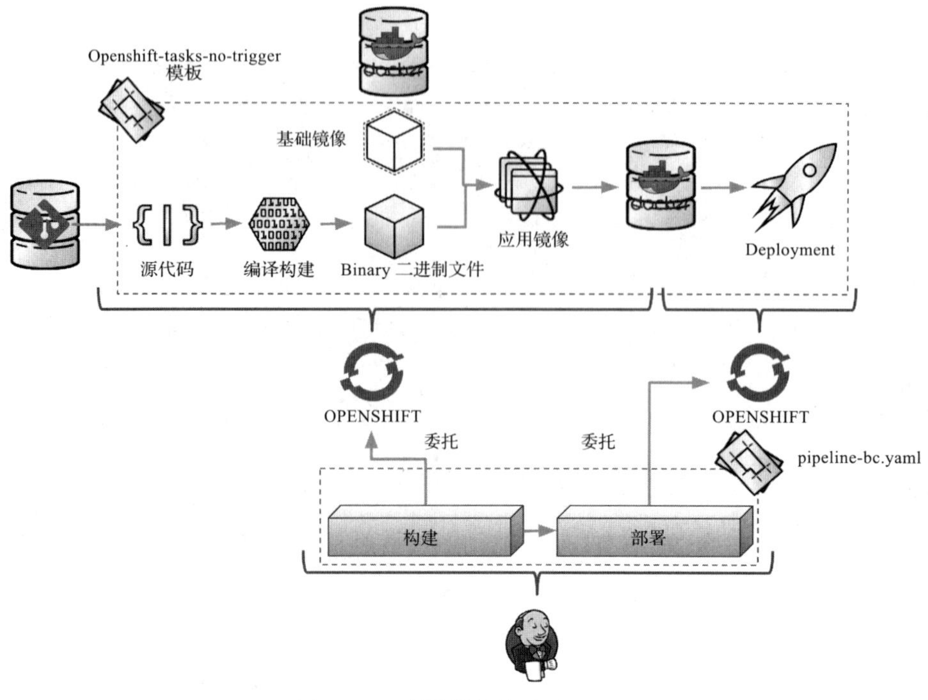

图 7-32 在源码外构建 Pipeline

下面以 openshift-tasks 应用为例说明实现的具体过程，所需要的模板保存在 Repo 中 openshift-cicd-template 目录中。

创建新的应用模板。

```
# oc project myapp
# oc create -f https://raw.githubusercontent.com/ocp-msa-devops/Version-2/master/
  Chapter7/openshift-cicd-template/myapp-template-no-trigger.yaml
```

创建模板后，在界面通过 Catalog 创建应用，如图 7-33 所示。

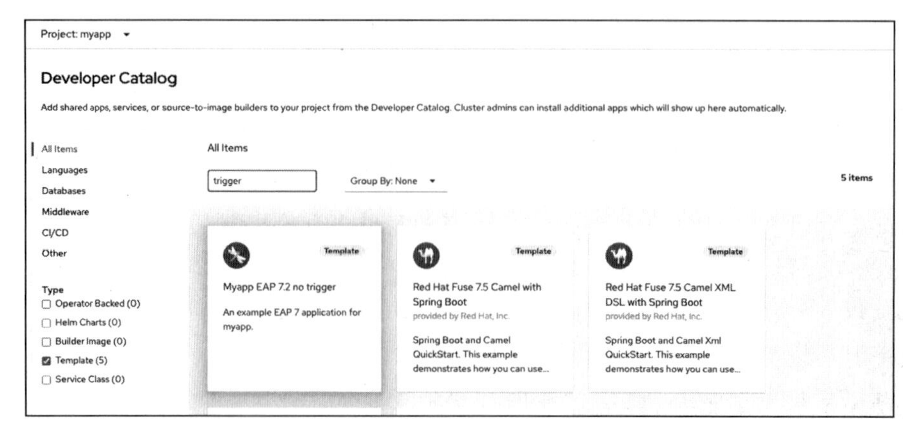

图 7-33 选择模板

选择 Myapp EAP 7.2 no trigger 模板进行部署，设置应用名称为 myapp-no-trigger，源代码仓库地址为 https://github.com/ocp-msa-devops/openshift-tasks.git，分支名为 eap-7，点击 Create 按钮，如图 7-34 所示。

Instantiate Template

Namespace *
PR myapp

APPLICATION_NAME *
myapp-no-trigger
The name for the application.

SOURCE_URL *
https://github.com/ocp-msa-devops/openshift-tasks.git
Git source URI for application

SOURCE_REF
eap-7
Git branch/tag reference

Create Cancel

Myapp EAP 7.2 no trigger
EAP JAVAEE JAVA JBOSS
An example EAP 7 application for myapp.

The following resources will be created:
- BuildConfig
- DeploymentConfig
- ImageStream
- Route
- Service

图 7-34 填写应用参数

默认第一次创建 BuildoConfig 会启动一次构建。

接下来我们创建 Pipeline。

```
# oc create -f https://raw.githubusercontent.com/ocp-msa-devops/Version-2/master/
  Chapter7/openshift-cicd-template/myapp-pipeline-bc.yaml
```

创建 Pipeline 之后，可以通过 OpenShift 界面 Builds中触发构建，如图 7-35 所示。触发这种 Pipeline 的最佳方式是通过使用 Webhook 调用，这样可以与第三方软件集成在一起。

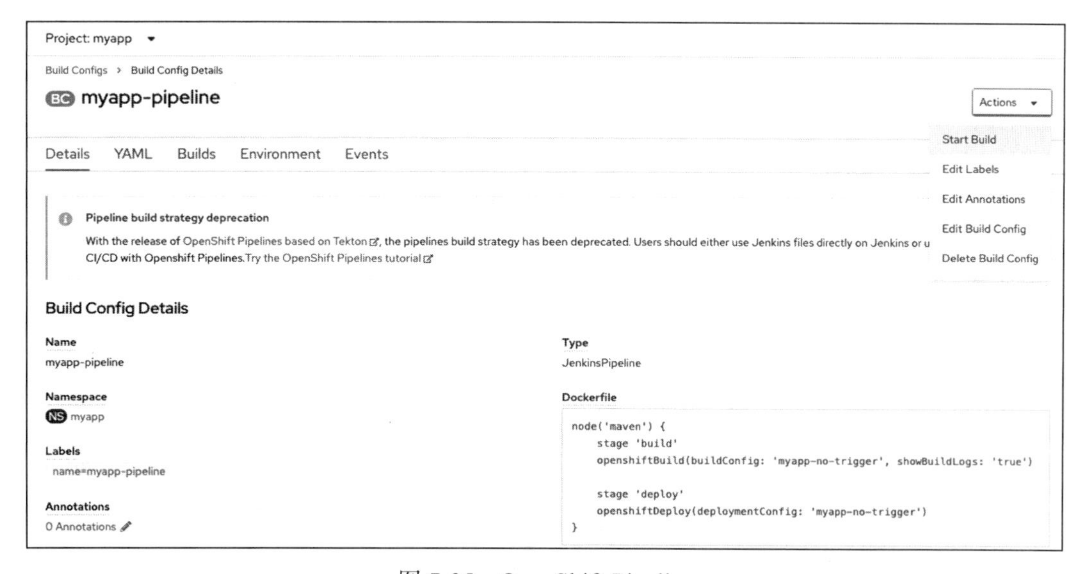

图 7-35 OpenShift Pipeline

注：可以看到 Pipeline 类型的 BuildConfig 创建后会弹出弃用提示，建议使用云原生 CI/CD Tekton 代替，Tekton 也是 OpenShift 中默认推荐的方式。

数分钟后 Pipeline 运行完成，应用被部署成功。

这种方法主要利用 OpenShift 的 S2I 进行构建，但是通过 Jenkins 触发任务和显示 Pipeline 阶段。我们也可以根据需要增加额外的审批流程。这种方法的一个优点是可以将应用构建和应用部署解耦，实现在同一个 Job 中多次部署或者跨环境（如跨 OpenShift 集群）部署。

7.3.4 在源码内构建 Pipeline

在这种方式中所有的动作全部在 Jenkins 中完成，它展示了 BuildConfig 使用外部 Jenkinsfile 定义构建过程。在每个构建开始时 OpenShift 会检测外部 Jenkinsfile 的变化并自动更新 Jenkins 中的流水线，示例流程如图 7-36 所示。

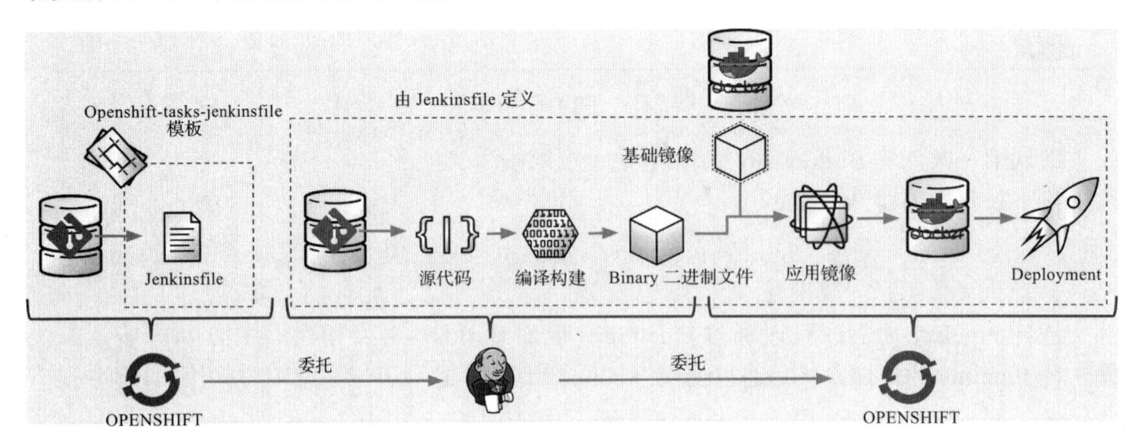

图 7-36 在源码内构建 Pipeline

从图 7-36 中可以看出，应用发布需要的所有操作全部在 Jenkins 中完成，但是 Jenkins 中流水线的定义文件保存在外部源代码仓库中，这样既可以实现版本管理，也提供了灵活定制构建流水线的能力。

下面以 openshift-tasks 应用为例说明实现的具体过程，所需要的模板保存在 Repo 中 openshift-cicd-template 文档。

创建新的应用模板。

```
# oc project myapp
# oc create -f https://raw.githubusercontent.com/ocp-msa-devops/Version-2/master/
  Chapter7/openshift-cicd-template/myapp-template-Jenkinsfile.yaml
```

通过 Catalog 选择新建的模板，如图 7-37 所示。

选择模板 myapp-jenkinsfile 进行部署，设置必要的模板参数，这里我们使用默认值，点击 Create 按钮，如图 7-38 所示。

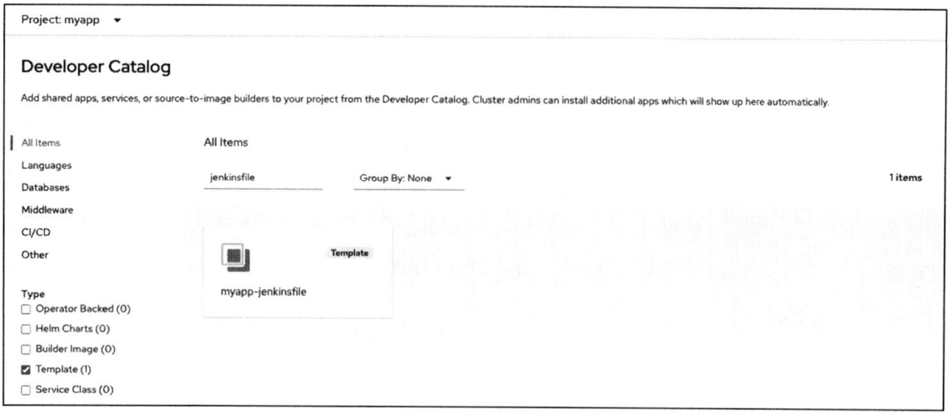

Project: myapp

Developer Catalog

Add shared apps, services, or source-to-image builders to your project from the Developer Catalog. Cluster admins can install additional apps which will show up here automatically.

All Items
Languages
Databases
Middleware
CI/CD
Other

Type
Operator Backed (0)
Helm Charts (0)
Builder Image (0)
Template (1)
Service Class (0)

All Items
jenkinsfile
Group By: None
1 items
Template
myapp-jenkinsfile

图 7-37　选择部署的模板

Instantiate Template

Namespace *
PR myapp
PIPELINE_NAME *
myapp-tasks
The name for the pipeline.
SOURCE_URL *
https://github.com/ocp-msa-devops/Version-2.git
Git source URI for Jenkinsfile
SOURCE_REF
master
Git branch/tag reference for Jenkinsfile
Create　Cancel

myapp-jenkinsfile
The following resources will be created:
- BuildConfig

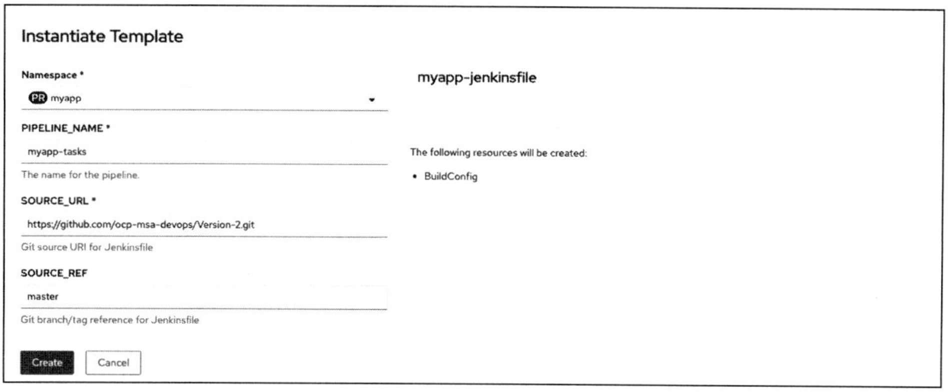

图 7-38　设置模板参数

模板部署后会在“Builds”中创建 BuildConfig，如图 7-39 所示。

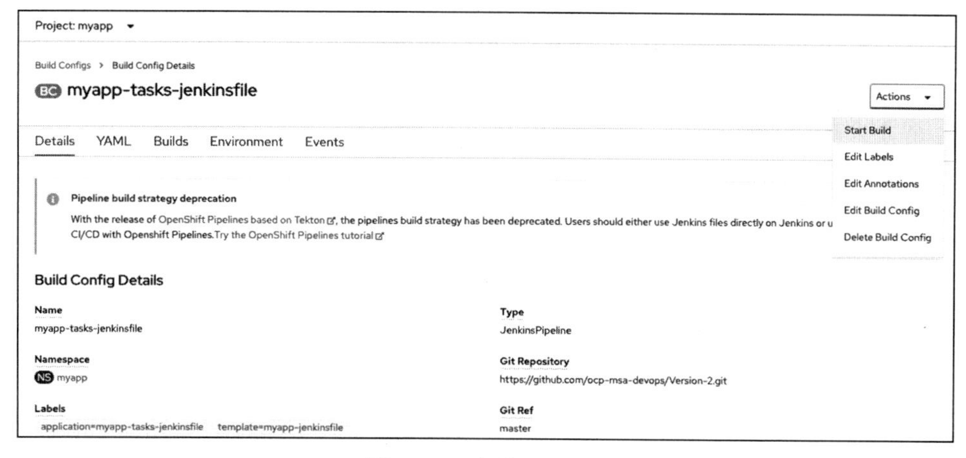

图 7-39　查看 Pipeline

点击“Start Pipeline”，开始执行流水线。等待数分钟之后流水线运行完成，应用成功启动。

这种方法主要利用Jenkins进行代码的构建和应用的部署。对于较为复杂的应用编译，使用这种方法较为合适。另外，很多IT程度较高的客户，在容器普及之前就已经基于Jenkins实现CI/CD了，在这种情况下，如果新引入OpenShift平台，使用此方法可以延续以前的IT运维习惯，学习成本也相对较低。另外，在Jenkins中可以与很多第三方系统集成，实现覆盖整个DevOps流程。但是，在OpenShift中更推荐使用云原生CI/CD Tekton，这在接下来的内容进行介绍。

7.3.5 Tekton实现云原生构建

在OpenShift中推荐使用云原生的CI/CD工具Tekton实现Pipeline有如下优势：

- 具有基于Tekton的标准Kubernetes自定义资源（CRDs）的声明性Pipeline。
- 在容器中运行Pipeline。
- 使用Kubernetes上的容器按需扩展Pipeline执行。
- 使用Kubernetes工具构建镜像。
- 可以自行选择（source-to-image、buildah、kaniko、jib等）来构建容器镜像，然后部署到多个平台，如无服务器架构、虚拟机和Kubernetes。

接下来，我们先介绍Tekton的相关概念，再介绍如何在OpenShift上使用Tekton实现CI/CD。

1. Tekton简介

Tekton是由谷歌主导的开源项目，它是一个功能强大且灵活的Kubernetes原生开源框架，用于创建持续集成和交付（CI/CD）。通过抽象底层实现细节，用户可以跨多云平台和本地系统进行构建、测试和部署。

Tekton将许多Kubernetes自定义资源（CR）定义为构建块，这些自定义资源是Kubernetes的扩展，允许用户使用kubectl和其他Kubernetes工具创建这些对象并与之交互。

Tekton的自定义资源包括：

- Step：在包含卷、环境变量等内容的容器中运行命令。
- Task：执行特定Task的可重用、松散耦合的Step（例如，构建一个容器镜像）。Task中的Step是串行执行的。
- Pipelinc：Pipclinc由多个Task组成，按照指定的顺序执行，Task可以运行在不同的节点上，它们之间有相互的输入输出。
- PipelineResource：Pileline的资源，例如输入（如git存储库）和输出（如image registry）。
- TaskRun：CRD运行时，运行Task实例的结果。

- PipelineRun：CRDs 运行时，运行 Pipeline 实例的结果，其中包含许多 TaskRun。

Tekton 在 OpenShift 中实现 Pipeline 的工作流程图如图 7-40 所示。

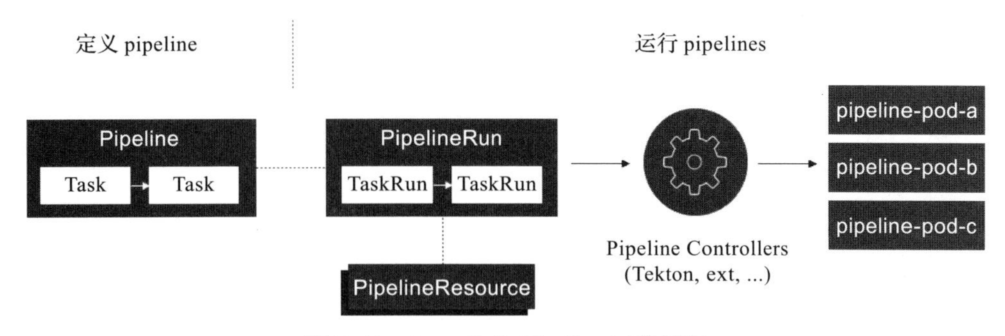

图 7-40　OpenShift Pipeline 工作流程

一个 Pipeline 由多个 Task 组成，Task 的执行顺序可以通过输入和输出在 Task 之间定义的依赖关系以及 RunAfter 定义的显式顺序确定。Task 中包含许多按顺序执行的 Step，一个 Task 的 Step 会在同一个 Pod 中按顺序执行，它们具有输入和输出，以便与 Pipeline 中的其他 Task 进行交互。

虽然 OpenShift Pipeline 默认使用 Tekton，但 OpenShift 会继续发布并支持 Jenkins image 和 plugin。在介绍了 Tekton 的概念后，接下来学习如何在 OpenShift 中部署 OpenShift Pipeline。

2. 部署 OpenShift Pipeline

在 OpenShift 中，OpenShift Pipelines 可以通过 OpenShift Operator Hub 中提供的 Operator 进行部署。在 Operator Hub 中搜索到 OpenShift Pipelines Operator，如图 7-41 所示。

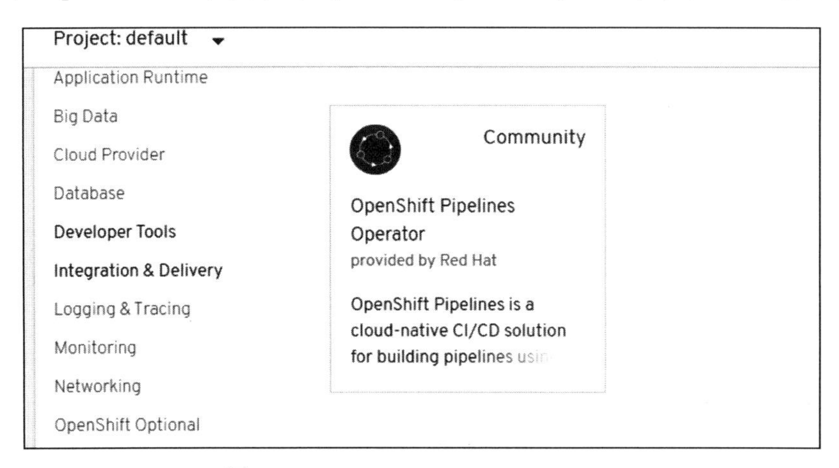

图 7-41　OpenShift Pipeline Operator

安装 OpenShift Pipelines Operator，选择升级渠道、安装模式、要部署的项目等参数，然后点击 Install，如图 7-42 所示。

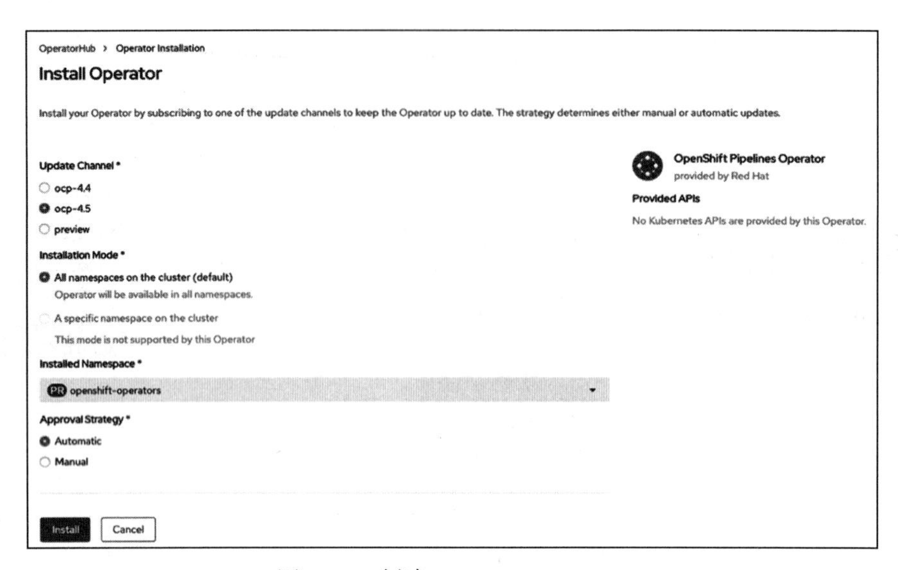

图 7-42　创建 Pipelines Operator

等待片刻，Pipelines Operator 就会安装好，如图 7-43 所示。

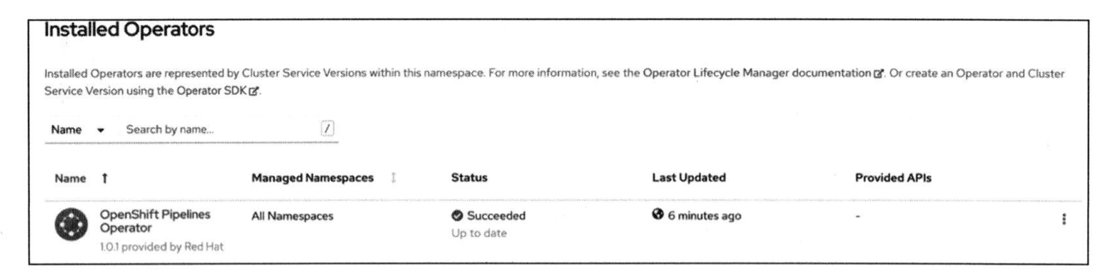

图 7-43　安装好的 Pipelines Operator

Pipelines Operator 会在 openshift-pipelines 项目创建 Tekton 及相关组件，可以通过 oc get pod -n openshift-pipelines 查看。

3. 验证 OpenShift Pipeline

我们使用一个简单的 Spring Boot 应用 Petclinic 进行测试，所有相关文件都存放在 Repo 中 tekton-cicd 文档。为了方便管理 Pipeline，建议下载并配置 Tekton 的 cli，详见 Github 说明 https://github.com/tektoncd。

首先创建一个测试项目。

```
# oc new-project pipelines-tutorial
```

创建应用运行的资源对象 ImageStream、DeploymentConfig、Route 和 Service 等。

```
# oc create -f https://raw.githubusercontent.com/ocp-msa-devops/Version-2/master/
    Chapter7/tekton-cicd/petclinic.yaml
```

我们可以在 OpenShift Web 控制台中看到部署的内容，如图 7-44 所示。

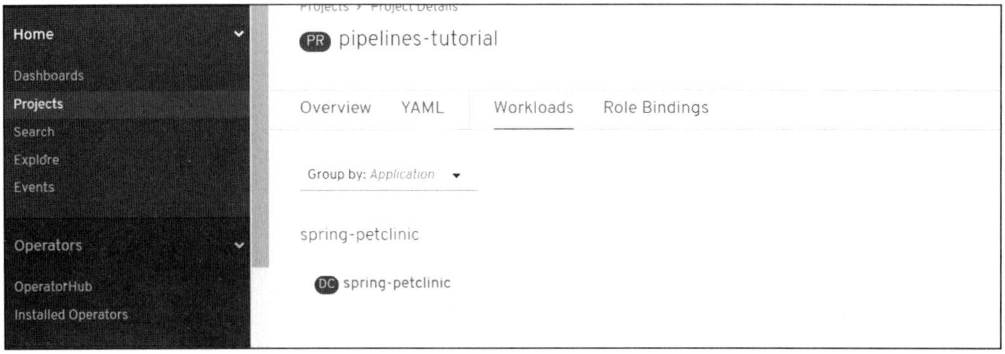

图 7-44　查看应用部署

为了实现 Petclinic 应用的构建和部署，我们需要创建两个 Task：openshift-client 和 s2i-java task。其中，openshift-client 用于将执行参数传入 oc 命令中，s2i-java task 是基于 Openjdk 实现 S2I 构建。使用 GitHub 仓库中的文件创建这两个 Task。

```
# oc create -f https://raw.githubusercontent.com/ocp-msa-devops/Version-2/master/
    Chapter7/tekton-cicd/openshift-client-task.yaml
# oc create -f https://raw.githubusercontent.com/ocp-msa-devops/Version-2/master/
    Chapter7/tekton-cicd/s2i-java-8-task.yaml
```

通过 tkn 命令行查看已经创建的 Task。

```
# tkn task ls
Name          AGEs
openshift-client   20 seconds ago
s2i-java-8         20 seconds ago
```

接下来创建 Pipeline。Pipeline 定义了执行的 Task 以及它们如何通过输入和输出相互交互。本示例中 Pipeline 从 GitHub 获取 Petclinic 应用程序的源代码，然后使用 Source-to-Image（S2I）在 OpenShift 上构建和部署它，如图 7-45 所示。

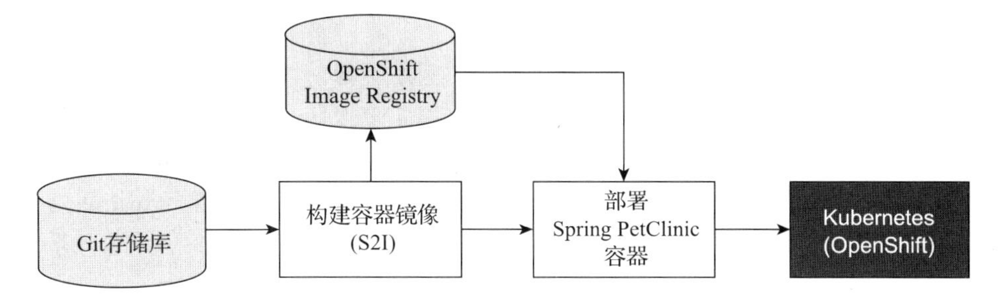

图 7-45　构建过程

图 7-45 中的 Pipeline 对应的 YAML 文件（pipeline.yaml）内容如下。

```yaml
apiVersion: tekton.dev/v1alpha1
kind: Pipeline
metadata:
  name: deploy-pipeline
spec:
  resources:
  - name: app-git
    type: git
  - name: app-image
    type: image
  tasks:
  - name: build
    taskRef:
      name: s2i-java-8
    params:
      - name: TLSVERIFY
        value: "false"
    resources:
      inputs:
      - name: source
        resource: app-git
      outputs:
      - name: image
        resource: app-image
  - name: deploy
    taskRef:
      name: openshift-client
    runAfter:
      - build
    params:
    - name: ARGS
      value: "rollout latest spring-petclinic"
```

可以看到上述 Pipeline 将我们之前创建的两个 Task（openshift-client 和 s2i-java task）串联起来。此 Pipeline 将执行以下过程：

1）从 Git 存储库（app-git 资源）克隆应用程序的源代码。

2）使用 s2i-java-8 task 构建容器镜像，该 Task 为应用程序生成 Dockerfile 并使用 Buildah 构建应用镜像（app-image 资源）。

3）应用镜像被推送到镜像仓库。

4）使用 openshift-cli 在 OpenShift 上部署新的应用镜像。

细心的读者已经注意到，在上面的配置中没有指定 Petclinic Git 的源码地址和应用镜像名称，这些参数将通过 Pipeline Resource 资源定义，并在 Pipeline 执行的时候用资源名称引用进而传递进去。在创建上述 Pipeline 之前，需要先定义 app-git 资源和 app-image 资源。

应用上述两个文件。

```
# oc create -f https://raw.githubusercontent.com/ocp-msa-devops/Version-2/master/
   Chapter7/tekton-cicd/petclinic-git-resource.yaml
# oc create -f https://raw.githubusercontent.com/ocp-msa-devops/Version-2/master/
   Chapter7/tekton-cicd/petclinic-image-resource.yaml
```

然后通过运行以下命令创建 Pipeline。

```
# oc create -f https://raw.githubusercontent.com/ocp-msa-devops/Version-2/master/
    Chapter7/tekton-cicd/pipeline.yaml
```

查看创建好的 Pipeline。

```
# tkn pipeline ls
NAME              AGE              LAST RUN   STARTED    DURATION   STATUS
deploy-pipeline   30 seconds ago   ---        ---        ---        ---
```

接下来，我们传入参数并启动 PipelineRun。

```
# tkn pipeline start petclinic-deploy-pipeline \
>         -r app-git=petclinic-git \
>         -r app-image=petclinic-image \
>         -s pipeline
Pipelinerun started: petclinic-deploy-pipeline-run-gwxlz
```

当然，我们也可以通过 OpenShift 的 Developer 界面选择 Resource 并启动 Pipeline，如图 7-46 所示。

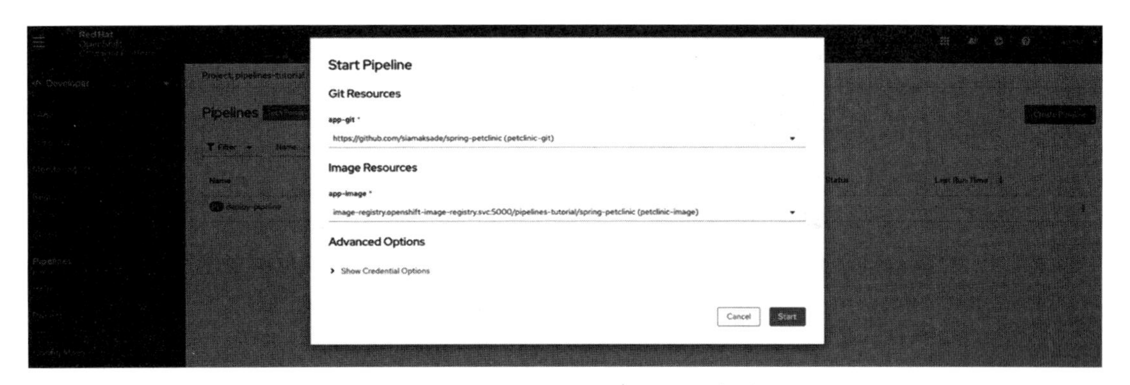

图 7-46　通过 OpenShift Developer 界面启动 Pipeline

查看 Pipeline 的运行，如图 7-47 所示。

图 7-47　运行中的 Pipeline

查看 Pipeline 的运行日志，如图 7-48 所示。

```
# tkn pr logs petclinic-deploy-pipelinerun-9r7hw -f
```

在 OpenShift 的 Developer 界面，同样可以监控 Pipeline 运行情况，如图 7-49 所示。过一段时间后，Pipeline 运行完毕，如图 7-50 所示。

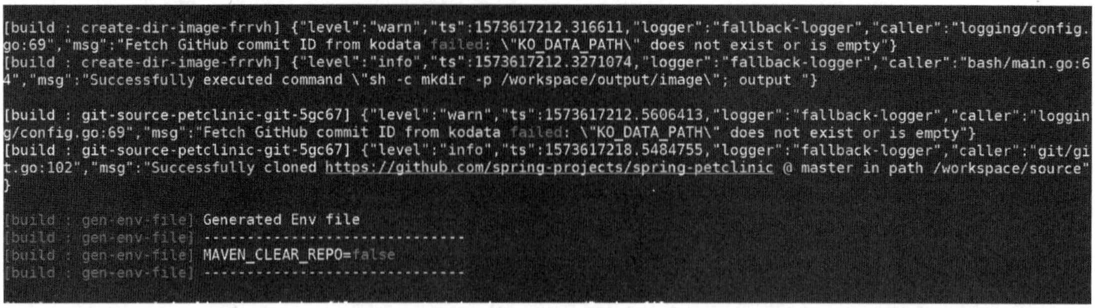

[build : create-dir-image-frrvh] {"level":"warn","ts":1573617212.316611,"logger":"fallback-logger","caller":"logging/config.go:69","msg":"Fetch GitHub commit ID from kodata failed: \"KO_DATA_PATH\" does not exist or is empty"}
[build : create-dir-image-frrvh] {"level":"info","ts":1573617212.3271074,"logger":"fallback-logger","caller":"bash/main.go:64","msg":"Successfully executed command \"sh -c mkdir -p /workspace/output/image\"; output "}
[build : git-source-petclinic-git-5gc67] {"level":"warn","ts":1573617212.5606413,"logger":"fallback-logger","caller":"logging/config.go:69","msg":"Fetch GitHub commit ID from kodata failed: \"KO_DATA_PATH\" does not exist or is empty"}
[build : git-source-petclinic-git-5gc67] {"level":"info","ts":1573617218.5484755,"logger":"fallback-logger","caller":"git/git.go:102","msg":"Successfully cloned https://github.com/spring-projects/spring-petclinic @ master in path /workspace/source"}
[build : gen-env-file] Generated Env file
[build : gen-env-file] ------------------------------
[build : gen-env-file] MAVEN_CLEAR_REPO=false
[build : gen-env-file] ------------------------------

图 7-48　Piepline 运行日志

Overview
YAML
Logs
Pipeline Run Overview
build
deploy
build
gen-env-file
generate
build
push
-tddhl
tekton.dev/pipeline=petclinic-deploy-pipeline

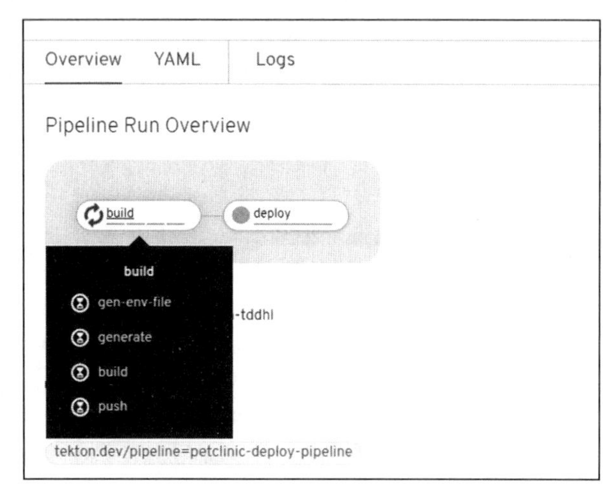

图 7-49　在 OpenShift Developer 界面中查看 Pipeline 运行情况

Project: pipelines-tutorial
Overview
YAML
Logs
Pipeline Run Overview
build
deploy
build
gen-env-file 9s
generate 9s
build 7m 50s
push 8m 8s
-fg78f
tekton.dev/pipeline=petclinic-deploy-pipeline

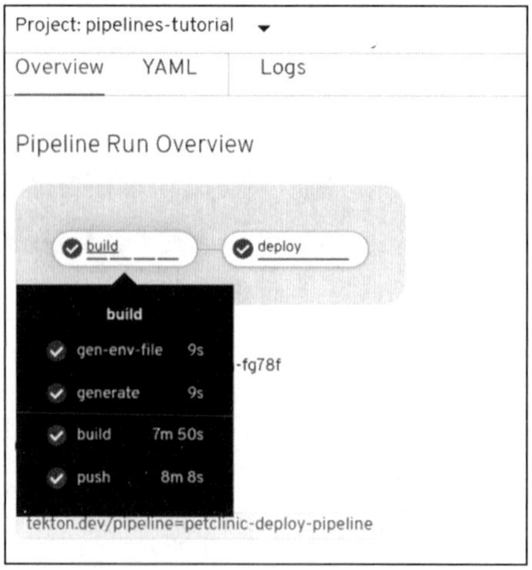

图 7-50　Pipeline 运行成功

查看部署好的应用 Pod，如图 7-51 所示。

```
[root@oc132-lb ~]# oc get pods
NAME                                                     READY   STATUS      RESTARTS   AGE
petclinic-deploy-pipeline-run-fg78f-deploy-dms75-pod-4eb048   0/1     Completed   0          171m
spring-petclinic-1-4pnlx                                 1/1     Running     0          170m
spring-petclinic-1-deploy                                0/1     Completed   0          171m
```

图 7-51　查看部署好的应用

使用 oc get route 查看应用的路由后通过浏览器访问，如图 7-52 所示。

图 7-52　通过浏览器访问应用

至此，我们成功地通过 Tekton 的 Pipeline 在 OpenShift 上构建并部署应用。

到此为止，在 OpenShift 实现 CI/CD 的几种方式就介绍完了，实际应用中该如何选择合适的方法呢？

在本节开始的部分，我们介绍了选择最好方式的一些标准，可以作为参考。不同的企业或团队认可的最好方法可能不一致，这是由于团队现有的流程和人员水平等多方面因素决定的，没有必要要求完全一致，只有最适合团队协同工作的方法才是最好的方法。

7.4　在 OpenShift 上实现持续交付

持续交付通常是指在开发人员提交新代码后立即进行构建、（单元 / 集成）测试、最后发布到预生产环境，可以看到持续交付在 CI/CD 的基础上又进一步扩展，常见的持续交付流程如图 7-53 所示。

DevOps 流程的核心实践是持续交付，本节将结合持续交付的具体实践，对 OpenShift 上实现持续交付展开分析和讨论。

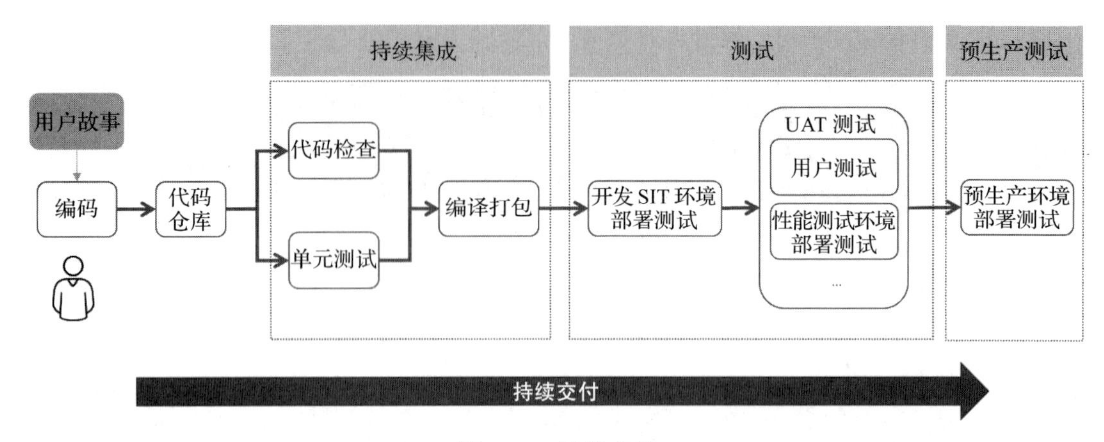

图 7-53 持续交付

7.4.1 OpenShift 上的持续交付工具介绍

持续交付的核心在于使用工具实现自动化，下面就先介绍在 OpenShift 上常用的实现持续交付的 DevOps 工具。

1. Gogs

Gogs（Go Git Service）是一个由 Go 语言编写的开源自助 Git 托管应用，目标是打造一种最简单、最快速和最轻松的方式来搭建自助 Git 服务。它支持多种平台，包括 Linux、Mac OS X、Windows 以及 ARM 平台。

Gogs 特点包括：

- 支持活动时间线。
- 支持 SSH 以及 HTTP/HTTPS 协议。
- 支持 SMTP、LDAP 和反向代理的用户认证。
- 支持反向代理子路径。
- 支持用户、组织和仓库管理系统。
- 支持添加和删除仓库协作者。
- 支持仓库和组织级别 Web 钩子（包括 Slack 和 Discord 集成）。
- 支持仓库 Git 钩子和部署密钥。
- 支持仓库工单（Issue）、合并请求（Pull Request）、Wiki 和保护分支。
- 支持迁移和镜像仓库以及它的 Wiki。
- 支持在线编辑仓库文件和 Wiki。
- 支持自定义源的 Gravatar 和 Federated Avatar。
- 支持 Jupyter Notebook。
- 支持两步验证登录。
- 支持邮件服务。

- 支持后台管理面板。
- 支持 MySQL、PostgreSQL、SQLite3、MSSQL 和 TiDB（通过 MySQL 协议）数据库。
- 支持多语言本地化（30 种语言）。

由于使用 Go 语言编写，易于运行，且资源占用少，很适合以容器形式运行。

2. Source to Image（S2I）

S2I 作为在 OpenShift 上实现 DevOps 的一个重要工具，其概念我们不再赘述。

实现 S2I 需要提供如下内容：应用源代码、应用运行所需要的基础镜像、S2I 构建脚本及配置。例如，实现一个基于 Tomcat 部署 War 包的 S2I 大概流程如下：

1）制作一个 Tomcat 的基础镜像，作为构建的基础环境，镜像中需要安装所有运行所需要的软件包、配置文件、环境变量等，通常使用 Dockefile 构建。

2）在基础镜像中加入构建应用所需要的构建工具（如 Maven）以及一些标准依赖。

3）编写 S2I 脚本实现构建源代码，并将构建生成的二进制包拷贝到 Tomcat 部署目录。

4）提供构建需要的配置，如 Maven 私服仓库的地址。使用 S2I 工具调用将源码拉取到基础容器中的 /tmp/src 目录下，然后执行 S2I 脚本完成源码构建并放置到 Tomcat 部署目录。

5）S2I 将编译好的容器提交成新的应用镜像，等待镜像启动部署应用。

S2I 是一个 Linux 命令行，可以独立安装使用，详情请参考 GitHub 说明，本书不再赘述。

3. Jenkins

Jenkins 是一个开源的、强大的持续集成 / 持续交付的工具。用户可以把大量的测试和部署技术集成在 Jenkins 上。在 Jenkins 中定义流水线完成代码构建、应用测试、部署上线等。

Jenkins 特点包括：

- Master/Slave 模式，支持任务分发，可实现海量任务构建。
- 支持各种操作系统且安装简单。
- Jenkins 有丰富的插件库，可以与大多数的系统集成，如需求管理 JIRA，源代码仓库，自动化测试等。
- 提供友好的 Web 界面，可轻松设置和配置 Jenkins。

（1）OpenShift 上的 Jenkins

OpenShift 上的 Jenkins（版本为 2.x）是以容器形式运行的 Master，只能启动一个实例。这个 Jenkins 默认已经集成 OpenShift 认证和权限，用户可以直接使用 OpenShift 用户登录。此外，Jenkins 中默认安装了很多与 OpenShift 相关的插件，我们重点介绍两个插件。

1）Kubernetes Plugin

该插件可以在 Kubernetes 集群中以 Pod 形式动态运行 Jenkins Slave，这样 Jenkins Job 可以在 Slave 中运行，实现任务分布运行并动态提升构建能力，开源仓库地址为 https://github.com/jenkinsci/kubernetes-plugin.git。运行架构如图 7-54 所示。

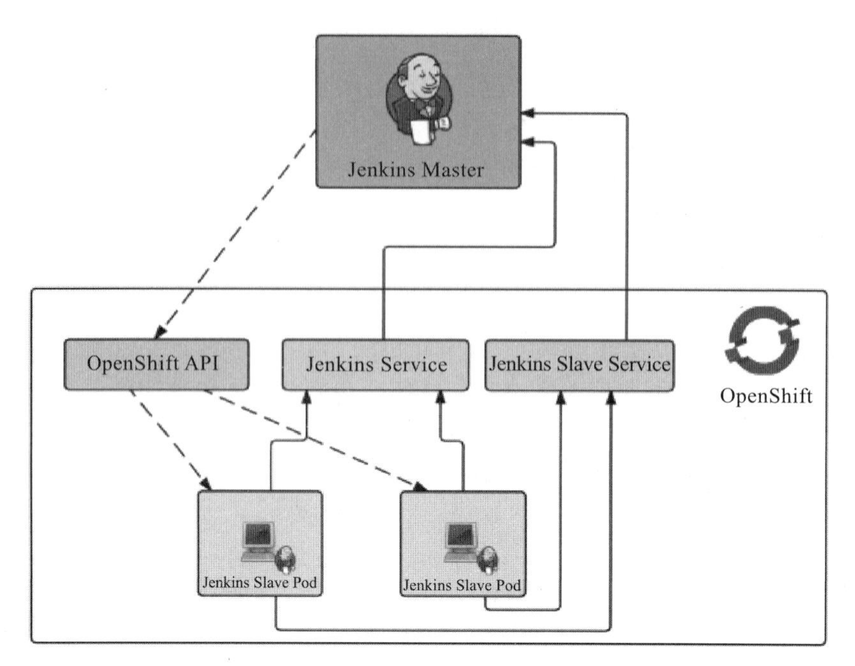

图 7-54 OpenShift Jenkins Master/Slave 架构图

Jenkins Master 接收到构建任务后，调用 OpenShift API，创建新的 Slave Pod，Slave Pod 启动后通过 Jenkins Slave Service 的 JNLP port（默认使用 50000 端口）与 Jenkins Master 通信，将自己注册到 Jenkins Master 中。Jenkins Master 检测到有空闲的 Slave Pod，则将构建任务分发给 Slave Pod。Slave Pod 开始执行构建任务，无论构建成功还是失败，都将日志和结果汇报给 Jenkins Master。然后，完成任务的 Slave Pod 被删除，Jenkins Master 将 Slave 下线。

插件的安装比较简单，但是需要完成如下三部分配置才能工作。

❑ 配置 OpenShift API 信息

需要进入“系统管理 - 系统设置”中添加 Kubernetes，如图 7-55 所示。

在图 7-55 中主要是配置连接 Kubernetes 的信息，如 Name、Kubernetes URL、Kubernetes server certificate key 等，如果不指定，则会使用 ServiceAccount 或 Kube Configfile 自动配置。如果 Jenkins 运行在 OpenShift 外部，则必须配置连接信息。

❑ Pod template 配置

在有了连接信息之后，还需要定义 Slave Pod 启动的模板，如使用的镜像、label、volume 存储等，所有可定义的字段与 Pod 资源对象的 Schema 一致。配置界面如图 7-56 所示。

注意，label 设置的值将在 Job 中引用来确定使用哪个 Slave Pod。

这部分配置通常会在启动后自动生成，但某些时候需要手工修改。如 Slave 镜像需要使用私有镜像仓库，使用自定义的 Slave 镜像，设定 Slave Pod 运行在指定节点上完成构建等。

云

Kubernetes

Name: openshift

Kubernetes URL: https://172.30.0.1:443

Kubernetes server certificate key:


```
-----BEGIN CERTIFICATE-----
MIIC6jCCAdKgAwIBAgIBATANBgkqhkiG9w0BAQsFADAmMSQwIgYDVQQDDBtvcGVu
c2hpZnQtc2lnbmVyQDE1NDE2MTkzMTQwHhcNMTgxMTA3MTkzNTE0WhcNMjMxMTA2
MTkzNTE1WjAmMSQwIgYDVQQDDBtvcGVuc2hpZnQtc2lnbmVyQDE1NDE2MTkzMTQw
ggEiMA0GCSqGSIb3DQEBAQUAA4IBDwAwggEKAoIBAQCmE/oPvonLGCIT83OL5rqf
5+10dA3tBPSFp3B7d085Dt4b5NfsqXPb5aZuI56ak5EKvBKdFjjiwHcFvoluK767
niSLvXuIPvKYRo48b8IOhYebb+vxzePMqWjs9AqUSKzTYzAVUpYBK/xmIRVNf2M
tEpWfxVI39WeEENIiwvIHyQopxfTt7Y5oGFUjQkNwHXJDSxxneav6LPZwwtGFSrd
9OWgxQLsBSLShOXoH45WrIZMzObnzpmxDsYIkT7YyBJjM/41XWr6+9Kf3h6DoF6q
WMEUIAPQGKo96ZZY8T4cpippuqIh6Znt92ZHV1fMS1Pr/Sm7r+cs7fXfz9IiTUpz
AgMBAAGjIzAhMA4GA1UdDwEB/wQEAwICpDAPBgNVHRMBAf8EBTADAQH/MA0GCSqG
SIb3DQEBCwUAA4IBAQBjQB7UEPq5wwWp1YBMNaxf7i5J+dqdkhUJtRIOS9FWDr2i
4DOEf5jCjUz8vY3r7WdNDjIKUf+SoEaVZb2keseLmmoPzDI5dp/OjkiDS1gbcJhH
2wVBwiaS7rOg+M878y+Ew+Z5vGJVs/sI/yhDIjZob3Uo5r+e4Lk4bvL66wIXe8Av
2Dj4fbwKRpHk9BQzgmNKNDkO0/bt6HSxWSRjOBVfCP4sAtTOqEczMC9rYCUd+6IS
O4YroHvv4Lx7JmrVdVjfJfuLh0ZKskd6DMPT+tt9Jv74YrLtiw+eyuqgSxdvKNij
NH0K+gcvoZV0jGJWZpzM54JowqapB34H6+DRoB0s
-----END CERTIFICATE-----
```


Disable https certificate check

Kubernetes Namespace: cicd

Credentials: Secret text ▼　Add ▾

Test Connection

图 7-55　Jenkins Kubernetes 配置

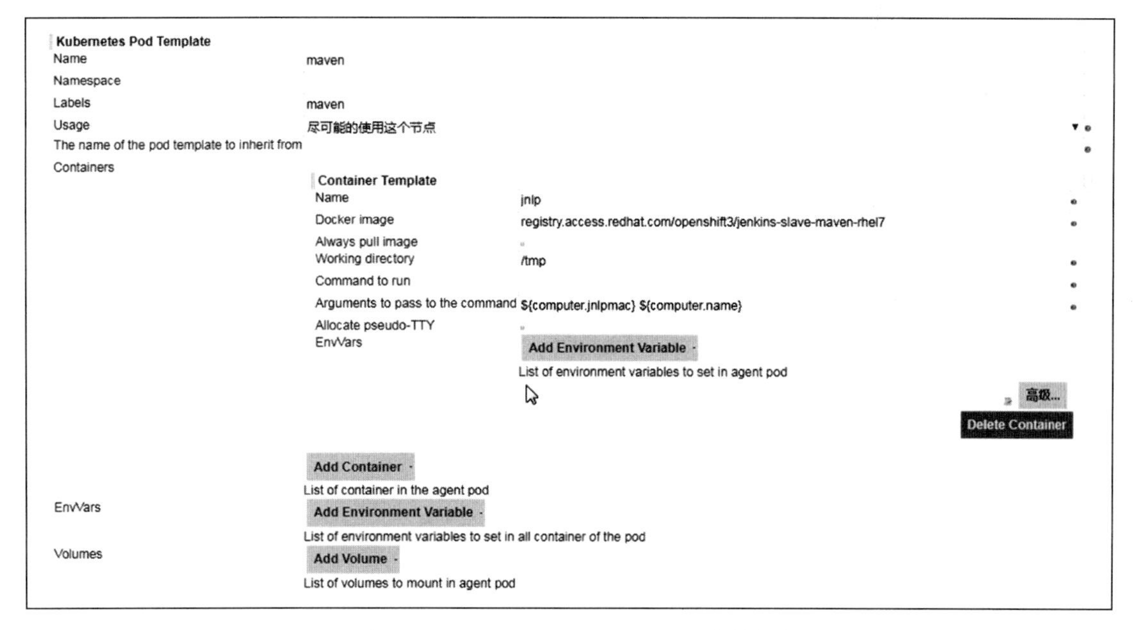

图 7-56　Jenkins Slave template 配置界面

❑ Jenkins JNLP 通道配置

Jenkins Master 和 Slave 通过一个隧道通信，需要在设置 Kubernetes 信息中配置 Jenkins tunnel 为 Jenkins Slave Service 地址，默认如图 7-57 所示。

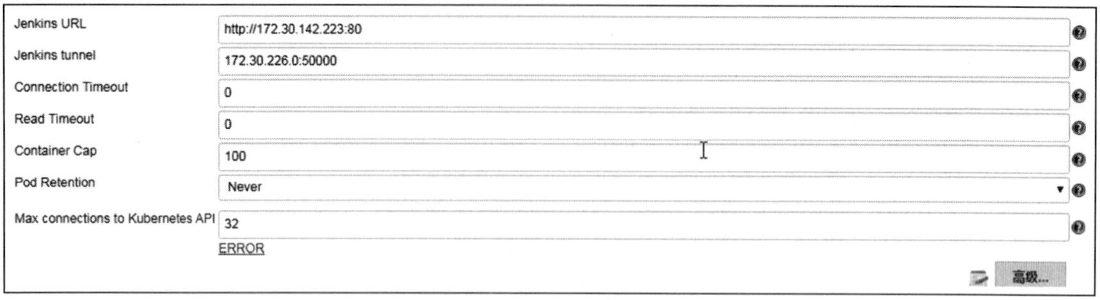

Jenkins URL	http://172.30.142.223:80
Jenkins tunnel	172.30.226.0:50000
Connection Timeout	0
Read Timeout	0
Container Cap	100
Pod Retention	Never
Max connections to Kubernetes API	32
	ERROR

高级...

图 7-57 Jenkins 配置 tunnel

添加完毕之后还需要在 Jenkins 的全局安全设置（Configure Global Security）中设定 JNLP 端口，必须指定为相同的 50000，如图 7-58 所示。

图 7-58 开启 JNLP 端口

到此为止，插件配置完成，可以在 Job 中使用 Slave Pod 构建任务了。在创建任务时，仅需要指定 label 来决定使用哪个 Slave 构建，自由风格任务配置如图 7-59 所示。

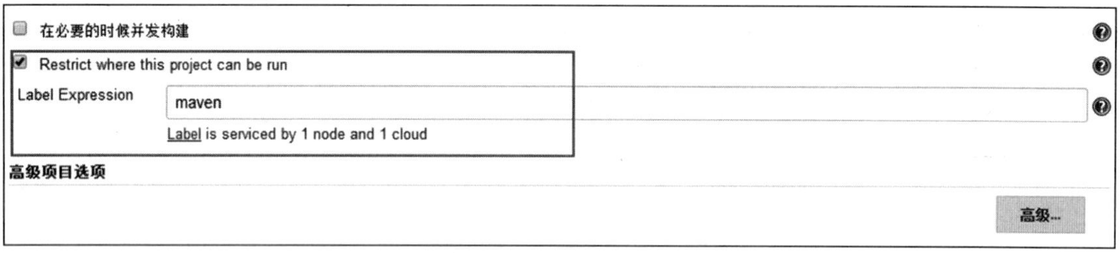

在必要的时候并发构建

Restrict where this project can be run

Label Expression: maven

Label is serviced by 1 node and 1 cloud

高级项目选项

高级...

图 7-59 自由风格任务指定 Slave

Pipeline 任务配置如图 7-60 所示。

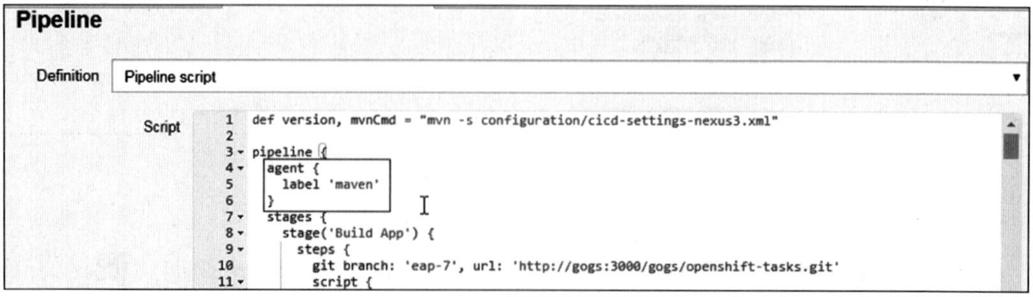

Pipeline

Definition: Pipeline script

Script

```
1  def version, mvnCmd = "mvn -s configuration/cicd-settings-nexus3.xml"
2
3  pipeline {
4    agent {
5      label 'maven'
6    }
7    stages {
8      stage('Build App') {
9        steps {
10         git branch: 'eap-7', url: 'http://gogs:3000/gogs/openshift-tasks.git'
11         script {
```

图 7-60 Pipeline 指定 Slave

2）OpenShift Client Plugin

该插件旨在提供与 OpenShift API 集成的可读性强、简明的 Pipeline 语法。插件使用 OpenShift 客户端命令 oc 实现，必须保证 oc 在执行任务的 Jenkins 或 Slave 中存在。从 OpenShift 3.7 开始，推荐使用该插件与 OpenShift API 交互。代码仓库地址为 https://github.com/Jenkinsci/openshift-client-plugin。

该插件可以实现关于 OpenShift 资源对象的任何操作，而且可以定义多个集群，在同一个任务中实现对多个集群的操作。在“Jenkins – 系统管理”中的 OpenShift Plugin 区域配置 OpenShift 集群，如图 7-61 所示。

图 7-61　配置 OpenShift 集群

可以看到添加 OpenShift 集群需要配置认证信息，通常情况下为了能够对集群所有资源进行操作，会使用一个相对权限较大的 ServiceAccount 的 Token，由于普通用户的 Token 存在过期时间不建议使用。默认使用 ServiceAccount Jenkins 的 Token，该 Token 被挂载到 Jenkins Pod 中的 /run/secrets/kubernetes.io/serviceaccount/token 文件中。该插件操作集群的权限取决于配置认证用户或 ServiceAccount 的权限。

使用 jenkins-openshift-privilege 的 ServiceAccount 的 Token 操作如下。

- 选择 ServiceAccount 所在的项目，可以在任意项目下，这里我们使用 cicd 项目。

```
# oc project cicd
```

- 创建 ServiceAccount。

```
# oc create sa jenkins-openshift-privilege
```

- 为 ServiceAccount 赋予相应的权限，安全起见，可以仅对 Jenkins 需要操作的 Project 或资源赋权。当然，也可以直接赋予 cluster-admin 权限以对集群有完全操作权限。

```
# oc policy add-role-to-user edit system:serviceaccount:cicd:jenkins-openshift-privilege
  -n dev
# oc policy add-role-to-user edit system:serviceaccount:cicd:jenkins-openshift-privilege
  -n stage
```

- 获取 ServiceAccount 的 Token。

```
# oc serviceaccounts get-token jenkins-openshift-privilege
```

- 在 Jenkins 的“凭据 – 系统 – 全局凭据 – 添加凭据”中添加 openshift-client-plugin Token，如图 7-62 所示。

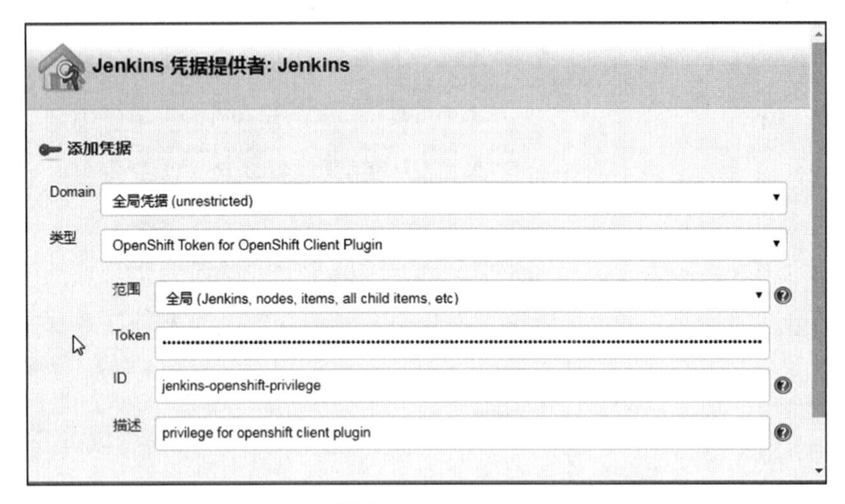

图 7-62　Jenkins 添加 openshift-client-plugin-token

如果在 Jenkins 配置中定义了一个名为“ default”的集群配置或者 Jenkins 以 Pod 形式运行在 OpenShift 上，定义 Job 中可以直接使用 openshift.withCluster()，否则需要指定集群名称，如 openshift.withCluster(‘mycluster’)。

```
openshift.withCluster() {
  // ... operations relative to this cluster ...
}
```

在配置好集群之后，就可以使用 Pipeline 操作集群中的资源对象了，由于涉及语法太多，本章仅说明几个重要操作，感兴趣的读者可自行深入学习。

- Selector

该方法用于选择要操作的 OpenShift 资源，返回的是一个选择器对象，分为静态选择和动态选择。

  - 静态选择：通过固定的名称来进行资源对象的选择，示例如下。

```
openshift.selector("dc", "frontend")或openshift.selector("dc/frontend")
```

- 动态选择：通过资源对象类型或者标签进行资源对象的选择，示例如下。

  通过类型选择：`openshift.selector("nodes")`

  通过标签选择：`openshift.selector("Pod", [ label1 : "value1", label2: "value2" ])`

  创建的选择器对象可以存储在变量或 DSL 语句内。常见选择器不会执行任何实际的操作，它只是描述一个对象的分组，该分组可以在后续使用其他方法操作。

- RolloutManager

该对象将实现所有 Rollout 相关的操作方法，主要作用于 DeploymentConfig。使用时首先使用 Selector 方法选择要操作的 DeploymentConfig，然后通过 Rollout() 创建一个 RolloutManager 执行 Rollout 操作，示例如下。

创建选择器，选择包含 app=ruby 标签的 DeploymentConfig。

```
def dcSelector = openshift.selector("dc", [ app : "ruby" ])
```

为选择的 DeploymentConfig 创建 RolloutManager。

```
def rm = dcSelector.rollout()
```

使用创建的 RolloutManager 执行任何 Rollout 操作，如执行查询 Rollout 的历史记录。

```
def result = rm.history()
echo "DeploymentConfig history:\n${result.out}"
```

可以支持的 Rollout 操作列表如下：

- `RolloutManager.history([args...:String]):Result`
- `RolloutManager.latest([args...:String]):Result`
- `RolloutManager.pause([args...:String]):Result`
- `RolloutManager.resume([args...:String]):Result`
- `RolloutManager.status([args...:String]):Result`
- `RolloutManager.undo([args...:String]):Result`

相当于命令行执行 oc rollout <subcommand> <flags>，其中 <subcommand> 是 rollout 支持的操作，<flags> 是操作所需要的参数。RolloutManager 也可以添加参数，格式示例如下：

```
openshift.selector("dc/nginx").rollout().undo("--to-revision=3")
```

（2）Jenkins 插件的安装

如果镜像中默认安装的插件不能满足需求，用户可以自行安装其他插件，但需要保证 Jenkins 容器配置了数据持久化，否则 Jenkins 重启后安装的插件会丢失。另外，需要注意插件的版本兼容性。

下面分别说明两种情况下插件的安装。

1）运行 Jenkins 容器可以访问公网下载插件。

在这种情况下，依次选择“Jenkins→插件管理→可选插件”，选择想要安装的插件，下载安装即可，如图 7-63 所示。

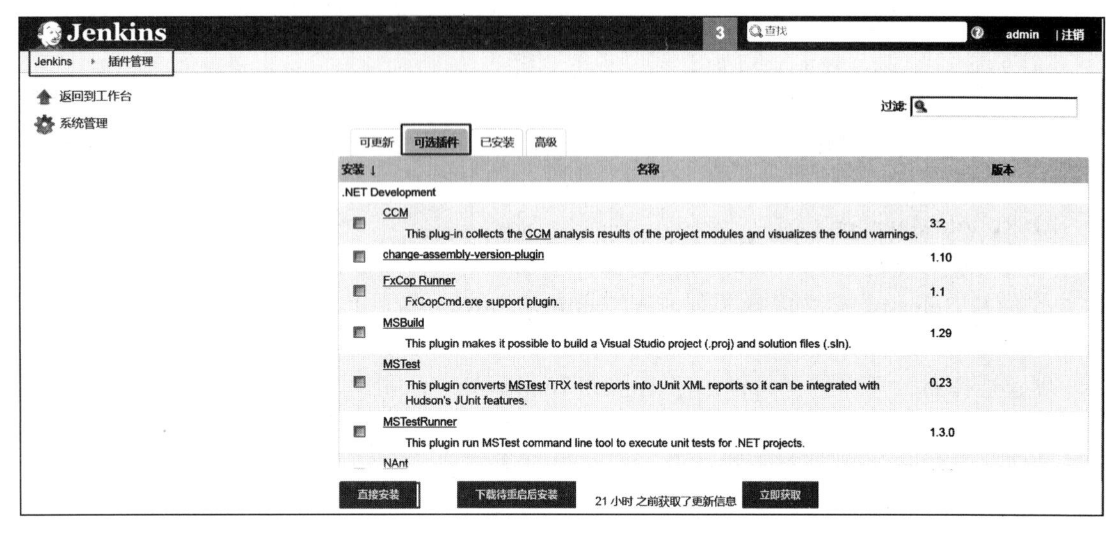

图 7-63　Jenkins 插件管理

2）运行 Jenkins 容器不可以访问公网下载插件。

如果不能访问公网，需要预先在浏览器上访问 https://updates.Jenkins-ci.org/download/plugins/ 下载插件的相应版本，然后在“Jenkins–插件管理–高级界面”中将下载好的插件上传到 Jenkins，上传完成后重启 Jenkins 容器，如图 7-64 所示。

图 7-64　Jenkins 上传插件

我们知道 Jenkins 容器是使用 OpenShift 模板部署的，上述两种方法都是在 Jenkins 运行时直接安装插件。如果在多租户模式下可能会运行多个 Jenkins 实例，这样会导致初始化的 Jenkins 依然没有需要的插件。在这种情况下就需要将插件加入 Jenkins 镜像中。

下面以安装 sonar 2.8.1 插件为例说明操作过程。

- 在可以访问公网的电脑上访问 https://updates.Jenkins-ci.org/download/plugins/sonar/2.8.1/sonar.hpi，下载 sonar.hpi 插件。
- 将插件 sonar.hpi 拷贝到安装 Docker 的服务器上。假设插件放置在 /tmp/jenkins/plugins/sonar.hpi。
- 在 jenkins 目录中创建如下 Dockerfile。

```
# cat Dockerfile
FROM registry.example.com/openshift3/rhel-2-jenkins:v3.11
COPY plugins/ /opt/openshift/plugins/
USER 1001
CMD ["/usr/libexec/s2i/run"]
```

- 使用 docker built 构建镜像。

```
# docker build -t registry.example.com/openshift3/rhel-2-jenkins-plugins:latest .
```

- 推送到镜像仓库，部署新镜像 rhel-2-jenkins-plugins:latest，测试 Jenkins 插件工作正常。

4. Tekton

Tekton 的概念前文已经介绍，在此不再赘述。Tekton 在进行持续交付时有如下特点：

- 声明式定义：通过对 Task 和 Pipeline 抽象，我们可以定义出各种组合的 Pipeline 模板来完成各种各样的任务。
- 工件管理：存储、管理和保护工件，同时 Tetkon 管道可以很好地与其他第三方工具配合。
- 部署管道：部署管道旨在支持复杂的工作流程，包括跨多个环境的部署以及金丝雀部署和蓝 / 绿部署。
- 结果：内置结果存储，通过日志可以深入了解测试与构建结果。

5. JUnit

JUnit 是一个开源的 Java 单元测试框架，被广泛应用。JUnit 非常小巧，但是功能却非常强大，可以帮助你更快地编写代码，并提高代码质量。

下面列举一些 JUnit 的特性：

- 框架设计良好，易扩展。
- 提供了单元测试用例成批运行的功能。
- JUnit 优雅简洁，上手容易。
- JUnit 测试可以自动运行，检查自己的结果，并提供即时反馈。
- JUnit 测试结果自动生成报告，且可以多种方式展示结果。

6. SonarQube

SonarQube 是一个用于代码质量管理的开源平台，可以扫描监测代码并给出质量评价及修改建议。通过插件扩展，可以支持包括 Java、C#、C/C++、PL/SQL 等二十多种编程语言的代码质量管理与检测。可以很容易地与 Maven、Jenkins 等工具进行集成，是非常流行的代码质量管控平台。

支持从以下 7 个方面检测代码：

- 代码重复。
- 糟糕的复杂度分布。
- 缺少单元测试。
- 不遵循代码标准。
- 缺少足够的注释。
- 潜在的 Bug。
- 糟糕的设计。

在 DevOps 中引入 SonarQube 的最主要原因就是提高代码质量，增强代码的可读性和维护性。

7. Nexus Repository OSS3

Nexus3 是一个开源的仓库管理系统，提供了更加丰富的功能，而且安装和使用简单方便，支持 Maven、Yum、Docker Registry、Pypi 等多种仓库。它极大地简化了内部和外部的仓库管理和访问。搭建 Nexus3 主要有两方面原因：一是缓存公共私服的二进制包，缩短构建时间；二是创建私有仓库，保存企业内部的二进制包。

通常，我们在 OpenShift 集群中部署 Nexus，以便作为 Maven 构建依赖的缓存和保存构建的二进制包。

8. Skopeo

Skopeo 是一个命令行工具，可以提供对容器镜像和镜像仓库的多种操作。Skopeo 在 Docker Registry 的 API v2 版本下工作，Skopeo 不需要后台进程就可以完成如下操作：

- 查看镜像的元数据信息包含层信息。
- 在不同的仓库之间同步镜像。
- 从镜像仓库中删除镜像。
- 如果仓库需要认证，Skopeo 可以携带合适的认证或证书。

7.4.2 基于 Jenkins 实现持续交付

介绍了工具之后，我们以一个示例讲述如何实现持续交付。整个持续交付过程如图 7-65 所示。

持续交付 Pipeline 执行如下：

- 从 Gogs 克隆代码，接着完成构建、单元测试、静态代码扫描。
- 构建完成后的 War 包会被推送到 Nexus 存储库中。

- 使用构建好的 War 包实现 B2I 的构建，构建需要的基础镜像来自镜像仓库 Quay.io。
- 如果开启 Quay.io，则构建好的应用镜像将被推送到 Quay.io 并触发安全扫描。
- 应用镜像将被部署到 DEV 环境。
- 如果在 DEV 中测试成功了，则 Pipeline 将暂停等待 Release Manager 审批。
- 如果审批通过了，则 DEV 镜像将被重新标记，并推送到 STAGE 仓库中。如果开启 Quay.io，将使用 Skopeo 在 Quay.io 中对镜像标记。
- STAGE 镜像被部署到 STAGE 项目中。

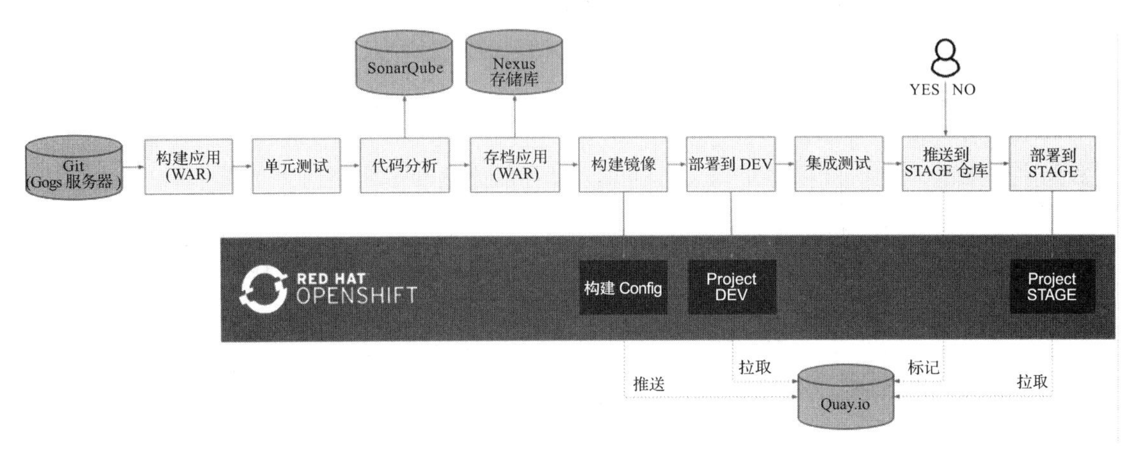

图 7-65　在 OpenShift 上实现持续交付

下面我们说明具体的实现过程。

1. 实现过程

在开始部署配置之前，请确保你的 OpenShift 环境至少有 8GB 的内存可用，而且可以访问公网代码仓库 GitHub 和镜像仓库 Quay.io。

创建所需要的文件存放在 GitHub 中，使用如下命令克隆仓库。

```
# git clone https://github.com/ocp-msa-devops/openshift-cd-demo.git
# cd openshift-cd-demo
```

虽然提供了部署脚本，但为了更好地理解过程，我们使用手动部署的方式。

在 OpenShift 创建必要的项目。

```
# oc new-project dev --display-name="Tasks-Dev"
# oc new-project stage --display-name="Tasks-Stage"
# oc new-project cicd --display-name="CI/CD"
```

上述三个项目中，dev 表示开发测试环境，stage 表示预生产环境，cicd 表示运行 DevOps 工具的项目。

对 Jenkins 运行 ServiceAccount 赋权，使得 Jenkins 可以在 dev 和 stage 项目中创建和删除资源。

```
# oc policy add-role-to-group edit system:serviceaccounts:cicd -n dev
# oc policy add-role-to-group edit system:serviceaccounts:cicd -n stage
```

部署 CI/CD 模板。

```
# oc new-app jenkins-ephemeral -n cicd
# oc new-app -n cicd -f cicd-template.yaml
```

默认使用如下参数启动：

- 开发测试项目名为 dev，预生产项目名为 stage。
- Gogs 和 Nexus 使用 emptydir，在正式使用时一定要配置持久化存储。
- 不集成公网 Quay.io 镜像仓库，而是使用内部镜像仓库，如果开启，需要提供 Quay.io 用户名和密码。

可以根据需要设置参数或调整模板来完成整个持续交付环境的部署。

等待数分钟后，cicd 项目下的 DevOps 工具容器会全部正常运行，如图 7-66 所示。

```
NAME                         READY   STATUS      RESTARTS   AGE
cicd-demo-installer-rqgpt    0/1     Error       0          11h
cicd-demo-installer-sk48q    0/1     Completed   0          11h
gogs-1-qwkz4                 1/1     Running     0          1h
gogs-postgresql-1-thlhg      1/1     Running     0          1h
jenkins-2-q9ts9              1/1     Running     0          1h
nexus-1-hcdkz                1/1     Running     0          1h
sonarqube-1-zwf6c            1/1     Running     0          1h
```

图 7-66 cicd 工具容器

2. 原理解析

接下来，我们将详细说明各组件及流水线如何工作，以便在实际企业落地时以此作为参考，修改示例中某些内容以匹配自己的环境或流程。

（1）部署原理说明

可以看到部署所有组件仅仅是通过实例化 cicd-template.yaml 实现的。那么我们就看看 cicd-template 做了什么。

模板在实例化后创建了四个对象，我们分别说明其作用也就了解了如何实现部署。

1）RoleBinding

在 cicd 项目下创建名为 default-admin 的 RoleBinding，将 ServiceAccount default 赋予 admin role，这样在 cicd 项目下使用 ServiceAccount default 启动的 Pod 对 cicd 项目有完全的操作权限。

2）BuildConfig

在 cicd 项目下创建名为 tasks-pipeline 的 BuildConfig，该 BuildConfig 为 Jenkins Pipeline 类型，默认情况下会在 cicd 项目中创建 Jenkins 实例，并且会自动将 Jenkinsfile 创建为 Jenkins 的一个 Job。

需要注意的是，默认启动的 Jenkins 是没有挂载持久化存储的，在企业落地时一定要为 Jenkins 实例配置持久化存储。

3）ConfigMap

在cicd项目下创建名为jenkins-slaves的ConfigMap，这个ConfigMap会被Jenkins插件openshift-sync-plugin同步，并根据定义的XML文件添加、编辑或删除Jenkins Kubernetes plugin中的Pod template。详见openshift-sync-plugin插件。

4）Job

在cicd项目下创建名为cicd-demo-installer的Job，这个Job使用quay.io/openshift/origin-cli:v4.0镜像启动，并在启动时执行一个脚本。脚本的内容就不一一解释了，我们仅说明完成了哪些事情。

- 调整Jenkins的资源并修改label为app=jenkins。

```
# oc set resources dc/jenkins --limits=cpu=2,memory=2Gi --requests=cpu=100m,memory=512Mi
# oc label dc jenkins app=jenkins -overwrite
```

- 在dev项目下导入ImageStream openshift/wildfly-120-centos7。

```
# oc import-image wildfly --from=openshift/wildfly-120-centos7--confirm -n dev
```

- 在dev和stage项目下创建应用openshift-tasks的BuildConfig、DeploymentConfig、Service、Route，设置DeploymentConfig的trigger为手动触发，设置DeploymentConfig的健康检测。

设置dev项目。

```
# oc new-build --name=tasks --image-stream=wildfly:latest --binary=
  true  -n dev
# oc new-app tasks:latest --allow-missing-images -n dev
# oc set triggers dc -l app=tasks --containers=tasks --from-image=tasks:latest --
  manual -n dev
# oc expose dc/tasks --port=8080 -n dev
# oc expose svc/tasks -n dev
# oc set probe dc/tasks --readiness --get-url=http://:8080/ws/demo/healthcheck --initial-
  delay-seconds=30 --failure-threshold=10 --period-seconds=10 -n dev
# oc set probe dc/tasks --liveness  --get-url=http://:8080/ws/demo/healthcheck--
  initial-delay-seconds=180 --failure-threshold=10 --period-seconds=10 -n dev
# oc rollout cancel dc/tasks -n dev
```

设置stage项目。

```
# oc new-app tasks:stage --allow-missing-images -n stage
# oc set triggers dc -l app=tasks --containers=tasks --from-image=tasks:stage --
  manual -n stage
# oc expose dc/tasks --port=8080 -n stage
# oc expose svc/tasks -n stage
# oc set probe dc/tasks --readiness --get-url=http://:8080/ws/demo/healthcheck --
  initial-delay-seconds=30 --failure-threshold=10 --period-seconds=10 -n stage
# oc set probe dc/tasks --liveness  --get-url=http://:8080/ws/demo/healthcheck --
  initial-delay-seconds=180 --failure-threshold=10 --period-seconds=10 -n stage
# oc rollout cancel dc/tasks -n stage
```

- 使用镜像docker.io/openshiftdemos/gogs:0.11.34部署并配置Gogs。

通过 Route Jenkins 的 host 获取集群的 Subdomain。

```
HOSTNAME=$(oc get route Jenkins -o template --template='{{.spec.host}}' | sed "s/
  Jenkins-${CICD_NAMESPACE}.//g")
```

定义 Gogs 的访问域名。

```
GOGS_HOSTNAME="gogs-$CICD_NAMESPACE.$HOSTNAME"
```

通过模板创建 Gogs 实例。

```
# oc new-app -f https://raw.githubusercontent.com/OpenShiftDemos/gogs-openshift-do-
  cker/master/openshift/gogs-template.yaml \
   --param=GOGS_VERSION=0.11.34 \
   --param=DATABASE_VERSION=9.6 \
   --param=HOSTNAME=$GOGS_HOSTNAME \
   --param=SKIP_TLS_VERIFY=true
```

如果 Gogs 配置持久化，则使用的模板为 https://raw.githubusercontent.com/siamaksade/gogs/master/gogs-template.yaml。

获取 Gogs Service 名称，并通过 Gogs API 注册管理员用户。

```
GOGS_SVC=$(oc get svc gogs -o template --template='{{.spec.clusterIP}}')
GOGS_USER=gogs
GOGS_PWD=gogs
# curl -o /tmp/curl.log -sL --post302 -w "%{http_code}" http://$GOGS_SVC:3000/user
  /sign_up \
  --form user_name=$GOGS_USER \
  --form password=$GOGS_PWD \
  --form retype=$GOGS_PWD \
  --form email=admin@gogs.com)
```

通过 Gogs API 导入 GitHub openshift-tasks 项目。

```
# curl -o /tmp/curl.log -sL -w "%{http_code}" -H "Content-Type: application/json" \
            -u $GOGS_USER:$GOGS_PWD -X POST http://$GOGS_SVC:3000/api/v1/repos/mig-
               rate -d '{
  "clone_addr": "https://github.com/OpenShiftDemos/openshift-tasks.git",
  "uid": 1,
  "repo_name": "openshift-tasks"
  }'
```

通过 Gogs API 设置 openshift-tasks 项目的 Webhook。

```
# curl -o /tmp/curl.log -sL -w "%{http_code}" -H "Content-Type: application/json" \
            -u $GOGS_USER:$GOGS_PWD -X POST http://$GOGS_SVC:3000/api/v1/repos/gogs-
               /openshift-tasks/hooks -d '{
    "type": "gogs",
    "config": {
    "url": "https://openshift.default.svc.cluster.local/oapi/v1/namespaces/$CIC-D_
     NAMESPACE/buildconfigs/tasks-pipeline/webhooks/${WEBHOOK_SECRET}/generic",
    "content_type": "json"
    },
    "events": [
      "push"
```

```
    ],
      "active": true
  }'
```

- 使用镜像 docker.io/siamaksade/sonarqube:latest 部署 SonarQube，并设置资源。

```
# oc new-app -f https://raw.githubusercontent.com/siamaksade/sonarqube/master/
  sonarqube-template.yml --param=SONARQUBE_MEMORY_LIMIT=2Gi
```

如果 SonarQube 配置持久化，则使用的模板为：https://raw.githubusercontent.com/siamaksade/sonarqube/master/sonarqube-persistent -template.yml。

设置 sonarqube 和数据库的资源配置。

```
# oc set resources dc/sonardb --limits=cpu=200m,memory=512Mi--requests=cpu=50m,
  memory=128Mi
# oc set resources dc/sonarqube --limits=cpu=1,memory=2Gi --requests=cpu=50m,
  memory=128Mi
```

- 使用镜像 docker.io/sonatype/nexus3:3.13.0 部署 Nexus3。

```
# oc new-app -f https://raw.githubusercontent.com/OpenShiftDemos/nexus/master/
  nuxes3-template.yaml --param=NEXUS_VERSION=3.13.0 --param=MAX_MEMORY=2Gi
```

如果 Nexus3 配置持久化，则使用的模板为：https://raw.githubusercontent.com/OpenShiftDemos/nexus/master/nexus3-persistent-template.yaml。

设置 Nexus3 的资源配置。

```
# oc set resources dc/nexus --requests=cpu=200m --limits=cpu=2
```

通过上述分析，部署的过程就很清楚了。

（2）集成原理说明

在示例的持续交付 Pipeline 中涉及如下 DevOps 工具的集成：

- Jenkins 与 Gogs 的集成。
- Jenkins 与 Maven 的集成。
- Jenkin 与 JUnit 的集成。
- Jenkins 与 Nexus 的集成。
- Jenkins 与 SonarQube 的集成。
- Jenkins 与 OpenShift 的集成。

下面我们将分别说明如何实现。

1）Jenkins 与 Gogs 的集成

通过 Jenkins 中的 Git 插件直接与 Gogs 交互，Pipeline 命令如下。

```
git branch: 'eap-7', url: 'http://gogs:3000/gogs/openshift-tasks.git'
```

由于 Gogs 中的 openshift-tasks 为公开项目，因此不需要认证就可以拉取，对于需要用户名密码的 Git 仓库，需要添加 credentialsId 参数拉取代码。

2）Jenkins 与 Maven 的集成

传统的 Jenkins 与 Maven 集成是将 Maven 安装在 Jenkins 的服务器上，然后在 Jenkins 全局工具中指定。而在 OpenShift 环境中可以使用 Jenkins 插件 Kubernetes-plugin 实现动态的 Slave 容器，即每当有 Jenkins Job 指定某个 Slave 运行，则会动态启动 Slave 执行构建任务，任务完成后 Slave 将退出消亡。有关插件的配置详见 7.4.1 节。

官方提供多种 Jenkins Slave 镜像，其中最常用的一个就是 Maven。Jenkins 与 Maven 的集成就是依靠 Maven Slave 实现的，Jenkins 容器中并不需要安装 Maven。Pipeline 中使用定义 Slave 的 label 来引用。

```
agent {
  label 'maven'
}
```

3）Jenkins 与 JUnit 的集成

Jenkins 通过 mvn test 命令运行 JUnit 测试，需要在 pom.xml 中添加 JUnit 相关的依赖，具体代码如下。

```
……
<dependency>
  <groupId>junit</groupId>
  <artifactId>junit</artifactId>
  <scope>test</scope>
</dependency>
<dependency>
  <groupId>org.jboss.arquillian.junit</groupId>
  <artifactId>arquillian-junit-container</artifactId>
  <scope>test</scope>
</dependency>
……
```

4）Jenkins 与 Nexus3 的集成

Nexus3 在整个 Pipeline 过程中既提供 Maven 构建中所需要的依赖包，也保存构建应用的 War 包或 Jar 包。

通过在应用源代码中增加 configuration/cicd-settings-nexus3.xml 文件来设定 Maven 的配置，文件中定义了连接 Nexus3 的用户名、密码、maven mirrors 的 URL 等，内容如下。

```
<settings>
  <servers>
    <server>
      <id>nexus</id>
      <username>deployment</username>
      <password>deployment123</password>
    </server>
    <server>
      <id>nexus3</id>
      <username>admin</username>
      <password>admin123</password>
    </server>
```

```
  </servers>
  <mirrors>
    <mirror>
      <!--This sends everything else to /public -->
      <id>nexus</id>
      <mirrorOf>*</mirrorOf>
      <url>http://nexus:8081/repository/maven-all-public/</url>
    </mirror>
  </mirrors>
  <profiles>
    <profile>
      <id>nexus</id>
      <!--Enable snapshots for the built in central repo to direct -->
      <!--all requests to nexus via the mirror -->
      <repositories>
        <repository>
          <id>central</id>
          <url>http://central</url>
          <releases><enabled>true</enabled></releases>
          <snapshots><enabled>true</enabled></snapshots>
        </repository>
      </repositories>
    <pluginRepositories>
        <pluginRepository>
          <id>central</id>
          <url>http://central</url>
          <releases><enabled>true</enabled></releases>
          <snapshots><enabled>true</enabled></snapshots>
        </pluginRepository>
      </pluginRepositories>
    </profile>
  </profiles>
  <activeProfiles>
    <!--make the profile active all the time -->
    <activeProfile>nexus</activeProfile>
  </activeProfiles>
</settings>
```

有了这个文件之后，在 Pipeline 中设定 mvnCmd = "mvn -s configuration/cicd-settings-nexus3.xml"，这样使用 mvnCmd 构建的时候就会使用该配置文件，构建时从部署的 Nexus3 中获取依赖。

在构建完成后将二进制 War 包推送到 Nexus3 中，需要在应用的 pom.xml 中定义如下内容。

```
......
  <distributionManagement>
    <repository>
      <id>nexus</id>
      <url>http://nexus:8081/content/repositories/releases</url>
    </repository>
    <snapshotRepository>
      <id>nexus</id>
      <url>http://nexus:8081/content/repositories/snapshots</url>
```

```
    </snapshotRepository>
  </distributionManagement>
……
```

再结合之前定义的 Nexus3 的用户名、密码，就可以使用 mvnCmd deploy -P nexus3 将构建好的二进制包部署到 Nexus3 中。

5）Jenkins 与 SonarQube 的集成

使用 mvn 的 SonarQube 插件对源代码进行扫描分析，需要在源代码 pom.xml 文件中添加 SoanrQube 的 Plugins，具体代码如下。

```
<build>
  <plugins>
    ……
      <plugin>
  <groupId>org.sonarsource.scanner.maven</groupId>
        <artifactId>sonar-maven-plugin</artifactId>
        <version>3.3.0.603</version>
      </plugin>
    ……
  </plugins>
</build>
```

然后在 Pipeline 中通过 mvnCmd sonar:sonar -Dsonar.host.url=http://sonarqube:9000 执行扫描。

6）Jenkins 与 OpenShift 的集成

Jenkins 与 OpenShift 的集成有很多种方式，如直接在 Pipeline 中通过 oc 命令与 OpenShift 交互，或者通过一些 OpenShift 插件（如 openshift-client-plugin）实现。本文正是使用了 openshift-client-plugin 插件实现，部分内容如下。

```
openshift.withCluster() {
  openshift.withProject(env.DEV_PROJECT) {
    openshift.selector("bc", "tasks").startBuild("--from-file=target/ROOT.war", "--
      wait=true")
}
}
```

（3）运行原理说明

在了解了集成原理之后，运行原理也就水落石出了。在 Jenkins 中运行 Pipeline 内容如下。

```
 1 def mvnCmd = "mvn -s configuration/cicd-settings-nexus3.xml"
 2 pipeline {
 3   agent {
 4     label 'maven'
 5   }
 6   stages {
 7     stage('Build App') {
 8       steps {
 9         git branch: 'eap-7', url: 'http://gogs:3000/gogs/openshift-tasks.git'
10         sh "${mvnCmd} install -DskipTests=true"
11       }
```

```
12      }
13      stage('Test') {
14        steps {
15          sh "${mvnCmd} test"
16          step([$class: 'JUnitResultArchiver', testResults: '**/ta-reports/TEST-*.
              xml-'])
17        }
18      }
19      stage('Code Analysis') {
20        steps {
21          script {
22            sh "${mvnCmd} sonar:sonar -Dsonar.host.url=http://sonarqube:9000 -Dsk"
23          }
24        }
25      }
26      stage('Archive App') {
27        steps {
28          sh "${mvnCmd} deploy -DskipTests=true -P nexus3"
29        }
30      }
31      stage('Build Image') {
32        steps {
33          sh "cp target/openshift-tasks.war target/ROOT.war"
34          script {
35            openshift.withCluster() {
36              openshift.withProject(env.DEV_PROJECT) {
37                openshift.selector("bc", "taskd("--from-file=target/ROOT.war", "--wae")
38              }
39            }
40          }
41        }
42      }
43      stage('Deploy DEV') {
44        steps {
45          script {
46            openshift.withCluster() {
47              openshift.withProject(env.DEV_PROJECT) {
48                openshift.selector("dc", "tasks").rollout().latest();
49              }
50            }
51          }
52        }
53      }
54      stage('Promote to STAGE?') {
55        agent {
56          label 'skopeo'
57        }
58        steps {
59          timeout(time:15, unit:'MINUTES') {
60              input message: "Promote to STAGE?", ok: "Promote"
61          }
62          script {
63            openshift.withCluster() {
64              if (env.ENABLE_QUAY.toBoolean()) {
65                withCredentials([usernamePassword(credentialsId: "${oquay-cicd-
```

```
              secret",        usernameVariable: "QUAY_USER", passwordVariable:
              "QU) {
66            sh "skopeo copy dockY_USERNAME}/${QUAY_REPOSITORY}:latest dock{
               QUA-Y_USER        NAMQUAY_REPOSITORY}:stage--src- creds \"$Q:
               $QUAY                      PWD\" --dest- cre-ds \"$QUSER:$QUAY_PWD\"
               --src-tls-verify=false --desalse"
67            }
68          } else {
69            openshift.tag("${env.DEV_PROJECT}/tasks:latest", "${eT}/tasks:
               stage")
70          }
71        }
72      }
73    }
74  }
75  stage('Deploy STAGE') {
76    steps {
77      script {
78        openshift.withCluster() {
79          openshift.withProject(env.STAGE_PROJECT) {
80            openshift.selector("dc", "tasks").rollout().latest();
81          }
82        }
83      }
84    }
85  }
86 }
87 }
```

当我们在 Jenkins 中点击构建之后，Jenkins 首先会启动一个 Maven Slave 容器（第 3～5 行），并在 Maven Slave 容器中会执行 Pipeline。

- stage('Build App')：第 7～12 行，从 Gogs 获取代码，并使用 mvn install 命令构建应用代码。
- stage('Test')：第 13～18 行，执行 mvn test，运行单元测试，并将测试报告打包。
- stage('Code Analysis')：第 19～25 行，执行 mvn sonar:sonar，运行静态代码扫描，并将结果发送到 SonarQube 中。
- stage('Archive App')：第 26～30 行，执行 mvn deploy，将构建好的应用二进制包上传到 Nexus3 上。
- stage('Build Image')：第 31～42 行，通过触发 dev 项目下已经创建后的 BuildConfig tasks 来实现 B2I，将应用二进制包与基础镜像构建为应用镜像，并推送到内部镜像仓库。
- stage('Deploy DEV')：第 43～53 行，通过触发 DcploymcntConfig tasks 部署新的应用镜像。
- stage('Promote to STAGE?')：第 54～74 行，这部分主要完成把 dev 环境生成的镜像同步到 stage 环境。Jenkins 会再启动一个 Skopeo 的 Slave 容器，在该 Slave 容器中运行这个阶段的 Pipeline 语句。

第58～61行，设定了15分钟的超时，等待用户输入，模拟审批动作，如果选择Promote，则Pipeline继续向后运行，否则Pipeline将终止。

第62～73行，如果开启使用Quay.io，则使用skopeo copy将dev环境生成的应用镜像同步到Quay.io。如果未开启使用Quay.io，则使用oc tag将dev环境的应用镜像重新定义了stage环境的应用镜像标签为latest，这样stage环境就可以部署应用镜像。

- stage('Deploy STAGE')：第75～85行，使用同步的最新应用镜像重新部署应用。

3. 可以优化的部分

虽然本节中通过cicd-template.yaml演示了实现持续交付，但是在实际落地的时候还存在如下几点可以优化：

- 私有化实现：演示中使用的镜像和应用代码仓库均需要通过公网访问获取，在内网演示需要修改模板实现私有化部署。
- 重新定义Pipeline：Jenkins中Pipeline需要根据实际的阶段重新定义，比如是否包含单元测试。
- Pipeline参数化：一个业务系统往往包含多个应用程序，需要将定制的Pipeline实现参数化，这样不同应用就可以最小化修改参数实现Pipeline复用。
- 配置必要的认证：拉取应用源代码以及连接SonarQube配置密码认证。
- 镜像定制化：目前使用的镜像是由社区提供的，如果对镜像有标准化和安全性等要求，则需要重新定制镜像。另外，还可以定制一些新工具的镜像，如GitLab。
- 增加必要的持久化：所有的DevOps工具均需要将必要的数据通过外部卷的方式挂载，以实现数据持久化。
- 增加代码检测阈值：在Pipeline中增加SonarQube检测阈值的判断，如果达到阈值，则Pipeline继续。
- 增加邮件通知：在Pipeline中增加邮件通知，汇报每个Pipeline的运行状态或者故障报警。

上面提出了持续交付中可以优化的部分，我们将在下一节的实际案例中进行说明。

7.4.3 基于Tekton实现持续交付

在前面已经介绍了Tekton的概念，也演示了基本的CI/CD示例。下面我们以一个实际场景介绍如何实现持续交付。整个持续交付过程如图7-67所示。

持续交付Pipeline执行过程如下：

- 首先从Gogs克隆代码，接着运行单元测试。
- 并行执行静态代码扫描和推送二进制Jar包到Nexus中，以及生成依赖报告推送到报告仓库中。
- 接着实现S2I构建生成应用镜像。

- 应用镜像将被部署到 DEV 环境。
- 在 DEV 环境运行一些测试，并将报告推送到报告仓库中。
- DEV 环境测试通过后，发布到 STAGE 环境中。

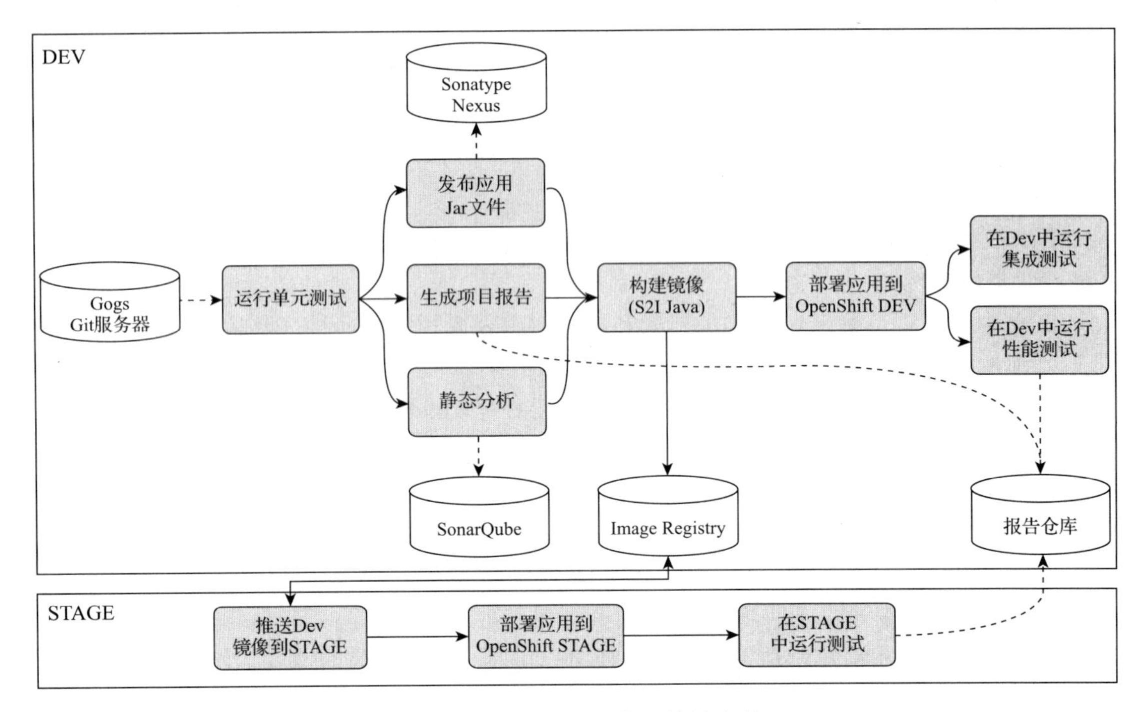

图 7-67　基于 Tekton 实现持续交付

下面我们说明具体的实现过程。在开始之前，我们需要安装 OpenShift Pipeline Operator 以及 Tekton 的客户端，本示例创建所需要的文件存放在 GitHub 中，使用如下命令克隆仓库。

```
# git clone https://github.com/ocp-msa-devops/tekton-cd-demo.git
# cd tekton-cd-demo
```

仓库中直接提供了部署脚本，请参考 Readme 使用。为了更好地理解过程，我们使用手动部署的方式。

在 OpenShift 创建必要的项目。

```
# oc new-project myapp-dev
# oc new-project myapp-stage
# oc new-project myapp-cicd
```

上述三个项目中，myapp-dev 表示开发测试环境，myapp-stage 表示预生产环境，myapp-cicd 表示运行 DevOps 工具的项目。

赋予 ServiceAccount 相应的权限。

```
# oc policy add-role-to-user edit system:serviceaccount:myapp-cicd:pipeline -n
  myapp-dev
# oc policy add-role-to-user edit system:serviceaccount:myapp-cicd:pipeline -n
  myapp-stage
```

部署必要的 DevOps 工具，提供了持久化存储和非持久化存储的模板，这里我们使用非持久化。

```
# oc apply -f cd/gogs-ephemeral.yaml -n myapp-cicd
# oc apply -f cd/nexus-ephemeral.yaml -n myapp-cicd
# oc apply -f cd/sonarqube-ephemeral.yaml -n myapp-cicd
# oc apply -f cd/reports-repo-ephemeral.yaml -n myapp-cicd
```

获取 Gogs 的地址。

```
# GOGS_HOSTNAME=$(oc get route gogs -o template --template='{{.spec.host}}' -n
  myapp-cicd)
```

在 myapp-cicd 项目中部署 Pipeline 和 Task。

```
# oc apply -f tasks -n myapp-cicd
# oc apply -f config/maven-configmap.yaml -n myapp-cicd
# oc apply -f pipelines/petclinic-tests-git-resource.yaml -n myapp-cicd
# sed "s/demo-dev/myapp-dev/g" pipelines/pipeline-deploy-dev.yaml | oc apply -f
  - -n myapp-cicd
# sed "s/demo-dev/myapp-dev/g" pipelines/pipeline-deploy-stage.yaml | sed -E "s/
  demo-stage/myapp-stage/g" | oc apply -f - -n myapp-cicd
# sed "s/demo-dev/myapp-dev/g" pipelines/petclinic-image-resource.yaml | oc
  apply -f - -n myapp-cicd
# sed "s#https://github.com/siamaksade/spring-petclinic#http://$GOGS_HOSTNAME/
  gogs/spring-petclinic.git#g" pipelines/petclinic-git-resource.yaml | oc apply
  -f - -n myapp-cicd
# sed "s#https://github.com/siamaksade/spring-petclinic-config#http://$GOGS_
  HOSTNAME/gogs/spring-petclinic-config.git#g" pipelines/petclinic-config-git-
  resource.yaml | oc apply -f - -n myapp-cicd
# sed "s#https://github.com/siamaksade/spring-petclinic-gatling#http://$GOGS_
  HOSTNAME/gogs/spring-petclinic-gatling.git#g" pipelines/petclinic-tests-git-
  resource.yaml | oc apply -f - -n myapp-cicd
# oc apply -f triggers/gogs-triggerbinding.yaml -n myapp-cicd
# oc apply -f triggers/triggertemplate.yaml -n myapp-cicd
# oc apply -f triggers/eventlistener.yaml -n myapp-cicd
```

初始化 Gogs 并配置 Webhook。

```
# sed "s/@HOSTNAME/$GOGS_HOSTNAME/g" config/gogs-configmap.yaml | oc create -f -
  -n myapp-cicd
# oc rollout status deployment/gogs -n myapp-cicd
# oc create -f config/gogs-init-taskrun.yaml -n myapp-cicd
```

等待数分钟，myapp-cicd 项目下 DevOps 工具容器会全部正常运行，如图 7-68 所示。

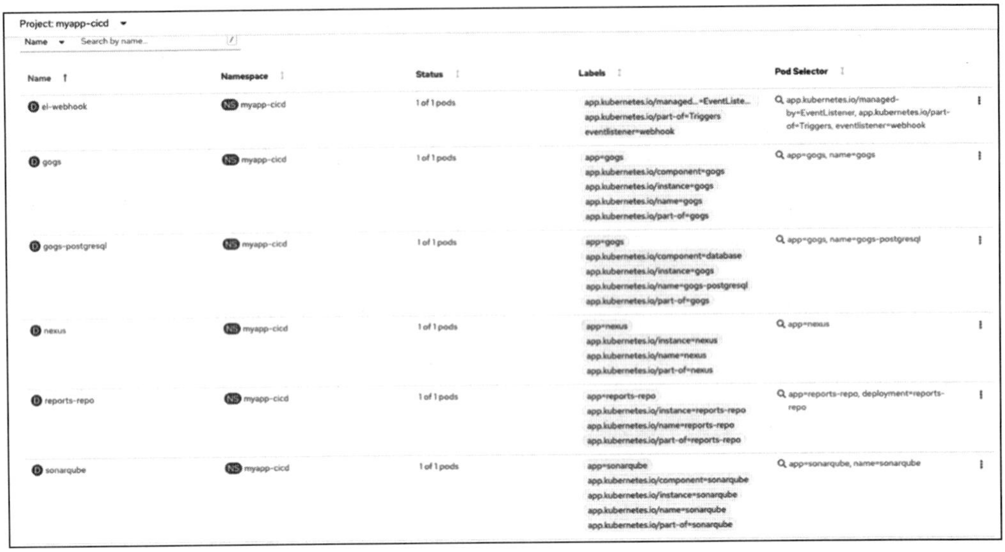

Project: myapp-cicd

Name	Namespace	Status	Labels	Pod Selector
el-webhook	myapp-cicd	1 of 1 pods	app.kubernetes.io/managed...=EventListe... app.kubernetes.io/part-of=Triggers eventlistener=webhook	app.kubernetes.io/managed-by=EventListener, app.kubernetes.io/part-of=Triggers, eventlistener=webhook
gogs	myapp-cicd	1 of 1 pods	app=gogs app.kubernetes.io/component=gogs app.kubernetes.io/instance=gogs app.kubernetes.io/name=gogs app.kubernetes.io/part-of=gogs	app=gogs, name=gogs
gogs-postgresql	myapp-cicd	1 of 1 pods	app=gogs app.kubernetes.io/component=database app.kubernetes.io/instance=gogs app.kubernetes.io/name=gogs-postgresql app.kubernetes.io/part-of=gogs	app=gogs, name=gogs-postgresql
nexus	myapp-cicd	1 of 1 pods	app=nexus app.kubernetes.io/instance=nexus app.kubernetes.io/name=nexus app.kubernetes.io/part-of=nexus	app=nexus
reports-repo	myapp-cicd	1 of 1 pods	app=reports-repo app.kubernetes.io/instance=reports-repo app.kubernetes.io/name=reports-repo app.kubernetes.io/part-of=reports-repo	app=reports-repo, deployment=reports-repo
sonarqube	myapp-cicd	1 of 1 pods	app=sonarqube app.kubernetes.io/component=sonarqube app.kubernetes.io/instance=sonarqube app.kubernetes.io/name=sonarqube app.kubernetes.io/part-of=sonarqube	app=sonarqube, name=sonarqube

图 7-68 cicd 工具容器

可以通过以下信息访问相应的 DevOps 工具：

- Gogs：访问地址为http://$GOGS_HOSTNAME/gogs/spring-petclinic.git，用户名gogs，密码gogs。
- Sonatype Nexus：访问地址为http://$(oc get route nexus -o template --template='{{.spec.host}}' -n myapp-cicd)，用户名admin，密码admin123。
- PipelineRun Reports：访问地址为 http://$(oc get route reports-repo -o template --template='{{.spec.host}}' -n myapp-cicd)。
- SonarQube：访问地址为 https://$(oc get route sonarqube -o template --template='{{.spec.host}}' -n myapp-cicd)，用户名 admin，密码 admin。

我们可以通过对 Gogs 中的 spring-petclinic 代码发生变更、通过 OpenShift 界面手动触发或者执行如下命令创建 Pipeline Run。

```
# oc create -f runs/pipeline-deploy-dev-run-ephemeral.yaml -n myapp-cicd
```

Pipeline 运行结果如图 7-69 所示。

Pipeline 执行成功后应用被部署到 myapp-dev 项目中并可正常访问，如图 7-70 所示。

Pipeline 执行过程中生成的报告可以在 Sonarqube 和 Report Repo 中查看，性能测试报告和依赖分析报告如图 7-71 和图 7-72 所示。

测试 myapp-dev 环境中应用没有问题后触发 stage 部署的 Pipeline，可以采用手动或者创建 Pipeline Run 对象触发，Pipeline 运行结果如图 7-73 所示。

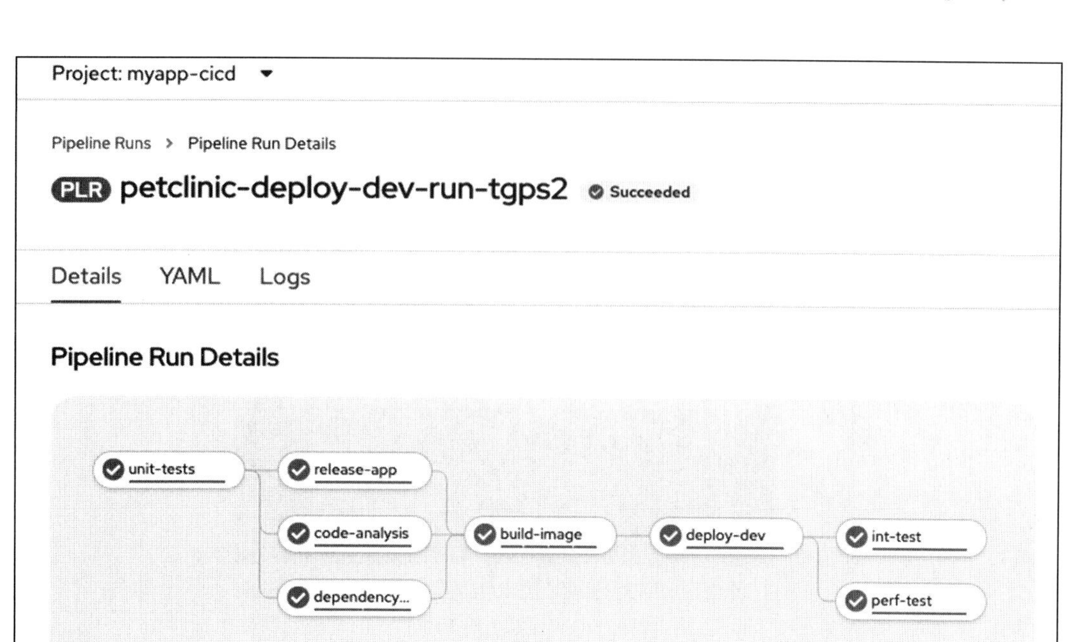

图 7-69　Dev Pipeline 运行结果

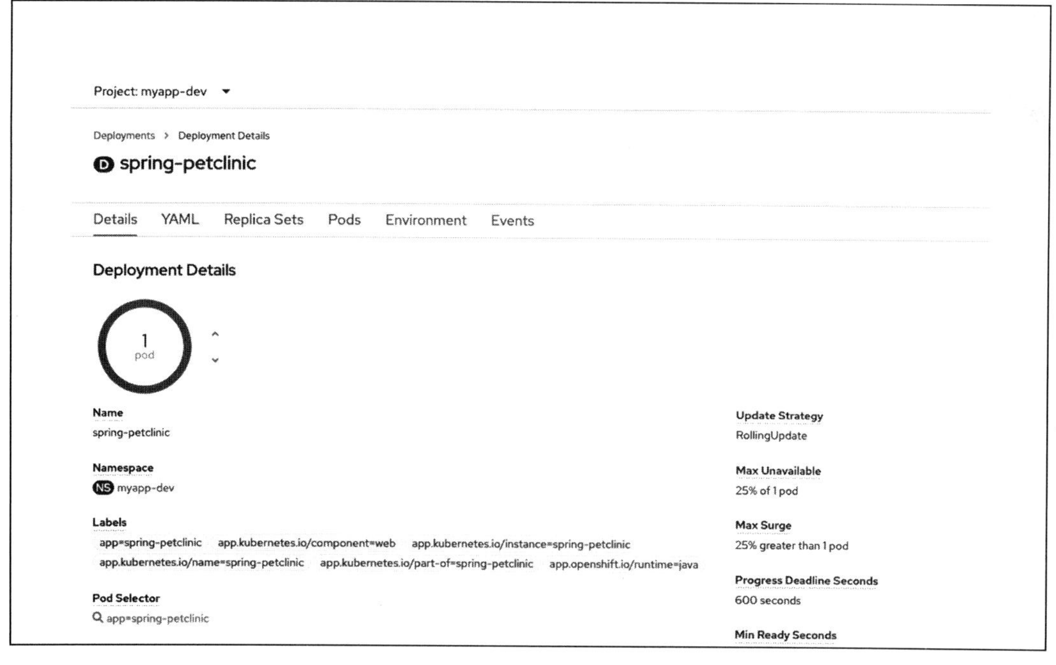

图 7-70　myapp-dev 中应用

Gatling
Get more features with Gatling FrontLine
addvisitsimulation
GLOBAL
DETAILS
Global Information
Indicators
Number of requests
STATISTICS
Executions
Response Time (ms)
Active Users along the Simulation

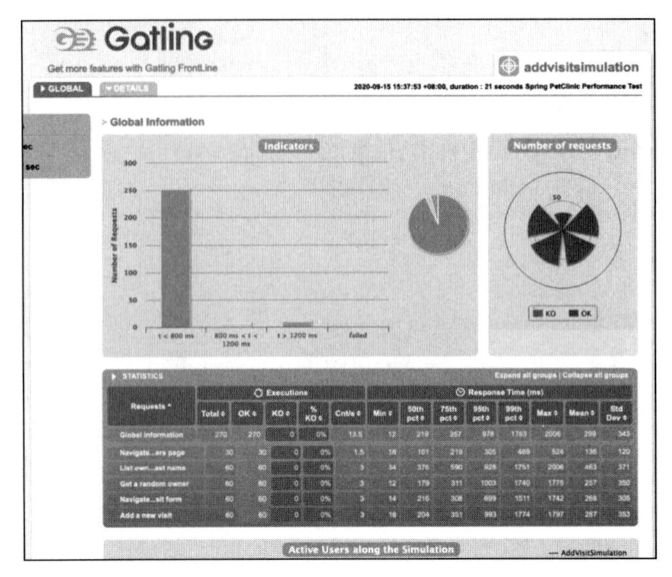

图 7-71 性能测试报告

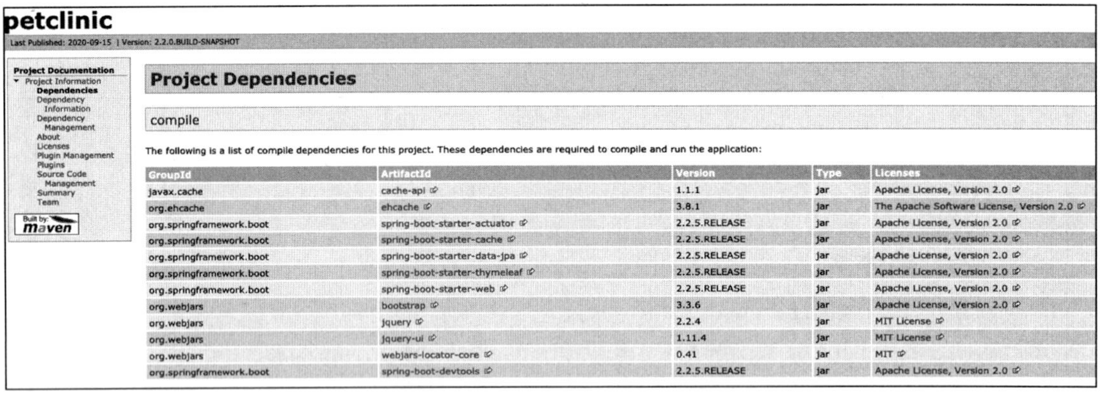

petclinic
Last Published: 2020-09-15 | Version: 2.2.0.BUILD-SNAPSHOT
Project Documentation
Project Information
Dependencies
Dependency Information
Dependency Management
About
Licenses
Plugin Management
Plugins
Source Code Management
Summary
Team
Built by: maven
Project Dependencies
compile
The following is a list of compile dependencies for this project. These dependencies are required to compile and run the application:
GroupId ArtifactId Version Type Licenses
javax.cache cache-api 1.1.1 jar Apache License, Version 2.0
org.ehcache ehcache 3.8.1 jar The Apache Software License, Version 2.0
org.springframework.boot spring-boot-starter-actuator 2.2.5.RELEASE jar Apache License, Version 2.0
org.springframework.boot spring-boot-starter-cache 2.2.5.RELEASE jar Apache License, Version 2.0
org.springframework.boot spring-boot-starter-data-jpa 2.2.5.RELEASE jar Apache License, Version 2.0
org.springframework.boot spring-boot-starter-thymeleaf 2.2.5.RELEASE jar Apache License, Version 2.0
org.springframework.boot spring-boot-starter-web 2.2.5.RELEASE jar Apache License, Version 2.0
org.webjars bootstrap 3.3.6 jar Apache License, Version 2.0
org.webjars jquery 2.2.4 jar MIT License
org.webjars jquery-ui 1.11.4 jar MIT License
org.webjars webjars-locator-core 0.41 jar MIT
org.springframework.boot spring-boot-devtools 2.2.5.RELEASE jar Apache License, Version 2.0

图 7-72 依赖分析报告

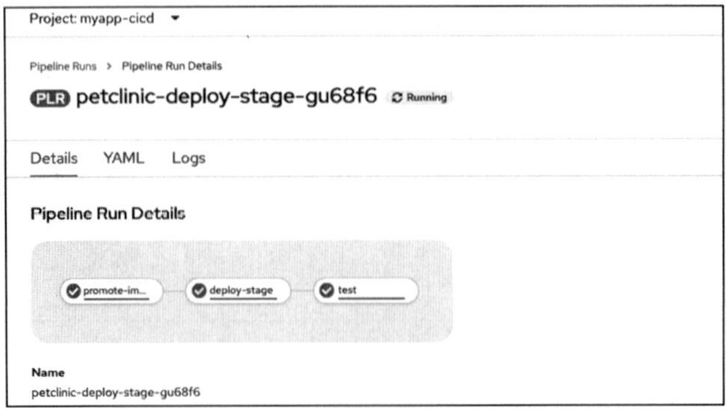

Project: myapp-cicd
Pipeline Runs > Pipeline Run Details
PLR petclinic-deploy-stage-gu68f6 Running
Details
YAML
Logs
Pipeline Run Details
promote-im...
deploy-stage
test
Name
petclinic-deploy-stage-gu68f6

图 7-73 Stage Pipeline 运行结果

Pipeline 运行成功后，就可以正常访问 STAGE 环境发布的应用。

限于篇幅，在此不对 Pipeline 中每个配置进行详细说明，感兴趣的读者可参考官方文档理解每个文件配置。

7.5 本章小结

本章我们介绍了在 OpenShift 上实现 DevOps 的路径，接着介绍了在 OpenShift 上实现 CI/CD 的几种方式，以及如何使用 Jenkins 或 Tekton 实现持续交付，相信读者已经有了初步的了解和认识。我们将在下一章中结合实际的案例介绍如何运用本章所学的方法。

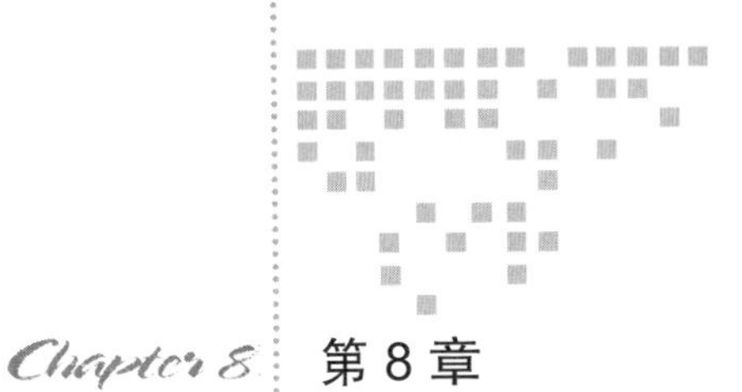

Chapter 8 第8章

DevOps在企业中的实践

本章是“DevOps两部曲”的第二部。在第7章介绍了在OpenShift上实现DevOps的路径和方法，相信读者已经大致了解了实现DevOps的方法论。本章将结合实际案例来分析基于OpenShift的DevOps在企业中的实践。

8.1 成功实践DevOps的关键要素

根据Puppet Labs每年发布的《DevOps现状调查报告》来看，越来越多的企业、组织开始基于DevOps的实践方法和文化价值工作，DevOps正以一种势不可当的趋势帮助企业实现敏捷开发、缩短软件发布周期、提高软件质量。不同组织、企业实践DevOps的方法多种多样，没有统一的标准。成功转型DevOps必须要具备某些关键要素，才能避免在实践DevOps过程中出现不必要的混乱局面。下面是成功实践DevOps的四个最关键的要素。

- 定义全景视图和目标
- 标准化的流程和组织
- 建立DevOps基石：自动化
- 协同工作的文化

下面将分别对这四个要素进行阐述。

8.1.1 定义全景视图和目标

DevOps在近几年很流行，但是真正落地DevOps的企业不多，主要是由于DevOps涉及流程、工具、角色、文化等多个维度的落地，而且不可能一步到位，需要分阶段实施、持续改进。如何选择落地DevOps的起点很重要，这将直接决定实践DevOps能否成功。定义全景视图是确定转型切入点以及不同阶段要实现目标的好方法。

每个企业的组织和流程差异很大，通过调研企业现状以及结合预期的 DevOps 蓝图，将流程、工具、角色等定义在统一的视图中，然后再将统一视图中的各部分不断拆解细化，直到形成可落地的实践方法与过程。这样就可以结合企业现状与转变的难易等因素综合考虑，确定该从何处入手落地 DevOps、各个阶段的目标是什么。

在确定全景视图时通常需要采集不同部门的想法和需求，结合多方意见共同定义，这样才能使不同团队都认同该视图，为后期的实施落地打下基础。

8.1.2 标准化的流程和组织

标准化对于成功实践 DevOps 而言是至关重要的，不定义标准化的流程、工具和组织将会使 DevOps 实践困难重重。

不同团队的需求和目标不一致，如果每个团队都定义自己的流程和工具，将会导致无法统一管理，DevOps 的落地也将变得复杂。标准化将明确定义各个流程的目标和范围、成本和效益、运营步骤、关键成功因素和绩效指标、有关人员的职责权利以及各个流程之间的关系等。在转型初期，将工作流程和某些工具集进行标准化是明智的做法。例如，确定代码检查过程中的检查点，再通过工具将标准化的流水线自动化，确保每个人都按预期工作。

标准化的流程对应标准化的组织结构，将流程中不同阶段的工作分配给组织结构中对应的角色负责。在传统的组织结构中完全依据团队职能划分的部门通常有开发部门、测试部门、运维部门等，大家按照部门各司其职，建立自己的流程和工具链，不同部门间通过项目的形式协作，完成系统交付。这种组织结构并不能支撑完整的流水线运行，而且不同部门很难标准化。成功实践 DevOps 需要打破原有职能组织的限制，每个职能团队都开始接受 DevOps，贯彻研发和运维一体化思想，组建多功能的 DevOps 团队——也就是标准化的组织结构。每个组织结构中包含必要角色的人员负责流水线上的一部分工作，一个人可以担任多个角色。每个业务线或产品由独立的 DevOps 团队完成开发、测试、上线、应用运维直到产品生命周期的结束。这样同一个 DevOps 团队中每个成员都有着共同的目标，对共同的业务线或产品负责，极大地增强了组织团结性，有利于产品的快速迭代，并提高产品质量。

虽然某些企业推行组织结构变化很困难，但是这是实践 DevOps 成功的要素之一，企业越快完成流程和组织标准化，就越能更快地向前迈进。

8.1.3 建立 DevOps 基石：自动化

自动化作为实践 DevOps 的最核心部分，它能提高协作效率，通过实现持续发布，提高软件开发的敏捷性，获得快速的迭代和迅速的反馈。

在传统的管理实践中大部分工作依赖于提申请、手动操作，导致人员工作量巨大，而且效率低下。自动化的实现消除了易变性，减少了因为人为造成的错误，降低了成本，并使部分手动过程可见。高效的团队在配置管理、测试、部署等流程中实现了更多的自动化，团队因此有更多的时间专注在其他有价值的活动中，拥有更多的创新实践，并能更快速地反馈问题。

自动化可覆盖整个软件开发生命周期，涉及需求管理、版本管理、代码编译、测试、配置管理、应用发布和运维监控等多项工作任务。企业需要构建相应的工具链，将工作任务自动化，才能实现自动化的持续交付流水线，甚至与一些流程引擎集成在一起工作，如红帽流程自动化工具 Red Hat Process Automation Manager（RHPAM）。

尽管自动化在构建、测试和发布的过程十分重要，但自动化目前仍然是成功实践 DevOps 的障碍。一方面是流程上依然包含很多繁杂的审批或中断，导致流水线在多个阶段需要停止等待；另一方面在技术（如自动化测试）上大部分企业不能真正有效实践自动化测试，各种问题在影响着自动化测试在企业中落地。自动化测试对团队有较高要求，无论是领导还是团队成员都需要投入成本去实践。另外，国内大部分企业关注项目进度和短期收益，对软件质量的要求几乎为零，测试也是软件流程中最薄弱的环节。但需要明确的是，自动化替代手工方式快速、频繁的验证，这是提高软件质量的重要方法。

8.1.4 协同工作的文化

实践 DevOps 不是一个人或部门可以独立完成的事情，建立正确的协作文化对于成功实践 DevOps 同样至关重要。

在第 7 章中已经说明了什么是 DevOps 文化，主要指团队内部责任共担、彼此协同合作。如果想要成功实践 DevOps，组织必须建立起协作和信任，尤其是跨部门之间的协作。这样有助于提高团队对 DevOps 成功的信心，避免在实践过程中有人失去信心退出。文化涉及人，因而是文化转变最困难的原因，这种转变需要通过时间和大量的协同工作之后才能建立起来。

以上这四个要素对于能否成功转型 DevOps 至关重要，当然实现起来也有一定的难度，但是一旦转型成功，收益会很大。为了使读者能够更好地明白这四个关键要素如何落地，下面我们以一个具体的案例进行说明。

8.2 某大型客户 DevOps 案例分析

8.2.1 客户现状及项目背景

某企业客户的 IT 主要以私有云的形式提供资源支持，组织体系也完全是传统的 IT 组织结构，数据中心、开发、测试、运维、运营各司其职，部门间沟通阻力很大，资源申请需要经过繁多的审批，极大地阻碍了业务的敏捷交付。所有产品和业务应用主要使用 Java 开发，但不同项目组的项目管理、持续集成、持续交付等流程却千差万别，自动化程度也各有差异。主要存在以下这些问题：

- ❑ IT 基础设施陈旧，无法快速创建环境。
- ❑ 自上而下的运维管理体系，导致繁多的审批阻碍 IT 敏捷交付。
- ❑ IT 资源创建后无人跟踪，导致资源闲置、利用率低。

- ❑ 开发流程严格分工，流程中不同角色沟通不畅，导致返工严重，软件开发周期长。
- ❑ 开发的软件质量低下，稳定性差，上线运维复杂。
- ❑ 软件上线前缺乏必要的测试，上线后 Bug 多。
- ❑ 流程缺少标准化，无法快速复制，不同项目复用度低。
- ❑ 工具选择根据个人爱好，无法制定标准、实现统一监管。
- ❑ 不同组织的衡量标准和目标不一致，甚至产生冲突。
- ❑ 没有良好的反馈机制。
- ❑ 出现问题相互推诿，无人把控全局。

可以看到，在这种传统的开发运维模式下 IT 根本无法满足敏捷的业务需求，导致客户流失、竞争对手抢占市场，企业面临着业务下滑的巨大压力，该企业尝试通过 DevOps 转型来挽回这种局面。

项目从开始进行咨询和实施，历时 3 个月完成了第一期改造转型，并在此期间进行了一个试点项目的运行，最后在整个企业推广。

8.2.2 DevOps 落地实践

该客户是典型的传统企业，想要具有敏捷交付的能力，实现 DevOps 转型，需要从根本上改变企业的 IT 基础设施、组织流程和企业文化等。企业通常会选择从最简单的 IT 基础设施改变开始，最后才是企业文化的转变。IT 基础设施通常会选择具有敏捷基因的平台或框架（如容器技术、微服务等），该企业已经选型 OpenShift 容器云平台作为新一代业务运行平台，这部分在本书前面章节已经介绍，本章主要说明企业的 DevOps 落地实践。

落地 DevOps 采用咨询加实施的方式进行，大致经历了如下几个过程：

- ❑ 调研评估现状，了解客户目前的流程、工具和管理模式。
- ❑ 根据调研反馈，制定目标和建设方案，定义全景视图。
- ❑ 对全景视图进行逐步拆解细化，分别定义 DevOps 主要流程、角色职责、工具链、指南规范等。
- ❑ 选取项目进行试点测试，发现问题，并进行调整完善。
- ❑ 在企业内全面推广，不断获取反馈，演进优化。

下面我们就依照上述过程说明 DevOps 如何落地。

1. 调研评估现状

DevOps 落地的第一步通常是调研评估，此项目中是从流程评估、自动化程度评估、成熟度评估三个方面进行，当然调研的范围和内容也可以不受限于这三方面。分别对不同部门、不同角色进行约谈来收集现状信息和制定预期，通过定义关键的 KPI 指标对现状进行评估和打分，最终输出企业现状调研报告。

（1）流程评估

流程评估主要包含产品流程、研发流程、交付流程三大块，通过流程调研获取目前企业的工作流程和模式，下面列举一些常见的流程调研项，如表 8-1 所示。

表 8-1 流程调研问卷

序号	分类	描述	反馈结果
1	产品流程	产品立项流程	
1.1		当前角色职责分析梳理	
1.2		当前团队沟通方式	
1.3		总体控制流程关键节点梳理	
1.4		资源申请，审批，环境生成	
1.5		需求管理流程	
1.6		生产运营流程	
2	研发流程	任务管理流程	
2.1		开发流程	
2.2		代码分支管理流程	
2.3		代码提交，评审，合并，审批流程	
2.4		发版流程	
3	交付流程	测试流程	
3.1		开发测试部署流程	
3.2		质量管理流程	
3.3		非生产－生产环境评审流程	
3.4		生产发布流程	

表 8-1 中列出的调研项仅作为一个参考，不同企业需要调研的内容可能不尽相同。

（2）自动化程度评估

自动化程度评估主要对企业现在使用的一些自动化工具进行调研，常见的调研项如表 8-2 所示。

表 8-2 自动化调研问卷

序号	分类	描述	反馈结果
1	工具使用情况	各环节是否使用工具？使用的工具是什么？	
1.1		工具选型的原因和价值	
1.2		工具的运行方式	
1.3		不同工具、系统间存在的集成	
2	CI/CD 流程	CI/CD 流水线的阶段	
2.1		CI 使用的工具	
2.2		CI 的流程	
2.3		CD 使用的工具	
2.4		CD 的流程	
2.5		CI/CD 中涉及的人员角色	

表 8-2 中列出的调研项仅作为一个参考，不同企业需要调研的内容可能不尽相同。

（3）成熟度评估

成熟度评估主要是识别一些关键的 KPI 指标（如每周发布次数等），将调研现状的结果作为输入，得出目前企业的成熟度指数。成熟度评估是衡量 DevOps 转型程度的唯一指标，成熟度分值越高，表示 DevOps 转型越彻底。在 DevOps 转型过程中会周期性地进行成熟度评估来确定当前 DevOps 转型的程度。这部分内容我们将在后文中进行详细说明。

调研企业的现状后会形成调研报告，分析目前企业存在的问题并确定初步的改进方案。

2. 定义 DevOps 全景视图

调研完成后根据调研的结果以及期望的目标，与客户多次讨论定义 DevOps 全景视图如图 8-1 所示。

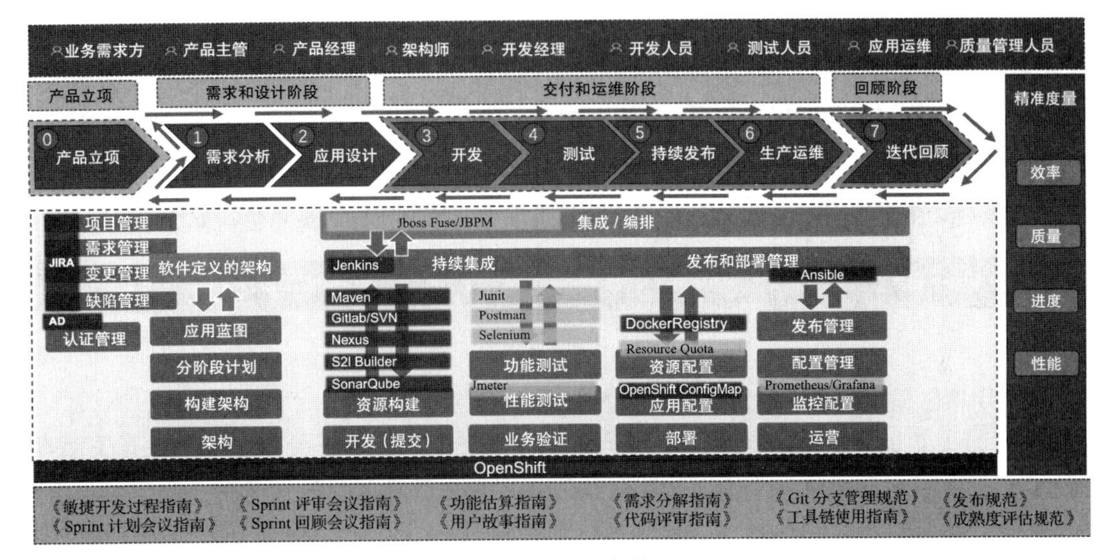

图 8-1　DevOps 全景视图

DevOps 全景视图有很多种绘制方法，图 8-1 的原型来源于《Exin DevOps Master 白皮书》，我们结合企业具体情况进行了演变改进。

从图 8-1 中可以清楚地看到，从上到下分别定义了人员角色、流程、活动、平台、指南规范、精益度量等。

- 角色：定义了本次 DevOps 实践每个 DevOps 团队的人员角色。
- 流程：定义了主要的软件交付流程，在全景视图中仅列出大范围上的流程。
- 活动：在大流程下定义各阶段需要完成的主要活动以及可能需要的工具。
- 平台：DevOps 实践最好是在云平台之上，而容器云平台因其具有轻量、敏捷的特点是实践 DevOps 的最佳选择，如本项目使用的 OpenShift。
- 指南规范：定义需要输出的主要规范和指南，在全景视图中不需要全部列出。
- 精益度量：定义衡量 DevOps 的重要指标，以衡量 DevOps 成熟度。

虽然图 8-1 直接给出了全景视图的结果，但是需要知道全景视图的输出需要很多工作，经过调研访谈、多次的会议讨论和修改，最终才形成了现在的视图。

有了 DevOps 全景视图之后，通过梳理所需完成的所有工作项与所需工作量，进而制定建设方案和目标。本期我们确定的目标如下：

- 确定主流程，并细化每个阶段所需要的活动和工具。
- DevOps 团队的角色定义与职责划分。
- 能够自动化实现基本的持续交付，由于自动化测试所需要的人员技能和成本较高，本期暂时先弱化处理。
- 制定各个关键活动所需要的指南规范，保证 DevOps 的正确运行。
- 关于 BPM 的集成需要大量的二次开发才能适用于企业，本期仅实现 demo 演示，不进行落地实施。
- 依据精益度量，定义各项 KPI 指标，确定成熟度模型。

确定了建设目标之后，我们就可以开始实施 DevOps 落地了。落地本质上是对全景视图中的每个部分进行拆解细化，以及包含一些工具链的配置集成工作。下面我们就逐步展开说明。

3. 定义组织角色

在 DevOps 全景视图中最顶层定义了标准化组织中应该具备的人员角色，如图 8-2 所示。

业务需求方　产品主管　产品经理　架构师　开发经理　开发人员　测试人员　应用运维　质量管理人员

图 8-2　人员角色

大部分角色都比较好理解，我们仅对其中几个角色进行说明。

- 产品主管：提出产品概念，指定产品设计主题方向的制定与执行；收集有关元素，定期进行市场调查，了解市场流行趋势，根据设计理念及市场需求，按照公司品牌定位与风格，独立进行主题产品设计及包装配套设计与开发；跟进产品制作，在关键阶段做出决策。
- 产品经理：负责深入了解用户需求，完成市场调研、竞品调研等；制定产品计划和策略，确定每个迭代的业务目标；负责提出产品需求，编写用户故事。
- 应用运维：负责产品业务线系统架构的实施、维护和优化；负责产品业务线的上线和更新；负责自动化运维工具和模块的管理和开发；保障业务稳定高效的运行。
- 质量管理人员：进行产品质量、质量管理体系及系统可靠性设计、研究和控制；组织实施质量监督检查；调解质量纠纷，组织对重大质量事故进行调查分析。

在设定 DevOps 组织角色的时候可以借鉴业内其他企业的实践经验，结合企业目前的组织结构，增加一些 DevOps 必要的角色。为了组织角色的完整性，即使某些角色目前没有人可以担任，也建议将角色列出。一个人可以暂时担任多个角色，完成多个角色所定义的工作职责，待后续补充人员或者进行职责调整。

仅有组织角色定义是远远不够的，需要明确定义在 DevOps 流程各个阶段中每个角色的具体职责，通常使用一个二维矩阵的表格描述，如表 8-3 所示。

表 8-3 DevOps 角色职责

角色	0- 产品立项阶段职责	1- 需求分析阶段职责	2- 应用设计阶段职责	3- 开发阶段职责	4- 测试阶段职责	5- 持续发布阶段职责	6- 生产运维阶段职责	7- 迭代回顾阶段职责
产品主管	1. 人员调配，跨组业务问题协调 2. 指定潜在产品的负责产品经理 3. 提出产品初始需求 4. 参与初始需求沟通会 5. 参与产品立项会议并进行立项决策	1. 人员调配，跨组业务问题协调	1. 人员调配，跨组业务问题协调	1. 人员调配，跨组业务问题协调	1. 人员调配，跨组业务问题协调	1. 人员调配，跨组业务问题协调	1. 人员调配，跨组业务问题协调	
产品经理	1. 负责收集产品需求，进行产品调研，包括参考产品、行业等 2. 负责组织初始需求讨论会，并根据讨论结果输出定稿的初始需求 3. 准备立项材料并召集产品立项会议	1. 收集需求，输出待讨论需求列表 2. 组织迭代需求评论会，给出本轮迭代的业务目标 3. 负责用户故事的编写	1. 参与原型设计、修改，绘制原型图 2. 参与原型设计评审会		1. 用户验收测试，提报问题单，问题回归测试，评审争议问题单	1. 版本发布审批决策		1. 参与迭代回顾会议，提出/讨论回顾想法
业务需求方	1. 提出产品初始需求 2. 参与初始需求沟通会 3. 参与产品立项评审并评估产品定位和需求满足情况	1. 基于业务需要提出需求 2. 参与需求讨论，对业务需求进行澄清 3. 对业务需求优先级进行判断 / 排序 4. 负责用户故事相关不清晰需求的澄清	1. 原型设计相关需求澄清 2. 参与原型设计评审会	1. 产品试用，线上问题反馈	1. 用户测试 2. 参与争议问题评审 3. 提报问题单/问题回归测试	1. 参与版本发布评审，从需求满足度角度提出发布意见		1. 参与迭代回顾会议，提出/讨论回顾想法

（续）

角　　色	0- 产品立项阶段职责	1- 需求分析阶段职责	2- 应用设计阶段职责	3- 开发阶段职责	4- 测试阶段职责	5- 持续发布阶段职责	6- 生产运维阶段职责	7- 迭代回顾阶段职责
架构师		1. 跟踪产品需求分析及立项阶段，了解需求并判断可实现性	1. 负责系统总体架构设计 2. 参与系统总体架构评审会，对架构设计进行讲解/答疑/互评，对评审意见进行修改 3. 参与原型评审，提出自己的意见/问题，了解原型设计理念					1. 参与迭代回顾会议，提出/讨论回顾想法
开发经理		1. 参与需求讨论，了解需求并判断可实现性	1. 参与原型设计和修改，组织设计评审会 2. 参与原型评审，提出自己的意见/问题，了解原型设计理念	1. 需求任务分解，制定开发计划 2. 代码重审、合并代码 3. 负责管理自动化流水线	1. 分发问题单 2. 组织/参与争议问题评审 3. 提报问题单	1. 申请版本发布，发布生产软件包到生产环境仓库	1. 线上问题处理（二线）	1. 组织、主持迭代回顾会议 2. 对会议结果进行总结输出，并进行推行
开发人员			1. 参与原型评审，提出自己的意见/问题，了解原型设计理念	1. 编写代码 2. 本地测试，保证基本的代码质量 3. 提交代码上传 SCM	1. 修复问题单		1. 线上问题处理（二线）	1. 参与迭代回顾会议，提出/讨论回顾想法

测试人员		1. 提出测试需求，参与迭代需求讨论会	1. 参与原型评审，提出自己的意见 / 问题，了解原型设计理念	1. 测试用例设计及编写 2. 自动化测试环境的准备	1. 设计及执行测试用例 2. 提报问题单，问题回归测试，评审问题单	1. 参与版本发布评审，从测试角度提出发布意见 2. 提交版本发布所需的测试报告		1. 参与迭代回顾会议，提出 / 讨论回顾想法
应用运维		1. 提出运维需求，参与迭代需求讨论会	1. 参与原型评审，提出自己的意见 / 问题，了解原型设计理念			1. 参与版本发布评审，从运维角度提出发布意见 2. 上线资源申请 3. 应用部署 / 升级 / 回滚操作	1. 确认版本上线部署，执行生产环境上线测试，提出上线测试问题 2. 应用日常监控运维 3. 线上问题处理（一线）	1. 参与迭代回顾会议，提出 / 讨论回顾想法
质量管理人员			1. 定期检查各开发组计划执行情况，并提出意见，在进度会议上报告情况 2. 负责检查所有输出物，当输出物不符合要求时责令整改，并跟进 3. 监督、检查开发流程 / 规范实行情况，并在进度会议上报告 4. 对各类事故进行调查和分析，提出处理意见					1. 参与迭代回顾会议，提出 / 讨论回顾想法

表 8-3 定义了 DevOps 团队每个角色在流程中每个阶段的职责，由于篇幅有限，表中列出的不是所有的活动项，而且不同企业也不完全相同。

需要明确的是，表 8-3 中仅列出了 DevOps 团队所涉及的角色的职责，其实传统的运维部门、运营部门等依然存在，在大型企业中 DevOps 团队并不能完全将所有部门重组。比如，网络设备的维护还是需要传统的网络工程师，运行应用需要的基础设施（如 OpenShift）和共享服务（如 DNS）依然需要系统工程师维护等，即使运行在云上也依然需要云服务团队提供支持。

有了角色职责，接下来我们继续拆解 DevOps 全景视图中的流程。

4. 定义流程

定义流程主要指整个产品开发过程中所包含的工程活动，如产品立项、开发、测试、生产运维等，在开发阶段会基于单次流程进行多次迭代。在 DevOps 全景视图中的流程比较粗糙，本节以开发产品为例说明如何细化各个阶段。为了直观，我们将使用 BPM 流程图进行说明。

定义 DevOps 的整体流程框架如图 8-3 所示。

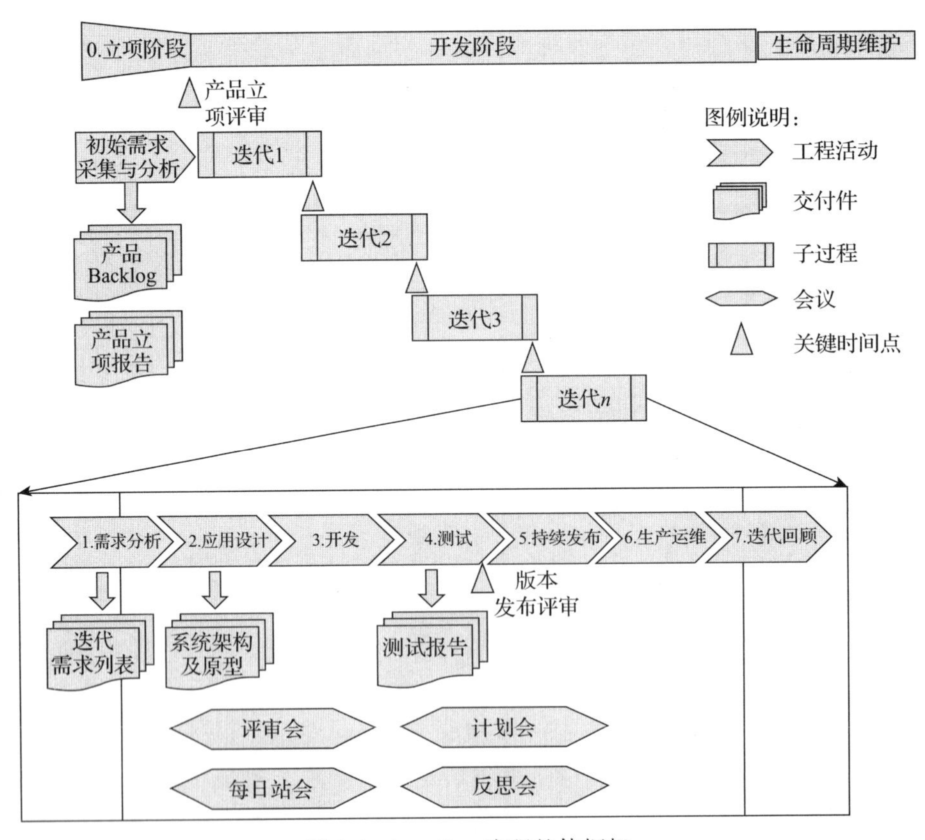

图 8-3　DevOps 流程整体框架

图 8-3 中的关键工程活动使用序号 0 到 7 编号，对应 DevOps 全景视图中定义的 8 个关键

流程。

- ❑ 产品立项阶段：包含产品概念的提出、需求的采集与分析，等到产品立项评审通过之后启动迭代，开始进入开发阶段。
- ❑ 开发阶段：在开发迭代阶段包含 7 个活动，分别为需求分析、应用设计、开发、测试、持续发布、生产运维和迭代回顾。该阶段会使用敏捷的方法进行迭代，每个迭代的周期时间定义为 2 周到 4 周。敏捷开发中推荐的四种会议也将在这个阶段实践。

有了 DevOps 的整体流程框架之后，还需要进一步细化各个子活动的流程。

（1）立项阶段

产品的立项阶段主要是提出产品概念，采集原始需求，并分析形成产品立项报告，发起立项请求。

1）原始需求收集分析流程

需求收集通常是围绕目标用户来进行的，已经有一套完整的研究方法可以用于指导实践，通常采用问卷调查、用户访谈、可用性测试、数据分析这四种方法进行，感兴趣的读者可自行学习每一种方法的具体实践指导。原始需求收集分析的流程图如图 8-4 所示。

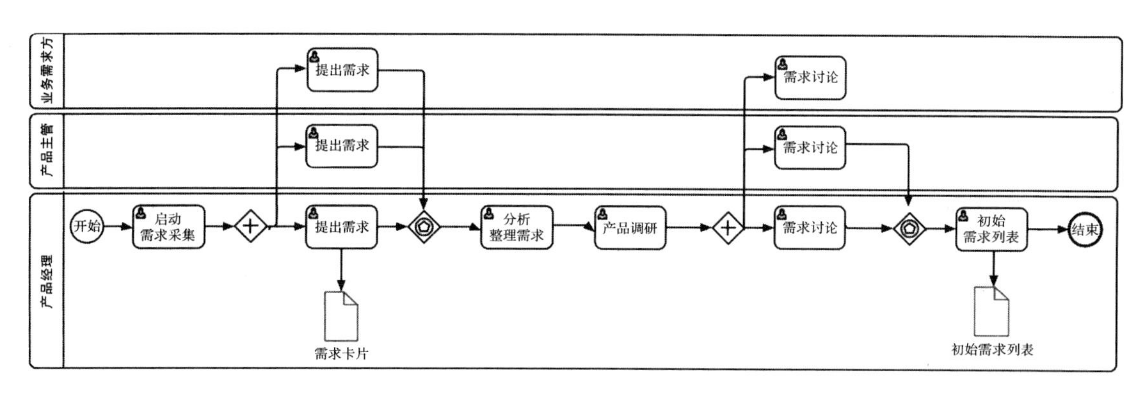

图 8-4　原始需求收集分析流程

由产品经理发起原始需求采集活动，由业务需求方、产品主管、产品经理提出产品需求，并形成需求卡片，需求卡片包含需求编号、需求提出方、详细描述、提出原因、验收标准等内容，通常使用卡片形式或者需求管理软件记录形成需求池，对需求池中的原始需求进行分析过滤，讨论确定产品初始需求列表。

2）产品立项流程

产品立项是指整理原始需求分析结果，提出项目设立申请。通常的流程图如图 8-5 所示。

基于原始需求列表分析和评估，召开立项会议，确定产品所需工期、预算等，并向各相关部门提出立项申请，等待产品立项审批通过之后，就可以进入产品开发阶段了。

（2）开发阶段

1）迭代需求分析流程

该阶段将对所有需求（包含原始需求、新采集的迭代需求或者需要修复的 Bug 等）进行分析评估，根据需求的紧急程度、团队资源情况和需求可带来的价值等进行评估并排序优先级，确定本轮迭代最合适的需求进行开发。确定本轮开发的需求列表之后，由产品经理将迭代需求列表转换为用户故事录入待开发任务列表中。通常的流程图如图 8-6 所示。

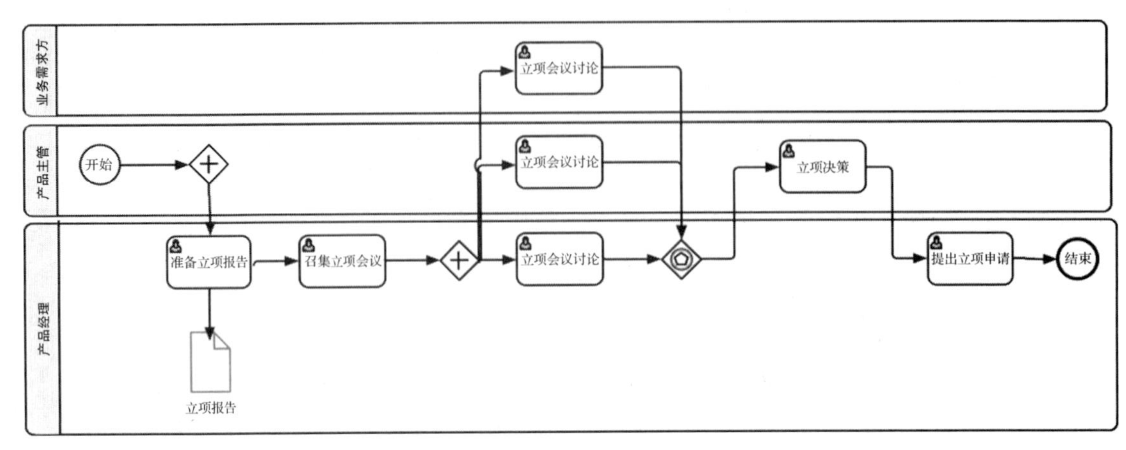

图 8-5 产品立项流程

2）应用设计流程

应用设计主要是对产品需要实现的功能进行软件架构设计，满足功能和性能的需求。通常的流程如图 8-7 所示。

开发经理组织总体架构设计，向架构师传递产品概念、产品功能和非功能需求等，架构师进行架构设计，与开发经理进行架构评审，最终输出架构设计方案初稿。

开发经理根据架构设计初步实现原型并组织原型评审。原型设计及评审流程图如图 8-8 所示。

等待原型设计评审完成之后，正式进入开发编码阶段。通常在产品第一次迭代时会完成总体架构设计，在后续迭代中通常不是重新设计架构，而是根据本轮需求进行架构演进。

3）开发和测试流程

开发和测试关联密切，我们合并进行说明。这两个活动是产品开发的主要阶段，通常会涉及多个环境，在客户落地时有 DEV 开发环境、SIT 集成测试环境、STAGE 准生产环境、PROD 生产环境四个。下面我们分别进行说明。

❑ DEV 开发环境

DEV 开发环境主要是用于开发人员编写代码进行本地自测使用，流程图如图 8-9 所示。

在该阶段每个开发人员独立开发不同的功能，并完成本地自测，保证代码的基本质量，最终提交合并到 develop 分支的请求、等待开发经理审批，如果可以，在提交时最好附上本地自测结果说明。

开发经理重审代码，如果发现代码有问题，则拒绝合并，添加注释说明拒绝理由，再次分配给开发人员修复；如果代码无问题，则同意合并，开发人员同时将任务状态更新为待确认。合并过程中开发经理负责解决代码合并冲突。

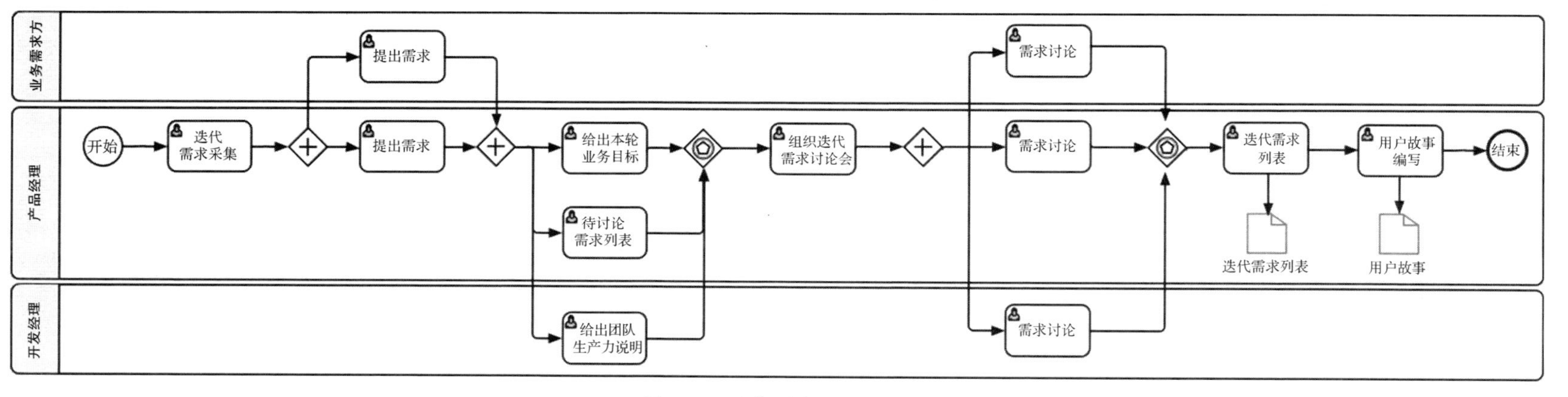

图 8-6 迭代需求分析流程

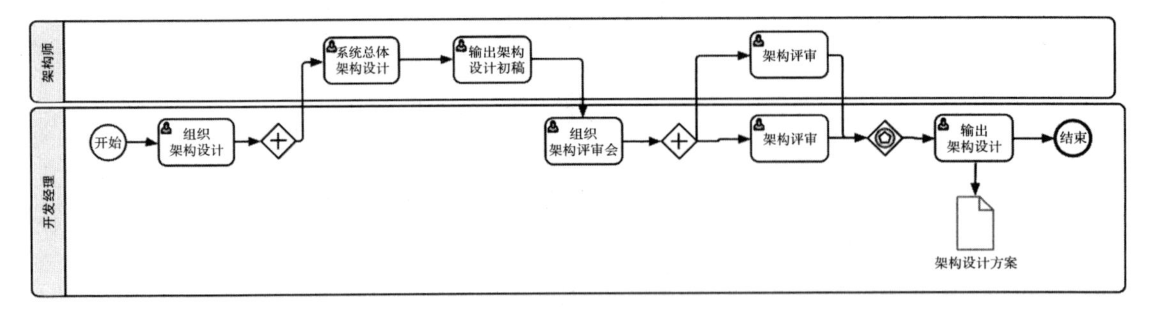

图 8-7　总体架构设计流程

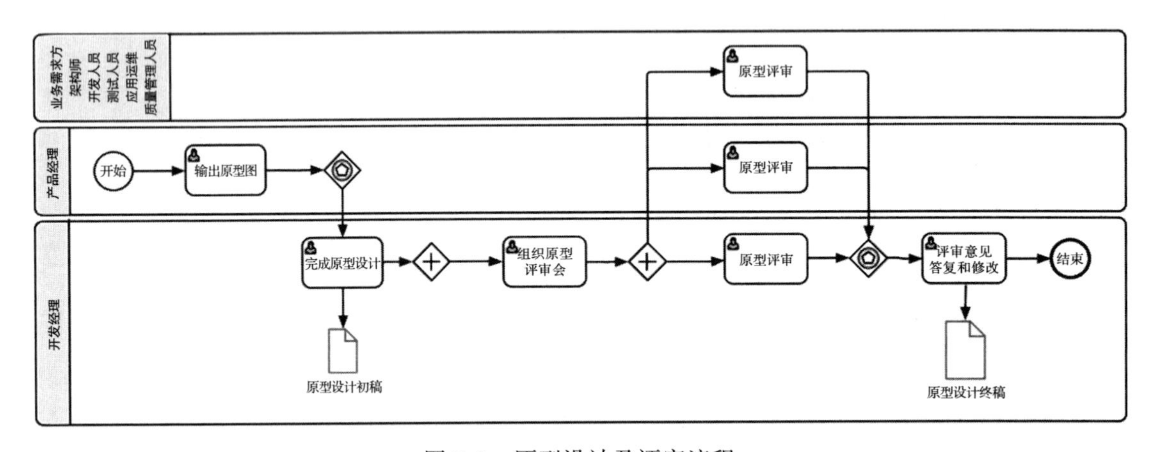

图 8-8　原型设计及评审流程

合并成功后会自动触发流水线对 develop 分支代码进行编译、单元测试、代码打包、部署到 DEV 环境。在部署完成后，经过自动化测试和人工测试阶段确认需求实现，如没有问题，则更新任务状态为已完成；如有问题则重新开启任务，开发人员再次领取任务、重复整个 DEV 开发流程。

这个阶段是保证代码质量的主要阶段，会对代码进行单元测试、自动化测试和静态代码扫描等操作，而这些操作通常会花费大量时间才能完成，不会在工作时间执行。推荐的做法是创建独立的每日构建流水线，在每天凌晨自动启动构建，进行全量单元测试、代码扫描和自动化测试等，在每天早晨上班后检测流水线构建状态和测试结果。如果发现构建有问题，则创建紧急缺陷修复。创建每日构建流水线的另一方面原因是每天下班后会有很多新代码提交合并到 develop 分支，每天晚上构建也加快了发现问题的速度。

每日构建流程图如图 8-10 所示。

另外，本案例中所有开发任务和缺陷修复均采用认领模式，在主动性不强的团队中可以使用开发经理分配模式，也就是由开发经理将开发任务或缺陷修复指定给某个开发人员完成。使用哪种模式取决于企业文化和团队成员的积极性。

❑ SIT 集成测试环境

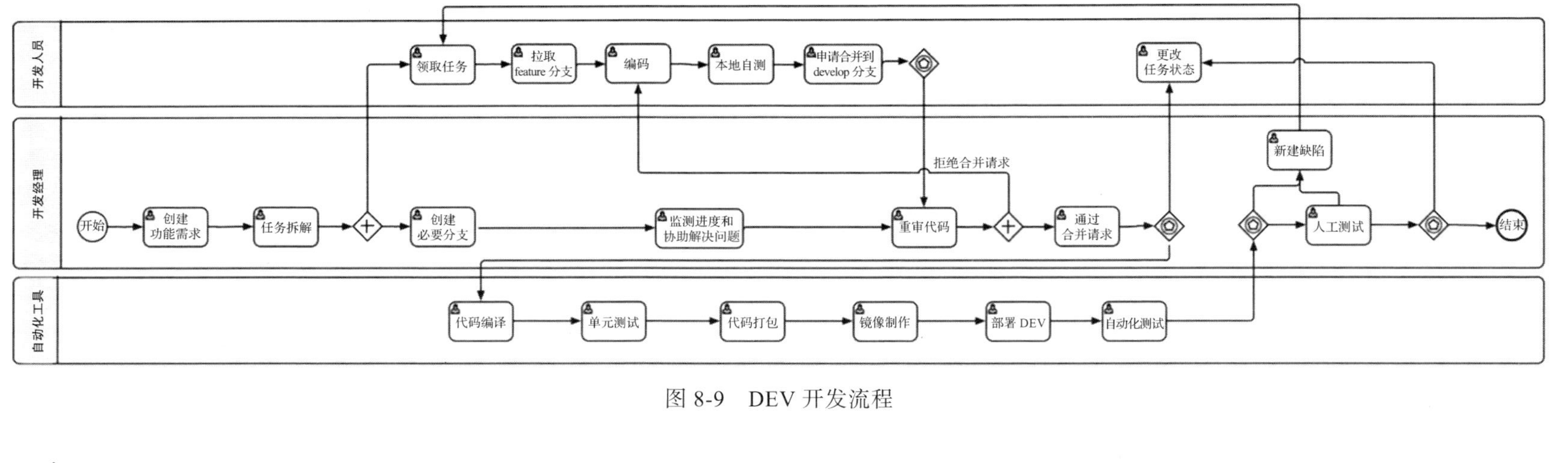

图 8-9　DEV 开发流程

图 8-10　每日构建流程图

SIT 集成测试环境主要是用于完成产品系统或模块间集成测试、功能测试、用户验收测试、安全测试等。流程图如图 8-11 所示。

在该阶段开发经理将 develop 分支合并到 release 分支，并触发流水线自动发布到 SIT 环境中，然后通知测试人员进行测试。任何测试中发现缺陷后，在缺陷管理软件中新建缺陷。

开发人员领取缺陷修复任务，进行编码、自测，提交合并到 release 分支的请求，开发经理重审代码，如果发现代码有问题，则拒绝合并，添加注释说明拒绝理由，再次分配给开发人员修复；如果代码无问题，则同意合并，开发人员同时将缺陷状态更新为待确认。代码合并到 release 分支后触发流水线进行构建，发布到 SIT 环境，并通知测试人员进行回归测试。如果测试没有问题，则更新缺陷状态为已修复；如果依然有问题，则修改缺陷状态为重启缺陷，开发人员再次领取缺陷修复任务，重复缺陷修复流程。

开发经理需要周期性地确定缺陷状态，如果缺陷已被修复，则合并修复缺陷代码到 develop 分支。另外需要根据当前所有缺陷修复状态评估是否满足非功能测试的条件，如果满足，则触发 STAGE 发布流程。

在该开发阶段中开发人员需要同时进行新特性开发和修复缺陷，开发经理可以根据优先级和价值排序方式分批处理。另外，开发经理要预估开发团队的生产力，尽量保证每轮迭代能够处理本轮新特性开发任务和可能需要修复的缺陷，尽量减少历史任务的累积。这可能需要经过几轮迭代之后才能评估准确。

- STAGE 准生产环境

STAGE 准生产环境主要用于完成非功能测试以及一些模拟生产环境的测试，流程图如图 8-12 所示。

当 release 分支达到非功能测试的要求时，开发经理将 release 分支经过自动化流水线发布到 STAGE 环境，并通知测试团队进行非功能测试以及一些模拟生产环境的测试，一旦发现缺陷，则在缺陷管理软件新建缺陷。这些缺陷将被开发人员依据 SIT 缺陷修复流程修复，再次经过流水线发布到 STAGE 环境进行回归测试。

开发经理需要周期性地确定所有缺陷状态，了解当前缺陷修复的状态，评估是否满足发版要求，如果满足就可以进入生产发布评审流程。

4）生产发布流程

在这个阶段产品已经达到发布版本的要求，由开发经理发起生产发布评审，流程图如图 8-13 所示。

产品经理、应用运维、质量管理人员等参与生产发布评审会，经同意后由产品经理决策是否发布。如果同意，则进入生产发布流程，流程图如图 8-14 所示。

由开发经理对代码仓库进行代码合并，将 release 分支分别合并到 master 分支和 develop 分支，并在 master 分支打版本标签，删除 release 分支。在完成这些工作之后，触发生产发布流水线，在 STAGE 环境生成用于生产发布的镜像，通知应用运维发布生产。关于为什么再次打包 master 分支请参见后文流水线规范。

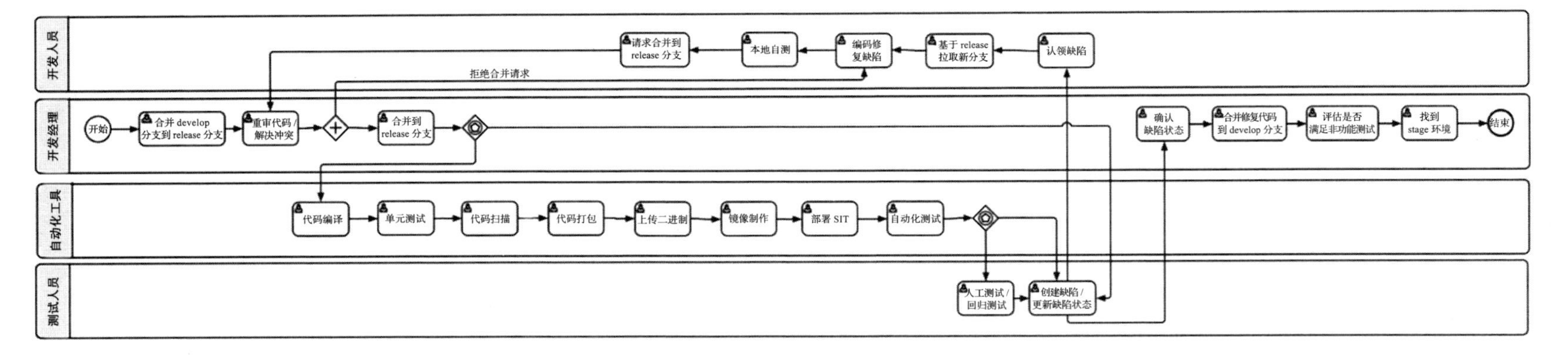

图 8-11　SIT 开发流程

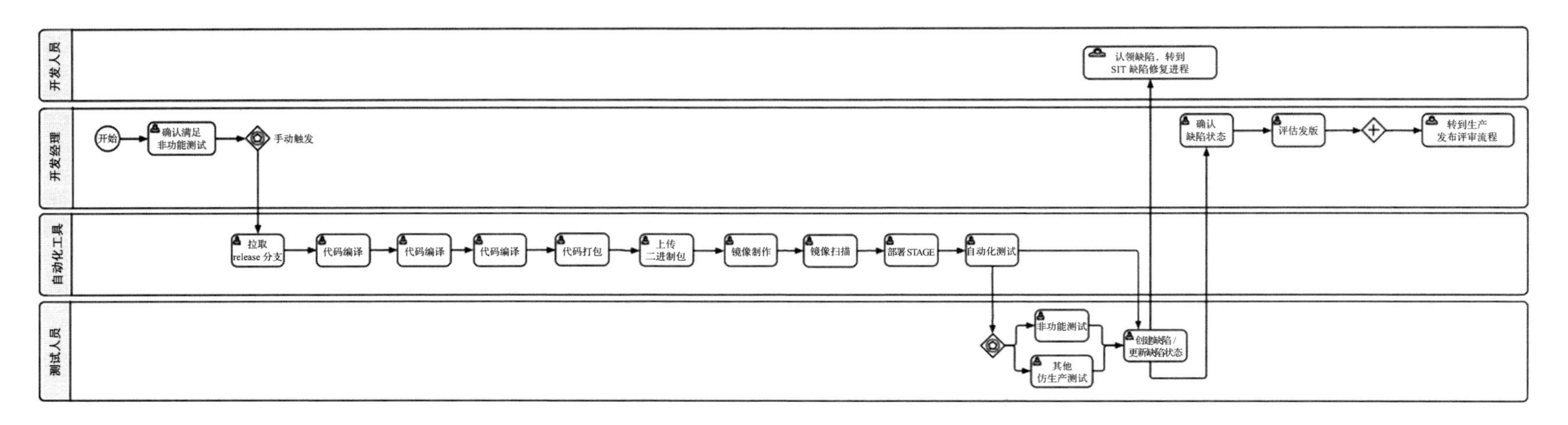

图 8-12　STAGE 开发流程

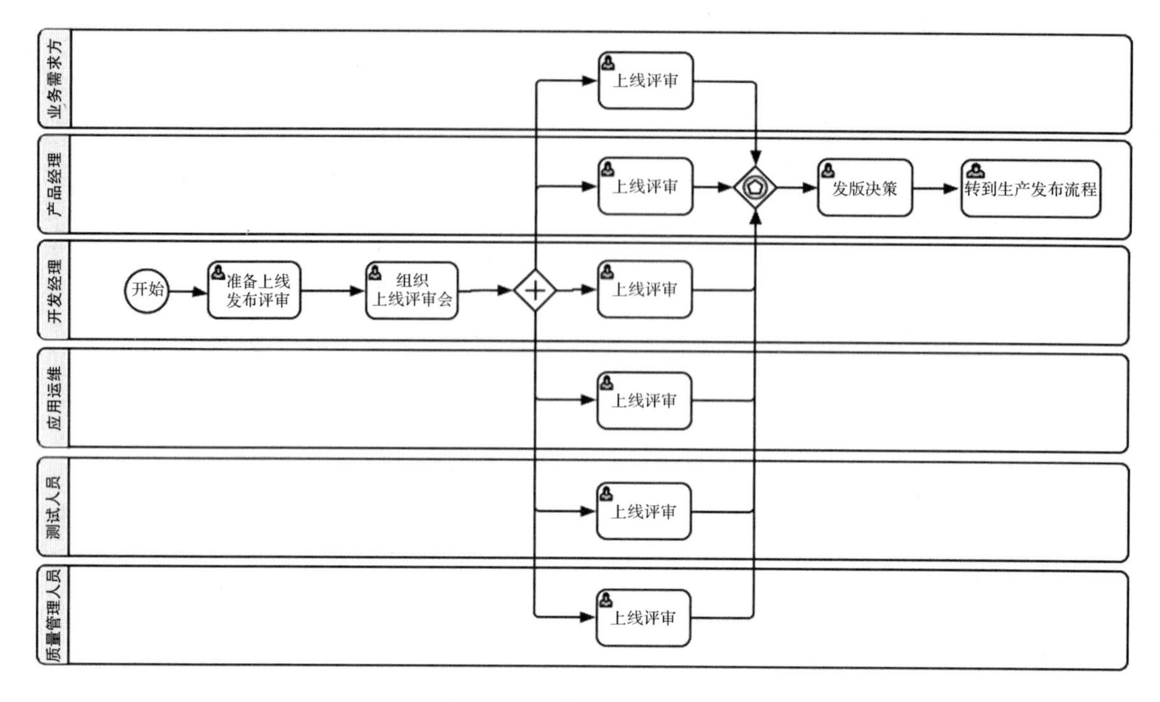

图 8-13　生产发布评审流程

应用运维准备生产运行环境，同步用于发布生产的镜像，将镜像发布到生产环境并进行简单的测试。到此为止，产品已经发布并在线上运行。流程图如图 8-15 所示。

在产品运行过程中大多数情况下会出现线上缺陷，由发现线上缺陷的各方新建缺陷，缺陷会依据影响程度、严重等级等过滤筛选，最终讨论确定哪些缺陷会在下一个开发迭代中修复，哪些缺陷会被暂时搁置。某些缺陷属于严重漏洞，需要在线上紧急修复，这种情况通常采用 Hotfix 的方式修复，流程图如图 8-16 所示。

由应用运维、开发经理、产品经理等相关方确认缺陷为需要紧急修复的缺陷，则创建 Hotfix 缺陷。开发人员领取缺陷，基于 master 生产版本分支创建 Hotfix 分支，经过编码修复、自测，提交给开发经理复审代码。复审通过后，由开发经理手动触发 Hotfix 流水线自动进行单元测试、代码扫描、代码编译打包，并发布到 STAGE 环境，通知测试人员进行测试。测试通过后进行发版评估，评估通过之后由开发经理合并 Hotfix 分支到 master 分支和 develop 分支，并在 master 分支打版本标签，删除 Hotfix 分支。在完成这些工作之后触发生产发布流水线，在 STAGE 环境生成用于生产发布的镜像，通知应用运维发布生产。应用运维触发生产发布流程，将 Hotfix 修复发布到生产。

5）生产运维流程

生产运维是指在应用发布到生产环境中后需要对线上应用进行定期巡检、配置变更、应用更新、数据备份等运维操作。在 DevOps 团队中运维工作由应用运维负责，由于涉及流程较多，我们仅以生产问题排查为例说明，流程图如图 8-17 所示。

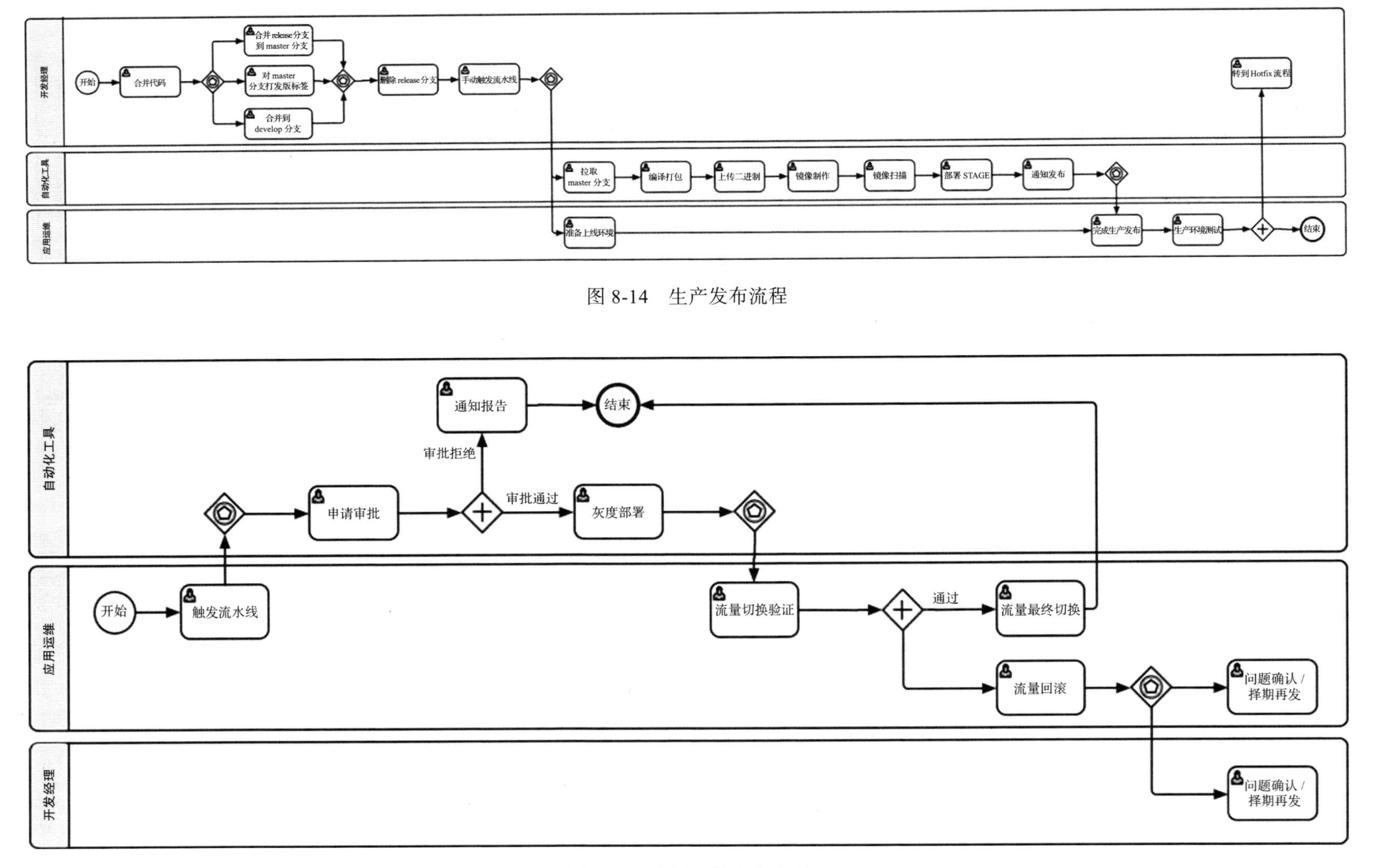

图 8-14　生产发布流程

图 8-15　应用运维发布流程

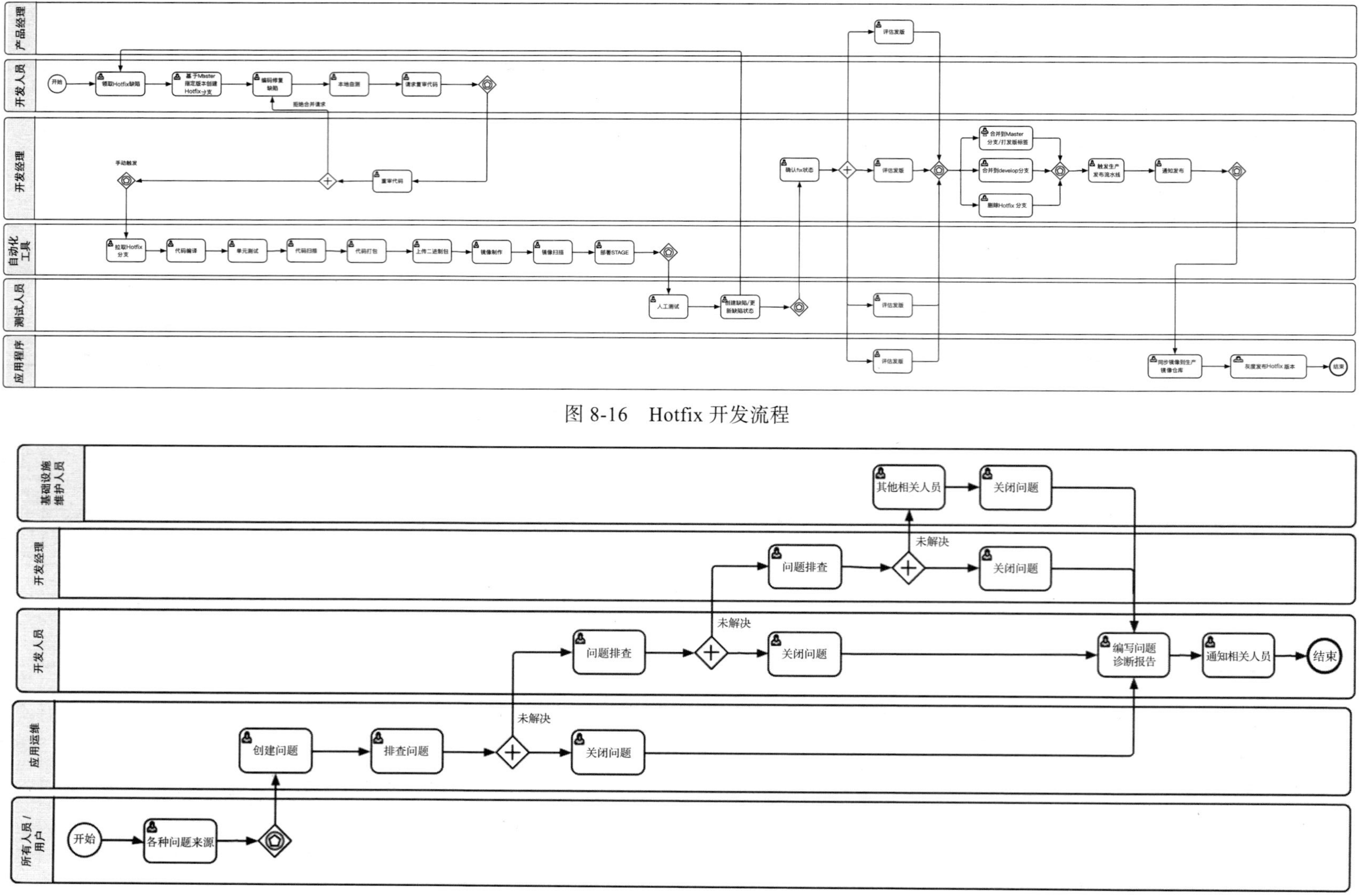

图 8-16　Hotfix 开发流程

图 8-17　生产运维流程

由相关人员提出生产问题，应用运维创建生产问题，并进行排查，如果可以解决问题，则编写问题诊断报告并通知相关人员；如果问题未解决，则提交开发人员、开发经理解决。如果依然没有解决，则寻求其他相关人员，如基础设施维护人员。如果确实遇到棘手的问题或者问题涉及多方，则可以召开团队会议，共同寻求解决方案。

6）迭代回顾流程

迭代回顾会议作为迭代化开发中的一个重要活动，为保证敏捷团队的高绩效运作发挥着不可或缺的作用。要开好一个迭代回顾会议，需要具备以下五个阶段：

- 准备阶段：在准备阶段设定目标以及议程，确定会议主题。
- 收集数据：从多个视角收集数据，准备会议所需要的资料。
- 提出问题：让所有参与者分析上一迭代的信息和数据，提出需要改进的问题。
- 确定方案：排序优先级，确定需要最先解决的几个问题，讨论出一个可执行的方案。
- 会议总结：做一个关于迭代回顾会议的总结，并整理成会议纪要。

迭代回顾会议的流程如图 8-18 所示。

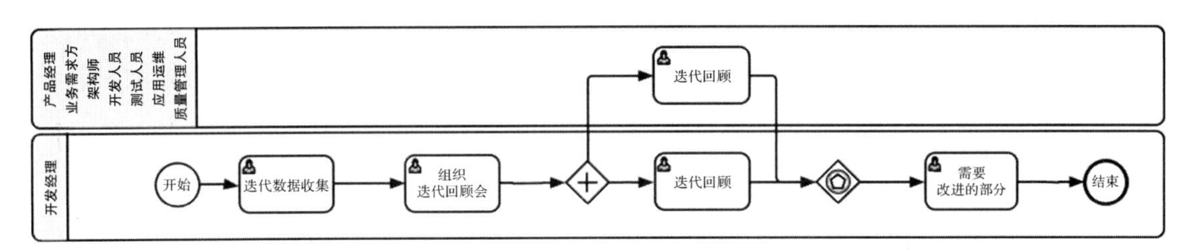

图 8-18 迭代回顾流程

由开发经理发起迭代回顾会议，准备迭代会议所需要的资料和数据，邀请各方相关人员参与，各方提出上一次迭代可取的部分和需要改进的部分。在提出有争议的问题时各方统一讨论、确定一个可执行的解决方案。最后将会议中所有反馈和方案贯彻到团队的每个人，可以重点确定在下一次迭代急需解决的三个问题。

所有团队成员都要牢记迭代回顾会议的目的，目的主要有如下两部分：

- 找出本迭代中好的、有效的部分：提出来鼓励团队成员，增强团队的信心；通过查看迭代过程中发生了什么增加团队之间的了解，促进协作。
- 找出本迭代中还需要改进的部分：这是迭代回顾会议的根本目的。希望团队能发挥之前的优良传统，同时纠正之前的一些错误做法，以便做得更好，通过一次次的迭代回顾，团队不断前行。如果存在的问题较多，可以选取优先级最高的 3 个核心问题在下一次迭代中优先改进。

到此为止，我们介绍了产品开发活动中的大部分工作流程，但这并不是全部，而且每个企业也不尽相同，读者可以自行补充和演变。如在开发阶段开始，可能需要开发经理向相关部门申请资源等。

另外，读者可能已经注意到，最关键的开发流程与代码管理有着极其密切的联系，这就是下面要介绍的规范所包含的内容。

5. 定义标准规范

为了支撑 DevOps 活动的正常运转，还需要定义很多标准规范来指导某些活动的进行，如 Git 分支管理规范、数据库规范、开发规范等。也就是 DevOps 全景视图中最下面列出的规范指南，由于篇幅原因，仅列出几个关键性的规范。

（1）Git 分支管理规范

Git 是目前世界上最先进的分布式版本控制系统，版本控制工具帮助我们方便地进行代码管理，进行分支及合并操作。但是该如何管理这些分支呢？这就是分支管理规范要明确的事情。目前业界有 3 个比较流行的分支管理模型：GitFlow、GitLabFlow、GitHubFlow。在企业中涉及多种场景下的开发任务，对于不同规模和性质的开发项目可以采取不同的分支管理规范。

1）GitFlow 分支管理模型

GitFlow 是最早诞生并得到广泛应用的一种分支管理模型，对于产品开发或者复杂的项目开发，推荐使用这种模型。荷兰工程师 Vincent Driessen 的博客 https://nvie.com/posts/a-successful-git-branching-model/ 详细地描述了这种分支管理模型，本节的规范就是来源于此。在这种模型中，定义了如下 5 个分支：

- master：主分支，从项目一开始便存在，用于存放经过完整测试的稳定代码。该分支也是用于部署生产环境的分支，所以应该随时保持 master 分支代码的干净和稳定。另外，master 分支更新的频率较低，只有在产品发布新版本时才会更新。
- develop：日常开发分支，一开始从 master 分支分离出来，用于存放开发的最新代码。所有开发人员开发好的功能会在 develop 分支进行汇总。
- feature：功能开发分支，用于开发项目的某一具体功能分离的分支。开发人员从 develop分支分离出自己的feature分支，并在该分支上完成开发任务，最后合并到 develop分支并删除feature分支。通常以“feature-”开头命名这类分支。
- release：预发布分支，主要用于产品发布前测试。release分支可以认为是master分支的未测试版，等测试完成后，会被合并到master分支发布新版本，并将该分支删除。
- hotfix：线上缺陷修复分支，是用于在产品发布后修复紧急漏洞缺陷的分支。产品已经发布后，突然出现重大缺陷，需要线上紧急修复，则会基于master分支分离一个 hotfix分支，修复完成后，合并到master分支和develop分支并删除hotfix分支。通常以“hotfix-”开头命名这类分支。

在介绍了 5 个分支及作用之后，我们先简单梳理 Git 工作流模型的大致流程：当一组 feature 开发完成，将 feature 分支合并到 develop 分支，开发人员进行自测之后，发起提测。进入测试阶段，会创建 release 分支，如果测试过程中存在缺陷需要修复，则直接由开发人员在 release 分支修复并提交。当测试完成后，合并 release 分支到 master 分支和 develop 分支，此时 master 为最新的代码，用于生产上线。

我们简单描述了这种模型下的大致流程，但是只有把握全景视图（见图 8-19）才能更好地理解这种模型的运行流程，并根据自己的需求来设计自己的规范和要求。

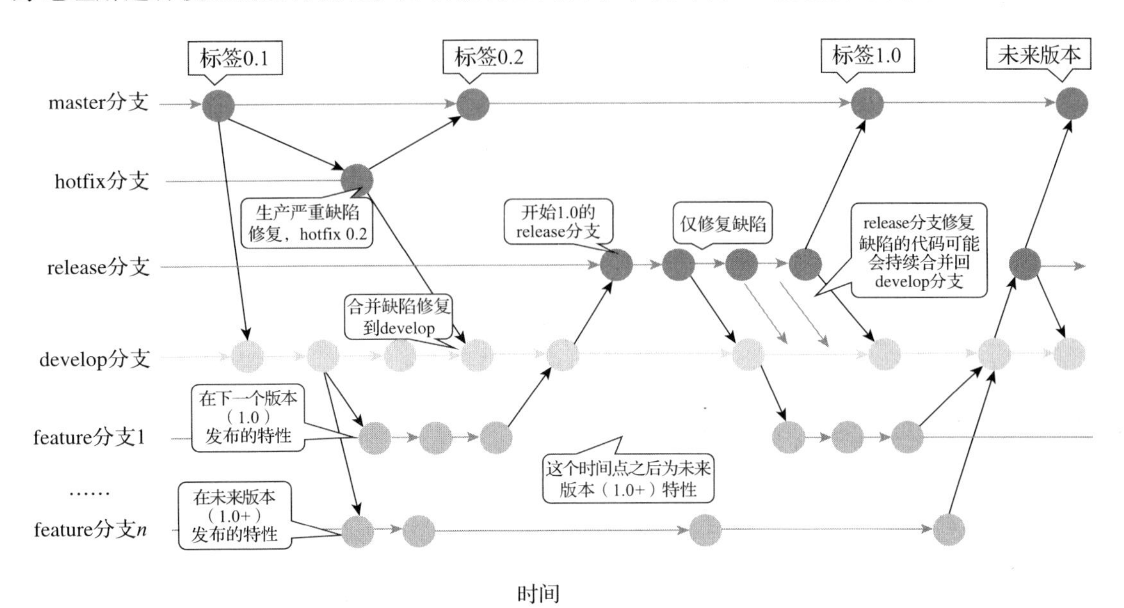

图 8-19　GitFlow 全景视图

从图 8-19 可以看到主要包含两类分支：永久分支及辅助分支。

永久分支包括 master 分支和 develop 分支。master 分支用来发布生产，develop 分支用于日常开发。使用这两个分支就具有了最简单的开发模式，develop 分支用来开发功能，开发完成并且测试没有问题，则将 develop 分支的代码合并到 master 分支并发布，如图 8-20 所示。

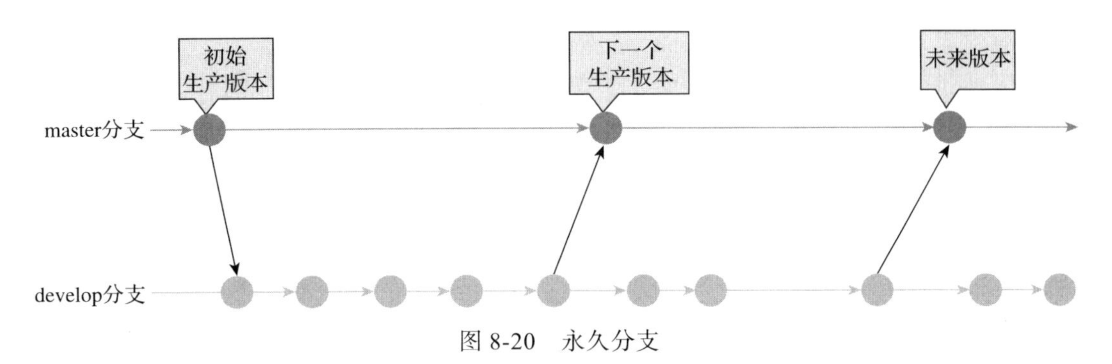

图 8-20　永久分支

但是仅仅有这两个分支会遇到两个问题：第一个问题是 develop 分支只有发布完了才能进行下一个版本开发，开发会比较缓慢；第二个问题是线上代码出现缺陷如何进行缺陷修复。

为了解决上述问题，需要引入辅助分支：feature 分支、release 分支和 hotfix 分支，通过这些分支，我们可以做到：团队成员之间并行开发，feature 跟踪更加容易，开发和发布并行，及时修复线上问题。

- feature 分支

feature 分支用来开发具体的功能，一般从 develop 分支分离而来，最终可能会合并到 develop 分支，如图 8-21 所示。比如我们要在下一个版本增加功能 1、功能 2、功能 3，那么我们就可以开三个 feature 分支：feature-f1，feature-f2，feature-f3（feature 分支命名最好能够直观有意义，这里并不是一种好的命名）。随着开发的进行，功能 1 和功能 2 都完成了，而功能 3 因为某些原因完成不了，那么最终 feature-f1 和 feature-f2 分支将被合并到 develop 分支，而 feature3 分支将被删除。

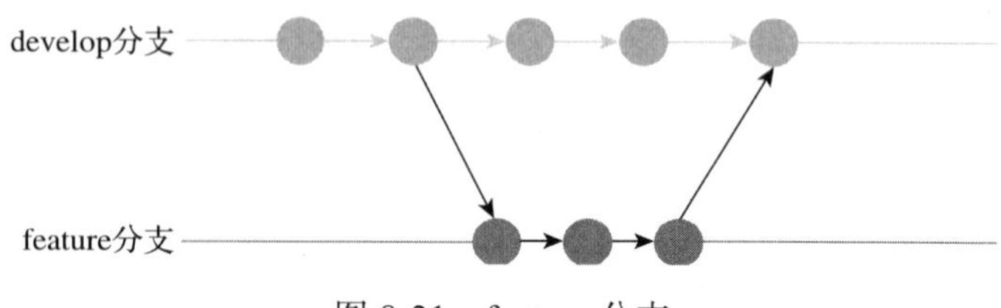

图 8-21 feature 分支

建议使用非 fast-forward 模式来进行合并，这样我们可以知道哪些提交与哪个 feature 相关。

- release 分支

release 分支本质上就是 pre-master。release 分支从 develop 分支分离出来，最终会合并到 develop 分支和 master 分支。合并到 master 分支上就是可以发布的代码。有人可能会问那为什么合并回 develop 分支呢？原因很简单，有了 release 分支，那么相关的代码修复就只会在 release 分支上改动，最后必然要合并到 develop 分支，如图 8-22 所示。

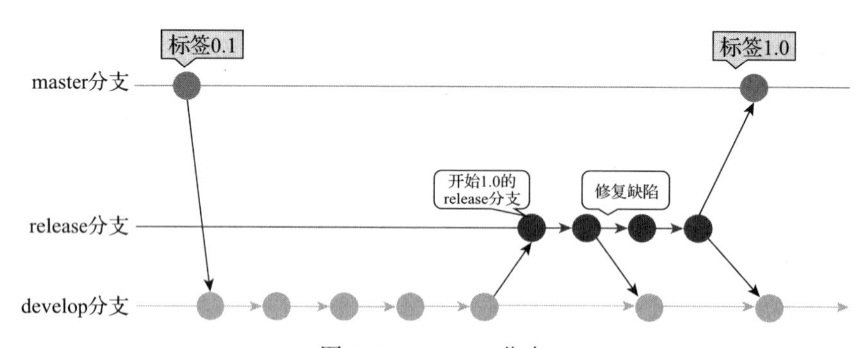

图 8-22 release 分支

最初所有的开发工作都在 develop 分支上完成，当这一期的功能开发完毕时，基于 develop 分支开一个新的 release 分支。这个时候我们就可以对 release 分支做统一的测试了，另外做一些发布准备工作，比如版本号之类的。

如果测试工作或者发布准备工作和具体的开发工作由不同人来做，比如开发人员就可以基于 develop 分支继续开发，又或者说公司对于发布有严格的时间控制，开发工作提前并且完美完成了，这个时候我们就可以在 develop 分支上继续下一期的开发。同时如果测试有问题，则将直接在 release 分支上修改，然后将修改合并到 develop 分支上。

待所有的测试和准备工作做完之后，我们就可以将 release 分支合并到 master 分支上，并进行发布。最后，删除 release 分支。

❑ hotfix 分支

顾名思义，hotfix 分支是用来修复线上缺陷的。当线上代码出现缺陷时，我们基于 master 分支开一个 hotfix 分支，修复缺陷之后再将 hotfix 分支合并到 master 分支并进行发布，同时 develop 分支作为最新最全的代码分支，hotfix 分支也需要合并到 develop 分支上。图 8-23 给出了 hotfix 分支的示意图。仔细想一想，其实 hotfix 分支和 release 分支功能类似。hotfix 的好处是不打断 develop 分支正常进行，同时对于现实代码的修复，现阶段貌似也没有更好的方法了。

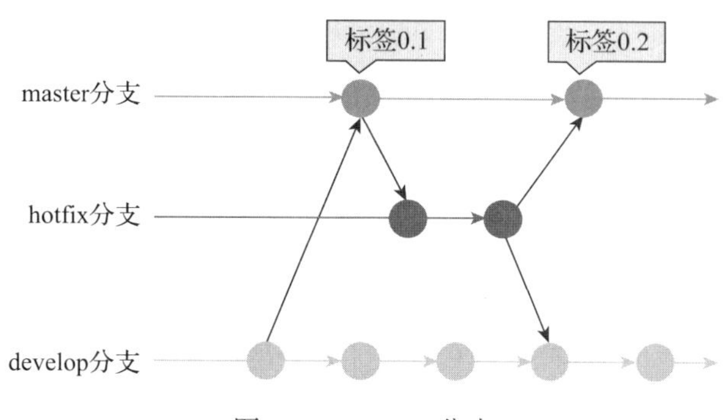

图 8-23　hotfix 分支

虽然 hotfix 分支模型中没有什么特别新鲜的东西，但它帮助建立了优雅的、易理解的 Git 分支管理模型，尤其在大型复杂的产品或项目开发时帮助团队成员快速建立并理解一个 Git 分支和发布过程。

这种模型也存在如下一些缺点，使用时需要注意。

❑ 复杂的分支管理，尤其是大量的分支合并，加重了开发经理的负担。

❑ 新特性需要经过很长的流程才能进入主分支，不利于持续发布。

❑ 为了兼容持续集成的思想，需要将 feature 的粒度拆分得足够小。

2）GitHubFlow 分支管理模型

GitHubFlow 是一个轻量级、基于分支的工作流，适合代码部署非常频繁的团队和项目。本规范来源于 GitHub 指导 https://guides.github.com/introduction/flow/。这种分支模型只有 master 是长久分支，日常开发 feature 分支都合并到 master 分支中，永远保持其为最新的代码且随时可发布。

GitHubFlow 的工作流程大致如下：在需要添加或修改代码时基于 master 创建分支，本地提交修改并自测。创建 Pull Request 申请合并代码，所有人讨论和审查你的代码。修复问题之后就可以部署到生产环境中进行测试验证，待测试验证通过后合并到 master 分支中。全景图如图 8-24 所示。

这个分支模型的优势在于简洁易理解，将 master 作为核心的分支，代码更新持续集成到 master 分支上，包含以下六个步骤。

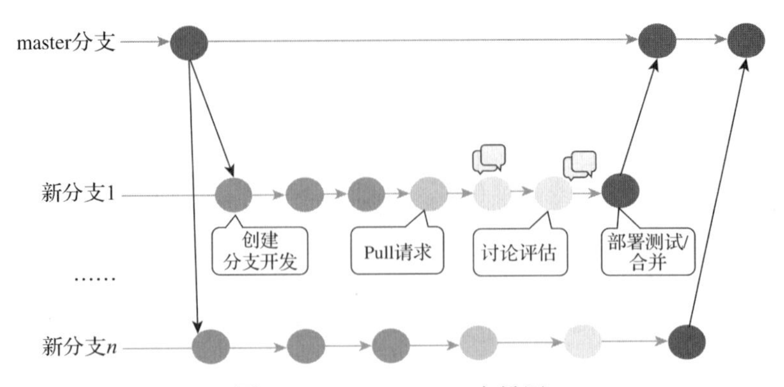

图 8-24 GitHubFlow 全景图

- 第一步：创建新分支

当你加入一个项目的时候，无论其他开发人员在做什么，你都可以创建新的分支实现自己的想法。在新分支上做的任何更改不会影响 master 分支，所以你可以自由地进行实验和提交更改，这些操作都是安全的。正因为如此，新分支在实现一个功能或修复一个程序的时候是非常重要的。你的分支名应该容易理解（例如，refactor-authentication、user-content-cache-key、make-retina-avatars），以便其他人通过分支名就可以知道它到底是干什么用的。

- 第二步：添加提交

在创建了新分支之后，无论添加、修改还是删除文件，你都必须进行本地提交，将它们同步到你的分支上。当你在分支上工作的时候，这些提交操作可以跟踪你的工作进度。

提交操作也建立一个关于你工作的记录，通过查看这些提交记录，其他人可以知道你做了什么和为什么这么做。每个提交操作都有一个相关的提交信息（commit message），用于描述你做出的修改。

- 第三步：发起 Pull 请求

确认你的代码没有问题之后创建 Pull 请求（Pull Request，PR）。在 PR 中会记录源码的变化，以便其他人审核。

- 第四步：讨论和评估你的代码

当你提出 Pull 请求的时候，审查你的更改内容的人或团队可能有一些问题或者意见。也许你的编码风格与项目规范不符，或者缺少单元测试；当然也有可能没有任何问题，你的代码条理清晰。

你也可以在大家讨论时继续提交你的分支。如果有人反馈你的代码中有缺陷，你也可以及时修复缺陷，然后提交。

- 第五步：部署

只要你的 Pull 请求通过了审查，就可以部署这些提交，在生产环境中验证它们。如果分支出现了问题，你也可以回滚到之前的状态。

- 第六步：合并

现在，你修改的内容已经在生产环境中通过验证，最后将你的代码合并到 master 分支。

合并之后，Pull 请求就保存了一份关于你修改代码的历史记录。因为它们是可搜索的，所有人都可以通过搜索历史记录来了解你为什么这么修改以及你是如何修改的。

这个分支模型的最大优势就是简单便捷，但也存在一些缺点，使用时需要注意以下几点。

- 对持续集成的要求较高，每个 pull 请求经过审核验证，在生产部署测试。
- 对生产发布有较高要求，最好已经实现灰度发布。
- 可能需要解决大量的代码冲突，否则团队之间必须同步工作，显得有些烦琐。

在该客户落地时使用了 GitFlow 模型。一方面，由于企业定位开发产品，涉及上百人协作开发，比较适合使用 GitFlow 流程；另一方面，GitFlow 各分支功能确定、界限清晰，在组织管理和审计上具有优势。

3）分支策略与规范

有了分支管理模型之后，就需要明确分支策略和规范，避免分支混乱。

分支策略

- 小步快走，将 feature 的粒度拆分得足够小，尽可能快地合并到 develop 分支，未完成单元测试不准合并。
- 产品版本发布只能在 master 主分支上。
- develop 分支、release 分支和 master 分支全部保护，不允许直接提交代码，必须经过开发经理重审代码后合并。
- 在合并分支时，加上 --no-ff 参数保留历史分支合并记录。
- 各功能分支必须严格遵循分支定义的功能，不允许混用和乱用，如 feature 直接合并到 release 分支。

分支命名规范

分支名称最好命名为有意义的名称，尤其是 feature 分支。本项目定义分支命名规范如表 8-4 所示。

表 8-4 分支命名规范

前　缀	含　义
master	主分支，可用的、稳定的、可直接发布的版本
develop	开发主分支，最新的代码分支
feature-**	功能开发分支
issue-**	未发布版本的缺陷修复分支
release-**	预发布分支
hotfix-**	已发布版本的缺陷修复分支

提交注释规范

除了需要规范分支的名称，也同样需要规范提交注释。代码提交注释非常重要，特别是当你将修改的内容提交给开发经理之后，Git 可以追踪到你的修改内容并展示它们。编写良好的提交注释可以达到以下 3 个重要目的：

- 加快审查的流程。

❑ 帮助我们编写良好的版本发布日志。

❑ 让之后的维护者了解代码里出现特定变化和 feature 被添加的原因。

本项目使用业界应用比较广泛的 Angular Git Commit Guidelines（https://github.com/angular/angular.js/blob/master/DEVELOPERS.md#-git-commit-guidelines）。具体格式如下：

```
<类型>(范围)：<主题>
<空行>
<主体内容>
<空行>
<尾注>
```

各字段含义如下：

❑ 类型：必填字段，说明本次提交的类型，如 issue、feature。

❑ 范围：选填字段，说明本次提交涉及的范围，比如数据层、控制层、视图层等，视项目不同而不同。

❑ 主题：必填字段，简明扼要地阐述本次提交的目的。

❑ 主体内容：必填字段，在主体内容中需要详细描述本次提交，比如此次变更的动机。

❑ 尾注：选填字段，描述与之关联的缺陷或不兼容的变动。

其中类型可选择以下字段：

❑ feat：添加新特性。

❑ fix：修复缺陷。

❑ docs：仅仅修改了文档。

❑ style：仅仅修改了空格、格式缩进等格式，不改变代码逻辑。

❑ refactor：代码重构，没有增加新功能或者修复缺陷。

❑ perf：增加代码进行性能测试。

❑ test：增加测试用例。

❑ chore：改变构建流程或者增加依赖库、工具等。

可以使用 Git 缺陷模板将提交注释设置为模板。

版本号规范

版本号规范定义了产品发布的版本号如何命名。本项目定义的版本格式为主版本号 . 次版本号 . 修订版本号，版本号递增规则如下：

主版本号：当功能有较大变动（比如做了不兼容的 API 修改）时，增加主版本号。

次版本号：当功能有一定的增加或变化时，增加该版本号。

修订版本号：一般是修复缺陷或优化原有功能，还有一些小的变动，都可以通过升级该版本号来实现。

其他版本号及版本编译信息可以加到“主版本号 . 次版本号 . 修订版本号”的后面作为延伸，如日期版本号。

（2）流水线规范

在 DevOps 落地过程中最关键、最具挑战性的是构建自动化持续交付流水线，自动化持续交付流水线涉及代码构建、测试、集成、部署、发布等多个环节，当然也涉及多个工具。本规范旨在规定流水线的使用和构建规范，用于规范自动化流水线的各个环节。

1）流水线的定义

流水线最初来源于工业，现在被应用于软件开发领域，通过可视化的阶段定义软件开发过程中的活动，可多次重复执行以保证软件可稳定、持续、频繁地构建、测试和发布。

2）流水线的目标

流水线的目标可大致归纳为以下四点：

- 尽可能快地交付软件，尽可能早地将有价值的新功能推向生产用户。
- 提高软件质量，保证系统正常、稳定运行。
- 降低发布风险，避免手工错误。
- 减少浪费，提高开发和交付过程的效率。

3）环境定义

本项目中使用容器云平台作为交付平台，共分为四套环境：

- 开发环境（DEV）：隶属软件开发测试区，一般在开发期间申请使用。
- 测试环境（SIT）：隶属软件开发测试区，一般在集成测试期间申请使用。
- 准生产环境（STAGE）：隶属生产区，与生产环境相同，主要用于性能测试和模拟生产的测试。
- 生产环境（PROD）：隶属生产区，用于项目的最终上线，服务最终用户。

目前客户使用 OpenShift 作为容器运行平台，平台本身具备多租户隔离的能力。从提高资源利用率、节省资源的角度考虑，开发环境和测试环境使用同一套 OpenShift 环境，使用多租户实现逻辑隔离；准生产环境使用独立的一套 OpenShift 环境，与生产环境同构，但硬件配置稍低于生产环境；生产环境使用独立的一套 OpenShift 环境。

4）流水线

不同环境使用的流水线不同，而且对应的 Git 仓库分支不同，需要分别定义不同环境的流水线。

- 开发流水线

开发流水线（DEV）是指在开发过程中为保障新开发代码的可用性和实时性，为开发人员自测而形成的流水线，该流水线构建 develop 分支代码，通常在代码提交或合并时自动触发。图 8-25 是开发流水线的示意图。

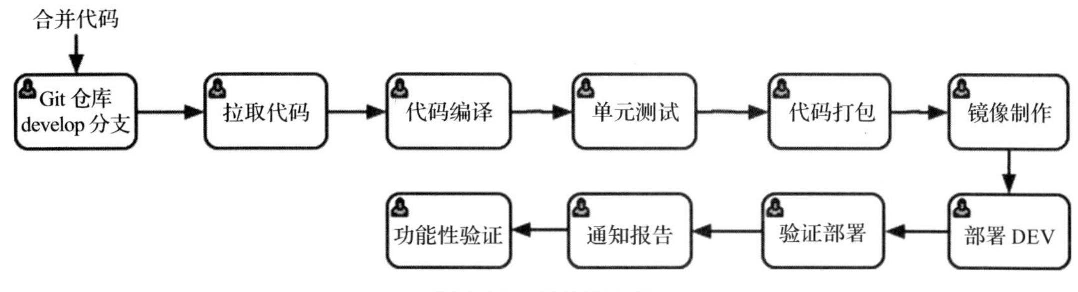

图 8-25　开发流水线

开发流水线为了保障新代码上线的实时性，通常不会进行很耗时的代码扫描和复杂的自动化测试，这些都通过独立的每日构建流水线完成，在工作时间之余定时触发。图 8-26 是每日构建流水线的示意图。

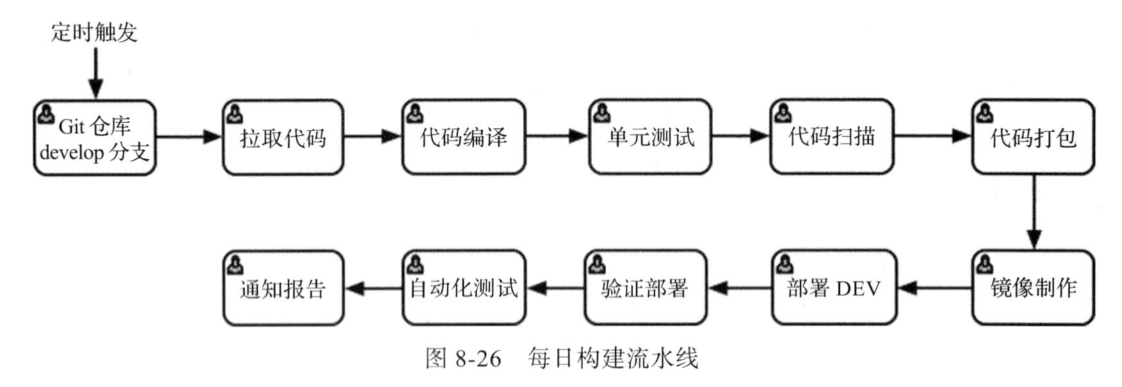

图 8-26　每日构建流水线

❑ 测试流水线

测试流水线（SIT）是指在测试过程中为测试人员快速交付最新代码而形成的流水线，该流水线构建 release 分支代码，一般是在某个分支合并或周期性阶段进行触发。图 8-27 是测试流水线的示意图。

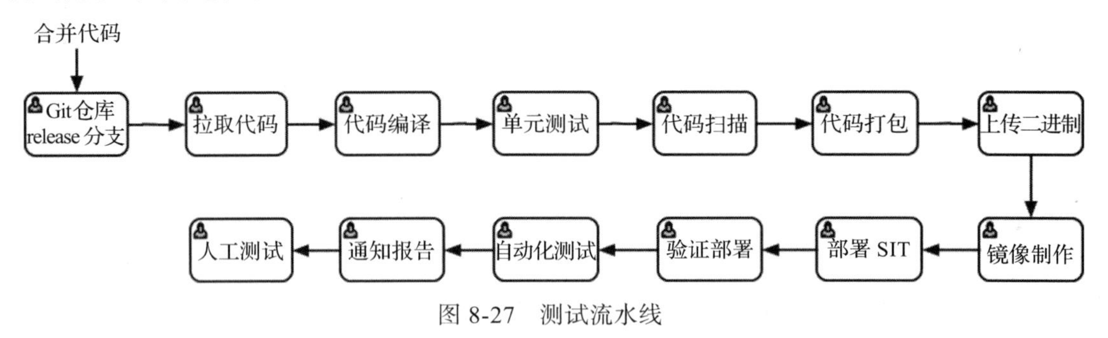

图 8-27　测试流水线

❑ 准生产流水线

准生产流水线（STAGE）是指在测试过程中为提供性能测试和仿生产测试而形成的流水线，该流水线构建 release 分支代码，一般是在某个分支和周期性阶段进行触发。图 8-28 是准生产流水线的示意图。

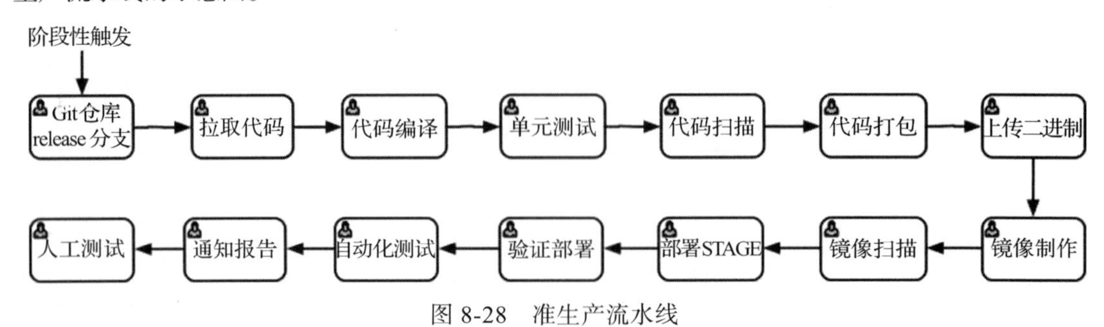

图 8-28　准生产流水线

❑ 生产流水线

生产流水线（PROD）是指将应用最终打包生成可发布到生产的二进制而形成的流水线。该流水线构建 master 分支代码，一般是手动触发。图 8-29 是生产流水线的示意图。

这里再次对 master 分支代码进行构建生成生产镜像是为了强制保证上线的是 master 分支的代码。原理上在 STAGE 环境下测试通过的 release 分支和最终 master 分支的代码是完全一致的，但由于开发团队版本控制系统使用的成熟度并不高，为避免出现意外错误而导致测试通过的 release 分支与最终 master 分支不一致，采用再次构建 master 分支强制保证生产上线的是 master 分支代码。如果开发团队能熟练使用版本控制系统，则可以直接使用准生产流水线最后测试通过的镜像同步到生产上线。

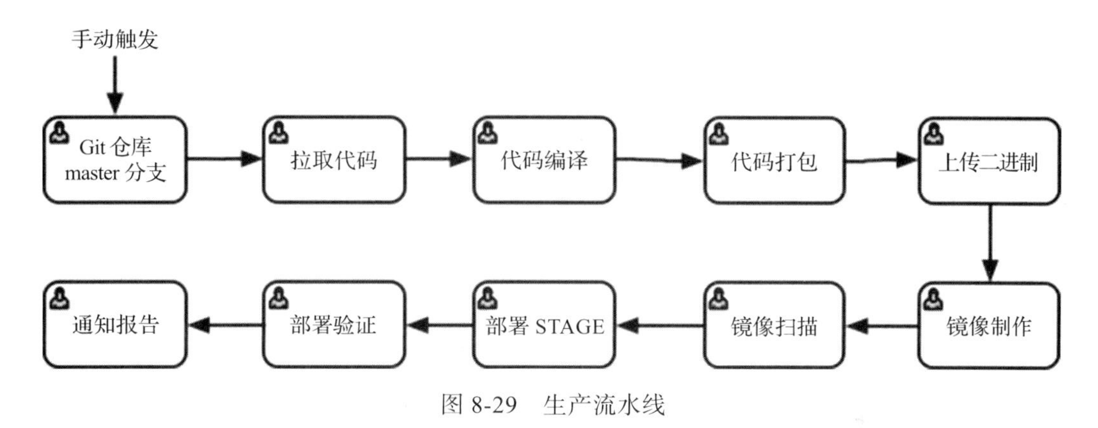

图 8-29　生产流水线

在生成生产镜像之后，需要将镜像同步到生产仓库并进行灰度发布，一般由应用运维手动执行。图 8-30 是灰度发布流水线的示意图。

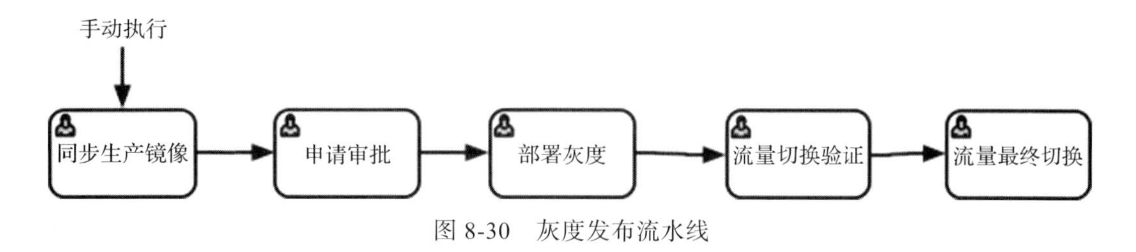

图 8-30　灰度发布流水线

需要注意的是，第一步的同步生产镜像是将 STAGE 环境生成的生产镜像同步到生产镜像仓库，需要保证 STAGE 环境镜像仓库与 PROD 环境镜像仓库网络相通或者使用同一个镜像仓库。如果网络策略限制无法保证两个镜像仓库网络相通，则可以通过中间堡垒机实现镜像同步，之后再进入发布流程。

❑ Hotfix 流水线

Hotfix 流水线是指为了紧急修复线上出现的严重缺陷而形成的流水线。该流水线构建 master 分支代码，一般为手动触发。图 8-31 是 Hotfix 流水线的示意图。

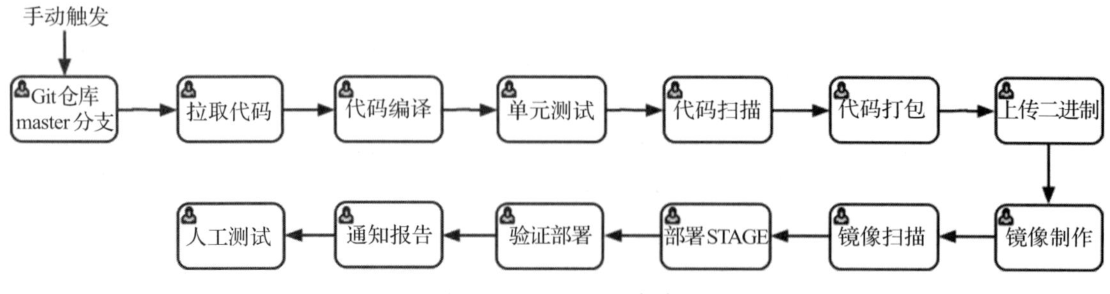

图 8-31　Hotfix 流水线

所有流水线执行完成后，无论成功与否，都需要将流水线执行的结果以邮件或其他方式通知相关人员，并附带相应的报告。

尽量避免人为干预流水线的全程执行，只有在生产发布的时候需要获得审批，其他流水线不插入审批环节。

5）关键阶段

在不同的流水线中定义了不同的阶段，关键阶段的含义如下：

❑ 代码扫描

代码扫描是指对代码的静态分析扫描，以插件的方式通过各种不同的分析机制对项目源代码进行分析和扫描，并把分析扫描的结果以 Web 形式展现和管理。

目前通过以下 7 个维度检测代码质量：

- 复杂度分布（complexity）：代码复杂度过高将难以理解。
- 重复代码（duplications）：程序中包含大量复制、粘贴的代码而导致代码臃肿，SonarQube 可以展示源码中多次重复的地方。
- 单元测试统计（unit tests）：统计并展示单元测试覆盖率，开发或测试可以清楚测试代码的覆盖情况。
- 代码规则检查（coding rules）：通过 Findbugs、PMD、CheckStyle 等检查代码是否符合规范。
- 注释率（comments）：若代码注释过少，特别是人员变动后，其他人就比较难接手；若代码注释过多，又不利于阅读。
- 潜在的缺陷（potential bugs）：通过 Findbugs、PMD、CheckStyle 等检测潜在的缺陷。
- 结构与设计（architecture & design）：找出循环，展示包与包、类与类之间的依赖，检查程序之间的耦合度。

所有项目组提交的代码质量打分必须达到 85 才能算是合格的代码，流水线中将设置该阈值，未通过将会导致流水线执行失败。

❑ 上传二进制

上传二进制是指在代码构建完成后将生产的二进制上传到二进制仓库管理，通常是 Jar 包或 War 包。

- 镜像制作

镜像制作是指在代码构建完成之后通过 Dockerfile 或者 B2I 将应用程序与二进制打包在一起，生成可部署的应用镜像。选择哪种方式构建镜像取决于项目组，本规范不做限定。

- 镜像扫描

镜像扫描是指在镜像制作完成后通过镜像扫描软件或者插件对生成的镜像进行安全漏洞扫描，目前主要是针对镜像中的操作系统和安装的软件包进行漏洞分析，依赖于网络提供的 CVE 库。CVE 库完成私有化，并定期与网络同步，更新本地 CVE 特征库。

- 镜像部署

镜像部署是指将镜像部署运行在指定环境的 OpenShift 上，目前可以使用 Jenkins 和 Ansible 完成发布，采用什么方式发布取决于项目组，本规范不做限定。

- 自动化测试

自动化测试是指在应用部署后执行自动化测试，以验证每个开发人员提交的代码。自动化测试将大幅降低测试、维护升级的成本，是加快交付并提高质量的关键，建议尽可能地使用自动化测试，并分布在流水线中。目前支持的自动化测试有：

  - 单元测试：是指对软件中的最小可测试单元进行检查和验证，测试在不同输入条件下能否按照预期工作。
  - 模块测试：针对具有明显的功能特征的代码块进行测试。
  - 质量测试：通过静态分析、代码风格指南、代码覆盖度等技术来保证应用代码质量。
  - 接口测试：检测外部系统与系统之间以及内部各个子系统之间的交互点。
  - 集成测试：测试不同模块之间以及与消息队列、数据库等基础设施能否协同工作。
  - 验收测试：确定产品是否能够满足合同或用户所规定需求的测试。
  - 回归测试：指修改了旧代码后重新进行测试以确认修改没有引入新的错误或导致其他代码产生错误。
  - 性能测试：模拟多种正常、峰值以及异常负载条件来对系统的各项性能指标进行测试，通常包含负载测试和压力测试。
  - 安全测试：对产品进行检验以验证产品符合安全需求定义和产品质量标准。

在 DevOps 转型初期阶段，各项目组至少要包含单元测试和质量测试这两个自动化测试。

- 通知报告

通知报告是指在流水线执行完成后，尤其是流水线执行失败时，通过邮件或采用其他方式通知相关人员，并附带流水线状态信息、简要说明、报告等，通知接收人通常是开发经理或应用运维人员。

- 同步生产镜像

同步生产镜像是指应用运维将可用于生产发布的镜像从准生产环境同步到生产环境镜像仓库的过程，通过使用自动化脚本或者流水线完成。

- 申请审批

申请审批是指在发布生产时需要获得产品主管的审批邮件或其他方式的审批，才能正式执行发布变更。

（3）缺陷管理规范

缺陷管理的最终目标是最大限度地减少缺陷的出现概率，从而提高软件产品的质量。本规范规定了缺陷上报及处理流程以及缺陷统计分析要求，并规定了缺陷属性规范，指导项目组提高缺陷管理水平，提升工作效率，减少开发周期和维护成本。

1）缺陷定义

缺陷通常被称为 Defect 或者 Bug，描述软件产品不符合预期或需求规格说明书的要求。如何妥善处理软件中的缺陷，关系到软件组织生存、发展的质量根本。

2）缺陷管理的目的

缺陷管理的目的可归纳为以下三点：

- 确保已发现的缺陷被及时处理：跟踪发现的缺陷被修复并及时关闭是缺陷管理最根本的目的。
- 对发现的缺陷进行分析：对发现的缺陷进行全面分析，总结变化规律，预防缺陷的发生，提高产品质量。
- 降低缺陷的出现概率：通过对缺陷管理分析缺陷的根源，进而减少缺陷出现的概率，降低缺陷带来的负面影响。

3）缺陷属性

为了清楚地描述缺陷，需要定义缺陷具备的一些必要属性，如表 8-5 所示。

表 8-5 缺陷属性

属性名称	描述
缺陷唯一标识	标记某个缺陷的一组符号。每个缺陷必须有一个唯一的标识
缺陷标题	用于简要描述缺陷
缺陷描述	详细描述缺陷的内容，包含缺陷发生的具体环境及步骤，记录缺陷发生的软硬件条件及时间点，抓取相应的日志等
缺陷报告人	记录提交缺陷的报告人员
缺陷修复人	记录修复缺陷的开发人员
缺陷类型	根据缺陷的自然属性划分的缺陷种类
缺陷软件版本	发现缺陷的软件程序的版本
缺陷严重程度	因缺陷引起的故障对软件产品的影响程度
缺陷优先级	缺陷必须被修复的紧急程度
缺陷状态	缺陷通过一个跟踪修复过程的进展情况
缺陷起源	缺陷引起的故障或事件第一次被检测到的阶段
缺陷来源	引起缺陷的起因

下面我们分别说明缺陷属性中的一些关键字段。

- 缺陷类型

缺陷属性中缺陷类型通常有如下几类，如表 8-6 所示。

表 8-6　缺陷类型

缺陷类型	描述
功能未正确实现	影响了重要的特性、用户界面、产品接口、硬件结构接口和全局数据结构。如功能缺失、未实现或功能正常使用报错等
通用异常未处理	异常处理有问题，如输入框未做长度、类型限制
接口异常	与其他组件、模块或设备驱动程序、调用参数、控制块或参数列表相互影响的缺陷
标准	编码 / 文档的标准问题，例如缩进、对齐方式、布局、组件应用、编码和拼写错误等
性能问题	处理速度慢、因文件的大小而导致系统崩溃等
语法	不符合所用程序设计语言的语法规则
安全相关	软件存在一些安全漏洞，如 xss 漏洞、sql 注入
兼容性	与工作环境、其他外设（如操作系统、浏览器、网络环境等不匹配）
设计缺陷	业务流程或者 UI 存在设计问题，如设计流程不符合用户使用习惯、业务流程存在逻辑缺陷等

- 缺陷严重程度

缺陷属性中缺陷严重程度分如下级别，如表 8-7 所示。

表 8-7　缺陷严重等级

缺陷严重等级	描述
致命缺陷	不能执行正常工作功能或重要功能，或者危及人身安全
严重缺陷	严重地影响系统要求或基本功能的实现，且没有办法更正（重新安装或重新启动该软件不属于更正办法）
一般缺陷	比较严重地影响系统要求或基本功能的实现，但存在合理的更正办法（重新安装或重新启动该软件不属于更正办法）
轻微缺陷	使操作者不方便或遇到麻烦，但它不影响执行工作功能或重要功能
建议	其他错误

- 缺陷优先级

缺陷属性中的缺陷优先级如表 8-8 所示。

表 8-8　缺陷优先级

缺陷优先级	描述
立即解决	缺陷导致系统几乎不能使用或者测试不能继续，需要立即修复
高优先级	缺陷严重影响测试，需要优先考虑
正常排队	缺陷需要正常排队等待修复或列入软件发布清单
低优先级	缺陷可以在开发人员有时间的时候再被纠正

❑ 缺陷状态

缺陷属性中的缺陷状态用于记录缺陷的目前状态，如表 8-9 所示。

表 8-9 缺陷状态

缺陷状态	描述
新建	已提交的缺陷
开启	评估确认是缺陷，并等待处理
拒绝	评估确认不是缺陷，不需要修复
已修复	缺陷已被修复
重新开启	缺陷未通过验证
验证	缺陷通过验证
关闭	确认被修复的缺陷，将其关闭

❑ 缺陷起源

缺陷属性中的缺陷起源用于描述在哪个阶段发现该缺陷，常见的缺陷起源如表 8-10 所示。

表 8-10 缺陷起源

缺陷起源	描述
需求阶段	在需求阶段发现的缺陷
设计阶段	在设计阶段发现的缺陷
编码阶段	在编码阶段发现的缺陷
测试阶段	在测试阶段发现的缺陷
发布阶段	在发布阶段发现的缺陷
发布后	在产品发布给客户之后发现的缺陷

❑ 缺陷来源

缺陷属性中的缺陷来源用于描述在哪个节点引起该缺陷，常见的缺陷来源如表 8-11 所示。

表 8-11 缺陷来源

缺陷来源	描述
需求	由于需求的问题引起的缺陷
架构	由于架构的问题引起的缺陷
设计	由于设计的问题引起的缺陷
编码	由于编码的问题引起的缺陷
测试	由于测试的问题引起的缺陷
集成	由于集成的问题引起的缺陷

4）缺陷管理流程

对于缺陷管理，从发现缺陷到最终解决的流程图如图 8-32 所示。

关于缺陷管理，通常采用自动化的缺陷管理工具进行管理，例如 Bugzilla、JIRA 等。

- 缺陷提交

一般缺陷问题由测试团队根据用例步骤进行测试，如果不能正常通过用，则转为缺陷问题，在缺陷管理中新建缺陷，缺陷的状态为新建，由指定人员进行评审、分配。

缺陷提交必须带有缺陷必要属性字段，如缺陷主题、缺陷的描述、优先级、严重性等信息。这些信息由提交缺陷的人负责填写。

- 缺陷分配

项目组内对缺陷进行评审，确定是否为缺陷。如果是缺陷，决定缺陷计划修复的版本、时间和修复人员，此时缺陷状态为开启；如果不是缺陷，则缺陷状态为拒绝。

缺陷分配必须修改缺陷的状态、修复人、计划关闭的版本和评审信息。这些信息由缺陷的评估人负责填写，一般是开发经理。

- 缺陷解决

缺陷由指定的开发人员解决后，经过单元测试或代码审查，填写缺陷修改完成时间和缺陷处理结果描述。解决后的缺陷的状态为已修复。

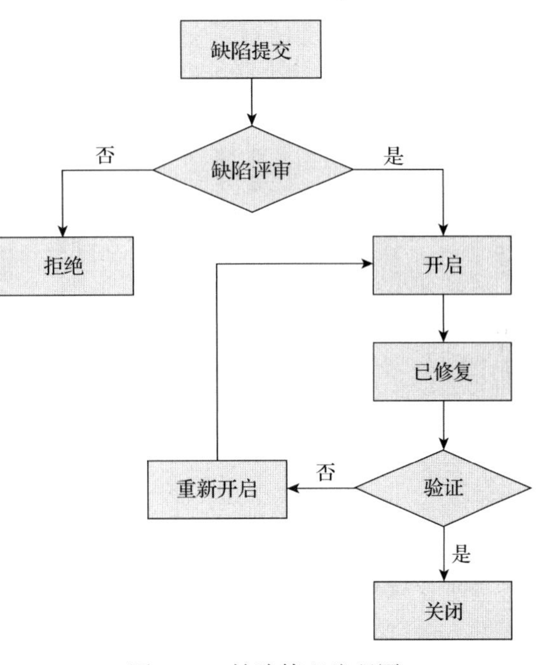

图 8-32　缺陷管理流程图

缺陷解决必须修改缺陷的状态、解决人、涉及的代码等信息。这些信息由解决缺陷的人（对应的开发人员）负责填写。

- 缺陷验证

测试人员筛选状态为已修复的缺陷，对其进行验证测试。如果验证通过，则修改缺陷状态为验证；如果验证未通过，则修改缺陷状态为重新开启。

验证缺陷必须修改缺陷的状态、修复人、解决的版本等信息。这些信息由测试工程师负责填写。

- 缺陷关闭

经过验证后的缺陷由测试人员关闭，状态为关闭。

缺陷验证后的关闭必须修改缺陷的状态、实际关闭缺陷的版本、解决的版本等信息。这些信息由测试人员负责填写。

5）缺陷分析

缺陷分析是指对缺陷中包含的信息进行收集、汇总、分类之后使用统计方法（或分析模型）得出分析结果的过程。得出的结果用于寻找软件开发过程中的质量、效率和工作模式等问题，为后续根因分析活动提供参考，对软件过程的改进和加速产品发布来说具有非常重要的参考价值。

可以依据任何缺陷属性进行分类统计，如缺陷的严重程度、缺陷的报告人、缺陷状态等。如统计项目组每周的缺陷数目趋势图，将其用于分析开发测试进度，如图 8-33 所示。

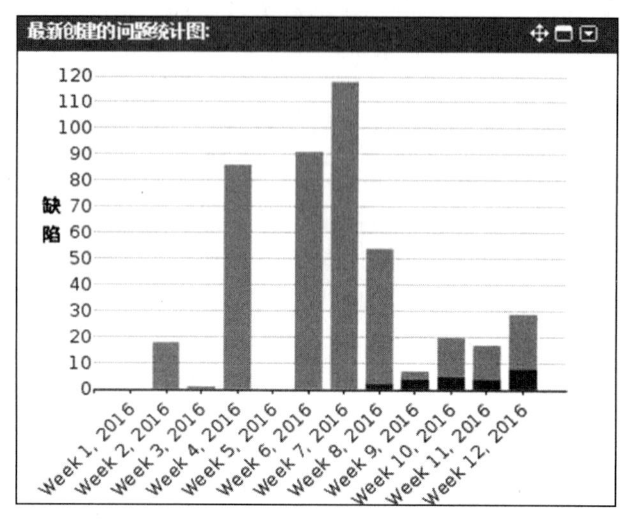

图 8-33　缺陷数目趋势图

6）缺陷跟踪

缺陷跟踪过程是软件工程中的一个极其重要的过程。测试人员不仅要创建缺陷，还要对缺陷进行监督跟踪，随时监控其发展情况，积极推动缺陷的解决。缺陷跟踪包含但不限于以下任务：

❑ 监控缺陷状态

对于发现的缺陷，定期关注缺陷解决的进度，尤其是未解决的严重缺陷。

❑ 跟踪遗留缺陷

对于发布的产品版本，需要跟踪产品发布后的运行情况。对遗留的缺陷跟踪记录并分析其影响范围，直到遗留缺陷形成解决结果。

❑ 产品发布后发现的缺陷

产品发布后的缺陷来源包括客户服务人员、咨询实施部人员、客户、开发和测试人员。发现该类缺陷后需要提交给项目组，纳入缺陷管理，该类缺陷的发现阶段标识为“发布后”，便于分析原因。

7）缺陷报告

一旦项目进入测试阶段，测试人员就将正式执行测试计划中的测试用例。而测试的进度和状态完全体现在测试报告中。在阶段性的测试完成后测试人员将该阶段发现的缺陷进行统计分析，作为测试报告的一部分汇报给相关人员。

测试报告应该包含以下关键信息：

❑ 测试计划的执行情况。

❑ 测试用例运行了多少，多少处于停滞状态，多少通过，多少失败。

- ❑ 缺陷的关键属性统计信息。
- ❑ 缺陷拒绝率和缺陷遗漏率。

本规范仅列出一些关键的内容，可以在项目运行中补充和完善内容，如缺陷等级和优先级评估办法等。

6. 工具选型与集成

有了流程和规范，我们就要实现自动化，减少人工操作，这就需要引入必要的自动化工具，而且不同阶段的工具最好能够联动集成。下面就详细说明如何使用工具实现流程自动化。

（1）工具选型

在实现流程自动化之前，首先面临的问题是工具选型。正如第 7 章介绍的，DevOps 自动化工具浩如烟海，选择合适的工具是一件相对困难的事情，通常通过工具使用调研、同类工具对比等方法，并结合第 7 章给出的工具选型指导原则完成。另外，工具选型需要结合企业现状和工具本身特性，本案例中最终选用的工具未必是所有企业的最佳选择。

首先整理可能使用的工具（并非全部），并按类别划分，表 8-12 将作为可供选择的工具池。

表 8-12　工具选择池

开发文档管理	项目管理工具	版本管理工具	代码复审工具	构 建 工 具	单 元 测 试
禅道	禅道	GitLab	GitLab	Maven	JUnit
Swagger	JIRA	GitHub	Gerrit	Ant	PhpUnit
Confluence		Bitbucket	Fisheye/Crucible	Grails	Nodeunit
SharePoint		Gogs		Gradle	Mocha
				Grunt	Assertj
				Gulp	Mockito/Powermock
				Webapck	Groovy/spock
二进制管理	**镜像仓库**	**镜像扫描**	**缺陷管理**	**测试用例管理**	**功能测试**
Nexus 3	Docker distribution	Anchore	JIRA	Testlink	Selenium
Artifactory	Harbor	Clair	Bugzilla	QC	Cucumber
	Nexus 3	OpenScap	Readmine		RedWoodHQ
	Artifactory	BlackDuck			
	Quay				
性能测试	**CI/CD 工具**	**代码扫描**	**配置管理**	**监控配置**	**DevOps 可视化**
Jmeter	Jenkins	SonarQube	Ansible	Prometheus	Hygieia
Loadrunner	Bamboo	SonarPLSQL	Chef	Dynatrace	Grafana
Web Bench	Gitlab-CI	clover	Puppet		
	Drone	Jacoco	SaltStack		

从表8-12中可以看到涉及的工具繁多，由于篇幅有限，我们仅说明一些关键性工具（如项目管理工具、版本管理工具、CI/CD工具）的选型。

1）项目管理工具

项目管理工具主要是用来帮助制订计划和控制项目资源、成本与进度，使工作能够按预期进行，并提供追踪、可视化等能力。

❑ JIRA

JIRA是目前比较流行的项目管理系统，隶属Atlassian公司，是集项目计划、任务分配、需求管理、缺陷跟踪于一体的软件。它被广泛应用于缺陷跟踪、客户服务、需求收集、流程审批、任务跟踪、项目跟踪和敏捷管理等工作领域。

优点：

- 功能全面，界面友好，安装简单。
- 权限管理和可扩展性表现出色。
- 可与很多系统或工具集成。
- 可生成多维度的可视化图表。

缺点：

- 未提供测试需求、测试用例的管理。
- 部分页面和功能不能完全支持中文。

❑ 禅道

禅道是第一款国产开源项目管理软件，分为开源版本和商业版本。它集产品管理、项目管理、质量管理、文档管理、组织管理和事务管理于一体，是一款专业的研发项目管理软件，完整覆盖了研发项目管理的核心流程。

优点：

- 禅道开源免费，开放源代码可做二次开发。
- 价格相对便宜。

缺点：

- 与其他系统集成性较差。

经过对两款项目管理产品的对比，选择JIRA作为项目管理和缺陷管理软件，主要是因为JIRA提供了很好的与其他系统集成的能力。

2）版本管理工具

版本管理工具是开发人员的最好帮手，尤其在大型团队协作时，选择适当的版本管理库就至关重要，下面我们对列出的四种主流版本管理工具进行对比。

❑ GitLab

GitLab是基于Git实现的版本管理库，可通过Web界面进行管理，能够浏览源代码、管理缺陷和注释等。GitLab同时提供在线托管和私有化部署。

优点：

- 免费，而且支持私有化部署，对仓库完全控制。

- ❍ 可与企业的 LDAP 集成。
- ❍ 功能丰富，可满足大部分开发需求。

缺点：

- ❍ 使用 Ruby 开发，在推拉代码时相对较慢。
- ❍ 组件多，导致架构复杂。

❑ GitHub

GitHub 是首选的代码托管平台，该平台旨在允许用户轻松创建基于 Git 的版本控制系统。GitHub 目前托管着数以万计的开源项目。

优点：

- ❍ 丰富的功能，如缺陷追踪、快速搜索。
- ❍ 代码托管在公网，可以使用任何云服务。

缺点：

- ❍ GitHub 的服务需要付费才能使用所有功能。
- ❍ 不支持私有化部署。

❑ Bitbucket

Bitbucket 是 Atlassian 公司提供的一个基于 Web 的版本库托管服务，提供免费方案和付费方案。

优点：

- ❍ Bitbucket 能够与 Atlassian 的其他产品相整合，如 JIRA、HipChat、Confluence 和 Bamboo。
- ❍ 对于小型团队免费支持私有仓库。

缺点：

- ❍ 非开源。
- ❍ 不支持私有化部署。

❑ Gogs

Gogs（Go Git Service）是一款极易搭建的自助 Git 服务，Gogs 的目标是打造一个能够以最简单、最快速和最轻松的方式搭建的自助 Git 服务。使用 Go 语言开发使得 Gogs 能够通过独立的二进制分发，并且支持多平台。

优点：

- ❍ 轻量易运行，资源占用少。
- ❍ 满足大部分开发需求。
- ❍ 支持私有化部署。

缺点：

- ❍ 工具链支持还不成熟。
- ❍ 大规模团队使用为时尚早。
- ❍ 目前还缺失一些功能。

经过对比分析，选择 GitLab 作为企业私有版本管理仓库。对于大型企业而言，最好搭建自己的私有仓库，而且要满足稳定可靠，同时支持丰富的功能。

其他工具未采用的原因是 GitHub 和 Bitbucket 不支持私有化部署，而且非开源；Gogs 虽然简单易用，但是稳定性欠缺，工具链支持也不成熟。

3）CI/CD 工具

在 DevOps 中 CI/CD 具有支柱性地位，如果 CI/CD 工具选择到位，会减少很多人工操作，大幅提高效率。在表 8-12 中列出的 CI/CD 工具有 Jenkins、Bamboo 和 Gitlab-CI 和 Drone，下面就对比这四种工具。

❑ Drone

Drone 是一个 Go 语言开发的开源轻量级 CI 自动化构建平台，原生支持容器和 Kubernetes。

优点：

- 轻量、简单，通过 yaml 配置文件定义 Pipeline，免去了复杂的配置。
- 原生支持容器，包括插件都是容器形式。
- 提供常见需求的插件。

缺点：

- 高度依赖社区，很多功能都在开发中。
- 目前处于发展阶段，文档不完善，查找问题比较困难。
- 前端界面比较简单，很多功能还是得依靠命令行。

❑ Jenkins

Jenkins 是一个功能强大、可扩展的持续集成引擎，也是目前最主流的 CI 工具。由于 Jenkins 有着大量的插件，因此自由度高，很容易与各种开发环境进行联动。

优点：

- UI 功能完善，满足配置需求。
- 老牌 CI 工具，应用范围广，文档丰富。
- 插件生态丰富，几乎支持所有工具的对接。

缺点：

- 学习成本高，使用相对复杂。
- 需要有编写 Pipeline 的能力。

❑ Gitlab-CI

Gitlab-CI 是 GitLab 的一部分，通过 gitlab-runner 组件执行 CI。

优点：

- 与 GitLab 集成度非常高。
- UI 可视化，可操作性强。
- CI 集成在代码仓库中，每个项目对应自己的 CI。

缺点：

- 只支持 GitLab 代码仓库。

- 无法扩展配置文件。
- 无插件支持与第三方系统对接。

❑ Bamboo

Bamboo 是 Atlassian 公司旗下的商业产品，提供代码的构建、测试和部署功能，并支持多种语言。

优点：

- 安装配置简单，使用方便。
- 与 JIRA 和 Bitbucket 原生集成。

缺点：

- 商业收费版本。

经过对四种 CI/CD 工具的对比了解，我们选择使用 Jenkins。在复杂的场景下，Jenkins 相对于其他 CI 工具来说优势比较明显，Jenkins 有着丰富的插件扩展，支持与大部分系统集成，提供 Pipeline 实现可视化的流水线，尤其是对 OpenShift 也有很好的支持。

其他工具未采用的原因是 Drone 目前暂时还不成熟，而且插件不是很完善，不能满足与某些系统的集成；Bamboo 属于商业收费产品，愿意接受付费方案且考虑与 JIRA 和 Bitbucket 集成的企业可以选择；Gitlab-CI 只支持 GitLab，局限性较大。

在确定关键工具之后，结合与关键工具的联动以及选型指导原则进行其他工具的选型，这里我们直接给出结果，不再进行其他工具选型的详细说明，如图 8-34 所示。

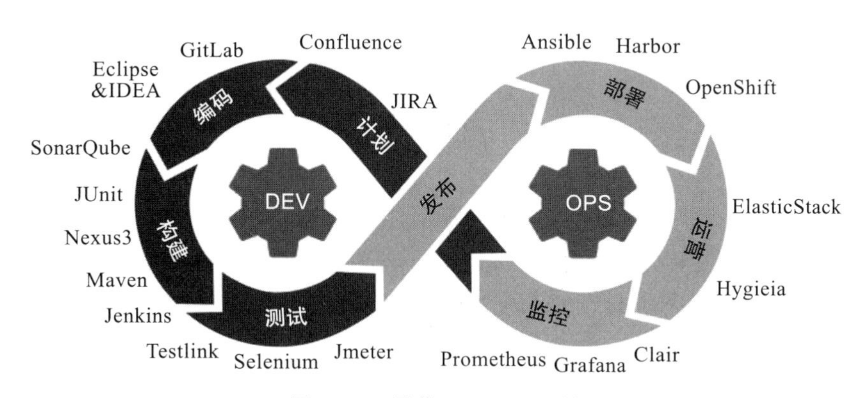

图 8-34 最终 DevOps 工具

在图 8-34 中，虽然给出了所有选定的工具，但工具并不是越多越好，而且也不是一次性引入。通常采取在 DevOps 转型初期引入少量必要工具，后续再逐步演进添加必要的工具。在转型初期，团队成员通常缺乏使用 DevOps 工具的能力，一下引入太多工具容易造成压力，而随着团队成员技能的提升，慢慢引入其他工具更容易被接受，也更有利于 DevOps 转型的成功。

在所有工具选定之后需要考虑主要工具之间的集成。

（2）工具集成

在工具集成之前，首先是将所有工具部署落地，这里我们仅说明最终工具的运行方式和环境，不一一列出每个工具具体的安装部署过程，请读者自行参考各工具的安装指南完成部署。

最终所有工具部署图如图 8-35 所示。

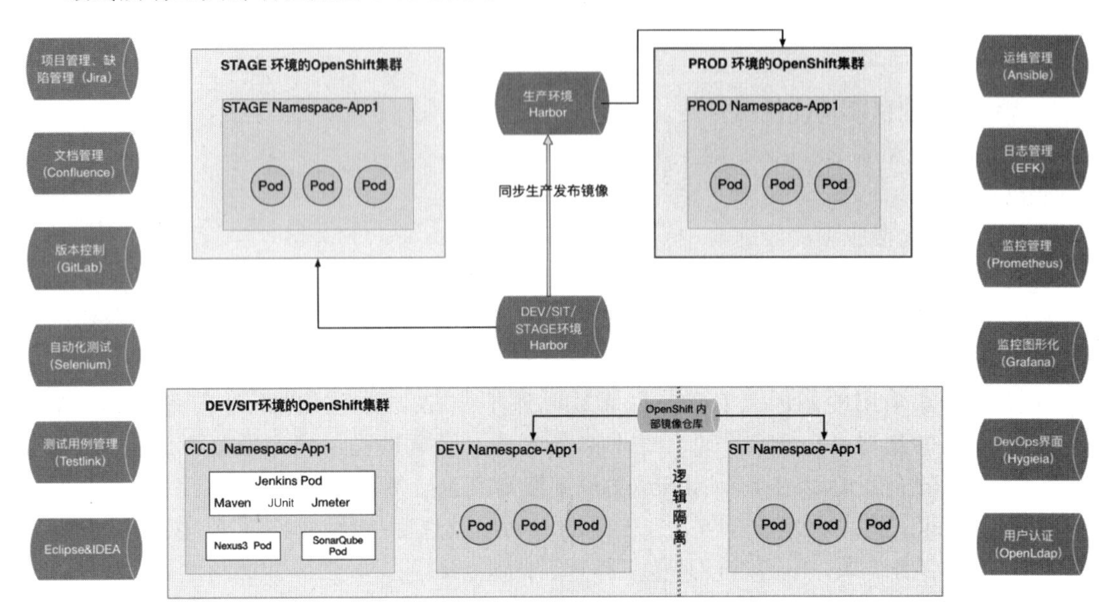

图 8-35 DevOps 工具部署图

在图 8-35 中绘制了所有 DevOps 工具的部署形式，说明如下：

- 部署了三套 OpenShift 环境，DEV 和 SIT 共用一套，使用 Namespace 逻辑隔离，STAGE 和 PROD 环境各独立使用一套。
- 每个产品或业务系统使用一套独立 Namespace，包含 CICD、DEV、SIT、STAGE、PROD 五个 Namespace，如图 8-35 中的 App1 为一个业务系统。
- Jenkins、Nexus3、SonarQube 以容器形式运行在 DEV 环境的 OpenShift 中，并部署在 CICD Namespace 中，负责所有的环境的流水线，同时负责发布到 DEV、SIT 和 STAGE 环境。
- Jenkins 的 DEV 和 SIT 环境流水线将构建后镜像推送到 OpenShift 内部镜像仓库，DEV 和 SIT 环境使用 OpenShift 内部镜像仓库的镜像发布。
- Jenkins 的 STAGE 环境流水线将构建后镜像推送到开发测试环境的 Harbor 中，STAGE 环境使用开发测试 Harbor 中的镜像发布。
- 将 STAGE 环境用于发布生产的镜像同步到生产镜像仓库 Harbor 中，PROD 环境使用生产 Harbor 中的镜像发布。
- 所有在 Jenkins 内部集成的工具部署在 Jenkins 或 Slave 中，如 Maven、JUnit、Jmeter 等。
- 除了 Prometheus、Grafana 和 EFK 中的 Fluentd 部署在 OpenShift 内部，其余所有外

围共享组件（不同产品或业务系统共享）如 GiLlab、JIRA 等，以虚拟机形式部署在 OpenShift 外部。
- 镜像扫描使用 Harbor 附加组件 Clair 实现，图中未画出。

工具部署完成之后，通常不是独立工作，而是通过工具之间的集成彼此获取信息状态，串接不同流程协同工作。本项目主要实现了一些重要工具之间的集成，列举如下（包含但不限于）：

- Eclipse&IDEA 与 JIRA 集成：开发人员在 Eclipse 或 IDEA 中可以看到 JIRA 的任务，与 JIRA 实现联动。
- Eclipse&IDEA 与 Git 集成：开发人员在 Eclipse 或 IDEA 中可以进行 Git 操作。
- Eclipse&IDEA 与 JUnit 集成：开发人员在本地可以执行 JUnit 单元测试。
- Eclipse&IDEA 与 SonarQube 集成：开发人员在本地可以指定静态代码扫描。
- JIRA 与 GitLab 相互集成：可实现开发和管理的整合。开发人员可在提交的代码中包含任务 ID 关联 JIRA 的任务。
- JIRA 与 Confluence 集成：在 Confluence 中与 JIRA 任务关联，在 JIRA 的任务下会关联 Confluence 页面。
- JIRA 与 Jenkins 集成：在 JIRA 任务下可以关联 Jenkins 构建，同时在 Jenkins 中可以修改 JIRA 任务的状态和添加注释等。
- JIRA 与 SonarQube 集成：在 JIRA 项目下可以看到本项目代码扫描的结果。
- JIRA 与 Testlink 集成：执行 Testlink 用例可以在 JIRA 创建缺陷。
- Jenkins 与 GitLab 集成：可以使用 Jenkins 与 GitLab 联动，如拉取代码、自动触发构建等。
- Jenkins 与 SonarQube 集成：在流水线中执行代码扫描，并将结果上传至 SonarQube 服务端。
- Jenkins 与 Nexus3 集成：在流水线中获取依赖包和把构建好的二进制上传。
- Jenkins 与 Maven 集成：在流水线中通过 Maven 执行代码构建打包等。
- Jenkins 与 JUnit 集成：在流水线中执行单元测试。
- Jenkins 与 Selenium 集成：在 Jenkins 中执行 Selenium 自动化测试任务。
- Jenkins 与 Jmeter 集成：在 Jenkins 中触发 Jmeter 性能测试任务。
- Jenkins 与 Testlink 集成：获得自动化测试的执行结果，并在 Jenkins 中计划和管理 Testlink 里的测试。
- Jenkins 与 OpenShift 集成：在 Jenkins 中使用 OpenShift 插件实现对 OpenShift 所有的操作，包含部署应用到多集群。
- OpenShift、JIRA、Confluence、SonarQube、GitLab、Testlink 与 OpenLDAP 集成：实现工具的统一认证，每个角色的权限在各工具中定义。

有些集成配置和原理已经在第 7 章中介绍过了，由于篇幅关系，在此仅介绍几个关键的集成，读者可参考网络资源了解其余的集成。

1）Jenkins 与 GitLab 的集成

通常 Jenkins 与 GitLab 集成，一方面是实现 Jenkins 拉取 GitLab 代码，另一方面是可以通过 GitLab 触发 Jenkins 构建并添加注释等，下面分别说明这两方面。

❑ Jenkins 拉取 GitLab 代码

Jenkins 拉取 GitLab 代码相对简单，无论是自由风格任务还是流水线任务，都提供了 Git 插件实现这个操作，唯一需要注意的是对于私有仓库需要配置认证。在 Jenkins 中进入 Credentials 界面，添加认证，如图 8-36 所示。

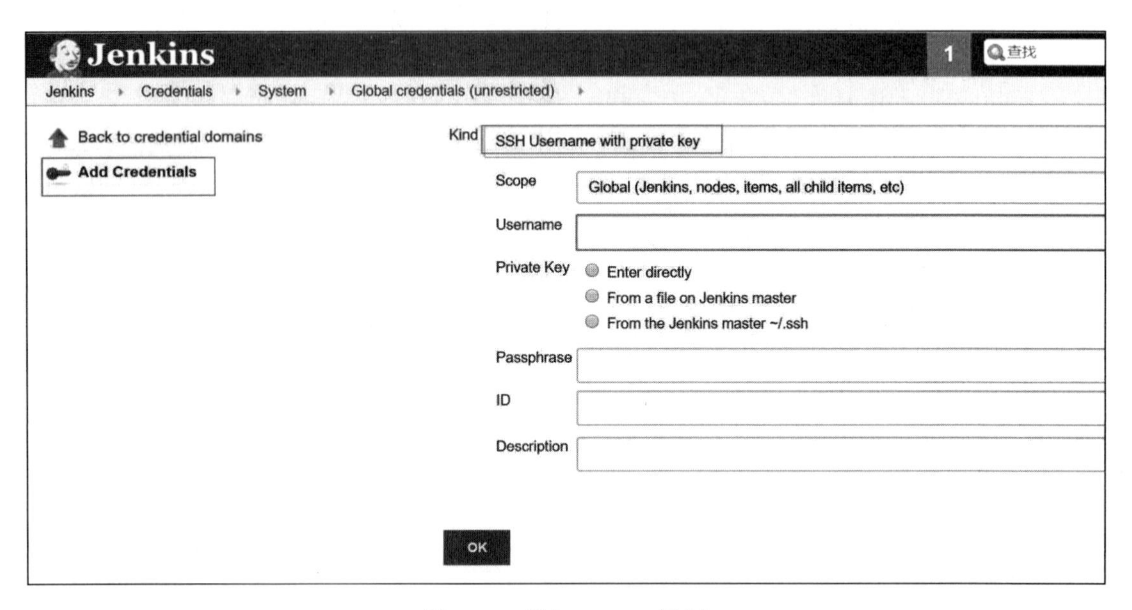

图 8-36 添加 GitLab 认证

需要填写的参数说明如下：

- Kind：表示认证的类型。GitLab 支持用户名密码认证和 SSH Key 认证，对应到 Jenkins 添加认证界面上，可以选择 Username with password 或者 SSH Username with private key，建议选择 SSH Username with private key 的方式，使用 Username with password 的方式可以通过反解获得密码。
- Username：随便定义一个可识别的名称。
- Private Key：表示 SSH 私钥，使用 sshkey-gen 生成 SSH 的公私钥对，将公钥配置到 GitLab 中，私钥配置在 Jenkins 中。可以选择直接粘贴或者通过文件选择。
- Passphrase：表示 SSH 私钥的密码，如果无则留空。
- ID：认证的唯一标识，如果留空，会自动生成。该 ID 将会在 Pipeline 流水线中被引用。

配置完成后，就可以在自由风格任务或流水线任务中引用连接 Git 的证书了。

❑ GitLab 触发 Jenkins 构建

有很多种方法通过 GitLab 触发 Jenkins 构建，我们在项目实施时做了不同方式的对比，最终使用了 Jenkins 中的 GitLab 插件实现，这种方法最为灵活可控，该插件除了可以触发构建之外，还有很多特性可用，感兴趣读者可访问 https://github.com/jenkinsci/gitlab-plugin.git 查看更多信息。

在 Jenkins 中安装 GitLab 插件，如图 8-37 所示。

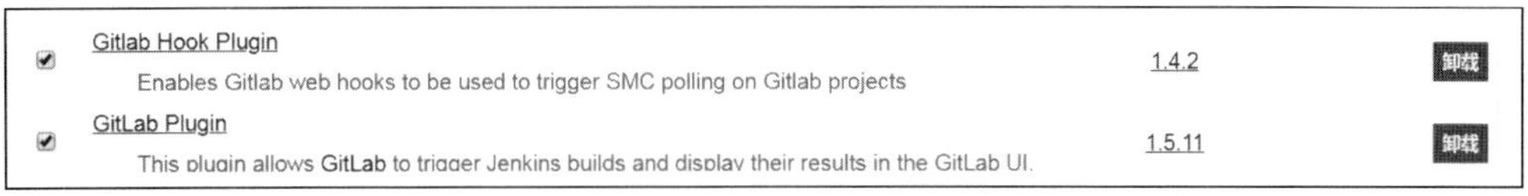

图 8-37　Jenkins 中安装 GitLab 插件

安装插件之后需要完成配置才能使用。使用管理员账户登录 Jenkins，进入系统设置，设置 GitLab 插件，如图 8-38 所示。

图 8-38　在 Jenkins 中配置 GitLab 插件

需要填写的参数说明如下：

- Connection name：随便定义一个名称。
- Gitlab host URL：填入 GitLab 的 URL 地址。
- Credentials：选择用于调用 GitLab API 的 token。配置见后文。

配置完成后，点击 Test Connection，检测是否配置成功。

在图 8-38 中需要填入用于调用 GitLab API 的 Credentials，配置步骤如下。

登录 GitLab，进入用户设置界面，切换到 Access Token 导航栏，设置 Access Token 名称和范围，点击“Create Personal Access Token”，创建后复制生成的 Access Token，如图 8-39 所示。

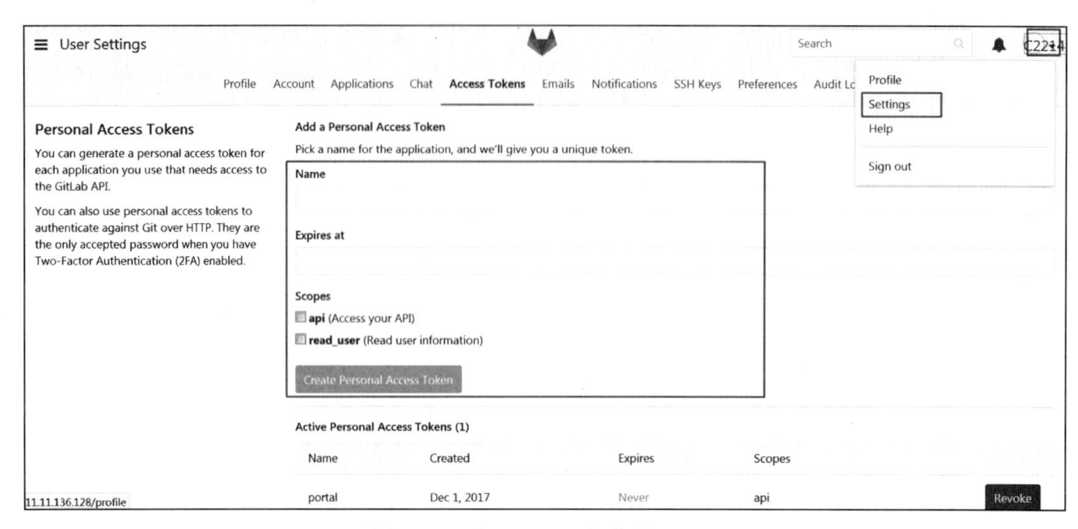

图 8-39　在 GitLab 中获取 token

在 Jenkins 中将获取的 GitLab Access Token 添加到 Jenkins 证书库中，如图 8-40 所示。

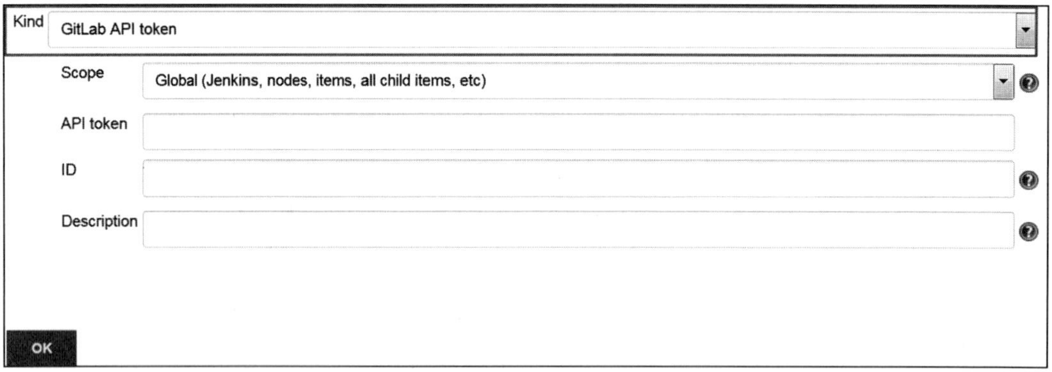

Kind　GitLab API token

Scope　Global (Jenkins, nodes, items, all child items, etc)

API token

ID

Description

OK

图 8-40　添加 GitLab API Token

类型选择 GitLab API token，在 API token 一栏中填入从 GitLab 获取的 token。到此为止，插件配置就完成了，下面我们说明如何使用实现触发 Jenkins 构建。

首先需要在 Jenkins 的任务中选择开启 GitLab 触发构建，如图 8-41 所示。

可以看到，在 Enabled GitLab triggers 中定义了什么事件可以触发这个 job，支持 Push Events、Opened Merge Request Events、Accepted Merge Request Events、Closed Merge Request Events、Rebuild open Merge Requests、Comments 这 6 种事件；在 Allowed branches 中可以配置允许哪些分支触发这个 job，支持全部分支、固定分支名称、分支名通配符匹配、分支 label 四种，可以根据实际需要选择配置。

在 Jenkins 配置完成之后，还要配置 GitLab Webhook。登录 GitLab，进入项目设置界面，切换到 Integrations 导航栏，配置 Webhook，如图 8-42 所示。

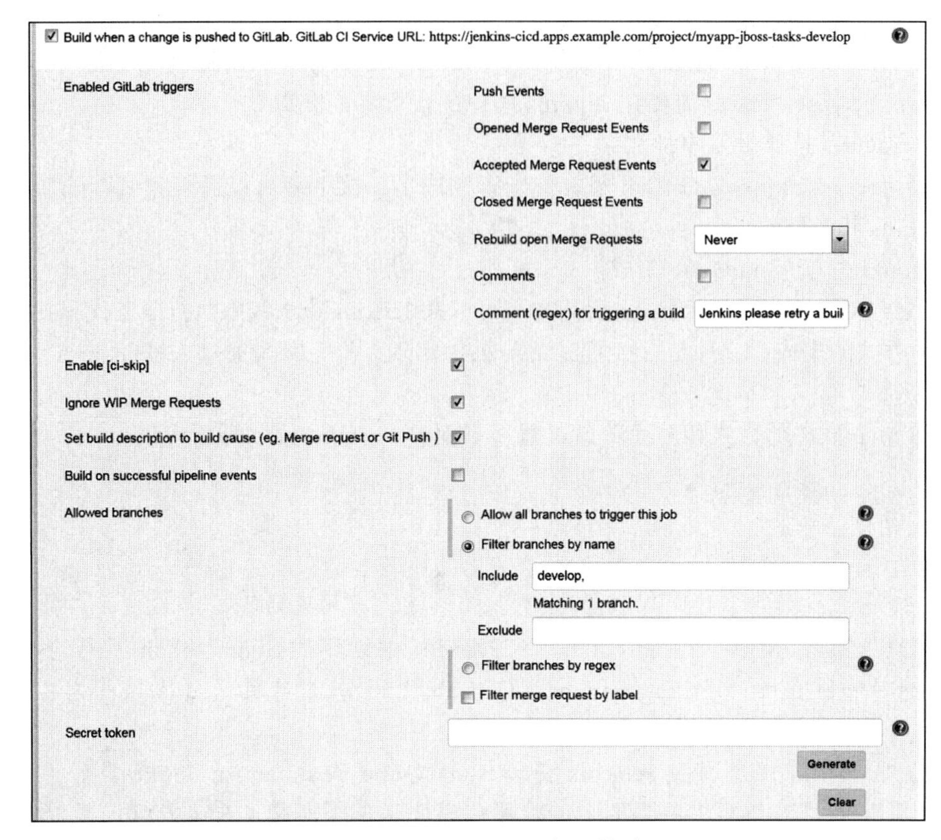

图 8-41　配置 GitLab 触发构建

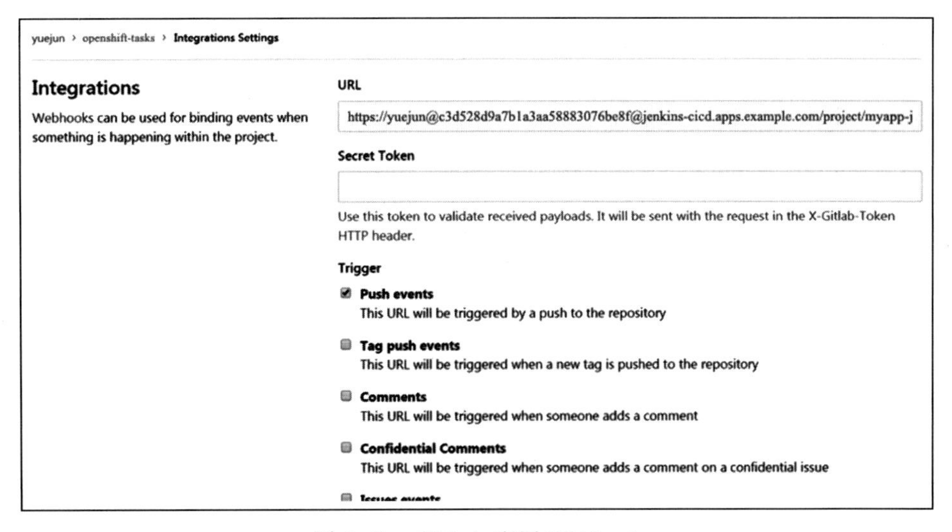

图 8-42　GitLab 配置 Webhook

填写参数说明：

- URL：定义触发的 Webhook 地址，该地址从 Jenkins 获取，格式为 https://<jenkins_username>:<jenkins_user_token>@<jenkins_server_ip>/project/<jenkins_job_name>，jenkins_user_token 需要在 Jenkins 用户的设置界面获取。
- Trigger：选择触发事件。

到此为止，Jenkins 与 GitLab 集成就配置完成了，接下来可以进行测试，确认可以正确触发 Jenkins 任务构建。

2）Jenkins 与 SonarQube 集成

Jenkins 与 SonarQube 的集成主要是为了可以在 Jenkins 流水线中执行静态代码扫描，目前支持两种方式的集成，一种是直接通过 mvn 插件实现，另一种是通过 Jenkins 安装 SonarQube 插件实现。

使用 mvn 插件的方式相对简单，仅通过下面的 Pipeline 语句即可实现。

```
stage('Code Analysis') {
    steps {
      sh "${mvnCmd} jacoco:report sonar:sonar -Dsonar.login=${SONAR_ADMIN_TOKEN_ID}
  -Dsonar.branch=${gitlab_branch} -Dsonar.host.url=${sonar_url} -DskipTests=true"
    }
```

其中，SONAR_ADMIN_TOKEN_ID 为在 Jenkins 中创建的 Sonar token 证书的 ID，证书类型选择 Secret text；gitlab_branch 为 GitLab 代码分支名称；sonar_url 为 SonarQube 地址。

而另外一种方式是通过 Jenkins 安装 SonarQube Scanner for Jenkins 插件，配置相对复杂，但是可以获得更多的功能，如检测代码质量是否通过了 SonarQube 设置的 Quality Gate。这是本项目使用的方式，也是我们推荐使用的方式，下面我们说明安装配置过程。

首先在 Jenkins 中安装插件 SonarQube Scanner for Jenkins，安装完成后进入 Jenkins 系统设置页面，配置 SonarQube Server 信息，如图 8-43 所示。

填写参数说明：

- Environment variables：勾选“Enable injection of SonarQube server configuration as build environment variables”（使得在 Jenkins 任务中可以通过环境变量读取 SonarQube 配置信息）复选框。
- Name：随便填写一个名称。
- Server URL：填写 SonarQube 的 URL 地址。
- Server version：选择 SonarQube Server 的版本。
- Server authentication token：填写用于连接 SonarQube 的 Token，获取方法见后文。
- SonarQube account login 和 SonarQube account password：在 SonarQube 5.3 版本之前使用用户名密码认证，之后使用 token 认证。

上述配置中的 Server authentication Token 需要在 SonarQube 中获取，获取过程如图 8-44 所示。

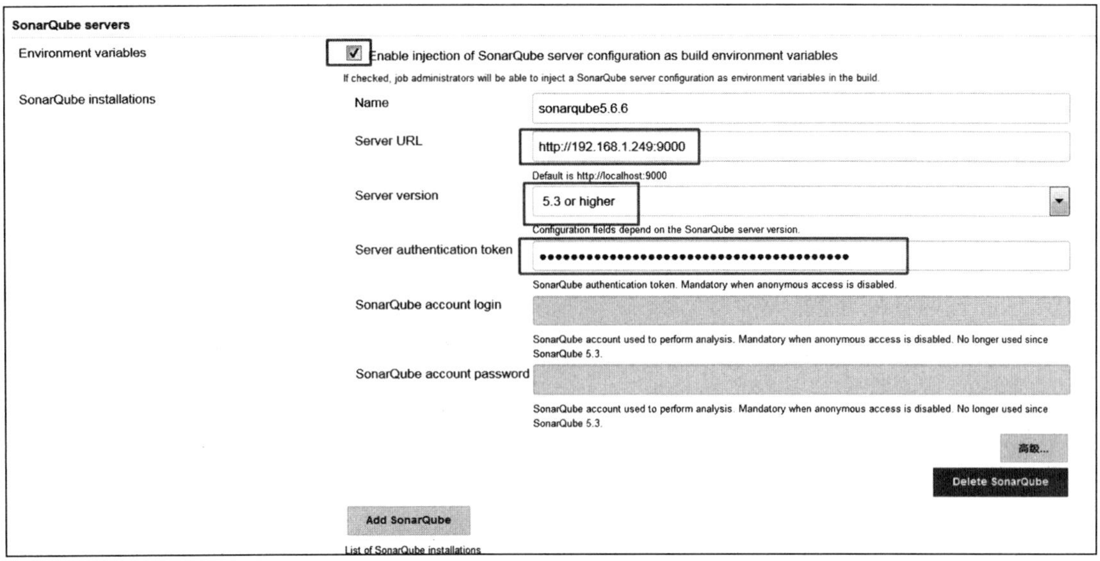

图 8-43　Jenkins 配置 SonarQube Server 信息

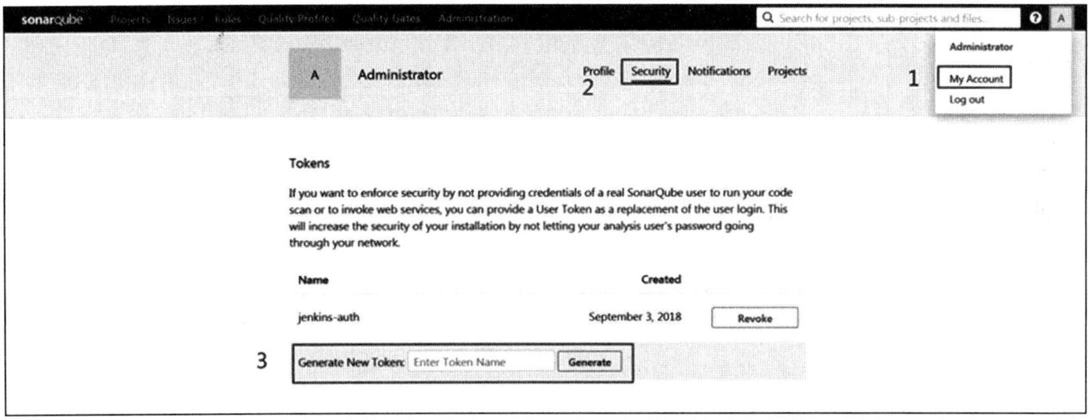

图 8-44　获取 SonarQube 用户的 Token

登录 SonarQube，进入用户界面，切换到 Security 导航栏，输入任意的 Token 名称，点击 Generate 就会生成一个用户 Token。注意，Token 只在第一次生成时显示一次，需及时复制保存，否则只能 Revoke 重新生成。

3）Eclipse 与 JIRA 集成

通过 Eclipse 和 JIRA 集成，开发人员在开发工具中就可以领取 JIRA 任务，完成修改任务状态等操作，无须登录 JIRA。

在 Eclipse 安装 JIRA 插件，打开 Eclipse，切换到 Help 导航栏，点击 Install New Software。输入插件地址 http://update.atlassian.com/atlassian-eclipse-plugin/e3.6，点击下一步进行安装，安装完成后需要重启 Eclipse。

重启后进入 Eclipse，依次选择 Wondows→Show View→Tasks List，在新窗口中选择 Add Repository，如图 8-45 所示。

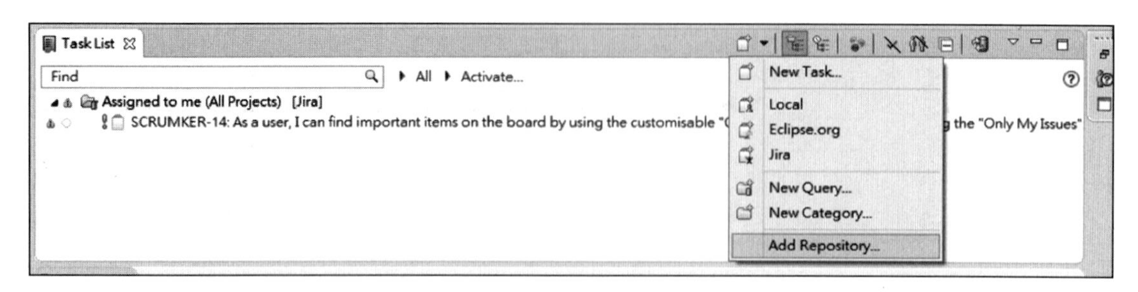

图 8-45 进入 Eclipse 添加 JIRA

在弹出的窗口中选择“JIRA（supports 5.0 and later)”，然后点击“Next”，在下面的弹窗中输入 JIRA 的连接信息，如图 8-46 所示。

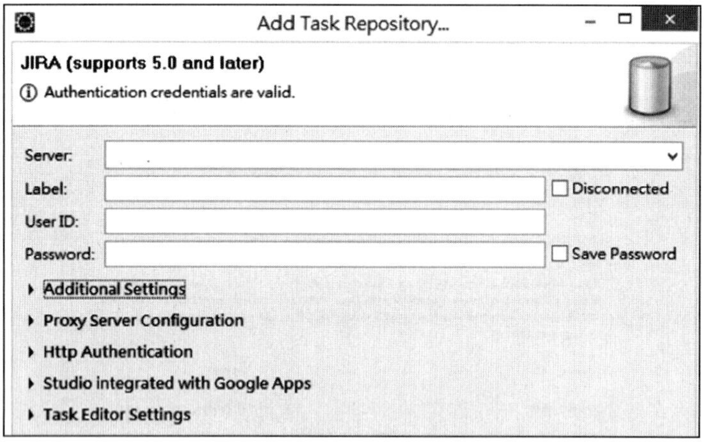

Add Task Repository...
JIRA (supports 5.0 and later)
Authentication credentials are valid.
Server:
Label:
Disconnected
User ID:
Password:
Save Password
Additional Settings
Proxy Server Configuration
Http Authentication
Studio integrated with Google Apps
Task Editor Settings

图 8-46 配置 JIRA 连接信息

填写参数说明：

- Server：填写JIRA的访问地址，如http://192.168.1.100:8080/，注意不要丢失最后的斜杠。
- Label：为这个 JIRA Server 定义一个标签。
- User ID：填入 JIRA 用户名。
- Password：填入 JIRA 用户密码。

填写完成后，点击完成，会弹出是否添加一个新查询的界面，可以选择否，先关闭，因为我们可以自己创建查询。

下面我们说明如何新建查询，筛选分配给我们的任务。在 Task Repositories 中选择 JIRA，点击右键，选择 New→Query，如图 8-47 所示。

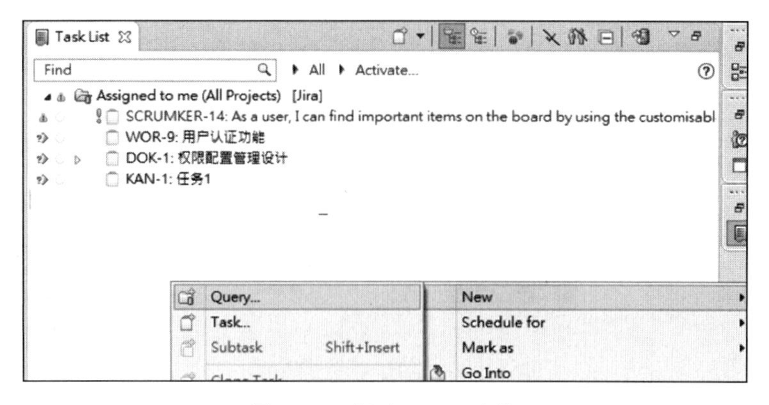

图 8-47　新建 JIRA 查询

在弹出的窗口中选择加入的 JIRA 的仓库，进入查询创建界面，选择 JIRA 项目，通常选择所有项目，然后选择常见的 filter，如 Assigned to me、Reported by me、Added recently、Updated recently 和 Resolved recently 这五种，通常选择“Assigned to me”（分配给我的）。这样在 Eclipse 的任务列表中会单独显示分配给我的任务，如图 8-48 所示。

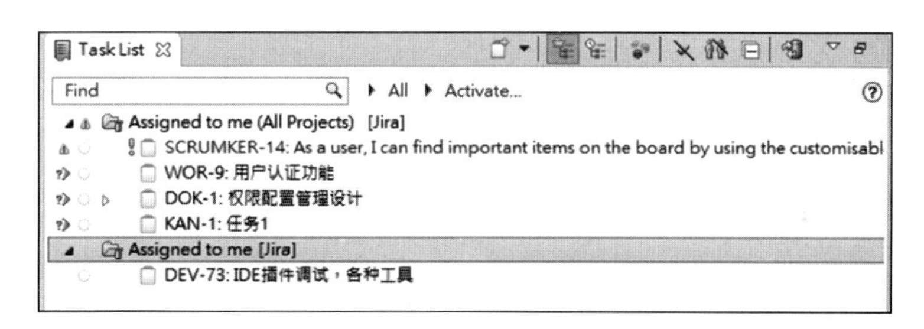

图 8-48　分配给我的任务

可以基于分配的任务要实现的需求，在 Eclipse 中编码并查看任务详情，修改状态和级别等 JIRA 任务属性。

4）JIRA 与 GitLab 相互集成

通过 JIRA 插件 Git integration for JIRA 实现 JIRA 与 GitLab 的集成，集成之后开发提交的代码可以与 JIRA 中的任务关联。这个插件是收费插件，通过申请可以免费使用一个月，插件安装我们就不介绍了，参见 JIRA 插件安装步骤。

插件安装完成之后，在 JIRA 顶端的导航栏就会出现 Git 菜单栏，下拉选择“Manager repository”，在弹出的界面选择“连接到 Git 信息库”，如图 8-49 所示。

在弹出的界面中需要填写连接 GitLab 的信息，如图 8-50 所示。

需要填写参数说明如下：

- 主机 URL：填写 GitLab 的访问地址。
- 用户名：填入 GitLab 用户名。
- 密码：填入 GitLab 用户密码。

图 8-49　选择“连接到 Git 信息库”

连接到

GitLab

外部服务 GitLab Server (CE/EE)

主机URL

用户名

密码

在配置之后您的 GitLab Server (CE/EE) 账户将被定期扫描并建立索引（根据一般设置中的 库重建索引 周期）。

添加到您的GitLab Server (CE/EE) 账户的任何库都会被自动添加到JIRA；丢失的库会自动总JIRA中移除。内置的 Web Linking 功能可以使用并会自动配置。

连接 取消

图 8-50　配置连接 GitLab 信息

填写完成后，点击连接，会扫描外部库，等待扫描完成后会发现该用户在 GitLab 中所有有权限的仓库，我们需要关联固定项目到 JIRA 项目下。

在“存储库浏览器：项目权限”的选项中，取消勾选“关联所有项目”复选框，在关联项目中选择需要关联的项目名称，然后点击完成，如图 8-51 所示。

完成之后就可以在集成 Git 列表中看到集成的 GitLab 仓库，如图 8-52 所示。

集成配置完成了，下面说明如何实现代码提交与 JIRA 任务关联。

在 JIRA 中新建任务或者缺陷时会有一个任务编号，如图 8-53 所示。

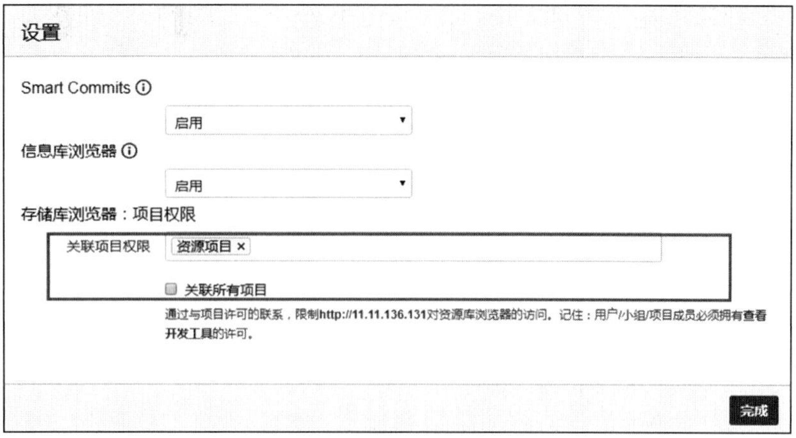

设置

Smart Commits

启用

信息库浏览器

启用

存储库浏览器：项目权限

关联项目权限　资源项目 ×

关联所有项目

通过与项目许可的联系，限制http://11.11.136.131对资源库浏览器的访问。记住：用户/小组/项目成员必须拥有查看开发工具的许可。

完成

图 8-51　JIRA 关联 GitLab 项目

图 8-52　JIRA 集成的 Git 仓库

图 8-53　JIRA 任务 ID

在提交代码的时候，在提交注释中包含这个 JIRA 任务编号即可，如图 8-54 所示。

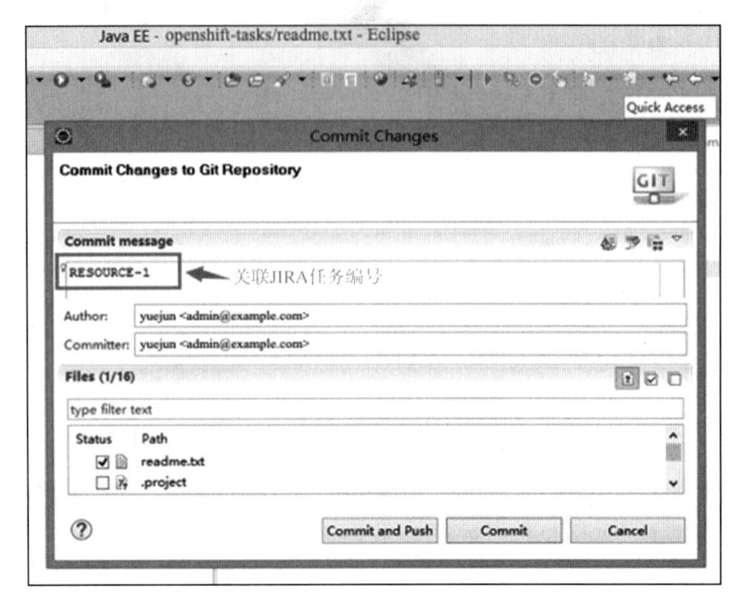

图 8-54　代码提交添加注释

如果 Eclipse 集成了 JIRA，代码提交注释中的 JIRA 任务编号可以自动获取和填充。提交代码之后在 JIRA 中可以看到代码的提交记录，如图 8-55 所示。

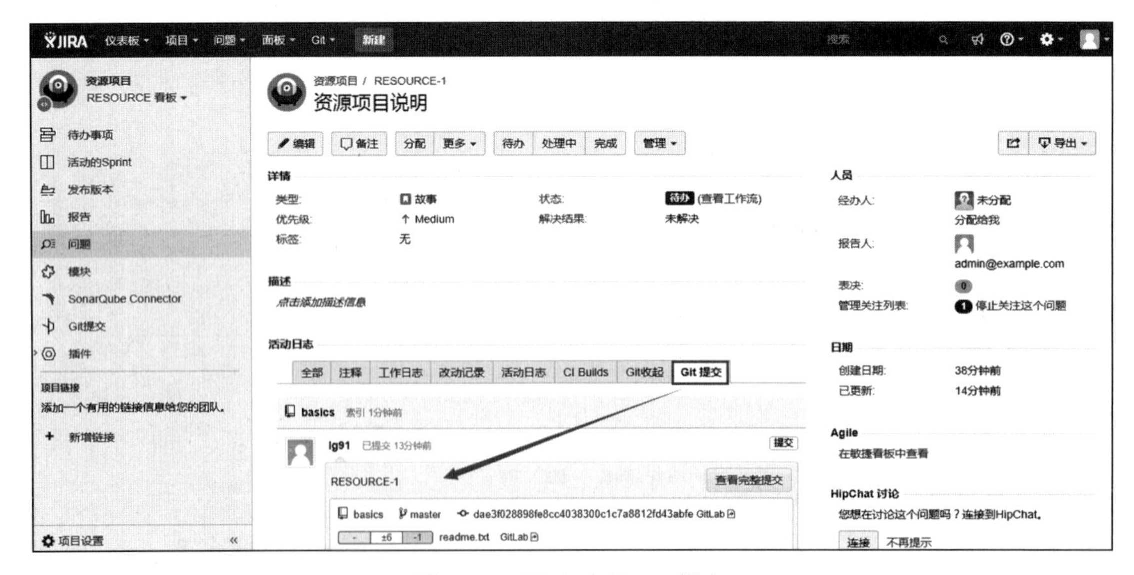

图 8-55　JIRA 中的 Git 提交

GitLab 也可以与 JIRA 集成，在 Git 提交时引用或关闭 JIRA 中的任务或缺陷。登录 GitLab，依次选择 Settings→Integrations，选择 JIRA，如图 8-56 所示。

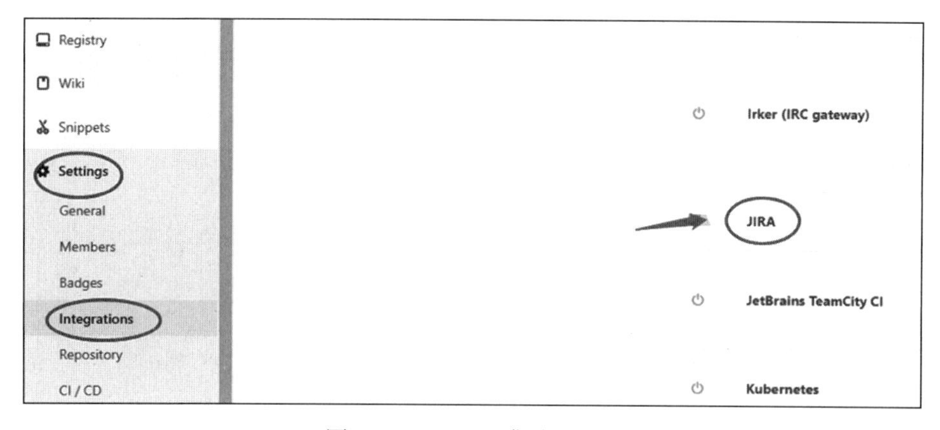

图 8-56　GitLab 集成 JIRA

在弹出的窗口中填入必要的参数，如图 8-57 所示。

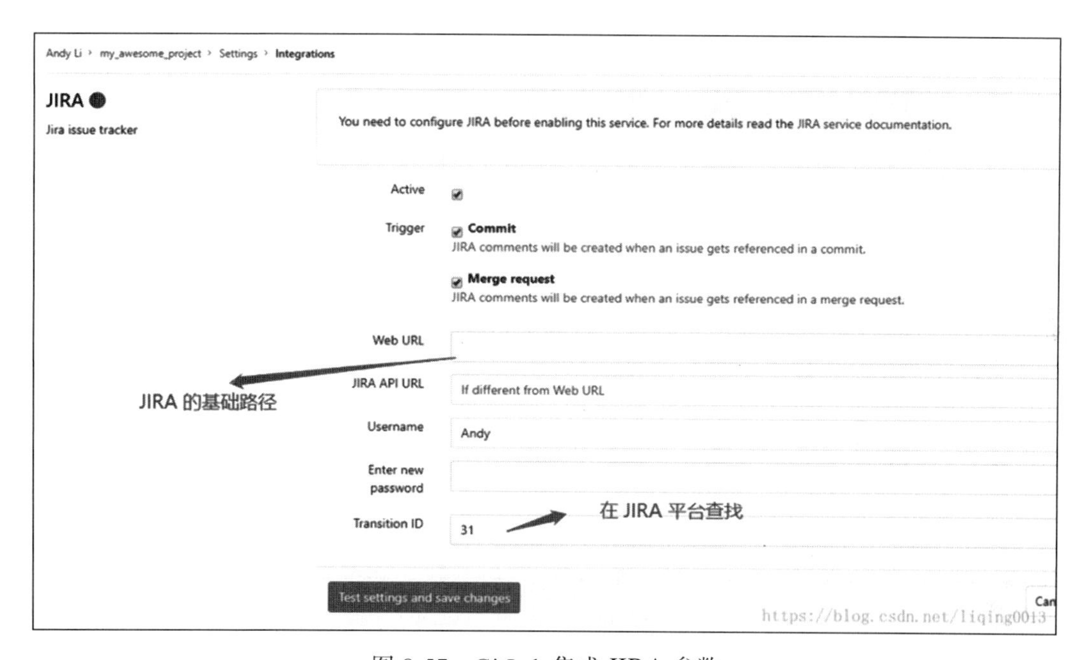

图 8-57　GitLab 集成 JIRA 参数

需要填写的参数说明：

- Web URL：填写访问 JIRA 的 URL 地址。
- JIRA API URL：填写访问 JIRA API 的地址，如果不设置，则使用 Web URL。
- Username：填入登录 JIRA 的用户名。
- Enter new Password：填入登录 JIRA 的用户密码。
- Transition ID ：这个 ID 是把 JIRA 缺陷设置为想要的状态。可以使用逗号或分号插入多个 id，表示缺陷按给定的顺序切换到其他状态。如果不能正确设置 ID，则提交和合并时无法关闭 JIRA 缺陷。

Transition ID 需要在 JIRA 中获取，在工作流管理 UI 无法查询。你可以通过使用 API 查看一个处于想要状态的缺陷，比如 http://192.168.1.100:8080/rest/api/2/issue/ISSUE-123/transitions 请求一个处于 Open 状态的缺陷。

集成后在 JIRA 中看到的效果如图 8-58 所示。

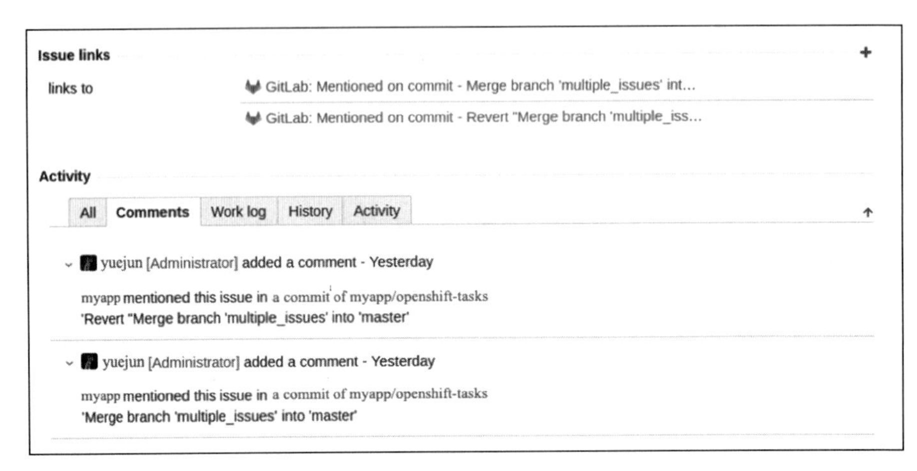

图 8-58 GitLab 集成 JIRA 效果

由于篇幅有限，工具集成的具体操作就介绍到这里，感兴趣的读者可自行配置其他集成。

（3）工具权限

可以看到 DevOps 涉及的工具很多，这些工具使用 OpenLDAP 实现了统一的用户名、密码登录认证，权限还是放在各个工具中管理。由于各工具的权限体系不一样，想要做到统一的权限管理需要二次开发一套权限体系，并分别映射到各个工具中。在本项目中，由于工期较紧，未实现统一的权限管理，而是在各个工具中管理。这样就需要定义各个角色在每个 DevOps 工具中的权限，常见的 DevOps 工具的权限如表 8-13 所示。

表 8-13 人员角色工具权限

LDAP/ 服务平台用户组	OpenShift	JIRA	GitLab	SonarQube	Jenkins
项目经理		1. 项目管理 2. 查看报表			
开发主管	1. 管理所有 Namespace 2. 部署应用，管理配额 3. 设置 Pipeline 4. 管理镜像 5. 管理 PVC 6. 项目用户、角色分配	1. 任务管理 2. 缺陷管理 3. 关注人管理 4. 评论管理 5. 附件管理 6. 任务跟踪 7. 角色分配	1. Pull 代码 2. Push 代码 3. Merge Request 4. Merge Accept 5. Create Feature 6. 角色分配	1. 项目管理 2. 用户管理 3. 质量检查规则管理 4. 执行检查 5. 查看报表	1. 任务管理 2. 执行管理 3. 检测任务状态

（续）

LDAP/服务平台用户组	OpenShift	JIRA	GitLab	SonarQube	Jenkins
开发人员	1. 浏览开发 Namespace 2. 查看容器日志	1. 浏览项目 2. 任务查看 3. 添加评论 4. 任务处理 5. 任务跟踪	1. Pull 代码 2. Push 代码 3. Merge Request 4. Create Feature	1. 查看项目 2. 执行检查 3. 查看报表	1. 日志查看
测试人员	1. 浏览测试 Namespace 2. 查看容器日志 3. 查看容器监控数据 4. 调整应用资源配置	1. 浏览项目 2. 缺陷录入 3. 缺陷跟踪 4. 缺陷关闭 5. 缺陷报告			
质量管理人员		1. 浏览项目 2. 任务查看 3. 添加评论 4. 查看缺陷		1. 查看项目 2. 查看报表	
应用运维	1. 部署应用，管理配额 2. 设置 Pipeline 3. 管理镜像仓库 4. 维护镜像生命周期 5. 项目用户、角色分配 6. 创建存储卷	1. 角色分配 2. 维护	1. 角色分配 2. 维护	1. 角色分配 2. 维护	1. 全局配置 2. 凭证管理 3. 代理管理 4. 任务管理 5. 执行管理 6. 角色分配

在表 8-13 中以各个人员角色在工具中需要完成的操作来宏观说明该角色的权限，由于篇幅有限，表中仅仅整理了关键角色的关键动作，并非全部。

接下来，根据每个工具的权限体系划分出自定义的角色以满足定义的组织角色，每个组织角色对应工具中的一个角色，我们以工具 Jenkins 为例说明，见表 8-14。

表 8-14　Jenkins 角色定义

权限分类	权限	系统角色	自定义用户角色		自定义项目角色	
	系统权限	admin	Jenkins-Admin	Jenkins-User	Dev-lead	Developer
Overall	Administer	√	√			
	Read	√	√	√	√	
Credentials	Create	√	√		√	
	Delete	√	√		√	
	Manage Domains	√	√		√	
	Update	√	√		√	
	View	√	√		√	
Agent	Build	√	√			
	Configure	√	√			

（续）

权限分类	权限	系统角色	自定义用户角色		自定义项目角色	
	系统权限	admin	Jenkins-Admin	Jenkins-User	Dev-lead	Developer
Agent	Connect	√	√		√	
	Create	√	√		√	
	Delete	√	√		√	
	Disconnect	√	√			
	Provision	√	√			
Job	Build	√	√		√	
	Cancel	√	√		√	
	Configure	√	√		√	
	Create	√	√		√	
	Delete	√	√		√	
	Discover	√	√		√	
	Move	√	√		√	
	Read	√	√	√	√	√
	Workspace	√	√		√	
Run	Delete	√	√		√	
	Replay	√	√		√	
	Update	√	√		√	
View	Configure	√	√		√	
	Create	√	√		√	
	Delete	√	√		√	
	Read	√	√	√	√	√
SCM	Tag	√	√		√	

在表 8-14 中列出了 Jenkins 中定义的组以及对应的权限，在人员角色工具权限表中定义使用 Jenkins 的人员主要有开发主管、开发人员、应用运维，这里分别定义了 Dev-lead、Developer、Jenkins-Admin 三种角色与人员角色对应来确定在 Jenkins 中的权限。

其他所有工具均采用这样的方式，分别定义出各个工具的权限、角色列表。

7. 自动化流水线落地

在流程确定并将工具部署集成好之后，就可以开始编写自动化流水线的脚本了，我们以 Jenkins 的 Pipeline 为主，结合一些 Ansible playbook 实现了所有的流水线。由于篇幅的原因，仅列出部分自动化流水线代码。另外，在 7.4.2 节的第 3 小节中，我们列出了一些可以优化的项，也将在本节解决。

由于涉及流水线较多，这里选取一个项目组的 SIT 测试环境流水线作为示例，其他环境的流水线基本类似，流水线阶段已在流水线规范中定义，因此就不再一一分析说明了。读者在实际使用中可以灵活定义流水线阶段。

（1）SIT 测试环境的 Jenkins 流水线

在流水线规范中我们已经明确定义了 SIT 测试环境的 Jenkins 的流水线包含的阶段，如图 8-59 所示。

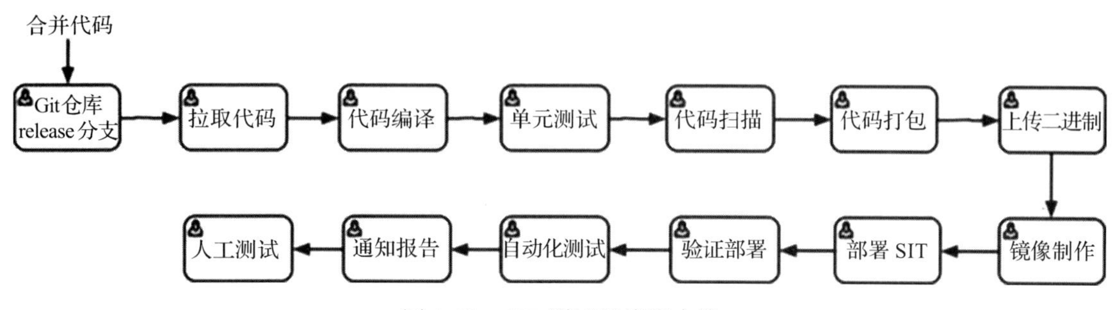

图 8-59　SIT 测试环境流水线

使用 Jenkins 的 Pipeline 语法实现上述流水线，由于文件内容太多，完整的文件已上传到 GitHub。下面仅展现 Jenkinsfile 的部分内容。

```
// define git info
def gitlab_url = 'http://192.168.1.251/yuejun/openshift-tasks.git'
def gitlab_credentialsId = 'gitlab-yuejun'
def gitlab_branch = "release"
…… #其他变量定义

pipeline {
  agent {
    label 'maven'
  }
  options {
  timeout(time:2, unit: 'HOURS')
  }
stages {
  stage('Pull Source') {
    steps {
      git branch: "${gitlab_branch}", credentialsId: "${gitlab_credentialsId}", ur-
        l: "${gitlab_url}"
    }
  }
}
…… #其他的阶段

post {
  success{
    emailext (
        attachLog: false,
        attachmentsPattern: '',
```

```
            body: """
            <h1>Jenkins构建信息</h1>
            <b>项目名称: </b>${env.JOB_NAME}<br/>
            <b>构建编号: </b>#${env.BUILD_NUMBER}<br/>
            <b>构建状态: </b><span style="color:green">SUCCESS</span><br/>
            <b>Jenkins链接: </b><a href="${env.BUILD_URL}">${env.BUILD_URL}</a><br/>
            <h1>Sonar扫描结果</h1>
            <b>Sonar链接: </b><a href="${sonar_url}/dashboard/index/${sonar_project_key}
              :${gitlab_branch}">${sonar_url}/dashboard/index/${sonar_project_key}:${git-
              lab_ branch}</a><br/>
            """,
            recipientProviders: [[$class: 'DevelopersRecipientProvider'], [$class: 'Reque-
              sterRecipientProvider']],
            subject: '[RELEASE-JENKINS]: ${PROJECT_NAME} - Build #${BUILD_NUMBER} - SUCC-
              ESS!',
            to: 'developer-manager@example.com,tester@example.com'
        )
    }
  …… #其他的状态通知
 }
}
```

从展现的部分内容中可以看出在 Jenkinsfile 中实现了 Pipeline 模板化，配置了必要的认证和构建状态的邮件通知等。下面我们对完整的 Jenkinsfile 进行详细说明，请读者查看 Repo 中 jenkinsfile 文档。

1）定义 Pipeline 变量

首先在 Pipeline 开始部分，定义了所有的 Pipeline 变量，这些变量主要是为了将 Pipeline 模板化，可以实现 Pipeline 的复用，不同应用修改少量参数即可直接使用。这里直接将变量定义在 Pipeline 中，后续可以将这些参数定义在 Jenkins 中，通过参数构建实现输入。当然，更好的做法是从前端界面传入这些参数实现 Pipeline 模板实例化。

Pipeline 参数说明如下：

- gitlab_url：定义应用代码所在 GitLab 仓库的 URL。
- gitlab_credentialsId：定义 GitLab 认证私有仓库的认证 ID。
- gitlab_branch：定义构建应用代码所在的 GitLab 分支。
- project_name：定义发布应用的项目名称，在运行之前必须创建，且赋予 Jenkins edit 权限。
- service_name：定义部署应用的名称，该名称会作为 OpenShift 中 DeploymentConfig，SVC 的名称。
- target_path：定义存放应用构建后的文件、Jar 包、War 包、编译的 class 等文件的目录。
- target_name：定义应用的二进制的名称，通常是 Jar 包或 War 包。
- mvnCmd：定义 Maven 命令，为 mvn 设定配置文件。
- sonar_url：定义 SonarQube 的 URL 地址。
- sonar_project_key：定义 SoanrQube 中该应用扫描结果的 project key。

2）定义流水线阶段

在定义流水线阶段之前，设定了使用 Maven Slave 执行 Pipeline 以及 Pipeline 超时时间为 2 小时。

接着是流水线阶段的定义，每个阶段解析如下：

- stage('Pull Source')：从 GitLab 仓库拉取指定分支的源代码，注意 GitLab 私有仓库需要通过认证才能拉取，认证配置参见工具集成章节。
- stage('Build Package')：使用 Maven 构建源代码。
- stage('JUnit Test')：执行 JUnit 单元测试。
- stage('Code Analysis')：执行 SonarQube 静态代码扫描，需要配置 Jenkins 与 SonarQube 的集成，参见工具集成章节。
- stage("Check Quality Gate")：检测静态扫描结果是否满足 SonarQube 中设定的质量阈值，如果不满足，则 Pipeline 将失败，如果满足，则 Pipeline 继续。
- stage('Archive App')：上传构建的二进制文件到 Nexus3 仓库中。
- stage('Create Image Builder')：使用生成的二进制包，在发布应用的项目中创建 B2I 构建。这里包含一个判断，如果构建不存在才会创建。
- stage('Build Image')：启动上一步创建的 B2I 构建。
- stage('Develop APP')：部署构建生成的镜像，并暴露 SVC 和 Route。在这里包含了应用是否存在的判断以及确认部署实例启动。
- stage('Automatic Testing')：定义一些自动化测试，在本项目初期暂未引入。

3）通知报告

Pipeline 最后的部分是邮件通知，将流水线构建的状态以及一些检测的报告发送给相关的人员。使用 Jenkins 插件 Email Extension 发送邮件，分别对 success 和 failure 状态做了处理，格式使用 html。

需要注意的是，这个 Pipeline 在第一次运行时使用 new-build 和 new-app 的默认参数创建应用的 BuildConfig 和应用的 DeploymentConfig，再次运行 Pipeline，不会删除创建这些对象之后的修改，如调整副本数、增加环境变量等。但是如果将 BuildConfig 或 DeploymentConfig 删除之后重新运行 Pipeline，则构建和部署配置都会恢复到默认。如果对这个问题比较在意，可通过以下两种方法解决：

- 在 stage('Develop APP') 阶段中使用 dc.patch 修改 DeploymentConfig，具体语法参考插件帮助。
- 在 stage('Develop APP') 阶段中使用 oc new-app --template 模板方式部署，而不是示例中的 imagestream 方式。

（2）生产发布流水线

在流水线规范中定义生产发布流程如图 8-60 所示。

这个过程可以使用 Jenkins 或者 Ansible 实现。

Jenkins 实现：在 OpenShift 中原生集成 Jenkins，创建 Jenkins 变成了一件非常容易的事情。可以在生产环境中实例化一个 Jenkins 实现应用自动发布。

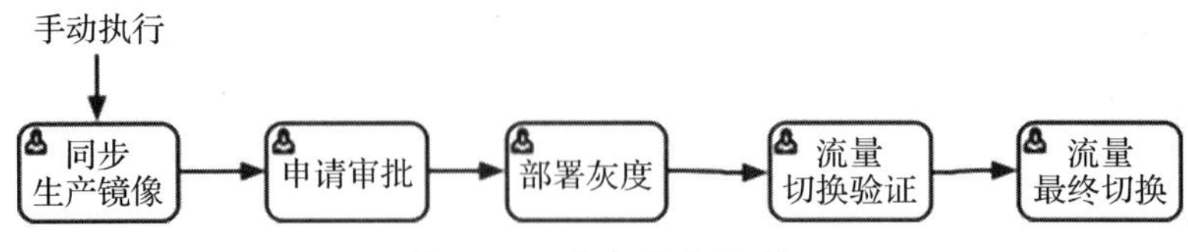

图 8-60　生产发布流程

Ansible 实现：Ansible 可以在任何异构或者多环境中实现应用自动化发布。

1）Jenkins 实现

OpenShift 本身就可以通过路由器实现应用的灰度发布，只不过我们将手动的过程使用 Jenkins Pipeline 自动实现。

生产上实现灰度发布的 Jenkins Pipeline 内容如下。

```
def newversion = 'prod-v1.1'
def stage_image_tag = 'stage-v1.1'
def prod_project_name = 'myapp-prod'
def appName="jboss-tasks"
try {
  timeout(time: 1, unit: 'HOURS') {
    def tag="blue"
    def altTag="green"
    def verbose="false"

    node {
      project = prod_project_name
      stage('Sync Image To Prod'){
        def src = "docker://registry-stage.example.com/myapp/${appName}:${stage
          _image_tag}"
        def dest = "docker://registry.example.com/myapp/${appName}:${newversion}"
        sh 'skopeo  copy --src-tls-verify=false --dest-tls-verify=false --screds
          user1: <passwd> --dcreds user1:<passwd>  ' + src + ' ' + dest
      }

      stage('Waitting for Approve'){
        timeout(time:1, unit:'HOURS') {
          println "是否允许发布${stage_image_tag}版本镜像到生产环境？"
          input message: "Promote to Prod?", ok: "Promote"
        }
      }

      stage("Import New Images to OpenShift") {
        echo "import images registry.example.com/myapp/${appName}:${newversion}"
        sh "oc import-image jboss-tasks --all --insecure -n ${project}"
      }

      stage("Initialize") {
        sh "oc get route ${appName} -n ${project} -o jsonpath='{ .spec.to.name
          }' --loglevel=4 > activeservice"
        activeService = readFile('activeservice').trim()
        if (activeService == "${appName}-blue") {
          tag = "green"
          altTag = "blue"
```

```
            }
            sh "oc get route ${tag}-${appName} -n ${project} -o jsonpath='{ .spec.
              host }' --loglevel=4 > routehost"
            routeHost = readFile('routehost').trim()
          }


          stage("Deploy Test") {
            openshiftTag srcStream: appName, srcTag: newversion, destinationStream:
              appName, destinationTag: tag, verbose: verbose
            openshiftVerifyDeployment deploymentConfig: "${appName}-${tag}", verbose:
              verbose
          }

          stage("Test Traffic") {
            input message: "Test deployment: http://${routeHost}. Approve to change
              Traffic?", id: "approval"
          }

          stage("Go Live") {
            sh "oc set -n ${project} route-backends ${appName} ${appName}-${tag}=100
              ${appName}-${altTag}=0 --loglevel=4"
          }
        }
      }
    } catch (err) {
      echo "in catch block"
      echo "Caught: ${err}"
      currentBuild.result = 'FAILURE'
      throw err
    }
```

在上述Jenkins Pipeline中首先定义了要发布的生产镜像的新版本、生产项目名称、应用服务名称、要发布的STAGE环境镜像版本。接着定义多个stage，每个stage的作用解析如下：

- stage('Sync Image To Prod')：同步STAGE环境可以发布的镜像到生产镜像仓库，使用Skopeo工具实现，该工具需要安装在Jenkins或slave中。
- stage('Waitting for Approve')：等待审批，该阶段一般为发布生产需要关键领导审批之后才能继续向后进行，这里仅为了说明问题，以Jenkins接受输入的形式实现。
- stage("Import New Images to OpenShift")：将需要发布的镜像导入OpenShift的imagestream中。
- stage("Initialize")：获取当前对外的Route对象上处于激活状态的服务，并获取访问URL。
- stage("Deploy Test")：将新镜像部署为非激活状态的服务。
- stage("Test Traffic")：测试访问新发布的服务，并进行生产测试。测试没问题，则批准切换流量。
- stage("Go Live")：同意切换流量之后，执行切换流量操作。

在使用这个Pipeline之前需要使用OpenShift模板创建应用需要的资源对象，该模板存放在 https://github.com/ocp-msa-devops/bluegreen-pipeline.git 中。

使用 Jenkins 实现灰度发布的操作步骤大致如下：

- 创建生产项目 myapp-prod，创建 bluegreen-deploy-template.yaml 模板，使用模板实例化部署对象。
- 实例化 Jenkins，配置 Jenkins，完成生产项目 myapp-prod 中 jenkins serviceaccount 的权限配置。
- 在 Jenkins 中创建 Pipeline 任务，粘贴 bluegreen-pipeline.jenkinsfile 内容，修改必要的参数，尤其是镜像仓库的用户名、密码、地址、STAGE 环境镜像标签等。
- 启动 Jenkins 任务，发布应用的第一个版本。

需要说明的是，在 bluegreen-deploy-template.yaml 模板实例化之后，因为没有镜像，所以并不会实际部署应用。直到运行灰度发布的 Pipeline，才会发布第一个版本的服务，此时相当于与空服务进行灰度发布。等到下一个新版本出现的时候，仅需更新 Pipeline 中的 newversion 和 stage_image_tag 这两个参数，然后运行 Pipeline 就可以实现新旧版本灰度发布。

2）Ansible 实现

在生产中使用 Ansible 实现 OpenShift 上的灰度发布的流程与 Jenkins 相同，由于篇幅有限，就不解析代码了，实现过程大致如下：

- 同步生产镜像，并推送到生产仓库。
- 发布新版本服务。
- 测试新版本服务部署成功，且服务正常。
- 调整 Route 流量百分比，完成新版本上线。

在 Ansible 实现过程中可以将不同的阶段定义为 role，便于不同服务间复用。

在本项目中我们选择了使用 Ansible 实现，主要是由于使用 Ansible 进行一些其他的运维工作，不仅仅局限在发布容器。读者可以结合企业实际情况选择合适的方法来实现自动化生产发布。

（3）Jenkins 与 BPM 的集成示例

在自动化流水线中有时需要加入一些审批环节，这个环节可以与一些现有系统集成实现或者通过邮件审批。由于项目工期的原因，本项目未能完成这部分的集成工作，仅仅以示例的形式说明了实现的可能性，下面我们就以审批为例说明集成过程。

1）编写与 BPM（RHPAM）交互的脚本

在 BPM 中定义简单的示例流程如图 8-61 所示。

流程中包含两个节点：一个是人工节点，用于模拟人工审批环节；一个是脚本节点，在本示例中为空节点。

在人工节点上定义一个数据输出变量，用于表示审批状态，1 为审批通过，非 1 表示审批拒绝，添加变量如图 8-62 所示。

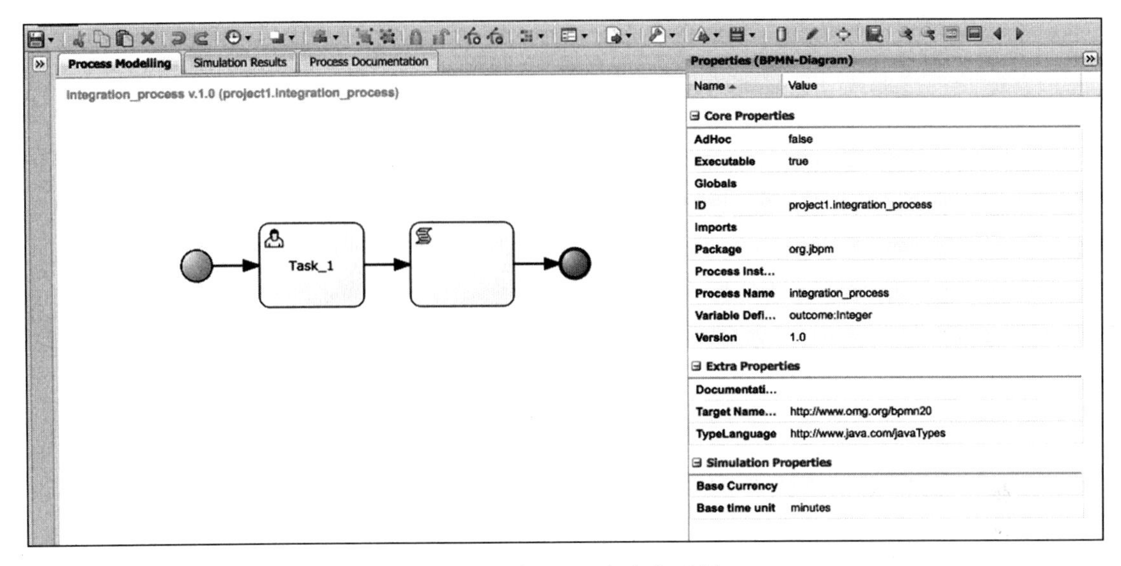

图 8-61 在 BPM 中定义示例

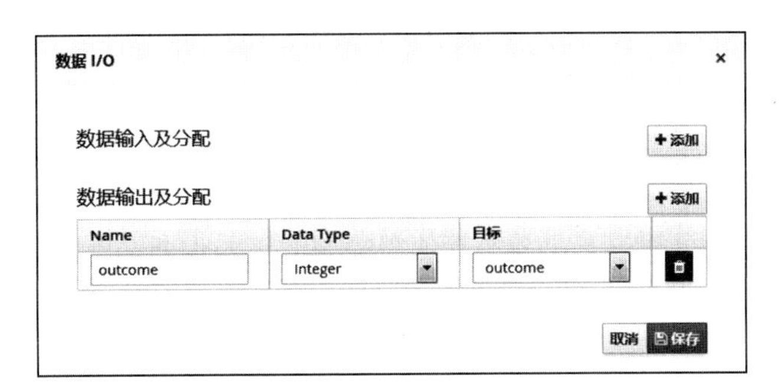

图 8-62 在 BPM 中添加变量

与 Jenkins 集成的实现原理是通过使用脚本操作 JBoss BPM API，在 Jenkins Pipeline 中通过调用脚本完成交互。脚本内容如下。

```
#!/bin/bash
deploymentid="org.kie.example:project1:1.0.0-SNAPSHOT"
processDefId="project1.integration_process"
varId="outcome"
post_respond_content=`curl -s -X POST -u jboss:passwd http://192.168.1.112:8080/bus-
  iness-central/rest/runtime/$deploymentid/process/$processDefId/start`
id_num=`echo ${post_respond_content} | awk -F "<id>" '{print $2}' | awk -F "</id>"
  '{print $1}'`
next_stage_tag=false
while true;do
    get_process_status=`curl -s -X GET -u jboss:passwd http://192.168.1.112:8080/
      business-central/rest/history/instance/"$id_num"`
    process_status=`echo $get_process_status | awk -F "<status>" '{print $2}' |
      awk -F "</status>" '{print $1}'`
```

```
    if [ "$process_status" == "1" ];then
      continue
    elif [ "$process_status" == "2" ];then
      get_continue outcome_content=`curl -s -X GET -u jboss:passwd http://192.168.1.112:8080/
        business-central/rest/history/instance/"$id_num"/variable/$varId`
      outcome=`echo $get_outcome_content | awk -F "<value>" '{print $2}' | awk -F
        "</value>" '{print $1}'`
      if [ "$outcome" == "1" ];then
         next_stage_tag=true
      fi
      break
  else
      break
  fi
  sleep 10
done
echo $next_stage_tag
```

脚本执行过程如下：

- 创建流程：通过 REST API 发起创建 BPM 流程，并从返回结果中获取流程的 ID。
- 检查流程状态：通过 REST API 检查给定流程 ID 的执行状态，如运行、完成、取消等。1 表示在运行，2 表示已完成，3 表示取消。
- 检查流程中的变量：通过 REST API 查询给定流程 ID 中设置的变量值，如果输入的变量值为 1，表示审批通过，其余值均表示审批拒绝。
- 返回流程状态变量：根据 outcome 的值，返回是否继续下一流程的变量值。

该脚本会在 Jenkins Pipeline 执行过程中被调用，为了让 Jenkins 的工作目录中包含此脚本，将脚本上传到源码仓库 GitLab 项目中，与应用源代码放置在一起。

2）在 Jenkins Pipeline 集成 BPM

只需要在 Jenkins Pipeline 中加入审批环节，并调用与 BPM 交互的脚本，监测返回审批状态的变量的值即可。

在 Pipeline 中加入如下阶段定义。

```
stage ('Waiting for Approval') {
    timeout(time:2, unit:'DAYS') {
  def next_stage_tag = sh script: '/bin/bash bpm-process.sh', returnStdo-
    ut: true
  next_stage_tag  = next_stage_tag.replace("\n","")
  if (next_stage_tag=="false") {
      error 'process is denyed!'
      }
  }
```

上述阶段表示如果在 BPM 中审批拒绝，则 Pipeline 会退出，不会进行后续的阶段。

3）Jenkins 与 BPM 集成验证

- 审批通过验证

创建示例 Pipeline，触发运行。Pipeline 运行到 Waiting for Approval 停止，等待用户审

批，如图 8-63 所示。

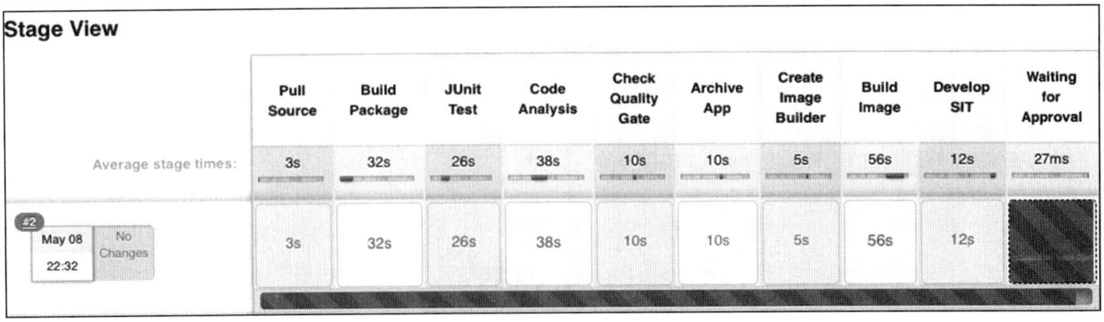

Stage View

	Pull Source	Build Package	JUnit Test	Code Analysis	Check Quality Gate	Archive App	Create Image Builder	Build Image	Develop SIT	Waiting for Approval
Average stage times:	3s	32s	26s	38s	10s	10s	5s	56s	12s	27ms
#2 May 08 22:32 No Changes	3s	32s	26s	38s	10s	10s	5s	56s	12s	

图 8-63　等待审批 Pipeline

进入 BPM 查看，有新创建的 ID =54 的流程，如图 8-64 所示。

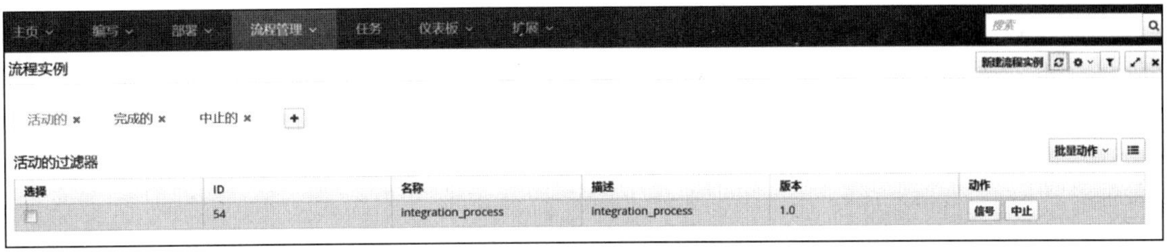

主页　编写　部署　流程管理　任务　仪表板　扩展　搜索

流程实例　新建流程实例

活动的 ×　完成的 ×　中止的 ×　+

活动的过滤器　批量动作

选择	ID	名称	描述	版本	动作
☐	54	integration_process	integration_process	1.0	信号　中止

图 8-64　BPM 流程

进入任务列表查看启动流程，如图 8-65 所示。

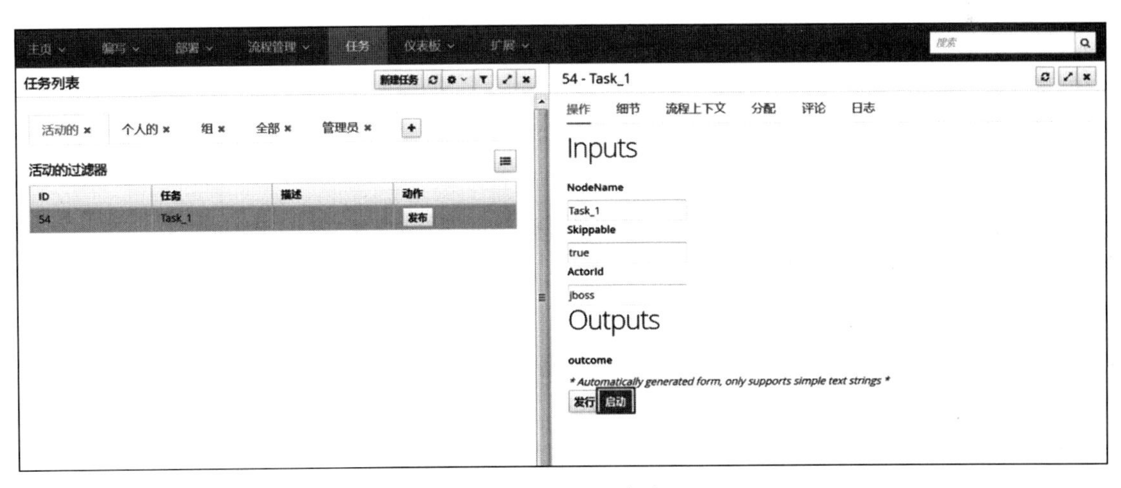

图 8-65　BPM 任务

输入审批变量 outcome=1，点击完成，如图 8-66 所示。

Jenkins 捕获审批通过信号，将整个 Pipeline 执行完成，如图 8-67 所示。

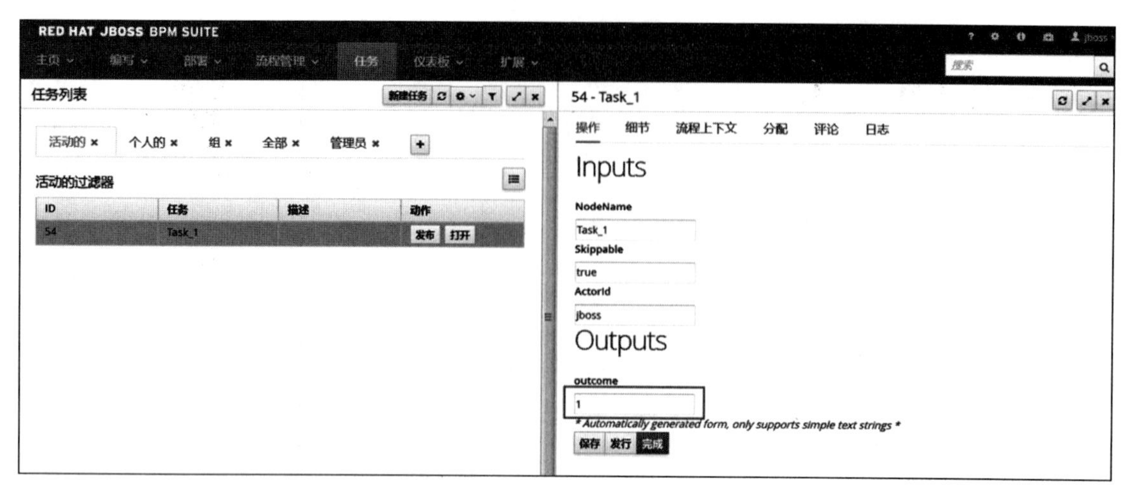

图 8-66　输入审批状态值

Stage View

	Pull Source	Build Package	JUnit Test	Code Analysis	Check Quality Gate	Archive App	Create Image Builder	Build Image	Develop SIT	Waiting for Approval	Develop STAGE
Average stage times: (Average full run time: ~7min 57s)	3s	32s	26s	38s	10s	10s	5s	56s	12s	39ms	22s
#2 May 08 22:32 No Changes	3s	32s	26s	38s	10s	10s	5s	56s	12s	39ms (paused for 4min 19s)	22s

图 8-67　审批通过的 Pipeline

❑ 审批拒绝验证

同样启动 Pipeline，Pipeline 运行到 Waiting for Approval 停止，等待用户审批。在 BPM 看到 ID=55 的流程示例，如图 8-68 所示。

主页　编写　部署　流程管理　任务　仪表板　扩展　搜索

流程实例　新建流程实例

活动的　完成的　中止的

活动的过滤器　批量动作

选择	ID	名称	描述	版本	动作
☐	55	integration_process	integration_process	1.0	信号 中止

图 8-68　BPM 流程

启动任务，输入 3（非 1 即可），审批拒绝，如图 8-69 所示。

Pipeline 输出流程被拒绝，失败退出，日志输出如图 8-70 和图 8-71 所示。

虽然示例比较简单，但是说明了流水线可以和一些系统集成完成一些事情，这对于企业中实现一体化流程集成有着参考意义。

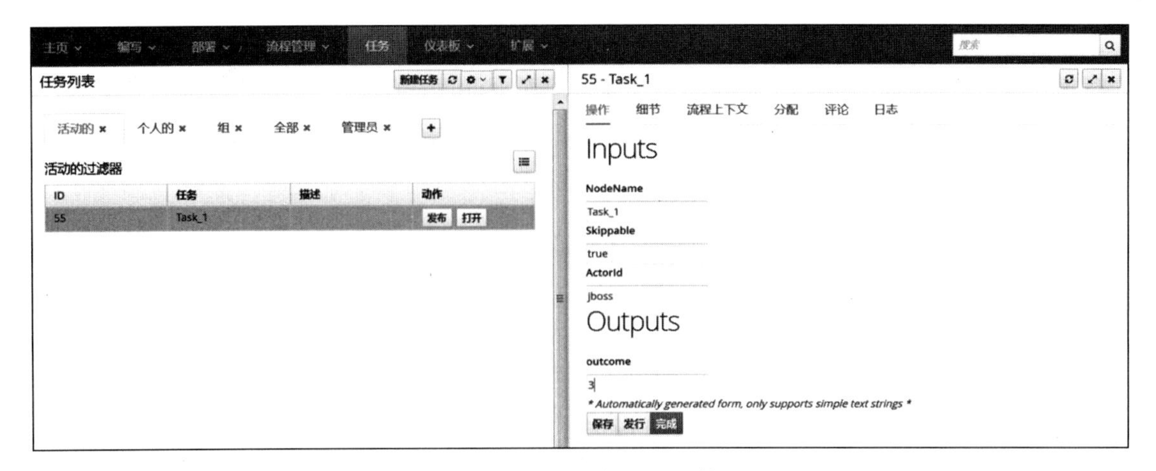

图 8-69　输入审批状态值

```
[Pipeline] // timeout
[Pipeline] }
[Pipeline] // stage
[Pipeline] }
[Pipeline] // node
[Pipeline] End of Pipeline
ERROR: process is denyed!
Finished: FAILURE
```

图 8-70　审批未通过的日志

Stage View

	Pull Source	Build Package	JUnit Test	Code Analysis	Check Quality Gate	Archive App	Create Image Builder	Build Image	Develop SIT	Waiting for Approval	Develop STAGE
Average stage times: (Average full run time: ~7min 57s)	3s	27s	26s	35s	10s	10s	5s	51s	11s	48ms	22s
#3 May 08 22:43 No Changes	3s	22s	26s	32s	10s	10s	5s	46s	10s	58ms (paused for 1min 24s) failed	

图 8-71　审批拒绝的 Pipeline

8. 定义成熟度模型

最后我们拆解 DevOps 全景图中的精益度量，度量是通过采集一些 DevOps 相关指标数据实现的，通常通过定义成熟度模型来实现。

定义成熟度模型的目的是通过对软件开发成果特性和开发过程特性的测量和分析，帮助改进软件开发过程。初期可以抓住一些关键的数据，以采集信息为主，尽量不影响团队成员的工作，在后续阶段中引入考核指标，以提升质量和效率为目标，不断完善 DevOps。

实现成熟度模型需要经过几个关键步骤：

- ❑ 识别成熟度领域，每一领域每一级别的定义。
- ❑ 对应每一个领域，定义每一级别的 KPI 指标。
- ❑ 尽可能通过系统采集数据作为 KPI 数据。
- ❑ 通过获取指数进行自动计算。
- ❑ 生成成熟度的报告。
- ❑ 对应领域、级别后给出提升方法，如培训或者建立知识库。

下面分别进行说明。

（1）识别成熟度领域

成熟度领域指采集 DevOps 指标的类别，也就是在 DevOps 中的核心活动（如部署管理）就可以定义为一个成熟度领域。识别出成熟度领域之后，分别对每个成熟度领域定义不同的等级，用于描述这个 DevOps 活动的状态。

在本项目实施中，共定义了 11 个成熟度领域，下面分别说明。

1）需求管理

需求管理是软件开发阶段的第一个环节，每个人都知道它的重要性，但是想要做好并不简单。我们将需求管理划分为五个等级：

级别 0：需求无管理，也没有明确地记录下来。

级别 1：需求有记录，如使用软件需求规格说明书记录。

级别 2：需求被明确分类管理，如是功能需求还是非功能需求，是业务需求还是系统需求。需求被详细描述，形成用户故事。

级别 3：建立需求的层级关系，从业务需求到用户需求再到系统需求，而且需求是可被跟踪的。用户故事符合标准格式，编写遵循 INVEST 实践。

级别 4：集成化管理需求，具备可视化的 MVP 的产品演进路线，可管理用户故事，可发布迭代关系。

2）开发管理

开发是实现产品的主要阶段，而开发管理直接决定了代码的质量，也就决定了产品的质量。我们将开发管理划分为五个等级：

级别 0：没有任何的开发管理。

级别 1：代码包含有意义的注释，且加入了少量的单元测试。

级别 2：在开发过程中加入自动化测试，单元测试覆盖率高，提高了代码质量。

级别 3：在开发过程中所有代码会被自动化测试，且有完善的代码重审，发现问题能在短期内修复。

级别 4：在开发过程中实现自动化测试，定义了明确的代码质量阈值，只有通过阈值的代码才会被接受，能及时发现代码问题并快速修复。

3）版本控制

版本控制指源代码或者配置等被有效管理，并且可追溯历史。我们将版本控制划分为五个等级：

级别 0：未使用统一的版本控制系统，源代码分散在各项目本地管理。

级别 1：使用版本控制系统，并将所有源代码纳入系统管理。

级别 2：使用分布式版本控制系统，并将所有源代码、配置文件、构建和部署等自动化脚本纳入系统管理。

级别 3：有明确的分支管理、频繁的代码提交以及合并代码，新特性能快速合并到主干分支。

级别 4：持续优化的分支策略，有效地满足团队协作，实现快速开发，并可完整追溯软件开发过程用于审计。

4）测试管理

测试管理指对测试用例及测试过程等的管理，测试管理是否完善将决定产品上线后能否稳定持续地提供服务。我们将测试管理划分为五个等级：

级别 0：开发完之后才做手工测试，无测试计划和用例管理。

级别 1：有测试计划和测试用例管理，测试全部依靠手工完成。

级别 2：测试计划和测试用例程序化管理，发现的缺陷可被追踪，实现部分自动化测试。

级别 3：测试是开发中的一部分，产品的缺陷相对较少，自动化测试基本覆盖关键性测试。

级别 4：实现全线路自动化测试，定期频繁地进行测试，而且测试覆盖范围广、效率高，缺陷可被立即发现并修复，生产运行稳定。

5）构建管理

构建管理是指对构建过程和产物的管理，是衡量 DevOps 成熟度的重要标准，频繁的构建有利于加快新功能的上线。我们将构建管理划分为五个等级：

级别 0：软件构建是手工过程，构建过程不可重复，没有对构建产物的管理。

级别 1：通过脚本实现自动化构建，通过手工输入参数完成构建，任意一个构建都可以使用自动化过程重新从源版本控制库上创建，有对构建产物的管理。

级别 2：结构化地构建脚本，脚本和工具得到重用，每次代码变更都进行自动化构建。

级别 3：实现标准化构建，单次构建时间缩短，失败构建会立即被修复，不会长时间处于失败状态，交付物被有组织地管理。

级别 4：持续改进地构建，团队定期碰头，讨论集成问题，并利用自动化、更快的反馈和更好的可视化来完善构建。

6）部署管理

部署管理指将交付物正确部署到不同的环境完成应用发布，这也是一个良好的 DevOps 度量。我们将部署管理划分为五个等级：

级别 0：环境准备和初始化都通过手工完成，并针对每个环境生成交付物，手工部署到不同环境中，部署周期长。

级别 1：半自动化完成环境准备和初始化，针对每个环境生成交付物，半自动化部署到不同环境中。

级别 2：使用虚拟化技术，并通过自动化完成环境准备和初始化，针对每个环境生成交付物，自动化部署到不同环境。

级别 3：有效管理所有环境，使用统一的交付物，所有配置放置在外部管理，全自动部署到不同环境中。

级别 4：所有工作自动化完成，精心计划的部署管理，对发布和回滚流程进行充分测试，能够快速正确地完成部署。

7）进度管理

进度管理指在整个项目过程中清楚地了解项目所处的阶段与进度，对进度可查看、可控制、可管理。我们将进度管理划分为五个等级：

级别 0：无对项目进度和过程的管理，项目过程混乱不可控。

级别 1：通过邮件或其他的方式进行简单的进度汇报和管理。

级别 2：通过项目管理软件实现项目管理，可查看当前的进度、任务数和状态。

级别 3：除了对项目进度的把控之外，可分析项目每个任务的依赖关系，合理安排控制进度。

级别 4：通过数据详尽的图表信息获取项目进度和实现过程管理，了解彼此依赖，能快速有效地完成任务和修复缺陷，无历史任务堆积，有效控制项目成本。

8）流程标准化

流程标准化指在软件全生命周期中从需求、开发、测试、发布等都定义了标准化的流程。我们将流程标准化划分为五个等级：

级别 0：以手动为主的全生命周期管理，没有任何可以遵循的流程，质量是不可靠的。

级别 1：从需求到发布有少量的流程，初步具备了可追溯的能力，质量在提升。

级别 2：精益的项目管理能力，变更管理以及审批流程等都被识别和使用。

级别 3：除了流程标准化，可以实现主动管理和执行监控流程，可分析每次流程执行的过程和状态，如执行时间。

级别 4：软件全生命周期的标准化流程覆盖，可以集成从用户需求、开发、测试、预生产以及生产环境的端到端管理。

9）安全管理

安全管理指在 DevOps 过程中引入安全，加强产品防御能力，避免安全事件的发生。我们将安全管理划分为五个等级：

级别 0：缺少安全人员和主动的安全管理。

级别 1：在 DevOps 过程中未引入安全活动，仅在上线前进行一次漏洞扫描。

级别 2：团队中加入专门的安全人员，在开发、测试中引入安全漏洞扫描和合规检查的活动，在上线前完成漏洞修复。

级别 3：实现漏洞管理，通过定期更新漏洞库，频繁地进行扫描和安全测试，保证随时处于安全合规状态。

级别 4：完善的安全架构，提高开发人员安全意识，安全覆盖 DevOps 整个生命周期，实现持续扫描、持续反馈、及时告警、快速修复。

10）回顾反馈

回顾反馈指通过回顾反馈不断完善 DevOps 活动，改进价值交付流程。我们将回顾反馈划分为五个等级：

级别 0：很少召开回顾会议，无有效的反馈机制，问题长期无法改进。

级别 1：固定每次迭代后召开回顾会，但是没有太多建设性改进意见，问题改进推进缓慢。

级别 2：召开有效的回顾会议，会议包含一定的报告数据和改进方法，逐渐完善反馈环路。

级别 3：将反馈度量纳入 DevOps 日常活动中，持续改进反馈机制，并分享有效的改进至整个企业。

级别 4：建立完善的持续反馈环路，帮助整个企业持续改进价值交付流程。

11）运维管理

运维管理指应用上线后保证稳定、可靠、持续地提供服务。我们将运维管理划分为五个等级：

级别 0：运维全靠手动，没有流程，没有工具，处于救火员模式。

级别 1：有变更和问题管理，通过事件触发，遇到问题能及时解决。

级别 2：引入工具运维，通过阈值设置实现应用可用性监控和及时报警，通过工具实现部分自动化任务。

级别 3：完善的运维体系，集成的流程，实现容量管理监控、服务可用性监控，有统一的运维管理平台。

级别 4：全自动化运维，实现服务全方位监控，能主动预测故障并自动扩容或修复某些错误。

本项目暂时比较粗略地定义了 11 个成熟度领域，随着 DevOps 转型的推进，可以进一步拆分和细化成熟度领域或增加更多的领域，如增加缺陷管理，将构建管理拆分为构建计划、构建频率、构建方式、构建环境等。

（2）定义 KPI 指标

在定义了成熟度领域之后，需要分别对每个成熟度领域定义 KPI 指标，实现数字化衡量和管理。每个成熟度领域 KPI 指标如表 8-15 所示。

表 8-15 成熟度领域 KPI 指标

领　　域	KPI 指标	领　　域	KPI 指标
1）需求管理	需求平均交付时间	2）开发管理	单元测试覆盖率
	每次生产发布实现的需求数		缺陷修复平均时间
			缺陷返工率
			代码注释率
			代码质量分值
			缺陷率

（续）

领　域	KPI 指标	领　域	KPI 指标
3）版本控制	每天代码提交次数	8）流程标准化	流水线执行成功率
	每天代码合并次数		流水线被触发的次数
	新特性代码进入主干分支的平均时间		可被管理的 DevOps 活动数目
4）测试管理	缺陷拒绝率	9）安全管理	安全漏洞数
	缺陷遗漏率		生产安全事故数
5）构建管理	构建频率	10）回顾反馈	有效反馈的数量
	平均构建时间		
	构建成功率		
	构建失败的平均恢复时间		
6）部署管理	部署频率	11）运维管理	系统可用性
	平均部署时长		故障平均响应时间
	部署成功率		故障平均恢复时间
7）进度管理	任务燃尽率		
	缺陷燃尽率		

可以看到表 8-15 中的 KPI 基本都是量化指标，建议最好使用量化指标来衡量成熟度，这样更为准确有效。下面对一些不太好理解的指标进行说明：

- 缺陷返工率：又叫缺陷重开率，缺陷返工是一种浪费，一次性做好是最完美的，也就是返工率为零。通过这个指标度量开发人员一次性正确修复缺陷的能力。而且在后续可以针对修复耗时长、返工率高的开发人员进行根因分析，以进一步提高产品质量，加快缺陷修复速度。
- 缺陷率：指失败的测试用例在所有测试用例中的占比，通过这个指标度量开发人员代码质量。同样，后续可以对缺陷率高的模块进行根因分析。
- 缺陷拒绝率：表示在测试过程中拒绝的缺陷数量占总缺陷数量的比例，计算公式为（测试期间拒绝的缺陷数量 / 测试团队报告的总缺陷数量）×100%，通过该指标衡量测试报告缺陷的有效性程度。
- 缺陷遗漏率：表示在测试过程中遗漏的缺陷数量占总缺陷数量的比例，计算公式为（测试期间未发现的缺陷数量 / 总的缺陷数量）×100%，测试期间未发现的缺陷是以生产上线后发现的缺陷数目计算的，通过这个指标度量测试人员测试工作的质量。
- 任务燃尽率：表示在进度管理中在某个时间段（如一个迭代周期）已经完成的任务占总任务数的百分比，通过这个指标度量项目经理或开发经理管理任务的质量。缺陷燃尽率的定义与之相似。

- 系统可用性：表示在运维过程中以年为单位计算系统的故障时间，计算公式为 [1– 故障时间秒数 /（365×24×3600）]×100%，通常用几个 9 表示。通过该指标衡量系统的故障时间，进而评估运维质量和系统质量。

对于未解释的指标，读者如果不理解请自行查阅网络资料。

（3）采集数据和计算

根据定义的 KPI 指标，最好可以从各个工具或系统周期性实时采集数据，但转型初期通过工具采集相对困难或者某些指标无法通过工具采集，则采用在线调查问卷的形式获取。调查问卷建议以选择题的方式进行，每个问题包含 5 个答案，正好对应成熟度领域的 5 个级别，示例如下：

题目 1. 每天构建次数：

A. 5 次以下

B. 5～10 次

C. 10～20 次

D. 20～50 次

E. 50 次以上

无论是通过工具采集还是通过调查问卷采集，都要对数据进行处理以便可以生成报告。处理的方式如下：根据每个成熟度领域下定义的 KPI 指标数据，对多个 KPI 指标数据计算表示该成熟度领域的平均分值。

可以通过自动化工具计算，最简单的如 Excel 表格或者 Python 脚本都可以实现。

（4）生成报告

对于 DevOps 成熟度报告，目前通常使用雷达图的形式表现。根据定义的成熟度领域绘制雷达图如图 8-72 所示。

可以看到在雷达图中分别将每个领域评估或计算的 KPI 指标表示出来，而且不同的统计周期绘制不同的线，直观地展现出每个成熟度领域当前所在的等级。另外，通过不同周期的对比还可以看出哪些领域是相对薄弱而且进步缓慢的。

上述方式只是基本满足了成熟度的展示，企业最好能够根据自己的 KPI 指标定制出成熟度展示界面，可以实时查看当前各指标的值以及成熟度等级。在本项目中使用开源的 DevOps 界面 Hygieia 实现了部分指标数据的展示，但远远达不到企业的要求。

（5）提升方法

在经过前面的过程之后可以清楚地知道各个成熟度领域的现状，但如果你想要将 DevOps 带到下一个等级，这时候 DevOps 成熟度领域的 KPI 指标将帮助你了解如何跟踪和改进。

我们需要提升某个领域的成熟度，就应该从该领域的 KPI 指标入手。通常有以下几种提升方法：

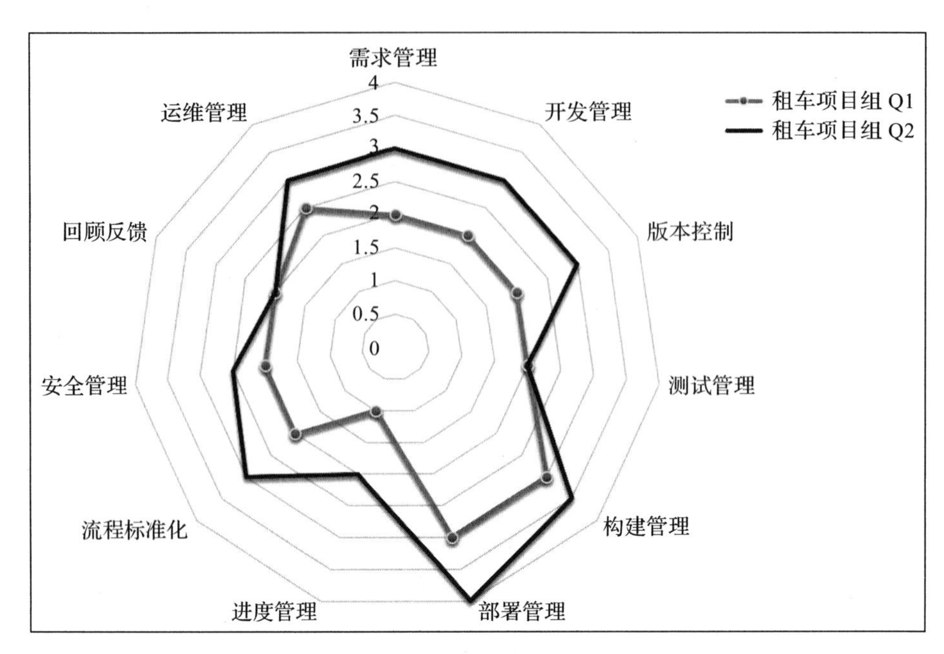

图 8-72 成熟度雷达图

1）培训

这种方式主要针对团队技能不足导致 DevOps 提升困难的情况。通常是对 DevOps 平台、工具和相关的流程规范进行培训。这些培训主要是为了让用户熟悉 DevOps 的能力，掌握工具的使用方法和意义，了解代码库，理解 CI/CD 流程等规范。

2）改进工具

若存在因某些工具落后或未使用工具而导致团队效率低下的情况，就需要引入新型的工具加快流程或者改善管理。

如果某个工具很好地解决了当前遇到的问题，在考察后评估引入该工具能更加完善 DevOps，则可以通过引入工具提升 DevOps。

3）优化流程和规范

这种方式主要针对当前的某个流程是设计问题导致 DevOps 提升受阻的情况，这时可以考虑采用优化流程和规范来解决。

4）加强团队沟通

这种方式主要是针对团队之间或团队内部沟通不畅导致某些活动进度缓慢的情况，这时需要调整组织结构或者引入沟通工具加强沟通，使团队内部或团队之间及时获得反馈。

5）建立知识库

这种方式主要针对一些错误或者排查问题花费时间太久导致 DevOps 无法提升的情况。通常我们遇到的问题可能会重复出现或者其他团队已经遇到过，此时应该通过建立知识库实现团队内部和团队之间技能和知识的共享，将常见的问题和改进方案分享出来，加快解决问题的速度。

当然，上述只是一些常用的提升方法，每个企业可以根据目前的瓶颈点和 KPI 指标，制定更多合理有效的方法来提升 DevOps 成熟度。

9. 试点项目

试点项目是非常重要的环节，将为后续能否进行推广提供重要评判依据，并验证流程规范是否合理，对项目是否有改进，是对 DevOps 转型所有工作的一个重要检验。

在试点项目之前通常会对各个项目组进行调研和沟通，第一个试点项目选择建议使用 Spring Boot 开发的轻量业务系统，主要是由于该项目已经引入一些微服务的理念，容易实现容器化部署，同时自动化程度也比较高。该项目包含一个 VUE 实现的前端和四个后端服务，数据库包含 Redis 缓存和 Oracle 数据库。

分析之后，项目目前存在如下问题：

- 使用传统的 IT 基础设施，环境申请和配置花费时间较长。
- 没有项目管理，团队之间无沟通，返工严重。
- 自动化脚本仅适用于自己，其他项目无法复用。
- 版本控制无统一标准，代码质量低下。
- 无法实现频繁构建，缺少必要测试。

针对上述问题，通过实践 DevOps，规范代码分支，引入容器化，构建持续发布流水线等，改进了项目现状。目前该项目已经成功基于 DevOps 进行持续构建和持续部署，大大加快了产品交付速度。

当试点项目的转型效果达到预期之后就可以在整个企业进行普及推广，经过 6 个月已经有 5 个项目组完成了 DevOps 转型，每天完成有效构建上百次。

8.2.3　实践收益

企业经过 DevOps 转型之后获得了较为明显的效果，项目收益颇多，下面列出一些关键的变化：

- 建立了统一的从需求管理到应用开发、测试、上线的流程，对各个阶段制定了规范指南。
- 重新定义了符合 DevOps 新工作流程的组织结构和角色。
- 通过看板和报表提供度量数据，对项目进行可视化管理和追踪。
- 建立统一的 DevOps 相关工具链，并与容器云平台实现集成对接，实现敏捷交付。
- 实现了应用开发的持续集成和持续交付，大幅提升研发效能。
- 增强了测试环节和代码质量检测，实现了部分自动化测试，代码质量得以提高。
- 建立了 DevOps 成熟度模型，定义度量指标，并提供可视化图表对进度和质量进行评估。

虽然项目一期还存在一些不足之处，比如未实现统一的 DevOps 界面将 DevOps 相关活动和工具集成在一起、流水线改动需要编写代码等，但是随着企业 DevOps 转型的深入和持续改进，项目必定会越来越完善。

8.3 本章小结

本章我们介绍了企业成功转型 DevOps 的关键要素，并结合实际客户的落地案例介绍了如何实施 DevOps。通过“DevOps 两部曲”的介绍，相信读者可以结合自身企业的现状和目标落地 DevOps、实现 DevOps 转型，并为业务微服务化奠定敏捷交付基础。

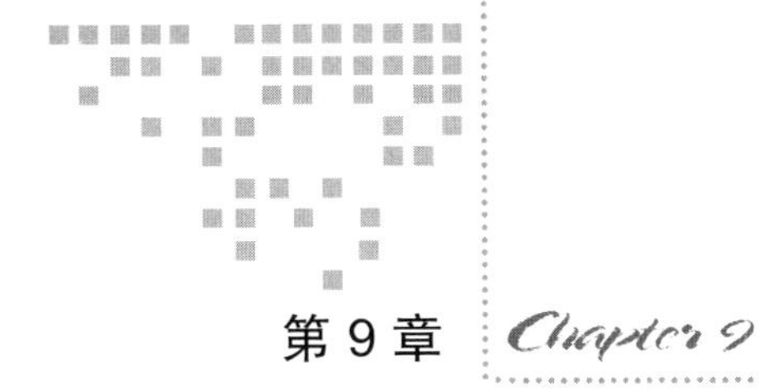

第 9 章 Chapter 9

基于 OpenShift 构建云原生

在第 1 章中，我们介绍了企业数字化转型的必要性，并分析了云原生作为企业数字化转型的驱动力和终极目标的重要性。本章将介绍如何基于 OpenShift 构建云原生，包含如何为现有应用提速以及如何选择云原生开发和运行框架，即企业数字化转型的第三步和第四步。

企业在数字化转型时很难一蹴而就将所有应用拆分成微服务。对于不适合做微服务拆分的应用，可以考虑将其从传统的 Weblogic 应用服务器迁移到轻量级应用服务器，再运行在容器云平台上。而对于新型应用，我们应该从一开始就考虑使用云原生的应用开发框架以及云原生的中间件。接下来，我们针对这两方面展开详细介绍。

9.1 什么是云原生应用

2018 年，CNCF 组织对云原生进行了重新定义："云原生技术有利于各组织在公有云、私有云和混合云等新型动态环境中构建和运行可弹性扩展的应用。云原生的代表技术包括容器、服务网格、微服务、不可变基础设施和声明式 API"。

从 CNCF 对云原生的定义来看，它和容器、服务网格、微服务等技术是密切相关的。这就带来了一个问题，目前 IT 市场上的容器云、服务网格、微服务琳琅满目，在构建云原生的时候企业客户如何选择这些技术？面对和云原生相关的几十个开源项目，企业客户自行集成和运维显然是不现实的。在这个背景下，如何在企业级容器云上构建企业级云原生应用受到了大家的关注。

传统的软件开发流程是瀑布式开发，开发周期比较长，并且如果有任何变更，都要重新走一遍开发流程。在商场如战场的今天，软件一个版本推迟发布，可能到发布时这个版本在市场上就已经过时了，而竞争对手很可能由于在新软件发布上快了一步，而迅速抢占了客户和市场。

相比于传统应用，云原生应用非常注重上市速度。云原生应用是独立的、小规模松散耦合服务的集合。云原生应用旨在充分利用云计算模型，从而提高速度、灵活性和质量并降低部署风险。虽然名字中包含“云原生”三个字，但云原生的重点并不是应用部署在何处，而是如何构建、部署和管理应用。通过表 9-1，我们可以比较清晰地看出云原生应用与传统应用之间的差别。

表 9-1 云原生应用与传统应用的差别

	传统应用	云原生应用
重点关注	使用寿命和稳定性	上市速度
开发方法	瀑布式半敏捷型开发	敏捷开发、DevOps
团队	相互独立的开发、运维、质量保证和安全团队	协作式 DevOps 团队
交付周期	长	短且持续
应用架构	紧密耦合 单体式	松散耦合 基于服务 基于应用编程接口（API）的通信
基础架构	以服务器为中心 适用于企业内部 依赖于基础架构 纵向扩展 针对峰值容量预先进行置备	以容器为中心 适用于企业内部和云环境 可跨基础架构进行移植 横向扩展 按需提供容量

整体而言，云原生应用包括云原生应用开发和云原生应用运行。云原生应用开发的核心是轻量级的应用开发框架。云原生应用在运行时需要大量的容器化分布式中间件才能处理复杂的业务逻辑（否则只是简单的网站页面类应用）。而承载云原生开发框架和容器化分布式中间件的平台是容器云。

在本章中，我们会以轻量级的应用开发框架为重点开展介绍，此外我们还会介绍几个重要的云原生中间件。

9.2 轻量级应用服务器的选择

9.2.1 轻量级的应用服务器

相比于传统的 JavaEE 应用服务器（如 Weblogic），红帽 JBoss EAP 的体积（安装介质只有 190M 左右）要小很多，启动速度（3 秒左右）也要快得多。JBoss EAP 是基于开源 Wildfly 项目构建的。目前，红帽 OpenShift 提供容器化的 EAP 镜像，并且此镜像支持从源码构建容器化应用。如图 9-1 所示。

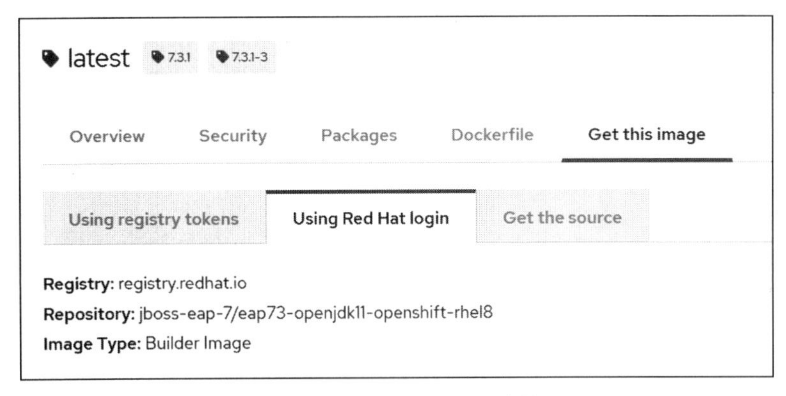

图 9-1　容器化的 EAP 镜像

9.2.2　如何将应用迁移到轻量级应用服务器

针对客户现有的运行在传统应用服务器（如 WebLogic）上的应用，如何迁移到 JBoss EAP 上呢？我们可以借助 Red Hat Application Migration Toolkit（简称 RHAMT）。

RHAMT 是开放源代码工具的组合，可实现大规模的应用程序迁移和现代化。这些工具为迁移过程的每个阶段提供支持，支持的迁移包括应用程序平台升级、向云原生部署环境的迁移以及从几种商业应用服务器到 JBoss EAP 的迁移。

具体的安装和执行步骤，请参考 Repo 中“ RHAMT 安装和使用”。我们用浏览器打开 RHAMT 生成的报告，如图 9-2 所示。

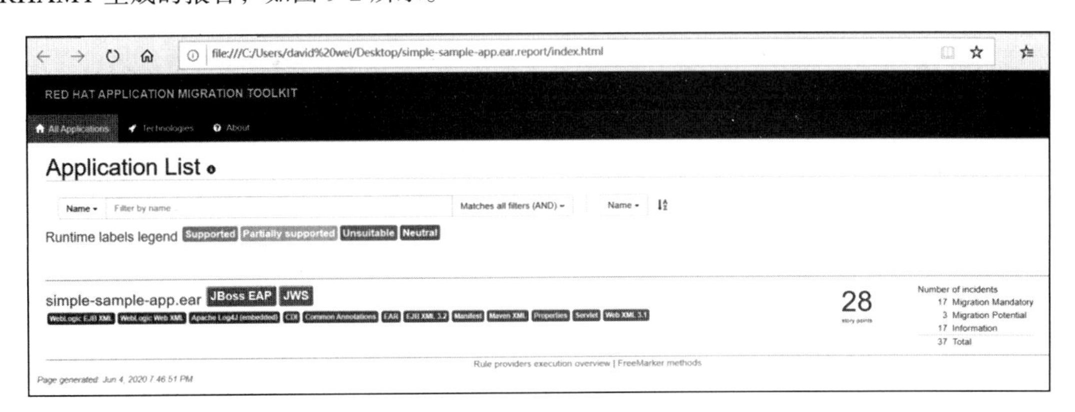

图 9-2　RHAMT 结果分析报告

查看 simple-sample-app.ear 的 Dashboard，如图 9-3 所示。

查看应用包的 Issue 页面所列出的问题，就是应用迁移到 EAP 时需要修改的内容，如图 9-4 所示。

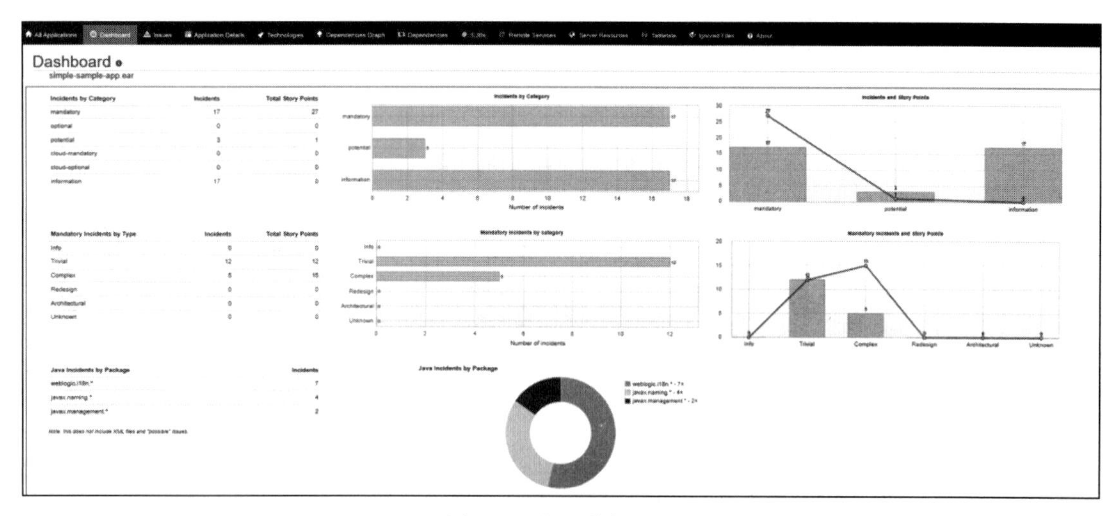

图 9-3　应用分析界面

RED HAT APPLICATION MIGRATION TOOLKIT

All Applications　Dashboard　Issues　Application Details　Technologies　Dependencies Graph　Dependencies　EJBs　Remote Services　Server Resources　Tattletale　Ignored Files　About

Issues

simple-sample-app.ear

Migration Mandatory

Issue by Category	Incidents Found	Story Points per Incident	Level of Effort
WebLogic proprietary logger (NonCatalogLogger)	5	1	Trivial change or 1-1 library swap
Call of JNDI lookup	4	1	Trivial change or 1-1 library swap
WebLogic EJB XML (weblogic-ejb-jar.xml) trans-timeout-seconds	2	3	Complex change with documented solution
JMX MBean object name (javax.management.ObjectName)	2	1	Trivial change or 1-1 library swap
WebLogic EJB XML (weblogic-ejb-jar.xml)	1	3	Complex change with documented solution
WebLogic web application descriptor (weblogic.xml)	1	3	Complex change with documented solution
WebLogic JMS descriptor	1	3	Complex change with documented solution
WebLogic EAR application descriptor (weblogic-application.xml)	1	1	Trivial change or 1-1 library swap
	17		

Migration Potential

Issue by Category	Incidents Found	Story Points per Incident	Level of Effort
WebLogic proprietary type reference	2	0	Info
Move to Jakarta EE Maven Artifacts - com.sun.mail:javax.mail	1	1	Trivial change or 1-1 library swap
	3		

Information

Issue by Category	Incidents Found	Story Points per Incident	Level of Effort
Maven POM (pom.xml)	8	0	Info
Java Servlet	4	0	Info
Web XML	1	0	Info
Common Annotations	1	0	Info
EJB XML	1	0	Info
Java EE Application Deployment	1	0	Info
Embedded library - Apache Log4J	1	0	Info
	17		

图 9-4　应用迁移需要修改的内容

我们点开第一条，查看问题的详细描述和给出的修改建议，如图 9-5 所示。

将报告提示的问题点修改完毕后，再次运行报告，确保 story points 为 0，如图 9-6 所示。

Migration Mandatory

Issue by Category	Incidents Found	Story Points per Incident	Level of Effort	Total Story Points
WebLogic proprietary logger (NonCatalogLogger)	5	1	Trivial change or 1-1 library swap	5

File	Incidents Found	Hint
com.acme.anvil.service.ProductCatalogBean	5	Issue Detail: WebLogic proprietary logger (NonCatalogLogger) Show Rule

The WebLogic NonCatalogLogger is not supported on JBoss EAP, and should be migrated to a supported logging framework, such as the JDK Logger or JBoss Logging.

```
import java.util.logging.Logger;
Logger LOG = Logger.getLogger("MyLogger");
```

- JDK Logging Documentation
- JBoss Logging Quickstart

图 9-5　问题描述及修改建议

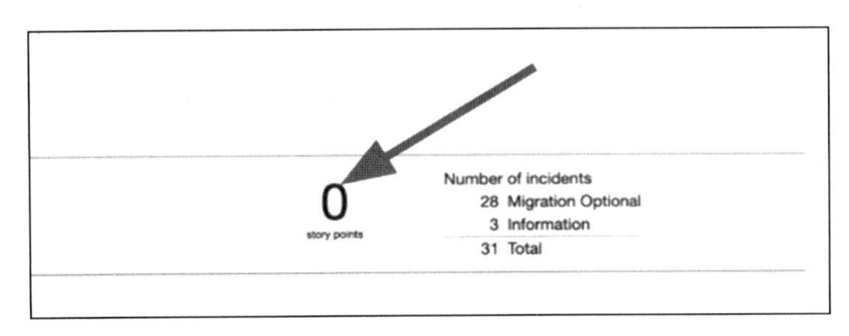

图 9-6　问题点修改后重新扫描结果

源码修改成功后，重新打包应用，然后使用 OpenShift 上的 JBoss EAP Builder Image 进行应用容器化即可。

在介绍了将传统应用向轻量级应用服务器迁移后，我们介绍云原生开发框架。

9.3　云原生的应用开发框架：Quarkus

9.3.1　传统 Java 的困境

随着 Kubernetes 和容器的发展，虽然不少应用已经实现了容器化运行，但 Java 堆栈并没有太大变化。在容器时代，如果只是将应用运行的“底座”从虚拟机换成容器，那性能显然不会太好（例如在容器中运行 Weblogic）。

问题的根源是什么呢？这完全由 Java 本身的特点决定。Java 是解释型语言，需要使用 JVM 解释器。JVM 是相当耗费内存的，并且启动也慢。此外，Java 的代码域是动态的。常用的 Java 动态特性主要是反射，在运行时查找对象属性、方法，修改作用域，通过方法名称调用方法等。这样做的好处是，Java 程序可以加载一个运行时得知 .class 文件的名称，然后解析其构造，并生成相应的对象实体，然后再对其变量赋值或调用其方法。

但在容器云时代，有了高可用的服务集群，我们无须追求单个服务 7×24 小时不间断地运行，它们随时可以中断和更新。在容器云中，我们要求容器化应用加快启动速度、实现轻资源消耗，而这些又正好都是 Java 的弱项。

9.3.2 GraalVM 的兴起

Oracle 也意识到 Java 在容器云时代的尴尬之处，因此在前两年推出了新一代 JVM——GraalVM。GraalVM 包含 Community Edition（CE）和 Enterprise Edition（EE）两个版本，前者是 GPL-CE License 协议，后者是 Commercial License 协议。

GraalVM 的技术组件包括：

- 高性能的即时编译器和提前编译器 Graal Compiler。
- 可以使用 SubstrateVM 代替 HotSpotVM，实现更轻量级的运行环境（HotSpotVM 是 JVM 标准的技术实现，是 Sun JDK 和 OpenJDK 中自带的 JVM）。
- 以 Truffle 和 Sulong 为代表的中间语言解释器。

从 JDK10 起，Graal Compiler 是 GraalVM 与 HotSpotVM 共同拥有的即时编译器。Graal Compiler 支持提前（Ahead-Of-Time，AOT）编译和即时（Just-In-Time，JIT）编译。AOT 编译后，应用包更小、消耗内存更少、启动速度更快。而 JIT 编译后，吞吐量更高、延迟更低，如图 9-7 所示。在容器云中，显然 AOT 编译更为适合。

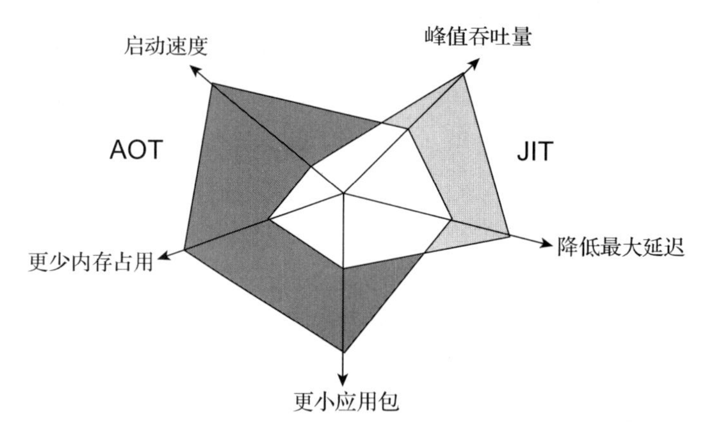

图 9-7 AOT 编译与 JIT 编译的对比

Substrate VM 是一个框架，可以将 Java 程序编译为独立的可执行文件，对于 GraalVM 而言，HotSpotVM 是可选的，如图 9-8 所示。

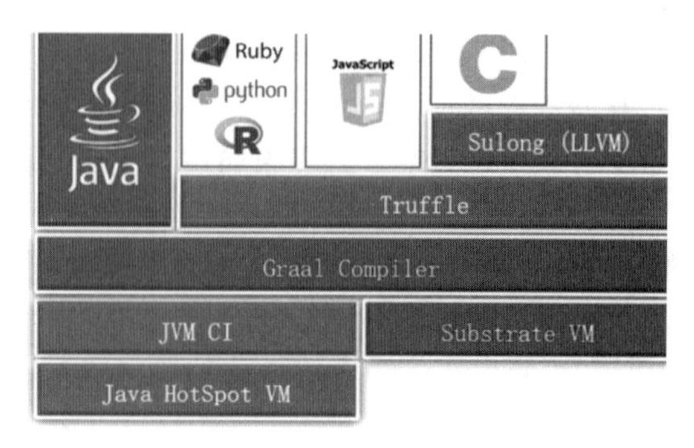

图 9-8 GraalVM 架构

由于上述的 GraalVM 的特点，我们可以为现有基于 JVM 的应用构建出 Native Image（即本机可执行二进制文件）。生成的本机二进制文件以机器代码形式包含整个程序，可以直接运行。

9.3.3 云原生 Java：Quarkus

Quarkus 是红帽主导发布的新一代云原生 Java。从规范上讲，Quarkus 是 MicroProfile 规范的实现。MicroProfile 是 Jakarta EE 针对微服务推出的 Profile，它是由 Eclipse 基金会和几个主流 IT 厂商（如 IBM、红帽）一起推出的。这套规范可针对基于微服务的体系结构优化 Jakarta EE，并提供跨多个运行时的基于 MicroProfile 的应用程序的可移植性。

截至 2020 年 6 月，MicroProfile 的最新版本是 3.3，基于 Java EE 8。MicroProfile 包含的功能组件不少是可以和 Kubernetes 对接的微服务功能组件。Quarkus 通过 Extensions 的方式加载这些组件。

- MicroProfile Config API 规范定义了一个应用程序配置中心。通过它，我们可以为应用注入参数。
- MicroProfile Health Check API 规范提供了监控微服务健康状况的能力。
- Eclipse MicroProfile JWT Authentication 提供基于角色的访问控制（RBAC）。微服务端点使用 OpenID Connect（OIDC）和 JSON Web Tokens（JWT）认证。
- MicroProfile Fault Tolerance API 规范提供 TimeOut、RetryPolicy、Fallback、Bulkhead 和 Circuit Breaker。
- MicroProfile Metrics API 规范用于确定应用程序的运行状况。它有助于发现问题，为容量规划提供长期趋势数据，并主动发现问题（例如磁盘使用量不受限制地增长）。度量标准还可以帮助调度系统根据应用程序指标决定何时扩展应用程序以便在合适数量的实例上运行。
- Eclipse MicroProfile OpenTracing 定义了分布式跟踪环境。
- Eclipse MicroProfile OpenAPI 为 OpenAPI v3 规范提供了统一的 Java API，应用程序开发人员可以利用它来公开他们的 API 文档。
- Eclipse MicroProfile Rest Client 提供了一种安全的方法来调用 RESTful 服务。MicroProfile Rest Client 基于 JAX-RS 2.1 API 构建，具有一致性和易用性。

Quarkus 架构如图 9-9 所示，在 Quarkus Extensions 部分，MP 就是 MicroProfile 的缩写。

从架构上看，Quarkus 基于 GraalVM CE。我们知道 GraalVM CE 是由 Oracle 发布的，红帽发布了 GraalVM CE 的下游社区——Mandrel。通过 Mandrel，红帽 GraalVM 特性集成在 Red Hat Enterprise Linux 和 OpenJDK 11 发行版上，以便红帽可以对此提供企业级支持。

由于 Quarkus 本身针对传统 Java 进行了优化，同时它可以运行在 GraalVM 上并使用 AOT，因此它的启动速度很快，运行时消耗的内存很小（与 Java EE 和 SpringBoot 应用相比）。我们将 Quarkus 的特点总结如下：

- 容器优先：最小的 Java 应用程序，最适合在容器中运行。

- 云原生：符合微服务 12 要素架构。
- 统一命令式和响应式：在一种编程模型下实现非阻塞式和命令式开发风格。
- 基于标准：支持多种标准和框架（RESTEasy、Hibernate、Netty、Eclipse Vert.x、Apache Camel）。
- 微服务优先：缩短了启动时间，使 Java 应用程序可以执行代码转换。
- Quarkus Core 本身很精简：可以根据需要加载 EXTENSION，也可以自己开发 EXTENSION。

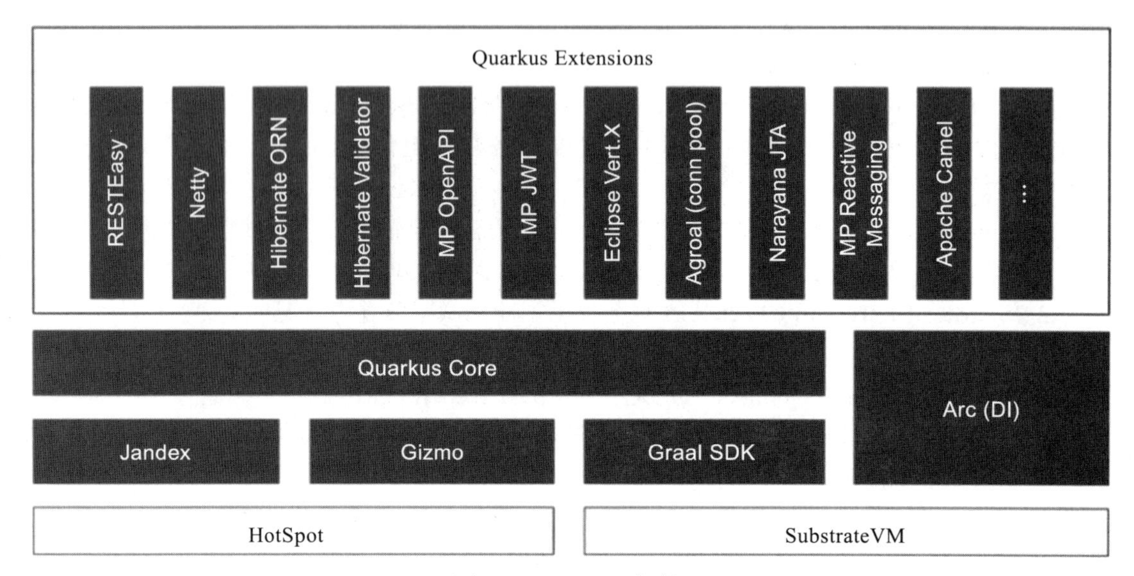

图 9-9 Quarkus 架构

Quarkus 有诸多优点，但传统应用如果要以 Quarkus 方式运行，需要做不少的应用改造（远大于从 Weblogic 向 JBoss EAP 迁移）。对于较重的传统应用，可以通过迁移到轻量级的应用服务器 EAP 后上容器云；而针对新型的轻量级应用，应优先使用 Quarkus 开发。关于 Quarkus 的实验效果展示，请参考图 9-10 中二维码所指示的文章。

图 9-10 Quarkus 的实验效果展示

此外，和传统的 JVM 相比，GraalVM 有一定限制，有些传统 Java 默认实现的功能在 GraalVM 需要配置才能实现，因此在开发时应注意这些限制。具体的限制请参照 Repo 中“GraalVM 的限制”，在此不再赘述。

不同框架运行的容器应用 Pod 启动速度如图 9-11 所示。其中 Framework A 表示传统模式，Quarkus JVM 表示使用 HotSpot，Quarkus Native 表示使用 GraalVM。完整报告见 Repo 中“quarkus-lab-validation-analyst-paper”。

框架	第一次运行	第二次运行	第三次运行	中位值
Framework A	49.960	49.806	50.329	49.960
Quarkus JVM	30.359	29.829	30.451	30.359
Quarkus Native	10.293	9.446	9.935	9.935

图 9-11　不同框架运行的容器应用 Pod 启动速度

我们在使用 Quarkus 时也可以使用 HotSpot，但由于其性能远低于使用 GraalVM，因此还是优先使用 GraalVM。

为了方便读者理解，接下来我们会通过真实的应用展现 Quarkus 的功能。

9.3.4　编译和部署一个 Quarkus 应用

我们采用如下实验环境来验证 Quarkus：

- RHEL 7.6（编译环境）
- Quarkus 0.21.2
- OpenShift 3.11
- Graal VM 19.1.1

接下来，我们通过实验环境分别验证：

- 编译和部署 Quarkus 应用。
- Quarkus 的热加载。
- 在 OpenShift 中部署 Quarkus 应用程序。
- 为 Quarkus 添加 Rest Client 扩展。
- Quarkus 的容错能力。

从 GitHub 上下载 Quarkus 测试代码，如下所示。

```
[root@master ~]# git clone https://github.com/redhat-developer-demos/quarkus-tutorial
Cloning into 'quarkus-tutorial'...
remote: Enumerating objects: 86, done.
remote: Counting objects: 100% (86/86), done.
remote: Compressing objects: 100% (60/60), done.
Receiving objects: 100% (888/888), 1.36 MiB | 73.00 KiB/s, done.
remote: Total 888 (delta 44), reused 56 (delta 21), pack-reused 802
Resolving deltas: 100% (439/439), done.
```

在 OpenShift 中创建项目 quarkustutorial，用于后续部署容器化应用。

```
[root@master ~]# oc new-project quarkustutorial
```

设置环境变量，如下所示。

```
[root@master ~]# cd quarkus-tutorial
[root@master quarkus-tutorial]# export TUTORIAL_HOME=`pwd`
[root@master quarkus-tutorial]# export QUARKUS_VERSION=0.21.2
```

在 RHEL 中创建 Quarkus 项目，如下所示。

```
mvn io.quarkus:quarkus-maven-plugin:$QUARKUS_VERSION:create \
  -DprojectGroupId="com.example" \
  -DprojectArtifactId="fruits-app" \
  -DprojectVersion="1.0-SNAPSHOT" \
  -DclassName="FruitResource" \
  -Dpath="fruit"
```

创建成功后，结果如图 9-12 所示。

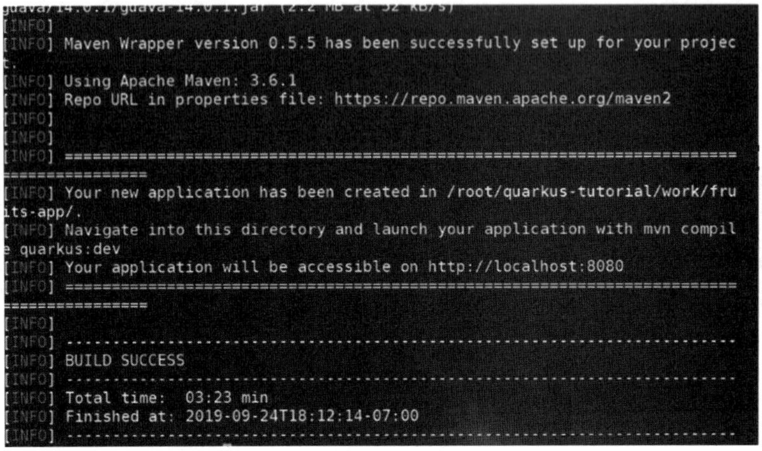

```
[INFO]
[INFO] Maven Wrapper version 0.5.5 has been successfully set up for your projec
t.
[INFO] Using Apache Maven: 3.6.1
[INFO] Repo URL in properties file: https://repo.maven.apache.org/maven2
[INFO]
[INFO]
[INFO] ========================================================================
================
[INFO] Your new application has been created in /root/quarkus-tutorial/work/fru
its-app/.
[INFO] Navigate into this directory and launch your application with mvn compil
e quarkus:dev
[INFO] Your application will be accessible on http://localhost:8080
[INFO] ========================================================================
================
[INFO]
[INFO] ------------------------------------------------------------------------
[INFO] BUILD SUCCESS
[INFO] ------------------------------------------------------------------------
[INFO] Total time:  03:23 min
[INFO] Finished at: 2019-09-24T18:12:14-07:00
[INFO] ------------------------------------------------------------------------
```

图 9-12　成功创建 Quarkus 项目

查看项目中生成的文件，如下所示。

```
[root@master quarkus-tutorial]# ls -al /root/quarkus-tutorial/work/fruits-app/.
  total 32
  drwxr-xr-x. 4 root root   111 Sep 24 18:12 .
  drwxr-xr-x. 3 root root    41 Sep 24 18:08 ..
  -rw-r--r--. 1 root root    53 Sep 24 18:11 .dockerignore
  -rw-r--r--. 1 root root   295 Sep 24 18:11 .gitignore
  drwxr-xr-x. 3 root root    21 Sep 24 18:12 .mvn
  -rwxrwxr-x. 1 root root 10078 Sep 24 18:12 mvnw
  -rw-rw-r--. 1 root root  6609 Sep 24 18:12 mvnw.cmd
  -rw-r--r--. 1 root root  3693 Sep 24 18:11 pom.xml
  drwxr-xr-x. 4 root root    30 Sep 24 18:11 src
```

查看应用的源码，如下所示。

```
#cat src/main/java/com/example/FruitResource.java
package com.example;
import javax.ws.rs.GET;
import javax.ws.rs.Path;
import javax.ws.rs.Produces;
import javax.ws.rs.core.MediaType;

@Path("/fruit")
public class FruitResource {
```

```
    @GET
    @Produces(MediaType.TEXT_PLAIN)
    public String hello() {
        return "hello";
    }
}
```

上面代码定义了一个名为 /fruit 的 URI，通过 get 访问时返回“hello”。

接下来，我们分别通过 JVM 和 Native 方式生成并运行 Quarkus 应用程序。

首先通过传统的 JVM 方式生成应用，编译成功结果如图 9-13 所示。

```
./mvnw -DskipTests clean package
```

```
[INFO] [io.quarkus.deployment.QuarkusAugmentor] Beginning quarkus augmentation
[INFO] [org.jboss.threads] JBoss Threads version 3.0.0.Beta5
[INFO] [io.quarkus.deployment.QuarkusAugmentor] Quarkus augmentation completed in 2275ms
[INFO] [io.quarkus.creator.phase.runnerjar.RunnerJarPhase] Building jar: /root/quarkus-tutorial/work/fruits-app/target/fruits-app-1.0-SNAPSHOT-runner.jar
[INFO] ------------------------------------------------------------------------
[INFO] BUILD SUCCESS
[INFO] ------------------------------------------------------------------------
[INFO] Total time:  54.808 s
[INFO] Finished at: 2019-09-24T18:19:48-07:00
[INFO] ------------------------------------------------------------------------
[root@node fruits-app]#
```

图 9-13　源码编译成功

查看编译生成的 jar 文件，如下所示。

```
 [root@node fruits-app]# ls -al target/fruits-app-1.0-SNAPSHOT-runner.jar
-rw-r--r--. 1 root root 114363 Sep 24 18:19 target/fruits-app-1.0-SNAPSHOT-runner.jar
```

接下来，以 JVM 方式运行应用，如下所示。

```
[root@node fruits-app]# java -jar target/fruits-app-1.0-SNAPSHOT-runner.jar
2019-09-24 18:20:29,785 INFO  [io.quarkus] (main) Quarkus 0.21.2 started in
    1.193s. Listening on: http://[::]:8080
2019-09-24 18:20:29,837 INFO  [io.quarkus] (main) Installed features: [cdi, resteasy]
```

应用运行以后，通过浏览器访问应用，可以看到返回值是 hello，如图 9-14 所示。

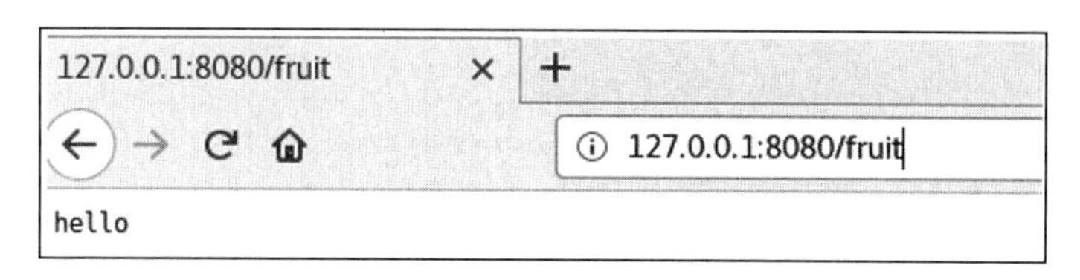

图 9-14　浏览器访问应用

接下来，我们使用 Docker-Native 方式来编辑应用，生成二进制文件。编译过程中会使用红帽提供的 docker image，构建成功后在 target 目录中生成独立的二进制文件。执行如下命令启动编译。

```
[root@node fruits-app]# ./mvnw package -DskipTests -Pnative -Dquarkus.native.
```

```
    container-build=true
```

编译过程如图 9-15 所示，Quarkus 的 Docker-Native 编译过程会先生成 jar 文件 fruits-app-1.0-SNAPSHOT-runner.jar（这个 jar 文件和基于 JVM 方式编译成功的 jar 文件有所区别）。然后调用红帽的容器镜像 ubi-quarkus-native-image，从 jar 文件生成二进制可执行文件 fruits-app-1.0-SNAPSHOT-runner。

```
[INFO] [io.quarkus.deployment.pkg.steps.JarResultBuildStep] Building native image source jar: /root/quarkus-tutorial/work/fruits-app/t
arget/fruits-app-1.0-SNAPSHOT-native-image-source-jar/fruits-app-1.0-SNAPSHOT-runner.jar
[INFO] [io.quarkus.deployment.pkg.steps.NativeImageBuildStep] Building native image from /root/quarkus-tutorial/work/fruits-app/target
/fruits-app-1.0-SNAPSHOT-native-image-source-jar/fruits-app-1.0-SNAPSHOT-runner.jar
[INFO] [io.quarkus.deployment.pkg.steps.NativeImageBuildStep] Running Quarkus native-image plugin on OpenJDK 64-Bit Server VM
[INFO] [io.quarkus.deployment.pkg.steps.NativeImageBuildStep] docker run -v /root/quarkus-tutorial/work/fruits-app/target/fruits-app-1
.0-SNAPSHOT-native-image-source-jar:/project:z --user 0:0 --rm quay.io/quarkus/ubi-quarkus-native-image:19.2.1 -J-Djava.util.logging.m
anager=org.jboss.logmanager.LogManager -J-Dsun.nio.ch.maxUpdateArraySize=100 -J-Dvertx.logger-delegate-factory-class-name=io.quarkus.v
ertx.core.runtime.VertxLogDelegateFactory -J-Dvertx.disableDnsResolver=true -J-Dio.netty.leakDetection.level=DISABLED -J-Dio.netty.all
ocator.maxOrder=1 --initialize-at-build-time= -H:InitialCollectionPolicy=com.oracle.svm.core.genscavenge.CollectionPolicy$BySpaceAndTi
me -jar fruits-app-1.0-SNAPSHOT-runner.jar -J-Djava.util.concurrent.ForkJoinPool.common.parallelism=1 -H:FallbackThreshold=0 -H:+Repor
tExceptionStackTraces -H:-AddAllCharsets -H:EnableURLProtocols=http -H:-JNI --no-server -H:-UseServiceLoaderFeature -H:+StackTrace fru
its-app-1.0-SNAPSHOT-runner
[fruits-app-1.0-SNAPSHOT-runner:23]        image:   4,112.41 ms
[fruits-app-1.0-SNAPSHOT-runner:23]        write:     653.65 ms
[fruits-app-1.0-SNAPSHOT-runner:23]      [total]: 122,902.75 ms
[INFO] [io.quarkus.deployment.QuarkusAugmentor] Quarkus augmentation completed in 126135ms
[INFO] ------------------------------------------------------------------------
[INFO] BUILD SUCCESS
[INFO] ------------------------------------------------------------------------
[INFO] Total time:  02:08 min
[INFO] Finished at: 2019-11-07T22:28:30-08:00
[INFO] ------------------------------------------------------------------------
```

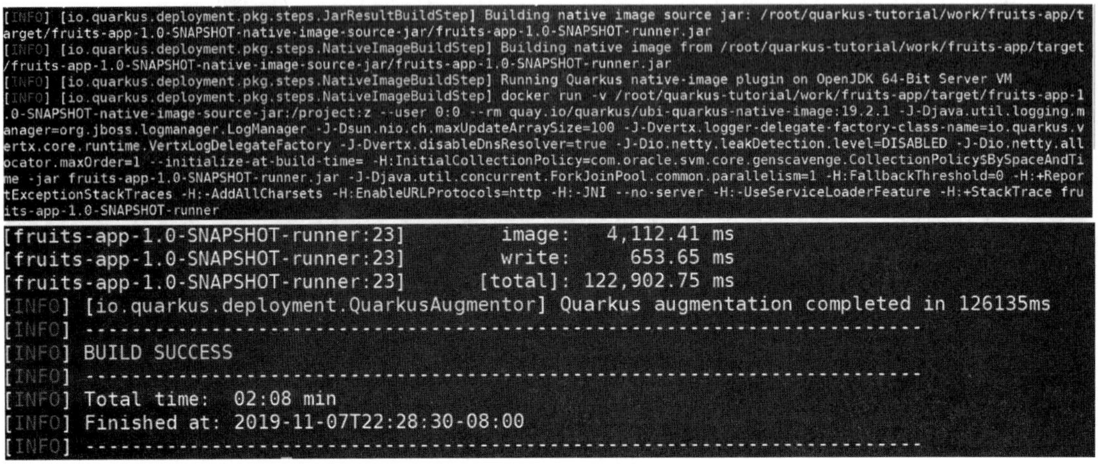

图 9-15　Quarkus Docker-Native 编译过程

从 fruits-app-1.0-SNAPSHOT-runner.jar 文件生成二进制可执行文件的过程中会嵌入一些库文件（这些库文件是生成 fruits-app-1.0-SNAPSHOT-runner.jar 文件时产生的），以 class 的形式存到二进制文件中。lib 目录中包含二进制文件 fruits-app-1.0-SNAPSHOT-runner 运行所需要内容，如 org.graalvm.sdk.graal-sdk-19.2.0.1.jar，如下所示。

```
[root@node target]# cd fruits-app-1.0-SNAPSHOT-native-image-source-jar
[root@node fruits-app-1.0-SNAPSHOT-native-image-source-jar]# ls
fruits-app-1.0-SNAPSHOT-runner  fruits-app-1.0-SNAPSHOT-runner.jar  lib
[root@node fruits-app-1.0-SNAPSHOT-native-image-source-jar]# ls lib/* |grep -i gra
lib/org.graalvm.sdk.graal-sdk-19.2.0.1.jar
```

查看生成的二进制文件 fruits-app-1.0-SNAPSHOT-runner，直接在 RHEL7 中运行，如下所示。

```
[root@node fruits-app]# ls -al target/fruits-app-1.0-SNAPSHOT-runner
-rwxr-xr-x. 1 root root 23092264 Nov  7 22:28 target/fruits-app-1.0-SNAPSHOT-runner
[root@node target]# ./fruits-app-1.0-SNAPSHOT-runner
2019-11-08 06:37:13,852 INFO  [io.quarkus] (main) fruits-app 1.0-SNAPSHOT
   (running on Quarkus 0.27.0) started in 0.012s. Listening on: http://0.0.0.0:8080
2019-11-08 06:37:13,852 INFO  [io.quarkus] (main) Profile prod activated.
2019-11-08 06:37:13,852 INFO  [io.quarkus] (main) Installed features: [cdi, resteasy]
```

通过浏览器访问应用，结果正常，如图 9-16 所示。

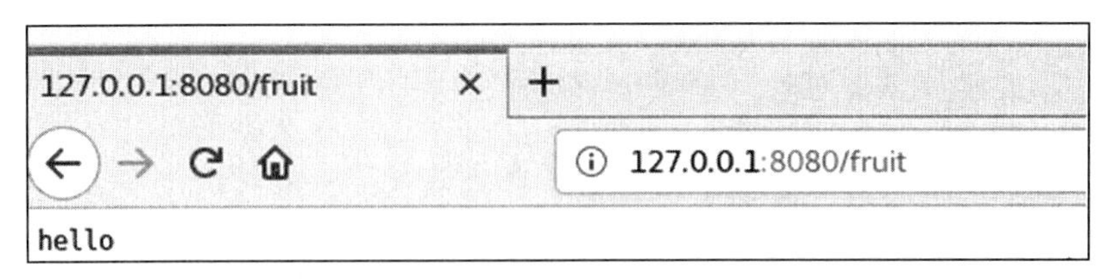

图 9-16　应用访问结果

从上面内容我们可以了解到：Quarkus Native 的构建环境需要完整的 GraalVM 环境（RHEL 中安装或以容器方式运行），而编译成功的二进制文件已经包含 GraalVM 的运行时，可以直接在操作系统或容器中直接运行。

生成的二进制文件也可以用容器的方式运行，即构建 Docker Image。构建有两种方式：基于传统的 JVM 的方式或基于 Native 的方式。

传统 JVM 方式运行的 docker file 如下所示，我们可以看到 docker file 使用的基础镜像是 openjdk8。

```
[root@node docker]# cat Dockerfile.jvm
FROM fabric8/java-alpine-openjdk8-jre
ENV JAVA_OPTIONS="-Dquarkus.http.host=0.0.0.0 -Djava.util.logging.manager=org.
   jboss.logmanager.LogManager"
ENV AB_ENABLED=jmx_exporter
COPY target/lib/* /deployments/lib/
COPY target/*-runner.jar /deployments/app.jar
EXPOSE 8080

# run with user 1001 and be prepared for be running in OpenShift too
RUN adduser -G root --no-create-home --disabled-password 1001 \
  && chown -R 1001 /deployments \
  && chmod -R "g+rwX" /deployments \
  && chown -R 1001:root /deployments
USER 1001

ENTRYPOINT [ "/deployments/run-java.sh" ]
```

Native 方式运行的 docker file 如下所示，使用的基础镜像是 ubi-minimal。UBI 的全称是 Universal Base Image，这是红帽 RHEL 最轻量级的基础容器镜像。

```
 [root@node docker]# cat Dockerfile.native
FROM registry.access.redhat.com/ubi8/ubi-minimal
WORKDIR /work/
COPY target/*-runner /work/application
RUN chmod 775 /work
EXPOSE 8080
CMD ["./application", "-Dquarkus.http.host=0.0.0.0"]
```

在构建的时候，推荐使用 Dockerfile.native 方式构建 docker image，构建并运行的命令如下。

```
[root@node fruits-app]# docker build -f src/main/docker/Dockerfile.native -t
```

```
    example/fruits-app:1.0-SNAPSHOT . && \
> docker run -it --rm -p 8080:8080 example/fruits-app:1.0-SNAPSHOT
```

命令执行结果如图 9-17 所示。

```
Sending build context to Docker daemon  23.1 MB
Step 1/6 : FROM registry.access.redhat.com/ubi8/ubi-minimal
Trying to pull repository registry.access.redhat.com/ubi8/ubi-minimal ...
sha256:32fb8bae553bfba2891f535fa9238f79aafefb7eff603789ba8920f505654607: Pulling from registry.access.redhat.com/ubi8/ubi-minimal
645c2831c08a: Pull complete
5e98065763a5: Pull complete
Digest: sha256:32fb8bae553bfba2891f535fa9238f79aafefb7eff603789ba8920f505654607
Status: Downloaded newer image for registry.access.redhat.com/ubi8/ubi-minimal:latest
 ---> 469119976c56
Step 2/6 : WORKDIR /work/
 ---> 2e1158c0568f
Removing intermediate container 5af7772fe968
Step 3/6 : COPY target/*-runner /work/application
 ---> 071d028eba31
Removing intermediate container 57b287ad2c2f
Step 4/6 : RUN chmod 775 /work
 ---> Running in 364455eb6a62

 ---> 9f0b51dee62b
Removing intermediate container 364455eb6a62
Step 5/6 : EXPOSE 8080
 ---> Running in 2b8830b6c560
 ---> 8a1764427a9c
Removing intermediate container 2b8830b6c560
Step 6/6 : CMD ./application -Dquarkus.http.host=0.0.0.0
 ---> Running in e9a76b7e5561
 ---> 7ca423ef6846
Removing intermediate container e9a76b7e5561
Successfully built 7ca423ef6846
2019-11-08 06:39:17,867 INFO  [io.quarkus] (main) fruits-app 1.0-SNAPSHOT (running on Quarkus 0.27.0) started in 0.036s. Listening on:
 http://0.0.0.0:8080
```

图 9-17　Native 方式构建应用的 docker image

查看容器运行情况，可以正常运行，docker image 的名称是 fruits-app:1.0-SNAPSHOT。

```
[root@node ~]# docker ps
CONTAINER ID   IMAGE   COMMAND   CREATED   STATUS   PORTS   NAMES
ae46922cd0cf   example/fruits-app:1.0-SNAPSHOT   "./application -Dq..."   57
    seconds ago    Up 57 seconds       0.0.0.0:8080->8080/tcp   nervous_bartik
```

至此，我们完成了对 Quarkus 应用构建和运行的验证。

9.3.5　Quarkus 的热加载

接下来，我们验证 Quarkus 应用在开发模式的热加载功能。以开发模式启动应用后，修改应用源代码无须重新编译和重新运行。如果是 Web 应用，在前台刷新浏览器即可看到更新结果。Quarkus 的开发模式非常适合应用于调试阶段以及经常需要调整源码并验证效果的需求。

以开发模式编译并热部署应用，如下所示。

```
 [root@master fruits-app]# ./mvnw compile quarkus:dev
[INFO] Scanning for projects...
[INFO]
[INFO] ----------------------< com.example:fruits-app >----------------------
[INFO] Building fruits-app 1.0-SNAPSHOT
[INFO] --------------------------------[ jar ]--------------------------------
[INFO]
[INFO] --- maven-resources-plugin:2.6:resources (default-resources) @ fruits-app ---
```

```
[INFO] Using 'UTF-8' encoding to copy filtered resources.
[INFO] Copying 2 resources
[INFO]
[INFO] --- maven-compiler-plugin:3.1:compile (default-compile) @ fruits-app ---
[INFO] Nothing to compile - all classes are up to date
[INFO]
[INFO] --- quarkus-maven-plugin:0.21.2:dev (default-cli) @ fruits-app ---
Listening for transport dt_socket at address: 5005
2019-09-24 21:18:06,422 INFO  [io.qua.dep.QuarkusAugmentor] (main) Beginning
    quarkus augmentation
2019-09-24 21:18:07,572 INFO  [io.qua.dep.QuarkusAugmentor] (main) Quarkus
    augmentation completed in 1150ms
2019-09-24 21:18:07,918 INFO  [io.quarkus] (main) Quarkus 0.21.2 started in
    1.954s. Listening on: http://[::]:8080
2019-09-24 21:18:07,921 INFO  [io.quarkus] (main) Installed features: [cdi, resteasy]
```

应用启动成功后，通过浏览器访问结果如图 9-18 所示。

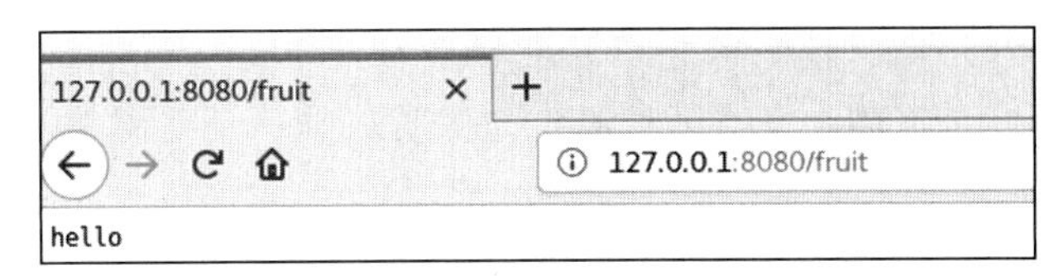

图 9-18　应用访问结果

接下来，修改源码文件 src/main/java/com/example/FruitResource.java，将访问返回从“hello”修改为“hello Davidwei!”，如下所示。

```
package com.example;

import javax.ws.rs.GET;
import javax.ws.rs.Path;
import javax.ws.rs.Produces;
import javax.ws.rs.core.MediaType;

@Path("/fruit")
public class FruitResource {

    @GET
    @Produces(MediaType.TEXT_PLAIN)
    public String hello() {
        return "hello Davidwei!";
    }
}
```

直接刷新浏览器，如图 9-19 所示，我们看到浏览器的返回结果与此前在源码中修改的内容一致。

至此，我们完成了对 Quarkus 应用的热加载功能的验证。

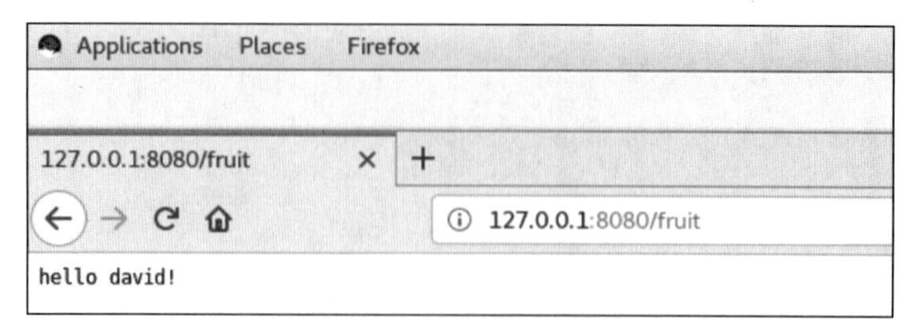

图 9-19　应用访问结果

9.3.6　在 OpenShift 中部署 Quarkus 应用程序

要将 Quarkus 应用部署到 OpenShift 中，首先需要添加 Quarkus Kubernetes 扩展。

Quarkers 的扩展是一组依赖项，可以将它们添加到 Quarkus 项目中，从而获得特定的功能，例如健康检查等。扩展将配置和引导框架或技术集成到 Quarkus 应用程序中。通过命令行可以列出 Quarkers 可用和支持的扩展，如下所示。

```
[root@master fruits-app]# ./mvnw quarkus:list-extensions
[INFO] Scanning for projects...
[INFO]
[INFO] -----------------------< com.example:fruits-app >-----------------------
[INFO] Building fruits-app 1.0-SNAPSHOT
[INFO] --------------------------------[ jar ]---------------------------------
[INFO]
[INFO] --- quarkus-maven-plugin:0.21.2:list-extensions (default-cli) @ fruits-app ---

Current Quarkus extensions available:
Agroal - Database connection pool          quarkus-agroal
Amazon DynamoDB                            quarkus-amazon-dynamodb
Apache Kafka Client                        quarkus-kafka-client
Apache Kafka Streams                       quarkus-kafka-streams
Apache Tika                                quarkus-tika
Arc                                        quarkus-arc
AWS Lambda                                 quarkus-amazon-lambda
Flyway                                     quarkus-flyway
Hibernate ORM                              quarkus-hibernate-orm
Hibernate ORM with Panache                 quarkus-hibernate-orm-panache
Hibernate Search + Elasticsearch           quarkus-hibernate-search-elasticsearch
Hibernate Validator                        quarkus-hibernate-validator
Infinispan Client                          quarkus-infinispan-client
JDBC Driver - H2                           quarkus-jdbc-h2
JDBC Driver - MariaDB                      quarkus-jdbc-mariadb
JDBC Driver - PostgreSQL                   quarkus-jdbc-postgresql
Jackson                                    quarkus jackson
JSON-B                                     quarkus-jsonb
JSON-P                                     quarkus-jsonp
Keycloak                                   quarkus-keycloak
Kogito                                     quarkus-kogito
Kotlin                                     quarkus-kotlin
Kubernetes                                 quarkus-kubernetes
Kubernetes Client                          quarkus-kubernetes-client
```

```
Mailer                                          quarkus-mailer
MongoDB Client                                  quarkus-mongodb-client
Narayana JTA - Transaction manager              quarkus-narayana-jta
Neo4j client                                    quarkus-neo4j
Reactive PostgreSQL Client                      quarkus-reactive-pg-client
RESTEasy                                        quarkus-resteasy
RESTEasy - JSON-B                               quarkus-resteasy-jsonb
RESTEasy - Jackson                              quarkus-resteasy-jackson
Scheduler                                       quarkus-scheduler
Security                                        quarkus-elytron-security
Security OAuth2                                 quarkus-elytron-security-oauth2
SmallRye Context Propagation                    quarkus-smallrye-context-propagation
SmallRye Fault Tolerance                        quarkus-smallrye-fault-tolerance
SmallRye Health                                 quarkus-smallrye-health
SmallRye JWT                                    quarkus-smallrye-jwt
SmallRye Metrics                                quarkus-smallrye-metrics
SmallRye OpenAPI                                quarkus-smallrye-openapi
SmallRye OpenTracing                            quarkus-smallrye-opentracing
SmallRye Reactive Streams Operators  quarkus-smallrye-reactive-streams-operators
SmallRye Reactive Type Converters    quarkus-smallrye-reactive-type-converters
SmallRye Reactive Messaging          quarkus-smallrye-reactive-messaging
SmallRye Reactive Messaging - Kafka Connector quarkus-smallrye-reactive-messaging-kafka
SmallRye Reactive Messaging - AMQP Connector quarkus-smallrye-reactive-messaging-amqp
REST Client                                     quarkus-rest-client
Spring DI compatibility layer                   quarkus-spring-di
Spring Web compatibility layer                  quarkus-spring-web
Swagger UI                                      quarkus-swagger-ui
Undertow                                        quarkus-undertow
Undertow WebSockets                             quarkus-undertow-websockets
Eclipse Vert.x                                  quarkus-vertx
```

添加Quarkus Kubernetes扩展，该扩展使用Dekorate生成默认的Kubernetes资源模板，如下所示。

```
[root@master fruits-app]# ./mvnw quarkus:add-extension -Dextensions="quarkus-
   kubernetes"
[INFO] Scanning for projects...
[INFO]
[INFO] ----------------------< com.example:fruits-app >----------------------
[INFO] Building fruits-app 1.0-SNAPSHOT
[INFO] --------------------------------[ jar ]---------------------------------
[INFO]
[INFO] --- quarkus-maven-plugin:0.21.2:add-extension (default-cli) @ fruits-app ---
☑ Adding extension io.quarkus:quarkus-kubernetes
[INFO] ------------------------------------------------------------------------
[INFO] BUILD SUCCESS
[INFO] ------------------------------------------------------------------------
[INFO] Total time:  2.466 s
[INFO] Finished at: 2019-09-24T23:27:21-07:00
[INFO] ------------------------------------------------------------------------
```

配置用于部署到OpenShift的容器组和应用名称，将以下属性加到src/main/resources / application.properties。

```
[root@master resources]# cat application.properties
quarkus.kubernetes.group=example
quarkus.application.name=fruits-app
```

接下来，运行 Maven 目标来生成 Kubernetes 资源，命令执行结果如图 9-20 所示。

```
./mvnw package -DskipTests
```

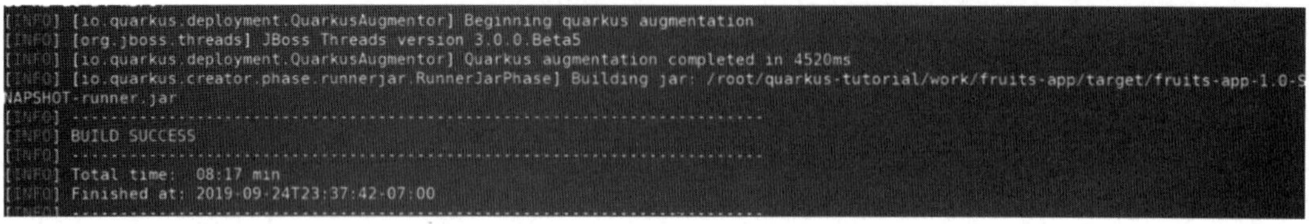

```
[INFO] [io.quarkus.deployment.QuarkusAugmentor] Beginning quarkus augmentation
[INFO] [org.jboss.threads] JBoss Threads version 3.0.0.Beta5
[INFO] [io.quarkus.deployment.QuarkusAugmentor] Quarkus augmentation completed in 4520ms
[INFO] [io.quarkus.creator.phase.runnerjar.RunnerJarPhase] Building jar: /root/quarkus-tutorial/work/fruits-app/target/fruits-app-1.0-S
NAPSHOT-runner.jar
[INFO] ------------------------------------------------------------------------
[INFO] BUILD SUCCESS
[INFO] ------------------------------------------------------------------------
[INFO] Total time:  08:17 min
[INFO] Finished at: 2019-09-24T23:37:42-07:00
```

图 9-20　生成 Kubernetes 资源

接下来，我们检查自动生成的 Kubernetes 资源，如下所示（这里使用上面步骤中生成的容器镜像 fruits-app:1.0-SNAPSHOT）。

```
 [root@master fruits-app]# cat target/wiring-classes/META-INF/kubernetes/
    kubernetes.yml
---
apiVersion: "v1"
kind: "List"
items:
- apiVersion: "v1"
  kind: "Service"
  metadata:
    labels:
      app: "fruits-app"
      version: "1.0-SNAPSHOT"
      group: "example"
    name: "fruits-app"
  spec:
    ports:
    - name: "http"
      port: 8080
      targetPort: 8080
    selector:
      app: "fruits-app"
      version: "1.0-SNAPSHOT"
      group: "example"
    type: "ClusterIP"
- apiVersion: "apps/v1"
  kind: "Deployment"
  metadata:
    labels:
      app: "fruits-app"
      version: "1.0-SNAPSHOT"
      group: "example"
    name: "fruits-app"
  spec:
    replicas: 1
```

```
    selector:
      matchLabels:
        app: "fruits-app"
        version: "1.0-SNAPSHOT"
        group: "example"
    template:
      metadata:
        labels:
          app: "fruits-app"
          version: "1.0-SNAPSHOT"
          group: "example"
      spec:
        containers:
        - env:
          - name: "KUBERNETES_NAMESPACE"
            valueFrom:
              fieldRef:
                fieldPath: "metadata.namespace"
          image: "example/fruits-app:1.0-SNAPSHOT"
          imagePullPolicy: "IfNotPresent"
          name: "fruits-app"
          ports:
          - containerPort: 8080
            name: "http"
            protocol: "TCP"
```

在 OpenShift 中应用 Kubernetes 资源。

```
[root@master fruits-app]# oc apply -f  target/wiring-classes/META-INF/
    kubernetes/kubernetes.yml
service/fruits-app created
deployment.apps/fruits-app created
```

执行上述命令后，包含应用的 pod 会被自动创建，如图 9-21 所示。

图 9-21　查看生成的 pod

在 OpenShift 中创建路由。

```
[root@master ~]# oc expose service fruits-app
route.route.openshift.io/fruits-app exposed
```

通过 curl 验证调用应用 fruit URI 的返回值，确保应用运行正常。

```
[root@master ~]# SVC_URL=$(oc get routes fruits-app -o jsonpath='{.spec.host}')
[root@master ~]# curl $SVC_URL/fruit
Hello DavidWei!
```

至此，我们成功将 Quarkus 应用部署到 OpenShift 上。

9.3.7 为 Quarkus 应用添加 Rest Client 扩展

在微服务架构中，如果应用要访问外部 RESTful Web 服务，那么 Quarkus 需要按照 MicroProfile Rest Client 规范提供 Rest 客户端。

针对 fruits-app，我们创建一个可以访问 http://www.fruityvice.com 的 Rest 客户端，以获取有关水果的营养成分。我们查看 RESTful Web 服务的页面，通过 get 方式可以查看所有水果信息，如图 9-22 所示。

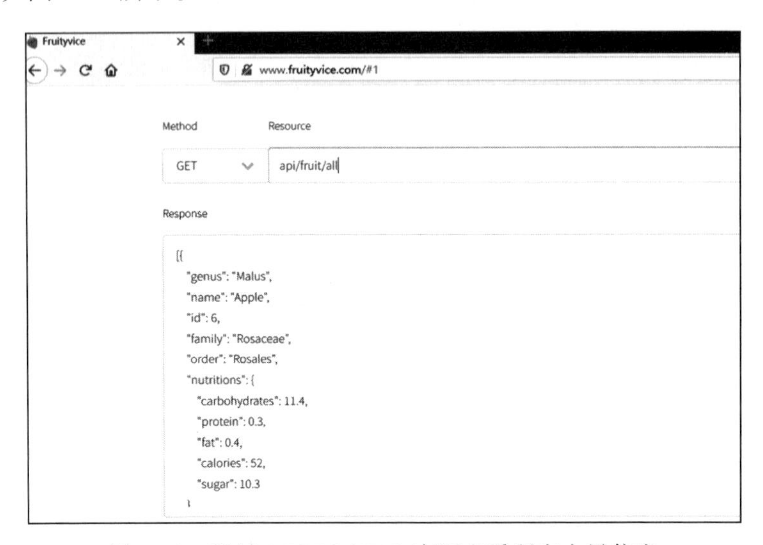

图 9-22　通过 RESTful Web 应用查看所有水果信息

查看香蕉的营养成分，如图 9-23 所示。

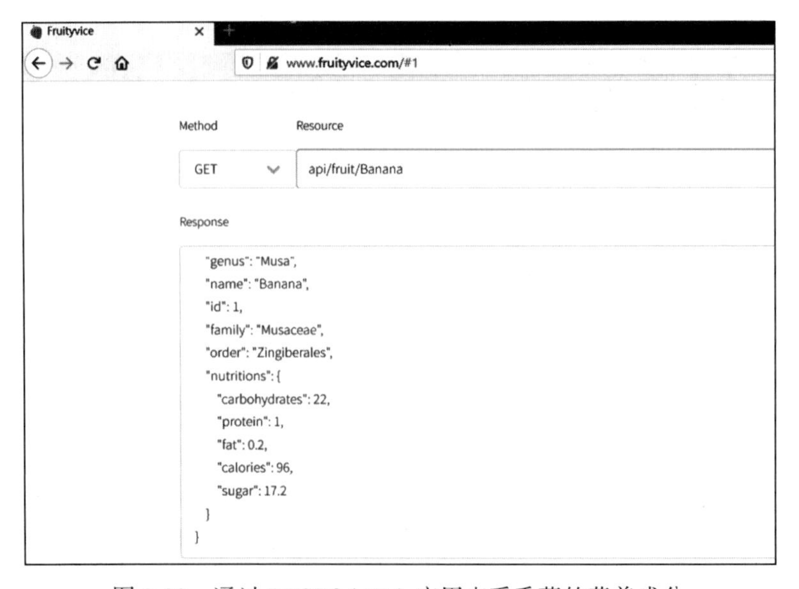

图 9-23　通过 RESTful Web 应用查看香蕉的营养成分

为了让 fruits-app 应用能够访问 RESTful Web 应用，我们添加 Rest Client 和 JSON-B 扩展（quarkus-rest-client、quarkus-resteasy-jsonb）。

运行以下命令进行添加：/mvnw quarkus:add-extension -Dextension="quarkus-rest-client, quarkus-resteasy-jsonb"。执行结果如图 9-24 所示。

```
[INFO] Scanning for projects...
[INFO]
[INFO] ----------------------< com.example:fruits-app >----------------------
[INFO] Building fruits-app 1.0-SNAPSHOT
[INFO] --------------------------------[ jar ]---------------------------------
[INFO]
[INFO] --- quarkus-maven-plugin:0.21.2:add-extension (default-cli) @ fruits-app ---
✅ Adding extension io.quarkus:quarkus-resteasy-jsonb
✅ Adding extension io.quarkus:quarkus-rest-client
[INFO] ------------------------------------------------------------------------
[INFO] BUILD SUCCESS
[INFO] ------------------------------------------------------------------------
[INFO] Total time:  4.781 s
[INFO] Finished at: 2019-09-25T00:34:46-07:00
[INFO] ------------------------------------------------------------------------
```

图 9-24　为 Quarkus 应用添加 Rest Client 和 JSON-B 扩展

我们还需要创建一个 POJO 对象，该对象用于将 JSON 消息从 http://www.fruityvice.com 反序列化为 Java 对象。

在 src/main/java/com/example 中创建名为 FruityVice 的新 Java 文件，其内容如下所示。

```
 [root@master example]# cat FruityVice
package com.example;

public class FruityVice {

    public static FruityVice EMPTY_FRUIT = new FruityVice();

    private String name;
    private Nutritions nutritions;

    public String getName() {
        return name;
    }

    public void setName(String name) {
        this.name = name;
    }

    public Nutritions getNutritions() {
        return nutritions;
    }

    public void setNutritions(Nutritions nutritions) {
        this.nutritions = nutritions;
    }

    public static class Nutritions {
        private double fat;
```

```
        private int calories;

        public double getFat() {
            return fat;
        }

        public void setFat(double fat) {
            this.fat = fat;
        }

        public int getCalories() {
            return calories;
        }

        public void setCalories(int calories) {
            this.calories = calories;
        }

    }
}
```

接下来创建一个 Java 接口，该接口充当代码和外部服务之间的客户端。在 src/main/java/com/example 中创建名为 FruityViceService 的新 Java 文件，内容如下所示。

```
 [root@master example]# cat FruityViceService
package com.example;

import java.util.List;

import javax.ws.rs.GET;
import javax.ws.rs.Path;
import javax.ws.rs.PathParam;
import javax.ws.rs.Produces;
import javax.ws.rs.core.MediaType;

import org.eclipse.microprofile.rest.client.inject.RegisterRestClient;

@Path("/api")
@RegisterRestClient
public interface FruityViceService {

    @GET
    @Path("/fruit/all")
    @Produces(MediaType.APPLICATION_JSON)
    public List<FruityVice> getAllFruits();

    @GET
    @Path("/fruit/{name}")
    @Produces(MediaType.APPLICATION_JSON)
    public FruityVice getFruitByName(@PathParam("name") String name);

}
```

配置 FruityVice 服务，将以下属性添加到 src/main/resources/application.properties 文件

中，如下所示。

```
 [root@master fruits-app]# cat src/main/resources/application.properties
quarkus.kubernetes.group=example
quarkus.application.name=fruits-app
com.example.FruityViceService/mp-rest/url=http://www.fruityvice.com
```

最后，修改 src/main/java/com/example/FruitResource.java，增加 FruityViceService 的调用，如下所示。

```
[root@master fruits-app]# cat src/main/java/com/example/FruitResource.java
package com.example;

import javax.ws.rs.GET;
import javax.ws.rs.Path;
import javax.ws.rs.PathParam;
import javax.ws.rs.Produces;
import javax.ws.rs.core.MediaType;

import org.eclipse.microprofile.rest.client.inject.RestClient;

import com.example.FruityViceService;

@Path("/fruit")
public class FruitResource {

    @GET
    @Produces(MediaType.TEXT_PLAIN)
    public String hello() {
        return "hello";
    }


@RestClient
FruityViceService fruityViceService;
@Path("{name}")
@GET
@Produces(MediaType.APPLICATION_JSON)
public FruityVice getFruitInfoByName(@PathParam("name") String name) {
    return fruityViceService.getFruitByName(name);
}
}
```

我们以开发模式启动应用程序，命令执行结果如图 9-25 所示。

```
./mvnw compile quarkus:dev
```

我们通过浏览器访问应用，查看香蕉的营养成分，成功返回信息，如图 9-26 所示。至此，我们成功完成了对 Quarkus 应用添加 Rest Client 扩展的验证。

```
[root@master fruits-app]# ./mvnw compile quarkus:dev
[INFO] Scanning for projects...
[INFO]
[INFO] ----------------------< com.example:fruits-app >----------------------
[INFO] Building fruits-app 1.0-SNAPSHOT
[INFO] --------------------------------[ jar ]--------------------------------
[INFO]
[INFO] --- maven-resources-plugin:2.6:resources (default-resources) @ fruits-app ---
[INFO] Using 'UTF-8' encoding to copy filtered resources.
[INFO] Copying 2 resources
[INFO]
[INFO] --- maven-compiler-plugin:3.1:compile (default-compile) @ fruits-app ---
[INFO] Nothing to compile - all classes are up to date
[INFO]
[INFO] --- quarkus-maven-plugin:0.21.2:dev (default-cli) @ fruits-app ---
Listening for transport dt_socket at address: 5005
2019-09-26 01:14:41,369 INFO  [io.qua.dep.QuarkusAugmentor] (main) Beginning quarkus augmentation
2019-09-26 01:14:44,159 INFO  [io.qua.dep.QuarkusAugmentor] (main) Quarkus augmentation completed in 2790ms
2019-09-26 01:14:45,102 INFO  [io.quarkus] (main) Quarkus 0.21.2 started in 4.213s. Listening on: http://[::]:8080
2019-09-26 01:14:45,106 INFO  [io.quarkus] (main) Installed features: [cdi, rest-client, resteasy, resteasy-jsonb]
```

图 9-25　以开发模式启动应用

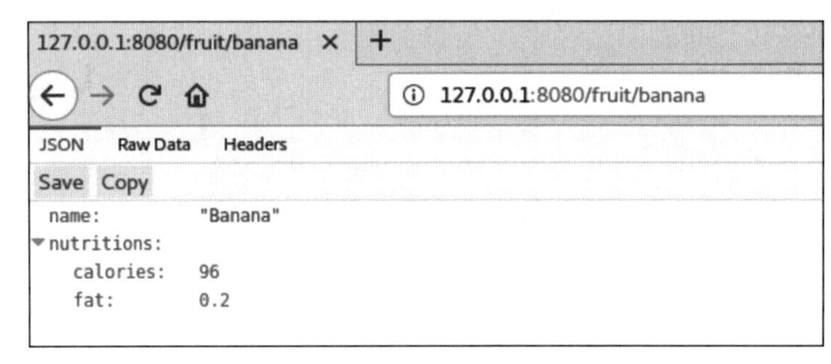

图 9-26　访问应用查看香蕉的营养成分

9.3.8 Quarkus 应用的容错能力

在微服务中，容错是非常重要的。在以往的方法中，我们可以通过微服务治理框架（如 Spring Cloud）来实现；在 Quarkus 应用中，Quarkus 与 MicroProfile Fault Tolerance 规范集成提供原生的容错功能。

我们为 Quarkus 应用程序添加 Fault Tolerance 扩展（quarkus-smallrye-fault-tolerance），执行如下命令，执行结果如图 9-27 所示。

```
./mvnw quarkus:add-extension -Dextension="quarkus-smallrye-fault-tolerance"
```

```
[root@master fruits-app]# ./mvnw quarkus:add-extension -Dextension="quarkus-smallrye-fault-tolerance"
[INFO] Scanning for projects...
[INFO]
[INFO] ----------------------< com.example:fruits-app >----------------------
[INFO] Building fruits-app 1.0-SNAPSHOT
[INFO] --------------------------------[ jar ]--------------------------------
[INFO]
[INFO] --- quarkus-maven-plugin:0.21.2:add-extension (default-cli) @ fruits-app ---
✅ Adding extension io.quarkus:quarkus-smallrye-fault-tolerance
[INFO] ------------------------------------------------------------------------
[INFO] BUILD SUCCESS
[INFO] ------------------------------------------------------------------------
[INFO] Total time:  2.737 s
[INFO] Finished at: 2019-09-26T01:18:32-07:00
[INFO] ------------------------------------------------------------------------
```

图 9-27　为 Quarkus 添加 Fault Tolerance 扩展

接下来在FruityViceService中添加重试策略。添加org.eclipse.microprofile.faulttolerance.Retry到源码文件src/main/java/java/com/example/FruityViceService.java中，并添加错误重试的次数和时间（maxRetries = 3, delay = 2000），如下所示。

```
package com.example;
import java.util.List;

import javax.ws.rs.GET;
import javax.ws.rs.Path;
import javax.ws.rs.PathParam;
import javax.ws.rs.Produces;
import javax.ws.rs.core.MediaType;

import org.eclipse.microprofile.faulttolerance.Retry;
import org.eclipse.microprofile.rest.client.inject.RegisterRestClient;

@Path("/api")
@RegisterRestClient
public interface FruityViceService {

    @GET
    @Path("/fruit/all")
    @Produces(MediaType.APPLICATION_JSON)
    public List<FruityVice> getAllFruits();

    @GET
    @Path("/fruit/{name}")
    @Produces(MediaType.APPLICATION_JSON)
    @Retry(maxRetries = 3, delay = 2000)
    public FruityVice getFruitByName(@PathParam("name") String name);

}
```

完成配置后，如果访问应用出现任何错误，将自动执行3次重试，两次重试之间等待2秒钟。

接下来，我们以开发模式编译并加载应用。

```
./mvnw compile quarkus:dev
```

应用启动后，将实验环境与外部互联网的连接断掉，并再次对应用发起请求：http://localhost:8080/fruit/banana。在等待大约6秒（3次重试，每次等待2秒）后，将会触发异常报错，这符合我们的预期，如下所示。

```
Caused by: javax.ws.rs.ProcessingException: RESTEASY004655: Unable to invoke
   request: java.net.UnknownHostException: www.fruityvice.com
Caused by: java.net.UnknownHostException: www.fruityvice.com
```

有时候，我们并不需要在应用前台报错时显示代码内部内容。出于这个目的，我们修改FruityViceService的源码文件，在其中添加org.eclipse.microprofile.faulttolerance.Fallback，使用MicroProfile的Fallback框架，这样当应用无法访问时会返回空（return FruityVice.

EMPTY_FRUIT;)，如下所示。

```
package com.example;

import java.util.List;

import javax.ws.rs.GET;
import javax.ws.rs.Path;
import javax.ws.rs.PathParam;
import javax.ws.rs.Produces;
import javax.ws.rs.core.MediaType;

import org.eclipse.microprofile.faulttolerance.ExecutionContext;
import org.eclipse.microprofile.faulttolerance.Fallback;
import org.eclipse.microprofile.faulttolerance.FallbackHandler;
import org.eclipse.microprofile.faulttolerance.Retry;
import org.eclipse.microprofile.rest.client.inject.RegisterRestClient;

@Path("/api")
@RegisterRestClient
public interface FruityViceService {

    @GET
    @Path("/fruit/all")
    @Produces(MediaType.APPLICATION_JSON)
    public List<FruityVice> getAllFruits();



    @GET
    @Path("/fruit/{name}")
    @Produces(MediaType.APPLICATION_JSON)
    @Retry(maxRetries = 3, delay = 2000)
    @Fallback(value = FruityViceRecovery.class)
    public FruityVice getFruitByName(@PathParam("name") String name);

    public static class FruityViceRecovery implements FallbackHandler<FruityVice> {

    @Override
    public FruityVice handle(ExecutionContext context) {
        return FruityVice.EMPTY_FRUIT;
}

}
}
```

我们断开对外部互联网的访问，再次访问应用，当超时后返回空值，如图 9-28 所示。

```
[root@master fruits-app]# curl localhost:8080/fruit/banana
{}[root@master fruits-app]#
```

图 9-28　应用访问返回空值

至此，我们成功完成了对 Quarkus 应用的容错能力的验证。

9.3.9 Quarks 的事务管理

Java EE 标准定义了 Java 事务 API（Java Transaction API，JTA），它为运行在 Java EE 兼容应用程序服务器上的应用程序提供事务管理。此 API 为应用程序中的提交和回滚事务提供了一个方便的高级界面。例如，如果 Java 持久性 API（Java Persistence API，JPA）与 JTA 一起使用，则开发人员不必在应用程序源码中编写跟踪 SQL 提交和回滚的语句。JTA 以独立于数据库的方式处理这些操作。

JTA 有两种不同的方式来管理 Java EE 中的事务：

- 隐式 / 容器管理事务（implicit or Container Managed Transaction，CMT）：应用程序服务器管理事务边界并自动提交和回滚事务，而开发人员不需要编写代码来管理事务。这是默认的方式。因此这种事务管理的方式会用到 EJB Container。
- 显式 /Bean 管理事务（explicit or Bean Managed Transaction，BMT）：事务由开发人员在 Bean 级别（EJB 中）的代码中进行管理。开发人员负责控制交易范围和边界。

基于 Quarkus 开发框架的应用不会再部署到应用服务器上，因此其事务管理与传统 Java EE 的 CMT 和 BMT 也有所区别。Quarkus 使用 Narayana 进行事务管理。Narayana 是一个事务工具包，它为使用各种基于标准的交易协议开发的应用程序提供支持：

- JTA
- JTS
- Web-Service Transactions
- REST Transactions
- STM

XATMI/TX Narayana 作为 WildFly 应用程序服务器的一部分提供，它被开发为独立的事务管理器。Narayana 提供了开发运行在自己的传输协议上的事务应用程序所需的一切，并且可以嵌入各种容器中，如图 9-29 所示。

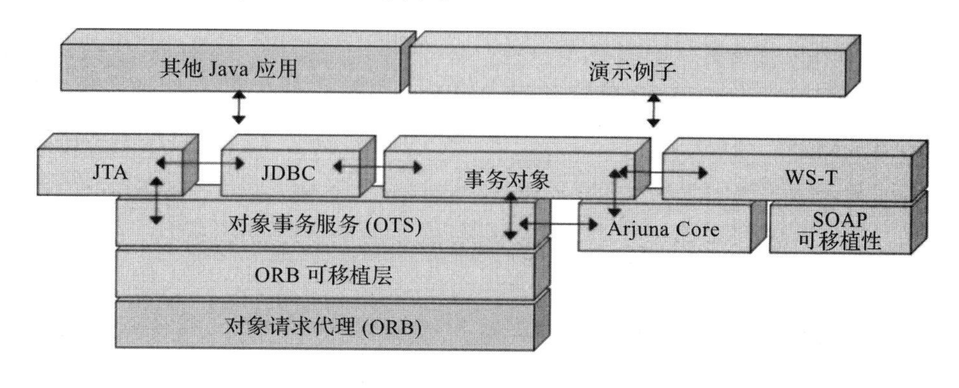

图 9-29　Narayana 架构

如果要在 Quarkus 中启用 Narayana，需要在 pom.xml 中进行如下设置。

```
<dependencies>
    <!-- Transaction Manager extension -->
    <dependency>
        <groupId>io.quarkus</groupId>
        <artifactId>quarkus-narayana-jta</artifactId>
    </dependency>
</dependencies>
```

更为详细的内容可以参考 https://quarkus.io/guides/transaction 网站。

除了 Narayana 以外，消息中间件（如 ActiveMQ ARTEMIS）也支持 XT。那么，我们能否借助消息中间件来实现 Quarkus 的事务管理呢？

目前，Quarkus 的 ARTEMIS JMS EXTENSION 技术已经存在，但此功能仅为技术预览版。具体的配置步骤见链接 https://quarkus.io/guides/jms#architecture，由于篇幅有限，本章不展开说明。相信后续此功能正式发布后，我们可以通过 ActiveMQ ARTEMIS 来实现 Quarkus 的事务管理。目前阶段来看，我们仍推荐使用 Narayana 来实现 Quarkus 的事务管理。

9.3.10 Spring Boot 应用向 Quarkus 的迁移

在上面内容中，我们介绍了 Quarkus 的特点，也推荐基于 Quarkus 开发新的云原生应用。那么现有 Spring Boot 应用如何迁移到 Quarkus 呢？

接下来我们介绍将 Spring Boot 应用向 Quarkus 迁移的思路，由于篇幅有限，本小节只列出关键点，详细步骤参考 repo 中"如何将 Spring Boot 应用迁移到 Quarkus"。

将应用从 Spring Boot 迁移到 Quarkus，整体分为两大步骤：

- ❑ 修改 pom.xml 文件；
- ❑ 迁移 Spring Boot 应用程序代码。

1. 修改 pom.xml 文件

修改 Spring Boot pom.xml 文件，先删除不再需要的 Spring Boot 配置，然后将这些元素替换为 Quarkus 应用程序的相应配置。在 pom.xml 中要删除的内容包括：springboot 打包、spring-boot-starter-parent、spring-cloud-dependencies、spring-boot-maven-plugin 等。

我们仅以 spring-boot-starter-parent 为例，说明要从 pom.xml 删除的内容。

```
<parent>
    <groupId>org.springframework.boot</groupId>
    <artifactId>spring-boot-starter-parent</artifactId>
    <version>1.4.2.RELEASE</version>
</parent>
```

接下来，我们向 pom.xml 中添加新的元素，如 quarkus-maven-plugin、dependency 等。我们仅以 quarkus-maven-plugin 为例，说明要增加到 pom.xml 的内容。

```
    <plugins>
      <plugin>
        <groupId>io.quarkus</groupId>
        <artifactId>quarkus-maven-plugin</artifactId>
        <version>${quarkus-plugin.version}</version>
        <executions>
          <execution>
            <goals>
              <goal>build</goal>
            </goals>
          </execution>
        </executions>
      </plugin>
```

2. 迁移 Spring Boot 应用程序代码

本步骤也包括删除源码中和 Spring Boot 相关的内容、添加 Quarkus 相关的内容。删除内容包括 Spring Boot 对数据库的调用、实体 bean 等。我们仅以实体 bean 为例，说明要从 pom.xml 中删除的内容。

```
import org.bson.types.ObjectId;
import org.springframework.data.annotation.Id;
import org.springframework.data.mongodb.core.mapping.Document;
```

为 Quarkus 添加等效的 import 语句和注解，仅以 import 语句为例。

```
import io.quarkus.mongodb.panache.PanacheMongoRepository;
import javax.enterprise.context.ApplicationScoped;
import io.quarkus.mongodb.panache.PanacheQuery;
```

迁移 Spring Boot 应用程序代码和修改 pom.xml 文件完毕后，就可以通过 mvn compile quarkus:dev 以开发者模式编译运行，以便进行验证，具体操作我们不再赘述。

将应用程序从 Spring Boot 迁移到 Quarkus 所面临的最大挑战是确定要使用的注解和库。Quarkus 的文档提供了很好的示例，但省略了 import 语句，我们可以使用 IDE 工具生成 import 语句。

需要指出的是，Quarkus 不支持 Spring Boot 的所有扩展和功能，因此在决定迁移前需要查阅以下三个手册：

- Quarkus Extension for Spring DI API（https://quarkus.io/guides/spring-di）
- Quarkus Extension for Spring Web API（https://quarkus.io/guides/spring-web）
- Extension for Spring Data API（https://quarkus.io/guides/spring-data-jpa）

在介绍 Quarkus 之后，接下来我们介绍云原生分布式集成方案——Camel-K。

9.4 云原生分布式集成：Camel-K

Camel 是开源界被广泛使用的分布式集成方案，它虽然可以通过容器化的方式运行在 OpenShift 上，为容器化应用提供分布式集成，但 Camel 还是比较重的。出于这个原因，红帽主导开发了 Apache Camel-K 项目。Apache Camel-K 是从 Apache Camel 构建的轻量级集成框架，该框架可以直接运行在 Kubernetes 上，并且专门为无服务器和微服务架构而设计。Camel-K 支持多种语言来编写集成。基于 Operator 模式，Camel-K 在 Kubernetes 资源上执行操作，使分布式集成更上一层楼。

接下来，对 Camel-K 的实现效果进行简单展示，以使读者有一定的理解。

首先下载 kamel 的命令行工具，下载地址为 https://github.com/apache/camel-k/releases。然后在 OpenShift 的环境中安装 Camel-K，如图 9-30 所示。

```
$ kamel install
OLM is available in the cluster
Camel K installed in namespace camel-basic via OLM subscription
$
```

图 9-30 安装 Camel-K

我们将通过一个简单的 Camel-K 入门应用程序开始介绍。首先创建 Basic.java 文件，这个文件被执行的时候会输出“Hello World!”。

```
// camel-k: language=java

import org.apache.camel.builder.RouteBuilder;

public class Basic extends RouteBuilder {
  @Override
  public void configure() throws Exception {

      from("timer:java?period=1000&fixedRate=true")
      .setHeader("example")
      .constant("java")
      .setBody().simple("Hello World! Camel K route written in ${header.example}.")
      .to("log:ingo");
  }
}
```

我们不需要在源码所在的文件夹中指定任何 Dependency，Camel-K 会找出来并在构建过程中注入它。我们只需要编写应用程序即可。执行如下命令，Kamel 会将其应用推入集群，Operator 将为我们完成所有烦琐的步骤。

```
# kamel run camel-basic/Basic.java -dev
```

命令执行结果如图 9-31 所示。

```
Integration basic in phase Deploying
Progress: integration "basic" in phase Running
DeploymentAvailable for Integration basic: deployment name is basic
No ServiceAvailable for Integration basic: no http service required
No ExposureAvailable for Integration basic: no target service found
No CronJobAvailable for Integration basic: different controller strategy used (deployment)
Integration basic in phase Running
```

图 9-31 命令执行结果

查看 Camel-K 的 Pod，如图 9-32 所示。

```
$ oc get pods
NAME                                          READY   STATUS      RESTARTS   AGE
basic-86d964c8b9-qxwvt                        1/1     Running     0          93s
camel-k-kit-braer54bgjij92u9napg-1-build      0/1     Completed   0          6m2s
camel-k-kit-braet1kbgjij92u9naq0-1-build      0/1     Completed   0          2m12s
camel-k-operator-8698496475-q95hw             1/1     Running     0          7m41s
```

图 9-32　Camel-K 容器

查看 basic Pod 的日志，我们看到显示了“Hello World！”，如图 9-33 所示。

```
 BodyType: String, Body: Hello World! Camel K route written in java.]
2020-06-01 12:05:58.438 INFO  [Camel (camel-k) thread #1 - timer://java] ingo - Exchange[ExchangePattern: InOnly,
 BodyType: String, Body: Hello World! Camel K route written in java.]
2020-06-01 12:05:59.438 INFO  [Camel (camel-k) thread #1 - timer://java] ingo - Exchange[ExchangePattern: InOnly,
 BodyType: String, Body: Hello World! Camel K route written in java.]
2020-06-01 12:06:00.439 INFO  [Camel (camel-k) thread #1 - timer://java] ingo - Exchange[ExchangePattern: InOnly,
 BodyType: String, Body: Hello World! Camel K route written in java.]
```

图 9-33　查看容器日志

接下来，我们展示如何使用外部属性和简单的基于内容的路由器来配置集成。创建 Routing.java 文件（部分内容如下），完整文件见 Repo 中“Routing.java”。

```
@PropertyInject("priority-marker")
   private String priorityMarker;
     @Override
   public void configure() throws Exception {
         from("timer:java?period=3000")
   .id("generator")
   .bean(this, "generateRandomItem({{items}})")
   .choice()
   .when().simple("${body.startsWith('{{priority-marker}}')}")
   .transform().body(String.class, item -> item.substring(priorityMarker.length()))
   .to("direct:priorityQueue")
   .otherwise()
   .to("direct:standardQueue");
     from("direct:standardQueue")
   .id("standard")
   .log("Standard item: ${body}");
     from("direct:priorityQueue")
   .id("priority")
   .log("!!Priority item: ${body}");
     }
     public String generateRandomItem(String items) {
   if (items == null || items.equals("")) {
   return "[no items configured]";
   }
   String[] list = items.split("\\s");
   return list[random.nextInt(list.length)];
   }
```

Routing.java 文件显示了如何通过属性占位符将属性注入路由中，以及如何使用 @PropertyInject 批注。路由使用两个配置属性，分别称为 item 和 priority-marker，应使用外部文件（例如 routing.properties）提供这些属性。

创建路由外部配置文件 routing.properties。

```
# List of items for random generation
items=*radiator *engine door window *chair

# Marker to identify priority items
priority-marker=*
```

要运行集成，我们应该将集成链接到为其提供配置的属性文件。

```
# kamel run camel-basic/Routing.java --property-file camel-basic/routing.
    properties -dev
```

从图 9-34 中 Pod 的输出结果我们可以看出，door 属于 Standard item。

```
 in 0.327 seconds
[1] 2020-06-01 12:10:13.449 INFO  [main] ApplicationRuntime - Listener org.apache.camel.k.listener.RoutesDumper@5
ccddd20 executed in phase Started
[1] 2020-06-01 12:10:14.532 INFO  [Camel (camel-k) thread #1 - timer://java] priority - !!Priority item: radiator
[1] 2020-06-01 12:10:17.456 INFO  [Camel (camel-k) thread #1 - timer://java] standard - Standard item: window
[1] 2020-06-01 12:10:20.450 INFO  [Camel (camel-k) thread #1 - timer://java] priority - !!Priority item: radiator
[1] 2020-06-01 12:10:23.453 INFO  [Camel (camel-k) thread #1 - timer://java] standard - Standard item: door
```

图 9-34　Pod 输出结果

现在，对属性文件进行一些更改，并查看重新部署的集成。例如，用 *door 更改单词 door，如图 9-35 所示。

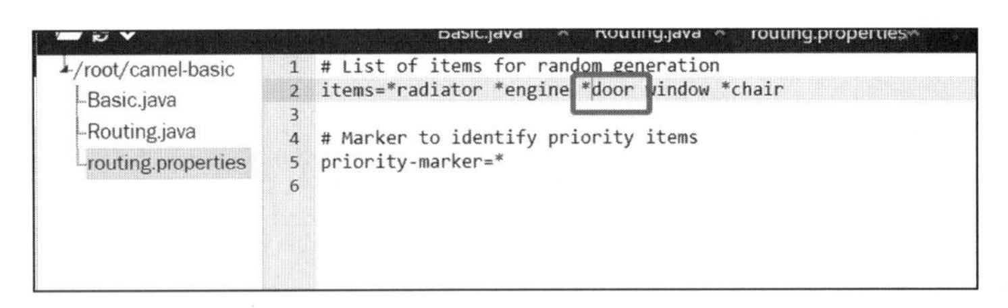

图 9-35　修改 door

再次查看日志，我们可以看到 door 变成了 Priority item，如图 9-36 所示。

```
[2] 2020-06-01 12:13:36.332 INFO  [Camel (camel-k) thread #1 - timer://java] standard - Standard item: window
[2] 2020-06-01 12:13:39.338 INFO  [Camel (camel-k) thread #1 - timer://java] priority - !!Priority item: door
[2] 2020-06-01 12:13:42.333 INFO  [Camel (camel-k) thread #1 - timer://java] priority - !!Priority item: door
[2] 2020-06-01 12:13:45.334 INFO  [Camel (camel-k) thread #1 - timer://java] priority - !!Priority item: engine
[2] 2020-06-01 12:13:48.337 INFO  [Camel (camel-k) thread #1 - timer://java] priority - !!Priority item: radiator
```

图 9-36　door 变为 Priority item

至此，我们验证了 Camel-K 的功能。

接下来，我们介绍云原生的捕获数据更改。

9.5 云原生的捕获数据更改：Debezium

9.5.1 Debezium项目介绍

Debezium是一个由红帽赞助的开源项目，它为捕获数据更改（Change Data Capture，CDC）提供了一个低延迟的流式处理平台。你可以安装并且配置Debezium去监控数据库，然后应用就可以消费对数据库的每一个行级别（row-level）的更改。在这种工作模式下，只有已提交的更改才是可见的，所以我们不用担心事务（transaction）或者更改被回滚（roll back）。

Debezium为所有的数据库更改事件提供了统一的模型，所以应用不用担心不同数据库管理系统的复杂性。另外，由于Debezium用持久化的、有副本备份的日志来记录数据库数据变化的历史，因此应用可以随时停止再重启，而不会错过停止运行时发生的事件，保证了所有的事件都能被正确地、完全地处理。

监控数据库并且在数据变动的时候获得通知一直是很复杂的事情。关系型数据库的触发器可以做到，但是只对特定的数据库有效，而且通常只能更新数据库内的状态（无法和外部进程通信）。一些数据库提供了监控数据变动的API或者框架，但是没有统一标准，每种数据库的实现方式都是不同的，并且需要大量特定的知识和理解特定的代码才能运用。确保以相同的顺序查看和处理所有更改，同时最小化对数据库的影响，仍然非常具有挑战性。

Debezium利用Kafka和Kafka Connect实现了持久性、可靠性和容错性。每一个部署在Kafka Connect分布式的、可扩展的、容错性的服务中的connector监控一个上游数据库服务器，捕获所有的数据库更改，然后记录到一个或者多个Kafka Topic（通常一个数据库表对应一个Kafka Topic）。Kafka确保所有这些数据更改事件都具有多副本并且总体上有序（Kafka只能保证一个Topic的单个分区内有序），这样，更多的客户端可以独立消费同样的数据更改事件而将对上游数据库系统造成的影响降到很小（如果N个应用都直接去监控数据库更改，对数据库的压力为N，而用Debezium汇报数据库更改事件到Kafka，所有的应用都去消费Kafka中的消息，可以把对数据库的压力降到1）。另外，客户端可以随时停止消费，然后重启，从上次停止消费的地方接着消费。每个客户端可以自行决定它们是否需要exactly-once或者at-least-once消息交付语义保证，并且所有的数据库或者表的更改事件是按照上游数据库发生的顺序被交付的。

如果不需要具备这种容错级别、性能、可扩展性、可靠性的应用，可以使用内嵌的Debezium connector引擎来直接在应用内部运行connector。这种应用仍需要消费数据库更改事件，但更希望connector直接传递给它，而不是持久化到Kafka里。

Debezium支持的数据库包括：MySQL、PostgreSQL、MongoDB、Microsoft SQL Server、Oracle、Apache Cassandra。

9.5.2 Debezium 的功能展示

Debezium 依赖于 AMQ Streams Operator。我们在实验环境中已经部署了 AMQ Streams Operator 和 MySQL 容器，如图 9-37 所示。

```
$ oc get pods
NAME                                         READY     STATUS    RESTARTS   AGE
mysql-1-d8m6b                                1/1       Running   0          5m
strimzi-cluster-operator-5658b55c84-sksfj    1/1       Running   0          5m
$ oc get svc
NAME      TYPE        CLUSTER-IP       EXTERNAL-IP   PORT(S)              AGE
mysql     ClusterIP   172.30.176.243   <none>        3306/TCP,33060/TCP   5m
```

图 9-37 AMQ Streams Operator 和 MySQL 容器

在实验环境中，我们将通过 Debezium 捕获容器化 MySQL 的数据变化，架构实现如图 9-38 所示。

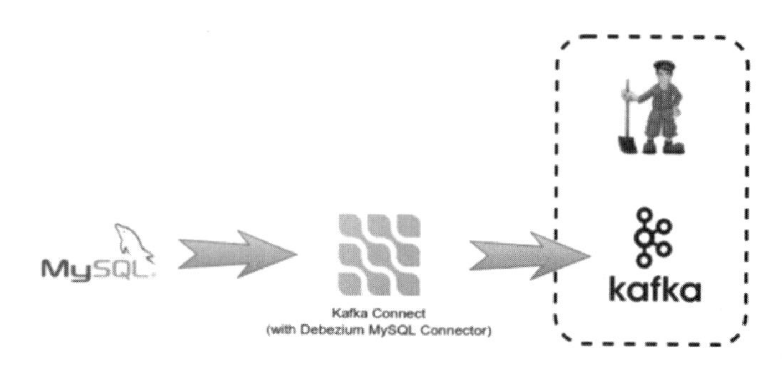

图 9-38 Debezium 捕获 MySQL 数据变化的架构

接下来，我们使用模板部署 Kafka 集群（由于测试环境资源有限，我们只部署单实例，生产环境至少要部署三副本），模板参照 Repo 中“ephemeral-template.yaml”。

```
# oc new-app strimzi-ephemeral -p ZOOKEEPER_NODE_COUNT=1 -p KAFKA_NODE_COUNT=1
    -p KAFKA_OFFSETS_TOPIC_REPLICATION_FACTOR=1 -p KAFKA_TRANSACTION_STATE_LOG_
    REPLICATION_FACTOR=1
```

部署完毕后如图 9-39 所示。

```
$ oc get pods
NAME                                              READY     STATUS    RESTARTS   AGE
my-cluster-entity-operator-798b74565c-b6fm2       3/3       Running   0          30s
my-cluster-kafka-0                                2/2       Running   0          53s
my-cluster-zookeeper-0                            2/2       Running   0          1m
mysql-1-d8m6b                                     1/1       Running   0          8m
strimzi-cluster-operator-5658b55c84-sksfj         1/1       Running   0          8m
```

图 9-39 Kafka 集群

查看 Kafka Broker 的 Service，如图 9-40 所示。

接下来，我们使用 Debezium 部署 Kafka Connect。使用 OpenShift S2I 功能将 MySQL

插件嵌入 Kafka Connect 节点。目前 Debezium 支持的插件如图 9-41 所示。

```
$ oc get svc -l app=strimzi-ephemeral
NAME                            TYPE        CLUSTER-IP      EXTERNAL-IP   PORT(S)                       AGE
my-cluster-kafka-bootstrap      ClusterIP   172.30.128.66   <none>        9091/TCP,9092/TCP,9093/TCP    1m
my-cluster-kafka-brokers        ClusterIP   None            <none>        9091/TCP,9092/TCP,9093/TCP    1m
my-cluster-zookeeper-client     ClusterIP   172.30.91.15    <none>        2181/TCP                      1m
my-cluster-zookeeper-nodes      ClusterIP   None            <none>        2181/TCP,2888/TCP,3888/TCP    1m
```

图 9-40　Kafka Broker Service

io/debezium

../
debezium-api/
debezium-assembly-descriptors/
debezium-connector-cassandra/
debezium-connector-db2/
debezium-connector-mongodb/
debezium-connector-mysql/
debezium-connector-oracle/
debezium-connector-postgres/
debezium-connector-sqlserver/
debezium-core/
debezium-ddl-parser/
debezium-embedded/
debezium-incubator-parent/
debezium-microbenchmark/
debezium-parent/
debezium-quarkus-outbox/
debezium-quarkus-outbox-deployment/
debezium-quarkus-outbox-integration-tests/
debezium-quarkus-outbox-parent/
debezium-server/
debezium-testing/
debezium-testing-openshift/
debezium-testing-testcontainers/

图 9-41　Debezium 支持的插件

首先使用 strimzi-connect-s2i 模板（模板参见 Repo 中 “ strimzi-connect-s2i ”）部署一个空的单实例 Kafka Connect 节点。

```
# oc new-app strimzi-connect-s2i -p
KAFKA_CONNECT_CONFIG_STORAGE_REPLICATION_FACTOR=1 -p
KAFKA_CONNECT_OFFSET_STORAGE_REPLICATION_FACTOR=1 -p
KAFKA_CONNECT_STATUS_STORAGE_REPLICATION_FACTOR=1
```

执行命令的结果如图 9-42 所示。

```
$ oc get bc
NAME                         TYPE     FROM     LATEST
my-connect-cluster-connect   Source   Binary   1
$ oc get svc -l app=strimzi-connect-s2i
NAME                             TYPE        CLUSTER-IP       EXTERNAL-IP   PORT(S)    AGE
my-connect-cluster-connect-api   ClusterIP   172.30.109.190   <none>        8083/TCP   43s
```

图 9-42 connect buildconfig

接下来，将 Debezium 嵌入 Connect，我们将使用二进制构件来创建一个内部带有 Debezium 插件的 Connect 节点，执行命令如下。

```
# oc start-build my-connect-cluster-connect --from-archive https://repo.maven.
  apache.org/maven2/io/debezium/debezium-connector-mysql/1.1.1.Final/debezium-
  connector-mysql-1.1.1.Final-plugin.tar.gz --follow
```

结果如图 9-43 所示。

```
$ oc start-build my-connect-cluster-connect --from-archive https://repo.maven.apache.org/maven2/io/debezium/debez
ium-connector-mysql/1.1.1.Final/debezium-connector-mysql-1.1.1.Final-plugin.tar.gz --follow
Uploading archive from "https://repo.maven.apache.org/maven2/io/debezium/debezium-connector-mysql/1.1.1.Final/deb
ezium-connector-mysql-1.1.1.Final-plugin.tar.gz" as binary input for the build ...
........
Uploading finished
build.build.openshift.io/my-connect-cluster-connect-2 started
Receiving source from STDIN as archive ...
warning: Image sha256:ad12b25956eb10597915516977a29fd2bb91ae938222211e12e00852673f15eb does not contain a value f
or the io.openshift.s2i.scripts-url label
Using docker-registry.default.svc:5000/debezium/my-connect-cluster-connect-source@sha256:c496c9ae3a3eda76e881d6b6
29f32301e4f8e79a1c1110f5ea747dd3d0157099 as the s2i builder image
Assembling plugins into custom plugin directory /tmp/kafka-plugins
Moving plugins to /tmp/kafka-plugins

Pushing image docker-registry.default.svc:5000/debezium/my-connect-cluster-connect:latest ...
Pushed 1/16 layers, 6% complete
Pushed 2/16 layers, 12% complete
Pushed 3/16 layers, 19% complete
Pushed 4/16 layers, 25% complete
Pushed 5/16 layers, 31% complete
```

图 9-43 启动 connect build 的结果

Pod 部署好后如图 9-44 所示。

```
$ oc get pods -w -l app=strimzi-connect-s2i
NAME                                READY   STATUS    RESTARTS   AGE
my-connect-cluster-connect-2-skjcx  1/1     Running   0          2m
```

图 9-44 connect 容器运行

最后一步是在 Debezium 和源 MySQL 数据库之间创建链接，我们通过 Kafka Connect REST API 配置实现。

注册数据库源，我们需要将 POST 请求发送到 Kafka Connect API 的 connectors 端点。我们使用 register.json 文件实现（文件在 Repo 中“register.json”保存）。

```
# cat register.json
{
```

```
    "name": "inventory-connector",
    "config": {
        "connector.class": "io.debezium.connector.mysql.MySqlConnector",
        "tasks.max": "1",
        "database.hostname": "mysql",
        "database.port": "3306",
        "database.user": "debezium",
        "database.password": "dbz",
        "database.server.id": "184054",
        "database.server.name": "dbserver1",
        "database.whitelist": "inventory",
        "database.history.kafka.bootstrap.servers": "my-cluster-kafka-
            bootstrap:9092",
        "database.history.kafka.topic": "schema-changes.inventory"
    }
}
```

执行如下命令注册数据库源。

```
# cat register.json | oc exec -i -c kafka my-cluster-kafka-0 -- curl -s -X POST
    -H "Accept:application/json" -H "Content-Type:application/json" http://my-
    connect-cluster-connect-api:8083/connectors -d @-
```

查看此时在环境中运行的 Pod，结果如图 9-45 所示。

```
$ oc get pods
NAME                                         READY   STATUS      RESTARTS   AGE
my-cluster-entity-operator-798b74565c-b6fm2  3/3     Running     0          15m
my-cluster-kafka-0                           2/2     Running     0          16m
my-cluster-zookeeper-0                       2/2     Running     0          16m
my-connect-cluster-connect-1-build           0/1     Completed   0          11m
my-connect-cluster-connect-2-build           0/1     Completed   0          9m
my-connect-cluster-connect-2-skjcx           1/1     Running     0          9m
mysql-1-d8m6b                                1/1     Running     0          23m
strimzi-cluster-operator-5658b55c84-sksfj    1/1     Running     0          23m
```

图 9-45　运行的 Pod

当 connector 开始捕获数据库更改时，就创建了 Kafka Topic。这些 Topic 可以使用以下命令列出。

```
# oc exec -c kafka my-cluster-kafka-0 -- /opt/kafka/bin/kafka-topics.sh
    --bootstrap-server my-cluster-kafka-bootstrap:9092 -list
```

执行结果如图 9-46 所示。

检查 MySQL 中 customer 表的内容。

```
# oc exec -i $(oc get pods -o custom-columns=NAME:metadata.name --no-headers -l
    app=mysql) -- bash -c 'mysql -t -u $MYSQL_USER -p$MYSQL_PASSWORD -e "SELECT
    * from customers" inventory'
```

执行结果如图 9-47 所示。

```
$ oc exec -c kafka my-cluster-kafka-0 -- /opt/kafka/bin/kafka-topics.sh --bootstrap-server my-cluster-kafka-boots
trap:9092 --list
OpenJDK 64-Bit Server VM warning: If the number of processors is expected to increase from one, then you should c
onfigure the number of parallel GC threads appropriately using -XX:ParallelGCThreads=N
__consumer_offsets
connect-cluster-configs
connect-cluster-offsets
connect-cluster-status
dbserver1
dbserver1.inventory.addresses
dbserver1.inventory.customers
dbserver1.inventory.geom
dbserver1.inventory.orders
dbserver1.inventory.products
dbserver1.inventory.products_on_hand
schema-changes.inventory
```

图 9-46 执行结果

```
$ oc exec -i $(oc get pods -o custom-columns=NAME:.metadata.name --no-headers -l app=mysql) -- bash -c 'mysql -t
-u $MYSQL_USER -p$MYSQL_PASSWORD -e "SELECT * from customers" inventory'
mysql: [Warning] Using a password on the command line interface can be insecure.
+------+------------+-----------+-----------------------+
| id   | first_name | last_name | email                 |
+------+------------+-----------+-----------------------+
| 1001 | Sally      | Thomas    | sally.thomas@acme.com |
| 1002 | George     | Bailey    | gbailey@foobar.com    |
| 1003 | Edward     | Walker    | ed@walker.com         |
| 1004 | Anne       | Kretchmar | annek@noanswer.org    |
+------+------------+-----------+-----------------------+
```

图 9-47 执行结果

Kafka 代理应包含 Debezium 更改事件格式的 Topic dbserver1.inventory.customers 中的等效消息列表。由于输出内容较多，我们只列出关键输出结果。从下面结果我们可以看出数据库表的四行记录都可以被查询到。

```
# oc exec -c kafka my-cluster-kafka-0 -- /opt/kafka/bin/kafka-console-consumer.
    sh --bootstrap-server localhost:9092 --topic dbserver1.inventory.customers
    --from-beginning --max-messages 4
{"id":1001,"first_name":"Sally","last_name":"Thomas","email":"sally.thomas@acme.com"},
    "source":{"version":"1.1.1.Final","connector":"mysql","name":"dbserver1",
    "ts_ms":0,"snapshot":"true","db":"inventory","table":"customers","server_id":0,
    "gtid":null,"file":"mysql-bin.000003","pos":154,"row":0,"thread":null,"query":
    null},"op":"c","ts_ms":1591157217383,"transaction":null}}
{"id":1002,"first_name":"George","last_name":"Bailey","email":"gbailey@foobar.com"},
    "source":{"version":"1.1.1.Final","connector":"mysql","name":"dbserver1",
    "ts_ms":0,"snapshot":"true","db":"inventory","table":"customers","server_id":
    0,"gtid":null,"file":"mysql-bin.000003","pos":154,"row":0,"thread":null,"query":
    null},"op":"c","ts_ms":1591157217383,"transaction":null}}
{"id":1003,"first_name":"Edward","last_name":"Walker","email":"ed@walker.com"},
    "source":{"version":"1.1.1.Final","connector":"mysql","name":"dbserver1",
    "ts_ms":0,"snapshot":"true","db":"inventory","table":"customers","server_id":
    0,"gtid":null,"file":"mysql-bin.000003","pos":154,"row":0,"thread":null,"query":
    null},"op":"c","ts_ms":1591157217383,"transaction":null}}
{"id":1004,"first_name":"Anne","last_name":"Kretchmar","email":"annek@noanswer.org"},
    "source":{"version":"1.1.1.Final","connector":"mysql","name":"dbserver1",
    "ts_ms":0,"snapshot":"true","db":"inventory","table":"customers","server_id":0,
    "gtid":null,"file":"mysql-bin.000003","pos":154,"row":0,"thread":null,"query"
```

```
:null},"op":"c","ts_ms":1591157217384,"transaction":null}}
Processed a total of 4 messages
```

如果我们将新记录添加到数据库表中。

```
# oc exec -i $(oc get pods -o custom-columns=NAME:.metadata.name --no-headers -l
    app=mysql) -- bash -c 'mysql -t -u $MYSQL_USER -p$MYSQL_PASSWORD -e "INSERT
    INTO customers VALUES(default,\"John\",\"Doe\",\"john.doe@example.org\")"
    inventory'
```

我们查看数据表，已经添加新记录，如图 9-48 所示。

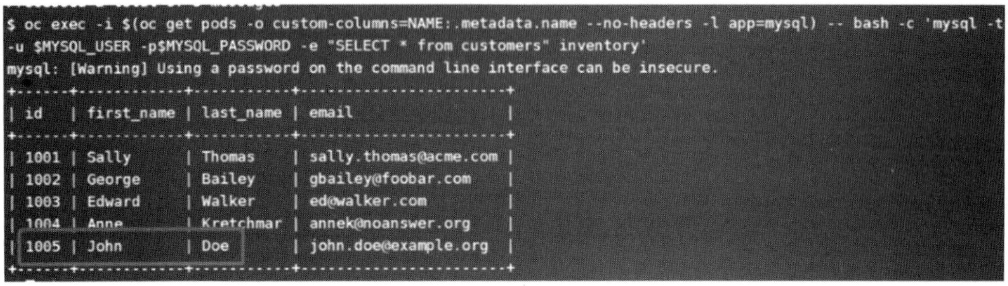

```
$ oc exec -i $(oc get pods -o custom-columns=NAME:.metadata.name --no-headers -l app=mysql) -- bash -c 'mysql -t
-u $MYSQL_USER -p$MYSQL_PASSWORD -e "SELECT * from customers" inventory'
mysql: [Warning] Using a password on the command line interface can be insecure.
+------+------------+-----------+-----------------------+
| id   | first_name | last_name | email                 |
+------+------------+-----------+-----------------------+
| 1001 | Sally      | Thomas    | sally.thomas@acme.com |
| 1002 | George     | Bailey    | gbailey@foobar.com    |
| 1003 | Edward     | Walker    | ed@walker.com         |
| 1004 | Anne       | Kretchmar | annek@noanswer.org    |
| 1005 | John       | Doe       | john.doe@example.org  |
+------+------------+-----------+-----------------------+
```

图 9-48　数据库记录

确认新消息将发送到相关 Topic。

```
$ oc exec -c kafka my-cluster-kafka-0 -- /opt/kafka/bin/kafka-console-consumer.
    sh --bootstrap-server localhost:9092 --topic dbserver1.inventory.customers
    --from-beginning --max-messages 5 |grep -i john
{"id":1005,"first_name":"John","last_name":"Doe","email":"john.doe@example.org"},
    "source":{"version":"1.1.1.Final","connector":"mysql","name":"dbserver1",
    "ts_ms":1591157457000,"snapshot":"false","db":"inventory","table":"customers",
    "server_id":223344,"gtid":null,"file":"mysql-bin.000003","pos":364,"row":0,
    "thread":7,"query":null},"op":"c","ts_ms":1591157457085,"transaction":null}}
```

至此，我们验证了 MySQL 的数据更改被成功捕获。

接下来，我们介绍云原生的业务流程自动化。

9.6　云原生的业务流程自动化：Kogito

规则引擎和流程引擎在开源界都有对应的方案，前者以 Drools 为核心，后者以 jBPM 和 BPMN 为核心。流程引擎的一个很大特点是重开发，或者说比较重。

在云原生时代，需要更为轻量级的、云原生的流程自动化平台。在这个背景下，Kogito 应运而生。Kogito 是专注于云原生开发、部署和执行的下一代业务自动化平台。

Kogito 包括基于著名的业务自动化 KIE 项目（尤其是 Drools、jBPM 和 OptaPlanner）的组件，以便为业务规则、业务流程和约束解决方案提供可靠的开源解决方案。

Kogito 在云基础架构上运行和扩展。我们可以将 Kogito 与 Quarkus、Knative 和 Apache Kafka 等最新的基于云的技术结合使用，以便在 OpenShift 上获得快速启动时间和即时扩展。

Kogito 与以下技术兼容：

- 基于 Kubernetes 的 OpenShift 是构建和管理容器化应用程序的目标平台。
- Quarkus 是用于 Kubernetes 的新的 Java 堆栈，在使用 Kogito 服务构建应用程序时可以使用。
- 如果需要在 Kogito 中使用 Spring Framework，那么 Kogito 也支持 Spring Boot。
- 带有 Quarkus 的 GraalVM 支持将本地编译与 Kogito 一起使用，从而缩短了启动时间并减少了空间占用。例如，本地 Kogito 服务的启动时间约为 0.003 毫秒，比非本地启动的速度快约 100 倍。在云生态系统中，需要的是快速启动，尤其是在需要小型无服务器应用程序的情况下。
- 通过 Knative，可以使用 Kogito 构建无服务器应用程序，并可以根据需要向上或向下缩放（至零）。
- Prometheus 和 Grafana 与 Kogito 服务兼容，用于监视和分析的可选扩展。
- Kafka、Infinispan 和 Keycloak 也是 Kogito 支持的用于消息传递、持久性和安全性的中间件技术。

Kogito 支持的主要 Java 框架是 Quarkus（推荐）和 Spring Boot。Quarkus 是 Kubernetes 原生的 Java 框架，采用容器优先的方法来构建 Java 应用程序，尤其是对于 Java 虚拟机（JVM）（例如 GraalVM 和 HotSpot）。Quarkus 通过减小 Java 应用程序的大小和容器镜像的空间占用，减少了前几代的 Java 编程工作量，也减少了运行镜像所需的内存量，可以说是专门针对 Kubernetes 优化的 Java。

接下来，我们通过实验展示 Kogito 的效果。Kogito 可以通过 Operator 的方式安装在 OpenShift 上，如图 9-49 所示。

图 9-49 Kogito Operator

Operator 安装后会自动部署如下 Operator，如图 9-50 所示。

```
[root@lb.weixinyucluster ~]# oc get pods
NAME                                          READY   STATUS    RESTARTS   AGE
infinispan-operator-779676d7dc-jfdlq          1/1     Running   0          40s
keycloak-operator-74b6f749c-b7kg5             1/1     Running   0          40s
kogito-operator-7678967d66-dfhjk              1/1     Running   0          39s
strimzi-cluster-operator-v0.18.0-5755965fc-sdk48   1/1     Running   0          39s
```

图 9-50　Kogito Operator 运行状态

我们将从一个简单的基于 Maven 的 Kogito 应用程序开始，该应用程序是从 Kogito Maven 原型生成的。该应用程序是一个决策微服务，用于判断一个人是否是成年人。我们将使用规则单元 API 和 OOPath 规则语法以 DRL（Drools 规则语言）实现这些规则。

创建新的 Kogito 项目的最简单方法是通过执行以下 Maven 命令生成。

```
# mvn archetype:generate -DinteractiveMode=false -DarchetypeGroupId=org.kie.
    kogito -DarchetypeArtifactId=kogito-quarkus-archetype -DarchetypeVersion=
    0.9.0 -DgroupId=org.acme -DartifactId=adult-service -Dversion=1.0-SNAPSHOT
```

命令执行结果如图 9-51 所示。

```
[INFO] Project created from Archetype in dir: /root/projects/kogito/adult-service
[INFO] ------------------------------------------------------------------------
[INFO] BUILD SUCCESS
[INFO] ------------------------------------------------------------------------
[INFO] Total time:  5.073 s
[INFO] Finished at: 2020-06-08T02:10:26Z
[INFO] ------------------------------------------------------------------------
```

图 9-51　执行结果

上面命令使用 Kogito Maven 原型，并在 adult-service 子目录中为我们生成一个基本的 Maven 项目。

从原型创建的默认 Kogito 应用程序包含一个名为 test-process.bpmn2 的示例进程。我们将删除此流程定义，因为我们的应用程序不需要此定义。

```
# rm -f /root/projects/kogito/adult-service/src/main/resources/test-process.bpmn2
```

现在，我们将在开发模式下运行 Kogito 应用程序。这使我们能够在实现应用程序逻辑的同时保持应用程序的运行。当访问并检测到更改时，Kogito 和 Quarkus 将重新热加载该应用程序，命令运行结果如图 9-52 所示。

```
# cd /root/projects/kogito/adult-service
# mvn clean compile quarkus:dev
```

应用程序启动后可以通过 Swagger UI 进行访问，页面如图 9-53 所示。

在上一步中，我们已经使用 Quarkus 创建了一个框架式 Kogito 应用程序，并以 Quarkus dev-mode 启动了该应用程序。在这一步中，我们将创建应用程序的域模型。

```
--/ __ \/ / / / _ | / _ \/ //_/ / / / __/
-/ /_/ / /_/ / __ |/ , _/ ,< / /_/ /\ \
--\___\_\____/_/ |_/_/|_/_/|_|\____/___/
2020-06-08 02:12:30,150 INFO  [io.quarkus] (main) adult-service 1.0-SNAPSHOT (powered by Quarkus 1.3.0.Final) started in 4.895s. Listening on: http://0.0.0.0:8080
2020-06-08 02:12:30,157 INFO  [io.quarkus] (main) Profile dev activated. Live Coding activated.
2020-06-08 02:12:30,158 INFO  [io.quarkus] (main) Installed features: [cdi, kogito, resteasy, resteasy-jackson, smallrye-openapi, swagger-ui]
```

图 9-52　执行结果

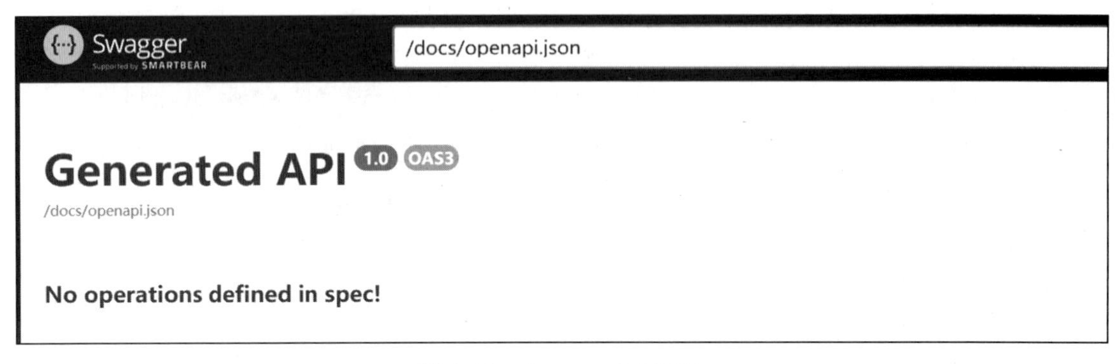

图 9-53　Swagger UI 界面

Facts：（业务）规则或决策服务在称为 Facts 的 entities 上运行。事实是规则引擎依据并对其施加约束的数据。在 Kogito 中，事实以 POJO 实现。

Person：微服务根据年龄来确定一个人是否是成年人。

我们将首先实现 Person 类。为此，首先需要在项目中创建一个新 Package。

```
# mkdir -p /root/projects/kogito/adult-service/src/main/java/org/acme/domain
```

查看源码内容。

```
# cat Person.java
package org.acme.domain;
public class Person {
    private String name;
    private int age;
    private boolean adult;
    public Person() {
    }
    public String getName() {
        return name;
    }
    public void setName(String name) {
        this.name = name;
    }
    public int getAge() {
        return age;
    }
    public void setAge(int age) {
```

```
            this.age = age;
        }
        public boolean isAdult() {
            return adult;
        }
        public void setAdult(boolean adult) {
            this.adult = adult;
        }
    }
```

规则单元是一组数据源、全局变量和DRL规则，它们共同为特定目的而工作。我们可以使用规则单元将规则集划分为较小的单元，将不同的数据源绑定到这些单元，然后执行这些单元。

PersonUnit：我们将首先实现PersonUnit类的框架。为此，我们首先创建一个新的PersonUnit.java文件。

```
# cat adult-service/src/main/java/org/acme/PersonUnit.java
package org.acme;
import org.acme.domain.Person;
import org.kie.kogito.rules.DataSource;
import org.kie.kogito.rules.DataStore;
import org.kie.kogito.rules.RuleUnitData;

public class PersonUnit implements RuleUnitData {
  private DataStore<Person> persons = DataSource.createStore();

//Add adultAge variable here

    public PersonUnit() {

    }
  public DataStore<Person> getPersons() {
      return persons;
  }

  public void setPersons(DataStore<Person> persons) {
      this.persons = persons;
  }
//Add adultAge Getters and Setters here
}
```

在上一步中，我们已经实现了应用程序的规则单元。现在，我们可以执行规则和查询并启动应用程序。我们的规则定义将以DRL实施。DRL是一种声明性语言，可以使用规则、函数和查询等结构来定义和实现高级规则。

我们将首先在项目的src/main/resources目录中实现PersonUnit.drl文件的框架。

```
# mkdir -p /root/projects/kogito/adult-service/src/main/resources/org/acme
```

创建PersonUnit.drl文件，内容如下。

```
package org.acme;
```

```
unit PersonUnit;
import org.acme.domain.Person;
rule "Is Adult"
when
  $p: /persons[age >= 18];
then
  $p.setAdult(true);
end
query "adult"
  $p: /persons;
end
```

执行如下命令编译并运行应用。

```
# mvn clean compile quarkus:dev
```

执行结果如图 9-54 所示。

```
--/ __ \/ / / / _ | / _ \/ //_/ / / / __/
-/ /_/ / /_/ / __ |/ , _/ ,< / /_/ /\ \
--\___\_\____/_/ |_/_/|_/_/|_|\____/___/
2020-06-08 03:18:56,771 INFO  [io.quarkus] (main) adult-service 1.0-SNAPSHOT (powered by Quarkus 1.3.0.Final) started i
n 4.579s. Listening on: http://0.0.0.0:8080
2020-06-08 03:18:56,775 INFO  [io.quarkus] (main) Profile dev activated. Live Coding activated.
2020-06-08 03:18:56,776 INFO  [io.quarkus] (main) Installed features: [cdi, kogito, resteasy, resteasy-jackson, smallry
e-openapi, swagger-ui]
```

图 9-54　执行结果

打开另外一个终端，我们可以使用 curl 将请求发送到生成的 RESTful 端点。

```
# curl -X POST "http://localhost:8080/adult" -H "accept: application/json" -H
    "Content-Type: application/json" -d "{\"ersons\":[{\"age\":18,\"name\":\
    "Jason\"}]}"
[{"name":"Jason","age":18,"adult":true}
```

在上一步中已经实现了我们定义的应用程序的规则。现在，我们将向单元和规则添加一个新变量，以控制某人被视为成年人的年龄。

除了在规则单元中使用数据源来插入、更新和删除事实外，我们还可以在单元中定义可在规则中使用的变量。在此用例中，我们将向单元中添加一个 adultAge 变量，该变量允许发送在请求中将某人视为成年人的年龄，并在规则中使用该年龄。

我们向 PersonUnit 类添加一个新的 AdultAge 变量，修改后内容如下所示。

```
package org.acme;
unit PersonUnit;
import org.acme.domain.Person;
rule "Is Adult"
when
    $p: /persons[age >= adultAge];
then
  $p.setAdult(true);
end
query "adult"
  $p: /persons;
```

```
end
```

现在，我们已经添加了所需的功能，因此我们可以再次启动应用程序。

```
# mvn clean compile quarkus:dev
# curl -X POST "http://localhost:8080/adult" -H "accept: application/json" -H
    "Content-Type: application/json" -d "{\"adultAge\": 21, \"persons\":
    [{\"age\":18,\"name\":\"Jason\"}]}"
[{"name":"Jason","age":18,"adult":false}]
```

请注意，由于我们将 adultAge 定义为 21 岁，Jason 不再被视为成年人。

至此，我们验证了 Kogito 作为云原生业务流程自动化的功能。

9.7　云原生 Serverless：Knative

9.7.1　Knative 简介

Serverless 并不是一个新的概念，Knative 也不是第一种 Serverless 实现。我们知道 Kubernetes 已经成为事实上的容器云标准，而从 Kubernetes 到 FaaS，需要一个构建在 Kubernetes 上的 Severless，即 Kubernetes 原生 Serverless 平台。

Knative 是谷歌牵头发起的 Serverless 项目，希望通过提供一套简单易用的 Serverless 开源方案把 Serverless 标准化。Knative 的定位是基于 Kubernetes 平台，用于构建、部署和管理现代 Serverless 工作负载。

以下列出了一些 Serverless 的应用场景：

- 无现金支付系统
- 交易处理审核
- 欺诈识别
- 信用检查
- 通过 OCR 检查签名验证
- 产品缩略图生成
- 聊天机器人和 CRM 功能
- 营销活动通知
- 销售审核
- 内容 PushImage 结果验证（X 射线、MRI）
- 快速医疗保健互操作性资源查询
- 结果通知
- 计划服务
- 测试结果要求（PDF、报告）
- 网络异常检测（VNF）

- 受害者识别
- 网络功能启用
- 交通操纵
- 媒体处理（5G 和 VNF）

Serverless 应用程序本质上是事件驱动的。它们遵循一种非常简单的模式：发生某些事件，并触发应用程序。在 Kubernetes 上运行时，这意味着启动一个容器来处理该事件。当空闲时容器缩减为零。

按照这种简单的模式，我们可以构建接收 HTTP 请求的 Serverless 应用。这个应用可以是处理请求的 Web 应用程序、API 服务或微服务，并可以自动扩展。当一定时间内没有任何请求时，会将应用实例缩减为零来节省资源。

同样的模式也适用于事件驱动的应用程序，这些应用程序从消息传递系统（例如 Kafka）中消费。这使得可以使用高效的分布式处理模式来实现许多业务案例。

9.7.2 OpenShift Serverless

OpenShift Serverless 基于开源项目 Knative，Knative 是市场上增长最快的无服务器项目之一。这样可以确保我们不会遇到技术锁定问题，并且仍然可以从不断增长的开源社区中获得创新，其架构如图 9-55 所示。

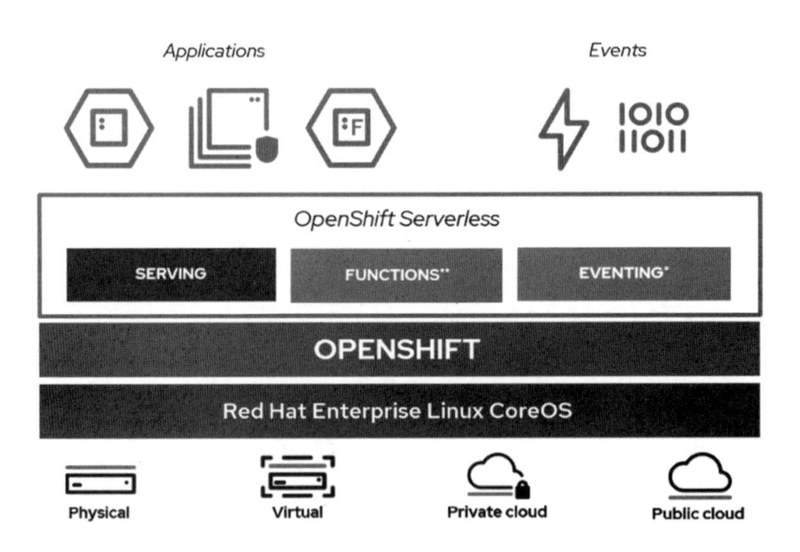

图 9-55　Knative 架构

从图 9-55 中我们可以看出，OpenShift Serverless 的两大核心模块是 Serving 和 Eventing，图中的 Functions 是真实的业务负载。

我们首先介绍 Serving 组件。

Serving 是使应用程序的部署和功能成为无服务器的容器。它提供了一种在 Kubernetes

上部署应用程序的简便方法。在 Knative 中创建应用程序时，你的应用程序由 Knative Service 表示。Serving 包含以下 4 项内容（自定义 CRD 资源）。

- Service：自动管理工作负载整个生命周期。负责创建Route、Configuration以及Revision资源。通过Service可以指定路由流量是使用最新的Revision还是固定的Revision。注意，这不是Kubernetes的Service。
- Route：负责映射网络端点到一个或多个 Revision。可以通过多种方式管理流量，包括灰度流量和重命名路由。
- Configuration：负责设定 Deployment 的期望状态，提供了代码和配置之间清晰的分离，并遵循应用开发的 12 要素。修改一次 Configuration 产生一个 Revision。
- Revision：对工作负载进行的每个修改的代码和配置的时间点快照。Revision 是不可变对象，可以长期保留。可以根据流量自动伸缩 Revision 实例。

了解了 Serving 中 CRD 的概念后，4 个 CRD 的关系如图 9-56 所示。

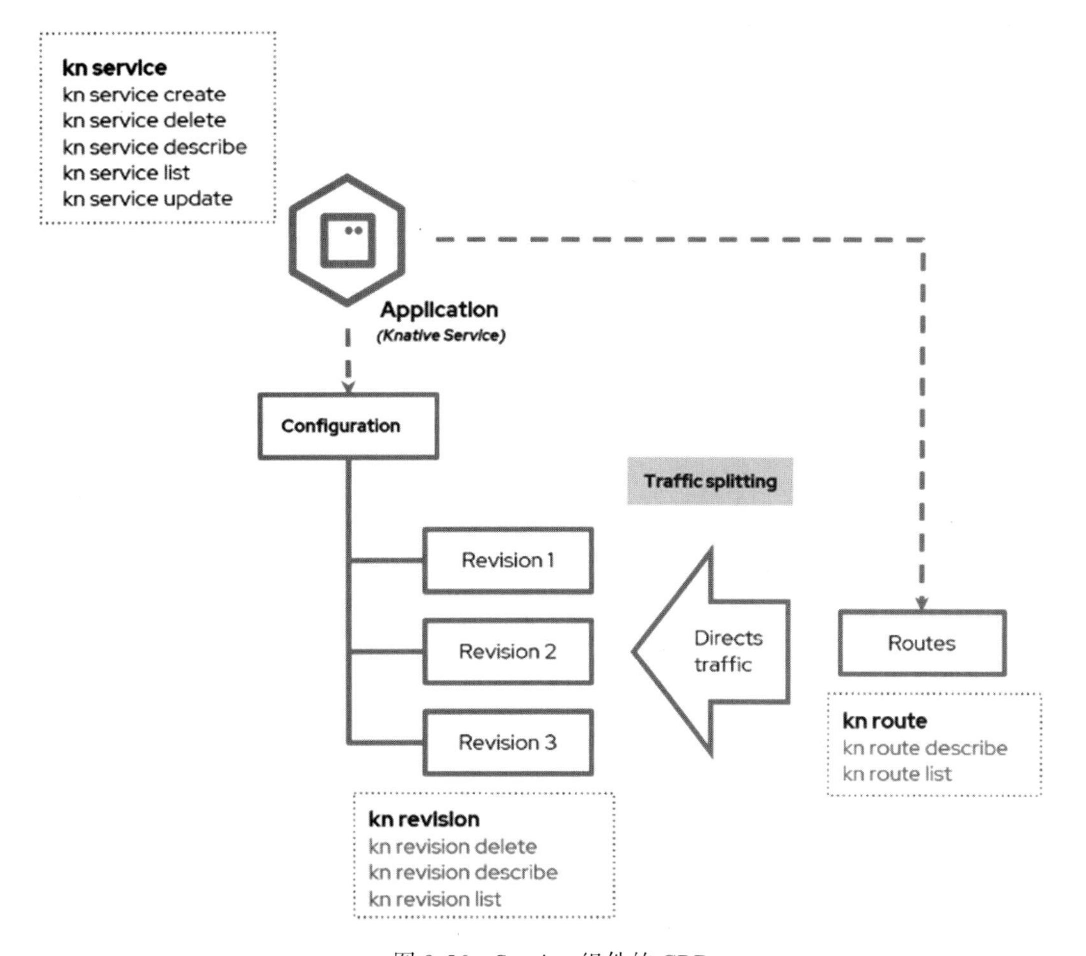

图 9-56　Serving 组件的 CRD

可以看到，一个应用可以由 Knative Service 完全创建。Knative Service 会自动创建 Configuration 和 Routes，Configuration 根据当前的配置生成 Revision，只要修改 Configuration 对象，就会生成新版本的 Revision。Route 可以通过配置策略实现在多个 Revision 分配流量。当然，同样可以选择手动创建 Configuration 和 Routes 对象，而不使用 Knative Service 管理应用。

Eventing 的作用是提供事件触发的 Serverless 应用，旨在满足云原生开发中的通用需求，以提供可组合的方式绑定事件源和事件消费者。

9.7.3 OpenShift Serverless 的安装

在 OpenShift 上使用 Operator 安装 Knative，大致过程如下：

- 安装 OpenShift Serverless Operator。
- 创建 Serving 组件和 Eventing 组件。
- 安装 Knative 客户端。

首先安装 OpenShift Serverless Operator，通过 OperatorHub 搜索 Knative，如图 9-57 所示。

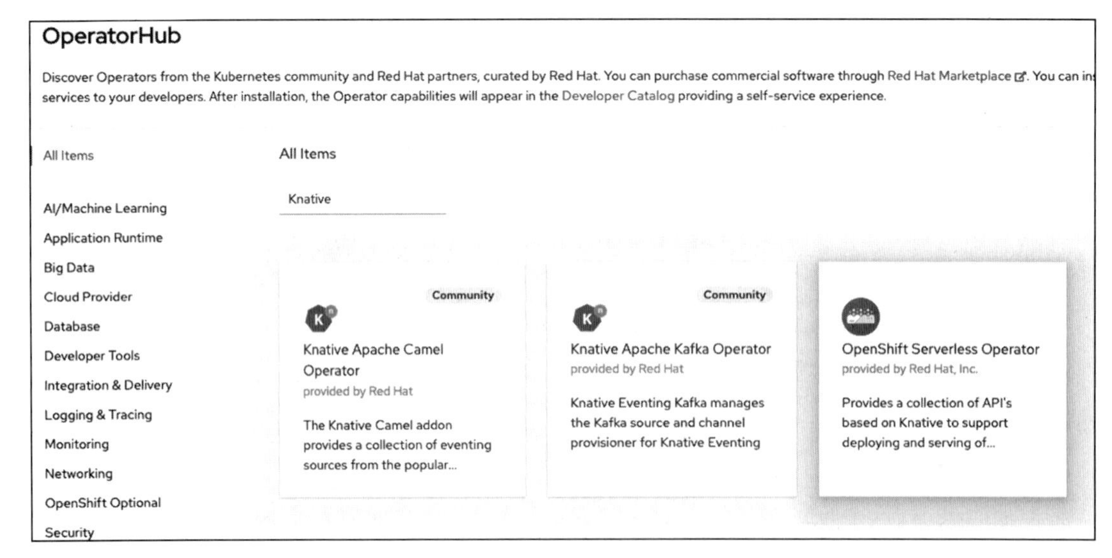

图 9-57　Serverless Operator

设定必要的安装参数，然后点击 Install，如图 9-58 所示。

等待 OpenShift Serverless Operator 安装成功后，根据 API 分别创建 Serveing 组件和 Eventing 组件。

创建 Serving 组件。

```
# oc new-project knative-serving
# cat serving.yaml
apiVersion: operator.knative.dev/v1alpha1
kind: KnativeServing
```

```
metadata:
    name: knative-serving
    namespace: knative-serving
# oc apply -f serving.yaml
```

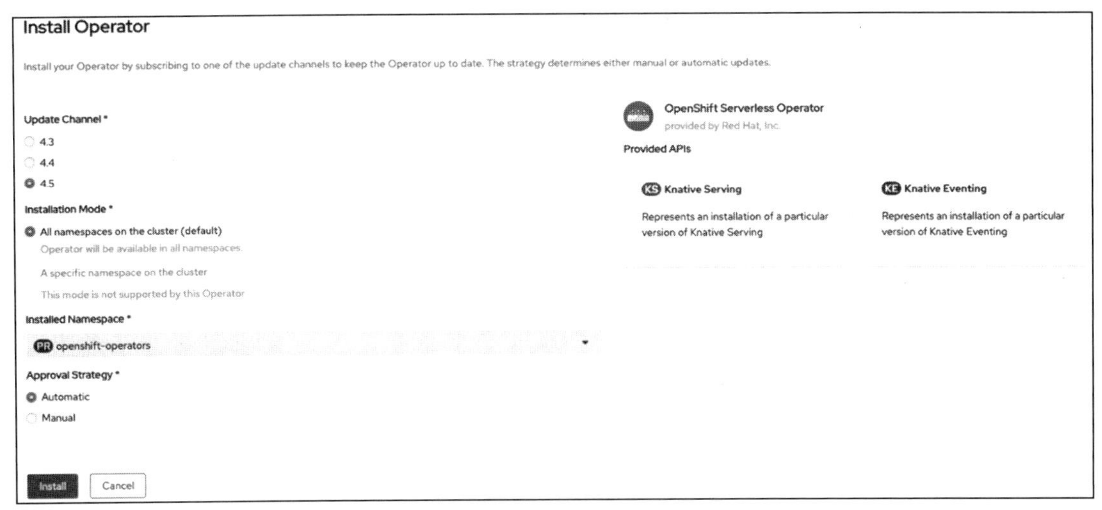

图 9-58　Serverless Operator 参数

查看 knative-serving 项目中容器的状态，如图 9-59 所示。

```
[root@lb.weixinyucluster ~]# oc get pods -n knative-serving -o wide
NAME                              READY   STATUS    RESTARTS   AGE   IP             NODE
activator-7db4dc788c-2h8pr        1/1     Running   0          11h   10.128.2.35    worker-0
activator-7db4dc788c-vpnml        1/1     Running   1          11h   10.130.0.174   worker-1
autoscaler-659dc48d89-m9qsc       1/1     Running   0          11h   10.130.0.175   worker-1
autoscaler-hpa-57fdfbb45c-75vs7   1/1     Running   0          11h   10.128.2.33    worker-0
autoscaler-hpa-57fdfbb45c-nkvd6   1/1     Running   0          11h   10.130.0.180   worker-1
controller-587d884f8b-l9c24       1/1     Running   4          11h   10.130.0.179   worker-1
controller-587d884f8b-tnngc       1/1     Running   3          11h   10.128.2.34    worker-0
kn-cli-downloads-7558874f44-85w45 1/1     Running   0          11h   10.130.0.172   worker-1
webhook-7d9644cb4-qqtdk           1/1     Running   1          11h   10.130.0.178   worker-1
```

图 9-59　查看 knative-serving 项目中容器的状态

接下来创建 Eventing。

```
# oc new-project knative-eventing
# cat eventing.yaml
apiVersion: operator.knative.dev/v1alpha1
kind: KnativeEventing
metadata:
    name: knative-eventing
    namespace: knative-eventing
# oc apply -f eventing.yaml
```

创建成功后，查看 knative-eventing 项目中容器的状态，如图 9-60 所示。

另外，还会在 knative-serving-ingress 项目下创建路由组件，查看容器状态，如图 9-61 所示。

```
[root@lb.weixinyucluster ~]# oc get pods -n knative-eventing -o wide
NAME                                   READY   STATUS    RESTARTS   AGE   IP             NODE
broker-controller-67b56668bd-5qjjt     1/1     Running   0          11h   10.130.0.183   worker-1
eventing-controller-544dc9945d-dw9fs   1/1     Running   0          11h   10.130.0.181   worker-1
eventing-webhook-6c774678b5-njdzr      1/1     Running   0          11h   10.130.0.182   worker-1
imc-controller-78b8566465-2svtq        1/1     Running   0          11h   10.130.0.184   worker-1
imc-dispatcher-57869b44c5-gwzlh        1/1     Running   0          11h   10.130.0.185   worker-1
```

图 9-60　查看 knative-eventing 项目中容器的状态

```
[root@lb.weixinyucluster ~]# oc get pods -n knative-serving-ingress -o wide
NAME                                        READY   STATUS    RESTARTS   AGE   IP             NODE
3scale-kourier-control-76fd4f94d-b6clz      1/1     Running   2          11h   10.130.0.173   worker-1
3scale-kourier-control-76fd4f94d-n2s5k      1/1     Running   2          11h   10.128.2.30    worker-0
3scale-kourier-gateway-84dddb499f-n9nk2     1/1     Running   0          11h   10.128.2.31    worker-0
3scale-kourier-gateway-84dddb499f-rzdl5     1/1     Running   0          11h   10.130.0.176   worker-1
```

图 9-61　查看 knative-serving-ingress 项目中容器的状态

最后安装 Knative 客户端。下载地址为 https://mirror.openshift.com/pub/openshift-v4/clients/serverless/latest/，根据操作系统版本选择合适的 Kn 客户端，解压放置到可执行文件目录即可。Kn 客户端使用与 OC 客户端同样的认证文件 ~/.kube/config。

到目前为止，OpenShift Serverless 就安装完成了。接下来，我们简单验证 OpenShift Serverless 的蓝绿发布和事件触发。

9.7.4　OpenShift Serverless 的蓝绿发布

创建新项目。

```
# oc new-project knativetutorial
```

然后使用 GitHub 上的演示代码。

```
# git clone https://github.com/ocp-msa-devops/knative-tutorial.git
# export TUTORIAL_HOME="$(pwd)/knative-tutorial"
```

查看应用配置文件，该文件使用 quay.io/rhdevelopers/knative-tutorial-greeter:quarkus 镜像，创建应用 Knative service。

```
# cd knative-tutorial/basics
# cat service.yaml
apiVersion: serving.knative.dev/v1
kind: Service
metadata:
  name: greeter
spec:
  template:
    spec:
      containers:
      - image: quay.io/rhdevelopers/knative-tutorial-greeter:quarkus
        livenessProbe:
          httpGet:
            path: /healthz
        readinessProbe:
```

```
        httpGet:
          path: /healthz
```

应用配置如下。

```
# oc apply -n knativetutorial -f service.yaml -n knativetutorial
```

接下来，我们查看knativetutorial项目中被创建了什么资源。

产生了一个Kubernetes层面的Deployments。

```
# oc get deployments -n knativetutorial
NAME                       READY   UP-TO-DATE   AVAILABLE   AGE
greeter-cxqrl-deployment   1/1     1            1           25s
```

产生了三个Kubernetes的Service。

```
# oc get svc -n knativetutorial
NAME     TYPE         CLUSTER-IP     EXTERNAL-IP      PORT(S)       AGE
greeter  ExternalName   <none>  kourier-internal.knative-serving-ingress.svc.
    cluster.local    <none>   40s
greeter-cxqrl    ClusterIP    172.30.151.245    <none>    80/TCP    50s
greeter-cxqrl-private    ClusterIP    172.30.134.70    <none>    80/TCP,9090/TCP,
   9091/TCP,8022/TCP    50s
```

产生了一个Knative的Service：greeter。

```
# kn service list -n knativetutorial
NAME     URL         GENERATION      AGE      CONDITIONS      READY      REASON
greeter  http://greeter-knativetutorial.apps.weixinyucluster.bluecat.ltd   1
              83s    3 OK / 3     True
```

查看Knative Route。

```
# oc get rt -n knativetutorial
NAME     URL                                                             READY   REASON
greeter  http://greeter-knativetutorial.apps.weixinyucluster.bluecat.ltd   True
```

查看Pod，未找到任何Pod资源。

```
# oc get pods
No resources found in knativetutorial namespace.
```

接下来，我们查看Knative路由指向：100%流量指向了greeter最新版本的Revision。

```
spec:
  traffic:
  - configurationName: greeter
    latestRevision: true
    percent: 100
```

我们查看greeter Knative Service的内容，其中包含了指向Revision的流量信息。

```
# kn  service list greeter -o yaml
    traffic:
    - latestRevision: true
```

```
      percent: 100
      revisionName: greeter-cxqrl
    url: http://greeter-knativetutorial.apps.weixinyucluster.bluecat.ltd
```

使用 http 调用我们部署的 greeter 应用。

```
# export SVC_URL=`oc get rt greeter -o yaml | yq read - 'sta.url'` && \
> http $SVC_URL
```

调用反馈结果是 Hi greeter => '9861675f8845' : 1，如图 9-62 所示。

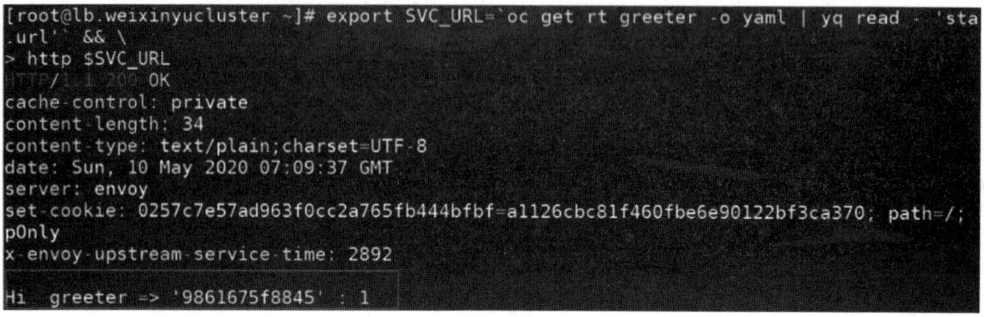

```
[root@lb.weixinyucluster ~]# export SVC_URL=`oc get rt greeter -o yaml | yq read - 'sta
.url'` && \
> http $SVC_URL
HTTP/1.1 200 OK
cache-control: private
content-length: 34
content-type: text/plain;charset=UTF-8
date: Sun, 10 May 2020 07:09:37 GMT
server: envoy
set-cookie: 0257c7e57ad963f0cc2a765fb444bfbf=a1126cbc81f460fbe6e90122bf3ca370; path=/;
pOnly
x-envoy-upstream-service-time: 2892

Hi  greeter => '9861675f8845' : 1
```

图 9-62　调用结果

此时查看 Pod，如图 9-63 所示。

```
[root@lb.weixinyucluster ~]# oc get pods
NAME                                      READY   STATUS    RESTARTS   AGE
greeter-w5t6k-deployment-87d99cb7d-gh8tn  2/2     Running   0          6s
```

图 9-63　Pod 状态

在没有新的请求时 Pod 会自动删除，如图 9-64 所示。

```
[root@lb.weixinyucluster ~]# oc get pods
NAME                                      READY   STATUS        RESTARTS   AGE
greeter-w5t6k-deployment-87d99cb7d-gh8tn  2/2     Terminating   0          78s
[root@lb.weixinyucluster ~]# oc get pods
```

图 9-64　Pod 状态

查看 Configuration，结果如图 9-65 所示。

```
# oc --namespace knativetutorial get configurations.serving.knative.dev greeter
```

```
[root@lb.weixinyucluster ~]# oc --namespace knativetutorial get configurations.serving.
knative.dev greeter
NAME      LATESTCREATED   LATESTREADY     READY   REASON
greeter   greeter-w5t6k   greeter-w5t6k   True
```

图 9-65　查看 Configuration

接下来，我们部署 Version2 的应用，在 Version2 的应用中注入 MESSAGE_PREFIX : Namaste，内容如下所示。

```
# cat service-env.yaml
apiVersion: serving.knative.dev/v1
kind: Service
metadata:
  name: greeter
spec:
  template:
    spec:
      containers:
      - image: quay.io/rhdevelopers/knative-tutorial-greeter:quarkus
        env:
        - name: MESSAGE_PREFIX
          value: Namaste
        livenessProbe:
          httpGet:
            path: /healthz
        readinessProbe:
          httpGet:
            path: /healthz
```

应用配置后我们查看 Revision 信息，如图 9-66 所示。

```
# oc --namespace knativetutorial get rev \
 --selector=serving.knative.dev/service=greeter \
 --sort-by="{.metadata.creationTimestamp}"
```

```
[root@lb.weixinyucluster ~/knative-tutorial/basics]# oc --namespace knativetutorial
 rev \
>  --selector=serving.knative.dev/service=greeter \
>  --sort-by="{.metadata.creationTimestamp}"
NAME            CONFIG NAME   K8S SERVICE NAME   GENERATION   READY   REASON
greeter-w5t6k   greeter       greeter-w5t6k      1            True
greeter-b8ts8   greeter       greeter-b8ts8      2            True
```

图 9-66　查看 Revision 信息

我们再用 http 访问应用，执行结果如图 9-67 所示。

```
# export SVC_URL=`oc get rt greeter -o yaml | yq read - 'sta.url'` && \
> http $SVC_URL
```

```
[root@lb.weixinyucluster ~/knative-tutorial/basics]# export SVC_URL=`oc get rt greeter
-o yaml | yq read - 'status.url'` && \
> http $SVC_URL
HTTP/1.1 200 OK
cache-control: private
content-length: 39
content-type: text/plain;charset=UTF-8
date: Sun, 10 May 2020 07:22:07 GMT
server: envoy
set-cookie: 0257c7e57ad963f0cc2a765fb444bfbf=a1126cbc81f460fbe6e90122bf3ca370; path=/;
HttpOnly
x-envoy-upstream-service-time: 3393

Namaste  greeter => '9861675f8845' : 1

[root@lb.weixinyucluster ~/knative-tutorial/basics]# oc get pods
NAME                                     READY   STATUS    RESTARTS   AGE
greeter-b8ts8-deployment-55cbd99c8-z7dq8   2/2     Running   0          7s
```

图 9-67　执行结果

我们看到此次访问结果增加了 MESSAGE_PREFIX：Namaste。

查看 Revision 的流量，已经全部转向了新创建的 Revision，如图 9-68 所示。

```
[root@lb.weixinyucluster ~/knative-tutorial/basics]# kn revision list
NAME            SERVICE   TRAFFIC   TAGS   GENERATION   AGE     CONDITIONS   READY
ASON
greeter-b8ts8   greeter   100%             2            5m26s   3 OK / 4     True
greeter-w5t6k   greeter                    1            3h26m   3 OK / 4     True
```

图 9-68　流量分配情况

9.7.5　OpenShift Serverless 的事件触发

在前面已经介绍了 Serving 部分，本小节开始介绍 Eventing 部分。

Knative Eventing Sources 是发出事件的源。本质上，Source 的工作主要是从外部系统捕获和缓冲事件，然后将这些事件中继到 sink（接收器）。

Knative Eventing Sources 默认自带以下四种类型，如图 9-69 所示。

```
# kubectl api-resources --api-group='sources.eventing.knative.dev'
```

```
[root@lb.weixinyucluster ~/knative-tutorial/eventing]# kubectl api-resources --api-group='so
NAME                 SHORTNAMES   APIGROUP                       NAMESPACED   KIND
apiserversources                  sources.eventing.knative.dev   true         ApiServerSource
containersources                  sources.eventing.knative.dev   true         ContainerSource
cronjobsources                    sources.eventing.knative.dev   true         CronJobSource
sinkbindings                      sources.eventing.knative.dev   true         SinkBinding
```

图 9-69　默认自带的四种 Eventing Sources

我们首先看一个定义 Source 的配置文件。

```
# cd knative-tutorial/eventing
# cat eventinghello-source.yaml
apiVersion: sources.knative.dev/v1alpha2
kind: PingSource
metadata:
  name: eventinghello-ping-source
spec:
  schedule: "*/2 * * * *"
  jsonData: '{"key": "every 2 mins"}'
  sink:
    ref:
      apiVersion: serving.knative.dev/v1
      kind: Service
      name: eventinghello
```

应用配置文件如下。

```
# oc apply -f eventinghello-source.yaml
cronjobsource.sources.eventing.knative.dev/event-greeter-cronjob-source created
```

执行如下命令，确认 Source 部署成功，READY 为 True。

```
# oc -n knativetutorial5 get cronjobsources.sources.eventing.knative.dev event-
    greeter-cronjob-source
```

Source 是通过计划任务发出 Event，周期性任务运行在 Pod 中，如图 9-70 所示。

```
[root@lb.weixinyucluster ~/knative-tutorial/eventing]# oc get pods
NAME                                                  READY   STATUS    RESTARTS   AGE
cronjobsource-event-greete-2d2ae3e7-88f1-4452-807c-9f23b39xczvw   1/1     Running   0          51s
```

图 9-70　查看周期性任务 Pod

创建一个 Knative 应用，周期性任务发出的 Event 将触发该应用。

```
# cat eventing-hello-sink.yaml
apiVersion: serving.knative.dev/v1
kind: Service
metadata:
  name: eventinghello
spec:
  template:
    metadata:
      name: eventinghello-v1
      annotations:
        autoscaling.knative.dev/target: "1"
    spec:
      containers:
      - image: quay.io/rhdevelopers/eventinghello:0.0.2
```

应用上述配置后查看 Knative Service，如图 9-71 所示。

```
[root@lb.weixinyucluster ~/knative-tutorial/eventing]# kn service list
NAME            URL
Y   REASON
eventinghello   http://eventinghello-knativetutorial5.apps.weixinyuclus
```

图 9-71　查看 Knative Service

查看创建的应用 Pod 的日志，如图 9-72 所示。

```
content-type=application/json
content-length=22
POST:{"key":"every 2 mins"}
2020-05-10 14:17:25,214 INFO  [io.quar
```

图 9-72　查看应用 Pod 的日志

观察应用 Pod，每两分钟接收一次消息，接收完毕后无其他消息，Pod 会被杀掉，如图 9-73 所示。

至此，完成了对 OpenShift Serverless 基本功能的介绍，更多详情请参考官方文档。

```
[root@lb.weixinyucluster ~/knative-tutorial/eventing]# oc get pods
NAME                                                      READY   STATUS     RESTARTS   AGE
cronjobsource-eventinghell-64e97440-d3c6-474b-8fcf-3ea3dfek4cp8   1/1     Running    0          6m44s
[root@lb.weixinyucluster ~/knative-tutorial/eventing]# oc get pods
NAME                                                      READY   STATUS     RESTARTS   AGE
cronjobsource-eventinghell-64e97440-d3c6-474b-8fcf-3ea3dfek4cp8   1/1     Running    0          6m46s
[root@lb.weixinyucluster ~/knative-tutorial/eventing]# oc get pods
NAME                                                      READY   STATUS        RESTARTS   AGE
cronjobsource-eventinghell-64e97440-d3c6-474b-8fcf-3ea3dfek4cp8   1/1     Running       0          7m24s
eventinghello-v1-deployment-6f48c54d68-bd7q9                      2/2     Terminating   0          19s
eventinghello-v1-deployment-6f48c54d68-wks4m                      2/2     Running       0          19s
```

图 9-73 观察应用 Pod

9.8 本章小结

本章介绍了应用服务器迁移的思路、云原生开发框架、Knative 和几个云原生的开源项目。相信读者对于云原生有了一定的理解。在接下来的一章中，我们将介绍微服务在 OpenShift 上的落地。

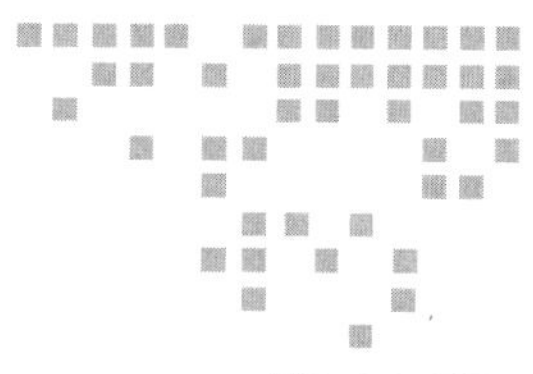

第 10 章 Chapter 10

微服务在 OpenShift 上的落地

在前一章中，我们介绍了基于 OpenShift 构建云原生的步骤。在云原生体系中，微服务是其重要的组成部分。本章将依次介绍微服务的架构、Spring Cloud 在 OpenShift 上落地、基于 OpenShift 和 Istio 实现微服务落地。

10.1 微服务介绍

10.1.1 微服务的特点与优势

近年来，微服务带来的价值越来越被认可。之前，很多组织和个人认为微服务只是一种应用架构的变革或者是一种新型技术，但很多公司在进行微服务尝试以后却得到完全不一样的体验。Martin Fowler 在他的博客 “Monolithic First”（单体优先）中也提到大多数公司直接入手微服务的成功率很低，大多数成功实施微服务的公司一般都是从单体开始不断完善和改良体系和架构，从而最终成功走向微服务之路。

相对于单体应用而言，微服务是采用一组服务的方式来构建一个应用，服务独立部署在不同的进程中，不同服务通过一些轻量级交互机制（例如 RPC、HTTP 等）来通信。引入微服务架构可以获得以下好处：

- 架构上系统更加清晰，每个服务定义了明确的边界。
- 核心模块稳定，以服务组件为单位进行升级，避免了频繁发布带来的风险。
- 开发管理方便，不同的服务可以采用不同的编程语言来实现。
- 单独团队维护，工作职责清晰。
- 业务复用，代码复用。
- 非常容易扩展。

构建微服务有多种实现方法，业界并没有统一的实现，但通常会遵循以下的设计原则：

- 每个微服务的数据单独存储。不同微服务不要共用一个后端数据库。建议让开发团队选择适合每个微服务的数据库。要确保更改某个微服务数据的时候，其他微服务不受影响。
- 使用类似程度的成熟度来维护代码。微服务中所有代码都保持相似的成熟度和稳定度。例如，我们想要重写一些代码或给一个运行良好的、已部署生产的微服务添加一些代码，最好的方式常常是对于新的或要改动的代码新建一个微服务，现有的微服务继续运行。这样的话，我们可以迭代地部署和测试新代码，现有的微服务不会出现故障或性能下降。当新的微服务和原始的微服务一样稳定时，如果出于性能考虑确实需要进行功能合并，我们可以将其合并在一起。
- 每个微服务都单独进行编译构建。每个微服务都是单独进行编译构建的，当需要引入新的微服务时不会存在风险。
- 每个微服务都单独部署。每个微服务都是单独部署的，这样每个微服务可以独立于其他服务进行替换。每个团队都可以遵循不同的发布策略并使用不同的框架和运行时。
- 将微服务设计成无状态的。将微服务设计成无状态的好处是由于每个实例的功能都是一样的，无须关心提供服务的是哪一个，我们只需要控制微服务的容器实例数量即可。在这个前提下，我们可以使用自动伸缩来按需调整实例数。如果其中一个实例出现故障，其他实例会接替故障实例的负载。

在介绍完微服务方法论和设计原则之后，接下来讨论主流的微服务框架。

目前业内知名度较高的微服务框架有 Spring Cloud 和 Service Mesh，我们将分别进行介绍。

10.1.2 微服务架构

在我们谈到微服务时，很多时候会提到应用开发框架。常见的应用开发框架有 EJB、SSM（SpringMVC、Spring、MyBatis）、SSH（Struts2、Spring、Hibernate）、Golang（Gin Beego Iris）等。前三种应用开发框架都是 Java 系的，目前企业客户的应用也是以 Java 为主。

某种意义上，Spring 是 Enterprise Java Beans 1.0 和 2.0 的替代品（EJB 架构较为沉重和复杂）。Spring Boot 是基于 Spring 4.0 进行的二次开发，它是一个轻量级的、简化配置和开发流程的 Web 整合框架。截至 2020 年二季度，Spring Boot 的版本是 2.3.1。Spring Boot 非常适合 Web 应用程序开发，它也被称为“新一代 Web 框架”。Spring Boot 具有如下特征：

- 传统的 Jakarta EE 应用程序要部署到 Web 容器（如 Apache Tomcat）或应用服务器（如 JBoss EAP）中，但 Spring Boot 应用程序通常要嵌入 Web 容器或依赖于其他机制，例如消息传递客户端或响应式库，它用于向应用程序发送事件。
- Spring 框架提供了一个控制反转（IoC）容器，支持依赖注入（DI）编程模型。

- Spring Boot 可以使用 Spring MVC 或 JAX-RS 开发 REST API。

Spring Cloud 是一个基于 Spring Boot 的、用于开发云原生应用程序的框架。Spring Cloud 提供了通用设计模式的实现，以支持云本机应用程序的开发。Spring Cloud 提供的主要功能有：

- 集中配置管理：通过组件 Config Server 实现配置中心。
- 服务注册和发现：通过组件 Netflix OSS Eureka 实现服务注册中心。
- 负载均衡：通过 Ribbon 或 Feign 实现负载均衡。
- 断路器：通过组件 Netflix OSS Hystrix 实现断路器。
- 异步通信：通过 Apache Kafka 和 RabbitMQ 消息代理实现异步通信。
- 分布式跟踪：通过 Zipkin 组件实现分布式追踪。
- API 管理：通过组件 Zuul 实现微服务网关。

由于 Spring Cloud 功能丰富，且以较为轻量级的 Spring Boot 为核心，因此受到了很多技术人员尤其是开发人员的喜爱。但 Spring Cloud 的弊端是在面向 Spring Cloud 架构时开发人员需要考虑微服务之间的路由和调用，如微服务之间的熔断、限流、身份验证等，这就增加了开发层面的复杂度，也就是在面向 Spring Cloud 微服务框架时需要开发人员考虑很多问题。

而在 Service Mesh 微服务治理框架下应用开发人员只需要关注业务代码本身，而不需要关注微服务之间的调用。Istio 是 Service Mesh 微服务框架的主流实现，该开源项目由 Google 和 IBM 主导。Istio 旨在借助于 Kubernetes，简化开发人员在开发微服务应用时的复杂度，开发人员仅需要关注代码本身即可，微服务之间的注册发现、调用、容错等均由 Kubernetes 完成。

10.1.3　企业对微服务治理的需求

截至目前，虽然微服务治理框架在业内被广为探讨，但企业客户真正在生产环境应用微服务治理框架的案例并不是很多。大多数客户运行了基于容器的 Spring Boot 应用，但只使用少量 Spring Cloud 的治理架构组件，如 Hystrix。究其原因，Spring Cloud 治理框架对代码的侵入性极强，而且对非 Java 语言支持有限。

相对于 Spring Cloud，Istio 虽然时间尚短，但由于其对代码侵入性几乎为零，原生提供多语言支持，并且可以和 Kubernetes 完美集成，再加上 Google、IBM、红帽等公司对该项目的全力支持，因此 Istio 是未来微服务治理框架的发展方向，也是本章主要介绍的微服务框架。

对于还未整体引入 Spring Cloud 微服务框架的客户，未来可以将现有的应用直接迁移到 Istio 微服务框架之下。关于具体的迁移建议和方式，我们将在本章详细介绍。

在日常的项目中，我们经常会遇到客户在微服务治理方面的需求。对此，作者根据项目经验进行了汇总和提炼。一个完整的微服务治理技术框架应该包含表 10-1 中的内容。

表 10-1 微服务治理技术框架需求

功能列表	描述
服务注册与发现	在平台软件部署服务时能自动进行服务的注册，其他调用方可以即时获取新服务的注册信息
配置中心	可以管理微服务的配置
支持命名空间、项目名称配置	基于 NameSpace 隔离微服务
微服务间路由管理	实现微服务之间相互访问
支持负载均衡	客户端发起请求在微服务端的负载均衡
日志收集	收集微服务的日志
内部 API 网关	为所有客户端请求的入口
微服务链路可视化	可以生成微服务之间调度的拓扑关系图
无源码修改方式的应用迁移	将应用迁移到微服务架构时不修改应用源码
灰度 / 蓝绿发布	实现应用版本的动态切换
灰度上线	允许将实时流量进行复制，客户无感知
安全策略	实现微服务访问控制的 RBAC，对于微服务入口流量可设置加密访问
性能监控	监控微服务的实施性能
支持混沌测试	模拟各种微服务的故障
支持服务间调用限流、熔断	避免微服务出现雪崩效应
实现微服务间的访问控制黑白名单	灵活设置微服务之间的相互访问策略
支持服务间路由控制	灵活设置微服务之间的相互访问策略
支持对外部应用的访问	微服务内的应用可以访问微服务体系外的应用
支持链路追踪	实时追踪微服务之间访问的链路，包括流量、成功率等
支持应用自拓扑	实时展示微服务之间的调用关系
服务追踪	展示微服务之间调用、已经调用的层级关系

接下来，我们将会根据这个微服务治理技术框架需求表对 Spring Cloud 和 Istio 框架进行评估。

10.2 Spring Cloud 在 OpenShift 上的落地

在前面我们提到，Spring Cloud 本身有一套完整的组件集。但在面向 OpenShift 时，有些组件可以被 OpenShift 资源对象替代。接下来，我们对 Spring Cloud 在 OpenShift 上的实现与原生实现的不同之处进行说明。

10.2.1 Spring Cloud 在 OpenShift 上的实现与原生实现的不同

OpenShift 平台作为 PaaS 平台，原生针对微服务架构的应用提供了众多主流的微服务编排和治理工具，这些工具在互联网公司和一些大型企业有着长期广泛的应用，是实施微服务架构的最佳实践。

接下来，我们针对在 OpenShift 上运行 Spring Cloud 与原生 Spring Cloud 的不同点进行说明。

1. 服务注册与发现

在传统的分布式系统部署中服务监听在固定的主机和端口运行，但在基于云的环境中主机名和 IP 地址会动态变化，这就需要服务注册与发现。

许多微服务框架都提供实现服务注册和发现的组件，但它们通常仅适用于在框架内的其他服务。这些框架都需要一个特殊的服务注册表来跟踪每个微服务的可用实例。

Spring Cloud 的服务注册发现和注册中心是 Eureka 或者 Consul（原生是 Eureka）。OpenShift 平台的 Etcd 集群是用于存储集群元数据的高可用键值对存储系统，提供 OpenShift 集群内 Service 的服务注册与发现。这样在 OpenShift 上运行 Spring Cloud，可以使用 OpenShift 平台的 Service 实现微服务的服务注册发现机制，然后存储到 Etcd 集群中。当然，我们也可以保持 Spring Cloud 原生的注册中心，在 OpenShift 上部署 Eureka、Consul 或 Zookeeper。

我们举例说明如何使用 Consul 在 OpenShift 上实现服务注册发现（Consul 需要在 Pod 中以 sidecar 方式注入 Consul client），如图 10-1 所示。在图 10-1 中，使用 Web Server Service 部署 Tomcat 应用，用于将内部微服务转换为 RESTful 接口。Consul 集群（一主二从）在 OpenShift 中使用 DeploymentConfig 形式进行部署，通过 HostNetwork 方式固定 IP 和端口，在对集群内外提供服务的同时又可以满足高可用的要求。因采用 HostNetwork 方式部署，集群内部的微服务及 Web Server 应用可以通过该 IP 及端口进行服务注册和发现，集群外部同样可以通过该 IP 及端口进行连接。

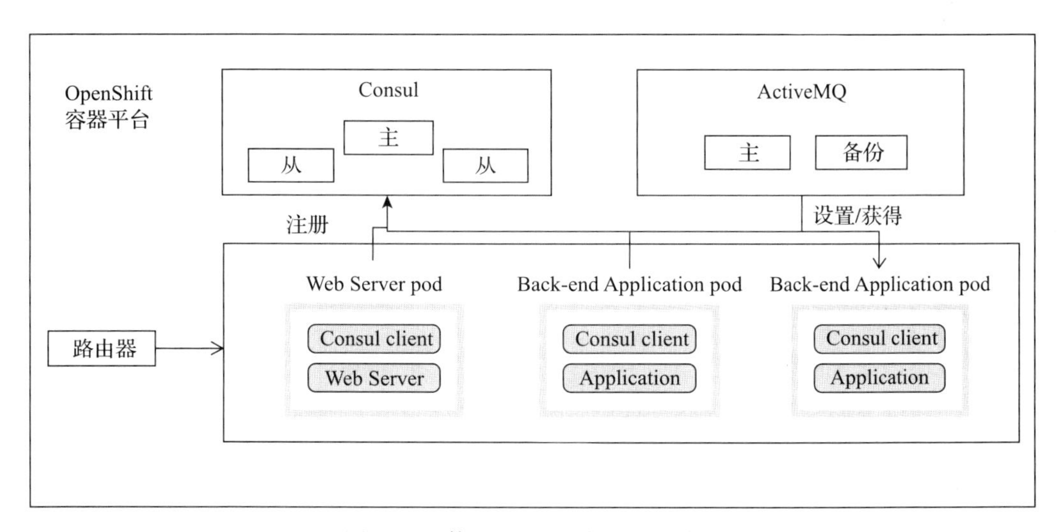

图 10-1　使用 Consul 实现注册中心

虽然上述方式在技术上可行，但在 OpenShift 中部署 Spring Cloud，我们推荐使用 Service

的服务发现机制，注册信息保存在 Etcd 中。

2. 微服务间负载均衡

Spring Cloud 中的微服务的负载均衡主要通过 Ribbon 实现。在 OpenShift 中每个微服务应用都有自己的 Service，通过 Service 负责其后端多个 Pod 之间的负载均衡。关于这部分实现在第 2 章已经介绍，这里不再赘述。基于 OpenShift 的 Spring Cloud 实现微服务之间的负载均衡，我们推荐使用 Service 底层的机制实现。

3. 配置管理中心

用户通过配置管理中心可以实现对云平台的快速、便捷、灵活化管理，以应对互联网时代业务快速发展的需要。Spring Cloud 的配置中心可以使用 Config Server。在 OpenShift 和 Spring Cloud 的配合中，我们建议使用 ConfigMap，它可以用于存储配置文件和 JSON 数据。然后我们把 ConfigMap 挂载到 Pod 中或者作为环境变量传入，这样应用就可以加载相关的配置参数。

创建一个键值对的 ConfigMap，我们可以用如下命令行创建。

```
# oc create configmap config_map_name --from-literal key1=value1 --from-literal key2=value2
```

也可以从一个文件创建。

```
# oc create configmap config_map_name --from-file /home/demo/conf.txt
```

然后在 DeploymentConfig 中注入 ConfigMap。

```
# oc set env dc/mydcname --from configmap/myconf
```

如果以 Volume 形式将创建的 ConfigMap 加载到 Pod 中，可以使用如下方式。

```
# oc set volume dc/mydcname --add -t configmap -m /path/to/mount/volume --name myvol
  --configmap-name myconf
```

4. 微服务网关

微服务中的 API 网关提供了一个或多个 HTTP API 的自定义视图的分布式机制。一个 API 网关是为特定的服务和客户端定制的，不同的应用程序通常使用不同的 API 网关。

API 网关的使用场景包括：

- 聚合来自多个微服务的数据，以呈现基于 Web 浏览器的应用程序的统一视图。
- 桥接不同的消息传输协议，例如 HTTP 和 AMQP。
- 实现同一个应用不同版本 API 的灰度发布。
- 使用不同的安全机制验证客户端。

目前，有多种方法可以实现 API 网关，如通过编程的方式实现 API 网关，使用工具实现微服务网关（如 Zuul 和 Apache Camel）。

Spring Cloud 默认使用 Zuul 提供微服务 API 网关能力，将 API 网关作为所有客户端的入口。在 OpenShift 上运行 Spring Cloud，可以使用 Zuul，但我们更推荐使用 Camel 作为微服务的网关。Apache Camel 是一个基于规则路由和中介引擎、提供企业集成模式（EIP）的 Java 对象（POJO）的实现，通过 API 或 DSL（Domain Specific Language，领域特定语言）来配置路由和中介的规则。

5. 微服务的容错

在微服务中，容错是一个很重要的功能。它的作用是防止出现微服务的"雪崩效应"。雪崩效应是从"雪球越滚越大"的现象抽象出来的。在单体应用中，多个业务的功能模块放在一个应用中，功能模块之前是紧耦合的，单体应用要么整体稳定运行，要么整体出现问题，整体不可用。

但在微服务中，各个微服务模块是相对独立的，同时可能存在调用链。例如，微服务 A 需要调用微服务 B，微服务 B 需要调用微服务 C。这个时候，如果微服务 C 出现了问题，可能最终导致微服务 A 不可用，有问题的雪球越滚越大，最终可能造成整个微服务体系的崩溃。

要想避免雪崩效应，就需要有容错机制，如采用断路模式。断路模式是在每个微服务前面加一个"保险丝"，当电流过大的时候（如服务访问超时，并且超过设定的重试次数），保险丝烧断，中断客户端对该服务的访问，而访问其他正常的服务。

在 Spring Cloud 中，微服务的容错通过 Hystrix 实现。基于 OpenShift 的 Spring Cloud 也需要通过 Hystrix 实现容错。

在启用 Hystrix 后，当请求后端服务失败数量超过一定比例时，断路器会切换到开路状态（OPEN），这时所有请求会直接失败而不会发送到后端服务。断路器保持在开路状态一段时间（默认 5 秒）后，自动切换到半开路状态（HALF-OPEN）。这时会判断下一次请求的返回情况，如果请求成功，断路器切回闭路状态（CLOSED），否则重新切换到开路状态（OPEN）。

6. 微服务的日志和监控

大多数 Java 开发人员习惯使用标准 API 生成日志。传统应用程序依赖本地存储来保存这些日志，容器化应用程序需要将所有日志事件发送到标准输出流和错误流。

为了更好地利用日志查询功能，应用程序应生成结构化日志，通常是 JSON 格式的消息，而不是纯文本行格式，最流行的 Java 日志框架支持自定义日志的格式。

在微服务中，目前比较常用的聚合日志套件是 EFK（Elasticsearch+Flunetd+Kibana）或 ELK（Elasticsearch+Logstash+Kibana）。红帽 OpenShift 的日志管理使用的是 EFK，Fluentd 是实时的日志收集、处理引擎，它汇聚数据到 Elasticsearch；Elasticsearch 会处理收集到的大量数据，用于全文搜索、结构化搜索以及分析；Kibana 是日志前端展示工具。

关于监控，OpenShift 平台提供了 Prometheus+Grafana 的开源监控解决方案，可以看到丰富的微服务监控界面。

7. 微服务分布式追踪

在微服务环境中，最终用户或客户端应用程序请求可以跨越多个服务。在这种情况下，使用传统技术无法对此请求进行调试和分析，也无法隔离单个进程来观察和排除故障。监视单个服务也不会提示哪个发起请求引发了哪个调用。

分布式跟踪为每个请求分配一个唯一 ID。此 ID 包含在所有相关服务调用中，并且这些服务在进行进一步的服务调用时也包含相同的 ID。这样就可以跟踪从始发请求到所有相关请求的调用链。

每个从属服务还会添加跨度 ID，该 ID 应与先前服务请求的跨度 ID 相关。这样，可以在时间和空间上对来自相同始发请求的多个服务调用进行排序。请求 ID 对于调用链中的所有服务都是相同的。调用链中的每个服务的跨度 ID 不同。

应用程序记录请求和跨度 ID，还可以提供其他数据，例如开始和停止时间戳以及相关业务数据。收集这些日志或将其发送到中央聚合器以进行存储和可视化。

分布式跟踪的一个流行标准是 OpenTracing API，该标准的一个流行实现是 Jaeger 项目。

要实现微服务的分布式追踪，若使用原生的 Spring Cloud，需要对接 Jaeger。若使用基于 OpenShift 的 Spring Cloud，则通过服务的方式对接 OpenShift 中部署的 Jaeger 即可。

8. 服务请求入口

在 Spring Cloud 中，微服务流量的起始入口是 API 网关。在 OpenShift 中，微服务流量的起始入口是 Router。如果在 OpenShift 中运行 Spring Cloud，我们需要为最外围的微服务（可能是 API 网关，也可能是 UI 的微服务）创建路由。而 Router 会将入口流量以负载均衡的方式分发给多个最外围的微服务的 Pod。

Router 默认支持三种负载均衡策略：

- RoundRobin：根据每个 Pod 的权重，平均轮询分配。在不改变 Routing 的默认规则的情况下，每个 Pod 的权重一样，Router 转发包也是采取轮询的方式。
- Leastconn：Router 转发请求的时候，根据每个 Pod 的连接数，将新的请求发给连接数最少的 Pod。一般这种方式适合长连接，短连接不建议使用。
- Source：将源 IP 地址先进行散列，再除以正在运行的 Pod 总权重，然后算出哪个节点接受请求。这确保了只要没有服务器发生故障，相同的客户端 IP 地址将始终到达同一个 Pod。

我们看到，基于 OpenShift 的 Spring Cloud 比社区原生的 Spring Cloud 的复杂度大大降低，可维护性有了较大提升。归纳总结如表 10-2 所示。

在介绍了 Spring Cloud 在 OpenShift 上与原生架构的不同之处后，接下来通过一个实际的案例来展现 Spring Cloud 在 OpenShift 上的实现。

表 10-2　Spring Cloud 在 OpenShift 上的实现与原生实现的不同点

功能列表	描述	原生 Spring Cloud	基于 Open Shift 的 Spring Cloud
服务注册与发现	在平台软件部署服务时，会自动进行服务的注册，其他调用方可以即时获取新服务的注册信息	支持，基于 Eureka、Consul 等组件	Etcd+Service+CoreDNS
配置管理中心	可以管理微服务的配置	支持，Spring-Cloud-Config 组件实现	OpenShift ConfigMap
微服务网关	为所有客户端请求的入口以及实现微服务之间相互访问	基于 Zuul 或者 Spring-Cloud-Gateway 实现，需要代码级别配置	基于 Camel 实现
微服务的熔断	支持微服务间熔断以避免微服务出现雪崩效应	基于 Hystrix 实现，需要代码注释	基于 Hystrix 实现，需要代码注释
微服务的限流	微服务开发中有时需要对 API 做限流保护，防止出现网络攻击	使用 Spring-Cloud-Zuul-Ratelimit，需要在 Zuul 的代码中进行配置	使用 Spring-Cloud-Zuul-Ratelimit，需要在 Zuul 的代码中进行配置
基于目标端灰度 / 蓝绿发布	实现应用版本的动态切换	根据 Eureka 的 metadata 自定义元数据，然后修改 Ribbon 的规则。需要配合修改 Zuul 的代码	OpenShift Service 配合 Camel 实现
日志收集	收集微服务的日志	支持，提供 Client，对接第三方日志系统，例如 ELK	OpenShift 集成的 EFK
性能监控	监控微服务的实施性能	支持，基于 Spring Cloud 提供的监控组件收集数据，对接第三方的监控数据存储	通过 OpenShift 集成 Prometheus+Grafana 实现
微服务分布式追踪	展示微服务之间调用、已经调用的层级关系	Spring Cloud 中集成 Zipkin	OpenShift 上部署 Zipkin 和 Jaeger
微服务间的负载均衡	客户端发起请求发送到微服务以后，微服务端之间的负载均衡	Ribbon 或 Feigin	Kube-proxy
客户端请求入口的负载均衡	客户端发出的请求，在微服务入口可实现负载均衡	基于 Zuul 或者 Spring-Cloud-Gateway 实现，需要代码级别配置	OpenShift Router 和 Zuul
支持命名空间、项目名称配置	基于 NameSpace 隔离微服务	必须依赖 PaaS 实现	OpenShift 的 Project 实现
无源码修改方式的应用迁移	将应用迁移到微服务架构时不修改应用源码	不支持	不支持

10.2.2 Spring Cloud 在 OpenShift 上的实现

本节我们以实际案例对如何在 OpenShift 上实现 Spring Cloud 微服务框架进行说明。

1. 案例场景说明

本案例是一个名为 CoolStore 的电商平台，底层通过 Spring Cloud 实现，运行在 OpenShift 上。电商平台部署好之后，用户登录平台的 UI，可以购买如帽子、杯子、T-Shirt、眼镜等商品，就如同我们在京东、天猫平台上购物一样。CoolStore 的首页如图 10-2 所示。

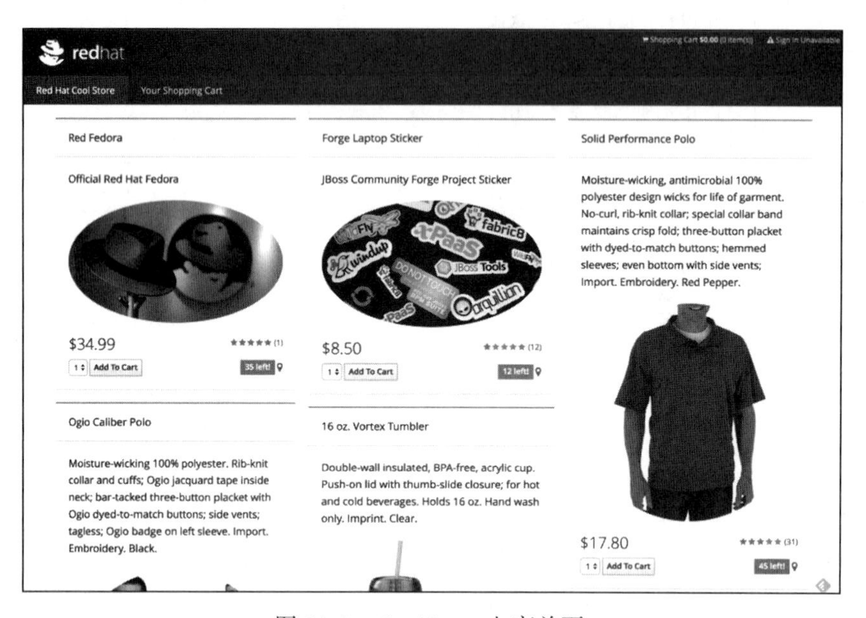

图 10-2　CoolStore 电商首页

CoolStore 电商平台使用的是 Spring Cloud 微服务架构，每一个功能模块都是一个微服务，如图 10-3 所示。

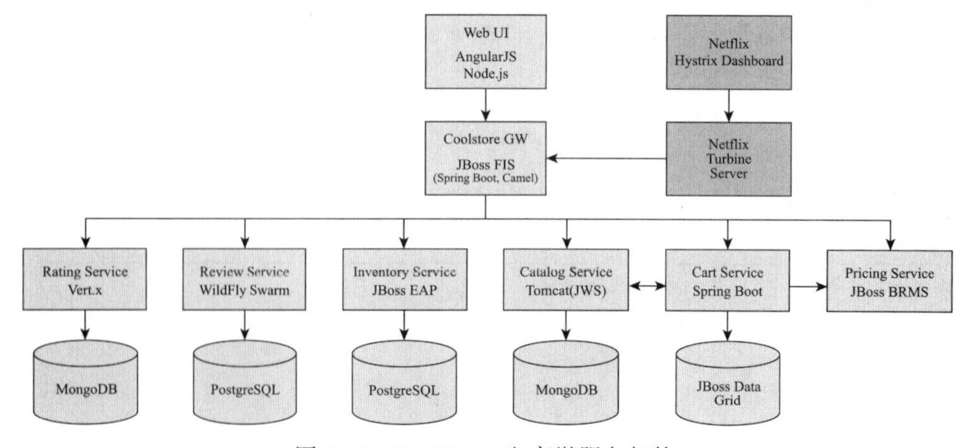

图 10-3　CoolStore 电商微服务架构

微服务的功能描述如下：

- Web UI：在 Node.js 容器中运行的基于 AngularJS 和 PatternFly 的前端，也就是客户访问电商平台的界面展示。
- Catalog Service：目录服务，基于 JBoss Web Server（企业级 Tomcat）的 Java 应用程序，为零售产品提供产品信息和价格。
- Cart Service：购物车服务，基于 OpenJDK 运行 Spring Boot 的应用程序。
- Inventory Service：库存服务，在 JBoss EAP 7 和 PostgreSQL 上运行的 Java EE 应用程序，为零售产品提供库存和可用性数据。
- Pricing Service：定价服务，使用红帽 JBoss BRMS 产品实现定价业务规则。
- Review Service：审查服务，在 OpenJDK 上运行的 WildFly Swarm 服务，用于撰写和显示产品评论。
- Rating Service：评级服务，在 OpenJDK 上运行的 Vert.x 服务，用于评级产品。
- CoolStore API 网关（Coolstore GW）：在 OpenJDK 上运行的 Spring Boot + Camel 应用程序，作为后端服务的 API 网关。CoolStore 的 GW 引用了 Hystrix 和 Turbine 做微服务的容错管理。

我们可以看到在图 10-3 中，Rating Service、Review Service、Inventory Service、Catelog Service 这四个微服务都有自己的数据库。这其实正是符合微服务的“share as little as possible”原则。也就是说微服务应该尽量设计成边界清晰不重叠、数据独享不共享，实现所谓的“高内聚、低耦合”。这样有助于实现微服务的可独立部署。

2. 在 OpenShift 上部署 CoolStore 微服务

CoolStore 这套微服务的 Demo，开发者是基于 OpenShift 3 开发的。本书两名作者将代码做了适当调整，现在这套 Demo 也可以运行在 OpenShift 4 上。本书第 1 版中在 OpenShift 3 上的部署步骤，请参考 Repo 中“OCP3 上部署 CoolStore 微服务”。

使用集群管理员权限的用户登录 OpenShift，首先将源代码复制到本地。

```
# git clone -b ocp-4.1 https://github.com/davidsajare/coolstore-microservice.git
# cd coolstore-microservice
```

新建项目。

```
# oc new-project coolstore-demo
```

创建 Secret registry-secret，确保可以从 registry.redhat.io 拉取红帽官网镜像。

```
# oc create secret docker-registry registry-secret --docker-server=registry.
   redhat.io --docker-username=<REGISTRY_USER> --docker-password=<REGISTRY_PASSWORD>
```

注意：如果集群无法直接访问外网，需要同步后文中 ImageStream 里定义的相关镜像到本地私有仓库，并修改 ImageStream 中的镜像仓库地址。

将 Secert 赋给 coolstore-demo 项目中以下 ServiceAccount。

```
# oc secrets link builder registry-secret
# oc secrets link deployer registry-secret
# oc secrets link default registry-secret
```

导入必要的 ImageStream。

```
# oc replace -n openshift -f https://raw.githubusercontent.com/jboss-fuse/
    application-templates/master/fis-image-streams.json
# oc replace -n openshift -f https://raw.githubusercontent.com/jboss-openshift/
    application-templates/ose-v1.4.14/eap/eap64-image-stream.json
# oc replace -n openshift -f https://raw.githubusercontent.com/jboss-openshift/
    application-templates/ose-v1.4.14/openjdk/openjdk18-image-stream.json
# oc replace -n openshift -f https://raw.githubusercontent.com/jboss-openshift/
    application-templates/ose-v1.4.14/processserver/processserver64-image-
    stream.json
# oc replace -n openshift -f https://raw.githubusercontent.com/jboss-openshift/
    application-templates/ose-v1.4.14/webserver/jws31-tomcat8-image-stream.json
# oc replace -n openshift -f https://raw.githubusercontent.com/jboss-openshift/
    application-templates/ose-v1.4.14/eap/eap70-image-stream.json
# oc replace -n openshift -f https://raw.githubusercontent.com/jboss-openshift/
    application-templates/ose-v1.4.14/decisionserver/decisionserver64-image-
    stream.json
# oc replace -n openshift -f https://raw.githubusercontent.com/jboss-openshift/
    application-templates/ose-v1.4.14/datagrid/datagrid65-image-stream.json
```

导入 MongoDB 的 ImageStream。

```
# oc import-image rhmap47/mongodb --from=registry.redhat.io/rhmap47/mongodb -
    confirm -all -n openshift
```

通过模板部署微服务。

```
# oc process -f openshift/coolstore-template.yaml | oc create -f -
```

过了一会儿，Pod 创建成功，如图 10-4 所示。

```
[root@repo david]# oc get pods |grep -v Completed
NAME                             READY   STATUS     RESTARTS   AGE
cart-1-6wd2q                     1/1     Running    0          47h
catalog-1-kkwvj                  1/1     Running    0          47h
catalog-mongodb-1-w2jqj          1/1     Running    0          31h
coolstore-gw-3-bmtzq             1/1     Running    0          29h
hystrix-dashboard-1-8zkl4        1/1     Running    0          47h
inventory-1-k55w5                1/1     Running    0          28h
inventory-postgresql-1-6kwbd     1/1     Running    0          28h
pricing-1-wxlbd                  1/1     Running    0          47h
rating-1-dmkw9                   1/1     Running    0          47h
rating-mongodb-1-4xhr4           1/1     Running    0          31h
review-1-d4zhx                   1/1     Running    2          47h
review-postgresql-1-cl8sp        1/1     Running    0          47h
web-ui-10-bfvk7                  1/1     Running    0          30h
```

图 10-4 CoolStore 微服务部署成功

查看创建的 Service，如图 10-5 所示。

```
[root@repo david]# oc get svc
NAME                  TYPE        CLUSTER-IP       EXTERNAL-IP   PORT(S)     AGE
cart                  ClusterIP   172.30.65.81     <none>        8080/TCP    47h
catalog               ClusterIP   172.30.92.73     <none>        8080/TCP    47h
catalog-mongodb       ClusterIP   172.30.89.78     <none>        27017/TCP   47h
coolstore-gw          ClusterIP   172.30.37.252    <none>        8080/TCP    47h
hystrix-dashboard     ClusterIP   172.30.81.235    <none>        8080/TCP    47h
inventory             ClusterIP   172.30.253.150   <none>        8080/TCP    47h
inventory-postgresql  ClusterIP   172.30.185.100   <none>        5432/TCP    47h
pricing               ClusterIP   172.30.193.202   <none>        8080/TCP    47h
rating                ClusterIP   172.30.240.88    <none>        8080/TCP    47h
rating-mongodb        ClusterIP   172.30.236.235   <none>        27017/TCP   47h
review                ClusterIP   172.30.252.7     <none>        8080/TCP    47h
review-postgresql     ClusterIP   172.30.125.127   <none>        5432/TCP    47h
turbine-server        ClusterIP   172.30.115.26    <none>        80/TCP      47h
web-ui                ClusterIP   172.30.145.127   <none>        8080/TCP    47h
```

图 10-5　创建成功的 Service

其中 web-ui 和 coolstore-gw Service 被创建了路由，我们通过浏览器访问 Web-UI 的路由，查看微服务的效果。

3. 微服务的效果展示

在浏览器中输入 Web-UI 的路由，登录 CoolStore 首页。我们可以看到，页面中有很多商品。每个商品都有对应的价格、评级、库存情况，如图 10-6 所示。

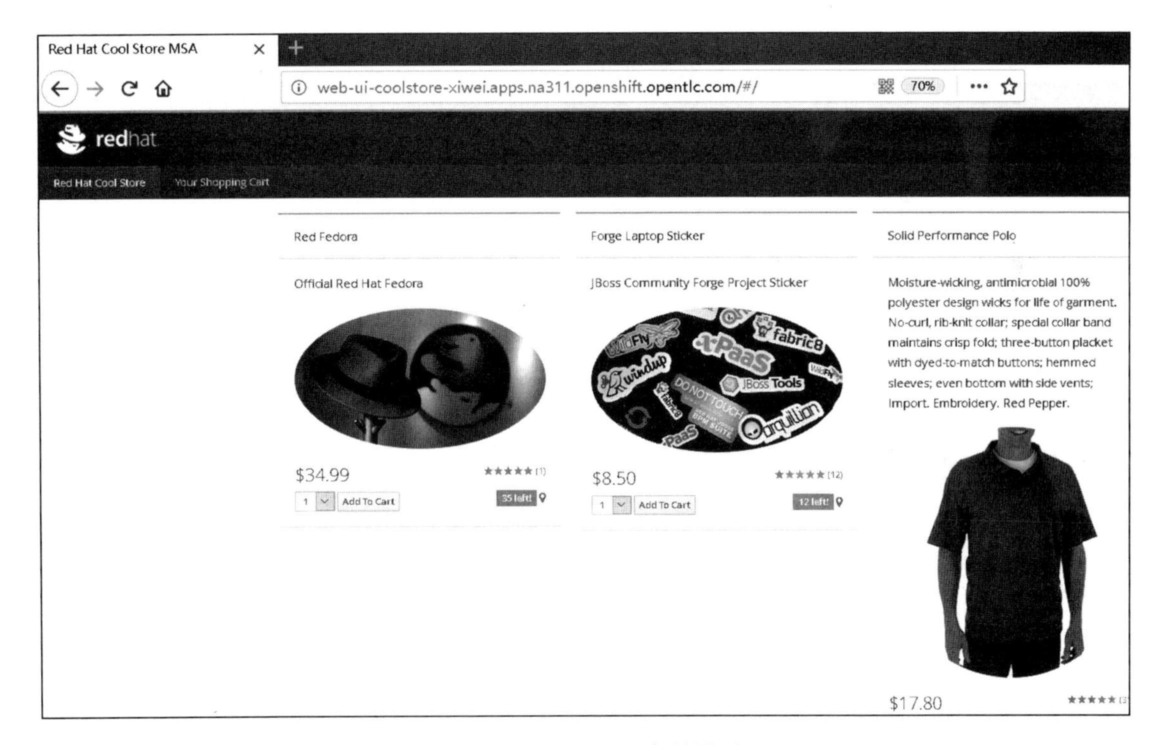

图 10-6　CoolStore 商品展示

我们以 Fedora 帽子为例，如图 10-7 所示，它的价格是 34.99 美元，库存数量为 35。

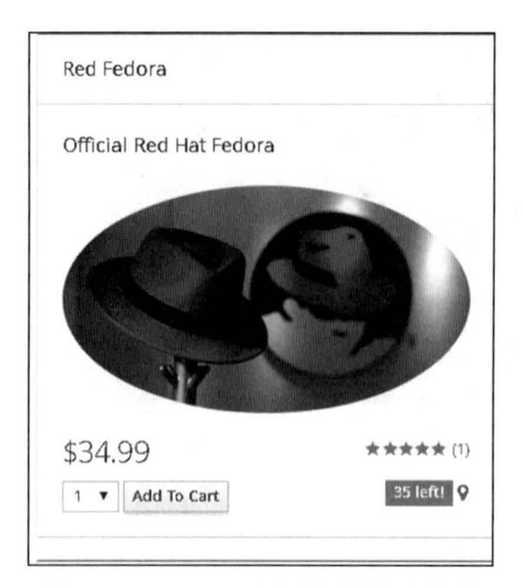

图 10-7 Fedora 帽子的价格和库存

我们点击商品的库存的位置，如图 10-8 所示，会调用 Google API，在地图上显示库存的位置。

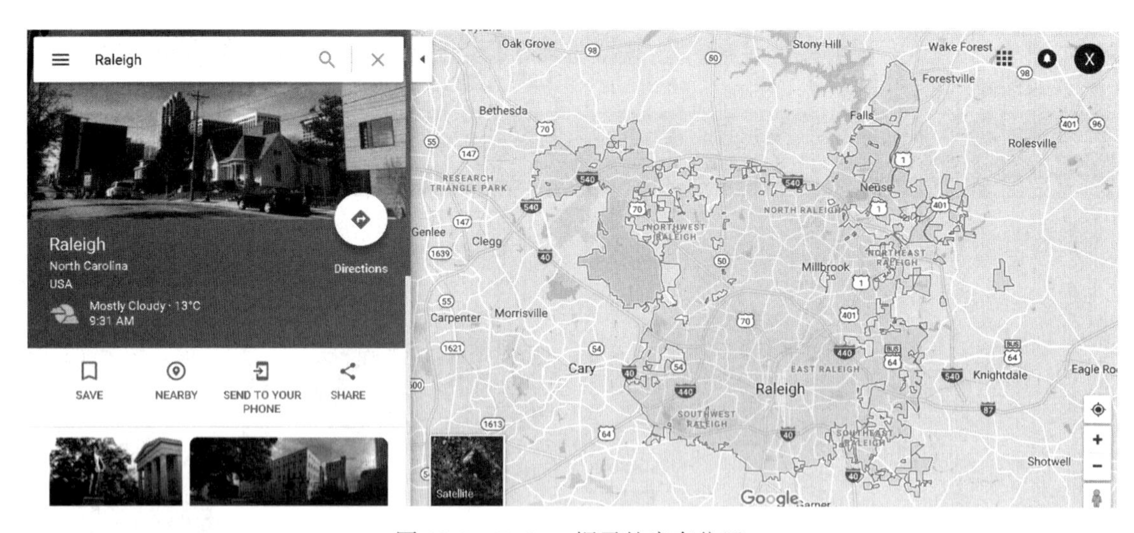

图 10-8 Fedora 帽子的库存位置

我们查看 Fedora 帽子的评论，如图 10-9 所示。

选择购买 5 个，加入购物车，可以看到购物车中显示选中了 5 个帽子，如图 10-10 所示。

我们将 Web-UI 的 Pod 数量增加到 2 个，然后再次通过 Web-UI 的路由访问，请求将会负载到两个 Pod 上。

图 10-9　Fedora 帽子的购买评论

图 10-10　Fedora 帽子被加入购物车

4. CoolStore 微服务之间调用的实现

CoolStore 中每个微服务之间都是通过 API 方式进行调用的。在 CoolStore 中，API 网关（coolstore-gw）使用的是 Apache Camel 的 Java DSL 的模式。访问 coolstore-gw 可以看到有很多路由条目，如图 10-11 所示。

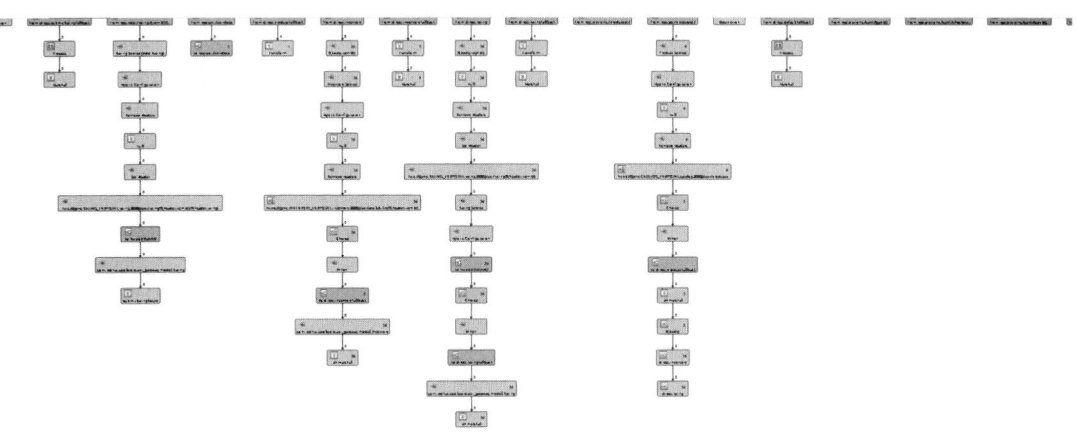

图 10-11　coolstore-gw Pod 的路由条目

这些路由定义了微服务之间的调用。对应的源码文件如图 10-12 所示。

我们访问 CoolStore 网关的 API，可以看到网关和 rating、catalog、cart、review 等微服务的调用关系。我们以 ProductGateway.java 为例，由于篇幅有限，只展示部分代码。

ApiGatewayApplication.java
CartGateway.java
ProductGateway.java
RatingGateway.java
ReviewGateway.java

图 10-12 路由的 Java 文件

第一段定义了从 productFallback 返回的异常的路由。

```
from("direct:productFallback")
  .id("ProductFallbackRoute")
  .transform()
  .constant(Collections.singletonList(new Product("0",
     "UnavailableProduct", "Unavailable
     Product", 0, null)));
    //.marshal().json(JsonLibrary.Jackson, List.class);
```

第二段定义了两条路由：

1）定义了正常情况下，从 inventory 到 API 为 `http4://{{env:INVENTORY_ENDPOINT:inventory:8080}}/api/availability/${header.itemId}")).end()` 的路由。路由中定义了对 hystrix 的引用。

2）定义了异常情况下，即当请求中的产品 ID 号为空时，从 inventory 到 inventory-Fallback，结果是返回如下内容。

```
new Product("0", "Unavailable Product", "Unavailable Product", 0, null))
       from("direct:inventory")
                .id("inventoryRoute")
                .setHeader("itemId", simple("${body.itemId}"))
                .hystrix().id("Inventory Service")
                    .hystrixConfiguration()
                        .executionTimeoutInMilliseconds(hystrixExecutionTimeout)
                        .groupKey(hystrixGroupKey)
                        .circuitBreakerEnabled(hystrixCircuitBreakerEnabled)
                    .end()
                    .setBody(simple("null"))
                    .removeHeaders("CamelHttp*")
                    .recipientList(simple("http4://{{env:INVENTORY_ENDPOINT :
                      inventory:8080}}/api/availability/${header.itemId}")).end()
                .onFallback()
                    //.setHeader(Exchange.HTTP_RESPONSE_CODE, constant(Response.Sta-
                      tus.SERVICE_UNAVAILABLE.getStatusCode()))
                    .to("direct:inventoryFallback")
                .end()
                .choice().when(body().isNull())
                    .to("direct:inventoryFallback")
                .end()
               .setHeader("CamelJacksonUnmarshalType", simple(Inventory.class.getNa-
                  me()))
                .unmarshal().json(JsonLibrary.Jackson, Inventory.class);
```

接下来，我们使用浏览器访问 API 网关的路由地址，查看 API 之间的调用，如图 10-13 所示。

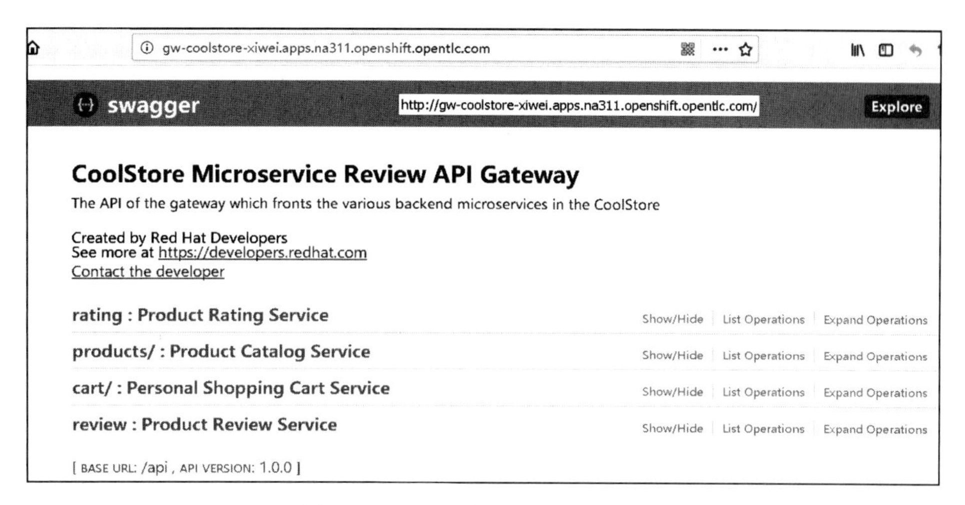

图 10-13　微服务之间 API 的调用

我们可以看到，API 网关会调用其他四个微服务：rating、products、cart、review。每个微服务都可以点击进入查看 API，如点击查看 catalog 微服务的 API，如图 10-14 所示。

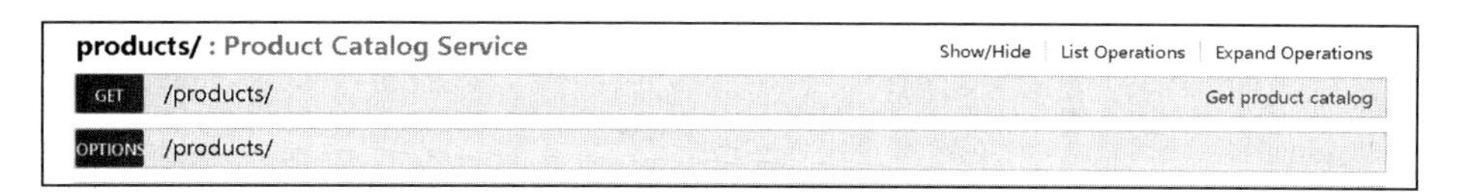

图 10-14　catalog 微服务的 API

我们调用 products API 的第一个端点，点击“Try it out!”，如图 10-15 所示。

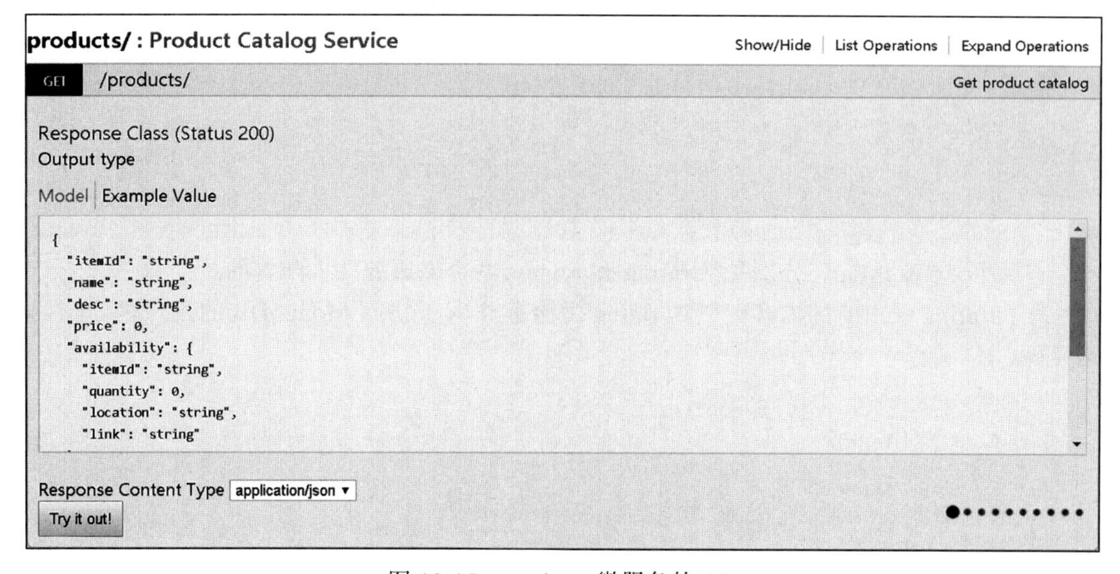

图 10-15　products 微服务的 API

Response Body 表示的是返回结果，如图 10-16 所示。从图 10-16 中可以看出，展示的 desc 为 Official Red Hat Fedora，就是电商首页展示的红帽子商品，返回值标明了帽子的价格、库存数量、库存地址等信息。

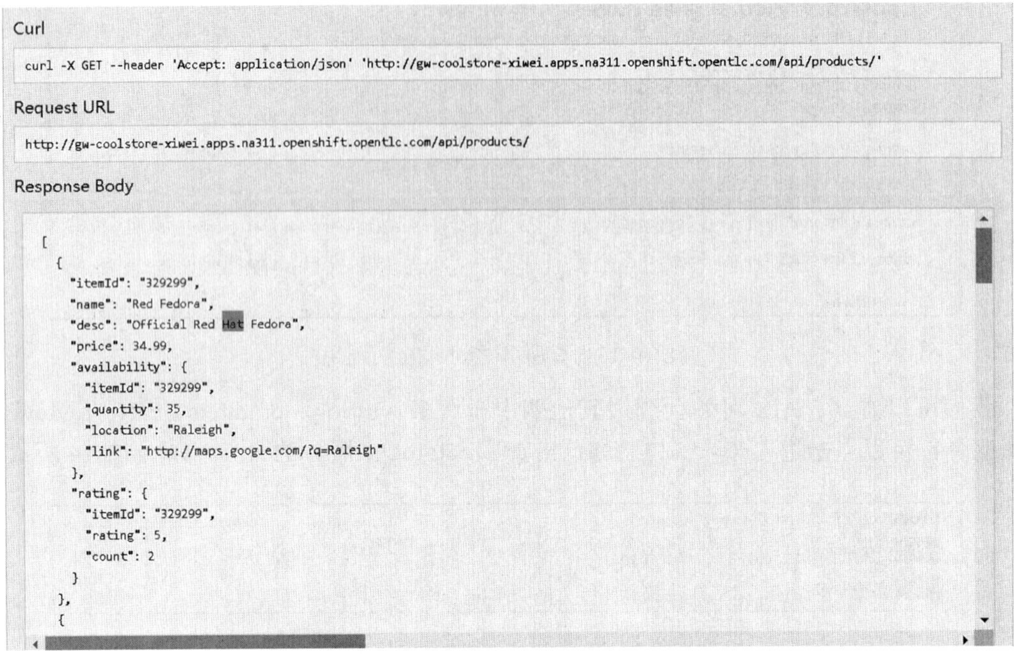

Curl

```
curl -X GET --header 'Accept: application/json' 'http://gw-coolstore-xiwei.apps.na311.openshift.opentlc.com/api/products/'
```

Request URL

```
http://gw-coolstore-xiwei.apps.na311.openshift.opentlc.com/api/products/
```

Response Body


```
[
  {
    "itemId": "329299",
    "name": "Red Fedora",
    "desc": "Official Red Hat Fedora",
    "price": 34.99,
    "availability": {
      "itemId": "329299",
      "quantity": 35,
      "location": "Raleigh",
      "link": "http://maps.google.com/?q=Raleigh"
    },
    "rating": {
      "itemId": "329299",
      "rating": 5,
      "count": 2
    }
  },
  {
```


图 10-16 products 微服务的 API 调用结果

其他微服务的 API 都可以按照上述方式进行查看、测试，我们就不一一演示了。

在 OpenShift 中使用 ConfigMap 实现配置中心，下面我们查看 CoolStore 的配置中心。

查看 OpenShift 中 coolstore 项目的 ConfigMap。

```
# oc get cm
NAME            DATA      AGE
rating-config   1         24m
review-config   1         24m
```

有两个 ConfigMap，分别是给 rating 和 review 两个微服务注入配置的。

查看 rating-config 的内容，它为 rating 微服务注入了访问 MongoDB 的用户名、密码、路径等。

```
# oc describe cm rating-config
rating-config.yaml:
----
rating.http.port: 8080
connection_string: mongodb://rating-mongodb:27017
db_name: ratingdb
username: user4WK
password: ckB6gEsm
```

从本节我们可以看出，微服务之间的路由关系是通过 Camel 实现的，在书写微服务调用时，使用 OpenShift 的 Service，调用通过 Rest API 的方式实现。

接下来，我们介绍 CoolStore 的容错。

5. CoolStore 的容错

在微服务中，Hystrix 是针对微服务调用的源端生效，而非针对目标端生效。Hystrix 和熔断相关的几个常用参数如下：

- circuitBreaker.enabled：设置断路器是否起作用。
    - 默认值：true
    - 默认属性：hystrix.command.default.circuitBreaker.enabled
    - 实例属性：hystrix.command.HystrixCommandKey.circuitBreaker.enabled
    - 实例默认的设置：HystrixCommandProperties.Setter().withCircuitBreakerEnabled (boolean value)
- circuitBreaker.requestVolumeThreshold：设置在一个滚动窗口中打开断路器的最少请求数。比如，如果值是 20，在一个窗口内（比如 10 秒）收到 19 个请求，即使这 19 个请求都失败了，断路器也不会打开。
    - 默认值：20
    - 默认属性：hystrix.command.default.circuitBreaker.requestVolumeThreshold
    - 实例属性：hystrix.command.HystrixCommandKey.circuitBreaker.request Volume Threshold
    - 实例默认的设置：HystrixCommandProperties.Setter().withCircuitBreakerRequest VolumeThreshold(int value)
- circuitBreaker.sleepWindowInMilliseconds：设置在回路被打开后拒绝请求到再次尝试请求并决定回路是否继续打开的时间。
    - 默认值：5000（毫秒）
    - 默认属性：hystrix.command.default.circuitBreaker.sleepWindowInMilliseconds
    - 实例属性：hystrix.command.HystrixCommandKey.circuitBreaker.sleepWindowIn Milliseconds
    - 实例默认的设置：HystrixCommandProperties.Setter().withCircuitBreakerSleepWin dowInMilliseconds (int value)
- circuitBreaker.errorThresholdPercentage：设置打开回路并启动回退逻辑的错误比率。如果错误率≥该值，circuit 会被打开，并短路所有请求触发 fallback。
    - 默认值：50
    - 默认属性：hystrix.command.default.circuitBreaker.errorThresholdPercentage
    - 实例属性：hystrix.command.HystrixCommandKey.circuitBreaker.errorThreshold Percentage
    - 实例默认的设置：HystrixCommandProperties.Setter().withCircuitBreakerErrorThre-

sholdPercentage(int value)

微服务对 Hystrix 的使用主要有如下两种方式：

1）SpringBoot 使用 annotation 的方式，如下面的这段代码所示。

```
@SpringBootApplication
@EnableCircuitBreaker
public class ApiServiceApplication {

  public static void main(String[] args) {
    SpringApplication app = new SpringApplication(ApiServiceApplication.
      class);
    app.run(args);
  }

}
```

2）在 Apache Camel 提供的 Java DSL 中使用 Hystrix EIP，如下面这段代码所示。

```
from("direct:start")
  .hystrix()
    .hystrixConfiguration()
      .executionTimeoutInMilliseconds(5000)
      .circuitBreakerSleepWindowInMilliseconds(10000)
    .end()
    .to("http://fooservice.com/slow")
  .onFallback()
    .transform().constant("Fallback message")
  .end()
  .to("mock:result");
```

CoolStore 微服务对 Hystrix 的使用采用的是上述第二种方式，即在 coolstore-gw 中，使用 Camel Java DSL 方式实现。

通过 IDE 工具，导入 CoolStore 的源码，可以看到 api_gateway 有多个 Java 类，也就是微服务的类，查看 ReviewGateway.java，可以看到 Review 微服务启用了 Hystrix，如图 10-17 所示。

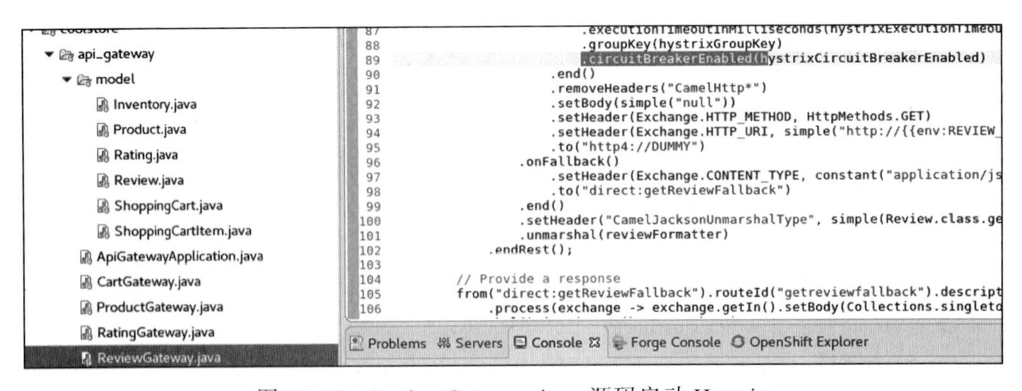

图 10-17 ReviewGateway.java 源码启动 Hystrix

Hystrix 参数的设置是通过另外一个配置文件传递进去的，如图 10-18 所示。

application.properties	endpoints.enabled	false
config.properties	endpoints.health.enabled	true
logback.xml	hystrix.command.default.execution.isolation.thread.timeoutInMillisecon	1000
webapp	hystrix.command.default.circuitBreaker.requestVolumeThreshold	20
test	hystrix.config.stream.maxConcurrentConnections	20
m.xml	hystrix.executionTimeout	5000
ADME.md	hystrix.groupKey	coolstore
	hystrix.circuitBreakerEnabled	true

图 10-18 Hystrix 的参数设置

将 Hystrix 的参数通过配置文件进行传递的好处是显而易见的，否则的话，如果我们想调整参数，需要修改源码并进行重新编译（Java 文件需要编译），这无疑增加了开发人员的工作量。

通过浏览器访问 Hystrix Dashboard 的路由，可以看到每个微服务断路器都是关闭的，即所有的微服务模块都是正常工作的，如图 10-19 所示。

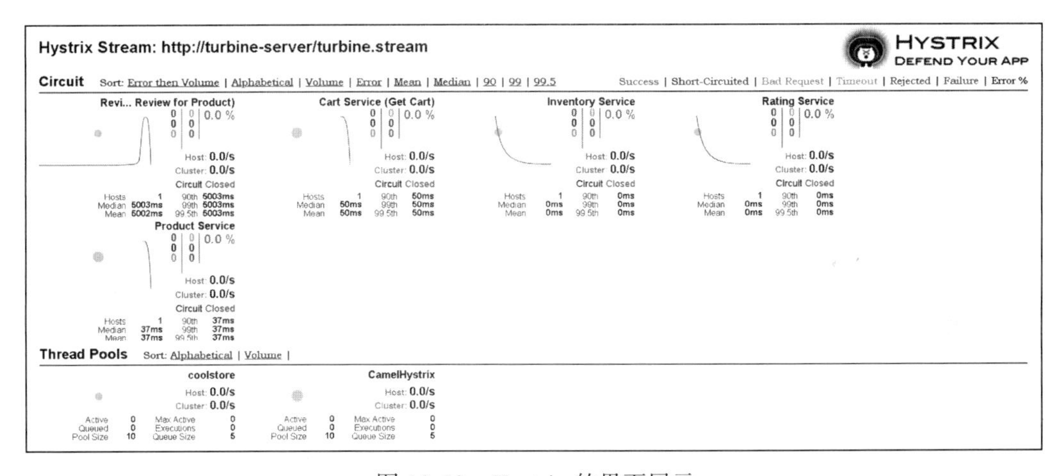

图 10-19 Hystrix 的界面展示

接下来，我们在 review 微服务中制造一些代码故障，然后再对 CoolStore 的 Web-UI 发起大量请求。可以看到 review 微服务的 Pod 出现了问题，如图 10-20 所示。

```
review-1-gfxhn                 0/1       CrashLoopBackOff
review-2-deploy                0/1       Error
review-postgresql-2-deploy     0/1       Error
```

图 10-20 review 微服务状态展示

Hystrix 很快检测到了 review 微服务的错误（错误率 100%），但由于没有到阈值，因此断路器并未打开，如图 10-21 所示。

随着访问量的持续增加，review 微服务的响应时间增加，review 的断路器被打开，如图 10-22 和图 10-23 所示。

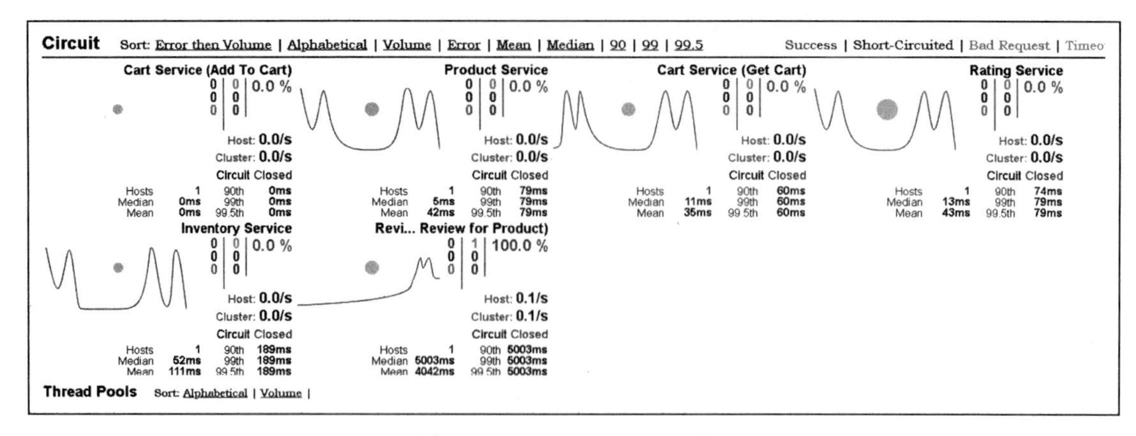

图 10-21 Hystrix 界面展示 1

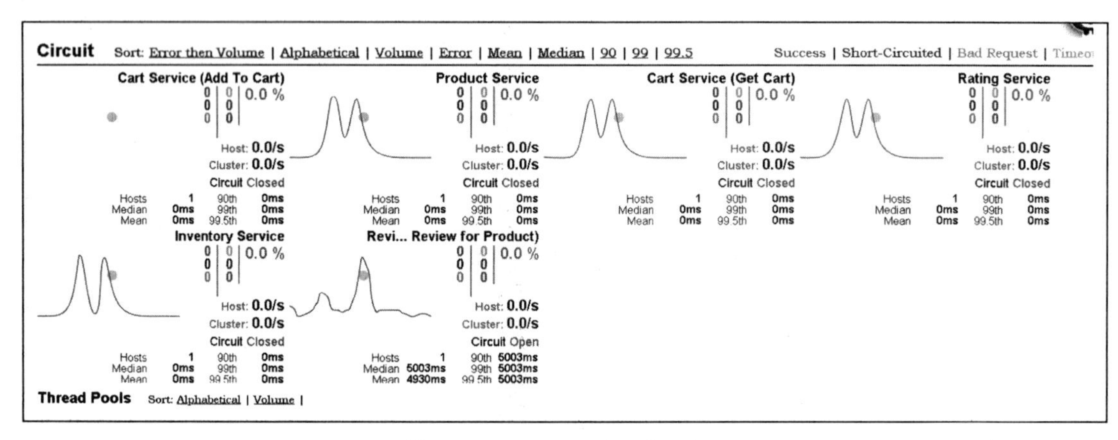

图 10-22 Hystrix 界面展示 2

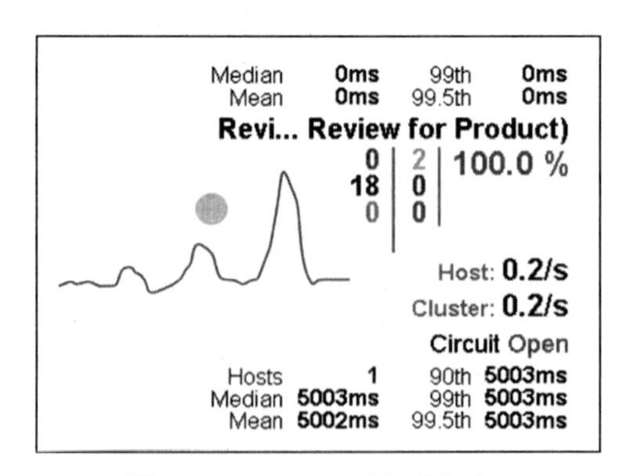

图 10-23 Hystrix 界面展示 3

此时，再访问网站时，除了 review 无法查看，其余功能组件仍然正常工作，如图 10-24 所示。

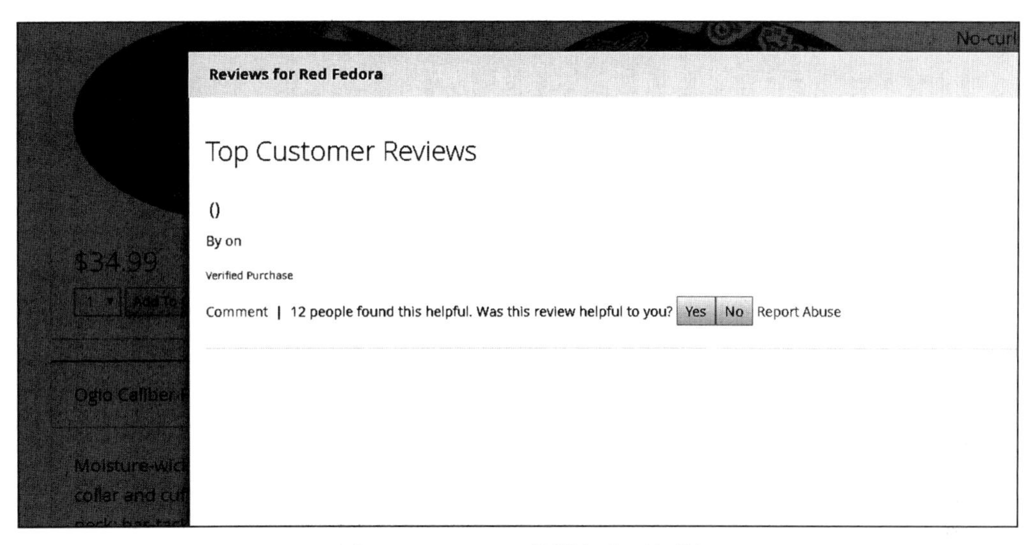

图 10-24　review 微服务出现问题

6. CoolStore 的日志监控

我们通过 OpenShift 管理界面查看收集 CoolStore 的 Events，如图 10-25 所示。

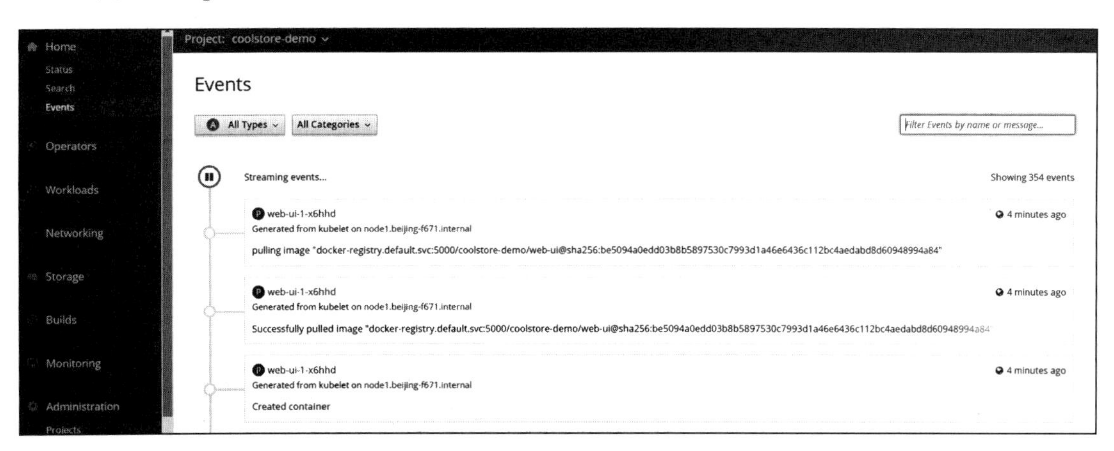

图 10-25　查看 Event 列表

可以选择事件的类型级别，我们选择 DeploymentConfig，可以看到 8 分钟前，第一条信息是 Web-UI 的 Pod 数量从一个扩容到两个，如图 10-26 所示。

日志展现通过 Kibana 实现，可以根据关键词进行搜索，如图 10-27 所示。

在监控部分集成了 Prometheus，可以收集 CoolStore 的实时性能信息，并在 Grafana 上做统一展现。例如，我们查看 CoolStore Pod 的资源利用率，如图 10-28 所示。

我们可以看到，通过 OpenShift 的原生工具，就可以实现对 Spring Cloud 微服务的日志监控，十分便捷。

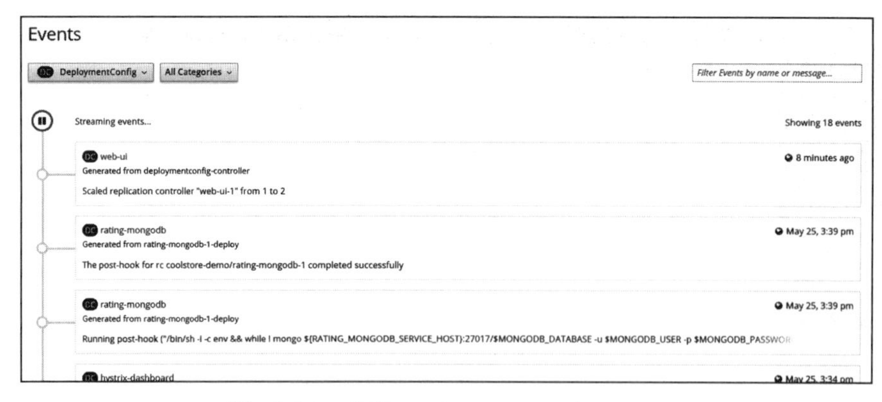

图 10-26 查看 DeploymentConfig Event

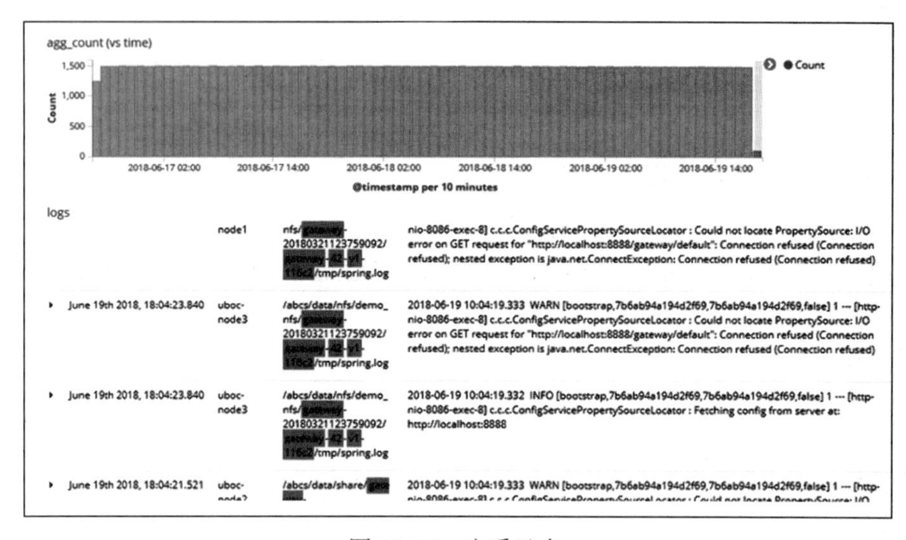

图 10-27 查看日志

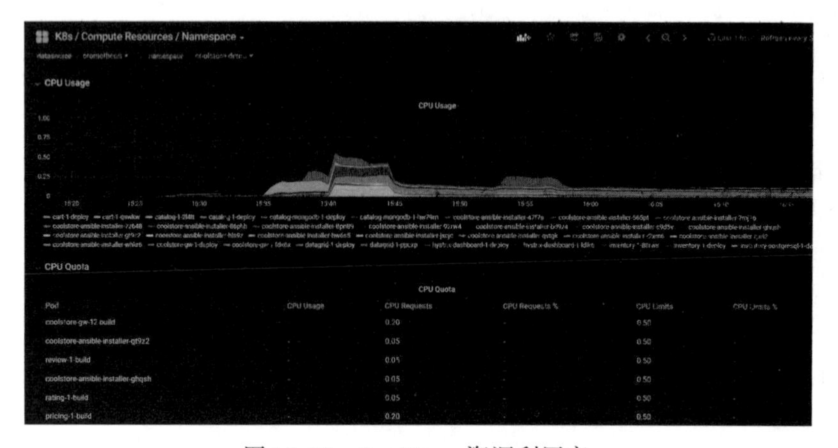

图 10-28 CoolStore 资源利用率

7. CoolStore 展示总结

从 CoolStore 的展示中，我们验证了基于 OpenShift 实现 Spring Cloud 微服务的方式：

- 注册发现由 OpenShift Etcd、Service 和内部 DNS 实现。
- 配置中心由 OpenShift ConfigMap 实现。
- 微服务网关由 Camel 实现。
- 入口流量由 OpenShift Router 实现。
- 微服务之间的项目隔离通过 OpenShift Project 实现。
- 日志监控由 OpenShift 集成工具实现。
- 熔断由 Hystrix 实现。

通过 CoolStore 这个案例，我们可以大致了解微服务的工作模式以及 Spring Cloud 的一些特性。从源码角度来看，CoolStore 的开发人员在书写代码的时候，需要考虑微服务之间的调用关系。如果修改调用关系，也需要重新编译应用。也就是说，应用的开发人员不仅要关注应用本身，还需要关心微服务之间的路由和调用关系。

在本节中，我们介绍了微服务的概念以及几种微服务的架构。通过一个电商平台的案例，我们能够了解到 Spring Cloud 在 OpenShift 上落地的方式，也能够得出结论：基于 OpenShift 的 Spring Cloud 的功能性和可维护性都要高于原生 Spring Cloud。接下来，我们将开始介绍新一代微服务架构 Istio。

10.3　Istio 在 OpenShift 上的落地

10.3.1　Istio 介绍

Istio 是一个迭代很快的开源项目，OpenShift 作为企业级 PaaS 平台，提供企业级的 Istio。红帽企业级 Istio 在 OpenShift 4.2 上时正式发布。由于 Istio 版本变化过快（截至 2021 年 9 月为 1.11 版本），而且 Istio 官网（https://istio.io/latest/zh/）中有关架构的中文介绍也比较详尽，因此本章正文不对 Istio 架构展开过于细节的介绍，之前版本的介绍可参见 Repo 中“Istio1.6 的架构”“Istio1.4 的架构”。

在日常工作中，我们常见两个术语：数据平面和控制平面。两个平面的定义最早见于高端路由器。顾名思义，数据平面负责数据的转发，控制平面负责执行路由选择协议。将两个平面分离是为了消除单点故障。例如，当数据平面的业务由于数据量过多而出现性能问题时，并不影响控制平面的路由策略；当控制平面由于路由策略负载过重时，也不会影响数据平面的转发。

随着 IT 的发展，两个平面的架构被广泛应用于软件定义网络和软件定义存储。Istio 作为新一代微服务治理框架，同样也分为数据平面和控制平面。我们接下来从两个平面的定义入手，揭开 Istio 架构的面纱。

目前 Istio 最新版本为 1.7，其架构图如图 10-29 所示。

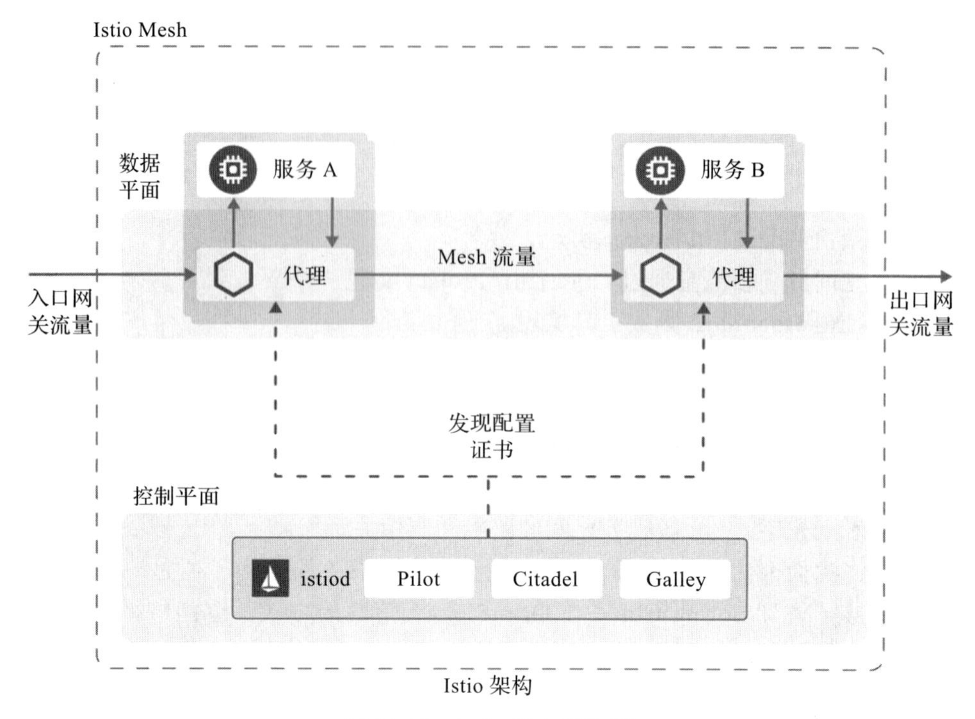

图 10-29　Istio 官方架构图

Isito 控制平面主要负责管理和配置数据平面，控制数据平面的数据转发，如路由流量、转发策略、加密认证等。目前包含三个核心组件：Pilot、Citadel 和 Galley。在 Istio 1.7 中，这三个组件将由一个 istiod 进程运行（即一个 Pod），而非采取 1.4 版本的多组件运行模式。

- Pilot 是流量管理的核心组件，在 Istio 中承担的主要职责是向 Envoy（Istio Proxy）提供服务发现，以及为高级路由（如 A / B 测试、金丝雀部署等）提供流量管理功能和异常控制（如超时、重试、断路器等）。
- Citadel：用于密钥管理和证书管理，下发到 Envoy 等负责通信转发的组件。
- Galley：在 Istio 中承担配置的导入、处理和分发任务，为 Istio 提供配置管理服务，提供在 Kubernetes 服务端验证 Istio 的 CRD 资源的合法性。

Istio 数据平面由一组代理（Envoy）组成。这些代理以 Sidecar 的方式与每个应用程序协同运行，负责调解和控制微服务之间的所有网络通信，接受调度策略。

正是有了 Envoy 代理，才使 Istio 不必像 Spring Cloud 框架那样，需要将微服务治理架构以注解的方式侵入应用源代码中（如 Spring Boot 使用 Hystrix）。

Envoy 是一个基于 C ++ 开发的高性能代理。在 Istio 中，使用的是 Envoy 的扩展版本，被称为 Istio Proxy，可以理解为在标准版本的 Envoy 基础上扩展了 Istio 独有的功能。

在 Istio 中，Envoy 用于管理 Istio 中所有服务的所有入站和出站流量。Istio 利用 Envoy 的许多内置功能，例如动态服务发现、负载均衡、TLS 终止、HTTP / 2 和 gRPC 代理、断路器、健康检查、流量分割、故障注入、监控指标。

10.3.2　Sidecar 的注入

我们知道，在 OpenShift 集群中 Pod 是最小的计算资源调度单位。一个 Pod 可以包含一个或者多个容器（通常是一个）。在 Istio 架构中，需要在应用容器 Pod 中注入一个 Sidecar 容器，也就是上面提到的 Envoy 代理，如图 10-30 所示。

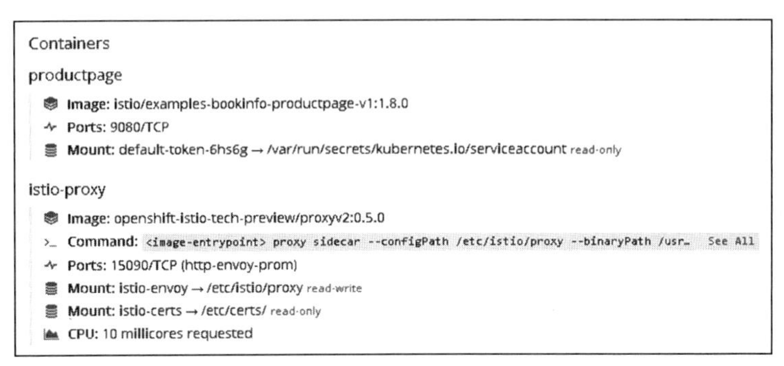

图 10-30　Pod 中的两个容器

可以看到，一个 Pod 包含两个容器，一个是运行应用的 productpage 容器，一个是 istio-proxy，也就是 Envoy，所有进出微服务应用的流量都需要经过 Envoy。

Istio 的 Sidecar 注入支持手动和自动两种方式。

1. 手动注入

Sidecar 手动注入是指调用 istioctl 命令添加 Sidecar。这种方式通常是在一个应用的部署资源对象（如 Deploy-mentConfig 或 Deployment）中添加 Envoy 容器配置，然后使用 oc/kubectl 来应用这个对象。

以 helloworld 的 Deployment 为例，注入前配置如图 10-31 所示。

接下来，使用 istioctl 进行 Sidecar 注入，使用如下命令。

```
# oc apply -f < (istioctl kube-inject -f helloworld.yaml)
```

然后查看到 Deployment 对象定义中多了 istio-proxy 的定义，如图 10-32 所示。

```
spec:
  containers:
  - name: helloworld
    image: istio/examples-helloworld-v1
    resources:
      requests:
        cpu: "100m"
    imagePullPolicy: IfNotPresent #Always
    ports:
    - containerPort: 5000
```

图 10-31　Deployment 原始配置

```
spec:
  containers:
  - name: helloworld
    image: istio/examples-helloworld-v1
    resources:
      requests:
        cpu: "100m"
    imagePullPolicy: IfNotPresent #Always
    ports:
    - containerPort: 5000
  ......
  - name: istio-proxy
    image: openshift-istio-tech-preview/proxyv2:0.10.0
      args:
        - proxy
        - sidecar
        - --configPath
```

图 10-32　新的 Deployment 配置

2. 自动注入

Sidecar 自动注入是指 OpenShift/Kubernetes 会在创建应用 Pod 时自动添加 Sidecar，无须修改应用的部署资源对象。想要实现自动注入，必须配置 OpenShift/Kubernetes 的 admission-control 参数，主要是需要包含 MutatingAdmissionWebhook 以及 ValidatingAdmissionWebhook 两项，并且按照正确的顺序加载。

Istio 的自动注入可以在 Namespace 和 Pod 两个级别控制。

（1）Namespace 级别

通过在 Namespace 上设置标签 istio-injection 来决定该 Namespace 中的 Pod 是否自动注入。有默认开启和默认禁用两种模式，由 MutatingWebhookConfiguration 对象中的 namespace-Selector 配置决定。

在默认开启模式下，MutatingWebhookConfiguration 的主要配置内容如下。

```
apiVersion: admissionregistration.k8s.io/v1beta1
kind: MutatingWebhookConfiguration
metadata:
  name: istio-sidecar-injector
  ……
webhooks:
  ……
    namespaceSelector:
      matchExpressions:
      - key: istio-injection
        operator: NotIn
        values:
        - disabled
```

可以看到在这种模式下，匹配标签 istio-injection 的值不包含 disabled。也就是说，只要 Namespace 上标签 istio-injection 的值不包含 disabled，就会对 Namespace 中的 Pod 自动注入 Sidecar。

在默认禁用模式下，MutatingWebhookConfiguration 的主要配置内容如下。

```
apiVersion: admissionregistration.k8s.io/v1beta1
kind: MutatingWebhookConfiguration
metadata:
  name: istio-sidecar-injector
  ……
webhooks:
  ……
    namespaceSelector:
      matchLabels:
        istio-injection: enabled
```

可以看到在这种模式下，匹配标签 istio-injection 的值是 enabled。也就是说，只有在 Namespace 上包含 istio-injection=enabled 的标签，才会对 Namespace 中的 Pod 自动注入 Sidecar。

（2）Pod 级别

通过在 Pod 上设置的注释 sidecar.istio.io/inject 来决定该 Pod 是否自动注入。如果 Pod

上包含注释 sidecar.istio.io/inject 并且值为 true 才会自动注入；如果 Pod 上包含注释 sidecar.istio.io/inject 并且值为 false 则不会自动注入。

清楚了自动注入的两个级别配置之后，可以看到在 Namespace 上的配置相当于默认的注入配置，Pod 级别的注入相当于用户自定义的注入配置。Pod 级别的优先级最高，高于 Namespace 的默认策略。以上参数配合使用的场景如图 10-33 所示。

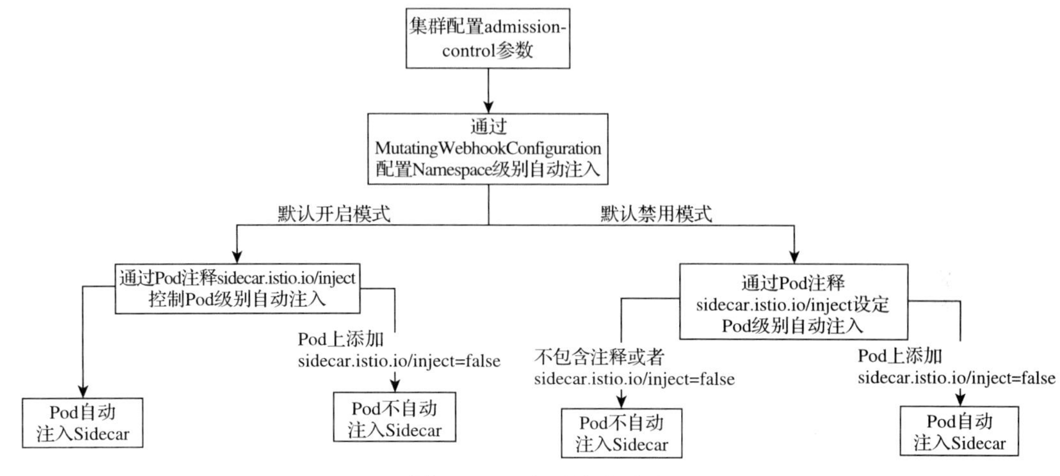

图 10-33　自动注入流程

除了上述介绍的两个级别的自动注入配置外，还可以加入更多的控制，包括 neverInjectSelector 和 alwaysInjectSelector，关于这部分请参考 Istio 官方文档，这里不再赘述。

OpenShift 上 Istio 推荐的 Sidecar 自动注入方式是使用默认禁用模式，然后通过在 Pod 上添加 sidecar.istio.io/inject 注释有选择地实现自动注入。这样做的原因是并非所有的 Pod 都需要注入 Sidecar，如 BuildConfig 或者 DeploymentConfig 等创建的临时 Pod 就不需要 Sidecar。因此，在 OpenShift 中我们通过 Pod 注释来控制自动注入。

我们书写一个 Deployment，部署一个简单的 Pod，演示 Sidecar 的自动注入（包含 sidecar.istio.io/inject: "true" 注释）。

```
 # cat testapp.yml
apiVersion: extensions/v1beta1
kind: Deployment
metadata:
  name: sleep
spec:
  replicas: 1
  template:
    metadata:
      annotations:
        sidecar.istio.io/inject: "true"
      labels:
        app: sleep
    spec:
      containers:
```

```
      - name: sleep
        image: tutum/curl
        command: ["/bin/sleep","infinity"]
        imagePullPolicy: IfNotPresent
```

创建上述对象的定义文件。

```
# oc create -f testapp.yml
deployment.extensions/sleep created
# oc get pods |grep -i sleep-9b989c67c-xx7hj
sleep-9b989c67c-xx7hj              2/2       Running   0          4m
```

登录 OpenShift，可以看到 Pod 部署成功，Pod 中有两个容器，Sidecar 自动注入成功，如图 10-34 所示。

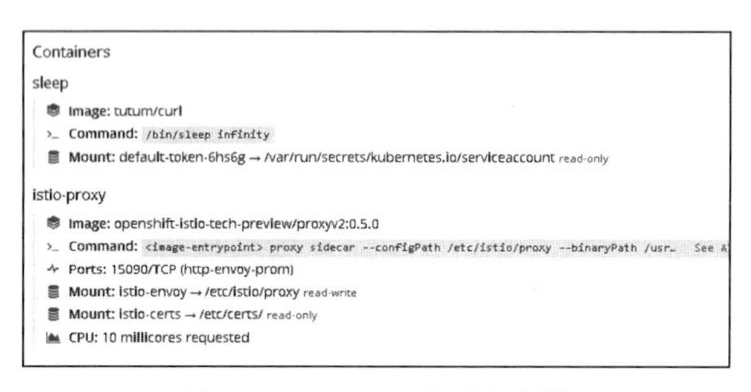

图 10-34　Pod 中有两个容器

在介绍了 Istio 的技术架构和 OpenShift 上 Sidecar 的注入方式后，接下来介绍 OpenShift Service Mesh。

10.3.3 OpenShift Service Mesh 介绍

OpenShift Service Mesh 是红帽发布的、基于 OpenShift 的企业版 Istio。该产品的上游社区是 Maistra。Maistra 是 Istio 的一个发行版，旨在将 Istio、Kiali、Jaeger 和 Prometheus 组合，然后使用 OpenShift OperatorHub 对其进行生命周期管理。目前 Maistra（https://github.com/Maistra/istio）的最新版本是 2.0。

1. OpenShift Istio 与社区版本 Istio 差异介绍

基于 OpenShift 的 Istio 是红帽推出的企业版 Istio，功能和架构上与社区版本 Istio 基本一致，主要的区别列举如下。

（1）安装方式

社区版本 Isito 可以基于 Ansible 或者 Helm 方式安装。红帽企业级 Istio 采用 Operator 的方式安装。

（2）多租户支持

OpenShift 默认以 OVS Multi-Tenant 模式安装，红帽 Istio 支持网络多租户。

（3）Sidecar 注入方式

社区版本 Istio 将 Sidecar 自动注入设置为基于 Namespace 的 Label 实现，这样 Namespace 里所有的 Pod 都会被自动注入 Sidecar。

红帽企业级 Istio 不会自动注入 Sidecar 到任何项目，而是在创建应用时使用 sidecar.istio.io/inject 注释设定是否注入 Sidecar（避免不必要注入的 Pod 被自动注入 Sidecar）。

（4）基于角色的访问控制（RBAC）的功能

基于角色的访问控制（RBAC）提供了一种机制，以实现对 Service 的访问控制。我们可以通过多种方式实现 Istio 的 RBAC，如通过用户名或一组属性。

社区版本 Istio 还可以通过匹配访问请求头（header）中的通配符（wildcards），或者检查 header 中是否包含特定的前后缀的方法来实现 RBAC。

```
apiVersion: "rbac.istio.io/v1alpha1"
kind: ServiceRoleBinding
metadata:
  name: httpbin-client-binding
  namespace: httpbin
spec:
  subjects:
  - user: "cluster.local/ns/istio-system/sa/istio-ingressgateway-service-account"
    properties:
      request.headers[<header>]: "value"
```

红帽企业版 Istio 在匹配访问请求头（header）方面做了增强，可以使用正则表达式。使用 request.regex.headers 的属性键。

```
apiVersion: "rbac.istio.io/v1alpha1"
kind: ServiceRoleBinding
metadata:
  name: httpbin-client-binding
  namespace: httpbin
spec:
  subjects:
  - user: "cluster.local/ns/istio-system/sa/istio-ingressgateway-service-account"
    properties:
      request.regex.headers[<header>]: "<regular expression>"
```

（5）自动创建路由

红帽企业级 Istio 自动管理 Istio 入口网关（Ingressgateway）的 OpenShift 路由。在 Istio 中创建、更新或删除 Istio Gateway 时，将创建、更新或删除匹配的 OpenShift 路由（OpenShift Router 中的 Istio 网关路由）。

例如，我们用如下配置创建 Istio 网关。

```
apiVersion: networking.istio.io/v1alpha3
kind: Gateway
metadata:
  name: gateway1
spec:
```

```
  selector:
    istio: ingressgateway
  servers:
  - port:
      number: 80
      name: http
      protocol: HTTP
    hosts:
    - www.bookinfo.com
    - bookinfo.example.com
```

Istio 网关创建完毕后，OpenShift 的 Router 上会自动创建 Istio 网关的路由，这些路由支持 TLS。

```
# oc get routes -n istio-system
NAME              HOST/PORT              SERVICES                  PORT
gateway1-lvlfn    bookinfo.example.com      istio-ingressgateway         <all>
gateway1-scqhv    www.bookinfo.com        istio-ingressgateway         <all>
```

（6）SSL 支持

OpenShift Service Mesh 用 OpenSSL 替代 BoringSSL。

（7）Kiali 和 Jaeger 的启用

默认情况下，OpenShift Service Mesh 中启用了 Kiali 和 Jaeger。

2. OpenShift Istio 安装要点

安装服务网络涉及安装 Elasticsearch、Jaeger、Kiali 和 Service Mesh Operator、Service Mesh Control Plane，以及创建 ServiceMeshMemberRoll 资源以指定与 Service Mesh 关联的命名空间。从 Red Hat OpenShift Service Mesh 1.0.5 开始，必须先安装 Elasticsearch Operator、Jaeger Operator 和 Kiali Operator，然后 Red Hat OpenShift Service Mesh Operator 才能安装控制平面。出于控制篇幅和方便读者重现实现的目的，详细安装步骤参见 Repo 中“Istio1.4 的安装”或“Istio1.6 的安装”。此外，Istio 的工具集介绍也请参见 Repo 中“Istio 的工具集介绍”。

3. OpenShift Istio 对可视化的增强

相比于 SpringCloud，Istio 在可视化管理方面要强不少。但是，当 Istio 面向运维的时候，Virtual Services 和 Destination Rules 都需要手工书写 yaml 文件，如果想变更的话，则需要手工修改这些文件，再重新让其生效。如果 Virtual Services 和 Destination Rules 比较多，我们在使配置生效之前需要人工检查里面的配置，然后再进行操作。当微服务数量很多的时候，我们很难判断一个微服务到底哪个 Virtual Service 和 Destination Rule 处于生效状态，可能需要结合几条命令行查看。

在 OpenShift 上部署的 Istio 可以通过 Kiali 图像化的方式，创建一个微服务的 Virtual Services 配置，并且可以动态调整。如图 10-35 所示，我们在 Kiali 界面选择 Services，然后选择 reviews 微服务。

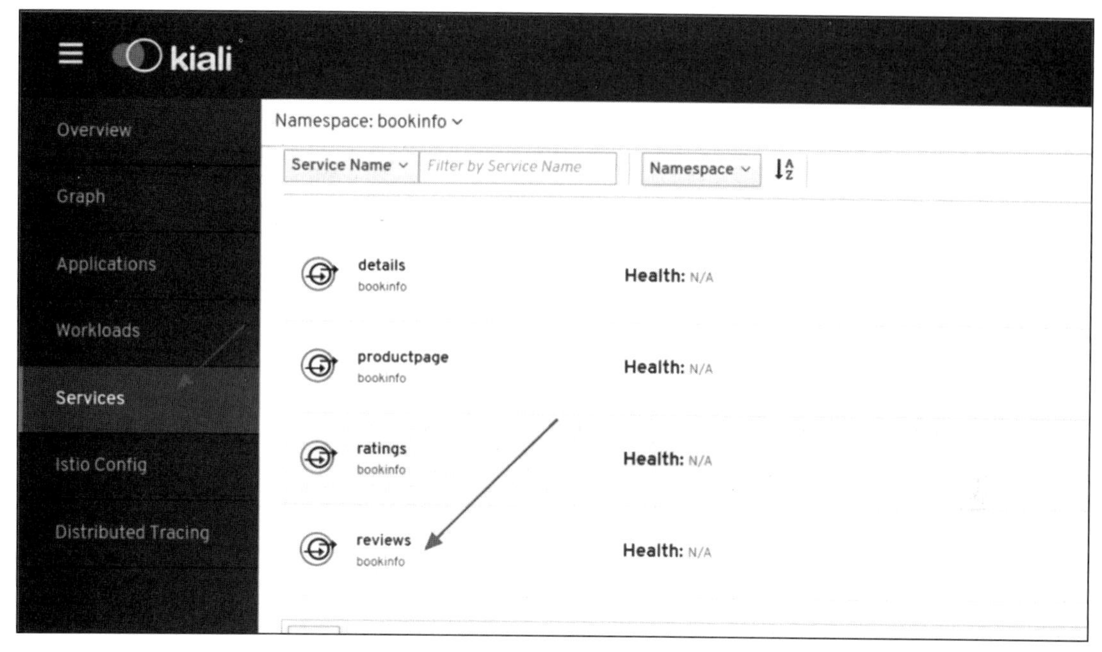

图 10-35　Kiali 中选择微服务

然后可以为 reviews 微服务创建权重路由，即创建 Virtual Service，如图 10-36 所示，流量不指向 v2 版本。

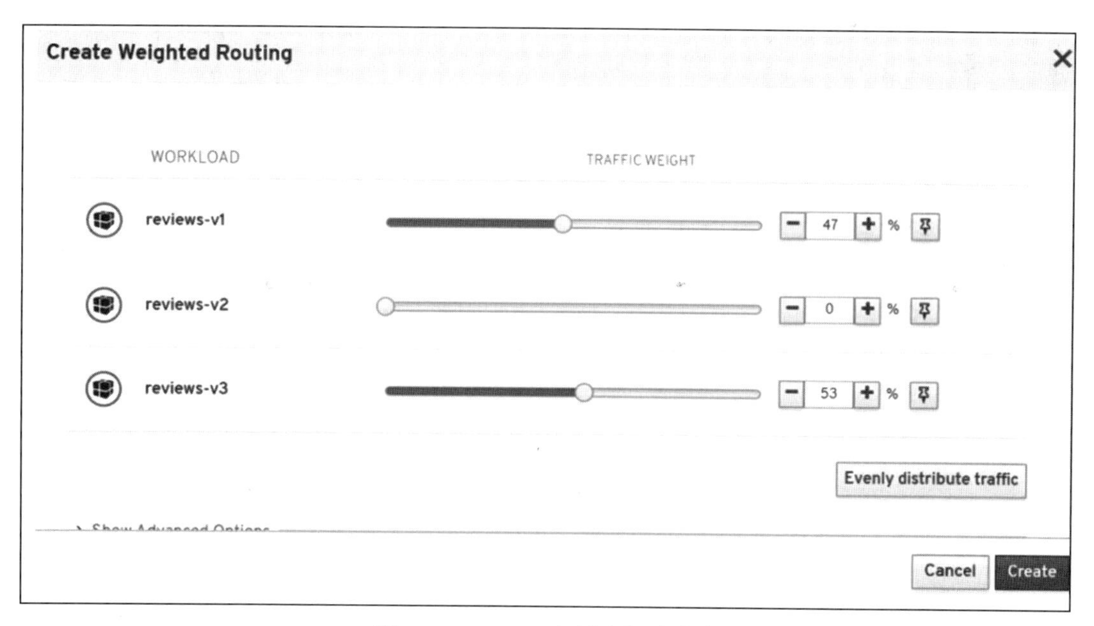

图 10-36　Kiali 中创建权重路由

然后发起对 Bookinfo 的访问，检测流量如图 10-37 所示，review-v2 无流量，这与我们在上面的配置是一致的。

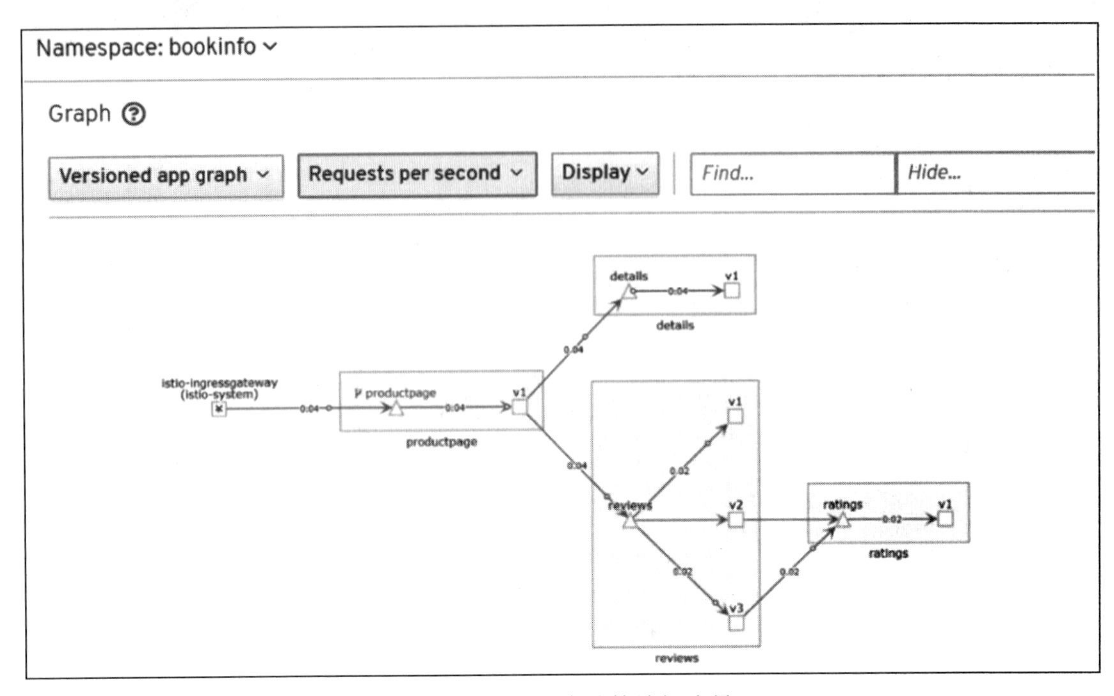

图 10-37 Kiali 中监控访问流量

我们在线调整权重路由，将到 v2 的流量调整为 100%，然后点击 update，如图 10-38 所示。

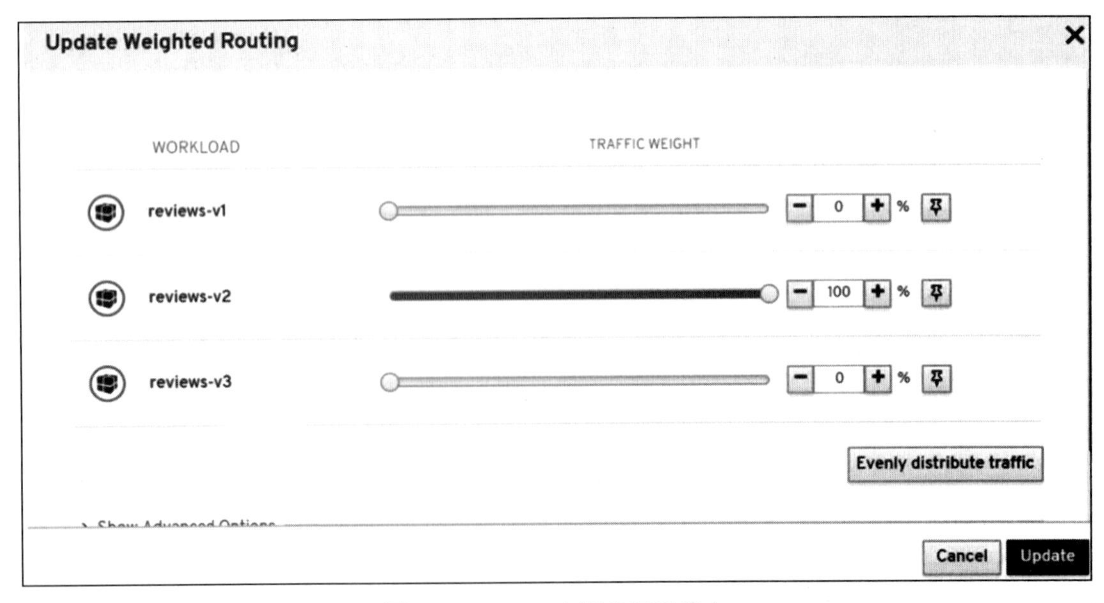

图 10-38 Kiali 中调整权重路由

再次发起对 Bookinfo 的访问请求，查看 Kiali，流量就只到 review v2 了，如图 10-39 所示。

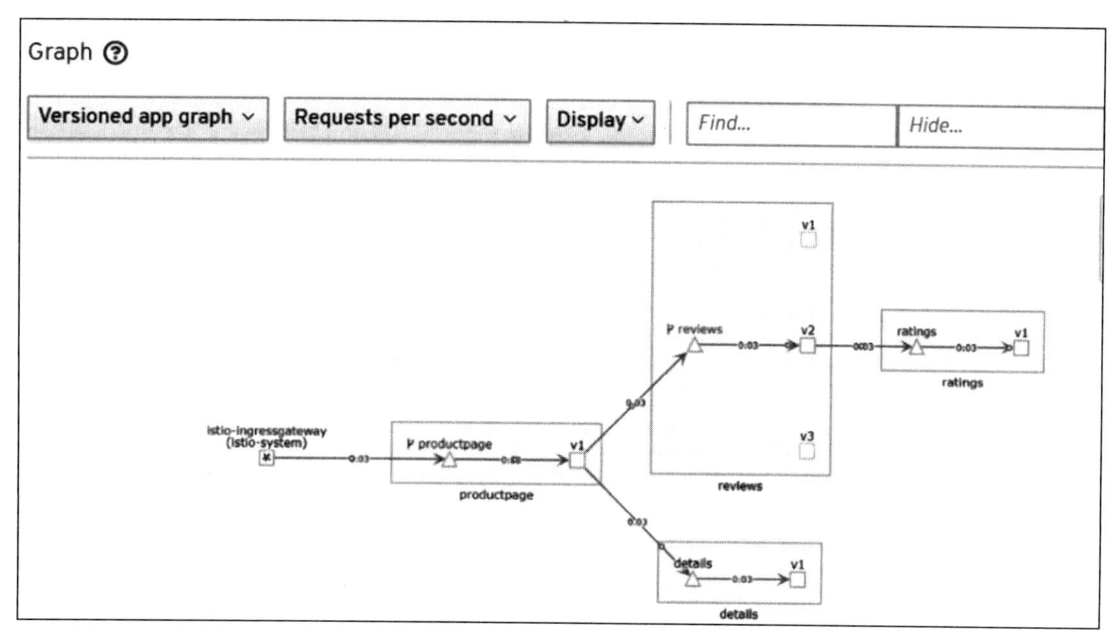

图 10-39　Kiali 中监控访问流量

目前 Destination Rules 还无法实现全部图形化拖曳管理，可以在图形化中迅速找到生效的 Destination Rules，并在线进行管理，如图 10-40 所示。

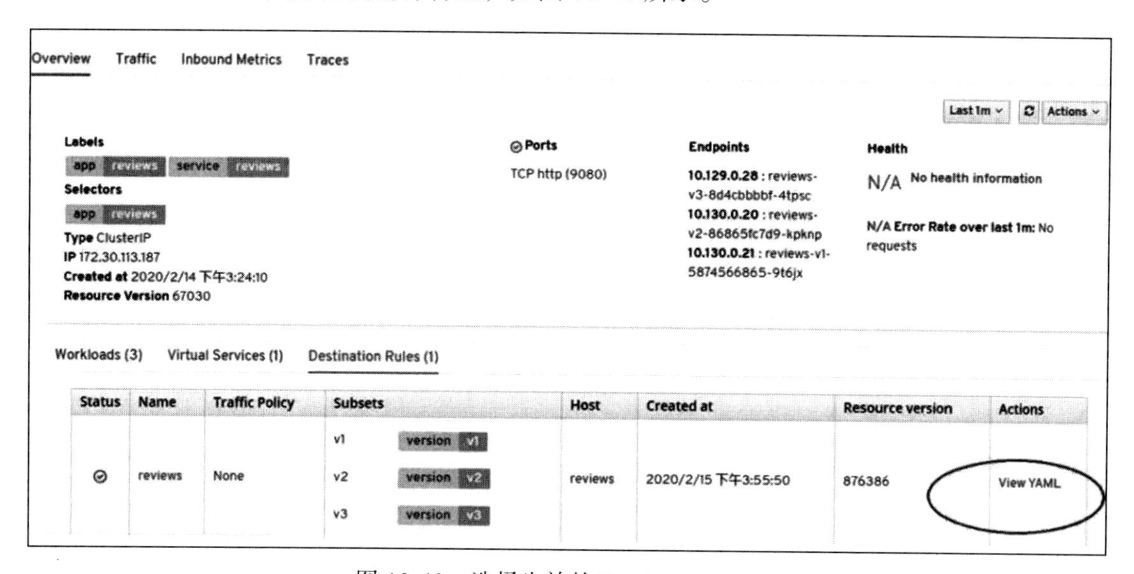

图 10-40　选择生效的 Destination Rules

我们可以就此进行修改，然后保存，如图 10-41 所示。

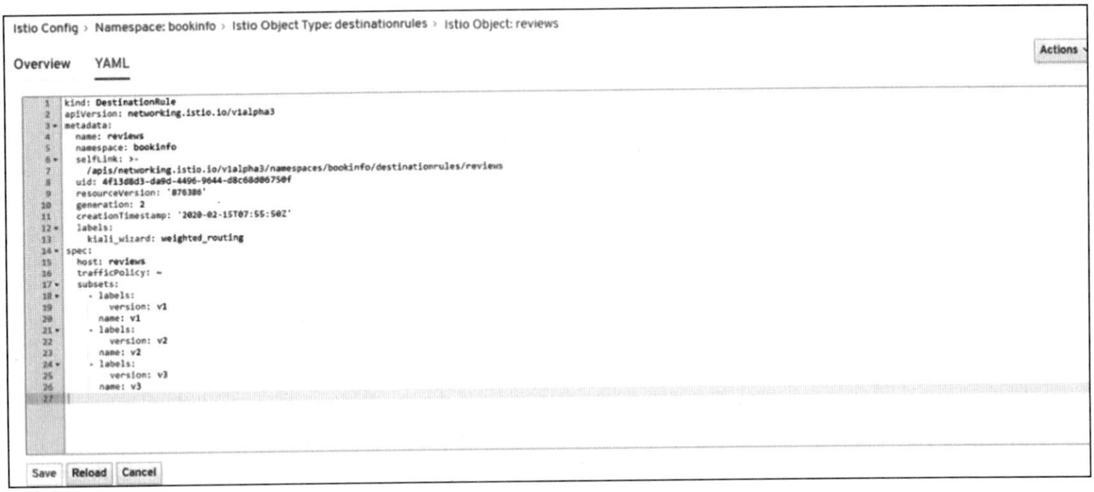

Istio Config › Namespace: bookinfo › Istio Object Type: destinationrules › Istio Object: reviews

Actions

Overview YAML

```
kind: DestinationRule
apiVersion: networking.istio.io/v1alpha3
metadata:
  name: reviews
  namespace: bookinfo
  selfLink: >-
    /apis/networking.istio.io/v1alpha3/namespaces/bookinfo/destinationrules/reviews
  uid: 4f13d8d3-da9d-4496-9644-d8c68d06750f
  resourceVersion: '876386'
  generation: 2
  creationTimestamp: '2020-02-15T07:55:50Z'
  labels:
    kiali_wizard: weighted_routing
spec:
  host: reviews
  trafficPolicy: ~
  subsets:
    - labels:
        version: v1
      name: v1
    - labels:
        version: v2
      name: v2
    - labels:
        version: v3
      name: v3
```

Save Reload Cancel

图 10-41 在线修改 Destination Rules

由此，我们可以看出基于 OpenShift 的 Istio 已经具备了较强生产可运维的能力。由于本章后半部分的主要目的是介绍 Istio 的架构和核心配置，而非图像化的配置技巧，因此我们接下来展示 Istio 的各项功能时仍采用修改配置文件的方式。

截至目前，我们介绍了 Istio 的基本概念，并演示如何在 OpenShift 上部署企业级 Isito 和 Bookinfo 微服务示例。接下来，我们将以 Bookinfo 为例详细介绍 Istio 的功能，并通过一个实际的传统微服务介绍如何向 Istio 迁移。

10.4 Istio 的基本功能

本节将展开介绍 Istio 的功能，并结合 Bookinfo 来展示 Istio 的相关功能。

10.4.1 Istio 路由基本概念

Istio 最重要的功能是路由管理功能，而路由管理依赖于四个重要的资源对象：VirtualService、DestinationRule、Gateway 和 ServiceEntry。

1. VirtualService

Istio 中 VirtualService 的作用是定义微服务的请求的路由规则，控制请求如何被 Istio 路由。VirtualService 既可以将请求路由到一个应用的不同版本，也可以将请求路由到其他的应用上。VirtualService 支持基于条件的路由请求，如请求的源和目的地、HTTP Path 和 Header 以及各个版本服务的权重等。

在如下的示例配置中使用 reviews 或 abc.com 域名访问的请求将会被路由到 reviews v1 版本。

```yaml
apiVersion: networking.istio.io/v1alpha3
kind: VirtualService
metadata:
  name: reviews
spec:
  hosts:
  - reviews
  - abc.com
  http:
  - route:
    - destination:
        host: reviews
        subset: v1
```

可以看到在 VirtualServcie 的定义中定义了请求的目的主机，也就是 hosts 字段。目的主机的定义可以是网格中服务的名称，也可以是不存在的任意字符串。例如示例中定义的目的主机，访问 reviews 服务可以使用内部的名称 reviews，也可以用域名 abc.com。在 OpenShift 上，hosts 字段通常使用微服务的 Service 名称，如示例中的 reviews。该目的主机会隐式地扩展成为特定的 FQDN（reviews.myproject.svc.cluster.local）。

有了目的主机，还需要定义请求路由到哪里。可以看到通过 route 下的 destination 定义请求被具体路由到哪里。这里指定的是通过 DestinationRule 对象定义的目标服务，下面就让我们看看 DestinationRule。

2. DestinationRule

DestinationRule 定义了路由发生后（VirtualService 定义路由规则后）的目标服务，以及应用于目标服务的流量策略（例如熔断、限流等）。DestinationRule 必须与 VirtualService 匹配使用，也就是说 VirtualService 中引用的目标服务必须在 DestinationRule 中定义。如果 VirtualService 定义的目标服务并未出现在 DestinationRule 的定义中，将会返回 503 错误。

在 DestinationRule 中除了定义目标服务，还可以为目标服务定义多个子集，VirtualService 中的 Subset 就是指定一个预定义的子集名称。每个子集中包含一个特定版本的目标服务，服务的版本是依靠 Pod 上的标签来区分的。如果一个子集的目标服务包含多个 Pod，那么会根据为该服务定义的负载均衡策略进行路由，缺省策略是 round-robin。

在下面的 DestinationRule 示例配置中，定义了 reviews 对应的目标服务为 reviews，而且定义了两个子集，名称为 v1 和 v2。另外，还通过 trafficPolicy 设定负载均衡策略为 RANDOM。

```yaml
apiVersion: networking.istio.io/v1alpha3
kind: DestinationRule
metadata:
  name: reviews
spec:
  host: reviews
  trafficPolicy:
    loadBalancer:
      simple: RANDOM
  subsets:
  - name: v1
```

```
    labels:
      version: v1
  - name: v2
    labels:
      version: v2
```

在 DestinationRule 中还可以定义熔断和限流策略，我们将在后面进行说明。

3. Gateway

在 Istio 中会启动名为 ingressgateway 的 Pod 负责入口流量转发，也就是边缘负载均衡器，这个负载均衡器用于接收传入 Istio 的 HTTP/TCP 连接。创建 Gateway 对象就会在 ingressgateway 中注册相应的路由规则，Gateway 只配置四层到六层的功能（例如开放端口或者 TLS 配置），需要绑定到一个 VirtualService 来确定对外暴露的服务，这样用户可以使用 VirtualService 的路由规则来控制外部进入的 HTTP 和 TCP 流量。

在如下示例配置中通过 Gateway 配置一个负载均衡器，允许外部以任何域名访问 HTTP 服务。

```
spec:
  selector:
    istio: ingressgateway
  servers:
  - hosts:
    - '*'
    port:
      name: http
      number: 80
      protocol: HTTP
```

可以看到，在 Gateway 中通过 hosts 定义了对外发布的域名，这里的 * 表示任何域名。但从定义中并不能看出 Gateway 暴露的是哪个服务，需要再定义一个 VirtualService，productpage 示例如下。

```
apiVersion: networking.istio.io/v1alpha3
kind: VirtualService
metadata:
  name: bookinfo
spec:
  hosts:
  - "*"
  gateways:
  - bookinfo-gateway
  http:
  - match:
    - uri:
        exact: /productpage
    route:
    - destination:
        host: productpage
        port:
          number: 9080
```

可以看到通过 VirtualService 中的 gateways 字段设定绑定的 Gateway 对象，并声明了 URI 以及最终的目标服务。只要保证访问的请求可以进入 ingressgateway 的 Pod 中，我们就可以使用 URL 地址 http://< 任意域名 >/productpage 访问 Bookinfo 的主页了。

细心的读者一定发现了 Istio 中 ingressgateway 的功能和 OpenShift Router 或 Kubernetes Ingress Controller 的功能是类似的，同样都是提供应用对外的访问。那么，Istio 为什么还需要这个组件呢？在 OpenShift 中的 Istio 又该使用哪种方式对外暴露服务呢？为了使读者更好地理解，我们先介绍 Istio 基本功能，等读者对 Istio 的流量管理有一定概念之后再对这个问题进行说明。

4. ServiceEntry

在 OpenShift 的内部不同应用之间的访问是通过 Service IP 实现的。但有一种场景是 Istio 中的微服务需要访问 Istio 之外的服务，如 google.com 或未被 Istio 纳管的服务。ServiceEntry 就是实现这个需求的。

在 Istio 中会启动 egressgateway 的 Pod 作为出口流量控制器，默认情况下是不允许 Istio 内部服务随意访问外部服务的。只有通过 ServiceEntry 将 Istio 外部的服务注册到 Istio 的内部服务注册表中，Istio 内部的服务才可以访问这些外部的服务（如 Web API）。

在如下的示例配置中定义了 Istio 内部可以访问的外部服务 *.googleapis.com，而且端口为 443。

```
apiVersion: networking.istio.io/v1alpha3
kind: ServiceEntry
metadata:
  name: googleapis
spec:
  hosts:
  - "*.googleapis.com"
  ports:
  - number: 443
    name: https
    protocol: https
```

可以看到在 ServiceEntry 的配置中通过 hosts 指定可访问的外部目标服务。外部目标服务可以是一个全域名，或是一个泛域名，还可以同时包含多个。

ServiceEntry 涉及匹配 hosts 泛域名指定目标服务，那么就可以配合 VirtualService 和 DestinationRule 工作来设定一些访问规则。

例如通过创建一个 DestinationRule 配置外部目标服务的 TLS，示例如下。

```
apiVersion: networking.istio.io/v1alpha3
kind: DestinationRule
metadata:
  name: googleapis
spec:
  host: "*.googleapis.com"
  trafficPolicy:
    tls:
      mode: SIMPLE
```

通过创建一个 VirtualService 为 www.googleapis.com 来设置 10s 的超时。

```
apiVersion: networking.istio.io/v1alpha3
kind: VirtualService
metadata:
  name: www-google
spec:
  hosts:
    - www.googleapis.com
  http:
  - route:
    - destination:
        host: www.googleapis.com
    timeout: 10s
```

至此，Istio 路由管理最重要的四个概念已介绍完毕，读者在理解和使用过程中要注意理解它们的作用，辨识彼此的区别以及如何配合工作。

为了更进一步加深对概念的理解，接下来我们通过 Bookinfo 来验证如何利用这四个资源对象实现 Istio 微服务间的灰度 / 蓝绿发布，让读者对这四个核心概念有实际的认识。

10.4.2 基于目标端的灰度 / 蓝绿发布

本节将通过 Bookinfo 展示 Istio 的灰度 / 蓝绿发布。

在前文中，我们在部署 Bookinfo 的时候已经为它配置了 Gateway，它定义了 Istio ingressgateway 上暴露的端口号、访问方式、微服务（productpage）和暴露的 uri。

```
# oc get virtualservice
NAME       GATEWAYS             HOSTS    AGE
bookinfo   [bookinfo-gateway]   [*]      3d
```

此外，我们还配置了 destination rule。

```
# oc get destinationrule
NAME          HOST          AGE
details       details       34m
productpage   productpage   34m
ratings       ratings       34m
reviews       reviews       34m
```

对 Bookinfo 发起访问，通过 curl 命令访问 Bookinfo 在 OpenShift 中的路由。

```
# while true; do curl http://istio-ingressgateway-istio-system.apps.example.com/
   productpage; sleep .1; done
```

然后通过 Kiali 查看流量访问图，我们可以看到 productpage 微服务会以 round-robin 的方式访问 reviews 的三个版本的三个微服务，并且三个微服务被访问的流量基本是相同的，如图 10-42 所示。

productpage 以 round-robin 方式访问 reviews v1、v2 和 v3 的原因是我们在 Istio 中还没有设置针对 reviews 的特定策略，而在 productpage 的源码中指定了 productpage 微服务调用 reviews 服务的业务逻辑，但并未指定版本。因此，productpage 服务会以 round-robin 的方式访问 reviews 的三个版本。接下来，我们对 reviews 微服务设置访问路由。

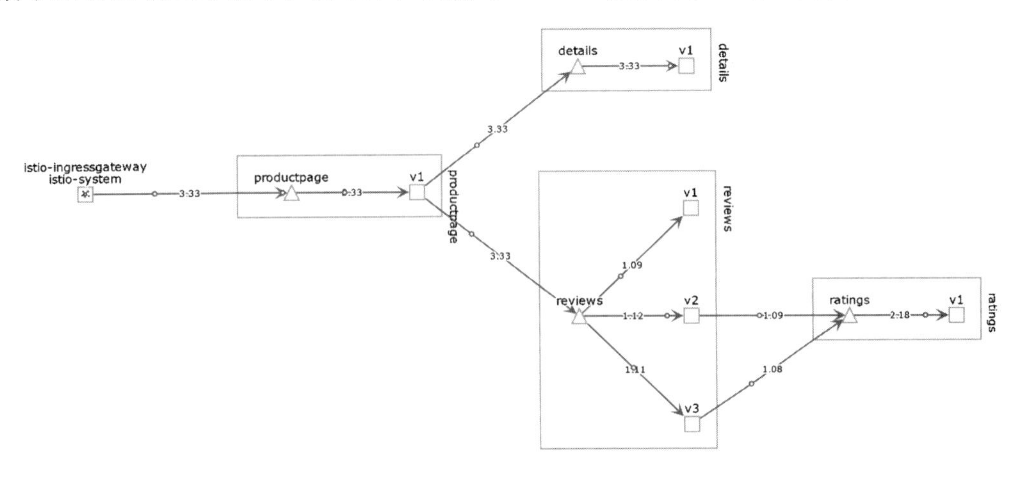

图 10-42 Kiali 展示

查看 virtual-service-reviews-v3.yaml 内容。该文件定义发向 reviews 服务的请求全部到 v3 版本，模拟蓝绿发布。

在下面的配置中指定了对微服务 reviews 的访问，指向 v3。

```
# cat virtual-service-reviews-v3.yaml
apiVersion: networking.istio.io/v1alpha3
kind: VirtualService
metadata:
  name: reviews
spec:
  hosts:
    - reviews
  http:
  - route:
    - destination:
        host: reviews
        subset: v3
```

应用配置。

```
# oc apply -f virtual-service-reviews-v3.yaml
```

查看 VirtualService。

```
# oc get virtualservice
NAME       GATEWAYS           HOSTS       AGE
bookinfo   [bookinfo-gateway]  [*]        1d
reviews                        [reviews]  9s
```

接下来，再次通过 curl 发起对 Bookinfo 的访问。

```
# while true; do curl http://istio-ingressgateway-istio-system.apps.example.com/
  productpage; done
```

通过 Kiali 查看流量，可以看到 productpage 的流量全部访问 reviews v3，从而实现了蓝绿发布，如图 10-43 所示。

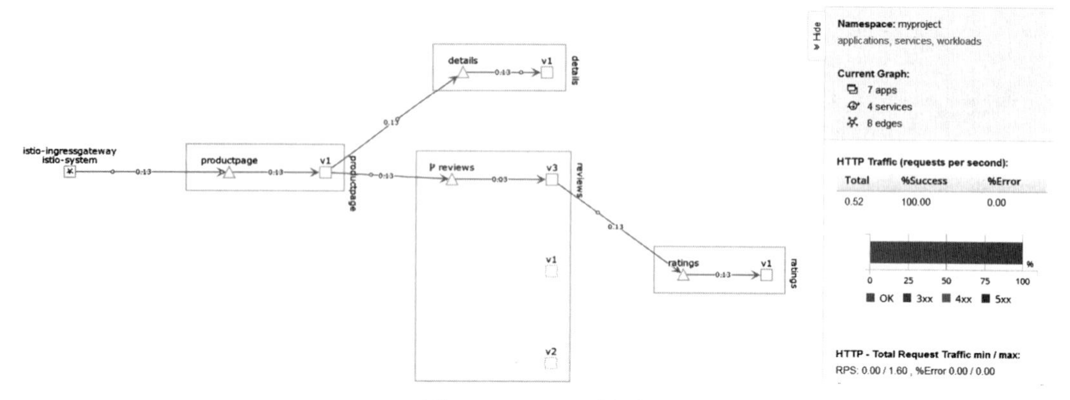

图 10-43　Kiali 展示

我们继续调整策略，让 productpage 对 reviews 的访问以 v1 和 v2 按照 8:2 的比率进行，从而实现灰度发布。

在下面的配置文件中对 reviews 微服务的访问，80% 流量到 v1，20% 流量到 v2。

```
# cat virtual-service-reviews-80-20.yaml
apiVersion: networking.istio.io/v1alpha3
kind: VirtualService
metadata:
  name: reviews
spec:
  hosts:
    - reviews
  http:
  - route:
    - destination:
        host: reviews
        subset: v1
      weight: 80
    - destination:
        host: reviews
        subset: v2
      weight: 20
```

使用新的配置文件替换之前全部访问 reviews v3 版本的 VirtualService 的策略。

```
# oc replace virtualservice -f virtual-service-reviews-80-20.yaml
virtualservice.networking.istio.io/reviews replaced
```

从浏览器对 Bookinfo 微服务发起请求，我们可以看到 productpage 对 reviews v1 和 v2 的访问以 8:2 进行（图 10-44 中的百分比为请求百分比），如图 10-44 所示。

通过版本分流的功能，我们很容易实现流量的动态切换。这对应用开发和发布中的 A/B 测试、蓝绿发布是很有用的。

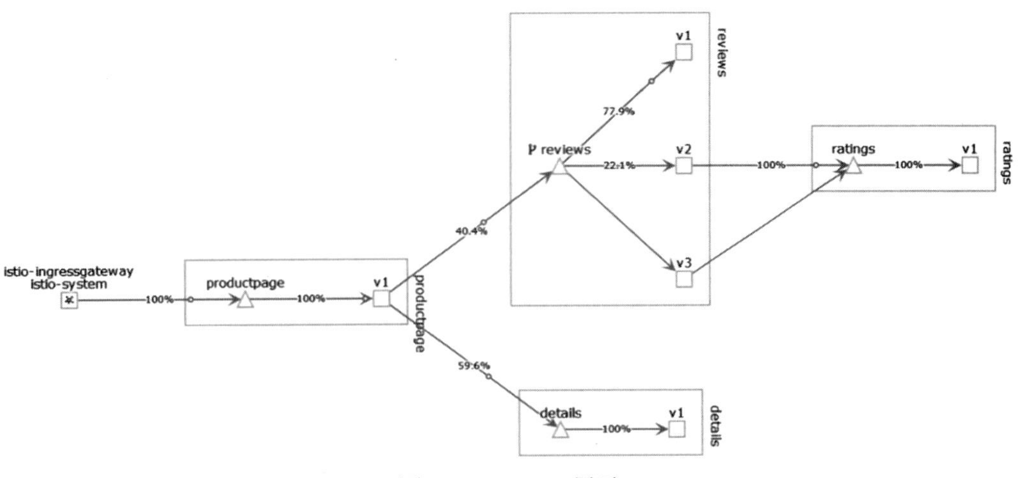

图 10-44　Kiali 展示

10.4.3　微服务的灰度上线

我们想象一个应用场景：客户生产中应用版本为 v1，开发环境中的版本为 v2。在 v2 版本上线之前，需要进行 UAT 测试。这时，将 v2 版本提供给客户直接访问是不合适的，可能会影响客户体验。流量镜像是一个强大的概念，允许将实时流量的副本发送到 v2 版本，这样既实现了上线前的 UAT 测试，又不会影响客户体验（把用户可见的输出、互动和写操作都屏蔽掉），这叫作灰度上线（dark launch）。

默认情况下 Bookinfo 中 reviews 的 v2 和 v3 版本都可以访问 ratings 微服务，如图 10-45 所示。

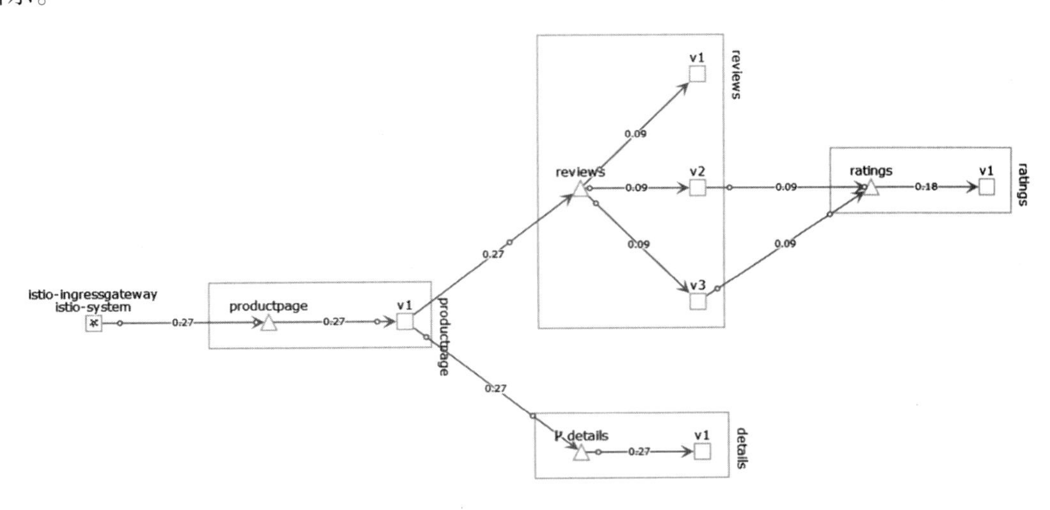

图 10-45　Kiali 展示

应用 VirtualService 的规则，只让 reviews v2 版本访问 ratings 微服务。

```
# cat virtual-service-reviews-v2.yaml
apiVersion: networking.istio.io/v1alpha3
kind: VirtualService
metadata:
  name: reviews
spec:
  hosts:
    - reviews
  http:
  - route:
    - destination:
        host: reviews
        subset: v2
```

应用配置如下。

```
# oc create -f virtual-service-reviews-v2.yaml
```

配置应用以后，流量图如图 10-46 所示，reviews v3 版本已经不再访问 ratings 微服务。

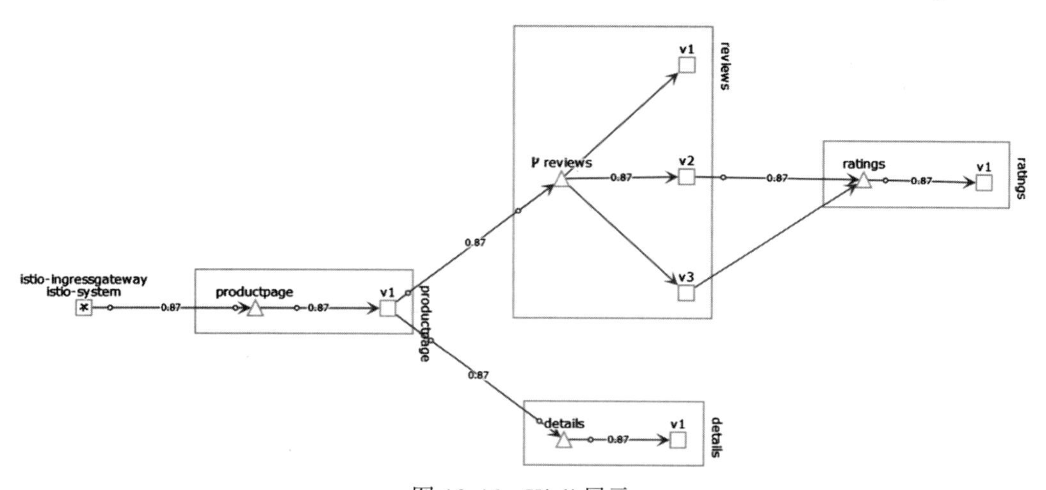

图 10-46　Kiali 展示

此时，通过浏览器访问 Bookinfo，可以看到只有黑星，符合我们的预期，如图 10-47 所示。

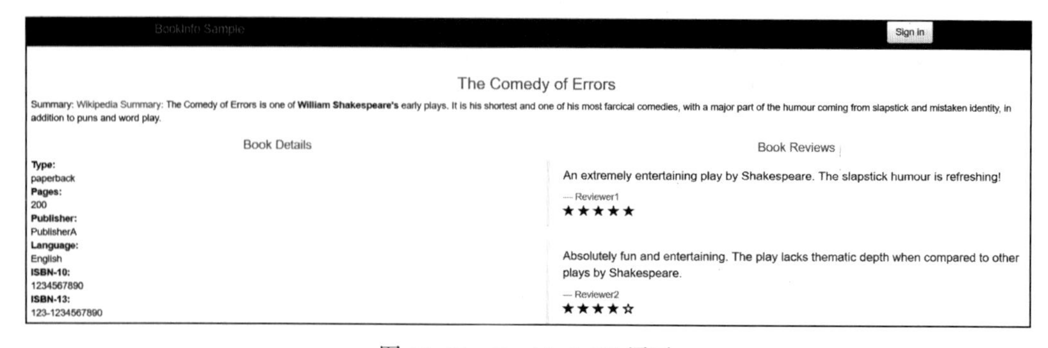

图 10-47　Bookinfo UI 展示

接下来，我们将 reviews v2 配置流量镜像到 v3，模拟 review v3 的灰度上线。

我们查看配置。

```
# cat virtual-service-reviews-v2-mirror-v3.yml
apiVersion: networking.istio.io/v1alpha3
kind: VirtualService
metadata:
  name: reviews
  namespace: myproject
spec:
  hosts:
  - reviews
  http:
  - route:
    - destination:
        host: reviews
        subset: v2
    mirror:
      host: reviews
      subset: v3
```

应用配置如下。

```
# oc apply -f virtual-service-reviews-v2-mirror-v3.yml
virtualservice.networking.istio.io/reviews created
```

通过 curl 循环发起对 Bookinfo 的访问，参照图 10-48 可以看到，productpage 到 reviews v3 是没显示流量的，但从 v3 到 ratings 是显示流量的。说明对 reviews v3 的请求是在主服务的关键请求路径之外发生的。也就是说，不在客户端展现对 reviews v3 访问的结果。

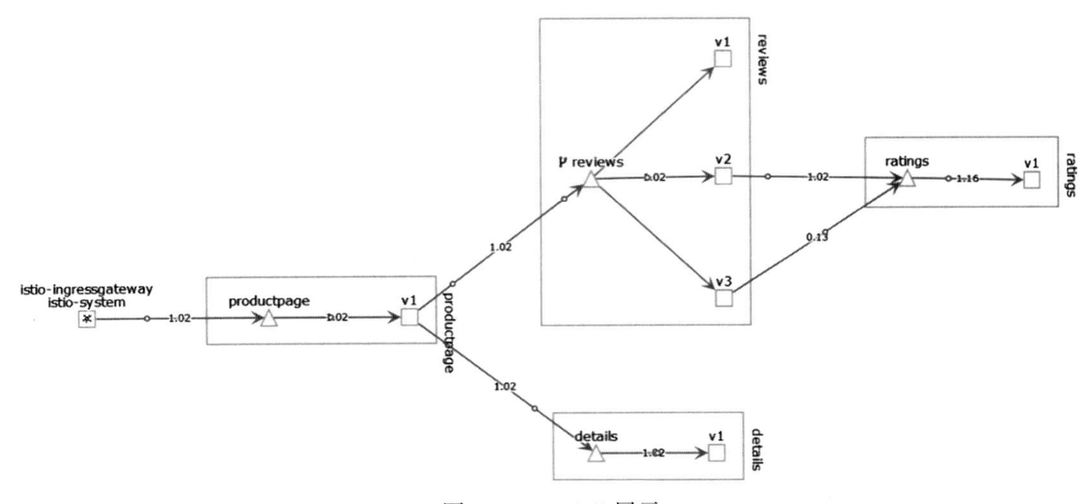

图 10-48　Kiali 展示

通过浏览器访问 Bookinfo，多刷新几次页面，只能看到黑星，如图 10-49 所示。

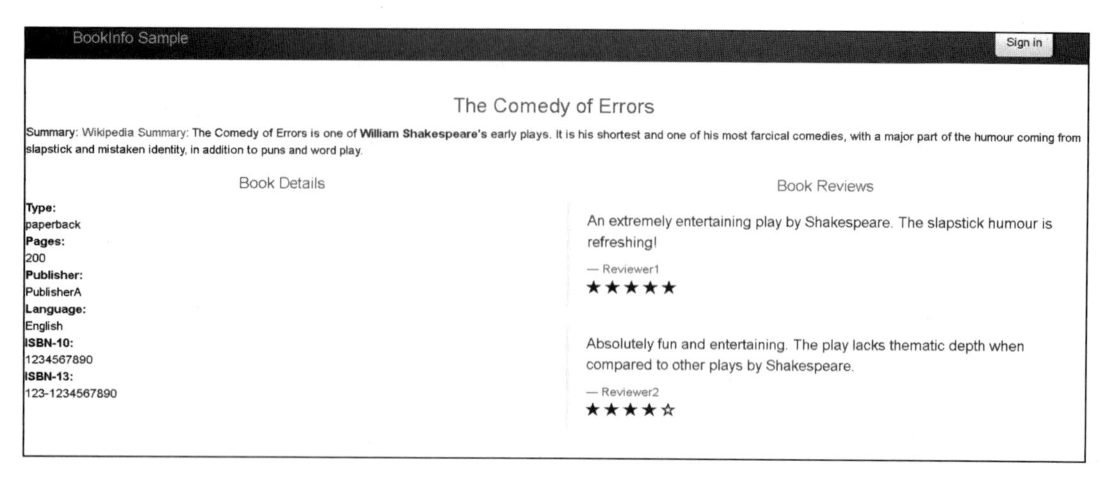

图 10-49　Bookinfo UI 展示

10.4.4　微服务的熔断

Spring Cloud 中的熔断需要以代码侵入的方式调用 Hystrix 来实现（见 10.2.2 节）。而 Istio 本身自带熔断的功能，仅需要用一些指标（如连接数和请求数限制）在 DestinationRule 中定义简单的断路器。目前 HTTP 支持的指标有等待的请求数和每个连接的最大请求数，TCP 支持的指标有最大连接数。

简单了解 Istio 的熔断之后，下面我们通过 Bookinfo 展示熔断。在初始情况下 Bookinfo 中未配置熔断，所有微服务访问正常，如图 10-50 所示。

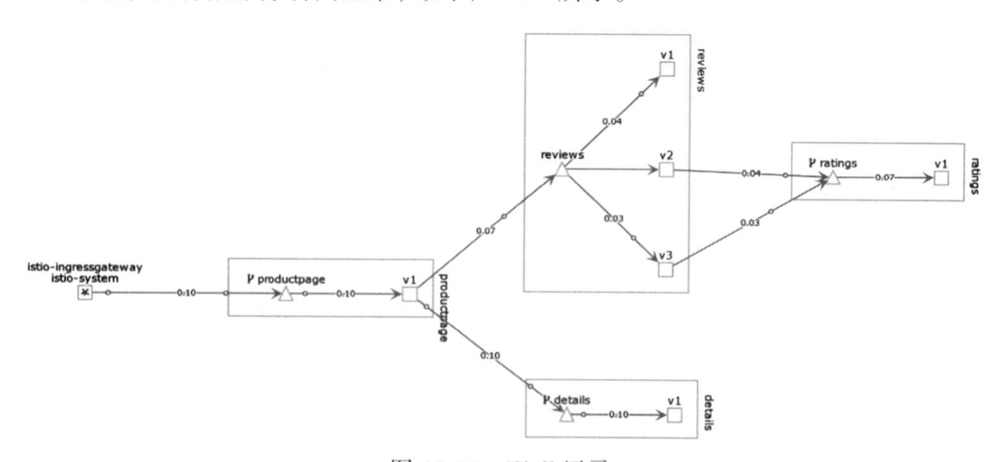

图 10-50　Kiali 展示

接下来，我们在 productpage 的 DestinationRule 中配置熔断策略，DestinationRule 内容如下。

```
# cat productpage-trafficpolicy.yaml
apiVersion: networking.istio.io/v1alpha3
kind: DestinationRule
```

```
metadata:
  name: productpage
spec:
  host: productpage
  subsets:
  - labels:
      version: v1
    name: v1
  trafficPolicy:
    connectionPool:
      http:
        http1MaxPendingRequests: 1
        maxRequestsPerConnection: 1
      tcp:
        maxConnections: 1
    outlierDetection:
      baseEjectionTime: 180.000s
      consecutiveErrors: 1
      interval: 1.000s
      maxEjectionPercent: 100
    tls:
      mode: ISTIO_MUTUAL
```

可以看到，通过 connectionPool 配置了访问 productpage 的熔断策略，为了更好地观察效果，设置较小的数值。

- 每个 HTTP 最多连接的请求数是 1 个。
- HTTP 最大的等待请求数是 1 个。
- 最多的 TCP 连接数是 1 个。

如果超过设置的上述阈值，断路器将会打开，productpage 停止对外服务。另外，还设置了一些检测时间，这里就不一一介绍了。

应用上述配置。

```
# oc create -f productpage-trafficpolicy.yaml
```

接下来，通过 siege 对 Bookinfo 发起高并发压力。

```
# siege -r 1 -c 100 -v http://istio-ingressgateway-istio-system.apps.example.com/productpage
** SIEGE 4.0.2
** Preparing 100 concurrent users for battle.
The server is now under siege...
HTTP/1.1 503     0.08 secs:      57 bytes ==> GET  /productpage
HTTP/1.1 503     0.07 secs:      57 bytes ==> GET  /productpage
HTTP/1.1 503     0.07 secs:      57 bytes ==> GET  /productpage
HTTP/1.1 503     0.07 secs:      57 bytes ==> GET  /productpage
HTTP/1.1 503     0.08 secs:      57 bytes ==> GET  /productpage
HTTP/1.1 503     0.06 secs:      57 bytes ==> GET  /productpage
HTTP/1.1 503     0.08 secs:      57 bytes ==> GET  /productpage
HTTP/1.1 503     0.11 secs:      57 bytes ==> GET  /productpage
HTTP/1.1 503     0.09 secs:      57 bytes ==> GET  /productpage
HTTP/1.1 503     0.12 secs:      57 bytes ==> GET  /productpage
HTTP/1.1 503     0.11 secs:      57 bytes ==> GET  /productpage
HTTP/1.1 503     0.16 secs:      57 bytes ==> GET  /productpage

Transactions:                   35 hits
Availability:                   27.34 %
```

```
Elapsed time:                  10.48 secs
Data transferred:              1.82 MB
Response time:                 2.96 secs
Transaction rate:              3.34 trans/sec
Throughput:                    0.17 MB/sec
Concurrency:                   9.88
Successful transactions:       35
Failed transactions:           93
Longest transaction:           4.67
Shortest transaction:          0.04
```

从命令执行结果来看，由于访问流量超过 productpage 的熔断阈值，造成断路器打开，productpage 停止对外服务，导致访问出现大量错误。

通过 Kiali 进行观测，对 productpage 的访问错误率高达 88.3%，productpage 微服务发生了熔断，如图 10-51 所示。

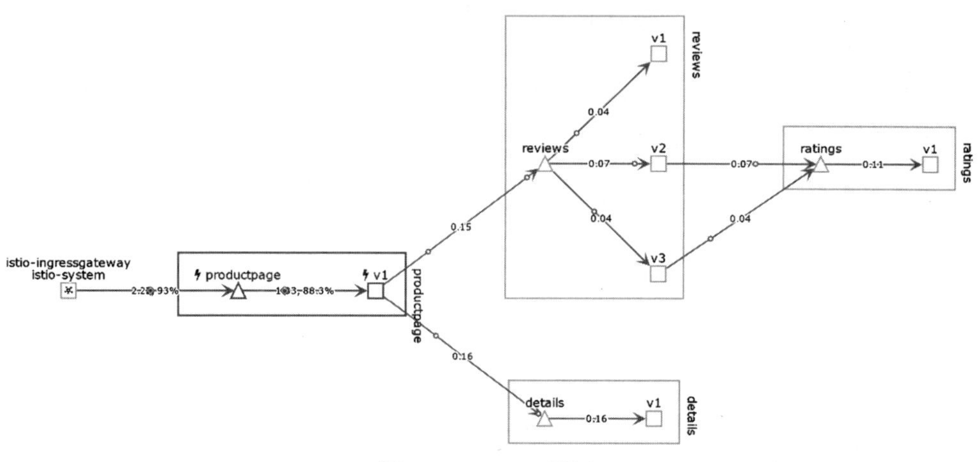

图 10-51 Kiali 展示

10.4.5 微服务的黑名单

Istio 中的访问控制有白名单和黑名单功能。在 Istio 环境中黑白名单使用 denier 适配器实现，在 OpenShift 环境中黑白名单可以基于微服务的 Service Name 设置。

白名单是允许从哪个服务到哪个服务的访问，黑名单是不允许从哪个服务到哪个服务的访问。两种方式最终的实现效果是一样的。

默认情况下 Bookinfo 各个微服务之间的访问是正常的。

我们将在 details 服务上创建一个黑名单，配置内容如下。

```
apiVersion: "config.istio.io/v1alpha2"
kind: denier
metadata:
  name: denycustomerhandler
spec:
  status:
```

```
      code: 7
      message: Not allowed
---
apiVersion: "config.istio.io/v1alpha2"
kind: checknothing
metadata:
  name: denycustomerrequests
spec:
---
apiVersion: "config.istio.io/v1alpha2"
kind: rule
metadata:
  name: denycustomer
spec:
  match: destination.labels["app"] == "details" && source.labels["app"]=="productpage"
  actions:
  - handler: denycustomerhandler.denier
    instances: [ denycustomerrequests.checknothing ]
```

在上面的配置中从 productpage 微服务（source.labels）到 details 微服务（destination.labels）的访问请求由 denycustomerhandler.denier 进行处理，也就是拒绝请求，请求将会返回 403 错误码。

应用配置如下。

```
# oc apply -f acl-blacklist.yml
```

接下来，对 productpage 发起访问。从 productpage 到 details 的访问是被拒绝的，如图 10-52 所示。

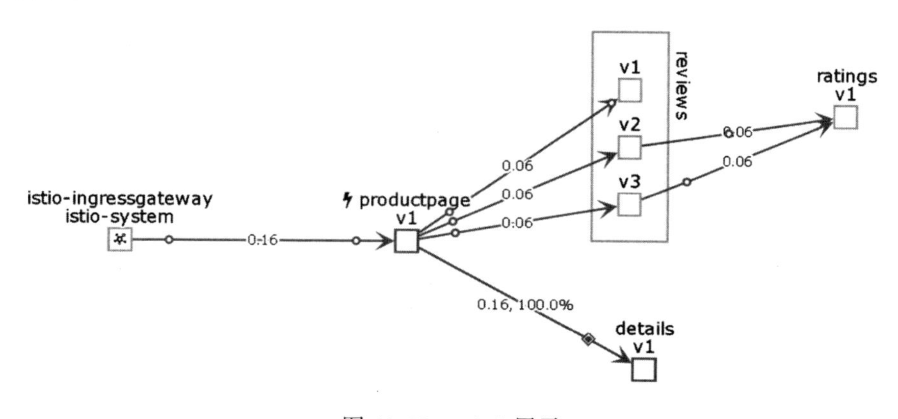

图 10-52　Kiali 展示

此时，通过浏览器访问 Bookinfo，界面无法显示产品的详细信息，但其他微服务显示正常，如图 10-53 所示。

我们删除黑名单，再访问 Bookinfo，对 details 微服务的访问马上正常，如图 10-54 和图 10-55 所示。

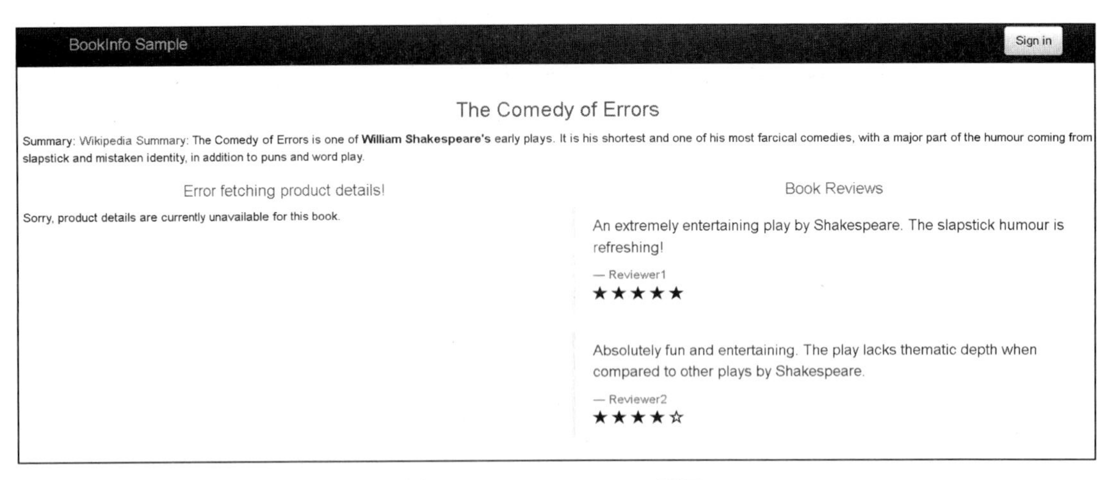

图 10-53　Bookinfo UI 展示

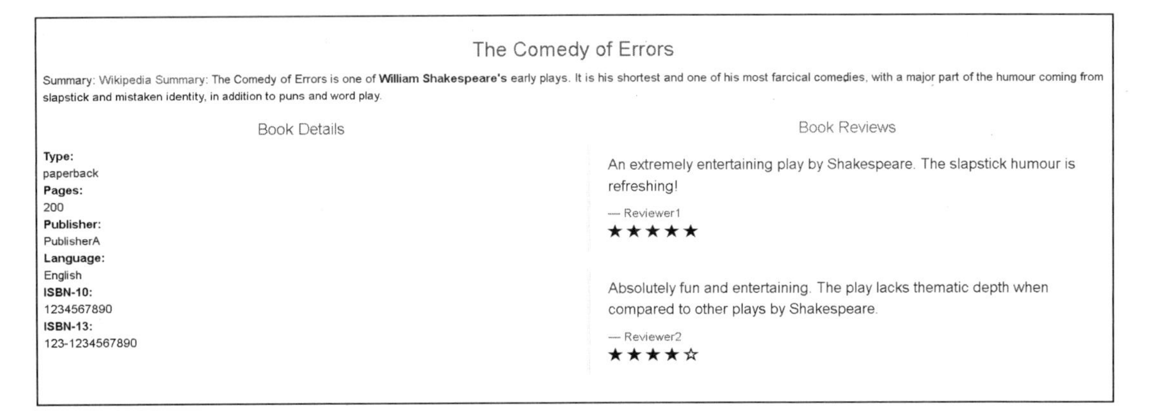

图 10-54　Bookinfo UI 展示

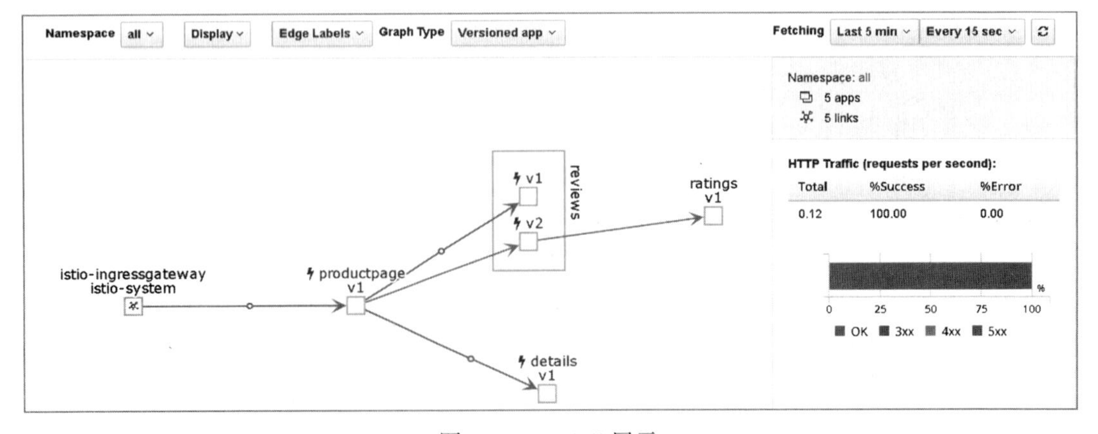

图 10-55　Kiali 展示

通过 Bookinfo 这套应用，我们介绍了 Istio 的基本功能，相信读者对 Istio 的路由管理有了基本的了解，更多的信息请访问 Istio 官方（https://preliminary.istio.io/zh/docs）或通过网络资料自行学习，本书就不再赘述了。

10.5　对 OpenShift 上 Istio 的重要说明

在前面介绍 Istio 路由基本概念 Gateway 的时候我们提出一个问题：Istio 中 ingressgateway 的功能和 OpenShift Router 的功能相同，那么 Istio 为什么还需要这个组件，在 OpenShift 中的 Istio 又该使用哪种方式接受外部入口流量。下面我们就深入解析，揭开在 OpenShift 中对外访问的神秘面纱。

10.5.1　OpenShift 上 Istio 入口访问方式的选择

在 OpenShift 中外部访问集群内应用都要经过 Router 的转发，而 Router 本质上是一个容器化 HAproxy，Pod 以 Hostnetwork 的方式运行，直接在宿主机的 IP 和端口上监听。

```
# oc get pods -o wide |grep -i router
router-1-28vjx                1/1       Running    0          3d        172.31.45.81
```

对外发布服务需要在 OpenShift 中创建 Route 对象，在 Route 对象中定义对外发布的域名和对应的 Service 名称、端口等。只要对外发布域名可以解析到 Router 的 IP 地址，就可以在集群外部通过域名直接访问集群内的服务了。

而在 Istio 体系中外部访问 Istio 中的服务要经过 ingressgateway，ingressgateway 在本质上是一个特殊的 Envoy（与 Sidecar 的 Envoy 不同），它以普通 Pod 的方式运行，但是 Service 使用 NodePort 类型。

```
# oc get pod -n istio-system | grep ingressgateway
istio-ingressgateway-b688c9d9b-l9n2k      1/1      Running    0     5d
# oc get svc | grep ingressgateway
istio-ingressgateway      NodePort    172.30.140.32     172.29.105.93,172.29.105.93
  80:31380/TCP,443:31390/TCP,31400:31400/TCP,15011:31647/TCP,8060:30682/
  TCP,853:32240/TCP,15030:31905/TCP,15031:31798/TCP   37s
```

从上面的代码段中可以看到包含很多的端口映射，80:31380 和 443:31390 分别对应 HTTP 和 HTTPS 的访问，其他的端口分别表示其他系统的端口，如 TCP（31400:31400）、Grafana（15031:31798）、Prometheus（15030:31905）等。

在前面我们介绍了通过定义 Gateway 对象将 Istio 中的服务发布出去，同样在 Gateway 中可以定义发布的域名。只要 Gateway 发布的域名可以将流量导入 ingressgateway 容器中，就可以在外部访问服务。

在前面我们已经提过，如果为 Istio 中的服务创建 Gateway 对象，就会自动在 OpenShift 中创建对应的 Route 对象，而且 Gateway 中 hosts 的每个主机都会创建一个 Route。例如，Gateway 对象的内容如下。

```
apiVersion: networking.istio.io/v1alpha3
kind: Gateway
metadata:
  name: book-gateway
spec:
……
    hosts:
    - www.bookinfo.com
    - bookinfo.example.com
```

自动创建的 Route 对象如下。

```
# oc get routes -n istio-system
NAME               HOST/PORT              SERVICES               PORT
gateway1-lvlfn     bookinfo.example.com   istio-ingressgateway   <all>
gateway1-scqhv     www.bookinfo.com       istio-ingressgateway   <all>
```

如果创建的 Gateway 对象中的 hosts 设定为 *，也同样会自动创建 Route，并设置 Route 的 hosts 为 <gateway-route-name>-<gateway-namespace>.< subdomain>，如下面的 Route 就是 hosts 为 * 的 Gateway 自动创建的路由。

```
bookinfo-gateway-lgmfb    bookinfo-gateway-lgmfb-istio-system.apps.example.com
  istio-ingressgateway   http2                          None
```

细心的读者可以发现，自动创建的 Route 并没有将 Service 指向真实的应用，而是全部指向了 istio-ingressgateway，也就是通过自动创建的 Route 的域名访问的流量会被负载到 Istio 的 ingressgateway Pod 中。

清楚了 Istio ingressgateway 和 OpenShift Router 之后，我们访问 Istio 中的服务就可以选择如下三种方式。

- 通过 ingressgateway 的 Route 访问：直接通过 istio-ingressgateway 暴露的路由加上应用的 URI 访问，例如我们在前文访问 Bookinfo 使用的 http://istio-ingressgate-way-istio-system.apps.example.com/productpage。
- 通过 Gateway 对象定义的域名访问：直接通过在 Gateway 中 hosts 字段定义的域名访问，如上面示例中的 bookinfo.example.com/productpage 和 www.bookinfo.com/productpage。
- 通过 ingressgateway Service 以 NodePort 方式访问：直接通过 ingressgateway Service 暴露的 NodePort 访问，如 http://< 集群任意节点的 IP 地址 >:31380/productpage。

那么，对于在 OpenShift 上部署 Istio 的场景，这几种访问方式有什么区别，入口访问该如何选择？下面就分别进行说明。

1. 通过 ingressgateway 的 Route 访问

第一种方式是无论 Istio 中的应用在 Gateway 中定义的 hosts 是什么，都可以通过 ingressgateway 的 Route 访问。首先看一下 ingressgateway 的 Route。

```
# oc get route -n istio-system | grep ingressgateway
```

```
istio-ingressgateway    istio-ingressgateway-istio-system.apps.example.com
  istio-ingressgateway   http2
```

这个 Route 是在安装 Istio 时创建的，用于外部访问 istio-ingressgateway Pod。每个 Route 对象都需要对应到集群内的一个 Service，并指定端口。在 istio-ingressgateway 中对应的 Service 为 istio-ingressgateway，端口为 http2（名称在 Service 中定义，这里指 80 端口）。可以发现，通过这种方式访问的只能是 HTTP 协议，因为绑定的是 ingressgateway Pod 的 80 端口。关于如何实现 HTTPS，我们将在后文中进行说明。

以这种方式访问外部的 Istio 服务的链路图如图 10-56 所示。

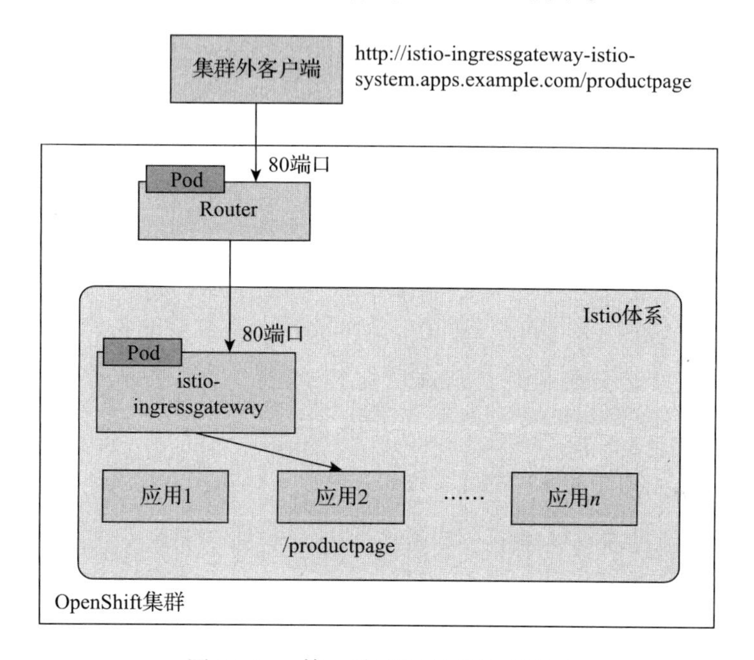

图 10-56　第一种访问方式的链路图

可以看到，集群外客户端首先将请求发送到路由器的 80 端口（域名解析到 Router IP 上），因为访问的域名所对应的 Pod 是 istio-ingressgateway，所以将请求再次发送到 istio-ingressgateway 中，最后访问到对应的最终应用。这种访问方式需要满足如下条件：

- 对外暴露的是 HTTP 或 HTTPS 协议。
- 应用需要定义 Gateway 将服务注册在 istio-ingressgateway 中，定义的 hosts 为 * 或者指定具体的域名。
- 应用在 Virtual Service 中定义的对外发布的 URI 在 Istio 体系下唯一。
- 应用在 Virtual Service 中定义的 hosts 必须为 *，否则这种方式无法访问。

通过这种方式，Gateway、Virtual Service 以及 Route 中 hosts 关系及可访问性对照如表 10-3 所示。

表 10-3 第一种方式的路由可用性

Gateway 中 hosts	Virtual Service 中 hosts	Gateway Route 中 hosts	第一种方式的可访问性
*	*	与 Route 无关	ingressgateway Route 可以访问
www.bookinfo.com	*	与 Route 无关	ingressgateway Route 可以访问
*	www.bookinfo.com	与 Route 无关	ingressgateway Route 不可访问
www.bookinfo.com	www.bookinfo.com	与 Route 无关	ingressgateway Route 不可访问

从表 10-3 中可以看出，通过 istio-ingressgateway 的域名 istio-ingressgateway-istio-system.apps.example.com 访问应用，必须保证 Virtual Service 的 hosts 设置为 *，否则不允许访问。

这种访问方式我们已经在前面使用，这里就不再演示了。

2. 通过 Gateway 对象定义的域名访问

第二种方式是通过 Virtual Service 中定义的 hosts 访问，如示例中定义的 www.bookinfo.com，因为 Gateway 还自动创建 Route，所以这种方式还是会经过 Router，访问链路图与第一种方式完全相同，只不过访问的 URL 变为了 http://www.bookinfo.com/productpage，域名同样需要解析到 Router 所在 IP 地址。以第二种方式访问的链路图如图 10-57 所示。

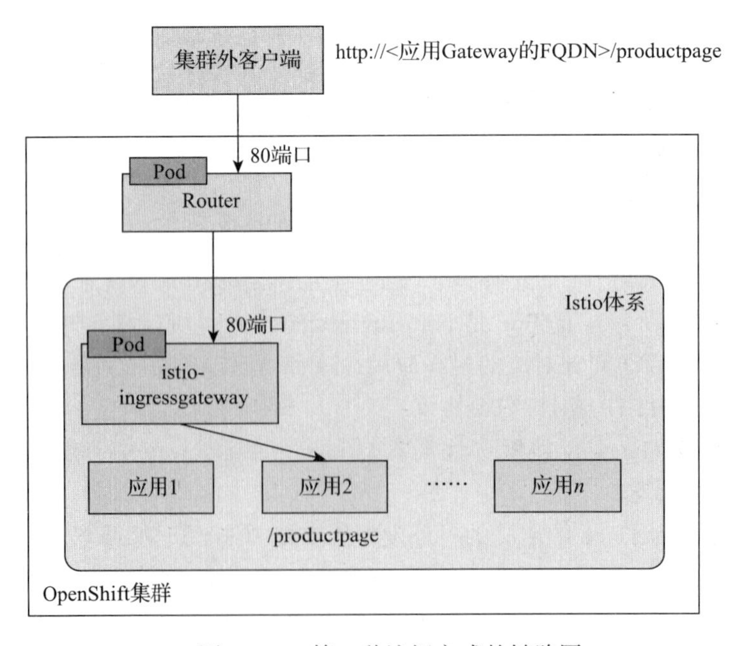

图 10-57 第二种访问方式的链路图

这种访问方式需要满足如下条件：

- 对外暴露的是 HTTP 或 HTTPS 协议。
- 应用需要定义 Gateway 将服务注册在 istio-ingressgateway，并定义 hosts 为 * 或者指定的域名。
- 应用在 VirtualService 中定义对外发布的 hosts 为 * 或者指定的域名。如果是 *，则可以通过 Gateway 自动创建的 Route 的 hosts 访问，如果是指定的域名，必须与 Gateway 指定的域名一致，此时必须用指定的域名访问。
- Gateway 中定义的域名解析到 OpenShift Router 的 IP 地址。

通过这种方式，Gateway、Virtual Service 以及 Route 中 hosts 关系及可访问性对照如表 10-4 所示。

表 10-4　第二种方式的路由可用性

Gateway 中 hosts	Virtual Service 中 hosts	Gateway Route 中 hosts	第二种方式的可访问性
*	*	自动生成	Gateway 的 hosts 可以访问
www.bookinfo.com	*	www.bookinfo.com	Gateway 的 hosts 可以访问
*	www.bookinfo.com	自动生成	Gateway 的 hosts 不可访问
www.bookinfo.com	www.bookinfo.com	www.bookinfo.com	Gateway 的 hosts 可以访问

从表 10-4 中可以看出规律，Gateway 的 hosts 决定了 OpenShift Route 的 hosts，也就是决定了是否可以经过 Gateway 定义的域名访问到 istio-ingressgateway；而 Virtual Service 中的 hosts 决定了 istio-ingressgateway 是否允许访问应用，如果指定了域名，则只允许指定的域名访问。只有这两段都是可访问的，最终应用才是可访问的。

例如在 Bookinfo 示例中我们可以通过 Gateway 的方式访问 ingressgateway，从而实现对应用的访问。创建的 Gateway 和 Virtual Service 的部分内容如下。

```
apiVersion: networking.istio.io/v1alpha3
kind: Gateway
metadata:
  name: bookinfo-gateway
spec:
    ......
    hosts:
    - "www.bookinfo.com"
---
apiVersion: networking.istio.io/v1alpha3
kind: VirtualService
metadata:
  name: bookinfo
spec:
  hosts:
  - "www.bookinfo.com"
  gateways:
  - bookinfo-gateway
  ......
```

应用上述配置之后，通过 Gateway 定义的域名 www.bookinfo.com 访问应用，如图 10-58 所示。

而通过第一种方式就是不可访问的，如图 10-59 所示。

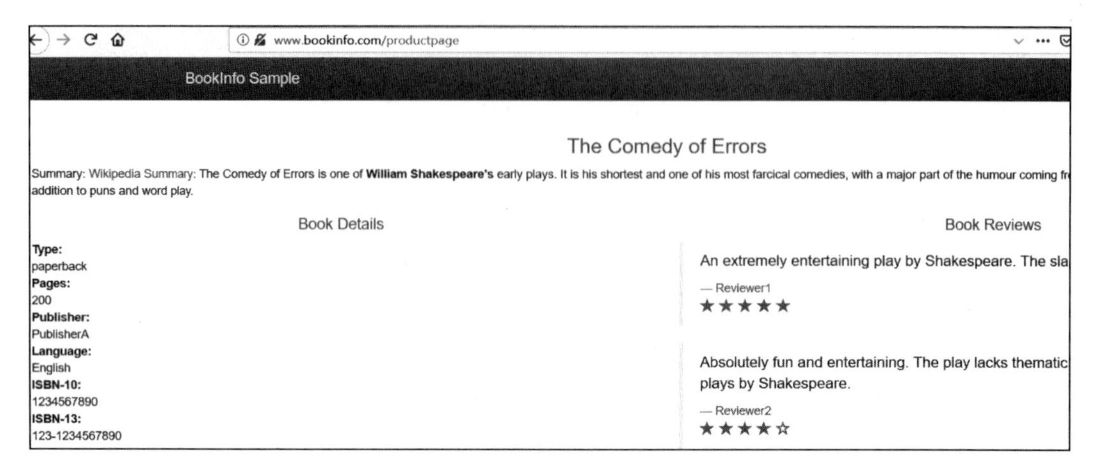

图 10-58　通过 Gateway 域名访问

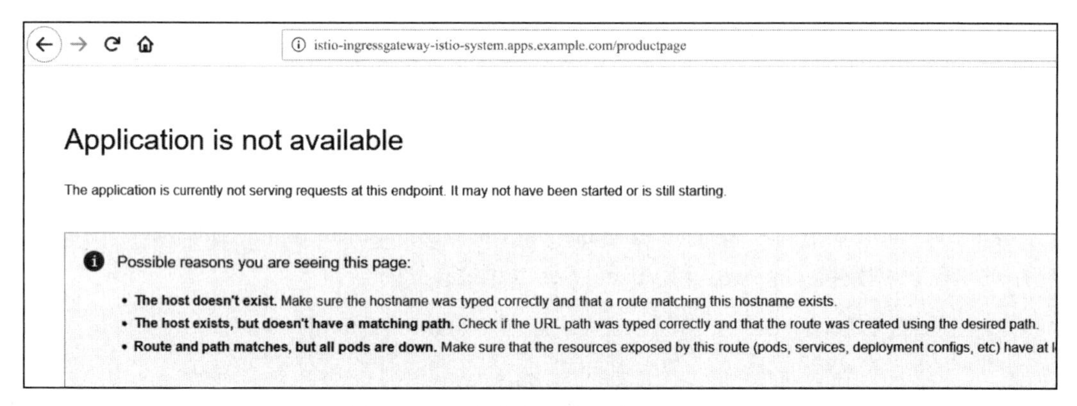

图 10-59　通过第一种方式不可访问

3. 通过 ingressgateway Service 以 NodePort 方式访问

第三种方式是完全脱离 OpenShift 的访问方式，它完全依赖于 Istio 自身的功能。因为 Istio 的 ingressgateway 本质上也是一个提供对外访问的负载均衡器，而 ingressgateway 的 Service 使用的是 NodePort 类型，我们就可以直接通过节点上映射的端口访问应用。在前面的 istio-ingressgateway 的 Service 中我们看到有很多的端口映射，比如 80:31380、443:31390。这时，外部访问的链路图如图 10-60 所示。

可以看到这种方式不会经过 OpenShift Router，外部客户端通过 Service istio-ingressgateway 映射在节点的端口 31380 访问到 istio-ingressgateway，这样 istio-ingressgateway 就可以访问到应用了。使用这种方式需要满足如下条件：

- 对外暴露的协议支持 HTTP、HTTPS、TCP。
- 域名解析到的 IP 为集群中任意一个节点的 IP 地址，该节点防火墙需要开启 31380 端口。
- 应用需要定义 Gateway 将服务注册在 istio-ingressgateway，hosts 可以设置为 * 或者指定的主机。
- 应用在 VirtualService 中定义的 hosts 可以是 * 或者指定的主机。

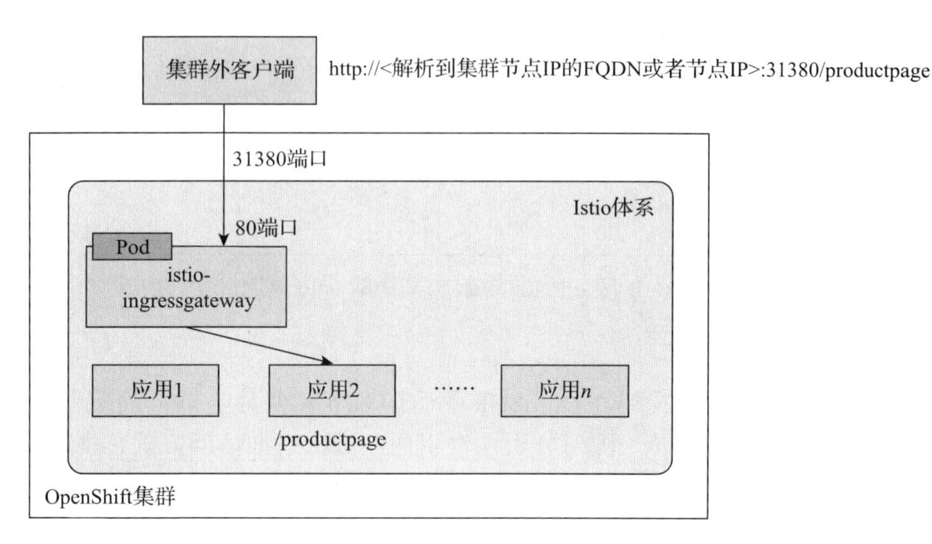

图 10-60　第三种访问方式的链路图

通过这种方式，Gateway、Virtual Service 以及 Route 中 hosts 关系及可访问性对照如表 10-5 所示。

表 10-5　第三种方式的路由可用性

Gateway 中 hosts	Virtual Service 中 hosts	Gateway Route 中 hosts	第三种方式的可访问性
*	*	与 Route 无关	任意域名或节点 IP 都可以访问
www.bookinfo.com	*	与 Route 无关	任意域名或节点 IP 都可以访问
*	www.bookinfo.com	与 Route 无关	只有 www.bookinfo.com 可访问
www.bookinfo.com	www.bookinfo.com	与 Route 无关	只有 www.bookinfo.com 可访问

从表 10-5 中可以看到，使用的域名是否可访问完全取决于 Virtual Service 中定义的域名与访问的域名是否匹配，如果匹配，就可以访问。

例如在 Bookinfo 示例中我们可以通过 NodePort 的方式访问 ingressgateway，从而实现对应用的访问。需要注意的是，在 NodePort 的方式下我们使用 OpenShift 中任意一个节点的 IP 或者域名加 31380/productpage 都可以访问。我们使用 node.example.com 这个节点作为示例，访问结果如图 10-61 所示。

值得一提的是，直接为 Istio 对外的应用创建 OpenShift Route 同样可以访问，但是这是不推荐的，因为这种方式不经过 istio-ingressgateway，会造成某些流量监控数据的丢失以及无法使用 Istio 的路由控制管理外部进入的流量。

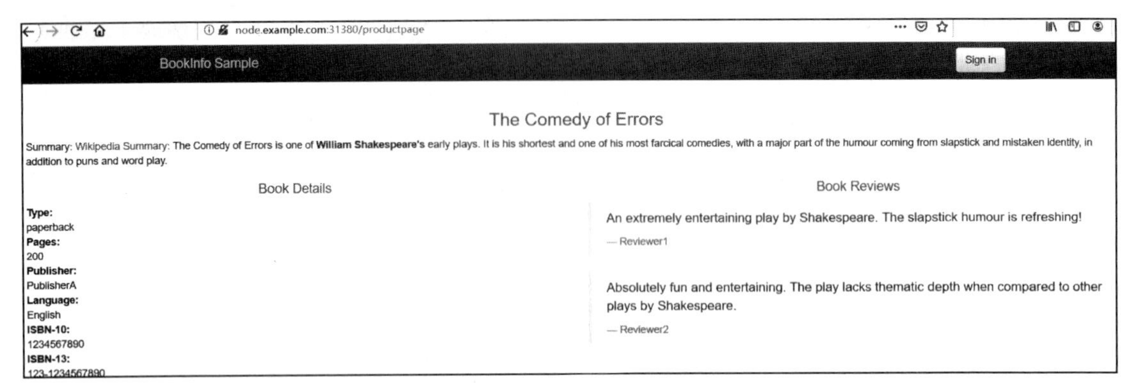

图 10-61　通过 NodePort 方式访问 Istio 应用

4. 入口访问方式总结

经过上面的介绍，可以看到在 OpenShift 中访问 Istio 有多种方式，而且随着创建的 Gateway 和 Virtual Service 的不同，访问可用性也不同。对比三种访问方式，整理如表 10-6 所示。

表 10-6　入口访问方式对比

访问方式	域名示例	优　势	劣　势
第一种	http://istio-ingressgateway-istio-system.apps.example.com/productpage	所有应用访问使用同一个域名，通过 URI 区分应用，简单便捷	访问路径长，Virtual Service 的 hosts 必须定义为 *，安全性不高
第二种	http://www.bookinfo.com/productpage	每个应用有独立的访问域名，安全性高	访问路径长，要求 Virtual Service 定义的 hosts 包含 Gateway 定义的 hosts
第三种	http://node.example.com:31380/productpage	访问路径短，而且支持 TCP、gRPC 等多种协议	不经过 OpenShift Router，无法利用 Router 带来的功能，如 TLS

第三种访问方式是经过 Service 的 NodePort 访问，最大的优势在于支持 TCP 协议，如果要访问的应用是四层访问，那么应该毫不犹豫地选择第三种方式。如果使用的是 HTTP 和 HTTPS 协议，那么使用第一种和第二种都是可以的。如果客户对安全性要求较高，就使用第二种方式，为每个应用创建对外独立的域名。

5. HTTPS 的实现

在前面的介绍中，我们提到默认 istio-ingressgateway 对外暴露的只有 HTTP 协议。如果想要启动 HTTPS 支持，则需要手工执行一些操作。

在前面介绍的三种方式的访问中，配置 HTTPS 的方式稍有区别，第三种方式直接在 Gateway 上配置，然后通过 31380 端口访问，另外两种方式需要经过多个负载均衡器，OpenShift Router 支持配置 TLS，Istio Ingessgateway 同样支持配置 TLS，那么实现 HTTPS 访问就需要确定证书在哪里终结。不同终结点的证书配置整理如表 10-7 所示。

表 10-7 不同证书终结点的证书配置

证书终结点	OpenShift Route 证书配置	Istio Ingressgateway 证书配置	应用证书配置
OpenShift Router	类型 Edge 的加密 Route	无须配置	无须配置
Istio Ingressgateway	类型 Passthrough 或 Re-encryption 的加密 Route	TLS 模式为 SIMPLE 的 Gateway	无须配置
应用	类型 Passthrough 或 Re-encryption 的加密 Route	TLS 模式为 PASSTHROUGH 或 AUTO_PASSTHROUGH 的 Gateway	需要配置证书

通常情况下，证书一般会在负载均衡层终结。表 10-7 中的第三种证书终结方式（在应用中终结证书）使用较少，也不推荐，其他两种证书终结方式的实现对于不同的访问方式配置会有所区别，由于篇幅有限就不一一介绍了，我们以一种最简单的实现方式进行说明。

使用第一种访问方式，也就是通过 istio-ingressgateway-istio-system.apps.example.com 域名访问，在 OpenShift Router 上终结证书的配置方法如下。

默认 istio-ingressgateway 的 Route 是非安全的，我们需要修改默认的 Route 实现在 OpenShift Router 上终结证书，配置如图 10-62 所示。

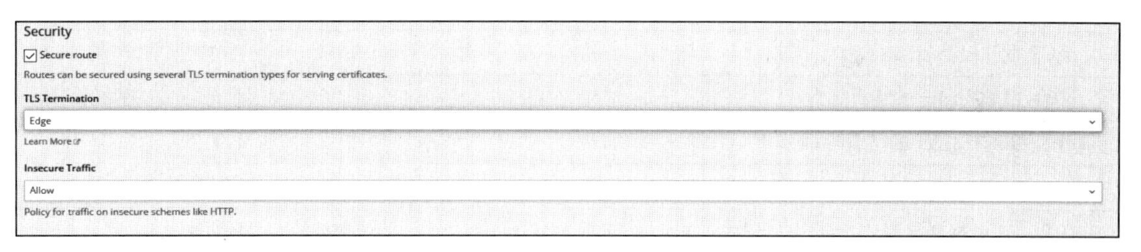

图 10-62 修改 istio-ingressgateway 的路由配置

在 OpenShift 界面进入 Route 界面，修改 istio-ingressgateway 的 Route，勾选 Secure route 选项，设置 TLS Termination 为 Edge，Insecure Traffic 根据是否还允许使用 HTTP 访问进行选择。修改完成后，就可以使用 https://istio-ingressgateway-istio-system.apps.example.com/productpage 访问了，这时使用的证书是 OpenShift Router 上配置的默认证书。

10.5.2 OpenShift Router 和 Istio Ingessgateway 的联系与区别

在清楚了外部应用访问 Istio 应用的几种方式之后，我们来说明 Istio Ingressgateway 和 OpenShift Router 的联系与区别。

Istio 作为独立的微服务治理框架，宗旨是要对所有的进出流量进行管理，包括外部访问内部，这就使得 Istio 必须独立实现一个类似 OpenShift Router 的组件来支持外部访问的流量管理。另外，Istio 的出现并不仅仅用于在 Kubernetes 上运行微服务，所以需要有独立的解决方案实现外部访问 Istio 内部的应用。这两方面原因是我们认为 Istio Ingressgateway 存在的价值和意义。

但是如果 Istio 运行在 OpenShift 之上，那么 OpenShift Router 会与 Istio Ingregateway 在功能上重复。对于在 Istio 体系里的服务，既可以通过 OpenShift Router 直接访问，也可以通过 Istio Ingressgateway 访问，为了使用 Istio 实现路由控制，更推荐使用 Istio Ingressgateway 访问。如果服务不在 Istio 体系里，那么还是要使用 OpenShift Router 实现外部可访问。这样，它们的区别也就不言而喻了，Istio Ingressgateway 就是为了使 Istio 更好地进行路由控制而独立实现的路由器。

另外，在 Istio 安装之后，默认只启动一个 Istio-Ingressgateway，这会造成单点故障。通常实现高可用的做法是启动多个 Istio-Ingressgateway 实例，然后在前面添加负载均衡器（如 Nginx），而在 OpenShift 上原生就提供了负载均衡器 Router，正好可以配合使用以实现 Istio-Ingressgateway 的高可用性，仅需手动扩容 Istio-Ingressgateway 或者创建 HPA 自动扩容。

OpenShift Router 和 Istio Ingressgateway 在关键功能上的对比整理如表 10-8 所示。

表 10-8　OpenShift Router 和 Istio Ingressgateway 功能上的对比

对比项	Istio Ingressgateway	OpenShift Router
灰度发布 / 蓝绿发布	支持	支持
流量镜像	支持	不支持
基于服务权重的路由规则	支持	支持
基于 HTTPHeader 的路由规则	支持	不支持
基于权重和 Header 的组合规则	支持	不支持
TLS 支持	支持	支持
路由规则检测	支持	不支持
路由规则粒度	Pod	Service
流量分组	支持	支持
支持的协议	HTTP/HTTPS/gRPC/TCP/Websockets	HTTP/HTTPS/Websockets/TLS with SNI

从表 10-8 可以看出，Istio Ingressgateway 在流量控制上具备明显优势，这也是我们在 OpenShift 中使用 Router 的同时还使用 Istio Ingressgateway 的最重要原因。

10.5.3　Istio 配置生效的方式和选择

在 Istio 中，可以通过 istioctl 客户端配置规则；如果是用 Kubernetes 部署，可以使用 kubectl 命令配置规则；基于 OpenShift 的部署，可以使用 oc 命令配置规则。三个命令中，istioctl 会在这个过程中对模型进行检查。如果是在 Istio 调试阶段，使用 istioctl 会更好；如果 Istio 调试完毕并承载应用，使用 oc 则更为便捷。

Istio 实现微服务的路由管理的两个主要配置是 VirtualService 和 DestinationRule。在 OpenShift 中，我们让一个配置生效有如下几种方式：

```
# oc create -f configurationfile.yml
# oc apply -f configurationfile.yml
# oc replace -f configurationfile.yml
```

oc create 和 oc apply 的区别是前者读取配置文件中的内容，创建对象并应用配置；后者也是创建对象并应用配置，但如果配置有变更以后，对于已经存在的对象不能使用 oc create 更新配置，可以使用 oc apply 更新配置。

举例说明，初始情况下项目中没有 destination-rule-tls.yml 中定义的对象。

使用如下命令创建。

```
# oc create -f destination-rule-tls.yml
destinationrule.networking.istio.io/default created
```

接下来，我们修改配置文件中的参数。

```
# vi destination-rule-tls.yml
```

使用 oc create 进行更新会失败。

```
# oc create -f destination-rule-tls.yml
Error from server (AlreadyExists): error when creating "destination-rule-tls.
  yml": destinationrules.networking.istio.io "default" already exists
```

如果想通过 oc create 让配置生效，需要先执行 oc delete 删除已经存在的对象才可以，通常不会这样操作。

对于已经存在的对象，在修改配置后使用 oc apply 进行更新。

```
# oc apply -f destination-rule-tls.yml
Warning: oc apply should be used on resource created by either oc create --save-
  config or oc apply
destinationrule.networking.istio.io/default configured
```

在不修改配置文件的情况下，再次执行 oc apply，命令可以执行成功，但会提示配置未发生变更。

```
# oc apply -f destination-rule-tls.yml
destinationrule.networking.istio.io/default unchanged
```

另外，在不修改配置文件的情况下执行 oc replace，命令执行成功，但没有提示配置是否发生变更。

```
# oc replace -f destination-rule-tls.yml
destinationrule.networking.istio.io/default replaced
```

归纳总结如下：

- ❑ 对于之前 Istio 中没有应用过的配置，我们第一次应用的时候需要使用 oc create -f 或

oc apply -f 指定配置文件创建相关对象，并使之生效。

- 对于已经存在的对象，若配置文件发生变更，我们可以使用 oc apply -f 或 oc replace -f 进行更新。
- 如果我们修改配置文件，既对已经创建的对象进行变更，同时又在配置文件中增加了新的对象，那就需要使用 oc apply -f 更新配置。

10.6 企业应用向 Istio 迁移

对于企业而言，如何将一套应用迁移到基于 OpenShift 的 Istio 中并且被 Istio 进行纳管？应用向 Istio 的迁移，整体上包含以下六个步骤：

1）微服务应用设计 / 拆分：有的客户是将现有单体应用迁移到 Istio 中，需要做微服务拆分；有的客户是将新的应用部署到 Istio 中，则需要进行微服务设计。关于微服务的设计 / 拆分原则，我们已经在本章开始做过介绍。

2）微服务应用构建：对微服务的应用源码进行编译打包。

3）微服务容器化：用编译打包好的微服务生成容器镜像。

4）容器环境部署准备：将容器镜像部署到容器环境中，针对 OpenShift，我们需要配置应用的 DeploymentConfig、Service 等。

5）微服务 Sidecar 注入 / 部署：在 OpenShift 中部署微服务，部署的时候注入 Sidecar。

6）Istio 纳管微服务：通过 Istio 的策略对微服务进行路由管理，并进行监控。

整体流程如图 10-63 所示。

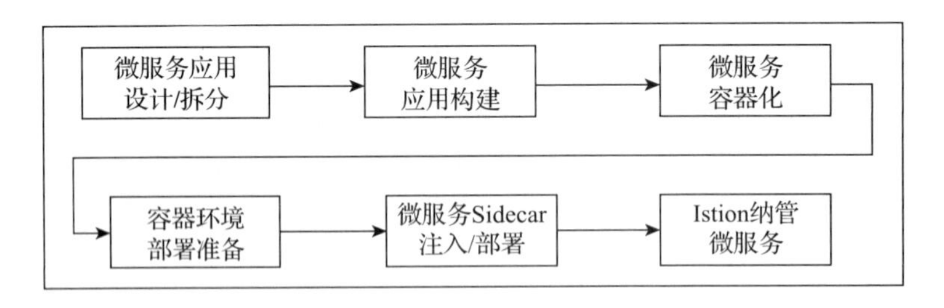

图 10-63　应用迁移到 Istio 的步骤

由于我们在前文中已经介绍了微服务设计 / 拆分原则和应用容器化的方法，因此我们通过一个案例展示微服务向 Istio 迁移的步骤。

由于 S2I 应用容器化已经将容器化的操作进行封装，因此本着"授人以鱼，不如授人以渔"的初衷，我们介绍通过本地构建的方式在源码不变更的情况下实现应用向 Istio 的迁移。

10.6.1 使用本地构建方式将应用迁移到 Istio 的步骤

为了方便读者理解，我们使用一套实际的应用进行展示，包含常见的三层架构微服务。

我们用这个三层架构微服务来模拟传统的三层架构应用。

三层架构微服务的源码地址为 https://github.com/ocp-msa-devops/istio-tutorial。三层微服务的源码分析，请见 Repo 中“三层微服务源码分析”文档。

三个微服务之间是单向调用关系：customer 调用 preference，preference 调用 recommendation，如图 10-64 所示。

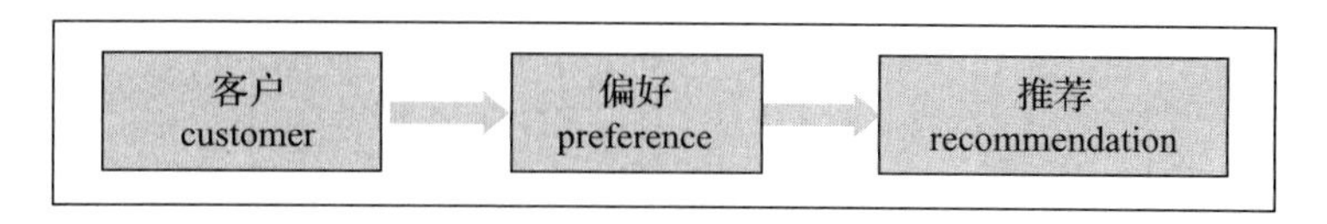

图 10-64　微服务的调用关系

customer 和 preference 微服务是一个 Spingboot 应用，recommendation 微服务是一个 vert.x 应用。我们要将这个三层架构微服务迁移到 Istio 中，最终架构如图 10-65 所示。

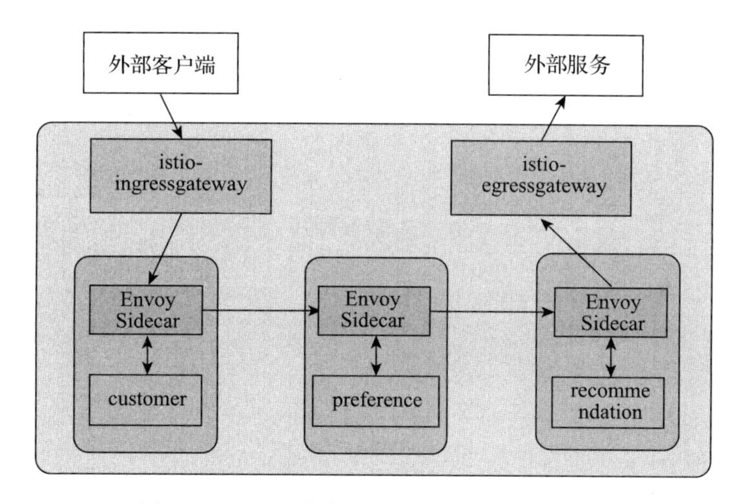

图 10-65　三层架构微服务在 Istio 中的架构

三层架构微服务向 Istio 迁移的步骤为：

- 微服务应用构建：使用 maven 应用本地编译，完成应用打包。
- 微服务容器化：使用 Dockerfile 的方式，构建包含应用的容器镜像。
- 容器环境部署准备：书写微服务在 OpenShift 上部署所需要的 DeploymentConfig、Service 等资源对象。
- 微服务 Sidecar 注入 / 部署：使用容器镜像的方式将应用部署到 OpenShift 中，部署的时候进行 Sidecar 注入。
- Istio 纳管微服务：通过 Istio 管理三层微服务，并配置高级的路由策略，实现微服务可视化。

10.6.2 三层微服务向 Istio 中迁移展示

1. 微服务应用构建

应用本地编译，完成应用打包。本地构建时我们借助于 maven 工具。编译环境版本如下。

- Apache Maven 3.6.1 (d66c9c0b3152b2e69ee9bac180bb8fcc8e6af555; 2019-04-04T12:00:29-07:00)
- Maven home: /root/apache-maven-3.6.1
- Java version: 1.8.0_212, vendor: Oracle Corporation, runtime: /usr/lib/jvm/java-1.8.0-openjdk-1.8.0.212.b04-0.el7_6.x86_64/jre

通过 git clone 下载源码。

```
# git clone https://github.com/redhat-developer-demos/istio-tutorial
```

该源码地址包含三个微服务的源码和相关的配置。

首先编译 customer 微服务。

```
# cd customer/java/springboot/
# mvn package
[INFO] BUILD SUCCESS
[INFO] ------------------------------------------------------------------------
[INFO] Total time:  07:27 min
[INFO] Finished at: 2019-04-28T09:34:49-07:00
[INFO] ------------------------------------------------------------------------
```

编译成功后，生成 customer.jar 包。

```
# ls -al target/customer.jar
-rw-r--r--. 1 root root 23011020 Apr 28 09:34 target/customer.jar
```

2. 微服务容器化

接下来，用 Dockerfile 生成容器镜像，这个容器镜像中包含 customer.jar 应用程序。Dockerfile 内容如下。

```
FROM fabric8/java-jboss-openjdk8-jdk:1.5.2
ENV JAVA_APP_DIR=/deployments
ENV JAEGER_SERVICE_NAME=customer\
  JAEGER_ENDPOINT=http://jaeger-collector.istio-system.svc:14268/api/traces\
  JAEGER_PROPAGATION=b3\
  JAEGER_SAMPLER_TYPE=const\
  JAEGER_SAMPLER_PARAM=1
EXPOSE 8080 8778 9779
COPY target/customer.jar /deployments/
```

从 Dockerfile 中我们可以看出：

- 基础镜像是 openjdk8。
- 容器镜像与后面 Istio 中的 JAEGER 将会建立关联。
- 上一节中打包的应用将被拷贝到 openjdk 的部署目录中，这样容器启动时将运行这个应用。

构建容器镜像，使用 docker build 或 podman build 命令均可以，下同，不再赘述。

生成的容器镜像如下。

```
# docker images | grep customer
example/customer     latest     610077a1bf7f     7 hours ago     463MB
```

3. 容器环境部署准备

我们将容器镜像部署到 OpenShift 集群中，需要编写 Deployment 文件，内容如下。

```
apiVersion: extensions/v1beta1
kind: Deployment
metadata:
  labels:
    app: customer
    version: v1
  name: customer
spec:
  replicas: 1
  selector:
    matchLabels:
      app: customer
      version: v1
  template:
    metadata:
      labels:
        app: customer
        version: v1
      annotations:
        .io/scrape: "true"
        prometheus.io/port: "8080"
        prometheus.io/scheme: "http"
    spec:
      containers:
      - env:
        - name: JAVA_OPTIONS
          value: -Xms128m -Xmx256m -Djava.net.preferIPv4Stack=true -Djava.
            security.egd=file:///dev/./urandom
        image: example/customer:latest
        imagePullPolicy: IfNotPresent
        livenessProbe:
          exec:
            command:
            - curl
            - localhost:8080/health
          initialDelaySeconds: 20
          periodSeconds: 5
          timeoutSeconds: 1
        name: customer
        ports:
        - containerPort: 8080
          name: http
          protocol: TCP
```

```
          - containerPort: 8778
            name: jolokia
            protocol: TCP
          - containerPort: 9779
            name: prometheus
            protocol: TCP
          readinessProbe:
            exec:
              command:
              - curl
              - localhost:8080/health
            initialDelaySeconds: 10
            periodSeconds: 5
            timeoutSeconds: 1
          securityContext:
            privileged: false
```

在 Deployment 中定义了以下配置：

- 定义了 customer 应用的 Pod 名称和版本。
- 定义了应用与后续 Istio 中 Prometheus 的对接。
- 定义了部署时使用的容器镜像。
- 定义了 Java 运行时的参数。
- 定义了 Pod 的健康检查标准。

此外，我们还需要定义 Service，内容如下。

```
apiVersion: v1
kind: Service
metadata:
  name: customer
  labels:
    app: customer
spec:
  ports:
  - name: http
    port: 8080
  selector:
    app: customer
```

在 Service 中定义了以下配置：

- 定义了 Service 的名称。
- 定义了 Service 的端口。
- 定义了 Service 后面访问的 Pod（Selector）。

4. 微服务 Sidecar 注入 / 部署：Customer

接下来，我们在 OpenShift 中部署 Customer。在部署的时候需要为 Istio 注入 Sidecar，这里采用手动注入的方式。

```
# oc apply -f <( ~/istio-1.1.2/bin/istioctl kube-inject -f ../../kubernetes/
   Deployment.yml) -n tutorial
deployment.extensions/customer created
```

然后部署 customer 的 Service 配置。

```
# oc create -f ../../kubernetes/Service.yml -n tutorial
service/customer created
```

查看 Pod，微服务已经部署成功。

```
# oc get pods
NAME                           READY     STATUS    RESTARTS   AGE
customer-775cf66774-vjfsx      2/2       Running   0          1m
```

在 OpenShift 中配置 Customer 微服务的路由。

```
# oc expose service customer -n tutorial
route.route.openshift.io/customer exposed
```

查看生成的路由。

```
# oc get route -n tutorial
NAME      HOST/PORT                          PATH    SERVICES   PORT    TERMINATION   WILDCARD
customer customer-tutorial.apps.example.com   customer   http                       None
```

到此为止，Customer 微服务就部署完成了。我们通过 Customer 应用介绍了它向 Istio 迁移的步骤。在迁移的过程中我们没有为 Istio 修改应用的任何源码，做到了代码无侵入。

接着，还需要部署 Preference 和 Recommendation 微服务。由于步骤类似，在此不再赘述这两个应用向 Isito 迁移的步骤，为了方便读者自行演练，我们将操作的步骤列出。

5. 微服务 Sidecar 注入 / 部署：Preference

首先进入源码所在的目录。

```
# cd preference/java/springboot
```

通过 maven 进行编译打包。

```
# mvn package
```

编译成功后，会生成 preference.jar 文件。

```
# ls -al target/preference.jar
-rw-r--r--. 1 root root 23009182 Apr 29 09:37 target/preference.jar
```

接下来，构建包含 Preference 应用的 Dockerfile。

```
# docker build -t example/preference:v1 .
```

我们先对应用在 OpenShift 上的 Deployment 配置注入 Sidecar，然后应用这个 Deployment，生成 Pod。

```
# oc apply -f <(istioctl kube-inject -f ../../kubernetes/Deployment.yml) -n tutorial
deployment.extensions/preference-v1 created
```

然后创建 Preference 的 Service。

```
# oc create -f ../../kubernetes/Service.yml
service/preference created
```

查看 Pod，微服务已经部署成功。

```
# oc get pods
NAME                                READY     STATUS    RESTARTS   AGE
customer-775cf66774-vjfsx           2/2       Running   0          30m
preference-v1-667895c986-988vz      2/2       Running   0          2m
```

由于 Preference 微服务不会被外部客户端直接访问，只是被 Customer 微服务调用，因此我们不需要配置它的路由。

6. 微服务 Sidecar 注入 / 部署：Recommendation

我们继续部署 Recommendation 微服务。

首先编译源码。

```
# mvn package
```

通过上面命令，生成应用程序文件 recommendation.jar。

接下来，生成包含 recommendation.jar 的容器镜像。

```
# docker build -t example/recommendation:v1 .
```

我们先对应用在 OpenShift 上的 Deployment 配置注入 Sidecar，然后应用这个 Deployment，生成 Pod。

```
# oc apply -f <(istioctl kube-inject -f ../../kubernetes/Deployment.yml) -n tutorial
deployment.extensions/recommendation-v1 created
```

然后创建 Recommendation 的 Service。

```
# oc create -f ../../kubernetes/Service.yml
service/recommendation created
```

过一会儿，Recommendation 微服务在 OpenShift 中已经部署成功。

```
# oc get pods
NAME                                  READY     STATUS    RESTARTS   AGE
customer-775cf66774-vjfsx             2/2       Running   0          11h
preference-v1-667895c986-988vz        2/2       Running   0          10h
recommendation-v1-58fcd486f6-j5qfj    2/2       Running   0          3m
```

接下来，我们部署 v2 版本的 Recommendation。部署之前，先修改 Recommendation 的源码文件 ~/istio-tutorial/recommendation/java/vertx/src/main/java/com/redhat/developer/demos/recommendation/RecommendationVerticle.java，将其输出从 “recommendation v1 from '%s': %d\n” 修改为 “recommendation v2 from '%s': %d\n”。

```
public class RecommendationVerticle extends AbstractVerticle {
private static final String RESPONSE_STRING_FORMAT = "recommendation v2 from
  '%s': %d\n";
```

然后重新编译、构建容器镜像并在 OpenShift 中部署（由于步骤与生成 v1 版本类似，因此具体命令输出不再进行赘述）。

```
#cd ~/istio-tutorial/recommendation/java/vertx
# mvn clean package -DskipTests
# docker build -t example/recommendation:v2 .
# docker images | grep recommendation
example/recommendation        v2        b58a65bd31c2       9 seconds ago        449MB
example/recommendation        v1        8fde29e8d760      25 hours ago          449MB
# oc apply -f <(istioctl kube-inject -f ../../kubernetes/Deployment-v2.yml) -n tutorial
deployment.extensions/recommendation-v2 created
```

查看 Pod，Recommendation v2 版本已经部署成功。

```
# oc get pods
NAME                                 READY     STATUS    RESTARTS   AGE
customer-775cf66774-vjfsx            2/2       Running   0          1d
preference-v1-667895c986-988vz       2/2       Running   0          1d
recommendation-v1-58fcd486f6-j5qfj   2/2       Running   0          1d
recommendation-v2-f967df69-m9k8f     2/2       Running   0          36s
```

我们对 Customer 微服务的路由发起请求，进行验证。

```
# oc get route
NAME       HOST/PORT  PATH      SERVICES   PORT      TERMINATION   WILDCARD
customer   customer-tutorial.apps.example.com      customer   http      None
# curl customer-tutorial.apps.example.com
customer => preference => recommendation v1 from '58fcd486f6-j5qfj': 1
```

我们查看 58fcd486f6-j5qfj 对应的容器，可以看出 58fcd486f6-j5qfj 就是 Recommendation 容器的 id。访问结果与我们在源码中定义的输出一致。

```
# docker ps  |grep -i 58fcd486f6-j5qfj
e4597ffdf9e3     365cc7d3e4f5     "/usr/local/bin/pi..."    11 hours ago     Up 11
  hours    k8s_istio-proxy_recommendation-v1-58fcd486f6-j5qfj_tutorial_6bccbf62-
  6af8-11e9-af2f-000c2981d8ae_0
e9dacf6dbe2b     8fde29e8d760     "/deployments/run-..."    11 hours ago     Up
  11 hours      k8s_recommendation_recommendation-v1-58fcd486f6-j5qfj_
  tutorial_6bccbf62-6af8-11e9-af2f-000c2981d8ae_0
6c44f494ae1e     192.168.137.101:5005/openshift3/ose-pod:v3.11.16     "/usr/bin/
  pod"    11 hours ago    Up 11 hours    k8s_POD_recommendation-v1-58fcd486f6-
  j5qfj_tutorial_6bccbf62-6af8-11e9-af2f-000c2981d8ae_0
```

截至目前，三个微服务在 OpenShift 上部署完成，应用向 Istio 的迁移完成。Istio 对三层微服务的治理以及各项 Istio 高级功能的实现，请参见 Repo 中“ Istio 治理三层微服务”文档。

10.7　Istio 生产使用建议

通过前面的介绍，相信读者对于 Istio 有了一定的理解。目前，Istio 开源项目仍在快速迭代中，相信它的功能会越来越完善，配置也会越来越便捷。下面我们给出一些 Istio 在生产使用上的建议，包含性能指标和运维建议两部分。

10.7.1 Istio 的性能指标

Envoy 作为 Istio 的数据平面，负责数据流的处理。Istio 控制平面组件包括 Pilot、Galley 和 Citadel，负责对数据平面进行控制。数据平面和控制平面在性能方面有着不同的侧重点。

根据 Istio 官方的测试数据，Istio 1.6.5 在由 1000 个服务和 2000 个 Sidecar 组成的、每秒产生 70 000 个微服务间请求的环境中：

- Sidecar 在每秒处理 1000 个请求的情况下使用 0.6 个 vCPU 以及 50MB 的内存。
- istio-telemetry 在每秒 1000 个微服务间请求的情况下消耗了 0.6 个 vCPU。
- Pilot 使用了 1 个 vCPU 以及 1.5GB 的内存。
- Envoy 在第 90 百分位上增加了 3.12 毫秒的延迟。

接下来，我们对性能数据进行解释。

1. 控制平面的性能

Pilot 根据用户编写的配置文件，结合当前的系统状况对 Sidecar 进行配置。在 OpenShift 环境中系统状态由 CRD 和 Deployment 构成。用户可以编写 Virtual Service、Gateway 之类的 Istio 配置对象。Pilot 会使用这些配置对象，结合 OpenShift 环境为 Sidecar 生成配置。

控制平面能够支持数千个 Pod 提供的数千个服务，以及同级别数量的用户配置对象。Pilot 的 CPU 和内存需求会随着配置的数量以及系统状态而变化。CPU 的消耗取决于以下三方面：

- 部署情况的变更频率。
- 配置的变更频率。
- 连接到 Pilot 上的代理服务器数量。

将 Istio 部署到 OpenShift 上的好处是当控制平面性能不足时可以进行弹性扩容。

2. 数据平面的性能

数据平面同样会受到多种因素的影响，例如：

- 客户端连接数量。
- 目标请求频率。
- 请求和响应的大小。
- Envoy proxy 的线程数量。
- 协议。
- CPU 核数。
- Sidecar filter 的数量和类型。

可以根据这些因素来衡量延迟、吞吐量和 Sidecar 的 CPU 以及内存需求。

3. CPU 和内存

Sidecar 会在数据路径上执行额外的工作，也自然需要消耗 CPU 和内存。在 Istio 中，Sidecar 每秒处理 1000 个请求的负载下需要 0.6 个 vCPU。

Sidecar 的内存消耗取决于代理中的配置总数。大量的监听、集群和路由定义都会增加内存占用。Istio 1.1 引入的命名空间隔离功能有助于提升 Sidecar 的性能。如果项目中包含的 Pod 较多，Sidecar 要消耗接近 50MB 的内存。

通常情况下 Sidecar 不会对经过的数据进行缓存，因此请求数量并不影响内存消耗。

4. 延迟

Istio 在 Sidecar 中加入了认证。每个额外的过滤器都会加入数据路径中，导致额外的延迟。

Sidecar 在将响应发送到客户端后收集遥测数据。为请求收集遥测数据所花费的时间不会影响完成该请求所花费的总时间。但是，由于 Sidecar 要处理请求，因此 Sidecar 不会立即开始处理下一个请求。此过程会增加下一个请求的队列等待时间，并影响平均延迟。

在不进行任何调优的情况下，Istio 在大量请求时可能发生性能问题，比如 istio-pilot 自动横向扩展为多个实例，每个实例占用大量内存，但是 Istio 和 Envoy 的连接数却很低，也就是访问请求量提升不上去。解决此类问题有几个方面的调整参考。出于控制篇幅和方便读者实现重现的目的，本小节只列出关键点，详细内容参见 Repo 中“Istio 1.4 的调优参考”和“Istio 1.6 的调优参考”。

10.7.2　Istio 的运维建议

Istio 运维方面的建议包括版本选择、备用环境、评估范围、配置生效、功能健壮性参考、入口流量方式选择。当然，这些建议只是基于目前我们在测试过程中得到的数据。后续随着 Istio 的使用越来越广泛，相信最佳实践将会越来越丰富。

1. 版本选择

Istio 是一个迭代很快的开源项目。截至 2021 年 9 月，社区最新的 Istio 版本为 1.11。

频繁的版本迭代会给企业带来困扰——是坚持适应目前已经测试过的版本，还是使用社区的最新版本？在前文中我们已经提到，红帽针对 Istio 有自己的企业版，通过 Operator 进行部署和管理。处于安全性和稳定性的考虑，红帽 Istio 往往比社区要晚两个小版本左右。因此建议使用红帽 Istio 的最新版本。目前来看，社区最新的 Istio 版本稳定性往往不尽如人意。

2. 备用环境

对于相同的应用，在 OpenShift 环境中部署一套不被 Istio 管理的环境。比如我们提到的三层微服务，独立启动一套不被 Istio 管理的应用，使用 OpenShift 原本的访问方式即可。这样做的好处是每当进行 Istio 升级或者部分参数调整时都可以提前进行主备切换，让流量切换到没有被 Istio 管理的环境中，在 Istio 升级调整验证完毕后再将流量切换回来。

3. 评估范围

由于 Istio 对微服务的管理是非代码侵入式的，因此通常情况下业务服务需要进行微服务治理，需要被 Istio 纳管。而对于没有微服务治理要求的非业务容器，不必强行纳管在 Istio 中。当非业务容器需要承载业务时，被 Istio 纳管也不需要修改源码，重新在 OpenShift 上注入 Sidecar 部署即可。

4. 配置生效

如果系统中已经有相关对象的配置，我们需要使用 oc replace -f 指定配置文件来替换此前配置的对象。在 Istio 中，有的配置策略能较快生效，有的配置策略（如限流、熔断等）则需要一段时间才能生效。新创建策略生效（oc create -f）的速度要高于替换性策略（oc replace -f）。因此，在不影响业务的前提下，可以在应用新策略之前先将旧策略删除。

此外，大多数 Istio 配置是针对微服务所在的项目生效的，也有配置是针对 Istio 系统生效的。因此，在应用配置的时候要注意指定对应的项目。

在 OpenShift 中 VirtualService 和 DestinationRule 都是针对项目生效的。因此，应用配置的时候需要指定项目。

5. 功能健壮性参考

从我们实验过的大量的测试效果来看，健壮性较强的功能有：

- 基于目标端的蓝绿 / 灰度发布。
- 基于源端的蓝绿 / 灰度发布。
- 灰度上线。
- 服务推广。
- 延迟和重试。
- 错误注入。
- mTLS。
- 黑白名单。

健壮性有待提升的功能有：

- 限流。
- 熔断。

所以，整体上看，Istio 的功能日趋完善，但仍有待提升。

6. 入口流量方式选择

在前面我们已经提到，在创建 Ingressgateway 的时候会自动在 OpenShift 的 Router 上创建响应的路由。Ingressgateway 能够暴露的端口要多于 Router。所以，我们可以根据需要选择通过哪条路径来访问应用。在 Istio 体系里不使用 Router，我们一样可以正常访问微服务。但是 PaaS 上运行的应用未必都是 Istio 体系下的，其他非微服务或者非 Istio 体系下的服务还是要经过 Router 访问。此外，包括 Istio 本身的监控系统和 Kiali 的界面都是通过 Router 访问的。

相比于 Spring Cloud，Istio 较好地实现了微服务的路由管理。但在实际的生产中仅有微服务的管理是不够的，例如还需要不同微服务之间的业务系统集成、微服务的 API 管理、微服务中的规则流程管理等。

10.8　基于 OpenShift 实现的微服务总结

在上面的内容中我们介绍了 Istio 如何在 OpenShift 上落地，并通过一个应用展示了微服务治理的功能。在本章的最后，我们对在 OpenShift 上通过 Spring Cloud 和 Istio 实现的企业微服务治理进行总结，如表 10-9 所示。

表 10-9　在 OpenShift 上通过 Spring Cloud 和 Istio 实现微服务的对比

功能列表	描　述	Spring Cloud	在 OpenShift 上通过 Spring Cloud 实现	Istio	在 OpenShift 上通过 Istio 实现
服务注册与发现	在部署应用时，会自动进行服务的注册，其他调用方可以即时获取新服务的注册信息	支持，基于 Eureka 或 Consul 等组件实现，提供 Server 和 Client 管理	Etcd+OpenShiftService+ 内置 DNS	必须依赖 PaaS 实现	Etcd+OpenShift-Service+ 内置 DNS
配置中心	可以管理微服务的配置	支持，Spring Cloud Config 组件实现	OpenShift ConfigMap	必须依赖 PaaS 实现	OpenShift ConfigMap
支持 Namespace 隔离	基于 Namespace 隔离微服务	必须依赖 PaaS 实现	OpenShift 的 Project 实现	必须依赖 PaaS 实现	基于 OpenShift 的 Istio 支持多租户隔离
微服务间路由管理	实现微服务之间相互访问的管理	基于网关 Zuul 实现，需要代码级别配置	基于 Camel 实现	基于声明配置文件，最终转化成路由规则实现，Istio Virtual Service 和 DestinationRule	基于声明配置文件，最终转化成路由规则实现，Istio Virtual Service 和 Destination Rule
支持负载均衡	客户端发起请求在微服务端的负载均衡	Ribbon 或 Feigin	Service 的负载均衡，通常是 Kube-proxy	Envoy，基于声明配置文件，最终转化成路由规则实现	Service 的负载均衡和 Envoy 实现
应用日志收集	收集微服务的日志	支持，提供 Client 对接第三方日志系统，例如 ELK	OpenShift 集成的 EFK	Istio 对接 OpenShift 中的 EFK	Istio 对接 OpenShift 中的 EFK
对外访问 API 网关	为所有客户端请求的入口	基于 Zuul 或者 spring-cloud-gateway 实现	基于 Camel 实现	基于 Ingressgateway 以及 Egressgateway 实现入口和出口的管理	基于 Ingressgateway、Router 以及 Egressgateway 实现入口和出口的管理
微服务调用链路追踪	可以生成微服务之间调用的拓扑关系图	Zipkin 实现	Zipkin 或 JAEGER 实现	Istio 自带的 JAEGER，并通过 Kiali 展示	Istio 自带的 JAEGER，并通过 Kiali 展示

（续）

功能列表	描　述	Spring Cloud	在 OpenShift 上通过 Spring Cloud 实现	Istio	在 OpenShift 上通过 Istio 实现
无源码修改方式的应用迁移	将应用迁移到微服务架构时不修改应用源码	不支持	不支持	必须依赖 PaaS 实现，在部署容器化应用的时候进行 Sidecar 注入	在部署的时候进行 Sidecar 注入
灰度 / 蓝绿发布	实现应用版本的动态切换	需要修改代码实现	OpenShift Router	Envoy 实现，基于声明配置文件，最终转化成路由由规则实现	Envoy 实现，基于声明配置文件，最终转化成路由由规则实现
灰度上线	允许保存实时流量副本，客户无感知	不支持	不支持	Envoy，基于声明配置文件，最终转化成路由由规则实现	Envoy，基于声明配置文件，最终转化成路由由规则实现
安全策略	实现微服务访问控制的 RBAC，对于微服务入口流量可设置加密访问	支持，基于 Spring Security 组件实现，包括认证、鉴权等，支持通信加密	OpenShift RBAC 和加密 Route 实现	Istio 的认证和授权	除了 Istio 本身的认证和授权之外，还包括 OpenShift RBAC 和加密 Router
性能监控	监控微服务的实施性能	支持，基于 Spring Cloud 提供的监控组件收集数据，对接第三方的监控数据存储	通过 OpenShift 集成 Prometheus 和 Grafana 实现	Istio 自带的 Prometheus 和 Grafana 实现	Istio 自带的 Prometheus 和 Grafana 实现
支持故障注入	模拟微服务的故障，增加可用性	不支持	不支持	支持退出和延迟两类故障注入	支持退出和延迟两类故障注入
支持服务间调用限流、熔断	避免微服务出现雪崩效应	基于 Hystrix 实现，需要代码注释	基于 Hystrix 实现，需要代码注释	Envoy，基于声明配置文件，最终转化成路由由规则实现	Envoy，基于声明配置文件，最终转化成路由由规则实现
实现微服务间的访问控制黑白名单	灵活设置微服务之间的相互访问策略	需要代码注释	通过 OpenShift OVS 中的 networkpolicy 实现	基于声明配置文件，最终转化成路由由规则实现	基于声明配置文件，最终转化成路由由规则实现
支持服务间路由控制	灵活设置微服务之间的相互访问策略	需要代码注释	需要代码注释	Envoy，基于声明配置文件，最终转化成路由由规则实现	Envoy，基于声明配置文件，最终转化成路由由规则实现
支持对外部应用的访问	微服务内的应用可以访问微服务体系外的应用	需要代码注释	OpenShift Service Endpoint	ServiceEntry	ServiceEntry
支持链路访问数据可视化	实时追踪微服务之间访问的链路，包括流量、成功率等	不支持	不支持	Istio 自带的 Kiali	Istio 自带的 Kiali

我们看到，基于 OpenShift 的 Istio 相比社区原生的 Istio 的复杂度有所降低，功能有所提升。我们看到 Istio 在微服务治理方面的灵活性要远高于 Spring Cloud。

10.9　本章小结

在本章中我们依次介绍微服务的架构、Spring Cloud 在 OpenShift 上落地、基于 OpenShift 和 Istio 实现微服务落地。相信通过本章的阅读，读者能够对 OpenShift 上实现微服务有一定的理解。

推荐阅读

云原生应用构建：基于OpenShift

作者：魏新宇 王洪涛 陈耿 书号：978-7-111-65786-6 定价：99.00元

这是一部从开发和运维两种视角讲解如何基于OpenShift构建云原生应用的著作。三位作者分别来自RedHat官方和微软，都是OpenShift和云原生领域的布道者和领军人物，经验非常丰富。

全书一共14章，秉承全栈理念讲解了构建云原生应用需要掌握的云原生技术、OpenShift技术以及开源分布式中间件技术。

第一部分：云原生篇（第1～11章）

首先，讲解了云原生和与之相关的分布式开源中间件的技术，如基于云原生的Java实现等；其次，讲解了云原生构建的6大步骤及其相关的技术和方法，如发展DevOps文化、构建分布式缓存等；最后，讲解了人工智能在容器云上的实践。

第二部分：OpenShift篇（第12～14章）

详细讲解了OpenShift 集群的规划、管理、离线安装与部署，以及OpenShift 在公有云上的最佳实践。

有了统一的调度平台后，平台之上的应用如何构建才能实现云原生化？本书将会给你答案。三位作者都是我在红帽的前同事，我能够切身感受到他们对技术创新的不断追求，非常欣喜看到他们能够把云原生的经验总结出来，分享给大家。

—— 周荣　阿里巴巴高级解决方案架构师

三位作者都是我的前同事，是我非常敬重的云计算专家，多年来一直在推广云原生应用，帮助企业实现数字化转型。本书是他们多年工作经验的总结，书中不仅详细阐述了云原生应用的理念和应用场景，还涉及OpenShift在公有云上的最佳实践，值得阅读。

—— 李春霖　Google技术解决方案顾问

本书系统介绍了使用OpenShift构建云原生的方法和6大步骤，帮助读者快速构建云原生应用。同时针对各种应用场景提供了大量示例代码，便于读者动手实践。

—— 王彧　AWS解决方案架构师

从云原生的实现方式到云原生应用的构建，本书详细讲解了具体的步骤和相关技术，能为企业的数字化转型提供体系化的指导，会让你对云原生有新的理解和认识。

—— 郭跃军　VMware Solution Engineer